国外计算机科学教材系列

# 密码编码学与网络安全

## ——原理与实践（第八版）

# Cryptography and Network Security

## Principles and Practice, Eighth Edition

［美］ William Stallings 著

陈　晶　杜瑞颖　唐　明　等译

张焕国　审校

電子工業出版社

**Publishing House of Electronics Industry**

北京 • BEIJING

## 内 容 简 介

本书系统地介绍了密码编码学与网络安全的基本原理和应用技术。全书分六部分：背景知识部分介绍信息与网络安全概念、数论基础；对称密码部分讨论传统加密技术、分组密码和数据加密标准、有限域、高级加密标准、分组加密工作模式、随机位生成和流密码；非对称密码部分讨论公钥密码学与RSA、其他公钥密码体制；密码学数据完整性算法部分讨论密码学哈希函数、消息认证码、数字签名、轻量级密码和后量子密码；互信部分讨论密钥管理和分发、用户认证；网络和因特网安全部分讨论传输层安全、无线网络安全、电子邮件安全、IP安全、网络端点安全、云计算、物联网安全。附录A讨论线性代数的基本概念，附录B讨论保密性和安全性度量，附录C介绍数据加密标准，附录D介绍简化AES，附录E介绍生日攻击的数学基础。

本书可作为高校计算机、网络空间安全、信息安全、软件工程等专业高年级本科生和研究生的教材，也可供计算机、通信、电子工程等领域的科研人员参考。



**图书在版编目（CIP）数据**

密码编码学与网络安全：原理与实践：第八版/（美）威廉·斯托林斯（William Stallings）著；陈晶等译. —北京：电子工业出版社，2021.4

书名原文：Cryptography and Network Security：Principles and Practice，Eighth Edition

ISBN 978-7-121-40650-8

Ⅰ. ①密…　Ⅱ. ①威…②陈…　Ⅲ. ①电子计算机－密码术－高等学校－教材②计算机网络－安全技术－高等学校－教材　Ⅳ. ①TP309.7②TP393.08

中国版本图书馆 CIP 数据核字（2021）第 034536 号

责任编辑：谭海平
印　　刷：三河市鑫金马印装有限公司
装　　订：三河市鑫金马印装有限公司
出版发行：电子工业出版社
　　　　　北京市海淀区万寿路 173 信箱　　　邮编：100036
开　　本：787×1092　1/16　　印张：34　　字数：957.44 千字
版　　次：2017 年 12 月第 1 版（原著第 7 版）
　　　　　2021 年 4 月第 2 版（原著第 8 版）
印　　次：2024 年 12 月第 7 次印刷
定　　价：98.00 元

凡所购买电子工业出版社图书有缺损问题，请向购买书店调换。若书店售缺，请与本社发行部联系，联系及邮购电话：（010）88254888，88258888。

质量投诉请发邮件至 zlts@phei.com.cn，盗版侵权举报请发邮件至 dbqq@phei.com.cn。

本书咨询联系方式：（010）88254552，tan02@phei.com.cn。

# 译 者 序

随着信息科学技术的高速发展和广泛应用，社会实现了信息化，人类社会进入信息时代。在信息时代，人们生活和工作在由物理世界、人类社会和网络空间组成的三元世界中。网络空间是信息时代人们赖以生存的信息环境，是所有信息系统的集合。因此，网络空间安全是人类和信息对网络空间的基本要求。哪里有信息，哪里就存在信息安全问题，因为网络空间是所有信息系统的集合，是复杂的巨系统，存在更加突出的信息安全问题。信息安全不仅成为世人关注的社会问题，而且成为信息科学技术领域中的研究热点。

当前，一方面是信息技术与产业的空前繁荣，另一方面是危害信息安全的事件不断发生。敌对势力的破坏、黑客攻击、利用计算机犯罪、网上有害内容泛滥、隐私泄露等，对信息安全构成了极大的威胁。信息安全的形势是十分严峻的。特别需要指出的是，技术进步也对信息安全提出了新的需求和挑战。例如，由于量子计算机具有并行性，若量子计算机发展到一定规模，则许多现有公钥密码将不再安全。因此，量子计算技术的发展对现有公钥密码的安全提出了挑战。又如，云计算具有几乎无限的计算能力、几乎无限的存储空间和无处不在的服务。但是，云计算是面向服务的计算，技术上采用的是资源共享机制，这就使得用户不便感知和控制自己的数据，因此确保云用户的数据安全和保护隐私就成为一个重要问题。

我国已经成为信息产业大国，但仍然不是信息产业强国。特别是在信息领域的一些核心技术方面，我国与发达国家相比仍有较大的差距。但是，只要我们坚持改革开放，坚持自力更生，坚持自主创新，就一定能够在不太长的时间内把我国建设成信息技术和产业强国。

实现信息化和确保信息安全是建设中国特色社会主义强国的两个重要方面，二者相辅相成，缺一不可。没有信息化，就没有国家现代化；没有信息安全，就没有国家安全。显然，只有同时实现信息化并确保信息安全，才能把我国建设成为中国特色社会主义强国。

我国颁布了《中华人民共和国网络安全法》和《中华人民共和国密码法》，增设了"网络空间安全"一级学科，为确保我国的信息安全提供了法律保障和人才培养学科平台。

要把我国建设成信息技术和产业强国，同时确保信息安全，人才是关键。教育是人才培养的基础。目前，我国许多大学建立了网络空间安全学院，更多的大专院校开设了信息安全专业或信息安全类课程，迫切需要一本合适的教科书。为此，电子工业出版社组织我们于 2017 年翻译了《密码编码学与网络安全——原理与实践（第七版）》这本优秀的教科书。这本书出版后得到了广大读者的厚爱，许多著名大学都采用它作为教材，为我国信息安全人才培养和信息安全知识传播发挥了重要作用。

2019 年，原书作者又出版了该书的第八版。与第七版相比，第八版大体上保持了相同的章节，但修正了许多内容并增加了一些新内容。其中，最主要的变化包括以下几个方面。

1. 信任与可信度。在第 1 章中，作者增加了新的一节，用来介绍信任与可信度的概念，这两个概念是计算机安全和网络安全中的关键概念。
2. 流密码。随着流密码使用范围的不断扩展，人们迫切希望了解和掌握流密码技术。本书增加了一节用来介绍基于线性反馈移位寄存器（LFSR）的流密码，同时提供了当代流密码的若干样例。
3. 轻量级密码。物联网技术及小型嵌入式系统对密码学提出了新的需求，即密码技术要适应物联网设备的低功率、低存储量和有限处理能力的特点。为此，增加了两节用以讨论这一问题。

4. 后量子密码。量子计算机的发展对传统公钥密码的安全提出了挑战。众多学者针对后量子密码算法做了大量研究。本书增加了两节，讨论后量子密码。
5. 云安全。云计算给人们带来了许多便利。但是，云计算是面向服务的计算，其技术特征是资源共享，这就使得云用户的数据安全和隐私保护成为一个重要问题。本书专门用一章来探讨这一主题。
6. 物联网安全。物联网使万物互连。但是，物联网的发展对网络协议安全提出了新的要求，本书将对其进行讨论。

除新增这些内容外，作者对书中的许多其他内容也进行了一定的修改和调整，目的之一是使书中的内容能够反映最新的技术发展，目的之二是使书中的讲述通俗易懂，便于读者学习掌握。

为了使广大读者能够读到新版图书，电子工业出版社又组织我们翻译了本书的第八版。

本书的作者 William Stallings 先后获得美国圣母大学电气工程学士学位和麻省理工学院计算机科学博士学位，累计编写出版了 48 本计算机网络和计算机体系结构领域的书籍，在计算机网络和计算机体系结构的学术交流与教育方面做出了卓越的贡献。本书是其中非常成功的一本书籍。William Stallings 的著作不仅学术造诣高，而且非常实用，先后 13 次获得美国“教材和著作家协会”颁发的“年度最佳计算机科学教材”奖。

本书系统地介绍了密码学与网络安全的基本原理和应用技术。全书主要包含六部分。

1. 第一部分：背景知识。主要介绍信息与网络安全的概念和数论知识。
2. 第二部分：对称密码。主要介绍传统密码、数据加密标准、有限域知识、高级加密标准、分组加密工作模式、伪随机数的生成和流密码。
3. 第三部分：非对称密码。介绍公钥密码原理、Diffie-Hellman 密钥交换、RSA 密码、ElGamal 密码和椭圆曲线密码。
4. 第四部分：密码学数据完整性算法。介绍密码学哈希函数、消息认证码、数字签名、轻量级密码和后量子密码。
5. 第五部分：互信。介绍密钥管理和分发、用户认证。
6. 第六部分：网络和因特网安全。讨论传输层安全、无线网络安全、电子邮件安全、IP 安全、网络端点安全、云计算、物联网安全等内容。

本书内容丰富，讲述深入浅出，便于理解，尤其适合于课堂教学和自学。本书可作为高年级本科生的研究生的教材，也可供从事信息安全、网络安全、计算机、通信、电子工程等领域的科技人员参考。

本书的第一部分和附录由李莉翻译，第二部分由唐明翻译，第三部分由王后珍翻译，第四部分由王张宜翻译，第五部分和前言由陈晶翻译，第六部分由杜瑞颖翻译。

全书由张焕国统稿和审校。

研究生曾庆贤、白鹭、王娅茹、王梦醒、张尧、肖冲、伍远翔、王蓬勃、詹泽怡、加梦、刘鳌、王梅、李淑华、顾阳阳参与了翻译和译稿整理工作。

由于专业知识和外语水平有限，书中错误在所难免，敬请读者指正，译者在此先致感谢之意。

译者于武汉大学珞珈山

2020 年 8 月

# 前　言

## 第八版的新内容

自本书第七版出版以来，密码学领域一直在持续发展。第八版试图在反映这些发展的同时，保持密码学领域的广度和深度。为撰写第八版，讲授密码学的许多教授和密码学领域的许多专业人员对第七版做了大量修订，因此新版的语言更为生动、内容更为紧凑、说明更为有效。

除以上关于可读性的修订外，第八版的内容也得到了优化，基本保留了相同的章节，但修订和增加了大量内容。最值得注意的变化如下。

- 信任与可信度。在第 1 章中，增加了新的一节，用来介绍信任与可信度的概念，这两个概念是计算机安全和网络安全中的关键概念。
- 流密码。随着流密码使用范围的不断扩大，人们迫切希望了解和掌握流密码技术。本书增加了介绍基于线性反馈移位寄存器（LFSR）的流密码的一节，同时提供了当代流密码的若干样例。
- 轻量级密码。物联网技术及小型嵌入式系统对密码学提出了新的需求，即密码技术要适应物联网设备的低功率、低存储量和有限处理能力的特点。为此，本书增加了两节用以讨论这一问题。
- 后量子密码。量子计算机的发展对传统公钥密码的安全提出了挑战。众多学者针对后量子密码算法做了大量研究。本书增加了两节，以讨论后量子密码。
- 云安全。云计算给人们带来了许多便利。但是，云计算是面向服务的计算，其技术特征是资源共享，这就使得云用户的数据安全和隐私保护成为一个重要问题。本书专门用一章来探讨这一主题。
- 物联网安全。物联网使万物互连。但是，物联网的发展对网络协议安全提出了新的要求，本书将对其进行讨论。

## 本书的目的

本书的目的是概述密码学与网络安全的原理与应用。书中的前一部分通过介绍密码学与网络安全技术，给出了网络安全性能的基本问题；后一部分讨论了网络安全的实际应用，包括已实现或正在提供网络安全的实用软件。

因此，本书涉及多个学科。要理解本书中讨论的某些技术的精髓，就要具备数论的基本知识，并且掌握概率论中的某些概念。然而，本书试图自成体系。书中不仅给出了必需的数学知识，而且为读者提供了理解这些知识的简单方法。这些背景知识只在用到时才会介绍，因此有助于读者了解介绍这些背景知识的动机，这种方式无疑要好于在书中的开头罗列所有背景知识。

## 支持 ACM/IEEE 计算机科学课程 2013

本书适用于学术和专业人员，可作为计算机科学、计算机工程、电气工程等专业本科生密码学与网络安全课程的教材，学时为一学期。本版支持 ACM/IEEE 计算机科学课程 2013（CS2013）。CS2013 在课程体系中增加了信息保障与安全（Information Assurance and Security，IAS）课程，并将其作为计算机科学知识体系的一个知识领域。CS2013 将 IAS 纳入课程体系的原因是，IAS 对计算机科学教育具有重要作用。CS2013 将所有课程分为三类：核心课程 1（课程中应包含所有课题）、核心课程 2（课程中应包含全部或几乎全部课题）、选修课程。在 IAS 领域，CS2013 推荐将网络安全的基本概念纳入核心课程 1 和核心课程 2，而将密码学课题作为选修。本书实际上涵盖了 CS2013 所列三类课程中的所有课题。

本书还可作为参考用书，并且适合于读者自学。

## 本书的组织方式

本书由如下六部分组成。

- 背景知识
- 对称密码
- 非对称密码
- 密码学数据完整性算法
- 互信
- 网络和因特网安全

为方便教学，本书提供计算机代数系统 Sage 和大量图表。为便于阅读，书中的大部分章中都提供关键术语、习题、思考题和推荐读物。书末还给出了参考文献。另外，本书还为教师提供了试题库。

## 教学支持材料①

本书的主要目的是为讲授密码学与网络安全课程提供一个有效的教学工具，它具体体现在本书的结构和支持内容中。针对教师，我们提供下列补充材料。

- 答案手册：每章末尾的思考题和习题的答案。
- 项目手册：下方列出的所有项目的任务分配方案。
- PPT 幻灯片：包含所有章节内容的幻灯片，适合在授课过程中使用。
- PDF 文件：本书中所有图表的副本。
- 试题库：按章组织的习题集和答案。
- 补充习题和答案：为帮助学生理解书中的内容，提供了许多习题和答案。

教师资源中心（Instructor Resource Center，IRC）提供以上的所有支持材料，读者可以通过网站 www.personhighered.com/stallings 获取，可也以单击本书配套网站 WilliamStallings.com/Cryptography 上的 Pearson Resource for Instructors 链接获取。

## 项目和其他学生练习

对许多教师来说，密码学或网络安全课程的一个重要组成部分是制定一个或一系列项目，使得学生有机会亲自实践，进而加深对课本中所学知识的理解。本书在很大程度上对该课程提供全面支持，包含了课程的一整套项目。IRC 不仅包含如何布置和构建项目，而且包括一系列涵盖本书内容的推荐教学项目。

- Sage 项目：将在下一节中详细介绍。
- 黑客项目：目的是阐明入侵检测和预防的关键问题。

① 教辅资源仅向授课教师提供，申请方式请参阅书末的“教学支持说明”。

- 分组密码项目：本项目对 AES 加密算法的操作过程进行跟踪，手工进行一轮计算，并使用不同的分组加密工作模式进行计算。项目还包括 DES 算法。每种情况下都由在线（或离线下载的）Java 小程序来执行 AES 或 DES。
- 实验室练习：针对书中概念进行编程和实验的一系列项目。
- 研究项目：指导学生研究因特网上的有关课题并撰写报告的一系列课外作业。
- 编程项目：涵盖大部分课程内容且可在任何平台上用任何语言实现的一系列程序设计项目。
- 安全评估实践：检验已有组织的现有架构与实现的一系列活动。
- 防火墙项目：一个简易的网络防火墙可视化模拟器和练习，用以帮助讲授防火墙的基本原理。
- 案例研究：一系列实际案例研究，包括学习目标、案例描述和许多案例讨论问题。
- 书面作业：按章组织的许多书面作业。
- 课外阅读/报告作业：每章的参考文献中包含的论文列表，可让学生阅读并写出简短报告。
- 讨论主题：可在课堂、聊天室或消息板中使用的主题，可让学生协作研究某些领域。

这些项目和练习作为丰富教学的手段，可让教师方便地根据教学计划使用本书，进而满足教师和学生的各种特殊需求。

## Sage 计算机代数系统

本书最重要的特色是使用 Sage 完成密码学算法示例与作业。Sage 是一个跨平台的开源免费软件包，是一个强大的、灵活的、易学的数学和计算机代数系统。与 Mathematica、Maple 和 MATLAB 等系统不同的是，Sage 没有使用许可和使用费用的限制。Sage 可在学校的计算机和网络上使用，也可将它下载到自己的个人计算机上使用。学生使用 Sage 的另一个好处是，能够求解几乎所有的数学问题，而不仅限于密码学问题。

在教授密码算法数学基础的过程中，使用 Sage 能够明显提升教学效果。IRC 为学生使用 Sage 提供两个文档：一个文档提供的是使用 Sage 涵盖大量密码学概念的例子，另一个文档提供的是学生掌握这些概念的密码学算法练习。教师可在 IRC 得到本书的附录。它还提供一节下载和使用 Sage 的内容、一节使用 Sage 编程的内容，以及可以按照如下分类安排给学生的练习。

- 第 2 章：欧几里得算法和扩展欧几里得算法、多项式算术、有限域 $GF(2^4)$、欧拉函数、Miller-Rabin 测试、因式分解、模幂运算、离散对数和中国剩余定理。
- 第 3 章：仿射密码和 Hill 密码。
- 第 4 章：基于 S-DES 的练习。
- 第 6 章：基于 S-AES 的练习。
- 第 8 章：BBS、线性同余生成器和 ANSI X9.17 PRNG。
- 第 9 章：RSA 加密/解密与签名。
- 第 10 章：Diffie-Hellman 密钥交换、椭圆曲线密码。
- 第 11 章：基于数论的哈希函数。
- 第 13 章：DSA。

## 致谢

本次修订得益于许多人的审阅，他们付出了大量时间和精力。下列人员审阅了所有或大部分手稿：Hossein Beyzavi（玛丽蒙特大学）、Donald F. Costello（布拉斯加大学林肯分校）、James Haralambides

（贝瑞大学）、Tenette Prevatte（费耶特维尔技术社区学院）、Anand Seetharam（加州州立大学蒙特利湾分校）、Tenette Prevatte（费耶特维尔技术社区学院）、Marius C. Silaghi（佛罗里达理工学院）、Shambhu Upadhyaya（布法罗大学）、Rose Volynskiy（霍华德社区学院）、Katherine Winters（田纳西大学查塔努加分校）、Zhengping Wu（加州州立大学圣伯纳迪诺分校）、Liangliang Xiao（弗罗斯特堡州立大学）、Seong-Moo（Sam） Yoo（阿拉巴马大学亨茨维尔分校）和 Hong Zhang（阿姆斯特朗州立大学）。

还要感谢详细审阅本书一章或多章的人员：Amaury Behague、Olivier Blazy、Dhananjoy Dey、Matt Frost、Markus Koskinen、Manuel J. Martínez、Veena Nayak、Pritesh Prajapati、Bernard Roussely、Jim Sweeny、Jim Tunnicliffe 和 Jose Rivas Vidal。

此外，我也有幸拜读了一些领域的大师的研究成果，包括英特尔公司的 Jesse Walker（英特尔的数字随机数生成器）、Vigil Security 公司的 Russ Housley（密钥封装）、Joan Daemen（AES）、圣克拉拉大学的 Edward F. Schaefer（简化 AES）、前 RSA 实验室的 Tim Mathews（S/MIME）、滑铁卢大学的 Alfred Menezes（椭圆曲线密码学）、图书 *The Cryotogram* 的编辑与发行人 William Sutton（古典密码）、约翰·霍普金斯大学的 Avi Rubin（数论）、信息安全公司的 Michael Markowitz（SHA 和 DSS）、IBM 因特网安全系统部的 Don Davis（Kerberos）、BBN 科技公司的 Steve Kent（X.509）和 Phil Zimmerman（PGP）。

Nikhil Bhargava（IIT Delhi）开发了一系列在线家庭作业和解答。微软公司和华盛顿大学的 Dan Shumow 开发了所有的 Sage 示例和作业。达科他州立大学的 Sreekanth Malladi 教授开发了黑客练习。澳大利亚国防大学的 Lawrie Brown 提供了 AES/DES 分组密码项目和安全评估练习。

普度大学的 Sanjay Rao 和 Ruben Torres 为 IRC 的实验室练习做了很多工作。下列人员为教师资源中心的项目计划做了许多工作：Henning Schulzrinne（哥伦比亚大学）、Cetin Kaya Koc（俄勒冈州立大学）和 David Balenson（Trusted Information Systems 公司和乔治 • 华盛顿大学）。Kim McLaughlin 提供了习题库。最后，感谢负责本书出版的工作人员：Pearson 出版公司的工作人员，尤其是责任编辑 Tracy Johnson 和产品经理 Carole Snyder。还要感谢 Pearson 出版公司的营销人员。

# 作者简介

William Stallings 出版了 18 部教材，算上修订版，在计算机安全、计算机网络和计算机体系结构等领域共出版了 70 多本书籍。他的著作多次出现在各种期刊上，包括《IEEE 进展》《ACM 计算评论》和《密码术》。他 13 次获得美国“教材和著作家协会”颁发的“年度最佳计算机科学教材”奖。

在过去的 30 年中，他曾在数家高科技企业担任技术骨干、技术管理者职务，设计与实现了适用于各种计算机、操作系统的基于 TCP/IP 和基于 OSI 的协议。目前，他作为独立顾问为政府机构、计算机硬件制造商、软件开发商及广大用户提供设计、选择和使用网络软件与产品的咨询服务。

他建设并维护了计算机科学专业学生资源网站 www.computersciencestudent.com。该网站为计算机科学专业的学生（和专业人员）提供各种文档和链接。他还是密码学学术期刊《密码术》编委。

William Stallings 博士先后获得圣母大学电气工程学士学位和麻省理工学院计算机科学博士学位。

# 符 号 表

| 符　号 | 表 达 式 | 含　义 |
| --- | --- | --- |
| $D, K$ | $D(K, Y)$ | 用密钥 $K$ 和对称密码算法解密密文 $Y$ |
| $D$, $\mathrm{PR}_a$ | $D(\mathrm{PR}_a, Y)$ | 使用用户 $A$ 的私钥 $\mathrm{PR}_a$ 和非对称密码算法解密密文 $Y$ |
| $D$, $\mathrm{PU}_a$ | $D(\mathrm{PU}_a, Y)$ | 使用用户 $A$ 的公钥 $\mathrm{PU}_a$ 和非对称密码算法解密密文 $Y$ |
| $E, K$ | $E(K, X)$ | 用密钥 $K$ 和对称密码算法加密明文 $X$ |
| $E$, $\mathrm{PR}_a$ | $E(\mathrm{PR}_a, X)$ | 使用用户 $A$ 的私钥 $\mathrm{PR}_a$ 和非对称密码算法加密明文 $X$ |
| $E$, $\mathrm{PU}_a$ | $E(\mathrm{PU}_a, X)$ | 使用用户 $A$ 的公钥 $\mathrm{PU}_a$ 和非对称密码算法加密明文 $X$ |
| $K$ | | 密钥 |
| $\mathrm{PR}_a$ | | 用户 $A$ 的私钥 |
| $\mathrm{PU}_a$ | | 用户 $A$ 的公钥 |
| MAC, $K$ | $\mathrm{MAC}(K, X)$ | 消息 $X$ 的消息认证码，密钥为 $K$ |
| $\mathrm{GF}(p)$ | | 阶为 $p$ 的有限域，$p$ 为素数。域定义为 $Z_p$ 及其上的模 $p$ 算术运算 |
| $\mathrm{GF}(2^n)$ | | 阶为 $2^n$ 的有限域 |
| $Z_n$ | | 小于 $n$ 的非负整数集合 |
| gcd | $\gcd(i, j)$ | 最大公因子，整除 $i$ 和 $j$ 的最大正整数 |
| mod | $a \bmod m$ | $a$ 除以 $m$ 的余数 |
| mod, $\equiv$ | $a \equiv b \pmod m$ | $a \bmod m = b \bmod m$ |
| mod, $\not\equiv$ | $a \not\equiv b \pmod m$ | $a \bmod m \neq b \bmod m$ |
| dlog | $\mathrm{dlog}_{a,p}(b)$ | 以 $a$ 为底 $b$ 的对数，模 $p$ 运算 |
| $\varphi$ | $\varphi(n)$ | 欧拉函数，小于 $n$ 且和 $n$ 互素的正整数个数 |
| $\sum$ | $\sum_{i=1}^{n} a_i$ | $a_1 + a_2 + \cdots + a_n$ |
| $\prod$ | $\prod_{i=1}^{n} a_i$ | $a_1 \times a_2 \times \cdots \times a_n$ |
| $\mid$ | $i \mid j$ | $i$ 整除 $j$，即 $i$ 除以 $j$ 的余数为零 |
| $\lvert,\rvert$ | $\lvert a \rvert$ | $a$ 的绝对值 |
| $\Vert$ | $x \Vert y$ | $x$ 和 $y$ 级联 |
| $\approx$ | $x \approx y$ | $x$ 约等于 $y$ |
| $\oplus$ | $x \oplus y$ | 单比特变量时是异或运算，多比特变量时是按位异或运算 |
| $\lfloor, \rfloor$ | $\lfloor x \rfloor$ | 小于等于 $x$ 的最大整数 |
| $\in$ | $x \in S$ | 元素 $x$ 包含于集合 $S$ |
| $\leftrightarrow$ | $A \leftrightarrow (a_1, a_2, \cdots, a_k)$ | 整数 $A$ 和整数序列 $(a_1, a_2, \cdots, a_k)$ 对应 |

# 目　录

## 第一部分　背景知识

# 第二部分 对称密码

## 第四部分 密码学数据完整性算法

## 第六部分 网络和因特网安全

# 第一部分　背景知识

# 第 1 章 信息与网络安全概念

## 学习目标

- 描述保密性、完整性和可用性的关键安全需求。
- 讨论必须应对的安全威胁和攻击类型，举例说明适用于不同计算机和网络资产的威胁与攻击类型。
- 概述无密钥、单密钥和双密钥加密算法。
- 概述网络安全的主要领域。
- 描述信息安全的信任模型。
- 列出和简要描述与密码标准相关的组织。

本书着重于两个广泛的领域：密码学和网络安全。本章首先介绍信息安全和网络安全的一些基本原理，包括安全攻击、安全服务和安全机制的概念；然后介绍密码和网络安全这两个领域；最后探讨信任和可信度的概念。

## 1.1 网络空间安全、信息安全与网络安全

下面首先定义网络空间安全、信息安全和网络安全。网络空间安全（cybersecurity）合理且全面的定义如下：网络空间安全是指对在计算机、其他数字设备及网络设备和传输线路（包括 Internet）的网络系统中存储、传输和处理的信息的保护。保护包括保密性、完整性、可用性、真实性和可审计性。保护方法包括组织策略、程序，以及技术手段，如加密和安全通信协议。

作为网络空间安全的子集，我们可以定义以下内容：

- **信息安全** 是指保留信息的保密性、完整性和可用性。另外，还涉及其他属性，如真实性、可审计性、不可否认性和可靠性。
- **网络安全** 是指保护网络及其服务免遭未经授权的修改、破坏或泄露，并提供网络正确执行其关键功能且没有有害作用的保证。

网络空间安全包括电子信息安全和网络安全。信息安全还与物理信息（如基于纸张的信息）有关。实际上，网络安全和信息安全这两个术语经常互换使用。

### 1.1.1 安全目标

网络空间安全的定义引入了三个关键目标，这些目标是信息和网络安全的核心。

- **保密性（Confidentiality）** **该术语包含两个相关的概念：**

  数据[①]保密性 确保隐私或秘密信息不向非授权者泄露，也不被非授权者使用。

  隐私性 确保个人能够控制或确定与其自身相关的哪些信息是可以被收集的、被保存的，以及

① RFC 4949 将信息定义为“事实和想法，可以用各种形式的数据进行表示”，而将数据定义为“用特定物理方式表示的信息，通常是一串有意义的符号序列，特别是可以由计算机处理和产生的信息的表示”。安全文献一般不做这种区分，本书也不做区分。

这些信息可以由谁来公开及向谁公开。

- **完整性（Integrity）　该术语包含两个相关的概念：**

  *数据完整性*　确保信息（包括存储的信息和传输的数据包）和程序只能以特定和授权的方式进行改变。这个概念还包括：**数据真实性**，这意味着一个数据对象确实是它所声称的或被声称的对象；不可否认性，即保证向信息的发送方提供交付证明并向接收方提供发送方身份的证明，以便以后无论是发送方还是接收方都不能否认其已经处理了该信息。

  *系统完整性*　确保系统以一种正常的方式执行预定的功能，免于有意或无意的非授权操作。

- **可用性（Availability）　确保系统能够及时运行，对授权用户不能拒绝服务。**

这三个概念组成了我们常称的 **CIA 三元组**，体现了数据、信息和计算服务的基本安全目标。例如，NIST 标准 FIPS 199（*Standards for Security Categorization of Federal Information and Information Systems*）将保密性、完整性和可用性作为信息与信息系统的三个安全目标。FIPS 199 从安全需求和安全缺失的角度详细说明了它们。

- **保密性**　对信息的访问和公开进行授权限制，包括保护个人隐私和秘密信息。保密性缺失的定义是信息的非授权泄露。
- **完整性**　防止对信息的不恰当修改或破坏，包括确保信息的不可否认性和真实性。完整性缺失的定义是对信息的非授权修改和毁坏。
- **可用性**　确保及时和可靠地访问与使用信息。可用性的缺失是对信息和信息系统访问与使用的中断。

虽然 CIA 三元组对安全目标的定义非常清晰，但在某些安全领域中还需要额外的一些安全概念来呈现完整的安全定义（见图 1.1），其中两个常被提及的概念如下。

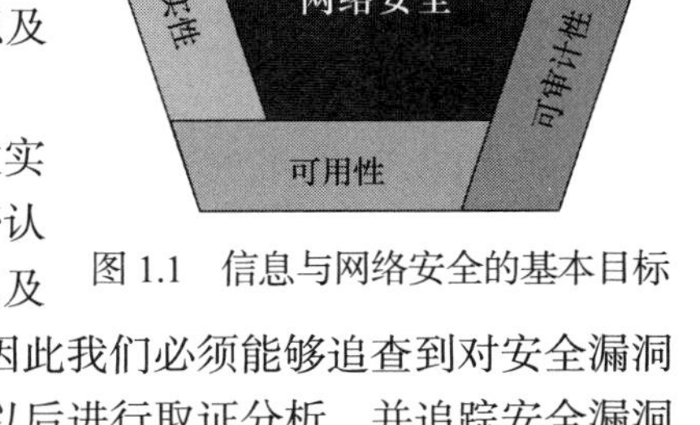


图 1.1　信息与网络安全的基本目标

- **真实性（Authenticity）**　一个实体是真实的、可被验证的和可被信任的特性；对传输信息来说，信息和信息源是正确的。也就是说，能够验证用户是否是他声称的那个人，以及系统的每个输入是否均来自可信任的信源。
- **可审计性（Accountability）**　这一安全目标要求通过实体的行为可以唯一追溯到该实体。这一属性支持不可否认性、阻止、故障隔离、入侵检测和预防、事后恢复，以及法律诉讼。由于真正安全的系统仍然是不可实现的，因此我们必须能够追查到对安全漏洞负有责任的一方。系统必须保留其活动的记录，以便以后进行取证分析，并追踪安全漏洞或解决争执。

### 1.1.2　信息安全的挑战

信息和网络安全既有趣又复杂，原因如下。

1. 安全对初学者而言并没有想象的那么简单。安全的要求看上去很直观；的确，对安全服务的大部分要求都可用含义不言自明的单词给出，如保密性、认证、不可否认性或完整性。但是，满足这些要求的机制非常复杂，理解它们需要缜密的推理能力。
2. 设计特别的安全机制或算法时，必须考虑针对这种安全功能的各种潜在攻击。很多情况下，攻击者是以完全不同的方式来看问题的，从而使得攻击取得成功，此时攻击通常利用了安全机制中未预料到的弱点。

3. 根据第二点可以看出，提供特定安全服务的方法并不直观。通常，安全机制比较复杂，从需求的陈述中并不能明显地看出是否需要如此精心设计的方法。只有考虑了威胁的各个方面，精心设计的安全机制才有意义。
4. 设计好各种安全机制后，接下来是确定在哪里使用这些安全机制，包括物理位置（如网络的什么地方需要某个安全机制）和逻辑位置（如放在 TCP/IP 这种网络协议的哪一层或哪几层）。
5. 安全机制所用的算法或协议通常不止一个。这些算法和协议要求参与者拥有一些秘密信息（如加密密钥），这就带来了与秘密信息的生成、分发和保护等相关问题。此时，可能需要使用通信协议来完成，而通信协议本身的一些行为可能会使安全机制的构建变得复杂。例如，如果安全机制的正确执行对发送方与接收方之间的消息传送时间有限制要求，并且任何协议和网络都存在不确定且不可预测的延迟，那么会使得这个时间限制变得毫无意义。
6. 计算机和网络安全本质上是一场入侵者和设计者（或管理员）之间的智力战争。入侵者要努力找到漏洞，而设计者或管理员则要努力封堵漏洞。入侵者的优势是只需要找到一个弱点，而设计者必须找到并根除所有弱点来获得完美的安全。
7. 多数用户和系统管理员都有一种倾向，即只在发生安全事件后才会意识到安全投资的收益。
8. 安全需要经常甚至连续地监管，而这在如今短期、超负荷的环境中是难以做到的。
9. 在绝大多数情况下，安全仍然是一种事后措施。安全可能是在系统设计完成后才被考虑增加到系统中的，而不是从一开始就作为整个系统设计过程的组成部分的。
10. 许多用户，甚至是安全管理员，认为强的安全不利于信息系统的高效工作，有碍于用户友好操作或对信息的使用。

随着针对各种安全威胁和机制的讨论的展开，在本书中我们还会遇到上面列举的各种困难。

## 1.2 OSI 安全架构

为了有效地评价一个机构的安全要求，并对各种安全产品和政策进行评价与选择，负责安全的管理员需要以某种系统的方法来定义安全要求，并描述满足这些要求的措施。在集中式数据处理环境下做到这一点非常困难，今天随着局域网和广域网的使用，这一问题变得更加复杂。

为此，ITU-T 推荐方案 X.800，即 OSI 安全架构，给出了一种系统化的定义方法。对安全人员来说，OSI 安全架构是提供安全的一种组织方法。而且，因为这个框架是作为国际标准开发的，所以许多计算机和通信服务商开发了与 OSI 安全架构的安全特性相适应的产品与服务。

对我们来说，OSI 安全架构实际上对本书涉及的许多概念做了抽象但非有用的综述。OSI 安全架构主要关注安全攻击、安全机制和安全服务，它们可以简要地定义如下。

1. **安全攻击** 任何危及信息系统安全的行为。
2. **安全机制** 用来检测、阻止攻击或从攻击状态恢复到正常状态的过程（或实现该过程的设备）。
3. **安全服务** 加强数据处理系统和信息传输的安全性的一种处理过程或通信服务，目的是利用一种或多种安全机制阻止攻击。

许多文献中通常使用术语“威胁”和“攻击”，它们的含义如下。

- **威胁** 具有破坏安全的潜在可能的任何情况或事件，这些破坏通过对信息系统的非授权访问、毁坏、泄露、消息篡改和/或拒绝服务，对组织运营（包括任务、智能、形象和声誉）、组织资产、个人、其他组织或国家产生不利影响。
- **攻击** 任何试图收集、破坏、拒绝、降级或破坏信息系统资源或信息本身的恶意活动。

后续三节将概述攻击、服务和机制的概念。图 1.2 中总结了所涵盖的这些关键概念。

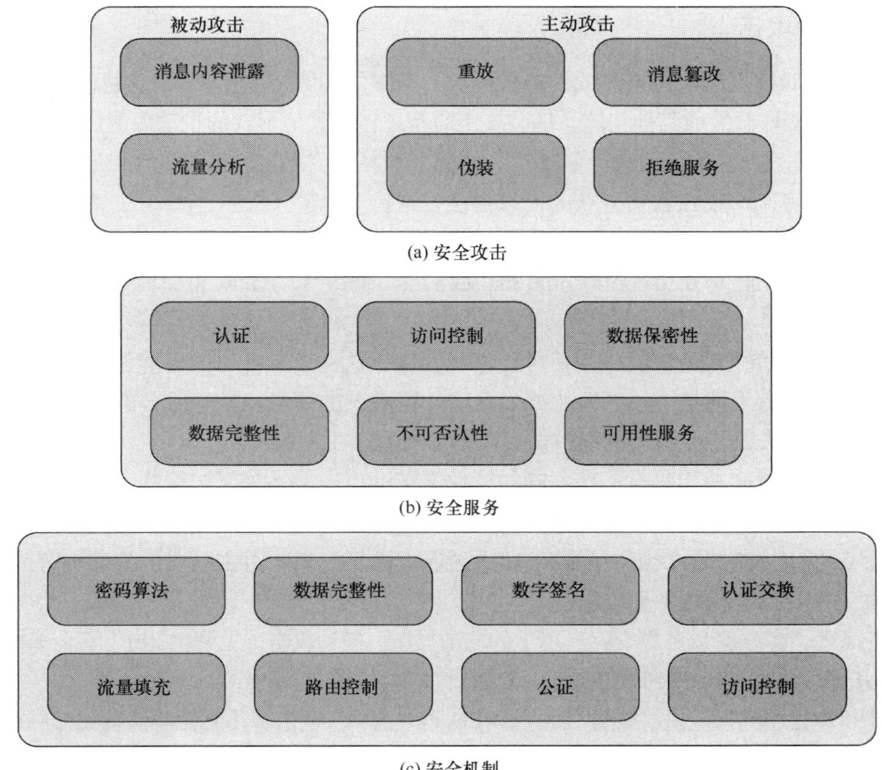

(a) 安全攻击

(b) 安全服务

(c) 安全机制

图 1.2　安全的关键概念

## 1.3　安全攻击

X.800 和 RFC 4949 都将攻击划分为被动攻击和主动攻击 [ 见图 1.2(a) ]。被动攻击试图获取或利用系统的信息但并不影响系统资源，主动攻击则试图改变系统资源或影响系统运行。

### 1.3.1　被动攻击

**被动攻击**的特性是对传输进行窃听和监测。攻击者的目标是获得传输的信息。信息内容泄露和流量分析都属于被动攻击。

信息内容泄露攻击很容易理解。电话、电子邮件消息和传输的文件都可能含有敏感或秘密的信息，我们希望能阻止攻击者获取这些传输的内容。

第二种被动攻击是流量分析，它有些微妙。假设我们使用方法隐藏了消息内容或其他信息流量，攻击者即使截获了消息也无法从消息中获得信息。加密是隐藏内容的常用技巧。但是，即使我们对消息进行了恰当的加密保护，攻击者仍然具有可能获取这些消息的一些模式。攻击者可以确定通信主机的身份和位置，可以观察到传输消息的频率和长度。攻击者可以利用这些信息来判断通信的某些性质。

被动攻击由于不涉及对数据的更改，因此很难被觉察。通常，信息流在被正常发送和接收时，收发双方都不会意识到第三方获取了消息或流量模式。但是，我们通常可以使用加密方法来阻止攻击者的这种攻击。因此，对于被动攻击，重点是预防而非检测。

### 1.3.2 主动攻击

**主动攻击**包括对数据流进行篡改或伪造数据流，具体分为伪装、重放、消息篡改和拒绝服务 4 类。

**伪装**是指某个实体假装成其他实体。伪装攻击通常还包含其他形式的主动攻击。例如，截获认证信息，并在认证信息完成合法验证后进行重放，无权限的实体就可冒充有权限的实体获得额外的权限。

**重放**是指攻击者未经授权就将截获的信息再次发送。

**消息篡改**是指未经授权地修改合法消息的一部分，或延迟消息的传输，或改变消息的顺序。例如，将消息“Allow John Smith to read confidential file accounts”修改为“Allow Fred Brown to read confidential file accounts”。

**拒绝服务**阻止或禁止对通信设施的正常使用或管理。这种攻击针对的可能是具体的目标。比如，某实体可能会查禁所有发向某个目的地（如安全审计服务）的消息。拒绝服务的另一种形式是破坏整个网络，或者使网络失效，或者使网络过载以降低其性能。

主动攻击与被动攻击相比具有一些不同的特性。被动攻击虽然难以被检测，但可以预防。相比之下，主动攻击难以绝对预防，因为这样做需要始终对所有通信设施和路径实施物理保护。因此，对于主动攻击，重点在于检测并从攻击造成的破坏或延迟中恢复过来。对主动攻击的检测有威慑作用，因此在某种程度上也有助于预防主动攻击。

图 1.3 中描述了客户端/服务器交互环境下的攻击类型。被动攻击［见图 1.3(b)］不会干扰客户端和服务器之间的信息流，但能够观察到该信息流。

伪装攻击可以是中间人攻击［见图 1.3(c)］。在这类攻击中，攻击者将服务器伪装成客户端及将客户端伪装成服务器来截获信息。后续章节中将给出这种攻击在密钥交换和分发协议（见第 10 章和第 14 章）及消息认证协议（见第 11 章）中的具体应用。一般来说，中间人攻击可用于模拟合法通信的两方。图 1.3(d) 中给出了伪装的另一种形式，即攻击者通过伪装成授权用户来访问服务器资源。

数据篡改也可能涉及**中间人攻击**，攻击者选择性地篡改客户端和服务器之间的通信数据［见图 1.3(c)］。数据篡改攻击的另一种形式是，在攻击者获得未经授权的访问后，对驻留在服务器或其他系统上的数据进行篡改［见图 1.3(d)］。

图 1.3(e)中说明了重放攻击。与被动攻击一样，攻击者不干扰客户端和服务器之间的信息流，但会捕获客户端消息。然后，攻击者可将任何客户端消息重放到服务器。

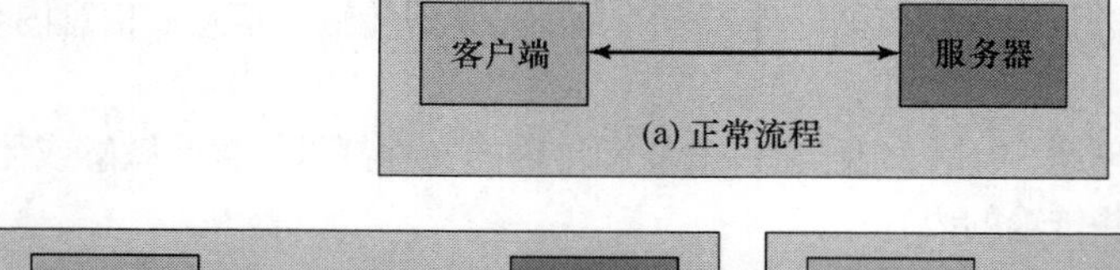

(a) 正常流程

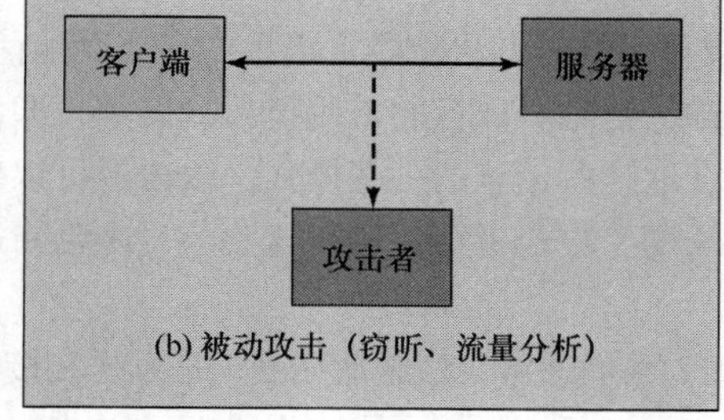

(b) 被动攻击（窃听、流量分析）

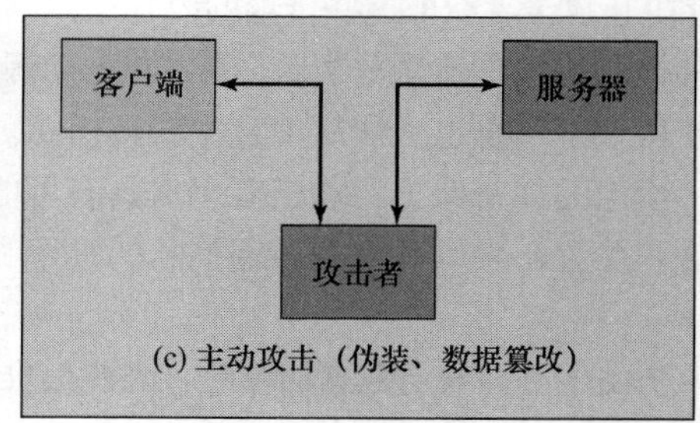

(c) 主动攻击（伪装、数据篡改）

图 1.3 安全攻击

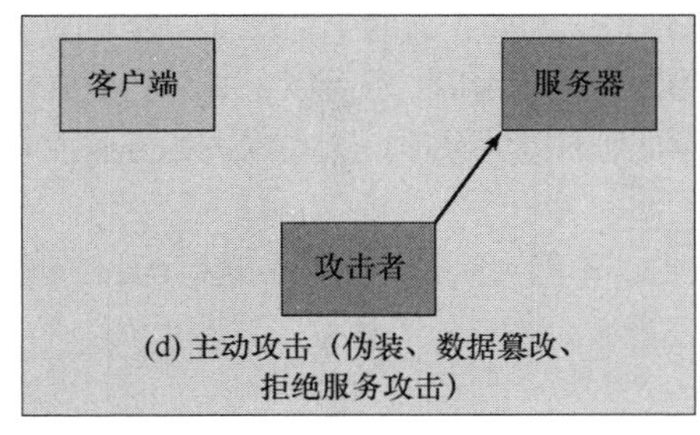

(d) 主动攻击（伪装、数据篡改、拒绝服务攻击）

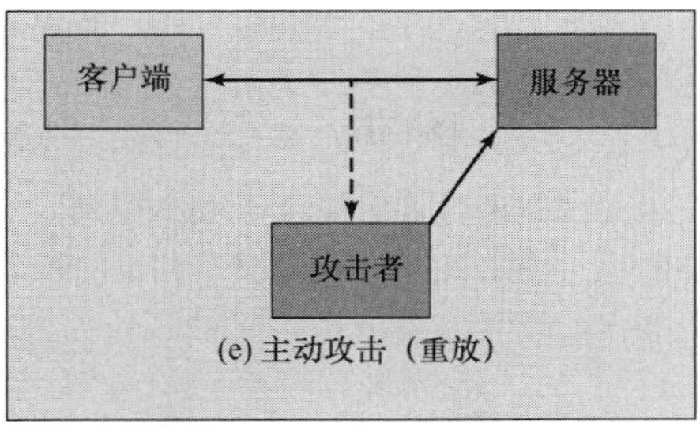

(e) 主动攻击（重放）

图 1.3　安全攻击（续）

图 1.3(d)中还说明了客户端/服务器环境下拒绝服务的情况。拒绝服务采取两种形式：（1）用大量数据淹没服务器；（2）在服务器上触发一些消耗大量计算资源的动作。

## 1.4　安全服务

安全服务是支持一个或多个安全需求（保密性、完整性、可用性、真实性和可审计性）的功能。安全服务通过安全机制来实现安全策略。

图 1.2(b)中给出了一些最重要的安全服务。下面逐类进行讨论[①]。

### 1.4.1　认证

**认证**服务用以保证通信的真实性。在单条消息的情况下，如一条警告或一个报警信号，认证服务功能向接收方保证消息确实来自其所声称的发送方。对正在进行的通信，如终端和主机连接，会涉及发送方和接收方两个主体。首先，在连接的初始化阶段，认证服务保证两个实体是可信的，也就是说，每个实体都是其声称的实体。其次，认证服务必须保证该连接不受第三方干扰，这种干扰是指第三方伪装成两个合法实体中的一个进行非授权传输或接收。

X.800 还定义了以下两个特殊的认证服务。

1. **对等实体认证**　为连接中的对等实体提供身份确认。若两个实体在不同的系统中实现相同的协议，则它们被视为对等实体。例如，分别位于两个通信系统中的两个 TCP 模块。对等实体认证用于连接的建立或数据传输阶段。这个服务希望提供这样的保证：一个实体未试图进行伪装或对以前的连接进行非授权重放。
2. **数据源认证**　为数据的来源提供确认，对数据的复制或修改并不提供保护。这种服务支持电子邮件这样的应用，在这种应用的背景下，通信实体在通信前未预先进行交互。

### 1.4.2　访问控制

在网络安全中，访问控制是指限制和控制那些通过通信连接对主机与应用进行访问的能力。因此，每个试图获得访问控制的实体必须被识别或认证后才能获取相应的访问权限。

### 1.4.3　数据保密性

保密性是指防止传输的数据遭到被动攻击。数据传输的保护可以分成不同的层级。最广泛的服务

① 信息安全领域的许多术语在文献中尚未达成一致的认识。例如，术语“完整性”经常用于信息安全的所有领域。术语“认证”有时被用作身份识别和本章列出的完整性的各种功能。本书中的术语与 X.800 中的一致。

在一段时间内为两个用户间传输的所有用户数据提供保护。例如，若两个系统之间建立了 TCP 连接，则这种广泛的保护将防止在 TCP 连接上传输的任何用户数据的泄露。也可以定义一种范围较窄的保密性服务，可以是对单条消息或对单条消息内某个特定的范围提供保护。这些改进的方法没有广泛的方法有用，甚至实现起来可能更复杂，成本更高。

保密性的另一个方面是防止流量分析。这要求攻击者不能观察到消息的源地址与目的地址、频率、长度或通信设施上的其他流量特征。

### 1.4.4 数据完整性

与保密性一样，完整性可以应用于消息流、单条消息或消息的指定部分。同样，最有用、最直接的方法是对整个数据流提供保护。

面向连接的完整性服务（用于处理消息流）保证收到的消息和发出的消息是一致的，保证消息未被复制、插入、修改、重新排序或重放。该服务还涉及对数据的破坏。因此，面向连接的完整性服务需要处理消息流的修改和拒绝服务两个问题。另一方面，无连接完整性服务（处理单条消息而不考虑任何上下文）通常只提供防止消息被修改的保护。

完整性服务还可分为可恢复服务和不可恢复服务。因为完整性服务和主动攻击有关，因此我们更关心检测而非阻止攻击。如果检测到完整性遭到破坏，那么服务可以简单地报告这种破坏，并通过软件的其他部分或人工干预来恢复被破坏的部分。也可以使用一些机制来恢复数据完整性，我们将在后文中看到。通常，自动恢复机制是一种更有吸引力的选择。

### 1.4.5 不可否认性

不可否认性防止发送方或接收方否认传输或接收过某条消息。因此，消息发出后，接收方能证明消息是由声称的发送方发出的。同样，消息接收后，发送方能够证明消息确实由声称的接收方收到。

### 1.4.6 可用性服务

可用性是系统的属性，或者是根据系统的性能说明，经授权的系统实体请求访问和使用的系统资源（即当用户请求服务时，若系统能够提供符合系统设计的这些服务，则系统是可用的）。很多攻击会导致可用性的损失或降级。对某些攻击，可以通过一些自动防御措施，如认证、加密来防止。而对其他一些攻击，则需要使用一些物理措施来阻止或恢复分布式系统中可用性被破坏的那部分功能。

X.800 将可用性视为与多种安全服务相关的性质。但是，单独说明可用性服务是有意义的。可用性服务确保系统的可用性。这种服务处理由拒绝服务攻击导致的安全问题。它依赖于对系统资源的恰当管理和控制，因此也依赖于访问控制服务和其他安全服务。

## 1.5 安全机制

图 1.2(c)中列出了本书中讨论的最重要的安全机制。后文中将详述这些机制，这里先不展开，只给出如下的简单介绍。

- **密码算法** 我们可以区分可逆密码机制和不可逆密码机制。可逆加密机制只是一种加密算法，它首先对数据进行加密，然后解密。不可逆加密机制包括哈希算法和消息认证码，这些算法在数字签名和消息认证应用中使用。
- **数据完整性** 涵盖各种用于确保数据单元或数据单元流的完整性的机制。

- **数字签名**　附加到数据单元或对数据单元进行密码转换的数据，可让数据单元的接收方证明数据单元的来源和完整性，以防止伪造。
- **认证交换**　一种旨在通过信息交换来确认实体身份的机制。
- **流量填充**　在数据流空隙中插入若干位以使阻止流量分析的方法。
- **路由控制**　允许为某些数据选择特定的物理或逻辑安全路由，并允许更改路由，尤其是在怀疑安全性受到破坏时。
- **公证**　使用可信的第三方来确保数据交换的某些属性。
- **访问控制**　执行对资源的访问权限的各种机制。

## 1.6　密码学

**密码学**是数学的一个分支，它涉及数据的变换。在信息安全和网络安全中使用加密算法的方式有多种。密码学是安全存储和数据传输以及各方之间安全交互的重要组成部分。本书的第二部分到第五部分将专门讨论密码学，这里先给出简短的概述。

加密算法可以分为三类（见图 1.4）。

- **无密钥**　密码转换中不使用任何密钥。
- **单密钥**　转换的结果是输入数据和单个密钥（称为秘密密钥）的函数。
- **双密钥**　在计算的不同阶段，使用两个不同但相关的密钥，这两个密钥分别被称为私钥和公钥。

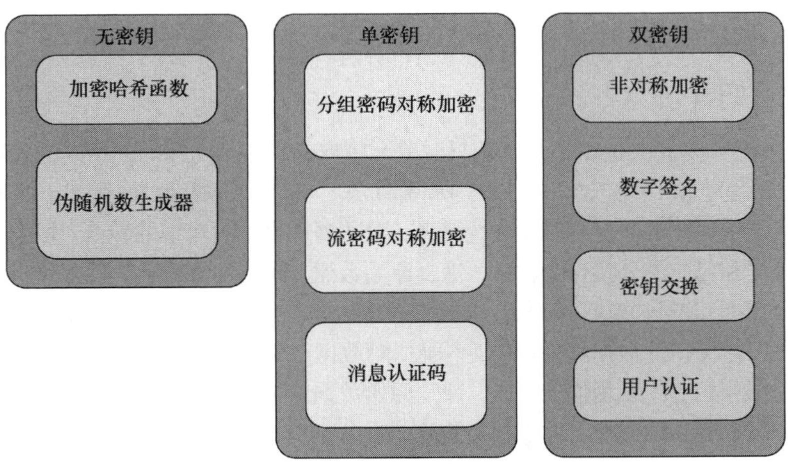


图 1.4　加密算法

### 1.6.1　无密钥算法

无密钥算法是确定性函数，它具有对密码有用的某些特性。

无密钥算法的一种重要类型是加密哈希函数。哈希函数将变长的文本转换为一个小的定长值，后者称为哈希值、哈希码或摘要。**加密哈希函数**是一种具有额外属性的函数，它可以用作另一种加密算法的一部分，如消息认证码或数字签名。

**伪随机数生成器**产生确定性的、看起来像是真正的随机序列的数字序列或位序列。虽然序列看上去不存在任何固定的模式，但它会在一定的序列长度之后重复。尽管如此，这种随机序列对于某些密码学目的也已足够。

### 1.6.2 单密钥算法

单密钥加密算法依赖于一个密钥的使用。这个密钥可能只有一个用户知晓，如数据创建者使用该密钥保护其存储的数据。通常，通信双方会共享一个密钥来保护彼此之间的通信。对一些特定的应用，两方以上的用户可以共享同一个密钥。在最后这种情形下，该算法可保护数据免受共享密钥的组外人员的攻击。

使用单一密钥的加密算法被称为**对称加密算法**。在对称加密中，加密算法将要保护的数据和一个密钥作为输入，对这些数据产生难以理解的转换。对应的解密算法将转换的数据和同一个密钥作为输入，恢复原始的数据。对称加密的形式如下。

- **分组密码** 分组密码将数据按一系列分组（块）进行处理。典型的分组大小为 128 位。大多数分组密码中的操作模式使得数据的转换不仅取决于当前数据的分组和密钥，而且取决于先前分组的内容。
- **流密码** 流密码以位序列的形式对数据进行操作。比较典型的方式是使用异或运算逐位转换。与分组密码一样，转换依赖于密钥。

另一种单密钥加密算法是**消息认证码**（Message Authentication Code, MAC）。MAC 是关联数据分组或消息的一个数据单元。MAC 使用密钥的加密转换生成，该转换通常是消息的加密哈希函数。MAC 的设计使得拥有密钥的人可以验证消息的完整性。因此，MAC 算法将消息和密钥作为输入，并且生成 MAC。消息的接收方可以对消息执行相同的计算；若算出的 MAC 与消息附带的 MAC 匹配，则可以确保该消息未被篡改。

### 1.6.3 双密钥算法

双密钥算法使用两个相关的密钥。私钥只对单个用户或实体是已知的，相应的公钥对许多用户是公开的。使用双密钥的加密算法被称为**非对称加密算法**。非对称加密可以按照如下两种方式使用。

1. 加密算法以被保护的数据和私钥作为输入，对数据产生不可辨识的转换。相应的解密算法将转换后的数据和对应的公钥作为输入，恢复原始数据。在这种方式下，只有私钥拥有者才能执行加密，公钥拥有者只能执行解密。
2. 加密算法以被保护的数据和公钥作为输入，对数据产生不可辨识的转换。相应的解密算法将转换后的数据和相应的私钥作为输入，恢复原始数据。在这种方式下，任何公钥拥有者都可以执行加密，但只有私钥拥有者才能执行解密。

非对称加密的应用很多。最重要的应用之一是**数字签名算法**。数字签名使用加密算法算出的值，并与数据对象相关联，以使数据的任何接收方都可使用签名来验证数据的来源与完整性。通常，数据对象的签名者使用其私钥来生成签名，拥有相应公钥的任何人都可以验证签名的有效性。

非对称加密算法还有其他两类重要的应用：**密钥交换**，即在两方或多方之间安全地分发一个对称密钥；**用户认证**，即对尝试访问应用程序或服务的用户身份进行身份认证，类似地，要对应用程序或服务的真实性进行身份认证。这些概念将在后续章节中详细解释。

## 1.7 网络安全

网络安全是一个广义术语，它涵盖网络通信路径的安全、网络设备的安全及连接到网络的设备的安全（见图 1.5）。

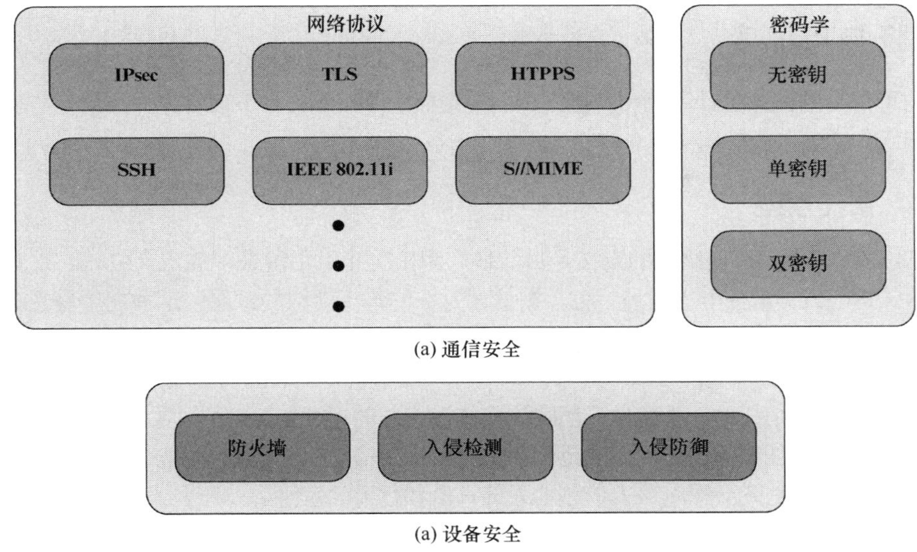


图 1.5　网络安全的关键要素

## 1.7.1　通信安全

在网络安全环境下，通信安全涉及对网络通信的保护，包括针对被动攻击和主动攻击进行防护的措施（见图 1.3）。

通信安全主要使用网络协议来实现。网络协议由控制网络中各点之间数据传输和接收的格式与过程组成。协议定义了各个数据单元（如数据包）的结构及管理数据传输的控制命令。

关于网络安全，安全协议可以是现有协议或独立协议的一部分的增强。前者的示例如 IPsec[Internet 协议（IP）的一部分] 和 IEEE 802.11i（IEEE 802.11 Wi-Fi 标准的一部分），后者的示例如传输层安全性（TLS）和安全外壳（SSH）。第六部分将研究这些协议和其他安全网络协议。

所有这些协议的一个共同特征是，使用许多加密算法作为提供安全性机制的一部分。

## 1.7.2　设备安全

网络安全的另一方面是保护网络设备（如路由器和交换机）及连接到网络的终端系统（如客户端和服务器）。主要的安全问题是入侵者可以访问系统来执行未经授权的操作，植入恶意软件，或者耗尽系统资源以降低系统的可用性。三类主要的设备安全如下。

- **防火墙**　一种硬件和/或软件功能，可以根据特定的安全策略限制网络与连接到网络的设备之间的访问。防火墙充当过滤器，使用基于流量内容和/或流量模式的一组规则来允许或拒绝传入和传出的数据流量。
- **入侵检测**　硬件或软件产品，可以收集和分析计算机或网络中各个区域的信息，以便查找试图以未经授权的方式访问系统资源的尝试，并提供实时或接近实时的警告。
- **入侵防御**　旨在检测入侵活动并尝试停止该活动的硬件或软件产品，最好是在入侵活动到达攻击目标之前进行阻止。

这些设备安全功能与网络安全相比，与计算机安全领域关系更紧密。因此，在第六部分中，相比通信安全，对设备安全的讨论要概略得多。有关设备安全的详细讨论请参阅文献[STAL18]。

# 1.8 信任与可信度

信任与可信度的概念是计算机和网络安全的关键概念[SCHN91]。下面首先介绍信任与可信度的通用模型，然后将这些概念应用于信息安全主题。

## 1.8.1 信任模型

文献[MAYE95]中对信任给出的定义是目前最广为接受和引用得最多的定义之一。它对信任的定义如下：信任是一方（信任方）对另一方（被信任方）的基于期望的意愿，这种期望易受被信任方行为的影响。信任方的期望不管是否被监视或被控制，被信任方都会执行对信任方重要的特定操作。

与信任模型相关的三个概念如下。

- **可信度** 实体信任的一个特性，反映该实体被信任的程度。
- **信任倾向** 信任倾向是在广泛的范围和信任目标中信任他人的趋势。这表明每个人都有一定程度的信任度，因此会影响该人依赖他人的言语和行为的意愿。
- **风险** 衡量实体受到潜在情况或事件威胁的程度。通常可以用一个函数表示，该函数有两个参数，包括：（1）情况或事件发生产生的不利影响；（2）发生的可能性。

改编自文献[MAYE95]的图 1.6 显示了这些概念之间的关系。信任是信任方的信任倾向和被信任方的可信度的函数。信任倾向也可以表示为实体（个人或组织）准备承受的风险级别。

通常，信任方使用多个因素来建立对实体的信任度，其中以下三个因素是被经常提及的。

- **能力**（Ability） 也称技能（Competence），它与被评估实体执行给定任务或被委托给定信息的潜能有关。
- **善意**（Benevolence） 指被信任方对信任方的善意处置意向。也就是说，值得信赖的一方无意对该信赖方造成损害。
- **完整性**（Integrity） 定义为信任方对被信任方遵守其认为可以接受的一组原则的看法。完整性意味着善意的一方采取这种措施是必要的，以确保它不会对信任方造成损害。

在图 1.6 所示的信任模型中，信任的目标是确定信任方相对被信任方愿意采取的行动方式（如果有的话）。根据信任级别和感知到的风险，信任方可以决定采取某种程度的冒险措施。冒险的结果可能依赖于被信任方执行的某些操作，或依赖于向信任方披露的信息，且该信息会受到双方约定好的保护。

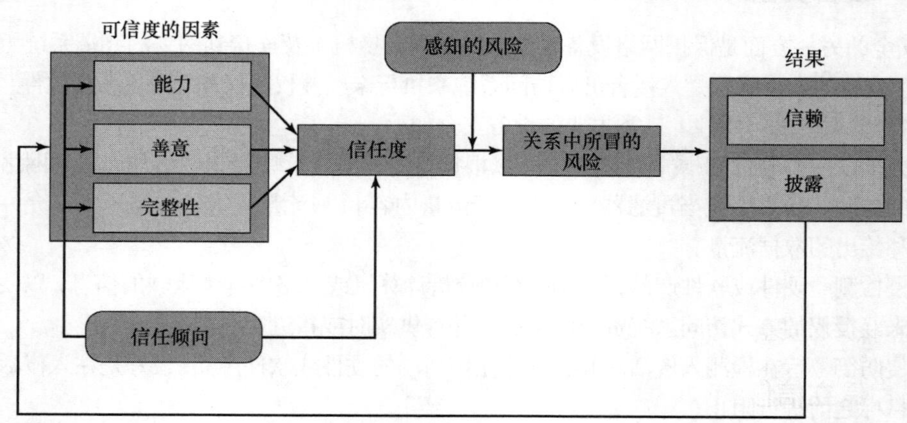


图 1.6 信任模型

### 1.8.2　信任模型和信息安全

信任是指对实体以不损害由其组成的系统的用户安全的方式执行的信心。信任始终限于特定的功能或行为方式，并且仅在安全策略的上下文中才有意义。通常，当我们说一个实体（第一个实体）信任另一个实体（第二个实体）时，指的是这个实体（即前述的第二个实体）的行为与第一个实体期望的一致。在这种情况下，术语“实体”可以是一个硬件组件或软件模块，通过品牌和型号标识的设备，站点或位置，或组织。

**个人的可信度**　组织包括内部用户（雇员、现场承包商）及其信息系统的外部用户（客户、供应商）。对于内部用户，组织需要根据如下两方面的政策为他们授权信任层级[STAL19]。

- **人力资源安全**　安全实践表明，信息安全要求嵌入员工雇用期的每个阶段，要说明员工入职、日常管理和离职期间的安全相关动作。人力资源安全还要明确信息的拥有者（包括保护信息的责任），以便雇员确实能够理解和接受。
- **安全意识和培训**　向包括 IT 员工、IT 安全员工、管理员、IT 用户和其他雇员在内的所有雇员传播安全信息。具有较高安全意识和经过适当安全培训的全体员工非常重要。

对于外部用户，信任取决于环境。一般来说，感受到的信任因素和信任者的倾向决定了信任的层级，如图 1.6 所示。此外，信任是双向的。也就是说，不仅组织要确定对外部用户的信任层级，而且外部用户也要关心其对所用信息资源的信任度。这种互信涉及许多实际的后果，包括使用公钥基础设施和用户身份认证协议。这些内容将在第五部分详细介绍。

**组织的可信度**　大多数组织或多或少地依赖于信息系统服务、外部组织提供的信息及合作伙伴来完成任务和业务职能。例如，云服务提供商和公司构成了组织供应链的一部分。为了管控风险，组织必须与这些外部组织建立信任关系。NIST SP 800-39（*Managing Information Security Risk*，2011 年 3 月）指出，这种信任关系可以是：

- 在合同、服务级别协议、工作说明、协议/谅解备忘录或互连安全协议中记录与信任有关的信息而正式建立的。
- 可扩展的、组织间的或组织内的。
- 两个伙伴之间的简单（双边）关系或许多不同伙伴之间的更复杂的多对多关系。

建立和维护信任的要求取决于：任务/业务要求，信任关系涉及的参与者，共享信息的关键性/敏感性或提供的服务类型，组织之间的历史记录，以及参与组织的总体风险。

与个人一样，与组织相关的信任也涉及使用公钥基础设施和用户身份认证，以及第六部分中描述的网络安全措施。

**信息系统的可信度**　SP 800-39 将信息系统的可信度定义为期望信息系统（包括构建系统所依据的信息技术产品）在多大程度上保持所处理、存储或传输的信息在各种威胁情况下的保密性、完整性和可用性。影响信息系统可信度的两个因素是：

- **安全功能**　系统内使用的安全特性/功能，包括本书中讨论的密码和网络安全技术。
- **安全保证**　对安全功能在其应用中发生效用有信心的理由。此领域通过安全管理技术来保证，如审核并将安全考虑因素纳入系统开发生命周期[STAL19]。

### 1.8.3　建立信任关系

组织用于与各个实体建立信任关系的方法取决于多种因素，如法律法规、风险承受能力及关系的重要性和敏感性。SP 800-39 中描述了以下方法：

- **验证的信任**　信任是基于信任组织获得的有关受信任组织或实体的证据。这些信息包括信息安全策略、安全措施和监督级别。例如，一个组织开发应用程序或信息系统并向另一个组织提供证据（如安全计划、评估结果），以证明其开发的应用程序/系统满足安全要求，和/或说明使用了适当的安全控制措施。
- **直接历史信任**　这种类型的信任基于组织展示的与安全相关的历史记录，特别是在与寻求建立信任的组织的交互过程中的历史记录。
- **中介信任**　中介信任涉及使用由两方相互信任的第三方，由第三方为前两方之间的给定信任水平提供保证。这种建立信任的形式的一个例子是使用公钥证书颁发机构，详见第 14 章。
- **强制信任**　一个组织根据第三方在具有权威地位的特定授权下建立与另一个组织的信任级别。例如，组织可以被赋予一组组织颁发公共密钥证书的责任和权力。一个组织可能会使用这些方法的组合来与许多其他实体建立关系。

## 1.9 标准

本书中描述的许多安全技术和应用程序已成了标准。此外，已颁布的标准还涵盖了管理实践及安全机制和服务的总体架构。本书描述了在密码学和网络安全各方面正在使用的或正在开发的重要标准。很多组织都参与了这些标准的制定和推广，其中（目前）最重要的组织如下。

- **美国国家标准与技术研究所（NIST）**　NIST 是美国的一个联邦机构，它致力于与美国政府使用和促进美国私营部门创新有关的测量科学、标准与技术。除在本国范围内的影响力外，NIST 联邦信息处理标准（FIPS）和特别出版物（SP）还具有全球影响力。
- **因特网协会（Internet Society，ISOC）**　ISOC 是一个具有全球组织和个人会员资格的专业会员协会。它在解决未来因特网面临的问题方面发挥领导作用，是负责因特网基础设施标准的小组［其中包括因特网工程任务组（IETF）和因特网架构委员会（IAB）］的组织机构。这些组织开发了因特网标准及相关规范，所有这些标准和规范都以征求意见书（RFC）的形式发布。
- **ITU-T**　国际电信联盟（ITU）是联合国系统（各国政府和私营部门协调全球电信网络和服务的一个组织）内的一个国际组织，国际电信联盟电信标准化部门（ITU-T）是国际电信联盟的三个部门之一，其任务是制定涵盖所有电信领域的技术标准，ITU-T 的标准被称为建议书。
- **ISO**　国际标准化组织（ISO①）是由全球 140 多个国家的国家标准机构组成的全球联盟（每个国家一个）。ISO 是一个非政府组织，致力于促进标准化和相关活动的发展，促进商品和服务的国际交流，并以此促进智能、科学、技术和经济活动领域的发展与合作。ISO 的工作产生了很多已作为国际标准发布的国际协议。

## 1.10 关键术语、思考题和习题

### 关键术语

| | | | |
|---|---|---|---|
| 访问控制 | 非对称加密算法 | 认证 | 真实性 |
| 主动攻击 | 攻击 | 认证交换 | 可用性 |

① ISO 不是缩写（若为缩写，应写为 IOS），而是一个从希腊语延伸过来的单词，意思是“等于”。

| | | | |
|---|---|---|---|
| 分组密码 | 窃听 | 网络安全 | 安全服务 |
| 保密性 | 加密 | 公证 | 单密钥算法 |
| 加密哈希函数 | 防火墙 | OSI 安全架构 | 流密码 |
| 密码学 | 信息安全 | 被动攻击 | 对称加密算法 |
| 网络空间安全 | 入侵检测 | 对等实体认证 | 系统完整性 |
| 数据认证性 | 入侵防御 | 隐私 | 威胁 |
| 数据保密性 | 密钥交换 | 伪随机数生成器 | 信任 |
| 数据完整性 | 无密钥算法 | 重放 | 信任关系 |
| 数据源认证 | 中间人攻击 | 路由控制 | 可信度 |
| 拒绝服务 | 伪装 | 安全攻击 | 双密钥算法 |
| 数字签名算法 | 消息认证码 | 安全机制 | 用户认证 |

## 思考题

**1.1** 什么是 OSI 安全架构?

**1.2** 被动安全威胁与主动安全威胁有何区别?

**1.3** 列出并简要定义被动安全攻击与主动安全攻击的种类。

**1.4** 列出并简要定义安全服务的种类。

**1.5** 列出并简要定义安全机制的种类。

**1.6** 列出并简要定义基本的安全设计准则。

**1.7** 概述三种加密算法。

**1.8** 概述网络安全的两个主要要素。

**1.9** 简要解释信任与可信度的概念。

## 习题

**1.1** 考虑一台自动取款机（ATM），用户通过提供个人认证码（PIN）和银行卡来访问账户。给出该系统的保密性、完整性等安全要求，并针对每个安全要求给出重要性程度。

**1.2** 以电话交换系统为例重做习题 1.1。电话交换系统根据呼叫者呼叫的电话号码通过交换网络路由呼叫。

**1.3** 考虑一个为各种组织生成文档的桌面发布系统:

**a**. 请给出一种发布类型的例子，要求存储数据的保密性是最重要的。

**b**. 请给出一种发布类型的例子，要求存储数据的完整性是最重要的。

**c**. 请给出一个例子，此时对系统可用性的要求是最重要的。

**1.4** 对于下面的资产，发生保密性、可用性和完整性损失时，对其产生的影响划分低级、中级和高级，并陈述理由。

**a**. 在自己的网络服务器上管理公开信息的组织。

**b**. 执法机构管理极端敏感的调查信息。

**c**. 金融机构管理例行的行政信息（非隐私信息）。

**d**. 合同签订机构的大单订购信息系统包含敏感、预投标阶段的合同信息和例行的行政信息。分别评价这两份信息资产的影响情况及整个信息系统的影响情况。

**e**. 发电厂包含 SCADA（监管控制和数据获取）系统，它负责为军事设施提供电力。SCADA 系统中包含实时传感器数据和例行的行政信息。分别评价这两份信息资产的影响及整个信息系统的影响。

**1.5** 阅读一些计算机安全相关的经典文献会有帮助。这些资料可让我们从历史角度来欣赏当前的成果并引发思考。这些资料包括：

— Browne, P. "Computer Security – A Survey." *ACM SIGMIS Database*, Fall 1972.

— LAMP04 Lampson, B. "Computer Security in the Real World," *Computer*, June 2004.

— Saltzer, J., and Schroeder, M. "The Protection of Information in Computer Systems." *Proceedings of the IEEE*, September 1975.

— Shanker, K. "The Total Computer Security Problem: An Overview." *Computer*, June 1977.

— Summers, R. "An Overview of Computer Security." *IBM Systems Journal*, Vol. 23, No. 4, 1984.

— Ware, W., *ed. Security Controls for Computer Systems*. *RAND Report 609-1*. October 1979.

阅读所有这些论文。这些文件可自 box.com/Crypto8e 获取。撰写一份 500 ~ 1000 字的论文（或 8 ~ 12 页 PowerPoint 演示文稿），总结这些论文中出现的关键概念，并指出这些论文中共有的概念。

# 第2章　数论基础

**学习目标**

- 理解整除性和带余除法的概念。
- 理解如何用欧几里得算法求最大公约数。
- 了解模运算的概念。
- 解释扩展欧几里得算法的用法。
- 讨论素数的主要概念。
- 理解费马定理。
- 理解欧拉定理。
- 掌握欧拉函数。
- 理解素性测试的要点。
- 解释中国剩余定理。
- 掌握离散对数。

在加密算法中，数论的应用非常广泛。为了让读者理解数论在密码学中的应用，本章提供广度和深度都足够的数论相关知识。熟悉这些内容的读者可略过本章。

前三节介绍数论中有限域的基本概念，包括整除、欧几里得算法和模运算。读者既可以现在学习这些章节，又可以等到第5章介绍有限域时学习。

2.4节至2.8节讨论有关素数和离散对数的相关数论知识。这些知识是设计非对称（公钥）加密算法的基础。读者既可以现在学习这些内容，又可以等到介绍第三部分时学习。

数论中的概念和技术都很抽象，没有例子很难直观地理解它们。因此，本章包含了大量的例子。

## 2.1　整除性和带余除法

### 2.1.1　整除性

设 $a, b, m$ 均为整数，若存在某个数 $m$ 使得 $a = mb$ 成立，则称非零数 $b$ **整除** $a$。换言之，若 $b$ 除 $a$ 没有余数，则认为 $b$ 整除 $a$。$b$ 除 $a$ 通常用 $b|a$ 来表示。同时，若 $b|a$，则称 $b$ 是 $a$ 的一个**因子**。

> 24的正因子有1, 2, 3, 4, 6, 8, 12和24
>
> $13|182$; $-5|30$; $17|289$; $-3|33$; $17|0$

随后，我们将用到整数整除的一些简单性质，如下所示：

- 若 $a|1$，则 $a = \pm 1$。
- 若 $a|b$ 且 $b|a$，则 $a = \pm b$。

- 任何不等于零的数整除 0。
- 若 $a\mid b$ 且 $b\mid c$，则 $a\mid c$。

> 11|66 且 66|198 ⇒ 11|198

- 对任意整数 $m, n$，若 $b\mid g$ 且 $b\mid h$，则 $b\mid(mg+nh)$。

之所以得出最后一条结论，是因为

- 若 $b\mid g$，则存在整数 $g_1$，使得 $g$ 可以表示为 $g=b\times g_1$。
- 右 $b\mid h$，则存在整数 $h_1$，使得 $h$ 可以表示为 $h=b\times h_1$。

所以

$$mg+nh=mbg_1+nbh_1=b\times(mg_1+nh_1)$$

得出 $b$ 整除 $mg+nh$。

> $b=7; g=14; h=63; m=3; n=2$
> 7 | 14 且 7 | 63
> 要证明 7 | (3×14 + 2×63)
> 有(3×14 + 2×63) = 7×(3×2 + 2×9)
> 显然有 7 | (7×(3×2+2×9))

### 2.1.2 带余除法

对给定的任意正整数 $n$ 和任意非负整数 $a$，若用 $n$ 除 $a$，得到整数商 $q$ 和整数余数 $r$，则满足以下关系式：

$$a=qn+r,\quad 0\leqslant r<n;\ q=\lfloor a/n\rfloor \tag{2.1}$$

式中，$\lfloor x\rfloor$表示小于等于 $x$ 的最大整数。式（2.1）称为带余除法[①]。

图 2.1(a)表明，对于给定的任意 $a$ 和正整数 $n$，总可找到满足上述关系的 $q$ 和 $r$。在数轴上表示整数时，$a$ 一定落在轴上的某处（正数 $a$ 的情况如图 2.1 所示，类似地，$a$ 也可为负数）。从 0 开始，依次为 $n$, $2n$，直到 $qn$，使得 $qn\leqslant a$ 且 $(q+1)n>a$，其中 $qn$ 到 $a$ 的距离为 $r$。这样，就得到了唯一的 $q$ 和 $r$。余数 $r$ 通常称为剩余数。

> $a=11; n=7; 11=1\times7+4; r=4, q=1$
> $a=-11; n=7; -11=(-2)\times7+3; r=3, q=-2$
> 图 2.1(b)提供了另外一个例子

0　n　2n　3n　qn　a　(q + 1)n　n　r

(a) 一般关系式

图 2.1　关系式 $a=qn+r$，$0\leqslant r<n$

① 式（2.1）的表示更像一个定理而非算法，但依照传统，它仍被称为带余除法。

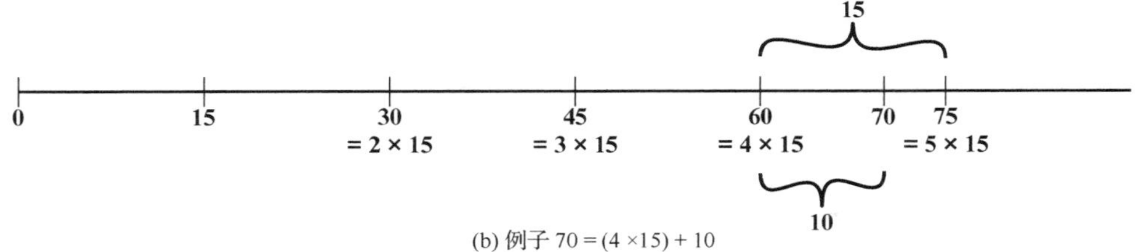


(b) 例子 70 = (4 ×15) + 10

图 2.1　关系式 $a = qn + r$，$0 \leqslant r < n$（续）

## 2.2　欧几里得算法

欧几里得算法是数论中的一个最基本的技巧，它可以简单地求出两个正整数的最大公因子。首先，我们需要一个简单的定义：两个整数是**互素**的，当且仅当它们只有一个正整数公因子 1。

### 2.2.1　最大公因子

前面讲过，对整数 $a, b, m$，若存在 $m$ 满足 $a = mb$，则称非零整数 $b$ 是 $a$ 的一个因子。用 $\gcd(a, b)$ 表示 $a$ 和 $b$ 的**最大公因子**（GCD）。$a$ 和 $b$ 的最大公因子是能同时整除 $a$ 和 $b$ 的最大整数。另外，定义 $\gcd(0, 0) = 0$。

更正式的描述是，正整数 $c$ 称为 $a$ 和 $b$ 的最大公因子，若

**1**．$c$ 是 $a$ 和 $b$ 的因子。

**2**．$a$、$b$ 的公因子都是 $c$ 的一个因子。

另一个等效的定义如下：

$$\gcd(a, b) = \max[k, \text{ 满足 } k|a \text{ 且 } k|b]$$

因为要求最大公因子必须是正数，所以 $\gcd(a, b) = \gcd(a, -b) = \gcd(-a, b) = \gcd(-a, -b)$，一般来说，$\gcd(a, b) = \gcd(|a|, |b|)$。

> $\gcd(60, 24) = \gcd(60, -24) = 12$

同样，因为零可被所有的非零整数整除，所以有 $\gcd(a, 0) = |a|$。

我们说整数 $a, b$ 互素，当且仅当它们只有一个正整数公因子 1。也就是说，若 $\gcd(a, b) = 1$，则 $a$、$b$ 互质。

> 8 和 15 互质，因为 8 的正整数因子为 1, 2, 4 和 8，而 15 的正整数因子为 1, 3, 5 和 15，所以 1 是它们唯一的公因子。

### 2.2.2　求最大公因子

下面描述一个由欧几里得发明的算法，它可以简单地求出两个整数的最大公因子（见图 2.2），在密码学中的意义广泛。该算法的阐述分为以下几点。

**1**．假设我们需要求出整数 $a$ 和 $b$ 的最大公因子 $d$，即求 $d = \gcd(a, b)$；因为 $\gcd(|a|, |b|) = \gcd(a, b)$，所以这里可以假定 $a \geqslant b > 0$ 。

**2**．使用带余除法，$b$ 除 $a$ 可以表示为

$$a = q_1 b + r_1, \qquad 0 \leqslant r_1 < b \tag{2.2}$$

**3**. 首先考虑$r_1 = 0$的情况。可知 $b$ 整除 $a$，且 $a$ 和 $b$ 的公因子中不存在比 $b$ 更大的数。因此有 $d = \gcd(a,b) = b$ 。

**4**. 式（2.2）的另一种情况是$r_1 \neq 0$。此时一定有$d \mid r_1$。由因子的基本性质可知：存在$d \mid a$和$d \mid b$，所以一定有$d \mid (a - q_1 b)$，即$d \mid r_1$。

**5**. 在应用欧几里得算法前，需要知道 $\gcd(b, r_1)$的值是什么。我们知道$d \mid b$和$d \mid r_1$。于是，对于任意一个 $b$ 和 $r_1$ 的公因子 $c$，有$c \mid (q_1 b + r_1) = a$。另外，因为 $c$ 整除 $a$ 和 $b$，所以一定有$c \leqslant d$，其中 $d$ 是 $a$ 和 $b$ 的最大公因子，因此有$d = \gcd(b, r_1)$。

现在回到式（2.2）。假设$r_1 \neq 0$，因为$b > r_1$，所以可用$r_1$除 $b$，然后用带余除法得

$$b = q_2 r_1 + r_2, \qquad 0 \leqslant r_2 < r_1$$

如上所述，若$r_2 = 0$，则$d = r_1$；若$r_2 \neq 0$，则$d = \gcd(r_1, r_2)$。我们发现，在计算过程中，余数形成递减的一系列非负值，并且余数为零时，算法一定会终止。例如，假设在第 $n+1$ 个阶段有 $r_{n-1}$ 除以 $r_n$，结果如下：

$$\left.\begin{array}{ll} a = q_1 b + r_1, & 0 < r_1 < b \\ b = q_2 r_1 + r_2, & 0 < r_2 < r_1 \\ r_1 = q_3 r_2 + r_3, & 0 < r_3 < r_2 \\ \vdots & \vdots \\ r_{n-2} = q_n r_{n-1} + r_n, & 0 < r_n < r_{n-1} \\ r_{n-1} = q_{n+1} r_n + 0, & \\ d = \gcd(a, b) = r_n, & \end{array}\right\} \qquad (2.3)$$

在每次迭代过程中，都进行一次$d = \gcd(r_i, r_{i+1})$运算，直到$d = \gcd(r_n, 0) = r_n$。因此，可以重复运用带余除法来求两个整数的最大公因子。该算法称为欧几里得算法。图 2.3 用一个简单的例子进行了说明。

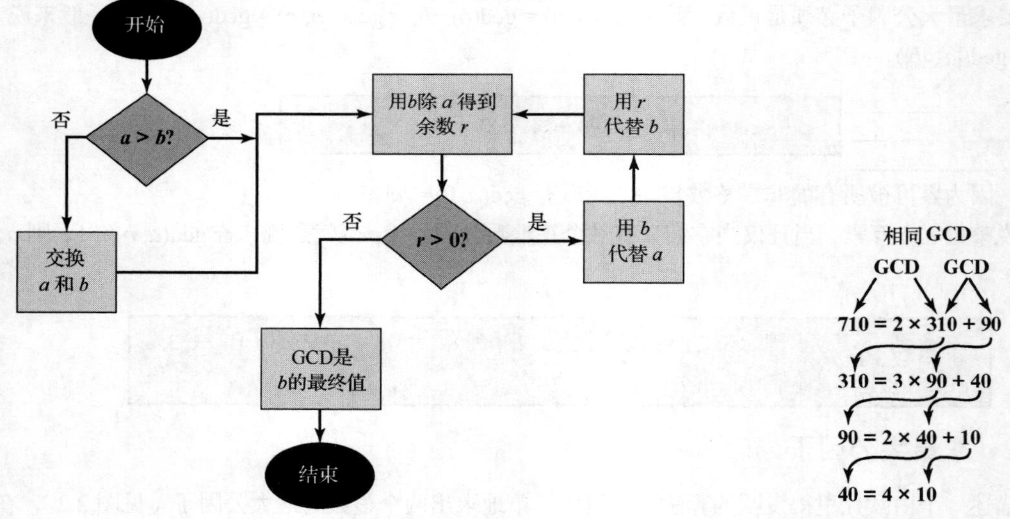


图2.2 欧几里得算法

图2.3 欧几里得算法示例gcd(710, 310)

本质上，我们自顶向下地证明了最终结果是 $\gcd(a, b)$。也可以自底向上地进行证明。从自底向上的第一步可以看出，$r_n$可以整除 $a$ 和 $b$，而从上一个式子可以得出 $r_n$ 整除 $r_{n-1}$。然后，又从上一个除法式子得出 $r_n$ 整除 $r_{n-2}$（因为它可以整除等式右边的两项 $q_n r_{n-1}$ 和 $r_n$）。以此类推，我们发现 $r_n$ 可以整除所有 $r_i$，最后得到 $r_n$ 整除 $a$ 和 $b$。另外，还需要证明 $r_n$ 是能够整除 $a$ 和 $b$ 的最大除数。如前所述，任

何可以整除 $a$ 和 $b$ 的整数，一定可以整除 $r_1$。按照式（2.3）的顺序，可以证明 $c$ 能够整除所有 $r_i$。因此 $c$ 可以整除 $r_n$，于是 $r_n = \gcd(a, b)$。

下面通过一些较大的数字来了解这个算法的强大之处。

| 求 $d = \gcd(a, b) = \gcd(1160718174, 316258250)$ | | |
|---|---|---|
| $a = q_1 b + r_1$ | 1160718174 = 3 × 316258250 + 211943424 | $d = \gcd(316258250, 211943424)$ |
| $b = q_2 r_1 + r_2$ | 316258250 = 1 × 211943424 + 104314826 | $d = \gcd(211943424, 104314826)$ |
| $r_1 = q_3 r_2 + r_3$ | 211943424 = 2 × 104314826 + 3313772 | $d = \gcd(104314826, 3313772)$ |
| $r_2 = q_4 r_3 + r_4$ | 104314826 = 31 × 3313772 + 1587894 | $d = \gcd(3313772, 1587894)$ |
| $r_3 = q_5 r_4 + r_5$ | 3313772 = 2 × 1587894 + 137984 | $d = \gcd(1587894, 137984)$ |
| $r_4 = q_6 r_5 + r_6$ | 1587894 = 11 × 137984 + 70070 | $d = \gcd(137984, 70070)$ |
| $r_5 = q_7 r_6 + r_7$ | 137984 = 1 × 70070 + 67914 | $d = \gcd(70070, 67914)$ |
| $r_6 = q_8 r_7 + r_8$ | 70070 = 1 × 67914 + 2156 | $d = \gcd(67914, 2156)$ |
| $r_7 = q_9 r_8 + r_9$ | 67914 = 31 × 2156 + 1078 | $d = \gcd(2156, 1078)$ |
| $r_8 = q_{10} r_9 + r_{10}$ | 2156 = 2 × 1078 + 0 | $d = \gcd(1078, 0) = 1078$ |
| 所以，$d = \gcd(1160718174, 316258250) = 1078$ | | |

在上例中，我们首先用 316258250 除 1160718174，得到的商为 3，余数为 211943424；接着，用 211943424 除 316258250。继续这个过程，直到余数为 0 时停止，最终得到的结果是 1078。

将上述计算过程重新排列为表格的形式，就会比较明了。对于循环的每一步，都有 $r_{i-2} = q_i r_{i-1} + r_i$，其中 $r_{i-2}$ 是被除数，$r_{i-1}$ 是除数，$q_i$ 是商，$r_i$ 是余数。表 2.1 总结了结果。

**表 2.1　欧几里得算法实例**

| 被除数 | 除　数 | 商 | 余　数 |
|---|---|---|---|
| $a = 1160718174$ | $b = 316258250$ | $q_1 = 3$ | $r_1 = 211943424$ |
| $b = 316258250$ | $r_1 = 211943434$ | $q_2 = 1$ | $r_2 = 104314826$ |
| $r_1 = 211943424$ | $r_2 = 104314826$ | $q_3 = 2$ | $r_3 = 3313772$ |
| $r_2 = 104314826$ | $r_3 = 3313772$ | $q_4 = 31$ | $r_4 = 1587894$ |
| $r_3 = 3313772$ | $r_4 = 1587894$ | $q_5 = 2$ | $r_5 = 137984$ |
| $r_4 = 1587894$ | $r_5 = 137984$ | $q_6 = 11$ | $r_6 = 70070$ |
| $r_5 = 137984$ | $r_6 = 70070$ | $q_7 = 1$ | $r_7 = 67914$ |
| $r_6 = 70070$ | $r_7 = 67914$ | $q_8 = 1$ | $r_8 = 2156$ |
| $r_7 = 67914$ | $r_8 = 2156$ | $q_9 = 31$ | $r_9 = 1078$ |
| $r_8 = 2156$ | $r_9 = 1078$ | $q_{10} = 2$ | $r_{10} = 0$ |

## 2.3　模运算

### 2.3.1　模

若 $a$ 是一个整数，$n$ 是一个正整数，则定义 $a$ 除以 $n$ 所得的余数为 $a$ 模 $n$。整数 $n$ 称为**模数**。因此，对任意整数 $a$，总可以把式（2.1）写成

$$a = qn + r, \quad 0 \leqslant r < n; q = \lfloor a/n \rfloor$$

$$a = \lfloor a/n \rfloor \times n + (a \bmod n)$$

$11 \bmod 7 = 4$;　　$-11 \bmod 7 = 3$

若 $(a \bmod n) = (b \bmod n)$，则称整数 $a$ 和 $b$ 是**模 $n$ 同余的**，表示为 $a \equiv b \pmod n$ ①。

① 我们以两种方式使用了运算符 mod：首先是产生余数的二元运算符，如 $a \bmod b$；其次是一种同余关系，表明两个整数的等价关系，如 $a \equiv b \pmod n$。附录 2A 中将对此进行深入讨论。

$73 \equiv 4 \pmod{23}$;　　$21 \equiv -9 \pmod{10}$

注意，如果 $a \equiv 0 \pmod{n}$，那么 $n \mid a$。

### 2.3.2 同余的性质

同余具有如下性质：

**1**．若 $n \mid (a-b)$，则 $a \equiv b \pmod{n}$。

**2**．若 $a \equiv b \pmod{n}$，则 $b \equiv a \pmod{n}$。

**3**．若 $a \equiv b \pmod{n}$，$b \equiv c \pmod{n}$，则 $a \equiv c \pmod{n}$。

首先证明第一条性质。若 $n \mid (a-b)$，则存在 $k$ 使得$(a-b) = kn$。可知 $a = b + kn$。因此$(a \bmod n) =$ ($b + kn$ 除以 $n$ 的余数) = ($b$ 除以 $n$ 的余数) = $(b \bmod n)$。

$23 \equiv 8 \pmod{5}$，因为 $23 - 8 = 15 = 5\times3$

$-11 \equiv 5 \pmod{8}$，因为$-11 - 5 = -16 = 8\times(-2)$

$81 \equiv 0 \pmod{27}$，因为 $81 - 0 = 81 = 27\times3$

剩下的两条性质同样可以很容易地证明。

### 2.3.3 模算术运算

注意，由定义（见图 2.1）可知，运算符 mod $n$ 将所有整数映射为集合$\{0, 1, \cdots, (n-1)\}$。于是出现了这样一个问题：能否限制到这个集合上进行算术运算？答案是可以，这种技术称为**模算术**。

模算术具有如下性质：

**1**．$[(a \bmod n) + (b \bmod n)] \bmod n = (a + b) \bmod n$。

**2**．$[(a \bmod n) - (b \bmod n)] \bmod n = (a - b) \bmod n$。

**3**．$[(a \bmod n) \times (b \bmod n)] \bmod n = (a \times b) \bmod n$。

下面证明第一条性质。令$(a \bmod n) = r_a$，$(b \bmod n) = r_b$，于是存在整数 $j, k$ 使得 $a = r_a + jn$，$b = r_b + kn$。那么

$$\begin{aligned}(a+b) \bmod n &= (r_a + jn + r_b + kn) \bmod n \\ &= (r_a + r_b + (k+j)n) \bmod n \\ &= (r_a + r_b) \bmod n \\ &= [(a \bmod n) + (b \bmod n)] \bmod n\end{aligned}$$

剩下的性质同样可以简单地证明。下面是关于这三条性质的一些例子。

11 mod 8 = 3; 15 mod 8 = 7

[(11 mod 8) + (15 mod 8)] mod 8 = 10 mod 8 = 2

(11 + 15) mod 8 = 26 mod 8 = 2

[(11 mod 8) − (15 mod 8)] mod 8 = −4 mod 8 = 4

(11 − 15) mod 8 = −4 mod 8 = 4

[(11 mod 8)×(15 mod 8)] mod 8 = 21 mod 8 = 5

(11×15) mod 8 = 165 mod 8 = 5

指数运算和普通算术一样，可以通过反复的乘法实现。

> 求 $11^7 \bmod 13$，可以如下进行：
>
> $11^2 = 121 \equiv 4 \pmod{13}$
>
> $11^4 = (11^2)^2 \equiv 4^2 \equiv 3 \pmod{13}$
>
> $11^7 = 11 \times 11^2 \times 11^4$
>
> $11^7 \equiv 11 \times 4 \times 3 \equiv 132 \equiv 2 \pmod{13}$

因此，普通算术的加法、减法和乘法运算法则可以平移到模算术中。

表 2.2 中给出了模 8 的加法和乘法示例。观察模 8 的加法示例，发现结果非常直观，并且矩阵有一定的规律。两个矩阵都关于主对角线对称，因此模算术中的加法和乘法满足**交换律**。与普通的加法运算一样，模运算中对每个整数也存在加法的逆元，或称为负数。在模运算中，整数 $x$ 的负数 $y$ 是满足$(x+y) \bmod 8 = 0$ 的值。可以这样求出左列中整数的加法逆元：浏览矩阵的对应行，找出值 0；0 所在列顶部的整数就是所求的加法逆元；如$(2+6) \bmod 8 = 0$。同样，乘法表中的元素也很简单。在模 8 乘法运算中，整数 $x$ 的乘法逆元 $y$ 是满足 $(x \times y) \bmod 8 = 1 \bmod 8$ 的值。下面在乘法表中求一个整数的乘法逆元：浏览矩阵中整数所在的行并找到值 1，1 所在列顶部的整数就是所求的乘法逆元；如 $(3\times3) \bmod 8 = 1$。需要指出的是，并非所有整数模 8 都有乘法逆元，后面会经常提到这一点。

**表 2.2　模 8 运算**

| + | 0 | 1 | 2 | 3 | 4 | 5 | 6 | 7 |
|---|---|---|---|---|---|---|---|---|
| 0 | 0 | 1 | 2 | 3 | 4 | 5 | 6 | 7 |
| 1 | 1 | 2 | 3 | 4 | 5 | 6 | 7 | 0 |
| 2 | 2 | 3 | 4 | 5 | 6 | 7 | 0 | 1 |
| 3 | 3 | 4 | 5 | 6 | 7 | 0 | 1 | 2 |
| 4 | 4 | 5 | 6 | 7 | 0 | 1 | 2 | 3 |
| 5 | 5 | 6 | 7 | 0 | 1 | 2 | 3 | 4 |
| 6 | 6 | 7 | 0 | 1 | 2 | 3 | 4 | 5 |
| 7 | 7 | 0 | 1 | 2 | 3 | 4 | 5 | 6 |

(a) 模 8 加法

| × | 0 | 1 | 2 | 3 | 4 | 5 | 6 | 7 |
|---|---|---|---|---|---|---|---|---|
| 0 | 0 | 0 | 0 | 0 | 0 | 0 | 0 | 0 |
| 1 | 0 | 1 | 2 | 3 | 4 | 5 | 6 | 7 |
| 2 | 0 | 2 | 4 | 6 | 0 | 2 | 4 | 6 |
| 3 | 0 | 3 | 6 | 1 | 4 | 7 | 2 | 5 |
| 4 | 0 | 4 | 0 | 4 | 0 | 4 | 0 | 4 |
| 5 | 0 | 5 | 2 | 7 | 4 | 1 | 6 | 3 |
| 6 | 0 | 6 | 4 | 2 | 0 | 6 | 4 | 2 |
| 7 | 0 | 7 | 6 | 5 | 4 | 3 | 2 | 1 |

(b) 模 8 乘法

| $w$ | $-w$ | $w^{-1}$ |
|---|---|---|
| 0 | 0 | — |
| 1 | 7 | 1 |
| 2 | 6 | — |
| 3 | 5 | 3 |
| 4 | 4 | — |
| 5 | 3 | 5 |
| 6 | 2 | — |
| 7 | 1 | 7 |

(c) 模 8 加法逆元和乘法逆元

### 2.3.4　模运算的性质

定义比 $n$ 小的非负整数集合为 $Z_n$，

$$Z_n = \{0, 1, \cdots, (n-1)\}$$

这个集合称为**剩余类集**，或模 $n$ 的**剩余类**。更准确地说，$Z_n$ 中的每个整数都代表一个剩余类，我们可将模 $n$ 的剩余类表示为[0], [1], [2], …, $[n-1]$，其中

$$[r] = \{a: a \text{ 是一个整数}，\ a \equiv r \pmod{n}\}$$

> 模 4 的剩余类为

$[0] = \{\cdots, -16, -12, -8, -4, 0, 4, 8, 12, 16, \cdots\}$

$[1] = \{\cdots, -15, -11, -7, -3, 1, 5, 9, 13, 17, \cdots\}$

$[2] = \{\cdots, -14, -10, -6, -2, 2, 6, 10, 14, 18, \cdots\}$

$[3] = \{\cdots, -13, -9, -5, -1, 3, 7, 11, 15, 19, \cdots\}$

在剩余类的所有整数中，我们通常用最小非负整数来代表这个剩余类。寻找与 $k$ 是模 $n$ 同余的最小非负整数的过程，被称为**模 $n$ 的 $k$ 约化**。

如果在 $Z_n$ 中进行模运算，那么表 2.3 中所列的性质对 $Z_n$ 中的整数同样适用。这表明了 $Z_n$ 是有乘法单位元的交换环，详见第 5 章。

模运算有一个区别于普通运算的性质。首先，如普通算术中的运算一样，有

$$若 (a+b) \equiv (a+c)(\bmod n)，则 b \equiv c(\bmod n) \tag{2.4}$$

$(5 + 23) \equiv (5 + 7) \pmod 8; 23 \equiv 7 \pmod 8$

式（2.4）与加法逆元的存在性是一致的。将 $a$ 的加法逆元加在式（2.4）的两边，可得

$$((-a)+a+b) \equiv ((-a)+a+c)(\bmod n)$$
$$b \equiv c(\bmod n)$$

**表 2.3 $Z_n$ 中整数模运算的性质**

| 性　质 | 表 达 式 |
|---|---|
| 交换律 | $(w + x) \bmod n = (x + w) \bmod n$;　$(w \times x) \bmod n = (x \times w) \bmod n$ |
| 结合律 | $[(w + x) + y] \bmod n = [w + (x + y)] \bmod n$;　$[(w \times x) \times y] \bmod n = [w \times (x \times y)] \bmod n$ |
| 分配律 | $[w \times (x + y)] \bmod n = [(w \times x) + (w \times y)] \bmod n$ |
| 单位元 | $(0 + w) \bmod n = w \bmod n$;　$(1 \times w) \bmod n = w \bmod n$ |
| 加法逆（$-w$） | 对每个 $w \in Z_n$ 都存在一个 $z$ 使得 $w + z \equiv 0 \bmod n$ |

然而，下面的说法只在有附加条件时才成立：

$$若 (a \times b) \equiv (a \times c)(\bmod n)，则当 a 与 n 互素时，有 b \equiv c(\bmod n) \tag{2.5}$$

其中互素的概念是这样定义的：若两个整数的最大公因子是 1，则称它们是**互素**的。同式（2.4）的情况类似，也可以说式（2.5）与乘法逆元的存在性是一致的。将 $a$ 的乘法逆元加到式（2.5）的两边得

$$((a^{-1})ab) \equiv ((a^{-1})ac)(\bmod n)$$
$$b \equiv c(\bmod n)$$

要明白这一点，下面来看一个使得式（2.5）的条件不成立的例子。6 和 8 不是互素的，因为它们有公因子 2。于是有

$$6 \times 3 = 18 \equiv 2 \pmod 8, \qquad 6 \times 7 = 42 \equiv 2 \pmod 8$$

然而 $3 \not\equiv 7 \pmod 8$。

得到这个奇怪结果的原因是：对于任何一般的模数 $n$，如果 $a$ 和 $n$ 存在任何公因子，那么用乘数 $a$ 依次作用于 0 到 $n-1$ 的所有整数将不会产生 $a$ 的一个完整剩余类集。

如果 $a = 6, n = 8$，那么有

| $Z_8$ | 0 | 1 | 2 | 3 | 4 | 5 | 6 | 7 |
|---|---|---|---|---|---|---|---|---|

| | | | | | | | | |
|---|---|---|---|---|---|---|---|---|
| 乘以 6 | 0 | 6 | 12 | 18 | 24 | 30 | 36 | 42 |
| 剩余类 | 0 | 6 | 4 | 2 | 0 | 6 | 4 | 2 |

因为乘以 6 时，得不到一个完整的剩余类集，$Z_8$ 中有多个整数映射到相同的剩余类。特别地，$6 \times 0 \bmod 8 = 6 \times 4 \bmod 8$；$6 \times 1 \bmod 8 = 6 \times 5 \bmod 8$；以此类推。因为这是多对一映射，所以乘法运算并无唯一的逆运算。

然而，如果令 $a = 5$，$n = 8$，那么二者唯一的公因子是 1：

| $Z_8$ | 0 | 1 | 2 | 3 | 4 | 5 | 6 | 7 |
|---|---|---|---|---|---|---|---|---|
| 乘以 6 | 0 | 5 | 10 | 15 | 20 | 25 | 30 | 35 |
| 剩余类 | 0 | 5 | 2 | 7 | 4 | 1 | 6 | 3 |

剩余类一行包含了 $Z_8$ 所在行的所有整数，只是顺序不同。

一般来说，只有当一个整数与 $n$ 互素时，才会在 $Z_n$ 中存在乘法逆元。由表 2.2(c)可以看出，整数 1, 3, 5, 7 在 $Z_8$ 中有一个乘法逆元，而 2, 4 和 6 没有。

### 2.3.5　欧几里得算法回顾

欧几里得算法基于下面的定理：对任意整数 $a, b$，且 $a \geqslant b \geqslant 0$，有

$$\gcd(a,b) = \gcd(b, a \bmod b) \tag{2.6}$$

$\gcd(55, 22) = \gcd(22, 55 \bmod 22) = \gcd(22, 11) = 11$

为了解式（2.6）的结果是如何得到的，定义 $d = \gcd(a, b)$。然后，根据 GCD 的定义，有 $d \mid a$、$d \mid b$ 成立。对于任何正整数 $b$，可用整数 $k, r$ 得到 $a$ 的一个表示：

$$a = kb + r \equiv r(\bmod b)$$

$$a \bmod b = r$$

因此，存在一个整数 $k$，使得$(a \bmod b) = a - kb$。由于 $d \mid b$，所以它也能整除 $kb$。同样，我们有 $d \mid a$，可得 $d \mid (a \bmod b)$。这表示 $d$ 是 $b$ 和$(a \bmod b)$的公因子。反之，如果 $d$ 是 $b$ 和$(a \bmod b)$的公因子，那么有 $d \mid kb$，并且可知 $d \mid [kb + (a \bmod b)]$，即 $d \mid a$。所以，$a$ 和 $b$ 的公因子的集合等于 $b$ 和$(a \bmod b)$的公因子的集合。因此，两对数（$a$ 和 $b$，$b$ 和 $a \bmod b$）的 GCD 相同，定理得证。

为了求出最大公因子，可多次重复使用式（2.6）。

$\gcd(18, 12) = \gcd(12, 6) = \gcd(6, 0) = 6$

$\gcd(11, 10) = \gcd(10, 1) = \gcd(1, 0) = 1$

这与式（2.3）所示的方案相同，可改写如下：

| 欧几里得算法 | |
|---|---|
| 计　　算 | 满 足 条 件 |
| $r_1 = a \bmod b$ | $a = q_1 b + r_1$ |
| $r_2 = b \bmod r_1$ | $b = q_2 r_1 + r_2$ |
| $r_3 = r_1 \bmod r_2$ | $r_1 = q_3 r_2 + r_3$ |
| ⋮ | ⋮ |
| $r_n = r_{n-2} \bmod r_{n-1}$ | $r_{n-2} = q_n r_{n-1} + r_n$ |
| $r_{n+1} = r_{n-1} \bmod r_n = 0$ | $r_{n-1} = q_{n+1} r_n + 0$<br>$d = \gcd(a, b) = r_n$ |

我们可用下面的递归函数更加精确地定义欧几里得算法：

```
Euclid(a,b)
        if (b=0) then return a;
        else return Euclid(b,a mod b);
```

### 2.3.6 扩展欧几里得算法

下面介绍扩展欧几里得算法，它对有限域中的计算及 RSA 等密码算法非常重要。对于给定的整数 $a$ 和 $b$，扩展欧几里得算法不仅可以算出最大公因子 $d$，而且可以得到两个整数 $x$ 和 $y$，它们满足如下方程：

$$ax + by = d = \gcd(a, b) \tag{2.7}$$

首先应明白的是，$x$ 和 $y$ 一定有着相反的正负号。在研究该算法之前，先看一下 $a = 42, b = 30$ 时，$x$ 和 $y$ 的一些值。注意 $\gcd(42, 30) = 6$。下面是 $42x + 30y$ 的部分值[①]。

| y \ x | −3 | −2 | −1 | 0 | 1 | 2 | 3 |
|---|---|---|---|---|---|---|---|
| −3 | −216 | −174 | −132 | −90 | −48 | −6 | 36 |
| −2 | −186 | −144 | −102 | −60 | −18 | 24 | 66 |
| −1 | −156 | −114 | −72 | −30 | 12 | 54 | 96 |
| 0 | −126 | −84 | −42 | 0 | 42 | 84 | 126 |
| 1 | −96 | −54 | −12 | 30 | 72 | 114 | 156 |
| 2 | −66 | −24 | 18 | 60 | 102 | 144 | 186 |
| 3 | −36 | 6 | 48 | 90 | 132 | 174 | 216 |

观察发现，所有项都可以被 6 整除。这并不奇怪，因为 42 和 30 都可以被 6 整除，所以每个形如 $42x + 30y = 6(7x + 5y)$ 的数都是 6 的倍数。我们还发现，$\gcd(42, 30) = 6$ 也出现在表中。一般来说，可以证明，对于两个给定的整数 $a$ 和 $b$，可以表示为 $ax + by$ 的最小正整数等于 $\gcd(a, b)$。

下面介绍对于给定的 $a$ 和 $b$，如何采用扩展欧几里得算法计算$(x, y, d)$。我们再次按式（2.3）所示的除法顺序进行计算，并假设在每个步骤 $i$ 都可找到 $x_i$ 和 $y_i$ 满足 $r_i = ax_i + by_i$。最终，得到

$$\begin{array}{ll}
a = q_1 b + r_1 & r_1 = ax_1 + by_1 \\
b = q_2 r_1 + r_2 & r_2 = ax_2 + by_2 \\
r_1 = q_3 r_2 + r_3 & r_3 = ax_3 + by_3 \\
\vdots & \vdots \\
r_{n-2} = q_n r_{n-1} + r_n & r_n = ax_n + by_n \\
r_{n-1} = q_{n+1} r_n + 0 &
\end{array}$$

移项得

$$r_i = r_{i-2} - r_{i-1} q_i \tag{2.8}$$

同样，从 $i-1$ 行和 $i-2$ 行，可得

$$r_{i-2} = ax_{i-2} + by_{i-2} \quad 和 \quad r_{i-1} = ax_{i-1} + by_{i-1}$$

代入式（2.8）得

$$r_i = (ax_{i-2} + by_{i-2}) - (ax_{i-1} + by_{i-1})q_i = a(x_{i-2} - q_i x_{i-2}) + b(y_{i-2} - q_i y_{i-1})$$

然而，前面已假设 $r_i = ax_i + by_i$，因此有

① 这个例子摘自文献[SILV06]。

$$x_i = x_{i-2} - q_i x_{i-1} \quad 和 \quad y_i = y_{i-2} - q_i y_{i-1}$$

总结计算过程如下：

| 扩展欧几里得算法 | | | |
|---|---|---|---|
| 计　算 | 满足条件 | 计　算 | 满足条件 |
| $r_{-1} = a$ | | $x_{-1} = 1;\ y_{-1} = 0$ | $a = ax_{-1} + by_{-1}$ |
| $r_0 = b$ | | $x_0 = 0;\ y_0 = 1$ | $b = ax_0 + by_0$ |
| $r_1 = a \bmod b$<br>$q_1 = \lfloor a/b \rfloor$ | $a = q_1 b + r_1$ | $x_1 = x_{-1} - q_1 x_0 = 1$<br>$y_1 = y_{-1} - q_1 y_0 = -q_1$ | $r_1 = ax_1 + by_1$ |
| $r_2 = b \bmod r_1$<br>$q_2 = \lfloor b/r_1 \rfloor$ | $b = q_2 r_1 + r_2$ | $x_2 = x_0 - q_2 x_1$<br>$y_2 = y_0 - q_2 y_1$ | $r_2 = ax_2 + by_2$ |
| $r_3 = r_1 \bmod r_2$<br>$q_3 = \lfloor r_1/r_2 \rfloor$ | $r_1 = q_3 r_2 + r_3$ | $x_3 = x_1 - q_3 x_2$<br>$y_3 = y_1 - q_3 y_2$ | $r_3 = ax_3 + by_3$ |
| ⋮ | ⋮ | ⋮ | ⋮ |
| $r_n = r_{n-2} \bmod r_{n-1}$<br>$q_n = \lfloor r_{n-2}/r_{n-1} \rfloor$ | $r_{n-2} = q_n r_{n-1} + r_n$ | $x_n = x_{n-2} - q_n x_{n-1}$<br>$y_n = y_{n-2} - q_n y_{n-1}$ | $r_n = ax_n + by_n$ |
| $r_{n+1} = r_{n-1} \bmod r_n = 0$<br>$q_{n+1} = \lfloor r_{n-1}/r_n \rfloor$ | $r_{n-1} = q_{n+1} r_n + 0$ | | $d = \gcd(a, b) = r_n$<br>$x = x_n;\ y = y_n$ |

这里还需要多做一些解释。在每一行，我们基于前两行的余数 $r_{i-1}$ 和 $r_{i-2}$ 计算一个新余数 $r_i$。为了开始这个算法，需要 $r_0$ 和 $r_{-1}$ 有值，它们分别是 $a$ 和 $b$。而 $x_{-1}$，$y_{-1}$，$x_0$ 和 $y_0$ 的取值则很直观。

从原始的欧几里得算法可知，该计算过程会在余数为 0 时结束，从而求得 $a$ 和 $b$ 的最大公因子为 $d = \gcd(a, b) = r_n$。与此同时，我们也确定了 $d = r_n = ax_n + by_n$。因此在式（2.7）中，$x = x_n$，$y = y_n$。

下面举一个例子。令 $a = 1759$，$b = 550$，解方程 $1759x + 550y = \gcd(1759, 550)$，结果如表 2.4 所示。因此，有 $1759 \times (-111) + 550 \times 355 = -195249 + 195250 = 1$。

表 2.4　扩展欧几里得算法的例子

| $i$ | $r_i$ | $q_i$ | $x_i$ | $y_i$ |
|---|---|---|---|---|
| −1 | 1759 | | 1 | 0 |
| 0 | 550 | | 0 | 1 |
| 1 | 109 | 3 | 1 | −3 |
| 2 | 5 | 5 | −5 | 16 |
| 3 | 4 | 21 | 106 | −339 |
| 4 | 1 | 1 | −111 | 355 |
| 5 | 0 | 4 | | |

结果是 $d = 1$，$x = -111$，$y = 355$。

## 2.4　素数[①]

数论的核心是素数，实际上所有关于数论的书都是围绕这一主题来写的（如文献[CRAN01]和文献[RIBE96]）。本节简要介绍本书中用到的有关数论知识。

整数 $p > 1$ 是**素数**，当且仅当它只有因子[②]±1 和±$p$。除±1 和素数外的所有数都是**合数**。换句话说，合数是那些至少能构成两个素数的积的数。素数在数论和本章讨论的各种方法中起着重要作用。表 2.5 中列出了 2000 以内的素数。注意素数的分布，尤其要注意每 100 个数中素数的个数。

① 若无特别说明，本节只讨论非负整数，使用负整数不会有本质上的不同。

② 2.1 节中说 $a$ 是 $b$ 的一个因子，如果 $a$ 除 $b$ 没有余数。同样，我们也可以说 $a$ 整除 $b$。

表 2.5　2000 以内的素数

| 2 | 101 | 211 | 307 | 401 | 503 | 601 | 701 | 809 | 907 | 1009 | 1103 | 1201 | 1301 | 1409 | 1511 | 1601 | 1709 | 1801 | 1901 |
|---|---|---|---|---|---|---|---|---|---|---|---|---|---|---|---|---|---|---|---|
| 3 | 103 | 223 | 311 | 409 | 509 | 607 | 709 | 811 | 911 | 1013 | 1109 | 1213 | 1303 | 1423 | 1523 | 1607 | 1721 | 1811 | 1907 |
| 5 | 107 | 227 | 313 | 419 | 521 | 613 | 719 | 821 | 919 | 1019 | 1117 | 1217 | 1307 | 1427 | 1531 | 1609 | 1723 | 1823 | 1913 |
| 7 | 109 | 229 | 317 | 421 | 523 | 617 | 727 | 823 | 929 | 1021 | 1123 | 1223 | 1319 | 1429 | 1543 | 1613 | 1733 | 1831 | 1931 |
| 11 | 113 | 233 | 331 | 431 | 541 | 619 | 733 | 827 | 937 | 1031 | 1129 | 1229 | 1321 | 1433 | 1549 | 1619 | 1741 | 1847 | 1933 |
| 13 | 127 | 239 | 337 | 433 | 547 | 631 | 739 | 829 | 941 | 1033 | 1151 | 1231 | 1327 | 1439 | 1553 | 1621 | 1747 | 1861 | 1949 |
| 17 | 131 | 241 | 347 | 439 | 557 | 641 | 743 | 839 | 947 | 1039 | 1153 | 1237 | 1361 | 1447 | 1559 | 1627 | 1753 | 1867 | 1951 |
| 19 | 137 | 251 | 349 | 443 | 563 | 643 | 751 | 853 | 953 | 1049 | 1163 | 1249 | 1367 | 1451 | 1567 | 1637 | 1759 | 1871 | 1973 |
| 23 | 139 | 257 | 353 | 449 | 569 | 647 | 757 | 857 | 967 | 1051 | 1171 | 1259 | 1373 | 1453 | 1571 | 1657 | 1777 | 1873 | 1979 |
| 29 | 149 | 263 | 359 | 457 | 571 | 653 | 761 | 859 | 971 | 1061 | 1181 | 1277 | 1381 | 1459 | 1579 | 1663 | 1783 | 1877 | 1987 |
| 31 | 151 | 269 | 367 | 461 | 577 | 659 | 769 | 863 | 977 | 1063 | 1187 | 1279 | 1399 | 1471 | 1583 | 1667 | 1787 | 1879 | 1993 |
| 37 | 157 | 271 | 373 | 463 | 587 | 661 | 773 | 877 | 983 | 1069 | 1193 | 1283 | | 1481 | 1597 | 1669 | 1789 | 1889 | 1997 |
| 41 | 163 | 277 | 379 | 467 | 593 | 673 | 787 | 881 | 991 | 1087 | | 1289 | | 1483 | | 1693 | | | 1999 |
| 43 | 167 | 281 | 383 | 479 | 599 | 677 | 797 | 883 | 997 | 1091 | | 1291 | | 1487 | | 1697 | | | |
| 47 | 173 | 283 | 389 | 487 | | 683 | | 887 | | 1093 | | 1297 | | 1489 | | 1699 | | | |
| 53 | 179 | 293 | 397 | 491 | | 691 | | | | 1097 | | | | 1493 | | | | | |
| 59 | 181 | | | 499 | | | | | | | | | | 1499 | | | | | |
| 61 | 191 | | | | | | | | | | | | | | | | | | |
| 67 | 193 | | | | | | | | | | | | | | | | | | |
| 71 | 197 | | | | | | | | | | | | | | | | | | |
| 73 | 199 | | | | | | | | | | | | | | | | | | |
| 79 | | | | | | | | | | | | | | | | | | | |
| 83 | | | | | | | | | | | | | | | | | | | |
| 89 | | | | | | | | | | | | | | | | | | | |
| 97 | | | | | | | | | | | | | | | | | | | |

任意整数 $a>1$ 都可以唯一地因式分解为

$$a = p_1^{a_1} \times p_2^{a_2} \times \cdots \times p_t^{a_t} \tag{2.9}$$

式中，$p_1, p_2, \cdots, p_t$ 均是素数，$p_1 < p_2 < \cdots < p_t$，且所有的 $a_t$ 都是正整数。这就是算术基本定理。任何有关数论的教材都含有该定理的证明。

> $91 = 7\times 13$
>
> $3600 = 2^4\times 3^2\times 5^2$
>
> $11011 = 7\times 11^2\times 13$

下面介绍表示式（2.9）的另一种有用方法。设 $P$ 是所有素数的集合，则任意正整数 $a$ 可以唯一地表示为

$$a = \prod_{p\in P} p^{a_p}\ ,\quad a_p \geqslant 0$$

上式右边是所有可能的素数 $p$ 之积。对任意整数 $a$，其大多数指数 $a_p$ 为 0。

我们可以列出上述公式中的所有非零指数来唯一地表示一个正整数。

> 整数 12 可用$\{a_2=2, a_3=1\}$表示
>
> 整数 18 可用$\{a_2=1, a_3=2\}$表示
>
> 整数 91 可用$\{a_7=1, a_{13}=1\}$表示

两数相乘即指数对应相加。设 $a = \prod_{p\in P} p^{a_p}, b = \prod_{p\in P} p^{b_p}$ ，定义 $k=ab$。我们知道整数 $k$ 可以表示为

素数方幂的乘积，即 $k=\prod_{p\in P} p^{k_p}$。可以推出对于所有 $p\in P$，有 $k_p=a_p+b_p$ 成立。

$k=12\times18=(2^2\times3)\times(2\times3^2)=216$
$k_2=2+1=3;\ k_3=1+2=3$
$216=2^3\times3^3=8\times27$

从素因子的角度看，$a$ 整除 $b$，即$(a\mid b)$意味着什么呢？由任意整数 $n$ 形成的 $p^n$ 只能被小于等于相同幂次的同一素数即 $p^j$ 整除（其中 $j\leqslant n$）。所以，我们有如下结论。

假设 $a=\prod_{p\in P} p^{a_p},\ b=\prod_{p\in P} p^{b_p}$，如果 $a\mid b$，那么对任意 $p\in P$ 有 $a_p\leqslant b_p$。

$a=12;\ b=36;\ 12|36$
$12=2^2\times3;\ 36=2^2\times3^2$
$a_2=2=b_2$
$a_3=1\leqslant2=b_3$
因此不等式 $a_p\leqslant b_p$ 对所有素数成立

若将整数表示为素数之积，则很容易求出两个正整数的最大公因子。

$300=2^2\times3^1\times5^2$
$18=2^1\times3^2$
$\gcd(18,300)=2^1\times3^1\times5^0=6$

下列关系式总成立：

如果 $k=\gcd(a,b)$，那么 $k_p=\min(a_p,b_p)$，对任意 $p\in P$

求一个大数的素因子并不简单，因此利用上述关系式不能直接得出计算最大公因子的实用方法。

## 2.5　费马定理和欧拉定理

费马定理和欧拉定理在公钥密码学中有着重要的地位。

### 2.5.1　费马定理[①]

费马定理描述如下：若 $p$ 是素数，$a$ 是正整数且不能被 $p$ 整除，则

$$a^{p-1}\equiv1\ (\mathrm{mod}\ p) \tag{2.10}$$

**证明**　考虑小于 $p$ 的正整数集合$\{1,2,\cdots,p-1\}$，用 $a$ 乘以集合中的所有元素并对 $p$ 取模，得到集合 $X=\{a \bmod p, 2a \bmod p, \cdots, (p-1)a \bmod p\}$。因为 $p$ 不能整除 $a$，所以 $X$ 的元素都不等于 0，而且各元素互不相等。为了说明这一点，假设 $ja\equiv ka(\mathrm{mod}\ p)$，其中 $1\leqslant j<k\leqslant p-1$，因为 $a$ 和 $p$ 互素[②]，因此可将等式［参见式（2.5）］两边的 $a$ 消去，推出 $j\equiv k(\mathrm{mod}\ p)$。这个最后的等式不成立，因为 $j$ 和 $k$ 都是小于 $p$ 的正整数。因此，$X$ 的 $p-1$ 个元素都是正整数且互不相等。所以说 $X$ 和$\{1,2,\cdots,p-1\}$的

---

① 通常指的是费马小定理。

② 由 2.2 节可知，两个数若无公共素因子，即它们的唯一公因子是 1，则称这两个数是互素的；也就是说，若两个数的最大公因子为 1，则它们是互素的。

构成相同，只是元素顺序不同。将两个集合的所有元素分别相乘，并对结果模 $p$，有

$$a \times 2a \times \cdots \times (p-1)a \equiv [(1 \times 2 \times \cdots \times (p-1)](\text{mod } p)$$

$$a^{p-1}(p-1)! \equiv (p-1)!(\text{mod } p)$$

因为$(p-1)!$和 $p$ 互素，根据式（2.5），可以消去$(p-1)!$这一项，得到式（2.10）。证毕。

> $a = 7, p = 19$
>
> $7^2 = 49 \equiv 11 \ (\text{mod } 19)$
>
> $7^4 \equiv 121 \equiv 7 \ (\text{mod } 19)$
>
> $7^8 \equiv 49 \equiv 11 \ (\text{mod } 19)$
>
> $7^{16} \equiv 121 \equiv 7 \ (\text{mod } 19)$
>
> $a^{p-1} = 7^{18} = 7^{16} \times 7^2 \equiv 7 \times 11 \equiv 1 \ (\text{mod } 19)$

费马定理的另一种表示形式是：若 $p$ 是素数且 $a$ 是任意正整数，则

$$a^p \equiv a \ (\text{mod } p) \tag{2.11}$$

注意费马定理的第一种形式［见式（2.10）］要求 $a$ 与 $p$ 互素，但后一种表示形式即式（2.11）没有这一要求。

> $p = 5, a = 3, a^p = 3^5 = 243 \equiv 3 \ (\text{mod } 5) = a \ (\text{mod } p)$
>
> $p = 5, a = 10, a^p = 10^5 = 100000 \equiv 10 \ (\text{mod } 5) \equiv 0 \ (\text{mod } 5) = a \ (\text{mod } p)$

### 2.5.2 欧拉函数

在给出欧拉定理之前，我们需要引入数论中的一个非常重要的概念，即欧拉函数$\phi(n)$，它指小于 $n$ 且与 $n$ 互素的正整数的个数。习惯上，$\phi(1) = 1$。

> 求$\phi(37)$和$\phi(35)$的值。
>
> 因为 37 是素数，所以从 1 到 36 的所有正整数均与 37 互素，因此$\phi(37) = 36$。
>
> 要计算$\phi(35)$，我们列出所有小于 35 且与 35 互素的正整数如下：
>
> 1, 2, 3, 4, 6, 8, 9, 11, 12, 13, 16, 17, 18, 19, 22, 23, 24, 26, 27, 29, 31, 32, 33, 34
>
> 由上可知共有 24 个数，因此$\phi(35) = 24$。

表 2.6 中列出了$\phi(n)$前 30 项的值，虽然$\phi(1)$的值无意义，但我们仍然将它定义为 1。

**表 2.6 欧拉函数$\phi(n)$前 30 项的值**

| $n$ | $\phi(n)$ | $n$ | $\phi(n)$ | $n$ | $\phi(n)$ |
|---|---|---|---|---|---|
| 1 | 1 | 11 | 10 | 21 | 12 |
| 2 | 1 | 12 | 4 | 22 | 10 |
| 3 | 2 | 13 | 12 | 23 | 22 |
| 4 | 2 | 14 | 6 | 24 | 8 |
| 5 | 4 | 15 | 8 | 25 | 20 |
| 6 | 2 | 16 | 8 | 26 | 12 |
| 7 | 6 | 17 | 16 | 27 | 18 |
| 8 | 4 | 18 | 6 | 28 | 12 |
| 9 | 6 | 19 | 18 | 29 | 28 |
| 10 | 4 | 20 | 8 | 30 | 8 |

显然，对素数 $p$，有

$$\phi(p)=p-1$$

假设有两个素数 $p$ 和 $q$，$p\neq q$，那么对 $n=pq$，有

$$\phi(n)=\phi(pq)=\phi(p)\times\phi(q)=(p-1)\times(q-1)$$

为证明$\phi(n)=\phi(p)\times\phi(q)$，考虑小于 $n$ 的正整数集合$\{1,\ \cdots,(pq-1)\}$，不与 $n$ 互素的集合是$\{p, 2p,\ \cdots,(q-1)p\}$和$\{q, 2q,\ \cdots,(p-1)q\}$。之所以得出这个结果，是因为任何能够整除 $n$ 的整数都必须整除素数 $p$ 或 $q$ 。因此，与 $n$ 互素的整数都不会包含 $p$ 或 $q$；此外，这两个集合是非重叠的：因为 $p$ 和 $q$ 都是素数，我们发现第一个集合中不存在一个为 $q$ 的整数倍的数，第二个集合中也不存在一个为 $p$ 的整数倍的数。因此，两个集合中共有$(q-1)+(p-1)$个整数，所以

$$\begin{aligned}\phi(n)&=(pq-1)-[(q-1)+(p-1)]\\&=pq-(p+q)+1\\&=(p-1)\times(q-1)\\&=\phi(p)\times\phi(q)\end{aligned}$$

> $\phi(21)=\phi(3)\times\phi(7)=(3-1)\times(7-1)=2\times6=12$
> 其中 12 个整数是$\{1, 2, 4, 5, 8, 10, 11, 13, 16, 17, 19, 20\}$

### 2.5.3 欧拉定理

欧拉定理说明，对任意互素的 $a$ 和 $n$，有

$$a^{\phi(n)}\equiv 1\ (\mathrm{mod}\ n) \tag{2.12}$$

**证明**　若 $n$ 是素数，根据$\phi(n)=n-1$ 和费马定理，式（2.12）成立，但实际上该式对任意整数 $n$ 都成立。注意$\phi(n)$是指小于 $n$ 且与 $n$ 互素的正整数的个数，考虑这些整数组成的集合

$$R=\{x_1, x_2,\ \cdots, x_{\phi(n)}\}$$

即 $R$ 中每个元素 $x_i$ 都是小于 $n$ 的正整数且有 $\gcd(x_i, n)=1$。将 $a$ 与 $R$ 中的每个元素相乘，然后模 $n$ 有

$$S=\{(ax_1\ \mathrm{mod}\ n), (ax_2\ \mathrm{mod}\ n),\ \cdots, (ax_{\phi(n)}\ \mathrm{mod}\ n)\}$$

$S$ 是 $R$ 的一个排列①，因为

**1**．$a$ 与 $n$ 互素，且 $x_i$ 与 $n$ 互素，所以 $ax_i$ 必与 $n$ 互素，于是 $S$ 中的所有元素均小于 $n$ 且与 $n$ 互素。

**2**．$S$ 中没有重复的元素。参见式（2.5）。若 $ax_i\ \mathrm{mod}\ n=ax_j\ \mathrm{mod}\ n$，则 $x_i=x_j$。

所以集合 $S$ 是 $R$ 的一个置换。因此有

$$\prod_{i=1}^{\phi(n)}(ax_i\ \mathrm{mod}\ n)=\prod_{i=1}^{\phi(n)}x_i,\qquad \prod_{i=1}^{\phi(n)}ax_i\equiv\prod_{i=1}^{\phi(n)}x_i(\mathrm{mod}\ n)$$

$$a^{\phi(n)}\times\left[\prod_{i=1}^{\phi(n)}x_i\right]\equiv\prod_{i=1}^{\phi(n)}x_i(\mathrm{mod}\ n),\qquad a^{\phi(n)}\equiv1(\mathrm{mod}\ n)$$

证毕。这里使用的推理和证明费马定理时的推理相同。

> $a=3;\ n=10;\ \phi(10)=4;\ a^{\phi(n)}=3^4=81\equiv1\ (\mathrm{mod}\ 10)\equiv1\ (\mathrm{mod}\ n)$
> $a=2;\ n=11;\ \phi(11)=10;\ a^{\phi(n)}=2^{10}=1024\equiv1\ (\mathrm{mod}\ 11)\equiv1\ (\mathrm{mod}\ n)$

① 有限集 $S$ 的一个排列，是指 $S$ 中某个给定顺序的元素，在该顺序中每个元素只出现一次。

类似于费马定理，欧拉定理的另一种表述也很有用：

$$a^{\phi(n)+1} \equiv a \pmod{n} \tag{2.13}$$

同样，和费马定理类似，欧拉定理的第一种形式［见式（2.12）］要求 $a$ 与 $n$ 互素，而后一种形式没有这一要求。对于式（2.13），只需满足 $n$ 是无平方因子的整数。若整数的素数分解不包含重复因子，则该整数是无平方因子的整数。

## 2.6 素性测试

许多密码算法都需要随机选择一个或多个非常大的素数，因此我们必须确定一个给定的大数是否是素数。目前还没有简单有效的方法来解决该问题。

本节介绍一种较好的常用算法，该算法产生的数不一定是素数。读者也许会对此感到惊讶，但该算法产生的数几乎可以肯定是素数。我们将很快解释这一点。我们也会讨论如何用确定性算法寻找素数。另外，本节的最后将讨论素数的分布。

### 2.6.1 Miller-Rabin 算法①

Miller 和 Rabin 提出的这一算法[MILL75, RABI80]是典型的大数素性测试算法。在阐述算法前，我们先给出一些背景知识。首先，$n \geqslant 3$ 的奇整数可以表示为

$$n-1 = 2^k q, \quad k > 0, q \text{ 是奇数}$$

为了证明这一点，我们注意到 $n-1$ 是一个偶数，接着用 2 去除 $n-1$，直至所得的结果 $q$ 为奇数，此处共做了 $k$ 次除法。若 $n$ 是二进制数，则将该数右移，直到最右边的位是 1 为止，这时可得到结果，此处移动了 $k$ 次。现在给出我们要用到的素数的两个性质。

**素数的两个性质** 第一个性质叙述如下：若 $p$ 是素数，$a$ 是小于 $p$ 的正整数，则 $a^2 \bmod p = 1$ 当且仅当 $a \bmod p = 1$ 或 $a \bmod p = -1 \bmod p = p-1$。运用模算术运算规则，$(a \bmod p)(a \bmod p) = a^2 \bmod p$。因此，若 $a \bmod p = 1$ 或 $a \bmod p = -1$，则 $a^2 \bmod p = 1$。反之，若 $a^2 \bmod p = 1$，则$(a \bmod p)^2 = 1$，其中 $a \bmod p = 1$ 或 $a \bmod p = -1$ 之一成立。

第二个性质叙述如下：设 $p$ 是大于 2 的素数，有 $p-1 = 2^k q$，其中 $k > 0$，$q$ 为奇数。设 $a$ 是整数且 $1 < a < p-1$，则有下面两个条件之一成立：

**1**．$a^q$ 模 $p$ 和 1 同余，即 $a^q \bmod p = 1$，或等价地有 $a^q \equiv 1 \pmod{p}$。

**2**．整数 $a^q, a^{2q}, a^{4q}, \cdots, a^{2^{k-1}q}$ 中存在一个数，模 $p$ 时和−1 同余。即存在一个 $j$（$1 \leqslant j \leqslant k$）满足 $a^{2^{j-1}q} \bmod p = -1 \bmod p = p-1$，或 $a^{2^{j-1}q} \equiv -1 \pmod{p}$。

**证明** 若 $n$ 是素数，则由费马定理［见式（2.10）］可知，$a^{n-1} \equiv 1 \pmod{n}$。由于 $p-1 = 2^k q$，所以 $a^{p-1} \bmod p = a^{2^k q} \bmod p = 1$。因此，若看数列

$$a^q \bmod p, a^{2q} \bmod p, \cdots, a^{2^{k-1}q} \bmod p, a^{2^k q} \bmod p \tag{2.14}$$

则知道最后的数为 1。而且，每一个数都是前一个数的平方。因此，下面的两条必有一条是正确的：

**1**．若数列的第一个数为 1，则其后的所有数都为 1。

**2**．数列中的有些数不为 1，但它们的平方模 $p$ 后为 1。根据刚才给出的素数第一性质，我们知道满足这个条件的唯一整数为 $p-1$。因此，此时数列中必有一个数为 $p-1$。证毕。

**详细的算法** 由上述讨论可知，若 $n$ 为素数，则在剩余类数列 $(a^q, a^{2q}, \cdots, a^{2^{k-1}q}, a^{2^k q})$ 中，要么

① 文献中也称 Rabin-Miller 算法、Rabin-Miller 测试或 Miller-Rabin 测试。

第一个数模 $n$ 为 1，要么数列中的某个数模 $n$ 为 $n-1$；否则 $n$ 为合数。另一方面，如果条件满足，那么不一定推出 $n$ 为素数。例如，设 $n = 2047 = 23\times89$，则 $n-1 = 2\times1023$。计算 $2^{1023} \bmod 2047 = 1$，所以 2047 满足条件，但不是素数。

我们可以利用上述性质进行素性测试。程序 TEST 输入整数 $n$，若 $n$ 不是素数，则返回合数，若 $n$ 可能是素数，也可能不是素数时，则返回"不确定"。

```
TEST(n)
1. 找出整数 k,q，其中 k>0,q 是奇数，使(n-1=2^k q)；
2. 随机选取整数 a,1<a<n-1;
3. if a^q mod n=1, then 返回"不确定";
4. for j=0 to k-1 do
5. if a^(2^j q) mod n=n-1 then 返回"不确定";
6. 返回"合数"。
```

对素数 $n$=29 应用上述测试算法，有$(n-1) = 28 = 2^2(7) = 2^k q$。首先选取 $a = 10$，计算 $10^7 \bmod 29 = 17$，它既不为 1 又不为 28，所以继续进行测试。然后计算$(10^7)^2 \bmod 29 = 28$，因此测试算法返回"不确定"（即 29 可能为素数）。再选取 $a = 2$。由计算可知 $2^7 \bmod 29 = 12$，$2^{14} \bmod 29 = 28$；因此仍返回"不确定"。若对 1 到 28 间的所有整数 $a$ 执行 TEST 算法，则得到的结果同样是"不确定"。这一点与 $n$ 为素数时是一致的。

对合数 $n = 13\times17 = 221$ 应用上述测试，有$(n-1) = 220 = 2^2(55)= 2^k q$。选取 $a = 5$，则 $5^{55} \bmod 221 = 112$，它既不是 1 又不是 220$(5^{55})^2 \bmod 221 = 168$，因为已对 TEST 算法第 4 行中的所有 $j(0, 1)$进行了测试，所以算法返回"合数"，这表明 221 肯定是合数。然而，假设选取 $a = 21$，$21^{55} \bmod 221 = 200$，$(21^{55})^2 \bmod 221 = 220$，则 TEST 算法返回"不确定"，表明 221 可能是素数。事实上，在 2 到 219 之间的 218 个整数中，有 4 个整数会返回"不确定"，它们是 21, 47, 174 和 200。

**重复使用 Miller-Rabin 算法**　如何使用 Miller-Rabin 算法以更高的可信度来判断一个整数是否为素数？根据文献[KNUT98]，给定一个非素数的奇数 $n$ 和一个随机选择的整数 $a$，$1 < a < n-1$，程序 TEST 返回"不确定"的概率小于 1/4（即不能确定 $n$ 不是素数）。因此，若选择 $t$ 个不同的 $a$，则它们都能通过测试（返回"不确定"）的概率小于$(1/4)^t$。例如，若取 $t = 10$，则一个非素整数通过 10 次测试的概率小于 $10^{-6}$。因此，取足够大的 $t$，若 Miller 测试总是返回"不确定"，则我们能以很大的把握说 $n$ 是素数。

这为我们确定一个奇整数是素数且具有合理的可信度奠定了基础。过程如下：对随机选取的 $a$，重复调用 TEST($n$)，若某时刻 TEST 返回"合数"，则 $n$ 一定不是素数；若 TEST 连续 $t$ 次返回"不确定"，则当 $t$ 足够大时，我们可以相信 $n$ 是素数。

### 2.6.2　一个确定性的素性判定算法

2002 年以前，没有高效的方法能够证明一个大数的素性。包括最为常用的 Miller-Rabin 算法在内，所有在用的算法给出的都是概率性结果。2002 年，Agrawal、Kayal 和 Saxena[AGRA04]给出了一个相对简单的、可以有效判断一个大数是否为素数的确定性算法。这个称为 AKS 的算法没有 Miller-Rabin 算法快，因此它未能代替古老的概率算法。

### 2.6.3　素数分布

值得注意的是，利用 Millelr-Rabin 算法或其他任何素数测试算法发现一个素数之前会测试多少个整数。由数论中的素数定理可知，$n$ 附近的素数分布情况如下：平均每 $\ln(n)$个整数中有一个素数。这样，平均而言，在找到一个素数之前，必须测试大概 ln(n)个整数。因为所有偶数肯定不是素数，因此需要测试的整数个数为 0.5ln(n)。例如，要找 $2^{200}$ 左右的素数，就需要约 $0.5\ln(2^{200}) = 69$ 次测试。然而，这只是平均值。在数轴上的某些位置，素数非常密集；而在其他有些位置，素数非常稀疏。

> 两个相邻的奇数 1000000000061 和 1000000000063 都是素数；而 1001! + 2, 1001! + 3,⋯, 1001! + 1000, 1001! + 1001 这 1000 个连续的整数均是合数。

## 2.7 中国剩余定理

中国剩余定理（CRT）[①]是数论中最有用的定理之一。CRT 说明，某个范围内的整数可通过它的一组余数来重构，这组余数是对该整数用一组两两互素的整数取模得到的。

> $Z_{10}$（0, 1,⋯, 9）中的 10 个整数可通过它们对 2 和 5（10 的两个互素的因子）取模得到的两个余数来重构。假设已知十进制数 $x$ 的余数 $r_2 = 0$ 和 $r_5 = 3$，即 $x \bmod 2 = 0$ 和 $x \bmod 5 = 3$，则 $x$ 是 $Z_{10}$ 中的偶数且被 5 除余 3，所以唯一的解为 $x = 8$。

CRT 有几种不同的表示形式，这里给出其中一种最有用的表示形式，习题 2.33 中给出了另一种表示形式。令

$$M = \prod_{i=1}^{k} m_i$$

式中，$m_i$ 是两两互素的，即对 $1 \leqslant i, j \leqslant k, i \neq j$ 有 $\gcd(m_i, m_j) = 1$。可将 $Z_M$ 中的任意一个整数 $A$ 对应一个 $k$ 元组，这个 $k$ 元组的元素均在 $Z_{m_i}$ 中，这种对应关系为

$$A \leftrightarrow (a_1, a_2, \cdots, a_k) \tag{2.15}$$

式中，$A \in Z_M$，对 $1 \leqslant i \leqslant k$，$a_i \in Z_{m_i}$，且 $a_i = A \bmod m_i$。CRT 说明下列两个断言成立：

1. 式（2.15）中的映射是 $Z_M$ 到笛卡儿积 $Z_{m_1} \times Z_{m_2} \times \cdots \times Z_{m_k}$ 的一一对应（称为**双射**），也就是说，对任何 $A$，$0 \leqslant A < M$，有唯一的 $k$ 元组$(a_1, a_2, \cdots, a_k)$与之对应，其中 $0 \leqslant a_i < m_i$，并且对任何这样的 $k$ 元组$(a_1, a_2, \cdots, a_k)$，$Z_M$ 中有唯一的 $A$ 与之对应。
2. $Z_M$ 中元素上的运算等价于对应的 $k$ 元组上的运算，即在笛卡儿积的每个分量上独立地运算。

下面证明**第一个断言**。由 $A$ 到$(a_1, a_2, \cdots, a_k)$的转换显然是唯一确定的，即只需取 $a_i = A \bmod m_i$。对给定的$(a_1, a_2, \cdots, a_k)$，可按如下方式计算 $A$。对 $1 \leqslant i \leqslant k$，令 $M_i = M/m_i$，因为 $M_i = m_1 \times m_2 \times \cdots \times m_{i-1} \times m_{i+1} \times \cdots \times m_k$，所以对所有 $j \neq i$，有 $M_i \equiv 0 \pmod{m_j}$。令

$$c_i = M_i \times (M_i^{-1} \bmod m_i), \qquad 1 \leqslant i \leqslant k \tag{2.16}$$

根据 $M_i$ 的定义，有 $M_i$ 与 $m_i$ 互素，所以 $M_i$ 有唯一的模 $m_i$ 的乘法逆元，因此式（2.16）是良定的，这样就得到唯一的 $c_i$。计算

$$A \equiv \left(\sum_{i=1}^{k} a_i c_i\right) \pmod{M} \tag{2.17}$$

要证明式（2.17）产生的 $A$ 是正确的，必须证明对 $1 \leqslant i \leqslant k$ 有 $a_i = A \bmod m_i$。由于 $j \neq i$ 时 $c_j \equiv M_j \equiv 0 \pmod{m_i}$，而且 $c_i \equiv 1 \pmod{m_i}$，故 $a_i = A \bmod m_i$。

---

① 因为人们认为这个定理是公元 100 年由中国数学家孙子发现的，所以称为 CRT。

第二个断言与算术运算有关，可由模算术规则推出，即上述第二个断言也可如下描述：

若 $A \leftrightarrow (a_1, a_2, \cdots, a_k)$，$B \leftrightarrow (b_1, b_2, \cdots, b_k)$，则

$$(A+B) \bmod M \leftrightarrow ((a_1+b_1) \bmod m_1, \cdots, (a_k+b_k) \bmod m_k)$$
$$(A-B) \bmod M \leftrightarrow ((a_1-b_1) \bmod m_1, \cdots, (a_k-b_k) \bmod m_k)$$
$$(A \times B) \bmod M \leftrightarrow ((a_1 \times b_1) \bmod m_1, \cdots, (a_k \times b_k) \bmod m_k)$$

中国剩余定理的用途之一是，它给出了一种方法，使得模 $M$ 的大数运算转化到相对较小的数的运算，当 $M$ 为 150 位或 150 位以上时，这种方法非常有效，但事先需要分解 $M$。

> 下面将 973 mod 1813 表示为模 37 和 49 的两个数。定义
>
> $$m_1 = 37, m_2 = 49, M = 1813, A = 973$$
>
> 则 $M_1 = 49$ 且 $M_2 = 37$。利用扩展欧几里得算法有 $M_1^{-1} = 34 \bmod m_1$ 且 $M_2^{-1} = 4 \bmod m_2$（注意每个 $M_i$ 和 $M_i^{-1}$ 只需要计算一次）。对 37 和 49 取模，因为 973 mod 37 = 11，973 mod 49 = 42，所以 973 可以表示为(11, 42)。
>
> 假设要计算 678 加 973。如何处理(11, 42)？首先计算(678)↔(678 mod 37, 678 mod 49) = (12, 41)，然后将二元组的元素相加并化简(11 + 12 mod 37, 42 + 41 mod 49) = (23, 34)。这个结果正确，因为
>
> $$\begin{aligned}(23,34) &\leftrightarrow a_1M_1M_1^{-1} + a_2M_2M_2^{-1} \bmod M \\ &= [(23)(49)(34) + (34)(37)(4)] \bmod 1813 \\ &= 43350 \bmod 1813 = 1651\end{aligned}$$
>
> 而(973 + 678) mod 1813 = 1651。记住，在上述推导过程中，$M_1^{-1}$ 是 $M_1$ 模 $m_1$ 的乘法逆元，而 $M_2^{-1}$ 是 $M_2$ 模 $m_2$ 的乘法逆元。假设要计算 73×1651 (mod 1813)。首先用 73 乘(23, 24)并化简得(23×73 mod 37, 34×73 mod 49) = (14, 32)。容易验证
>
> $$\begin{aligned}(14,32) &\leftrightarrow [(14)(49)(34) + (32)(37)(4)] \bmod 1813 \\ &= 856 = 1651 \times 73 \bmod 1813\end{aligned}$$

## 2.8 离散对数

离散对数是包括 Diffie-Hellman 密钥交换算法和数字签名算法（DSA）在内的许多公钥算法的基础。本节简要介绍离散对数的一般知识，详细内容请参阅文献[ORE67]和[LEVE90]。

### 2.8.1 模 *n* 的整数幂

欧拉定理［见式（2.12）］告诉我们，对任何互素的 $a$ 和 $n$，有

$$a^{\phi(n)} \equiv 1 \pmod{n}$$

式中，欧拉函数 $\phi(n)$ 是指小于 $n$ 且与 $n$ 互素的正整数的个数。下面考虑欧拉定理更一般的表示形式：

$$a^m \equiv 1 \pmod{n} \tag{2.18}$$

若 $a$ 与 $n$ 互素，则至少有一个整数 $m$ 满足式（2.18），即 $m = \phi(n)$，我们称使得式（2.18）成立的最小正幂 $m$ 为下列情形之一：

- $a$（mod $n$）的阶。
- $a$ 所属的模 $n$ 的指数。
- $a$ 产生的周期长。

> 为说明最后一个概念，考虑 7 模 19 的各次幂：
>
> $$7^1 \equiv 7 \pmod{19}$$

$7^2 = 49 = 2\times19 + 11 \quad \equiv 11 \pmod{19}$

$7^3 = 343 = 18\times19 + 1 \quad \equiv 1 \pmod{19}$

$7^4 = 2401 = 126\times19 + 7 \quad \equiv 7 \pmod{19}$

$7^5 = 16807 = 884\times19 + 11 \quad \equiv 11 \pmod{19}$

由于上述计算中出现了重复，所以不必再往下计算，因为由 $7^3 \equiv 1 \pmod{19}$可得 $7^{3+j} \equiv 7^3 7^j \equiv 7^j \pmod{19}$，这说明若 7 的两个指数相差 3（或 3 的倍数），则以它们为指数的 7 的（模 19）幂是相同的，换句话说，该序列是周期性的，且其周期是使得 $7^m \equiv 1 \pmod{19}$成立的最小正幂 $m$。

表 2.7 中给出了所有小于 19 的正整数 $a$ 模 19 的各次幂，阴影部分指明了每个底 $a$ 的幂序列长度。注意：

1．所有序列均以 1 结束。这与前面的推导是一致的。

2．每个序列的长度都可以整除 $\phi(19) = 18$。也就是说，表中的每一行都有整数个子序列。

3．有些序列的长度为 18。这时可以说底 $a$（通过指数运算）生成了模 19 的非零整数集，并称这样的整数为模数 19 的本原根。

更一般地，我们说$\phi(n)$是一个数所属的模 $n$ 的可能的最高指数。若一个数的阶为$\phi(n)$，则称之为 $n$ 的**本原根**。本原根的重要之处是，若 $a$ 是 $n$ 的本原根，则其幂

$$a, a^2, \cdots, a^{\phi(n)}$$

是（模 $n$）各不相同的，且均与 $n$ 互素。特别地，对素数 $p$，若 $a$ 是 $p$ 的本原根，则

$$a, a^2, \cdots, a^{p-1}$$

是（模 $p$）各不相同的。素数 19 的本原根为 2, 3, 10, 13, 14 和 15。

并非所有整数都有本原根。事实上，只有形式为 2, 4, $p^\alpha$和 $2p^\alpha$的整数才有本原根，其中 $p$ 是任何奇素数，$\alpha$是正整数。证明并不简单，但在许多数论书中都有，例如在文献[ORE76]中。

**表 2.7　模 19 的整数幂**

| $a$ | $a^2$ | $a^3$ | $a^4$ | $a^5$ | $a^6$ | $a^7$ | $a^8$ | $a^9$ | $a^{10}$ | $a^{11}$ | $a^{12}$ | $a^{13}$ | $a^{14}$ | $a^{15}$ | $a^{16}$ | $a^{17}$ | $a^{18}$ |
|---|---|---|---|---|---|---|---|---|---|---|---|---|---|---|---|---|---|
| 1 | 1 | 1 | 1 | 1 | 1 | 1 | 1 | 1 | 1 | 1 | 1 | 1 | 1 | 1 | 1 | 1 | 1 |
| 2 | 4 | 8 | 16 | 13 | 7 | 14 | 9 | 18 | 17 | 15 | 11 | 3 | 6 | 12 | 5 | 10 | 1 |
| 3 | 9 | 8 | 5 | 15 | 7 | 2 | 6 | 18 | 16 | 10 | 11 | 14 | 4 | 12 | 17 | 13 | 1 |
| 4 | 16 | 7 | 9 | 17 | 11 | 6 | 5 | 1 | 4 | 16 | 7 | 9 | 17 | 11 | 6 | 5 | 1 |
| 5 | 6 | 11 | 17 | 9 | 7 | 16 | 4 | 1 | 5 | 6 | 11 | 17 | 9 | 7 | 16 | 4 | 1 |
| 6 | 17 | 7 | 4 | 5 | 11 | 9 | 16 | 1 | 6 | 17 | 7 | 4 | 5 | 11 | 9 | 16 | 1 |
| 7 | 11 | 1 | 7 | 11 | 1 | 7 | 11 | 1 | 7 | 11 | 1 | 7 | 11 | 1 | 7 | 11 | 1 |
| 8 | 7 | 18 | 11 | 12 | 1 | 8 | 7 | 18 | 11 | 12 | 1 | 8 | 7 | 18 | 11 | 12 | 1 |
| 9 | 5 | 7 | 6 | 16 | 11 | 4 | 17 | 1 | 9 | 5 | 7 | 6 | 16 | 11 | 4 | 17 | 1 |
| 10 | 5 | 12 | 6 | 3 | 11 | 15 | 17 | 18 | 9 | 14 | 7 | 13 | 16 | 8 | 4 | 2 | 1 |
| 11 | 7 | 1 | 11 | 7 | 1 | 11 | 7 | 1 | 11 | 7 | 1 | 11 | 7 | 1 | 11 | 7 | 1 |
| 12 | 11 | 18 | 7 | 8 | 1 | 12 | 11 | 18 | 7 | 8 | 1 | 12 | 11 | 18 | 7 | 8 | 1 |
| 13 | 17 | 12 | 4 | 14 | 11 | 10 | 16 | 18 | 6 | 2 | 7 | 15 | 5 | 8 | 9 | 3 | 1 |
| 14 | 6 | 8 | 17 | 10 | 7 | 3 | 4 | 18 | 5 | 13 | 11 | 2 | 9 | 12 | 16 | 15 | 1 |
| 15 | 16 | 12 | 9 | 2 | 11 | 13 | 5 | 18 | 4 | 3 | 7 | 10 | 17 | 8 | 6 | 14 | 1 |
| 16 | 9 | 11 | 5 | 4 | 7 | 17 | 6 | 1 | 16 | 9 | 11 | 5 | 4 | 7 | 17 | 6 | 1 |
| 17 | 4 | 11 | 16 | 6 | 7 | 5 | 9 | 1 | 17 | 4 | 11 | 16 | 6 | 7 | 5 | 9 | 1 |
| 18 | 1 | 18 | 1 | 18 | 1 | 18 | 1 | 18 | 1 | 18 | 1 | 18 | 1 | 18 | 1 | 18 | 1 |

### 2.8.2 模算术对数

对于普通正实数，对数函数是指数函数的逆函数。模算术也有类似的函数。

下面首先简要讨论普通对数的性质。给定一个数，它的对数是满足下列条件的幂：以某个正数（除 1 外）为底的该次幂恰好等于给定的这个整数，即对底 $x$ 和数 $y$，有

$$y = x^{\log_x(y)}$$

对数具有下列性质：

$$\log_x(1) = 0, \quad \log_x(x) = 1$$

$$\log_x(yz) = \log_x(y) + \log_x(z) \tag{2.19}$$

$$\log_x(y^r) = r\log_x(y) \tag{2.20}$$

对某个素数 $p$（对非素数亦可）的本原根 $a$，$a$ 的 1 到 $p-1$ 的各次幂恰好可以一次产生 1 到 $p-1$ 的每个整数，且只产生一次。而对任何整数 $b$，根据模算术的定义，$b$ 满足

$$b \equiv r \ (\text{mod}\ p), \qquad 0 \leqslant r \leqslant p-1$$

因此，对任何整数 $b$ 和素数 $p$ 的本原根 $a$，有唯一的幂 $i$ 使得

$$b \equiv a^i \ (\text{mod})\ p, \qquad 0 \leqslant i \leqslant p-1$$

该指数 $i$ 被称为以 $a$ 为底（模 $p$）的 $b$ 的**离散对数**，记为 $\text{dlog}_{a,p}(b)$[①]。

注意下列各式：

$$\text{dlog}_{a,p}(1) = 0, \quad \text{因为}\ a^0 \bmod p = 1 \bmod p = 1 \tag{2.21}$$

$$\text{dlog}_{a,p}(a) = 1, \quad \text{因为}\ a^1 \bmod p = a \tag{2.22}$$

下例使用的是非素数模 $n=9$，其中 $\phi(n)=6$，$a=2$ 是一个本原根，计算 $a$ 的各次幂得

$$2^0 = 1 \qquad 2^4 \equiv 7\ (\text{mod}\ 9)$$
$$2^1 = 2 \qquad 2^5 \equiv 5\ (\text{mod}\ 9)$$
$$2^2 = 4 \qquad 2^6 \equiv 1\ (\text{mod}\ 9)$$
$$2^3 = 8$$

因此，对给定的本原根 $a=2$（模 9）的离散对数，有下列数表：

| 对数 | 0 | 1 | 2 | 3 | 4 | 5 |
|---|---|---|---|---|---|---|
| 数 | 1 | 2 | 4 | 8 | 7 | 5 |

给定一个数，要得到其离散对数，可以重排上表，得

| 数 | 1 | 2 | 4 | 5 | 7 | 8 |
|---|---|---|---|---|---|---|
| 对数 | 0 | 1 | 2 | 5 | 4 | 3 |

考虑

$$x = a^{\text{dlog}_{a,p}(x)} \bmod p, \quad y = a^{\text{dlog}_{a,p}(y)} \bmod p, \quad xy = a^{\text{dlog}_{a,p}(xy)} \bmod p$$

由模乘法的性质有

$$xy \bmod p = [(x \bmod p)(y \bmod p)] \bmod p$$

$$a^{\text{dlog}_{a,p}(xy)} \bmod p = [(a^{\text{dlog}_{a,p}(x)} \bmod p)(a^{\text{dlog}_{a,p}(y)} \bmod p)] \bmod p = (a^{\text{dlog}_{a,p}(x) + \text{dlog}_{a,p}(y)}) \bmod p$$

根据欧拉定理，对任何互素的 $a$ 和 $n$，有

① 许多教科书把离散对数称为**指标**（index），这个概念没有通用的记号，更没有统一的名字。

$$a^{\phi(n)} \equiv 1 \pmod n$$

此外，任何正整数 $z$ 都可以表示为 $z = q + k\phi(n)$，其中 $0 \leqslant q < \phi(n)$，所以由欧拉定理有

$$\text{若 } z \equiv q \bmod \phi(n)\text{，则 } a^z \equiv a^q \pmod n$$

代入前面的等式，有

$$\mathrm{dlog}_{a,p}(xy) \equiv [\mathrm{dlog}_{a,p}(x) + \mathrm{dlog}_{a,p}(y)] \pmod{\phi(p)}$$

由此可得

$$\mathrm{dlog}_{a,p}(y^r) \equiv [r \times \mathrm{dlog}_{a,p}(y)] \pmod{\phi(p)}$$

这说明了普通对数和离散对数之间的相似性。

注意，仅当 $a$ 是 $m$ 的本原根时，才存在唯一的以 $a$ 为底的模 $m$ 的离散对数。

表 2.8 可以直接由表 2.7 推出，它列出了模 19 的离散对数表。

**表 2.8　模 19 的离散对数表**

(a) 以 2 为底，模 19 的离散对数

| $a$ | 1 | 2 | 3 | 4 | 5 | 6 | 7 | 8 | 9 | 10 | 11 | 12 | 13 | 14 | 15 | 16 | 17 | 18 |
|---|---|---|---|---|---|---|---|---|---|---|---|---|---|---|---|---|---|---|
| $\log_{2,19}(a)$ | 18 | 1 | 13 | 2 | 16 | 14 | 6 | 3 | 8 | 17 | 12 | 15 | 5 | 7 | 11 | 4 | 10 | 9 |

(b) 以 3 为底，模 19 的离散对数

| $a$ | 1 | 2 | 3 | 4 | 5 | 6 | 7 | 8 | 9 | 10 | 11 | 12 | 13 | 14 | 15 | 16 | 17 | 18 |
|---|---|---|---|---|---|---|---|---|---|---|---|---|---|---|---|---|---|---|
| $\log_{3,19}(a)$ | 18 | 7 | 1 | 14 | 4 | 8 | 6 | 3 | 2 | 11 | 12 | 15 | 17 | 13 | 5 | 10 | 16 | 9 |

(c) 以 10 为底，模 19 的离散对数

| $a$ | 1 | 2 | 3 | 4 | 5 | 6 | 7 | 8 | 9 | 10 | 11 | 12 | 13 | 14 | 15 | 16 | 17 | 18 |
|---|---|---|---|---|---|---|---|---|---|---|---|---|---|---|---|---|---|---|
| $\log_{10,19}(a)$ | 18 | 17 | 5 | 16 | 2 | 4 | 12 | 15 | 10 | 1 | 6 | 3 | 13 | 11 | 7 | 14 | 8 | 9 |

(d) 以 13 为底，模 19 的离散对数

| $a$ | 1 | 2 | 3 | 4 | 5 | 6 | 7 | 8 | 9 | 10 | 11 | 12 | 13 | 14 | 15 | 16 | 17 | 18 |
|---|---|---|---|---|---|---|---|---|---|---|---|---|---|---|---|---|---|---|
| $\log_{13,19}(a)$ | 18 | 11 | 17 | 4 | 14 | 10 | 12 | 15 | 16 | 7 | 6 | 3 | 1 | 5 | 13 | 8 | 2 | 9 |

(e) 以 14 为底，模 19 的离散对数

| $a$ | 1 | 2 | 3 | 4 | 5 | 6 | 7 | 8 | 9 | 10 | 11 | 12 | 13 | 14 | 15 | 16 | 17 | 18 |
|---|---|---|---|---|---|---|---|---|---|---|---|---|---|---|---|---|---|---|
| $\log_{14,19}(a)$ | 18 | 13 | 7 | 8 | 10 | 2 | 6 | 3 | 14 | 5 | 12 | 15 | 11 | 1 | 17 | 16 | 4 | 9 |

(f) 以 15 为底，模 19 的离散对数

| $a$ | 1 | 2 | 3 | 4 | 5 | 6 | 7 | 8 | 9 | 10 | 11 | 12 | 13 | 14 | 15 | 16 | 17 | 18 |
|---|---|---|---|---|---|---|---|---|---|---|---|---|---|---|---|---|---|---|
| $\log_{15,19}(a)$ | 18 | 5 | 11 | 10 | 8 | 16 | 12 | 15 | 4 | 13 | 6 | 3 | 7 | 17 | 1 | 2 | 14 | 9 |

### 2.8.3　离散对数的计算

考虑方程

$$y = g^x \bmod p$$

对给定的 $g, x$ 和 $p$，可以直接算出 $y$，在最坏情况下需要执行 $x$ 次乘法，而且存在计算 $y$ 的有效算法（见第 9 章）。

但是，给定 $y, g$ 和 $p$，计算 $x$（即求离散对数）一般来说非常困难，难度与 RSA 中因子分解素数之积的难度相同。在编写本书时，已知最快求模数为素数的离散对数的算法的难度级为[BETH91]

$$\mathrm{e}^{\left((\ln p)^{1/3}(\ln(\ln p))^{2/3}\right)}$$

对大素数而言，该算法是不可行的。

## 2.9 关键术语、思考题和习题

### 关键术语

| | | | |
|---|---|---|---|
| 双射 | 最大公因子 | 模数 | 互素 |
| 交换律 | 单位元素 | 阶 | 余数 |
| 离散对数 | 指数 | 素数 | |
| 因子 | 模运算 | 本原根 | |

### 思考题

**2.1** $b$ 是 $a$ 的因子是什么意思？

**2.2** $a$ 整除 $b$ 是什么意思？

**2.3** 模运算和普通运算的区别是什么？

**2.4** 什么是素数？

**2.5** 什么是欧拉函数？

**2.6** Miller-Rabin 测试可确定一个数不是素数，但不能确定一个数是素数。如何用该算法测试素性？

**2.7** 一个数的本原根是什么？

**2.8** 指数和离散对数的区别是什么？

### 习题

**2.1** 去掉 $a$ 为非负整数的限制，即 $a$ 可以为任何整数，重新叙述式（2.1）。

**2.2** 对于 $a<0$，画一个与图 2.1 类似的图。

**2.3** 对于如下的每个方程，求对应的 $x$：**a**．$5x \equiv 4(\bmod 3)$；**b**．$7x \equiv 6(\bmod 5)$；**c**．$9x \equiv 8(\bmod 7)$。

**2.4** 本书假设模数为正整数。但是，若模数 $n$ 为负数，则表达式 $a \bmod n$ 也完全有意义。求如下表达式的值：**a**．$5 \bmod 3$；**b**．$5 \bmod -3$；**c**．$-5 \bmod 3$；**d**．$-5 \bmod -3$。

**2.5** 模 0 不适合上述定义，但习惯上采用如下定义：$a \bmod 0 = a$。按此定义，$a \equiv b(\bmod 0)$ 有何含义？

**2.6** 2.3 节将同余关系定义为：整数 $a$ 和 $b$ 模 $n$ 同余，当且仅当$(a \bmod n) = (b \bmod n)$。然后证明了若 $n \mid (a-b)$，则 $a \equiv b(\bmod n)$。有些教材将后者作为同余关系的定义：若 $n \mid (a-b)$，则整数 $a$ 和 $b$ 被称为是模 $n$ 同余的。从后一定义出发，证明若$(a \bmod n) = (b \bmod n)$，则 $n$ 整除$(a-b)$。

**2.7** 对于$1 \leqslant k \leqslant 6$，刚好有 $k$ 个因子的最小正整数是多少？

**2.8** 证明以下断言：

**a**．由 $a \equiv b(\bmod n)$ 可以推出 $b \equiv a(\bmod n)$。

**b**．由 $a \equiv b(\bmod n)$ 和 $b \equiv c(\bmod n)$ 可以推出 $a \equiv c(\bmod n)$。

**2.9** 证明以下等式：

$$[(a \bmod n) - (b \bmod n)] \bmod n = (a-b) \bmod n$$
$$[(a \bmod n) \times (b \bmod n)] \bmod n = (a \times b) \bmod n$$

**2.10** 求 $Z_5$ 中各个非零元素的乘法逆元。

**2.11** 证明任意十进制整数 $N$ 及其各位数字之和模 9 同余。例如，$475 \equiv 4+7+5 \equiv 16 \equiv 1+6 \equiv 7(\bmod 9)$。这是在进行算术运算时“舍去 9”的常见程序的基础。

**2.12** **a**．求 gcd(24140,16762)；**b**．求 gcd(4655, 12075)。

**2.13** 本题的目的是给欧几里得算法的迭代次数设置一个上限。

**a**．设 $m = qn + r$，其中 $q > 0$，$0 \leqslant r < n$，证明 $m/2 > r$。

**b**．设 $A_i$ 是欧几里得算法进行 $i$ 次迭代后 $A$ 的值，证明 $A_{i+2} < A_i/2$。

**c**．证明若整数 $m, n, N$ 满足 $1 \leqslant m, n \leqslant 2^N$，则欧几里得算法至多进行 $2N$ 次迭代就可求出 gcd$(m, n)$。

**2.14** 欧几里得算法已有 2000 多年的历史，且一直被数论学者们公认为最佳算法。1961 年，J. Stein 发明了一种有潜力与欧几里得算法竞争的算法。该算法求 gcd$(A, B)(A, B \geqslant 1)$的过程如下：

**第 1 步** 令 $A_1 = A$，$B_1 = B$，$C_1 = 1$。

**第 2～*n* 步** 1．若 $A_n = B_n$，则返回 gcd$(A, B) = A_nC_n$。

2．若 $A_n$ 和 $B_n$ 均为偶数，则令 $A_{n+1} = A_n/2$，$B_{n+1} = B_n/2$，$C_{n+1} = 2C_n$。

3．若 $A_n$ 是偶数且 $B_n$ 是奇数，则令 $A_{n+1} = A_n/2$，$B_{n+1} = B_n$，$C_{n+1} = C_n$。

4．若 $A_n$ 是奇数且 $B_n$ 是偶数，则令 $A_{n+1} = A_n$，$B_{n+1} = B_n/2$，$C_{n+1} = C_n$。

5．若 $A_n$ 和 $B_n$ 均为奇数，则令 $A_{n+1} = |A_n - B_n|$，$B_{n+1} = \min(A_n, B_n)$，$C_{n+1} = C_n$，

继续第 $n + 1$ 步。

**a**．为了获得一些感性认识，请分别用欧几里得算法和 Stein 算法计算 gcd(2152, 764)。

**b**．Stein 算法相对于欧几里得算法的明显优势是什么？

**2.15** **a**．证明若 Stein 算法在第 $n$ 步前没有终止，则

$$C_{n+1} \times \gcd(A_{n+1}, B_{n+1}) = C_n \times \gcd(A_n, B_n)$$

**b**．证明若 Stein 算法在第 $n-1$ 步前没有终止，则

$$A_{n+2}B_{n+2} \leqslant \frac{A_nB_n}{2}$$

**c**．证明若 $1 \leqslant A, B \leqslant 2^N$，则 Stein 算法至多需要 $4N$ 步求出 gcd$(m, n)$。因此，两个算法所需的计算步数大体相当。

**d**．证明 Stein 算法的返回值是 gcd$(A, B)$。

**2.16** 用扩展欧几里得算法求下列乘法逆元：**a**．1234 mod 4321；**b**．24140 mod 40902；**c**．550 mod 1769。

**2.17** 本题的目的是判定有多少素数。假定共有 $n$ 个素数，依次为 $p_1 = 2 < p_2 = 3 < p_3 = 5 < \cdots < p_n$。

**a**．定义 $X = 1 + p_1p_2\cdots p_n$，即所有素数的积加上 1，能够找到一个素数 $p_m$ 整除 $X$ 吗？

**b**．$m$ 有何特性？

**c**．推出素数的个数不可能是有限的。

**d**．证明 $p_{n+1} \leqslant 1 + p_1p_2\cdots p_n$。

**2.18** 本题的目的是证明两个随机数互素的概率约为 0.6。

**a**．令 $P = \Pr[\gcd(a, b) = 1]$。证明 $\Pr[\gcd(a, b) = d] = P/d^2$。提示：考虑 gcd$(a/d, b/d)$。

**b**．对所有可能的 $d$，**a** 中结果之和为 1，即 $\sum^{d \geqslant 1} \Pr[\gcd(a,b) = d] = 1$。利用上述等式求 $P$ 值。提示：利用恒等式 $\sum_{i=1}^{\infty} \frac{1}{i^2} = \frac{\pi^2}{6}$。

**2.19** 对两个连续整数 $n$ 和 $n+1$，为什么 gcd$(n, n+1) = 1$？

**2.20** 用费马定理计算 $3^{201}$ mod 11。

**2.21** 用费马定理找到一个位于 0 到 72 之间的数 $a$，使得 $a$ 模 73 与 9794 同余。

**2.22** 用费马定理找到一个位于 0 到 28 之间的数 $x$，使得 $x^{85}$ 模 29 与 6 同余（不能也不必用穷举搜索法）。

**2.23** 用欧拉定理找到一个位于 0 到 9 之间的数 $a$，使得 $7^{1000}$ 模 10 与 $a$ 同余（注意这等同于 $7^{1000}$ 的十进制数展开的最后一位）。

**2.24** 用欧拉定理找到一个位于 0 到 28 之间的整数 $x$，使得 $x^{85}$ 模 35 与 6 同余（不能也不必用穷举搜索法）。

**2.25** 在表 2.6 中，$n > 2$ 时 $\phi(n)$ 是偶数。这一点对所有 $n > 2$ 都成立。给出证明。

**2.26** 证明，若 $p$ 是素数，则 $\phi(p^i) = p^i - p^{i-1}$。提示：考虑哪些数与 $p^i$ 有公因子。

**2.27** 可以证明（参见任何有关数论的书籍），若 $\gcd(m, n) = 1$，则 $\phi(mn) = \phi(m)\phi(n)$。利用该性质和上题中的有关性质及对素数 $p$，$\phi(p) = p - 1$ 这些性质，对任何 $n$ 可直接得到 $\phi(n)$ 的值。计算：**a**. $\phi(41)$；**b**. $\phi(27)$；**c**. $\phi(231)$；**d**. $\phi(440)$。

**2.28** 证明，对于任意正整数 $a$，有

$$\phi(a) = \prod_{i=1}^{t}[p_i^{a_i - 1}(p_i - 1)]$$

成立，其中 $a$ 由式（2.9）给出，即 $a = p_1^{a_1} p_2^{a_2} \cdots p_t^{a_t}$。

**2.29** 考虑函数 $f(n)$ = 集合 $\{a: 0 \leqslant a < n$，且 $\gcd(a, n) = 1\}$ 中元素的个数。该函数是什么函数？

**2.30** 中国古代数学家做了很多好的工作，提出了中国剩余定理，但他们并不总是正确的。他们提出的素性测试方法断言：$n$ 是素数当且仅当 $n$ 能整除 $(2^n - 2)$。

**a**. 给出一个满足上述条件的奇素数。

**b**. $n = 2$ 时条件显然为真。证明 $n$ 是奇素数时条件也为真（即证明充分条件）。

**c**. 给出一个奇数但非素数，它不满足上述条件。这个非素数可能非常大，这也是导致中国数学家误以为条件为真时，$n$ 是素数的原因。

**d**. 中国古代数学家并未测试 $n = 341$ 的情形。341 不是素数（$341 = 11\times31$）但能整除 $2^{341} - 2$。证明 $2341 \equiv 2(\text{mod } 341)$（即必要条件不成立）。提示：利用同余定理证明，而不必计算 $2^{341}$。

**2.31** 证明：若 $n$ 是奇合数，则对 $a = 1$ 和 $a = (n - 1)$，Miller-Rabin 测试将返回“不确定”。

**2.32** 若 $n$ 是合数，且对底 $a$ 通过了 Miller-Rabin 测试，则 $n$ 称为对底 $a$ 的强伪素数。证明 2047 是对底 2 的强伪素数。

**2.33** 中国剩余定理的常用表示形式为：令 $m_1,\cdots, m_k$ 是两两互素的整数，且 $1\leqslant i, j\leqslant k$, $i \neq j$，定义 $M$ 为所有 $m_i$ 的乘积。设 $a_1,\cdots, a_k$ 是整数，则同余方程组

$$\begin{aligned} x &\equiv a_1(\text{mod } m_1) \\ x &\equiv a_2(\text{mod } m_2) \\ &\vdots \\ x &\equiv a_k(\text{mod } m_k) \end{aligned}$$

在模 $M$ 下有唯一解。证明定理的这种表示形式是正确的。

**2.34** 下面是孙子用来说明 CRT 的一个例子：

$$x \equiv 2(\text{mod } 3); \quad x \equiv 3(\text{mod } 5); \quad x \equiv 2(\text{mod } 7)$$

求解 $x$。

**2.35** 6 位教授分别在周一至周六授课，且分别每隔 2, 3, 4, 1, 6 和 5 天授一次课，这所大学禁止周日上课，所以必须停止周日的课。什么时候所有 6 位教授首次发现必须同时停课？提示：利用 CRT。

**2.36** 找出 25 的所有本原根。

**2.37** 给定 29 的本原根 2，构造离散对数表，并利用该表解下列同余方程：**a**. $17x^2 \equiv 10(\text{mod } 29)$；**b**. $x^2 - 4x - 16 \equiv 0 \ (\text{mod } 29)$；**c**. $x^7 \equiv 17 \ (\text{mod } 29)$。

## 编程题

**2.1** 写一个计算机程序实现模 $n$ 的快速指数运算（连续平方）。

**2.2** 写一个计算机程序实现对用户指定的 $n$ 进行 Miller-Rabin 测试。该程序有两个选择：（1）指定一个可能的证词 $a$，用 Witness 算法进行测试；（2）指定一个随机证词 $s$，用 Miller-Rabin 算法进行检测。

# 附录 2A mod 的含义

本书和文献中使用的 mod 运算符有两种使用方式：二元运算符和同余关系。本附录解释这种区别，并精确定义本书中关于括号的标志。这种标志很常见，但却不通用。

## 2A.1 二元运算符 mod

若 $a$ 是整数，$n$ 是非零整数，则定义 $a \bmod n$ 是 $a$ 被 $n$ 除得到的**余数**。称整数 $n$ 为**模数**，称余数为**剩余**。因此，对于任意整数 $a$，总有

$$a = \lfloor a/n \rfloor \times n + (a \bmod n)$$

mod 运算符的正式定义为

$$a \bmod n = a - \lfloor a/n \rfloor \times n, \quad n \neq 0$$

作为二元运算符，mod 输入两个整数变量，返回一个余数。例如，$7 \bmod 3 = 1$。变量可以是整数、整型变量或整型变量表达式。例如，如下例子都是正确的，具有明显的意义：

$$7 \bmod 3,\ 7 \bmod m,\ x \bmod 3,\ x \bmod m$$

$$(x^2 + y + 1) \bmod (2m + n)$$

其中所有的变量都是整数。对每个例子，左侧被右侧除，所得结果是余数［见式（2.1）］。注意左侧或右侧的变量是表达式，表达式需要用圆括号括起来。mod 运算符不在圆括号内。

事实上，若两个变量是任意实数，则 mod 运算符也有效，而不只对整数有效。本书只关心整数运算。

## 2A.2 同余关系 mod

作为一种同余关系，mod 表示两个变量关于一个给定的模数有相同的余数。例如，$7 \equiv 4 \pmod 3$ 表示 7 和 4 在被 3 除的情况下余数都为 1。下面两个表达式是等价的：

$$a \equiv b \pmod m \Leftrightarrow a \bmod m = b \bmod m$$

上式的另一种表述是“说表达式 $a \equiv b (\bmod m)$”和“说 $a - b$ 是 $m$ 的整数倍”是一样的。同样，所有的变量可以是整数、整型变量或整型变量表达式。例如，下面的例子都是正确的，具有明显的含义：

$$7 \equiv 4 \pmod 3$$

$$x \equiv y \pmod m$$

$$(x^2 + y + 1) \equiv (a + 1)(\bmod [m + n])$$

其中所有的变量都是整数。这里有两个约定：同余符号为“≡”，同余关系的模数放在括号内的 mod 运算符之后。

同余关系用于定义剩余类。被 $m$ 除后具有相同余数 $r$ 的所有数，形成一个$(\bmod m)$的剩余类。共有 $m$ 个$(\bmod m)$的剩余类。对于一个给定的余数 $r$，$r$ 所在的剩余类由如下数字组成：

$$r, r \pm m, r \pm 2m, \cdots$$

根据我们的定义，同余

$$a \equiv b (\bmod m)$$

表明 $a$ 和 $b$ 相差 $m$ 的整数倍。因此，同余式也可表示为 $a$ 和 $b$ 属于相同的$(\bmod m)$剩余类。

# 第二部分　对称密码

# 第 3 章 传统加密技术

## 学习目标

- 简要介绍对称密码的主要概念。
- 解释密码分析和穷举攻击的差异。
- 理解单表代替密码的操作。
- 理解多表代替密码的操作。
- 简要介绍 Hill 密码。

**对称加密**，也称**传统加密**或**单钥加密**，是 20 世纪 70 年代公钥密码产生之前唯一的加密类型。迄今为止，它仍是两种加密类型中使用得最为广泛的。第一部分讨论了许多对称密码。本章首先介绍对称加密过程的一般模型，了解传统加密算法的使用环境；然后讨论计算机出现之前的许多算法；最后简要地介绍隐写术。第 4 章和第 6 章探讨如今使用得最广泛的两种加密算法：DES 和 AES。

下面首先定义一些术语。原始的消息称为**明文**，加密后的消息称为**密文**。从明文到密文的变换过程称为**加密**，从密文到明文的变换过程称为**解密**。研究各种加密方案的领域称为**密码编码学**。这样的加密方案称为**密码体制**或**密码**。在不知道任何加密细节的条件下，解密消息的技术属于密码分析学范畴。密码分析学即外行所说的“破译”。密码编码学和密码分析学统称**密码学**。

## 3.1 对称密码模型

对称加密方案有 5 个基本成分（见图 3.1）。

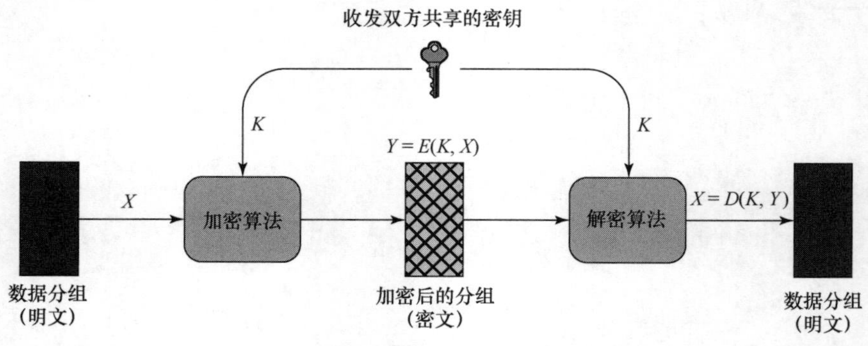


图 3.1 传统密码的简化模型

- **明文** 可理解的原始消息或数据，是算法的输入。
- **加密算法** 加密算法对明文进行各种代替和变换。
- **密钥** 密钥也是加密算法的输入，但独立于明文和算法。算法根据所用的特定密钥产生不同的输出。算法所用的确切代替和变换也依赖于密钥。

- **密文**　算法的输出，看起来是完全随机且杂乱的消息，依赖于明文和密钥。对于给定的消息，不同的密钥产生不同的密文，密文看上去是随机的数据流，且其意义是不可理解的。
- **解密算法**　本质上是加密算法的逆运算。输入密文和密钥，输出原始明文。

传统密码的安全使用要满足如下两个要求。

1. 加密算法必须足够强。至少，我们希望这个算法在敌手知道它并得到一个或多个密文时也不能破译密文或算出密钥。这个要求通常用一种更强的形式表述如下：即使敌手拥有一定数量的密文和产生这些密文的明文，他（或她）也不能破译密文或发现密钥。
2. 发送方和接收方必须在某种安全的形式下获得密钥并且必须保证密钥安全。如果有人发现该密钥，而且知道相应的算法，那么就能解读使用该密钥加密的所有通信。

我们假设基于已知密文和已知加密/解密算法而破译消息是不实际的。换句话说，我们并不需要算法保密，而只需要密钥保密。对称密码的这些特点使得其应用非常广泛。算法不需要保密这一事实使得制造商可以开发出低成本的芯片来实现数据加密算法。这些芯片能够被广泛地使用，许多产品中都有这种芯片。采用对称密码，首要的安全问题是密钥的保密性。

由图 3.2 可以更清楚地理解对称加密方案的基本成分。发送方生成明文消息 $X=[X_1, X_2,\cdots, X_M]$，$X$ 的 $M$ 个元素是某个字母表中的字母。一般来说，字母表由 26 个大写字母组成。今天，最常用的是二进制字母表{0, 1}。加密时，首先生成一个形如 $K=[K_1, K_2,\cdots, K_J]$的密钥。如果密钥由信息的发送方生成，那么它要通过某种安全信道发送到接收方；另一种方法是由第三方生成密钥，然后安全地分发给发送方和接收方。

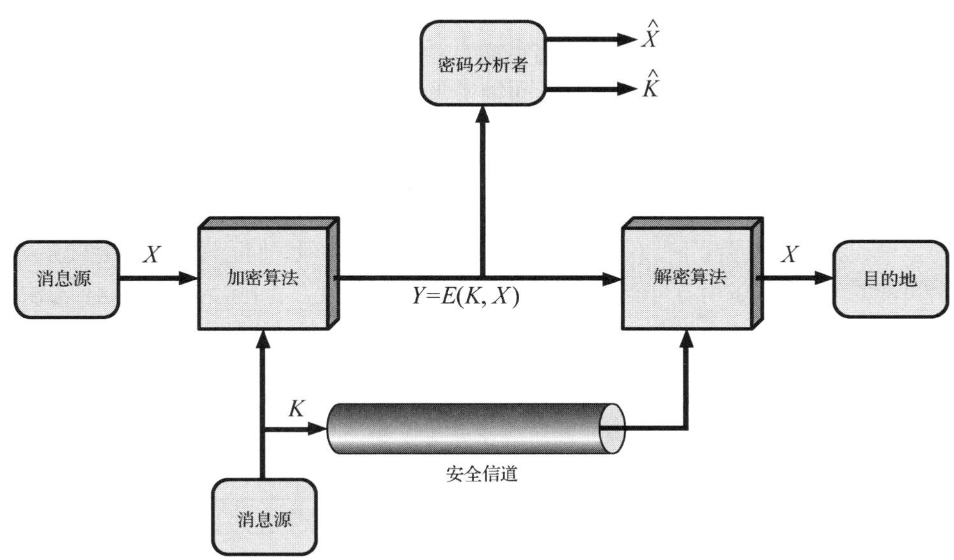


图 3.2　对称密码体制的模型

加密算法根据输入信息 $X$ 和密钥 $K$ 生成密文 $Y=[Y_1, Y_2,\cdots, Y_N]$，即

$$Y=E(K, X)$$

该式表明密文 $Y$ 是用加密算法 $E$ 生成的，后者是明文 $X$ 的函数，而具体的函数由密钥 $K$ 的值决定。

拥有密钥 $K$ 的预定接收方，可以由变换 $X=D(K, Y)$得到明文。

假设某敌手窃得 $Y$ 但不知道 $K$ 或 $X$，并企图得到 $K$ 或 $X$，或 $K$ 和 $X$。假设他知道加密算法 $E$ 和解密算法 $D$，若他只对这个特定的信息感兴趣，则他会将注意力集中于计算明文的估计值 $\hat{X}$ 来恢复 $X$；

不过，敌手往往对进一步的信息同样感兴趣，此时他企图通过计算密钥的估计值 $\hat{K}$ 来恢复 $K$。

### 3.1.1　密码编码学

密码编码学系统具有以下三个独立的特征。

1. **将明文转换为密文的运算类型**　所有的加密算法都基于两个原理：代替和置换，代替是指将明文中的每个元素（如位、字母、位组或字母组等）映射成另一个元素；置换是指重新排列明文中的元素。上述运算的基本要求是不允许丢失信息（即所有的运算都是可逆的）。大多数密码体制，也称乘积密码系统，都使用了多层代替和置换。
2. **所用的密钥数**　若发送方和接收方使用相同的密钥，则称这种密码为对称密码、单密钥密码、秘密钥密码或传统密码。若发收双方使用不同的密钥，则称这种密码为非对称密码、双钥密码或公钥密码。
3. **处理明文的方法**　**分组密码**每次处理输入的一组元素，相应地输出一组元素。**流密码**则是连续地处理输入元素，每次输出一个元素。

### 3.1.2　密码分析学和穷举攻击

攻击密码系统的典型目标是恢复使用的密钥，而不是只恢复单个密文对应的明文。攻击传统的密码体制有两种通用的方法。

- **密码分析学**　密码分析学攻击依赖于算法的性质、明文的一般特征或某些明密文对。这种形式的攻击企图利用算法的特征来推导特定的明文或使用的密钥。
- **穷举攻击**　攻击者对一条密文尝试所有可能的密钥，直到把它转换为可读的、有意义的明文。平均而言，获得成功至少需要尝试所有可能密钥的一半。

如果上述任意一种攻击能够成功地推导出密钥，那么影响将是灾难性的：危及所有未来和过去使用该密钥加密消息的安全。

**密码分析学**　基于密码分析者知道的信息的多少，表 3.1 中概括了**密码攻击**的几种类型。表中的唯密文攻击难度最大。在有些情况下，攻击者甚至不知道加密算法，但我们通常假设敌手知道。在这种情况下，一种可能的攻击是试遍所有可能密钥的穷举攻击。如果密钥空间非常大，那么这种方法就不太实际。因此，攻击者必须依赖于对密文本身的分析，而这一般要用到各种统计方法。使用这种方法时，攻击者必须对隐含的明文类型有所了解，比如说明文是英文文本、法文文本，还是可执行文件、Java 源列表文件、会计文件等。

**表 3.1　密码攻击的几种类型**

| 攻击类型 | 密码分析者已知的信息 |
|---|---|
| 唯密文攻击 | • 加密算法<br>• 密文 |
| 已知明文攻击 | • 加密算法<br>• 密文<br>• 用（与待解密文的）同一密钥加密的一个或多个明密文对 |
| 选择明文攻击 | • 加密算法<br>• 密文<br>• 分析者选择的明文，及对应的密文（与待解密文使用同一密钥加密） |
| 选择密文攻击 | • 加密算法<br>• 密文<br>• 分析者选择的一些密文，及对应的明文（与待解密文使用同一密钥解密） |

（续表）

| 攻 击 类 型 | 密码分析者已知的信息 |
|---|---|
| 选择文本攻击 | • 加密算法<br>• 密文<br>• 分析者选择的明文，及对应的密文（与待解密文使用同一密钥加密）<br>• 分析者选择的一些密文，及对应的明文（与待解密文使用同一密钥解密） |

唯密文攻击最容易防范，因为攻击者拥有的信息量最少。然而，在很多情况下，分析者可以得到更多的信息。分析者可以捕获一段或更多的明文信息及相应的密文，也可能知道某段明文信息的格式等。例如，按照 Postscript 格式加密的文件总以相同的格式开头，电子金融消息往往具有标准化的文件头部或标志。类似的例子还有很多。这些都是已知明文攻击的例子。拥有这些知识的分析者就可以从转换明文的方法入手来推导密钥。

与已知明文攻击紧密相关的是可能词攻击。攻击者处理的是一般的散文信息时，他可能对信息的内容一无所知；攻击者处理的是一些特定的信息时，他可能知道其中的部分内容。例如，对于一个完整的会计文件，攻击者可能知道放在文件最前面的是某些关键词。又如，某公司开发的程序源代码可能含有该公司的版权信息，并且放在某个标准位置。

如果分析者能够通过某种方式获得信源系统，让发送方在发送的信息中插入一段由他选择的信息，那么选择明文攻击就有可能实现。一般来说，如果分析者有办法选择明文加密，那么他会特意选取那些最有可能恢复密钥的数据。

表 3.1 中还列举了另外两种攻击方法：选择密文攻击和选择文本攻击。它们在密码分析技术中很少用到，但仍然是两种可能的攻击方法。

只有相对较弱的算法才无法抵御唯密文攻击。一般来说，加密算法至少要能经受住已知明文攻击。

此外，还有两个概念值得注意。一种密码体制无论有多少可用的密文，如果都不足以唯一地确定密文对应的明文，那么称该密码体制是**无条件安全**的。也就是说，无论花多少时间，攻击者都无法将密文解密，这只是因为他（或她）所需的信息不在密文中。除一次一密（后面会讲到）外，所有的加密算法都不是无条件安全的。因此，加密算法的使用者应挑选尽量满足以下标准的算法。

- 破译密码的代价超过密文信息的价值。
- 破译密码的时间超过密文信息的有效生命期。

如果密码体制满足上述两条标准中的任意一条，那么它是**计算上安全**的。然而，估计攻击者成功破译密文所需的工作量是非常困难的。

对称密码体制的所有分析方法都利用了这样一个事实，即明文的结构和模式在加密后得以保留，且在密文中能够找到蛛丝马迹。随着我们对各种对称密码体制讨论的深入，这一点将会变得非常明显。在第二部分，我们将看到对公钥密码体制的分析依据的是一个完全不同的假设，即密钥对的数学性质使得从一个密钥推出另一个密钥是可能的。

**穷举攻击**　试遍所有密钥直到有一个合法的密钥能够把密文还原成明文，这就是**穷举攻击**。我们可以从这种方法入手，考虑其所需的时间代价。平均来说，要获得成功，必须尝试所有可能密钥的一半。若存在 $X$ 种不同密钥，则攻击者平均需要尝试 $X/2$ 次才能找到实际的密钥。值得注意的是，穷举攻击不是简单地尝试所有可能的密钥，除非明文已知，否则分析者需要能够将明文识别为明文。若信息是英文明文，则结果很容易得到，即使英文识别是自动化的；若文本信息加密前已被压缩，则识别更困难；若信息是一些更为通用的数据（如数值文件）并且已被压缩，则自动化会变得更加困难。因此，采用穷举攻击时，需要一些关于预期明文的信息及自动地从混淆中区分明文的方法。

**强加密** 对用户、安全管理人员和企业经理而言，存在保护数据的强加密需求。强加密是常用但不精确的术语，是指未授权人员或系统难以访问已加密的明文的加密方案。文献[NAS18]中列出了强加密算法的如下性质：适当地选择加密算法，使用足够长的密钥，适当地选择协议，良好的工程实现，引入的隐藏缺陷较少。前两个因素与密码分析学相关，第三个因素与第六部分的讨论相关，最后两个因素超出了本书的范围。

## 3.2 代替技术

本节和下一节举例探讨古典加密方法。研究这些方法可让我们清楚今天所用的对称密码的一些基本方法，以及随之而来的密码攻击的类型等。

首先简要讨论所有加密技术都要用到的两个基本模块——代替和置换，然后详细讨论这些内容。最后讨论综合应用两种技巧的密码系统。

代替技术是将明文字母替换成其他字母、数字或符号的方法①。若将明文视为二进制序列，则代替就是用密文位串代替明文位串。

### 3.2.1 Caesar 密码

已知最早的代替密码是由尤里乌斯·凯撒发明的 Caesar。它非常简单，就是对字母表中的每个字母，用它之后的第 3 个字母来代替。例如，

明文：`meet me after the toga party`
密文：`PHHW PH DIWHV WKH WRJD SDUWB`

注意到字母表是循环的，即认为紧随 Z 之后的字母是 A。下面通过列出所有字母来定义变换：

明文：`a b c d e f g h i j k l m n o p q r s t u v w x y z`
密文：`D E F G H I J K L M N O P Q R S T U V W X Y Z A B C`

如果让每个字母都等同于一个数值：

| a | b | c | d | e | f | g | h | i | j | k | l | m |
|---|---|---|---|---|---|---|---|---|---|---|---|---|
| 0 | 1 | 2 | 3 | 4 | 5 | 6 | 7 | 8 | 9 | 10 | 11 | 12 |

| n | o | p | q | r | s | t | u | v | w | x | y | z |
|---|---|---|---|---|---|---|---|---|---|---|---|---|
| 13 | 14 | 15 | 16 | 17 | 18 | 19 | 20 | 21 | 22 | 23 | 24 | 25 |

那么加密算法可以如下表达。对每个明文字母 $p$，用密文字母 $C$ 代替②：

$$C = E(3, p) = (p + 3) \bmod (26)$$

移位可以是任意整数 $k$，这样就得到了一般的 Caesar 算法：

$$C = E(k, p) = (p + k) \bmod (26) \tag{3.1}$$

式中，$k$ 的取值范围是从 1 到 25。解密算法是

$$p = D(k, C) = (C - k) \bmod (26) \tag{3.2}$$

① 涉及字母时，本书约定：用小写字母表示明文，用大写字母表示密文，用斜体小写字母表示密钥。
② 定义 $a \bmod n$ 为 $a$ 除 $n$ 的余数。例如，$11 \bmod 7 = 4$。关于模算术的更多讨论见第 2 章。

如果已知给定的密文是 Caesar 密码，那么穷举攻击很容易实现：只需简单地测试所有 25 个可能的密钥。图 3.3 中给出了应用这种策略解密的结果。对于该例，显然明文出现在第三行。

Caesar 密码的三个重要特征使得我们可以采用穷举攻击分析方法。

**1**．已知加密和解密算法。

**2**．需要测试的密钥只有 25 个。

**3**．明文所用的语言已知，且其意义易于识别。

在大多数网络的情况下，我们假设密码算法是已知的。一般来说，密钥空间很大的算法使得穷举攻击分析方法不太可能。例如，对于第 7 章中将要介绍的 3-DES 算法，其密钥长度是 168 位，密钥空间是 $2^{168}$，或者说有大于 $3.7\times10^{50}$ 个可能的密钥。

上面的第三个特征也非常重要，如果明文所用的语言不为我们所知，那么明文输出就不可识别。而且，输入可能已按某种方式缩写或压缩，于是就更不可识别。例如，图 3.4 中给出的是经过 ZIP 压缩后的部分文本文件。如果这个文件用一种简单的代替密码来加密（将字母集合扩充为不止包含 26 个英文字母），那么即使用穷举攻击进行密码分析，恢复的明文也是不可识别的。

```
          PHHW PH DIWHU WKH WRJD SDUWB
KEY
   1      oggv og chvgt vjg vqic rctva
   2      nffu nf bgufs uif uphb qbsuz
   3      meet me after the toga party
   4      ldds ld zesdq sgd snfz ozqsx
   5      kccr kc ydrcp rfc rmey nyprw
   6      jbbq jb xcqbo qeb qldx mxoqv
   7      iaap ia wbpan pda pkcw lwnpu
   8      hzzo hz vaozm ocz ojbv kvmot
   9      gyyn gy uznyl nby niau julns
  10      fxxm fx tymxk max mhzt itkmr
  11      ewwl ew sxlwj lzw lgys hsjlq
  12      dvvk dv rwkvi kyv kfxr grikp
  13      cuuj cu qvjuh jxu jewq fqhjo
  14      btti bt puitg iwt idvp epgin
  15      assh as othsf hvs hcuo dofhm
  16      zrrg zr nsgre gur gbtn cnegl
  17      yqqf yq mrfqd ftq fasm bmdfk
  18      xppe xp lqepc esp ezrl alcej
  19      wood wo kpdob dro dyqk zkbdi
  20      vnnc vn jocna cqn cxpj yjach
  21      ummb um inbmz bpm bwoi xizbg
  22      tlla tl hmaly aol avnh whyaf
  23      skkz sk glzkx znk zumg vgxze
  24      rjjy rj fkyjw ymj ytlf ufwyd
  25      qiix qi ejxiv xli xske tevxc
```

图 3.3　对 Caesar 密码的穷举密码学分析

```
~+Wµ"- Ω-O)≤4{∞‡¸ ë~Ω%ràu·¯í ◊¯Z-
Ú≠2Ò#Åæ∂ œ«q7¸Ωn·®3N◊Ú Œz'Y-ƒ∞Í[±Û_ èΩ,<NO¬±«˘xã  Åä£èü3Å
x}ö§kºÂ
_yÍ ^ΔÉ] ¸¤ J/˚iTê&ı 'c<uΩ-
 ÄD(G WÄC~y_ïõÄW PÔı«ÎÜ†ç],¤¡˘Ì^üÑπ˘≈˘L˘9Ogfl O˘&Œ≤ ¬≤ ØÔ§˝:
 ˘Œ!SGqèvo^ ú\¸S>h<-*6ø‡%x´˝|fiÓ#≈˜my‰˘≥ñP<,ƒi Áj  Å◊¿˝Zù-
Ω¨Õ¯6Œÿ{% „ΩÊó ¸ï π÷ÁÎ˚úO2çSÿ´O-
2Äflßi /@^"∏Kºª PŒπ¸úé^´3∑˘ö˘ÔZÌ"Y¬ŸΩœY> Ω+eô/˙<K£¿*÷˜"≤û˜
B ZøK˜Qßÿüƒ¸!ÒflÎzsS/]>ÈQ ü
```

图 3.4　经过压缩的文本样本

### 3.2.2　单表代替密码

Caesar 密码只有 25 个可能的密钥，这是远不够安全的。通过允许任意代替，密钥空间会急剧增大。在继续讨论之前，我们先定义术语**置换**。有限元素的集合 $S$ 的**置换**是 $S$ 中的所有元素的有序排列，且每个元素只出现一次。例如，若 $S = \{a, b, c\}$，则 $S$ 有 6 个置换：

abc, acb, bac, bca, cab, cba

一般来说，有 $n$ 个元素的集合有 $n!$ 个置换，因为第一个元素有 $n$ 种选择方式，第二个元素有 $n - 1$ 种选择方式，以此类推。回忆 Caesar 密码的对应方式：

明文：a b c d e f g h i j k l m n o p q r s t u v w x y z

密文：D E F G H I J K L M N O P Q R S T U V W X Y Z A B C

如果密文行是 26 个字母的任意置换，那么就有 26!个或大于 $4\times10^{26}$ 个可能的密钥，这比 DES 的密钥空间要大 10 个数量级，好像是可以抵御穷举攻击的。这种方法称为**单表代替密码**，因为每条消息都使用了单个密码字母表（从明文字母映射为密码字母）。因此，存在另一行攻击。

如果密码分析者知道明文的性质（如非压缩英文文本），那么分析人员就会利用这种语句的规律性。为了解此类密码分析是如何进行的，下面给出摘自文献[SINK09]的一个例子。待分析的密文是

UZQSOVUOHXMOPVGPOZPEVSGZWSZOPFPESXUDBMETSXAIZ
VUEPHZHMDZSHZOWSFPAPPDTSVPQUZWYMXUZUHSX
EPYEPOPDZSZUFPOMBZWPFUPZHMDJUDTMOHMQ

首先统计字母被使用的相对频率，然后与英文字母的使用频率分布进行比较，如图 3.5（摘自文献[LEWA00]）所示。如果已知的消息足够长，那么只用这种方法就应是足够的；如果这段消息相对较短，那么就得不到准确的字母匹配。密文中字母的相对频率（单位为百分比）如下：

| | | | | | | | | | |
|---|---|---|---|---|---|---|---|---|---|
| P | 13.33 | H | 5.83 | F | 3.33 | B | 1.67 | C | 0.00 |
| Z | 11.67 | D | 5.00 | W | 3.33 | G | 1.67 | K | 0.00 |
| S | 8.33 | E | 5.00 | Q | 2.50 | Y | 1.67 | L | 0.00 |
| U | 8.33 | V | 4.17 | T | 2.50 | I | 0.83 | N | 0.00 |
| O | 7.50 | X | 4.17 | A | 1.67 | J | 0.83 | R | 0.00 |
| M | 6.67 | | | | | | | | |

将这种统计规律与图 3.5 比较，可以得出结论：密文字母中的 P 和 Z 可能相当于明文中的 e 和 t，但是并不能确定是 P 对应 e（Z 对应 t）还是 Z 对应 e（P 对应 t）。密文中的 S, U, O, M 和 H 的相对频率较高，可能与明文字母集{a, h, i, n, o, r, s}中的某个对应。相对频率较低的字母（即 A, B, G, Y, I, J）可能对应明文字母集{b, j, k, q, v, x, z}中的某个元素。

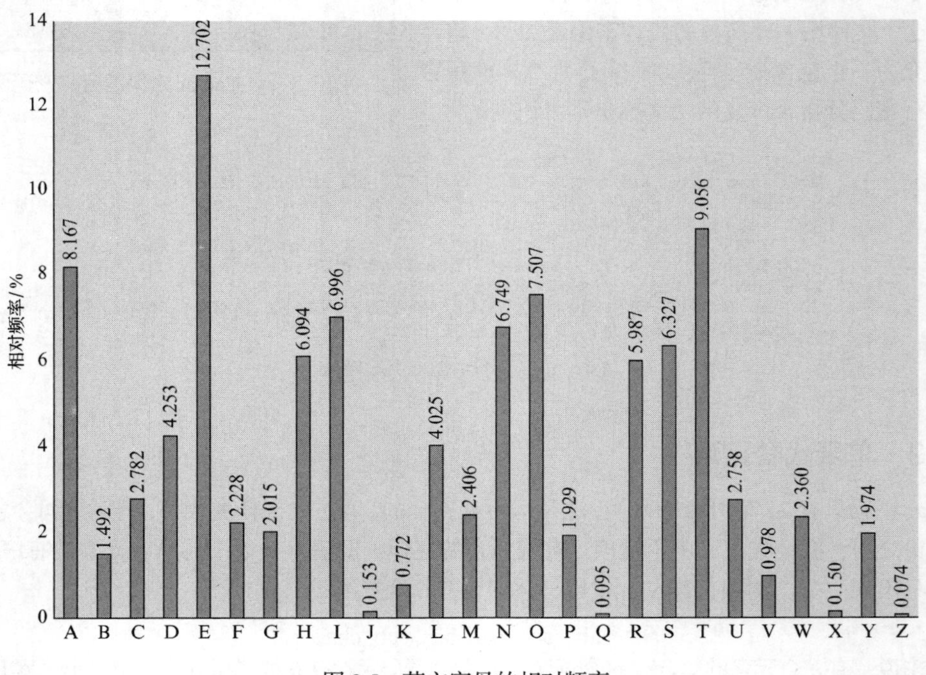


图 3.5 英文字母的相对频率

这时，我们可以从以下几种方法入手。可以尝试着做一些代替，填入明文，看看是否像一条消息。更系统的方法是寻找其他规律。例如，明文中的某些词可能是已知的，或者寻找密文字母中的重复序列，推导它们的等价明文。

统计**双字母组合**的频率是一个很有效的工具。由此，可以得到一个类似于图 3.5 的双字母组合的相

对频率图。最常用的一个字母组合是 th。而在我们的密文中，用得最多的双字母组合是 ZW，它出现了 3 次。所以我们可以估计 Z 对应明文 t，而 W 对应明文 h。根据先前的假设，可以认为 P 对应 e。现在我们意识到密文中的 ZWP 很可能是 the，它是英语中最常用的三字母组合，这说明我们的思路是正确的。

接下来，我们关注第一行中的序列 ZWSZ。我们并不知道它是否是一个完整的单词，若是一个完整的单位，则它应翻译成 th_t 的形式，若是这样，则 S 很可能是明文 a。

至此，我们得到如下结果：

```
UZQSOVUOHXMOPVGPOZPEVSGZWSZOPFPESXUDBMETSXAIZ
 t a        e  e te a  that e e a        a
VUEPHZHMDZSHZOWSFPAPPDTSVPQUZWYMXUZUHSX
  e t    ta t ha e ee  a e   th     t  a
EPYEPOPDZSZUFPOMBZWPFUPZHMDJUDTMOHMQ
 e  e e tat    e   the    t
```

虽然只确定了 4 个字母，但是我们已经有了眉目。继续进行类似的分析、测试，很快就可以得出完整的明文，加上空格后如下：

```
it was disclosed yesterday that several informal but
direct contacts have been made with political
representatives of the viet cong in moscow
```

单表代替密码较容易被攻破，因为它带有原始字母使用频率的一些统计学特征。一种对策是对每个字母提供多种代替，称为同音词（就像一个读音可以代表多个单词的同音词一样），一个明文单元也可以变换为不同的密文单元。例如，字母 e 可以替换成 16, 74, 35 和 21，循环或随机地选取其中一个同音词即可。如果对每个明文元素（字母）分配的密文元素（如数字等）的个数与此明文元素（字母）的使用频率成一定的比例关系，那么使用频率信息就会被完全破坏。数学家卡尔·弗里德里希·高斯认为他用这种“同音词”方法设计了一种牢不可破的密码。然而，即使采用同音词方法，明文中的每个元素也只对密文中的一个元素产生影响，多字母语法模式（比双字母音节）仍然残留在密文中，从而使得密码分析相对简单。

减少代替密码内明文结构在密文中的残留度的方法主要有两种：一种是对明文中的多个字母一起加密；另一种是采用多表代替密码。下面简要地介绍这两种方法。

### 3.2.3　Playfair 密码

最著名的多字母代替密码是 Playfair 密码，它把明文中的双字母音节作为一个单元转换成密文的“双字母音节”①。

Playfair 算法基于一个由密钥词构成的 5×5 字母矩阵。下例由勋爵 Peter Wimsey 在 Dorothy Sayers 所著的 *Have His Carcase*②一书中给出：

| M | O | N | A | R |
|---|---|---|---|---|
| C | H | Y | B | D |
| E | F | G | I/J | K |
| L | P | Q | S | T |
| U | V | W | X | Z |

① 这个密码实际上是由英国科学家 Charles Wheatstone 于 1854 年发明的，但由其朋友 Baron Playfair 挂名。在英国的外事机构中，Baron Playfair 在密码方面的成就是首屈一指的。

② 本书对可能字攻击的描述引人入胜。

本例所用的密钥词是 monarchy。填充矩阵的方法如下：首先将密钥词（去掉重复字母）从左至右、从上至下填入矩阵单元，再将剩余的字母按字母表的顺序从左至右、从上至下填入矩阵剩下的矩阵单元。字母 I 和 J 暂且当成一个字母。对明文按如下规则一次加密两个字母。

**1**. 如果该字母对的两个字母是相同的，那么在它们之间加一个填充字母，比如 x。例如，对于 balloon，先把它变成四个字母对 ba lx lo on。

**2**. 落在矩阵同一行的明文字母对中的字母由其右边的字母代替，每行中最右边的一个字母用该列中最左边的第一个字母代替，比如 ar 变成 RM。

**3**. 落在矩阵同一列的明文字母对中的字母由其下面的字母代替，每行中最下面的一个字母用该列中最上面的第一个字母代替，比如 mu 变成 CM。

**4**. 其他的每组明文字母对中的字母按如下方式代替：该字母所在的行为密文所在的行，另一个字母所在的列为密文所在的列。比如，hs 变成 BP，ea 变成 IM（或 JM）。

Playfair 密码相对于简单的单表密码是一个巨大的进步。首先，尽管只有 26 个字母，但有 26×26 = 676 个字母对，因此识别单个字母对要困难得多。而且，单个字母的相对频率比字母对的相对频率变化的幅度大，在统计规律上要好，利用频率分析字母对要更难一些。因此，Playfair 密码在很长的一段时间内被认为是牢不可破的。第一次世界大战中英军就使用它作为陆军的战时密码体制，在第二次世界大战期间，美军及其他一些盟军仍然在大量使用。

尽管 Playfair 密码被认为是较安全的，但它仍然是相对容易被攻破的，因为它的密文仍然完好地保留了明文语言的大部分结构特征。几百个字母的密文就足够我们分析出规律。

图 3.6 中显示了 Playfair 密码和其他一些密码加密的有效性。标有“明文”的曲线画出了 26 个字母的频率分布（不区分大小写）。这也是任意单表代替密码的频率分布，因为单字母的频率值是相同的，不同的是对原始字母使用了不同的字母进行代替。曲线的含义是，对文中出现的每个字母计数，计数结果除以使用频率最高的字母 e 的出现次数（见图 3.5）。设 e 出现的频率为 1，那么 t 出现的频率约为 9.056/12.702 ≈ 0.72，以此类推。水平轴上的点对应按使用频率递减的字母。

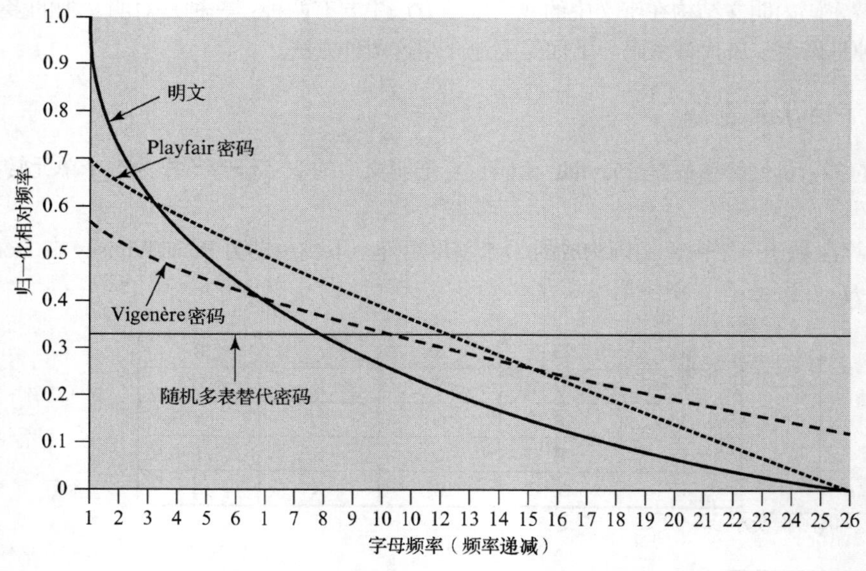


图 3.6　字母出现的相对频率

图 3.6 中还显示了使用 Playfair 密码加密后文本的字母频率分布情况。为便于比较，密文中的每个

字母的使用频率仍然除以明文中 e 的使用频率。因此，（加密后的）曲线体现了加密后的字母频率分布被掩盖的程度，而按字母的频率分布来分析代替密码是一种简单的方法。如果频率分布的信息完全被加密过程隐藏，那么密文的频率曲线应是一条水平直线，唯密文密码分析由此下手将一无所获。图中所示表明，Playfair 密码虽然有比明文稍微平坦的频率分布曲线，但是透露了大量的信息给密码分析者。图中还展示了随后将要讨论的 Vigenère 密码，其中的 Hill 和 Vigenère 曲线源于文献[STMM93]。

### 3.2.4 Hill 密码①

另一个有趣的多表代替密码是 Hill 密码，它由数学家 Lester Hill 于 1929 年发明。

**线性代数中的一些概念**　在描述 Hill 密码前，让我们先简短地复习线性代数中的一些术语。现在我们关心模 26 的矩阵算术。对于需要补习矩阵乘法和逆运算的读者，请参阅附录 A。

我们定义方阵 $\boldsymbol{M}$ 的逆矩阵为 $\boldsymbol{M}^{-1}$，它满足 $\boldsymbol{M}(\boldsymbol{M}^{-1}) = (\boldsymbol{M}^{-1})\boldsymbol{M} = \boldsymbol{I}$，其中 $\boldsymbol{I}$ 为单位矩阵。$\boldsymbol{I}$ 矩阵是除主对角线上的元素为 1 外、其余元素全为 0 的矩阵。一个矩阵的逆矩阵并不总是存在的，但存在时它满足前述方程。例如，

$$\boldsymbol{A} = \begin{pmatrix} 5 & 8 \\ 17 & 3 \end{pmatrix}, \quad \boldsymbol{A}^{-1} \bmod 26 = \begin{pmatrix} 9 & 2 \\ 1 & 15 \end{pmatrix}, \quad \begin{aligned} \boldsymbol{A}\boldsymbol{A}^{-1} &= \begin{pmatrix} (5\times 9)+(8\times 1) & (5\times 2)+(8\times 15) \\ (17\times 9)+(3\times 1) & (17\times 2)+(3\times 15) \end{pmatrix} \\ &= \begin{pmatrix} 53 & 130 \\ 156 & 79 \end{pmatrix} \bmod 26 = \begin{pmatrix} 1 & 0 \\ 0 & 1 \end{pmatrix} \end{aligned}$$

为了解释如何计算矩阵的逆矩阵，我们先介绍行列式的概念。对于任意一个方阵（$m\times m$），其行列式的值等于不同行、不同列上的元素的乘积的代数和，部分项的前面有负号。对于 2×2 矩阵

$$\begin{pmatrix} k_{11} & k_{12} \\ k_{21} & k_{22} \end{pmatrix}$$

其行列式的值为 $k_{11}k_{22} - k_{12}k_{21}$。对于 3×3 矩阵，行列式的值为 $k_{11}k_{22}k_{33} + k_{21}k_{32}k_{13} + k_{31}k_{12}k_{23} - k_{31}k_{22}k_{13} - k_{21}k_{12}k_{23} - k_{11}k_{32}k_{23}$。若矩阵 $\boldsymbol{A}$ 的行列式非零，则其逆的计算如下：$[\boldsymbol{A}^{-1}]_{ij} = (\det \boldsymbol{A})^{-1}(-1)^{i+j}(D_{ji})$，其中 $(D_{ji})$ 是从矩阵 $\boldsymbol{A}$ 中删除第 $j$ 行和第 $i$ 列后的子行列式的值，$\det(\boldsymbol{A})$是 $\boldsymbol{A}$ 的行列式，而$(\det \boldsymbol{A})^{-1}$是 $\det(\boldsymbol{A}) \bmod 26$ 的逆。

继续刚才的例子，

$$\det\begin{pmatrix} 5 & 8 \\ 17 & 3 \end{pmatrix} = (5\times 3)-(8\times 17) = -121 \bmod 26 = 9$$

因为 $9\times 3 = 27 \bmod 26 = 1$（参阅第 2 章或附录 A），得到 $9^{-1} \bmod 26 = 3$。因此，$\boldsymbol{A}$ 的逆的计算方式为

$$\boldsymbol{A} = \begin{pmatrix} 5 & 8 \\ 17 & 3 \end{pmatrix}, \quad \boldsymbol{A}^{-1} \bmod 26 = 3\begin{pmatrix} 3 & -8 \\ -17 & 5 \end{pmatrix} = 3\begin{pmatrix} 3 & 18 \\ 9 & 5 \end{pmatrix} = \begin{pmatrix} 9 & 54 \\ 27 & 15 \end{pmatrix} = \begin{pmatrix} 9 & 2 \\ 1 & 15 \end{pmatrix}$$

**Hill 算法**　该加密算法将 $m$ 个连续的明文字母替换成 $m$ 个密文字母，这是由 $m$ 个线性方程决定的，方程中的每个字母被赋予一个数值（$a = 0, b = 1, \cdots, z = 25$）。例如，$m = 3$ 时，系统可以描述为

$$\begin{aligned} c_1 &= (k_{11}p_1 + k_{21}p_2 + k_{31}p_3) \bmod 26 \\ c_2 &= (k_{12}p_1 + k_{22}p_2 + k_{32}p_3) \bmod 26 \\ c_3 &= (k_{13}p_1 + k_{23}p_2 + k_{33}p_3) \bmod 26 \end{aligned}$$

用行向量和矩阵表示如下②：

---

① 该密码理解起来比本章的其他密码稍难一些，但它阐明了密码分析学中的一些要点。初学者可以跳过这一节。

② 一些密码书将明文和密文表示为列向量，以使得列向量放在矩阵的后面，而不像行向量那样放在矩阵的前面。Sage 使用了行向量，所以我们也沿用这一约定。

$$(c_1\ c_2\ c_3) = (p_1\ p_2\ p_3)\begin{pmatrix} k_{11} & k_{12} & k_{13} \\ k_{21} & k_{22} & k_{23} \\ k_{31} & k_{32} & k_{33} \end{pmatrix} \bmod 26$$

或

$$\boldsymbol{C} = \boldsymbol{PK} \bmod 26$$

式中，$\boldsymbol{C}$ 和 $\boldsymbol{P}$ 是长度为 3 的行向量，分别代表密文和明文，$\boldsymbol{K}$ 是一个 3×3 矩阵，代表加密密钥。运算按模 26 执行。例如，如果明文为 paymoremoney，加密密钥为

$$\boldsymbol{K} = \begin{pmatrix} 17 & 17 & 5 \\ 21 & 18 & 21 \\ 2 & 2 & 19 \end{pmatrix}$$

明文的前 3 个字母用向量(15 0 24)表示，那么(15 0 24)$\boldsymbol{K}$ = (303 303 531) mod 26 = (17 17 11) = RRL，照此方式转换余下的字母，可得到整段明文对应的密文是 RRLMWBKASPDH。

解密时需要用到矩阵 $\boldsymbol{K}$ 的逆。可以算出 det $\boldsymbol{K}$ = 23，所以$(\det \boldsymbol{K})^{-1} \bmod 26 = 17$。计算逆矩阵为

$$\boldsymbol{K}^{-1} = \begin{pmatrix} 4 & 9 & 15 \\ 15 & 17 & 6 \\ 24 & 0 & 17 \end{pmatrix}$$

验证如下：

$$\begin{pmatrix} 17 & 17 & 5 \\ 21 & 18 & 21 \\ 2 & 2 & 19 \end{pmatrix}\begin{pmatrix} 4 & 9 & 15 \\ 15 & 17 & 6 \\ 24 & 0 & 17 \end{pmatrix} = \begin{pmatrix} 443 & 442 & 442 \\ 858 & 495 & 780 \\ 494 & 52 & 365 \end{pmatrix} \bmod 26 = \begin{pmatrix} 1 & 0 & 0 \\ 0 & 1 & 0 \\ 0 & 0 & 1 \end{pmatrix}$$

显然，若把逆矩阵 $\boldsymbol{K}^{-1}$ 应用到密文，则可恢复明文。

用一般术语可将 Hill 密码系统表示如下：

$$\boldsymbol{C} = E(\boldsymbol{K}, \boldsymbol{P}) = \boldsymbol{PK} \bmod 26$$
$$\boldsymbol{P} = D(\boldsymbol{K}, \boldsymbol{C}) = \boldsymbol{CK}^{-1} \bmod 26 = \boldsymbol{PKK}^{-1} = \boldsymbol{P}$$

与 Playfair 密码相比，Hill 密码的优点是完全隐蔽了单字母频率特性。实际上，Hill 用的矩阵越大，隐藏的频率信息就越多。因此，一个 3×3 的 Hill 密码不仅隐藏了单字母的频率特性，而且隐藏了双字母的频率特性。

尽管 Hill 密码足以抵抗唯密文攻击，但易被已知明文攻击破解。对于一个 $m \times m$ 的 Hill 密码，设有 $m$ 个明密文对，且每个的长度都是 $m$，定义 $\boldsymbol{P}_j = (p_{1j} p_{2j} \cdots p_{mj})$和 $\boldsymbol{C}_j = (c_{1j} c_{2j} \cdots c_{mj})$，使得对每个 $\boldsymbol{C}_j$ 和 $\boldsymbol{P}_j\boldsymbol{K}$（$1 \leqslant j \leqslant m$）都有 $\boldsymbol{C}_j = \boldsymbol{P}_j\boldsymbol{K}$，其中 $\boldsymbol{K}$ 是未知的矩阵密钥。现在定义两个 $m \times m$ 的矩阵 $\boldsymbol{X} = (p_{ij})$和 $\boldsymbol{Y} = (c_{ij})$。于是，可以得出矩阵公式 $\boldsymbol{Y} = \boldsymbol{XK}$，若 $\boldsymbol{X}$ 可逆，则可得 $\boldsymbol{K} = \boldsymbol{X}^{-1}\boldsymbol{Y}$。若 $\boldsymbol{X}$ 不可逆，则可以另找 $\boldsymbol{X}$ 和对应的 $\boldsymbol{Y}$，直至得到一个可逆的 $\boldsymbol{X}$。

考虑下例。假设明文 hillcipher 经过一个 2×2 的 Hill 密码加密生成了密文 HCRZSSXNSP。我们知道(7 8)$\boldsymbol{K}$ mod 26 = (7 2)，(11 11)$\boldsymbol{K}$ mod 26 = (17 25)，以此类推。于是由前两个明密文对得到

$$\begin{pmatrix} 7 & 2 \\ 17 & 25 \end{pmatrix} = \begin{pmatrix} 7 & 8 \\ 11 & 11 \end{pmatrix} \boldsymbol{K} \bmod 26$$

$\boldsymbol{X}$ 的逆是

$$\begin{pmatrix} 7 & 8 \\ 11 & 11 \end{pmatrix}^{-1} = \begin{pmatrix} 25 & 22 \\ 1 & 23 \end{pmatrix}$$

因此有

$$K=\begin{pmatrix}25 & 22\\1 & 23\end{pmatrix}\begin{pmatrix}7 & 2\\17 & 25\end{pmatrix}=\begin{pmatrix}549 & 600\\398 & 577\end{pmatrix}\bmod 26=\begin{pmatrix}3 & 2\\8 & 5\end{pmatrix}$$

该结果可以由剩下的明密文对来验证。

### 3.2.5 多表代替加密

对单表代替的改进方法是在明文消息中采用不同的单表代替。这种方法一般称为**多表代替密码**。所有这些方法都有以下共同特征。

**1**. 采用相关的单表代替规则集。

**2**. 密钥决定给定变换的具体规则。

**Vigenère 密码** 多表代替密码中最著名和最简单的是 Vigenère 密码。它的代替规则集由 26 个 Caesar 密码的代替表组成，其中的每个代替表是对明文字母表移位 0～25 次后得到的代替单表。每个密码由一个密钥字母表示，这个密钥字母用来代替明文字母 a，因此移位 3 次后的 Caesar 密码由密钥值 d 代表。

我们可用如下方式来表述 Vigenère 密码。假设明文序列为 $P=p_0,p_1,p_2,\cdots,p_{n-1}$，密钥由序列 $K=k_0,k_1,k_2,\cdots,k_{m-1}$ 构成，通常 $m<n$。密码序列 $C=C_0,C_1,C_2,\cdots,C_{n-1}$ 的计算如下：

$$\begin{aligned}C&=C_0,C_1,C_2,\cdots,C_{n-1}=E(K,P)=E\left[(k_0,k_1,k_2,\cdots,k_{m-1}),(p_0,p_1,p_2,\cdots,p_{n-1})\right]\\&=(p_0+k_0)\bmod 26,(p_1+k_1)\bmod 26,\cdots,(p_{m-1}+k_{m-1})\bmod 26,\\&\quad(p_m+k_0)\bmod 26,(p_{m+1}+k_1)\bmod 26,\cdots,(p_{2m-1}+k_{m-1})\bmod 26,\cdots\end{aligned}$$

因此，密钥的第一个字母模 26 加到了明文的第一个字母，接着是第二个字母，以此类推，直到前 $m$ 个明文处理完毕。对于第二组的 $m$ 个明文，重复使用密钥字母。继续该过程直到所有的明文序列都被加密。加密过程的一般方程是

$$C_i=(p_i+k_{i\bmod m})\bmod 26 \tag{3.3}$$

该方程和 Caesar 密码的式（3.1）类似。本质上，每个明文字母根据相应的密钥字母用不同的 Caesar 密码加密。类似地，解密是式（3.2）的推广：

$$p_i=(C_i-k_{i\bmod m})\bmod 26 \tag{3.4}$$

加密一条消息时需要有与消息一样长的密钥。通常，密钥是一个密钥词的重复，比如密钥词是 deceptive，那么消息 we are discovered save yourself 将被加密为

密钥：*deceptivedeceptivedeceptive*

明文：wearediscoveredsaveyourself

密文：ZICVTWQNGRZGVTWAVZHCQYGLMGJ

用数字来表述，有如下结果。

| 密钥 | 3 | 4 | 2 | 4 | 15 | 19 | 8 | 21 | 4 | 3 | 4 | 2 | 4 | 15 |
|---|---|---|---|---|---|---|---|---|---|---|---|---|---|---|
| 明文 | 22 | 4 | 0 | 17 | 4 | 3 | 8 | 18 | 2 | 14 | 21 | 4 | 17 | 4 |
| 密文 | 25 | 8 | 2 | 21 | 19 | 22 | 16 | 13 | 6 | 17 | 25 | 6 | 21 | 19 |

| 密钥 | 19 | 8 | 21 | 4 | 3 | 4 | 2 | 4 | 15 | 19 | 8 | 21 | 4 |
|---|---|---|---|---|---|---|---|---|---|---|---|---|---|
| 明文 | 3 | 18 | 0 | 21 | 4 | 24 | 14 | 20 | 17 | 18 | 4 | 11 | 5 |
| 密文 | 22 | 0 | 21 | 25 | 7 | 2 | 16 | 24 | 6 | 11 | 12 | 6 | 9 |

这种密码的强度是每个明文字母对应多个密文字母，且每个密文字母使用唯一的密钥字母，因此

字母出现的频率信息被隐蔽，但并非所有的明文结构信息都被隐蔽。例如，图 3.6 中给出了 9 个密钥词的 Vigenère 密码频率分布特征。尽管它对 Playfair 密码是较大的改进，但依然保留了许多频率信息。

概述这种密码的攻击方法很有用，因为它体现了密码分析学中的一些数学原理。

首先，假设敌手认为密文是用单表代替或 Vigenère 密码来加密的。我们可以用一个简单的测试来进行区分。如果用单表代替，那么密文的统计特性应与明文语言的统计特性相同，因此参照图 3.5，应有一个密文字母的出现频率约为 12.7%，另一个密文字母的出现频率约为 9.06%，等等。如果只有一条消息可用于密码分析，那么我们并不期望它体现的统计规律与明文的统计规律刚好吻合。然而，当它们的统计规律很接近时，就可以认为是用单表代替加密的。

另一方面，如果认为是用 Vigenère 密码加密的，那么破译能否取得进展将取决于能否判定密钥词的长度，我们很快就会意识到这一点。现在我们集中精力寻找密钥词长度。得到答案的重要观察如下：如果两个相同的明文序列之间的距离是密钥词长度的整数倍，那么产生的密文序列也是相同的。在前面的例子中，“red”的两次出现相隔 9 个字母，在两种情况下，“r”都是用“e”加密的，“e”都是用“p”加密的，“d”都是用“t”加密的，因此得到了两个相同的密文序列“VTW”。我们对相关的密文字母加了下画线，对相关的密文数字加了阴影，以指示上述说明。

分析者只需发现重复序列“VTW”，而重复序列“VTW”之间相隔 9 个字符，于是他（或她）推断密钥词的长度是 3 或 9。“VTW”的两次出现也可能是偶然的，而不一定是用相同密钥加密相同明文序列导致的。然而，如果信息足够长，那么会出现大量重复的密文序列。计算重复密文序列间距的公因子，分析者就可能猜出密钥词的长度。

破解密码还依赖于另一个重要观察。如果密钥词的长度是 $m$，那么密码实际上包含 $m$ 个单表代替。例如，以 DECEPTIVE 作为密钥词时，处在位置 1, 10, 19, ⋯的字母的加密实际上是单表密码。因此，我们可以用明文语言的频率特征对这样的单表密码分别进行攻击。

密钥词的周期性可以用与明文信息一样长的不重复密钥词来消除。Vigenère 提出了一个所谓的“密钥自动生成系统”，它将密钥词和明文自身连接起来，以便生成不重复的密钥词。请看下面的例子：

密钥：*deceptivewearediscoveredsav*
明文：wearediscoveredsaveyourself
密文：ZICVTWQNGKZEIIGASXSTSLVVWLA

即使采用这个方案，它也是易受攻击的。因为密钥和明文具有相同频率的分布特征，所以我们可以应用统计学的方法。例如，用 *e* 加密 e，由图 3.5 可以估计出其发生的概率为 $(0.127)^2 \approx 0.016$，而用 *t* 加密 t 发生的概率大概只有它的一半。密码分析者利用这些规律能够成功地进行分析①。

**Vernam 密码** 最终的反破译措施也许只有选择一个和明文毫无统计关系且和明文一样长的密钥。1918 年，AT&T 公司的工程师 Gilbert Vernam 首先引入了这种体制，其运算基于二进制数据而非字母。该体制（见图 3.7）可以简单表示为

$$c_i = p_i \oplus k_i$$

式中，$p_i$ 是明文的第 $i$ 个二进制位；$k_i$ 是密钥的第 $i$ 个二进制位；$c_i$ 是密文的第 $i$ 个二进制位；$\oplus$ 是异或运算符。

该式与 Vigenère 密码的式（3.3）类似。

因此密文是对明文和密钥的按位异或生成的。根据异或运算的性质，解密过程为

① 虽然破译 Vigenère 密码的技术并不复杂，但是 1917 年的一期《科学美国人》杂志上却称其是不可破解的。当对现代密码算法做出类似的论断时，这是值得汲取的教训。

$$p_i = c_i \oplus k_i$$

该式和式（3.4）类似。

这种技术的本质在于构造密钥的方式。Vernam 提出使用连续的磁带，磁带最终也将循环。所以事实上该体制使用了周期很长的循环密钥。尽管周期很长增大了密码分析的难度，但是如果有足够的密文，那么使用已知或可能的明文序列，或者组合使用二者，该方案是可以被破解的。

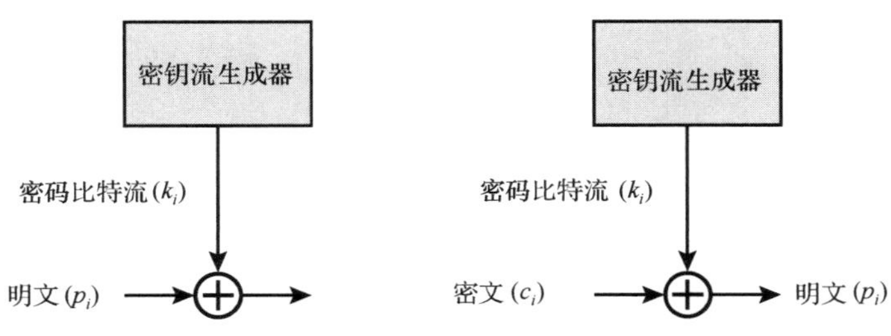


图 3.7　Vernam 密码

### 3.2.6　一次一密

陆军情报官 Joseph Mauborgne 提出了一种对 Vernam 密码的改进方案，从而实现了最完善的安全性。Mauborgne 建议使用与消息一样长且无重复的随机密钥来加密消息；另外，密钥只加解密一条消息，之后丢弃不用。每条新消息都需要一个与其等长的新密钥。这就是著名的**一次一密**，它是不可攻破的。它产生的随机输出与明文没有任何统计关系。因为密文不包含明文的任何信息，所以无法可破。

下例能够说明我们的观点。假设使用的是 27 个字符（第 27 个字符是空格）的 Vigenère 密码，但这里使用的一次性密钥和消息一样长。请看下面的密文：

ANKYODKYUREPFJBYOJDSPLREYIUDNOFDOIUERFPLUYTS

现在我们用两种不同的密钥解密：

密文：ANKYODKYUREPFJBYOJDSPLREYIUDNOFDOIUERFPLUYTS
密钥：*pxlmvmsydoftyrvzwc tnlebnecvgdupahfzzlmnyih*
明文：mr mustard with the candlestick in the hall

密文：ANKYODKYUREPFJBYOJDSPLREYIUDNOFDOIUERFPLUYTS
密钥：*pftgpmiydgaxgoufhklllmhsqdqogtewbqfgyovuhwt*
明文：miss scarlet with the knife in the library

假设密码分析者设法找到了这两个密钥，于是产生了两个似是而非的明文。分析者如何确定正确的解密呢（即正确的密钥）？如果密钥是以真正随机的方式产生的，那么分析者就不能说哪一种密钥更有可能。因此没有办法确定正确的密钥，也就是说没有办法确定正确的明文。

事实上，给出任何长度与密文长度一样的明文时，都存在一个密钥产生这个明文。因此，如果用穷举法搜索所有可能的密钥，那么会得到大量可读、清楚的明文，但是没有办法确定哪个明文才是真正需要的，因而这种密码是不可破的。

一次一密的安全性完全取决于密钥的随机性。如果构成密钥的字符流是真正随机的，那么构成密文的字符流也是真正随机的。因此，分析者没有任何攻击密文的模式和规则可用。

理论上，我们不再需要寻找密码，一次一密就提供了完全的安全性，但在实际中，一次一密存在两个基本难点。

**1**．产生大规模随机密钥存在实际困难。任何经常使用的系统都需要建立在某个规则基础上的数百万个随机字符，提供这种规模的真正随机字符是相当艰巨的任务。

2. 更令人担忧的是密钥的分发和保护。对每条发送的消息，需要向发送方和接收方提供等长度的密钥。因此，存在庞大的密钥分发问题。

因为上面这些困难，一次一密实际上很少使用，而主要用于安全性要求很高的低带宽信道。

一次一密是唯一具有完善保密的密码体制。附录 B 探讨了这一概念。

## 3.3 置换技术

到目前为止，我们讨论的都是将明文字母代替为密文字母。与之极不相同的一种加密方法是对明文进行置换，这种密码称为置换密码。

最简单的例子是栅栏加密技术，即按照对角线的顺序写出明文，按照行的顺序读出作为密文。例如，用深度为 2 的栅栏加密技术加密信息“meet me after the toga party”时，可写为

```
m e m a t r h t g p r y
 e t e f e t e o a a t
```

加密后的信息是

MEMATRHTGPRYETEFETEOAAT

这种技巧对密码分析者来说微不足道。一种更复杂的方案是首先把消息一行一行地写成矩形块，然后按列读出，但要把列的次序打乱。列的次序就是算法的密钥。例如，

| 密钥： | 4 | 3 | 1 | 2 | 5 | 6 | 7 |
|---|---|---|---|---|---|---|---|
| 明文： | a | t | t | a | c | k | p |
| | o | s | t | p | o | n | e |
| | d | u | n | t | i | l | t |
| | w | o | a | m | x | y | z |

密文： TTNAAPTMTSUOAODWCDIXKNLYPETZ

因此，在本例中，密钥是 4312567。为了加密，从标号为 1 的那一列开始，本例中为第 3 列。写下那列的所有字母，接着是标号为 2 的列，即第 4 列，随后是第 2 列、第 1 列，以及第 5、6、7 列。

单纯的置换密码因为有着与原始明文相同的字母频率特征而易被识别。对于上述的列变换类型密码，密码分析很直观，可以从将密文排列成矩阵入手，再处理列的位置。双字母音节和三字母音节频率表分析可以派上用场。

多次置换密码相对来说要安全得多。这种复杂的置换是不容易重构的。前面那条消息用相同的算法再加密一次，有

| 密钥： | 4 | 3 | 1 | 2 | 5 | 6 | 7 |
|---|---|---|---|---|---|---|---|
| 明文： | t | t | n | a | a | p | t |
| | m | t | s | u | o | a | o |
| | d | w | c | o | i | x | k |
| | n | l | y | p | e | t | z |

密文： NSCYAUOPTTWLTMDNAOIEPAXTTOKZ

为了更清晰地了解双重置换后的结果，我们用字母所在位置的序号来代替原始明文信息。于是，共有 28 个字母的原始消息序列是

```
01 02 03 04 05 06 07 08 09 10 11 12 13 14
15 16 17 18 19 20 21 22 23 24 25 26 27 28
```

经过第一次置换后变成

```
03 10 17 24 04 11 18 25 02 09 16 23 01 08
15 22 05 12 19 26 06 13 20 27 07 14 21 28
```

这仍然存在一些规律性，但是经过第二次置换后，它变成

```
17  09  05  27  24  16  12  07  10  02  22  20  03  25
15  13  04  23  19  14  11  01  26  21  18  08  06  28
```

之后，排列结构已经没有什么规律，分析者攻击它要困难得多。

## 3.4　关键术语、思考题和习题

### 关键术语

| | | | |
|---|---|---|---|
| 分组密码 | 密码分析学 | 图表 | 明文 |
| 穷举攻击 | 密码编码系统 | 加密过程 | 多表代替密码 |
| 密码 | 密码编码学 | 加密 | 单钥加密 |
| 密文 | 密码学 | 单表代替密码 | 流密码 |
| 计算安全 | 解密过程 | 一次一密 | 对称加密 |
| 传统加密 | 解密 | 置换 | 无条件安全 |

### 思考题

**3.1** 对称密码的基本组成是什么?

**3.2** 密码算法中的两个基本函数是什么?

**3.3** 用密码进行通信的两个人需要多少密钥?

**3.4** 分组密码和流密码的区别是什么?

**3.5** 攻击密码的两种一般方法是什么?

**3.6** 列出并简要定义基于攻击者所知信息的密码分析攻击类型。

**3.7** 无条件安全密码和计算上安全密码的区别是什么?

**3.8** 简要定义 Caesar 密码。

**3.9** 简要定义单表代替密码。

**3.10** 简要定义 Playfair 密码。

**3.11** 单表代替密码和多表代替密码的区别是什么?

**3.12** 一次一密的两个问题是什么?

**3.13** 什么是置换密码?

### 习题

**3.1** 仿射 Caesar 密码是 Caesar 密码的一种推广，它的定义如下：每个明文 $p$ 用密文 $C$ 代替，其中

$$C = E([a, b], p) = (ap + b) \bmod 26$$

对加密算法的一个基本要求是，算法是单射的，即若 $p \neq q$，则 $E(k, p) \neq E(k, q)$。否则，就会因为有很多明文映射成的相同密文而不能解密。仿射 Caesar 密码并非对所有 $a$ 都是一对一的映射。例如，当 $a = 2$，$b = 3$ 时，有 $E([a, b], 0) = E([a, b], 13) = 3$。

**a.** 对 $b$ 的取值是否有限制？解释原因。

**b.** 判定 $a$ 不能取哪些值。

**c.** 分析 $a$ 可以取哪些值，不可以取哪些值，并给出理由。

**3.2** 有多少种仿射 Caesar 密码？

**3.3** 用仿射 Caesar 密码加密得到一份密文。频率最高的字母为“B”，频率次高的字母为“U”，破译该密码。

**3.4** 已知下面的密文由简单的代替算法产生：

```
53‡‡†305))6*;4826)4‡.)4‡);806*;48†8¶60))85;;]8*;:‡*8†83
(88)5*†;46(;88*96*?;8)*‡(;485);5*†2:*‡(;4956*2(5*—4)8¶8*
;4069285);)6†8)4‡‡;1(‡9;48081;8:8‡1;48†85;4)485†528806*81
(‡9;48;(88;4(‡?34;48)4‡;161;:188;‡?;
```

请破译它。提示：

**a**. 英文中最常见的字母是 e，因此，密文中第 1 个或第 2 个（或第 3 个）出现频率最高的字符应代表 e。此外，e 经常成对出现（如 meet、fleet、speed、seen、been、agree 等）。找出代表 e 的字符，并先将其译出。

**b**. 英文中最常见的单词是“the”。利用这个事实猜出什么字符代表字母 t 和 h。

**c**. 根据已经得到的结果破译其他部分。

注意：最终得到的英文明文第一眼看起来可能不太好懂。

**3.5** 解决密钥分发问题的办法之一是，使用收发双方都有的一本书中的某行文字。至少在某些侦探小说中经常把一本书的第一句话作为密钥。这里从涉及编码的侦探小说——Ruth Rendell 的 *Talking to Strange Men* 中找到了一个例子。请不要找到这本书后再来做这道题！给定下列消息：

SIDKHKDM AF HCRKIABIE SHIMC KD LFEAILA

这段密文是用 *The Other Side of Silence*（有关侦探 Kim Philby 的小说）一书中的第一句话和单表代替方法产生的，这句话是

The snow lay thick on the steps and the snowflakes driven by the wind looked black in the headlights of the cars.

使用的是简单的代替密码。

**a.** 加密算法是什么样的？

**b.** 它的安全性怎么样？

**c.** 为了使密钥分发问题简单化，通信双方都同意使用一本书的第一句话或最后一句话作为密钥。要想改变密钥，他们只需更换一本书。使用第一句话比使用最后一句话要好，为什么？

**3.6** 在夏洛克 · 福尔摩斯的案件中，有个案件是这样的。有一段消息：

534 C2 13 127 36 31 4 17 21 41

DOUGLAS 109 293 5 37 BIRLSTONE

26 BIRLSTONE 9 127 171

尽管华生被难住了，但福尔摩斯很快就推出了所用密码的类型。你能做到吗？

**3.7** 下面是一个真实的例子，来自以前的美国特种兵手册（公开部分），可从本书的配套网站下载。

**a.** 用记忆词 *cryptographic* 和 *network security* 作为两个密钥来加密如下消息：

Be at the third pillar from the left outside the lyceum theatre tonight at seven. If you are distrustful bring two friends.

如何处理记忆词中的冗余字母和多余的字母？如何处理空格和标点符号？请给出合理的假设。

注：这条消息摘自夏洛克 · 福尔摩斯的小说 *The Sign of Four*。

**b.** 解密密文，并说明你是如何做的。

**c.** 评议应何时采用这种技术，它有何优势？

**3.8** 普通单表代替密码的一个缺点是，收发双方都要记住打乱的密码序列。为了避免这一点，经常使用如下方法：采用可推出整个密码序列的一个密钥。例如，使用密钥词 *CIPHER*，将字母表中未使用的字母按正常顺序排在 *CIPHER* 的后面：

明文：　abcdefghijklmnopqrstuvwxyz

密文：　CIPHERABDFGJKLMNOQSTUVWXYZ

若认为这样做不会产生足够的混淆，则可将字母表中未使用的字母按密钥词排成几行，再按列读出：

```
C  I  P  H  E  R
A  B  D  F  G  J
K  L  M  N  O  Q
S  T  U  V  W  X
Y  Z
```

得到的序列是

C A K S Y I B L T Z P D M U H F N V E G O W R J Q X

在 3.2 节的例子（该例以 it was disclosed yesterday 开头）中使用了这种方法。试确定密钥词。

**3.9** 当美国海军上尉约翰·肯尼迪指挥的巡洋舰 PT-109 被日本的驱逐舰击沉时，澳大利亚的一个无线电台截获了一条用 Playfair 密码加密的消息：

```
KXJEY  UREBE  ZWEHE  WRYTU  HEYFS
KREHE  GOYFI  WTTTU  OLKSY  CAJPO
BOTEI  ZONTX  BYBNT  GONEY  CUZWR
GDSON  SXBOU  YWRHE  BAAHY  USEDQ
```

所用的密钥为 *royal new zealand navy*。请解密这条消息，将 TT 换为 tt。

**3.10** **a.** 用密钥 *largest* 构建一个 Playfair 矩阵。

**b.** 用密钥 *occurrence* 构建一个 Playfair 矩阵。对密钥中冗余字母的处理方法给出合理的假设。

**3.11** **a.** 使用 Playfair 矩阵

| M | F | H | I/J | K |
|---|---|---|---|---|
| U | N | O | P | Q |
| Z | V | W | X | Y |
| E | L | A | R | G |
| D | S | T | B | C |

加密消息：

Must see you over Cadogan West. Coming at once

注：该消息摘自夏洛克·福尔摩斯的故事 *The Adventure of the Bruce Partington Plans*。

**b.** 用习题 3.10(a)中的 Playfair 矩阵重做习题 3.11(a)。

**c.** 对这个习题的结果你如何解释？所得结论能做一般性推广吗？

**3.12** **a.** Playfair 密码有多少可能的密钥？产生相同加密结果的那些密钥也要计算在内。将结果用 2 的幂形式表示，取最佳逼近。

**b.** 除了那些产生相同加密结果的密钥，Playfair 密码有多少有效的唯一密钥？

**3.13** 在代替密码中，使用 $25\times 1$ 的 Playfair 矩阵，结果会如何？

**3.14** **a.** 用 Hill 密码加密消息“meet me at the usual place at ten rather than eight oclock”，密钥为$\begin{pmatrix} 9 & 4 \\ 5 & 7 \end{pmatrix}$。要

求写出计算过程和结果。

**b.** 写出从密文恢复明文所做的解密计算。

**3.15** 我们知道只要有足够多的明密文对，Hill 密码就不能抵御已知明文攻击。如果可以使用选择明文攻击，那么 Hill 密码会更脆弱。请描述这种攻击方案。

**3.16** 业已证明 Hill 密码中的矩阵 $\begin{pmatrix} a & b \\ c & d \end{pmatrix}$ 需要满足$(ad-bc)$与 26 互素。也就是说，$(ad-bc)$与 26 的唯一正整数因子是 1。因此，若$(ad-bc)$为 13 或偶数，则这样的矩阵不合格。运用下面的方法而非逐个去数的方法，给出 $2\times 2$ Hill 密码密钥的个数。

**a.** 判定如下矩阵的个数：判别式为偶数，且其一行或两行都是偶的（称一行为偶的是指该行的所有元素都为偶数）。

**b.** 判定如下矩阵的个数：判别式为偶数，且其一列或两列都是偶的。

**c.** 判定如下矩阵的个数：判别式为偶数，且其所有元素都是奇数。

**d.** 考虑重叠情况，找出判别式为偶的矩阵总数。

**e.** 判定如下矩阵的个数：判别式为 13 的倍数，且其第一列为 13 的倍数。

**f.** 判定如下矩阵的个数：判别式为 13 的倍数，且其第一列不为 13 的倍数，但第二列在模 13 的意义下是第一列的倍数。

**g.** 计算判别式为 13 的倍数的所有矩阵个数。

**h.** 判定如下矩阵的个数：判别式为 26 的倍数，且满足情况 a 和 e，b 和 e，c 和 e，a 和 f，等等。

**i.** 计算判别式既不是 2 的倍数又不是 13 的倍数的矩阵总数。

**3.17** 计算如下矩阵模 26 的行列式：

**a.** $\begin{pmatrix} 20 & 2 \\ 5 & 4 \end{pmatrix}$　　　**b.** $\begin{pmatrix} 1 & 7 & 22 \\ 4 & 9 & 2 \\ 1 & 2 & 5 \end{pmatrix}$

**3.18** 计算如下矩阵模 26 的逆：

**a.** $\begin{pmatrix} 2 & 3 \\ 1 & 22 \end{pmatrix}$　　　**b.** $\begin{pmatrix} 6 & 24 & 1 \\ 13 & 16 & 10 \\ 20 & 17 & 15 \end{pmatrix}$

**3.19** 用 Vigenère 密码加密单词 explanation，密钥为 *leg*。

**3.20** 本题可以说明 Vigenère 密码一次一密版本的用途。在该方案中，密钥是 0 和 26 之间的随机数字流。例如，若密钥是 3 19 5 …，则明文的第一个字母使用 3 个字母的移位加密，第二个字母使用 19 个字母的移位加密，第三个字母使用 5 个字母的移位加密，以此类推。

**a.** 使用密钥流 `9 0 1 7 23 15 21 14 11 11 2 8 9` 加密明文 sendmoremoney。

**b.** 使用 a 中产生的密文找到一个密钥，以便将该密文解密为 cashnotneeded。

**3.21** 在电视剧《彼得·温西爵爷探案》中有一个情节，彼得在面对图 3.8 所示的消息时产生了困惑。他还发现加密消息的密钥是一个整数序列：

```
787656543432112343456567878878765654
3432112343456567878878765654433211234
```

**a.** 解密该消息，指出其中最大的整数。

**b.** 若知道加密算法，但不知道密钥，这个加密方案还安全吗？

**c.** 若知道密钥，但不知道加密算法，这个加密方案还安全吗？

*I thought to see the fairies in the fields, but I saw only the evil elephants with their black backs. Woe! how that sight awed me! The elves danced all around and about while I heard voices calling clearly. Ah! how I tried to see – throw off the ugly cloud – but no blind eye of a mortal was permitted to spy them. So then came minstrels, having gold trumpets, harps and drums. These played very loudly beside me, breaking that spell. So the dream vanished, whereat I thanked Heaven. I shed many tears before the thin moon rose up, frail and faint as a sickle of straw. Now though the Enchanter gnash his teeth vainly, yet shall he return as the Spring returns. Oh, wretched man! Hell gapes, Erebus now lies open. The mouths of Death wait on thy end.*

图 3.8　彼得的困惑

## 编程题

**3.1**　编写一个加解密程序实现广义 Caesar 密码，该密码也称加法密码。

**3.2**　编写一个加解密程序实现习题 3.1 中的仿射密码。

**3.3**　编写一个程序，无须人工干预，对加法密码实现字母频率攻击。程序按可能性大小的顺序给出可能的明文。如果用户界面允许用户定义“给出前 10 个可能的明文”，那么更好。

**3.4**　编写一个程序，无须人工干预，对单表代替密码实现字母频率攻击。程序按可能性大小的顺序给出可能的明文。如果用户界面允许用户定义“给出前 10 个可能的明文”，那么更好。

**3.5**　编写一个程序，实现 $2\times2$ Hill 密码的加解密算法。

**3.6**　编写一个程序，实现对 $m$ 维 Hill 密码的已知明文攻击。算法的效率如何？用 $m$ 的函数表示。

# 第 4 章　分组密码和数据加密标准

## 学习目标

- 理解流密码和分组密码之间的差异。
- 简要介绍 Feistel 密码，并说明解密为何是加密的逆过程。
- 简要介绍数据加密标准。
- 解释雪崩效应。
- 讨论 DES 的密码学强度。
- 总结主要的分组密码设计原理。

本章介绍现代对称密码的基本原理，主要探讨使用得最广泛的对称密码——数据加密标准（Data Encryption Standard，DES）。尽管 DES 之后出现了大量的对称密码，并且高级加密标准（Advanced Encryption Standard，AES）注定会取代 DES，但 DES 依然是一个极其重要的算法。此外，详细讨论 DES 算法可以帮助我们深刻地理解其他对称密码的原理。

本章首先研究对称分组密码的一般原理（注意本书所说的对称密码主要是对称分组密码，除第 8 章的流密码外），然后研究完整的 DES；讨论这个具体的算法后，再一般性地讨论分组密码设计问题。

## 4.1　传统分组密码结构

事实上，现在使用的大多数对称分组加密算法都是基于 Feistel 分组密码结构的[FEIS73]。因此，研究 Feistel 密码的设计原理非常重要。下面首先比较流密码和分组密码，然后讨论 Feistel 结构分组密码的设计动机，最后讨论它的一些含义。

### 4.1.1　流密码与分组密码

**流密码**每次加密数据流的一位或一字节。古典流密码的例子有密钥自动生成的 Vigenère 密码和 Vernam 密码。理想情况下，可以使用一次一密版本的 Vernam 密码（见图 3.7），其中密钥流（$k_i$）和明文位流（$p_i$）一样长。若密钥流是随机的，则除非获得了密钥流，否则这个密码是不可破的。然而，密钥流必须提前以某种独立、安全的信道提供给双方。待传递的数据流量很大时，会带来不可逾越的障碍。

相应地，出于实用的原因，位流必须以算法程序的方式实现，以便双方都能生成具有密码学意义的位流。在这种方法中［见图 4.1(a)］，位流生成器是一个由密钥控制的算法，它必须生成密码学意义上的强位流。现在，两个用户只需共享生成的密钥，各自都可以生成密钥流。

**分组密码**加密一个明文分组，通常得到的是与明文等长的密文分组。典型的分组大小是 64 位或 128 位。与流密码一样，两个用户共享一个对称加密密钥［见图 4.1(b)］。第 7 章中会讲到，使用某些工作模式，分组密码可以获得与流密码相同的效果。

人们已对分组密码进行了大量研究。一般来说，分组密码的应用范围要比流密码的广泛。绝大部分基于网络的对称密码应用使用的是分组密码。因此，本章及本书讨论的对称密码将集中于分组密码。

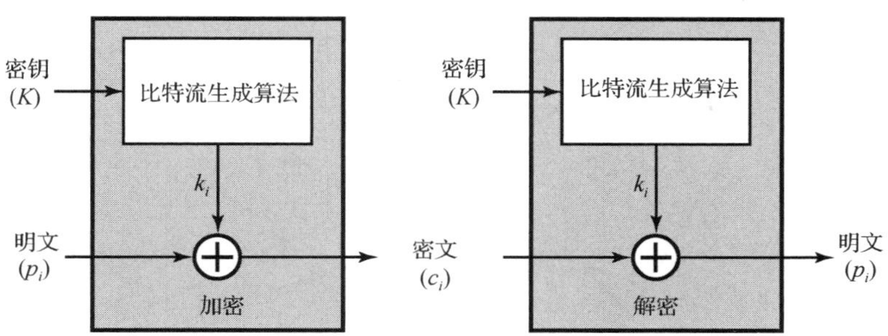


(a) 使用算法比特流生成器的流密码

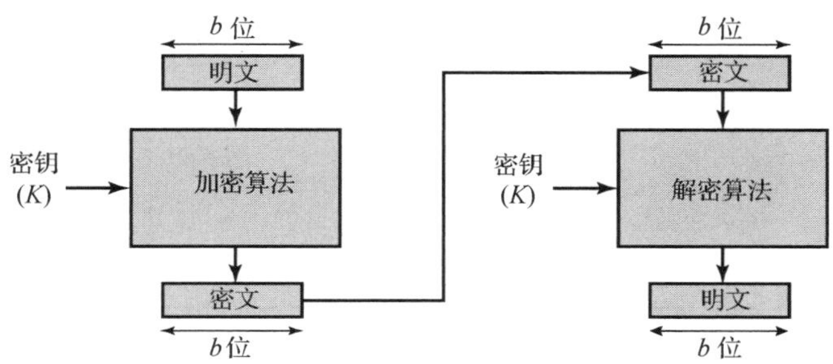


(b) 分组密码

图 4.1　流密码和分组密码

### 4.1.2　Feistel 密码结构的设计动机

分组密码作用于 $n$ 位明文分组，产生 $n$ 位密文分组。共有 $2^n$ 个不同的明文分组，由于加密是可逆的（即可以解密），因此每个明文分组将唯一地对应一个密文分组。这样的变换称为可逆变换或非奇异变换。下例解释了 $n = 2$ 时的非奇异变换和奇异变换。

| 可逆映射 | | 不可逆映射 | |
|---|---|---|---|
| 明文 | 密文 | 明文 | 密文 |
| 00 | 11 | 00 | 11 |
| 01 | 10 | 01 | 10 |
| 10 | 00 | 10 | 01 |
| 11 | 01 | 11 | 01 |

在后一个变换中，密文 01 可由两个明文分组中的任意一个产生。因此，若限定于可逆映射，则不同变换的总数是 $2^n!$ 个①。

图 4.2 中给出了 $n = 4$ 时的一个普通代替密码结构。4 位输入有 16 种可能的输入状态，每种状态被代替密码映射成 16 种可能输出状态中的唯一一个，每个输出状态表示 4 位密文输出。加密和解密映射可像表 4.1 中那样用表来定义。这是分组密码的最一般形式，能用来定义明密文之间的任意可逆变换。Feistel 称这种密码为理想分组密码，因为它允许生成最大数量的加密映射来映射明文分组[FEIS75]。

① 对于第一个明文，可以选择 $2^n$ 个密文分组中的任意一个；对于第二个明文，可从剩下的 $2^n - 1$ 个密文分组中选择一个；以此类推。

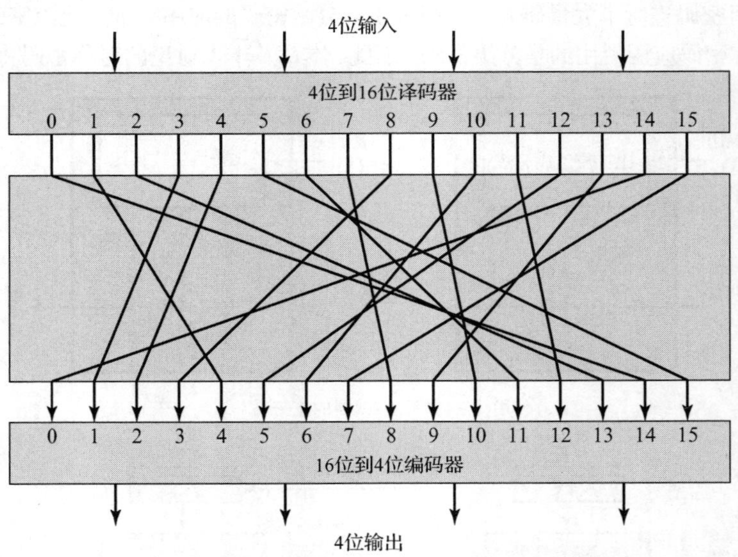


图 4.2 $n = 4$ 时的一个 $n$ 位到 $n$ 位的分组密码

表 4.1 图 4.2 所示代替密码的加解密表

| 明 文 | 密 文 |
|---|---|
| 0000 | 1110 |
| 0001 | 0100 |
| 0010 | 1101 |
| 0011 | 0001 |
| 0100 | 0010 |
| 0101 | 1111 |
| 0110 | 1011 |
| 0111 | 1000 |
| 1000 | 0011 |
| 1001 | 1010 |
| 1010 | 0110 |
| 1011 | 1100 |
| 1100 | 0101 |
| 1101 | 1001 |
| 1110 | 0000 |
| 1111 | 0111 |

| 密 文 | 明 文 |
|---|---|
| 0000 | 1110 |
| 0001 | 0011 |
| 0010 | 0100 |
| 0011 | 1000 |
| 0100 | 0001 |
| 0101 | 1100 |
| 0110 | 1010 |
| 0111 | 1111 |
| 1000 | 0111 |
| 1001 | 1101 |
| 1010 | 1001 |
| 1011 | 0110 |
| 1100 | 1011 |
| 1101 | 0010 |
| 1110 | 0000 |
| 1111 | 0101 |

但是，应用这种方法存在实际的困难。对于像 $n = 4$ 这样的较小分组，密码系统等价于传统代替密码。如我们所见，用明文的统计分析方法攻击它很容易。这种脆弱性并非来自代替密码，而是因为使用的分组规模太小。如果 $n$ 足够大，并且允许明密文之间采用任意的可逆变换，那么明文的统计特征将被掩盖，从而不能用统计方法来攻击这种体制。

然而，从实现和运行的角度来看，采用大规模分组的任意可逆代替密码（即理想分组密码）是不可行的。因为对于这样的变换，映射本身就是密钥。再看一下表 4.1，它定义了 $n = 4$ 时的一个可逆映射。这个映射可以直接由表中的第二列来定义，它给出了每个明文对应的密文。本质上它就是决定所有可能映射中的某个映射的密钥。在这种情况下，运用这种直接的方法定义密钥，密钥长度为（4 位）×（16 行）= 64 位。一般来说，对于 $n$ 位代替分组密码，密钥的规模是 $n \times 2^n$ 位。对于一个 64 位分组密码，若分组具有抵抗统计攻击的理想长度，则其密钥大小为 $64 \times 2^{64} = 2^{70} \approx 10^{21}$ 位。

考虑到这些困难，Feistel 指出，我们需要的是对理想分组密码体制（分组长度 $n$ 较大）的一种近似体制，它可以在易于实现部件的基础上逐步建立[FEIS75]。在讨论 Feistel 的方法之前，我们先进行其他讨论。我们可以使用一般的分组代替密码，但为了实现方便，我们只讨论 $2^n!$ 个不同的可逆映射的一个子集。例如，假设按照线性方程的集合来定义映射。在 $n = 4$ 时，有

$$
\begin{aligned}
y_1 &= k_{11}x_1 + k_{12}x_2 + k_{13}x_3 + k_{14}x_4 \\
y_2 &= k_{21}x_1 + k_{22}x_2 + k_{23}x_3 + k_{24}x_4 \\
y_3 &= k_{31}x_1 + k_{32}x_2 + k_{33}x_3 + k_{34}x_4 \\
y_4 &= k_{41}x_1 + k_{42}x_2 + k_{43}x_3 + k_{44}x_4
\end{aligned}
$$

式中，$x_i$ 是明文分组中的 4 位二进制数，$y_i$ 是密文分组中的 4 位二进制数。$k_{ij}$ 是二进制系数，所有运算都是模 2 运算。密钥的大小只是 $n^2$，这里为 16 位。如果算法为攻击者所知，那么这种公式表示的密码在密码分析攻击下将是非常危险的。在本例中，我们只是将第 3 章讨论的 Hill 密码的知识运用到了二进制数据而非字符上。如第 3 章所述，这样一个简单的线性系统是较易攻破的。

### 4.1.3　Feistel 密码

Feistel 建议使用**乘积密码**的概念来逼近理想分组密码[FEIS73]。乘积密码是指依次使用两个或以上的基本密码，所得结果的密码强度强于所有单个密码的强度。这种方法的本质是开发一个分组密码，密钥长度为 $k$ 位，分组长度为 $n$ 位，采用 $2^k$ 个变换，而不是理想分组密码的 $2^n!$ 个可用变换。

特别地，Feistel 建议的密码要能交替地使用代替和置换。代替和置换的定义如下。

- **代替**　每个明文元素或元素组被唯一地替换为相应的密文元素或元素组。
- **置换**　明文元素序列被替换为该序列的一个置换。也就是说，序列中没有元素被添加、删除或替换，但序列中元素出现的顺序改变了。

实际上，这是 Claude Shannon 提出的交替使用混淆和扩散的乘积密码的实际应用[SHAN49]①。接下来，我们首先了解混淆和扩散的概念，然后研究 Feistel 密码。但是，首先要注意一个不平凡的事实：基于 1945 年 Shannon 理论的 Feistel 密码结构，仍是当前使用的大多数重要对称分组密码的基本结构。特别地，Feistel 结构用于三重数据加密算法（TDEA），其中后者是美国国家标准技术研究所支持的两种加密码算法之一（另一种算法是 AES）。Feistel 结构也用于格式保留加密的几种方案中。此外，Camellia 分组密码是一种 Feistel 结构；它是 TLS 和许多其他因特网安全协议中的一种对称密码。TDEA 和格式保留加密的介绍见第 7 章。

**混淆和扩散**　Shannon 引进混淆和扩散这两个术语来表征任何密码系统的两个基本构件[SHAN49]。他关注的是如何挫败基于统计方法的密码分析。理由如下：假设攻击者拥有明文统计特征的知识，如某种人类语言的可读信息，其不同字母的频率分布是已知的，或者已知信息中极有可能出现某些单词或短语。如果这些特征以任何形式出现在密文中，那么密码分析者就有可能推导出密钥或密钥的一部分，至

① 可在本书的配套网站上找到该论文。这是 Shannon 于 1949 年发表的论文，最初是 1945 年给出的一个保密报告。Shannon 在计算机和信息科学史上地位尊崇，不仅奠定了现代密码学的基本思想，而且是信息论的开创者。基于信息论的工作，他提出了数据通信信道的容量计算公式，至今仍在使用。此外，他还创立了另一门学科，即把布尔代数用于数字电路的研究，这是他在硕士论文中提出来的。

少是包含确切密钥的一个密钥集。在 Shannon 所指的强理想密码中，密文的所有统计特征都是独立于所用密钥的。前面所讲的任意代替密码（见图 4.2）就是这样一种密码，不过，正如我们所见，它是不可能获得实际应用的。

舍弃对理想系统的追求，Shannon 提出了两种对付统计分析的方法：扩散和混淆。**扩散**是指使明文的统计特征消散在密文中，这可通过让每个明文数字尽可能地影响多个密文数字获得，等效于每个密文数字被许多明文数字影响。一个扩散的例子是用平均运算加密消息 $M = m_1, m_2, m_3, \dots$，其中 $m_i$ 为字母：

$$y_n = \left(\sum_{i=1}^{k} m_{n+i}\right) \bmod 26$$

将 $k$ 个连续字母相加得到密文字母 $y_n$。明文的统计结构因此消失了。所以密文中各字母的频率要比明文更趋于一致，双字母的频率也是如此，等等。在二进制分组密码中，对明文进行置换后，再使用某个函数，重复多次就可获得较好的扩散效果；这来自原始明文中不同位置的多个位对密文的某位产生的影响[①]。

每个分组密码都是明文分组到密文分组的变换，而这个变换又是依赖于密钥的。扩散的方法是尽可能地使明文和密文间的统计关系变得复杂，以挫败推导出密钥的企图。另一方面，**混淆**则是尽可能使密文和加密密钥间的统计关系变得复杂，以阻止攻击者发现密钥。因此，即使攻击者拥有一些密文的统计特征信息，利用密钥生成密文的方法的复杂性也会使得推导密钥极其困难。这可用一些复杂的代替算法来实现，简单的线性代替函数几乎增加不了混淆。

如文献[ROBS95b]指出的那样，扩散和混淆正是抓住了设计分组密码的本质，才成为现代分组密码设计的里程碑的。

**Feistel 密码结构** 图 4.3 中描述了 Feistel 提出的结构。加密算法的输入是长度为 $2w$ 位的明文分组和密钥 $K$。明文分组被分为等长的两部分：$\mathrm{LE}_0$ 和 $\mathrm{RE}_0$。等长的这两部分数据经过 $n$ 轮迭代后，组合成密文分组。第 $i$ 轮迭代的输入 $\mathrm{LE}_{i-1}$ 和 $\mathrm{RE}_{i-1}$ 来自上轮迭代的输出；输入的子**密钥** $K_i$ 是由整个密钥 $K$ 推导出来的。一般来说，$K_i$ 不同于 $K$，也互不相同。尽管可以使用任意的轮数，但图 4.3 使用了 16 轮。

每轮迭代都有相同的结构。**代替**作用在数据的左半部分。它将**轮函数** $F$ 作用于数据的右半部分后，与左半部分的数据进行异或运算。每轮迭代的轮函数是相同的，但输入的子密钥 $K_i$ 不同。换句话说，$F$ 是长度为 $w$ 位的右半分组及长度为 $y$ 位的子密钥的函数，输出 $w$ 位的值 $F(\mathrm{RE}_i, K_{i+1})$。代替之后，交换数据的左右两半，完成**置换**[②]。这种结构是 Shannon 提出的代替置换网络（Substitution-Permutation network，SPN）的一种特殊形式。

Feistel 结构的具体实现依赖于以下参数和特征。

- **分组长度** 分组越长意味着安全性越高（其他数据不变），但会降低加解密的速度。这种安全性的增加来自更好的扩散性。一般来说，64 位分组长度比较合理，在分组密码设计中常用。然而，高级加密标准使用的是 128 位分组长度。
- **密钥长度** 密钥较长同样意味着安全性较高，但会降低加解密速度。这种安全性的增加来自更好的抗穷尽攻击能力和更好的混淆性。现在一般认为 64 位密钥不够。通常使用的密钥长度是 128 位。

---

① 某些密码学书籍把置换和扩散等同起来，这是不正确的。置换本身并不改变明文在单个字符或置换块上的统计特性。例如，在 DES 中用置换交换两个 32 位数据块，因而 32 位数据块内的统计特性保持不变。

② 在最后一轮迭代后有一个变换，以抵消最后一轮迭代中的那个交换，可以从图中去掉两个交换，但这样会使问题的表述不一致。我们将会看到，无论如何，去掉最后一轮中的交换将使解密更简单。

- **迭代轮数**　Feistel 密码的本质是单轮加密不能提供足够的安全性，而多轮加密可获得很高的安全性。迭代轮数的典型值是 16。
- **子密钥生成算法**　子密钥生成越复杂，密码分析就越困难。
- **轮函数 *F***　同样，轮函数越复杂，抗攻击的能力就越强。

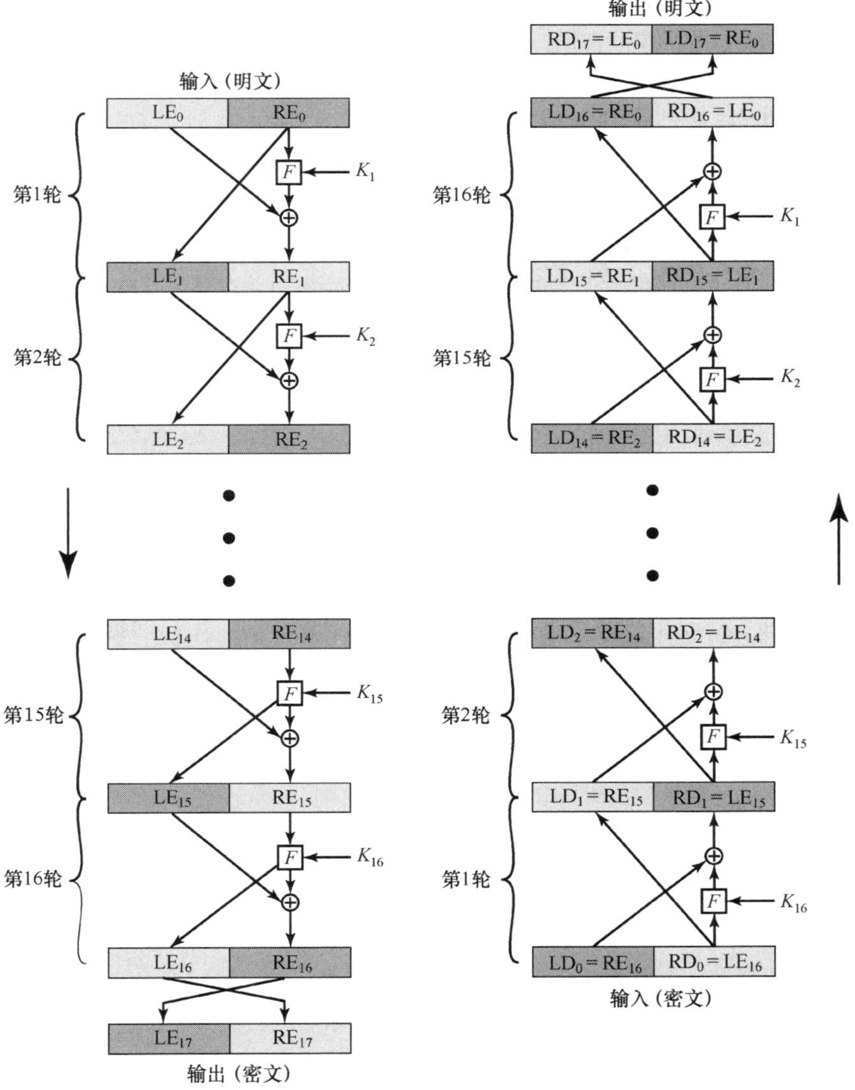


图 4.3　Feistel 加密和解密（16 轮）

设计 Feistel 密码还有两个其他方面的考虑。

- **快速软件加解密**　在许多情况下，加密算法被嵌入应用程序，以避免硬件实现的麻烦。因此，算法执行的速度很重要。
- **简化分析难度**　尽管我们喜欢把算法设计得使密码分析尽可能困难，但将算法设计得容易分析也有好处。也就是说，如果算法描述起来简洁清楚，那么分析其脆弱性也就容易一些，因而可以开发出更强的算法。不过 DES 并没有容易的分析办法。

**Feistel 解密算法** Feistel 密码的解密过程本质上与加密过程一致。规则如下：将密文作为算法的输入，但逆序使用子密钥 $K_i$。也就是说，第一轮使用 $K_n$，第二轮使用 $K_{n-1}$，最后一轮使用 $K_1$。这是一个很好的特点，因为我们不需要分别实现加密和解密两个算法。

图 4.3 中显示了用逆序密钥和相同算法解密的过程。加密过程在图的左边，自上而下，解密过程在图的右边，自下而上，共进行了 16 轮算法（无论有多少轮，结果都是相同的）。为清楚起见，我们用 $\mathrm{LE}_i$ 和 $\mathrm{RE}_i$ 表示加密过程的中间数据，用 $\mathrm{LD}_i$ 和 $\mathrm{RD}_i$ 表示解密过程的中间数据。图中表明，每轮的解密过程中间值与加密过程中间值左右互换的结果是相同的。换句话说，第 $i$ 轮加密的输出是 $\mathrm{LE}_i \| \mathrm{RE}_i$，解密的第 $16-i$ 轮的相应输入是 $\mathrm{RE}_i \| \mathrm{LE}_i$ 或 $\mathrm{LD}_{16-i} \| \mathrm{RD}_{16-i}$。

下面按照图 4.3，通过计算来证明上述说法的正确性。加密过程的最后一轮迭代后，输出数据的左右两部分互换，所以密文是 $\mathrm{RE}_{16} \| \mathrm{LE}_{16}$。现在将它作为同一个算法的输入。第一轮的输入是 $\mathrm{RE}_{16} \| \mathrm{LE}_{16}$，它应等于加密过程第 16 轮输出左右部分互换的值。

下面证明解密过程第一轮的输入等于加密过程第 16 轮输出左右部分互换的值。首先，对加密过程有

$$\mathrm{LE}_{16} = \mathrm{RE}_{15}, \qquad \mathrm{RE}_{16} = \mathrm{LE}_{15} \oplus F(\mathrm{RE}_{15}, K_{16})$$

对解密过程有

$$\mathrm{LD}_1 = \mathrm{RD}_0 = \mathrm{LE}_{16} = \mathrm{RE}_{15}$$

$$\mathrm{RD}_1 = \mathrm{LD}_0 \oplus F(\mathrm{RD}_0, K_{16}) = \mathrm{RE}_{16} \oplus F(\mathrm{RE}_{15}, K_{16}) = [\mathrm{LE}_{15} \oplus F(\mathrm{RE}_{15}, K_{16})] \oplus F(\mathrm{RE}_{15}, K_{16})$$

XOR 运算具有以下性质：

$$[A \oplus B] \oplus C = A \oplus [B \oplus C], \qquad D \oplus D = 0,\ E \oplus 0 = E$$

因此有 $\mathrm{LD}_1 = \mathrm{RE}_{15}$ 和 $\mathrm{RD}_1 = \mathrm{LE}_{15}$。所以解密过程的第一轮输出为 $\mathrm{RE}_{15} \| \mathrm{LE}_{15}$，它正是加密过程第 16 轮输入左右部分互换的值。对于其他各轮，亦有相同的结论。下面我们将它表示成一般形式。对第 $i$ 轮加密算法，有

$$\mathrm{LE}_i = \mathrm{RE}_{i-1}, \qquad \mathrm{RE}_i = \mathrm{LE}_{i-1} \oplus F(\mathrm{RE}_{i-1}, K_i)$$

它又可写为

$$\mathrm{RE}_{i-1} = \mathrm{LE}_i, \qquad \mathrm{LE}_{i-1} = \mathrm{RE}_i \oplus F(\mathrm{RE}_{i-1}, K_i) = \mathrm{RE}_i \oplus F(\mathrm{LE}_i, K_i)$$

因此第 $i$ 轮的输入是输出的函数，所以这些等式证实了图 4.3 的右半部分的正确性。

最后，我们注意到解密过程最后一轮的输出是 $\mathrm{RE}_0 \| \mathrm{LE}_0$，左右互换的结果正是原始明文，说明 Feistel 密码的解密过程是正确的。

注意，我们在推导过程中并未要求 $F$ 函数是可逆的，取极端情况如假设它的输出是一个常数（如全为 1）时，等式依然成立。

为了帮助说明前面的概念，我们来看一个特别的例子（见图 4.4）并且关注加密的第 15 轮，它对应于解密的第 2 轮。假设每个阶段的分组长度为 32 位（分为 2 个 16 位），密钥长度为 24 位。假设第 14 轮加密后的中间分组是 DE7F03A6。那么 $\mathrm{LE}_{14} = \mathrm{DE7F}$，$\mathrm{RE}_{14} = \mathrm{03A6}$。同时假设 $K_{15} = \mathrm{12DE52}$。第 15 轮后，有 $\mathrm{LE}_{15} = \mathrm{03A6}$，$\mathrm{RE}_{15} = F(\mathrm{03A6}, \mathrm{12DE52}) \oplus \mathrm{DE7F}$。

现在来看解密过程。如图 4.3 所示，设 $\mathrm{LD}_1 = \mathrm{RE}_{15}$，$\mathrm{RD}_1 = \mathrm{LE}_{15}$，我们要证明 $\mathrm{LD}_2 = \mathrm{RE}_{14}$，$\mathrm{RD}_2 = \mathrm{LE}_{14}$。从 $\mathrm{LD}_1 = F(\mathrm{03A6}, \mathrm{12DE52}) \oplus \mathrm{DE7F}$，$\mathrm{RD}_1 = \mathrm{03A6}$ 出发，接着由图 4.3 有 $\mathrm{LD}_2 = \mathrm{03A6} = \mathrm{RE}_{14}$，$\mathrm{RD}_2 = F(\mathrm{03A6}, \mathrm{12DE52}) \oplus [F(\mathrm{03A6}, \mathrm{12DE52}) \oplus \mathrm{DE7F}] = \mathrm{DE7F} = \mathrm{LE}_{14}$。

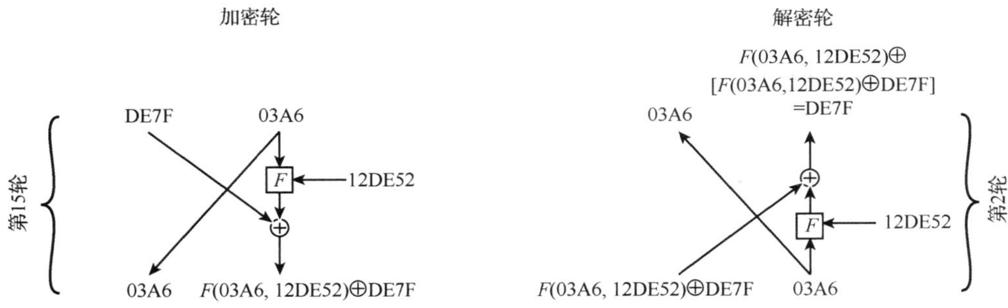


图 4.4　Feistel 结构示例

## 4.2　数据加密标准

在 2001 年高级加密标准（AES）提出之前，数据加密标准（DES）一直是使用得最广泛的加密方案。DES 于 1977 年被美国国家标准局（National Bureau of Standards，NBS），即现在的美国国家标准和技术协会（National Institute of Standards and Technology，NIST）采纳为联邦信息处理标准 46（FIPS PUB 46）。这个算法本身指的是数据加密算法（Data Encryption Algorithm，DEA）[①]。DES 采用了 64 位的分组长度和 56 位的密钥长度。它将 64 位的输入经过一系列变换后，得到 64 位的输出。解密则使用了相同的步骤和相同的密钥。

经过多年的发展，DES 已成为主流的对称加密算法，特别是在金融领域应用广泛。1994 年，NIST 决定将 DES 联邦使用期延长 5 年。NIST 推荐在一般商业应用中使用 DES，而不用 DES 来保护官方机密。1999 年 NIST 颁布了标准的新版本（FIPS PUB 46-3），新版本规定 DES 只能用于（历史）遗留系统和 3DES 中。第 7 章将介绍 3DES。因为 DES 与 3DES 的加解密算法是相同的，所以理解 DES 算法仍然有很重要的意义。有关这一内容的详细描述，有兴趣的读者可参阅附录 C。

### 4.2.1　DES 加密

图 4.5 显示了 DES 加密的整个机制。对于任意的加密方案，总有两个输入：明文和密钥。DES 的明文长度为 64 位，密钥长度为 56 位[②]。

从图 4.5 的左半部分可以看出明文的处理经过了三个阶段。首先，64 位明文经过初始置换 IP 被重新排列。然后进行 16 轮相同函数的作用，每轮作用都有置换和代替。最后一轮迭代的输出有 64 位，它是输入明文和密钥的函数。左半部分和右半部分互换产生**预输出**。最后预输出被与初始置换 IP 互逆的置换 $IP^{-1}$ 作用产生 64 位密文。除了初始和末尾的置换，DES 的结构与图 4.3 所示的 Feistel 密码结构完全相同。

图 4.5 的右半部分给出了使用 56 位密钥的过程。首先，密钥经过一个置换，再经过循环左移和一个置换，分别得到各轮的子密钥 $K_i$ 用于各轮的迭代。每轮的置换函数是相同的，但密钥的循环移位会使得各轮的子密钥互不相同。

① 术语有些混乱，直到现在还常将 DES 和 DEA 互换使用。然而，最新版本的 DES 文件中包含了此处描述的 DEA 及第 7 章介绍的三重 DEA。它们都是数据加密标准的一部分。三重 DEA 算法一直被称为三重 DES，写为 3DES，直到最近，官方术语才采用 TDEA。为方便起见，我们采用 3DES 这一写法。

② 实际上这个密码函数希望采用 64 位密钥，但只采用了 56 位，其余 8 位用作奇偶校验或随意设置。

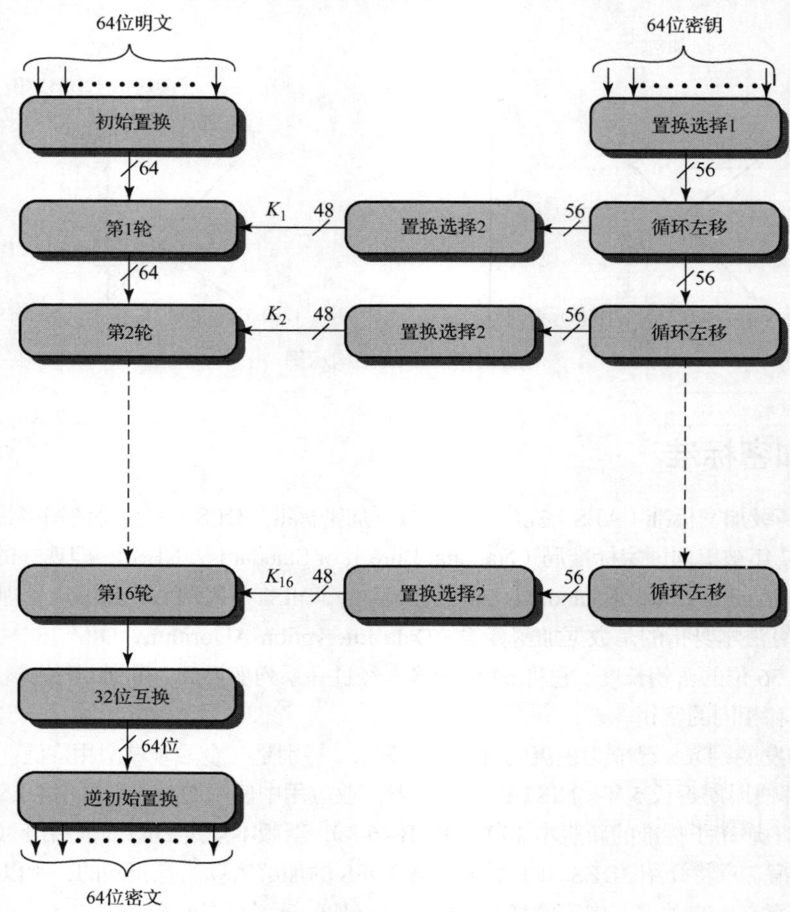


图 4.5 DES 加密算法概述

### 4.2.2 DES 解密

Feistel 密码的解密算法与加密算法是相同的，只是子密钥的使用次序相反。此外，初始置换和最终置换是相反的。

## 4.3 DES 的一个例子

下面介绍一个例子并考虑它的含义。尽管不要求读者手工重复该例子，但研究例子中十六进制模式数据的逐步变化是非常有用的。

本例中，明文是一个十六进制的回文，明文、密钥和得到的密文如下：

| 明文 | 02468aceeca86420 |
|---|---|
| 密钥 | 0f1571c947d9e859 |
| 密文 | da02ce3a89ecac3b |

### 4.3.1 结果

表 4.2 中给出了算法的过程。第一行是初始置换后数据左右两边的 32 位值。下面的 16 行是各轮

运行后的结果。表中还显示了各轮的 48 位子密钥。注意，$L_i = R_{i-1}$。最后一行是逆初始置换后左边和右边的值。这两个值组合起来形成密文。

表 4.2　DES 的例子

| 轮数 | $K_i$ | $L_i$ | $R_i$ | 轮数 | $K_i$ | $L_i$ | $R_i$ |
|---|---|---|---|---|---|---|---|
| IP | | 5a005a00 | 3cf03c0f | 9 | 04292a380c341f03 | c11bfc09 | 887fbc6c |
| 1 | 1e030f03080d2930 | 3cf03c0f | bad22845 | 10 | 2703212607280403 | 887fbc6c | 600f7e8b |
| 2 | 0a31293432242318 | bad22845 | 99e9b723 | 11 | 2826390c31261504 | 600f7e8b | f596506e |
| 3 | 23072318201d0c1d | 99e9b723 | 0bae3b9e | 12 | 12071c241a0a0f08 | f596506e | 738538b8 |
| 4 | 05261d3824311a20 | 0bae3b9e | 42415649 | 13 | 300935393c0d100b | 738538b8 | c6a62c4e |
| 5 | 3325340136002c25 | 42415649 | 18b3fa41 | 14 | 311e09231321182a | c6a62c4e | 56b0bd75 |
| 6 | 123a2d0d04262a1c | 18b3fa41 | 9616fe23 | 15 | 283d3e0227072528 | 56b0bd75 | 75e8fd8f |
| 7 | 021f120b1c130611 | 9616fe23 | 67117cf2 | 16 | 2921080b13143025 | 75e8fd8f | 25896490 |
| 8 | 1c10372a2832002b | 67117cf2 | c11bfc09 | $IP^{-1}$ | | da02ce3a | 89ecac3b |

注意：DES 子密钥用十六进制表示时，显示为一个 6 位值。

### 4.3.2　雪崩效应

明文或密钥的微小改变会对密文产生很大的影响，这是任何加密算法都需要的一个良好性质。特别地，明文或密钥的某位发生变化会导致密文的很多位发生变化，这被称为**雪崩效应**。如果相应的改变很小，那么可能会向分析者提供缩小搜索密钥或明文空间的渠道。

运用表 4.2 中的例子，表 4.3 显示了明文的第 4 位改变时的结果，此时明文是 12468aceeca86420。表的第二列是这两个明文在每轮结束后得到的 64 位值。第三列是这两个值所差的位数。该表表明，仅仅经过 3 轮，两组数据的差别就达到 18 位，当 16 轮全部结束时，两组密文相差 32 位。

表 4.4 显示了一个类似的测试，仍然使用原明文，使用的两个密钥仅在第 4 位有差异：初始密钥为 0f1571c947d9e859，改变后的密钥为 1f1571c947d9e859。同样，结果表明密文中约有一半的位发生了改变，并且仅仅经过几轮的变换就出现了雪崩效应。

表 4.3　DES 的雪崩效应：改变明文

| 轮　数 | | $\delta$ | 轮　数 | | $\delta$ |
|---|---|---|---|---|---|
| | 02468aceeca86420<br>12468aceeca86420 | 1 | 9 | c11bfc09887fbc6c<br>99f911532eed7d94 | 32 |
| 1 | 3cf03c0fbad22845<br>3cf03c0fbad32845 | 1 | 10 | 887fbc6c600f7e8b<br>2eed7d94d0f23094 | 34 |
| 2 | bad2284599e9b723<br>bad3284539a9b7a3 | 5 | 11 | 600f7e8bf596506e<br>d0f23094455da9c4 | 37 |
| 3 | 99e9b7230bae3b9e<br>39a9b7a3171cb8b3 | 18 | 12 | f596506e738538b8<br>455da9c47f6e3cf3 | 31 |
| 4 | 0bae3b9e42415649<br>171cb8b3ccaca55e | 34 | 13 | 738538b8c6a62c4e<br>7f6e3cf34bc1a8d9 | 29 |
| 5 | 4241564918b3fa41<br>ccaca55ed16c3653 | 37 | 14 | c6a62c4e56b0bd75<br>4bc1a8d91e07d409 | 33 |
| 6 | 18b3fa419616fe23<br>d16c3653cf402c68 | 33 | 15 | 56b0bd7575e8fd8f<br>1e07d4091ce2e6dc | 31 |
| 7 | 9616fe2367117cf2<br>cf402c682b2cefbc | 32 | 16 | 75e8fd8f25896490<br>1ce2e6dc365e5f59 | 32 |
| 8 | 67117cf2c11bfc09<br>2b2cefbc99f91153 | 33 | $IP^{-1}$ | da02ce3a89ecac3b<br>057cde97d7683f2a | 32 |

表 4.4 DES 的雪崩效应：改变密钥

| 轮 数 | | δ | 轮 数 | | δ |
|---|---|---|---|---|---|
| | 02468aceeca86420<br>02468aceeca86420 | 0 | 9 | c11bfc09887fbc6c<br>548f1de471f64dfd | 34 |
| 1 | 3cf03c0fbad22845<br>3cf03c0f9ad628c5 | 3 | 10 | 887fbc6c600f7e8b<br>71f64dfd4279876c | 36 |
| 2 | bad2284599e9b723<br>9ad628c59939136b | 11 | 11 | 600f7e8bf596506e<br>4279876c399fdc0d | 32 |
| 3 | 99e9b7230bae3b9e<br>9939136b768067b7 | 25 | 12 | f596506e738538b8<br>399fdc0d6d208dbb | 28 |
| 4 | 0bae3b9e42415649<br>768067b75a8807c5 | 29 | 13 | 738538b8c6a62c4e<br>6d208dbbb9bdeeaa | 33 |
| 5 | 4241564918b3fa41<br>5a8807c5488dbe94 | 26 | 14 | c6a62c4e56b0bd75<br>b9bdeeaad2c3a56f | 30 |
| 6 | 18b3fa419616fe23<br>488dbe94aba7fe53 | 26 | 15 | 56b0bd7575e8fd8f<br>d2c3a56f2765c1fb | 27 |
| 7 | 9616fe2367117cf2<br>aba7fe53177d21e4 | 27 | 16 | 75e8fd8f25896490<br>2765c1fb01263dc4 | 30 |
| 8 | 67117cf2c11bfc09<br>177d21e4548f1de4 | 32 | $IP^{-1}$ | da02ce3a89ecac3b<br>ee92b50606b62b0b | 30 |

## 4.4 DES 的强度

自从 DES 被采纳为联邦标准后，人们对它的安全性就一直争论不休，焦点主要集中在密钥长度和算法本身的性质上。

### 4.4.1 56 位密钥的使用

56 位密钥表示共有 $2^{56}$ 个可能的密钥，相当于 $7.2\times10^{16}$ 个密钥。因此，穷举攻击明显是不太实际的。平均而言，要搜索一半的密钥空间。一台每毫秒执行一次 DES 加密的计算机需要用 1000 年才能破译出密文。

然而，每毫秒执行一次加密运算的假设过于保守。早在 1977 年，Diffie 和 Hellman 就指出，若用现有的技术去制造一台带有 100 万个加密器的并行机[DIFF77]，每个加密器都可在 1ms 内执行一次加密运算，那么平均的穷举时间将降至约 10 小时。他们估计这台计算机的造价在当时可能为 2000 万美元。

有了如今的技术，甚至没有必要使用特殊的专用硬件。相反，商业化的现有处理器的速度威胁着 DES 的安全。希捷科技公司 2008 年的一篇文章[SEAG08]表明，对于今天的多核计算机，10 亿（$10^9$）个按键组合每秒的加密率是合理的。最近的产品证实了这一点。英特尔和 AMD 现在都提供基于硬件的指令来加速 AES 的使用。测试表明，现代多核英特尔机器的加密率约为 5 亿个按键组合每秒[BASU12]。另一个最近的分析表明，当代超级计算机技术 $10^{13}$ 个按键组合每秒的加密率是合理的[AROR12]。

考虑到这些结果，表 4.5 中显示了密钥大小不同时蛮力攻击所需的时间。可以看出，在一台 PC 上攻破 DES 的时间约为 1 年，多台 PC 并行工作时这一时间将大为缩短。今天的超级计算机应能在 1 小时内找到密钥。增加密钥位数是防止使用简单蛮力攻击的有效方法，128 位或以上的密钥是有效的。即使将系统的解密率加速至 1 万亿（$10^{12}$）个按键组合每秒，破解使用 128 位密钥的代码仍然要 10 万年以上的时间。

所幸的是，存在大量 DES 的替代算法，最重要的有 AES 和 3DES，分别详见第 6 章和第 7 章。

### 4.4.2 DES 算法的性质

人们关心的另外一件事是，密码分析者是否有利用 DES 算法本身的特征来攻击它的可能性。问题集中在每轮迭代所用的 8 个代替表即 S 盒上（见附录 C）。因为这些 S 盒的设计标准（实际上包括整个算法）是不公开的，因此人们怀疑密码分析者知道 S 盒的构造方法后，就有可能知道 S 盒的弱点，进而攻击 DES。这种说法很诱人，多年来人们的确发现了 S 盒的许多规律和一些缺点，但无人发现 S 盒存在致命的弱点①。

表 4.5　穷尽密钥搜索所需的平均时间

| 密钥大小/位 | 密　码 | 密钥个数 | 每微秒执行 1 次解密的时间 | 每微秒执行 1000 万次解密的时间 |
|---|---|---|---|---|
| 56 | DES | $2^{56} \approx 7.2\times10^{16}$ | $2^{55}$ns = 1.125 年 | 1 小时 |
| 128 | AES | $2^{128} \approx 3.4\times10^{38}$ | $2^{127}$ns = $5.3\times10^{21}$ 年 | $5.3\times10^{17}$ 年 |
| 168 | 3DES | $2^{168} \approx 3.7\times10^{50}$ | $2^{167}$ns = $5.8\times10^{33}$ 年 | $5.8\times10^{29}$ 年 |
| 192 | AES | $2^{192} \approx 6.3\times10^{57}$ | $2^{191}$ns = $9.8\times10^{40}$ 年 | $9.8\times10^{36}$ 年 |
| 256 | AES | $2^{256} \approx 1.2\times10^{77}$ | $2^{255}$ns = $1.8\times10^{60}$ 年 | $1.8\times10^{56}$ 年 |
| 26 个字符的排列组合 | 单字母代替 | $2! = 4\times10^{26}$ | $2\times10^{26}$ns = $6.3\times10^{9}$ 年 | $6.3\times10^{6}$ 年 |

### 4.4.3　计时攻击

计时攻击与公钥算法有关，因此将在第二部分详细讨论。然而，它与对称密码也有一些关系。本质上，计时攻击是通过观察算法的某个既有实现解密多种密文的时间，来获得关于密钥或明文的信息的。计时攻击利用的事实是加密或解密算法对不同输入所花的时间存在细微的差别。文献[HEVI99]给出了利用计时攻击获得密钥汉明权重（二进制串中 1 的位数）的一种方法。虽然距离知道实际密钥还很遥远，但这的确是很让人感兴趣的一步。作者给出的结论是 DES 似乎能够很好地抵抗计时攻击，但也给出了一些可能的研究建议。尽管这是很有趣的攻击路线，但是到目前为止，它还不可能成功地攻击 DES，更不能攻击更强的对称密码，如 3DES 和 AES。

## 4.5　分组密码的设计原理

尽管在设计具有强密码学意义的分组密码方面有了很大的进展，但是自 20 世纪 70 年代早期 Feistel 和 DES 设计小组所做的工作以来，基本设计原理并无大的改变。本节重点讨论分组密码设计的三个主要问题：迭代轮数、函数 $F$ 的设计和密钥的使用方案。

### 4.5.1　迭代轮数

Feistel 密码的强度来自三个方面：迭代轮数、函数 $F$ 和密钥使用算法。首先介绍轮数的选择。

迭代轮数越多，密码分析就越困难，即使 $F$ 相对较弱也同样适用。一般来说，迭代轮数的选择标准是使密码分析的难度大于简单穷举攻击的难度。DES 的设计中当然使用了这个标准。Schneier 观察发现[SCHN96]，对 16 轮迭代的 DES，差分密码分析要比穷举攻击的效率差一些：差分密码分析需要 $2^{55.1}$ 次操作②，而穷举攻击平均需要 $2^{55}$ 次操作。如果 DES 只有 15 轮或更少的迭代，那么差分密码分析的效率就要比穷举攻击的效率高一些。

这个标准很有吸引力，因为它使得判别算法强度和比较算法优劣变得容易。如果在密码分析方面没有突破，那么任何满足这个标准的算法强度仅需要根据密钥长度进行判断。

① 至少没有人公开宣布这样的发现。

② 前面讲过，对 DES 进行密码分析需要 $2^{47}$ 个选择明文。如果只有已知明文，那么需要大量的已知明密文对，并从中找到一个有用的，这样就使得工作量上升到 $2^{55.1}$。

### 4.5.2　函数 $F$ 的设计

Feistel 密码的核心是函数 $F$。函数 $F$ 给 Feistel 密码注入了混淆的成分，因此难以破解由 $F$ 实现的这个代替密码函数的功能。前面讲过，$F$ 的一个明显准则是非线性。$F$ 的非线性成分越多，分析就越困难。非线性有多种度量方法，但这个话题超出本书的范围，此处不多赘述。粗略来说，越难将 $F$ 近似表示为某些线性公式，$F$ 的非线性度就越高。

设计 $F$ 时还应考虑其他几个准则。我们希望算法有较好的雪崩效应，即输入的一位变化应该引起输出的多位变化。一个更严格的定义是**严格雪崩效应准则**（Strict Avalanche Criterion，SAC）[WEBS86]，即对所有的 $i$ 和 $j$，它要求若 S 盒的输入的任意一位 $i$ 发生变化，则输出的任意一位 $j$ 发生变化的可能性为 1/2（见附录 C 中关于 S 盒的讨论）。尽管 SAC 是针对 S 盒而言的，但作为一个准则，它同样适用于整个 $F$ 函数。当 $F$ 中不含 S 盒时，这条准则很重要。

文献[WEBS86]中建议的另一个准则是**位无关准则**（Bit Independence Criterion，BIC），即对任意的 $i, j, k$，当输入中的位 $i$ 发生变换时，输出中的位 $j$ 和位 $k$ 的变化应是彼此无关的。SAC 和 BIC 的目的明显是为了加强混淆的有效性。

### 4.5.3　密钥扩展算法

对于任何 Feistel 分组密码，密钥都被用来为每轮迭代产生一个子密钥。一般来说，子密钥的选择应该加大推导子密钥及密钥种子的难度。目前还没有这方面的一般性原理见诸报道。

Adams 认为[ADAM94]，密钥扩展算法至少应保证密钥和密文符合严格雪崩效应准则和位无关准则。

## 4.6　关键术语、思考题和习题

### 关键术语

| | | | |
|---|---|---|---|
| 雪崩效应 | 置换 | 子密钥 | Feistel 密码 |
| 不可逆映射 | 流密钥 | 扩散 | 轮 |
| 轮函数 | 混淆 | 可逆映射 | |
| 分组密码 | 乘积密码 | 代替 | |

### 思考题

**4.1** 为什么说研究 Feistel 密码很重要？

**4.2** 分组密码和流密码的差别是什么？

**4.3** 为什么使用表 4.1 所示的任意可逆代替密码不实际？

**4.4** 什么是乘积密码？

**4.5** 混淆与扩散的差别是什么？

**4.6** 哪些参数与设计选择决定了实际的 Feistel 密码算法？

**4.7** 解释什么是雪崩效应。

### 习题

**4.1** **a.** 在 4.1 节名为“Feistel 密码结构的设计动机”的小节中说，对于 $n$ 位的分组长度，理想分组密码的不同可逆映射个数为 $2^n!$。请证明。

**b**. 在同样的小节中说，对于理想分组密码，若允许所有的可逆映射，则密钥的长度为 $n\times 2^n$ 位。但是，若有 $2^n!$ 个映射，则 $\log_2 2^n!$ 位就可以区分这 $2^n!$ 个映射。所以密钥长度应为 $\log_2 2^n!$。然而，$\log_2 2^n! < n\times 2^n$。解释这种差别。

**4.2** 考虑分组长度为 128 位、密钥长度为 128 位的 16 轮 Feistel 密码。假设对给定的 $k$，前 8 个轮密钥 $k_1, k_2, \cdots, k_8$ 由密钥扩展算法决定，并且 $k_9 = k_8, k_{10} = k_7, \cdots, k_{16} = k_1$。假设有密文 $c$，说明只向加密 oracle 做一次提问就可解密 $c$ 来获得明文 $m$ 的方式。这表明上述密码易于被选择明文攻击（可以认为加密 oracle 就是一种装置，给定一个明文，返回相应的密文。装置的内部结构是未知的。当然，你也不能打开装置来查看，你所能做的就是对其进行提问并观察相应的输出）。

**4.3** 设 $\pi$ 表示整数 $0, 1, \cdots, 2^n-1$ 的一个置换。$\pi(m)$表示 $m$ 的置换值，其中 $0\leqslant m<2^n$。换句话说，$\pi$ 将 $n$ 位的整数集合映射到其自身，并且没有两个整数映射到相同的整数。DES 就是 64 位整数的一个置换。若存在 $m$ 满足 $\pi(m) = m$，则称 $\pi$ 有一个不动点。也就是说，若 $\pi$ 是一个加密映射，则不动点意味着一段消息加密后仍然为它自身。我们感兴趣的是 $\pi$ 没有不动点的可能性有多大。证明如下有点意外的结论：多于 60%的映射将至少有一个不动点。

**4.4** 考虑分组长度为 $n$ 的分组加密算法，设 $N = 2^n$。例如，我们有 $t$ 个明密文对 $P_i$，$C_i = E(K, P_i)$，假设密钥 $K$ 选择了 $N$ 个映射中的一个。假设我们希望采用穷举方法来找出 $K$。可以产生密钥 $K'$，并对 $t$ 个明密文对测试 $C_i = E(K', P_i)$（$1\leqslant i\leqslant t$）是否成立。若成立，则有理由说 $K = K'$。然而，也有这样的情况，即 $E(K,\cdot)$ 和 $E(K',\cdot)$恰好对 $t$ 个明密文对成立，但对其他明密文对不成立。

**a**. $E(K,\cdot)$和 $E(K',\cdot)$确实表示不同映射的概率有多大?

**b**. $E(K,\cdot)$和 $E(K',\cdot)$对另外 $t'$（$1\leqslant t'\leqslant N-t$）个明密文对恰好都成立的概率有多大?

**4.5** 对于任意分组密码，其非线性对安全至关重要。为了证明这一点，假设有一个线性分组密码 EL，它将 128 位的明文分组加密为 128 位的密文分组。令 EL($k$, $m$)是 128 位明文 $m$ 在密钥为 $k$ 时的加密结果。则对任意的 128 位 $m_1, m_2$，有

$$\mathrm{EL}(k, [m_1 \oplus m_2]) = \mathrm{EL}(k, m_1) \oplus \mathrm{EL}(k, m_2)$$

给定 128 个选择的密文，在不知密钥 $k$ 的情况下，敌手如何解密任何密文?（“选择的密文”意味着敌手可以选择密文并能得到解密结果。此处，你有 128 个明密文对，且你可以选择密文的值。）

**4.6** 假设无论输入密钥 $k$ 为何值，DES 的 $F$ 函数总能将每个 32 位的输入 $R$ 映射为：(a) 32 位的全 1 串；(b) $R$ 的按位补。问：(1) DES 算法起什么作用?（2）解密看上去如何? 提示：运用异或运算的如下性质。

$$(A \oplus B) \oplus C = A \oplus (B \oplus C), \quad A \oplus A = \mathbf{0}$$

$$A \oplus 0 = A, \quad A \oplus \mathbf{1} = A \text{ 的按位取反}$$

其中 $A, B, C$ 是长度为 $n$ 位的字符串，$\mathbf{0}$ 是长度为 $n$ 位的全 0 串，$\mathbf{1}$ 是长度为 $n$ 位的全 1 串。

**4.7** 证明 DES 解密算法实际上是 DES 加密算法的逆。

**4.8** 为了使加密算法可逆，16 轮后 DES 算法需要交换 32 位。这样，仅将密文沿原算法逆转并将密钥逆序即可解密。习题 4.7 中说明了这一点。然而，你可能并不非常清楚为什么需要这 32 位的互换，所以看看下面的练习。首先给出一些记号：

$A\|B =$ 串 $A$ 和串 $B$ 的级联

$T_i(R\|L) =$ 加密过程第 $i$ 轮迭代定义的变换（$1\leqslant i\leqslant 16$）

$\mathrm{TD}_i(R\|L) =$ 解密过程第 $i$ 轮迭代定义的变换（$1\leqslant i\leqslant 16$）

$T_{17}(R\|L) = L\,\|\,R$，加密过程第 16 轮迭代后的变换

**a.** 证明组合 $\mathrm{TD}_1(\mathrm{IP}(\mathrm{IP}^{-1}(T_{17}(T_{16}(L_{15}\|R_{15})))))$和交换 32 位 $L_{15}$ 和 $R_{15}$ 的转换等价，即证明

$$\mathrm{TD}_1(\mathrm{IP}(\mathrm{IP}^{-1}(T_{17}(T_{16}(L_{15}\|R_{15}))))) = R_{15}\|L_{15}$$

**b.** 假设去掉加密算法最后的 32 位的交换，请判断下式是否成立：

$$\mathrm{TD}_1(\mathrm{IP}(\mathrm{IP}^{-1}(T_{16}(L_{15}\|R_{15})))) = L_{15}\|R_{15}$$

注意：以下习题涉及 DES 的细节，请参考附录 C。

**4.9** 考虑表 C.2 中 S 盒 $S_1$ 的第一行定义的代替。给出对应这个代替的类似于图 4.2 的一个分组图。

**4.10** 假设密文和密钥的各位全为 1，计算 DES 解密时第一轮输出中的 1 位、16 位、33 位、48 位。

**4.11** 本题给出了用一轮 DES 加密具体数值的例子。假设明文和密钥 $K$ 有着相同的位模式。

用十六进制表示： 0 1 2 3 4 5 6 7 8 9 A B C D E F

用二进制表示： 0000 0001 0010 0011 0100 0101 0110 0111

1000 1001 1010 1011 1100 1101 1110 1111

**a.** 推导第一轮的子密钥 $K_1$。

**b.** 推导 $L_0$ 和 $R_0$。

**c.** 扩展 $R_0$ 得到 $E[R_0]$，其中 $E[\cdot]$是表 C.1 的扩展函数。

**d.** 计算 $A = E[R_0] \oplus K_1$。

**e.** 把 d 问中的 48 位结果分成 6 位（数据）一组的集合并求对应 S 盒代替的值。

**f.** 级联 e 问中的结果得到一个 32 位的结果 $B$。

**g.** 应用置换获得 $P(B)$。

**h.** 计算 $R_1 = P(B) \oplus L_0$。

**i.** 写出密文。

**4.12** 比较初始置换表［见表 C.1(a)］和置换选择表一［见表 C.3(b)］，它们的结构是否相似？如果相似，请说明它们的相似之处。通过分析可以得出什么结论？

**4.13** 16 个密钥（$K_1, K_2, \cdots, K_{16}$）在 DES 解密过程中是逆序使用的。因此，图 C.1 的右半部分对解密而言不再正确。请模仿表 C.3(d)为解密过程设计一个合适的密钥移位扩展方案。

**4.14** **a.** 设 $X'$是对 $X$ 按位取反的结果。证明对于 DES 加密算法，若明文和密钥都取反，则密文也取反。也就是说，如果 $Y = E(K, X)$，那么 $Y' = E(K', X')$。

提示：首先证明对任意两个相同长度的串 $A$ 和 $B$，有$(A \oplus B)' = A' \oplus B$。

**b.** 据说对 DES 的穷举攻击需要搜索 $2^{56}$ 个密钥的密钥空间。a 问中的结论对此是否有影响？

**4.15** 证明 DES 中每个子密钥的前 24 位均来自初始密钥的同一个子集，该子集有 28 位，而后 24 位来自初始秘密钥的另外 28 位。

## 编程题

**4.1** 编写程序，实现一般代替分组密码的加解密。

**4.2** 编写程序，实现 S-DES 分组密码的加解密。测试数据：请使用习题 4.18 中的明文、密文和密钥。

# 第5章　有　限　域

## 学习目标

- 区分群、环和域。
- 理解有限域 GF($p$)的定义。
- 区分普通多项式运算、系数在 $Z_p$ 中的多项式运算和有限域 GF($2^n$)中的多项式运算。
- 理解有限域 GF($2^n$)的定义。
- 解释模运算符的两种不同用法。

有限域在密码学中的地位越来越重要。许多密码算法都依赖于有限域的性质，特别是高级加密标准（AES）和椭圆曲线加密算法。其他例子包括消息认证码（CMAC）和认证加密方案（GCM）。

本章介绍有关有限域概念的背景知识，以便读者理解 AES 及其他使用有限域知识的密码算法的设计。不熟悉抽象代数的读者可能难以理解有限域的相关概念，因此这里以易于理解的方式介绍这个主题。我们的计划如下。

1. 域是较大的一类代数结构——环的子集，环也是较大的一类代数结构——群的子集。事实上，如图 5.1 所示，群和环有很大的不同。群被定义为拥有一些简单性质的集合，而且易于理解。而接下来的子集（交换群、环、交换环等）都增加了一些额外的性质，因此变得越来越复杂。5.1 节到 5.3 节将依次介绍群、环、域。
2. **有限域**是只有有限个元素的域。这类域可在一些密码算法中找到。有了域的相关概念，5.4 节将介绍一类特殊的有限域，它只有 $p$ 个元素，其中 $p$ 是一个素数。一些非对称密码算法中用到了这类域。
3. 在密码学中，有一类更重要的有限域，它包含 $2^n$ 个元素，记为 GF($2^n$)。它被广泛地应用于各类密码算法中。在讨论这类域之前，需要先介绍多项式运算这个主题，5.5 节将讨论这些内容。
4. 做好所有这些准备工作后，就可在 5.6 节中讨论有限域 GF($2^n$)。

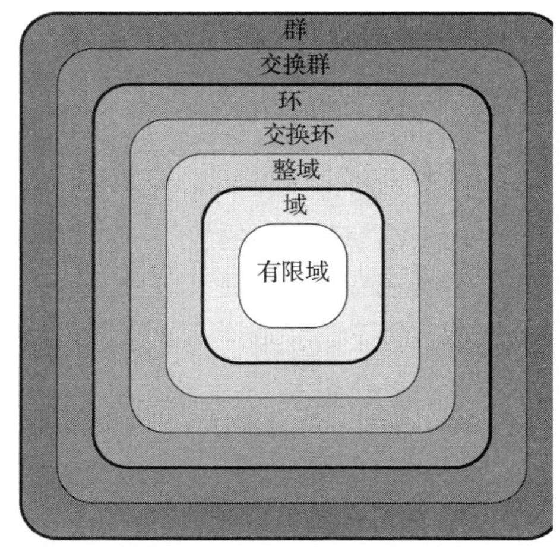

图 5.1　群、环、域

在继续阅读之前，读者可以先复习 2.1 节到 2.3 节中的数论相关知识。

## 5.1　群

群、环和域都是数学理论中的分支——抽象代数或近世代数的基本元素。在抽象代数中，我们关心的是其元素能够进行代数运算的集合，也就是说，可以通过多种方法使得集合上的两个元素运算后得到集合中的第三个元素。这些运算方法都遵守特殊的规则，而这些规则又能确定集合的性质。根据约定，集合上元素的两种主要运算符号与普通数字的加法和乘法所用的符号相同。但要指出的是，在抽象代数中并不只限于普通的算术运算，详见后面的介绍。

### 5.1.1 群的性质

群 $G$，有时记为$\{G,\cdot\}$，是定义了一个二元运算的集合，这个二元运算可表示为·，$G$ 中的每个序偶$(a, b)$通过运算生成 $G\times G$ 中的元素$(a\cdot b)$，并满足以下公理[①]。

（**A1**）**封闭性** 若 $a$ 和 $b$ 都属于 $G$，则 $a\cdot b$ 也属于 $G$。

（**A2**）**结合律** 对于 $G$ 中的任意元素 $a, b, c$，都有 $a\cdot(b\cdot c)=(a\cdot b)\cdot c$。

（**A3**）**单位元** $G$ 中存在一个元素 $e$，对于 $G$ 中的任意元素 $a$，都有 $a\cdot e=e\cdot a=a$。

（**A4**）**逆元** 对于 $G$ 中的任意元素 $a$，$G$ 中都存在一个元素 $a'$，使得 $a\cdot a'=a'\cdot a=e$。

我们用 $N_n$ 表示 $n$ 个不同符号的集合，为方便起见，将其表示成$\{1, 2, \cdots, n\}$。$n$ 个不同符号的一个**置换**是 $N_n$ 到 $N_n$ 的一个一一映射[②]。定义 $S_n$ 为 $n$ 个不同符号形成的所有置换组成的集合。$S_n$ 中的每个元素都代表集合$\{1, 2,\cdots, n\}$的一个置换 $\pi$。很容易地验证 $S_n$ 是一个群。

**A1** 若 $\pi,\rho\in S_n$，则合成映射 $\pi\cdot\rho$ 通过置换 $\pi$ 改变 $\rho$ 中元素的次序，如$\{3, 2, 1\}\cdot\{1, 3, 2\}=\{2, 3, 1\}$。映射的这种表示的说明如下：$\pi$ 的第一个元素的值表明 $\rho$ 的元素将出现在 $\pi\cdot\rho$ 中的第一个位置，$\pi$ 的第二个元素的值表明 $\rho$ 的元素将出现在 $\pi\cdot\rho$ 中的第二个位置。显然，$\pi\cdot\rho\in S_n$。

**A2** 映射的合成显而易见满足结合律。

**A3** 恒等映射就是不改变 $n$ 个元素位置的置换。对于 $S_n$，单位元是$\{1, 2,\cdots, n\}$。

**A4** 对任意 $\pi\in S_n$，抵消由 $\pi$ 定义的置换的映射是 $\pi$ 的逆元。该逆元总是存在，如$\{2, 3, 1\}\cdot\{3, 1, 2\}=\{1, 2, 3\}$。

若一个群的元素是有限的，则该群称为有限群，并且群的**阶**等于群中元素的个数。否则，称该群为无限群。

### 5.1.2 交换群

一个群若满足以下的条件，则称为交换群。

（A5）**交换律** 对于 $G$ 中的任意元素 $a, b$，都有 $a\cdot b=b\cdot a$。

加法运算下的整数集（包括正整数、负整数和零）是一个交换群。乘法运算下的非零实数集是一个交换群。前例中的集合 $S_n$ 是一个群，但对于 $n>2$，它不是交换群。

群中的运算是加法时，其单位元是 0；$a$ 的逆元是$-a$；且减法用以下规则定义：$a-b=a+(-b)$。

### 5.1.3 循环群

我们在群中将求幂运算定义为重复运用群中的运算，如 $a^3=a\cdot a\cdot a$。此外，我们定义 $a^0=\mathrm{e}$ 为单位元，并且 $a^{-n}=(a')^n$，其中 $a'$是 $a$ 在群内的逆元素。若群 $G$ 中的每个元素都是一个固定元素 $a$（$a\in G$）的幂 $a^k$（$k$ 为整数），则称群 $G$ 是循环群。我们认为元素 $a$ 生成了群 $G$，或者说 $a$ 是群 $G$ 的生成元。循环群总是交换群，它可能是有限群或无限群。

① 运算符·具有一般性；可以指加法、乘法，或某些其他的数学运算。

② 这和第 2 章中置换的定义是等价的，那里说有限个元素的集合 $S$ 的置换是 $S$ 中元素的有序序列，其中每个元素只出现一次。

整数的加法群是一个无限循环群，它由 1 生成。在这种情况下，幂被解释为是用加法合成的，因此 $n$ 是 1 的第 $n$ 次幂。

## 5.2　环

环 $R$，有时记为$\{R, +, \times\}$，是有两个二元运算的集合，这两个二元运算分别称为加法和乘法[①]，且对于 $R$ 中的任意元素 $a, b, c$，满足以下公理。

（**A1～A5**）$R$ 关于加法是一个交换群；也就是说，$R$ 满足从 A1 到 A5 的所有原则。对于此种情况下的加法群，我们用 0 表示其单位元，用$-a$ 表示 $a$ 的逆元。

（**M1**）**乘法封闭性**　若 $a$ 和 $b$ 都属于 $R$，则 $ab$ 也属于 $R$。

（**M2**）**乘法结合律**　对于 $R$ 中的任意元素 $a, b, c$，有 $a(bc) = (ab)c$。

（**M3**）**分配律**　对于 $R$ 中的任意元素 $a, b, c$，总有

$$a(b + c) = ab + ac, \qquad (a + b)c = ac + bc$$

环本质上是一个集合，可在其上进行加法、减法［$a - b = a + (-b)$］和乘法而不脱离该集合。

实数上所有 $n$ 阶方阵的集合关于加法和乘法构成一个环。

环若还满足以下条件，则被称为**交换环**。

（**M4**）**乘法交换律**　对于 $R$ 中的任意元素 $a, b$，有 $ab = ba$。

偶整数集（包括正数、负数和 0）记为 $S$，在普通加法和乘法运算下是交换环。前例中定义的所有 $n$ 阶方阵的集合就不是交换环。

整数$\{0, 1, \cdots, n-1\}$的集合 $Z_n$ 加上模 $n$ 的算术运算构成一个交换环（见表 4.3）。

下面定义整环，它是满足以下公理的交换环。

（**M5**）**乘法单位元**　在 $R$ 中存在元素 1，使得对 $R$ 中的任意元素 $a$，有 $a1 = 1a = a$。

（**M6**）**无零因子**　若有 $R$ 中的元素 $a, b$，且 $ab = 0$，则必有 $a = 0$ 或 $b = 0$。

若将普通加法和乘法运算下的整数集（包括正数、负数和 0）记为 $S$，则 $S$ 是一个整环。

## 5.3　域

**域** $F$，有时记为$\{F, +, \times\}$，是有两个二元运算的集合，这两个二元运算分别称为加法和乘法，且对于 $F$ 中的任意元素 $a, b, c$，满足以下公理。

（**A1～M6**）$F$ 是一个整环；也就是说，$F$ 满足从 A1 到 A5 及从 M1 到 M6 的所有原则。

（**M7**）**乘法逆元**　对 $F$ 中的任意元素 $a$（除 0 外），$F$ 中存在一个元素 $a^{-1}$ 使得 $aa^{-1} = (a^{-1})a = 1$。

域本质上是一个集合，可以在其上进行加法、减法、乘法和除法而不脱离该集合。除法又按规则 $a/b = a(b^{-1})$来定义。

有理数集、实数集及复数集都是我们熟悉的域的例子。需要指出的是，所有的整数集并不是一个域，因为并不是集合中的所有元素都有乘法逆元；实际上，整数集中只有元素 1 和$-1$ 有乘法逆元。

深入理解这些内容后，下面这些可以替代的描述可能是有用的。**域** $F\{R, +, \times\}$是一个集合，定义

① 一般不用×表示乘法，而用两个元素的连接表示乘法。

了两个二元运算——加法和乘法，满足下面的条件。

**1**．$F$ 对加法组成一个交换群。

**2**．除零外，$F$ 对乘法组成一个交换群。

**3**．分配律成立。也就是说，对 $F$ 中的任意元素 $a, b, c$，有

$$a(b+c) = ab + ac,\quad (a+b)c = ac + bc$$

**4**．图 5.2 总结了定义群、环和域的性质。

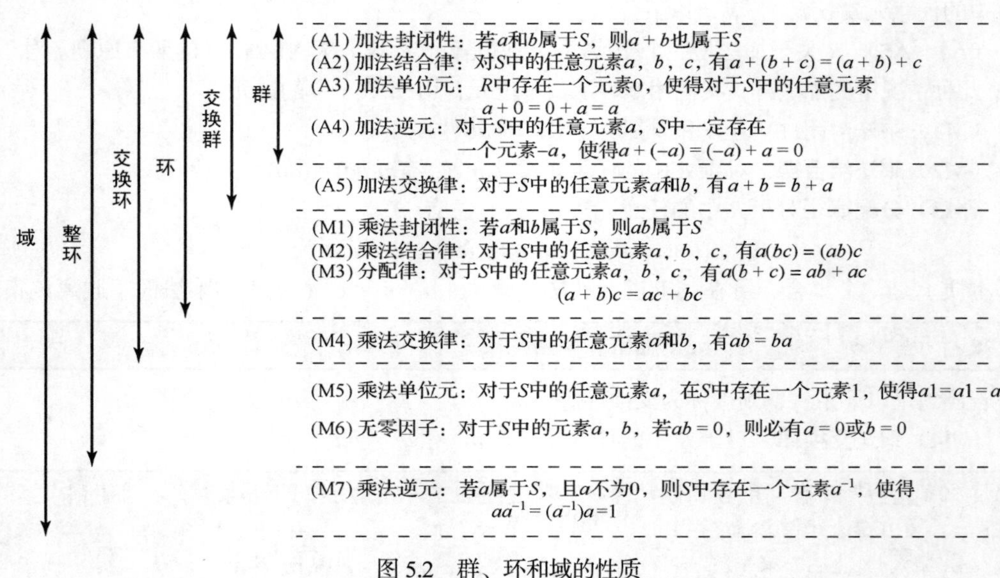

域
整环
交换环
环
交换群
群
(A1) 加法封闭性：若a和b属于S，则a + b也属于S
(A2) 加法结合律：对S中的任意元素a，b，c，有a + (b + c) = (a + b) + c
(A3) 加法单位元：R中存在一个元素0，使得对于S中的任意元素
a + 0 = 0 + a = a
(A4) 加法逆元：对于S中的任意元素a，S中一定存在
一个元素−a，使得a + (−a) = (−a) + a = 0
(A5) 加法交换律：对于S中的任意元素a和b，有a + b = b + a
(M1) 乘法封闭性：若a和b属于S，则ab属于S
(M2) 乘法结合律：对于S中的任意元素a，b，c，有a(bc) = (ab)c
(M3) 分配律：对于S中的任意元素a，b，c，有a(b + c) = ab + ac
(a + b)c = ac + bc
(M4) 乘法交换律：对于S中的任意元素a和b，有ab = ba
(M5) 乘法单位元：对于S中的任意元素a，在S中存在一个元素1，使得a1 = a1 = a
(M6) 无零因子：对于S中的元素a，b，若ab = 0，则必有a = 0或b = 0
(M7) 乘法逆元：若a属于S，且a不为0，则S中存在一个元素a⁻¹，使得
aa⁻¹ = (a⁻¹)a = 1


图 5.2　群、环和域的性质

## 5.4　有限域 GF($p$)

5.3 节中将域定义为一个满足图 5.2 中所有公理的集合，并给出了一些无限域的例子。无限域在密码学中没有特别的意义。然而，如图 5.3 所示，两种类型的有限域在许多密码算法中有着重要作用。

可以看出，有限域的阶（元素的个数）必须是一个素数的幂 $p^n$，其中 $n$ 为正整数。阶为 $p^n$ 的有限域一般记为 GF($p^n$)，GF 代表 Galois 域，它以第一位研究有限域的数学家的名字命名。在此要关注两种特殊的情形：$n = 1$ 时的有限域 GF($p$)，它和 $n > 1$ 时的有限域有着不同的结构，本节将对它进行研究。对有限域 GF($p^n$)来说，有限域 GF($2^n$)具有特别重要的密码学意义，详见 5.6 节。

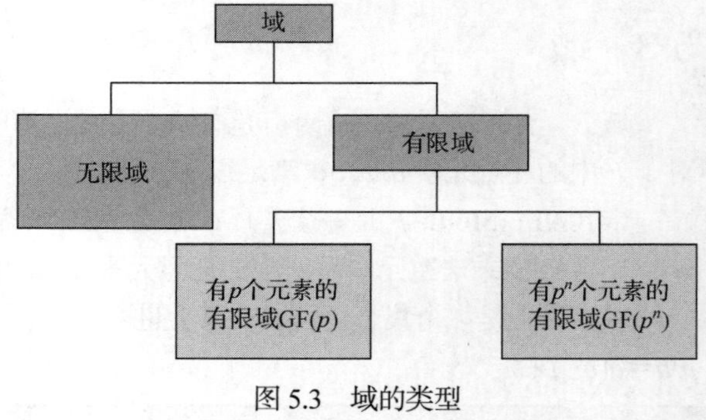


图 5.3　域的类型

### 5.4.1　阶为 $p$ 的有限域

给定一个素数 $p$，元素个数为 $p$ 的有限域 GF($p$)被定义为整数$\{0, 1,\cdots, p-1\}$的集合 $Z_p$，其运算为模 $p$ 的算术运算。注意，欠可用普通模算术运算来定义这些域上的运算。

5.2 节讲过，整数{0, 1,⋯, $n-1$}的集合 $Z_n$，在模 $n$ 的算术运算下构成一个交换环（见图 5.2）。进一步发现：$Z_n$ 中的任意一个整数有乘法逆元当且仅当该整数与 $n$ 互素［见关于式（2.5）的讨论］[①]。若 $n$ 为素数，则 $Z_n$ 中的所有非零整数都与 $n$ 互素，$Z_n$ 中的所有非零整数都有乘法逆元。因此，我们可以对表 5.2 中列出的 $Z_p$ 性质加上下面一条：

| 乘法逆元（$w^{-1}$） | 对任意 $w \in Z_p$，$w \neq 0$，存在 $z \in Z_p$ 使得 $w \times z \equiv 1 \bmod p$ |
|---|---|

因为 $w$ 和 $p$ 互素，若用 $w$ 乘以 $Z_p$ 的所有元素，则得出的剩余类是 $Z_p$ 中所有元素的另一种排列。因此，恰好只有一个剩余类值为 1。于是，$Z_p$ 中存在这样的整数：当它乘以 $w$，得余数 1。这个整数就是 $w$ 的乘法逆元，记为 $w^{-1}$，所以 $Z_p$ 其实是一个有限域。而且，式（2.5）和乘法逆元的存在是一致的，不需要附加条件就可以改写如下：

$$\text{若}(a \times b) \equiv (a \times c) \pmod p\text{，则 } b \equiv c \pmod p \tag{5.1}$$

将式（5.1）的两边同时乘以 $a$ 的乘法逆元，可得

$$((a^{-1}) \times a \times b) \equiv ((a^{-1}) \times a \times c) \pmod p\text{，} b \equiv c \pmod p$$

最简单的有限域是 GF(2)。它的算术运算描述如下：

| + | 0 | 1 |
|---|---|---|
| 0 | 0 | 1 |
| 1 | 1 | 0 |

加

| × | 0 | 1 |
|---|---|---|
| 0 | 0 | 0 |
| 1 | 0 | 1 |

乘

| $w$ | $-w$ | $w^{-1}$ |
|---|---|---|
| 0 | 0 | – |
| 1 | 1 | 1 |

求逆

在此，加等价于异或（XOR）运算，乘等价于逻辑与（AND）运算。

表 5.1 中描述了有限域 GF(7)上的算术运算。这是一个阶为 7 的域，采用模 7 运算。它满足图 5.2 中所示域的所有性质，与表 5.1 比较，表 2.2 中的集合 $Z_8$ 用模 8 算术运算，它不是域。本章后面将介绍如何在 $Z_8$ 中定义合适的加法和乘法，使之成为一个域。

### 5.4.2　在有限域 GF($p$)中求乘法逆元

当 $p$ 值较小时，求有限域 GF($p$)中元素的乘法逆元很容易：只需构造一个乘法表，如表 5.1(e)所示，所要的结果可以从中直接读出。但是，当 $p$ 值较大时，这种方法是不切实际的。

若 $a$ 和 $b$ 互素，则 $b$ 有模 $a$ 的乘法逆元。也就是说，若 gcd($a$, $b$) = 1，则 $b$ 有模 $a$ 的乘法逆元。即对于正整数 $b < a$，存在 $b^{-1} < a$ 使得 $bb^{-1} \equiv 1 \bmod a$。若 $a$ 是素数且 $0 < b < a$，则 $a$ 和 $b$ 显然互素，且其最大公因式为 1。运用扩展欧几里得算法容易计算 $b^{-1}$。

再次重复式（2.7），我们证明过该式可以用扩展欧几里得算法求解：

$$ax + by = d = \gcd(a, b)$$

现在，若 gcd ($a$, $b$) =1，则有 $ax + by = 1$。运用 2.3 节定义的**模算术**的基本公式，有

$$[(ax \bmod a) + (by \bmod a)] \bmod a = 1 \bmod a$$

$$0 + (by \bmod a) = 1$$

然而，若 $by \bmod a$ =1，则 $y = b^{-1}$。因此，若 gcd($a$, $b$) =1，则通过对式（2.7）运用扩展欧几里得算法可以获得 $b$ 的乘法逆元。

① 讨论式（2.5）时说过，若两个整数的唯一正整数公因子是 1，则称它们**互素**。

考虑表 2.4 中的例子。此时有 $a = 1759$，它是一个素数，$b = 550$。解方程 $1759x + 550y = d$ 得 $y = 355$，因此 $b^{-1} = 355$。容易验证 $550 \times 355 \bmod 1759 = 195250 \bmod 1759 = 1$。

更一般地，对任意 $n$，扩展欧几里得算法可用于求 $Z_n$ 内的乘法逆元。若对方程 $nx + by = d$ 应用扩展欧几里得算法，并且得到 $d = 1$，则在 $Z_n$ 内有 $y = b^{-1}$。

**表 5.1　模 7 和模 8 的算术运算**

| + | 0 | 1 | 2 | 3 | 4 | 5 | 6 | 7 |
|---|---|---|---|---|---|---|---|---|
| 0 | 0 | 1 | 2 | 3 | 4 | 5 | 6 | 7 |
| 1 | 1 | 2 | 3 | 4 | 5 | 6 | 7 | 0 |
| 2 | 2 | 3 | 4 | 5 | 6 | 7 | 0 | 1 |
| 3 | 3 | 4 | 5 | 6 | 7 | 0 | 1 | 2 |
| 4 | 4 | 5 | 6 | 7 | 0 | 1 | 2 | 3 |
| 5 | 5 | 6 | 7 | 0 | 1 | 2 | 3 | 4 |
| 6 | 6 | 7 | 0 | 1 | 2 | 3 | 4 | 5 |
| 7 | 7 | 0 | 1 | 2 | 3 | 4 | 5 | 6 |

(a) 模 8 加法

| × | 0 | 1 | 2 | 3 | 4 | 5 | 6 | 7 |
|---|---|---|---|---|---|---|---|---|
| 0 | 0 | 0 | 0 | 0 | 0 | 0 | 0 | 0 |
| 1 | 0 | 1 | 2 | 3 | 4 | 5 | 6 | 7 |
| 2 | 0 | 2 | 4 | 6 | 0 | 2 | 4 | 6 |
| 3 | 0 | 3 | 6 | 1 | 4 | 7 | 2 | 5 |
| 4 | 0 | 4 | 0 | 4 | 0 | 4 | 0 | 4 |
| 5 | 0 | 5 | 2 | 7 | 4 | 1 | 6 | 3 |
| 6 | 0 | 6 | 4 | 2 | 0 | 6 | 4 | 2 |
| 7 | 0 | 7 | 6 | 5 | 4 | 3 | 2 | 1 |

(b) 模 8 的加法和乘法逆元

| $w$ | 0 | 1 | 2 | 3 | 4 | 5 | 6 | 7 |
|---|---|---|---|---|---|---|---|---|
| $-w$ | 0 | 7 | 6 | 5 | 4 | 3 | 2 | 1 |
| $w^{-1}$ | — | 1 | — | 3 | — | 5 | — | 7 |

(c) 模 8 乘法

| × | 0 | 1 | 2 | 3 | 4 | 5 | 6 |
|---|---|---|---|---|---|---|---|
| 0 | 0 | 1 | 2 | 3 | 4 | 5 | 6 |
| 1 | 1 | 2 | 3 | 4 | 5 | 6 | 0 |
| 2 | 2 | 3 | 4 | 5 | 6 | 0 | 1 |
| 3 | 3 | 4 | 5 | 6 | 0 | 1 | 2 |
| 4 | 4 | 5 | 6 | 0 | 1 | 2 | 3 |
| 5 | 5 | 6 | 0 | 1 | 2 | 3 | 4 |
| 6 | 6 | 0 | 1 | 2 | 3 | 4 | 5 |

(d) 模 7 乘法

| × | 0 | 1 | 2 | 3 | 4 | 5 | 6 |
|---|---|---|---|---|---|---|---|
| 0 | 0 | 0 | 0 | 0 | 0 | 0 | 0 |
| 1 | 0 | 1 | 2 | 3 | 4 | 5 | 6 |
| 2 | 0 | 2 | 4 | 6 | 1 | 3 | 5 |
| 3 | 0 | 3 | 6 | 2 | 5 | 1 | 4 |
| 4 | 0 | 4 | 1 | 5 | 2 | 6 | 3 |
| 5 | 0 | 5 | 3 | 1 | 6 | 4 | 2 |
| 6 | 0 | 6 | 5 | 4 | 3 | 2 | 1 |

(e) 模 7 加法

| $w$ | 0 | 1 | 2 | 3 | 4 | 5 | 6 |
|---|---|---|---|---|---|---|---|
| $-w$ | 0 | 6 | 5 | 4 | 3 | 2 | 1 |
| $w^{-1}$ | — | 1 | 4 | 5 | 2 | 3 | 6 |

(f) 模 7 的加法和乘法逆元

### 5.4.3　小结

本节介绍了如何构建阶为 $p$ 的有限域，其中 $p$ 为素数。特别地，我们用以下性质定义有限域 GF($p$)。

**1**. 有限域 GF($p$)由 $p$ 个元素构成。

**2**. 在该集合中定义了二元运算+和×。加、减、乘、除可以在集合内实现。除 0 外，集合内的其他元素都有乘法逆元。

我们已经证明有限域 GF($p$)中的元素是集合$\{0, 1, \cdots, p-1\}$中的元素，其算术运算是模 $p$ 的加法和乘法。

## 5.5　多项式运算

在继续讨论有限域之前，需要介绍一个有趣的问题——多项式算术。这里只讨论单变元多项式，并且将多项式运算分为三种（见图 5.4）。

- 使用代数基本规则的普通多项式运算。
- 系数运算是模 $p$ 运算的多项式运算，即系数在有限域 GF($p$)中。
- 系数在有限域 GF($p$)中，且多项式被定义为模一个 $n$ 次多项式 $m(x)$的多项式运算。

本节讨论前两种多项式运算，下一节讨论最后一种多项式运算。

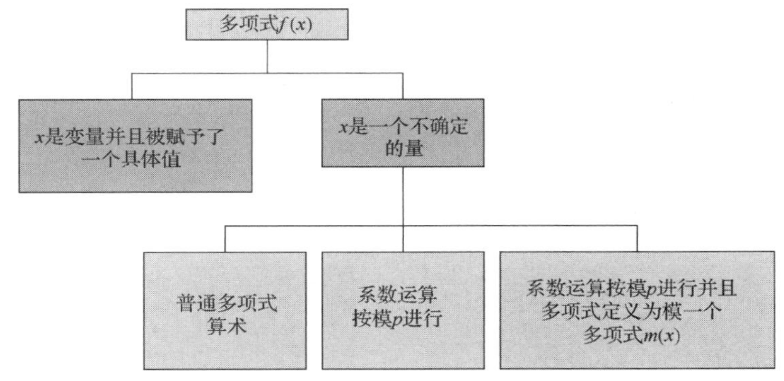


图 5.4 多项式概论

### 5.5.1 普通多项式运算

一个 $n$ 次多项式（$n\geqslant 0$）的表达形式为

$$f(x)=a_nx^n+a_{n-1}x^{n-1}+\cdots+a_1x+a_0=\sum_{i=0}^{n}a_ix^i$$

式中，$a_i$ 是某个指定数集 $S$ 中的元素，称该数集为系数集，且 $a_n\neq 0$。称 $f(x)$ 是定义在系数集 $S$ 上的多项式。零次多项式被称为常数多项式，它只是系数集中的一个元素。若 $a_n=1$，则对应的 $n$ 次多项式就被称为首一多项式。

在抽象代数中，一般不给多项式中的 $x$ 赋一个特定值 [ 如 $f(7)$ ]。为了强调这一点，变元 $x$ 有时被称为不定元。

多项式运算包含加法、减法和乘法，这些运算是把变量 $x$ 当成集合 $S$ 中一个元素来定义的。除法也以类似的方式定义，但这时要求 $S$ 是域。域包括实数域、有理数域和素数域 $Z_p$。注意整数并不是域，它也不支持多项式除法运算。

加法、减法的运算规则是把相应的系数相加减。因此，若

$$f(x)=\sum_{i=0}^{n}a_ix^i\ ;\ g(x)=\sum_{i=0}^{m}b_ix^i\ ,\ n\geqslant m$$

则加法运算定义为

$$f(x)+g(x)=\sum_{i=0}^{m}(a_i+b_i)x^i+\sum_{i=m+1}^{n}a_ix^i$$

乘法运算定义为

$$f(x)\times g(x)=\sum_{i=0}^{n+m}c_ix^i$$

式中，$c_k=a_0b_k+a_1b_{k-1}+\cdots+a_{k-1}b_1+a_kb_0$。在后一个公式中，当 $i>n$ 时令 $a_i=0$，当 $i>m$ 时令 $b_i=0$。注意结果的次数等于两个多项式的次数之和。

> 例如，令 $f(x)=x^3+x^2+2$，$g(x)=x^2-x+1$，其中 $S$ 是整数集，则有
>
> $$f(x)+g(x)=x^3+2x^2-x+3$$
> $$f(x)-g(x)=x^3+x+1$$
> $$f(x)\times g(x)=x^5+3x^2-2x+2$$
>
> 手工计算过程参见图 5.5(a)～(c)。除法将在后面讨论。

$$\begin{array}{r} x^3+x^2\qquad+2 \\ +\quad(x^2-x+1) \\ \hline x^3+2x^2-x+3 \end{array}$$

(a) 加法

$$\begin{array}{r} x^3+x^2\qquad+2 \\ -\quad(x^2-x+1) \\ \hline x^3\qquad+x+1 \end{array}$$

(b) 减法

$$\begin{array}{r} x^3+x^2\qquad+2 \\ \times\quad(x^2-x+1) \\ \hline x^3+x^2\qquad+2 \\ -x^4-x^3\qquad-2x\quad \\ x^5+x^4\qquad+2x^2\qquad\qquad \\ \hline x^5\qquad+3x^2-2x+2 \end{array}$$

(c) 乘法

$$\begin{array}{r} x+2 \\ x^2-x+1\;\overline{\big)\,x^3+x^2\qquad+2} \\ x^3-x^2+x\qquad \\ \hline 2x^2-x+2 \\ 2x^2-2x+2 \\ \hline x\qquad \end{array}$$

(d) 除法

图 5.5　多项式运算的例子

## 5.5.2　系数在 $Z_p$ 中的多项式运算

现在考虑系数是域 $F$ 中的元素的多项式，这种多项式被称为域 $F$ 上的多项式。在这种情况下，容易看出这样的多项式集合是一个环，称为多项式环。也就是说，如果把每个不同的多项式视为集合中的元素，那么这个集合就是一个环①。

对有限域中的多项式进行多项式运算时，除法运算是可能的。注意，这并不是说能进行整除。下面说明两者的区别。在一个域中，给定两个元素 $a$ 和 $b$，$a$ 除以 $b$ 的商也是这个域中的一个元素。然而，在非域的环 $R$ 中，普通除法将得到一个商式和一个余式，这并不是整除。

考虑集合 $S$ 中的除法运算 5/3。如果 $S$ 是有理数集（是域），那么结果可以简单地表示为 5/3，这是 $S$ 中的一个元素。现在假设 $S$ 是域 $Z_7$，在这种情况下，用表 5.1(f)计算得

$$5/3 = (5\times3^{-1}) \bmod 7 = (5\times5) \bmod 7 = 4$$

这是一个整除。最后假设 $S$ 是整数集（是环而不是域），那么 5/3 的结果是商 1 和余数 2：

$$5/3 = 1 + 2/3$$
$$5 = 1\times3 + 2$$

因此，除法在整数集上并不是整除。

现在，如果试图在非域系数集上进行多项式除法，那么除法运算并不总是有定义的。

若系数集是整数集，则$(5x^2)/(3x)$没有结果，因为需要一个值为 5/3 的系数，这在系数集中是没有的。同一个多项式若在 $Z_7$ 中进行除法运算，则有$(5x^2)/(3x) = 4x$，这在 $Z_7$ 中是一个合法的多项式。

然而，如所见的那样，即使系数集是一个域，多项式除法也不一定是整除。一般来说，除法会产生一个商式和一个余式。对于有限域中的多项式，式（2.1）的除法可以重述如下：给定 $n$ 次

① 事实上，系数在交换环中的多项式集合构成多项式环，但该结论在这里并无多大的意义。

多项式 $f(x)$和 $m$ 次多项式 $g(x)$（$m \leqslant n$），若用 $g(x)$除 $f(x)$，则得到一个商式 $q(x)$和一个余式 $r(x)$，它们满足

$$f(x) = q(x)g(x) + r(x) \tag{5.2}$$

各个多项式的次数为

Degree $f(x) = n$，　Degree $g(x) = m$，　Degree $q(x) = n - m$，　$0 \leqslant$ Degree $r(x) \leqslant m - 1$

若允许有余数，则我们说有限域中的多项式除法是可能的。与整数的长除法相同，长除法也适用于多项式除法。后面会给出一些例子。

与整数运算相似，我们可在式（5.2）中把余式 $r(x)$写为 $f(x) \bmod g(x)$，即 $r(x) = f(x) \bmod g(x)$。若这里没有余式［即 $r(x) = 0$］，则说 $g(x)$整除 $f(x)$，并写为 $g(x)|f(x)$；等价地，可以说 $g(x)$是 $f(x)$的一个**因式**或**除式**。

> 对于上例［$f(x) = x^3 + x^2 + 2$ 和 $g(x) = x^2 - x + 1$］，$f(x)/g(x)$产生商式 $q(x) = x + 2$ 和余式 $r(x) = x$，如图 5.5(d)所示。这很容易证明，只需注意到
>
> $$q(x)g(x) + r(x) = (x+2)(x^2 - x + 1) + x = (x^3 + x^2 - x + 2) + x$$
> $$= x^3 + x^2 + 2 = f(x)$$

有限域 GF(2)中的多项式对我们而言是最有意义的。5.4 节讲过，在有限域 GF(2)中，加法等价于异或（XOR）运算，乘法等价于逻辑与（AND）运算。而且，模 2 加法和减法是等价的：

$$1 + 1 = 1 - 1 = 0$$
$$1 + 0 = 1 - 0 = 1$$
$$0 + 1 = 0 - 1 = 1$$

> 图 5.6 中给出了有限域 GF(2)中多项式运算的例子。对于 $f(x) = (x^7 + x^5 + x^4 + x^3 + x + 1)$和 $g(x) = (x^3 + x + 1)$，图中显示了 $f(x) + g(x)$、$f(x) - g(x)$、$f(x) \times g(x)$和 $f(x)/g(x)$。注意 $g(x)|f(x)$。

域 $F$ 中的多项式 $f(x)$被称为不可约的（既约的），当且仅当 $f(x)$不能表示为两个多项式的积（两个多项式都在 $F$ 上，次数都低于 $f(x)$的次数）。与整数相似，一个不可约多项式也被称为素多项式。

> 有限域 GF(2)中的多项式 $f(x) = x^4 + 1$ 是可约的，因为
>
> $$x^4 + 1 = (x+1)(x^3 + x^2 + x + 1)$$
>
> 考虑多项式 $f(x) = x^3 + x + 1$，易观察到 $x$ 不是 $f(x)$的一个因式，得出 $x + 1$ 也不是 $f(x)$的一个因式：
>
> $$\begin{array}{r} x^2 + x \\ x+1\overline{)\,x^3 \qquad + x + 1} \\ \underline{x^3 + x^2} \qquad\quad \\ x^2 + x \quad \\ \underline{x^2 + x} \quad \\ 1 \end{array}$$
>
> 因此，$f(x)$没有一次因式。但很容易观察到：若 $f(x)$是可约的，则它一定有一个二阶因式和一个一阶因式。因此，$f(x)$是不可约的。

$$
\begin{array}{r}
x^7 + x^5 + x^4 + x^3 \qquad + x + 1 \\
+ (x^3 \qquad + x + 1) \\
\hline
x^7 + x^5 + x^4 \qquad\qquad\qquad
\end{array}
$$

(a) 加法

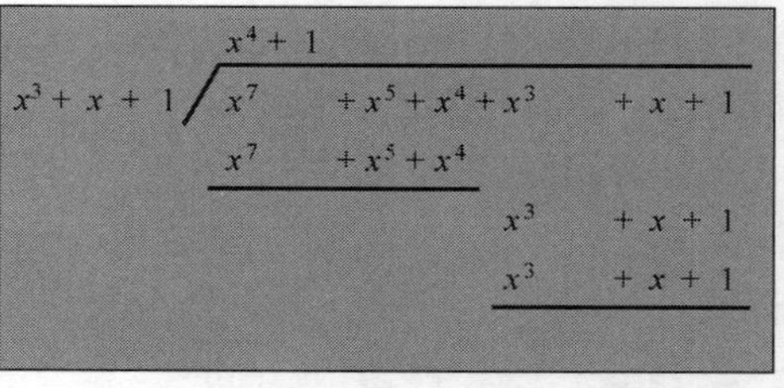

(b) 减法

$$
\begin{array}{r}
x^7 \quad + x^5 + x^4 + x^3 \qquad\qquad \\
\times (x^3 \qquad + x + 1) \\
\hline
x^7 \quad + x^5 + x^4 + x^3 \qquad + x + 1 \\
x^8 \quad + x^6 + x^5 + x^4 \qquad + x^2 + x \quad \\
x^{10} \quad + x^8 + x^7 + x^6 \qquad + x^4 + x^3 \qquad\qquad\quad \\
\hline
x^{10} \qquad\qquad\qquad\qquad + x^4 \quad + x^2 \quad + 1
\end{array}
$$

(c) 乘法

$$
\begin{array}{r}
x^4 + 1 \qquad\qquad\qquad\qquad \\
x^3 + x + 1 \,\big)\, x^7 \quad + x^5 + x^4 + x^3 \qquad + x + 1 \\
x^7 \quad + x^5 + x^4 \qquad\qquad\qquad\qquad \\
\hline
x^3 \qquad + x + 1 \\
x^3 \qquad + x + 1 \\
\hline
\end{array}
$$

(d) 除法

图 5.6　有限域 GF(2)中多项式运算的例子

### 5.5.3　求最大公因式

通过定义**最大公因式**，可以扩展有限域中多项式运算和整数运算之间的相似性。如果：

**1**．$c(x)$能同时整除 $a(x)$和 $b(x)$，

**2**．$a(x)$和 $b(x)$的任何因式都是 $c(x)$的因式。

那么称多项式 $c(x)$为 $a(x)$和 $b(x)$的最大公因式。下面是一个等价的定义：$\gcd[a(x), b(x)]$是能同时整除 $a(x)$和 $b(x)$的多项式中次数最高的一个。

可以改写欧几里得算法来计算两个多项式的最大公因式。回忆第 2 章中的式（2.6）即 $\gcd(a, b) = \gcd(b, a \bmod b)$可知，它是欧几里得算法的基本公式，其中假设 $a > b$。这个公式可以改写为

$$\gcd[a(x), b(x)] = \gcd[b(x), a(x) \bmod b(x)] \tag{5.3}$$

上式假设 $a(x)$的次数大于 $b(x)$的次数。可以重复使用式（5.3）来求最大公因式。将下列方案和用于整数的欧几里得算法的定义进行比较。

| 多项式欧几里得算法 | |
|---|---|
| 计　算 | 满　足 |
| $r_1(x) = a(x) \bmod b(x)$ | $a(x) = q_1(x)b(x) + r_1(x)$ |
| $r_2(x) = b(x) \bmod r_1(x)$ | $b(x) = q_2(x)r_1(x) + r_2(x)$ |
| $r_3(x) = r_1(x) \bmod r_2(x)$ | $r_1(x) = q_3(x)r_2(x) + r_3(x)$ |
| ⋮ | ⋮ |
| $r_n(x) = r_{n-2}(x) \bmod r_{n-1}(x)$ | $r_{n-2}(x) = q_n(x)r_{n-1}(x) + r_n(x)$ |
| $r_{n+1}(x) = r_{n-1}(x) \bmod r_n(x) = 0$ | $r_{n-1}(x) = q_{n+1}(x)r_n(x) + 0$<br>$d(x) = \gcd(a(x), b(x)) = r_n(x)$ |

每个循环中都有 $d(x) = \gcd(r_{i+1}(x), r_i(x))$，直至最后 $d(x) = \gcd(r_n(x), 0) = r_n(x)$。因此，通过重复应用除法，我们得到了两个多项式的最大公因式。这就是用于多项式的欧几里得算法。

求 $\gcd[a(x), b(x)]$，其中 $a(x) = x^6 + x^5 + x^4 + x^3 + x^2 + x + 1$，$b(x) = x^4 + x^2 + x + 1$。

首先用 $b(x)$除 $a(x)$：

$$
\begin{array}{r}
x^2+x \\
x^4+x^2+x+1\overline{\big)\,x^6+x^5+x^4+x^3+x^2+x+1} \\
\underline{x^6\quad\;\; +x^4+x^3+x^2} \\
x^5\qquad\qquad\quad +x+1 \\
\underline{x^5\quad\;\; +x^3+x^2+x} \\
x^3+x^2\quad\;\; +1
\end{array}
$$

得到 $r_1(x)=x^3+x^2+1$，$q_1(x)=x^2+x$。接着用 $r_1(x)$除 $b(x)$：

$$
\begin{array}{r}
x+1 \\
x^3+x^2+1\overline{\big)\,x^4\qquad +x^2+x+1} \\
\underline{x^4+x^3\qquad +x} \\
x^3+x^2\quad\;\; +1 \\
\underline{x^3+x^2\quad\;\; +1}
\end{array}
$$

得到 $r_2(x)=0$，$q_2(x)=x+1$。因此，$\gcd[a(x), b(x)]=r_1(x)=x^3+x^2+1$。

### 5.5.4　小结

本节首先讨论了一般多项式的算术运算。在一般多项式算术运算中，变量不被计算，即不给多项式的变量赋值。相反，运用代数的一般规则对多项式进行算术运算（加、减、乘、除）。除非系数是域的元素，否则多项式除法是不被允许的。

接着讨论了有限域 GF($p$)中的多项式算术运算：加、减、乘、除。然而，除法不是整除，即除法的结果通常是商和余数。

最后，本节说明了使用欧几里得算法可以求有限域中两个多项式的最大公因式。

本节论述的知识为下一节的学习奠定了基础。下一节中将用多项式来构建阶为 $p^n$ 的有限域。

## 5.6　有限域 GF($2^n$)

前几节中提到过有限域的元素个数必须为 $p^n$，其中 $p$ 为素数，$n$ 为正整数。5.4 节中讨论了元素个数为 $p$ 的有限域这一特殊情况。我们发现在使用 $Z_p$ 上的模运算时，它满足域的所有条件（见图 5.2）。当 $n>1$ 时，$p^n$ 上的多项式在模 $p^n$ 运算时并不能产生一个域。本节介绍在一个具有 $p^n$ 个元素的集合中，什么样的结构满足域的所有条件，并集中讨论有限域 GF($2^n$)。

### 5.6.1　动机

实际上所有的加密算法（包括对称密钥和公开密钥算法）都涉及整数集上的算术运算。如果某种算法使用的运算之一是除法，那么就使用定义在有限域中的运算。为了方便使用和提高效率，我们希望这个整数集中的数与给定的二进制位数所能表达的信息一一对应而不出现浪费。也就是说，我们希望这个整数集的范围是从 0 到 $2^n-1$，以便正好对应一个 $n$ 位的字。

假设要构建一种传统加密算法，该算法一次处理 8 位的数据并且使用除法。我们可以用 8 个二进制位来表示 0～255 之间的整数。但是，由于 256 不是素数，如果使用 $Z_{256}$ 上的模运算（以 256 为模的运算），那么这个集合就不是一个域。小于 256 的素数中最大的是 251，所以在使用以 251 为模的运算时，集合 $Z_{251}$ 是一个域。然而，在这种情况下，在 8 个二进制位所能表示的全部整数中，251～255 不能使用，造成了存储空间的浪费。

上例指出，如果我们既要使用所有的运算，又要使用 $n$ 个二进制位所能表示的全部整数，那么以 $2^n$ 为模的运算是不可行的。也就是说，当 $n > 1$ 时，以 $2^n$ 为模的整数集不是一个域。退一步说，即使加密算法只使用加法和乘法而不使用除法，以 $Z_{2^n}$ 为模的整数集仍然有问题，如下例所示。

假设我们要在加密算法中使用 3 位的信息块，并且只使用加法和乘法。如表 5.1 所示，以 8 为模的运算是合理的。但是请注意，在乘法运算表中，各个非零元素出现的次数是不同的。比如 3 只出现 4 次，而 4 却出现 12 次。另一方面，还可以使用本节提到的有限域 GF($2^n$)，即有 $2^3 = 8$ 个元素的特定有限域。这个有限域中的运算如表 5.2 所示。于是，各个非零元素的出现次数就是一致的。两种情况的对比如下：

| 整数 | 1 | 2 | 3 | 4 | 5 | 6 | 7 |
|---|---|---|---|---|---|---|---|
| 在 $Z_8$ 中的出现次数 | 4 | 8 | 4 | 12 | 4 | 8 | 4 |
| 在有限域 GF($2^3$)中的出现次数 | 7 | 7 | 7 | 7 | 7 | 7 | 7 |

目前，我们暂时不管表 5.2 中的矩阵是如何构造的，先做如下观察：

1. 加法和乘法表关于主对角线对称，这对应于加法和乘法交换律。这个性质在表 5.1 中讲过，表 5.1 是模 8 算术。
2. 表 5.2 中的非零元素都有乘法逆元，而表 5.1 中的非零元素不是这样。
3. 表 5.2 定义的集合满足有限域的所有要求，因此称该域为 GF($2^3$)。
4. 为方便起见，给出了有限域 GF($2^3$)中元素的 3 位表示。

**表 5.2 有限域 GF($2^3$)中的运算**

| | | 000 | 001 | 010 | 011 | 100 | 101 | 110 | 111 |
|---|---|---|---|---|---|---|---|---|---|
| | + | 0 | 1 | 2 | 3 | 4 | 5 | 6 | 7 |
| 000 | 0 | 0 | 1 | 2 | 3 | 4 | 5 | 6 | 7 |
| 001 | 1 | 1 | 0 | 3 | 2 | 5 | 4 | 7 | 6 |
| 010 | 2 | 2 | 3 | 0 | 1 | 6 | 7 | 4 | 5 |
| 011 | 3 | 3 | 2 | 1 | 0 | 7 | 6 | 5 | 4 |
| 100 | 4 | 4 | 5 | 6 | 7 | 0 | 1 | 2 | 3 |
| 101 | 5 | 5 | 4 | 7 | 6 | 1 | 0 | 3 | 2 |
| 110 | 6 | 6 | 7 | 4 | 5 | 2 | 3 | 0 | 1 |
| 111 | 7 | 7 | 6 | 5 | 4 | 3 | 2 | 1 | 0 |

(a) 加法

| | | 000 | 001 | 010 | 011 | 100 | 101 | 110 | 111 |
|---|---|---|---|---|---|---|---|---|---|
| | × | 0 | 1 | 2 | 3 | 4 | 5 | 6 | 7 |
| 000 | 0 | 0 | 0 | 0 | 0 | 0 | 0 | 0 | 0 |
| 001 | 1 | 0 | 1 | 2 | 3 | 4 | 5 | 6 | 7 |
| 010 | 2 | 0 | 2 | 4 | 6 | 3 | 1 | 7 | 5 |
| 011 | 3 | 0 | 3 | 6 | 5 | 7 | 4 | 1 | 2 |
| 100 | 4 | 0 | 4 | 3 | 7 | 6 | 2 | 5 | 1 |
| 101 | 5 | 0 | 5 | 1 | 4 | 2 | 7 | 3 | 6 |
| 110 | 6 | 0 | 6 | 7 | 1 | 5 | 3 | 2 | 4 |
| 111 | 7 | 0 | 7 | 5 | 2 | 1 | 6 | 4 | 3 |

(b) 乘法

| $w$ | $-w$ | $w^{-1}$ |
|---|---|---|
| 0 | 0 | – |
| 1 | 1 | 1 |
| 2 | 2 | 5 |
| 3 | 3 | 6 |
| 4 | 4 | 7 |
| 5 | 5 | 2 |
| 6 | 6 | 3 |
| 7 | 7 | 4 |

(c) 加法和乘法的逆运算

直觉告诉我们，一个将整数集不均匀地映射到自身的算法用于加密时，可能要弱于一个提供均匀映射的算法。因此，有限域 GF($2^n$)对加密算法是很有吸引力的。

总之，我们要寻找包含 $2^n$ 个元素的集合，其上定义了加法和乘法使之成为一个域。我们给集合的每个元素赋 0 到 $2^n-1$ 之间的唯一整数。记住，我们不用模算术，因为那样不能构成域。我们会用多项式算术来构建需要的域。

### 5.6.2　多项式模运算

设集合 $S$ 由域 $Z_p$ 上次数小于等于 $n-1$ 的所有多项式组成。每个多项式的形式如下：

$$f(x)=a_{n-1}x^{n-1}+a_{n-2}x^{n-2}+\cdots+a_1x+a_0=\sum_{i=0}^{n-1}a_ix^i$$

式中，$a_i$ 在集合 $\{0,1,\cdots,p-1\}$ 上取值。$S$ 中共有 $p^n$ 个不同的多项式。

> 当 $p=3$，$n=2$ 时，集合中共有 $3^2=9$ 个多项式，分别是
>
> $$0,\ 1,\ 2,\ x,\ x+1,\ x+2,\ 2x,\ 2x+1,\ 2x+2$$
>
> 当 $p=2$，$n=3$ 时，集合中共有 $2^3=8$ 个多项式，分别是
>
> $$0,\ 1,\ x,\ x+1,\ x^2,\ x^2+1,\ x^2+x,\ x^2+x+1$$

如果定义了合适的运算，那么每个这样的集合 $S$ 就是一个有限域。定义由如下几条组成。

1．该运算遵循代数基本规则中的普通多项式运算规则以及如下两条限制。

2．系数运算以 $p$ 为模，即遵循有限域 $Z_p$ 上的运算规则。

3．如果乘法运算的结果是次数大于 $n-1$ 的多项式，那么须将其除以某个次数为 $n$ 的既约多项式 $m(x)$ 并取余式。对于多项式 $f(x)$，这个余数可表示为 $r(x)=f(x)\bmod m(x)$。

> 高级加密标准（AES）使用有限域 GF($2^8$)中的运算，其中的既约多项式为 $m(x)=x^8+x^4+x^3+x+1$。考虑多项式 $f(x)=x^6+x^4+x^2+x+1$，$g(x)=x^7+x+1$，有
>
> $$f(x)+g(x)=x^6+x^4+x^2+x+1+x^7+x+1=x^7+x^6+x^4+x^2$$
>
> $$\begin{aligned}f(x)\times g(x)&=x^{13}+x^{11}+x^9+x^8+x^7+x^7+x^5+x^3+x^2+x+x^6+x^4+x^2+x+1\\&=x^{13}+x^{11}+x^9+x^8+x^6+x^5+x^4+x^3+1\end{aligned}$$
>
> $$\begin{array}{r} x^5+x^3 \\ x^8+x^4+x^3+x+1\overline{\big)\,x^{13}+x^{11}+x^9+x^8+x^6+x^5+x^4+x^3+1} \\ \underline{x^{13}+x^9+x^8+x^6+x^5} \\ x^{11}+x^4+x^3 \\ \underline{x^{11}+x^7+x^6+x^4+x^3} \\ x^7+x^6+1 \end{array}$$
>
> 所以，$f(x)\times g(x)\bmod m(x)=x^7+x^6+1$。

与简单模运算类似，**多项式模运算**中也有剩余类集合的概念。设 $m(x)$为 $n$ 次多项式，则模 $m(x)$ 剩余类集合有 $p^n$ 个元素，其中的每个元素都可以表示成一个 $m$ 次多项式（$m<n$）。

> 以 $m(x)$为模的剩余类$[x+1]$由所有满足 $a(x)\equiv(x+1)\ (\mathrm{mod}\ m(x))$的多项式 $a(x)$组成。也就是说，剩余类$[x+1]$中的所有多项式 $a(x)$满足等式 $a(x)\bmod m(x)=x+1$。

由此可见，以 $n$ 次既约多项式 $m(x)$为模的所有多项式组成的集合满足图 5.2 中的所有公理，于是可以形成一个有限域。还可以进一步看到，所有具有相同阶的有限域都是同构的，即任意两个具有相同阶的有限域具有相同的结构，但是元素的表示和标记可能不同。

为了构造有限域 GF($2^3$)，需要选择一个 3 次既约多项式。只有两个满足条件的多项式：$x^3+x^2+1$ 和 $x^3+x+1$。若选择后者，则有限域 GF($2^3$)中的加法和乘法表如表 5.3 所示。由于该表和表 5.2 有相同的结构，所以我们成功地找到了定义阶为 $2^3$ 的有限域的方法。

从表中容易读出加法和乘法。例如，考虑 100 + 010 = 110。这等价于 $x^2+x$。再考虑 100×010 = 011，这等价于 $x^2 \times x = x^3$，约简后为 $x+1$，即 $x^3 \bmod (x^3+x+1) = x+1$ 等价于 011。

表 5.3　以 $x^3+x+1$ 为模的多项式运算

| | | 000 | 001 | 010 | 011 | 100 | 101 | 110 | 111 |
|---|---|---|---|---|---|---|---|---|---|
| | + | 0 | 1 | $x$ | $x+1$ | $x^2$ | $x^2+1$ | $x^2+x$ | $x^2+x+1$ |
| 000 | 0 | 0 | 1 | $x$ | $x+1$ | $x^2$ | $x^2+1$ | $x^2+x$ | $x^2+x+1$ |
| 001 | 1 | 1 | 0 | $x+1$ | $x$ | $x^2+1$ | $x^2$ | $x^2+x+1$ | $x^2+x$ |
| 010 | $x$ | $x$ | $x+1$ | 0 | 1 | $x^2+x$ | $x^2+x+1$ | $x^2$ | $x^2+1$ |
| 011 | $x+1$ | $x+1$ | $x$ | 1 | 0 | $x^2+x+1$ | $x^2+x$ | $x^2+1$ | $x^2$ |
| 100 | $x^2$ | $x^2$ | $x^2+1$ | $x^2+x$ | $x^2+x+1$ | 0 | 1 | $x$ | $x+1$ |
| 101 | $x^2+1$ | $x^2+1$ | $x^2$ | $x^2+x+1$ | $x^2+x$ | 1 | 0 | $x+1$ | $x$ |
| 110 | $x^2+x$ | $x^2+x$ | $x^2+x+1$ | $x^2$ | $x^2+1$ | $x$ | $x+1$ | 0 | 1 |
| 111 | $x^2+x+1$ | $x^2+x+1$ | $x^2+x$ | $x^2+1$ | $x^2$ | $x+1$ | $x$ | 1 | 0 |

(a) 加法

| | | 000 | 001 | 010 | 011 | 100 | 101 | 110 | 111 |
|---|---|---|---|---|---|---|---|---|---|
| | × | 0 | 1 | $x$ | $x+1$ | $x^2$ | $x^2+1$ | $x^2+x$ | $x^2+x+1$ |
| 000 | 0 | 0 | 0 | 0 | 0 | 0 | 0 | 0 | 0 |
| 001 | 1 | 0 | 1 | $x$ | $x+1$ | $x^2$ | $x^2+1$ | $x^2+x$ | $x^2+x+1$ |
| 010 | $x$ | 0 | $x$ | $x^2$ | $x^2+x$ | $x+1$ | 1 | $x^2+x+1$ | $x^2+1$ |
| 011 | $x+1$ | 0 | $x+1$ | $x^2+x$ | $x^2+1$ | $x^2+x+1$ | $x^2$ | 1 | $x$ |
| 100 | $x^2$ | 0 | $x^2$ | $x+1$ | $x^2+x+1$ | $x^2+x$ | $x$ | $x^2+1$ | 1 |
| 101 | $x^2+1$ | 0 | $x^2+1$ | 1 | $x^2$ | $x$ | $x^2+x+1$ | $x+1$ | $x^2+x$ |
| 110 | $x^2+x$ | 0 | $x^2+x$ | $x^2+x+1$ | 1 | $x^2+1$ | $x+1$ | $x$ | $x^2$ |
| 111 | $x^2+x+1$ | 0 | $x^2+x+1$ | $x^2+1$ | $x$ | 1 | $x^2+1$ | $x^2$ | $x+1$ |

(b) 乘法

### 5.6.3　求乘法逆元

如欧几里得算法可以用来求两个多项式的最大公因式那样，扩展欧几里得算法可以用来求一个多项式的乘法逆元。若多项式 $b(x)$的次数小于 $a(x)$的次数且 gcd[$a(x)$, $b(x)$] = 1，则该算法能求出 $b(x)$以 $a(x)$为模的乘法逆元。若 $a(x)$为既约多项式，即除本身与 1 外没有其他因式，则始终有 gcd[$a(x)$, $b(x)$] = 1。算法的描述方式和整数情形的扩展欧几里得算法一样。给定两个多项式 $a(x)$和 $b(x)$，其中 $a(x)$的次数大于 $b(x)$的次数。我们希望解如下方程得到 $v(x)$、$w(x)$和 $d(x)$，其中 $d(x)$ = gcd[$a(x)$,$b(x)$]：

$$a(x)v(x) + b(x)w(x) = d(x)$$

如果 $d(x) = 1$，那么 $w(x)$是 $b(x)$模 $a(x)$的乘法逆元。计算过程如下：

| 用于多项式的扩展欧几里得算法 | | | |
|---|---|---|---|
| 计 算 | 满 足 | 计 算 | 满 足 |
| $r_{-1}(x)=a(x)$ | | $v_{-1}(x)=1;\ w_{-1}(x)=0$ | $a(x)=a(x)v_{-1}(x)+b(x)w_{-1}(x)$ |
| $r_0(x)=b(x)$ | | $v_0(x)=0;\ w_0(x)=1$ | $b(x)=a(x)v_0(x)+b(x)w_0(x)$ |
| $r_1(x)=a(x) \bmod b(x)$<br>$q_1(x)=a(x)/b(x)$的商 | $a(x)=q_1(x)b(x)+r_1(x)$ | $v_1(x)=v_{-1}(x)-q_1(x)v_0(x)=1$<br>$w_1(x)=w_{-1}(x)-q_1(x)w_0(x)=-q_1(x)$ | $r_1(x)=a(x)v_1(x)+b(x)w_1(x)$ |
| $r_2(x)=b(x) \bmod r_1(x)$<br>$q_2(x)=b(x)/r_1(x)$的商 | $b(x)=q_2(x)r_1(x)+r_2(x)$ | $v_2(x)=v_0(x)-q_2(x)v_1(x)$<br>$w_2(x)=w_0(x)-q_2(x)w_1(x)$ | $r_2(x)=a(x)v_2(x)+b(x)w_2(x)$ |
| $r_3(x)=r_1(x) \bmod r_2(x)$<br>$q_3(x)=r_1(x)/r_2(x)$的商 | $r_1(x)=q_3(x)r_2(x)+r_3(x)$ | $v_3(x)=v_1(x)-q_3(x)v_2(x)$<br>$w_3(x)=w_1(x)-q_3(x)w_2(x)$ | $r_3(x)=a(x)v_3(x)+b(x)w_3(x)$ |
| ⋮ | ⋮ | ⋮ | ⋮ |
| $r_n(x)=r_{n-2}(x) \bmod r_{n-1}(x)$<br>$q_n(x)=r_{n-2}(x)/r_{n-2}(x)$的商 | $r_{n-2}(x)=q_n(x)r_{n-1}(x)+r_n(x)$ | $v_n(x)=v_{n-2}(x)-q_n(x)v_{n-1}(x)$<br>$w_n(x)=w_{n-2}(x)-q_n(x)w_{n-1}(x)$ | $r_n(x)=a(x)v_n(x)+b(x)w_n(x)$ |
| $r_{n+1}(x)=r_{n-1}(x) \bmod r_n(x)=0$<br>$q_{n+1}(x)=r_{n-1}(x)/r_n(x)$的商 | $r_{n-1}(x)=q_{n+1}(x)r_n(x)+0$ | | $d(x)=\gcd(a(x), b(x))=r_n(x)$<br>$v(x)=v_n(x);\ w(x)=w_n(x)$ |

表 5.4 中给出了计算$(x^7+x+1) \bmod (x^8+x^4+x^3+x+1)$的乘法逆元的过程。结果是$(x^7+x+1)^{-1}=(x^7)$，即$(x^7+x+1)(x^7)\equiv 1 \pmod{(x^8+x^4+x^3+x+1)}$。

表 5.4 扩展欧几里得算法$[(x^8+x^4+x^3+x+1), (x^7+x+1)]$

| | |
|---|---|
| 初始化 | $a(x)=x^8+x^4+x^3+x+1;\ v_{-1}(x)=1;\ w_{-1}(x)=0$<br>$b(x)=x^7+x+1;\ v_0(x)=0;\ w_0(x)=1$ |
| 迭代 1 | $q_1(x)=x;\ r_1(x)=x^4+x^3+x^2+1$<br>$v_1(x)=1;\ w_1(x)=x$ |
| 迭代 2 | $q_2(x)=x^3+x^2+1;\ r_2(x)=x$<br>$v_2(x)=x^3+x^2+1;\ w_2(x)=x^4+x^3+x+1$ |
| 迭代 3 | $q_3(x)=x^3+x^2+x;\ r_3(x)=1$<br>$v_3(x)=x^6+x^2+x+1;\ w_3(x)=x^7$ |
| 迭代 4 | $q_4(x)=x;\ r_4(x)=0$<br>$v_4(x)=x^7+x+1;\ w_4(x)=x^8+x^4+x^3+x+1$ |
| 结果 | $d(x)=r_3(x)=\gcd(a(x), b(x))=1$<br>$w(x)=w_3(x)=(x^7+x+1)^{-1} \bmod (x^8+x^4+x^3+x+1)=x^7$ |

### 5.6.4 计算上的考虑

有限域 GF($2^n$)中的多项式

$$f(x)=a_{n-1}x^{n-1}+a_{n-2}x^{n-2}+\cdots+a_1x+a_0=\sum_{i=0}^{n-1}a_ix^i$$

可以由它的 $n$ 个二进制系数（$a_{n-1}, a_{n-2},\cdots, a_0$）唯一地表示。因此，有限域 GF($2^n$)中的每个多项式都可以表示成一个 $n$ 位的二进制数。

表 5.2 和表 5.3 中给出了以 $m(x)=x^3+x+1$ 为模的有限域 GF($2^3$)中的加法和乘法表。表 5.2 用二进制整数表示，表 5.3 用多项式表示。

**加法** 我们发现这里的多项式加法是将相应的系数分别相加，而对于 $Z_2$ 上的多项式，加法其实就是异或（XOR）运算。所以，有限域 GF($2^n$)中的两个多项式的加法等同于按位异或运算。

考虑前面例子中有限域 GF($2^8$)中的两个多项式：

$$f(x)=x^6+x^4+x^2+x+1 \quad 和 \quad g(x)=x^7+x+1$$

| | | |
|---|---|---|
| $(x^6+x^4+x^2+x+1)+(x^7+x+1)=x^7+x^6+x^4+x^2$ | | （多项式表示） |
| $(01010111)\oplus(10000011)$ | $=(11010100)$ | （二进制表示） |
| $\{57\}\oplus\{83\}$ | $=\{D4\}$ | （十六进制表示）① |

**乘法** 简单的异或运算不能完成有限域 GF($2^n$)中的乘法，但是可以使用一种相当直观且容易实现的技巧。以 $m(x)=x^8+x^4+x^3+x+1$ 为多项式的有限域 GF($2^8$)是 AES 中用到的有限域，我们将参照该域来讨论这个技巧。这个技巧很容易推广到有限域 GF($2^n$)。

这个技巧基于下面的等式：

$$x^8 \bmod m(x)=[m(x)-x^8]=(x^4+x^3+x+1) \tag{5.4}$$

稍做思考就不难证明式（5.4）是正确的。如果不确定，可以除一下。一般来说，在有限域 GF($2^n$)中对 $n$ 次多项式 $p(x)$，有 $x^n \bmod p(x)=[p(x)-x^n]$。

现在考虑有限域 GF($2^8$)中的多项式 $f(x)=b_7x^7+b_6x^6+b_5x^5+b_4x^4+b_3x^3+b_2x^2+b_1x+b_0$，将它乘以 $x$ 可得

$$x\times f(x)=(b_7x^8+b_6x^7+b_5x^6+b_4x^5+b_3x^4+b_2x^3+b_1x^2+b_0x) \bmod m(x) \tag{5.5}$$

如果 $b_7=0$，那么结果就是一个次数小于 8 的多项式，已是约简后的形式，不需要进一步计算。如果 $b_7=1$，那么可以通过式（5.4）进行模 $m(x)$的约简：

$$x\times f(x)=(b_6x^7+b_5x^6+b_4x^5+b_3x^4+b_2x^3+b_1x^2+b_0x)+(x^4+x^3+x+1)$$

这表明乘以 $x$（即 00000010）的运算可以通过左移一位后，根据条件按位异或 00011011（代表 $x^4+x^3+x+1$）来实现。总结如下：

$$x\times f(x)=\begin{cases}(b_6b_5b_4b_3b_2b_1b_0 0), & b_7=0\\(b_6b_5b_4b_3b_2b_1b_0 0)\oplus(00011011), & b_7=1\end{cases} \tag{5.6}$$

乘以 $x$ 的更高次幂可以通过重复使用式（5.6）来实现。于是，有限域 GF($2^8$)中的乘法可以用多个中间结果相加的方法实现。

在前面的例子中，给出了 $f(x)=x^6+x^4+x^2+x+1$，$g(x)=x^7+x+1$，$m(x)=x^8+x^4+x^3+x+1$ 时，$f(x)\times g(x) \bmod m(x)=x^7+x^6+1$ 的计算过程。现在用二进制运算的方法重做一遍，即计算(01010111)×(10000011)。首先要求出 $x$ 的幂乘以 01010111 的中间结果：

$$\begin{aligned}
&(01010111)\times(00000010)=(10101110)\\
&(01010111)\times(00000100)=(01011100)\oplus(00011011)=(01000111)\\
&(01010111)\times(00001000)=(10001110)\\
&(01010111)\times(00010000)=(00011100)\oplus(00011011)=(00000111)\\
&(01010111)\times(00100000)=(00001110)\\
&(01010111)\times(01000000)=(00011100)\\
&(01010111)\times(10000000)=(00111000)
\end{aligned}$$

所以

$$\begin{aligned}(01010111)\times(10000011)&=(01010111)\times[(00000001)\oplus(00000010)\oplus(10000000)]\\&=(01010111)\oplus(10101110)\oplus(00111000)=(11000001)\end{aligned}$$

这等价于 $x^7+x^6+1$。

① 在计算机科学学生资源网 WilliamStallings.com/StudentSupport.html 中，存在关于数制系统（十进制、二进制、十六进制）的相关资料。用一个十六进制字符表示 4 位二进制数，1 字节的二进制数用括号括起来的两个十六进制字符表示。

### 5.6.5 使用生成元

定义有限域 GF($2^n$)的另一种等价方式有时更方便，它使用相同的不可约多项式。首先，需要两个定义：阶为 $q$ 的有限域 $F$ 的**生成元**是一个元素，记为 $g$，该元素的前 $q-1$ 个幂构成了 $F$ 的所有非零元素，即域 $F$ 的元素是 $0, g^0,\cdots, g^{q-2}$。

回顾第 2 章的讨论可知，若 $a$ 是 $n$ 的一个本原根，则其幂 $a, a^2,\cdots, a^{\phi(n)}$ 是不同的(mod $n$)，且它们与 $n$ 是互素的。特别地，对于素数 $p$，若 $a$ 是 $p$ 的一个本原根，则 $a, a^2,\cdots, a^{p-1}$ 是不同的(mod $p$)。考虑由多项式 $f(x)$定义的域 $F$，若 $F$ 内的一个元素 $b$ 满足 $f(b) = 0$，则称 $b$ 为多项式 $f(x)$的根。包含于 $F$ 的元素 $b$ 称为多项式的一个**根**，前提是 $f(b) = 0$。

首一多项式 $f(x)$是有限域 GF($p$)上的 $n$ 次**本原多项式**，当且仅当其根是有限域 GF($p^n$)上的非零元素的生成元。特别地，可以证明，$f(x)$满足

$$x^{p^n-1} \equiv 1(\text{mod}(f(x))$$

此外，上述方程为真时的最小正整数是 $(p^{n-1})$。也就是说，不存在整数 $m<(p^{n-1})$ 使得 $f(x)$整除 $(x^m-1)$。例如，对于 GF($2^3$)，$f(x)=x^3+x+1$ 是一个本原多项式。因此，我们有

$$x^{2^3-1}=x^7 \equiv 1(\text{mod}\, x^3+x^2+1)$$

这很容易证明。

所有本原多项式都是不可约的，反之则不成立。对于不是本原多项式的不可约多项式，我们可以找到一个正整数 $m<(p^{n-1})$。例如，为 AES 定义 GF($2^3$)有限域的不可约多项式是 $f(x)=x^8+x^4+x^3+x+1$。此时，可以算出 $f(x)$整除 $(x^{51}-1)$。但是，由于 $51 \leqslant (2^8-1)$，$f(x)$不是一个本原多项式。这个多项式的根只能生成 GF(28)上的 51 个非零元素。

最后，可以证明一个不可约多项式的根 $g$ 是这个不可约多项式定义的有限域的生成元。

考虑由不可约多项式 $x^3+x+1$ 定义的有限域 GF($2^3$)。设生成元为 $g$，则 $g$ 满足 $f(g)=g^3+g+1=0$。如前所述，我们不要这个方程的数值解，只处理多项式算术（系数运算是模 2 的）。因此，方程的解满足 $g^3=-g-1=g+1$。可以证明事实上 $g$ 生成了所有次数小于 3 的多项式，于是有

$$g^4=g(g^3)=g(g+1)=g^2+g$$
$$g^5=g(g^4)=g(g^2+g)=g^3+g^2=g^2+g+1$$
$$g^6=g(g^5)=g(g^2+g+1)=g^3+g^2+g=g^2+g+g+1=g^2+1$$
$$g^7=g(g^6)=g(g^2+1)=g^3+g=g+g+1=1=g^0$$

可以看到，$g$ 的幂产生了有限域 GF($2^3$)中的所有非零多项式。同样，对所有 $k$，有 $g^k=g^{k \bmod 7}$。表 5.5 中列出了幂表示、多项式表示及二进制表示。

这种幂表示使得乘法更容易。计算幂表示的乘法时，加法按模 7 进行。例如，

$$g^4 \times g^6 = g^{(10 \bmod 7)} = g^3 = g+1$$

用多项式运算可得到同样的结果。我们有 $g^4=g^2+g$ 和 $g^6=g^2+1$。于是，$(g^2+g)\times(g^2+1)=g^4+g^3+g^2+g$。接下来通过除法求$(g^4+g^3+g^2+g) \bmod (g^3+g+1)$：

$$
\begin{array}{r}
g+1 \\
g^3+g+1\overline{\big)\,g^4+g^3+g^2+g} \\
\underline{g^4 \qquad +g^2+g} \\
g^3 \qquad\quad \\
\underline{g^3+ \qquad g+1} \\
g+1
\end{array}
$$

结果为 $g+1$，与用幂表示得到的结果相同。

表 5.6 中给出了用幂表示的有限域 GF($2^3$)中的加法表和乘法表。注意，这与表 5.3 中的多项式表示的运算结果相同。

**表 5.5　模 $x^3 + x + 1$ 的有限域 GF($2^3$)的生成元**

| 幂 表 示 | 多项式表示 | 二进制表示 | 十/十六进制表示 |
|---|---|---|---|
| 0 | 0 | 000 | 0 |
| $g^0(=g^7)$ | 1 | 001 | 1 |
| $g^1$ | $g$ | 010 | 2 |
| $g^2$ | $g^2$ | 100 | 4 |
| $g^3$ | $g+1$ | 011 | 3 |
| $g^4$ | $g^2+g$ | 110 | 6 |
| $g^5$ | $g^2+g+1$ | 111 | 7 |
| $g^6$ | $g^2+1$ | 101 | 5 |

**表 5.6　使用生成元的有限域 GF($2^3$)算术运算，模多项式为($x^3 + x + 1$)**

| | | 000 | 001 | 010 | 100 | 011 | 110 | 111 | 101 |
|---|---|---|---|---|---|---|---|---|---|
| | + | 0 | 1 | $g$ | $g^2$ | $g^3$ | $g^4$ | $g^5$ | $g^6$ |
| 000 | 0 | 0 | 1 | $g$ | $g^2$ | $g+1$ | $g^2+g$ | $g^2+g+1$ | $g^2+1$ |
| 001 | 1 | 1 | 0 | $g+1$ | $g^2+1$ | $g$ | $g^2+g+1$ | $g^2+g$ | $g^2$ |
| 010 | $g$ | $g$ | $g+1$ | 0 | $g^2+g$ | 1 | $g^2$ | $g^2+1$ | $g^2+g+1$ |
| 100 | $g^2$ | $g^2$ | $g^2+1$ | $g^2+g$ | 0 | $g^2+g+1$ | $g$ | $g+1$ | 1 |
| 011 | $g^3$ | $g+1$ | $g$ | 1 | $g^2+g+1$ | 0 | $g^2+1$ | $g^2$ | $g^2+g$ |
| 110 | $g^4$ | $g^2+g$ | $g^2+g+1$ | $g^2$ | $g$ | $g^2+1$ | 0 | 1 | $g+1$ |
| 111 | $g^5$ | $g^2+g+1$ | $g^2+g$ | $g^2+1$ | $g+1$ | $g^2$ | 1 | 0 | $g$ |
| 101 | $g^6$ | $g^2+1$ | $g^2$ | $g^2+g+1$ | 1 | $g^2+g$ | $g+1$ | $g$ | 0 |

(a) 加法

| | | 000 | 001 | 010 | 100 | 011 | 110 | 111 | 101 |
|---|---|---|---|---|---|---|---|---|---|
| | × | 0 | 1 | $g$ | $g^2$ | $g^3$ | $g^4$ | $g^5$ | $g^6$ |
| 000 | 0 | 0 | 0 | 0 | 0 | 0 | 0 | 0 | 0 |
| 001 | 1 | 0 | 1 | $g$ | $g^2$ | $g+1$ | $g^2+g$ | $g^2+g+1$ | $g^2+1$ |
| 010 | $g$ | 0 | $g$ | $g^2$ | $g+1$ | $g^2+g$ | $g^2+g+1$ | $g^2+1$ | 1 |
| 100 | $g^2$ | 0 | $g^2$ | $g+1$ | $g^2+g$ | $g^2+g+1$ | $g^2+1$ | 1 | $g$ |
| 011 | $g^3$ | 0 | $g+1$ | $g^2+g$ | $g^2+g+1$ | $g^2+1$ | 1 | $g$ | $g^2$ |
| 110 | $g^4$ | 0 | $g^2+g$ | $g^2+g+1$ | $g^2+1$ | 1 | $g$ | $g^2$ | $g+1$ |
| 111 | $g^5$ | 0 | $g^2+g+1$ | $g^2+1$ | 1 | $g$ | $g^2$ | $g+1$ | $g^2+g$ |
| 101 | $g^6$ | 0 | $g^2+1$ | 1 | $g$ | $g^2$ | $g+1$ | $g^2+g$ | $g^2+g+1$ |

(b) 乘法

通常，对于由不可约多项式 $f(x)$生成的有限域 GF($2^n$)，有 $g^n = f(g) - g^n$。计算 $g^{n+1}$ 到 $g^{2^n-2}$ 的值。域的

元素对应 $g$ 的幂：$g^0$ 到 $g^{2^n-2}$，另外再加上零元素。域元素的乘法用公式 $g^k = g^{k \bmod (2^n-1)}$ 实现，其中 $k$ 为任意整数。

### 5.6.6　小结

本节说明了如何构建阶为 $2^n$ 的有限域。特别地，定义了具有如下性质的有限域 GF($2^n$)。

1. 有限域 GF($2^n$)由 $2^n$ 个元素组成。
2. 集合上定义了二元运算+和×。加、减、乘、除可以在集合内进行。除零元素外的其他元素都有乘法逆元。

有限域 GF($2^n$)的元素可由二元有限域中所有次数不大于 $n-1$ 的多项式集合定义。每个多项式可由唯一的 $n$ 位数来表示。有限域中的算术是模某个次数为 $n$ 的不可约多项式的多项式算术。还介绍了有限域 GF($2^n$)的一种等价定义，该定义利用了生成元，其运算用生成元的幂进行。

## 5.7　关键术语、思考题和习题

### 关键术语

| | | |
|---|---|---|
| 交换律 | 有限域 | 模算术 |
| 因子 | 最大公因式 | 阶 |
| 域 | 单位元 | 互素 |

### 思考题

**5.1**　简短地定义一个群。

**5.2**　简短地定义一个环。

**5.3**　简短地定义一个域。

**5.4**　列举三类多项式运算。

### 习题

**5.1**　设 $S_n$ 是由 $n$ 个不同符号的所有置换组成的群。**a**. $S_n$ 中有多少个元素？**b**. 说明当 $n>2$ 时，$S_n$ 不是交换群。

**5.2**　对于下列运算，判断由模 3 剩余类组成的集合是否构成一个群。**a**. 模加；**b**. 模乘法。

**5.3**　集合 $S=\{a, b\}$上的加法和乘法定义如下：

| + | $a$ | $b$ |
|---|---|---|
| $a$ | $a$ | $b$ |
| $b$ | $b$ | $a$ |

| × | $a$ | $b$ |
|---|---|---|
| $a$ | $a$ | $a$ |
| $b$ | $a$ | $b$ |

判断 $S$ 是否构成环，并证明你的结论。

**5.4**　类似于表 5.1，给出对应于有限域 GF(5)的相应表。

**5.5**　证明：以域元素为系数的多项式组成的集合是一个环。

**5.6**　判断下列关于有限域中多项式的说法是否正确，并加以证明。

**a**. 首一多项式的乘积是首一多项式。

**b**. 次数分别为 $m$ 和 $n$ 的两个多项式的乘积的次数为 $m+n$。

**c**. 次数分别为 $m$ 和 $n$ 的两个多项式的和的次数为 max[$m$, $n$]。

**5.7**　对于系数在 $Z_{10}$ 上取值的多项式运算，分别计算：**a**. $(7x+2)-(x^2+5)$；**b**. $(6x^2+x+3)\times(5x^2+2)$。

**5.8** 判断下列多项式在有限域 GF(2)中是否可约：**a.** $x^3+1$；**b.** $x^3+x^2+1$；**c.** $x^4+1$（仔细考虑）。

**5.9** 求下列各对多项式的最大公因式。

**a.** 有限域 GF(2)中的 $x^3+x+1$ 和 $x^2+x+1$。

**b.** 有限域 GF(3)中的 $x^3-x+1$ 和 $x^2+1$。

**c.** 有限域 GF(3)中的 $x^5+x^4+x^3-x^2-x+1$ 和 $x^3+x^2+x+1$。

**d.** 有限域 GF(101)中的 $x^5+88x^4+73x^3+83x^2+51x+67$ 和 $x^3+97x^2+40x+38$。

**5.10** 类似于表 5.3，给出以 $m(x)=x^2+x+1$ 为模的有限域 GF(4)的对应表。

**5.11** 求 $x^3+x+1$ 在有限域 GF($2^4$)中的乘法逆元，模 $m(x)=x^4+x+1$。

**5.12** 类似于表 5.5，给出以 $m(x)=x^4+x+1$ 为模的有限域 GF($2^4$)的对应表。

## 编程题

**5.1** 编写一个简单的程序，完成有限域 GF($2^4$)中的 4 种运算功能。可以用查表的方法求乘法逆元。

**5.2** 编写一个简单的程序，完成有限域 GF($2^8$)中的 4 种运算功能。求乘法逆元应一步完成。

# 第 6 章　高级加密标准

**学习目标**

- 介绍高级加密标准（AES）的基本结构。
- 了解 AES 中使用的 4 种转换。
- 解释 AES 密钥扩展算法。
- 了解 $GF(2^8)$中系数多项式的用法。

美国国家标准和技术协会（NIST）于 2001 年发布了**高级加密标准**（AES）。AES 是一个对称分组密码算法，旨在取代 DES 成为广泛使用的标准。

NIST 发布的[NECH01]总结了 NIST 选择 AES 算法的评估标准，以及选择 Rijndael 作为胜出算法的理由。这份材料不仅对理解 AES 设计有帮助，而且对理解和评估其他对称加密算法的标准有帮助。该标准的实质是开发一种在许多系统上具有高安全性和良好性能的算法。

由于 AES 的普及，人们不断通过软件和硬件的优化来提高性能，因此值得对 AES 的性能做进一步评价。值得注意的是，2008 年，英特尔公司推出了高级加密标准新指令（AES-NI），它是 x86 指令集的硬件扩展，目的是提高加解密的速度。AES-NI 使得 x86 处理器在已验证加密模式 AES-GCM 下的吞吐量达到了 0.64 个周期/字节（见第 12 章）。

2018 年，英特尔公司在其高端处理器的现有 AES-NI 基础上增加了矢量化指令[INTE17]，称为 VAES*。这些指令旨在进一步提升 AES 软件的性能，使其理论吞吐量达到 0.16 个周期/字节[DRUC18]。

AES 已成为应用最广泛的对称密码。与 RSA 等公钥密码相比，AES 和大多数对称密码的结构都相当复杂，无法像其他密码算法那样简单地解释。因此，读者也许希望从简化 AES 开始，附录 A 为读者介绍了简化 AES。读者可用该版本手工实现加密和解密，从而深入了解算法的工作细节。教学实践也表明，对简化 AES 的学习有助于深入理解 AES。一种可取的方法是首先阅读本章，然后仔细阅读附录 A，最后重新阅读本章的主体部分。

## 6.1　有限域算术

AES 中的所有运算都是在 8 位字节上进行的。特别地，加、减、乘、除运算都是在有限域 $GF(2^8)$ 中进行的。5.6 节详细讨论了这些运算。对于未读过第 5 章的读者，本节总结了一些重要的概念。对于读过第 5 章的读者，本节可作为快速回顾。

**域**本质上是集合，在该集合中可进行加、减、乘、除运算，结果不离开集合。除法遵循规则 $a/b = a(b^{-1})$。一个**有限域**（具有有限个元素）的例子是由所有整数$\{0, 1, \cdots, p-1\}$组成的集合 $Z_p$，其中 $p$ 是一个素数，且其内的运算是模 $p$ 进行的。

实际上所有的加密算法，包括传统加密算法和公钥加密算法，都用到了整数的算术运算。如果算法中用到了除法，那么我们需要用到定义在域中的算术。这是因为除法要求每个非零元素都有一个乘法逆元。为了方便和提升效率，我们希望使用位长固定的整数，以便不浪费位模式。也就是说，我们希望使用 0 到 $2^n-1$ 范围内的所有整数，它刚好是一个 $n$ 位的字。遗憾的是，这些整数的集合 $Z_{2^n}$ 在模运算下并不是一个域。例如，整数 2 在 $Z_{2^n}$ 中没有乘法逆元，即不存在整数 $b$ 满足 $2b \bmod 2^n=1$。

有一种方法能够定义包含 $2^n$ 个元素的有限域，该域是 GF($2^n$)。考虑所有次数小于等于 $n-1$，系数为 0、1 的多项式集合 $S$。于是，每个多项式具有如下形式：

$$f(x)=a_{n-1}x^{n-1}+a_{n-2}x^{n-2}+\cdots+a_1x+a_0=\sum_{i=0}^{n-1}a_ix^i$$

式中，每个 $a_i$ 的取值为 0 或 1，集合 $S$ 内共有 $2^n$ 个不同的多项式。$n=3$ 时，集合内的 $2^3=8$ 个多项式为

| | | | |
|---|---|---|---|
| $0$ | $x$ | $x^2$ | $x^2+x$ |
| $1$ | $x+1$ | $x^2+1$ | $x^2+x+1$ |

定义合适的算术运算后，每个这样的集合 $S$ 就都是一个有限域。定义由如下各项组成。

**1.** 该运算遵循代数基本规则中的一般多项式运算规则，以及如下两条限制。

**2.** 系数运算以 2 为模，这与 XOR 运算是一样的。

**3.** 若乘法运算的结果是次数大于 $n-1$ 的多项式，则该多项式需要用某个次数为 $n$ 的不可约多项式 $m(x)$ 进行约化，即除以 $m(x)$ 并取余式。对于多项式 $f(x)$，这个余式是 $r(x)=f(x) \bmod m(x)$。称多项式 $m(x)$ 是不可约多项式，当且仅当该多项式不能表示为次数小于 $m(x)$ 的次数的两个多项式的乘积。例如，要构建有限域 GF($2^3$)，需要选择次数为 3 的不可约多项式。仅有两个这样的多项式，即 $(x^3+x^2+1)$ 和 $(x^3+x+1)$。加法等价于各项的对位异或，因此有 $(x+1)+x=1$。

GF($2^n$)中的一个多项式可由它的 $n$ 个二元系数（$a_{n-1}a_{n-2}\cdots a_0$）唯一地表示。因此，GF($2^n$)中的每个多项式都可由 $n$ 位的数表示。加法由两个 $n$ 位的数进行对位异或运算实现。没有简单的异或运算可以完成 GF($2^n$)中的乘法，但有一种相当直观且容易实现的技巧。本质上，GF($2^n$)内的一个数乘以 2 可以首先左移，然后根据条件异或一个常数。通过重复运用这个规则，可以实现大数乘法。

例如，AES 在有限域 GF($2^8$)中的算术使用了不可约多项式 $m(x)=x^8+x^4+x^3+x+1$。考虑两个元素 $A=(a_7a_6\cdots a_1a_0)$ 和 $B=(b_7b_6\cdots b_1b_0)$。$A+B=(c_7c_6\ldots c_1c_0)$，其中 $c_i=a_i\oplus b_i$。$a_7=0$ 时乘积 $\{02\}\cdot A$ 等于 $(a_6\ldots a_1a_00)$，$a_7=1$ 时乘积 $\{02\}\cdot A$ 等于 $(a_6\cdots a_1a_00)\oplus(00011011)$[①]。

总之，AES 在 8 位字节上运算。两个字节的加法被定义为对位异或运算。两个字节的乘法被定义为有限域 GF($2^8$)中的乘法，其中不可约多项式[②]为 $m(x)=x^8+x^4+x^3+x+1$。Rijndael 的开发者谈到选择该多项式的动机时说，由于这个多项式在参考文献[LIDL94]中是 30 个 8 次不可约多项式中的第一个多项式，所以选择了该多项式。

## 6.2 AES 的结构

### 6.2.1 基本结构

图 6.1 显示了 AES 加密过程的基本结构。明文分组的长度为 128 位，即 16 字节。密钥长度可以是 16 字节、24 字节或 32 字节（128 位、192 位或 256 位）。根据密钥的长度，算法分别被称为 AES-128、AES-192 或 AES-256。

加密和解密算法的输入是一个 128 位分组。在 FIPS PUB 197 中，这个分组被描述为 4 × 4 字节的方阵。这个分组被复制到状态数组中，并在加密或解密的每个阶段都被修改。在最后一个阶段之后，

① 在 FIPS PUB 197 中，一个十六进制数字用大括号括起来表示。本章使用这个约定。
② 本次讨论的其余部分，用到的域 GF($2^8$)是指用这个多项式定义的有限域。

状态被复制到输出矩阵。图 6.2(a)描述了这些运算。同样，密钥也被描述为字节的方阵。接着，这个密钥被扩展成一个密钥字阵列。图 6.2(b)显示了 128 位密钥的扩展。每个字都为 4 字节，128 位密钥最终拓展为 44 个字的序列。注意，矩阵中的字节按列排序。因此，加密算法的 128 位明文分组输入的前 4 字节被按序放在 in 矩阵的第一列，接着的 4 字节放在 in 矩阵的第二列，以此类推。类似地，扩展密钥的前 4 字节（形成 1 个字）放在 w 矩阵的第一列。

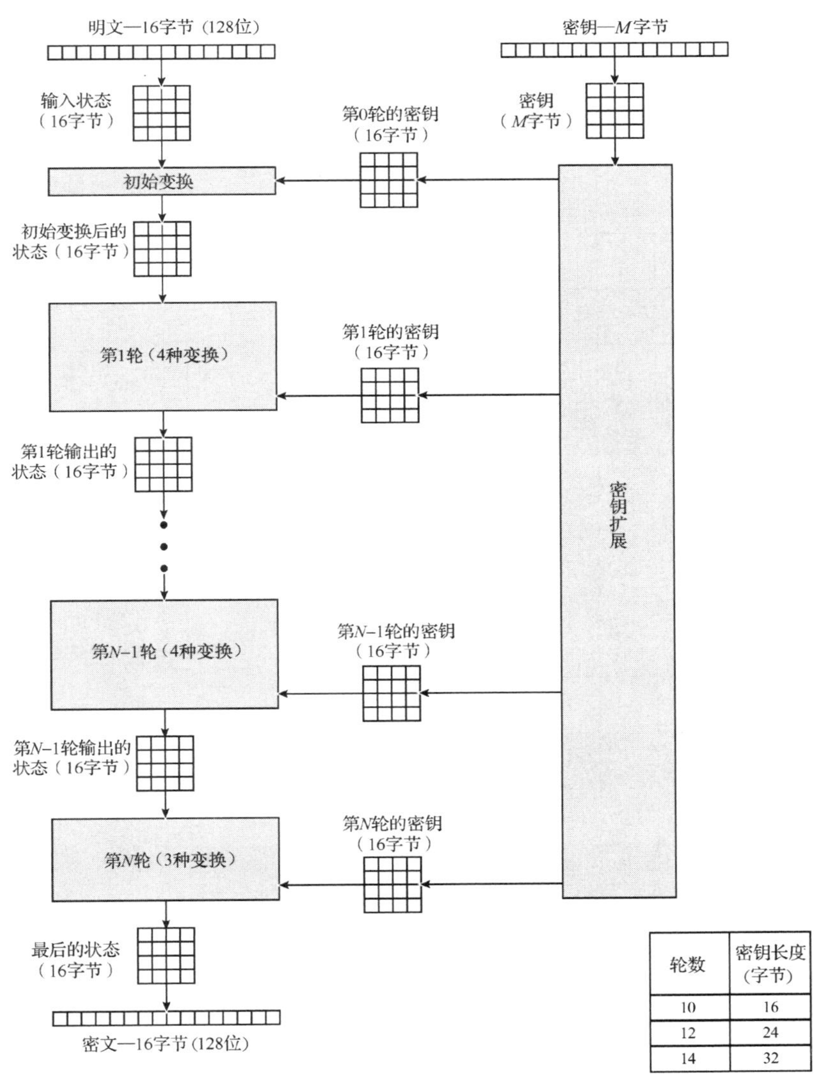


| 轮数 | 密钥长度（字节） |
|---|---|
| 10 | 16 |
| 12 | 24 |
| 14 | 32 |

图 6.1 AES 的加密过程

密码由 $N$ 轮组成，轮数取决于密钥长度：16 字节密钥 10 轮，24 字节密钥 12 轮，32 字节密钥 14 轮（见表 6.1）。前 $N-1$ 轮由 4 个不同的变换组成：字节代替、行移位、列混淆和轮密钥加，后面将逐一介绍。最后一轮只包含三个变换，而在第一轮的前面有一个起始的单变换（轮密钥加），可将它视为第 0 轮。每个变换输入一个或多个 4×4 矩阵，并输出一个 4×4 矩阵。图 6.1 说明每轮的输出是一个 4×4 矩阵，最后一轮的输出为密文。同样，密钥扩展函数产生 $N+1$ 轮密钥，它们是互不相同的 4×4 矩阵。每个轮密钥作为每轮轮密钥加变换的输入之一。

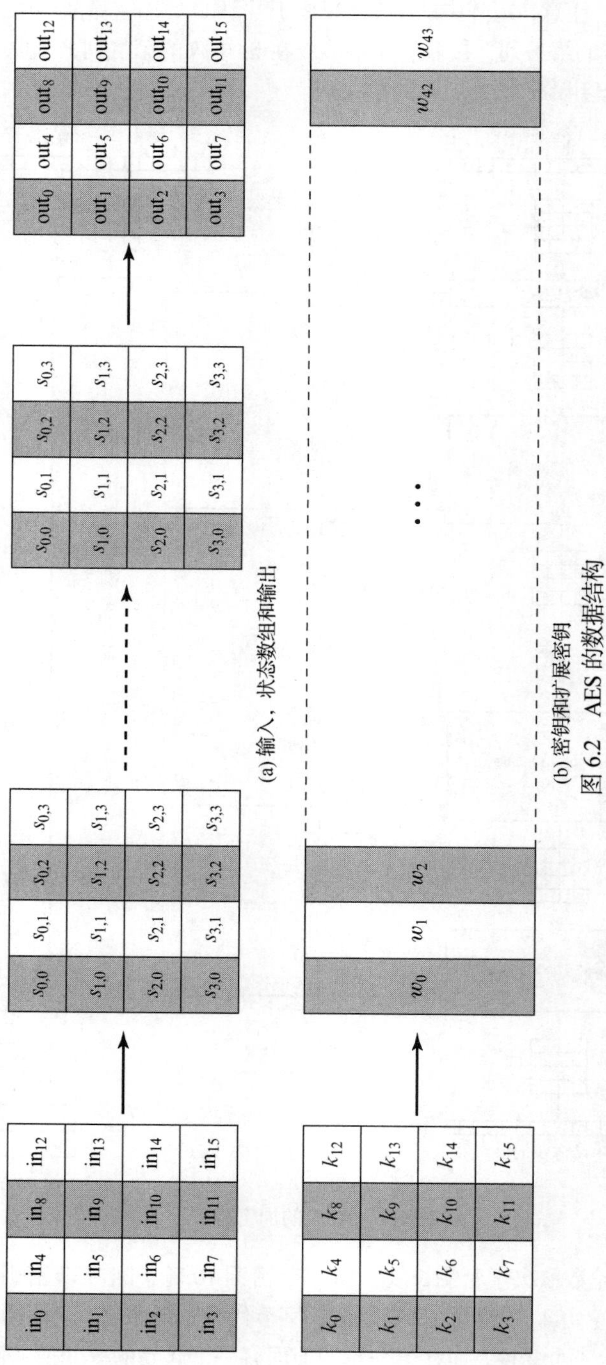


(a) 输入，状态数组和输出

(b) 密钥和扩展密钥

图 6.2 AES 的数据结构

表 6.1　AES 的参数

| | | | |
|---|---|---|---|
| **密钥长度**（字/字节/位） | 4/16/128 | 6/24/192 | 8/32/256 |
| **明文分组长度**（字/字节/位） | 4/16/128 | 4/16/128 | 4/16/128 |
| **轮数** | 10 | 12 | 14 |
| **每轮的密钥长度**（字/字节/位） | 4/16/128 | 4/16/128 | 4/16/128 |
| **拓展密钥长度**（字/字节） | 44/176 | 52/208 | 60/240 |

## 6.2.2　详细结构

图 6.3 详细地显示了 AES 密码，指示了每轮的变换顺序，并显示了相应的解密函数。与第 4 章的做法一样，图中的加密过程是沿页面向下的，而解密过程是沿页面向上的。

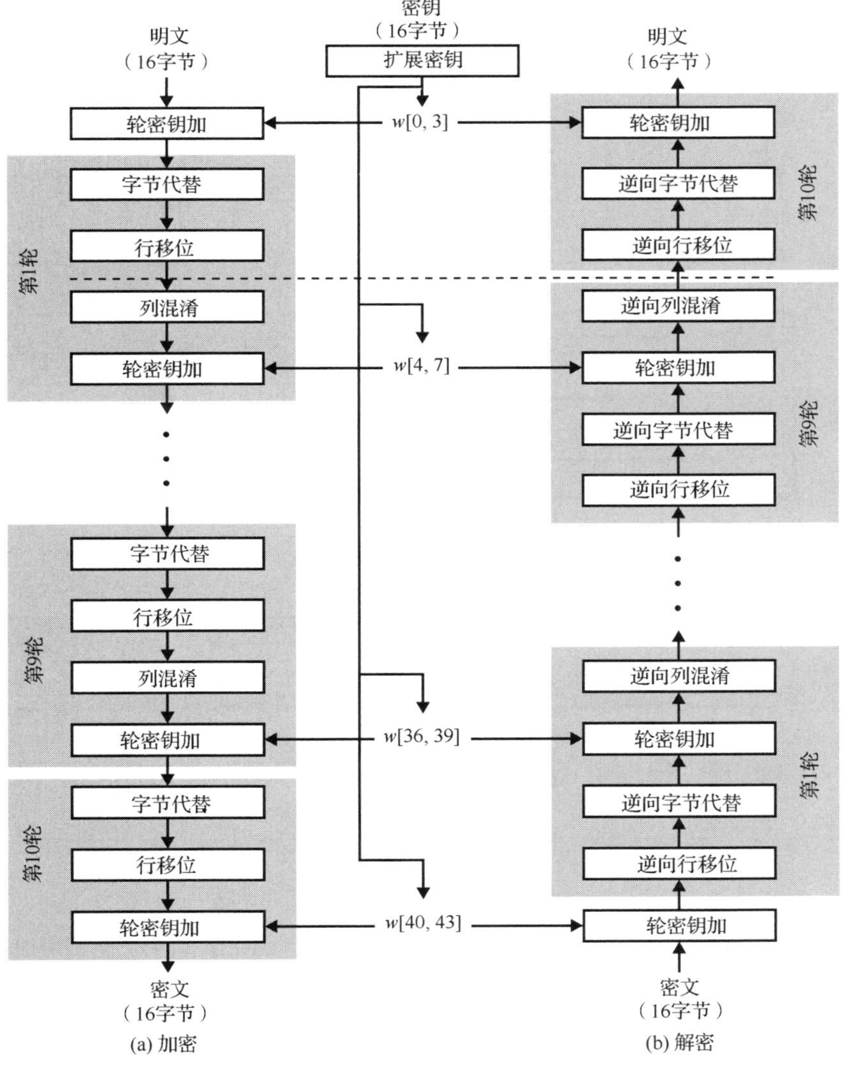


图 6.3　AES 加密和解密

在讨论 AES 的全部细节之前，我们对 AES 的基本结构做一些讨论。

**1.**　AES 结构的一个显著特征是，它不是 Feistel 结构。回想经典的 Feistel 结构可知，数据分组中的一半被用来修改数据分组中的另一半，然后交换这两部分。AES 算法未使用 Feistel 结构，而是在每轮中都使用代替和混淆将整个数据分组作为一个矩阵进行处理。

2. 输入的密钥被扩展成由 44 个 32 位字组成的数组 $w[i]$。从图 6.3 中可以看出，每轮有 4 个不同的字（128 位）作为该轮的轮密钥。

3. 由 4 个不同阶段组成，包括 1 个置换和 3 个代替：
   - **字节代替（Substitute bytes）** 用一个 S 盒完成分组的字节到字节的代替。
   - **行移位（ShiftRows）** 一个简单的置换。
   - **列混淆（MixColumns）** 利用有限域 GF($2^8$)上的算术特性的一个代替。
   - **轮密钥加（AddRoundKey）** 当前分组和拓展密钥的一部分进行按位 XOR 运算。

4. 算法结构非常简单。对于加密和解密运算，算法从轮密钥加开始，接着执行 9 轮迭代运算，每轮都包含所有 4 个阶段的代替，接着是第 10 轮的 3 个阶段。图 6.4 描述了包含全部加密轮的结构。

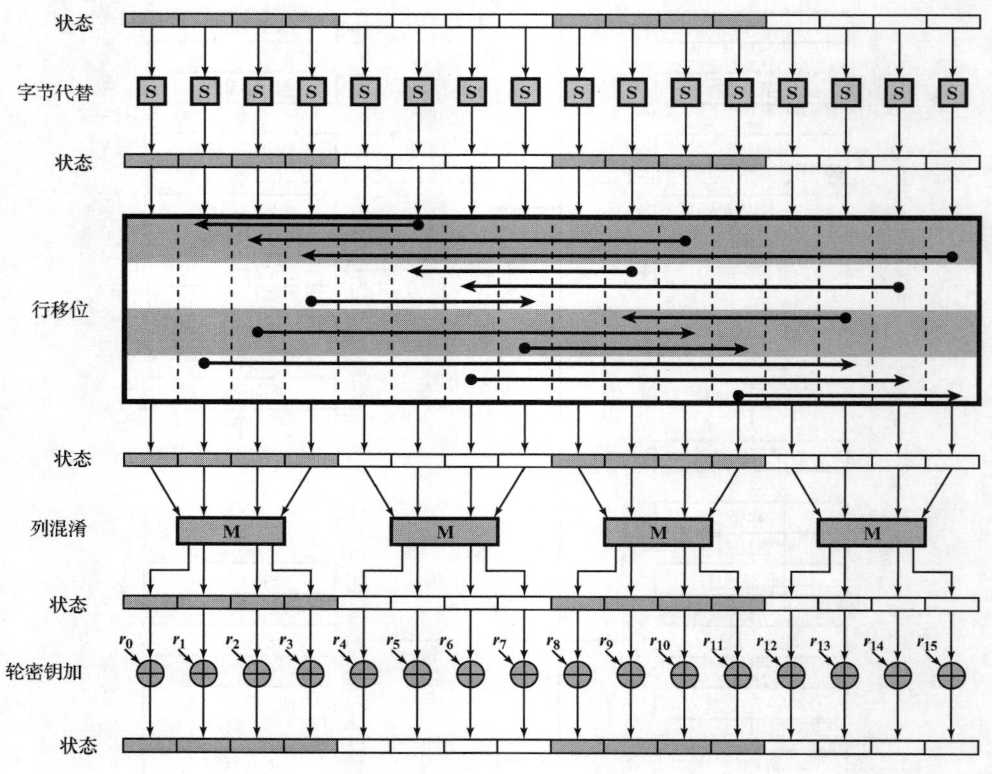


图 6.4　AES 的一轮加密过程

5. 只在轮密钥加阶段使用密钥。因此，该算法从轮密钥加开始，结束于轮密钥加。若将其他不需要密钥的运算用于算法的开始或结束阶段，则在不知道密钥的情况下就能计算其逆，所以不能增加算法的安全性。

6. 轮密钥加实际上是一种 Vernam 密码形式，其本身是不难破译的。另外三个阶段一起提供了混淆、扩散级非线性功能。因为这些阶段不涉及密钥，所以它们自身并不提供算法的安全性。我们可将该算法视为一个分组的 XOR 加密（轮密钥加），接着对这个分组混淆（其他三个阶段），再后进行 XOR 加密，如此交替执行。这种方式非常有效且非常安全。

7. 每个阶段均可逆。对字节代替、行移位和列混淆，在解密算法中使用与它们对应的逆函数。轮密钥加的逆用同样的轮密钥和分组相异或，原理是 $A \oplus B \oplus B = A$。
8. 与大多数分组密码一样，解密算法按逆序方式利用了扩展密钥。然而，AES 解密算法与加密算法并不相同，这是由 AES 的特定结构决定的。
9. 一旦对所有 4 个阶段求逆，就很容易证明解密函数的确可以恢复原来的明文。图 6.3 中的加密和解密流程在纵向上是相反的。在每个水平点上（如图中的虚线），**状态数**组在加密和解密函数中是一样的。
10. 加密和解密过程的最后一轮均只包含 3 个阶段。同样，这也是由 AES 的特定结构决定的，而且也是密码算法可逆性要求的。

## 6.3　AES 的变换函数

现在讨论 AES 中使用的 4 个阶段。对于每个阶段，首先描述正向算法（加密算法）、逆向算法（解密算法），接着讨论该阶段的基本原理。

### 6.3.1　字节代替变换

**正向和逆向变换**　被称为字节代替的**正向字节代替变换**是一个简单的查表操作[ 见图 6.5(a) ]。AES 定义了一个 **S 盒** [ 见表 6.2(a) ]，它是由 16 × 16 字节组成的矩阵，包含 8 位所能表示的 256 个数的一个置换。状态中的每个字节都按如下方式映射到一个新字节：把该字节的高 4 位作为行值，把低 4 位作为列值，以这些行列值作为索引从 S 盒的对应位置取出元素作为输出。例如，十六进制值{95}对应的 S 盒的行值是 9，列值是 5，S 盒中该位置的值是{2A}。相应地，{95}被映射为{2A}。

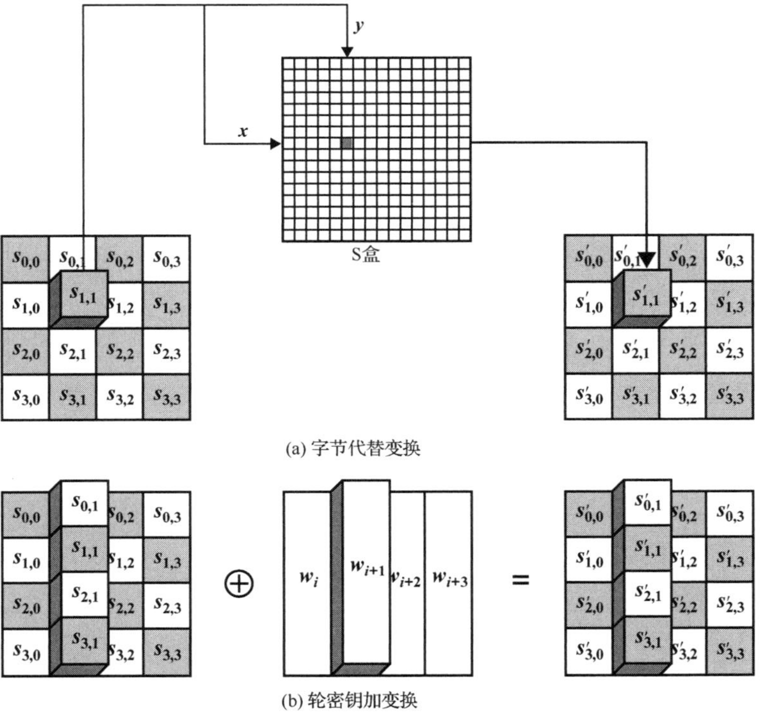


图 6.5　AES 的字节层操作

下面是一个字节代替变换的例子：

| | | | | | | | | |
|---|---|---|---|---|---|---|---|---|
| EA | 04 | 65 | 85 | | 87 | F2 | 4D | 97 |
| 83 | 45 | 5D | 96 | → | EC | 6E | 4C | 90 |
| 5C | 33 | 98 | B0 | | 4A | C3 | 46 | E7 |
| F0 | 2D | AD | C5 | | 8C | D8 | 95 | A6 |

S 盒按如下方式构造［见图 6.6(a)］。

**表6.2 AES 的 S 盒**

| | | y | | | | | | | | | | | | | | | |
|---|---|---|---|---|---|---|---|---|---|---|---|---|---|---|---|---|---|
| | | 0 | 1 | 2 | 3 | 4 | 5 | 6 | 7 | 8 | 9 | A | B | C | D | E | F |
| | 0 | 63 | 7C | 77 | 7B | F2 | 6B | 6F | C5 | 30 | 01 | 67 | 2B | FE | D7 | AB | 76 |
| | 1 | CA | 82 | C9 | 7D | FA | 59 | 47 | F0 | AD | D4 | A2 | AF | 9C | A4 | 72 | C0 |
| | 2 | B7 | FD | 93 | 26 | 36 | 3F | F7 | CC | 34 | A5 | E5 | F1 | 71 | D8 | 31 | 15 |
| | 3 | 04 | C7 | 23 | C3 | 18 | 96 | 05 | 9A | 07 | 12 | 80 | E2 | EB | 27 | B2 | 75 |
| | 4 | 09 | 83 | 2C | 1A | 1B | 6E | 5A | A0 | 52 | 3B | D6 | B3 | 29 | E3 | 2F | 84 |
| | 5 | 53 | D1 | 00 | ED | 20 | FC | B1 | 5B | 6A | CB | BE | 39 | 4A | 4C | 58 | CF |
| | 6 | D0 | EF | AA | FB | 43 | 4D | 33 | 85 | 45 | F9 | 02 | 7F | 50 | 3C | 9F | A8 |
| x | 7 | 51 | A3 | 40 | 8F | 92 | 9D | 38 | F5 | BC | B6 | DA | 21 | 10 | FF | F3 | D2 |
| | 8 | CD | 0C | 13 | EC | 5F | 97 | 44 | 17 | C4 | A7 | 7E | 3D | 64 | 5D | 19 | 73 |
| | 9 | 60 | 81 | 4F | DC | 22 | 2A | 90 | 88 | 46 | EE | B8 | 14 | DE | 5E | 0B | DB |
| | A | E0 | 32 | 3A | 0A | 49 | 06 | 24 | 5C | C2 | D3 | AC | 62 | 91 | 95 | E4 | 79 |
| | B | E7 | C8 | 37 | 6D | 8D | D5 | 4E | A9 | 6C | 56 | F4 | EA | 65 | 7A | AE | 08 |
| | C | BA | 78 | 25 | 2E | 1C | A6 | B4 | C6 | E8 | DD | 74 | 1F | 4B | BD | 8B | 8A |
| | D | 70 | 3E | B5 | 66 | 48 | 03 | F6 | 0E | 61 | 35 | 57 | B9 | 86 | C1 | 1D | 9E |
| | E | E1 | F8 | 98 | 11 | 69 | D9 | 8E | 94 | 9B | 1E | 87 | E9 | CE | 55 | 28 | DF |
| | F | 8C | A1 | 89 | 0D | BF | E6 | 42 | 68 | 41 | 99 | 2D | 0F | B0 | 54 | BB | 16 |

(a) S 盒

| | | y | | | | | | | | | | | | | | | |
|---|---|---|---|---|---|---|---|---|---|---|---|---|---|---|---|---|---|
| | | 0 | 1 | 2 | 3 | 4 | 5 | 6 | 7 | 8 | 9 | a | b | c | d | e | f |
| | 0 | 52 | 09 | 6a | d5 | 30 | 36 | a5 | 38 | bf | 40 | a3 | 9e | 81 | f3 | d7 | fb |
| | 1 | 7C | E3 | 39 | 82 | 9B | 2F | FF | 87 | 34 | 8E | 43 | 44 | C4 | DE | E9 | CB |
| | 2 | 54 | 7B | 94 | 32 | A6 | C2 | 23 | 3D | EE | 4C | 95 | 0B | 42 | FA | C3 | 4E |
| | 3 | 08 | 2E | A1 | 66 | 28 | D9 | 24 | B2 | 76 | 5B | A2 | 49 | 6D | 8B | D1 | 25 |
| | 4 | 72 | F8 | F6 | 64 | 86 | 68 | 98 | 16 | D4 | A4 | 5C | CC | 5D | 65 | B6 | 92 |
| | 5 | 6C | 70 | 48 | 50 | FD | ED | B9 | DA | 5E | 15 | 46 | 57 | A7 | 8D | 9D | 84 |
| | 6 | 90 | D8 | AB | 00 | 8C | BC | D3 | 0A | F7 | E4 | 58 | 05 | B8 | B3 | 45 | 06 |
| x | 7 | D0 | 2C | 1E | 8F | CA | 3F | 0F | 02 | C1 | AF | BD | 03 | 01 | 13 | 8A | 6B |
| | 8 | 3A | 91 | 11 | 41 | 4F | 67 | DC | EA | 97 | F2 | CF | CE | F0 | B4 | E6 | 73 |
| | 9 | 96 | AC | 74 | 22 | E7 | AD | 35 | 85 | E2 | F9 | 37 | E8 | 1C | 75 | DF | 6E |
| | A | 47 | F1 | 1A | 71 | 1D | 29 | C5 | 89 | 6F | B7 | 62 | 0E | AA | 18 | BE | 1B |
| | B | FC | 56 | 3E | 4B | C6 | D2 | 79 | 20 | 9A | DB | C0 | FE | 78 | CD | 5A | F4 |
| | C | 1F | DD | A8 | 33 | 88 | 07 | C7 | 31 | B1 | 12 | 10 | 59 | 27 | 80 | EC | 5F |
| | D | 60 | 51 | 7F | A9 | 19 | B5 | 4A | 0D | 2D | E5 | 7A | 9F | 93 | C9 | 9C | EF |
| | E | A0 | E0 | 3B | 4D | AE | 2A | F5 | B0 | C8 | EB | BB | 3C | 83 | 53 | 99 | 61 |
| | F | 17 | 2B | 04 | 7E | BA | 77 | D6 | 26 | E1 | 69 | 14 | 63 | 55 | 21 | 0C | 7D |

(b) 逆 S 盒

**1.** 按字节值的升序逐行初始化 S 盒。第一行是{00}, {01}, {02},···, {0F}；第二行是{10}, {11},···, {0F}；以此类推。因此，$y$ 行 $x$ 列的字节值是{$yx$}。

2. 将 S 盒中的每个字节映射为它在有限域 GF($2^8$)中的逆；{00}映射为其自身{00}。
3. 将 S 盒中的每个字节的 8 个构成位记为( $b_7, b_6, b_5, b_4, b_3, b_2, b_1, b_0$ )。对 S 盒的每个字节的每个位做如下变换：

$$b_i' = b_i \oplus b_{(i+4)\bmod 8} \oplus b_{(i+5)\bmod 8} \oplus b_{(i+6)\bmod 8} \oplus b_{(i+7)\bmod 8} \oplus c_i \tag{6.1}$$

式中，$c_i$是指值为{63}的字节 $c$ 的第 $i$ 位，即( $c_7, c_6, c_5, c_4, c_3, c_2, c_1, c_0$ ) = (01100011)。符号“′”表示变量的值要被等式右边的值更新。AES 标准用矩阵形式描述了这个变换：

$$\begin{bmatrix} b_0' \\ b_1' \\ b_2' \\ b_3' \\ b_4' \\ b_5' \\ b_6' \\ b_7' \end{bmatrix} = \begin{bmatrix} 1&0&0&0&1&1&1&1 \\ 1&1&0&0&0&1&1&1 \\ 1&1&1&0&0&0&1&1 \\ 1&1&1&1&0&0&0&1 \\ 1&1&1&1&1&0&0&0 \\ 0&1&1&1&1&1&0&0 \\ 0&0&1&1&1&1&1&0 \\ 0&0&0&1&1&1&1&1 \end{bmatrix} \begin{bmatrix} b_0 \\ b_1 \\ b_2 \\ b_3 \\ b_4 \\ b_5 \\ b_6 \\ b_7 \end{bmatrix} + \begin{bmatrix} 1 \\ 1 \\ 0 \\ 0 \\ 0 \\ 1 \\ 1 \\ 0 \end{bmatrix} \tag{6.2}$$

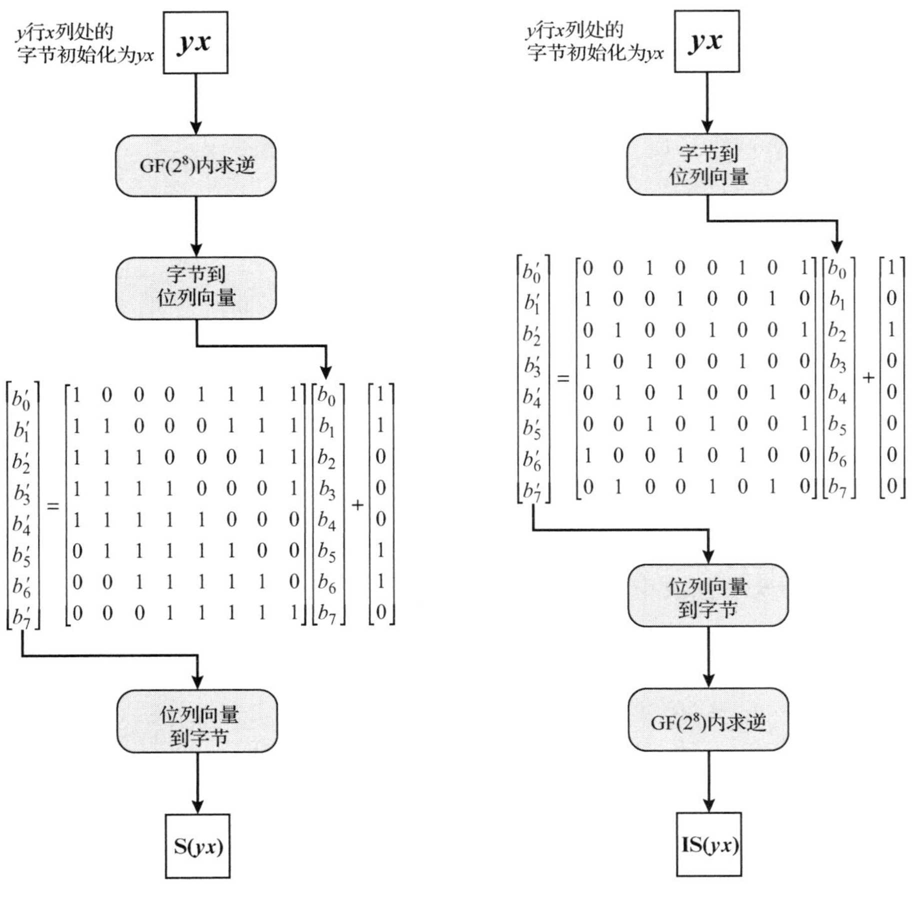


(a) S盒y行x列处的字节计算　　(b) 逆S盒y行x列处的字节计算

图 6.6　S 盒与逆 S 盒的结构

下面详细解释式（6.2）。在普通的矩阵乘法中①，乘积矩阵中的每个元素是一行和一列的对应元素的乘积之和。在这个例子中，乘积矩阵中的每个元素是一行和一列的对应元素的乘积按位异或的值。进一步说，式（6.2）中最终的加法是按位异或的。回忆 5.6 节可知按位异或是 GF($2^8$)内的加法。

例如，考虑输入值为{95}的情况。在 GF($2^8$)中{95}的乘法逆元是$\{95\}^{-1}$ = {8A}，用二进制表示就是 10001010。用式（6.2）表示，就是

$$\begin{bmatrix}1&0&0&0&1&1&1&1\\1&1&0&0&0&1&1&1\\1&1&1&0&0&0&1&1\\1&1&1&1&0&0&0&1\\1&1&1&1&1&0&0&0\\0&1&1&1&1&1&0&0\\0&0&1&1&1&1&1&0\\0&0&0&1&1&1&1&1\end{bmatrix}\begin{bmatrix}0\\1\\0\\1\\0\\0\\0\\1\end{bmatrix}\oplus\begin{bmatrix}1\\1\\0\\0\\0\\1\\1\\0\end{bmatrix}=\begin{bmatrix}1\\0\\0\\1\\0\\0\\1\\0\end{bmatrix}\oplus\begin{bmatrix}1\\1\\0\\0\\0\\1\\1\\0\end{bmatrix}=\begin{bmatrix}0\\1\\0\\1\\0\\1\\0\\0\end{bmatrix}$$

得到的结果是{2A}，这是 S 盒中行号为{09}、列号为{05}对应的元素。这可由表 6.2(a)得到证实。

**逆字节代替变换**利用了表 6.2(b)中所示的逆 S 盒。例如，将{2A}输入逆 S 盒，输出为{95}；将{95}输入 S 盒，输出为{2A}。逆 S 盒的构建方法［见图 6.6(b)］是首先利用式（6.1）的逆变换，然后求其在有限域 GF($2^8$)中的乘法逆元。该逆变换是

$$b_i' = b_{(i+2)\bmod 8} \oplus b_{(i+5)\bmod 8} \oplus b_{(i+7)\bmod 8} \oplus d_i$$

式中，字节 $d$ = {05}或 00000101。我们可按如下方式来描述这个变换：

$$\begin{bmatrix}b_0'\\b_1'\\b_2'\\b_3'\\b_4'\\b_5'\\b_6'\\b_7'\end{bmatrix}=\begin{bmatrix}0&0&1&0&0&1&0&1\\1&0&0&1&0&0&1&0\\0&1&0&0&1&0&0&1\\1&0&1&0&0&1&0&0\\0&1&0&1&0&0&1&0\\0&0&1&0&1&0&0&1\\1&0&0&1&0&1&0&0\\0&1&0&0&1&0&1&0\end{bmatrix}\begin{bmatrix}b_0\\b_1\\b_2\\b_3\\b_4\\b_5\\b_6\\b_7\end{bmatrix}+\begin{bmatrix}1\\0\\1\\0\\0\\0\\0\\0\end{bmatrix}$$

为了理解逆字节代替变换是字节代替变换的逆，令字节代替变换和逆字节代替变换中的矩阵分别为 $\boldsymbol{X}$ 和 $\boldsymbol{Y}$，常量 $c$ 和 $d$ 的向量表示分别为 $\boldsymbol{C}$ 和 $\boldsymbol{D}$。对某个 8 位向量 $\boldsymbol{B}$，式（6.2）变成 $\boldsymbol{B}' = \boldsymbol{XB} \oplus \boldsymbol{C}$。我们需要证明 $\boldsymbol{Y}(\boldsymbol{XB} \oplus \boldsymbol{C}) \oplus \boldsymbol{D} = \boldsymbol{B}$。将括号中的内容乘出后，我们要证明 $\boldsymbol{YXB} \oplus \boldsymbol{YC} \oplus \boldsymbol{D} = \boldsymbol{B}$。于是有

$$\begin{bmatrix}0&0&1&0&0&1&0&1\\1&0&0&1&0&0&1&0\\0&1&0&0&1&0&0&1\\1&0&1&0&0&1&0&0\\0&1&0&1&0&0&1&0\\0&0&1&0&1&0&0&1\\1&0&0&1&0&1&0&0\\0&1&0&0&1&0&1&0\end{bmatrix}\begin{bmatrix}1&0&0&0&1&1&1&1\\1&1&0&0&0&1&1&1\\1&1&1&0&0&0&1&1\\1&1&1&1&0&0&0&1\\1&1&1&1&1&0&0&0\\0&1&1&1&1&1&0&0\\0&0&1&1&1&1&1&0\\0&0&0&1&1&1&1&1\end{bmatrix}\begin{bmatrix}b_0\\b_1\\b_2\\b_3\\b_4\\b_5\\b_6\\b_7\end{bmatrix}\oplus$$

① 对于矩阵和向量乘法规则的简要介绍，请参考附录 B。

$$\begin{bmatrix}0&0&1&0&0&1&0&1\\1&0&0&1&0&0&1&0\\0&1&0&0&1&0&0&1\\1&0&1&0&0&1&0&0\\0&1&0&1&0&0&1&0\\0&0&1&0&1&0&0&1\\1&0&0&1&0&1&0&0\\0&1&0&0&1&0&1&0\end{bmatrix}\begin{bmatrix}1\\1\\0\\0\\0\\1\\1\\0\end{bmatrix}\oplus\begin{bmatrix}1\\0\\1\\0\\0\\0\\0\\0\end{bmatrix}=\begin{bmatrix}1&0&0&0&0&0&0&0\\0&1&0&0&0&0&0&0\\0&0&1&0&0&0&0&0\\0&0&0&1&0&0&0&0\\0&0&0&0&1&0&0&0\\0&0&0&0&0&1&0&0\\0&0&0&0&0&0&1&0\\0&0&0&0&0&0&0&1\end{bmatrix}\begin{bmatrix}b_0\\b_1\\b_2\\b_3\\b_4\\b_5\\b_6\\b_7\end{bmatrix}\oplus\begin{bmatrix}1\\0\\1\\0\\0\\0\\0\\0\end{bmatrix}\oplus\begin{bmatrix}1\\0\\1\\0\\0\\0\\0\\0\end{bmatrix}=\begin{bmatrix}b_0\\b_1\\b_2\\b_3\\b_4\\b_5\\b_6\\b_7\end{bmatrix}$$

这就证明了 $\boldsymbol{YX}$ 等于单位矩阵，$\boldsymbol{YC}=\boldsymbol{D}$，于是 $\boldsymbol{YC}\oplus\boldsymbol{D}$ 等于零向量。

**基本原理**　S 盒被设计成能够抵抗已知的密码分析攻击。Rijndael 的开发者寻求在输入位和输出位之间相关性很低的设计，且输出值不能是输入的线性数学函数[DAEM01]。非线性度的产生是因为使用了乘法逆元。此外，在式（6.1）中选择的常量使得在 S 盒中没有不动点［S-box($a$) = $a$］，也没有“反不动点”［S-box($a$) = $\overline{a}$］，其中 $\overline{a}$ 表示 $a$ 的逐位取反。

当然，S 盒必须是可逆的，即 IS-box[S-box($a$)] = $a$。然而，因为 S-box($a$) = IS-box($a$)不成立，所以在这个意义上说 S 盒不是自逆的。例如，S-box({95}) = {2A}，但 IS-box({95}) = {AD}。

## 6.3.2　行移位变换

**正向和逆向变换**　图 6.7(a)描述了**正向行移位变换**。状态的第一行保持不变，状态的第二行循环左移 1 字节，状态的第三行循环左移 2 字节，状态的第四行循环左移 3 字节。行移位变换的一个例子如下所示。

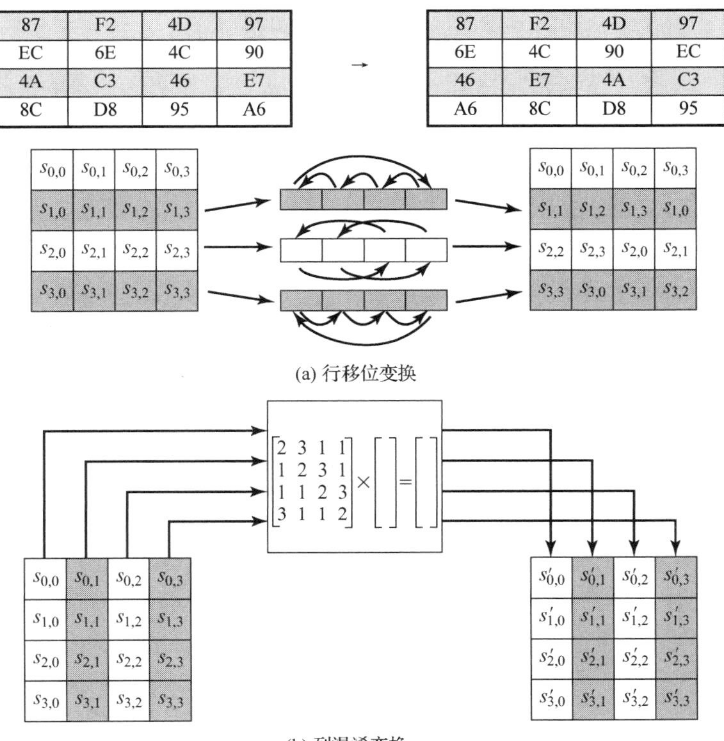

| 87 | F2 | 4D | 97 |
|---|---|---|---|
| EC | 6E | 4C | 90 |
| 4A | C3 | 46 | E7 |
| 8C | D8 | 95 | A6 |

→

| 87 | F2 | 4D | 97 |
|---|---|---|---|
| 6E | 4C | 90 | EC |
| 46 | E7 | 4A | C3 |
| A6 | 8C | D8 | 95 |



(a) 行移位变换

(b) 列混淆变换

图 6.7　AES 的行与列操作

**逆向行移位变换**对状态的后三行执行反向移位运算，如第二行循环右移 1 字节，其他行类似。

**基本原理** 行移位变换要比它看起来有用得多。这是因为状态和密码算法的输入与输出数据一样，是一个由 4 列字节组成的数组，其中每列由 4 字节组成。因此在加密过程中，明文的前 4 字节直接被复制到状态的第一列中，接着的 4 字节被复制到状态的第二列中，以此类推。进一步说，如下所述，轮密钥也逐列地应用到状态上。因此，行移位就是将某字节从一列移到另一列，它的线性距离是 4 字节的倍数。同时要注意，这个变换确保一列中的 4 字节被拓展到 4 个不同的列。图 6.4 说明了这一效果。

### 6.3.3 列混淆变换

**正向和逆向变换** **正向列混淆变换**对每列独立地进行运算。每列中的每个字节都被映射为一个新值，该值由列中的 4 字节通过函数变换得到。这个变换可由下面基于状态的矩阵乘法表示［见图 6.7(b)］：

$$\begin{bmatrix} 02 & 03 & 01 & 01 \\ 01 & 02 & 03 & 01 \\ 01 & 01 & 02 & 03 \\ 03 & 01 & 01 & 02 \end{bmatrix}\begin{bmatrix} s_{0,0} & s_{0,1} & s_{0,2} & s_{0,3} \\ s_{1,0} & s_{1,1} & s_{1,2} & s_{1,3} \\ s_{2,0} & s_{2,1} & s_{2,2} & s_{2,3} \\ s_{3,0} & s_{3,1} & s_{3,2} & s_{3,3} \end{bmatrix} = \begin{bmatrix} s'_{0,0} & s'_{0,1} & s'_{0,2} & s'_{0,3} \\ s'_{1,0} & s'_{1,1} & s'_{1,2} & s'_{1,3} \\ s'_{2,0} & s'_{2,1} & s'_{2,2} & s'_{2,3} \\ s'_{3,0} & s'_{3,1} & s'_{3,2} & s'_{3,3} \end{bmatrix} \tag{6.3}$$

乘积矩阵中的每个元素都是一行和一列中的对应元素的乘积之和。这里的乘法和加法①都是定义在 GF($2^8$)上的。状态中单列的列混淆变换表示为

$$\begin{aligned} s'_{0,j} &= (2 \cdot s_{0,j}) \oplus (3 \cdot s_{1,j}) \oplus s_{2,j} \oplus s_{3,j} \\ s'_{1,j} &= s_{0,j} \oplus (2 \cdot s_{1,j}) \oplus (3 \cdot s_{2,j}) \oplus s_{3,j} \\ s'_{2,j} &= s_{0,j} \oplus s_{1,j} \oplus (2 \cdot s_{2,j}) \oplus (3 \cdot s_{3,j}) \\ s'_{3,j} &= (3 \cdot s_{0,j}) \oplus s_{1,j} \oplus s_{2,j} \oplus (2 \cdot s_{3,j}) \end{aligned} \tag{6.4}$$

列混淆变换的一个例子如下所示：

| 87 | F2 | 4D | 97 |
|---|---|---|---|
| 6E | 4C | 90 | EC |
| 46 | E7 | 4A | C3 |
| A6 | 8C | D8 | 95 |

→

| 47 | 40 | A3 | 4C |
|---|---|---|---|
| 37 | D4 | 70 | 9F |
| 94 | E4 | 3A | 42 |
| ED | A5 | A6 | BC |

下面验证该例中的第一列。回顾 5.6 节可知，在 GF($2^8$)中，加法是按位 XOR 运算，乘法运算是按式（5.6）建立的规则进行的。特别地，将某值乘以 $x$（即{02}），结果是将该值左移一位，若该值最左边的位是 1，则在移位后还要进行异或运算（0001 1011）。所以，为了验证第一列的列混淆变换，我们需要证明

$$\begin{array}{lllll} (\{02\}\cdot\{87\}) & \oplus (\{03\}\cdot\{6E\}) & \oplus \{46\} & \oplus \{A6\} & = \{47\} \\ \{87\} & \oplus (\{02\}\cdot\{6E\}) & \oplus (\{03\}\cdot\{46\}) & \oplus \{A6\} & = \{37\} \\ \{87\} & \oplus \{6E\} & \oplus (\{02\}\cdot\{46\}) & \oplus (\{03\}\cdot\{A6\}) & = \{94\} \\ (\{03\}\cdot\{87\}) & \oplus \{6E\} & \oplus \{46\} & \oplus (\{02\}\cdot\{A6\}) & = \{ED\} \end{array}$$

对于第一个等式，有$\{02\}\cdot\{87\} = (0000\ 1110) \oplus (0001\ 1011) = (0001\ 0101)$和$\{03\}\cdot\{6E\} = \{6E\} \oplus (\{02\}\cdot\{6E\}) = (0110\ 1110) \oplus (1101\ 1100) = (1011\ 0010)$。于是有

$$\begin{aligned} \{02\}\cdot\{87\} &= 0001\ 0101 \\ \{03\}\cdot\{6E\} &= 1011\ 0010 \\ \{46\} &= 0100\ 0110 \end{aligned}$$

① 这里沿用 FIPS PUB 197 中的约定，使用 · 表示有限域 GF($2^8$)中的乘法；使用 ⊕ 表示按位 XOR，它对应于 GF($2^8$)中的加法。

$$\begin{aligned}\{A6\} &= \underline{1010\ 0110}\\ &\quad\ 0100\ 0111 = \{47\}\end{aligned}$$

其他等式也可通过类似的方式得以验证。**逆向列混淆变换**可由如下的矩阵乘法定义：

$$\begin{bmatrix} 0E & 0B & 0D & 09 \\ 09 & 0E & 0B & 0D \\ 0D & 09 & 0E & 0B \\ 0B & 0D & 09 & 0E \end{bmatrix}\begin{bmatrix} s_{0,0} & s_{0,1} & s_{0,2} & s_{0,3} \\ s_{1,0} & s_{1,1} & s_{1,2} & s_{1,3} \\ s_{2,0} & s_{2,1} & s_{2,2} & s_{2,3} \\ s_{3,0} & s_{3,1} & s_{3,2} & s_{3,3} \end{bmatrix} = \begin{bmatrix} s'_{0,0} & s'_{0,1} & s'_{0,2} & s'_{0,3} \\ s'_{1,0} & s'_{1,1} & s'_{1,2} & s'_{1,3} \\ s'_{2,0} & s'_{2,1} & s'_{2,2} & s'_{2,3} \\ s'_{3,0} & s'_{3,1} & s'_{3,2} & s'_{3,3} \end{bmatrix} \tag{6.5}$$

直观上不容易看出式（6.5）是式（6.3）的逆。我们需要进行如下运算：

$$\begin{bmatrix} 0E & 0B & 0D & 09 \\ 09 & 0E & 0B & 0D \\ 0D & 09 & 0E & 0B \\ 0B & 0D & 09 & 0E \end{bmatrix}\begin{bmatrix} 02 & 03 & 01 & 01 \\ 01 & 02 & 03 & 01 \\ 01 & 01 & 02 & 03 \\ 03 & 01 & 01 & 02 \end{bmatrix}\begin{bmatrix} s_{0,0} & s_{0,1} & s_{0,2} & s_{0,3} \\ s_{1,0} & s_{1,1} & s_{1,2} & s_{1,3} \\ s_{2,0} & s_{2,1} & s_{2,2} & s_{2,3} \\ s_{3,0} & s_{3,1} & s_{3,2} & s_{3,3} \end{bmatrix} = \begin{bmatrix} s'_{0,0} & s'_{0,1} & s'_{0,2} & s'_{0,3} \\ s'_{1,0} & s'_{1,1} & s'_{1,2} & s'_{1,3} \\ s'_{2,0} & s'_{2,1} & s'_{2,2} & s'_{2,3} \\ s'_{3,0} & s'_{3,1} & s'_{3,2} & s'_{3,3} \end{bmatrix}$$

这等价于

$$\begin{bmatrix} 0E & 0B & 0D & 09 \\ 09 & 0E & 0B & 0D \\ 0D & 09 & 0E & 0B \\ 0B & 0D & 09 & 0E \end{bmatrix}\begin{bmatrix} 02 & 03 & 01 & 01 \\ 01 & 02 & 03 & 01 \\ 01 & 01 & 02 & 03 \\ 03 & 01 & 01 & 02 \end{bmatrix} = \begin{bmatrix} 1 & 0 & 0 & 0 \\ 0 & 1 & 0 & 0 \\ 0 & 0 & 1 & 0 \\ 0 & 0 & 0 & 1 \end{bmatrix} \tag{6.6}$$

即逆变换矩阵乘以正向变换矩阵的结果为单位矩阵。为了验证式（6.6）的第一列，需要进行如下运算：

$$(\{0E\}\cdot\{02\}) \oplus \{0B\} \oplus \{0D\} \oplus (\{09\}\cdot\{03\}) = \{01\}$$
$$(\{09\}\cdot\{02\}) \oplus \{0E\} \oplus \{0B\} \oplus (\{0D\}\cdot\{03\}) = \{00\}$$
$$(\{0D\}\cdot\{02\}) \oplus \{09\} \oplus \{0E\} \oplus (\{0B\}\cdot\{03\}) = \{00\}$$
$$(\{0B\}\cdot\{02\}) \oplus \{0D\} \oplus \{09\} \oplus (\{0E\}\cdot\{03\}) = \{00\}$$

对第一个等式，有$\{0E\}\cdot\{02\} = 00011100$ 和$\{09\}\cdot\{03\} = \{09\} \oplus (\{09\}\cdot\{02\}) = 00001001 \oplus 00010010 = 00011011$。于是有

$$\begin{aligned}\{0E\}\cdot\{02\} &= 00011100\\ \{0B\} &= 00001011\\ \{0D\} &= 00001101\\ \{09\}\cdot\{03\} &= \underline{00011011}\\ &\quad\ 00000001\end{aligned}$$

利用类似的方法可以验证其他等式。

AES 文档描述了另一种表征列混淆变换的方式，即利用数学上的多项式来表征。在标准中，列混淆变换可以将状态的每列考虑为一个系数在 $GF(2^8)$中的 4 项多项式。每列乘以一个固定的多项式 $a(x)$，然后模$(x^4 + 1)$，其中 $a(x)$的定义为

$$a(x) = \{03\}x^3 + \{01\}x^2 + \{01\}x + \{02\} \tag{6.7}$$

附录 6A 说明了状态的每列乘以 $a(x)$可以写成式（6.3）中的矩阵乘法。类似地，可把式（6.5）中变化的每列视为一个 4 项多项式，并将该列乘以 $b(x)$。$b(x)$的定义如下：

$$b(x) = \{0B\}x^3 + \{0D\}x^2 + \{09\}x + \{0E\} \tag{6.8}$$

显然，可以证明 $b(x) = a^{-1}(x) \bmod (x^4 + 1)$。

**基本原理**　在式（6.3）中，矩阵的系数基于码字间有最大距离的线性编码，这使得每列的所有字节具有良好的混淆性。经过几轮变换后，列混淆变换和行移位变换使得所有输出位均与所有输入位相

关。关于此方面的详细讨论，见参考文献[DAEM99]。

此外，列混淆变换的系数即{01}, {02}, {03}是基于算法实现角度考虑的。如上文所述，这些系数的乘法涉及至多一次移位和一次 XOR。逆向列混淆变换中的系数更加难以实现。然而，加密比解密更重要，原因如下。

**1.** 对于 CFB 和 OFB 密码模式（见第 7 章中的图 7.5 和图 7.6），只使用加密算法。

**2.** 与任何其他分组密码一样，AES 可用于构建消息验证码（见第 12 章），它只使用加密过程。

### 6.3.4 轮密钥加变换

**正向和逆向变换** 在正向轮密钥加变换中，128 位的状态按位与 128 位的轮密钥进行异或运算。如图 6.5(b)所示，该运算可视为状态的一列中的 4 字节与轮密钥的 1 个字进行列间操作；也可将其视为字节级别的操作。下面是轮密钥加的一个例子：

| 47 | 40 | A3 | 4C |  | AC | 19 | 28 | 57 |  | EB | 59 | 8B | 1B |
|---|---|---|---|---|---|---|---|---|---|---|---|---|---|
| 37 | D4 | 70 | 9F | ⊕ | 77 | FA | D1 | 5C | = | 40 | 2E | A1 | C3 |
| 94 | E4 | 3A | 42 |  | 66 | DC | 29 | 00 |  | F2 | 38 | 13 | 42 |
| ED | A5 | A6 | BC |  | F3 | 21 | 41 | 6A |  | 1E | 84 | E7 | D6 |

例中的第一个矩阵是状态，第二个矩阵是轮密钥。

**逆向轮密钥加变换**是和正向轮密钥加变换一样的，因为异或运算是其本身的逆。

**基本原理** 尽管轮密钥加变换非常简单，但能对状态中的每一位产生影响。密钥扩展的复杂性和 AES 的其他阶段运算的复杂性，确保了该算法的安全性。

图 6.8 从另一个角度描述了单轮 AES，强调了各变换的机制和输入。

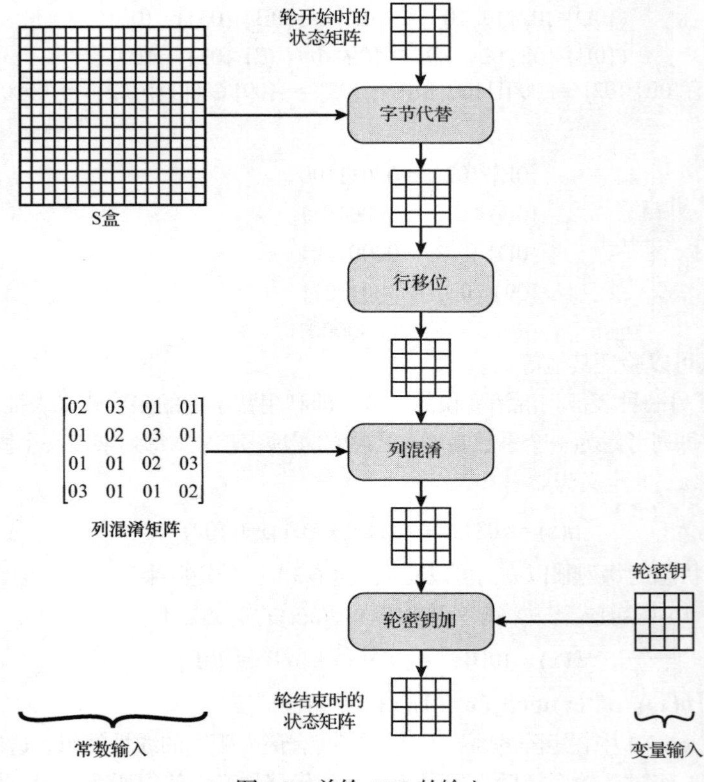


图 6.8 单轮 AES 的输入

## 6.4　AES 的密钥扩展

### 6.4.1　密钥扩展算法

**AES 密钥扩展**算法的输入值是 4 个字（16 字节），输出值是由 44 个字（176 字节）组成的一维线性数组。这足以为初始密钥加阶段和其他 10 轮中的每一轮提供 4 个字的轮密钥。下面用伪代码描述这个扩展。

```
KeyExpansion (byte key [16], word w[44])
{
  word temp
  for (i = 0; i < 4; i++)    w[i] = (key [4*i], key [4*i + 1],
                                     key [4*i + 1],
                                     key [4*i + 2]);
  for (i = 4; i < 44; i++)
  {
  temp = w [i-1];
  if (i mod 4 = 0)   temp = SubWord (RotWord (temp))⊕ Rcon [i/4];
  w [i] = w [i-4] ⊕ temp
  }
}
```

输入密钥直接被复制到扩展密钥数组的前 4 个字。然后每次用 5 个字填充扩展密钥数组余下的部分。在扩展密钥数组中，每个新增的字 `w[i]`的值依赖于前一个字 `w[i-1]`和前四个字 `w[i-4]`。在 4 种情形中，三种使用了异或运算。对 **w** 数组中下标为 4 的倍数的元素采用了更复杂的函数来计算。图 6.9 说明了如何计算扩展密钥，其中符号 $g$ 表示这个复杂的函数。函数 $g$ 由下述子功能组成。

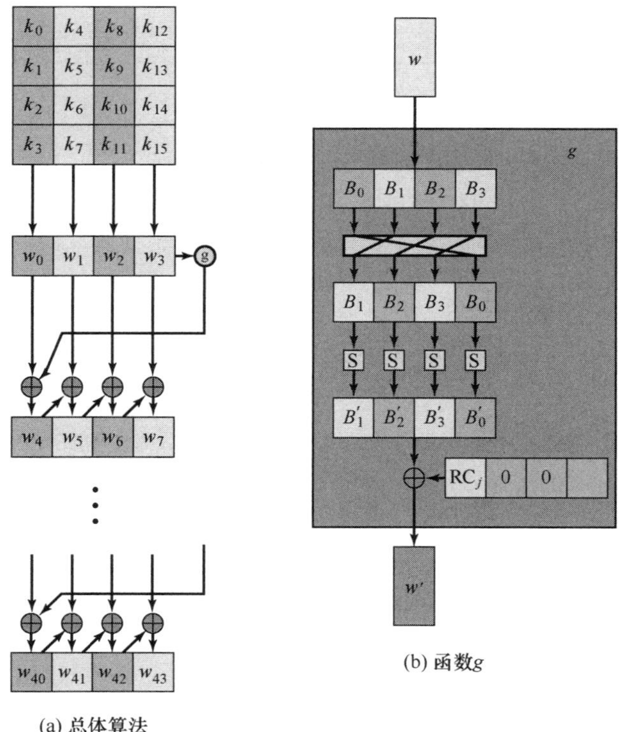


(a) 总体算法　(b) 函数 $g$

图 6.9　AES 的密钥扩展

**1.** 字循环（RotWord）的功能是使一个字中的 4 字节循环左移 1 字节，即把输入字$[B_0, B_1, B_2, B_3]$变换成$[B_1, B_2, B_3, B_0]$。

**2.** 字代替（SubWord）利用 S 盒对输入字中的每个字节进行字节代替［见表 6.2(a)］。

**3.** 第一步和第二步的结果再与轮常量 Rcon[j]进行异或运算。

轮常量是一个字，这个字中最右边的 3 字节恒为 0。因此，字与 Rcon 异或，结果只与该字最左边的那个字节异或。每轮的轮常量均不同，其定义为 Rcon[j] = (RC[j], 0, 0, 0)，其中 RC[1]=1，RC[j]=2·RC[j-1]［乘法是定义在域 GF($2^8$)上的］。RC[j]的值按十六进制表示为

| j | 1 | 2 | 3 | 4 | 5 | 6 | 7 | 8 | 9 | 10 |
|---|---|---|---|---|---|---|---|---|---|---|
| RC[j] | 01 | 02 | 04 | 08 | 10 | 20 | 40 | 80 | 1B | 36 |

例如，假设第八轮的轮密钥为

EA D2 73 21 B5 8D BA D2 31 2B F5 60 7F 8D 29 2F

那么第九轮的轮密钥的前 4 字节（第一列）可按表 6.3 所示的那样计算。

**表 6.3　轮密钥计算示例**

| 描　述 | 值 |
|---|---|
| i（十进制） | 36 |
| temp = w[i-1] | 7F8D292F |
| 字循环后 | 8D292F7F |
| 字代替后 | 5DA515D2 |
| Rcon(9) | 1B000000 |
| 与 Rcon 异或后 | 46A515D2 |
| w[i-4] | EAD27321 |
| w[i] = w[i]=w[i-4]⊕SubWord(RotWord(temp))⊕Rcon(9) | AC7766F3 |

### 6.4.2　基本原理

Rijndael 的开发者设计了密钥扩展算法来防止已有的密码分析攻击。使用与轮相关的轮常量是为了防止不同轮的轮密钥生成方式上的对称性或相似性。参考文献[DAEM99]中使用的标准如下。

- 知道密钥或轮密钥的部分位不能算出轮密钥的其他位。
- 它是一个可逆的变换［即知道扩展密钥中任何连续的 *Nk* 个字能够重新生成整个扩展密钥（*Nk* 是构成密钥所需的字数）］。
- 能在各种处理器上有效地执行。
- 使用轮常量可消除对称性。
- 将密钥的差异性扩散到轮密钥中的能力，即密钥的每个位会影响轮密钥的许多位。
- 足够的非线性能够阻止轮密钥的差异完全由密钥的差异决定。
- 易于描述。

作者并未量化上述第一点，但指出：若知道密钥或轮密钥中少于 *Nk* 个连续字，则难以构建其余的未知位。知道的密钥位数越少，就越难重建或推断密钥扩展的其他位。

## 6.5　一个 AES 的例子

下面研究一个例子并考虑它的含义。尽管无法通过手工来复现该例子，但仍能从每一步骤之间的十六进制模式学到很多。

在本例中，明文是由十六进制数表示的回文（顺读和倒读都一样）。明文、密钥和密文如下：

| 明文 | 0123456789abcdeffedcba9876543210 |
|---|---|
| 密钥 | 0f1571c947d9e8590cb7add6af7f6798 |
| 密文 | ff0b844a0853bf7c6934ab4364148fb9 |

### 6.5.1　结果

表 6.4 显示了 16 字节密钥是如何扩展为 10 轮密钥的。如前所述，整个过程是逐字进行的，每 4 字节规模的字占用轮密钥字矩阵的一列。图中左侧的列为每轮产生的 4 个轮密钥字。右侧的列显示了密钥扩展中用于产生辅助字的步骤。我们将密钥本身作为第 0 轮的轮密钥开始扩展过程。

接着，表 6.5 显示了 AES 加密过程中状态的变换情况。第一列显示了轮开始时状态的值。在第一行中，状态只是明文的重排矩阵。第二列、第三列和第四列分别显示了该轮状态经过字节代替、行移位列混淆变换后的值。第五轮显示了轮密钥。可以验证，这些轮密钥和表 6.4 中的值相等。第一列显示了前轮列混淆后的状态和前轮的轮密钥按位异或运算后的状态值。

表 6.4　AES 例子的密钥扩展

| 密 钥 字 | 辅助函数 |
|---|---|
| w0 = 0f 15 71 c9<br>w1 = 47 d9 e8 59<br>w2 = 0c b7 ad d6<br>w3 = af 7f 67 98 | 字循环 RotWord(w3) = 7f 67 98 af = x1<br>字代替 SubWord(x1) = d2 85 46 79 = y1<br>轮常数 Rcon(1) = 01 00 00 00<br>y1 ⊕ Rcon(1) = d3 85 46 79 = z1 |
| w4 = w0 ⊕ z1 = dc 90 37 b0<br>w5 = w4 ⊕ w1 = 9b 49 df e9<br>w6 = w5 ⊕ w2 = 97 fe 72 3f<br>w7 = w6 ⊕ w3 = 38 81 15 a7 | 字循环 RotWord(w7) = 81 15 a7 38 = x2<br>字代替 SubWord(x2) = 0c 59 5c 07 = y2<br>轮常数 Rcon(2) = 02 00 00 00<br>y2 ⊕ Rcon(2) = 0e 59 5c 07 = z2 |
| w8 = w4 ⊕ z2 = d2 c9 6b b7<br>w9 = w8 ⊕ w5 = 49 80 b4 5e<br>w10 = w9 ⊕ w6 = de 7e c6 61<br>w11 = w10 ⊕ w7 = e6 ff d3 c6 | 字循环 RotWord(w11) = ff d3 c6 e6 = x3<br>字代替 SubWord(x3) = 16 66 b4 83 = y3<br>轮常数 Rcon(3) = 04 00 00 00<br>y3 ⊕ Rcon(3) = 12 66 b4 8e = z3 |
| w12 = w8 ⊕ z3 = c0 af df 39<br>w13 = w12 ⊕ w9 = 89 2f 6b 67<br>w14 = w13 ⊕ w10 = 57 51 ad 06<br>w15 = w14 ⊕ w11 = b1 ae 7e c0 | 字循环 RotWord(w15) = ae 7e c0 b1 = x4<br>字代替 SubWord(x4) = e4 f3 ba c8 = y4<br>轮常数 Rcon(4) = 08 00 00 00<br>y4 ⊕ Rcon(4) = ec f3 ba c8 = z4 |
| w16 = w12 ⊕ z4 = 2c 5c 65 f1<br>w17 = w16 ⊕ w13 = a5 73 0e 96<br>w18 = w17 ⊕ w14 = f2 22 a3 90<br>w19 = w18 ⊕ w15 = 43 8c dd 50 | 字循环 RotWord(w19) = 8c dd 50 43 = x5<br>字代替 SubWord(x5) = 64 c1 53 1a = y5<br>轮常数 Rcon(5) = 10 00 00 00<br>y5 ⊕ Rcon(5) = 74 c1 53 1a = z5 |
| w20 = w16 ⊕ z5 = 58 9d 36 eb<br>w21 = w20 ⊕ w17 = fd ee 38 7d<br>w22 = w21 ⊕ w18 = 0f cc 9b ed<br>w23 = w22 ⊕ w19 = 4c 40 46 bd | 字循环 RotWord(w23) = 40 46 bd 4c = x6<br>字代替 SubWord(x6) = 09 5a 7a 29 = y6<br>轮常数 Rcon(6) = 20 00 00 00<br>y6 ⊕ Rcon(6) = 29 5a 7a 29 = z6 |
| w24 = w20 ⊕ z6 = 71 c7 4c c2<br>w25 = w24 ⊕ w21 = 8c 29 74 bf<br>w26 = w25 ⊕ w22 = 83 e5 ef 52<br>w27 = w26 ⊕ w23 = cf a5 a9 ef | 字循环 RotWord(w27) = a5 a9 ef cf = x7<br>字代替 SubWord(x7) = 06 d3 bf 8a = y7<br>轮常数 Rcon(7) = 40 00 00 00<br>y7 ⊕ Rcon(7) = 46 d3 bf 8a = z7 |
| w28 = w24 ⊕ z7 = 37 14 93 48<br>w29 = w28 ⊕ w25 = bb 3d e7 f7<br>w30 = w29 ⊕ w26 = 38 d8 08 a5<br>w31 = w30 ⊕ w27 = f7 7d a1 4a | 字循环 RotWord(w31) = 7d a1 4a f7 = x8<br>字代替 SubWord(x8) = ff 32 d6 68 = y8<br>轮常数 Rcon(8) = 80 00 00 00<br>y8 ⊕ Rcon(8) = 7f 32 d6 68 = z8 |
| w32 = w28 ⊕ z8 = 48 26 45 20<br>w33 = w32 ⊕ w29 = f3 1b a2 d7<br>w34 = w33 ⊕ w30 = cb c3 aa 72<br>w35 = w34 ⊕ w31 = 3c be 0b 38 | 字循环 RotWord(w35) = be 0b 38 3c = x9<br>字代替 SubWord(x9) = ae 2b 07 eb = y9<br>轮常数 Rcon(9) = 1b 00 00 00<br>y9 ⊕ Rcon(9) = b5 2b 07 eb = z9 |

（续表）

| 密 钥 字 | 辅助函数 |
| --- | --- |
| w36 = w32 ⊕ z9 = fd 0d 42 cb<br>w37 = w36 ⊕ w33 = 0e 16 e0 1c<br>w38 = w37 ⊕ w34 = c5 d5 4a 6e<br>w39 = w38 ⊕ w35 = f9 6b 41 56 | 字循环 RotWord(w39) = 6b 41 56 f9 = x10<br>字代替 SubWord(x10) = 7f 83 b1 99= y10<br>轮常数 Rcon(10) = 36 00 00 00<br>y10 ⊕ Rcon(10) = 49 83 b1 99 = z10 |
| w40 = w36 ⊕ z10 = b4 8e f3 52<br>w41 = w40 ⊕ w37 = ba 98 13 4e<br>w42 = w41 ⊕ w38 = 7f 4d 59 20<br>w43 = w42 ⊕ w39 = 86 26 18 76 | |

表 6.5 AES 例子

| 轮 开 始 | 字节代替后 | 行移位后 | 列混淆后 | 轮 密 钥 |
| --- | --- | --- | --- | --- |
| 01 89 fe 76<br>23 ab dc 54<br>45 cd ba 32<br>67 ef 98 10 | | | | 0f 47 0c af<br>15 d9 b7 7f<br>71 e8 ad 67<br>c9 59 d6 98 |
| 0e ce f2 d9<br>36 72 6b 2b<br>34 25 17 55<br>ae b6 4e 88 | ab 8b 89 35<br>05 40 7f f1<br>18 3f f0 fc<br>e4 4e 2f c4 | ab 8b 89 35<br>40 7f f1 05<br>f0 fc 18 3f<br>c4 e4 4e 2f | b9 94 57 75<br>E4 8e 16 51<br>47 20 9a 3f<br>c5 d6 f5 3b | dc 9b 97 38<br>90 49 fe 81<br>37 df 72 15<br>b0 e9 3f a7 |
| 65 0f c0 4d<br>74 c7 e8 d0<br>70 ff e8 2a<br>75 3f ca 9c | 4d 76 ba e3<br>92 c6 9b 70<br>51 16 9b e5<br>9d 75 74 de | 4d 76 ba e3<br>c6 9b 70 92<br>9b e5 51 16<br>de 9d 75 74 | 8e 22 db 12<br>b2 f2 dc 92<br>df 80 f7 c1<br>2d c5 1e 52 | d2 49 de e6<br>c9 80 7e ff<br>6b b4 c6 d3<br>b7 5e 61 c6 |
| 5c 6b 05 f4<br>7b 72 a2 6d<br>b4 34 31 12<br>9a 9b 7f 94 | 4a 7f 6b bf<br>21 40 3a 3c<br>8d 18 c7 c9<br>b8 14 d2 22 | 4a 7f 6b bf<br>40 3a 3c 21<br>c7 c9 8d 18<br>22 b8 14 d2 | b1 c1 0b cc<br>ba f3 8b 07<br>f9 1f 6a c3<br>1d 19 24 5c | c0 89 57 b1<br>af 2f 51 ae<br>df 6b ad 7e<br>39 67 06 c0 |
| 71 48 5c 7d<br>15 dc da a9<br>26 74 c7 bd<br>24 7e 22 9c | a3 52 4a ff<br>59 86 57 d3<br>f7 92 c6 7a<br>36 f3 93 de | a3 52 4a ff<br>86 57 d3 59<br>c6 7a f7 92<br>de 36 f3 93 | d4 11 fe 0f<br>3b 44 06 73<br>cb ab 62 37<br>19 b7 07 ec | 2c a5 f2 43<br>5c 73 22 8c<br>65 0e a3 dd<br>f1 96 90 50 |
| f8 b4 0c 4c<br>67 37 24 ff<br>ae a5 c1 ea<br>e8 21 97 bc | 41 8d fe 29<br>85 9a 36 16<br>e4 06 78 87<br>9b fd 88 65 | 41 8d fe 29<br>9a 36 16 85<br>78 87 e4 06<br>65 9b fd 88 | 2a 47 c4 48<br>83 e8 18 ba<br>84 18 27 23<br>eb 10 0a f3 | 58 fd 0f 4c<br>9d ee cc 40<br>36 38 9b 46<br>eb 7d ed bd |
| 72 ba cb 04<br>1e 06 d4 fa<br>b2 20 bc 65<br>00 6d e7 4e | 40 f4 1f f2<br>72 6f 48 2d<br>37 b7 65 4d<br>63 3c 94 2f | 40 f4 1f f2<br>6f 48 2d 72<br>65 4d 37 b7<br>2f 63 3c 94 | 7b 05 42 4a<br>1e d0 20 40<br>94 83 18 52<br>94 c4 43 fb | 71 8c 83 cf<br>c7 29 e5 a5<br>4c 74 ef a9<br>c2 bf 52 ef |
| 0a 89 c1 85<br>d9 f9 c5 e5<br>d8 f7 f7 fb<br>56 7b 11 14 | 67 a7 78 97<br>35 99 a6 d9<br>61 68 68 0f<br>b1 21 82 fa | 67 a7 78 97<br>99 a6 d9 35<br>68 0f 61 68<br>fa b1 21 82 | ec 1a c0 80<br>0c 50 53 c7<br>3b d7 00 ef<br>b7 22 72 e0 | 37 bb 38 f7<br>14 3d d8 7d<br>93 e7 08 a1<br>48 f7 a5 4a |
| db a1 f8 77<br>18 6d 8b ba<br>a8 30 08 4e<br>ff d5 d7 aa | b9 32 41 f5<br>ad 3c 3d f4<br>c2 04 30 2f<br>16 03 0e ac | b9 32 41 f5<br>3c 3d f4 ad<br>30 2f c2 04<br>ac 16 03 0e | b1 1a 44 17<br>3d 2f ec b6<br>0a 6b 2f 42<br>9f 68 f3 b1 | 48 f3 cb 3c<br>26 1b c3 be<br>45 a2 aa 0b<br>20 d7 72 38 |
| f9 e9 8f 2b<br>1b 34 2f 08<br>4f c9 85 49<br>bf bf 81 89 | 99 1e 73 f1<br>af 18 15 30<br>84 dd 97 3b<br>08 08 0c a7 | 99 1e 73 f1<br>18 15 30 af<br>97 3b 84 dd<br>a7 08 08 0c | 31 30 3a c2<br>ac 71 8c c4<br>46 65 48 eb<br>6a 1c 31 62 | fd 0e c5 f9<br>0d 16 d5 6b<br>42 e0 4a 41<br>cb 1c 6e 56 |
| cc 3e ff 3b<br>a1 67 59 af<br>04 85 02 aa<br>a1 00 5f 34 | 4b b2 16 e2<br>32 85 cb 79<br>f2 97 77 ac<br>32 63 cf 18 | 4b b2 16 e2<br>85 cb 79 32<br>77 ac f2 97<br>18 32 63 cf | | b4 ba 7f 86<br>8e 98 4d 26<br>f3 13 59 18<br>52 4e 20 76 |
| ff 08 69 64<br>0b 53 34 14<br>84 bf ab 8f<br>4a 7c 43 b9 | | | | |

## 6.5.2　雪崩效应

如果密钥或明文的小变化对密文的影响较小，那么它就有可能被用来有效减小明文（或密钥）的搜索空间。然而，我们期待的是**雪崩效应**，即明文或密钥的小变化导致密文的大变化。

下面以表 6.5 为例加以说明。表 6.6 显示了改变明文的第 8 位时的结果。表中的第 2 列显示了两个明文在每轮结束时状态矩阵的值。注意，经过一轮后，状态向量中就有 20 位发生了变化。经过两轮后，接近一半的位发生了变化。这种规模的差别一直扩散到后面的各轮。一位的差别导致了密文约一半的位置发生了变化，这个结果不错。显然，几乎所有位都发生变化逻辑上等价于几乎没有位发生变化。换句话说，如果随机地选择两个明文，那么我们期望明文约有一半位置的位不同，密文也约有一半位置的位不同。

**表 6.6　AES 的雪崩效应：明文的变化**

| 轮　数 | | 不同位的数量 |
|---|---|---|
| | 0123456789abcdeffedcba9876543210<br>0023456789abcdeffedcba9876543210 | 1 |
| 0 | 0e3634aece7225b6f26b174ed92b5588<br>0f3634aece7225b6f26b174ed92b5588 | 1 |
| 1 | 657470750fc7ff3fc0e8e8ca4dd02a9c<br>c4a9ad090fc7ff3fc0e8e8ca4dd02a9c | 20 |
| 2 | 5c7bb49a6b72349b05a2317ff46d1294<br>fe2ae569f7ee8bb8c1f5a2bb37ef53d5 | 58 |
| 3 | 7115262448dc747e5cdac7227da9bd9c<br>ec093dfb7c45343d689017507d485e62 | 59 |
| 4 | f867aee8b437a5210c24c1974cffeabc<br>43efdb697244df808e8d9364ee0ae6f5 | 61 |
| 5 | 721eb200ba06206dcbd4bce704fa654e<br>7b28a5d5ed643287e006c099bb375302 | 68 |
| 6 | 0ad9d85689f9f77bc1c5f71185e5fb14<br>3bc2d8b6798d8ac4fe36a1d891ac181a | 64 |
| 7 | db18a8ffa16d30d5f88b08d777ba4eaa<br>9fb8b5452023c70280e5c4bb9e555a4b | 67 |
| 8 | f91b4fbfe934c9bf8f2f85812b084989<br>20264e1126b219aef7feb3f9b2d6de40 | 65 |
| 9 | cca104a13e678500ff59025f3bafaa34<br>b56a0341b2290ba7dfdfbddcd8578205 | 61 |
| 10 | ff0b844a0853bf7c6934ab4364148fb9<br>612b89398d0600cde116227ce72433f0 | 58 |

表 6.7 显示了当明文相同但加密的两个密钥在第 8 位不同时，状态矩阵的变化。也就是说，对于第 2 种情况，密钥为 0e1571c947d9e8590cb7add6af7f6798。同样，一轮就产生了很大的变化，后面各轮结束后的变化规模约为一半的位。因此，基于该例，AES 显示了很强的雪崩效应。

**表 6.7　AES 的雪崩效应：密钥的变化**

| 轮　数 | | 不同位的数量 |
|---|---|---|
| | 0123456789abcdeffedcba9876543210<br>0123456789abcdeffedcba9876543210 | 0 |
| 0 | 0e3634aece7225b6f26b174ed92b5588<br>0f3634aece7225b6f26b174ed92b5588 | 1 |
| 1 | 657470750fc7ff3fc0e8e8ca4dd02a9c<br>c5a9ad090ec7ff3fc1e8e8ca4cd02a9c | 22 |
| 2 | 5c7bb49a6b72349b05a2317ff46d1294<br>90905fa9563356d15f3760f3b8259985 | 58 |
| 3 | 7115262448dc747e5cdac7227da9bd9c<br>18aeb7aa794b3b66629448d575c7cebf | 67 |

（续表）

| 轮　数 | | 不同位的数量 |
|---|---|---|
| 4 | f867aee8b437a5210c24c1974cffeabc<br>f81015f993c978a876ae017cb49e7eec | 63 |
| 5 | 721eb200ba06206dcbd4bce704fa654e<br>5955c91b4e769f3cb4a94768e98d5267 | 81 |
| 6 | 0ad9d85689f9f77bc1c5f71185e5fb14<br>dc60a24d137662181e45b8d3726b2920 | 70 |
| 7 | db18a8ffa16d30d5f88b08d777ba4eaa<br>fe8343b8f88bef66cab7e977d005a03c | 74 |
| 8 | f91b4fbfe934c9bf8f2f85812b084989<br>da7dad581d1725c5b72fa0f9d9d1366a | 67 |
| 9 | cca104a13e678500ff59025f3bafaa34<br>0ccb4c66bbfd912f4b511d72996345e0 | 59 |
| 10 | ff0b844a0853bf7c6934ab4364148fb9<br>fc8923ee501a7d207ab670686839996b | 53 |

在明文发生一位的变化或密钥发生一位的变化的同等情况下，注意 AES 的这种雪崩效应要比 DES 的雪崩效应（见表 4.2）强一些，DES 需要经过 3 轮后才能达到约一半的位发生变化的效果。

## 6.6 AES 的实现

### 6.6.1 等价的逆算法

如上所述，AES 的解密算法和加密算法不同（见图 6.3）。尽管在加密和解密中密钥扩展的形式相同，但在解密中变换的顺序与加密中变换的顺序不同。其缺点是对同时需要加密和解密的应用而言，需要两个不同的软件或固件模块。然而，解密算法的一个等价版本与加密算法有着相同的结构。这个版本与加密算法的变换顺序相同（使用逆向变换取代正向变换）。为了达到这个目标，需要对密钥扩展进行改进。

为使解密算法的结构与加密算法的结构一致，需要改变两处。如图 6.3 所示，在加密过程中，轮结构是字节代替、行移位、列混淆和轮密钥加。在标准的解密过程中，轮结构为逆向行移位、逆向字节代替、轮密钥加和逆向列混淆。因此，在解密轮的前两个阶段需要交换，在后两个阶段也需要交换。

**交换逆向行移位和逆向字节代替**　逆向行移位影响状态中字节的顺序，但并不更改字节的内容，同时也不依赖于字节的内容来进行变换。逆向字节代替影响状态中字节的内容，但不改变字节的顺序，同时也不依赖于字节的顺序来进行变换。因此，这两个操作可以交换。例如，对于给定的状态 $S_i$，有

$$\text{逆向行移位[逆向字节代替}(S_i)] = \text{逆向字节替换[逆向行移位}(S_i)]$$

**交换轮密钥加和逆向列混淆**　轮密钥加和逆向列混淆并不更改状态中字节的顺序。如果将密钥视为字的序列，那么轮密钥加和逆向列混淆每次都对状态的一列进行操作。这两个操作对列输入是线性的，即对给定的状态 $S_i$ 和给定的轮密钥 $w_j$，有

$$\text{逆向列混淆}(S_i \oplus w_j) = [\text{逆向列混淆}(S_i)] \oplus [\text{逆向列混淆}(w_j)]$$

为说明方便，假定状态 $S_i$ 的第一列是$(y_0, y_1, y_2, y_3)$，轮密钥 $w_j$ 的第一列是$(k_0, k_1, k_2, k_3)$。于是有

$$\begin{bmatrix} 0E & 0B & 0D & 09 \\ 09 & 0E & 0B & 0D \\ 0D & 09 & 0E & 0B \\ 0B & 0D & 09 & 0E \end{bmatrix} \begin{bmatrix} y_0 \oplus k_0 \\ y_1 \oplus k_1 \\ y_2 \oplus k_2 \\ y_3 \oplus k_3 \end{bmatrix} = \begin{bmatrix} 0E & 0B & 0D & 09 \\ 09 & 0E & 0B & 0D \\ 0D & 09 & 0E & 0B \\ 0B & 0D & 09 & 0E \end{bmatrix} \begin{bmatrix} y_0 \\ y_1 \\ y_2 \\ y_3 \end{bmatrix} \oplus \begin{bmatrix} 0E & 0B & 0D & 09 \\ 09 & 0E & 0B & 0D \\ 0D & 09 & 0E & 0B \\ 0B & 0D & 09 & 0E \end{bmatrix} \begin{bmatrix} k_0 \\ k_1 \\ k_2 \\ k_3 \end{bmatrix}$$

下面论证第一列。我们需要证明

$$[\{0E\}\cdot(y_0 \oplus k_0)] \oplus [\{0B\}\cdot(y_1 \oplus k_1)] \oplus [\{0D\}\cdot(y_2 \oplus k_2)] \oplus [\{09\}\cdot(y_3 \oplus k_3)]$$

$$= [\{0E\} \cdot y_0] \oplus [\{0B\} \cdot y_1] \oplus [\{0D\} \cdot y_2] \oplus [\{09\} \cdot y_3] \oplus$$
$$[\{0E\} \cdot k_0] \oplus [\{0B\} \cdot k_1] \oplus [\{0D\} \cdot k_2] \oplus [\{09\} \cdot k_3]$$

可以看出，这个方程是正确的。因此，假设先对轮密钥应用逆向列混淆，可以交换轮密钥加和逆向列混淆。注意，无须对第一次或最后一次轮密钥加变换的输入进行逆向列混淆操作（轮 10）。因为这两个轮密钥加变换不能与逆向列混淆交换来产生等价的解密算法。

图 6.10 描述了等价的解密算法。

## 6.6.2　实现方面

Rijndael 提案[DAEM99]针对智能卡上的 8 位处理器和个人计算机上的 32 位处理器如何有效实现 Rijndael 算法提出了一些建议。

**8 位处理器**　AES 能在 8 位处理器上非常有效地实现。轮密钥加是按字节异或运算。行移位是简单的移字节运算。字节代替是在字节级别上进行的，而且只要求一个 256 字节的表。

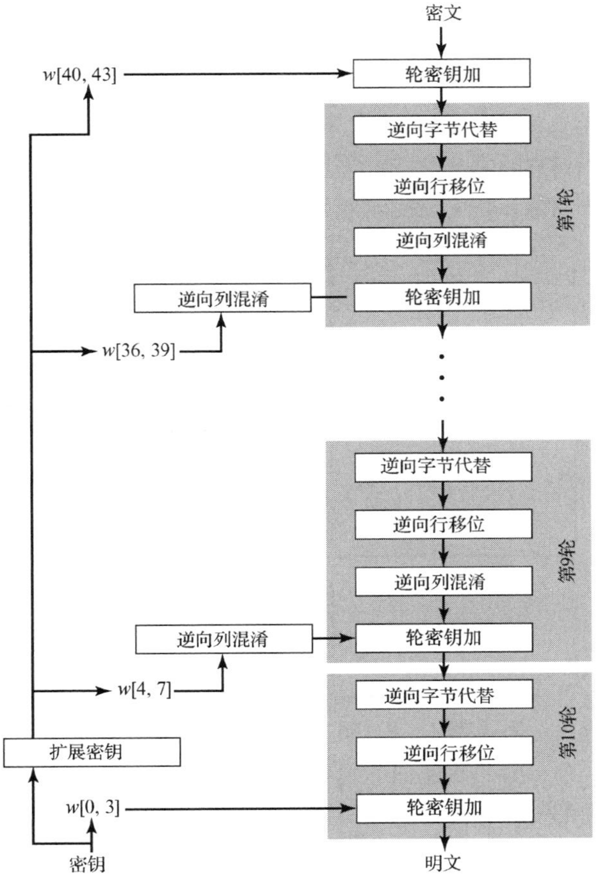


图 6.10　等价的解密算法

列混淆变换要求域 GF($2^8$)中的乘法，即所有运算都是基于字节的。列混淆仅要求乘以{02}和{03}，如看到的那样，这涉及简单的移位、条件异或和异或。不用移位或条件异或运算时，算法的执行更有效。方程组（6.4）是说明在单列上进行列混淆变换的等式。利用性质$\{03\} \cdot x = (\{02\} \cdot x) \oplus x$，可按如下方式重写方程组（6.4）：

$$
\begin{aligned}
\text{Tmp} &= s_{0,j} \oplus s_{1,j} \oplus s_{2,j} \oplus s_{3,j} \\
s'_{0,j} &= s_{0,j} \oplus \text{Tmp} \oplus [2 \cdot (s_{0,j} \oplus s_{1,j})] \\
s'_{1,j} &= s_{1,j} \oplus \text{Tmp} \oplus [2 \cdot (s_{1,j} \oplus s_{2,j})] \\
s'_{2,j} &= s_{2,j} \oplus \text{Tmp} \oplus [2 \cdot (s_{2,j} \oplus s_{3,j})] \\
s'_{3,j} &= s_{3,j} \oplus \text{Tmp} \oplus [2 \cdot (s_{3,j} \oplus s_{0,j})]
\end{aligned} \tag{6.9}
$$

方程组（6.9）可通过展开和约去某些项的方式加以验证。

乘以{02}包含一次移位和一次条件异或运算。这种实现方式可能易受 4.4 节中描述的计时攻击。为了防止这种攻击并提高执行的效率，可以使用查表方式取代乘法运算，代价是要花费一定的存储空间。我们定义一个包含 256 字节的表 $X_2$，满足 $X_2[i] = \{02\} \cdot i$。方程组（6.9）可被重写为

$$
\begin{aligned}
\text{Tmp} &= s_{0,j} \oplus s_{1,j} \oplus s_{2,j} \oplus s_{3,j} \\
s'_{0,j} &= s_{0,j} \oplus \text{Tmp} \oplus X_2[s_{0,j} \oplus s_{1,j}] \\
s'_{1,j} &= s_{1,j} \oplus \text{Tmp} \oplus X_2[s_{1,j} \oplus s_{2,j}] \\
s'_{2,j} &= s_{2,j} \oplus \text{Tmp} \oplus X_2[s_{2,j} \oplus s_{3,j}] \\
s'_{3,j} &= s_{3,j} \oplus \text{Tmp} \oplus X_2[s_{3,j} \oplus s_{0,j}]
\end{aligned}
$$

**32 位处理器**　上一节描述的实现方式仅基于 8 位处理器上的运算。对于 32 位处理器，若将运算定义在 32 位字上，则能执行更有效的操作。为了证明这一点，首先利用代数形式定义一轮的 4 个变换。假设用 $a_{i,j}$ 表示状态矩阵中的元素，用 $k_{i,j}$ 表示轮密钥矩阵中的元素，那么可用如下方式来描述这些变换：

| 字节代替 | $b_{i,j} = S[a_{i,j}]$ |
|---|---|
| 行移位 | $\begin{bmatrix} c_{0,j} \\ c_{1,j} \\ c_{2,j} \\ c_{3,j} \end{bmatrix} = \begin{bmatrix} b_{0,j} \\ b_{1,j-1} \\ b_{2,j-2} \\ b_{3,j-3} \end{bmatrix}$ |
| 列混淆 | $\begin{bmatrix} d_{0,j} \\ d_{1,j} \\ d_{2,j} \\ d_{3,j} \end{bmatrix} = \begin{bmatrix} 02 & 03 & 01 & 01 \\ 01 & 02 & 03 & 01 \\ 01 & 01 & 02 & 03 \\ 03 & 01 & 01 & 02 \end{bmatrix} \begin{bmatrix} c_{0,j} \\ c_{1,j} \\ c_{2,j} \\ c_{3,j} \end{bmatrix}$ |
| 轮密钥加 | $\begin{bmatrix} e_{0,j} \\ e_{1,j} \\ e_{2,j} \\ e_{3,j} \end{bmatrix} = \begin{bmatrix} d_{0,j} \\ d_{1,j} \\ d_{2,j} \\ d_{3,j} \end{bmatrix} \oplus \begin{bmatrix} k_{0,j} \\ k_{1,j} \\ k_{2,j} \\ k_{3,j} \end{bmatrix}$ |

在行移位等式中，列下标需要模 4。我们可把所有这些表达式表示成一个等式：

$$
\begin{aligned}
\begin{bmatrix} e_{0,j} \\ e_{1,j} \\ e_{2,j} \\ e_{3,j} \end{bmatrix} &= \begin{bmatrix} 02 & 03 & 01 & 01 \\ 01 & 02 & 03 & 01 \\ 01 & 01 & 02 & 03 \\ 03 & 01 & 01 & 02 \end{bmatrix} \begin{bmatrix} S[a_{0,j}] \\ S[a_{1,j-1}] \\ S[a_{2,j-1}] \\ S[a_{3,j-1}] \end{bmatrix} \oplus \begin{bmatrix} k_{0,j} \\ k_{1,j} \\ k_{2,j} \\ k_{3,j} \end{bmatrix} \\
&= \left( \begin{bmatrix} 02 \\ 01 \\ 01 \\ 03 \end{bmatrix} \cdot S[a_{0,j}] \right) \oplus \left( \begin{bmatrix} 03 \\ 02 \\ 01 \\ 01 \end{bmatrix} \cdot S[a_{1,j-1}] \right) \oplus \left( \begin{bmatrix} 01 \\ 03 \\ 02 \\ 01 \end{bmatrix} \cdot S[a_{2,j-2}] \right) \oplus \left( \begin{bmatrix} 01 \\ 01 \\ 03 \\ 02 \end{bmatrix} \cdot S[a_{3,j-3}] \right) \oplus \begin{bmatrix} k_{0,j} \\ k_{1,j} \\ k_{2,j} \\ k_{3,j} \end{bmatrix}
\end{aligned}
$$

在第二个方程中，我们用向量的线性组合来表示矩阵的乘法。定义如下由 4 个 256 字（1024 字节）构成的表：

| | | | |
|---|---|---|---|
| $T_0[x]=\left(\begin{bmatrix}02\\01\\01\\03\end{bmatrix}\cdot S[x]\right)$ | $T_1[x]=\left(\begin{bmatrix}03\\02\\01\\01\end{bmatrix}\cdot S[x]\right)$ | $T_2[x]=\left(\begin{bmatrix}01\\03\\02\\01\end{bmatrix}\cdot S[x]\right)$ | $T_3[x]=\left(\begin{bmatrix}01\\01\\03\\02\end{bmatrix}\cdot S[x]\right)$ |

因此，把每个表视为输入一个字节值，产生一个列向量（一个 32 位字），向量是对应该字节值的 S 盒的输入的函数。这些表都可以提前计算好。我们使用如下方式定义轮函数对一列的操作：

$$\begin{bmatrix}s'_{0,j}\\s'_{1,j}\\s'_{2,j}\\s'_{3,j}\end{bmatrix}=T_0[s_{0,j}]\oplus T_1[s_{1,j-1}]\oplus T_2[s_{2,j-2}]\oplus T_3[s_{3,j-3}]\oplus\begin{bmatrix}k_{0,j}\\k_{1,j}\\k_{2,j}\\k_{3,j}\end{bmatrix}$$

因此，基于上述等式的实现只需要 4 个表，每轮每列的 4 次异或运算，以及存储这些表所需的 4KB 存储空间。Rijndael 的开发者认为，这种紧凑、有效的实现方式可能是选择 Rijndael 作为高级加密标准最重要的原因之一。

## 6.7 关键术语、思考题和习题

### 关键术语

| | | |
|---|---|---|
| 高级加密标准 | 域 | 密钥扩展 |
| 雪崩效应 | 有限域 | S 盒 |

### 思考题

**6.1** NIST 评估 AES 候选算法的最初标准是什么？

**6.2** NIST 评估 AES 候选算法的最终标准是什么？

**6.3** Rijndael 和 AES 有何不同？

**6.4** 使用状态数组的目的是什么？

**6.5** 如何构建 S 盒？

**6.6** 简要描述字节代替变换。

**6.7** 简要描述行移位变换。

**6.8** 行移位变换会影响状态中的多少字节？

**6.9** 简述列混淆变换。

**6.10** 简述列轮密钥加变换。

**6.11** 简述密钥扩展算法。

**6.12** 字节代替和字代替有何不同？

**6.13** 行移位变换和字循环函数有何不同？

**6.14** AES 解密算法和其等价的逆算法有何不同？

## 习题

**6.1** 在讨论列混淆和逆向列混淆时，提到 $b(x) = a^{-1}(x) \bmod (x^4+1)$，其中 $a(x) = \{03\}x^3 + \{01\}x^2 + \{01\}x + \{02\}$，$b(x) = \{0B\}x^3 + \{0D\}x^2 + \{09\}x + \{0E\}$。证明这个等式成立。

**6.2** **a.** 在 GF($2^8$)中{01}的逆是什么？ **b.** 验证{01}在 S 盒中的项。

**6.3** 当 128 位的密钥全为 0 时，给出密钥扩展数组的前 8 个字。

**6.4** 若明文是{000102030405060708090A0B0C0D0E0F}，密钥是{01010101010101010101010101010101}：**a.**用 4 × 4 矩阵描述状态的最初内容；**b.** 给出初始化轮密钥加后的值；**c.** 给出字节代替后状态的值；**d.**给出行移位后状态的值；**e.** 给出列混淆后状态的值。

**6.5** 验证式（6.11），即验证 $x^i \bmod (x^4+1) = x^{i \bmod 4}$。

**6.6** 比较 AES 和 DES。对 DES 中的如下元素，指出 AES 中与之对应的元素，或解释 AES 中为何不需要该元素：**a.** *f* 函数的输入与子密钥相异或；**b.** *f* 函数的输出与分组左边的部分相异或；**c.** *f* 函数；**d.** 置换 *P*；**e.** 交换一个分组的两半。

**6.7** 在关于实现的小节中，描述了利用表的方式来防止计时攻击。提出另一种可以防止计时攻击的技术。

**6.8** 在关于实现的小节中，提出只用一个代数方程就可描述加密算法中普通轮次的 4 个阶段。给出与第 10 轮等价的方程。

**6.9** 计算由输入字节序列"67 89 AB CD"经过列混淆后的输出结果，并对输出结果用逆向列混淆变换来验证计算结果。将输入的第一个字节从"67"改为"77"，对新输入重新执行列混淆变换，并判断输出有多少位发生了变化。注意：可以手工或编程来执行上述运算。如果采用编程方式，那么要独立编写所有代码；不要使用任何库文件或公开的源代码。

**6.10** 使用密钥 1010 0111 0011 1011 加密表示为 ASCII 码的明文"ok"，即 0110 1111 0110 1011。S-AES 的设计者得出密文是 0000 0111 0011 1000，你的呢？

**6.11** 如下矩阵是 GF($2^4$)中的矩阵，说明该矩阵是 S-AES 中列混淆所用矩阵的逆：

$$\begin{bmatrix} x^3+1 & x \\ x & x^3+1 \end{bmatrix}$$

**6.12** 对于 S-AES 算法，用密钥 1010 0111 0011 1011 解密密文 0000 0111 0011 1000 得出的明文应与习题 6.10 所给的明文相同。注意 S 盒的逆运算可通过逆向查表实现，列混淆的逆运算可通过习题 6.11 给出的矩阵实现。

**6.13** 证明式（6.9）和式（6.4）等价。

## 编程题

**6.1** 编写使用 S-AES 实现加密和解密的软件。测试数据：使用密钥 1010 0111 0011 1011 加密二进制明文 0110 1111 0110 1011，得出二进制密文 0000 0111 0011 1000。解密过程同上。

**6.2** 实现对于 1 轮 S-AES 的差分攻击。

# 附录 6A　系数在 GF($2^8$)中的多项式

5.5 节讨论了系数定义在 $Z_p$ 中的多项式算术和模 $m(x)$的多项式，其中 $m(x)$的次数为 $n$。这里，多项式系数的加法和乘法都定义在域 $Z_p$ 中，即加法和乘法都要模 $p$。

AES 文档描述的多项式算术中的多项式的系数在 GF($2^8$)中，且次数不大于 3。使用的规则如下。

**1.** 加法操作就是两个多项式的系数在 $GF(2^8)$中相加。如 5.4 节所述，若把 $GF(2^8)$中的元素视为 8 位的串，则加法就等价于异或运算。于是有

$$a(x)=a_3x^3+a_2x^2+a_1x+a_0 \tag{6.10}$$

$$b(x)=b_3x^3+b_2x^2+b_1x+b_0 \tag{6.11}$$

进而有

$$a(x)+b(x)=(a_3\oplus b_3)x^3+(a_2\oplus b_2)x^2+(a_1\oplus b_1)x+(a_0\oplus b_0)$$

**2.** 乘法运算和普通多项式乘法差不多，但有两个限制：

**a.** 系数要在 $GF(2^8)$中相乘。

**b.** 结果多项式需要模多项式$(x^4+1)$。

下面深入了解所讨论的多项式。回顾 5.6 节可知，$GF(2^8)$中的每个元素都可表示为系数为{0}或{1}、次数不大于 7 的多项式。多项式乘积的结果需要模一个次数为 8 的多项式。相应地，$GF(2^8)$中的每个元素都可视为一个 8 位的字节，字节中的每位都与相应多项式的系数对应。对本节定义的集合，我们定义了一个多项式环，环中的每个多项式的系数在 $GF(2^8)$中，次数不大于 3。多项式的乘积需要模一个次数为 4 的多项式。相应地，环中的每个元素都可视为一个 4 字节的字，字中的每个字节是 $GF(2^8)$中的元素，其值都与该元素的相应多项式的 8 位系数对应。

定义 $a(x)$和 $b(x)$的模乘积为 $a(x)\otimes b(x)$。为了计算 $d(x)=a(x)\oplus b(x)$，首先执行没有模运算的乘法，并合并有着相同次数的各项。我们把这个过程称为 $c(x)=a(x)\times b(x)$。于是有

$$c(x)=c_6x^6+c_5x^5+c_4x^4+c_3x^3+c_2x^2+c_1x+c_0 \tag{6.12}$$

式中，

$c_0=a_0\cdot b_0$

$c_1=(a_1\cdot b_0)\oplus(a_0\cdot b_1)$

$c_2=(a_2\cdot b_0)\oplus(a_1\cdot b_1)\oplus(a_0\cdot b_2)$

$c_3=(a_3\cdot b_0)\oplus(a_2\cdot b_1)\oplus(a_1\cdot b_2)\oplus(a_0\cdot b_3)$

$c_4=(a_3\cdot b_1)\oplus(a_2\cdot b_2)\oplus(a_1\cdot b_3)$

$c_5=(a_3\cdot b_2)\oplus(a_2\cdot b_3)$

$c_6=a_3\cdot b_3$

最后一步是执行模运算

$$d(x)=c(x)\bmod\ (x^4+1)$$

即 $d(x)$必须满足方程 $c(x)=[(x^4+1)\times q(x)]\oplus d(x)$，以使 $d(x)$的次数不大于 3。

在多项式环上进行乘法运算的一个实用技巧基于如下观察：

$$x^i\bmod(x^4+1)=x^{i\bmod 4} \tag{6.13}$$

联立式（6.12）和式（6.13）得

$$\begin{aligned}d(x)&=c(x)\bmod(x^4+1)\\&=[c_6x^6+c_5x^5+c_4x^4+c_3x^3+c_2x^2+c_1x+c_0]\bmod\ (x^4+1)\\&=c_3x^3+(c_2\oplus c_6)x^2+(c_1\oplus c_5)x+(c_0\oplus c_4)\end{aligned}$$

扩展系数 $c_i$，得到关于 $d(x)$系数的如下方程：

$$\begin{aligned}d_0&=(a_0\cdot b_0)\oplus(a_3\cdot b_1)\oplus(a_2\cdot b_2)\oplus(a_1\cdot b_3)\\d_1&=(a_1\cdot b_0)\oplus(a_0\cdot b_1)\oplus(a_3\cdot b_2)\oplus(a_2\cdot b_3)\\d_2&=(a_2\cdot b_0)\oplus(a_1\cdot b_1)\oplus(a_0\cdot b_2)\oplus(a_3\cdot b_3)\\d_3&=(a_3\cdot b_0)\oplus(a_2\cdot b_1)\oplus(a_1\cdot b_2)\oplus(a_0\cdot b_3)\end{aligned}$$

其矩阵表达式为

$$\begin{bmatrix} d_0 \\ d_1 \\ d_2 \\ d_3 \end{bmatrix} = \begin{bmatrix} a_0 & a_3 & a_2 & a_1 \\ a_1 & a_0 & a_3 & a_2 \\ a_2 & a_1 & a_0 & a_3 \\ a_3 & a_2 & a_1 & a_0 \end{bmatrix} \begin{bmatrix} b_0 \\ b_1 \\ b_2 \\ b_3 \end{bmatrix} \tag{6.14}$$

## 附录 6A.1 列混淆变换

在讨论列混淆变换时，我们说明了有两种等价的方式来定义这个变换。第一种方式是如式（6.3）所示的矩阵乘法，即

$$\begin{bmatrix} 02 & 03 & 01 & 01 \\ 01 & 02 & 03 & 01 \\ 01 & 01 & 02 & 03 \\ 03 & 01 & 01 & 02 \end{bmatrix} \begin{bmatrix} s_{0,0} & s_{0,1} & s_{0,2} & s_{0,3} \\ s_{1,0} & s_{1,1} & s_{1,2} & s_{1,3} \\ s_{2,0} & s_{2,1} & s_{2,2} & s_{2,3} \\ s_{3,0} & s_{3,1} & s_{3,2} & s_{3,3} \end{bmatrix} = \begin{bmatrix} s'_{0,0} & s'_{0,1} & s'_{0,2} & s'_{0,3} \\ s'_{1,0} & s'_{1,1} & s'_{1,2} & s'_{1,3} \\ s'_{2,0} & s'_{2,1} & s'_{2,2} & s'_{2,3} \\ s'_{3,0} & s'_{3,1} & s'_{3,2} & s'_{3,3} \end{bmatrix}$$

第二种方式是将状态中的每列都视为一个系数在 GF($2^8$)中的 4 次多项式。每列首先乘以固定的多项式 $a(x)$，然后模($x^4+1$)，其中 $a(x)$为

$$a(x) = \{03\}x^3 + \{01\}x^2 + \{01\}x + \{02\}$$

根据式（6.10），可得 $a_3 = \{03\}, a_2 = \{01\}, a_1 = \{01\}, a_0 = \{02\}$。对状态中的第 $j$ 列，有列多项式 $\mathrm{col}_j(x) = s_{3,j}x^3 + s_{2,j}x^2 + s_{1,j}x + s_{0,j}x$。代入式（6.14），可将 $d(x) = a(x) \times \mathrm{col}_j(x)$ 表示为

$$\begin{bmatrix} d_0 \\ d_1 \\ d_2 \\ d_3 \end{bmatrix} = \begin{bmatrix} a_0 & a_3 & a_2 & a_1 \\ a_1 & a_0 & a_3 & a_2 \\ a_2 & a_1 & a_0 & a_3 \\ a_3 & a_2 & a_1 & a_0 \end{bmatrix} \begin{bmatrix} s_{0,j} \\ s_{1,j} \\ s_{2,j} \\ s_{3,j} \end{bmatrix} = \begin{bmatrix} 02 & 03 & 01 & 01 \\ 01 & 02 & 03 & 01 \\ 01 & 01 & 02 & 03 \\ 03 & 01 & 01 & 02 \end{bmatrix} \begin{bmatrix} s_{0,j} \\ s_{1,j} \\ s_{2,j} \\ s_{3,j} \end{bmatrix}$$

这与式（6.3）等价。

## 附录 6A.2 乘以 $x$

考虑环中一个多项式乘以 $x$ 的情况，即 $c(x) = x \oplus b(x)$。我们有

$$\begin{aligned} c(x) = x \oplus b(x) &= [x \times (b_3x^3 + b_2x^2 + b_1x + b_0)] \bmod (x^4+1) \\ &= (b_3x^4 + b_2x^3 + b_1x^2 + b_0x) \bmod (x^4+1) \\ &= b_2x^3 + b_1x^2 + b_0x + b_3 \end{aligned}$$

因此，一个多项式乘以 $x$ 相当于将该多项式对应的由 4 字节组成的字循环左移 1 字节，若将这个多项式作为一个 4 字节的列向量，则有

$$\begin{bmatrix} c_0 \\ c_1 \\ c_2 \\ c_3 \end{bmatrix} = \begin{bmatrix} 00 & 00 & 00 & 01 \\ 01 & 00 & 00 & 00 \\ 00 & 01 & 00 & 00 \\ 00 & 00 & 01 & 00 \end{bmatrix} \begin{bmatrix} b_0 \\ b_1 \\ b_2 \\ b_3 \end{bmatrix}$$

# 第 7 章　分组加密工作模式

**学习目标**

- 分析多重加密方案的安全性。
- 了解中间相遇攻击。
- 比较 ECB、CBC、CFB、OFB 和其他工作模式。
- 简要介绍 XTS-AES 工作模式。

本章继续讨论对称密码。首先讨论多重加密，尤其是目前广泛使用的三重 DES。

然后介绍**分组密码**的工作模式。使用分组密码加密明文的方法有多种，每种方法都有其优点和特定的应用。

## 7.1　多重加密和三重 DES

DES 在穷举攻击之下相对脆弱，因此很多人希望用更强的加密方案代替它。第一种方案是设计全新的算法，如 AES；第二种方案是用 DES 及多个密钥进行多次加密，保护已有的软/硬件投资。下面首先介绍第二种方案的一个简单例子，然后讨论已被人们广泛接受的**三重 DES**（3DES）算法。

### 7.1.1　双重 DES

最简单的多次加密是使用两个密钥进行两次加密 [ 见图 7.1(a) ]。给定明文 $P$ 及密钥 $K_1$ 和 $K_2$，密文 $C$ 按如下方式生成：

$$C = E(K_2, E(K_1, P))$$

解密时要求逆序使用这两个密钥：

$$P = D(K_1, D(K_2, C))$$

对于 DES，这种方案的密钥长度为 $56 \times 2 = 112$ 位，密码强度大大增加。下面详细分析这个算法。

**约化为单次加密**　对所有的 56 位密钥，若给定两个密钥 $K_1$ 和 $K_2$，则可能存在密钥 $K_3$ 使得

$$E(K_2, E(K_1, P)) = E(K_3, P) \tag{7.1}$$

如果上述假设成立，那么进行两次 DES 加密或任意次 DES 加密，结果都是无用的，因为结果等同于用一个 56 位的密钥进行一次 DES 加密。

表面上看，式（7.1）不太可能成立。DES 加密是 64 位分组之间的映射，而映射实际上可视为置换。也就是说，对 $2^{64}$ 个可能的明文分组，DES 用某个特定密钥加密后，唯一地对应于一个 64 位的密文分组；否则，即使将两个输入分组映射为一个输出分组，通过解密来恢复原始明文也是不可能的。那么$2^{64}$个可能的输入有多少个一一映射呢？很容易看出这个数量是

$$(2^{64})! = 10^{347380000000000000000} > (10^{10^{20}})$$

另一方面，DES 为每个密钥定义一个映射，映射总数为

$$2^{56} < 10^{17}$$

因此，我们完全有理由认为双重 DES 对应的映射不能由单重 DES 定义。尽管有很多支持该假设的证据，但直到 1992 年该假设才被证明[CAMP92]。

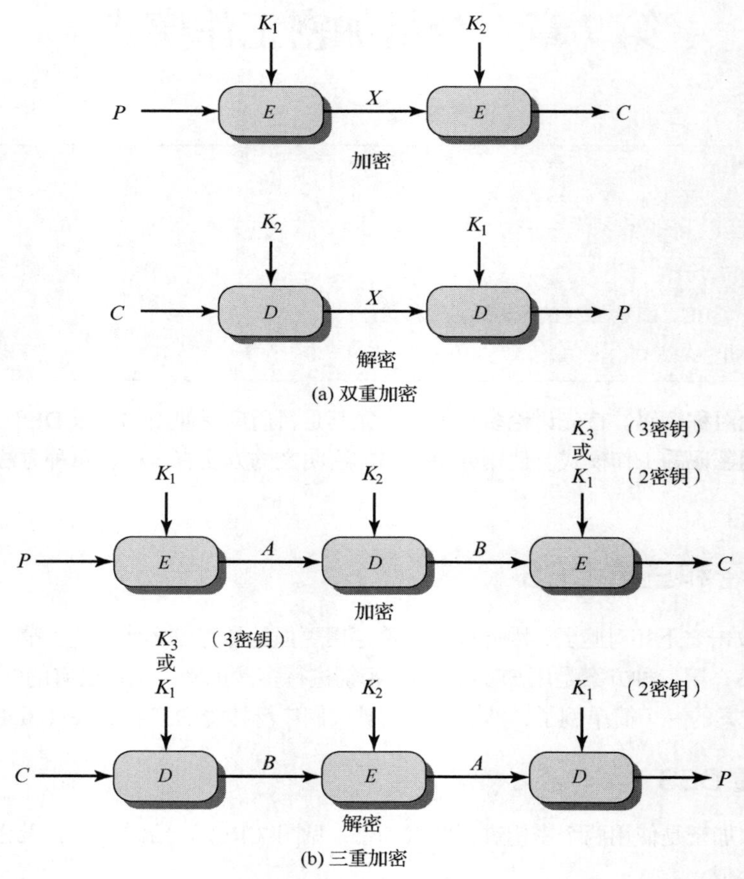


图 7.1　多重加密

**中间相遇攻击**　虽然双重 DES 对应的映射与单重 DES 对应的映射不同，但有一种攻击它的方法，这种方法不依赖于 DES 的任何特殊性质，且对所有分组密码都有效。

该算法称为**中间相遇攻击**，文献[DIFF77]首次对它进行了描述。它基于如下观察。假设

$$C = E(K_2, E(K_1, P))$$

则有［见图 7.1(a)］

$$X = E(K_1, P) = D(K_2, C)$$

给定明密文对 $(P, C)$，攻击按照如下方式展开：首先，用 $2^{56}$ 个可能的 $K_1$ 值加密 $P$，将结果放到一个表中，并按 $X$ 的值对表格排序。然后，用 $2^{56}$ 个可能的 $K_2$ 值解密 $C$，每解密一次，就将解密结果与表中的值进行比较，匹配时就用刚才测试的两个密钥验证一个新的已知明密文对。如果两个密钥生成了正确的密文，那么就认为这两个密钥是正确的密钥。

对任意给定的明文 $P$，采用双重 DES 加密可能会产生 $2^{64}$ 个可能的密文。事实上，双重 DES 使用了一个 112 位的密钥，共有 $2^{112}$ 个可能的密钥。因此，对于给定的明文 $P$，能够产生密文 $C$ 的密钥个数平均为 $2^{112}/2^{64} = 2^{48}$。于是，上述攻击过程对第一个明密文 $(P, C)$ 生成 $2^{48}$ 个错误结果；对第二个

64 位明密文对 $(P,C)$，错误结果的概率降为 $2^{48-64}=2^{-16}$。换句话说，中间相遇攻击使用两组已知的明密文对猜出正确密钥的概率为 $1-2^{-16}$。因此，已知明文攻击可以成功对付密钥长度为 112 位的双重 DES，它的付出数量级是 $2^{56}$，比攻击单重 DES 付出的数量级 $2^{55}$ 多不了多少。

### 7.1.2　使用两个密钥的三重 DES

对付中间相遇攻击的一种明显方法是，使用三个不同的密钥进行三次加密。由于使用 DES 作为基本算法，因此这种方法通常被称为 3DES 或三重数据加密算法（TDEA）。如图 7.1(b)所示，存在两个版本的 3DES：一个版本使用两个密钥，另一个版本使用三个密钥。NIST SP 800-67（*Recommendation for the Triple Data Encryption Block Cipher*，2012 年 1 月）定义了双密钥和三密钥版本。下面首先介绍两密钥版本的强度，然后介绍三密钥版本的强度。

两密钥三重加密最初由 Tuchman 提出[TUCH79]。函数采用一个加密-解密-加密码（DES）序列［见图 7.1(b)］：

$$C=E(K_1,D(K_2,E(K_1,P))),\quad P=D(K_1,E(K_2,D(K_1,C)))$$

第二步采用的解密运算并无密码学上的深层含义，目的只是让 3DES 的用户能够用该算法解密单重 DES 加密的数据：

$$C=E(K_1,D(K_1,E(K_1,P)))=E(K_1,P),\quad P=D(K_1,E(K_1,D(K_1,C)))=D(K_1,C)$$

使用两个密钥的 3DES 已广泛代替 DES，并已纳入密钥管理标准 ANSI X9.17 和 ISO 8732 中①。

目前，还没有对 3DES 进行攻击的可行方法。Copper Smith[COPP94]认为，对 3DES 进行穷举攻击的代价的数量级是 $2^{112}\approx(5\times10^{33})$，并且用差分密码分析的代价是按指数增长的，与单重 DES 相比，代价要超过 $10^{52}$。

下面了解几种攻击 3DES 的可行方法，虽然这些方法都不实际，但有助于以后形成好的攻击方法。

第一个较好的攻击建议来自 Merkle 和 Hellman[MERK81]。他们的方案是首先查找明文，看哪个明文的第一个中间值［见图 7.1(b)］$A=0$，然后使用中间相遇攻击来确定两个密钥。这种攻击方法的代价的数量级是 $2^{56}$，但需要 $2^{56}$ 个选择的明密文对，这明显不可行。

文献[VANO90]中概述了一种已知明文攻击，相对于选择明文攻击，这种方法有一些进步，但付出的代价更大。这一攻击基于如下观察：若已知 $A$ 和 $C$［见图 7.1(b)］，则问题简化为攻击双重 DES。当然，只要不知道两个密钥，即使知道 $P$ 和 $C$，攻击者也得不到 $A$。然而，攻击者可以先选择一个可能的 $A$ 值，再试着找出一个可以生成 $A$ 的已知 $(P,C)$ 对。具体的攻击过程如下所示。

**1.** 获取 $n$ 个 $(P,C)$ 对，将这些已知的 $(P,C)$ 对按 $P$ 排序后放到一个表（表 1）中［见图 7.2(b)］。

**2.** 为 $A$ 随意选择一个值 $a$，创建第二个表（表 2）［见图 7.2(c)］，表中的各项按如下方式定义。对 $2^{56}$ 个可能的密钥 $K_i=i$，计算明文值 $P_i$，

$$P_i=D(i,a)$$

对与表 1 中某项匹配的所有 $P_i$，在表 2 中创建一项，该项中包含 $K_1$ 值及为 $(P,C)$ 对生成的 $B$ 值：

$$B=D(i,C)$$

最后将图 7.2(c)中的表 2 按 $B$ 的值排序。

**3.** 现在表 2 中已有 $K_1$ 的许多候选值，于是需要搜索 $K_2$ 的一个值。对 $2^{56}$ 个可能密钥中的一个密钥 $K_2=j$，针对所选的 $a$ 值计算第二个中间值：

---

① 美国国家标准协会（ANSI）：金融机构密钥管理（批发）。由其名称来看，X9.17 并不出名，但这个标准中定义的大量技术已被其他标准和应用采纳。

$$B = D(j, a)$$

每一步都在表 2 中查找 $B_j$。如果出现匹配，那么表 2 中的相应密钥 $i$ 和这个 $j$ 值就是未知密钥($K_1$, $K_2$)的可能值。为什么？因为我们已经找到一个密钥对 $(K_1, K_2) = (i, j)$，它可以生成一个已知明密文对 $(P, C)$ ［见图 7.2(a)］。

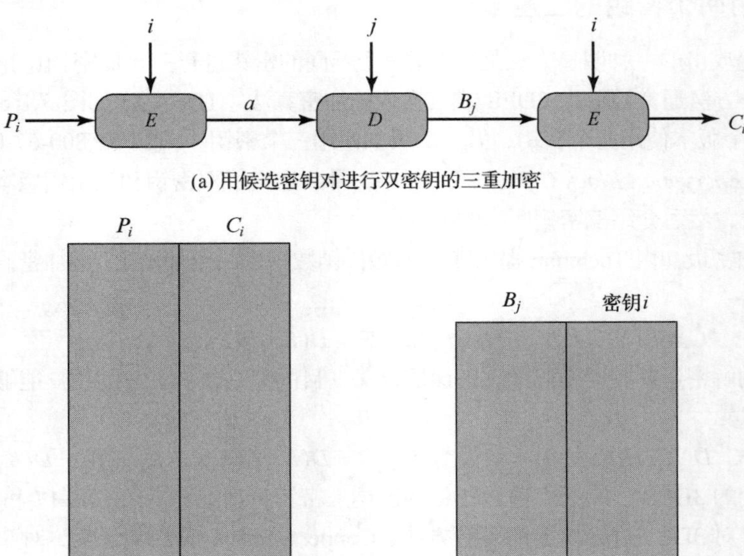


(a) 用候选密钥对进行双密钥的三重加密

(b) $n$个已知明密文对表（表1）　　(c) 中间值及候选密钥表（表2）

图 7.2　对 3DES 的已知明文攻击

**4.** 用每个候选的密钥对 $(i, j)$ 测试其他几个 $(P, C)$ 对，若一个密钥对生成了期望的明文，则任务完成；若这些密钥对都不能生成期望的明文，则用一个新 $a$ 值重复步骤 1。

对于一个给定的 $(P, C)$ 对，选择某个 $a$ 值时，成功的概率为 $2^{-64}$。所以，对于给定的 $n$ 个 $(P, C)$ 对，选择单个 $a$ 值时，成功的概率为 $n/2^{64}$。概率论中的一个基本结果是，从装有 $n$ 个红球和 $N-n$ 个绿球的箱子中，在摸出的球不重新放回箱子的情况下，平均要摸 $(N+1)/(n+1)$ 次才能摸一个红球。所以在 $n$ 非常大时，尝试 $a$ 值的数量是

$$\frac{2^{64}+1}{n+1} \approx \frac{2^{64}}{n}$$

于是，攻击的期望运算时间的数量级为

$$(2^{56}) \times \frac{2^{64}}{n} = 2^{120-\log_2 n}$$

### 7.1.3　使用三个密钥的三重 DES

尽管上述攻击方法不实用，但使用双密钥三重 DES 的人还是感到有点问题。很多人觉得三密钥三重 DES 才是最好的方案（如文献[KALI96a]）。在 SP 800-57 的第 1 部分（*Recommendation for Key Management—Part 1: General*，2012 年 7 月）中，NIST 推荐使用三密钥 3DES 代替双密钥 3DES。

三密钥 3DES 定义为

$$C = E(K_3, D(K_2, E(K_1, P)))$$

要想与 DES 兼容，只需要让 $K_3 = K_2$ 或 $K_1 = K_2$。我们期望 3TDEA 能提供 $56 \times 3 = 168$ 位的密钥

强度，但针对 3TDEA 的攻击会降低密钥强度，并耗尽 112 位密钥[MERK81]。

有些基于 Internet 的应用已采纳这种三密钥的 3DES，如第 21 章中讨论的 PGP 和 S/MIME。

## 7.2　电码本模式

分组密码的输入是一个长度固定为 $b$ 位的明文分组和一个密钥，输出是一个长度为 $b$ 位的密文分组。若明文长度大于 $b$ 位，则可简单将其分成 $b$ 位一组的多个分组。每次使用相同的密钥对多个分组加密时，都会引发许多安全问题。为了在各种实际应用中使用分组密码，NIST（SP 800-38A）定义了五种"工作模式"。工作模式本质上是一种增强密码算法或使得密码算法适应具体应用的技术，如将分组密码应用于由数据分组组成的序列或数据流。这五种模式实际上覆盖了大量使用分组密码的应用。这些模式可用于包括三重 DES 和高级数据加密（AES）在内的任何分组密码。表 7.1 中总结了这些模式，详细说明见后续各节。

**表 7.1　分组密码的工作模式**

| 模　式 | 描　述 | 典型应用 |
|---|---|---|
| 电码本（ECB） | 用相同的密钥分别对明文分组单独加密 | • 单个数据的安全传输（如一个加密密钥） |
| 密文分组链接（CBC） | 加密算法的输入是上一个密文分组和下一个明文分组的异或 | • 面向分组的通用传输<br>• 认证 |
| 密码反馈（CFB） | 一次处理输入的 $s$ 位，上一个密文分组作为加密算法的输入，产生的伪随机数输出与明文异或后作为下一个单元的密文 | • 面向数据流的通用传输<br>• 认证 |
| 输出反馈（OFB） | 与 CFB 类似，只是加密算法的输入是上一次加密的输出，并且使用整个分组 | • 噪声信道上的数据流的传输（如卫星通信） |
| 计数器（CTR） | 每个明文分组都与一个经过加密的计数器异或。对每个后续的分组，计数器增 1 | • 面向分组的通用传输<br>• 用于高速需求 |

最简单的模式是电码本（ECB）模式，它一次处理一个明文分组，每次都使用相同的密钥加密［见图 7.3］。使用"电码本"一词的原因是，对于给定的密钥，每个 $b$ 位的明文分组只有唯一的密文与之对应。因此，我们可以想象存在一个很厚的电码本，对于任意一个 $b$ 位的明文，都可在电码本中查到相应的密文。

若明文长于 $b$ 位，则可简单地将其分成多个 $b$ 位分组，需要时可对最后一个分组进行填充。解密也是一次执行一个分组，并使用相同的密钥。在图 7.3 中，明文（需要时可以填充）由一串 $b$ 位的分组构成，记为 $P_1, P_2, \cdots, P_N$，相应的密文分组序列是 $C_1, C_2, \cdots, C_N$。可以执照如下方式定义 ECB 模式：

| ECB | $C_j = E(K, P_j), \quad j = 1, \cdots, N$ | $P_j = D(K, C_j), \quad j = 1, \cdots, N$ |
|---|---|---|

ECB 模式只适合于加密比基本密码的一个分组长度（例如，对于 3DES 为 64 位，对于 AES 为 128 位）短的消息，如加密一个密钥。由于大多数情形下的消息要长于加密分组模式，因此这种模式的实用价值很小。

ECB 最重要的特征是，如果消息中出现多个相同的明文分组，那么它会生成相同的密文。

对于较长的消息，ECB 模型可能不安全。如果消息是高度结构化的，那么密码分析者就可利用这些规律。例如，若已知消息总以某些固定的字段开头，则密码分析者就可使用大量的已知明密文对。消息具有重复的内容且重复的周期正好是 $b$ 位的倍数时，密码分析者就能分辨这些内容，然后采用代换或重排分组的方法进行攻击。

下面考虑更复杂的工作模式。文献[KNUD00]中列出如下标准和性质，以便评估和构建那些优于 ECB 的分组加密工作模式。

- **开销** 与 ECB 模式中的加密和解密相比，加密和解密工作模式都需要额外的操作。
- **错误恢复** 第 $i$ 个密文分组中的错误只会被模式同步后的一些明文分组继承。
- **错误传播** 第 $i$ 个密文分组中的错误会被第 $i$ 个及后续的所有明文分组继承，这意味着在密文分组传输过程中会发生一位错误，而在明文分组的加密过程中不会发生计算错误。
- **扩散** 明文统计性质在密文中的反映方式。熵值较小的明文分组不应在密文分组中反映。大致来说，熵值较小的密文分组等同于可预测性或缺乏随机性（见附录 B）。
- **安全** 密文分组是否会泄露关于明文分组的信息。

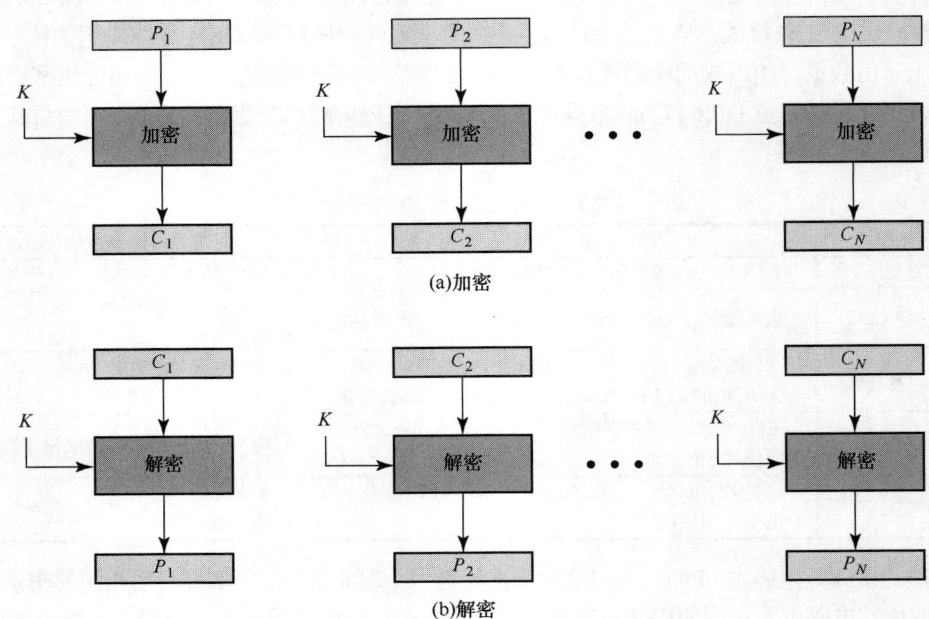


图 7.3 电码本（ECB）模式

## 7.3 密文分组链接模式

为了克服 ECB 的安全缺陷，我们需要一种技术将重复的明文分组加密为不同的密文分组。满足这个要求的一种简单方法是密文分组链接（CBC）模式（见图 7.4）。在这种模式中，加密算法的输入是当前明文分组和上一个密文分组的异或，但每个分组都使用相同的密钥，即把所有的明文分组链接起来。对于每个明文分组，加密函数的输入与该明文分组并无固定关系。因此，$b$ 位的重复模式不会暴露。与 ECB 模式类似，CBC 模式也要求最后一个分组不是 $b$ 位时进行填充。

解密时，首先对每个密文分组使用解密算法，然后将结果与上一个密文分组异或，以便生成明文分组。为了解解密过程，我们可以写出

$$C_j = E(K, [C_{j-1} \oplus P_j])$$

于是有

$$D(K, C_j) = D(K, E(K, [C_{j-1} \oplus P_j]))$$
$$D(K, C_j) = C_{j-1} \oplus P_j$$
$$C_{j-1} \oplus D(K, C_j) = C_{j-1} \oplus C_{j-1} \oplus P_j = P_j$$

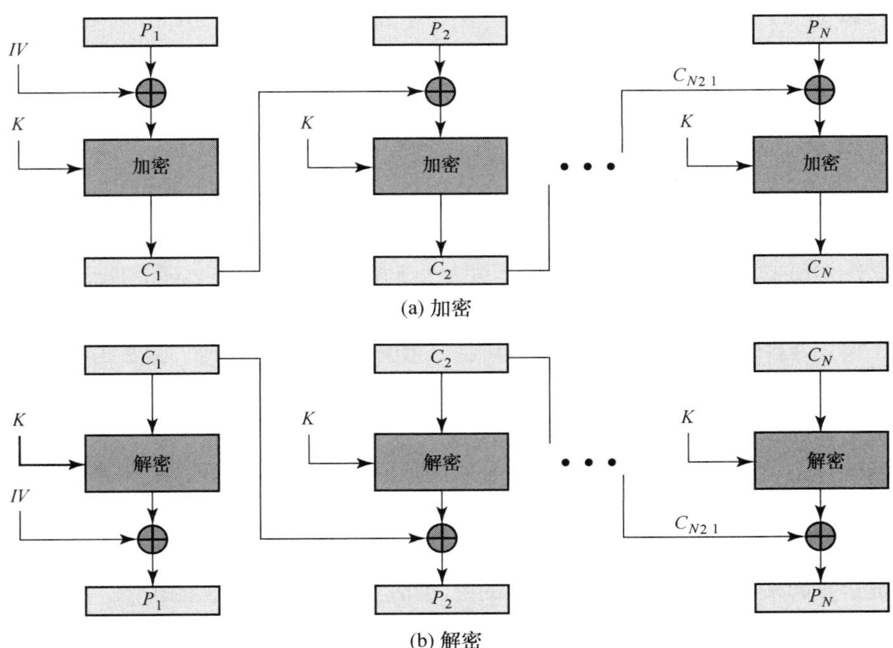


图 7.4　密文分组链接（CBC）模式

第一个明文分组与一个初始向量（IV）异或，产生第一个密文分组。解密时，将解密算法的输出与 IV 异或，恢复第一个明文分组。IV 是与密文分组具有相同长度的数据分组。CBC 模式可以定义为

| CBC | $C_1 = E(K, [P_1 \oplus \text{IV}])$<br>$C_j = E(K, [P_j \oplus C_{j-1}]),\quad j = 2,\cdots,N$ | $P_1 = D(K, C_1) \oplus \text{IV}$<br>$P_j = D(K, C_j) \oplus C_{j-1},\quad j = 2,\cdots,N$ |
|---|---|---|

IV 须由收发双方共享，但第三方不能预测。特别地，对任意给定的明文，在 IV 生成之前，第三方不能预测和该明文关联的 IV。为了实现最大的安全性，IV 在未经授权时不能修改。先用 ECB 加密 IV 再发送它的方式可以实现这一要求。保护 IV 的原因之一是：攻击者可以欺骗接收者，让他使用不同的 IV，接着攻击者就能将第一个明文分组的某些位取反。为了理解这一点，考虑

$$C_1 = E(K,[\text{IV} \oplus P_1]),\quad P_1 = \text{IV} \oplus D(K,C_1)$$

若用 $X[i]$ 表示 $b$ 位量 $X$ 的第 $i$ 位，则有

$$P_1[i] = \text{IV}[i] \oplus D(K,C_1)[i]$$

使用 XOR 的性质，我们可以声明

$$P_1[i]' = \text{IV}[i]' \oplus D(K,C_1)[i]$$

式中，撇号表示取反。这意味着若攻击者预先改变 IV 中的某些位，则接收者收到的 $P_1$ 会发生变化。

对于利用 IV 的先验知识的其他攻击方法，请参阅文献[VOYD83]。

只要 IV 不可预测，具体选什么 IV 就不重要。SP 800-3A 推荐了两种方法：第一种方法是用加密函数加密一个时变值[①]，且明文加密所用的密钥相同。这个时变值对每次加密运算来说须是唯一的。例

① NIST SP 800-90（*Recommendation for Random Number Generation Using Deterministic Random Bit Generators*）将时变值定义如下：一个随时间变化的值，具有可忽略的重复概率，如每次使用时都重新生成一个随机值、一个时间戳和一个序号，或它们的某种组合。

如，时变值可以是一个计数器、一个时间戳或一个消息数。第二种方法是用随机数生成器生成一个随机数据分组。

总之，CBC 的链接机制使得它适合加密长度大于 $b$ 位的消息。

CBC 除用来实现保密性外，也用于认证。这种用途将在第 12 章中描述。

## 7.4　密码反馈模式

对于 AES、DES 或任何分组密码，加密是对一个 $b$ 位的分组进行的。对于 DES，$b = 64$，而对于 AES，$b = 128$。然而，利用本节讨论的密码反馈（Cipher FeedBack，CFB）模式和下面要讨论的输出反馈（OFB）模式及计数器（CTR）模式，也可将分组密码转换为流密码。流密码不需要将明文长度填充为分组长度的整数倍，并且可以实时操作。因此，如果正在传输一个字符流，那么使用一个面向字符的流密码可以加密每个字符并立即传输。

流密码有个让人“心动”的性质，即密文和明文等长。因此，如果正在传输 8 位的字符，那么应加密每个字符以便输出一个 8 位的密文。如果输出的密文多于 8 位，那么就会浪费传输能力。

图 7.5 描述了 CFB 模式。图中假设传输单元是 $s$ 位，$s$ 通常为 8。与使用 CBC 模式一样，要将明文的各个单元链接起来，以便任意个明文单元的密文都是前面的所有明文的函数。在这种情况下，明文被分成 $s$ 位的片段而非 $b$ 位的分组。

首先考虑加密。加密函数的输入是一个 $b$ 位的移位寄存器，其值最初设为某个初始向量（IV）。加密函数输出最左边（最高）的 $s$ 位与明文的第一个分段 $P_1$ 异或，得到密文的第一个单元 $C_1$，然后将 $C_1$ 发送出去；接着，移位寄存器左移 $s$ 位，将 $C_1$ 填入移位寄存器最右边（最低）的 $s$ 位。以此类推，直到所有明文单元都被加密。

解密也使用相同的方法，只是要将收到的密文单元与加密函数的输出异或来得到明文单元。注意，这里使用的是加密函数而非解密函数，这很容易解释。设 $\mathrm{MSB}_s(X)$ 表示 $X$ 的最高 $s$ 位，则有

$$C_1 = P_1 \oplus \mathrm{MSB}_s[E(K, \mathrm{IV})]$$

整理得

$$P_1 = C_1 \oplus \mathrm{MSB}_s[E(K, \mathrm{IV})]$$

对该过程中的后续各步骤，这同样成立。CFB 模式定义如下：

| | | |
|---|---|---|
| CFB | $I_1 = \mathrm{IV}$<br>$I_j = \mathrm{LSB}_{b-s}(I_{j-1}) \| C_{j-1},\ j = 2, \cdots, N$<br>$O_j = E(K, I_j),\ j = 1, \cdots, N$<br>$C_j = P_j \oplus \mathrm{MSB}_s(O_j),\ j = 1, \cdots, N$ | $I_1 = \mathrm{IV}$<br>$I_j = \mathrm{LSB}_{b-s}(I_{j-1}) \| C_{j-1},\ j = 2, \cdots, N$<br>$O_j = E(K, I_j),\ j = 1, \cdots, N$<br>$P_j = C_j \oplus \mathrm{MSB}_s(O_j),\ j = 1, \cdots, N$ |

尽管 CFB 可视为流密码，但它和流密码的典型构造并不一致。在典型的流密码中，输入为某个初始值和密钥，输出为位流，位流再和明文进行异或运算（见图 4.1）。在 CFB 模式中，与明文异或的位流也取决于明文。

在 CFB 加密中，与 CBC 加密类似，每个正向密码函数（第一个除外）的输入分组都取决于之前密码函数的结果；因此无法并行执行多个正向密码操作。在 CFB 解密中，如果输入分组是由 IV 和密文首次构建的，那么所需的密码操作可以并行执行。

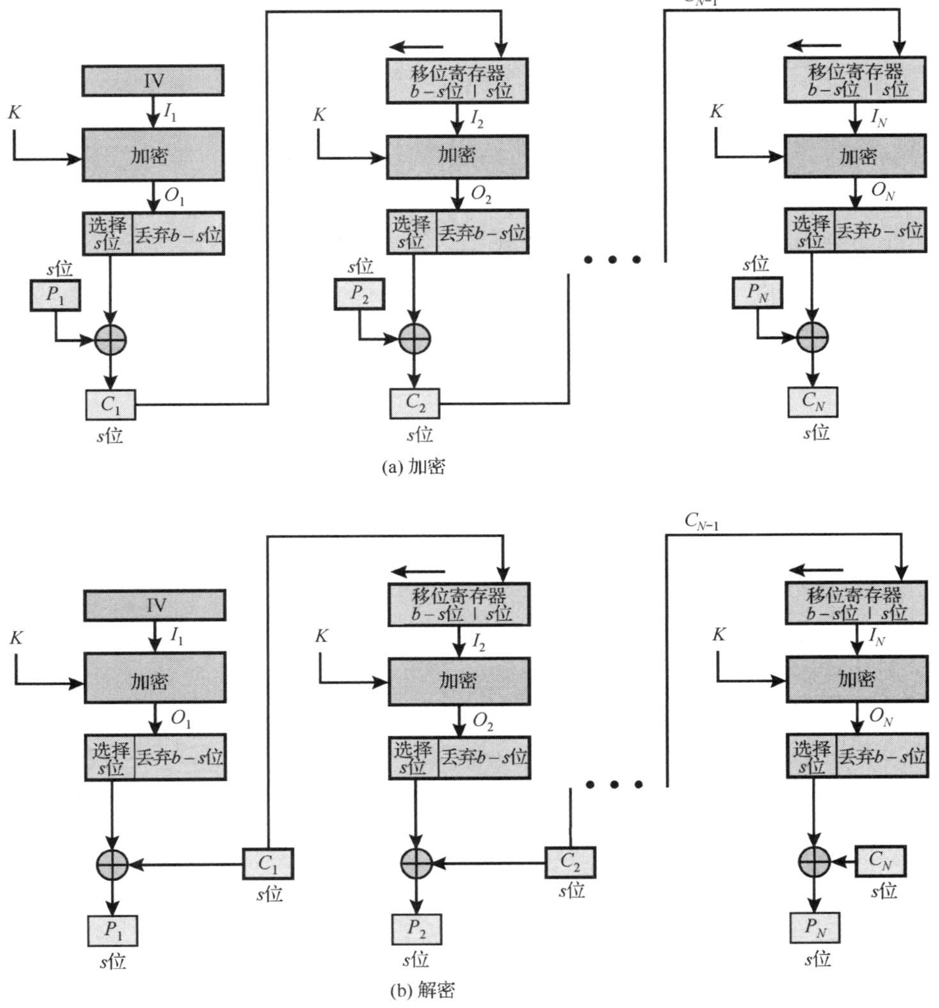


图 7.5　s 位密码反馈（CFB）模式

## 7.5　输出反馈模式

**输出反馈**（Output Feedback，OFB）**模式**的结构与 CFB 的类似。对于 OFB，加密函数的输出被反馈，成为加密下一个明文分组的输入（见图 7.6）。在 CFB 中，XOR 单元的输出被反馈，成为加密下一个分组的输入。另一个区别是，OFB 模式对所有明文分组和密文分组操作，而 CFB 只对 $s$ 位的子集操作。OFB 加密表示为

$$C_j = P_j \oplus E(K, O_{j-1})$$

式中，$O_{j-1} = E(K, O_{j-2})$。于是，加密表达式可以重写为

$$C_j = P_j \oplus E(K, [C_{j-1} \oplus P_{j-1}])$$

整理得

$$P_j = C_j \oplus E(K, [C_{j-1} \oplus P_{j-1}])$$

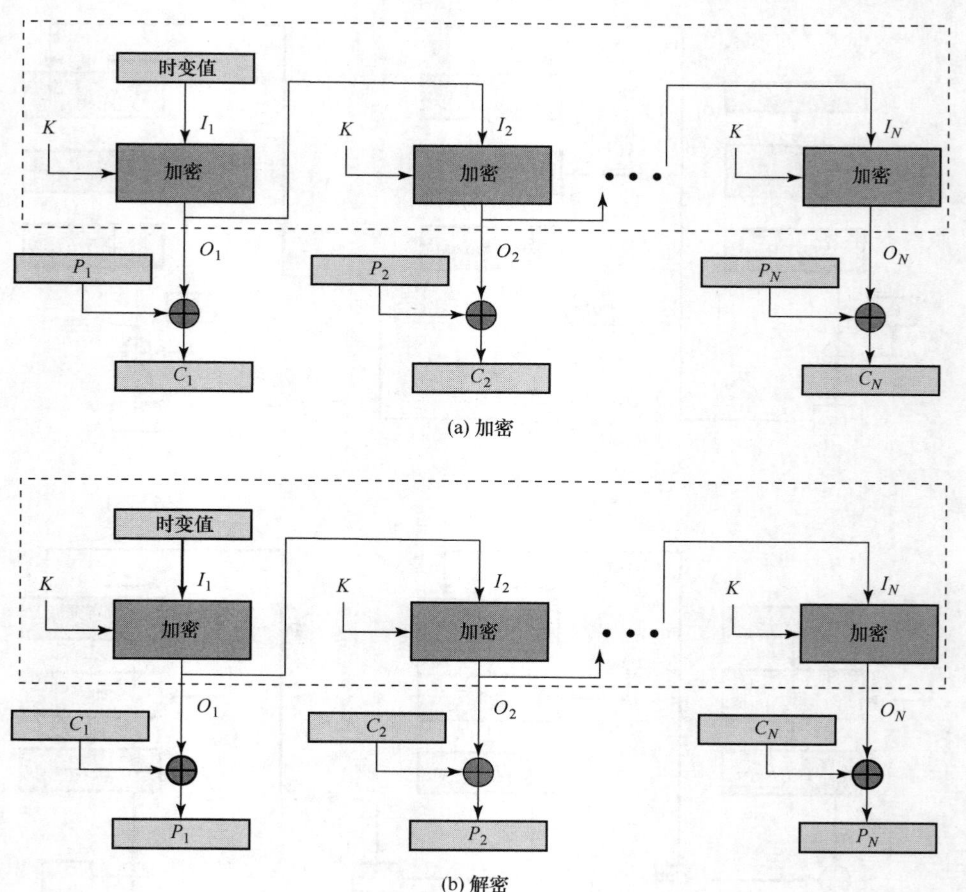


图 7.6 输出反馈（OFB）模式

我们可以按如下方式定义 OFB 模式。

| | | |
|---|---|---|
| OFB | $I_1 =$ 时变值<br>$I_j = O_{j-1}, \quad j = 2, \cdots, N$<br>$O_j = E(K, I_j), \quad j = 1, \cdots, N$<br>$C_j = P_j \oplus O_j, \quad j = 1, \cdots, N-1$<br>$C_N^* = P_N^* \oplus \mathrm{MSB}_u(O_N)$ | $I_1 =$ 时变值<br>$I_j = O_{j-1}, \quad j = 2, \cdots, N$<br>$O_j = E(K, I_j), \quad j = 1, \cdots, N$<br>$P_j = C_j \oplus O_j, \quad j = 1, \cdots, N-1$<br>$P_N^* = C_N^* \oplus \mathrm{MSB}_u(O_N)$ |

令一个分组的长度为 $b$。如果明文的最后一个分组包含 $u$ 位（用*指示）且 $u < b$，那么最后的输出分组 $O_N$ 的最高 $u$ 位用来进行异或运算，而其余的 $b-u$ 位丢弃不用。

如同 CBC 和 CFB 那样，OFB 模式也需要一个初始向量。在 OFB 模式中，IV 必须是一个时变值，即 IV 对加密操作的每次执行都是唯一的。原因是加密输出分组序列 $O_i$ 只取决于密钥和 IV，而不取决于明文。因此，对一个给定的密钥和 IV，用于与明文进行异或运算的输出位流是固定的。如果两个不同消息在同一位置有一个相同的明文分组，那么攻击者就能够确定 $O_i$ 流的这部分。

OFB 的优点之一是，传输过程中的误码不会传播。比如，如果误码出现在 $C_1$ 中，那么只会影响恢复的 $P_1$ 值，而不影响后续的明文单元。在 CFB 中，$C_1$ 还作为移位寄存器的输入，因此会影响后续的所有消息。

OFB 的缺点是，抗消息流修改攻击的能力不如 CFB。密文中的某位取反时，恢复的明文的相应位也取反，因此攻击者能够改变恢复的明文。这样，攻击者就可通过改变消息的校验和及数据部分来改变密文，而不会被纠错码发现。详细讨论见文献[VOYD83]。

OFB 具有典型的流密码的结构，因为密码生成的位流是初始值和密钥的函数，并且生成的位流与明文进行了异或运算（见图 4.1）。与明文异或运算生成的位流，其本身是与明文无关的，图 7.6 中的虚框突出显示了这一点。与第 8 章中将要讨论的流密码相比，差别是 OFB 一次加密一个完整的明文分组，其中一个分组通常为 64 位或 128 位。许多流密码一次加密 1 字节。

## 7.6　计数器模式

**计数器（CRT）模式**近来在 ATM（异步传输模式）网络安全与 IPSec 中的应用，使得人们对它产生了浓厚的兴趣，但这种模式早在 1979 年就被提出（见文献[DIFF79]）。

图 7.7 中描述了 CTR 模式。在这种模式中使用了一个计数器，它的长度与明文分组的长度相同。SP 800-38A 声明的唯一需求是，加密不同的明文分组时，计数器的值不能相同。一般来说，计数器首先被初始化为某个值，然后对每个后续的分组，计数器的值都增 1（模 $2^b$，其中 $b$ 为分组长度）。加密时，首先加密计数器，然后与明文分组进行异或运算，得到密文分组，此时未进行链接。解密时，使用具有相同值的计数器序列，每个加密后的计数器与一个密文分组进行异或运算，恢复对应的明文分组。因此，解密时要设置初始的计数器值。给定计数器序列 $T_1, T_2, \cdots, T_N$，可如下定义 CTR 模式：

| CTR | $C_j = P_j \oplus E(K, T_j),\quad j = 1, \cdots, N-1$<br>$C_N^* = P_N^* \oplus \mathrm{MSB}_u[E(K, T_N)]$ | $P_j = C_j \oplus E(K, T_j),\quad j = 1, \cdots, N-1$<br>$P_N^* = C_N^* \oplus \mathrm{MSB}_u[E(K, T_N)]$ |
|---|---|---|

最后一个明文分组可能不是完整的分组，而是长为 $u$ 位的不完整分组，它的最高 $u$ 位用来进行异或运算，其余 $b-u$ 位则被丢弃。与 ECB、CBC 和 CFB 模式不同的是，由于 CTR 模式的结构，我们不需要对明文进行补充。

如同 OFB 模那样，初始的计数器值是时变值；也就是说，使用相同密钥加密的所有消息必须有不同的 $T_1$。此外，所有消息的所有 $T_i$ 值是唯一的。若违反这一要求，即多次使用同一个计数器值，则会泄露该计数器值对应的所有明文分组的保密性。特别地，若用给定计数器值加密的任何明文是已知的，则加密函数的输出很容易由关联的密文确定。这个输出允许所有使用该计数器值加密的明文，由与它们关联的密文分组恢复。

确保计数器值唯一的方法是，对所有消息将计数器值持续增 1，即每条消息的第一个计数器值都要比前一条消息的最后一个计数器值大 1。

文献[LIPM00]中列出了计数器模式的如下优点。

- **硬件效率**　与三种链接模式不同，CTR 模式能够并行处理多个明文（或密文）分组的加密（或解密）。对于链接模式，在处理下一个分组前，必须完成当前分组的计算。这就将算法的最大吞吐量限制为执行分组加密或解密所需时间的倒数。在 CTR 模式中，吞吐量只受已实现并行数量的限制。
- **软件效率**　类似地，因为在 CTR 模式中能够进行并行计算，所以能充分利用支持并行功能的各类处理器，如流水线、每个时钟周期分派多个指令、大量寄存器和 SIMD 指令等。

- **预处理**　基本加密算法的执行并不依赖于明文或密文的输入。因此，内存足够且能保证安全时，可以首先采用预处理来准备加密盒的输出，然后将输出送入 XOR 函数，如图 7.7 所示。给出明文或密文输入时，所需的计算只是一系列异或运算。这种策略能够极大地提高吞吐量。

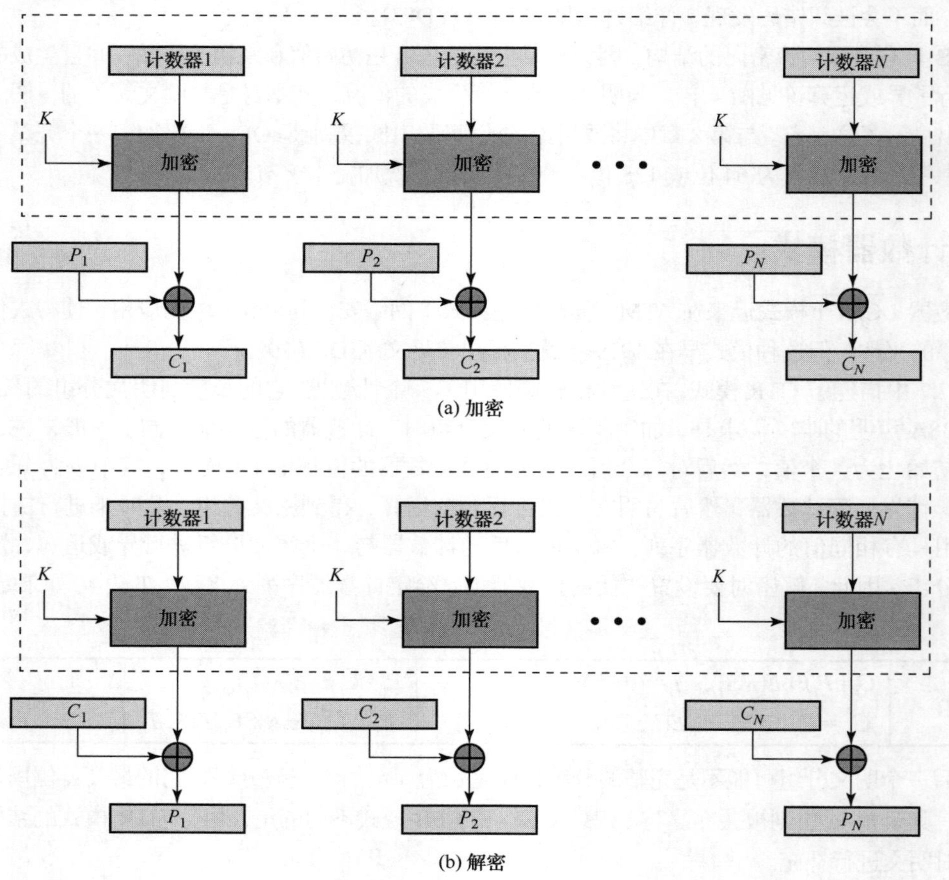


图 7.7　计数器（CTR）模式

- **随机存取**　明文或密文的第 $i$ 个分组能以随机存取的方式处理。在链接模式下，只在算出前 $i-1$ 个密文分组后才能计算密文分组 $C_i$。很多应用情况是，只需解密已存储的全部密文中的某个密文分组；对于这类应用，随机存取功能很有吸引力。
- **可证明安全性**　能够证明 CTR 模式至少和本章讨论的其他模式一样安全。
- **简单性**　与 ECB 和 CBC 模式不同，CTR 模式只要求实现加密算法，而不要求实现解密算法。当加密算法与解密算法有很大的不同时，这种模式就会显得很重要，高级加密标准即是如此。另外，不需要实现实现解密密钥调度。

注意，除 ECB 模式外，NIST 批准的所有分组加密工作模式都含有反馈，详见图 7.8。为了强调这一反馈机制，我们可以认为加密函数从输入寄存器获得输入，而把输出存储到输出寄存器中，其中输入寄存器的长度等于加密分组长度。输入寄存器由反馈机制每次更新一个分组。每次更新后，加密算法执行一次，结果放在输出寄存器中。同时，存取明文分组。注意，OFB 和 CTR 模式的输出独立于明文和密文。因此，它们是流密码的自然候选算法，即通过 XOR 运算每次加密一个完整的明文分组。

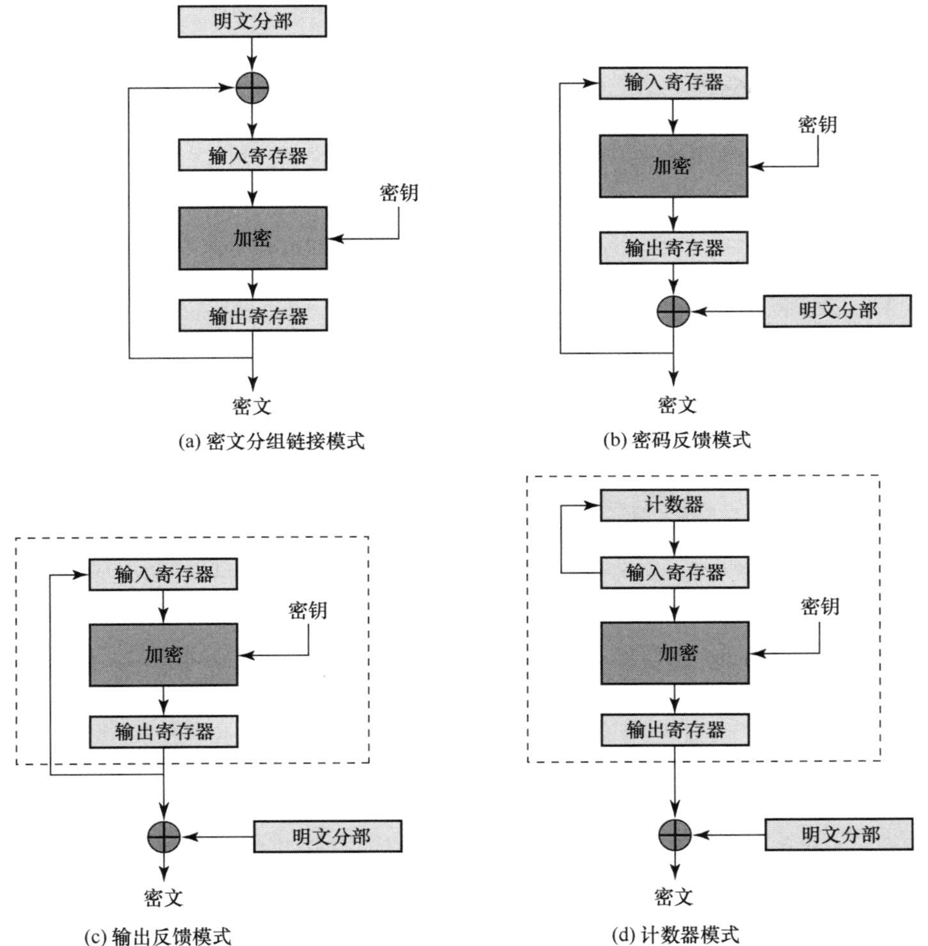


图 7.8　各工作模式的反馈特征

## 7.7　面向分组存储设备的 XTS-AES 模式

2010 年，NIST 批准了另外一种分组加密工作模式，即 XTS-AES。这个模式也是 IEEE 标准，即 IEEE Std 1619-2007，它是由 IEEE 存储安全工作组（P1619）开发的标准。该标准描述了一种对基于扇区的设备中存储的数据进行加密的方法，此时的威胁模型包括敌手对存储数据的存取。该标准已得到工业界的广泛支持。

### 7.7.1　可调整分组密码

XTS-AES 模式基于文献[LISK02]提出的**可调整分组密码**这一概念。文献[ROGA04a]中首次描述 XTS-AES 时使用了这一概念。

在测试 XTS-AES 模式前，我们先考虑可调整分组密码的一般结构。可调整分组密码有三个输入：一个明文 $P$、一个对称密钥 $K$ 和一个调整值 $T$；产生一个密文输出 $C$。我们可将其写成 $C = E(K,T,P)$。调整值不需要保密。然而，密钥的使用需要保密，调整值的作用是提供易变性。也就是说，对相同的明文和密文使用不同的调整值会产生不同的输出。几种可调整分组密码的基本结构如图 7.9 所示。加

密表示为

$$C = H(T) \oplus E(K, H(T) \oplus P)$$

式中，$H$ 为哈希函数。解密时的结构相同，使用明文作为输入，但使用解密函数代替加密函数。我们可将解密过程记为

$$H(T) \oplus C = E(K, H(T) \oplus P)$$
$$D[K, H(T) \oplus C] = H(T) \oplus P$$
$$H(T) \oplus D(K, H(T) \oplus C) = P$$

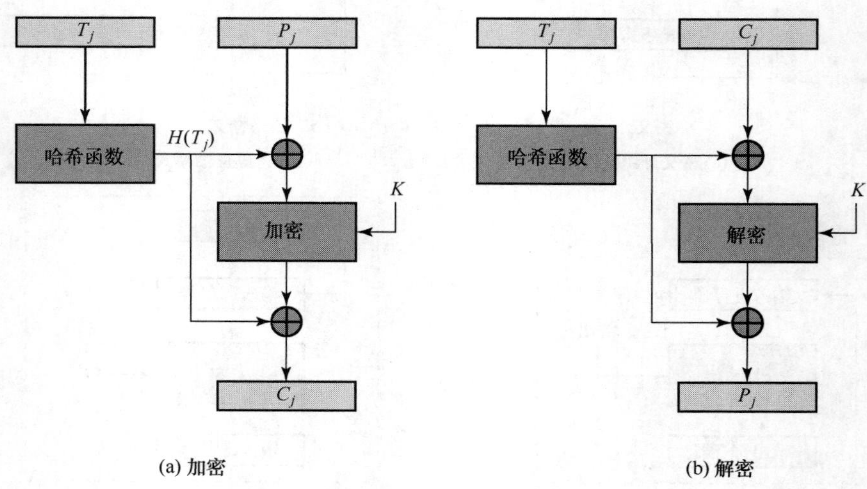


图 7.9　可调整分组密码

现在很容易对每个分组使用一个不同的调整值来构建一个分组加密工作模式。大体上使用 ECB 模式，但对每个分组，调整值会变化，这克服了 ECB 的主要安全弱点，即相同明文的两次加密产生相同的密文。

### 7.7.2　存储加密要求

加密存储数据/静止数据的要求与加密传输数据的要求有些不同。P1619 标准的设计特征如下。

**1.** 攻击者可以随意获取密文。如下环境会导致这种局面：

   **a.** 授权一组用户可以访问数据库。数据库内的一些记录经过加密，只有特定用户可以成功地读写它们。其他用户可以检索加密记录，但没有密钥时无法阅读。

   **b.** 非授权用户设法访问加密的记录。

   **c.** 数据磁盘或便携计算机被偷，敌手可以访问加密的数据。

**2.** 数据布局在存储介质上或传输中不能改变。加密后的数据须和明文数据具有相同的大小。

**3.** 以定长分组为单位访问数据，分组间相互独立。也就是说，授权用户可以以任何顺序访问一个或多个分组。

**4.** 加密以 16 字节的分组为单位，分组间相互独立（若某个扇区的大小不是 16 字节的倍数，则该扇区的最后两个明文分组例外）。

**5.** 除数据分组在整个数据集中的位置外，不使用其他元数据。

**6.** 不同位置的相同明文加密后得到不同的密文，但在写相同位置时，总写为相同的密文。

**7.** 由一个与标准相容的设备加密的数据，可以通过构建一个与标准相容的设备来解密。

P1619 工作组为了存储数据，考虑了一些现有的工作模式。对于 CTR 模式，拥有加密媒介存取权限的敌手只需对相应的密文取反就可改变明文的任何位。

下面考虑要求 6 和 CBC 模式的用途。为了将不同位置的相同明文加密为不同的密文，IV 可由扇区号推出。每个扇区含有多个分组。对加密磁盘拥有读写权限的敌手，可将一个密文扇区从一个位置复制到含有相同分组的另一个位置，读取新位置扇区的应用程序仍能得到相同的明文扇区（可能前 128 位例外）。另一个弱点是，敌手通过对前一个分组的对应密文位取反，就能实现对明文的任何位取反。

### 7.7.3 单个分组的运算

图 7.10 显示了单个分组的加密和解密。运算包括带有两个密钥的 AES 算法的两个实例。如下参数与算法关联。

Key　256 位或 512 位的 XTS-AES 密钥；可以解析为两个等长的密钥 $\text{Key}_1$ 和 $\text{Key}_2$ 的级联，即 $\text{Key} = \text{Key}_1 \| \text{Key}_2$。

$P_j$　明文的第 $j$ 个分组。除最后一个分组外，所有其他分组的长度都为 128 位。明文数据单元通常是一个磁盘扇区，它由明文分组序列 $P_1, P_2, \cdots, P_m$ 构成。

$C_j$　密文的第 $j$ 个分组。除最后一个分组外，所有其他分组的长度都为 128 位。

$j$　数据单元内 128 位分组的序号。

$i$　128 位调整值。每个数据单位（扇区）被赋予一个非负整数的调整值。调整值按顺序赋值，可以从任意的非负整数开始。

$\alpha$　$\text{GF}(2^{128})$ 的一个本原元，对应于多项式 $x$（即 $0000\cdots010_2$）。

$\alpha^j$　$\text{GF}(2^{128})$ 内 $\alpha$ 自乘 $j$ 次。

$\oplus$　按位异或。

$\otimes$　两个二进制系数多项式模 $x^{128}+x^7+x^2+x+1$ 的模乘。因此，它是 $\text{GF}(2^{128})$ 内的乘法。

参数 $j$ 的功能本质上类似于 CTR 模式中的计数器，可以保证将一个数据单元内不同位置的相同明文分组加密为不同的密文分组。参数 $i$ 的功能从数据单元的层面上说相当于时变值，可以保证将两个不同数据单元内相同位置的相同明文分组加密为不同的密文分组。更一般地说，它可以将不同数据单元位置的相同明文数据加密为两个不同的密文数据单元。

单个分组的加密和解密描述如下：

| XTS-AES 分组运算 | $T = E(K_2, i) \otimes \alpha^j$<br>$PP = P \oplus T$<br>$CC = E(K_1, PP)$<br>$C = CC \oplus T$ | $T = E(K_2, i) \otimes \alpha^j$<br>$CC = C \oplus T$<br>$PP = D(K_1, CC)$<br>$P = PP \oplus T$ |
|---|---|---|

为了理解解密确实恢复明文，我们展开加密和解密的最后一行。对于加密，有

$$C = CC \oplus T = E(K_1, PP) \oplus T = E(K_1, P \oplus T) \oplus T$$

对于解密，有

$$P = PP \oplus T = D(K_1, CC) \oplus T = D(K_1, C \oplus T) \oplus T$$

代入 $C$ 得

$$\begin{aligned} P &= D(K_1, C \oplus T) \oplus T = D(K_1, [E(K_1, P \oplus T) \oplus T] \oplus T) \oplus T \\ &= D(K_1, E(K_1, P \oplus T)) \oplus T = (P \oplus T) \oplus T = P \end{aligned}$$

### 7.7.4　扇区上的运算

扇区或数据单元的明文被组织成 128 位的分组，各个分组标为 $P_0, P_1, \cdots, P_m$。最后一个分组也许是空的，也许含有 1～127 位。换句话说，XTS-AES 算法的输入是 $m$ 个 128 位的分组，最后一个分组可能是不完整的分组。

对于加密和解密，每个分组都被独立地处理，过程如图 7.10 所示。当最后一个分组不足 128 位时，会出现唯一的例外。此时，最后两个分组要使用密文窃取技术而非填充技术来加密/解密。图 7.11 显示了这一方案。$P_{m-1}$ 是最后一个完整的明文分组，而 $P_m$ 是最后一个明文分组，它有 $s$ 位，其中 $1 \leqslant s \leqslant 127$。$C_{m-1}$ 是最后一个完整的密文分组，$C_m$ 是最后一个密文分组，它有 $s$ 位。通常称这种技术为密文窃取技术的原因是，处理最后一个分组时，要“窃取”倒数第二个分组的一个临时密文来补充这个密文分组。

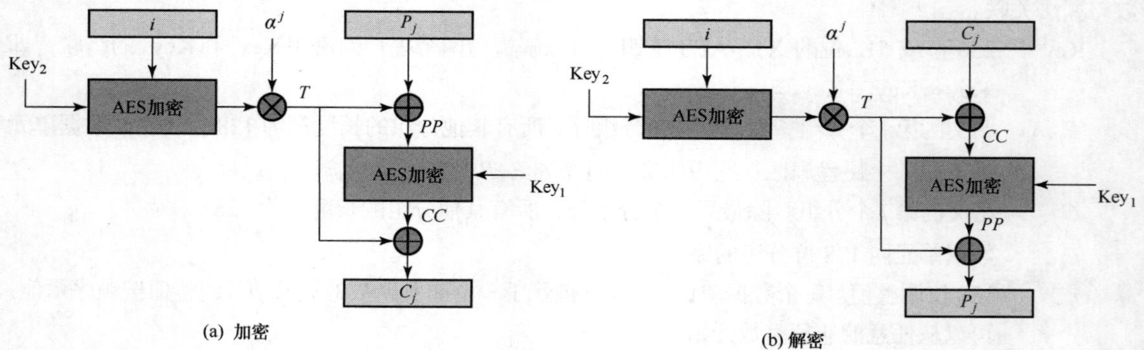


图 7.10　单个分组的 XTS-AES 运算

我们将图 7.10 中的加密和解密算法记为

分组加密：XTS-AES-blockEnc $(K, P_j, i, j)$

分组解密：XTS-AES-blockDec $(K, C_j, i, j)$

于是，XTS-AES 模式定义如下：

| | |
|---|---|
| XTS-AES 模式，最后一个分组是空的 | $C_j$ = XTS-AES-blockEnc($K$, $P_j$, $i$, $j$),　$j = 0, \cdots, m-1$ |
| | $P_j$ = XTS-AES-blockEnc($K$, $C_j$, $i$, $j$),　$j = 0, \cdots, m-1$ |
| XTS-AES 模式，最后一个分组包含 $s$ 位 | $C_j$ = XTS-AES-blockEnc($K$, $P_j$, $i$, $j$),　$j = 0, \cdots, m-2$<br>$XX$ = XTS-AES-blockEnc($K$, $P_{m-1}$, $i$, $m-1$)<br>$CP = \text{LSB}_{128-s}(XX)$<br>$YY = P_m \Vert CP$<br>$C_{m-1}$ = XTS-AES-blockEnc($K$, $YY$, $i$, $m$)<br>$C_m = \text{MSB}_s(XX)$ |
| | $P_j$ = XTS-AES-blockDec($K$, $C_j$, $i$, $j$),　$j = 0, \cdots, m-2$<br>$YY$ = XTS-AES-blockDec($K$, $C_{m-1}$, $i$, $m-1$)<br>$CP = \text{LSB}_{128-s}(YY)$<br>$XX = C_m \Vert CP$<br>$P_{m-1}$ = XTS-AES-blockDec($K$, $XX$, $i$, $m$)<br>$P_m = \text{MSB}_s(YY)$ |

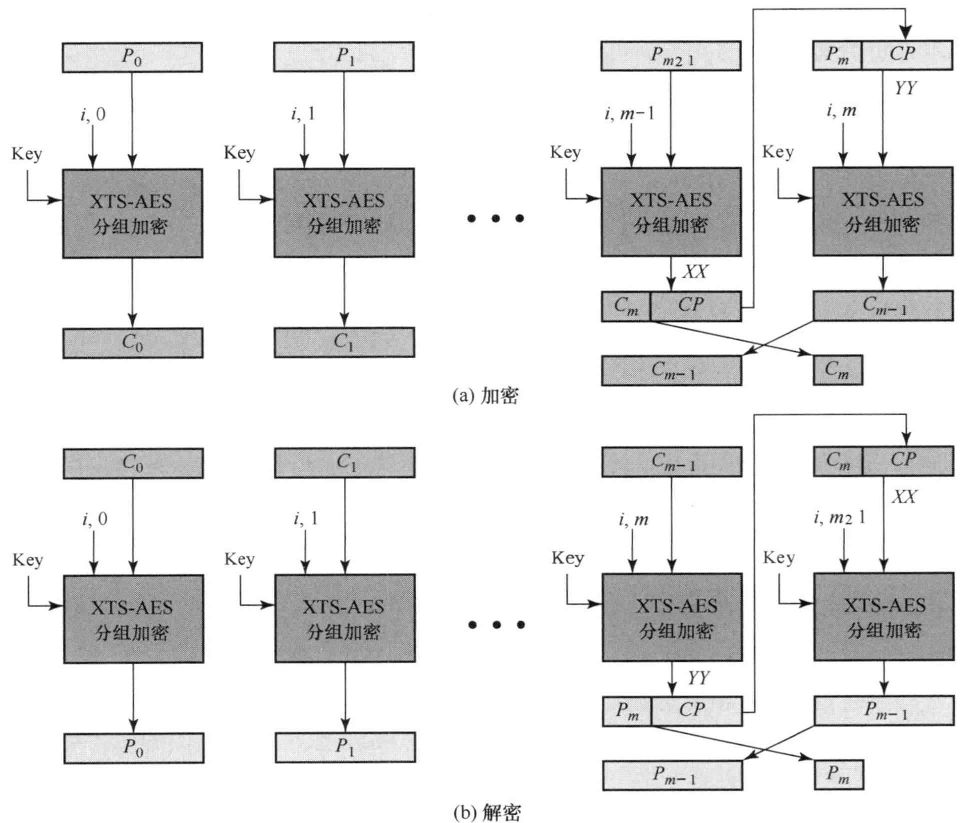


图 7.11　XTS-AES 模式

可以发现，如同 CTR 模式那样，XTS-AES 模式适合并行运算。因为没有链接，所以能同时对多个分组进行加密或解密。与 CTR 不同的是，XTS-AES 模式包含一个时变值（参数 $i$）和一个计数器（参数 $j$）。

## 7.8　保留格式加密

保留格式加密（FPE）是一种输出密文中保留了明文原有格式的加密技术。例如，信用卡号通常由 16 个十进制数组成，如果将这种格式的信用卡号作为明文输入，那么 FBE 加密将输出一个同样由 16 个十进制数组成的密文。注意，虽然输出的密文不是一个有效的信用卡号，但保留了与明文相同的格式，能够以明文的格式存储。

除了保留二进制格式信息，简单的加密算法并不能保留明文的其他格式信息。表 7.2 中列出了需要 FPE 加密的三种格式的数据，第三行是 FPE 加密的密文，第四行是 AES 加密的密文（十六进制）。

表 7.2　FPE 与 AES 的比较

| | 信用卡号 | 税　号 | 银行账号 |
|---|---|---|---|
| 明文 | 8123 4512 3456 6789 | 219-09-9999 | 800N2982K-22 |
| **FPE** | 8123 4521 7292 6780 | 078-05-1120 | 709G9242H-35 |
| **AES（十六进制）** | af411326466add24<br>c86abd8aa525db7a | 7b9af4f3f218ab25<br>07c7376869313afa | 9720ec7f793096ff<br>d37141242e1c51bd |

### 7.8.1 研究动机

在旧应用程序中，传统加密算法容易破坏明文数据的原始字段或路径，因此难以适应这类应用程序的使用要求。FPE 加密为改造这类应用程序中的密码算法提供了方便，目前已发展为一套有用的加密工具，广泛应用于包括金融信息安全、数据净化及旧数据库中数据字段的透明加密等。

FPE 的主要优点是，不需要对特定数据元素进行加密就能为这些旧数据库中的数据提供保护，并支持 FPE 之前就已存在的工作流。与 AES 或 3DES 等加密算法不同，使用 FPE 并不需要更改原有数据库，而只需要在查看明文数据时对应用程序进行最小程度的修改。

一些需要 FPE 的旧应用程序如下。

- COBOL 数据处理应用程序：对记录结构的任何更改都需要更改引用该记录结构的所有代码。这些代码通常包含数百个模块，每个模块平均有 5000 ~ 10000 行代码。
- 数据库应用程序：采用字符串格式的字段不能存储二进制格式的密文。通常采用 Base64 编码方案来存储这些二进制密文，但需要增加对应数据（字段）的长度。
- FPE 加密的数据经算法有效压缩后可实现高效传输。AES 加密的二进制密文很难做到这一点。

### 7.8.2 FPE 设计的难点

通用的标准 FPE 应满足以下要求。

1. 密文与明文的长度与格式相同。
2. 能使用各种字符和数字类型，如十进制数字、小写字母和标准键盘或国际键盘的完整字符集。
3. 能处理不同长度的明文。
4. 安全强度应与采用 AES 时的安全强度相当。
5. 即使是不长的明文，也应具有强安全性。

要满足第一个要求并不简单。如表 7.2 所示，直接用 AES 加密会产生一个 128 位的二进制密文，该密文无论是长度还是格式都与明文数据相去甚远。因此，标准对称分组加密很难直接用于设计 FPE。

下面考虑一个简单的例子。假设我们需要一个算法来加密长度不超过 32 的十进制数字串，算法的输入为 16 字节（128 位）—— 每 4 个二进制位存储一个十进制数对应的二进制值（如十进制数 6 对应二进制 0101）。下面使用 AES 算法加密这个 128 位的分组。

1. 明文输入 $X$ 表示成由 16 个 4 位十进制数组成的字符串 $X[1]\cdots X[16]$。若明文长度小于 16，则左侧（最高）部分由 0 填充。
2. 将 $X$ 视为 AES 算法的 128 位二进制字符串，并用密钥 $K$ 加密，生成密文 $Y=\text{AES}_K(X)$。
3. 将 $Y$ 视为由 16 个 4 位元素组成的字符串。
4. 由于 $Y$ 中元素的值可能大于 9（如 1100）。为了产生与明文格式相同的密文 $Z$，需要计算

$$Z[i]=Y[i] \bmod 10, \quad 1 \leqslant i \leqslant 16$$

这会生成由 16 个十进制数字组成的符合目标格式的密文。然而，这个算法不满足加密算法关于算法可逆的基本要求。解密 $Z$ 是不可能得到明文 $X$ 的，因为该操作是单向的。例如，12 mod 10 = 2 mod 10 = 2。因此，FBE 的设计需要一个既满足安全加密、保留格式要求又有可逆性的函数。

FPE 设计的第二个难点是有些输入串很短。例如，考虑 16 个十进制数字的信用卡号（CCN）。前 6 个数字是识别发卡机构的识别号（IIN），最后 1 个数字是检验印刷或其他错误的校验字，中间的 9 个数字是用户账号。然而，在信用卡收据等应用程序中，通常要求以明文形式提供 CCN 的后 4 位（校验字加上用户账号的后 3 个数字），这时就只能加密中间的 6 个数字。这将导致多个 CCN 对应一组中

间 6 位数字的情况，若攻击者能够获取许多明文密文对，则每个明密文对将对应多个中间 6 位相同的 CCN。最终，攻击者可用收集的明密文对构建一个将 6 位明文映射为 6 位密文的字典，进而解密数据库中的未知密文。如文献[BELL10a]中指出的那样，在拥有 1 亿条记录的数据库中，平均约 100 个 CCN 共享一组相同的中间 6 位数。因此，若攻击者掌握了 $k$ 个 CCN，且能够访问数据库中的密文，则能成功地解密约 100$k$ 个 CCN。

第二个难题的解决方法是使用可调整分组密码，详见 7.7 节。例如，将 CCN 的前 2 位和后 4 位数字作为 CCN 的调整值。加密前，首先对中间的 6 位数字与调整值进行模 10 加运算，然后对结果进行加密。经过上述运算后，即使两个 CCN 具有相同的中间 6 位数字，也能得到调整后的不同明文，最终输出不同的密文。考虑下例：

| CCN | 调 整 值 | 明　　文 | 明文+调整值 |
|---|---|---|---|
| 4012 8812 3456 1884 | 401884 | 123456 | 524230 |
| 5105 1012 3456 6782 | 516782 | 123456 | 639138 |

表中的两个 CCN 虽然有着相同的中间 6 位数字，但加入不同的调整值后生成了不同的输入。

### 7.8.3　保留格式加密的 Feistel 结构

前文提到，FPE 的挑战是设计一种保留格式的、可逆的安全加密算法。近年来，围绕 FPE 加密提出了许多不同的方法[ROGA10, BELL09]。这些方法中的绝大多数都使用了 Feistel 结构。尽管半个世纪前 IBM 公司在 Lucifer 加密算法[SMIT71]中就引入了这种结构，但其依然是实现加密的坚实基础。

本节具体讲解如何将 Feistel 结构应用于 FPE 的设计，并介绍三种正在等待 NIST 批准的基于 Feistel 结构的 FPE 算法。

**加密和解密**　图 7.12 显示了所有 NIST 算法使用的 Feistel 结构，图 7.12(a)和图 7.12(b)分别对应于加密和解密。该结构与图 4.3 所示的结构相同，但为描述方便，省去了每轮处理的最后一步。

加密算法的输入是由 $n = u + v$ 个字符组成的字符串。$n$ 是偶数时，令 $u = v$；否则令 $u$ 和 $v$ 相差 1。经过偶数轮处理之后，字符串的两部分生成一个由 $n$ 个字符组成且与明文格式一致的密文块。第 $i$ 轮的输入 $A_i$ 和 $B_i$ 由前一轮（第 0 轮时为明文）生成。

所有轮都采用相同的结构。在偶数轮，算法对左半部分长度为 $u$ 的数据 $A_i$ 进行置换操作：首先用函数 $F_K$ 对左半部分长度为 $v$ 的数据 $B_i$ 进行处理，然后对 $F_K$ 的输出和 $A_i$ 执行模加运算，模加函数和模的选择将在后面介绍。在奇数轮，算法对右半部分的数据 $B_i$ 执行置换操作。函数 $F_K$ 是一个以密钥 $K$、明文长度 $n$、调整值 $T$ 和轮数 $i$ 为输入的单向函数，它其先将输入转换为二进制字符串，然后对字符串做置换处理，最后输出目标格式和长度的字符串。

注意，在偶数轮，$F_K$ 的输入是 $v$ 个字符，模加运算的结果是 $u$ 个字符；而在奇数轮，$F_K$ 的输入是 $u$ 个字符，模加运算的结果是 $v$ 个字符。由于总轮数为偶数，因此输出由长为 $u$ 的 $A$ 和长度为 $v$ 的 $B$ 组成，格式与明文的格式保持一致。

解密过程基本上与加密过程相同，区别是：（1）模加函数变为模减函数；（2）轮下标与加密过程的相反。

为了说明解密结果的正确性，图 7.12(b)显示了加密和解密过程。如图所示，每轮解密的中间值和对应轮加密的中间值相同。例如，图底部第 $r-1$ 轮生成的密文本质上是形如 $A_r \| B_r$ 的字符串，其中 $A_r$ 和 $B_r$ 的长度分别为 $u$ 和 $v$。换句话说，加密过程的第 $r-1$ 轮可用如下公式表示：

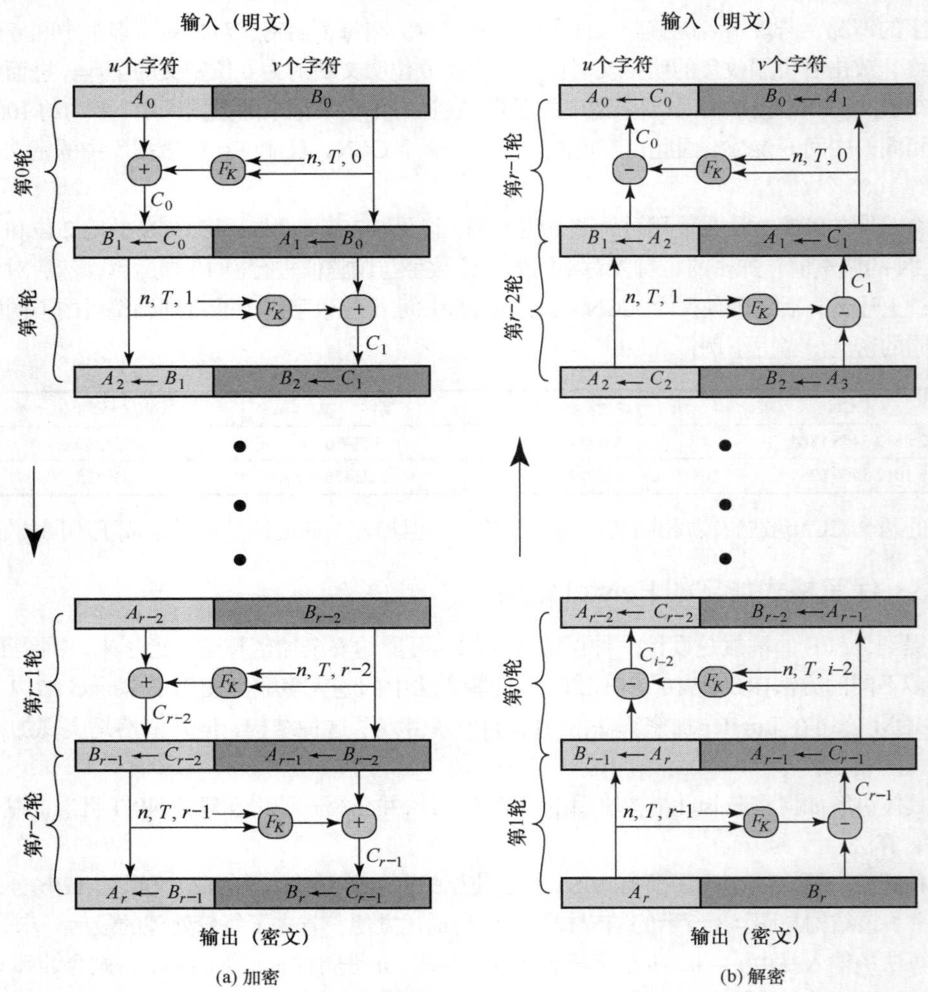


图 7.12　FPE 的 Feistel 结构

$$A_r = B_{r-1}, \qquad B_r = A_{r-1} + F_K[B_{r-1}]$$

由于模减运算是模加运算的逆运算，因此上述公式可以重写为

$$B_{r-1} = A_r, \qquad A_{r-1} = B_r - F_K[B_{r-1}]$$

显然，后两个公式对应加密运算的第 0 轮操作，其输出与第 $r-1$ 轮加密的输入相同。类似地，这种对应关系在所有 $r$ 轮运算中都存在。

注意，上述推导过程并不要求函数 $F$ 是可逆函数。为理解这一点，考虑对任意输入，函数 $F$ 生成一个常数输出（如全部为 1）的极限情形。此时，上述公式依然成立。

**字符串**　NIST 算法和其他一些 FPE 算法的明文都由一串字符元素组成。具体地说，由两个或以上符号组成的集合被称为字母表。字母表中的元素被称为字符。由字母表中有限个元素组成的有限字符序列被称为字符串，每个字符都可在字符串中出现多次。字母表中不同字符的个数被称为该字母表的基数。例如，小写英文字母 a, b, c,⋯, z 的基数是 26。为了进行加解密，必须将明文字母表转换为一组非负整数，非负整数要小于字母表的基数。例如，对小写字母表，可将 a, b, c,⋯, z 映射为 0, 1, 2,⋯, 25。

这种方法的局限性是，明文中所有元素对应的字母表必须具有相同的基数。例如，由英文字符加十进制数组成的证件编号就不能以保留格式的方式被现有的 FPE 算法处理。

NIST 文档中定义了这些转换的一些符号表示［见表 7.3(a)］。首先，假设所有字符串都能被数字串表示。令 $\mathrm{NUM}_{\mathrm{radix}}(X)$ 是将数字串 $X$ 转换成数字 $x$ 的函数，若按从高位到低位的顺序将 $X$ 记为 $X[1],\cdots,X[m]$，则函数 $\mathrm{NUM}_{\mathrm{radix}}(X)$ 定义为

$$\mathrm{NUM}_{\mathrm{radix}}(X)=\sum_{i=1}^{m}X[i]\mathrm{radix}^{m-i}=\sum_{i=0}^{m-1}X[m-i]\mathrm{radix}^{i}$$

观察发现 $0\leqslant \mathrm{NUM}_{\mathrm{radix}}(X)\leqslant \mathrm{radix}^{m}$ 和 $0\leqslant X[i]<\mathrm{radix}$。

**表 7.3　FPE 算法中使用的符号表示和参数**

| | |
|---|---|
| $[x]^s$ | 将一个整数转换为一个字节串；它是一个由 $s$ 字节组成并对数字 $x$ 进行解码的字节串，其中 $0\leqslant x<2^{8s}$。等价的表示是 $\mathrm{STR}_2^{8s}(x)$ |
| $\mathrm{LEN}(X)$ | 字符串 $X$ 的长度 |
| $\mathrm{NUM}_{\mathrm{radix}}(X)$ | 将字符串转换为数字。数字串 $X$ 用基数 radix 表示，最高有效字符在前 |
| $\mathrm{PRF}_K(X)$ | 这个伪随机函数以 $X$ 为输入，用密钥 $K$ 生成一个 128 位的输出 |
| $\mathrm{STR}_{\mathrm{radix}}^{m}(X)$ | 给定一个小于 $\mathrm{radix}^m$ 的非负整数 $x$，该函数以基数 radix 将 $x$ 表示为由 $m$ 个字符组成的字符串，最高有效字符在前 |
| $[i..j]$ | 整数 $i$ 和 $j$ 之间的整数集，包括 $i$ 和 $j$ |
| $X[i..j]$ | $X$ 从 $X[i]$到 $X[j]$的子字符串，包括 $X[i]$和 $X[j]$ |
| $\mathrm{REV}(X)$ | 对给定的位串 $X$，返回的位串的顺序与 $X$ 的正好相反 |

(a) 符号表示

| | |
|---|---|
| radix | 给定字母表中的基数或字符数 |
| tweak | 保密性为受保护的加密算法和解密算法的输入 |
| tweakradix | 调整字符串的基数 |
| minlen | 多字符的最短信息长度 |
| maxlen | 多字符的最长信息长度 |
| maxTlen | 最大调整字符串的长度 |

(b) 参数

例如，考虑基数为 26 的字符串 zaby，转换后的数字串为 25 0 1 24，转换过程是 $x=(25\times 26^3)+(1\times 26^1)+24=439450$。随后，使用函数 $\mathrm{STR}_{\mathrm{radix}}^{m}(x)$ 将数字 $x<\mathrm{radix}^m$ 转换成长度为 $m$ 的数字串 $X$，其中函数 $\mathrm{STR}_{\mathrm{radix}}^{m}(x)$ 定义为

$$\mathrm{STR}_{\mathrm{radix}}^{m}(x)=X[1]\ldots X[m]\ ,\qquad X[i]=\left\lfloor \frac{x}{\mathrm{radix}^{m-i}}\right\rfloor \bmod \mathrm{radix},\ \ i=1,\cdots,m$$

使用从字符到数字的映射和 NUM 函数，可将一个明文字符转换为一个数字，并存储为一个无符号整数。然后，将该数字作为 $F_K$ 中的位置乱算法的输入，将这个无符号整数处理为位串。然而，不同的平台会以不同的方式存储无符号整数，有些平台会采用小端存储方式，有些平台则采用大端存储方式，因此在存储前需要额外的步骤。由 STR 函数的定义可知，$\mathrm{STR}_2^{8s}(x)$ 将生成一个长度为 $8s$ 的位串，即长度为 $s$ 的字符串，无论以何种方式将 $x$ 存储为一个无符号整数，这个二进制整数的最高有效位始终在前（大端存储）。为方便表示，令 $[x]^s=\mathrm{STR}_2^{8s}(x)$，于是 $[\mathrm{NUM}_{\mathrm{radix}}(X)]^s$ 首先将字符串 $X$ 转换成一个无符号整数，然后转换成长度为 $s$ 字节的字节串，其中最高有效位在前。

下面的例子可帮助我们说明涉及的问题。

| 字　符　串 | “zaby” |
|---|---|
| 以数字串 $X$ 表示字符串 | 25 0 1 24 |
| 将 $X$ 转换为数字<br>$x = \mathrm{NUM}_{26}(X)$ | 十进制数：439450<br>十六进制数：6B49A<br>二进制数：1101011010010011010 |
| 将 $x$ 以 32 位无符号整数存储到大端顺序的机器中 | 十六进制数：00 06 B4 9A<br>二进制数：00000000000001101011010010011010 |
| 将 $x$ 以 32 位无符号整数存储到小端顺序的机器中 | 十六进制数：9A B4 06 00<br>二进制数：10011010101101000000011000000000 |
| 不考虑大端和小端顺序，将 $x$ 转换为 32 位的位串，表示为$[x]^4$ | 00000000000001101011010010011010 |

**$F_K$ 函数**　下面定义函数 $F_K$。$F_K$ 函数实际上是一个其输入和输出都是位串的随机函数。为方便起见，位串的长度应是 8 位的倍数，进而形成字节串。对偶数轮，将 $m$ 定义为 $u$；对奇数轮，将 $m$ 定义为 $v$，以保证输出字符串的长度符合预期。将 $b$ 定义为字节数，它用来存储表示 $m$ 字节字符串的数字。于是，包含 $F_K$ 的该轮就由如下步骤组成（对于第 $i$ 轮，$A$ 和 $B$ 分别对应于 $A_i$ 和 $B_i$）：

| | |
|---|---|
| 1. $Q \leftarrow [\mathrm{NUM}_{\mathrm{radix}}(X)]^b E$ | 将数字串映射 $X$ 转换成长度为 $b$ 字节的字节串 $Q$ |
| 2. $Y \leftarrow \mathrm{RAN}[Q]$ | 伪随机函数 PRNF 将 $Q$ 映射为伪随机字节串 $Y$ |
| 3. $y \leftarrow \mathrm{NUM}_2(Y)$ | 将 $Y$ 转换成无符号整数 |
| 4. $c \leftarrow (\mathrm{NUM}_{\mathrm{radix}}(A) + y) \bmod \mathrm{radix}^m$ | 将 $A$ 转换成一个整数，再模 $\mathrm{radix}^m$ 加 $y$ |
| 5. $C \leftarrow \mathrm{STR}^m_{\mathrm{radix}}(c)$ | 将 $c$ 转换成长度为 $m$ 的数字串 $C$ |
| 6. $A \leftarrow B;\ B \leftarrow C$ | 将前一轮的 $B$ 赋给 $A$，将 $C$ 赋给 $B$，一轮到此结束 |

步骤 1 至步骤 3 组成轮函数 $F_K$。步骤 3 的输入是未结构化的位串 $Y$。由于不同平台会以不同的字长和“端”约定存储无符号整数，因此要执行 $\mathrm{NUM}_2(Y)$得到一个无符号整数 $y$。为 $y$ 存储的位序列可能与 $Y$ 的相同，也可能不同。

前面说过，步骤 2 中的伪随机函数不必是可逆的，目的是提供一个随机的、置乱的位串。对于 DES，可使用固定的 S 盒来实现这一目的（见附录 C）。显然，所有基于 Feistel 结构的 FPE 方案都将 AES 作为置乱函数来实现更好的安全性。

**基数、消息长度和位长度的关系**　考虑一个长度为 len、基数为 radix 数字串 $X$。如果要将这个数字串转为 $x = \mathrm{NUM}_{\mathrm{radix}}(X)$，那么 $x$ 的最大值是 $\mathrm{radix}^{\mathrm{len}} - 1$。解码 $x$ 所需的位数是

$$\mathrm{bitlen} = \lceil \log_2(\mathrm{radix}^{\mathrm{len}}) \rceil = \lceil \mathrm{len} \times \log_2(\mathrm{radix}) \rceil$$

不难发现，增大基数（radix）或长度（len）都会增大位数（bitlen）。通常，我们希望为 bitlen 设定一个上限，如 128 位（AES 加密的输入位数），还希望 FPE 能够处理不同的基数值。FPE 和那些后续讨论的算法，允许在给定基数值范围的情况下，定义一个最大的字符串长度，以便为算法提供固定的 bitlen。假设基数范围是从 2 到 maxradix，最大字符串长度为 maxlen，那么有如下关系：

$$\mathrm{maxlen} \leqslant \lfloor \mathrm{bitlen} / \log_2(\mathrm{radix}) \rfloor \quad \text{或} \quad \mathrm{maxlen} \leqslant \lfloor \mathrm{bitlen} \times \log_{\mathrm{radix}}(2) \rfloor$$

例如，基数为 10 时，$\mathrm{maxlen} \leqslant \lfloor \mathrm{bitlen} \times 0.3 \rfloor$；基数为 26 时，$\mathrm{maxlen} \leqslant \lfloor \mathrm{bitlen} \times 0.21 \rfloor$。也就是说，位长度固定时，基数越大，最大字符长度越小。

### 7.8.4　保留格式加密的 NIST 方法

2013 年， NIST发布SP 800-38G（*Recommendation for Block Cipher Modes of Operation: Methods for Format-Preserving Encryption*）。该标准规定了三种保留格式加密算法，分别是FF1、FF2 和FF3。这三

种算法都使用图 7.12 所示的Feistel结构，但分别采用由AES算法构建的不同$F_K$函数。各算法之间的差异主要体现如下。

- FF1 算法支持最大长度范围的明文字符串和调整值 $T$。为实现这一目的，轮函数加密采用了密码分组链接（CBC）模式，而 FF2 和 FF3 仅使用简单的电码本（ECB）加密。
- FF2 算法使用加密密钥和调整值生成的子密钥，而 FF1 和 FF3 直接使用加密密钥。使用子密钥可以保护原密钥不被旁路分析（旁路分析是指从密码系统的硬件获取信息的攻击），但不能防止暴力攻击和密码分析攻击。
- FF3 算法的加密轮数最少，它只有 8 轮加密，而 FF1 和 FF2 有 10 轮加密，但代价是 FF3 支持的调整的灵活性也最低。

**FF1 算法**　提交给 NIST 的 FF1 算法，作为一种提议的 FPE 模式[BELL10a, BELL10b]，被命名为 FFX[Radix]。FF1 使用一个伪随机函数 $\mathrm{PRF}_K(X)$（见图 7.13），该函数利用加密密钥 $K$ 和长度为 128 位的倍数的输入 $X$ 来生成 128 位的输出。$\mathrm{PRF}_K(X)$本质上使用 CBC 加密模式（见图 7.4），但明文输入换成了 $X$，加密密钥换成了 $K$，且初始向量（IV）置为全零。输出是最后产生的密文分组。这也等同于消息认证码，如 CBC-MAC 或 CMAC，详见第 12 章。

前提：
　认可的 128 位分组密码，CIPH；
　分组密码的密钥 $K$。

输入：
　非空位串 $X$，满足 LEN($X$)是 128 的倍数。
输出：
　128 位分组 $Y$。

步骤：
1. 令 $m = \mathrm{LEN}(X)/128$。
2. 将 $X$ 分成 $m$ 个 128 位分组 $X_1,\cdots,X_m$，使得 $X = X_1 \| \cdots \| X_m$。
3. 令 $Y_0 = [0]^{16}$。
4. $j$ 从 1 到 $m$：
5. 令 $Y_j = \mathrm{CIPH}_K(Y_{j-1} \oplus X_j)$。
6. 返回 $Y_m$。

图 7.13　$\mathrm{PRF}_K(X)$算法

FF1 加密码算法如图 7.14 所示，加阴影的行对应函数 $F_K$。算法包含 10 轮运算和如下参数[见表 7.3(b)]：

- $\mathrm{radix} \in [2..2^{16}]$。
- $\mathrm{radix}^{\mathrm{minlen}} \geqslant 100$。
- $\mathrm{minlen} \geqslant 2$。
- $\mathrm{maxlen} < 2^{32}$。当最大基数值是 $2^{16}$ 时，用于存储整数值 $X$ 的最大位长度是 $16 \times 2^{32}$；当最大基数值是 2 时，存储整数值 $X$ 的最大位长度是 $2^{32}$。
- $\mathrm{maxTlen} < 2^{32}$。

加密算法的输入是长度为 $n$ 的字符串 $X$ 和长度为 $t$ 的调整值 $T$。调整值可选，甚至可为空串。算法的输出则是长度为 $n$ 的加密字符串 $Y$。该算法的详细步骤如下。

**1., 2.** 输入 $X$ 被分为两个子串 $A$ 和 $B$。若 $n$ 是偶数，则 $A$ 和 $B$ 等长；否则，$B$ 的长度要比 $A$ 的长度多 1 个字符。

3. 表达式$\lceil v\log_2(\text{radix})\rceil$的值等于编码 $v$ 个字符长的 $B$ 所需的位数。将 $B$ 编码为 1 字节串时，$b$ 是编码的字节数。参数 $d$ 用来保证 Feistel 轮函数的输出至少比编码 $B$ 后的结果多 4 字节，进而最小化步骤 5vi 中模余的偏差。
4. $P$ 是一个 128 位（16 字节）的分组，是 radix、$u$、$n$ 和 $t$ 的函数。它作为明文的第一个分组送入步骤 5.ii 所用的 CBC 加密模式，以便增强安全性。

**前提：**

认可的 128 位分组密码，CIPH；分组密码的密钥 $K$；字符字母表的基数 radix；支持的消息长度范围 [minlen .. maxlen]；调整值 $T$ 的最大字节长度 maxTlen。

**输入：**

基数为 radix、长为 $n$ 的字符串，$n \in [\text{minlen..maxlen}]$；

调整值 $T$，字节长度为 $t$ 的一个字节串，$t \in [0..\text{maxTlen}]$。

**输出：**

字符串 $Y$，满足 $\text{LEN}(Y) = n$。

**步骤：**

1. 令 $u = \lfloor n/2 \rfloor$，$v = n - u$。
2. 令 $A = X[1..u]$，$B = X[u+1..n]$。
3. 令 $b = \lceil \lceil v\log_2(\text{radix}) \rceil / 8 \rceil$，$d = 4\lceil b/4 \rceil + 4$。
4. 令 $P = [1]^1 \| [2]^1 \| [1]^1 \| [\text{radix}]^3 \| [10]^1 \| [u \bmod 256]^1 \| [n]^4 \| [t]^4$。
5. $i$ 从 0 到 9：

   i　令 $Q = T \| [0]^{(-t-b-1) \bmod 16} \| [i]^1 \| [\text{NUM}_{\text{radix}}(B)]^b$。

   ii　令 $R = \text{PRF}_K(P \| Q)$。

   iii　令 $S$ 是如下 $[d/16]$ 个 128 位分组串的前 $d$ 个字节：

   $R \| \text{CIPH}_K(R \oplus [1]^{16}) \| \text{CIPH}_K(R \oplus [2]^{16}) \| \cdots \| \text{CIPH}_K(R \oplus [\lceil d/16 \rceil - 1]^{16})$

   iv　令 $y = \text{NUM}_2(S)$。

   v　如果 $i$ 是偶数，那么令 $m = u$；否则，令 $m = v$。

   vi　令 $c = (\text{NUM}_{\text{radix}}(A) + y) \bmod \text{radix}^m$。

   vii　令 $C = \text{STR}^m_{\text{radix}}(c)$。

   viii　令 $A = B$。

   ix　令 $B = C$。
6. 返回 $Y = A \| B$。

图 7.14　FF1 算法（FFX[Radix]）

5. 算法的 10 轮循环。

5.i　调整值 $T$、子串 $B$ 和轮号（$i$）都被编码为一个二进制串 $Q$，$Q$ 的长度是一个或多个 128 位分组的长度。为理解这一步骤，首先，值 $\text{NUM}_{\text{radix}}(B)$ 生成一个数字串，这个数字串以基数 radix 来表示 $B$。然后，值$[\text{NUM}_{\text{radix}}(B)]^b$ 以 $b$ 字节串的形式将数值 $B$ 表示为一个二进制数。接着，$T$ 的长度为 $t$ 字节，轮数以 1 字节存储。于是总长为$t+b+1$字节，最后得 $z = (-t-b-1) \bmod 16$。由模算术规则可知$(z+t+b+1) \bmod 16 = 0$，因此 $Q$ 的长度是一个或多个 128 位分组的长度。

5.ii　连接 $P$ 和 $Q$ 作为输入，送入伪随机函数 PRF，生成一个长度为 128 位的输出 $R$。该函数是 Feistel 轮函数的伪随机核心，作用是置乱 $B_i$ 的位（见图 7.12）。

5.iii　将 $R$ 截断或扩展为一个字节串 $S$，$S$ 的长度为 $d$ 字节。也就是说，若 $d \leqslant 16$ 字节，则 $R$ 是 $S$ 的前 16 字节。否则，首先对 $R$ 以 16 字节分组，然后依次异或固定的常数后加密，

连接加密结果得到 $d$ 字节长度的 $S$。

5.iv　转换 $B_i$ 被置乱后的结果，以便和 $A_i$ 连接。$d$ 字节的字符串 $S$ 被转换为二进制串 $y$。

5.v　输出与 $B$ 长度匹配的、长度为 $m$ 的字符串。如果是偶数轮，那么长为 $u$ 个字符；如果是奇数轮，那么长为 $v$ 个字符。

5.vi　对 $A$ 和 $y$ 进行模 $\text{radix}^m$ 加运算。截断模加运算结果，用 $m$ 个字节存储值 $c$。

5.vii　将 $c$ 转换为 $m$ 个字符的字符串 $C$。

5.viii, 5.ix　将前一轮的 $B$ 赋给 $A$，将 $C$ 赋给 $B$，到此一轮循环结束。

**6**. 10 轮循环后，输出 $A$ 和 $B$ 连接后的结果。

了解 NUM 函数的各种用途有助于加深对 FF1 算法的理解。NUM 以一个给定的基数将输入串转换为整数。在步骤 5.i 中，$B$ 是基数为 radix 的字符串，$\text{NUM}_{\text{radix}}(B)$将 $B$ 转换为整数，并存储为一个字节串，以便适合于步骤 5.ii 中的加密运算。在步骤 5.iv 中，$S$ 是加密函数输出的字节串，可将它视为一个位串，它由 $\text{NUM}_2(S)$转换为一个整数。

最后以一个例子来说明变量 $d$。令 radix = 26 和 $v$ = 30 个字符。于是，$b$ 和 $d$ 分别为 18 字节和 24 字节。步骤 5.ii 生成一个 16 字节的输出 $R$。由于要从输出中截取 $b$ 字节来匹配输入，因此 $R$ 需要填充。步骤 5.iii 填充一些随机位而非全零位，得到步骤 5.iv 中完全随机的大于 $\text{radix}^m$ 的数字。随机填充消除了使用固定填充时的安全隐患。

**FF2 算法**　提交给 NIST 的 FF2 算法被命名为 VAES3[VANC11]。加密算法的定义如图 7.15 所示。加阴影的行对应于函数 $F_K$。算法的参数如下。

**前提：**

认可的 128 位分组密码，CIPH；分组密码的密钥 $K$；用于调整字符字母表的基数 tweakradix；支持的消息长度范围[minlen .. maxlen]；支持的最大调整值长度 maxTlen。

**输入：**

基数为 radix 且长为 $n$ 的数字串 $X$，$n \in [\text{minlen}..\text{maxlen}]$；

基数为 tweakradix 且长为 $t$ 的调整数字串 $T$，$t \in [0..\text{maxTlen}]$。

**输出：**

数字串 $Y$，满足 $\text{LEN}(Y) = n$。

**步骤：**

1. 令 $u = \lfloor n/2 \rfloor$，$v = n - u$。
2. 令 $A = X[1..u]$，$B = X[u+1..n]$。
3. 若 $t > 0$，则 $P = [\text{radix}]^1 \,\|\, [t]^1 \,\|\, [n]^1 \,\|\, [\text{NUM}_{\text{tweakradix}}(T)]^{13}$，否则 $P = [\text{radix}]^1 \,\|\, [0]^1 \,\|\, [n]^1 \,\|\, [0]^{13}$。
4. 令 $J = \text{CIPH}_K(p)$。
5. $i$ 从 0 到 9：

　i　令 $Q \leftarrow [i]^1 \,\|\, [\text{NUM}_{\text{radix}}(B)]^{15}$。

　ii　令 $Y \leftarrow \text{CIPH}_J(Q)$。

　iii　令 $y \leftarrow \text{NUM}_2(Y)$。

　iv　若 $i$ 是偶数，则令 $m = u$，否则令 $m = v$。

　v　令 $c = (\text{NUM}_{\text{radix}}(A) + y) \bmod \text{radix}^m$。

　vi　令 $C = \text{STR}^m_{\text{radix}}(c)$。

　vii　令 $A = B$。

　viii　令 $B = C$。

6. 返回 $Y = A \,\|\, B$。

图 7.15　FF2 算法（VAES3）

- $\text{radix} \in [2..2^8]$。

- $\text{tweakradix} \in [2..2^8]$。
- $\text{radix}^{\text{minlen}} \geqslant 100$。
- $\text{minlen} \geqslant 2$。
- $\text{minlen} \leqslant 2\lfloor 120/\log_2(\text{radix}) \rfloor$，其中 radix 是 2 的幂。对于最大的 radix 值 $2^8$，$\text{maxlen} \leqslant 30$；对于最小的 radix 值 2，$\text{maxlen} \leqslant 240$。两种情况下存储 $X$ 的最大位长都是 240 位（30 字节）。
- $\text{maxlen} \leqslant 2\lfloor 98/\log_2(\text{radix}) \rfloor$，其中 radix 不是 2 的幂。对于最大的 radix 值 255，$\text{maxlen} \leqslant 24$；对于最小的 radix 值，$\text{maxlen} \leqslant 124$。
- $\text{maxTlen} \leqslant \lfloor 104/\log_2(\text{tweakradix}) \rfloor$。对于最大的 tweakradix 值 $2^8$，$\text{maxTlen} \leqslant 13$。

对于 FF2，明文字母表和调整值的字母表可能不相同。

FF2 算法前两步与 FF1 算法的相同，都是设置 $v$、$u$、$A$ 和 $B$ 的值。FF2 的剩余步骤如下。

**3**. $P$ 是一个 128 位（16 字节）分组。若给定调整值，则 $P$ 为 radix、$t$、$n$ 和 13 字节调整值的函数。若未给定调整值，即 $t = 0$，则 $P$ 为 radix 和 $n$ 的函数。$P$ 的作用是在第 4 步生成一个加密密钥。

**4**. $J$ 是明文 $P$ 被密钥 $K$ 加密后的结果。

**5**. 算法的 10 轮加密循环。

  5.i 将 $B$ 将转换为一个 15 字节的数字，和轮数共同生成一个 16 字节的分组 $Q$。

  5.ii 用密钥 $J$ 加密 $Q$ 生成 $Y$。

剩余步骤和 FF1 算法的相同。FF2 和 FF1 算法的本质区别是所有参数整合到函数 $F_K$ 中的方式。在两种算法中，函数都不是简单地用密钥 $K$ 加密码 $B$。对于 FF1 算法，$B$ 结合调整值、轮数、$t$、$n$、$u$ 和 radix 生成多个 16 字节分组的字符串，然后在密钥为 $K$ 的情况下使用 CBC 加密算法生成 16 字节的输出。对于 FF2 算法，除 $B$ 外的所有参数都用来生成一个 16 字节的分组，并用密钥 $K$ 对分组进行加密，生成一个新的密钥 $J$，随后用 $J$ 对 $B$ 进行一次分组加密。

FF2 算法的结构解释了限定最大长度的原因。在步骤 3 中，$P$ 在计算中加入了 radix、调整值长度、数字串长度和调整值。作为 AES 的输入，$P$ 被限定为 16 字节。当最大的 radix 值为 $2^8$ 时，radix 的存储空间为 1 字节（字节值 0 对应于 256）。串长度 $n$ 和调整值长度 $t$ 也可方便地存储到 1 字节中。最终，至多可能只有 13 字节来存储调整值。由于存储调整值所需的位数为 $\log_2(\text{tweakradix}^{\text{Tlen}})$，所以 $\text{maxTlen} \leqslant \lfloor 104/\log_2(\text{tweakradix}) \rfloor$。同理，步骤 5i 将 $B$ 和轮数整合为一个 16 字节，作为 AES 算法的输入，此时只用 15 字节编码 $B$，因此长度不能超过 $\lfloor 120/\log_2(\text{radix}) \rfloor$，即整块（由 $A$ 和 $B$ 共同组成）的长度参数 $\text{maxTlen} \leqslant 2\lfloor 120/\log_2(\text{radix}) \rfloor$。

当基数的长度不是 2 的幂时，对 maxlen 有更多的限制。在文献[VANC11]中，当基数的长度不是 2 的幂时，模运算（$y \bmod \text{radix}^m$）的结果与预期的输出结果格式不一，产生漏洞。

**FF3 算法** 提交到 NIST 的算法 FF3 被命名为 BPS-BC[BRIE10]。加密算法如图 7.16 所示。加阴影的行对应于函数 $F_K$。该算法的参数如下。

- $\text{radix} \in [2..2^{16}]$。
- $\text{radix}^{\text{minlen}} \geqslant 100$。
- $\text{minlen} \geqslant 2$。
- $\text{maxlen} \leqslant 2\lfloor \log_{\text{radix}}(2^{96}) \rfloor$。对于最大的基数值 $2^{16}$，有 $\text{maxlen} \leqslant 12$；对于最小的基数值 2，有 $\text{maxlen} \leqslant 192$。两种情况下，存储数值 $X$ 的最大位长度均为 192 位。
- $\text{Tlen} = 64$ 位。

**前提：**

认可的 128 位分组密码，CIPH；分组密码的密钥 $K$；字符字母表的基数 radix，满足 $\text{radix} \in [2..2^{16}]$；支持的消息长度范围[minlen .. maxlen]，满足 minlen ≥ 2 和 $\text{maxlen} \leqslant 2\lfloor \log_{\text{radix}}(2^{96}) \rfloor$。

**输入：**

基数为 radix 且长度为 $n$ 的字符串 $X$，满足 $n \in [\text{minlen}..\text{maxlen}]$；

调整位串 $T$，满足 $\text{LEN}(T) = 64$。

**输出：**

字符串 $Y$，满足 $\text{LEN}(Y) = n$。

**步骤：**

1. 令 $u = \lceil n/2 \rceil$，$v = n - u$。
2. 令 $A = X[1..u]$，$B = X[u+1..n]$。
3. 令 $T_L = T[0..31]$和$T_R = T[32..63]$。
4. $i$ 从 0 到 7：
   - i　若 $i$ 是偶数，则令 $m = u$ 和 $W = T_R$，否则令 $m = v$ 和 $W = T_L$。
   - ii　令 $P = \text{REV}([\text{NUM}_{\text{radix}}(\text{REV}(B))]^{12}) \,\|\, [W \oplus \text{REV}([i]^4)]$。
   - iii　令 $Y = \text{CIPH}_K(P)$。
   - iv　令 $y = \text{NUM}_2(\text{REV}(Y))$。
   - v　令 $c = (\text{NUM}_{\text{radix}}(\text{REV}(A)) + y) \bmod \text{radix}^m$。
   - vi　令 $C = \text{REV}(\text{STR}^m_{\text{radix}}(c))$。
   - vii　令 $A = B$。
   - viii　令 $B = C$。
5. 返回 $A \,\|\, B$。

图 7.16　FF3 算法（BPS-BC）

FF3 的处理过程如下：

**1, 2**．输入 $X$ 被分为两个子串 $A$ 和 $B$。若 $n$ 是偶数，则 $A$ 和 $B$ 等长。否则，$A$ 比 $B$ 多 1 个字符，而 FF1 和 FF2 算法的情况刚好相反。

**3**．调整值被均分为左右两个 32 位子串，分别记为 $T_L$ 和 $T_R$。

**4**．算法的 8 轮加密循环。

4.i　和 FF1 和 FF2 中那样，这一步确保字符串输出的长度 $m$ 和该轮输出的 $B$ 的长度一致，还确定步骤 4.ii 中的 $W$ 值是 $T_L$ 还是 $T_R$。

4.ii　颠倒 $B$ 的位序，$\text{NUM}_{\text{radix}}(\text{REV}(B))$生成一个基数为 radix、长度为 12 字节的数字串；再次颠倒结果的位序。颠倒轮数 $i$ 的 32 位编码结果的位序后，与 $W$ 异或，结果存储到一个 4 字节的单元中。连接算出的两个中间结果，得到长为 16 字节分组的 $P$。

4.iii　$P$ 经密钥 $K$ 加密得到结果 $Y$。

4.iv　和 FF1 中的步骤 5.iv 相同，唯一的区别是在对 $Y$ 进行变换之前，要颠倒位序。

4.v　将 $A$ 颠倒位序后的值以 $\text{radix}^m$ 为基数模加 $y$，截断模加结果为 $c$ 并存储到 $m$ 个字符中。

4.vi　将 $c$ 转换为数字串 $C$。

FF3 算法的剩余步骤与 FF1 的相同。

## 7.9　关键术语、思考题和习题

### 关键术语

| | | |
|---|---|---|
| 分组加密工作模式 | 中间相遇攻击 | 三重 DES（3DES） |
| 密文窃取 | 时变值 | 可调整分组密码 |

## 思考题

**7.1** 什么是三重加密?

**7.2** 什么是中间相遇攻击?

**7.3** 在三重加密中用到了多少个密钥?

**7.4** 为什么 3DES 的中间部分采用解密而非加密?

**7.5** 为什么某些分组密码的操作模式只使用加密算法而其他模式既使用加密算法又使用解密算法?

## 习题

**7.1** 假设要构建一个用 CBC 模式进行分组加密的硬件设备，要求算法强度比 DES 的强。3DES 是一个很好的候选算法。图 7.17 给出了两种可能，都遵循 CBC 模式的定义。以下二者中你会选择哪一个?

**a.** 从安全性角度考虑；**b.** 从性能上考虑。

**7.2** 仅使用 3DES 和一些异或函数，你能对图 7.17 中的两种方案进行安全性改进吗？假设只使用两个密钥。

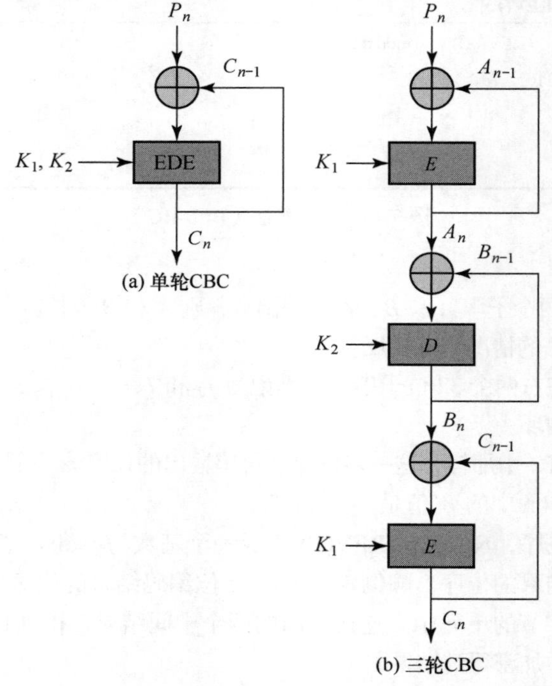


图 7.17　将 3DES 用于 CBC 模式

**7.3** 对 3DES 进行 Merkle-Hellman 攻击的流程大致如下：首先令 $A = 0$［见图 7.1(b)］，然后对 $K_1$ 的所有 $2^{56}$ 个取值，找出 $A = 0$ 的明文。描述算法的剩下部分。

**7.4** 在 ECB 模式中，若在密文传输过程中某个分组发生了错误，则只有对应的明文分组受到影响。然而，在 CBC 模式中，这种错误具有扩散性。例如，图 7.4 在传输 $C_1$ 时出现的错误会影响明文分组 $P_1$ 和 $P_2$。

**a.** $P_2$ 后面的所有分组是否受影响?

**b.** 设 $P_1$ 中有一位出现了错误，该错误会扩散到多少个密文分组？对接收者解密后的结果有何影响?

**7.5** 在 CBC 模式中有可能对多个明文分组并行地进行加密吗？解密呢?

**7.6** CBC-Pad 是 RC5 中的一种分组加密工作模式，它可用于任何分组密码，并处理任意长度的明文。得到的密文最多比明文长一个分组的长度。填充的作用是保证输入明文是分组长度的整数倍。假设原始明文是整数字节，尾部填充 1 到 *bb* 个字节，这里 *bb* 为分组的字节长度。填充的字节相同，其值为填充的字节数。例如，若有 8 字节填充，则每个字节为 00001000。那么，为何不允许 0 字节填充？若原始明文是分组大小的整数倍，为什么不省去填充？

**7.7** 对 ECB、CBC 和 CFB 来说，明文须是由一个或多个完整的数据分组（对 CFB 模式来说是数据段）组成的序列。换句话说，对于这三种模式，明文的总位数必须是分组（或段）长度的整数倍。一种常用的填充方法是首先填 1，然后填 0（可能没有），直到填满最后一个分组。对于发送方来说，填充每个消息，包括那些最后一个分组已经完整的消息，被认为是一种较好的做法。不需要填充时，还要有一个填充分组的动机是什么？

**7.8** 在 8 位的 CFB 模式中，若传输中一个密文字符发生了 1 位错误，这个错误会传播多远？

**7.9** 在讨论 OFB 模式时，提到若两个消息在相同的位置有相同的明文分组，则可能恢复对应的分组 $O_i$。给出计算过程。

**7.10** 在讨论 CTR 模式时，提到若用给定计数器值加密的明文分组内容已知，则由关联的密文分组很容易求出加密函数的输出。给出计算过程。

**7.11** 填充并不总是合适的。例如，我们希望使用相同的内存缓冲区（明文最初存储在这里）来存储加密的数据，这时密文必须和原始明文的长度相同。密文挪用模式（CTS）是满足这种要求的一种工作模式。图 7.18(a)为该模式的实现过程。**a**. 解释 CTS 是如何工作的；**b**. 描述如何解密 $C_{n-1}$ 和 $C_n$。

**7.12** 图 7.18(b)中给出了 CBC-CTS 的一种替代方案，可在明文不是分组长度的整数倍时，使得生成的密文长度与明文长度相同。**a**. 解释该算法；**b**. 说明 CBC-CTS 比图 7.18(b)中的方法更可取的原因。

**7.13** 画一幅与图 7.8 类似的 XTS-AES 模式图。

**7.14** 在不转换为二进制数并计算位数的情况下，求解下面的问题，然后与用某个基数将字符串编码为一个整数的方式进行比较（提示：对每个整数，考虑比它小和大的最接近的 2 的幂）。

**a**. 编码如下整数需要多少位（整个下标是该整数的基）？

i. $8191_{10}$；ii. $8192_{10}$；iii. $65535_{10}$；iv. $65536_{10}$；v. $65535_{16}$；vi. $65536_{16}$；vii. $34F7_{16}$；viii. $13559_{10}$

**b**. 上问中的数字需要多少字节来表示？

**7.15** **a**. 在基数为 26 时，写出如下字符串的数字串 $X$ 及其长度：i. “key”；ii. “random”；iii. “or”；iv. “digit”。

**b**. 对 a 问中的每种情形，计算 $x = \text{NUM}_{26}(X)$。

**c**. 对 b 问中算出的 $x$，求其字节形式[$x$]。

**d**. 比 b 问中每个数字串都大的基数（26）的最小幂是多少？

**e**. a 问中每种情况的数字串的长度有联系吗？若有，是什么？

**7.16** 参考算法 FF1 和 FF2。

**a**. 对算法中的步骤 1，都有 $u \leftarrow \lfloor n/2 \rfloor$ 和 $v \leftarrow \lceil n-u \rceil$。对任意 3 个整数 $x$、$y$ 和 $n$，证明：若 $x = \lfloor n/2 \rfloor$ 和 $y = \lceil n-x \rceil$，则：i. $x = n/2$ 或 $x = (n-1)/2$；ii. $y = n/2$ 或 $y = (n+1)/2$。iii. $x \leqslant y$。（在什么条件下 $x = y$？）

**b**. 在问 iii 中，若左、右子串的长度分别为 $u$ 和 $v$，结果有何不同？

**7.17** 在算法 FF1 的步骤 3 中，$b$ 和 $d$ 代表什么？这些量的基本度量单位是什么（位、字节、数字、字符）？

**7.18** 在算法 FF1、FF2 和 FF3 的输入中，为什么给定基数的范围如此重要？例如，为什么在算法 FF2 中要求 radix $\in [0..2^8]$ 或在算法 FF3 中要求 radix $\in [2..2^{16}]$？

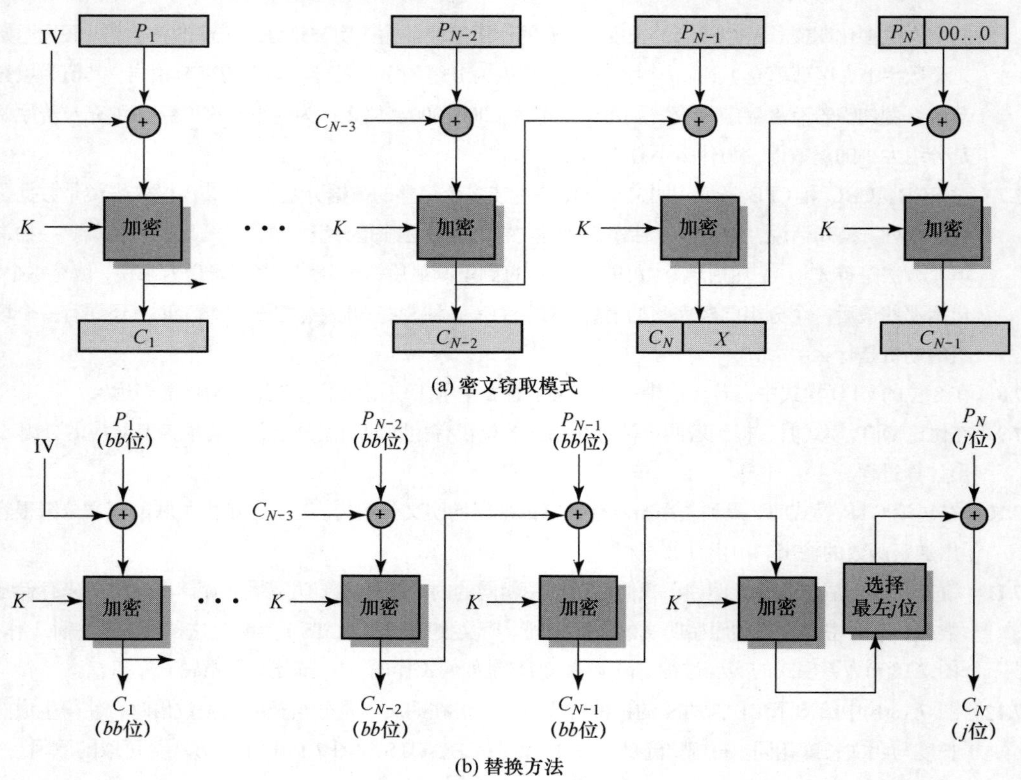


图 7.18 明文不是分组长度整数倍的分组加密工作模式

## 编程题

**7.1** 使用如下密码之一编写密码分组链接模式的加密和解密程序：模 256 仿射，Hill 模 256，S-DES，DES。S-DES 的测试数据：二进制初始向量 1010 1010，二进制明文 0000 0001 0010 0011，二进制密钥 01111 11101，输出结果 1111 0100 0000 1011。

**7.2** 使用如下密码之一编写 4 位密码反馈模式的加密和解密软件：模 256 加，模 256 仿射，S-DES；或者使用密码 2×2 Hill 模 256，编写 8 位密码反馈模式的加密和解密软件。S-DES 的测试数据：二进制初始向量 1010 1011，二进制明文 0001 0010 0011 0100，二进制密钥 01111 11101，输出结果 1110 1100 1111 1010。

**7.3** 使用如下密码之一编写计数器模式的加密和解密软件：模 256 仿射，Hill 模 256，S-DES。S-DES 的测试数据：计数器从 0000 0000 开始，二进制明文 0000 0001 0000 0010 0000 0100，二进制密钥 01111 11101，输出结果 0011 1000 0100 1111 0011 0010。

**7.4** 实现 3 轮 S-DES 的差分攻击。

# 第 8 章　随机位生成和流密码

**学习目标**

- 解释随机数的随机性概念及其不可预测性。
- 理解真随机数生成器、伪随机数生成器和伪随机函数之间的差异。
- 简要介绍伪随机数生成器的要求。
- 解释如何用分组密码构建伪随机数生成器。
- 简要介绍流密码和 RC4。
- 解释偏差的含义。

一个重要的密码函数是生成随机位流。随机位流的应用非常广泛，包括密钥生成和加密。一般来说，生成随机位或随机数有两种不同的策略。最近在密码应用中占主导地位的一种策略是，使用算法确定性地计算产生随机位。这类随机位生成器被称为伪随机数生成器（PRNG）或确定性随机位生成器（DRBG）。另一种策略是，使用某种物理源生成非确定性的随机位，这种物理源能够产生某些类型的随机输出。后一类随机位生成器被称为真随机数生成器（TRNG）或非确定性随机位生成器（NRBG）。

本章首先分析 PRNG 的基本原理，然后介绍一些常见的 PRNG，包括使用对称分组密码算法的 PRNG，最后讨论使用 PRNG 的对称流密码。

本章的剩余部分将介绍 TRNG。下面首先介绍 TRNG 的基本原理和结构，然后重点研究一个具体的产品，即美国英特尔公司的数字随机数产生器。

本章参考了 4 个重要的 NIST 文件。

- SP 800-90A（*Recommendation for Random Number Generation Using Deterministic Random Bit Generators*，2015 年 6 月）：规定使用确定性方法生成随机位的机制。
- SP 800-90B（*Recommendation for the Entropy Sources Used for Random Bit Generation*，2018 年 1 月）：涵盖熵源（ES）的设计原理和要求，得到不可预测的随机性和 NRNG。
- SP 800-90C（*Recommendation for Random Bit Generator (RBG) Constructions*，2016 年 4 月）：讨论结合 90B 中的熵源与 90A 中的 DRNG 的方式，为加密应用提供大量不可预测的位。
- SP 800-22（*A Statistical Test Suite for Random and Pseudorandom Number Generators for Cryptographic Applications*，2010 年 4 月）：讨论 NRBG 和 DRBG 的选择与测试。

这些规范深刻地影响了随机位生成器在美国和全球工业中的应用。

## 8.1　伪随机数生成的原理

在各种网络安全应用中，随机数在加密算法中起着重要的作用。本节简要回顾随机数在密码和网络安全中的使用情况，重点介绍伪随机数生成的原理。

### 8.1.1 随机数的用途

大量基于密码学的网络安全算法和协议都使用随机二进制数。

- 密钥分发和互相认证方案，如第 14 章和第 15 章中讨论的那些方案。在这些方案中，通信的双方通过交换消息来分发密钥和/或彼此认证。在许多情形下，握手需要使用时变值，以防止重放攻击。为时变值使用随机数可以防止攻击者判断或猜测时变值。
- 会话密钥生成。本书中的大量协议需要为对称加密码生成一个短时间内使用的密钥，以便用于特定的事务（或会话）。这个密钥通常称为会话密钥。
- RSA 公钥加密算法的密钥生成（详见第 9 章）。
- 对称流加密的位流生成（详见本章）。

这些应用为随机数序列提供两个不同且不一定兼容的要求：随机性和**不可预测性**。

**随机性** 一般来说，在生成一个所谓的随机数序列时，人们关心的是“在某种明确定义的统计意义下，数序列是随机的”。下面是两个评价标准。

- **分布均匀性** 序列中的位分布应是均匀的，即 0 和 1 出现的频率大致相等。
- **独立性** 序列中的任何子序列都不能由其他子序列推导出来。

尽管有些成熟的测试能够判断位序列是否符合某个特定的分布，如均匀分布，但还没有测试能够“证明”序列的独立性。相反，使用一些测试能够证明一个序列不具有独立性。通常的策略是多进行一些测试，直至确认独立性足够强。换言之，若所有测试都不能证明一个位序列是不独立的，则我们就有很强的信心确认这个序列实际上是独立的。

在本书的密码学算法设计中，经常使用这种在统计上看起来随机的数序列。例如，对于第 9 章中将讨论的 RSA 公开密钥加密方案，一个基本要求是生成素数的能力。一般来说，判断某个大数是否是素数很困难。采用穷举测试方法时，需要将 $N$ 除以小于 $N^{1/2}$ 的所有奇数。若 $N$ 很大，如 $10^{150}$（这种大数在公钥密码学中并不罕见），则用穷举方法测试它是否为素数就会超出人和计算机的能力。然而，许多有效的算法会随机地选择一些随机数来进行相对简单的运算。如果序列足够长（但远小于 $\sqrt{10^{150}}$ ），那么几乎可以确定这个大数是否为素数。这类方法称为不确定性方法，在算法设计中经常用到。本质上说，如果某个问题的精确求解很难或者非常耗时，那么可以采用简单的方法来获得期望可信程度的解。

**不可预测性** 在相互认证、会话密钥生成和流密码这样的应用中，对随机数的要求是，序列不仅要是统计随机的，而且序列的后续成员要是不可预测的。对于“真”随机序列，序列中的每个数与其他数都是统计独立的，因而是不可预测的。尽管在某些应用中使用了真随机数，但它们也有局限性，如下面将会简要讨论的低效率。因此，算法生成的随机数序列看起来是随机的，但实际上不是随机的。此时必须注意敌手不能从序列中前面的随机数推导出后面的随机数。

### 8.1.2 TRNG、PRNG 和 PRF

密码应用程序通常使用算法来生成随机数。这些算法是确定性的，因此生成的数序列不是统计随机的。然而，如果算法好的话，那么生成的序列就能通过随机性测试。这样的数被称为伪随机数。

由于确定性算法生成的是随机数，因此很多人会对其生成的数感到不安。只要不追求哲学上的完美性，这种方法就的确有效。也就是说，在多数情形下，伪随机数生成器能像我们希望的那样工作。目前，伪随机数已被人们广泛接受。统计应用中也采用了同样的原理：统计人员对人口采样，并且假设采样得到的结果与由所有人口得到的结果相同。

图 8.1 对比了一个**真随机数生成器**（TRNG）和两个伪随机数生成器。TRNG 使用一个随机源作

为输入，这个源通常被称为**熵源**，详见 8.6 节的讨论。本质上，熵源是从计算机的物理环境抽取的，包括键盘敲击时序模式、磁盘电活动、鼠标移动、系统时钟的瞬时值等。源或多个源的组合作为算法的输入，算法则生成随机的二进制输出。TRNG 可能只涉及将模拟源转换为二进制输出。TRNG 可能会涉及克服源中偏差的额外处理，详见 8.6 节。

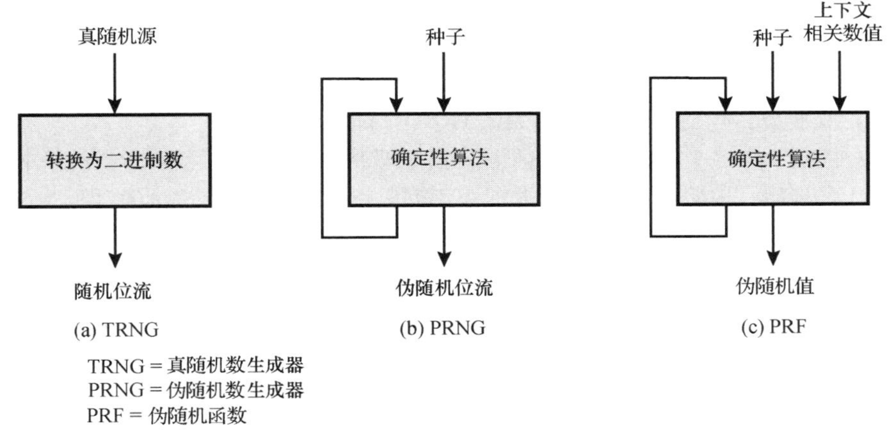


图 8.1　随机和伪随机数生成器

相比之下，PRNG 取一个固定值（称为**种子**）作为输入，并用一个确定性算法生成输出位序列。通常，种子由 TRNG 生成。如图所示，PRNG 中存在反馈路径，算法的部分结果由反馈路径反馈后，作为生成其他输出位的输入。注意，输出位流仅由输入值决定，因此知道算法和种子的敌手能够重现整个位流。

图 8.1 显示了基于应用的两个不同 PRNG。

- **伪随机数生成器**　用于生成不限长位序列的算法被称为 PRNG。不限长位序列的一个常见应用是作为对称流密码的输入，详见 8.4 节，也见图 4.1(a)。
- **伪随机函数（PRF）**　PRF 用于生成固定长度的伪随机位串。对称加密密钥和时变值就是这样的例子。通常，PRF 的输入是种子加上一些上下文相关的特定值（如用户 ID 或应用 ID）。本书中将给出许多 PRF 的例子，特别是在第 19 章和第 20 章中。

除生成许多位外，PRNG 和 PRF 之间并无差别。两个应用中可以使用相同的算法。两者都需要种子，都必须具有随机性和不可预测性。此外，PRNG 应用可能还需要使用上下文相关的输入。在后续内容中，我们不区分这两个应用。

### 8.1.3　PRNG 的要求

在密码学应用使用 PRNG 或 PRF 时，基本要求是不知道种子的敌手不能确定伪随机串。例如，如果在流密码中使用伪随机位流，那么敌手知道伪随机位流后就能由密文恢复明文。类似地，我们希望保护 PRF 的输出值。考虑如下情形。使用一个 128 位种子和一些上下文相关的值，生成一个 128 位密钥，随后在对称加密中使用该密钥。在普通环境下，128 位密钥能够抵抗穷举攻击。然而，如果 PRF 不能生成足够随机的 128 位输出值，那么敌手就可能成功地进行穷举攻击。

PRNG 和 PRF 的输出的保密性要求，导致了在随机性、不可预测性及种子特性等方面的特定要求。下面依次介绍它们。

**随机性**　在随机性方面，对 PRNG 的要求是，尽管生成的位流是确定性的，但要看起来是随机的。没有某个测试能够确定一个 PRNG 生成的数具有随机性。我们能做的就是对 PRNG 进行一系列测试。

如果 PRNG 在多次测试中展现了随机性，那么可以认为它满足随机性的要求。NIST SP 800-22 规定这些测试应具有如下三个特性。

- **均匀性**　在生成随机或伪随机位序列的任何位置，0 或 1 出现的次数大致相等，即 0 或 1 出现的概率都为 1/2。0 或 1 出现的次数为 $n/2$，其中 $n$ 是序列长度。
- **可伸缩性**　适用于一个序列的任何测试，也适用于随机抽取的子序列的测试。若一个序列是随机的，则任何从中抽取的子序列也应是随机的。因此，任何抽取的子序列都应通过随机性测试。
- **一致性**　对于所有初始值（种子），生成器的性质必须是一致性的。基于单个种子的输出测试 PRNG，或者基于单个物理源的输出测试 TRNG，都是不充分的。

SP 800-22 中列出了 15 个单独的随机性测试。由于理解这些测试需要统计分析的基本知识，因此这里不做技术上的说明。相反，为了说明测试，下面列出三个测试及每个测试的目的。

- **频率测试**　这是最基本的测试，任何测试套件都必须包含它。这个测试的目的是，确定序列中 0 和 1 的数量是否与真随机序列的期望值大致相同。
- **行程测试**　该测试的重点是序列中行程的总数，其中行程是由相同位构成的不间断序列，序列前后的位取一位相反的值。行程测试的目的是，确定各种长度的 0 和 1 行程数是否与随机序列的期望值一致。
- **Maurer 通用统计测试**　该测试的重点是匹配模式（与压缩序列的长度相关的一种度量）间的位数。测试的目的是检测序列是否能大幅度压缩而不损失信息。能大幅度压缩的序列被认为是非随机的。

**不可预测性**　伪随机数位流应表现出两种形式的不可预测性。

- **正向不可预测性**　若不知道种子，则不管知道序列中前面的多少位都无法预测序列中的下一位。
- **反向不可预测性**　由生成的任何值都不能推断出种子值。显然，种子和其生成的任意值之间应该没有相关性；序列中的每个元素看起来应是概率为 1/2 的独立随机事件的结果。

用于随机性测试的相同测试集还提供不可预测性测试。如果生成的位流看起来是随机的，那么不可能由前面的任何位预测某一位或位序列。类似地，如果位序列看起来是随机的，那么不可能由位序列推导出种子。也就是说，随机序列和一个固定值（种子）没有相关性。

**种子的要求**　在密码应用中，作为 PRNG 的输入的种子必须是安全的。因为 PRNG 是一个确定性算法，若敌手能够推导出种子，则能确定输出。因此，种子必须是不可预测的。事实上，种子本身必须是随机数或伪随机数。

一般来说，种子由 TRNG 生成，如图 8.2 所示。这是 SP 800-90A 推荐的方案。读者也许会问，如果可以使用 TRNG，那么为什么还要使用 PRNG 呢？如果应用是流密码，那么 TRNG 是不实用的。发送方需要生成和明文同样长的位密钥流，然后将密钥流和密文安全地传给接收方。若使用 PRNG，则发送方只需想法设法为接收方安全地传送流密码密钥（通常为 128 位或 256 位）。

即使是在 PRF 应用（只需生成有限数量的位）中，通常也希望使用 TRNG 向 PRF 提供种子，并使用 PRF 的输出，而不直接使用 TRNG。如 8.6 节中解释的那样，TRNG 可能会产生存储偏差的二进制序列。PRF 可以调整 TRNG 的输出，进而消除偏差。

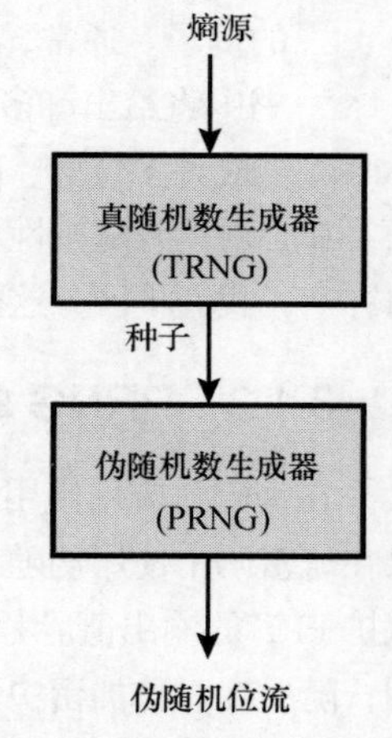

图 8.2　输入 PRNG 的种子的生成

最后，用于生成真随机数的机制，其生成位的速率也许不足以跟上要求随机位的应用。

### 8.1.4　算法设计

PRNG 多年来一直是密码学的研究主题，并且产生了大量算法。这些算法大致分为两类。

- **专用算法**　这些算法是为生成伪随机位流而专门设计的，其中的一些算法已在许多 PRNG 应用中使用（详见下一节中的介绍），另一些算法是为流密码专门设计的（详见本章稍后的讨论）。
- **基于现有密码算法的算法**　密码算法会随机化输入数据。事实上，这是此类算法的要求。例如，如果对称分组密码生成的密文中存在某些规律，那么会有助于密码分析。因此，密码算法在 PRNG 中起核心作用。SP 800-90A 推荐了三类这样的算法。
  - **对称分组密码**　这种方法将在 8.3 节讨论。
  - **哈希函数和消息认证码**　这些方法将在第 12 章讨论。

这些方法中的任意一种都能生成密码学意义上的强 PRNG。专用算法可由通用操作系统提供。对于那些已经使用密码学算法进行加密或认证的应用来说，为 PRNG 重用这些代码是有意义的。因此，所有这些方法都是通用的。

## 8.2　伪随机数生成器

本节介绍用于 PRNG 的两类算法。

### 8.2.1　线性同余生成器

一种广泛使用的生成伪随机数的技术是由 Lehmer 首先提出的算法[LEHM51]，即线性同余算法。该算法有 4 个参数，如下所示：

| | | |
|---|---|---|
| $m$ | 模 | $m > 0$ |
| $a$ | 乘数 | $0 < a < m$ |
| $c$ | 增量 | $0 \leqslant c < m$ |
| $X_0$ | 初始值或种子 | $0 \leqslant X_0 < m$ |

随机数序列$\{X_n\}$由如下迭代公式得到：

$$X_{n+1} = (aX_n + c) \bmod m$$

若 $m$、$a$、$c$ 和 $X_0$ 都是整数，则这种方法生成一个整数序列，每个整数的值域都是 $0 \leqslant X_n < m$。

要设计一个好的随机数生成器，值 $a$、$c$ 和 $m$ 的选择至关重要。例如，假设 $a = c = 1$，生成的序列明显不满足要求。假设 $a = 7$、$c = 0$、$m = 32$ 且 $X_0 = 1$，生成的序列是$\{7, 17, 23, 1, 7, \cdots\}$，也明显不满足要求，即 32 个可能的值中只用了 4 个，此时称序列的周期为 4。若把 $a$ 改成 5，则生成的序列就是$\{5, 25, 29, 17, 21, 9, 13, 1, 5, \cdots\}$，此时序列的周期已增大到 8。

我们希望 $m$ 大到足以生成不同随机数的长序列。常用的评价标准之一是 $m$ 与给定计算机可以表示的最大非负整数的值近似相等，于是对 32 位机，$m$ 可以选为接近或等于 $2^{31}$ 的值。

文献[PARK88]中提出了评价随机数生成器的三个标准：

$T_1$：函数应是全周期的生成函数，即函数在重复前应生成从 0 到 $m-1$ 之间的所有数。

$T_2$：生成的序列看起来应是随机的。

$T_3$：函数应能使用 32 位算术运算有效地实现。

选择合适的 $a$、$c$ 和 $m$ 值后，就能通过这三个测试。对于标准 $T_1$，可以证明，若 $m$ 是素数且 $c = 0$，则对于 $a$ 的某些值，生成函数的周期为 $m-1$，但会缺少 0 值。对于 32 位算术运算，$2^{31}-1$ 是一个常

用的 $m$ 值。于是，生成函数变为

$$X_{n+1} = (aX_n) \bmod (2^{31}-1)$$

$a$ 的可能取值超过 20 亿个，但满足上述三个标准的只有很少一部分取值。$a$ 取值为 $7^5 = 16807$ 时，可以通过所有三个测试，这个数最初是在 IBM 360 系列计算机中使用的[LEWI69]。这个生成器的使用非常广泛，与其他 PRNG 相比也经过了更全面的测试，尤其适用于统计和仿真[JAIN91]。

线性同余算法的优点是，若乘数和模选择得当，则生成的随机数序列统计上几乎与从集合 1, 2, …, $m-1$ 中随机抽取的序列相当（无放回抽取）。然而，除初始值 $X_0$ 外，该算法根本不是随机的。选定 $X_0$ 后，后续生成的随机数也就确定了，这一点对密码分析有影响。

如果敌手知道使用的是线性同余算法，并且知道各个参数（如 $a = 7^5$、$c = 0$、$m = 2^{31}-1$），那么只要知道一个随机数，就能得到后续的所有数字。即使敌手只知道使用了线性同余算法，那么仅根据序列中的一小部分就足以确定算法的各个参数。假设敌手能够确定 $X_0$、$X_1$、$X_2$ 和 $X_3$，则有

$$X_1 = (aX_0 + c) \bmod m$$
$$X_2 = (aX_1 + c) \bmod m$$
$$X_3 = (aX_2 + c) \bmod m$$

由这三个等式可以解出 $a$、$c$ 和 $m$。

因此，尽管使用好的 PRNG 很不错，但我们还是希望所用的实际序列不会重复出现，以便敌手不能由序列的一部分确定序列后面的元素。实现这一目标的方法有几种。例如，文献[BRIG79]建议使用内部系统时钟来修正随机数流。使用时钟的一种方法是，每隔 $N$ 个数就以时钟值模 $m$ 作为新种子来重新启动序列。另一种方法是直接将随机数加上时钟值后模 $m$。

## 8.2.2　BBS 生成器

Blum Blum Shub（BBS）生成器（见图 8.3）是生成安全伪随机数的常用方法[BLUM86]，它以其开发人员的名字命名。BBS 可能是专用算法中密码强度最强的算法之一。过程如下。首先，选择两个大素数 $p$ 和 $q$，满足除以 4 的余数都为 3。也就是说，

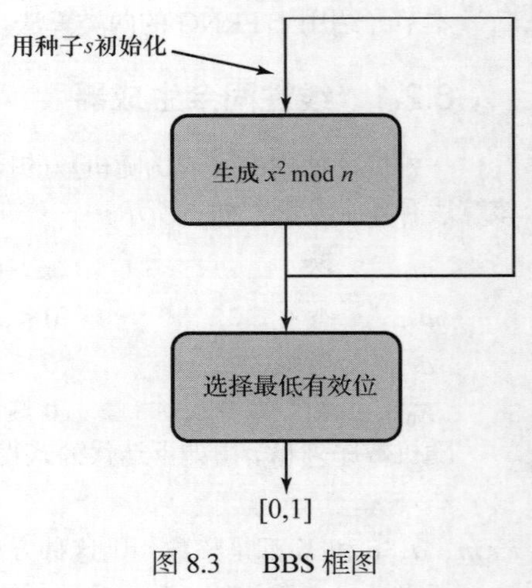


图 8.3　BBS 框图

$$p \equiv q \equiv 3 \pmod 4$$

第 2 章详细解释的这种表示法仅意味着$(p \bmod 4) = (q \bmod 4) = 3$。例如，素数 7 和 11 满足 $7 \equiv 11 \equiv 3 \pmod 4$。令 $n = p \times q$。接着，选择一个随机数 $s$，要求 $s$ 与 $n$ 互素，即"$p$ 或 $q$ 都不是 $s$ 的因子"。然后，BBS 按如下算法生成位序列 $B_i$：

$$X_0 = s^2 \bmod n$$
$$\textbf{for} \quad i = 1 \textbf{ to } \infty$$
$$X_i = (X_{i-1})^2 \bmod n$$
$$B_i = X_i \bmod 2$$

因此，每个循环都取最低有效位。表 8.1 中给出了 BBS 运算的一个例子。其中，$n = 192649 = 383 \times 503$，种子 $s = 101355$。

BBS 被称为密码安全伪随机位生成器（CSPRBG）。CSPRBG 定义为能够通过下一位测试的伪随机位生成器，在文献[MENE97]中，下一位测试定义如下："称某个伪随机位生成器可通过下一位测试，

如果不存在一个多项式时间算法①，对于输出序列的前 $k$ 位输入，能够以大于 1/2 的概率预测出第 $k+1$ 位。" 换句话说，给定序列的前 $k$ 位，没有有效的算法允许你以超过 1/2 的概率确定下一位是 1 还是 0。对于所有的实用目的，这个序列是不可预测的。BBS 的安全性基于对 $n$ 因子分解的困难性。也就是说，给定 $n$，我们需要确定它的两个素因子 $p$ 和 $q$。

表 8.1　BBS 生成器的运算示例

| $i$ | $X_i$ | $B_i$ | $i$ | $X_i$ | $B_i$ |
|---|---|---|---|---|---|
| 0 | 20749 | | 11 | 137922 | 0 |
| 1 | 143135 | 1 | 12 | 123175 | 1 |
| 2 | 177671 | 1 | 13 | 8630 | 0 |
| 3 | 97048 | 0 | 14 | 114386 | 0 |
| 4 | 89992 | 0 | 15 | 14863 | 1 |
| 5 | 174051 | 1 | 16 | 133015 | 1 |
| 6 | 80649 | 1 | 17 | 106065 | 1 |
| 7 | 45663 | 1 | 18 | 45870 | 0 |
| 8 | 69442 | 0 | 19 | 137171 | 1 |
| 9 | 186894 | 0 | 20 | 48060 | 0 |
| 10 | 177046 | 0 | | | |

## 8.3　使用分组密码生成伪随机数

构建 PRNG 的常用方法是，使用对称分组密码作为 PRNG 机制的核心。对于任意明文分组，对称分组密码产生一个明显随机的分组输出，即密文中没有可以用来推导明文的规律性或模式。因此，对称分组密码非常适合用来构建伪随机数生成器。

如果使用一个已有的标准分组密码，如 DES 或 AES，那么能保证 PRNG 的安全性。此外，许多应用已经使用 DES 或 AES，因此包含分组密码作为 PRNG 的一部分非常简单。

### 8.3.1　使用分组加密工作模式的 PRNG

广为人们接受的、使用分组密码构建 PNRG 的两种方法是 CTR 模式和 OFB 模式。NIST SP 800-90A、ANSI 标准 X9.82（*Random Number Generation*）及 RFC 4086（*Randomness Requirements for Security*, 2005 年 6 月）都推荐 CTR 模式。X9.82 和 RFC 4086 推荐 OFB 模式。

图 8.4 显示了这两种情形。在每种情形中，种子都由两部分组成：加密密钥值，以及生成一个伪随机数分组后都将更新的 $V$ 值。因此，对于 AES-128，种子由一个 128 位密钥和一个 128 位 $V$ 值构成。在 CTR 模式下，$V$ 值每加密一次就增 1。在 OFB 模式下，$V$ 值更新为前一个 PRNG 分组的值。在两种情形下，一次生成一个伪随机位分组（例如，对于 AES，一次生成 128 位的 PRNG 位）。

用于 PRNG 的 CTR 算法称为 CTR_DRBG，其总结如下。

```
while   (len (temp) < requested_number_of_bits) do
        V = (V + 1) mod 2^128
        output_block = E(Key, V)
        temp = temp || output_block
```

OFB 算法总结如下。

```
while   (len (temp) < requested_number_of_bits) do
        V =  E(Key, V)
        temp = temp || V
```

① $k$ 阶多项式时间算法是运行时间以 $k$ 阶多项式为界的算法。

为了理解这两个 PRNG 的性能，考虑下面的短实验。我们从 random.org 处得到一个 256 位的随机位序列，它在各个电台之间使用三台调频收音机拾取大气噪声。这些 256 位形成种子，分配如下：

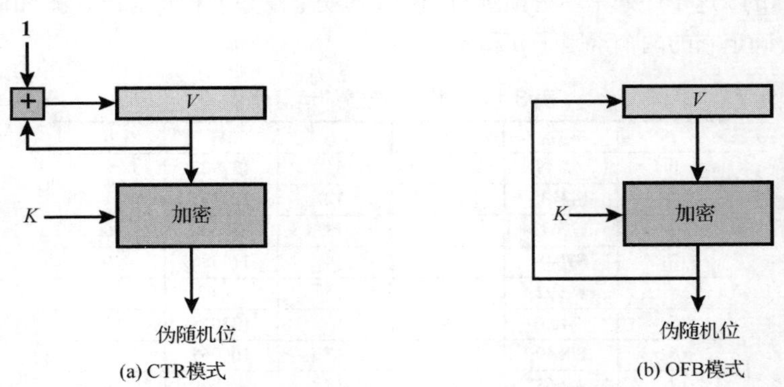


图 8.4　基于分组密码的 PRNG 机制

| 密钥 | cfb0ef3108d49cc4562d5810b0a9af60 |
|---|---|
| $V$ | 4c89af496176b728ed1e2ea8ba27f5a4 |

在 256 位种子中，1 位的总数是 124，写成百分比为 48%，它非常接近于理想值 50%。

对于 OFB-PRNG，表 8.2 中显示了前 8 个输出分组（1024 位）和两个大致的安全度量。第二列显示了每个 128 位分组中 1 位的百分比。这对应于一个 NIST 测试。结果表明，输出分为 0 位和 1 位的数量大致相等。第三列显示了在相邻分组之间匹配的位的百分比。如果这个数值明显偏离 0.5，那么表明分组之间是相关的，而这是一个安全弱点。结果表明分组之间是不相关的。

表 8.2　使用 OFB 的 PRNG 示例结果

| 输 出 分 组 | 1 位的百分比 | 与前一个分组匹配的位的百分比 |
|---|---|---|
| 1786f4c7ff6e291dbdfdd90ec3453176 | 0.57 | — |
| 5e17b22b14677a4d66890f87565eae64 | 0.51 | 0.52 |
| fd18284ac82251dfb3aa62c326cd46cc | 0.47 | 0.54 |
| c8e545198a758ef5dd86b41946389bd5 | 0.50 | 0.44 |
| fe7bae0e23019542962e252d215a2e3 | 0.47 | 0.48 |
| 14fdf5ec99469598ae0379472803accd | 0.49 | 0.52 |
| 6aeca972e5a3ef17bd1a1b775fc8b929 | 0.57 | 0.48 |
| f7e97badf359d128f00d9b4ae323db64 | 0.55 | 0.45 |

表 8.3 显示了 CTR 模式下使用相同密钥和 $V$ 值的结果，结果同样让人满意。

表 8.3　使用 CTR 的 PRNG 示例结果

| 输 出 分 组 | 1 位的百分比 | 与前一个分组匹配的位的百分比 |
|---|---|---|
| 1786f4c7ff6e291dbdfdd90ec3453176 | 0.57 | — |
| 60809669a3e092a01b463472fdcae420 | 0.41 | 0.41 |
| d4e6e170b46b573eedf88ee39bff33d | 0.59 | 0.45 |
| 5f8fcfc5deca18ea246785d7fadc76f8 | 0.59 | 0.52 |
| 90e63ed27bb07868c753545bdd57ee28 | 0.53 | 0.52 |
| 0125856fdf4a17f747c7833695c52235 | 0.50 | 0.47 |
| f4be2d179b0f2548fd748c8fc7c81990 | 0.51 | 0.48 |
| 1151fc48f90eebac658a3911515c3c66 | 0.47 | 0.45 |

## 8.3.2　NIST CTR_DRBG

下面详细介绍 NIST SP 800-90A 中根据 CTR 工作模式定义的 PRNG。这个 PRNG 被称为 CTR_DRBG（计数器模式确定性随机位生成器）。CTR_DRBG 已被广泛实现，并且是最新英特尔处理器芯片（见 8.6 节）中的硬件随机数生成器的一部分。

DRBG 假设熵源能够提供随机位。一般来说，熵源是基于某个物理源的 TRNG。如果其他源满足应用要求的熵度量，那么也可使用这些源。熵是信息论中用来度量不可预测性或随机性的概念，详见附录 B。DRBG 中使用的加密算法可能是带三个密钥的 3DES，或是密钥长度为 128 位、192 位或 256 位的 AES。

与该算法有关的 4 个参数如下。

- **输出分组长度**（outlen）　加密算法的输出分组的长度。
- **密钥长度**（keylen）　加密密钥的长度。
- **种子长度**（seedlen）　种子是一个位串，用作 DRBG 机制的输入。种子确定 DRBG 的部分内部状态，种子的熵必须保证 DRBG 的安全性。seedlen = outlen + keylen。
- **补种间隔**（reseed_interval）　加密密钥的长度。它是使用新种子更新算法前，生成的输出分组的最大数量。

表 8.4 中列出了 SP 800-90A 为这些参数规定的值。

**表 8.4　CTR_DRBG 参数**

| | 3DES | AES-128 | AES-192 | AES-256 |
|---|---|---|---|---|
| outlen | 64 | 128 | 128 | 128 |
| keylen | 168 | 128 | 192 | 256 |
| seedlen | 232 | 256 | 320 | 384 |
| reseed_interval | $\leqslant 2^{32}$ | $\leqslant 2^{48}$ | $\leqslant 2^{48}$ | $\leqslant 2^{48}$ |

**初始化**　图 8.5 表明 CTR_DRBG 由两个主要的函数组成。首先介绍如何使用初始化和更新函数来初始化 CTR_DRBG［见图 8.5(a)］。回顾可知，CTR 分组密码模式需要一个密钥 $K$ 和 SP 800-90A 中提到的一个初始计数器值 $V$。$K$ 和 $V$ 的组合被称为种子。开始 DRGB 操作时，需要 $K$ 和 $V$ 的初始值，它们可以任意选择。例如，8.6 节中介绍的英特尔数字随机数生成器使用 $K = 0$ 和 $V = 0$。这些值是 CTR 工作模式用来生成至少 seedlen 位的参数。此外，全部的 seedlen 位必须由熵源提供。一般来说，熵源是某种形式的 TRNG。

使用这些输入，迭代加密的 CTR 模式，生成一个输出分组序列，每次加密后 $V$ 增 1。持续这一过程，直到生成至少 seedlen 位。输出的最高 seedlen 位然后与 seedlen 个熵位异或，生成一个新种子。相应地，种子的最高 keylen 位生成新密钥，种子的最低 outlen 位生成新计数器值 $V$。

**生成**　得到密钥 $K$ 和 $V$ 的值后，DRBG 进入生成阶段，并且能够生成伪随机位，每次生成一个输出分组［见图 8.5(b)］。迭代加密函数，生成期望的伪随机位数，每次迭代都使用相同的密钥，计数器值 $V$ 每次迭代后增 1。

**更新**　为了增强安全性，由 PRNG 生成的位数应是有限的。CTR_DRGB 使用参数 reseed_interval 来设置这个限值。在生成阶段，补种计数器被初始化为 1，并在每次迭代（每次产生一个输出分组）后增 1。当补种计数器达到 reseed_interval 时调用更新函数［见图 8.5(a)］。更新函数与初始化函数相同。在更新阶段，最后被生成函数使用的密钥值和 $V$ 值将作为更新函数的输入参数。更新函数使用熵源的 seedlen 个新位生成一个新种子（$K, V$）。生成函数然后继续生成伪随机位。注意，更新函数的结果是改变生成函数使用的 $K$ 值和 $V$ 值。

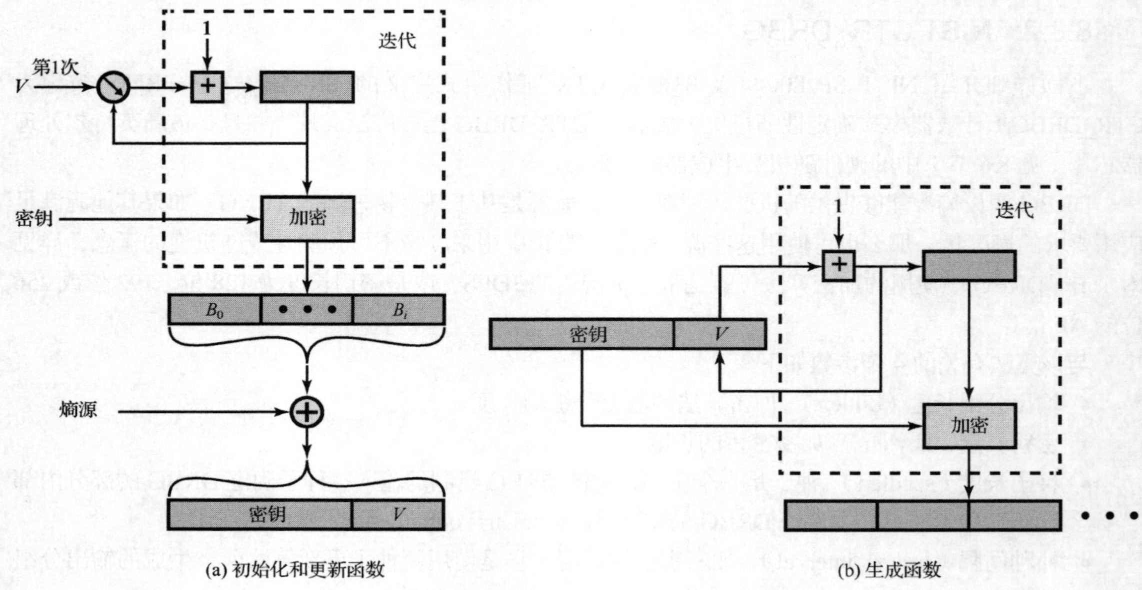


图 8.5　CTR_DRBG 函数

## 8.4　流密码

**流密码**可视为“一次一密”的伪随机版。“一次一密”算法使用一个长随机密钥，其长度等于明文消息的长度。流密码使用短密钥和伪随机位流，计算上与随机数流等价。一般来说，分组密码的应用越来越广，应用范围也越来越宽，原因主要是我们能以不同工作模式轻易地使用分组密码。此外，分组密码还能以计数器、OFB 和 CBC 等工作模式用作流密码。

近年来，人们对流密码用途的兴趣再度高涨[BIRY04]。流密码适合加密大量的快速流数据，并且适合在内存和处理能力非常有限的设备（称为**受限设备**）中使用，如小型无线传感器，它是物联网（IoT）和射频识别（RFID）标记的一部分。

图 8.6 中显示了一个典型流密码的结构图，它有三个内部元素：在加密和解密过程中随时间演化的秘密状态 $s_i$（如内存），其初始状态被指定为 $s_0$；**状态转换函数** $f$，在生成一位时，由旧状态值算出新状态值；**输出函数** $g$，生成用于加密和解密的位流，即**密钥流** $z_i$。密钥 $K$ 是流密码的输入，并且用于初始化状态。$K$ 也可用作 $f$ 的输入参数。有些流密码还包括初始化向量 IV，IV 与 $K$ 一起用于初始化状态。与分组密码的情形相同，流密码的 IV 不必是秘密的，但应是不可预测的和唯一的。

按位异或（XOR）密钥流和明文流的每个字节后，得到一个密文字节。例如，若生成器生成的下一个字节为 01101100，且下一个明文字节为 11001100，则得到的密文字节为

```
  11001100 明文
⊕ 01101100 密钥流
  10100000 密文
```

解密要求使用相同的伪随机序列：

```
  10100000 明文
⊕ 01101100 密钥流
  11001100 密文
```

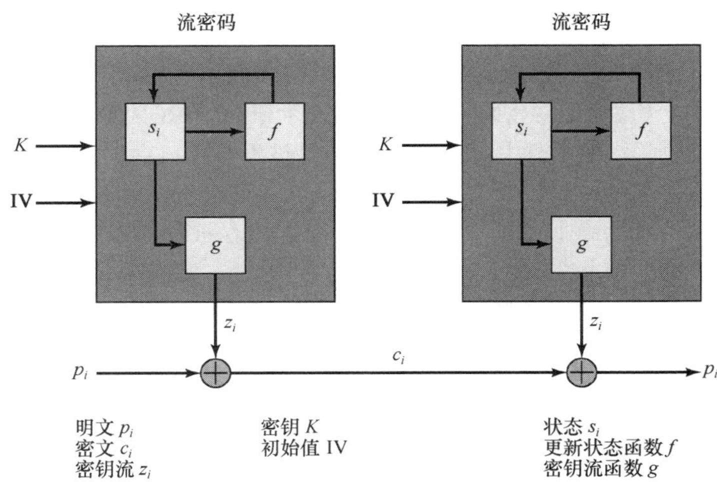


图 8.6 典型流密码的通用结构

流密码类似于第 3 章中讨论的“一次一密”，不同的是，“一次一密”使用的是真随机数流，而流密码使用的是伪随机数流。

文献[KUMA97]中列出了设计流密码时需要考虑的重要因素。

**1.** 加密序列的周期要长。伪随机数生成器使用函数生成确定性位流，该位流最终会重复。重复的周期越长，密码分析的难度就越大。本质上，这与讨论 Vigenère 密码时的考虑是一致的，即密钥越长密码分析越困难。

**2.** 密钥流应尽可能地接近真随机数流的性质。例如，1 和 0 的个数应近似相等。若密钥流为字节流，则所有 256 个可能的字节值出现的频率应近似相等。密钥流的随机特性越好，密文越随机，密码分析也就越困难。

**3.** 由图 8.6 可知，伪随机数生成器的输出由输入密钥 $K$ 控制。为了防止穷举攻击，密钥应足够长，即针对分组密码的考虑在此处同样适用。因此，从目前的软/硬件技术发展来看，至少应当保证密钥长度不小于 128 位。

使用正确设计的伪随机数生成器时，流密码与密钥长度相当的分组密码一样安全。流密码的潜在优点是不使用分组密码作为构建块，且通常比分组密码更快，代码更短。本章中的示例 RC4 只需几行代码即可实现。近年来，由于软件上非常高效的 AES 的出现，这些优点已消失。此外，出现了针对 AES 的硬件加速技术。例如，英特尔 AES 指令集有一轮加解密和密钥生成的机器指令。与纯粹的软件实现相比，使用硬件指令将速度提高了一个数量级[XU10]。

分组密码的优点之一是可以重用密钥。相比之下，如果两个明文是用流密码以相同的密钥加密的，那么密码分析会变得非常简单[DAWS96]。如果异或这两个密文流，那么结果就是原始明文的异或值。如果明文是文本字符串、信用卡号或一些已知属性的字节流，那么就能成功地进行密码分析。

对于需要对数据流进行加密/解密的应用，如通过数据通信信道或浏览器/Web 链接，流密码是很好的解决方案。对于处理数据分组，比如文件传输、E-mail 和数据库，分组密码更为适用。当然，在任何应用中都可使用两种类型的密码。

流密码可用密码学意义上的任何强 PRNG 来构建，如 8.2 节和 8.3 节中讨论的 PRNG。下一节中将介绍使用 PRNG 的流密码。

## 8.5 RC4

RC4 是 Ron Rivest 于 1987 年为 RSA Security 设计的流密码，是面向字节运算的变长密钥流密码。该算法使用随机排列。分析表明，该密码的周期可能完全大于 $10^{100}$[ROBS95a]。每个输出字节需要 8 ~ 16 个机器操作，并且该密码可在软件中快速地运行。RC4 被用于 WiFi 保护访问（WPA）协议中，其中后者是 IEEE 802.11 无线局域网标准的一部分。它在 Secure Shell（SSH）和 Kerberos 中的使用是可选的。RC4 已被 RSA Security 保留为商业密钥。1994 年 9 月，RC4 算法被匿名发布在互联网上的 Cypherpunks 匿名转发者列表中。

RC4 算法非常简单，且很容易解释。从 1 到 256 字节（8 到 2048 位）的变长密钥用于初始化元素为 $S[0], S[1], \cdots, S[255]$ 的 256 字节状态向量 $\boldsymbol{S}$。任何时候，$\boldsymbol{S}$ 包含从 0 到 255 的所有 8 位数字的排列。对于加密和解密操作，以系统方式选择 255 项之一来由 $\boldsymbol{S}$ 生成字节 $k$ 。随着每个 $k$ 值的生成，$\boldsymbol{S}$ 中的这些项将再次被置换。

### 8.5.1 初始化 *S*

首先，将 $\boldsymbol{S}$ 中的各项按升序设置为 0 到 255 之间的值，即 $[0] = 0, S[1] = 1, \cdots, S[255] = 255$ 。同时，创建一个临时向量 $\boldsymbol{T}$。若密钥 $K$ 的长度为 256 字节，则将 $K$ 赋给 $\boldsymbol{T}$。否则，对于长度为 keylen 字节的密钥，从 $K$ 复制 $\boldsymbol{T}$ 的前 keylen 个元素，然后根据需要重复 $K$ 次，直到填满 $\boldsymbol{T}$。这些初步操作概括如下：

```
/* Initialization */
for i = 0 to 255 do
 S[i] = i;
 T[i] = K[i mod keylen];
```

接下来，使用 $\boldsymbol{T}$ 生成 $\boldsymbol{S}$ 的初始置换。这涉及从 $S[0]$开始并进行到 $S[255]$，且对每个 $S[i]$，根据下面的 $T[i]$方案，将 $S[i]$与 $\boldsymbol{S}$ 中的另一个字节交换：

```
/* Initial Permutation of S */
j = 0;
for i = 0 to 255 do
    j = (j + S[i] + T[i]) mod 256;
    Swap (S[i], S[j]);
```

因为对 $\boldsymbol{S}$ 的唯一操作是交换，所以结果是进行一次排列。$\boldsymbol{S}$ 仍然包含从 0 到 255 的所有数字。

### 8.5.2 流生成

初始化 $\boldsymbol{S}$ 向量后，就不再使用输入密钥。流生成涉及循环遍历所有元素 $S[i]$，并且对每个 $S[i]$，根据 $\boldsymbol{S}$ 的当前配置规定的方案，将 $S[i]$与 $\boldsymbol{S}$ 中的另一个字节交换。到达 $S[255]$后，继续该过程，从 $S[0]$ 重新开始：

```
/* Stream Generation */
i, j = 0;
while (true)
  i = (i + 1) mod 256;
  j = (j + S[i]) mod 256;
  Swap (S[i], S[j]);
  t = (S[i] + S[j]) mod 256;
  k = S[t];
```

加密时，将 $k$ 值与明文的下一个字节异或。解密时，将 $k$ 值与密文的下一个字节异或。

图 8.7 说明了 RC4 的原理。

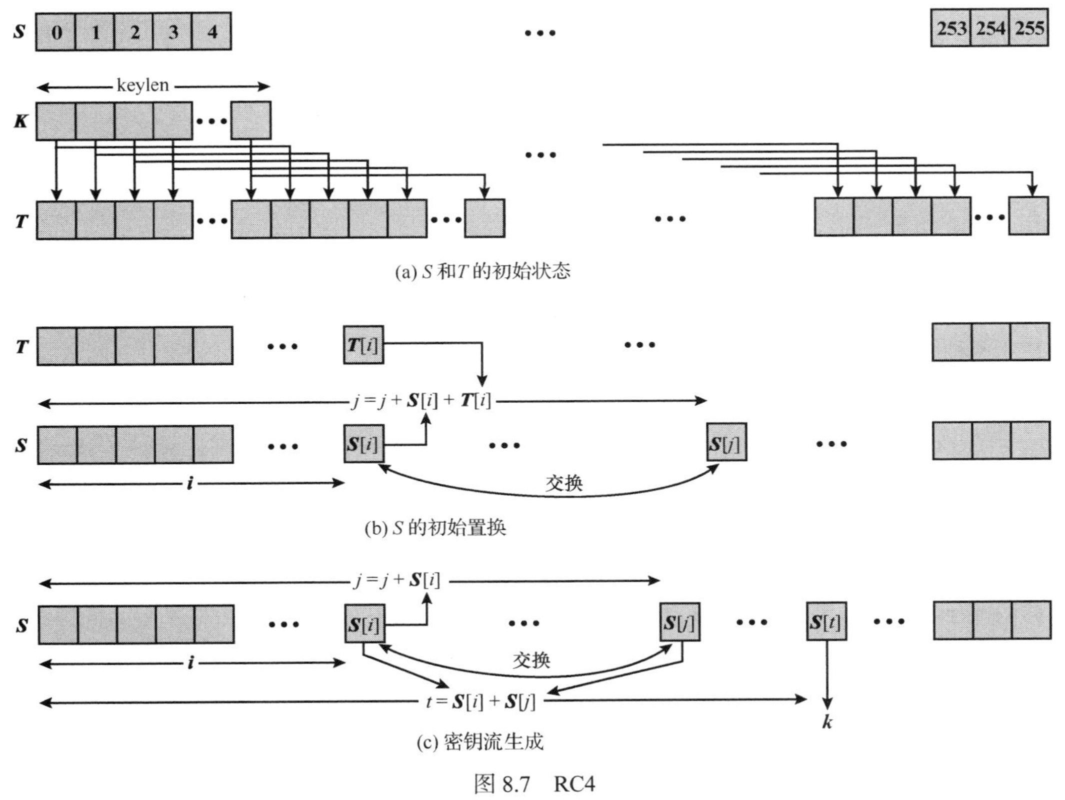


图 8.7　RC4

### 8.5.3　RC4 的强度

最近，[PAUL07]公布了 RC4 密钥调度算法中的一个基本漏洞，该漏洞可减少发现密钥的工作量。最近的密码分析结果[ALFA13]利用 RC4 密钥流中的偏差来恢复重复加密的明文。根据发现的弱点，特别是[ALFA13]中报告的弱点，IETF 发布了 RFC 7465，禁止在 TLS 中使用 RC4（*Prohibiting RC4 Cipher Suites*，2015 年 2 月）。在最新的 TLS 指南中，NIST 还禁止将 RC4 用于政府用途（SP 800-52，*Guidelines for the Selection, Configuration, and Use of Transport Layer Security (TLS) Implementations*，2013 年 9 月）。

## 8.6　使用反馈移位寄存器的流密码

随着越来越多的受限设备（如物联网中使用的设备）被人们使用，人们对开发占用最少内存、高效且功耗要求最低的新型流密码的兴趣日益浓厚。最近开发的大多数流密码都基于反馈移位寄存器（FSR）的使用。反馈移位寄存器表现出的性能非常适合紧凑的硬件实现，并且关于它们生成的位序列的统计特性有完善的理论结果。

FSR 由一系列 1 位存储单元组成。每个单元都有一条输出线和一条输入线，其中输出线指示当前存储的值。在离散时刻（称为时钟时间），每个存储设备中的值被替换为输入线指示的值。结果如下：最右（最低有效）位被移出，作为该时钟周期的输出位，其他位右移一位。然后根据 FSR 中的其他位计算新的最左（最高有效）位。

本节首先介绍两种类型的反馈移位寄存器：线性反馈移位寄存器（LFSR）和非线性反馈移位寄存器（NFSR）；然后，研究一个示例：Grain 流密码。

### 8.6.1 线性反馈移位寄存器

一般来说，若 $f(x+y)=f(x)+f(y)$ 且 $af(x)=f(ax)$，则函数 $f$ 是线性的。对于 FSR 的特定情况，若反馈函数仅涉及寄存器中位的模 2（逻辑异或）加运算，则 FSR 是线性的。

电路的实现如下。

**1**．LFSR 包含 $n$ 位。

**2**．存在 1 至 $(n-1)$ 个异或门。

**3**．门的存在或不存在对应于特征多项式 $P(X)$ 中一项的存在或不存在，不包括 $X^n$ 项。

使用两种等效的方法来表征 LFSR。我们可以认为生成器对各个异或项的求和：

$$B_n = A_1B_{n-1}A_2B_{n-2}A_3B_{n-3}\cdots A_nB_0 = \sum_{i=1}^{n} A_iB_{n-i} \tag{8.1}$$

图 8.8 说明了这个方程。在每个时钟信号处，都会计算 $B_i$ 值并右移。因此，计算的 $B_n$ 值变为 $B_{n-1}$ 单元中的值，以此类推，直到 $B_0$，然后移出作为输出位。实际的实现不会有乘法电路。相反，对于 $A_i=0$，会消除相应的异或电路。图 8.9(a)示例说明了实现下式的 4 位 LFSR：

$$B_4 = B_0 \oplus B_1 \tag{8.2}$$

移位寄存器技术有几个重要的优点。LFSR 生成的序列在较长的周期内具有随机性。此外，LFSR 易于在硬件中实现，并且可以高速运行。

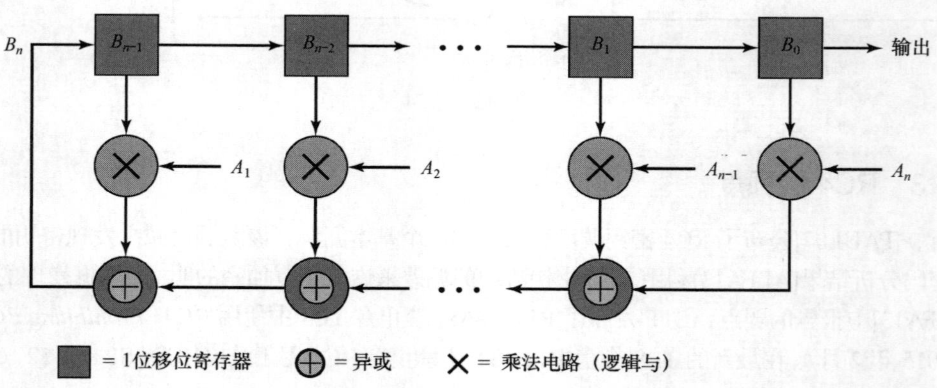


图 8.8 二进制线性反馈移位寄存器序列生成器

可以证明，$n$ 位 LFSR 的输出是周期性的，最大周期为 $N=2^n-1$。仅当 LFSR 的初始内容全为零或式（8.1）中的系数全部为零（无反馈）时，才会出现全零序列。总可找到一个反馈配置，其周期为 $N$；得到的序列称为**最大长度序列**或 **$m$ 序列**。

图 8.9(b)显示了图 8.9(a)中 LFSR 生成的 $m$ 序列。LFSR 以初始状态1000($B_3=1, B_2=0, B_1=0, B_0=0$)实现式（8.2）。图 8.9(b)显示了每一步操作，因为 LFSR 一个时钟只处理一位。表中的每一行显示了当前存储在 4 个移位寄存器元素中的值。此外，每一行还显示了异或电路的输出值。最后，每一行还显示了输出位的值，即 $B_0$。注意，输出在 15 位之后重复。也就是说，序列的周期或 $m$ 序列的长度为 $15=2^4-1$。不管 LFSR 的初始状态如何（0000 除外），都会产生相同的周期性 $m$ 序列，如图 8.9 所示。对于每个不同的初始状态，$m$ 序列在其循环的不同点开始，但它是相同的序列。

对于任何给定大小的 LFSR，可用式（8.1）中 $A_i$ 的不同值生成许多不同的唯一 $m$ 序列。

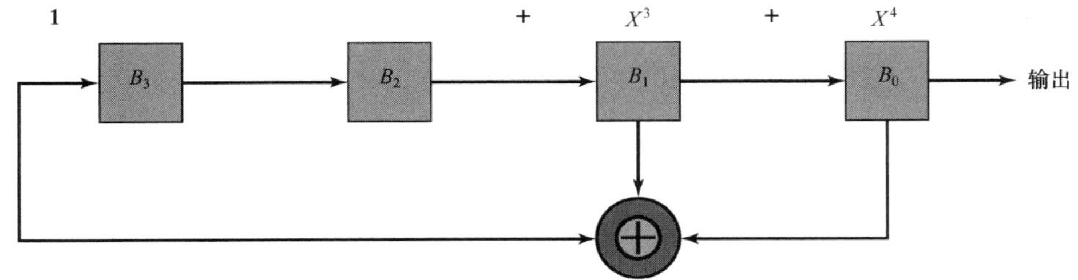


(a) 移位寄存器的构成

| 状态 | $B_3$ | $B_2$ | $B_1$ | $B_0$ | $B_0 \oplus B_1$ | 输出 |
|---|---|---|---|---|---|---|
| 初始值 = 0 | 1 | 0 | 0 | 0 | 0 | 0 |
| 1 | 0 | 1 | 0 | 0 | 0 | 0 |
| 2 | 0 | 0 | 1 | 0 | 1 | 0 |
| 3 | 1 | 0 | 0 | 1 | 1 | 1 |
| 4 | 1 | 1 | 0 | 0 | 0 | 0 |
| 5 | 0 | 1 | 1 | 0 | 1 | 0 |
| 6 | 1 | 0 | 1 | 1 | 0 | 1 |
| 7 | 0 | 1 | 0 | 1 | 1 | 1 |
| 8 | 1 | 0 | 1 | 0 | 1 | 0 |
| 9 | 1 | 1 | 0 | 1 | 1 | 1 |
| 10 | 1 | 1 | 1 | 0 | 1 | 0 |
| 11 | 1 | 1 | 1 | 1 | 0 | 1 |
| 12 | 0 | 1 | 1 | 1 | 0 | 1 |
| 13 | 0 | 0 | 1 | 1 | 0 | 1 |
| 14 | 0 | 0 | 0 | 1 | 1 | 1 |
| 15=0 | 1 | 0 | 0 | 0 | 0 | 0 |

(b) 初始状态为1000的示例

图 8.9　4 位线性反馈移位寄存器

LFSR 配置的等效定义是**特征多项式**。对应于式（8.1）的特征多项式 $P(X)$ 为

$$P(X)=1+A_1X+A_2X^2+\cdots+A_{n-1}X^{n-1}+A_nX^n=1+\sum_{i=1}^{n}A_iX^i \tag{8.3}$$

特征多项式的一个有用性质是，取多项式的倒数后，可用来查找由相应 LFSR 生成的序列。例如，对于 $P(X)=1+X+X^3$ 的 3 位 LSFR，执行除法 $1/(1+X+X^3)$。图 8.10 中描述了长除法。结果是

$$1+X+X^2+(0\times X^3)+X^4+(0\times X^5)+(0\times X^6)$$

之后，重复这一模式。这意味着移位寄存器的输出为 1110100。

因为该序列的周期是 $7=2^3-1$，所以这是一个 $m$ 序列。注意，我们执行除法的方式与常规方式有些不同。这是因为减法是以模 2 或用异或函数完成的，且在该系统中减法的结果与加法的相同。

特征多项式当且仅当是本原多项式时才生成 $m$ 序列①。因此，$P(X)=1+X+X^3$ 是本原多项式。类似地，对应于图 8.9(a)的多项式为 $P(X)=1+X+X^4$，它是本原多项式。

① 本原多项式已在第 5 章中定义。

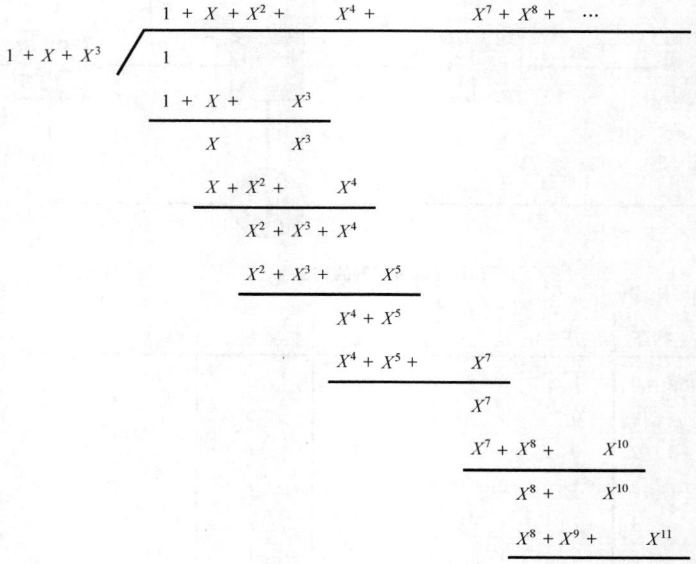

$$
\begin{array}{r|l}
 & 1 + X + X^2 + X^4 + X^7 + X^8 + \cdots \\
\hline
1 + X + X^3 & 1 \\
 & \underline{1 + X + X^3} \\
 & X + X^3 \\
 & \underline{X + X^2 + X^4} \\
 & X^2 + X^3 + X^4 \\
 & \underline{X^2 + X^3 + X^5} \\
 & X^4 + X^5 \\
 & \underline{X^4 + X^5 + X^7} \\
 & X^7 \\
 & \underline{X^7 + X^8 + X^{10}} \\
 & X^8 + X^{10} \\
 & \underline{X^8 + X^9 + X^{11}}
\end{array}
$$

图 8.10　$1/(1+X+X^3)$

另外，某些文献中将**生成多项式**定义为

$$G(X) = X^n P\left(\frac{1}{X}\right) = X^n + \sum_{i=1}^{n} A_i X^{n-i}$$

生成多项式和本原多项式并无实际区别，$P(X)$ 和 $G(X)$ 都生成相同的输出位序列。

尽管由本原多项式定义的 LFSR 能够生成良好的伪随机数位流，但是单个 LFSR 本身不适合作为流密码。流密码是由明文的连续位与 LFSR 生成的连续位异或运算后组成的。若将 $n$ 位 LFSR 用作流密码，则寄存器的初始内容包含密钥。可以证明，若反馈函数已知（即 $A_i$ 的值已知），且敌手能够确定流的 $n$ 个连续位，则敌手可以确定整个流。这是因为反馈函数是线性的。此外，若反馈函数未知，则由输出流的 $2n$ 位足以确定整个流。

开发 LFSR 流密码的一种方法是使用多个 LFSR，它们的长度可能不同，并以某种方式组合在一起。另一种方法是加入一个非线性反馈移位寄存器（NFSR）。

## 8.6.2　非线性反馈移位寄存器

在 LFSR 的上下文中，线性是指式（8.1）和式（8.3）中的系数 $A_i$ 是常数。特别地，它们是布尔常量（0 或 1）。对于 NFSR，系数可以是变量。图 8.11 是一个例子，它可以表示为 $B_5 = B_4 \oplus B_3 B_2$，或等效地表示为 $P(X) = 1 + X + X^2 X^4$。

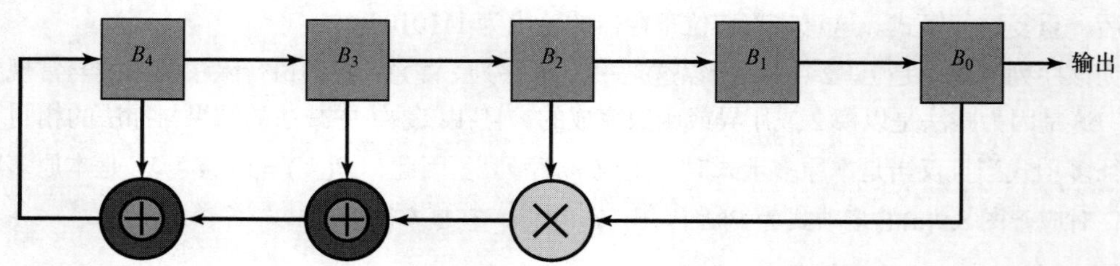


图 8.11　一个非线性反馈移位寄存器

与 LFSR 一样，NFSR 本身并不适合作为流密码，因为没有理论去分析它们。但是，LFSR 与 NFSR 可以结合使用，以便产生已知最大周期和高安全性的流密码。

### 8.6.3 Grain-128a

Grain 是一系列硬件效率的流密码。Grain 已被接受为 eSTREAM 批准许多新流密码的工作的一部分（详见第 23 章）。称为 Grain v1 的 eSTREAM 规范定义了两种流密码：一种有一个 80 位密钥和一个 64 位初始化向量（IV），另一种有一个 128 位密钥和一个 80 位 IV。此后，为包含身份认证，对 Grain 进行了修订和扩展，修订和扩展后的版本称为 Grain-128a[AGRE11, HELL06]。eSTREAM 最终报告[BABB08]指出，Grain 推动了紧凑实施方面的最新发展。

Grain-128a 由两个移位寄存器（一个具有线性反馈，另一个具有非线性反馈）和一个滤波函数组成。寄存器由轻量级但精心选择的布尔函数耦合。LFSR 保证了密钥流的最短周期，并且提供了输出的平衡性。NFSR 与非线性滤波器共同为密码引入了非线性特征。NFSR 的输入被 LFSR 的输出掩蔽，从而使 NFSR 的状态达到平衡。

**输出加密** 图 8.12(a)显示了生成输出位流的 Grain-128a 的结构，其中输出位流用于通过简单的按位异或运算对明文流进行加密。Grain-128a 使用以下约定对寄存器中的位编号，即从左到右递增，然后左移，最高有效位作为输出。在迭代 $i$ 中，LFSR 定义如下：

$$s_{i+128} = s_i \oplus s_{i+7} \oplus s_{i+38} \oplus s_{i+70} \oplus s_{i+81} \oplus s_{i+96}$$

等效的生成器函数为

$$f(x) = 1 + x^{32} + x^{47} + x^{58} + x^{90} + x^{121} + x^{128}$$

NFSR 定义如下：

$$\begin{aligned} b_{i+128} = s_i \oplus b_i \oplus b_{i+26} \oplus b_{i+56} \oplus b_{i+91} \oplus b_{i+96} \oplus b_{i+3}b_{i+67} \oplus b_{i+11}b_{i+13} \oplus b_{i+17}b_{i+18} \oplus \\ b_{i+27}b_{i+59} \oplus b_{i+40}b_{i+48} \oplus b_{i+61}b_{i+65} \oplus b_{i+68}b_{i+84} \oplus b_{i+88}b_{i+92}b_{i+93}b_{i+95} \oplus \\ b_{i+22}b_{i+24}b_{i+25} \oplus b_{i+70}b_{i+78}b_{i+82} \end{aligned}$$

等效生成器函数是本原多项式，即

$$\begin{aligned} g_1(x) &= 1 + x^{32} + x^{37} + x^{72} + x^{102} + x^{128} \\ g_2(x) &= x^{44}x^{60} + x^{61}x^{125} + x^{63}x^{67} + x^{69}x^{101} + x^{80}x^{88} + x^{110}x^{111} + \\ &\quad x^{115}x^{117} + x^{46}x^{50}x^{58} + x^{103}x^{104}x^{106} + x^{33}x^{35}x^{36}x^{40} \\ g(x) &= g_1(x) + g_2(x) \end{aligned}$$

因此，NFSR 的输出同时具有线性和非线性成分。注意，NFSR 的生成器函数不会直接反馈到寄存器中，而要与 LFSR 的输出 $s_i$ 进行异或运算，从而掩蔽 NFSR 的输入。

由 Grain 的结构实际生成输出位需要几个阶段。滤波函数 $h$ 从两个移位寄存器中获取 9 个变量。滤波函数设计上是平衡的、高度非线性的，并且生成安全的输出。它定义为

$$h = b_{i+12}s_{i+8} \oplus s_{i+13}s_{i+20} \oplus b_{i+95}s_{i+42} \oplus s_{i+60}s_{i+79}s_{i+94}$$

接着根据下面的简单线性函数，预输出函数 $h$ 使用 1 位 LFSR 和 7 位 NFSR 掩蔽 $h$：

$$y_i = h \oplus s_{i+93} \oplus \sum_{j \in A} b_{i+j}$$

式中，$A = \{2,15,36,45,64,73,89\}$。输出函数定义为

$$z_i = y_{64+2i}$$

即输出由跳过前 64 位后的每个第 2 位组成。如下所述，64 个初始位和另外一半的位可用于身份认证。

因为 LFSR 是 128 位的并且使用本原多项式，所以周期能够保证至少为 $2^{128}-1$。由于 NFSR 及其

输入被 LFSR 的输出掩蔽，因此具体的周期取决于密钥和所用的 IV。NFSR 的输入被 LFSR 的输出掩蔽，以确保 NFSR 处于平衡状态。

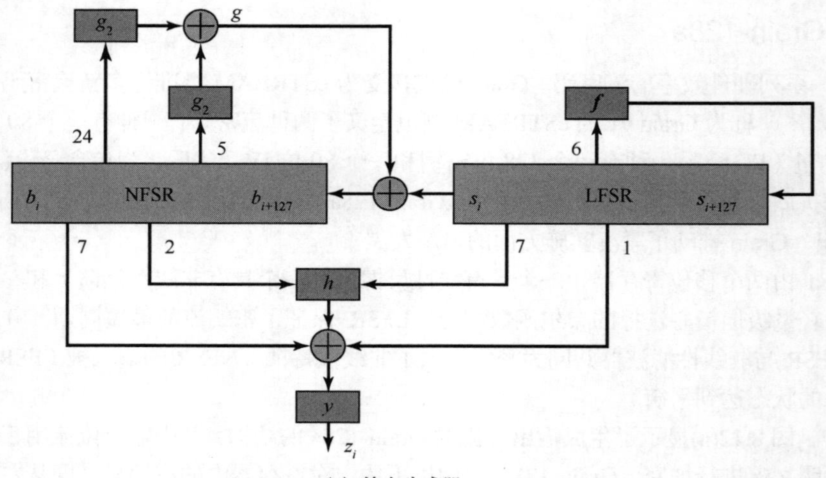


(a) 输出生成器

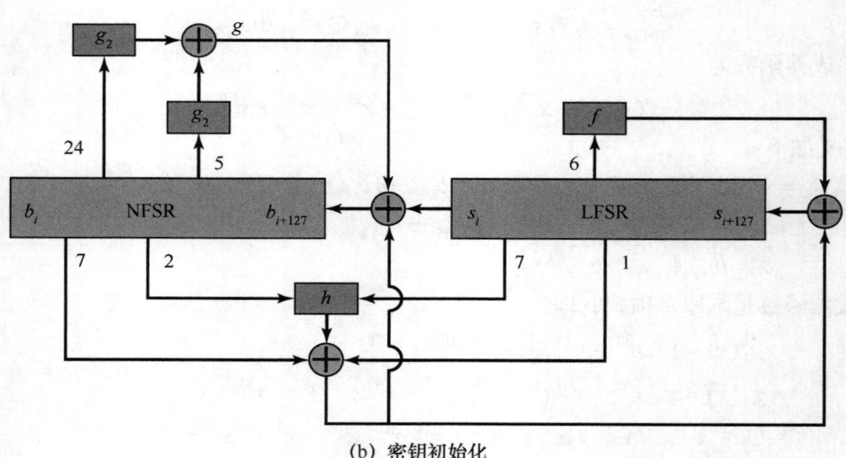


(b) 密钥初始化

图 8.12 Grain-128a 流密码

**密钥和 IV 初始化** 将 128 位密钥放到 128 位 NFSR 中，初始化 Grain-128a。使用 IV 中的 96 位 $\mathrm{IV}_i$ 初始化 128 位 LFSR，如下所示：

$$s_i = \begin{cases} \mathrm{IV}_i, & 0 \leqslant i \leqslant 95 \\ 1, & 96 \leqslant i \leqslant 126 \\ 0, & i = 127 \end{cases}$$

然后，两个包含 256 位的寄存器被时钟触发 256 次而不产生任何密钥流。相反，将预输出函数的反馈与 NFSR 和 LFSR 的输入进行异或运算［见图 8.12(b)］。该运算将 IV 和密钥完全替换为寄存器的初始状态。在生成密钥流之前，该过程会有效地置乱移位寄存器的内容。

**加密** 下面可以轻松地定义加密。假设由位 $m_0,\cdots,m_{L-1}$ 定义了长度为 $L$ 的消息。密文位 $c_i$ 的计算如下：

$$c_i = z_i \oplus m_i$$

消息由密文按如下方式恢复：

$$m_i = z_i \oplus c_i$$

**认证**　Grain-128a 生成一个 32 位的认证标记。为此，提供一个称为累加器的 32 位寄存器。在时刻 $i$，累加器的各个位用 $a_i^0,\cdots,a_i^{31}$ 表示。同时，还提供一个 32 位移位寄存器，时刻 $i$ 的各个位用 $r_i,\cdots,r_{i+31}$ 表示。累加器用 $y_i$ 的前 32 位初始化，寄存器用 $y_i$ 的随后 32 位序列初始化。注意，在形成 $z_i$ 时不包括这 64 位。在时刻 $i$，通过赋值 $r_{i+32} = y_{64+2i+1}$ 来更新移位寄存器，然后左移一位。因此，未在加密中使用的位将用于认证。在 $i$ 时刻，累加器的所有位都更新为 $a_{i+1}^j = a_i^j \oplus m_i r_{i+j}$，其中 $0 \leqslant j \leqslant 31$，$0 \leqslant i \leqslant L$。累加器的最终内容 $a_{L+1}^0,\cdots,a_{L+1}^{31}$ 就是认证标记。

## 8.7 真随机数生成器

### 8.7.1 熵源

真随机数生成器（TRNG）使用不确定源生成随机性。大多数操作都是通过度量不可预测的自然过程进行的，如电离辐射事件的脉冲检测器、气体放电管和泄漏电容器。英特尔公司开发了一种商用芯片，它可通过对一对反相器的输出进行采样来实现对热噪声的采样。LavaRnd 是一个开源项目，它使用廉价摄像头、开源代码和廉价硬件创建真随机数。该系统使用不透光罐中的饱和 CCD 作为混沌源来生成种子。软件将结果处理成各种格式的真正随机数。

RFC 4086 中列出了以下随机源，使用它们可在计算机上轻松地生成真随机序列。

- **音频/视频输入**　许多计算机都带有将某些真实模拟源转换为数字输入的功能，如将来自麦克风的声音或来自摄像机的视频转换为数字输入。来自未插入任何信号源的声音数字化仪的“输入”，或来自镜头盖打开时相机的“输入”，本质上都是热噪声。若系统具有足够的增益来检测任何内容，则此类输入可以提供高质量的随机位。
- **磁盘驱动器**　杂乱的气流会使得磁盘驱动器的转速出现较小的随机波动 [JAKO98]。添加低级磁盘寻道时间设备会产生一系列包含这种随机性的测量结果。这类数据通常高度相关，因此需要有效地进行处理。十多年前的实验表明，通过这种处理，即使是速度较慢的计算机上的慢速磁盘驱动器，每分钟也能轻松地生成 100 位或更多的优质随机数据。

还有一个线上服务（random.org），它可通过 Internet 安全地传送随机序列。

### 8.7.2 PRNG 和 TRNG 的比较

表 8.5 中小结了 PRNG 和 TRNG 的主要区别。PRNG 是有效的，这意味着它们可在短时间内生成许多数字；同时，PRNG 是确定的，这意味着若已知序列的起点，则可在此后的某个日期重现给定的数字序列。如果应用程序需要许多数字，那么效率就是一个很好的特性；如果需要在以后再次重放相同的数字序列，那么确定性会很方便。PRNG 通常也是周期的，这意味着序列最终会重复自身。虽然周期性几乎从来都不是理想的特性，但是现代 PRNG 的周期很长，以至于在大多数实际应用中都可以忽略不计。

与 PRNG 相比，TRNG 的效率低下，需要花更长的时间才能生成数字。这是许多应用程序都会出现的难题。例如，银行或国家安全部门的密码系统可能需要每秒生成数百万个随机位。TRNG 也是不确定的，这意味着给定的数字序列无法重现，尽管同一个序列可能会偶然重现几次。TRNG 没有周期。

表 8.5　PRNG 和 TRNG 的比较

| | 伪随机数生成器 | 真随机数生成器 |
|---|---|---|
| 效率 | 较高 | 较低 |
| 确定性 | 确定的 | 非确定的 |
| 周期性 | 周期的 | 非周期的 |

### 8.7.3　调节①

TRNG 生成的输出可能存在偏差，如 1 的个数大于 0 的个数，或 0 的个数大于 1 的个数。更一般地说，NIST SP 800-90B 将随机过程定义为，相对于假定的潜在结果离散集（即可能的输出值）是有偏差的，前提是某些结果出现的概率大于其他结果出现的概率。例如，电子噪声之类的物理源可能包含叠加的规则结构，如波或其他周期现象。它们看起来是随机的，但使用统计测试可证明它们是确定的。

除偏差外，SP 800-98B 使用的另一个概念是**熵率**。SP 800-90B 中将熵率定义为数字噪声源（或熵源）提供熵的速率，其计算方法如下：源输出的位串提供的评估熵量除以位串的总位数（每个输出位产生的熵评估位）。这是介于 0（无熵）和 1（完全熵）之间的一个值。熵率是对位串的随机性或不可预测性的度量。另一种表达方式是，对长为 $n$ 位、最小熵为 $k$ 的一个随机源，熵率为 $k/n$。最小熵是对随机位数的度量，详见附录 B。本质上，对于其中位和位组与其他位或位组无关的无偏差位块或位流，其熵率为 1。

对于随机位的硬件源，推荐的方法是假设可能存在小于 1 的偏差和/或熵率，并应用进一步使得这些位“随机化”的技术。为此，人们开发了各种修改位流的方法，这些方法被称为**调节算法**或**偏差校正算法**。

一般来说，调节是使用密码算法“置乱”随机位以消除偏差并且增大熵来进行的。两种最常见的方法是使用哈希函数或使用对称分组密码。

**哈希函数**　如第 11 章所述，哈希函数由一个任意长度的输入生成一个 $n$ 位输出。使用哈希函数进行调节的一种简单方法如下。$m$ 个输入位（$m \geqslant n$）的分组通过哈希函数，并且 $n$ 个输出位被用作随机位。为了生成随机位流，连续的输入分组通过哈希函数后，产生连续的哈希输出分组。

操作系统通常内置有生成随机数的机制。例如，Linux 使用了 4 个熵源：鼠标和键盘活动、磁盘 I/O 操作及特定的中断。位由这 4 个源生成，并且在缓冲区中组合。需要随机位时，从缓冲区中读取合适数量的位，并使它们通过 SHA-1 哈希函数[GUTT06]。

一种更复杂的方法是 SP800-90A 中规定的哈希派生函数 hash_df，其定义如下。

**参数：**

input_string：待进行哈希运算的串。

outlen：输出的长度。

no_of_bits_to_return：hash_df 返回的位数。最大长度（max_number_of_bits）与实现有关，但应小于等于 $255 \times \text{outlen}$。no_of_bits_to_return 表示一个 32 位的整数。

requested_bits：执行 hash_df 后的结果。

**Hash_df 过程：**

1. temp = 空串。
2. $\text{len} = \left\lceil \dfrac{\text{no\_of\_bits\_to\_return}}{\text{outlen}} \right\rceil$。

① 不熟悉熵和最小熵概念的读者请先阅读附录 B。

3. counter = 0x01。　注释：一个 8 位二进制值，表示整数“1”。
4. for $i = 1$ to len do　注释：在步骤 4.1 中，no_of_bits_to_return 用作一个 32 位的串。
   4.1　temp = temp || **hash**(counter || no_of_bits_to_return || input_string)。
   4.2　conter = counter+1。
5. requested_bits = **leftmost**(temp, no_of_bits_to_return)。
6. Return(**SUCCESS**, requested_bits)。

该算法用任意长度的位输入分组，返回所要求的位数，位数最高可达哈希输出长度的 255 倍。

读者可能对输出由哈希分组组成感到不安。对于每个分组，哈希函数的输入是相同的输入串，只是计数器的值不同。但是，密码学意义上的强哈希函数（如 SHA 系列）能够提供出色的扩散能力（见第 4 章），因此计数器的值的变化会使得输出结果截然不同。

**分组密码**　不使用哈希函数时，可以使用诸如 AES 之类的分组密码置乱 TRNG 位。使用 AES 时，一种简单的方法是获取 128 位分组的 TRNG 位，并用 AES 和任意密钥加密每个分组。SP 800-90B 中概述了一种类似于 hash_df 函数的方法。随后讨论的英特尔实现提供了使用 AES 进行调节的示例。

### 8.7.4　健康测试

图 8.13 中显示了不确定随机位生成器的通用模型。硬件噪声源生成一个真随机输出，将其数字化后，生成不确定的位源或真位源。然后，这个位源通过一个调节模块，减小偏差并使熵最大化。

图 8.13 中还显示了一个健康测试模块，它在数字化仪和调节器的输出上使用。本质上，健康测试用于验证噪声源是否能按预期工作，并验证调节模块生成的输出是否具有期望的特性。SP 800-90B 建议使用两种形式的健康测试。

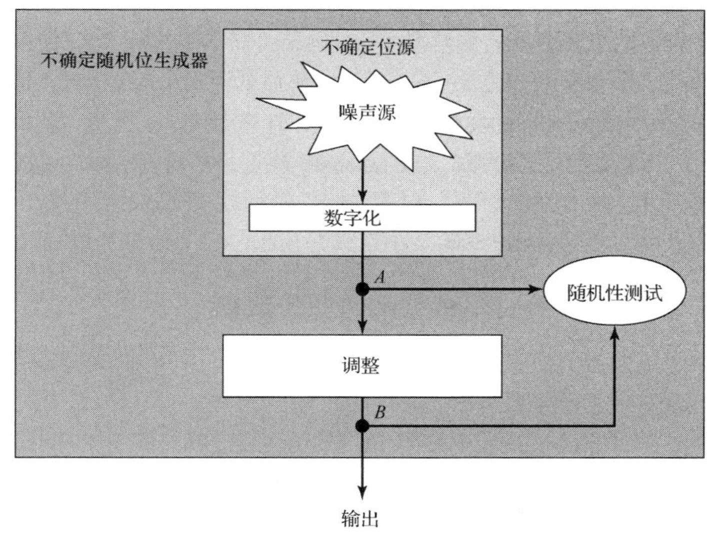


图 8.13　NRBG 模型

**噪声源健康测试**　噪声源健康测试的性质很大程度上取决于生成噪声的技术。一般来说，我们可以假设噪声源的数字化输出存在一些偏差。因此，传统的统计测试（如在 SP 800-22 中定义并在 8.1 节中讨论的测试）不适合监视噪声源，因为噪声源可能总是会失效。相反，噪声源测试需要适合正确运行噪声源的期望统计行为。我们的目标不是确定信号源是否有偏差，而是确定它是否能按预期运行。

SP 800-90B 规定，要对由噪声源（图 8.13 中的 $A$ 点）获得的数字化样本进行连续测试，目的是测试可变性，即确定噪声源是否能按期望的熵率生成。SP 800-90B 要求使用两种测试：重复计数测试和自适应比例测试。

**重复计数测试**旨在快速检测灾难性故障，这种故障会使得噪声源长时间“卡”在单个输出值上。对于这种测试，假设给定噪声源具有给定的最小熵值 $H$。熵是指每个样本的熵量，其中样本可以是单

个位或长度为 $n$ 的位分组。使用评估后的 $H$ 值，可以简单地算出 $C$ 个连续样本序列生成相同样本值的概率。例如，单位最小熵的噪声源连续两次采样时，重复某个样本值的概率不超过 0.5，连续三次重复某个样本值的概率不超过 0.25，以此类推，连续重复某个样本值 $C$ 次的概率不超过 $(1/2)^{C-1}$。总之，对于最小熵为 $H$ 位/样本的噪声源，有

$$\Pr[\text{一行中}C\text{个相同的样本}] \leqslant (2^{-H})^{(C-1)}$$

重复计数测试涉及查找连续的相同样本。若计数达到某个截止值 $C$，则会出现错误。要确定测试中使用的 $C$ 值，测试必须配置一个参数 $W$。$W$ 是一个可接受的假阳性概率，它与由 $C$ 次重复样本值触发的警报相关。为避免误报，应将 $W$ 设置为一个大于零的小数。给定 $W$ 后，就可求出 $C$ 值。具体地说，我们希望 $C$ 是满足方程 $W \leqslant (2^{-H})^{(C-1)}$ 的最小数字，即

$$C = \left\lceil 1 + \frac{-\log W}{H} \right\rceil$$

例如，$W = 2^{-30}$ 时，$H = 7.3$ 位/样本的熵源的截止值 $C$ 为 $\left\lceil 1 + \frac{30}{7.3} \right\rceil = 6$。

重复计数测试首先记录一个样本值，然后计算相同值的重复次数。若计数器达到截止值 $C$，则报告错误。若遇到一个与前一个样本不同的样本值，则将计数器重置为 1，算法重新开始。

**自适应比例测试**旨在检测大的熵损失，如影响噪声源的某些物理故障或环境变化导致的熵损失。这种测试连续测量噪声源样本序列中的某些样本值的局部出现频率，进而确定样本是否出现得过于频繁。

这种测试首先记录一个样本值，然后观察 $N$ 个连续的样本值。若观察到初始样本值至少出现了 $C$ 次，则报告错误。SP 800-90B 建议使用假阳性概率 $W = 2^{-30}$ 进行测试，并为选择 $N$ 和 $C$ 的值提供了指导。

**调节函数健康测试**　SP 800-90B 规定，要对调节组件（图 8.13 中的 $B$ 点）的输出进行健康测试，但未规定使用哪些测试。对调节组件进行健康测试的目的是，确保输出表现为真随机位流。因此，合理的做法是使用 SP 800-22 中定义并在 8.1 节中描述的随机测试。

## 8.7.5　英特尔数字随机数生成器

如上所述，TRNG 传统上只用于密钥生成和只需少量随机位的其他应用程序，因为 TRNG 的效率低下，且生成随机位的速率很低。

首款能够实现与 PRNG 相当的位生成速率的商用 TRNG，是从 2012 年 5 月起在新的多核芯片上使用的英特尔数字随机数生成器（DRNG）[TAYL11, MECH14][①]。

DRNG 有两个值得注意的方面。

1. 它完全用硬件实现。与包含软件组件的设施相比，硬件实现的安全性更高。与软件模块相比，纯硬件实现也有更快的计算速度。
2. 整个 DRNG 与处理器在同一个多核芯片上，可以消除其他硬件随机数生成器的 I/O 延迟。

**DRNG 硬件架构**　图 8.14 显示了 DRNG 的整体结构。DRNG 的第一阶段是由热噪声生成随机数。这个阶段的核心由两个反相器（非门）组成，每个反相器的输出都连接到另一个反相器的输入。这样的安排可得到两个稳定的状态：一个反相器的输出为逻辑 1，另一个反相器的输出为逻辑 0。然后，对电路进行配置，由时钟脉冲强制两个反相器具有相同的不确定状态（两个输入和两个输出都为逻辑 1）。反相器内的随机热噪声很快使得两个反相器达到相互稳定的状态。附加电路旨在补偿偏差或相关。使用如今的硬件，在这个阶段能够以 4 Gbps 的速率生成随机位。

① 遗憾的是，英特尔公司为 NRBG 选择了首字母缩写 DRNG，它易与 DRBG（伪随机数位生成器）混淆。

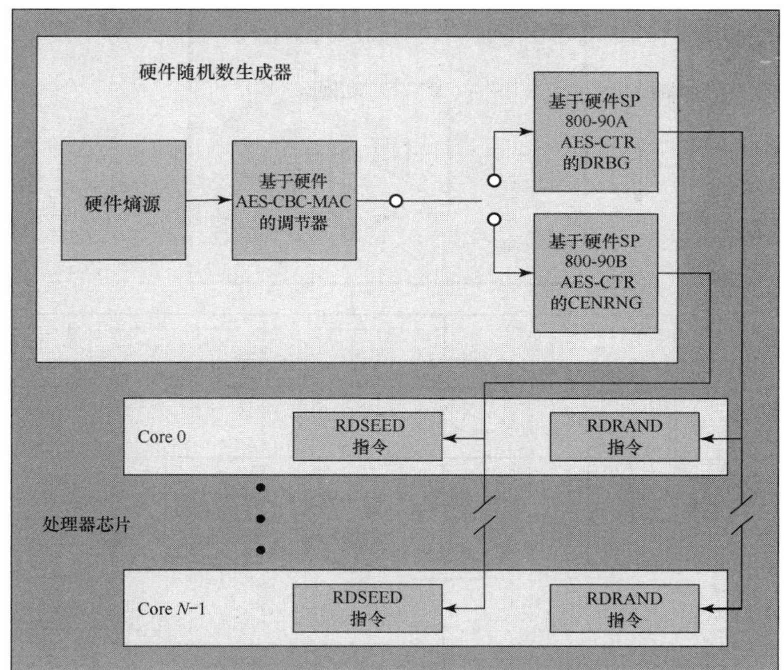


图 8.14　DRNG 的整体结构

第一阶段的输出是一次生成的 512 位。为了确保位流无偏差，调节器使用一个密码函数来随机化输入。此时，函数是 NIST SP 800-38B 中规定的 CBC-MAC 或 CMAC。本质上，CMAC 使用 CBC 模式（见图 8.4）加密其输入，并输出最终的分组。第 12 章中将详细介绍 CMAC。这个阶段的输出是一次生成的 256 位，旨在说明无偏差的真随机性。

尽管硬件电路与此前的电路相比能够更快地由热噪声生成随机数，但对如今的某些计算要求而言，速度仍然不够快。为了使 DRNG 能够像软件 DRBG 一样快速生成随机数，并保持高质量的随机性，增加了第三个阶段。这个阶段使用 256 位随机数作为种子创建 128 位数来保证 DRBG 的安全。从一个 256 位的种子开始，DRBG 能以超过熵源 3Gbps 的速率输出许多伪随机数。每个种子可以生成 511 个 128 位的样本。这个阶段使用的算法是 8.3 节介绍的 CTR_DRBG。

PRNG 阶段的输出可通过 RDRAND 指令提供给芯片上的每个内核。RDRAND 检索一个 16 位、32 位或 64 位的随机值，并将它提供给能通过软件访问的寄存器。

在第三代英特尔酷睿处理器产生的初始数据具有以下性能[INTE12]：高达 7000 万次每秒的 RDRAND 调用，并且随机数据生成的速率超过 4Gbps。

调节器的输出也能用于另一个模块——增强型不确定随机数生成器（ENRNG），这个模块可为各种密码算法提供作为种子的随机数。ENRNG 符合 SP 800-90B 和 900-90C 中的规范。ENRNG 的输出可以通过 RDSEED 指令提供给芯片上的每个内核。RDSEED 从 ENRNG 中检索硬件生成的随机种子值，并将它存储到作为指令的参数的目标寄存器中。

**DRNG 的逻辑结构**　图 8.15 中显示了英特尔 DRNG 的简化逻辑结构。

如上所述，硬件熵源的核心是一对互相馈电的反相器。由同一时钟驱动的两个晶体管将两个反相器的输入和输出强制为逻辑 1 状态。因为这是不稳定状态，所以热噪声会使得配置随机进入稳定状态，其中节点 $A$ 为逻辑 1、节点 $B$ 为逻辑 0，或者节点 $A$ 为逻辑 0、节点 $B$ 为逻辑 1。因此，该模块以时钟速率生成随机位。

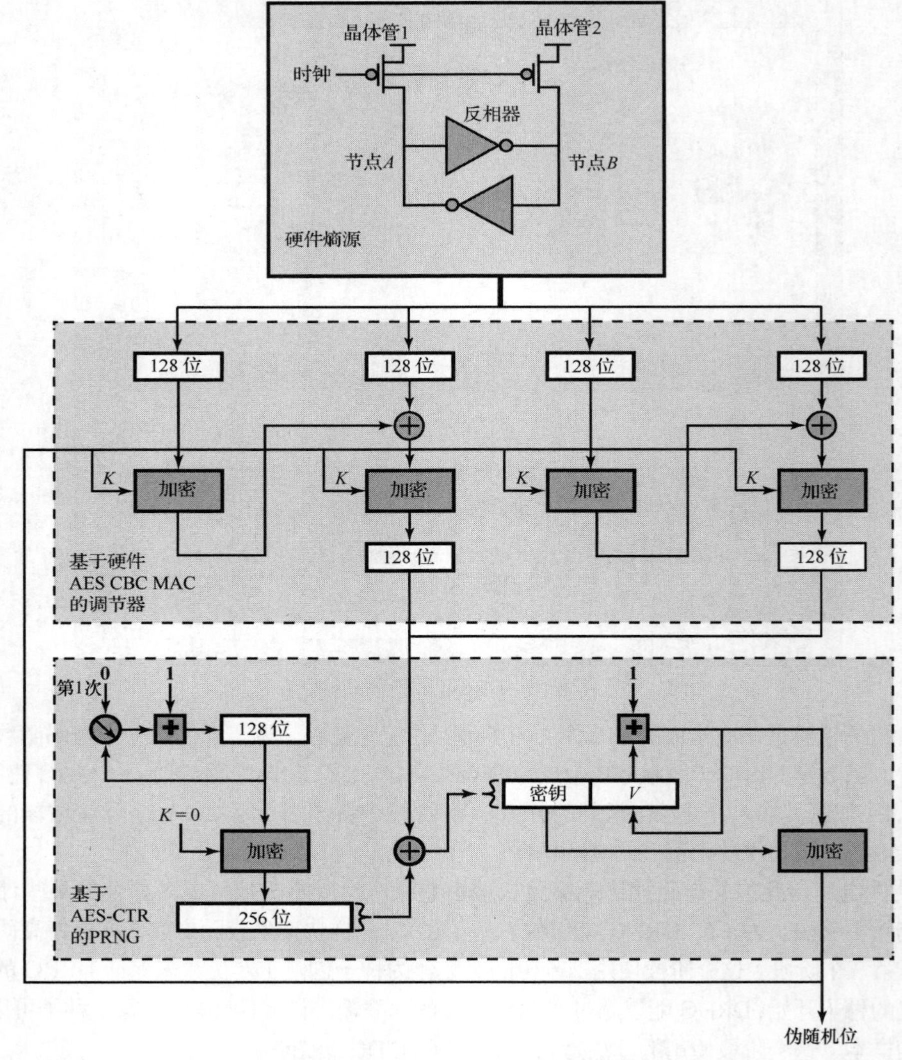


图 8.15 英特尔 DRNG 的简化逻辑结构

熵源的输出是一次收集的 512 位，它使用 AES 加密的两种 CBC 硬件实现来馈电。每个实现使用两个 128 位的“明文”分组，并且使用 CBC 模式加密。保留第二次加密的输出。两个 CBC 模块最初都使用全零密钥。随后，PRNG 阶段的输出被反馈为调节阶段的密钥。

调节器阶段的输出是 256 位的，它作为 DRGB 阶段的更新函数的输入。使用全零密钥和计数器值 0 初始化更新函数。更新函数迭代两次后生成一个 256 位分组，这个分组然后与调节器阶段的输入进行异或运算。运算的结果用作生成函数的 128 位密钥和 128 位种子。在 128 位的分组中，生成函数生成伪随机位。

## 8.8 关键术语、思考题和习题

### 关键术语

反向不可预测性　　偏差校正算法　　熵源　　正向不可预测性

| 密钥流 | 伪随机数生成器 | 偏差 | 真随机数生成器 |
|---|---|---|---|
| 伪随机函数 | 种子 | 流密码 | 不可预测性 |

## 思考题

**8.1** 统计随机性和不可预测性有何区别？

**8.2** 列出流密码的重要设计注意事项。

**8.3** 为何不希望重用流密码密钥？

**8.4** RC4 中使用了哪些本原操作？

## 习题

**8.1** 如果采用加性成分为 0 的线性同余算法，$X_{n+1}=(aX_n) \bmod m$，那么可以证明，若 $m$ 为素数，且给定的 $a$ 值产生的最大周期为 $m-1$，则 $a^k$ 也产生最大周期，只要 $k$ 小于 $m$ 且 $k$ 和 $m-1$ 互素。使用 $X_0=1$ 和 $m=31$ 并生成 $a^k=3,3^2,3^3,3^4$ 的序列来证明它。

**8.2** **a**. 由生成器 $X_{n+1}=(aX_n) \bmod 2^4$ 获得的最长周期是多少？**b**. $a$ 的值应是多少？**c**. 种子有什么限制？

**8.3** 为线性同余算法选择模 $m=2^{31}-1$ 而非模 $2^{31}$ 的原因是，后者不需要使用额外的位来表示，并且模运算更容易执行。一般来说，模 $2^k-1$ 优于模 $2^k$，为什么？

**8.4** 使用线性同余算法时，选择提供一个完整周期的参数不一定能提供良好的随机性。例如，考虑以下两个生成器：

$$X_{n+1}=(6X_n) \bmod 13, \quad X_{n+1}=(7X_n) \bmod 13$$

写出两个序列，证明它们都是完整周期的。哪个看起来更随机？

**8.5** 不论使用哪种伪随机数进行加密、仿真或统计设计，盲目地信任计算机系统库中刚好可用的随机数生成器都是很危险的。[PARK88]发现，许多教材和程序包都使用有缺陷的算法来生成伪随机数。本题可让你测试自己的系统。

这个测试基于 Ernesto Cesaro 提出的一个定理（定理的证明见[KNUT98]），该定理的陈述如下：给定两个随机选择的整数 $x$ 和 $y$，$\gcd(x,y)=1$ 的概率为 $6/\pi^2$。在程序中使用该定理从统计学上求 $\pi$ 的值。主程序调用三个子程序：系统库中的随机数生成器，作用是生成随机整数；使用欧几里得算法计算两个整数的最大公因子的子程序；计算平方根的子程序。后两个程序不可用时，需要编写它们。主程序应该遍历大量的随机数，以便计算上述概率。因此，估计 $\pi$ 的值应很简单。

如果结果接近 3.14，那么恭喜你！如果不接近 3.14，则可能很小，通常约为 2.7。为何得到这样的结果？

**8.6** 初始化期间，哪个 RC4 密钥将使 $\boldsymbol{S}$ 保持不变？也就是说，在初始置换 $\boldsymbol{S}$ 后，$\boldsymbol{S}$ 的各项将按升序等于从 0 到 255 的值？

**8.7** RC4 具有一个秘密的内部状态，它是向量 $\boldsymbol{S}$ 与两个索引 $i$ 和 $j$ 的所有可能值的置换。

**a**. 使用简单的方案存储内部状态时，要使用多少位？

**b**. 假设我们从状态所代表信息多寡的角度来考虑。这时，首先需要确定可能有多少种不同的状态，然后用以 2 为底的对数来找出它表示多少位信息。使用这种方法，需要多少位来表示状态？

**8.8** Alice 和 Bob 同意使用基于 RC4 的方案通过电子邮件进行私有通信，但他们希望避免每次传输时都使用新的密钥。Alice 和 Bob 私下同意使用 128 位密钥 $k$。加密由位串组成的消息 $m$ 时，使用了如下步骤。

1. 选择一个随机的 80 位值 $v$。
2. 生成密文 $c=\text{RC4}(v\|k)\oplus m$。
3. 发送位串 $(v\|c)$。

**a**. 假设 Alice 使用该程序将消息 $m$ 发送给 Bob。描述 Bob 如何使用 $k$ 从 $(v\|c)$ 恢复消息 $m$。

**b**. 若敌手观察到了在 Alice 和 Bob 之间传输的几个值 $(v_1\|c_1)$, $(v_2\|c_2),\cdots$，他/她如何确定何时相同

的密钥流被用来加密两个消息？

**c.** 在两次使用同一个密钥流前，Alice 期望发送大约多少条消息？使用附录 E 中介绍的生日悖论得出的结果。

**d.** 这意味着密钥 $k$ 的寿命有多长（即可以使用 $k$ 加密的邮件数量）？

**8.9** 通过计算 $1/P(X)$，证明多项式 $P(X)=1+X+X^4$ 是图 8.9(a)所示电路的本原生成器多项式，并证明所得多项式的系数会重复图 8.9(b)中的输出模式。

**8.10** 本题说明可以使用不同的 LFSR 来生成 $m$ 序列。

**a.** 设图 8.16(a)中 LFSR 的初始状态为 10000。以类似于图 8.9(b)的方式，给出生成 $m$ 序列的过程。

**b.** 设图 8.16(b)的配置与图 8.16(a)具有相同的初始状态。证明该配置也生成一个 $m$ 序列，但它与第一个 LFSR 生成的序列不同。

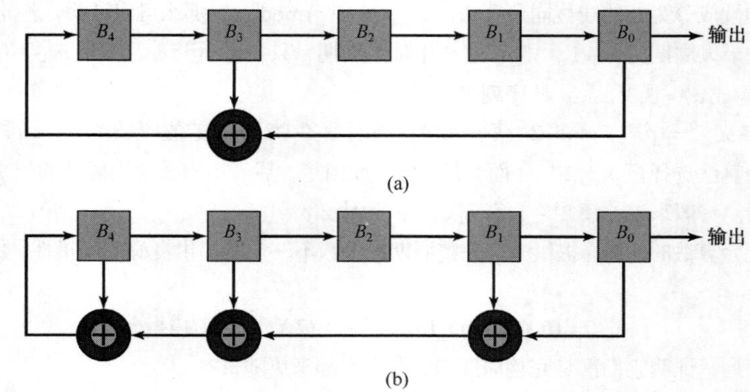


图 8.16　长度为 5 的 LFSR 的两个不同配置

**8.11** 假设你有一个真随机位生成器，在生成的流中，每位是 0 或 1 的概率与流中其他位的概率相同，并且这些位不相关，即生成的这些位是独立同分布的。然而，位流是有偏差的。位是 1 的概率为 $0.5+\alpha$，位是 0 的概率为 $0.5-\alpha$，其中 $0<\alpha<0.5$。一种简单的调节算法如下：将位流修改为非重叠对的序列。丢弃所有的 00 和 11 对，并将每个 01 对替换为 0，将每个 10 对替换为 1。

**a.** 每个对在原始序列中出现的概率是多少？

**b.** 在修改的序列中出现 0 和 1 的概率是多少？

**c.** 生成 $x$ 个输出位的期望输入位是多少？

**d.** 设该算法使用重叠的连续位对而不使用不重叠的连续位对。也就是说，第一个输出位基于输入位 1 和 2，第二个输出位基于输入位 2 和 3，以此类推。关于输出位流，你能说些什么？

**8.12** 进行调节的另一种方法是，将位流视为多个 $n$ 位的不重叠组，并且输出每组的奇偶校验。也就是说，若一组包含奇数个 1，则输出为 1；否则，输出为 0。

**a.** 用基本布尔函数表示这一操作。

**b.** 假设位是 1 的概率为 $0.5+\alpha$。若每组由 2 位组成，则输出 1 的概率是多少？

**c.** 若每组由 4 位组成，则输出 1 的概率是多少？

**d.** 总结 $n$ 位输入组时输出为 1 的概率。

**8.13** 注意，8.7 节中描述的重复计数测试不是非常强大的健康测试，它只能检测到熵源的灾难性故障。例如，以 8 位/样本的最小熵计算得到噪声源的截止值是 5 次重复，以便确保每 40 亿个样本约产生 1 个样本的假阳性率。若该噪声源在某种程度上未达 4 位/样本的最小熵，则在重复计数测试注意到该问题之前，预计需要多少个样本？

# 第三部分　非对称密码

# 第 9 章　公钥密码学与 RSA

## 学习目标

- 概述公钥密码体制的基本原理。
- 阐述公钥密码体制的两个不同应用。
- 列举和解释公钥密码体制的要求。
- 概述 RSA 算法。
- 理解计时攻击。
- 总结算法复杂性的相关问题。

公钥或对称密码学的发展是整个密码学发展史是最伟大的一次革命。从密码学产生至今，几乎所有的密码体制都是基于代替和置换这些初等方法的。几千年来，人们对算法的研究主要是通过手工计算完成的。随着转轮加密/解密机器的出现，对称密码学有了很大的发展，利用电子机械转轮可以开发出极其复杂的加密系统，利用计算机甚至可以设计出更加复杂的系统，最著名的例子是 Lucifer 在 IBM 公司实现数据加密标准（DES）时设计的系统。转轮机和 DES 是密码学发展的重要标志，但它们都是基于代替和置换这些初等方法的。

公钥密码学与此前的密码学完全不同。首先，公钥算法基于数学函数而非代替和置换，更重要的是，与只用一个密钥的对称密码不同，公钥密码是非对称的，它使用两个独立的密钥。我们将会看到，使用两个密钥在消息的保密性、密钥分发和认证领域有着重要意义。

下面首先讨论关于公钥密码的几种误解。第一种误解是，从密码分析的角度看，公钥密码要比传统密码更安全。事实上，任何加密方法的安全性都依赖于密钥的长度和破译密文所需的计算量。从抗密码分析的角度看，原则上不能说传统密码优于公钥密码，也不能说公钥密码优于传统密码。

第二种误解是，公钥密码是一种通用方法，传统密码已经过时。事实正好相反，由于现有的公钥密码方法所需的计算量大，所以抛弃传统密码几乎不可能。就像公钥密码的发明者之一所说的[DIFF88]，“公钥密码学仅限用在密钥管理和签名这类应用中，这几乎是已被广泛接受的事实”。

最后一种误解是，传统密码中与密钥分发中心的会话是一件非常麻烦的事情，与之相比，用公钥密码实现密钥分发则非常简单。事实上，使用公钥密码也需要某种形式的协议，该协议通常包含一个中心代理，并且它包含的处理过程既不比传统密码中的那些过程简单，又不比之更有效（见文献[NEED78]中的分析）。

本章和下一章简要介绍公钥密码。首先介绍其中的基本概念。有趣的是，这些概念在用于公钥密码中之前就已被提出；然后讨论 RSA 算法，它是公钥密码中最重要且切实可行的一种加密/解密算法；第 10 章中将介绍其他一些重要的公钥密码算法。

很多公钥密码体制的理论都基于数论。如果读者接受本章中给出的结论，那么就不必严格地理解数论的有关知识。然而，要完全理解公钥算法，就需要理解这些数论知识。第 2 章中简要介绍了与公钥密码有关的数论知识。

表 9.1 中定义了公钥密码的一些重要术语。

**表 9.1　公钥密码的一些重要术语**

**非对称密钥**　两个密钥：公钥和私钥，用来实现互补运算，即加密和解密，或者生成签名与验证签名

**公钥证书**　认证机构将用户的姓名和公钥绑定在一起，用户用自己的私钥对数字文件签名后，通过证书识别签名者，因为签名者是唯一拥有与证书对应的私钥的用户

**公钥密码（非对称密码）算法**　含有两个密钥：公钥和私钥。从公钥推出私钥在计算上是不可行的

**公钥基础设施**　由一系列协议、服务平台、软件和工作站组成，用于管理证书和公钥-私钥对，并且发出、维护和废除公钥证书

来源：*Glossary of Key Information Security Terms*，NISTIR 7298。

## 9.1　公钥密码体制的原理

公钥密码学的概念是为解决对称密码中最困难的两个问题提出的。第一个问题是将在第 14 章中详细讨论的密钥分发问题。

如第 14 章所述，在对称密码中进行密钥分发时，要求：（1）通信双方已经共享一个密钥，且该密钥已通过某种方法分发给通信双方；（2）利用密钥分发中心。公钥密码的发明人之一 Whitfield Diffie（另一个发明人是 Martin Hellman，当时他们都在斯坦福大学工作）认为，第二个要求有悖于密码学的精髓，即应在通信过程中完全保持保密性。如 Diffie 所说[DIFF88]，“如果必须要求用户与 KDC 共享他们的密钥，这些密钥可能因为盗窃或索取而被泄密，那么设计不可破的密码体制究竟还有什么意义呢？”

Diffie 考虑的第二个问题是“数字签名”问题，该问题显然与第一个问题无关。如果密码学不是只用于军事领域，而是广泛用于商业或个人目的，那么像手写签名一样，电子消息和文件也需要签名，也就是说，能否设计一种方法，确保数字签名出自某个特定的人，并且各方对此均无异议？对数字签名的要求比对认证的要求更为广泛，第 13 章将讨论数字签名的特征及相关的问题。

1976 年，Diffie 和 Hellman 针对上述两个问题提出了一种方法，这种方法与此前四千多年来密码学中的所有方法有着根本的区别，是密码学发展中取得的惊人成就之一[DIFF76a, DIFF76b]。

下面首先讨论公钥密码学的基本框架，然后讨论加密/解密算法应满足的一些条件，这些条件是公钥密码体制的核心内容。

### 9.1.1　公钥密码体制

对称算法依赖于一个加密密钥和一个与之相关的不同的解密密钥，这些算法具有如下重要特点。

- 仅根据密码算法和加密密钥来确定解密密钥在计算上是不可行的。

另外，有些算法（如 RSA）还有以下特点。

- 两个密钥中的任何一个都可用来加密，另一个用来解密。

**公钥密码体制**有 6 个组成部分［见图 9.1(a)，并对照图 3.1］。

- **明文**　算法的输入。它们是可读信息或数据。
- **加密算法**　加密算法对明文进行各种转换。
- **公钥和私钥**　算法的输入。在这对密钥中，一个用于加密，另一个用于解密。加密算法执行的变换依赖于公钥或私钥。
- **密文**　算法的输出。它依赖于明文和密钥，对于给定的消息，不同的密钥生成不同的密文。
- **解密算法**　该算法接收密文和相应的密钥，并且生成原始明文。

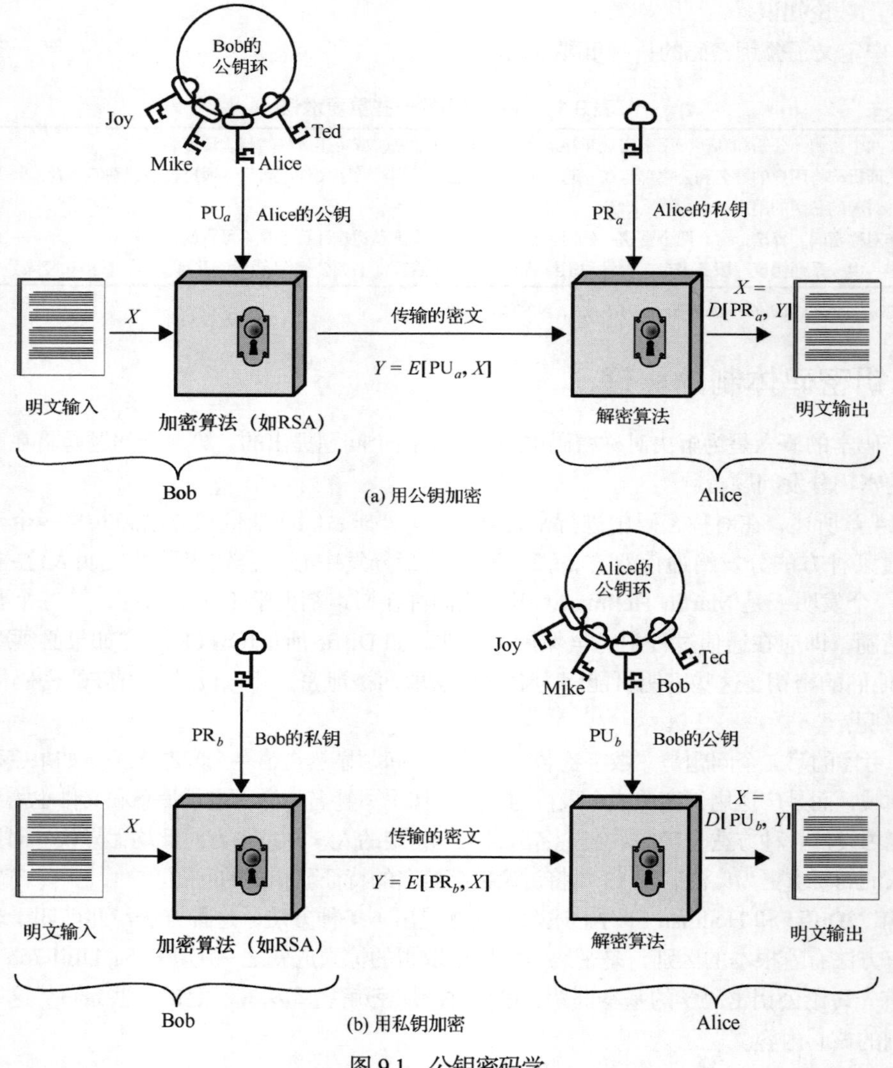


图 9.1　公钥密码学

主要步骤如下：

1. 每个用户生成一对密钥，用来加密和解密消息。
2. 每个用户将其中的一个密钥存储在公开寄存器或其他可访问的文件中，该密钥称为公钥，另一个密钥是私有的。如图 9.1(a)所示，每个用户都可拥有若干其他用户的公钥。
3. 若 Bob 要发消息给 Alice，则 Bob 用 Alice 的公钥对消息加密。
4. Alice 收到消息后，用其私钥解密消息。由于只有 Alice 知道自身的私钥，所以其他接收者均不能解密消息。

利用这种方法，通信各方均可访问公钥，而私钥是各通信方在本地产生的，所以不必进行分发。只要用户的私钥受到保护，保持保密性，那么通信就是安全的。在任何时刻，系统都可改变其私钥，并公布相应的公钥来代替原来的公钥。

表 9.2 中小结了对称加密和公钥加密的一些重要特征。为了区分二者，一般将对称加密中使用的

密钥称为**秘密钥**，而将公钥密码中使用的两个密钥分别称为**公钥**和**私钥**[①]。私钥总是保密的，但是为了避免与对称密码中的密钥混淆，我们将之称为私钥而非秘密钥。

表 9.2　传统加密和公钥加密

| 传 统 加 密 | 公 钥 加 密 |
|---|---|
| **一般要求** | **一般要求** |
| 1. 加密和解密使用相同的密钥和相同的算法 | 1. 同一个算法用于加密和解密，但加密和解密使用不同的密钥 |
| 2. 收发双方必须共享密钥 | 2. 发送方拥有加密或解密密钥，而接收方拥有另一个密钥 |
| **安全要求** | **安全要求** |
| 1. 密钥必须是保密的 | 1. 两个密钥之一必须是保密的 |
| 2. 若没有其他信息，则解密消息是不可能或至少是不可行的 | 2. 若没有其他信息，则解密消息是不可能或至少是不可行的 |
| 3. 知道算法和若干密文不足以确定密钥 | 3. 知道算法和其中一个密钥及若干密文不足以确定另一个密钥 |

下面利用图 9.2（对照图 3.2）深入分析公钥密码体制的基本要素。消息源 $A$ 产生明文消息 $X=[X_1, X_2,\cdots, X_M]$，其中 $X$ 的 $M$ 个元素是一个有穷字母表中的字符，$A$ 要将消息 $X$ 发送给 $B$。$B$ 产生公钥 $\text{PU}_b$ 和私钥 $\text{PR}_b$，其中只有 $B$ 知道 $\text{PR}_b$，而 $\text{PU}_b$ 则是可以公开访问的，所以 $A$ 也可访问 $\text{PU}_b$。

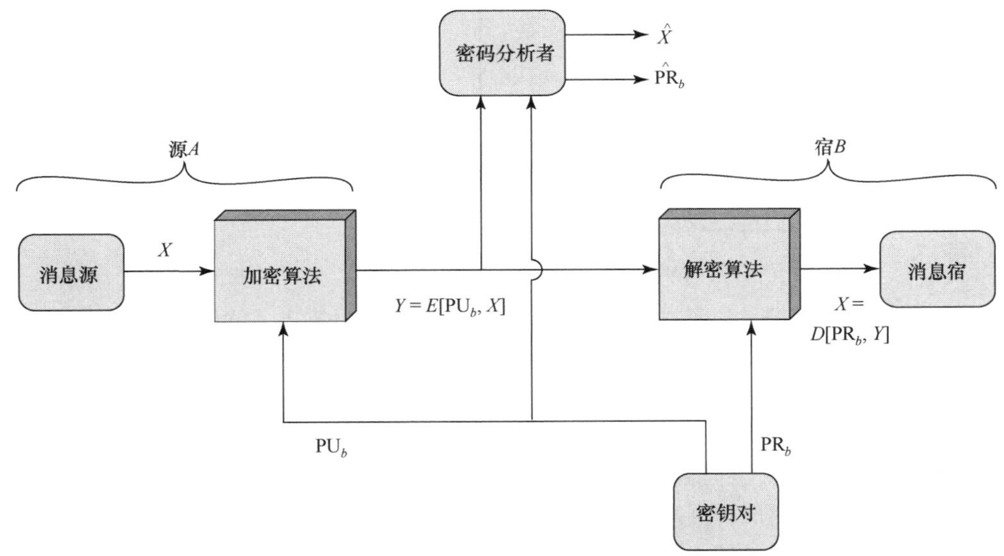


图 9.2　公钥密码体制：保密性

对作为输入的消息 $X$ 和加密密钥 $\text{PU}_b$，$A$ 生成密文 $Y=[Y_1, Y_2,\cdots, Y_N]$：

$$Y=E(\text{PU}_b, X)$$

期望的接收方因为拥有相应的私钥，所以可以进行逆变换：

$$X=D(\text{PR}_b, Y)$$

敌手可以观察到 $Y$ 并访问 $\text{PU}_b$，但不能访问 $\text{PR}_b$ 或 $X$，所以敌手肯定会想方设法恢复 $X$ 和/或 $\text{PR}_b$。假设敌手知道加密（$E$）算法和解密（$D$）算法，如果他只关心 $X$ 这一条消息，那么就会集中精力试图通过产生明文估计值 $\hat{X}$ 来恢复 $X$。但是，敌手通常还希望获得其他消息，因此会产生估计值 $\hat{\text{PR}}_b$ 来试图

① 为保持一致，全书使用下述记号。秘密钥用 $K_m$ 表示，其中 $m$ 是修饰符，例如 $K_a$ 表示 $A$ 的秘密密钥；用户 $A$ 的公钥用 $\text{PU}_a$ 表示，相应的私钥用 $\text{PR}_a$ 表示。另外，分别用 $E(K_a, X)$、$E(\text{PU}_a, X)$ 和 $E(\text{PR}_a, X)$ 表示使用秘密钥、公钥和私钥对明文 $P$ 加密；同样，分别用 $D(K_a, Y)$、$D(\text{PU}_a, Y)$ 和 $D(\text{PR}_a, Y)$ 表示使用秘密钥、公钥和私钥对密文 $Y$ 解密。

恢复 $PR_b$。

前面提到，两个密钥中的任何一个都可用来加密，而另一个用来解密，这样就可利用公钥密码实现其他一些功能。图 9.2 所示的方法可提供保密性，而图 9.1(b)和图 9.3 说明公钥密码可用于认证：

$$Y = E(PR_a, X), \qquad X = D(PU_a, Y)$$

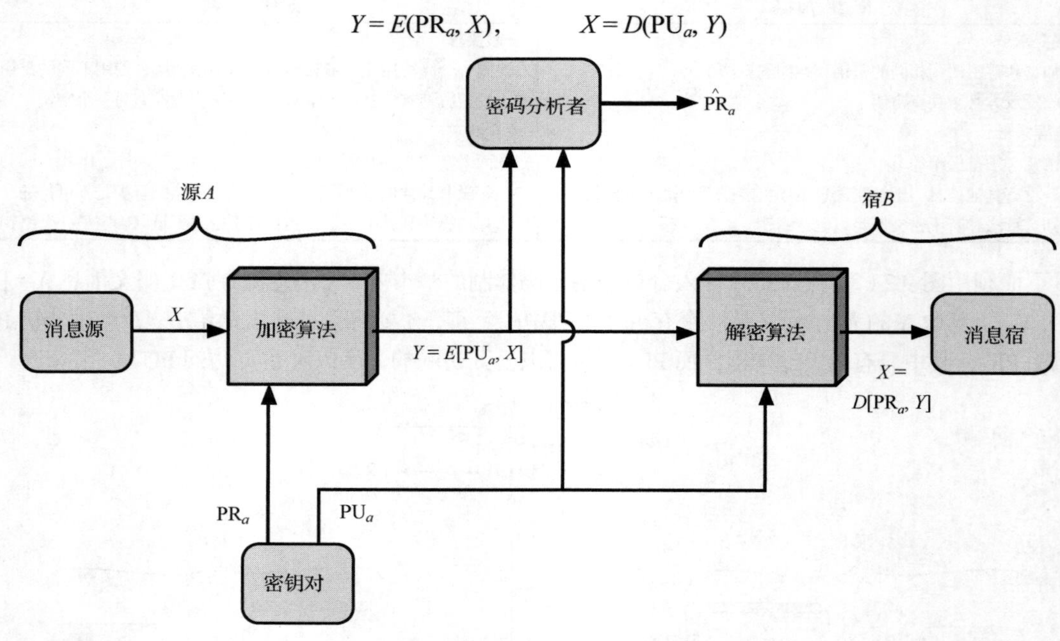


图 9.3　公钥密码体制：认证

这时，$A$ 在向 $B$ 发送消息之前，先用 $A$ 的私钥对消息加密，$B$ 则用 $A$ 的公钥对消息解密。由于是用 $A$ 的私钥对消息加密的，所以只有 $A$ 可以加密消息，因此加密后的整个消息就是**数字签名**。此外，因为只有拥有 $A$ 的私钥才能生成加密后的消息，所以该消息可用于认证源和数据的完整性。

上述方法加密的是整条消息，尽管这种方法可以验证发送方和内容的有效性，但需要大量的存储空间。在实际使用中，每个文件必须既要以明文形式保存，又要以密文形式保存，以便在发生争执时能够验证源及其发送的消息。解决这个问题的有效途径是，只对一个称为认证符的小数据块加密，它是该消息的函数，对该消息的任何修改必然导致认证符的变化。如果用发送方的私钥对认证符加密，那么加密的结果就可作为数字签名，它能验证源、消息和通信序列的有效性。第 13 章中详细讨论这种技术。

需要强调的是，图 9.1(b)和图 9.3 中描述的加密过程不能保证消息的保密性，也就是说，它可以防止发送的消息被修改，但不能防止搭线窃听。在基于对部分消息签名的方法中，消息的其余部分是以明文形式传输的，这种方法显然不能保证保密性。由于任何人都可用发送方的公钥对消息解密，所以即使用图 9.3 所示的方法对整条消息加密，也不能保证被发送消息的保密性。

然而，如果两次使用公钥方法，那么既可提供认证功能，又可保证被发送消息的保密性（见图 9.4）：

$$Z = E(PU_b, E(PR_a, X)), \qquad X = D(PU_a, D(PR_b, Z))$$

这时，发送方首先用其私钥对消息加密，得到数字签名，然后用接收方的公钥加密，得到的密文只能被拥有相应私钥的接收方解密，这样就可保证消息的保密性。但是，这种方法的缺点是，在每次通信时，都要执行 4 次而非 2 次复杂公钥算法。

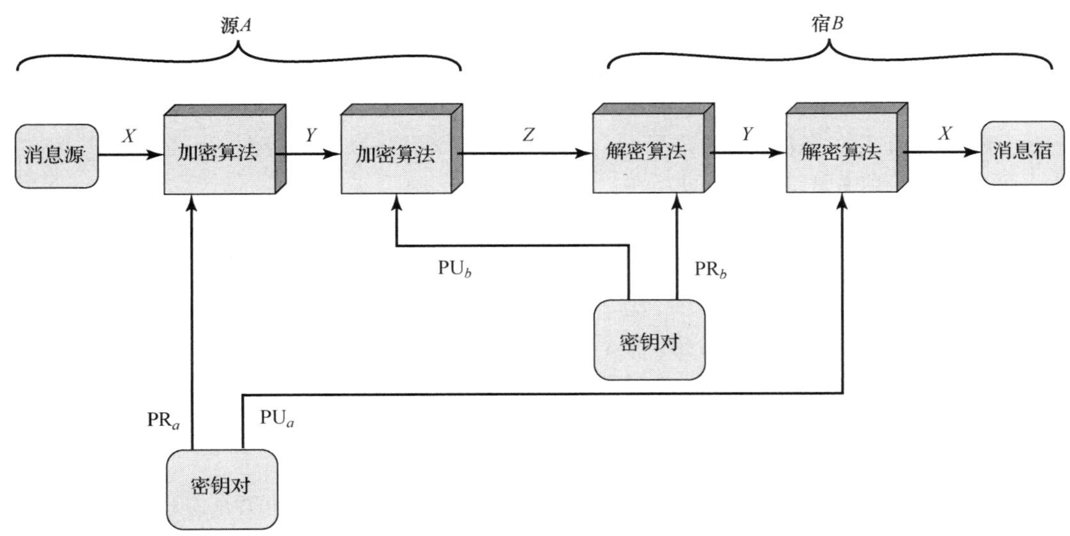


图 9.4　公钥密码体制：认证和保密性

## 9.1.2　公钥密码体制的应用

首先必须澄清公钥密码体制中容易引起混淆的一个问题。公钥密码体制的特点是，它使用有两个密钥的密码算法，其中的一个密钥是私有的，另一个密钥是公有的。根据不同的应用，发送方可用其私钥或接收方的公钥或同时使用二者来执行密码功能。一般来说，公钥密码体制的应用可分为三类。

- **加密/解密**　发送方用接收方的公钥对消息加密。
- **数字签名**　发送方用其私钥对消息"签名"。签名可以通过对整条消息加密或对消息的小数据块加密来生成，其中的小数据块是整条消息的函数。
- **密钥交换**　通信双方交换会话密钥。密钥交换有几种不同的方法，这些方法都使用通信一方或双方的私钥。

有些算法适用于上述三种应用，而其他一些算法只适用于其中的一种或两种应用。表 9.3 中列出了本书中讨论的算法及其支持的应用。

**表 9.3　公钥密码体制的应用**

| 算　法 | 加密/解密 | 数字签名 | 密钥交换 |
|---|---|---|---|
| RSA | 是 | 是 | 是 |
| 椭圆曲线 | 是 | 是 | 是 |
| Diffie-Hellman | 否 | 否 | 是 |
| DSS | 否 | 是 | 否 |

## 9.1.3　公钥密码的要求

图 9.2 至图 9.4 所示的密码体制依赖于具有两个相关密钥的密码算法。Diffie 和 Hellman 假定这一体制是存在的，但未证明这种算法的存在性，不过给出了这些算法应满足的条件[DIFF76b]。

1. $B$ 产生一对密钥（公钥 $PU_b$，私钥 $PR_b$）在计算上是容易的。
2. 已知公钥和要加密的消息 $M$，发送方 $A$ 产生相应的密文在计算上是容易的：$C = E(PU_b, M)$。
3. 接收方 $B$ 使用其私钥对接收的密文解密以恢复明文在计算上是容易的：

$$M = D(PR_b, C) = D[PR_b, E(PU_b, M)]$$

**4**．已知公钥 $PU_b$ 时，敌手要确定私钥 $PR_b$ 在计算上是不可行的。

**5**．已知公钥 $PU_b$ 和密文 $C$ 时，敌手要恢复明文 $M$ 在计算上是不可行的。

还可增加一个有用的条件，但并非所有公钥密码应用都需要满足这个条件。

**6**．两个密钥的顺序可以交换，即

$$M = D[PU_b, E(PR_b, M)] = D[PR_b, E(PU_b, M)]$$

在公钥密码学概念提出后的几十年中，只有几个满足这些条件的算法（RSA、椭圆曲线密码学、Diffe-Hellman 和 DSS）为人们普遍接受，这一事实表明要满足上述条件是不容易的。

下面首先对上述条件做进一步分析，然后详细说明为什么这些条件很难满足。事实上，要满足上述条件，就要找到一个单向陷门函数。**单向函数**①是满足下列性质的函数，即每个函数值都存在唯一的逆，并且计算函数值是容易的，但求逆却是不可行的：

$$Y = f(X) \quad 容易； \quad X = f^{-1}(Y) \quad 不可行$$

通常，“容易”是指一个问题可以在输入长度的多项式时间内解决。也就是说，若输入长度为 $n$ 位，则计算函数值的时间与 $n^a$ 成正比，其中 $a$ 是一个固定的常数，这样的算法被称为 P 类算法。“不可行”的定义比较模糊，一般而言，若解决一个问题所需的时间比输入规模的多项式时间增长更快，则称该问题是不可行的。例如，若输入长度是 $n$ 位，计算函数的时间与 $2^n$ 成正比，则认为是不可行的。遗憾的是，我们很难确定算法是否具有这种复杂性。另外，传统的计算复杂性注重算法的最坏情况或平均情况复杂性，但最坏情况复杂性和平均情况复杂性这种方法不适用于密码学，因为密码学要求对任何输入都不能求出函数的逆，而不是在最坏情况或平均情况下不能求出函数的逆。文献[LAI18]对计算复杂性理论做了很好的介绍。

下面给出单向陷门函数的定义。如果计算一个函数的值很容易，并且在缺少一些附加信息时计算函数的逆是不可行的，但是已知这些附加信息时可在多项式时间内计算出函数的逆，那么称这样的函数为单向陷门函数，即单向陷门函数是满足下列条件的一类不可逆函数 $f_k$：

$$若\ k\ 和\ X\ 已知，则容易计算\ Y = f_k(X)$$

$$若\ k\ 和\ Y\ 已知，则容易计算\ X = f_k^{-1}(Y)$$

$$若\ Y\ 已知但\ k\ 未知，则计算\ X = f_k^{-1}(Y)\ 是不可行的$$

由此可见，寻找合适的单向陷门函数是公钥密码体制应用的关键。

### 9.1.4 公钥密码分析

类似于对称密码，公钥密码也易受穷举攻击，解决方法也是使用长密钥。但同时应考虑使用长密钥的利弊，公钥体制使用的是某种可逆的数学函数，计算函数值的复杂性可能不是密钥长度的线性函数，而是比线性函数增长更快的函数。因此，为了抗穷举攻击，密钥必须足够长；同时，为便于实现加密和解密，密钥又必须足够短。在实际应用中，现已提出的密钥长度确实能够抗穷举攻击，但是它也使得加密/解密速度变慢，所以公钥密码目前仅限于密钥管理和签名。

针对公钥密码的另一种攻击方法是，找出一种从给定的公钥计算出私钥的方法。到目前为止，人们还未在数学上证明对某个特定公钥算法这种攻击是不可行的，所以包括已被广泛使用的 RSA 在内的任何算法都是值得怀疑的。密码分析的历史表明，同一个问题从某个角度看时是不可解的，但是从另一个不同的角度看时则可能是可解的。

---

① 不要混淆单向函数与单向哈希函数。单向哈希函数的输入可以是任意长的数据，输出是定长的，这些函数用于消息认证（见第 11 章）。

最后，还有一种攻击形式是公钥体制所特有的，这种攻击本质上是穷举消息攻击。例如，假定要发送的消息是 56 位的 DES 密钥，那么敌手可用公钥对所有可能的密钥加密，并与传送的密文匹配，从而解密任何消息。因此，无论公钥体制的密钥有多长，这种攻击都可转化为对 56 位密钥的穷举攻击。抗这种攻击的方法是，在要发送的消息后附加一个随机数。

## 9.2 RSA 算法

Diffie 和 Hellman 在其早期的著名论文[DIFF76b]中提出了一种新的密码学方法，事实上，它对密码学家提出了挑战——寻找满足公钥体制要求的密码算法。MIT 的 Ron Rivest、Adi Shamir 和 Len Adleman 于 1977 年提出并于 1978 年首次发表的算法[RIVE78]，可以说是最早提出的满足所有要求的公钥算法之一。Rivest-Shamir-Adleman（RSA）算法自其诞生之日起，就成为被人们广泛接受且被实现的通用公钥加密方法。

RSA 体制是一种分组密码，其明文和密文都是 0 至 $n-1$ 之间的整数，通常 $n$ 是 1024 位的二进制数或 309 位的十进制数，也就是说 $n$ 小于 $2^{1024}$。本节详细讨论 RSA 算法。首先描述 RSA 算法，然后讨论其计算问题和密码分析问题。

### 9.2.1 RSA 算法描述

RSA 算法使用指数运算，明文以分组为单位进行加密，每个分组的二进制值均小于 $n$，也就是说，分组的大小必须小于等于 $\log_2 n+1$ 位；在实际应用中，分组的大小是 $i$ 位，其中 $2^i < n \leqslant 2^{i+1}$。对明文分组 $M$ 和密文分组 $C$，加密和解密过程如下：

$$C = M^e \bmod n, \qquad M = C^d \bmod n = (M^e)^d \bmod n = M^{ed} \bmod n$$

其中收发双方均已知 $n$，发送方已知 $e$，只有接收方已知 $d$，因此公钥加密算法的公钥为 $\mathrm{PU} = \{e, n\}$，私钥为 $\mathrm{PR} = \{d, n\}$。该算法用于公钥加密时，必须满足下列条件：

**1**．可以找到 $e$、$d$ 和 $n$，使得对所有 $M<n$，有 $M^{ed} \bmod n = M$。

**2**．对所有 $M<n$，计算 $M^e \bmod n$ 和 $C^d \bmod n$ 是相对容易的。

**3**．由 $e$ 和 $n$ 确定 $d$ 是不可行的。

首先讨论第一个问题，其他问题将在以后讨论。我们需要找出下列关系式：

$$M^{ed} \bmod n = M$$

当 $e$ 和 $d$ 互为模 $\phi(n)$ 的乘法逆时，上述关系式成立，其中 $\phi(n)$ 为欧拉函数。在第 2 章中已经证明，对素数 $p$ 和 $q$，有 $\phi(pq) = (p-1)(q-1)$。$e$ 和 $d$ 的关系如下：

$$ed \bmod \phi(n) = 1 \tag{9.1}$$

上式等价于

$$ed \equiv 1 \bmod \phi(n), \qquad d \equiv e^{-1} \bmod \phi(n)$$

也就是说，$d$ 和 $e$ 是模 $\phi(n)$ 的乘法逆元。根据模算术的性质，仅当 $d$ 与 $\phi(n)$ 互素（因此 $e$ 也与 $\phi(n)$ 互素），即 $\gcd(\phi(n), d) = 1$ 时，$d$ 和 $e$ 是模 $\phi(n)$ 的乘法逆元。式（9.1）满足 RSA 要求的证明请参阅关于 RSA 的原始论文[RIVE78]。

下面介绍 RSA 算法，该算法用到了下列元素：

| | |
|---|---|
| 两个素数 $p$、$q$ | （保密的，选定的） |
| $n = pq$ | （公开的，计算得出的） |
| $e$，满足 $\gcd(\phi(n), e) = 1$，$1 < e < \phi(n)$ | （公开的，选定的） |

$d \equiv e^{-1} (\text{mod}\ \phi(n))$ （保密的，计算得出的）

私钥为$\{d, n\}$，公钥为$\{e, n\}$。假定用户 $A$ 公布了其公钥，用户 $B$ 要发送消息 $M$ 给 $A$，那么用户 $B$ 计算 $C = M^e \bmod n$ 并发送给 $C$；在接收端，用户 $A$ 计算 $M = C^d\ (\text{mod}\ n)$以解密出消息 $M$。

图 9.5 归纳了 RSA 算法。与图 9.1(a)描述的一样，Alice 产生一个公钥/私钥对，Bob 用 Alice 的公钥加密，Alice 用自己的私钥解密。图 9.6 所示是文献[SING99]中给出的一个例子，其密钥生成过程如下：

| **Alice 生成密钥** | |
|---|---|
| 选择 $p, q$ | $p$ 和 $q$ 都是素数，$p \neq q$ |
| 计算 $n = p \times q$ | |
| 计算$\phi(n) = (p-1)(q-1)$ | |
| 选择整数 $e$ | $\gcd(\phi(n), e) = 1, 1 < e < \phi(n)$ |
| 计算 $d$ | $d \equiv e^{-1}\ (\text{mod}\ \phi(n))$ |
| 公钥 | $\text{PU} = \{e, n\}$ |
| 私钥 | $\text{PR} = \{d, n\}$ |

| **Bob 使用 Alice 的公钥加密** | |
|---|---|
| 明文 | $M < n$ |
| 密文 | $C = M^e \bmod n$ |

| **Alice 使用自己的私钥解密** | |
|---|---|
| 密文 | $C$ |
| 明文 | $M = C^d \bmod n$ |

图 9.5 RSA 算法

1. 选择两个素数 $p = 17$ 和 $q = 11$。
2. 计算 $n = pq = 17 \times 11 = 187$。
3. 计算$\phi(n) = (p-1)(q-1) = 16 \times 10 = 160$。
4. 选择 $e$ 使其与$\phi(n) = 160$ 互素且小于$\phi(n)$，这里选择 $e = 7$。
5. 确定 $d$ 使得 $de \equiv 1 \bmod 160$ 且 $d < 160$。因为 $23 \times 7 = 161 = 1 \times 160 + 1$，所以 $d = 23$。$d$ 可用扩展欧几里得算法计算（见第 2 章）。

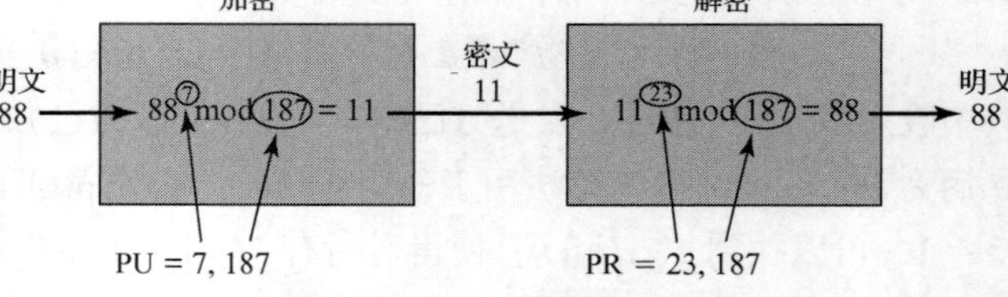


图 9.6 RSA 算法示例

最终的密钥是公钥 PU = {7, 187}和私钥 PR = {23, 187}。该例显示了使用这些密钥对明文输入 $M = 88$ 的用途。对于加密，需要计算 $C = 88^7 \bmod 187$。根据模算术的性质，计算如下：

$88^7 \bmod 187 = [(88^4 \bmod 187) \times (88^2 \bmod 187) \times (88^1 \bmod 187)] \bmod 187$

$88^1 \bmod 187 = 88$

$88^2 \bmod 187 = 7744 \bmod 187 = 77$

$88^4 \bmod 187 = 59969536 \bmod 187 = 132$

$88^7 \bmod 187 = (88 \times 77 \times 132) \bmod 187 = 894432 \bmod 187 = 11$

对于解密，需要计算 $M = 11^{23} \bmod 187$：

$11^{23} \bmod 187 = [(11^1 \bmod 187) \times (11^2 \bmod 187) \times (11^4 \bmod 187) \times (11^8 \bmod 187) \times (11^8 \bmod 187)] \bmod 187$

$11^1 \bmod 187 = 11$

$11^2 \bmod 187 = 121$

$11^4 \bmod 187 = 14641 \bmod 187 = 55$

$11^8 \bmod 187 = 214358881 \bmod 187 = 33$

$11^{23} \bmod 187 = (11 \times 121 \times 55 \times 33 \times 33) \bmod 187 = 79720245 \bmod 187 = 88$

文献[HELL79]中给出了使用 RSA 对多个数据分组进行加密/解密的一个例子。在这个例子中，明文是一串字母，每个字母与一个 2 位十进制数字对应（如 $a = 00$，$A = 26$）[①]，明文的每个分组由 4 个十进制数字组成，即两个字母。图 9.7(a)中给出了加密多个分组的过程，图 9.7(b)中给出了一个实例。图中的数字表示运算的执行顺序。

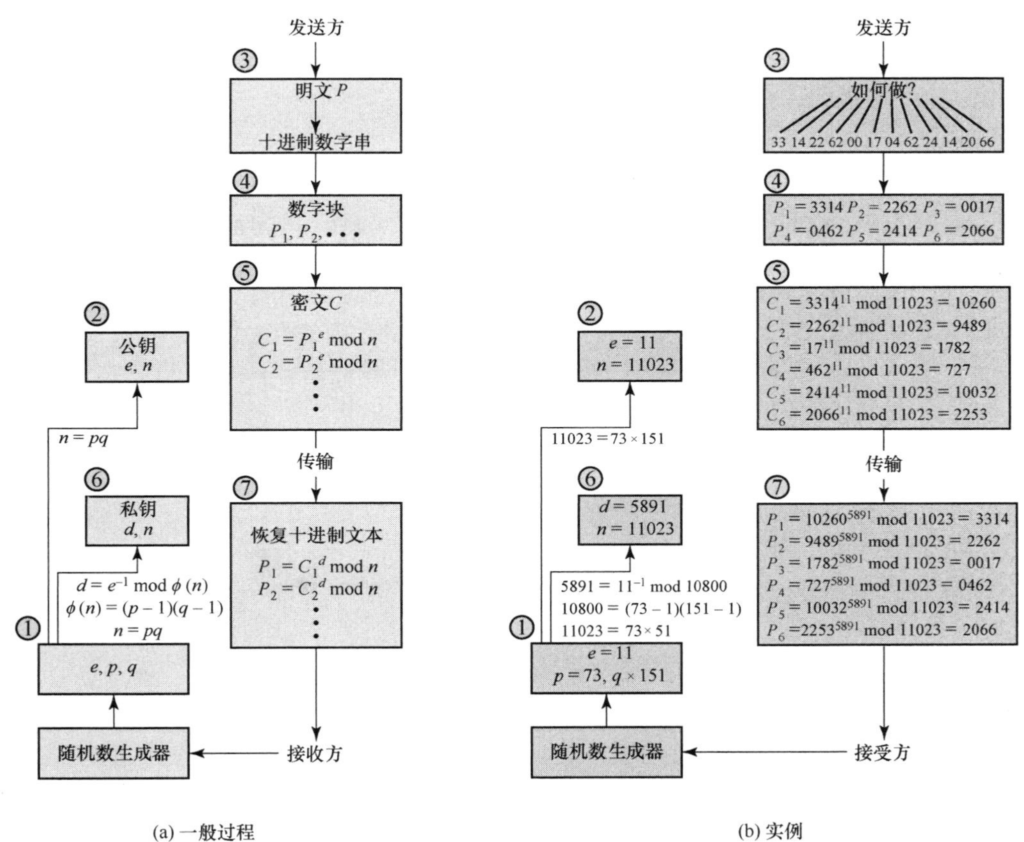


图 9.7　多个分组的 RSA 加密/解密过程

## 9.2.2　计算问题

下面讨论 RSA 的计算复杂性问题，它实际上包括两个方面：加密/解密和密钥生成。首先讨论加密和解密过程，然后讨论密钥生成问题。

**模算术中的幂运算**　在 RSA 中，加密和解密都需要计算某个整数模 $n$ 的整数次幂，如果先求出整数的幂，再模 $n$，那么中间结果非常大。所幸的是，如前例所示，我们可用模算术的下列性质：

$$[(a \bmod n) \times (b \bmod n)] \bmod n = (a \times b) \bmod n$$

这样，就简化为对中间结果模 $n$，而这一计算是可行的。

因为 RSA 中用到的指数很大，所以还应考虑幂运算的效率问题。为了说明如何提升效率，下面以计算 $x^{16}$ 为例进行说明。如果直接计算，那么需要 15 次乘法：

① 字母与十进制数字的完整对应请在本书的配套网站（box.com/Crypto8e）上下载，文件名是 RSAexample.pdf。

$$x^{16} = x \times x \times x \times x \times x \times x \times x \times x \times x \times x \times x \times x \times x \times x \times x \times x$$

然而，如果重复取每个部分结果的平方得到($x^2$, $x^4$, $x^8$, $x^{16}$)，那么只需要 4 次乘法就可算出 $x^{16}$。又如，对于整数 $x$ 和 $n$，计算 $x^{11} \bmod n$。由于 $x^{11} = x^{1+2+8} = (x)(x^2)(x^8)$，先计算 $x \bmod n$，$x^2 \bmod n$，$x^4 \bmod n$，$x^8 \bmod n$，再计算$[(x \bmod n)\times(x^2 \bmod n) \times(x^8 \bmod n)] \bmod n$。

更一般地假设要计算 $a^b \bmod n$，其中 $a$、$b$ 和 $m$ 是正整数。若将 $b$ 表示为二进制数 $b_k b_{k-1} \cdots b_0$，则

$$b = \sum_{b_i \neq 0} 2^i$$

因此，

$$a^b = a^{\left(\sum_{b_i \neq 0} 2^i\right)} = \prod_{b_i \neq 0} a^{(2^i)}$$

$$a^b \bmod n = \left[\prod_{b_i \neq 0} a^{(2^i)}\right] \bmod n = \left(\prod_{b_i \neq 0}\left[a^{(2^i)} \bmod n\right]\right) \bmod n$$

下面讨论计算 $a^b \bmod n$ 的算法[①]，如图 9.8 所示。表 9.4 举例说明了该算法的执行过程。注意，这里的变量 $c$ 不是必需的，引入它只是为了便于解释算法，$c$ 的终值即是指数值。

```
c←0;f←1
for i←k downto 0
    do c←2×c
       f←(f×f) mod n
    if bi=1
       then c←c+1
         f←(f×a) mod n
return f
```

注：整数 $b$ 表示为二进制数 $b_k b_{k-1} \cdots b_0$

图 9.8　计算 $a^b \bmod n$ 的算法

**表 9.4　计算 $a^b \bmod n$ 的快速模幂算法，其中 $a = 7$，$b = 560 = 1000110000$，$n = 561$**

| $i$ | 9 | 8 | 7 | 6 | 5 | 4 | 3 | 2 | 1 | 0 |
|---|---|---|---|---|---|---|---|---|---|---|
| $b_i$ | 1 | 0 | 0 | 0 | 1 | 1 | 0 | 0 | 0 | 0 |
| $c$ | 1 | 2 | 4 | 8 | 17 | 35 | 70 | 140 | 280 | 560 |
| $f$ | 7 | 49 | 157 | 526 | 160 | 241 | 298 | 166 | 67 | 1 |

**使用公钥进行有效运算**　为了加快 RSA 算法在使用公钥时的运算速度，通常会选择一个特定的 $e$，大多数情况下选择 $e$ 为 65537（即 $2^{16} + 1$），另外两个常用的选择是 3 和 17。这些指数都只有 2 位，所以幂运算需要的乘法次数应是最少的。

然而，指数太小时，如 $e = 3$，RSA 甚至会遭受一些简单的攻击。假设有三个不同的 RSA 用户，他们都使用指数 $e = 3$，但他们的模数 $n$ 各不相同，分别为 $n_1$、$n_2$ 和 $n_3$。现在用户 $A$ 以加密方式给他们发送了相同的消息 $M$，三个密文分别为 $C_1 = M^3 \bmod n_1$、$C_2 = M^3 \bmod n_2$ 和 $C_3 = M^3 \bmod n_3$。$n_1$、$n_2$ 和 $n_3$ 很可能是两两互素的，所以运用中国剩余定理（CRT）可以算出 $M^3 \bmod (n_1 n_2 n_3)$。根据 RSA 算法规则，$M$ 应比模数小，所以有 $M^3 < n_1 n_2 n_3$，从而敌手只需计算 $M^3$ 的立方根。给每条待加密的消息 $M$ 填充唯一的伪随机位串可以阻止这种攻击，详见随后的讨论。

读者可能发现在 RSA 算法的定义中（见图 9.5），密钥生成阶段要求用户选择的 $e$ 与 $\phi(n)$ 互素。因此，如果用户选择 $e$，接着生成素数 $p$ 和 $q$，那么很可能 $\gcd(\phi(n), e) \neq 1$。这时，用户应该删除 $p$ 和 $q$

① 该算法已提出很长时间，这里给出的伪代码取自文献[CORM09]。

的值，并且生成新的 $p$ 和 $q$ 值。

**使用私钥进行有效运算**　我们不能为了计算效率而简单地选择一个小数值 $d$。$d$ 值太小容易遭受穷举攻击和其他形式的密码分析[WIEN90]。然而，运用中国剩余定理可以加快运算速度。我们希望计算 $M = C^d \bmod n$。首先定义一些中间结果：

$$V_p = C^d \bmod p, \qquad V_q = C^d \bmod q$$

根据 CRT，使用式（8.8）定义

$$X_p = q \times (q^{-1} \bmod p), \qquad X_q = p \times (p^{-1} \bmod q)$$

使用式（8.9），由 CRT 得

$$M = (V_p X_p + V_q X_q) \bmod n$$

此外，可用费马定理简化 $V_p$ 和 $V_q$ 的计算。费马定理说，若 $p$ 和 $a$ 互素，则 $a^{p-1} \equiv 1 \pmod p$。不难看出如下公式是成立的：

$$V_p = C^d \bmod p = C^{d \bmod (p-1)} \bmod p, \qquad V_q = C^d \bmod q = C^{d \bmod (q-1)} \bmod q$$

式中，$d \bmod (p-1)$和 $d \bmod (q-1)$可以事先算出。与直接计算 $M = C^d \bmod n$ 相比，上述计算的速度约快 4 倍[BONE02]。

**密钥生成**　在应用公钥密码体制之前，通信各方都须生成一对密钥，即需要完成以下工作。

- 确定两个素数 $p$ 和 $q$。
- 选择 $e$ 或 $d$，并计算 $d$ 或 $e$。

首先考虑 $p$ 和 $q$ 的选择问题。由于任何敌手都可以知道 $n = pq$，所以为了避免敌手用穷举法求出 $p$ 和 $q$，应该从足够大的集合中选择 $p$ 和 $q$（即 $p$ 和 $q$ 必须是大素数）。另一方面，选择大素数的方法必须是有效的。

目前还没有有效的方法产生任意大的素数，因此需要使用其他方法来解决这一问题。通常使用的方法是，随机挑选一个期望大小的奇数，然后测试它是否是素数。若不是，则挑选下一个随机数，直至检测到素数为止。

各种素性测试方法因此应运而生（文献[KNUT98]中介绍了若干素性测试方法），它们几乎都是概率测试方法，也就是说，这些测试方法只能确定一个给定的整数可能是素数。尽管存在这种不确定性，但是以某种方式执行这些测试可以使得一个整数是素数的概率接近 1.0。例如，第 2 章中介绍的 Miller-Rabin 算法就是非常有效且被广泛使用的素性测试方法。Miller-Rabin 算法及其他许多类似算法测试一个给定的数 $n$ 是否是素数的过程是执行某种计算，这种计算涉及 $n$ 和一个随机选择的整数 $a$。若 $n$“未通过”测试，则 $n$ 不是素数；若 $n$ 通过测试，则 $n$ 可能是素数，也可能不是素数。若对许多随机选择的不同 $a$，$n$ 均能通过测试，则几乎可以相信 $n$ 就是素数。

挑选素数的过程归纳如下。

**1.** 随机选择一个奇整数 $n$（如利用伪随机数生成器）。

**2.** 随机选择一个整数 $a < n$。

**3.** 执行诸如 Miller-Rabin 之类的概率素数测试。若 $n$ 未通过测试，则拒绝 $n$，并转到步骤 1。

**4.** 若 $n$ 通过测试足够多次，则接受 $n$；否则转到步骤 2。

这个过程有些烦琐，但一般不会很频繁地执行这个过程，因为只有在需要一对新密钥(PU, PR)时才会执行它。

注意在找到一个素数之前可能有多少个整数会被拒绝。由数论中的素数定理可知，在 $N$ 附近平均每隔 $\ln N$ 个整数就有一个素数，于是在找到一个素数之前，平均要测试约 $\ln N$ 个整数。由于每个偶数会被立即拒绝，所以实际上只需测试约 $\ln(N)/2$ 个整数。例如，要找到一个大小约为 $2^{200}$ 的素数，在找到这个素数之前大约需要进行 $\ln(2^{200})/2 = 70$ 次尝试。

确定素数 $p$ 和 $q$ 后，可选择 $e$ 并计算 $d$，或者选择 $d$ 并计算 $e$ 来生成密钥。假定是前者，那么需要选择满足 $\gcd(\phi(n), e) = 1$ 的 $e$，并计算 $d \equiv e^{-1} \pmod{\phi(n)}$。所幸的是，存在求两个整数的最大公因子的算法，并且在它们的最大公因子为 1 时，算法还能同时求出其中一个数模另一个数的逆元，这个算法称为扩展欧几里得算法，已在第 2 章中讨论过。由上可知，生成密钥的过程就是要生成若干随机数，直至找到与 $\phi(n)$ 互素的数为止。于是，我们再次面临这样一个问题：在找到一个可用的数，即与 $\phi(n)$ 互素的数之前，要测试多少个随机数呢？容易证明，两个随机数互素的概率约为 0.6，因此在找到一个恰当的数之前只需进行非常少的测试（见习题 2.18）。

### 9.2.3 RSA 的安全性

针对 RSA 算法的攻击可能有如下 5 种。

- **穷举攻击** 这种方法试图穷举所有可能的私钥。
- **数学攻击** 存在多种数学攻击方法，它们的实质都是试图分解两个素数的乘积。
- **计时攻击** 这类方法依赖于解密算法的运行时间。
- **基于硬件故障的攻击** 这种方法使用的是生成签名过程中的处理器故障。
- **选择密文攻击** 这种攻击利用的是 RSA 算法的性质。

如其他密码体制那样，RSA 抗穷举攻击的方法也是使用大密钥空间，所以 $e$ 和 $d$ 的位数越大越好，但是密钥生成过程和加密/解密过程都包含复杂的计算，因此密钥越大，系统运行速度越慢。

本节简要介绍数学攻击和计时攻击。

**因子分解问题** 用数学方法攻击 RSA 的途径有以下三种。

**1.** 将 $n$ 分解为两个素因子。于是可以算出 $\phi(n) = (p-1)(q-1)$，从而确定 $d \equiv e^{-1} \pmod{\phi(n)}$。

**2.** 直接确定 $\phi(n)$ 而不先确定 $p$ 和 $q$。同样，这也可确定 $d \equiv e^{-1} \pmod{\phi(n)}$。

**3.** 直接确定 $d$，而不先确定 $\phi(n)$。

针对 RSA 的密码分析的讨论主要集中于第一种攻击方法，即将 $n$ 分解为两个素因子。由给定的 $n$ 来确定 $\phi(n)$ 等价于因子分解 $n$[RIBE96]。现在已知的、从 $e$ 和 $n$ 确定 $d$ 的算法至少与因子分解问题一样费时[KALI95]。因此，我们以因子分解的性能为基准来评价 RSA 的安全性。

尽管因子分解具有大素数因子的数 $n$ 仍然是一个难题，但现在已不像以前那么困难。下面来看一个著名的例子。1977 年 RSA 的三位发明者让杂志《科学美国人》的读者对他们发表在“数学游戏”专栏[GARD77]中的密文进行解密，解得明文者可获得 100 美元奖金，他们预言需要 $4\times10^{16}$ 年才能解得明文。但是，一个研究小组利用因特网只花了 8 个月时间，于 1994 年 4 月解决了这个问题[LEUT94]。他们所用的公钥大小（$n$ 的长度）是 129 位十进制数，即约 428 位二进制数。类似于针对 DES 算法的处理，RSA 实验室同时发布了用位数为 100、110、120 等的密钥加密的密文供有兴趣者解密。最近被解密的是 RSA-768，其密钥长度为 232 个十进制数字或 768 位。

注意这些连续分解挑战所用的因子分解方法。在 20 世纪 90 年代中期以前，人们一直是用二次筛法来进行因子分解的，对 RSA-130 的攻击使用了被称为一般数域筛法（GNFS）的新算法，该算法能够因子分解比 RSA-129 更大的数，但计算开销仅是二次筛法的 20%。

计算能力的不断增强和因子分解算法的不断改进，给大密钥的使用造成了威胁。我们已经看到，更换一种算法可以使得速度明显加快。我们期望 GNFS 还能进一步改进，以便设计出更好的算法。事实上，对某种特殊形式的数，用特殊数域筛法（SNFS）进行因子分解比用一般数域筛法要快得多。我们相信算法会有突破，使普通因子分解的性能在时间上约与 SNFS 一样，甚至比 SNFS 更快[ODLY95]。

因此，我们在选择 RSA 的密钥大小时应谨慎。分解 768 位整数的团队[KLEI10]观察发现：分解一个 RSA-1024 约比 RSA-768 难 1000 倍，分解一个 RSA-768 约比 RSA-512 难几千倍。根据成功分解 512 位到 768 位的时间跨度，通过学术界的努力，我们完全有理由认为在今后十年内攻破 RSA-1024。因此，为谨慎起见，该团队建议在未来几年内（从 2010 年算起）应逐渐淘汰 RSA-1024。

许多政府机构也发布了 RSA 密钥尺寸选取的推荐建议。

- NIST SP 800-131A（*Transitions: Recommendation for Transitioning the Use of Cryptographic Algorithms and Key Lengths*，2015 年 11 月）建议密钥长度为 2048 位或更长。
- 欧盟网络信息安全局在 *Algorithms, Key Size and Parameters Report – 2014* 中建议密钥长度为 3072 位或更长。
- 加拿大政府通信安全机构在 *Cryptographic Algorithms for UNCLASSIFIED, PROTECTED A, and PROTECTED B Information*（2016 年 8 月）中建议密钥长度至少为 2048 位，到 2030 年扩展到至少 3072 位。

除指定 $n$ 的大小外，研究人员还提出了其他一些限制条件。为了防止很容易地分解 $n$，RSA 算法的发明者建议 $p$ 和 $q$ 还应满足下列限制条件。

1. $p$ 和 $q$ 的长度应只相差几位。这样，对 1024 位（309 个十进制位）密钥而言，$p$ 和 $q$ 就都应在区间 $10^{75}$～$10^{100}$ 内。
2. $p-1$ 和 $q-1$ 都应有一个大的素因子。
3. $\gcd(p-1, q-1)$应该较小。

另外，业已证明，若 $e<n$ 且 $d<n^{1/4}$，则 $d$ 很容易被确定[WIEN90]。

**计时攻击**　如果想知道评价密码算法的安全性有多难，那么计时攻击的出现就是最好的例子。密码学顾问 Paul Kocher 已经证明，敌手可通过记录计算机解密消息所用的时间来确定私钥[KOCH96, KALI96b]。计时攻击不仅可以攻击 RSA，而且可以攻击其他公钥密码系统，由于这种攻击的完全不可预知性及它仅依赖于密文，所以计时攻击的威胁很大。

**计时攻击**类似于窃贼通过观察他人转动保险柜拨号盘的时间长短来猜测密码，我们可通过图 9.8 中的模幂算法来说明这种攻击，但这种攻击可以攻击任何运行时间不固定的算法。在图 9.8 所示的算法中，模幂运算是逐位实现的，每次迭代都执行一次模乘运算，该位为 1 时还需再执行一次模乘运算。

如 Kocher 在其论文中指出的那样，在下述极端情况下，我们很容易理解计时攻击的含义。假定在模幂算法中，模乘函数的执行时间只在几种情形下的执行时间比整个模幂运算的平均执行时间长得多，但在大多情形下的执行速度相当快。计时攻击是从最左（最高有效）位 $b_k$ 开始，逐位地进行的。假设敌手已知前面的 $j$ 位（为了得到整个指数，敌手可从 $j=0$ 开始重复攻击，直至已知整个指数为止），则对给定的密文，敌手可以完成 for 循环的前 $j$ 次迭代，其后的操作依赖于未知的指数位。若该位为 1，则执行 $d \leftarrow (d \times a) \bmod n$。对有些 $a$ 和 $d$ 值，模乘运算的执行速度非常慢，并且敌手知道是哪些值。位是 1 时，对这些值进行迭代运算的速度很慢，若敌手观察到解密算法的执行总是很慢，则可认为该位是 1；若敌手多次观察到整个算法的执行都很快，则可认为该位是 0。

在实际中，模幂运算的实现并无这么大的时间差异，导致一次迭代的时间超过整个算法的平均执行时间，但存在足够大的差异时会使得计时攻击切实可行，详见文献[KOCH96]。

尽管计时攻击会造成严重威胁，但是有一些简单可行的解决方法，包括：

- **不变的幂运算时间**　保证所有的幂运算在返回结果前执行的时间都相同。这种方法虽然很简单，但会降低算法的性能。
- **随机延时**　在求幂算法中加入随机延时来迷惑计时攻击，可以提高性能。Kocher 认为，若不加入足够的噪声，则敌手可通过收集额外的观察数据来抵消随机延时，进而导致攻击成功。

- **隐蔽**　在执行幂运算前先将密文乘以一个随机数。这个过程可使敌手不知道计算机正在处理的是密文的哪些位，因此可以防止敌手逐位地进行分析，这种分析正是计时攻击的本质。

RSA 数据安全公司在其产品中使用了隐蔽方法。使用私钥实现操作 $M = C^d \bmod n$ 的过程如下：

**1**．产生 0 至 $n-1$ 之间的一个秘密随机数 $r$。

**2**．计算 $C' = C(r^e) \bmod n$，其中 $e$ 是公开的指数。

**3**．像普通的 RSA 运算那样，计算 $M' = (C')^d \bmod n$。

**4**．计算 $M = M' r^{-1} \bmod n$，其中 $r^{-1}$ 是 $r \bmod n$ 的乘法逆元，关于乘法逆元的讨论见第 2 章。根据 $r^{ed} \bmod n = r \bmod n$，可以证明结论是正确的。

RSA 数据安全公司声称使用隐蔽方法后，运算性能降低了 2%～10%。

**基于故障的攻击**　还有另一种攻击 RSA 的非传统方法，详见文献[PELL10]。这种方法对正在生成签名的处理器进行攻击。这种攻击通过降低处理器的输入电功率来在签名计算中引入故障。故障导致软件生成无效签名，然后敌手通过分析就可恢复私钥。作者展示了如何完成这样的分析工作，并用具体的实例进行了说明，即利用商业通用微处理器提取 1024 位 RSA 私钥约需 100 小时。

这种攻击算法通过引入单个位错误来观察结果，详见文献[PELL10]及其他基于硬件故障来攻击 RSA 的方法。这种攻击值得关注，但还未对 RSA 构成严重威胁，原因是这种攻击需要敌手物理接触目标机器，并能直接控制处理器的输入功率。虽然对于大多数硬件来说，控制输入功率要比控制交流电源更容易，但是这也涉及芯片上的供电控制硬件。

**选择密文攻击和最佳非对称加密填充**　基本的 RSA 算法容易受到选择密文攻击（CCA）。进行选择密文攻击时，敌手选择一些密文并得到相应的明文，这些明文是用目标的私钥解密获得的。因此，敌手可以选择一条明文，运用目标的公钥加密，然后用目标的私钥解密得到明文。显然，这么做并未向敌手提供任何新信息。然而，敌手能够利用 RSA 的性质，选择数据分组并使用目标的私钥处理时，产生密码分析所需的信息。

对 RSA 进行选择密文攻击的一个简单例子利用了 RSA 的如下性质：

$$E(\mathrm{PU}, M_1) \times E(\mathrm{PU}, M_2) = E(\mathrm{PU}, [M_1 \times M_2]) \tag{9.2}$$

利用 CCA，可按如下方式解密 $C = M^e \bmod n$。

**1**．计算 $X = (C \times 2^e) \bmod n$。

**2**．将 $X$ 作为选择明文提交，并收到 $Y = X^d \bmod n$。

由于

$$X = (C \bmod n) \times (2^e \bmod n) = (M^e \bmod n) \times (2^e \bmod n) = (2M)^e \bmod n$$

所以 $Y = (2M) \bmod n$。由此，可以得到 $M$。为了防止这种简单的攻击，基于 RSA 的实用密码体制在加密前都会对明文进行随机填充。这会使得密文随机化，即使得式（9.2）不再成立。然而，复杂一些的 CCA 攻击仍然是可能的，简单的随机填充已被证明不足以提高安全性。为了防止这种攻击，RSA 安全公司（RSA 的主要厂商，也是 RSA 专利的持有人）推荐使用一种称为**最优非对称加密填充**（Optimal Asymmetric Encryption Padding，OAEP）的程序对明文进行修改。对安全威胁和 OAEP 的全面讨论超出了本书的范围，文献[POIN02]中有一些介绍，文献[BELL94a]中做了彻底的分析。下面简要介绍 OAEP。

图 9.9 描述了 OAEP 加密算法。第一步，填充待加密的消息 $M$。可选参数集 $P$ 作为哈希函数 $H$①的输入，输出用 0 加以填充以获得期望的长度，从而放入整个数据块 DB。接着，随机选择一个种子，

① 哈希函数将变长数据分组或消息映射为定长值，称为哈希码。第 11 章将深入讨论哈希函数。

并作为一个哈希函数的输入，该哈希函数称为掩码生成函数（MGF）。输出哈希值和 DB 按位异或，生成掩码 DB（maskedDB）。maskedDB 反过来又作为 MGF 的输入生成一个哈希值，哈希值和种子进行异或，生成掩码种子。掩码种子和掩码 DB 连接后构成编码后的消息 EM。注意，EM 包含填充后的消息，该消息由种子掩蔽，而种子又由 maskedDB 掩蔽。最后用 RSA 对整个 EM 加密。

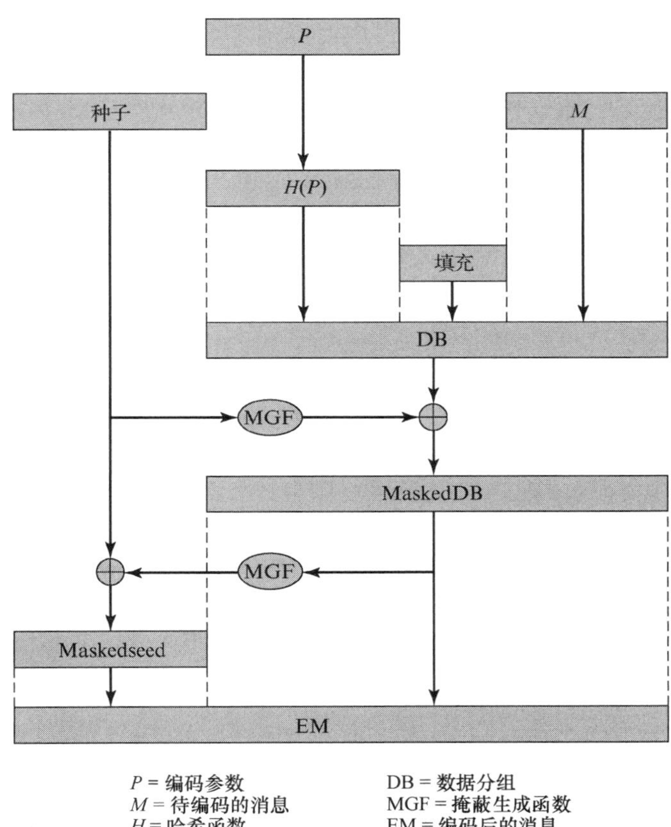


图 9.9　使用最优非对称加密填充（OAEP）加密

## 9.3　关键术语、思考题和习题

### 关键术语

| | | | |
|---|---|---|---|
| 数字签名 | 单向函数 | 私钥 | 公钥加密 |
| 密钥交换 | 最优非对称加密填充 | 公钥 | 计时攻击 |

### 思考题

**9.1**　公钥密码体制的主要组成是什么？

**9.2**　公钥和私钥的作用是什么？

**9.3**　公钥密码体制的三种应用是什么？

**9.4**　为了得到安全的算法，公钥密码体制应满足哪些要求？

**9.5**　什么是单向函数？

**9.6** 什么是单向陷门函数？

**9.7** 用一般术语描述挑选素数的有效过程。

## 习题

**9.1** 在诸如 RSA 的公钥体制出现之前，就已有关于公钥体制的存在性证明，目的是说明公钥密码理论上可行。考虑函数 $f_1(x_1)=z_1$、$f_2(x_2, y_2)=z_2$ 和 $f_3(x_3, y_3)=z_3$，其中的所有值都是整数，且 $1\leqslant x_i, y_i, z_i\leqslant N$。函数 $f_1$ 可用长为 $N$ 的向量 $\boldsymbol{M}_1$ 表示，其中 $\boldsymbol{M}_1$ 的第 $k$ 个分量是 $f_1(k)$；同样，$f_2$ 和 $f_3$ 可分别用 $N\times N$ 矩阵 $\boldsymbol{M}_2$ 和 $\boldsymbol{M}_3$ 表示。这样表示的目的是希望通过查表实现加密/解密过程。$N$ 是一个很大的数，所以这些表也非常大，在实际中不可能实现这些表，但原理上这些表是可以构建的。构建原理如下：首先，取 $\boldsymbol{M}_1$ 为 1 到 $N$ 之间的所有整数的一个随机置换，即 1 到 $N$ 之间的每个整数在 $\boldsymbol{M}_1$ 中恰好出现一次；$\boldsymbol{M}_2$ 的每行都是前 $N$ 个整数的随机置换；最后按下述条件生成 $\boldsymbol{M}_3$：

$$f_3(f_2(f_1(k), p), k)=p, \qquad \text{对任意 } k \text{ 和 } p,\ 1\leqslant k, p\leqslant N$$

也就是说，

1．$\boldsymbol{M}_1$ 的输入为 $k$，输出为 $x$。

2．$\boldsymbol{M}_2$ 的输入为 $x$ 和 $p$，输出为 $z$。

3．$\boldsymbol{M}_3$ 的输入为 $z$ 和 $k$，输出为 $p$。

然后，公布已构建的三个表。

**a**．显然，可以构建满足这些条件的 $\boldsymbol{M}_3$。例如，在下述的简单情况下填写表 $\boldsymbol{M}_3$：

$\boldsymbol{M}_1=$

| |
|---|
| 5 |
| 4 |
| 3 |
| 2 |
| 1 |

$\boldsymbol{M}_2=$

| | | | | |
|---|---|---|---|---|
| 5 | 2 | 3 | 4 | 1 |
| 4 | 2 | 5 | 1 | 3 |
| 1 | 3 | 2 | 4 | 5 |
| 3 | 1 | 4 | 2 | 5 |
| 2 | 5 | 3 | 4 | 1 |

$\boldsymbol{M}_3=$

| | | | | |
|---|---|---|---|---|
| | | | | |
| | | | | |
| | | | | |
| | | | | |
| | | | | |

约定：$\boldsymbol{M}_1$ 的第 $i$ 个元素对应 $k=i$；$\boldsymbol{M}_2$ 的第 $i$ 行对应 $x=i$，$\boldsymbol{M}_2$ 的第 $j$ 列对应 $p=j$；$\boldsymbol{M}_3$ 的第 $i$ 行对应 $z=i$，$\boldsymbol{M}_3$ 的第 $j$ 列对应 $k=j$。

**b**．说明如何使用上述各表在两个用户间实现加密和解密。

**c**．说明这是一种安全的方法。

**9.2** 用图 9.5 所示的 RSA 算法对下列数据实现加密和解密：

**a**．$p=3$；$q=11$，$e=7$；$M=5$；　　**b**．$p=5$；$q=11$，$e=3$；$M=9$；

**c**．$p=7$；$q=11$，$e=17$；$M=8$；　　**d**．$p=11$；$q=13$，$e=11$；$M=7$；

**e**．$p=17$；$q=31$，$e=7$；$M=2$。

提示：解密并不难，可以使用一些技巧。

**9.3** 在使用 RSA 的公钥体制中，已截获发给某用户的密文 $C=10$，该用户的公钥是 $e=5$，且 $n=35$，那么明文 $M$ 是多少？

**9.4** 在 RSA 体制中，某给定用户的公钥为 $e=31$，且 $n=3599$，那么该用户的私钥是多少？提示：首先用试探法确定 $p$ 和 $q$，然后用扩展欧几里得算法求 31 mod $\phi(n)$的乘法逆元。

**9.5** 使用 RSA 算法时，可以由少量重复的编码恢复明文，原因是什么？

**9.6** 已知若干用 RSA 算法编码的分组，但不知道私钥，假设 $n=pq$，$e$ 是公钥。若某人告诉我们说，他知道其中的一个明文分组与 $n$ 有公因子，这有帮助吗？

**9.7** 在 RSA 公钥密码体制中，每个用户都有一个公钥 $e$ 和一个私钥 $d$。假定 Bob 的私钥已泄密。Bob 决定生成新的公钥和私钥，而不生成新的模数，请问这样做安全吗？

**9.8** 假设 Bob 使用 RSA 密码体制，其中模数 $n$ 大到足以使得因子分解不可行。假设 Alice 给 Bob 发消息，其中的字母表示为 0～25（$A\to0,\cdots,Z\to25$）之间的数字。然后对每个字母用 RSA 算法单独加密，参数 $e$ 和 $n$ 都很大。这种方法安全吗？如果不安全，请给出最有效的攻击方法。

**9.9** 用电子表格软件（如 Excel）或计算器做如下运算。记录所有模乘的中间结果，对每个主要的变换（如加密、解密和素数测试等）判断其中的模乘运算。

**a**．以 2 为底，用 Miller-Rabin 测试算法检测 233～241 之间的所有奇数的素性。

**b**．用参数为 $e=23$、$n=233\times241$ 的 RSA 算法加密消息分组 $M=2$。

**c**．根据上述公钥$(e, n)$计算相应的私钥$(d, p, q)$。

**d**．用如下两种不同的方法解密上面得到的密文：（1）不用中国剩余定理；（2）用中国剩余定理。

**9.10** 假设你按如下方式生成了一条经过认证且加密的消息：首先用私钥及 RSA 算法进行变换，然后用接收方的公钥及 RSA 算法对消息加密（注意，在变换前不要使用哈希函数）。该方案能正确工作吗［即对于发送方的模数 $n_S$ 和接收方的模数 $n_R$ 之间的所有可能关系（$n_S>n_R$，$n_S<n_R$，$n_S=n_R$），给出接收方能够重建原有消息的可能性］？对你的回答给出解释。如果答案是“否”，那么如何修改？

**9.11** “我想告诉你，福尔摩斯，”华生激动地说，“你最近进行的网络安全活动让我对密码学产生了浓厚的兴趣，就在昨天，我发现一次一密的加密方法是可行的。”

“噢？真的吗？”福尔摩斯从蒙眬睡意中醒来。“这么说，你找到了一种生成强密码序列的确定性方法？”

“千真万确，福尔摩斯。这个想法很简单。对给定的单向函数 $F$，通过将 $F$ 应用到某个标准的参数序列，我生成了一个长伪随机数序列。假设密码分析者知道 $F$ 和序列的一般性质，这个性质可能很简单，如 $S, S+1, S+2, \cdots$，但不知道 $S$，由于 $F$ 的单向性，无人能够对某个 $i$ 由 $F(S+i)$推出 $S$，即使他得到了序列的一段，他也不能确定其他部分。”

“华生，我担心你的想法并非无懈可击，至少它要求 $F$ 满足一些附加条件。我们考虑一下。例如，RSA 加密函数 $F(M)=M^K \bmod N$，$K$ 是保密的，这个函数被认为是单向的，但我不赞成将这种方法用于类似于 $M=2, 3, 4, 5, 6, \cdots$的序列。”

“为什么，福尔摩斯？”华生大惑不解，“为什么你认为如果 $K$ 是保密的，那么像 $2^K \bmod N, 3^K \bmod N, 4^K \bmod N, \cdots$这样的序列不适合于一次一密？”

“因为它至少是部分可预测的，亲爱的华生，即使 $K$ 是保密的，如你刚才所说，假定密码分析者知道 $F$ 和序列的一般性质，再假设他能截获一小段输出序列，在密码学界这种假设是可行的。对于该输出序列，已知最前面的两个元素，即使他不能预测出所有元素，但可以预测出该序列中后续的许多元素。因此，这样的序列在密码学意义上不能被认为是强序列。利用预测出的较长序列段，他可预测出序列中更多的元素。瞧，已知序列的一般性质和序列的前两个元素 $2^K \bmod N$ 和 $3^K \bmod N$，就可以很容易地算出后续元素……”

请说明这是如何做到的。

**9.12** 说明如何通过习题 9.1 中的矩阵 $\boldsymbol{M}_1$、$\boldsymbol{M}_2$ 和 $\boldsymbol{M}_3$ 来描述 RSA。

**9.13** 考虑下列方法：

**1**．挑选一个奇数 $E$。

**2**．挑选两个素数 $P$ 和 $Q$，其中$(P-1)(Q-1)-1$ 是 $E$ 的偶数倍。

**3**．$P$ 和 $Q$ 相乘得 $N$。

**4**．计算 $D=\dfrac{(P-1)(Q-1)(E-1)+1}{E}$。

这种方法是否与 RSA 等价？请说明原因。

**9.14** $B$ 用下述方法对发送给 $A$ 的消息加密：

**1**．$A$ 选择两个大素数 $P$ 和 $Q$，它们与$(P-1)$和$(Q-1)$均互素。

**2**．$A$ 公布其公钥 $N=PQ$。

**3**．$A$ 计算 $P'$和 $Q'$，使得 $PP'\equiv 1(\text{mod } Q-1)$且 $QQ'\equiv 1\ (\text{mod } P-1)$。

**4**．作为对消息 $M$ 的加密，$B$ 计算 $C=M^N\ (\text{mod } N)$。

**5**．$A$ 求解 $M\equiv C^{P'}\ (\text{mod } Q)$和 $M=C^{Q'}\ (\text{mod } P)$得出 $M$。**a**．说明这种方法的工作原理；**b**．它与 RSA 有何不同？**c**．与这种方法相比，RSA 有哪些优点？**d**．说明如何用习题 9.1 中的矩阵 $\boldsymbol{M}_1$，$\boldsymbol{M}_2$ 和 $\boldsymbol{M}_3$ 描述这种方法。

**9.15** “这是一个非常有趣的案例，华生。”福尔摩斯说，“这个年轻人爱上了一个女孩，这个女孩也爱他。但是女孩的父亲非常怪，他坚持要求他未来的女婿基于公钥密码体制设计一个简单的安全协议，以便他在公司的计算机网络中使用。这个年轻人提出了下列通信协议：假设用户 $A$ 要将消息 $M$ 发送给用户 $B$［交换的消息形为(发送方的姓名，消息正文，接收方的姓名)］”。

**1**．$A$ 将$(A, E(\text{PU}_b, [M, A]), B)$发送给 $B$；**2**．$B$ 发送应答$(B, E(\text{PU}_a, [M, B]), A)$给 $A$。

“这个协议确实很简单，但是女孩的父亲还是认为该协议不够简单，因为协议中存在一些冗余，可进一步简化如下：

**1**．$A$ 将$(A, E(\text{PU}_b, M), B)$发送给 $B$；**2**．$B$ 发送应答$(B, E(\text{PU}_a, M), A)$给 $A$。

因此，女孩的父亲不允许其女儿与年轻人结婚，使得他们非常不愉快，于是年轻人来我这里请求帮助。”

“嗯，我不知道你会怎样帮助他。”华生想到年轻人要失去他心爱的人，显得有些不快。

“我想我可以帮助他，你知道，华生，冗余有时对保证协议的安全性是有好处的，因此女孩的父亲简化后的协议容易遭受一种攻击，而年轻人设计的协议能够抗这种攻击。”福尔摩斯若有所思地说，“有办法了，华生。瞧，敌手必须是网络用户中的一员，并且能够截获 $A$ 和 $B$ 交换的消息。因为是网络中的用户，所以他自己也有公钥，并且可以发消息给 $A$ 或 $B$，也可以接收 $A$ 或 $B$ 发出的消息。如果用这个简化后的协议，那么他可以按下述过程得出 $A$ 以前发送给 $B$ 的消息 $M$……”请完成上述过程。

**9.16** 运用图 9.8 所示的快速求幂算法计算 $5^{596}$ mod 1234，并给出计算步骤。

**9.17** 下面是快速求幂算法的另一种实现，证明它与图 9.8 中的方法是等价的：

**1**．f ← 1; T ← a; E ← b

**2**．if odd(E)，then f ← f×T

**3**．E ← ⌊E/ 2⌋

**4**．T ← T×T

**5**．if E > 0，then goto 2

**6**．output f

**9.18** 本题说明选择密文攻击的简单应用。Bob 截获了一份发给 Alice 的密文 $C$，该密文是用 Alice 的公钥 $e$ 加密的。Bob 想获得原始消息 $M=C^d \bmod n$。Bob 选择一个小于 $n$ 的随机数 $r$，并计算

$$Z=r^e \bmod n,\quad X=ZC \bmod n,\quad t=r^{-1} \bmod n$$

接着，Bob 让 Alice 用她的私钥对 $X$ 进行认证（见图 9.3），从而解密 $X$。Alice 返回 $Y=X^d \bmod n$。说明 Bob 如何利用获得的信息求 $M$。

**9.19** 图 9.9 给出了 OAEP 编码算法，请给出用于解密的 OAEP 解码算法。

# 第 10 章　其他公钥密码体制

**学习目标**

- 定义 Diffie-Hellman 密钥交换。
- 理解中间人攻击。
- 概述 ElGamal 密码系统。
- 理解椭圆曲线算术。
- 概述椭圆曲线密码。
- 介绍使用非对称密码生成伪随机数的两种技术。

本章首先介绍最早、最简单的 PKCS——Diffie-Hellman 密钥交换，然后介绍另一个重要方案——ElGamal PKCS，最后介绍日益重要的椭圆曲线密码。

## 10.1　Diffie-Hellman 密钥交换

Diffie 和 Hellman 在一篇具有独创意义的论文[DIFF76b]中首次提出了公钥算法，给出了公钥密码学的定义，其中公钥算法通常被称为 Diffie-Hellman 密钥交换。许多商用产品使用了这种密钥交换技术。

公钥算法的目的是让两个用户安全地交换密钥，以便在后续通信中使用该密钥对称加密消息。公钥算法本身只限于交换密钥值。

Diffie-Hellman 算法的有效性依赖于计算离散对数的困难性。简单地说，我们可以按如下方式定义离散对数。回顾第 2 章可知，素数 $p$ 的本原根的幂模 $p$ 生成从 1 到 $p-1$ 之间的所有整数，也就是说，若 $a$ 是素数 $p$ 的本原根，则

$$a \bmod p, a^2 \bmod p, \cdots, a^{p-1} \bmod p$$

各不相同，且由某个置换中的从 1 到 $p-1$ 的整数组成。

对任意整数 $b$ 和素数 $p$ 的本原根 $a$，我们可以找到唯一的指数，使得

$$b \equiv a^i \bmod p, \quad 0 \leqslant i \leqslant p-1$$

指数 $i$ 称为 $b$ 的以 $a$ 为底的模 $p$ 的离散对数，记为 $\mathrm{dlog}_{a,p}(b)$。有关离散对数的详细探讨见第 2 章。

### 10.1.1　算法

图 10.1 中小结了 Diffie-Hellman 密钥交换算法。在这种方案中，素数 $q$ 和其本原根 $\alpha$ 是两个公开的整数。假设用户 Alice 和 Bob 希望创建一个共享的密钥。

Alice 选择一个随机整数 $X_A < q$ 并计算 $Y_A = \alpha^{X_A} \bmod q$。类似地，用户 Bob 也独立地选择一个随机整数 $X_B < q$ 并计算 $Y_B = \alpha^{X_B} \bmod q$。双方保持 $X$ 值是私有的，但对彼此而言 $Y$ 是公开的。于是，$X_A$ 是 Alice 的私钥，$X_B$ 是 Bob 的私钥，$Y_A$ 是 Alice 的公钥，$Y_B$ 是 Bob 的公钥。Alice 计算密钥 $K = (Y_B)^{X_A} \bmod q$，Bob 计算密钥 $K = (Y_A)^{X_B} \bmod q$。两个计算得到的结果相同：

$$
\begin{aligned}
K &= (Y_B)^{X_A} \bmod q \quad = (\alpha^{X_B} \bmod q)^{X_A} \bmod q \\
&= (\alpha^{X_B})^{X_A} \bmod q \qquad \text{根据模运算规则} \\
&= (\alpha^{X_B X_A}) \bmod q = (\alpha^{X_A})^{X_B} \bmod q \\
&= (\alpha^{X_A} \bmod q)^{X_B} \bmod q = (Y_A)^{X_B} \bmod q
\end{aligned}
$$

至此，双方完成了秘密值交换。一般来说，这个秘密值用作一个共享的对称秘密钥。下面考虑能够观察到密钥交换全过程并期望得到这个秘密钥 $K$ 的敌手。由于 $X_A$ 和 $X_B$ 是私有的，所以敌手只能使用 $q$、$\alpha$、$Y_A$ 和 $Y_B$ 来进行攻击。于是，敌手必须求离散对数才能确定密钥。例如，要确定 Bob 的密钥，敌手就要先计算

$$X_B = \text{dlog}_{\alpha,q}(Y_B)$$

然后敌手可以像 Bob 那样算出密钥 $K$。也就是说，敌手可以按如下方式计算 $K$：

$$K = (Y_A)^{X_B} \bmod q$$

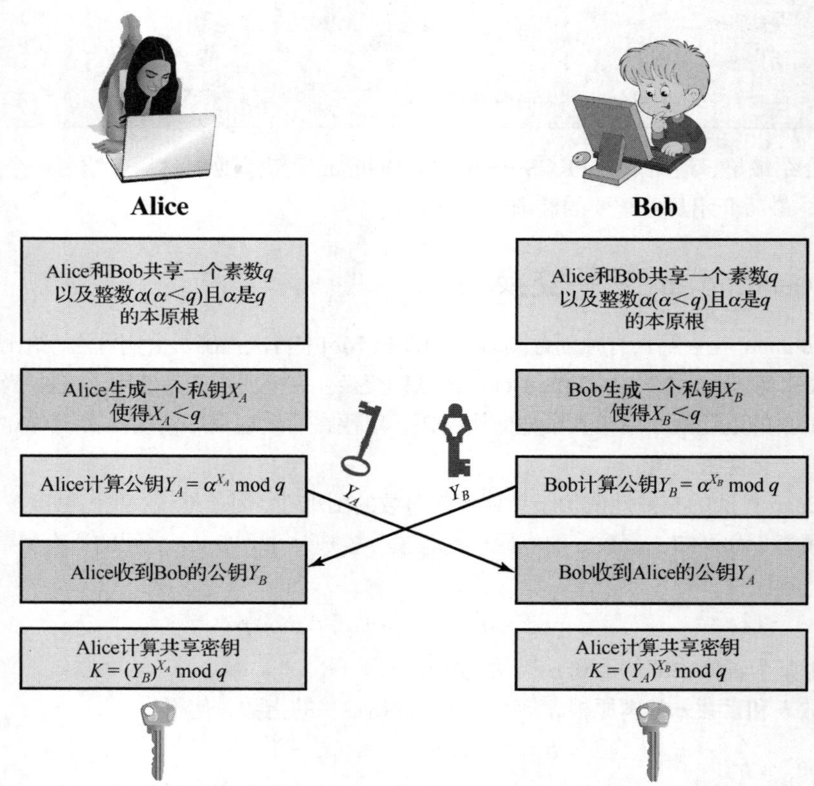


图 10.1 Diffie-Hellman 密钥交换

Diffie-Hellman 密钥交换的安全性基于如下事实：尽管求素数的模幂运算相对容易，但计算离散对数却非常困难。对于大素数，求离散对数被认为是不可行的。

下面给出一个例子。假设密钥交换中使用了素数 $q = 353$ 及其本原根 $\alpha = 3$。Alice 和 Bob 分别选择密钥 $X_A = 97$ 和 $X_B = 233$，并计算相应的公钥：

Alice 计算 $Y_A = 3^{97} \bmod 353 = 40$

Bob 计算 $Y_B = 3^{233} \bmod 353 = 248$

双方交换公钥后，都可算出公共的秘密钥：

Alice 计算 $K = (Y_B)^{X_A} \bmod 353 = 248^{97} \bmod 353 = 160$

Bob 计算 $K = (Y_A)^{X_B} \bmod 353 = 40^{233} \bmod 353 = 160$

假设敌手得到了如下信息：

$$q = 353,\quad \alpha = 3,\quad Y_A = 40,\quad Y_B = 248$$

在这个简单的例子中，采用穷举攻击确定密钥 160 是可能的。特别地，敌手 $E$ 可以通过求方程 $3^a \bmod 353 = 40$ 或 $3^b \bmod 353 = 248$ 的解来确定公共密钥。穷举攻击法要计算 3 mod 353 的若干幂，结果等于 40 或 248 时停止计算。因为 $3^{97} \bmod 353 = 40$，所以指数值为 97 时可得到期望的结果。

对于较大的数，上述方法不适用。

### 10.1.2　密钥交换协议

图 10.1 中给出的简单协议使用了 Diffie-Hellman 计算方法。假设用户 $A$ 希望与用户 $B$ 建立连接，并使用密钥对这次连接上的消息加密。用户 $A$ 生成一次私钥 $X_A$、计算 $Y_A$，并将 $Y_A$ 发给用户 $B$；用户 $B$ 也生成私钥 $X_B$、计算 $Y_B$，并将 $Y_B$ 发给用户 $A$。这样，用户 $A$ 和 $B$ 现在都可算出密钥。当然，在通信前用户 $A$ 和 $B$ 都应已知公开值 $q$ 和 $\alpha$。用户 $A$ 也可选择 $q$ 和 $\alpha$，并将 $q$ 和 $\alpha$ 放入第一条消息。

下面是使用 Diffie-Hellman 算法的另一个例子。假设有一组用户（如 LAN 上的所有用户），每个用户都生成一个在较长时间内有效的秘钥 $X_i$（对于用户 $i$），并计算公开值 $Y_i$。这些公开值与公开全局量 $q$ 和 $\alpha$ 都存储在某个中心目录中。在任何时刻，用户 $j$ 都可访问用户 $i$ 的公开值、算出密钥，并用密钥将消息加密后发给用户 $A$。若中心目录可信，则这种形式的通信既可保证保密性，又可保证某种程度的认证。因为只有 $i$ 和 $j$ 能够确定密钥，所以其他用户均不能读取消息（保密性）；接收方 $i$ 知道只有用户 $j$ 能用该密钥生成消息（认证）。但是，这种方法不能抗重放攻击。

### 10.1.3　中间人攻击

图 10.1 所示的协议不能抵抗所谓的**中间人攻击**。假定 Alice 和 Bob 希望交换密钥，而 Darth 是敌手。攻击过程如下（见图 10.2）。

**1**. 为了进行攻击，Darth 首先生成两个随机的私钥 $X_{D_1}$ 和 $X_{D_2}$，然后计算相应的公钥 $Y_{D_1}$ 和 $Y_{D_2}$。

**2**. Alice 将 $Y_A$ 传给 Bob。

**3**. Darth 截获 $Y_A$，将 $Y_{D_1}$ 传给 Bob。Darth 同时计算 $K_2 = (Y_A)^{X_{D_2}} \bmod q$。

**4**. Bob 收到 $Y_{D_1}$，计算 $K_1 = (Y_{D1})^{X_B} \bmod q$。

**5**. Bob 将 $Y_B$ 传给 Alice。

**6**. Darth 截获 $Y_B$，将 $Y_{D_2}$ 传给 Alice。Darth 计算 $K_1 = (Y_B)^{X_{D_1}} \bmod q$。

**7**. Alice 收到 $Y_{D_2}$，计算 $K_2 = (Y_{D_2})^{X_A} \bmod q$。

此时，Bob 和 Alice 认为他们共享一个密钥，但 Bob 和 Darth 实际上共享密钥 $K_1$，而 Alice 和 Darth 共享密钥 $K_2$。接下来，Bob 和 Alice 之间的通信按下列方式泄密。

**1**. Alice 发送已加密消息 $M$: $E(K_2, M)$。

**2**. Darth 截获这条已加密消息，并解密它以恢复 $M$。

**3**. Darth 将 $E(K_1, M)$或 $E(K_1, M')$发给 Bob，其中 $M'$ 是任意消息。在第一种情况下，Darth 只是简单地窃听通信而不改变它。在第二种情况下，Darth 想要修改发给 Bob 的消息。

密钥交换协议不能抵抗上述攻击，因为它未对通信的参与方进行认证。这种缺陷可用数字签名和公钥证书来克服，详见第 13 章和第 14 章。

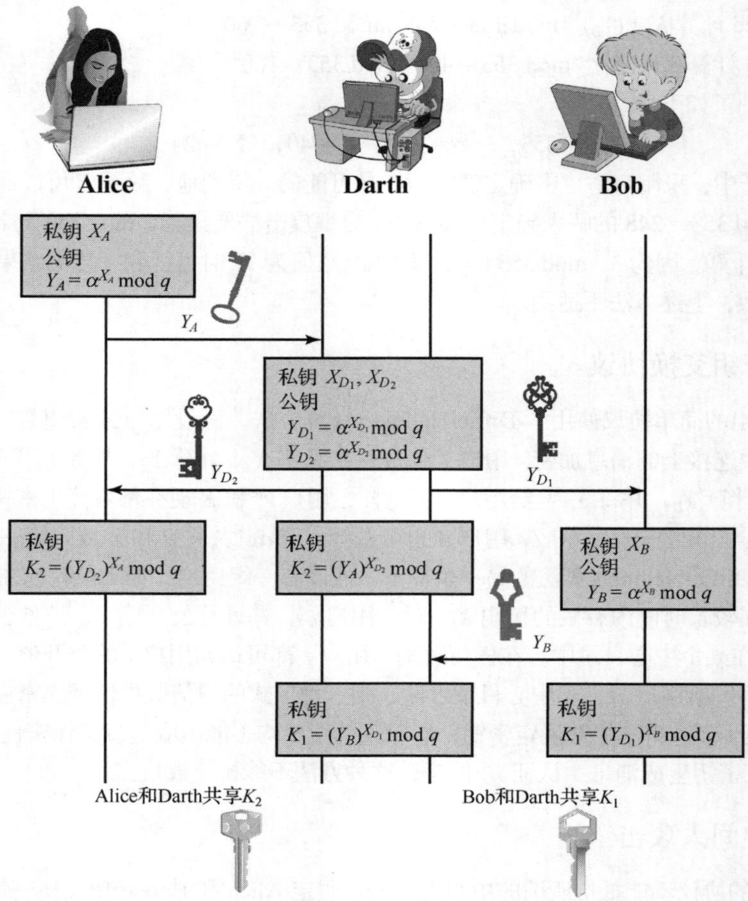


图 10.2　中间人攻击

## 10.2　ElGamal 密码体制

1984年，T. ElGamal 提出了一种基于离散对数的公钥体制，它与Diffie-Hellman技术[ELGA84, ELGA85]密切相关。ElGamal 密码体制主要在某些技术标准中使用，如数字签名标准（DSS，见第 13 章）和 S/MIME 电子邮件标准（见第 21 章）。

类似于 Diffie-Hellman，ElGamal 的全局元素是素数 $q$ 及其本原根 $\alpha$。用户 $A$ 按如下方式生成密钥对。

**1**．随机生成整数 $X_A$，使得$0 < X_A < q-1$。

**2**．计算 $Y_A = \alpha^{X_A} \bmod q$。

**3**．$A$ 的私钥为 $X_A$，公钥为$\{q, \alpha, Y_A\}$。

用户 $B$ 通过用户 $A$ 的公钥按如下步骤加密消息。

**1**．将消息表示为一个整数 $M$，其中$0 \leqslant M \leqslant q-1$。长消息作为一系列分组来发送，其中每个分组的长度不小于整数 $q$。

**2**．选择任意整数 $k$，使得$1 \leqslant k \leqslant q-1$。

**3**．计算一次密钥 $K = (Y_A)^k \bmod q$。

**4**．将 $M$ 加密为整数对$(C_1, C_2)$，其中，

$$C_1 = \alpha^k \bmod q, \quad C_2 = KM \bmod q$$

用户 $A$ 按如下步骤恢复明文。

**1**．通过计算 $K = (C_1)^{X_A} \bmod q$ 恢复密钥。

**2**．计算 $M = (C_2 K^{-1}) \bmod q$ 。

表 10.3 中小结了这些步骤。它对应于图 9.1(a)：Alice 生成公/私钥对，Bob 用 Alice 的公钥加密，Alicce 用自己的私钥解密。

下面介绍 ElGamal 方案的工作原理。首先介绍解密过程如何恢复 $K$：

| | |
|---|---|
| $K = (Y_A)^k \bmod q$ | $K$ 在加密过程中定义 |
| $K = (\alpha^{X_A} \bmod q)^k \bmod q$ | 用 $Y_A = \alpha^{X_A} \bmod q$ 替换 |
| $K = \alpha^{kX_A} \bmod q$ | 利用模运算规则 |
| $K = (C_1)^{X_A} \bmod q$ | 用 $C_1 = \alpha^k \bmod q$ 替换 |

接着用 $K$ 恢复明文：

$$C_2 = KM \bmod q$$

$$(C_2 K^{-1}) \bmod q = KMK^{-1} \bmod q = M \bmod q = M$$

根据图 10.3，可将 ElGamal 过程重申如下：

| 全局公开元素 | |
|---|---|
| $q$ | 素数 |
| $\alpha$ | $\alpha < q$ 且 $\alpha$ 是 $q$ 的本原根 |

| Alice 生成密钥 | |
|---|---|
| 选择私钥 $X_A$ | $X_A < q-1$ |
| 计算 $Y_A$ | $Y_A = \alpha^{X_A} \bmod q$ |
| 公钥 | $\{q, \alpha, Y_A\}$ |
| 私钥 | $X_A$ |

| Bob 用 Alice 的公钥加密 | |
|---|---|
| 明文 | $M < q$ |
| 选择随机整数 $k$ | $k < q$ |
| 计算 $K$ | $K = (Y_A)^k \bmod q$ |
| 计算 $C_1$ | $C_1 = \alpha^k \bmod q$ |
| 计算 $C_2$ | $C_2 = KM \bmod q$ |
| 密文 | $(C_1, C_2)$ |

| Alice 用自己的私钥解密 | |
|---|---|
| 密文 | $(C_1, C_2)$ |
| 计算 $K$ | $K = (C_1)^{X_A} \bmod q$ |
| 明文 | $M = (C_2 K^{-1}) \bmod q$ |

图 10.3　ElGamal 密码体制

**1**．Bob 生成任意整数 $k$。

**2**．Bob 用 Alice 的公钥$\{ Y_A, q, k \}$生成一次密钥 $K$。

**3**．Bob 用 $\alpha$ 加密 $k$，得到 $(C_1, C_2)$ ，以便为 Alice 提供足够的信息来恢复 $K$。

**4**．Bob 用 $K$ 加密明文 $M$。

**5**．Alice 用自己的私钥由 $C_1$ 恢复 $K$。

**6**．Alice 用 $K^{-1}$ 由 $C_2$ 恢复明文消息。

因此，作为一次密钥的 $K$ 用来加密和解密消息。

例如，我们从素数域 GF(19)即 $q = 19$ 开始说明。本原根有{2, 3, 10, 13, 14, 15}，如表 2.7 所示。我们选择 $\alpha = 10$ 。

Alice 按如下步骤生成密钥对。

**1**．Alice 选择 $X_A = 5$ 。

**2**．计算 $Y_A = \alpha^{X_A} \bmod q = \alpha^5 \bmod 19 = 3$（见表 2.7）。

**3**．Alice 的私钥为 5，公钥为$\{q, \alpha, Y_A\} = \{19, 10, 3\}$。

假设 Bob 要发送值 $M = 17$ 的消息，则：

**1**．Bob 选择 $k = 6$。

**2**．计算 $K = (Y_A)^k \bmod q = 3^6 \bmod 19 = 729 \bmod 19 = 7$ 。

**3**．因此有

$$C_1 = \alpha^k \bmod q = \alpha^6 \bmod 19 = 11$$

$$C_2 = KM \bmod q = 7 \times 17 \bmod 19 = 119 \bmod 19 = 5$$

**4**．Bob 发送密文(11, 5)。

解密过程如下。

**1**．Alice 计算 $K = (C_1)^{X_A} \bmod q = 11^5 \bmod 19 = 161051 \bmod 19 = 7$ 。

**2**．在 GF(19)中，$K^{-1}$ 为 $7^{-1} \bmod 19 = 11$ 。

**3**．最终，$M = (C_2 K^{-1}) \bmod q = 5 \times 11 \bmod 19 = 55 \bmod 19 = 17$ 。

若信息必须首先分组，然后以一系列加密后的分组发送，则每个分组都要使用唯一的 $k$。若 $k$ 被用于多个分组，则敌手利用消息的一个分组 $M_1$ 就能算出其他分组，步骤如下。令

$$C_{1,1} = \alpha^k \bmod q,\ C_{2,1} = KM_1 \bmod q,\quad C_{1,2} = \alpha^k \bmod q,\ C_{2,2} = KM_2 \bmod q$$

于是有

$$\frac{C_{2,1}}{C_{2,2}} = \frac{KM_1 \bmod q}{KM_2 \bmod q} = \frac{M_1 \bmod q}{M_2 \bmod q}$$

若 $M_1$ 已知，则很容易算出 $M_2$ ，

$$M_2 = (C_{2,1})^{-1} C_{2,2} M_1 \bmod q$$

ElGamal 密码体制的安全性基于计算离散对数的困难性。要恢复 Alice 的私钥，敌手就要计算 $X_A = \mathrm{dlog}_{\alpha,q}(Y_A)$ 。此外，要恢复一次密钥 $K$，敌手就要首先选择随机数 $k$，然后计算离散对数 $k = \mathrm{dlog}_{\alpha,q}(C_1)$ 。文献[STIN06]指出，当 $p \geqslant 300$ 且 $q-1$ 至少有一个“大”素因子时，这种计算是不可行的。

## 10.3 椭圆曲线算术

大多数使用公钥密码学进行加密和数字签名的产品与标准都使用了 RSA。我们知道，为了保证使用 RSA 的安全性，近年来密钥长度一直在增加，这对使用 RSA 的应用来说是很重的负担，对进行大量安全交易的电子商务来说更是如此。于是，出现了一种对 RSA 构成挑战的密码体制——椭圆曲线密码学（ECC）。在标准化过程中，包括在公钥密码学的 IEEE P1363 标准中，已开始考虑 ECC。

与 RSA 相比，ECC 的主要优点是可以使用比 RSA 短得多的密钥得到相同的安全性，因此可以降低处理开销。

与 RSA 或 Diffie-Hellman 相比，ECC 更难说明，其完整的数学描述超出了本书的范围。本节和下一节只给出有关椭圆曲线和 ECC 的一些背景知识。首先简要讨论交换群，接着讨论定义在实数域上的椭圆曲线，然后讨论定义在有限域上的椭圆曲线，最后讨论椭圆曲线密码。

在阅读下述内容之前，建议读者回顾第 5 章中关于有限域的内容。

### 10.3.1　交换群

由第 5 章可知，交换群 $G$ 有时记为$\{G,\cdot\}$，它由元素集合和二进制运算“$\cdot$”组成［后者与 $G$ 中一个元素$(a\cdot b)$内的每个有序元素对$(a, b)$关联］，并且满足如下公理[①]。

（**A1**）**封闭性**　若 $a$ 和 $b$ 属于 $G$，则 $a\cdot b$ 也属于 $G$。

（**A2**）**结合律**　对 $G$ 中的任意 $a$、$b$ 和 $c$，有$(a\cdot b)\cdot c = a\cdot(b\cdot c)$

（**A3**）**单位元**　$G$ 中存在元素 $e$，使得对 $G$ 中的所有 $a$，有 $a\cdot e = e\cdot a = a$。

（**A4**）**逆元**　对 $G$ 中的任何 $a$，存在 $G$ 中的元素 $a'$，使得 $a\cdot a' = a'\cdot a = e$。

（**A5**）**交换律**　对 $G$ 中的任何 $a$ 和 $b$，有 $a\cdot b = b\cdot a$。

许多公钥密码都使用了交换群。例如，Diffie-Hellman 密钥交换包含若干对非零整数模素数 $q$ 的运算。密钥是通过群上的幂运算生成的，其中幂运算定义为重复相乘。例如，

$$a^k \bmod q = \underbrace{(a\times a\times\cdots\times a)}_{k\text{次}} \bmod q$$

要攻击 Diffie-Hellman，敌手必须根据给定的 $a$ 和 $a^k$ 来确定 $k$，这就是离散对数问题。

椭圆曲线密码学使用椭圆曲线上称为加法的运算，乘法定义为重复相加。例如，

$$a\times k = \underbrace{(a+a+\cdots+a)}_{k\text{次}}$$

式中，加法是在椭圆曲线上执行的。密码分析包括由给定的 $a$ 和$(a\times k)$来确定 $k$。

**椭圆曲线**由具有两个变量及系数的方程定义。对于密码学而言，变量和系数都限制在有限域上，于是导致了有限交换群这一定义。在讨论这些内容前，下面首先讨论变量和系数均是实数的椭圆曲线，这种情形更容易想象。

### 10.3.2　实数域上的椭圆曲线

椭圆曲线并不是椭圆，称其为椭圆曲线的原因是，它们与用来计算椭圆周长的方程相似，都由三次方程描述。一般来说，椭圆曲线的**三次方程**为

$$y^2 + axy + by = x^3 + cx^2 + dx + e$$

式中，$a$、$b$、$c$、$d$ 和 $e$ 是实数，$x$ 和 $y$ 在实数集上取值[②]。对我们的目的而言，将方程限制为如下形式是足够的：

$$y^2 = x^3 + ax + b \tag{10.1}$$

因为方程中的指数最高是 3，所以我们称其为三次方程，或者称方程的次数为 3。椭圆曲线的定义中还包含一个称为无穷远点或零点的元素，记为 $O$，后面会讨论这个概念。为了画出这样一条曲线，需要计算

$$y = \sqrt{x^3 + ax + b}$$

---

① 运算·是通用运算，可以是加法、乘法或其他数学运算。

② 注意，$x$ 和 $y$ 是真正的变量，它们具有值。这与第 5 章中讨论的多项式环和域不同，那里 $x$ 被视为不确定变量。

对于给定的 $a$ 值和 $b$ 值，曲线由每个 $x$ 值对应的正 $y$ 值和负 $y$ 值组成。于是，每条曲线都关于 $y = 0$ 对称。图 10.4 中显示了椭圆曲线的两个例子，由图可知，上述方程有时对应的是一条怪异的曲线。

下面考虑由满足式（10.1）的所有的点$(x, y)$和元素 $O$ 组成的点集 $E(a, b)$。有序对$(a, b)$的值不同，对应的集合 $E(a, b)$也不同。使用上述术语，图 10.4 中的两条曲线可分别用集合 $E(-1, 0)$和 $E(1, 1)$表示。

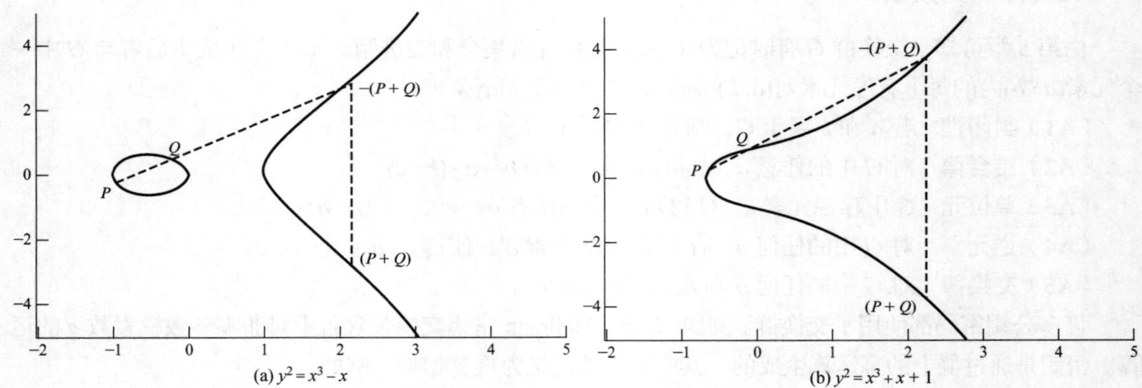


图 10.4 椭圆曲线示例

**加法的几何描述** 可以证明，若式（10.1）中的参数 $a$ 和 $b$ 满足条件

$$4a^3 + 27b^2 \neq 0 \tag{10.2}$$

则可基于集合 $E(a, b)$定义一个群。要在 $E(a, b)$上定义一个群，必须定义一个称为加法的运算，并用+表示，其中 $a$ 和 $b$ 满足式（10.2）。采用几何术语，可按如下方式定义加法的运算规则：若椭圆曲线上的三个点都在一条直线上，则它们的和为 $O$。从这个定义出发，可将椭圆曲线上加法的运算规则定义如下：

1. $O$ 是加法的单位元。于是有 $O = -O$；对椭圆曲线上的任意点 $P$，有 $P + O = P$。下面假设 $P \neq Q$ 且 $Q \neq O$。
2. 点 $P$ 的负元是具有相同 $x$ 坐标和相反 $y$ 坐标的点，即若 $P = (x, y)$，则$-P = (x, -y)$。注意这两个点可用一条垂线连接起来，且 $P + (-P) = P - P = O$。
3. 要计算 $x$ 坐标不同的两点 $P$ 和 $Q$ 之和，可在 $P$ 和 $Q$ 之间画一条直线并找到第三个交点 $R$。显然存在唯一的交点 $R$（除非这条直线在 $P$ 或 $Q$ 处与椭圆曲线相切，此时分别取 $R = P$ 或 $R = Q$）。为了形成群结构，需要在这三个点上定义加法：$P + Q = -R$。也就是说，定义 $P + Q$ 为第三个交点（相对于 $x$ 轴）的镜像。图 10.4 说明了这一情形。
4. 上述各项的几何说明也适用于具有相同 $x$ 坐标的两个点 $P$ 和$-P$。两点由一条垂线连接，也可视为在无穷远点处与曲线相交，因此有 $P + (-P) = O$，这与上述步骤 2 一致。
5. 要加倍点 $Q$，可画一条切线并找到另一个交点 $S$。于是，$Q + Q = 2Q = -S$。

利用上述运算规则，可以证明集合 $E(a, b)$是交换群。

**加法的代数描述** 本节给出一些适用于椭圆曲线上的加法的结论[①]。对于彼此非负元的两个不同点 $P = (x_P, y_P)$和 $Q = (x_Q, y_Q)$，连接它们的曲线 $l$ 的斜率$\Delta = (y_Q - y_P)/(x_Q - x_P)$。$l$ 恰好与椭圆曲线相交于另一点，即 $P$ 与 $Q$ 之和的负元。经过某些代数运算后，可将和 $R = P + Q$ 表示为

$$x_R = \Delta^2 - x_P - x_Q, \quad y_R = -y_P + \Delta(x_P - x_R) \tag{10.3}$$

① 关于这些结论的推导，请参阅文献[KOBL94]或其他关于椭圆曲线的数学资料。

我们还需要将一个点与其自身相加：$P+P=2P=R$。当 $y_P \neq 0$ 时，式（10.3）变为

$$x_R = \left(\frac{3x_P^2+a}{2y_P}\right)^2 - 2x_P, \quad y_R = \left(\frac{3x_P^2+a}{2y_P}\right)(x_P - x_R) - y_P \tag{10.4}$$

## 10.3.3　$Z_p$ 上的椭圆曲线

**椭圆曲线密码学**使用的是其变量和系数均为有限域的元素的椭圆曲线。密码应用中所用的两类椭圆曲线是定义在 $Z_p$ 上的素数曲线和定义在 GF($2^m$)上二元曲线。对于 $Z_p$ 上的素数曲线，我们使用三次方程，其中的变量和系数从集合$\{0, 1, \cdots, p-1\}$中取值，运算为模 $p$ 运算。对于 GF($2^m$)上的二元曲线，变量和系数在 GF($2^m$)上取值，运算为 GF($2^m$)上的运算。文献[FERN99]指出，由于不需要二元曲线要求的位混淆运算，因此针对软件应用最好使用素数曲线，而针对硬件应用最好使用二元曲线，它可以用非常少的门电路得到快速且功能强大的密码体制。本节和下一节讨论这两类曲线。

对有限域上的椭圆曲线运算来说，不存在显而易见的几何解释，但可以使用实数域上的椭圆曲线运算的代数解释。

对 $Z_p$ 上的椭圆曲线，如同实数那样，这里只讨论形如式（10.1）的方程，但此时变量和系数均限制在 $Z_p$ 上：

$$y^2 \bmod p = (x^3 + ax + b) \bmod p \tag{10.5}$$

例如，$a=1, b=1, x=9, y=7, p=23$ 时，式（10.5）成立：

$$7^2 \bmod 23 = (9^3 + 9 + 1) \bmod 23, \quad 49 \bmod 23 = 739 \bmod 23, \quad 3 = 3$$

下面考虑由所有满足式（10.5）的整数对$(x, y)$和无穷远点 $O$ 组成的集合 $E_p(a, b)$。系数 $a$ 和 $b$、变量 $x$ 和 $y$ 都是 $Z_p$ 的元素。

例如，令 $p=23$ 并考虑椭圆曲线 $y^2 = x^3 + x + 1$，其中 $a=b=1$。注意，该方程与图 10.4(b)中的方程相同。图中显示了所有满足方程的实点。对于集合 $E_{23}(1, 1)$，我们只对满足如下条件的非负整数感兴趣，即满足方程模 $p$ 运算且位于从(0, 0)到$(p-1, p-1)$的象限中的非负整数。表 10.1 中列出了一些点（除 $O$ 外），这些点是 $E_{23}(1, 1)$的一部分。图 10.5 中画出了 $E_{23}(1, 1)$上的这些点，注意这些点中除一个点外，均关于 $y=11.5$ 对称。

表 10.1　椭圆曲线 $E_{23}(1, 1)$上的点（除 $O$ 外）

| | | |
|---|---|---|
| (0, 1) | (6, 4) | (12, 19) |
| (0, 22) | (6, 19) | (13, 7) |
| (1, 7) | (7, 11) | (13, 16) |
| (1, 16) | (7, 12) | (17, 3) |
| (3, 10) | (9, 7) | (17, 20) |
| (3, 13) | (9, 16) | (18, 3) |
| (4, 0) | (11, 3) | (18, 20) |
| (5, 4) | (11, 20) | (19, 5) |
| (5, 19) | (12, 4) | (19, 18) |

可以证明，若$(x^3 + ax + b) \bmod p$ 无重复因子，则根据集合 $E_p(a, b)$可以定义一个有限交换群。这等价于下列条件：

$$(4a^3 + 27b^2) \bmod p \neq 0 \bmod p \tag{10.6}$$

注意式（10.6）和式（10.2）的形式相同。

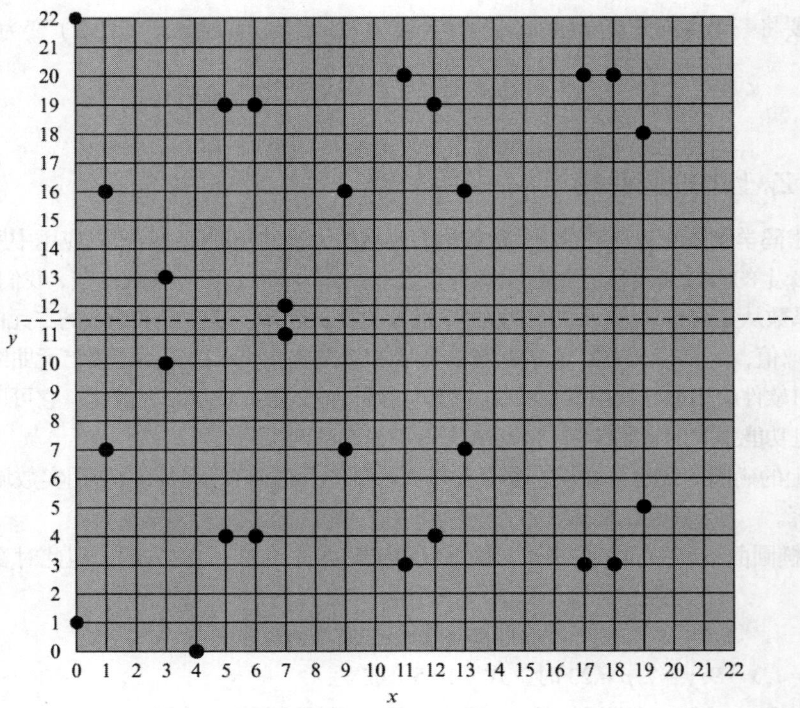


图 10.5　椭圆曲线 $E_{23}(1, 1)$

定义在 $E_p(a, b)$上的加法运算规则，与定义在实数域上的椭圆曲线的运算规则一致。对任何点 $P$，$Q\in E_p(a, b)$:

**1**．$P+O=P$。

**2**．若 $P=(x_P, y_P)$，则 $P+(x_P, -y_P)=O$。点$(x_P, -y_P)$是 $P$ 的负元，记为$-P$。例如，对 $E_{23}(1, 1)$中的点 $P=(13, 7)$，有$-P=(13, -7)$，而$-7 \bmod 23=16$。因此，$-P=(13, 16)$，该点也在 $E_{23}(1, 1)$中。

**3**．若 $P=(x_P, y_P)$，$Q=(x_Q, y_Q)$，且 $P\neq -Q$，则 $R=P+Q=(x_R, y_R)$由下列规则确定：

$$x_R=(\lambda^2-x_P-x_Q) \bmod p, \qquad y_R=(\lambda(x_P-x_R)-y_P) \bmod p$$

式中，

$$\lambda=\begin{cases}\left(\dfrac{y_Q-y_P}{x_Q-x_P}\right) \bmod p,\ P\neq Q\\[2ex] \left(\dfrac{3x_P^2+a}{2y_P}\right) \bmod p,\ P=Q\end{cases}$$

**4**．将乘法定义为重复相加，如 $4P=P+P+P+P$。

例如，令 $E_{23}(1, 1)$中的 $P=(3, 10)$，$Q=(9, 7)$，则有

$$\lambda=\left(\frac{7-10}{9-3}\right) \bmod 23=\left(\frac{-3}{6}\right) \bmod 23=\left(\frac{-1}{2}\right) \bmod 23=11$$

$$x_R=(11^2-3-9) \bmod 23=109 \bmod 23=17, \quad y_R=(11(3-17)-10) \bmod 23=-164 \bmod 23=20$$

所以 $P+Q=(17, 20)$。要计算 $2P$，先求

$$\lambda=\left(\frac{3(3^2)+1}{2\times 10}\right) \bmod 23=\left(\frac{5}{20}\right) \bmod 23=\left(\frac{1}{4}\right) \bmod 23=6$$

上式的最后一步是求 4 在 $Z_{23}$ 中的乘法逆元，可用 2.2 节定义的扩展欧几里得算法实现。为了确认这一点，注意到(6×4) mod 23 = 24 mod 23 = 1。

$$x_R = (6^2 - 3 - 3) \bmod 23 = 30 \bmod 23 = 7, \quad y_R = (6(3-7) - 10) \bmod 23 = (-34) \bmod 23 = 12$$

且 $2P = (7, 12)$。

为了确定各种椭圆曲线密码的安全性，需要知道定义在椭圆曲线上的有限交换群中的点数。在有限群 $E_p(a, b)$中，点数 $N$ 的范围是

$$p + 1 - 2\sqrt{p} \leqslant N \leqslant p + 1 + 2\sqrt{p}$$

注意到 $E_p(a, b)$中的点数约等于 $Z_p$ 中元素的个数，即 $p$ 个元素。

### 10.3.4　GF($2^m$)上的椭圆曲线

第 5 章讲过，**有限域** GF($2^m$)由 $2^m$ 个元素及定义在多项式上的加法和乘法运算组成。给定某个 $m$，对 GF($2^m$)上的椭圆曲线，我们使用变量和系数均在 GF($2^m$)上取值的三次方程，并使用 GF($2^m$)上的算术运算规则来进行计算。

业已证明，GF($2^m$)上适合于椭圆曲线密码应用的三次方程与 $Z_p$ 上的三次方程不同，其形式为

$$y^2 + xy = x^3 + ax^2 + b \tag{10.7}$$

式中，变量 $x$ 和 $y$ 及系数 $a$ 和 $b$ 是 GF($2^m$)中的元素，且所有计算均在 GF($2^m$)中执行。

下面考虑由满足式（10.7）的所有整数对$(x, y)$和无穷远点 $O$ 组成的集合 $E_{2^m}(a, b)$。

例如，对使用不可约多项式 $f(x) = x^4 + x + 1$ 定义的有限域 GF($2^4$)，其生成元满足 $f(g) = 0$，即 $g^4 = g + 1$ 或二进制数 $g = 0010$。我们可按如下方式求出 $g$ 的各次方：

| | | | |
|---|---|---|---|
| $g^0 = 0001$ | $g^4 = 0011$ | $g^8 = 0101$ | $g^{12} = 1111$ |
| $g^1 = 0010$ | $g^5 = 0110$ | $g^9 = 1010$ | $g^{13} = 1101$ |
| $g^2 = 0100$ | $g^6 = 1100$ | $g^{10} = 0111$ | $g^{14} = 1001$ |
| $g^3 = 1000$ | $g^7 = 1011$ | $g^{11} = 1110$ | $g^{15} = 0001$ |

例如，$g^5 = (g^4)(g) = (g + 1)(g) = g^2 + g = 0110$。

下面考虑椭圆曲线 $y^2 + xy = x^3 + g^4x^2 + 1$。此时，$a = g^4$，$b = g^0 = 1$。满足该方程的一个点为$(g^5, g^3)$：

$$(g^3)^2 + (g^5)(g^3) = (g^5)^3 + (g^4)(g^5)^2 + 1$$
$$g^6 + g^8 = g^{15} + g^{14} + 1$$
$$1100 + 0101 = 0001 + 1001 + 0001$$
$$1001 = 1001$$

表 10.2 中列出了 $E_{2^4}(g^4, 1)$ 的部分点（非 $O$ 点）。图 10.6 中画出了这些点。

**表 10.2　椭圆曲线 $E_{2^4}(g^4, 1)$ 上的点（非 O 点）**

| | | |
|---|---|---|
| $(0, 1)$ | $(g^5, g^3)$ | $(g^9, g^{13})$ |
| $(1, g^6)$ | $(g^5, g^{11})$ | $(g^{10}, g)$ |
| $(1, g^{13})$ | $(g^6, g^8)$ | $(g^{10}, g^8)$ |
| $(g^3, g^8)$ | $(g^6, g^{14})$ | $(g^{12}, 0)$ |
| $(g^3, g^{13})$ | $(g^9, g^{10})$ | $(g^{12}, g^{12})$ |

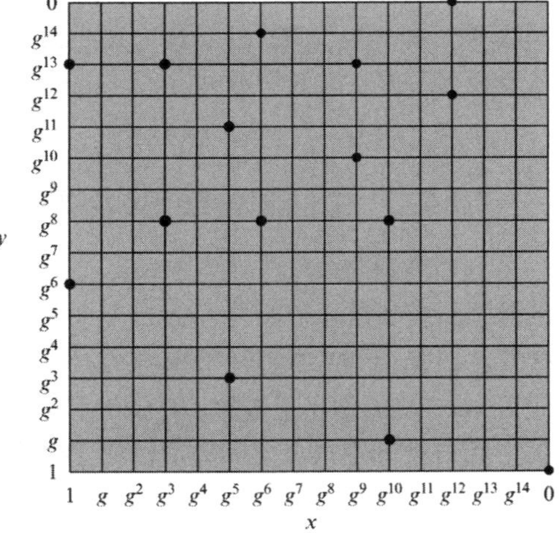


图 10.6　椭圆曲线 $E_{2^4}(g^4, 1)$

可以证明，只要 $b \neq 0$，就可根据集合 $E_{2^m}(a, b)$定义一个有限交换群。加法的运算规则如下所述。对所有点 $P$，$Q \in E_{2^m}(a, b)$：

**1**．$P + O = P$。

**2**．若 $P = (x_P, y_P)$，则 $P + (x_P, x_P + y_P) = O$。点$(x_P, x_P + y_P)$是 $P$ 的负元，记为$-P$。

**3**．若 $P = (x_P, y_P)$，$Q = (x_Q, y_Q)$，且 $P \neq -Q$，$P \neq Q$，则 $R = P + Q = (x_R, y_R)$由下列规则确定：

$$x_R = \lambda^2 + \lambda + x_P + x_Q + a, \qquad y_R = \lambda(x_P + x_R) + x_R + y_P$$

式中，

$$\lambda = \frac{y_Q + y_P}{x_Q + x_P}$$

**4**．若 $P = (x_P, y_P)$，则 $R = 2P = (x_R, y_R)$由下列规则确定：

$$x_R = \lambda^2 + \lambda + a, \quad y_R = x_P^2 + (\lambda + 1)x_R$$

式中，

$$\lambda = x_P + \frac{y_P}{x_P}$$

## 10.4 椭圆曲线密码学

ECC 中的加法运算与 RSA 中的模乘运算是等效的，并且多个加法等效于模幂运算。要使用椭圆曲线形成密码体制，就需要求因子分解两个素数之积或取离散对数这样的困难问题。

考虑方程 $Q = kP$，其中 $Q, P \in E_P(a, b)$且 $k < p$。对于给定的 $k$ 和 $P$，计算 $Q$ 比较容易，而对于给定的 $Q$ 和 $P$，计算 $k$ 则比较困难。这就是椭圆曲线的离散对数问题。

下面引用 Certicom 网站（www.certicom.com）上的一个例子来说明该问题。考虑由方程 $y^2 \bmod 23 = (x^3 + 9x + 17) \bmod 23$ 定义的群 $E_{23}(9, 17)$。以 $P = (16, 5)$为底的 $Q = (4, 5)$的离散对数 $k$ 为多少？穷举攻击方法通过计算 $P$ 的倍数来求 $Q$。因此，

$$P = (16, 5), \quad 2P = (20, 20), \quad 3P = (14, 14), \quad 4P = (19, 20), \quad 5P = (13, 10),$$
$$6P = (7, 3), \quad 7P = (8, 7), \quad 8P = (12, 17), \quad 9P = (4, 5)$$

因为 $9P = (4,5) = Q$，所以以 $P = (16,5)$为底的 $Q = (4, 5)$的离散对数为 $k = 9$。在实际应用中，$k$ 值很大，从而使得穷举攻击方法不可行。

下面介绍 ECC 的两种应用。

### 10.4.1 用椭圆曲线密码实现 Diffie-Hellman 密钥交换

利用椭圆曲线可按如下方式实现密钥交换。首先，挑选一个大整数 $q$ 及式（10.5）或式（10.7）中的椭圆曲线参数 $a$ 和 $b$，这里 $q$ 是一个素数 $p$ 或是形如 $2^m$ 的一个整数。由此可定义点的椭圆群 $E_q(a, b)$；接着，在 $E_q(a, b)$中挑选一个基点 $G = (x_1, y_1)$，$G$ 的阶为一个非常大的值 $n$。椭圆曲线上点 $G$ 的阶 $n$ 是使得 $nG = O$ 的最小正整数。$E_q(a, b)$和 $G$ 是该密码体制中通信各方都已知的参数。

用户 $A$ 和用户 $B$ 之间完成密钥交换的过程如下（见图 10.7）。

**1**．$A$ 首先选择一个小于 $n$ 的整数 $n_A$ 作为私钥，然后生成一个公钥 $P_A = n_A \times G$；该公钥是 $E_q(a,b)$中的一个点。

**2**．类似地，$B$ 选择私钥 $n_B$ 并计算公钥 $P_B$。

**3**．$A$ 生成秘密钥 $K = n_A \times P_B$，$B$ 生成秘密钥 $K = n_B \times P_A$。

步骤 3 中 $K$ 的两种计算结果是相同的，因为 $n_A \times P_B = n_A \times (n_B \times G) = n_B \times (n_A \times G) = n_B \times P_A$。要破译这种体制，敌手必须能由 $G$ 和 $kG$ 计算 $k$，这被认为是非常困难的。

例如[①]，取 $p = 211$，$E_p(0, -4)$，$G = (2, 2)$，其中 $E_p(0, -4)$等效于曲线 $y^2 = x^3 - 4$。计算可得 $240G = O$。$A$ 的私钥是 $n_A = 121$，所以 $A$ 的公钥是 $P_A = 121(2, 2) = (115, 48)$。$B$ 的私钥是 $n_B = 203$，所以 $B$ 的公钥是 $203(2, 3) = (130, 203)$，他们共享的秘密钥为 $121(130, 203) = 203(115, 48) = (161, 69)$。

注意，秘密钥是一对数字。若将它用作传统加密中的会话密钥，则必须生成一个数字。我们可以简单地选取 $x$ 坐标或 $x$ 坐标的某个简单函数。

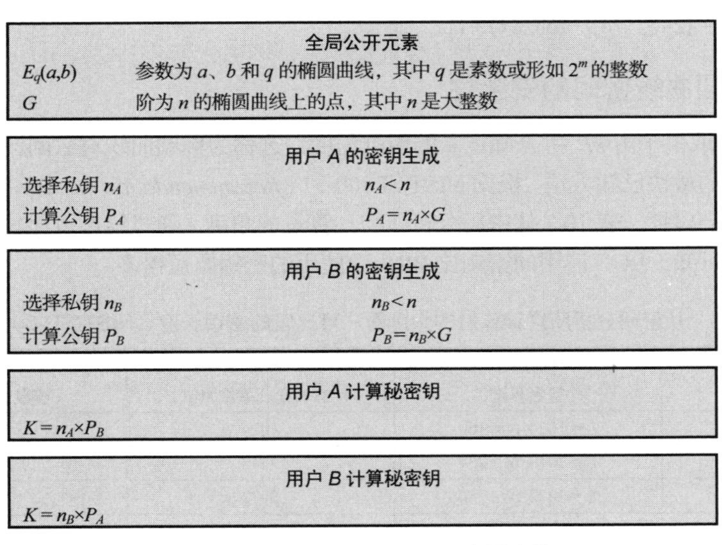


图 10.7　ECC Diffie-Hellman 密钥交换

### 10.4.2　椭圆曲线加密/解密

一些文献中分析了使用椭圆曲线实现加密/解密的几种方法，本节介绍其中最简单的一种方法。在这种方法中，首先将待发送的消息明文 $m$ 编码为形如$(x, y)$的点 $P_m$，待加密为密文并随后解密的是点 $P_m$。注意，不能简单地将消息编码为一点的 $x$ 坐标或 $y$ 坐标，因为并非所有坐标都在 $E_q(a,b)$中；例如，参见表 10.1。将消息 $m$ 编码为点 $P_m$ 的方法有多种，这里不讨论这些方法，但需要说明的是，存在相对简单的编码方法。

像密钥交换系统那样，加密/解密系统也需要参数点 $G$ 和椭圆群 $E_q(a, b)$。用户 $A$ 选择一个私钥 $n_A$，并生成一个公钥 $P_A = n_A \times G$。

要将消息 $P_m$ 加密后发送给用户 $B$，用户 $A$ 就要随机选择一个正整数 $k$ 并生成密文 $C_m$，该密文由一对点构成：

$$C_m = \{kG, P_m + kP_B\}$$

注意，此处用户 $A$ 使用了用户 $B$ 的公钥 $P_B$。要解密密文，用户 $B$ 就要从第一个点与用户 $B$ 的私钥之积中减去第二个点的结果：

$$P_m + kP_B - n_B(kG) = P_m + k(n_BG) - n_B(kG) = P_m$$

用户 $A$ 将 $kP_B$ 与 $P_m$ 相加，以伪装消息 $P_m$。因为只有用户 $A$ 知道 $k$，所以即使 $P_B$ 是公钥，除了用户 $A$ 外的任何人，都不能去除伪装 $kP_B$；然而，用户 $A$ 在伪装后的消息中包含了相关的“线索”，使得已知私钥 $n_B$ 时可以去除伪装。敌手要恢复消息明文，必须由 $G$ 和 $kG$ 求出 $k$，但这被认

① 本例由圣克拉拉大学的 Ed Schaefer 提供。

为是很困难的。

下面考虑一个简单的例子。公钥全局元素取 $q = 257$；$E_q(a,b) = E_{257}(0, -4)$，它等效于椭圆曲线方程 $y^2 = x^3 - 4$；$G = (2, 2)$。Bob 的私钥为 $n_B = 101$，公钥为 $P_B = n_BG = 101(2, 2) = (197,167)$。Alice 选取随机整数 $k = 41$ 并计算 $kG = 41(2, 2) = (136, 128)$、$kP_B = 41(197, 167) = (68, 84)$和 $P_m + kP_B = (112, 26) + (68, 84) = (246, 174)$。Alice 将密文 $C_m = (C_1, C_2) = \{(136, 128), (246, 174)\}$发给 Bob。Bob 收到密文后计算 $C_2 - n_BC_1 = (246, 174) - 101(136, 128) = (246, 174) - (68, 84) = (112, 26)$。

### 10.4.3　椭圆曲线密码的安全性

ECC 的安全性取决于由 $kP$ 和 $P$ 确定 $k$ 的困难程度，这称为椭圆曲线对数问题。Pollard rho 方法是求椭圆曲线对数的最快已知方法。根据 NIST SP800-57（*Recommendation for Key Management — Part 1: General*，2015 年 9 月），表 10.3 从密码分析所需计算量的角度，通过给出可比较的密钥长度，比较了各种算法。由表可知，ECC 使用的密钥比 RSA 中使用的密钥要短得多。

表 10.3　从密码分析所需计算量的角度看，可比较的密钥长度（NIST SP-800-57）

| 对称密钥算法 | Diffie-Hellman、数字签名算法 | RSA（$n$ 的长度，单位为位） | ECC（模数长度，单位为位） |
|---|---|---|---|
| 80 | $L = 1024, N = 160$ | 1024 | 160 ~ 223 |
| 112 | $L = 2048, N = 224$ | 2048 | 224 ~ 255 |
| 128 | $L = 3072, N = 256$ | 3072 | 256 ~ 383 |
| 192 | $L = 7680, N = 384$ | 7680 | 384 ~ 511 |
| 256 | $L = 15360, N = 512$ | 15360 | 512+ |

注：$L$ 为公钥的长度，$N$ 为私钥的长度。

根据这一分析，SP 800-57 建议至少到 2030 年，可接受的密钥长度对 RSA 来说是 3072 ~ 14360 位，对 ECC 来说是 256 ~ 512 位。类似地，欧洲网络与信息安全管理局（ENISA）在 2014 年的报告（*Algorithms, Key Size and Parameters report — 2014*，2014 年 11 月）中建议，未来的系统使用密钥长度为 3072 位的 RSA 或 256 位的 ECC。

分析表明，当密钥长度相同时，ECC 与 RSA 的计算量差不多[JURI97]。因此，与具有同等安全性的 RSA 相比，由于 ECC 使用的密钥更短，所以 ECC 所需的计算量比 RSA 的少。

## 10.5　关键术语、思考题和习题

### 关键术语

| | | |
|---|---|---|
| 离散对数 | 椭圆曲线密码学 | 中间人攻击 |
| 椭圆曲线 | 有限域 | 本原根 |

### 思考题

**10.1**　简要说明 Diffie-Hellman 密钥交换。

**10.2**　什么是椭圆曲线？

**10.3**　什么是椭圆曲线的零点？

**10.4**　在椭圆曲线上，位于一条直线上的三个点的和是什么？

## 习题

**10.1** 用户 $A$ 和 $B$ 使用 Diffie-Hellman 密钥交换技术来交换密钥，设公用素数为 $q = 71$，本原根为 $\alpha = 7$。

**a**．若用户 $A$ 的私钥为 $X_A = 5$，则 $A$ 的公钥 $Y_A$ 是多少？

**b**．若用户 $B$ 的私钥为 $X_B = 12$，则 $B$ 的公钥 $Y_B$ 是多少？

**c**．共享的密钥是多少？

**10.2** 设在 Diffie-Hellman 方法中，公用素数为 $q = 11$，本原根为 $\alpha = 2$。

**a**．证明 2 是 11 的本原根。

**b**．若用户 $A$ 的公钥为 $Y_A = 9$，则 $A$ 的私钥 $X_A$ 是多少？

**c**．若用户 $B$ 的公钥为 $Y_B = 3$，则与 $A$ 共享的密钥 $K$ 是多少？

**10.3** 在 Diffie-Hellman 协议中，每方都选择一个秘密数 $x$ 并给对方发送 $\alpha^x \bmod q$，其中 $\alpha$ 是一个公开的数。若通信参与方给对方发送的是 $x^\alpha$，其中 $\alpha$ 是一个公开的数，结果会怎样？请至少给出一种方法使得 Alice 和 Bob 可以协商密钥。Eve 在不知道秘密数的情况下能攻击系统吗？Darth 能找到秘密数吗？

**10.4** 本题说明：如果没有取模的步骤，那么 Diffie-Hellman 协议不安全，即非离散对数问题不是困难问题！假设你是 Darth，并且捕获了 Alice 和 Bob 以监控了他们。你窃听到如下对话。

Bob：哦，我们不再为 Diffie-Hellman 协议中的素数费心，因此更简单。

Alice：好吧，但我们仍然需要一个基数 $\alpha$，$\alpha = 3$ 如何？

Bob：好啊，我的结果是 27。

Alice：我的结果是 243。

Bob 的私钥 $X_B$ 和 Alice 的私钥 $X_A$ 分别是多少？他们的共享密钥是多少（请写出过程）？

**10.5** 10.1 节中介绍了针对 Diffie-Hellman 密钥交换协议的中间人攻击。敌手生成了两个公钥-私钥对。如果只生成一个公钥-私钥对，那么能够完成攻击吗？

**10.6** 设 ElGamal 体制的公用素数为 $q = 71$，本原根为 $\alpha = 7$。

**a**．若 $B$ 的公钥是 $Y_B = 3$，$A$ 选择的随机整数是 $k = 2$，则 $M = 30$ 的密文是什么？

**b**．若 $A$ 选择的 $k$ 值使得 $M = 30$ 的密文为 $C = (59, C_2)$，则整数 $C_2$ 是多少？

**10.7** 根据实数域上椭圆曲线的运算规则 5，要计算点 $Q_2$ 的 2 倍，可画一条切线并找出另一个交点 $S$。于是，$Q + Q = 2Q = -S$。若该切线不是垂直的，则恰好只有一个交点。若切线是垂直的，则 $2Q$ 是多少？$3Q$ 是多少？

**10.8** 证明图 10.4 中的两条椭圆曲线均满足实数域上的群的条件。

**10.9** 点(4, 7)在椭圆曲线 $y^2 = x^3 - 5x + 5$（定义在实数域上）上吗？

**10.10** 设实数域上的椭圆曲线为 $y^2 = x^3 - 36x$，令 $P = (-3, 9)$、$Q = (-2, 8)$。计算 $P + Q$ 和 $2P$。

**10.11** 椭圆曲线 $y^2 = x^3 + 10x + 5$ 在 $Z_{17}$ 上能定义一个群吗？

**10.12** 考虑椭圆曲线 $E_{11}(1, 6)$，即由 $y^2 = x^3 + x + 6$ 定义的曲线，其模数为 $p = 11$。确定 $E_{11}(1, 6)$上的所有点。提示：对 $x$ 的所有可能值计算方程右边的值。

**10.13** 下列 $Z_{17}$ 上的椭圆曲线的点的负数是多少？$P = (5, 8)$；$Q = (3, 0)$；$R = (0, 6)$。

**10.14** 对 $E_{11}(1, 6)$上的点 $G = (2, 7)$，计算从 $2G$ 到 $13G$ 的值。

**10.15** 利用 10.4 节中给出的方法实现椭圆曲线的加密/解密。密码体制的参数是 $E_{11}(1,6)$和 $G = (2, 7)$，用户 $B$ 的私钥是 $n_B = 7$。

**a**．求用户 $B$ 的公钥 $P_B$。

**b**．用户 $A$ 要加密消息 $P_m = (10, 9)$，其选择的随机值为 $k = 3$，试求密文 $C_m$。

c．试给出用户 $B$ 由 $C_m$ 恢复 $P_m$ 的计算过程。

**10.16** 下面是椭圆曲线签名方案的一种尝试。我们有一条全局椭圆曲线、素数 $p$ 和“生成元” $G$。Alice 挑选一个私有的签名密钥 $X_A$，并生成公开的验证密钥 $Y_A = X_AG$。为了对消息 $M$ 签名：

- Alice 挑选一个值 $k$。
- Alice 将 $M$、$k$ 和签名 $S = M - kX_AG$ 发给 Bob。
- Bob 验证 $M = S + kY_A$。

a．说明该方案的工作原理，即说明验证过程能够证明签名是有效的。

b．通过描述对任意消息的伪造签名来说明该方案是不可接受的。

**10.17** 下面是上题中的方案的一种改进。我们照例有一条全局椭圆曲线、素数 $p$ 和“生成元” $G$。Alice 挑选一个私有的签名密钥 $X_A$，并生成一个公开的验证密钥 $Y_A = X_AG$。为了对消息 $M$ 签名：

- Bob 挑选一个值 $k$。
- Bob 将 $C_1 = kG$ 发给 Alice。
- Alice 将 $M$ 和签名 $S = M - X_AC_1$ 发给 Bob。
- Bob 验证 $M = S + kY_A$。

a．说明该方案的工作原理，即说明验证过程能够证明签名是有效的。

b．说明该方案中伪造签名的困难性与攻击（ElGamal）椭圆曲线密码一样难（或找出一种简单的办法去伪造消息）。

c．与前面介绍的其他密码体制和签名方案相比，本方案有一个额外的“传递”。这有何缺点？

# 第四部分　密码学数据完整性算法

# 第 11 章　密码学哈希函数

**学习目标**

- 总结密码学哈希函数的应用。
- 解释使用哈希函数认证消息时要保证其安全的原因。
- 理解抗原像攻击、抗第二原像攻击和抗强碰撞攻击的区别。
- 简介密码学哈希函数的基本结构。
- 描述如何使用分组密码链接来构建哈希函数。
- 理解 SHA-512 的运算过程。

**哈希函数** $H$ 使用变长数据分组 $M$ 作为输入，生成定长结果 $h = H(M)$，这一结果也称**哈希值**或**哈希码**。“好”的哈希函数的特点如下：对大输入集合使用该函数时，输出是均匀分布的且是明显随机的。概括地说，哈希函数的主要目标是保证数据的完整性。$M$ 的任何一位或几位的改变，都会极大地改变其哈希码。

在安全应用中使用的哈希函数称为**密码学哈希函数**。密码学哈希函数要求在如下两种情况下是计算上不可行的（即没有攻击方法比穷举攻击更有效）：（1）找到一个映射为某个哈希结果的数据对象（单向性）；（2）找到两个映射为相同哈希结果的数据对象（抗碰撞性）。由于具有上述特性，哈希函数常被用于判断数据是否已被篡改。

图 11.1 中描述了密码学哈希函数的操作过程。一般来说，输入首先被填充到某个固定长度（如 1024 位）的整数倍，填充的内容包括原始消息的长度信息（单位为位）。填充长度信息是一个安全度量，它可提高敌手修改消息而保持哈希值不变的难度，详见后面的解释。

本章首先介绍密码学哈希函数的广泛应用，接着讨论哈希函数的安全要求，然后介绍如何由分组密码链接构建密码学哈希函数。本章剩余的内容介绍最重要、应用最广泛的一类密码学哈希函数——安全哈希算法（SHA）。

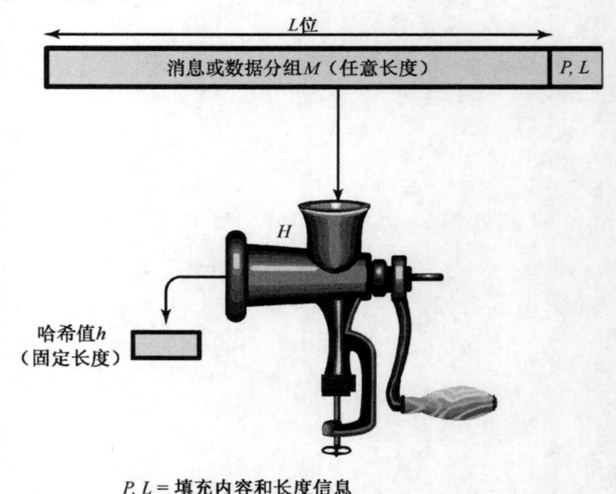


图 11.1　密码学哈希函数 $h = H(M)$

## 11.1　密码学哈希函数的应用

密码学哈希函数或许是用途最广泛的密码算法，已被广泛用于各种不同的安全应用和网络协议中。为了更好地理解密码学哈希函数的安全要求和含义，有必要首先考虑密码学哈希函数的应用范围。

### 11.1.1　消息认证

消息认证是用来验证消息完整性的一种机制或服务。消息认证确保收到的数据确实与发送时的一样（即没有修改、插入、删除或重放）。此外，通常还要求消息认证机制确保发送方声称的身份是真实有效的。当哈希函数用于提供消息认证功能时，哈希函数值通常称为**消息摘要**[①]。

使用哈希函数验证消息完整性的本质如下：发送方根据待发送的消息使用哈希函数计算一个哈希值，然后将哈希值和消息一起发送出去。接收方收到哈希值和消息后，对消息执行同样的哈希计算，并将结果与收到的哈希值进行比较。若不匹配，则接收方推断消息（或哈希值）遭到了篡改［见图 11.2(a)］。

必须以安全的方式传送哈希值。也就是说，必须保护哈希值，以便在敌手更改或替换消息时，不能轻易地修改哈希值来欺骗接收方。这种类型的攻击如图 11.2(b)所示。在该例中，Alice 传送一个数据分组和一个哈希值。Darth 拦截该消息，更改或替换该数据分组，并计算和附加一个新哈希值。Bob 收到篡改后的数据和新哈希值，并且未检测到任何变化。为了防止该类攻击，必须保护由 Alice 生成的哈希值。

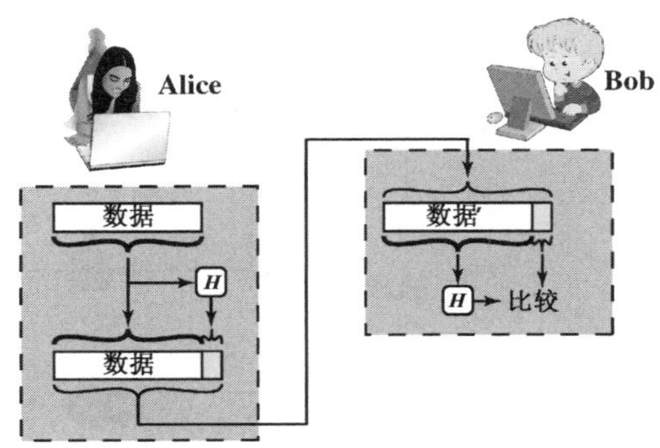


(a)使用哈希函数检查数据完整性

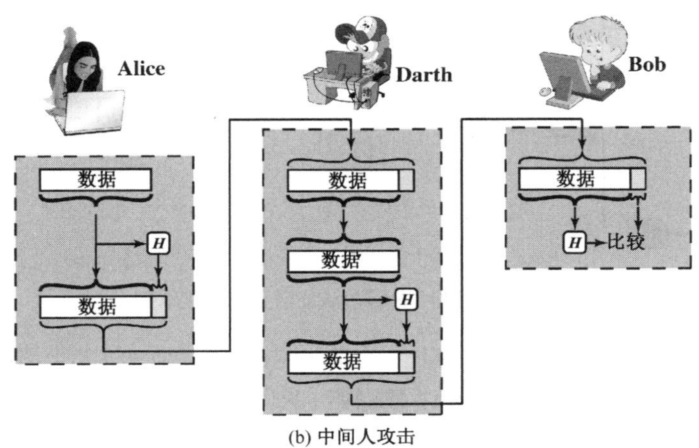


(b) 中间人攻击

图 11.2　对哈希函数的攻击

图 11.3 显示了使用哈希码提供消息认证的各种方案，具体如下。

**a.** 使用对称密码算法 $E$ 加密消息和哈希码。因为只有 $A$ 和 $B$ 共享密钥 $K$，所以消息必定来自 $A$ 且未被更改。哈希码提供实现认证所需的结构或冗余。因为加密应用到了整个消息和哈希码，

① 本节的主题是消息认证，但其概念和技术也适用于数据。例如，认证技术适用于存储的文件，以保证文件未被篡改。

因此提供了保密性。

**b.** 只使用对称密码算法 $E$ 加密哈希码。对于不要求保密性的应用，这种方案降低了加密和解密运算的开销。

**c.** 不用加密算法而只用哈希函数实现消息认证。该方案假设通信双方共享相同的秘密值 $S$。发送方 $A$ 将消息 $M$ 和秘密值 $S$ 连接后计算哈希值，并将哈希值附在消息 $M$ 后发送。因为接收方 $B$ 拥有 $S$，所以能够重新计算该哈希值以进行验证。由于秘密值 $S$ 本身并未发送，因此敌手无法修改截获的消息，也不能生成假消息。

**d.** 通过加密整个消息和哈希值，可在方案c 的基础上提供保密性。

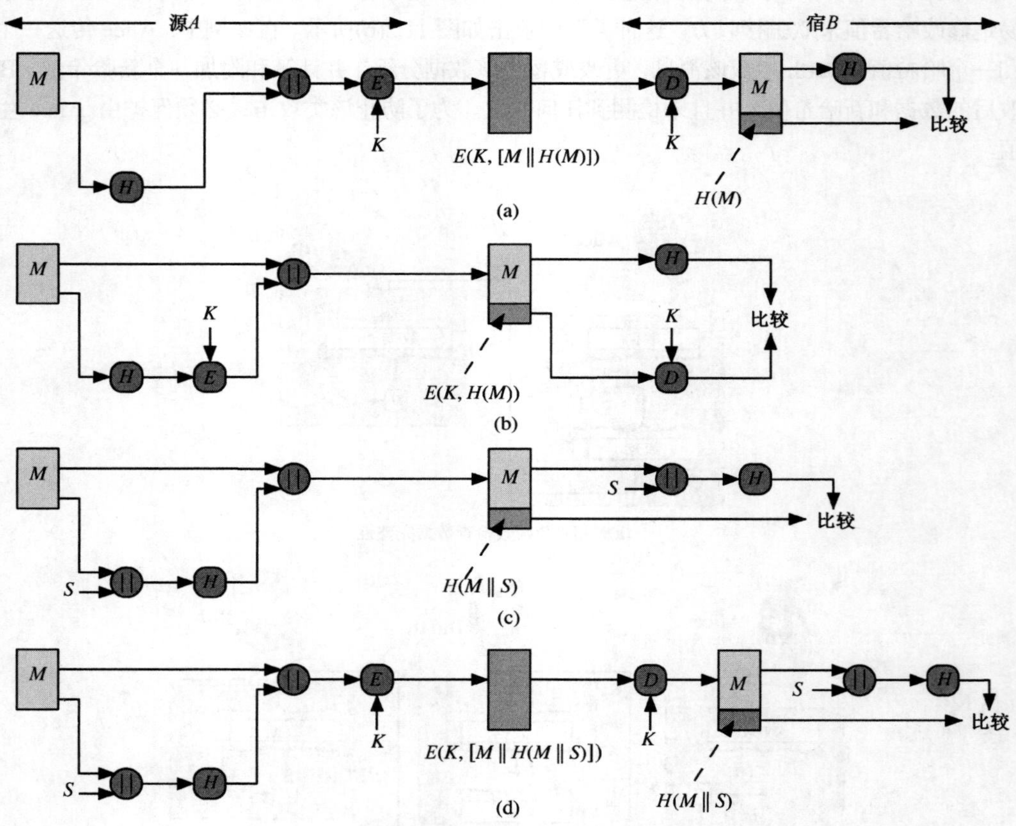


图 11.3　使用哈希函数认证消息的简化示例

不要求保密性时，与方案 a 和方案 d 相比，方案 b 更有优势，它加密整个消息，所需的计算量更少。此外，人们越来越对那些避免加密的技术感兴趣［见图 11.3(c)］。文献[TSUD92]中给出了避免加密的几点理由。

- 加密软件速度慢。即使每条消息中需要加密的数据量不大，也有消息流进入或离开系统。
- 加密硬件成本不可忽视。尽管已有实现 DES 的低成本芯片，但是如果网络中的所有节点都必须具有这一硬件，那么总成本很高。
- 加密硬件通常是针对大数据分组优化的。对于小数据分组，大量时间会花在初始化/调用开销上。
- 加密算法可能受专利保护，因此存在授权费用。

消息认证更常使用**消息认证码**（MAC）实现，消息认证码也称带密钥的哈希函数。一般来说，通信双方基于共享密钥来认证彼此之间交换的信息时，就会使用 MAC。MAC 函数使用密钥和数据分组作为输入，生成一个哈希值（称为 MAC），然后将 MAC 和受保护的消息关联起来。需要检查消息的完整性时，对消息使用 MAC 函数，并将结果与关联的 MAC 值进行比较。篡改消息的敌手在不知道密钥的情况下，无法篡改关联的 MAC 值。注意，这里验证方也知道发送方是谁，因为除通信双发外其他人不知道密钥。

注意，在整个函数中，MAC 是哈希函数和加密结果的组合［见图 11.3(b)］。也就是说，$E(K, H(M))$ 是变长消息 $M$ 和密钥 $K$ 的函数，它生成一个定长输出，对不知道密钥的敌手而言这个定长输出是安全的。在实际工作中，往往使用比加密算法效率更高的专用 MAC 算法。

第 12 章中将详细讨论 MAC。

### 11.1.2 数字签名

哈希函数的另一个重要应用是**数字签名**，它类似于消息认证应用。数字签名的操作类似于 MAC。在数字签名的情形下，使用用户的私钥加密消息的哈希值。知道该用户的公钥的任何人，都能验证与该数字签名关联的消息的完整性。此时，想要篡改消息的敌手需要知道用户的私钥。第 14 章中将说明数字签名的用途远不只是消息认证。

图 11.4 简要描述了使用哈希码提供数字签名的方式。

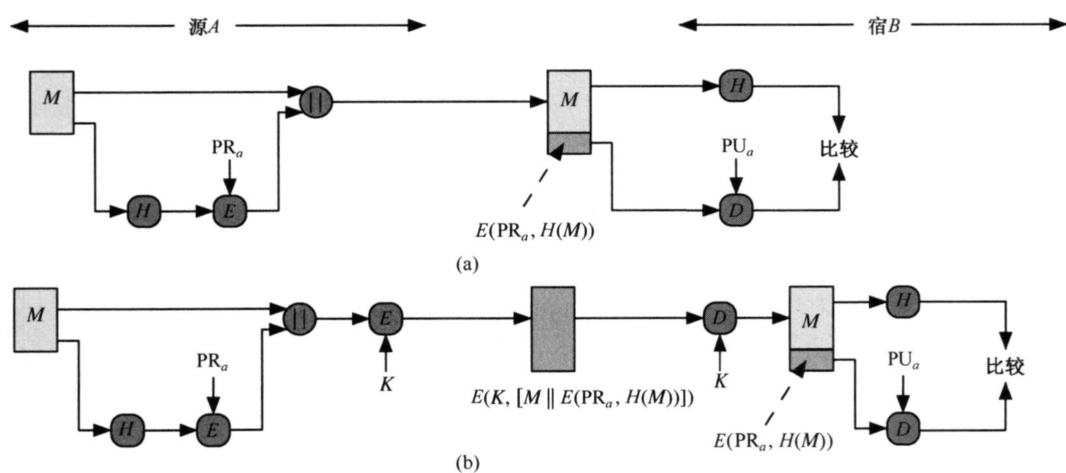


图 11.4　数字签名的简化示例

**a**. 使用公钥加密算法和发送方的私钥加密哈希码。类似于图 11.3(b)，这种方法提供认证；由于只有发送方能够生成加密后的哈希码，所以这种方法还提供数字签名。事实上，这就是数字签名技术的本质。

**b**. 既希望提供保密性又希望提供数字签名时，使用一个对称密钥加密消息及用私钥加密后的哈希码。这种技术比较常用。

### 11.1.3 其他应用

哈希函数通常用于生成单向口令文件。第 24 章中解释了操作系统存储口令的哈希值而不存储口令本身的原因——黑客即使能够访问口令文件，也不能够获取真正的口令。简单地说，当用户输入口令时，操作系统将比对输入口令的哈希值和存储在口令文件中的哈希值。大多数操作系统都使用这样的口令保护机制。

哈希函数可用于**入侵检测**和**病毒检测**。将每个文件的 $H(F)$存储到系统上并保证哈希值的安全（如存储在 CD-R 中保证安全）后，就能通过重新计算 $H(F)$来判断文件是否已被修改。入侵者只能改变 $F$，而不能改变 $H(F)$。

密码学哈希函数可用于构建**随机函数**（PRF）或**伪随机数生成器**（PRNG）。基于哈希函数的 PRF 的常见应用是生成对称密钥，详见第 12 章。

## 11.2 两个简单的哈希函数

为了理解密码学哈希函数涉及的安全因素，本节给出两个简单但不安全的哈希函数。所有的哈希函数都按下面的一般原理进行操作：输入（消息、文件等）可视为一系列 $n$ 位分组。一次处理输入中的一个分组，如此迭代，直至生成一个 $n$ 位哈希函数。

最简单的哈希函数之一是每个分组的按位异或（XOR），它表示为

$$C_i = b_{i_1} \oplus b_{i_2} \oplus \cdots \oplus b_{i_m}$$

式中，$C_i$ 表示哈希码的第 $i$ 位，$1 \leqslant i \leqslant n$；$m$ 表示输入中 $n$ 位分组的数量；$b_{ij}$ 表示第 $j$ 个分组中的第 $i$ 位；$\oplus$表示异或运算。

这一运算为每个位的承的位置生成一个简单的校验位，也称纵向冗余校验。对于随机数据的数据完整性检验，这种方法非常有效。每个 $n$ 位哈希值出现的概率都相同。于是，数据出错而不导致哈希值改变的概率为 $2^{-n}$。数据格式非随机时，该函数的有效性下降。例如，在大多数普通的文本文件中，每个 8 位字节的高阶位总是 0。因此，如果使用了一个 128 位的哈希值，那么这类数据的哈希函数的有效性是 $2^{-112}$ 而非 $2^{-128}$。

一种简单的改进方法是，每处理完一个分组，就将哈希值旋转 1 位或循环移动 1 位。这个过程可归纳如下。

**1**．将 $n$ 位哈希值设为 0。

**2**．按如下方式处理每个 $n$ 位的分组：

  **a**．将当前的哈希值循环左移 1 位。

  **b**．将该分组与哈希值异或。

这会更加完全地“随机化”输入，消除输入中出现的任何规律性。图 11.5 中显示了两个生成 16 位哈希值的哈希函数。

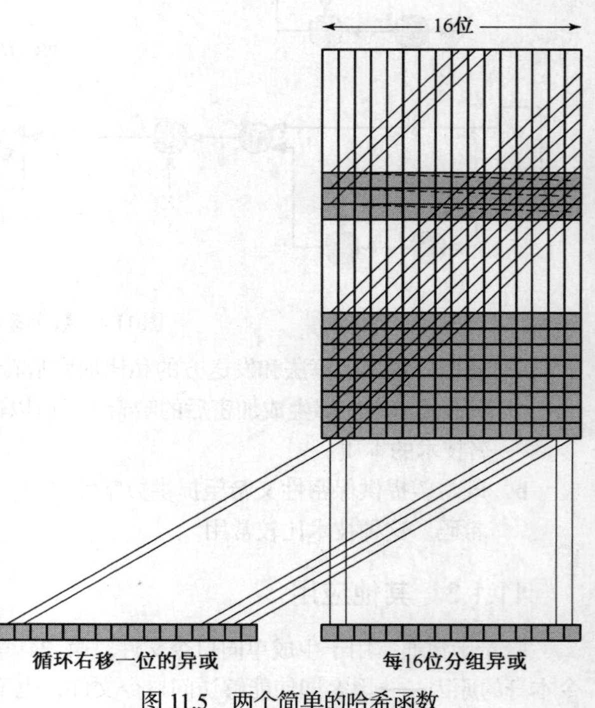

图 11.5 两个简单的哈希函数

虽然第二种方法能够很好地度量数据完整性，但是如果使用图 11.3(b)和图 11.4(a)中的方法，即将加密后的哈希码附在明文后，那么该方法就不能保证数据的安全性。已知一条消息时，很容易生成能够产生该哈希码的一条新消息：首先准备期望的备用消息，然后在其后附加一个 $n$ 位分组，使得新消息与分组产生期望的哈希码。

只加密哈希码时，简单的异或或循环异或

（RXOR）运算不足以保证数据的安全性，但在加密消息和哈希码时，这样的一个简单函数还是有用的［见图 11.3(a)］。然而，此时必须小心谨慎。美国国家标准局最初提出了一种方法，这种方法对 64 位的分组执行简单的异或运算，并且使用密文分组链接（CBC）模式加密整个消息。对于由一系列 64 位分组 $X_1, X_2,\cdots, X_N$ 组成的消息 $M$，其哈希码 $h = H(M)$ 定义为所有分组的异或，并且将该哈希码作为最后一个分组：

$$h = X_{N+1} = X_1 \oplus X_2 \oplus \cdots \oplus X_N$$

接着，使用 CBC 模式加密整个消息和哈希码，得到加密后的消息 $Y_1, Y_2,\cdots,Y_{N+1}$。文献[JUEN85]中给出了几种改变消息密文而不检测哈希码的攻击。例如，根据 CBC 的定义（见图 6.4），有

$$X_1 = \text{IV} \oplus D(K, Y_1)$$
$$X_i = Y_{i-1} \oplus D(K, Y_i)$$
$$X_{N+1} = Y_N \oplus D(K, Y_{N+1})$$

但哈希码 $X_{N+1}$ 为

$$\begin{aligned} X_{N+1} &= X_1 \oplus X_2 \oplus \cdots \oplus X_N \\ &= [\text{IV} \oplus D(K, Y_1)] \oplus [Y_1 \oplus D(K, Y_2)] \oplus \cdots \oplus [Y_{N-1} \oplus D(K, Y_N)] \end{aligned}$$

上式中的异或运算可以按任意顺序执行，因此即使改变了密文分组的顺序，哈希码也不会变化。

## 11.3　要求与安全性

在继续介绍后续内容之前，我们需要定义两个术语。对于哈希值 $h = H(x)$，我们称 $x$ 是 $h$ 的**原像**。也就是说，$x$ 是哈希值为 $h$ 的一个数据分组，其中 $h$ 是用函数 $H$ 得到的。因为 $H$ 是一个多对一映射，所以对任意给定的哈希值 $h$，通常会有多个原像。$x \neq y$ 且 $H(x) = H(y)$ 时，出现碰撞。由于正在使用哈希函数来保证数据的完整性，因此我们不希望出现碰撞。

下面考虑对于给定的哈希值，存在多少个原像，这也是对给定哈希值的潜在碰撞数量的度量。假设哈希码的长度是 $n$ 位，函数 $H$ 的输入消息或数据分组长度是 $b$ 位，且 $b > n$，那么可能的消息的总数为 $2^b$ 条，可能的哈希值的总数为 $2^n$ 个。平均而言，每个哈希值对应 $2^{b-n}$ 个原像。如果 $H$ 的哈希值趋于均匀分布，那么事实上每个哈希值将对应近 $2^{b-n}$ 个原像。如果允许输入是任意长度的而非定长的，那么每个哈希值对应的原像个数更多。然而，使用哈希函数的安全风险不如上述分析的那样严重。为了更好地理解密码学哈希函数的安全含义，我们需要准确地定义哈希函数的安全要求。

### 11.3.1　密码学哈希函数的安全要求

表 11.1 中列出了密码学哈希函数 $H$ 的安全要求。前三条性质是实际应用哈希函数的要求。

表 11.1　密码学哈希函数 $H$ 的安全要求

| 要　求 | 描　述 |
| --- | --- |
| 输入长度可变 | $H$ 适用于任意长度的数据分组 |
| 输出长度固定 | $H$ 生成一个定长的输出 |
| 效率 | 对任意 $x$，计算 $H(x)$ 比较容易，且用硬件和软件均可实现 |
| 抗原像攻击（单向性） | 对任意哈希值 $h$，找到满足 $H(y) = h$ 的 $y$ 在计算上是不可行的 |
| 抗第二原像攻击（抗弱碰撞性） | 对任何分组 $x$，找到满足 $y \neq x$ 且 $H(x) = H(y)$ 的 $y$ 在计算上是不可行的 |
| 抗碰撞攻击（抗强碰撞性） | 找到任何满足 $y \neq x$ 且 $H(x) = H(y)$ 的点对 $(x, y)$ 在计算上是不可行的 |
| 伪随机性 | $H$ 的输出满足伪随机性测试标准 |

第 4 条性质“抗原像攻击”是单向的：由一条已知消息很容易生成哈希码，但由哈希码无法生成相应的消息。对使用一个秘密值的认证技术来说［见图 11.3(c)］，这条性质非常重要。虽然并不传送秘密值本身，但是，如果哈希函数不是单向的，那么敌手可以按照如下方式轻易地找到这个秘密值：若敌手能够观察或截获传送的消息，则能得到消息 $M$ 和哈希码 $h = H(S||M)$。敌手然后求出哈希函数的逆，得到 $S||M = H^{-1}(\mathrm{MD}_M)$。由于敌手现在知道 $M$ 和 $S||M$，所以很容易恢复 $S$。

第 5 条性质“抗弱碰撞性”可以保证无法找到与给定消息具有相同哈希值的另一条消息，因此可以在使用加密的哈希码时防止伪造［见图 11.3(b)和图 11.4(a)］。如果第 5 条性质不成立，那么敌手可以首先观察或截获一条消息及加密后的哈希码，然后由消息生成一个未加密的哈希码，最后生成具有相同哈希码的备用消息。

满足表 11.1 中前 5 条性质的哈希函数被称为弱哈希函数。如果还满足第 6 条性质“抗强碰撞性”，那么就称其为强哈希函数。强哈希函数可避免如下攻击：通信双方中的一方生成消息，而另一方对消息进行签名。例如，假设 Bob 写一条 IOU（借据）消息并发送给 Alice，Alice 在借据上签名认可。Bob 如果能够找到具有相同哈希值的两条消息，其中的一条借据消息要求 Alice 归还的金额较小，另一条的金额很大，那么让 Alice 签名第一个小额借据后，Bob 就能声称第二个大额借据是真实的。

图 11.6 中给出了三条安全性质（抗原像攻击、抗弱碰撞攻击、抗强碰撞攻击）之间的关系。

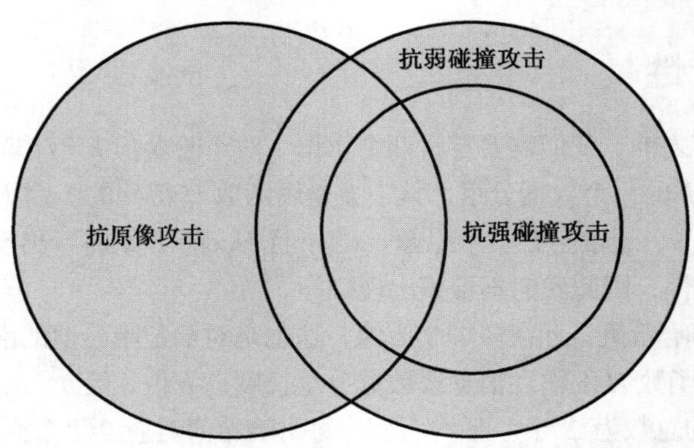


图 11.6　哈希函数的几条性质之间的关系

一个函数如果是抗强碰撞的，那么它同时也是抗弱碰撞的，反之不一定成立。一个函数可以是抗强碰撞的，但不一定是抗原像攻击的，反之也成立。一个函数可以是抗弱碰撞的，但不一定是抗原像攻击的，反之也成立。详细讨论见文献[MENE97]。

表 11.2 中给出了不同数据完整性应用中哈希函数的安全要求。

表 11.2　不同数据完整性应用中哈希函数的安全要求

| | 抗原像攻击 | 抗弱碰撞攻击 | 抗强碰撞攻击 |
|---|---|---|---|
| 哈希 + 数字签名 | 是 | 是 | 是* |
| 入侵检测和病毒检测 | | 是 | |
| 哈希 + 对称加密 | | | |
| 单向口令文件 | 是 | | |
| MAC | 是 | 是 | 是* |

*要求敌手能够实现选择消息攻击。

表 11.1 中的最后一条性质“伪随机性”通常不作为密码学哈希函数的安全要求，但或多或少地暗含了这一安全要求。文献[JOHN05]指出，密码学哈希函数通常用于密钥分发和伪随机数生成，且在消

息完整性应用中，上述三条安全性质都依赖于哈希函数的随机输出。因此，事实上验证给定哈希函数生成伪随机输出是有意义的。

### 11.3.2　穷举攻击

类似于加密算法，针对哈希函数的攻击也分为两类：穷举攻击和密码分析。穷举攻击不依赖于特定算法，而只依赖于位长度。针对哈希函数的穷举攻击仅依赖于哈希值的位长度。相反，密码分析依赖于特定密码算法的缺陷。下面首先介绍穷举攻击。

**原像攻击和第二原像攻击**　对于原像攻击或第二原像攻击，敌手希望找到一个值 $y$，使得 $H(y)$等于给定的哈希值 $h$。穷举攻击方法随机选择各个 $y$ 值并尝试计算对应的哈希值，直到出现碰撞。对于 $m$ 位哈希值，穷举次数约为 $2^m$。一般来说，敌手平均需要尝试 $2^{m-1}$ 次才能找到一个满足 $H(y) = h$ 的 $y$ 值。这一结论的推导请读者参阅附录 E 中的式（E.1）。

**碰撞攻击**　对于碰撞攻击，敌手希望找到能够导致相同哈希函数的两条消息或数据分组 $x$ 和 $y$，即使得 $H(x) = H(y)$。与原像攻击和第二原像攻击相比，碰撞攻击的穷举次数要少很多，可通过数学上的生日悖论来证明。本质上，如果我们在 0 到 $N - 1$ 范围内的一个均匀分布中选择随机变量，那么在选择 $\sqrt{N}$ 次后出现重复的概率超过 0.5。因此，对于 $m$ 位哈希值，如果随机选择数据分组，那么预计尝试 $\sqrt{2^m} = 2^{m/2}$ 次后就能找到具有相同哈希值的两个数据分组。这一结论的数学推导见附录 E。

Yuval 提出了采用生日悖论进行碰撞攻击的如下策略[YUVA79]。

1. 发送方 $A$ 对合法消息 $x$ 签名，方法是附加 $m$ 位哈希码并用 $A$ 的私钥加密该哈希码[见图 11.4(a)]。
2. 敌手生成 $x$ 的 $2^{m/2}$ 个变体 $x'$，每个变体传达相同的含义，并存储这些消息及对应的哈希值。
3. 敌手准备一条伪造消息 $y$，并且希望获得 $A$ 的签名。
4. 敌手生成消息 $y$ 的变体 $y'$，变体 $y'$与 $y$ 传达相同的含义。对每个 $y'$，敌手计算 $H(y')$，并检查是否与任意 $H(x')$值匹配，重复这一过程，直到出现匹配。也就是说，持续这一过程，直到生成一个其哈希值与 $x'$的哈希值相同的 $y'$。
5. 敌手将合法的变体 $x'$ 提供给 $A$ 签名。随后，签名附在伪造变体 $y'$后面，并发送给预期的接收方。因为两个变体的哈希码相同，所以它们生成相同的签名，敌手即使不知道加密密钥也能攻击成功。

这样，如果使用 64 位哈希码，那么所需尝试的次数 $2^{32}$［见附录 E 中的式（E.7）］。

产生具有相同含义的许多变体并不难。例如，敌手可在文档内的单词之间插入若干“空格-空格-退格”字符对，然后在所选的实例中用“空格-退格-空格”替代这些字符来生成各个变体。敌手也可以简单地改变消息的措辞但不改变消息的含义。图 11.7 中举例说明了这种方法。

总之，对长度为 $m$ 的哈希码，穷举攻击所需尝试的次数与下表中的相应量成正比。

| 抗原像攻击 | $2^m$ |
|---|---|
| 抗第二原像攻击 | $2^m$ |
| 抗碰撞攻击 | $2^{m/2}$ |

如果要求抗碰撞攻击（通用安全哈希码通常期望拥有该性质），那么值 $2^{m/2}$ 决定哈希码抗穷举攻击的强度。Van Oorschot 和 Wiener[VANO94]耗资 1000 万美元，为攻击 MD5 设计了一台碰撞搜寻机器，它可在 24 天内找到了一个碰撞。MD5 使用的是 128 位哈希码，因此一般认为 128 位哈希码是不够的。如果将哈希码视为一个 32 位序列，那么此后就要使用 160 位的哈希码。使用 160 位哈希码时，用同一台碰撞搜寻机器需要 4000 年才能找到一个碰撞。然而，随着软/硬件技术的进步，搜索时间会大大缩短，所以如今看来 160 位也不够。

As {the / —} Dean of Blakewell College, I have {had the pleasure of knowing / known} Cherise

Rosetti for the {last / past} four years. She {has been / was} {a tremendous / an outstanding} {asset to / role model in}

{our / the} school. I {would like to take this opportunity to / wholeheartedly} recommend Cherise for your

{school's / —} graduate program. I {am / feel} {confident / certain} {that / —} {she / Cherise} will

{continue to / —} succeed in her studies. {She / Cherise} is a dedicated student and

{thus far her grades / her grades thus far} {have been / are} {exemplary / excellent}. In class,

{she / Cherise} {has proven to be / has been} a take-charge {person / individual} {who is / —} able to
successfully develop plans and implement them.

{She / Cherise} has also assisted {us / —} in our admissions office. {She / Cherise} has

{successfully / —} demonstrated leadership ability by counseling new and prospective students.

{Her / Cherise's} advice has been {a great / of considerable} help to these students, many of whom

have {taken time to share / shared} their comments with me regarding her pleasant and

{encouraging / reassuring} attitude. {For these reasons / It is for these reasons that} I

{highly recommend / offer high recommendations for} Cherise {without reservation / unreservedly}. Her {ambition / drive} and

{abilities / potential} will {truly / surely} be an {asset to / plus for} your {establishment / school}.

图 11.7　具有 $2^{38}$ 个变体的一封信

## 11.3.3　密码分析

类似于针对加密算法的攻击，针对哈希函数的密码分析攻击也采用算法的某种性质，而不采用穷举搜索方法。评价哈希算法抗密码分析能力的方法是，将其强度与穷举攻击所需的次数进行比较。也就是说，理想的哈希函数算法要求密码分析攻击的尝试次数大于等于穷举攻击所需的尝试次数。

近年来，在研究针对哈希函数的密码分析攻击方面，人们做了大量工作，其中的有些攻击是成功的。在讨论这些问题之前，下面先讨论典型安全哈希函数的总体结构，如图 11.8 所示。称为迭代哈希函数的这种结构由 Merkle 提出[MERK79，MERK89]，今天大多数哈希函数都采用这种结构，包括本章后面将要介绍的 SHA。哈希函数将输入的消息分为 $L$ 个定长的分组，每个分组的长度均为 $b$ 位，最后一个分组不足 $b$ 位时，将其填充为 $b$ 位。最后一个分组还包含哈希函数的输入的总长度。包含这一长度会使得敌手的工作更加困难：敌手要么找出具有相同哈希值的两条等长消息，要么找出具有相同哈希值的两条长度不等但要加入长度值的消息。

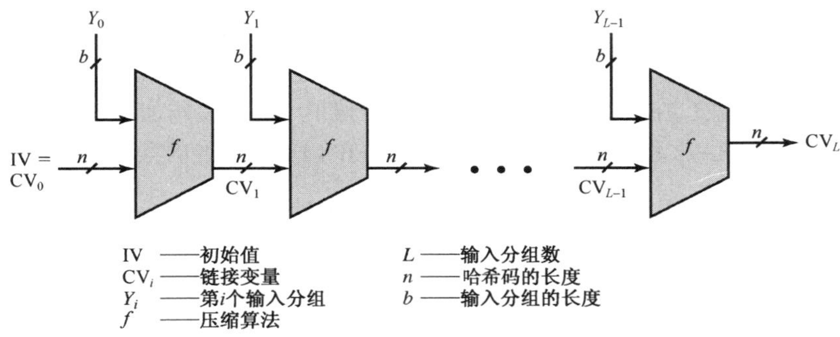


图 11.8 安全哈希函数的总体结构

哈希算法重复使用**压缩函数** $f$，这个函数有两个输入，即来自前一步的一个 $n$ 位输入（称为**链接变量**）和一个 $b$ 位分组，生成一个 $n$ 位输出。链接变量的初值由算法在开始时指定，终值即为哈希值。通常，$b > n$，因此称为压缩。哈希函数可以归纳如下：

$$CV_0 = IV = \text{初始 } n \text{ 位值}$$

$$CV_i = f(CV_{i-1}, Y_{i-1}), \qquad 1 \leqslant i \leqslant L$$

$$H(M) = CV_L$$

式中，哈希函数的输入是消息 $M$，它由分组 $Y_0, Y_1, Y_2, \cdots, Y_{L-1}$ 组成。

Merkle[MERK89]和 Damgard[DAMG89]发现，如果长度字段包含在输入中，且压缩函数具有抗碰撞能力，那么迭代哈希函数也具有抗碰撞能力[①]，因此哈希函数常采用上述迭代结构。这种结构可用来为任意长度的消息构建安全哈希函数。由此可见，设计安全哈希函数的问题可以简化为设计具有抗碰撞能力的压缩函数问题，其中压缩函数的输入是定长的。

针对哈希函数的密码分析主要集中于 $f$ 的内部结构，它试图找到执行 $f$ 一次就产生碰撞的有效方法。找到这种方法后，敌手就要考虑固定值 IV。针对 $f$ 的攻击依赖于对其内部结构的了解。类似于对称分组密码，$f$ 通常也由若干轮处理组成，因此敌手要分析轮与轮之间的位变化模式。

记住，由于附加了一个长度字段，我们要将长度至少 2 倍于分组长度 $b$ 的消息映射为长度为 $n$ 的哈希码，其中 $b \geqslant n$，所以任何哈希函数都存在碰撞。因此所要求的只是找到碰撞在计算上不可行。

针对哈希函数的攻击相当复杂，超出了本书的讨论范围，有兴趣的读者可以参阅文献[PREN10]、[ROGA04b]和[LUCK04]。

## 11.4 安全哈希算法

近年来，安全哈希算法（SHA）是使用最广泛的哈希函数。事实上，自 2005 年以来，由于其他被广泛使用的哈希函数存在安全缺陷，SHA 或许是硕果仅存的哈希算法标准。SHA 由美国国家标准与技术研究所（NIST）开发，并于 1993 年作为联邦信息处理标准（FIPS 180）发布。随后这一版本的 SHA（即 SHA-0）被发现存在缺陷，于是在 1995 年发布了修订版（FIPS 180-1），通常称之为 SHA-1。实际的标准文件称其为“安全哈希标准”。SHA 建立在 MD4 之上，其基本框架也与 MD4 类似。

SHA-1 生成 160 位的哈希值。使用最简单的穷举攻击来“破解”SHA-1，即找到能产生相同哈希函数的两条不同消息时，平均需要执行 $2^{80}$ 次 SHA-1 压缩，这明显超出了当前或今后一段时间的计算能力。然而，由于担心密码分析技术可能很快找到 SHA-1 的弱点，2002 年 NIST 发布了修订版 FIPS

① 其逆不一定为真。

180-2，其中定义了三个新的 SHA 版本，哈希值长度依次为 256 位、384 位和 512 位，分别称为 SHA-256、SHA-384 和 SHA-512。这些算法统称为 SHA-2。SHA-2 类似于 SHA-1，使用了同样的迭代结构、同样的模运算及逻辑二进制运算。在 2008 年发布的修订版 FIP PUB 180-3 中，增加了 224 位版本（见表 11.3）。RFC 6234 中也描述了 SHA-1 和 SHA-2，基本上复制了 FIPS 180-3 中的内容，但增加了 C 代码实现。

表 11.3　SHA 参数的比较

| 算　法 | 消息长度 | 分组长度 | 字 长 度 | 消息摘要长度 |
|---|---|---|---|---|
| SHA-1 | $< 2^{64}$ | 512 | 32 | 160 |
| SHA-224 | $< 2^{64}$ | 512 | 32 | 224 |
| SHA-256 | $< 2^{64}$ | 512 | 32 | 256 |
| SHA-384 | $< 2^{128}$ | 1024 | 64 | 384 |
| SHA-512 | $< 2^{128}$ | 1024 | 64 | 512 |
| SHA-512/224 | $< 2^{128}$ | 1024 | 64 | 224 |
| SHA-512/256 | $< 2^{128}$ | 1024 | 64 | 256 |

注：所有的长度单位都是位。

2005 年，NIST 宣布逐步废除 SHA-1，并计划在 2010 年前使用 SHA-2 的其他版本。尽管如此，SHA-1 仍然被人们继续用于数字签名和其他许多应用程序中，如 Web 浏览器。2017 年针对 SHA-1 的成功攻击（见文献[STEV17, CONS17]），彻底改变了人们不愿意花费金钱和精力使用 SHA-2 的状况。研究团队通过提供第一个公开的碰撞实例，说明了 SHA-1 碰撞攻击已成为现实。总之，攻击的尝试次数约为 $2^{63.1}$ 次 SHA-1 压缩，大约要花费 6500 CPU 年和 100 GPU 年。随后，微软、谷歌、苹果和 Mozilla 都宣布浏览器在 2017 年停止接受 SHA-1 SSL 证书。

本节介绍 SHA-512，其他版本与之类似。文献[SMIT15]中详细介绍了 SHA-256。

### 11.4.1　SHA-512 逻辑

SHA-512 算法的输入是最大长度小于 $2^{128}$ 位的消息，输出是 512 位的消息摘要，输入消息以 1024 位的分组为单位进行处理。图 11.9 显示了从处理消息到输出摘要的整个过程，其迭代结构遵循图 11.8 所示的普通结构。这个过程包含如下步骤。

- **步骤 1：附加填充位**　填充消息使其长度为模 1024 并与 896 同余［长度 ≡ 896 (mod 1024)］，即使消息已经满足上述长度要求，仍然需要进行填充，因此填充位数的范围是 1 ~ 1024。填充由一个 1 位和后续所需的 0 位组成。
- **步骤 2：附加长度**　在消息后附加一个 128 位的分组，并将其视为一个 128 位的无符号整数（最高有效字节在前），它包含填充前原始消息的长度（单位为位）。

前两步的结果是一条长度为 1024 的整数倍的消息。在图 11.9 中，扩展后的消息被表示为长度为 1024 位的分组序列 $M_1, M_2,\cdots, M_N$，因此扩展后的消息的长度为 $N\times1024$ 位。

- **步骤 3：初始化哈希缓冲区**　哈希函数的中间结果和最终结果保存在 512 位的缓冲区中，缓冲区用 8 个 64 位寄存器（a、b、c、d、e、f、g、h）表示。这些寄存器被初始化为下列 64 位整数（十六进制值）：

```
a = 6A09E667F3BCC908      e = 510E527FADE682D1
b = BB67AE8584CAA73B      f = 9B05688C2B3E6C1F
c = 3C6EF372FE94F82B      g = 1F83D9ABFB41BD6B
d = A54FF53A5F1D36F1      h = 5BE0CD19137E2179
```

这些字的获取方式如下：取前 8 个素数的平方根，然后取小数部分的前 64 位。这些值以高位在前的格式存储，也就是说，字的最高有效字节存储在低地址字节位置（最左侧）。相反，对于低位在前的格式，最低有效字节存储在低地址中。

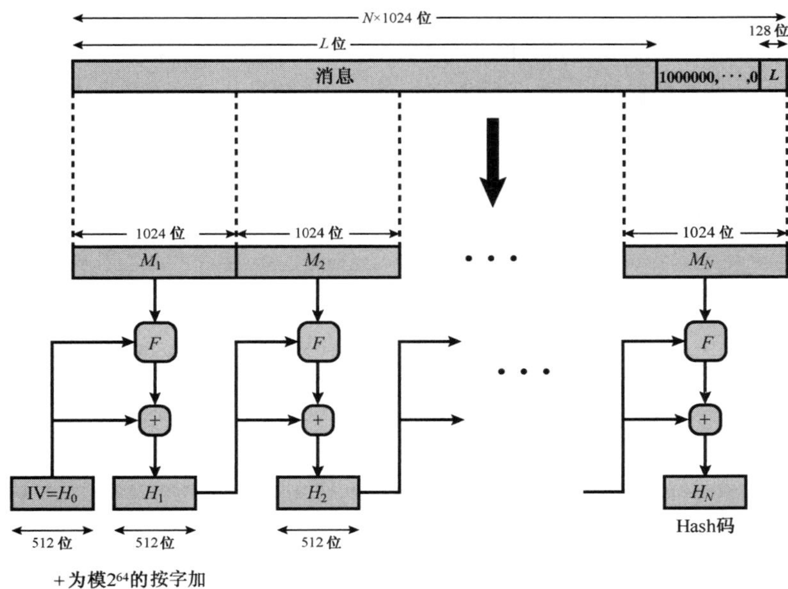


图 11.9　使用 SHA-512 生成消息摘要

- **步骤 4：以 1024 位（128 字节）的分组为单位处理消息**　算法的核心是由 80 轮运算组成的模块，在图 11.9 中，该模块标记为 F。图 11.10 给出了它的逻辑原理。

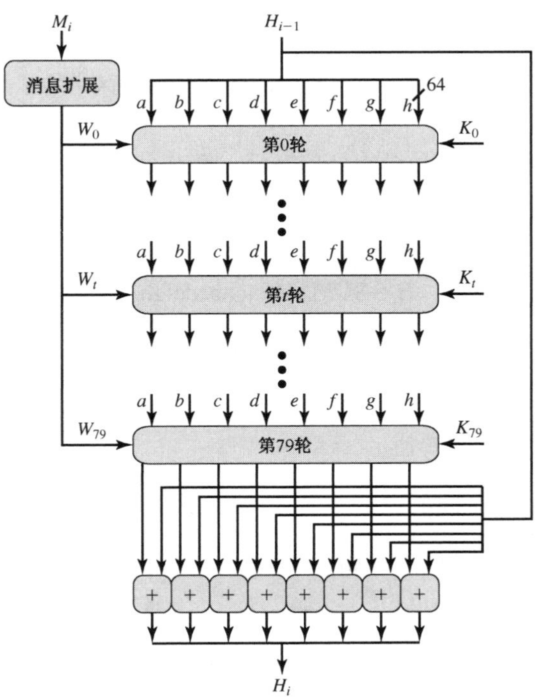


图 11.10　SHA-512 对单个 1024 位分组的处理

每轮都把 512 位缓冲值 abcdefgh 作为输入，并更新缓冲区的内容。在第一轮，缓冲区中的值是中间值 $H_{i-1}$。每轮（如第 $t$ 轮）使用一个 64 位值 $W_t$，该值由当前被处理的 1024 位消息分组 $M_i$ 导出，导出算法是下面将要讨论的消息扩展算法。每轮还使用附加常数 $K_t$，其中 $0 \leq t \leq 79$，以便每轮的运算不同。这些常数的获得方法如下：取前 80 个素数的立方根，并取小数部分的前 64 位。这些常数提供了 64 位随机串集合，可以初步消除输入数据中的统计规律。表 11.4 中给出了这些常数的十六进制值（从左到右）。

表 11.4 SHA-512 常数

| | | | |
|---|---|---|---|
| 428a2f98d728ae22 | 7137449123ef65cd | b5c0fbcfec4d3b2f | e9b5dba58189dbbc |
| 3956c25bf348b538 | 59f111f1b605d019 | 923f82a4af194f9b | ab1c5ed5da6d8118 |
| d807aa98a3030242 | 12835b0145706fbe | 243185be4ee4b28c | 550c7dc3d5ffb4e2 |
| 72be5d74f27b896f | 80deb1fe3b1696b1 | 9bdc06a725c71235 | c19bf174cf692694 |
| e49b69c19ef14ad2 | efbe4786384f25e3 | 0fc19dc68b8cd5b5 | 240ca1cc77ac9c65 |
| 2de92c6f592b0275 | 4a7484aa6ea6e483 | 5cb0a9dcbd41fbd4 | 76f988da831153b5 |
| 983e5152ee66dfab | a831c66d2db43210 | b00327c898fb213f | bf597fc7beef0ee4 |
| c6e00bf33da88fc2 | d5a79147930aa725 | 06ca6351e003826f | 142929670a0e6e70 |
| 27b70a8546d22ffc | 2e1b21385c26c926 | 4d2c6dfc5ac42aed | 53380d139d95b3df |
| 650a73548baf63de | 766a0abb3c77b2a8 | 81c2c92e47edaee6 | 92722c851482353b |
| a2bfe8a14cf10364 | a81a664bbc423001 | c24b8b70d0f89791 | c76c51a30654be30 |
| d192e819d6ef5218 | d69906245565a910 | f40e35855771202a | 106aa07032bbd1b8 |
| 19a4c116b8d2d0c8 | 1e376c085141ab53 | 2748774cdf8eeb99 | 34b0bcb5e19b48a8 |
| 391c0cb3c5c95a63 | 4ed8aa4ae3418acb | 5b9cca4f7763e373 | 682e6ff3d6b2b8a3 |
| 748f82ee5defb2fc | 78a5636f43172f60 | 84c87814a1f0ab72 | 8cc702081a6439ec |
| 90befffa23631e28 | a4506cebde82bde9 | bef9a3f7b2c67915 | c67178f2e372532b |
| ca273eceea26619c | d186b8c721c0c207 | eada7dd6cde0eb1e | f57d4f7fee6ed178 |
| 06f067aa72176fba | 0a637dc5a2c898a6 | 113f9804bef90dae | 1b710b35131c471b |
| 28db77f523047d84 | 32caab7b40c72493 | 3c9ebe0a15c9bebc | 431d67c49c100d4c |
| 4cc5d4becb3e42b6 | 597f299cfc657e2a | 5fcb6fab3ad6faec | 6c44198c4a475817 |

第 80 轮的输出和第 1 轮的输入 $H_{i-1}$ 相加产生 $H_i$。缓冲区中的 8 个字和 $H_{i-1}$ 中对应的字分别进行模 $2^{64}$ 的加法运算。

- **步骤 5：输出** $N$ 个 1024 位分组处理完后，第 $N$ 个阶段的输出是 512 位的消息摘要。

SHA-512 的运算小结如下：

$$H_0 = \text{IV}$$
$$H_i = \text{SUM}_{64}(H_{i-1}, \text{abcdefgh}_i)$$
$$\text{MD} = H_N$$

式中，IV 是步骤 3 中定义的 abcdefgh 缓冲区的初始值；$\text{abcdefgh}_i$ 表示第 $i$ 个消息分组处理的最后一轮的输出；$N$ 表示消息（包括填充和长度字段）中的分组数；$\text{SUM}_{64}$ 表示对输入对中的每个字单独进行模 $2^{64}$ 加；MD 表示最后的消息摘要值。

## 11.4.2 SHA-512 轮函数

下面详细讨论 80 轮中每轮的内部逻辑，每轮处理一个 512 位的分组（见图 11.11）。每轮都由如下方程定义：

$$T_1 = h + \text{Ch}(e, f, g) + \left(\sum\nolimits_1^{512} e\right) + W_t + K_t,\quad T_2 = \left(\sum\nolimits_0^{512} a\right) + \text{Maj}(a, b, c)$$
$$h = g,\quad g = f,\quad f = e,\quad e = d + T_1,\quad d = c,\quad c = b,\quad b = a,\quad a = T_1 + T_2$$

式中：$t$ 为步数，$0 \leq t \leq 79$；$\text{Ch}(e, f, g) = (e \text{ AND } f) \oplus (\text{NOT } e \text{ AND } g)$是条件函数：若 $e$，则 $f$，否则 $g$；

Maj(a, b, c) = (a AND b) ⊕ (a AND c) ⊕ (b AND c)，函数为真当且仅当变量的多数（2 个或 3 个）为真；（$\sum_0^{512} a$) = ROTR$^{28}$(a) ⊕ ROTR$^{34}$(a) ⊕ ROTR$^{39}$(a)；（$\sum_1^{512} e$) = ROTR$^{14}$(e) ⊕ ROTR$^{18}$(e) ⊕ ROTR$^{41}$(e)；ROTR$^n$(x)表示对 64 位变量 x 循环右移 n 位；$W_t$ 是一个 64 位字，它由当前的 1024 位输入分组导出；$K_t$ 是一个 64 位附加常数；+表示模 $2^{64}$ 加。

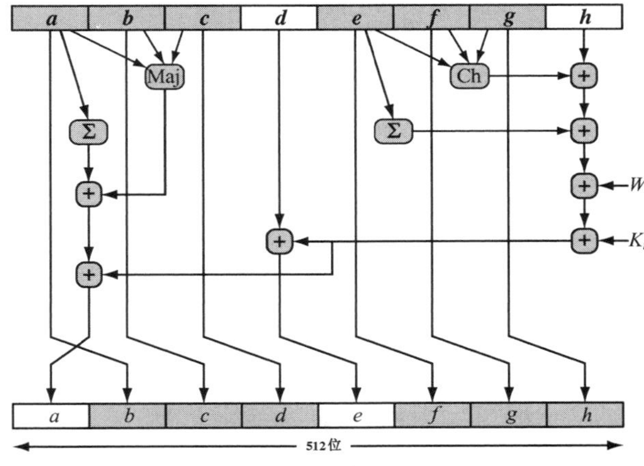


图 11.11　基本的 SHA-512 运算（单轮）

观察可知，轮函数具有如下两个特点。

1. 轮函数输出的 8 个字中的 6 个（b, c, d, f, g, h）是借助轮转置换实现的，如图 11.11 中的阴影部分所示。
2. 输出中只有 2 个字（a,e）通过替代操作生成。字 e 是以输入变量（d, e, f, g, h）及轮字 $W_t$ 和常数 $K_t$ 为输入的函数。字 a 是以除 d 外的输入变量及轮字 $W_t$ 和常数 $K_t$ 为输入的函数。

下面需要指出 64 位字 $W_t$ 是如何从 1024 位消息中导出的。图 11.12 说明了这一映射的结构。前 16 个 $W_t$ 直接取自当前分组的 16 个字。余下的值按如下方式导出：

$$W_t = \sigma_1^{512}(W_{t-2}) + W_{t-7} + \sigma_0^{512}(W_{t-15}) + W_{t-16}$$

式中：$\sigma_0^{512}(x) = \text{ROTR}^1(x) + \text{ROTR}^8(x) + \text{SHR}^7(x)$；$\sigma_1^{512}(x) = \text{ROTR}^{19}(x) + \text{ROTR}^{61}(x) + \text{SHR}^6(x)$；ROTR$^n$(x)表示对 64 位变量 x 循环右移 n 位；SHR$^n$(x)表示对 64 位变量 x 右移 n 位，左侧填充 0；+表示模 $2^{64}$ 加。

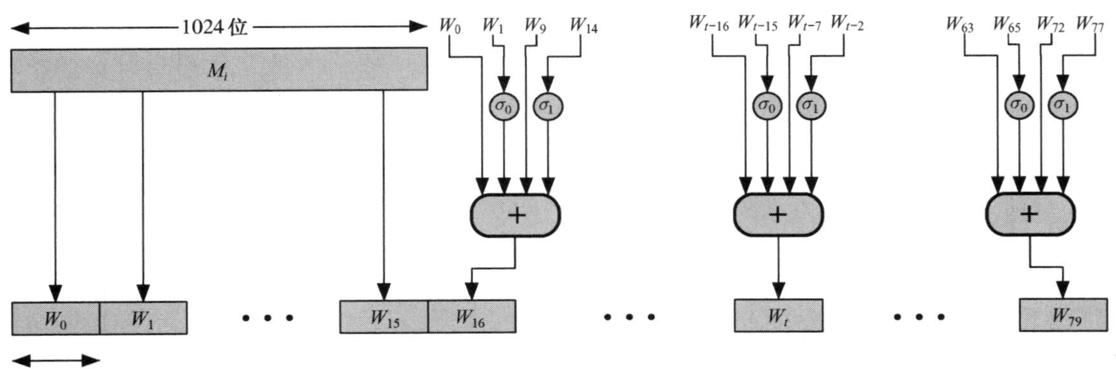


图 11.12　SHA-512 处理单个分组生成的 80 字输入序列

因此，在前 16 步处理中，$W_t$ 的值等于消息分组中的相应字。对余下的 64 步，$W_t$ 的值由前面的 4 个值推导得出，这 4 个值中的两个要进行算术移位和循环移位运算，于是为被压缩消息分组引入了大量冗余性和相互依赖性，使得找出具有相同压缩函数输出的不同消息的任务更加复杂。图 11.13 总结了 SHA-512 逻辑。

SHA-512 算法具有如下性质：哈希码的每一位都是全部输入位的函数。基本函数 F 多次重复运算后，使得结果充分混淆；也就是说，不可能随机选择具有相同哈希码的两条消息，即使它们具有类似的规律性。除非 SHA-512 中存在未公开的缺陷，否则找到两条具有相同摘要的消息的运算次数为 $2^{256}$，而找到具有给定摘要的消息的运算次数为 $2^{512}$。

填充后的消息由分组 $M_1, M_2, \cdots, M_N$ 组成。每个消息分组 $M_i$ 由 16 个 64 位字 $M_{i,0}, M_{i,1}, \cdots, M_{i,15}$ 组成。所有加法都是模 $2^{64}$ 加。

$H_{0,0}$ = 6A09E667F3BCC908　　$H_{0,4}$ = 510E527FADE682D1

$H_{0,1}$ = BB67AE8584CAA73B　　$H_{0,5}$ = 9B05688C2B3E6C1F

$H_{0,2}$ = 3C6EF372FE94F82B　　$H_{0,6}$ = 1F83D9ABFB41BD6B

$H_{0,3}$ = A54FF53A5F1D36F1　　$H_{0,7}$ = 5BE0CD19137E2179

**for** $i = 1$ **to** $N$

1．准备消息调度 $W$

**for** $t = 0$ **to** 15

$W_t = M_{i,t}$

**for** $t = 16$ **to** 79

$W_t = \sigma_1^{512}(W_{t-2}) + W_{t-7} + \sigma_0^{512}(W_{t-15}) + W_{t-16}$

2．初始化工作变量

$a = H_{i-1,0}$　　$e = H_{i-1,4}$

$b = H_{i-1,1}$　　$f = H_{i-1,5}$

$c = H_{i-1,2}$　　$g = H_{i-1,6}$

$d = H_{i-1,3}$　　$h = H_{i-1,7}$

3．执行主哈希计算

**for** $t = 0$ **to** 79

$T_1 = h + \mathrm{Ch}(e, f, g) + (\sum_1^{512} e) + W_t + K_t$

$T_2 = (\sum_0^{512} a) + \mathrm{Maj}(a, b, c)$

$h = g$

$g = f$

$f = e$

$e = d + T_1$

$d = c$

$c = b$

$b = a$

$a = T_1 + T_2$

4．计算中间哈希值

$H_{i,0} = a + H_{i-1,0}$　　$H_{i,4} = e + H_{i-1,4}$

$H_{i,1} = b + H_{i-1,1}$　　$H_{i,5} = f + H_{i-1,5}$

$H_{i,2} = c + H_{i-1,2}$　　$H_{i,6} = g + H_{i-1,6}$

$H_{i,3} = d + H_{i-1,3}$　　$H_{i,7} = h + H_{i-1,7}$

**return** $\{H_{N,0} \| H_{N,1} \| H_{N,2} \| H_{N,3} \| H_{N,4} \| H_{N,5} \| H_{N,6} \| H_{N,7}\}$

图 11.13　SHA-512 逻辑

### 11.4.3　示例

下面给出 FIPS 180 中的一个示例。假设要对由 3 个 ASCII 字符“abc”构成的消息分组进行哈希处理，该消息分组可以写成如下的 24 位串：

01100001 01100010 01100011

回顾 SHA 算法的步骤 1 可知，首先填充消息，使其长度为模 1024 并与 896 同余。对于上面的消息分组，填充长度为 896 – 24 = 872 位，填充内容包括 1 个“1”及紧随其后的 871 个“0”。然后，将 128 位长度信息附在填充消息的后面，它包含填充前的原始消息的长度（单位为位）。本例中原始消息的长度为 24 位，即十六进制值 18。连接上述内容构成的 1024 位消息分组的十六进制数为

```
6162638000000000 0000000000000000 0000000000000000 0000000000000000
0000000000000000 0000000000000000 0000000000000000 0000000000000000
0000000000000000 0000000000000000 0000000000000000 0000000000000000
0000000000000000 0000000000000000 0000000000000000 0000000000000018
```

在消息调度过程中，将这个数据分组的各个字分别赋给 $W_0, \cdots, W_{15}$，如下所示：

$W_0$ = 6162638000000000　　$W_8$ = 0000000000000000
$W_1$ = 0000000000000000　　$W_9$ = 0000000000000000
$W_2$ = 0000000000000000　　$W_{10}$ = 0000000000000000
$W_3$ = 0000000000000000　　$W_{11}$ = 0000000000000000
$W_4$ = 0000000000000000　　$W_{12}$ = 0000000000000000
$W_5$ = 0000000000000000　　$W_{13}$ = 0000000000000000
$W_6$ = 0000000000000000　　$W_{14}$ = 0000000000000000
$W_7$ = 0000000000000000　　$W_{15}$ = 0000000000000018

如图 11.13 所示，从 $a$ 到 $h$ 的 8 个 64 位变量首先被初始化为 $H_{0,0}$ 到 $H_{0,7}$。下表给出了这些变量的初始值和前两轮过后的值。

| | | | |
|---|---|---|---|
| $a$ | 6a09e667f3bcc908 | f6afceb8bcfcddf5 | 1320f8c9fb872cc0 |
| $b$ | bb67ae8584caa73b | 6a09e667f3bcc908 | f6afceb8bcfcddf5 |
| $c$ | 3c6ef372fe94f82b | bb67ae8584caa73b | 6a09e667f3bcc908 |
| $d$ | a54ff53a5f1d36f1 | 3c6ef372fe94f82b | bb67ae8584caa73b |
| $e$ | 510e527fade682d1 | 58cb02347ab51f91 | c3d4ebfd48650ffa |
| $f$ | 9b05688c2b3e6c1f | 510e527fade682d1 | 58cb02347ab51f91 |
| $g$ | 1f83d9abfb41bd6b | 9b05688c2b3e6c1f | 510e527fade682d1 |
| $h$ | 5be0cd19137e2179 | 1f83d9abfb41bd6b | 9b05688c2b3e6c1f |

注意，每轮中 6 个变量的值是直接由上一轮的那些变量复制而来的。该过程重复 80 轮，最后一轮的输出是

```
73a54f399fa4b1b2  10d9c4c4295599f6  d67806db8b148677  654ef9abec389ca9
d08446aa79693ed7  9bb4d39778c07f9e  25c96a7768fb2aa3  ceb9fc3691ce8326
```

于是哈希值的计算如下：

$H_{1,0}$ = 6a09e667f3bcc908 + 73a54f399fa4b1b2 = ddaf35a193617aba
$H_{1,1}$ = bb67ae8584caa73b + 10d9c4c4295599f6 = cc417349ae204131
$H_{1,2}$ = 3c6ef372fe94f82b + d67806db8b148677 = 12e6fa4e89a97ea2
$H_{1,3}$ = a54ff53a5f1d36f1 + 654ef9abec389ca9 = 0a9eeee64b55d39a
$H_{1,4}$ = 510e527fade682d1 + d08446aa79693ed7 = 2192992a274fc1a8
$H_{1,5}$ = 9b05688c2b3e6c1f + 9bb4d39778c07f9e = 36ba3c23a3feebbd
$H_{1,6}$ = 1f83d9abfb41bd6b + 25c96a7768fb2aa3 = 454d4423643ce80e
$H_{1,7}$ = 5be0cd19137e2179 + ceb9fc3691ce8326 = 2a9ac94fa54ca49f

最终得到的 512 位消息摘要是

```
ddaf35a193617aba cc417349ae204131 12e6fa4e89a97ea2 0a9eeee64b55d39a
2192992a274fc1a8 36ba3c23a3feebbd 454d4423643ce80e 2a9ac94fa54ca49f
```

假设我们改变输入消息的 1 位，即将其从“abc”改为“cbc”，那么 1024 位消息分组为

```
6362638000000000 0000000000000000 0000000000000000 0000000000000000
```

```
0000000000000000 0000000000000000 0000000000000000 0000000000000000
0000000000000000 0000000000000000 0000000000000000 0000000000000000
0000000000000000 0000000000000000 0000000000000000 0000000000000018
```

对应的 512 位消息摘要是

```
531668966ee79b70 0b8e593261101354 4273f7ef7b31f279 2a7ef68d53f93264
319c165ad96d9187 55e6a204c2607e27 6e05cdf993a64c85 ef9e1e125c0f925f
```

前后两个哈希值有 253 位不同，几乎一半发生了变化，说明 SHA-512 具有良好的雪崩效应。

## 11.5 SHA-3

在撰写本书时，SHA-1 还未被攻破，即还未出现在实际运算能力内寻找碰撞的方法。在设计上，SHA-1 与已被攻破的 MD5 和 SHA-0 具有类似的结构及基本数学运算。因此，SHA-1 被认为是不安全的，并且已被 SHA-2 取代。

SHA-2（特别是 512 位的版本）的安全强度毋庸置疑。然而，在设计上，SHA-2 同样与 SHA-1 有着类似的结构和基本数学运算，因此值得我们关注。也许若干年后，SHA-2 的缺陷会被发现并被取代，因此 NIST 决定开展新哈希标准的制定工作。

随后 NIST 在 2007 年宣布公开征集新一代 NIST 的哈希函数标准，称其为 SHA-3。NIST 在 2012 年 10 月公布了 SHA-3 设计作品中的优胜者，并在 2015 年 8 月颁布了 FIP 102。SHA-3 作为新一代密码学哈希函数的标准，将在各类应用中逐步取代 SHA-2。

NISTIR 7896（*Third-Round Report of the SHA-3 Cryptographic Hash Algorithm Competition*）总结了 NIST 在众多 AES 候选算法中使用的评估准则，以及选择 Keccak 算法作为 SHA-3 候选算法中的优胜者的原因。这些内容不仅可以帮助读者理解 SHA-3 的设计方式，而且可以提供判断密码学哈希函数优劣的标准。

### 11.5.1 海绵结构

SHA-3 的设计者将 SHA-3 所用的基本结构称为海绵结构[BERT07，BERT11]。海绵结构与其他迭代哈希函数的结构类似（见图 11.8）。在海绵函数中，输入消息被分为多个定长的分组。每个分组依次作为每轮迭代的输入，同时上轮迭代的输出反馈到下轮的迭代中，最终生成一个输出分组。

海绵函数由如下 3 个参数定义：

$f$ = 内部函数，用于处理每轮的输入分组①

$r$ = 输入分组的位长度，称其为位速率

pad = 填充算法

海绵函数允许变长的输入和输出，因此能够用于设计哈希函数（定长输出）、伪随机数生成器（定长输入）和其他密码函数。图 11.14 显示了这一特点。长度为 $n$ 位的输入消息被分为 $k$ 个定长的分组，每个分组的长度都为 $r$ 位。需要时，可填充消息使其长度是 $r$ 位的整数倍。分组后的结果是 $P_0, P_1, \cdots, P_{k-1}$，其中 $n = k \times r$。为统一起见，通常需要对消息进行填充。因此，若 $n \bmod r = 0$，则添加一个 $r$ 位的填充分组。填充算法实际是海绵函数的一个参数。海绵结构规范中建议了两个基于文献[BERT11]的填充方案：

① Keccak 文档中称 $f$ 为一个置换。如后面介绍的那样，它包含若干置换和代替操作。因为 $f$ 对每次迭代执行一次，即处理每个消息分组时调用一次，所以我们称 $f$ 为迭代函数。

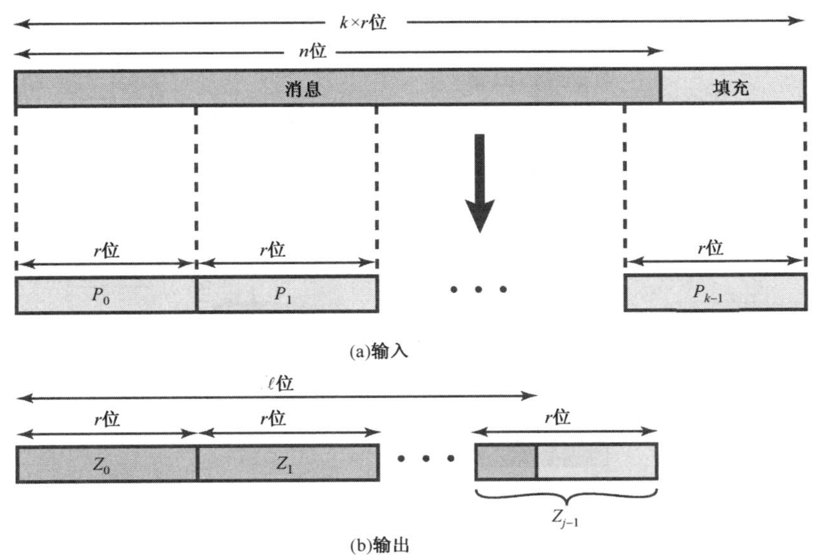


图 11.14　海绵函数的输入和输出

- **简单填充**（pad10*）　为了将分组长度分成填充后的消息长度，添加最小的填充。填充方法是将第一个填充位填充为二进制 1，其他位填充为全 0。
- **多速率填充**（pad10*1）　为了使分组长度分成填充后的消息长度，添加最小的填充。填充方法是第一个和最后一个填充位填充为 1，将其他位填充为全 0。与简单填充不同的是，多速率填充对给定的 $f$ 能够安全地使用不同的位速率 $r$。FIPS 202 使用多速率填充。

处理完的所有分组后，海绵函数生成一组输出分组 $Z_0, Z_1, \cdots, Z_{j-1}$。输出数据分组的数量由所需的输出位数决定。需要 $\ell$ 位输出时，生成 $j$ 个输出分组，其中 $(j-1)\times r < \ell \leqslant j\times r$ 。

图 11.15 中给出了海绵函数的迭代结构。海绵结构对长度为 $b = r + c$ 位的状态变量 $s$ 进行操作，状态变量的初值全部置为 0，且取值在每轮迭代中都会更新。数值 $r$ 被称为位速率，它是输入消息的分组长度。位速率反映每轮迭代中处理的位数：$r$ 越大，海绵结构处理消息的速度越快。数值 $c$ 被称为容量。关于容量的安全含义超出了这里讨论的范围。本质上，容量是海绵结构能够达到的复杂程度及安全程度的度量。在实际应用中，可以通过降低速度来增强安全性，即增大容量 $c$ 的取值、减小位速率 $r$ 的取值，反之亦然。Keccak 的默认选择是 $c = 1024$ 位，$r = 576$ 位，因此 $b = 1600$ 位。

海绵结构由两个阶段组成。吸收阶段如下：对于每轮迭代，通过填充若干 0 将输入数据分组的长度从 $r$ 位扩展为 $b$ 位；然后对扩展后的消息分组和 $s$ 进行异或运算得到 $b$ 位的结果，并将其作为迭代函数 $f$ 的输入；$f$ 函数的输出作为下一轮迭代中 $s$ 的取值。

如果期望的输出长度 $\ell$ 满足 $\ell \leqslant b$ ，那么在吸收阶段完成后，返回 $s$ 的前 $r$ 位，且海绵结构的运行结束。否则，海绵结构进入挤压阶段。首先，保留 $s$ 的前 $r$ 位作为输出分组 $Z_0$，然后在每轮迭代中通过重复执行 $f$ 函数来更新 $s$ 的值，$s$ 的前 $r$ 位依次保留为输出分组 $Z_i$，并与前面已生成的分组连接。该处理过程持续 $j-1$ 次，直到满足 $(j-1)\times r < \ell \leqslant j\times r$ 。这时，返回连接分组 $Z$ 的前 $\ell$ 位。

注意，吸收阶段具有典型的哈希函数结构。常见的情况是需要的哈希长度小于等于输入的分组长度，即 $\ell \leqslant r$ 。在这种情况下，海绵结构会在吸收阶段完成后直接结束。如果需要的输出长度超过 $b$ 位，那么需要执行挤压阶段的操作。因此，海绵结构非常灵活。例如，长度为 $r$ 的短消息可以作为输入种子，并且海绵结构可以提供伪随机数生成器的功能。

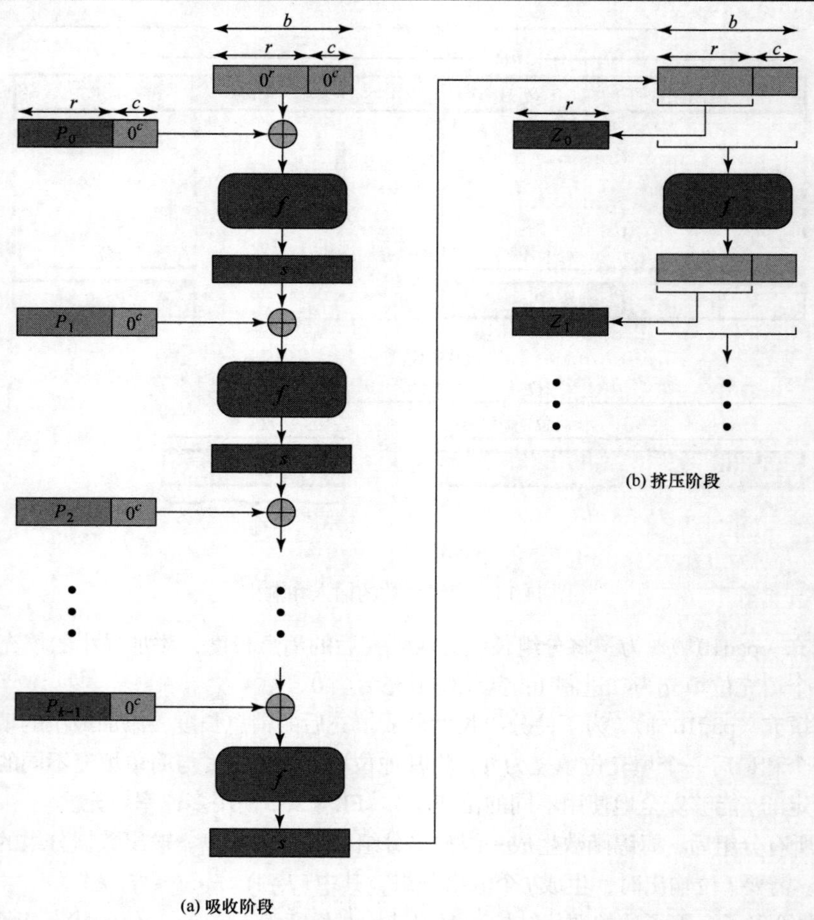


图 11.15 海绵函数的迭代结构

总之，海绵结构是一种简单的迭代结构，它基于定长变换或对固定长度 $b$ 位进行操作的置换 $f$ 来构建函数 $F$，以便处理变长输入，得到任意长度的输出。海绵结构在文献[BERT11]中的形式化定义如下：

**算法：** 海绵结构 SPONGE[$f$, pad, $r$]

**要求：** $r < b$

接口：$Z = \text{sponge}(M, \ell)$，其中 $M \in Z_2^*$，整数 $l > 0$，$Z \in Z_2^\ell$

$P = M \| \text{pad}[r](|M|)$

$s = 0^b$

**for** $i = 0$ **to** $|P|_r - 1$ **do**

$s = s \oplus (P_i \| 0^{b-r})$

$s = f(s)$

**end for**

$Z = \lfloor s \rfloor r$

**while** $|Z|_r\, r < l$ **do**

$s = f(s)$

$Z = Z \| \lfloor s \rfloor_r$

**end while**

返回 $\lfloor Z \rfloor_\ell$

在算法的定义中，使用了如下符号：$|M|$是位串 $M$ 的位长度。位串 $M$ 可以视为若干个长度固定为 $x$ 的分组，其中最后一个分组的长度可能较短。$M$ 的分组数记为$|M|_x$。$M$ 的各个分组记为 $M_i$，其下标范围是从 0 到$|M|_x-1$。$\lfloor M \rfloor_\ell$表示截取 $M$ 的其前 $\ell$ 位。

SHA-3 使用的迭代函数 $f$（记为 Keccak-$f$）将在下一节中详细介绍。SHA-3 函数整体上是海绵函数结构，由于 SHA-3 有两个可操作的参数，即消息分组长度 $r$ 和容量 $c$，因此表示为 Keccak[$r$, $c$]，其默认值为 $r+c=1600$ 位。如表 11.5 所示，与海绵结构关联的哈希函数的安全性是容量 $c$ 的函数。

**表 11.5　SHA-3 参数**

| 消息摘要长度 | 224 | 256 | 384 | 512 |
|---|---|---|---|---|
| 消息长度 | 无最大限制 | 无最大限制 | 无最大限制 | 无最大限制 |
| 分组长度（位速率 $r$） | 1152 | 1088 | 832 | 576 |
| 字长度 | 64 | 64 | 64 | 64 |
| 轮数 | 24 | 24 | 24 | 24 |
| 容量 $c$ | 448 | 512 | 768 | 1024 |
| 抗碰撞攻击 | $2^{112}$ | $2^{128}$ | $2^{192}$ | $2^{256}$ |
| 抗第二原像攻击 | $2^{224}$ | $2^{256}$ | $2^{384}$ | $2^{512}$ |

注：所有长度和安全级别的单位都为位。

根据上面定义的海绵结构算法，Keccak[$r$, $c$]定义为

$$\text{Keccak}[r,c] \triangleq \text{SPONGE}[\text{Keccak-}f[r+c], \text{pad } 10*1, r]$$

下面讨论迭代函数 Keccak-$f$。

## 11.5.2　SHA-3 迭代函数 $f$

下面介绍迭代函数 Keccak-$f$，它用来处理输入消息的每个连续的分组。回顾可知，$f$ 函数的输入是 1600 位的状态变量 $s$，$s$ 由与消息分组长度对应的 $r$ 位和容量 $c$ 位连接而成。在 $f$ 的内部处理过程中，输入状态变量 $s$ 被排列为 $5\times5\times64$ 的矩阵 $\boldsymbol{a}$。64 位单元被称为通道。为描述方便，这里使用符号 $a[x,y,z]$ 表示状态矩阵中的一位。更关心对整个通道的操作时，将 $5\times5$ 矩阵记为 $L[x,y]$，其中 $L$ 中的每个元素都是 64 位的通道。图 11.16 展示了矩阵元素下标的索引方法①。因此，列号的索引范围是从 $x=0$ 到 $x=4$，行号的索引范围是从 $y=0$ 到 $y=4$，通道中各位的索引是从 $z=0$ 到 $z=63$。状态变量 $s$ 中的位和符号 $a$ 的对应关系如下：

$$s[64(5y+x)+z]=a[x,y,z]$$

我们可以用图形来表示图 11.16 中的矩阵。将状态视为通道矩阵时，第一个通道是左下角的 $L[0, 0]$，它对应于 $s$ 中的前 64 位；第二个通道是最后一行的第二列的 $L[1, 0]$，它对应于 $s$ 中接下来的 64 位。以此类推，矩阵 $\boldsymbol{a}$ 从 $y=0$ 行开始逐行被 $s$ 的所有位填满。

***f* 的结构**　函数 $f$ 对每个待被哈希处理的输入消息分组执行一次。函数的输入是 1600 位的状态变量 $s$，它将 $s$ 转换为由 64 位通道构成的 $5\times5$ 矩阵。然后，函数对矩阵执行 24 轮操作，每轮操作包括 5 个步骤，每个步骤通过置换或代替操作对状态矩阵进行更新。如图 11.17 所示，每轮操作除最后一步外全部相同，最后一步使用不同的轮常数使得各轮的操作互不相同。

5 个步骤的操作可以表示为复合函数②：

① 注意第一个索引（$x$）表示列，第二个索引（$y$）表示行。这与数学书籍中用第一个索引表示行、用第二个索引表示列的传统约定不同。

② 若 $f$ 和 $g$ 是两个函数，则称满足 $y=F(x)=g[f(x)]$的函数 $F$ 为 $f$ 和 $g$ 的复合函数，记为 $F=g\circ f$。

$$R = \iota \circ \chi \circ \pi \circ \rho \circ \theta$$

| | $x = 0$ | $x = 1$ | $x = 2$ | $x = 3$ | $x = 4$ |
|---|---|---|---|---|---|
| $y = 4$ | $L[0, 4]$ | $L[1, 4]$ | $L[2, 4]$ | $L[3, 4]$ | $L[4, 4]$ |
| $y = 3$ | $L[0, 3]$ | $L[1, 3]$ | $L[2, 3]$ | $L[3, 3]$ | $L[4, 3]$ |
| $y = 2$ | $L[0, 2]$ | $L[1, 2]$ | $L[2, 2]$ | $L[3, 2]$ | $L[4, 2]$ |
| $y = 1$ | $L[0, 1]$ | $L[1, 1]$ | $L[2, 1]$ | $L[4, 1]$ | $L[4, 1]$ |
| $y = 0$ | $L[0, 0]$ | $L[1, 0]$ | $L[2, 0]$ | $L[3, 0]$ | $L[4, 0]$ |

(a)状态变量表示为由64位字构成的5×5矩阵形式

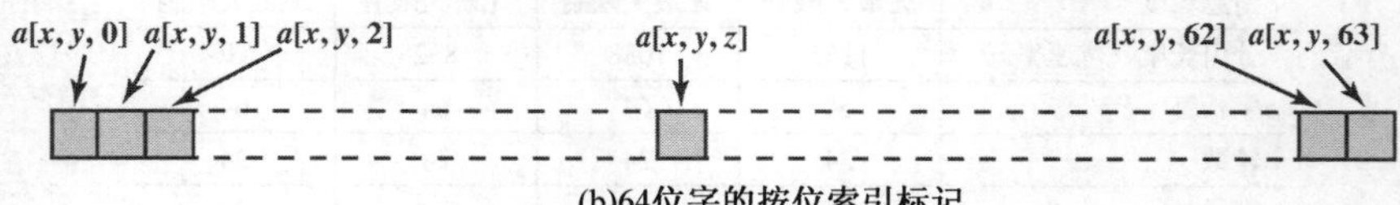


(b)64位字的按位索引标记

图 11.16　SHA-3 状态矩阵

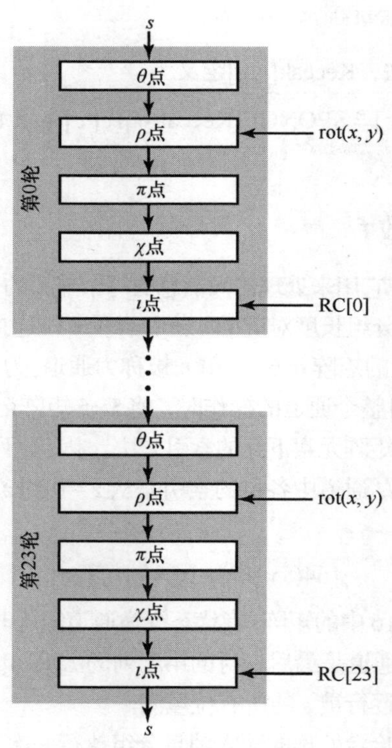


图 11.17　SHA-3 迭代函数 $f$

表 11.6 中小结了这 5 个步骤的操作。因为这些步骤具有简单的说明，所以整个算法紧凑且无隐藏的后门。算法中对通道的操作仅限于按位布尔运算（XOR、AND、NOT）和循环移位。实现时不需要查表、算术运算或数据相关移位操作。因此，SHA-3 可由软件或硬件简单和高效地实现。

表 11.6　SHA-3 中的阶跃函数

| 函数 | 类型 | 描　述 |
|---|---|---|
| $\theta$ | 代替 | 每个字中的每一位的新值，取决于其当前值、前一列中每个字的一位、后一列中每个字的一位 |
| $\rho$ | 置换 | 每个字的每位使用循环移位进行置换操作，$W[0, 0]$不变 |
| $\pi$ | 置换 | 字之间用 5×5 矩阵置换，$W[0, 0]$不变 |
| $\chi$ | 代替 | 每个字中的每一位的新值，取决于当前值、同一行中下一个字的一位、同一行中再下一个字的一位 |
| $\iota$ | 代替 | $W[0, 0]$与轮常数进行异或运算 |

下面依次介绍函数中的各个步骤。

**$\theta$ 阶跃函数**　Keccak 的参考文档中将$\theta$阶跃函数描述如下：对于第 $x$ 列、第 $y$ 行的第 $z$ 位，

$$\theta: a[x,y,z] \leftarrow a[x,y,z] \oplus \sum_{y'=0}^{4} a[(x-1),y',z] \oplus \sum_{y'=0}^{4} a[(x+1),y',(z-1)] \tag{11.1}$$

式中求和运算是异或运算。参考图 11.18(a)，我们可以更清楚地了解这一操作的计算结果。首先，我们将列 $x$ 中通道的按位异或运算定义为

$$C[x] = L[x,0] \oplus L[x,1] \oplus L[x,2] \oplus L[x,3] \oplus L[x,4]$$

考虑第 $x$ 列、第 $y$ 行的通道 $L[x, y]$。式（11.1）中的第一个求和项对第$(x-1) \bmod 4$ 列中的所有通道执行按位异或运算，得到 64 位通道 $C[x-1]$。第二个求和项首先对第$(x+1) \bmod 4$ 列中的所有通道执行按位异或运算，然后在 64 位通道内部进行循环移位，使得位置 $z$ 的位映射到位置 $z+1 \bmod 64$ 的位，得到通道 $\mathrm{ROT}(C[x+1], 1)$。这两个通道与 $L[x, y]$通过按位异或运算合并，形成更新后的 $L[x, y]$。该过程可以表示为

$$L[x,y] \leftarrow L[x,y] \oplus C[x-1] \oplus \mathrm{ROT}(C[x+1],1)$$

图 11.18(a)中显示了 $L[3, 2]$的计算过程。对矩阵中所有的其他通道执行相同的操作。

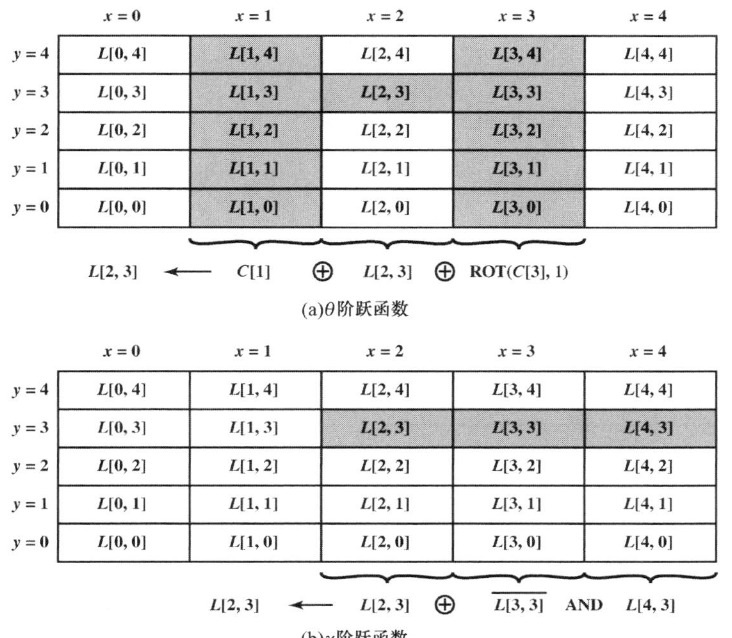


图 11.18　$\theta$ 阶跃函数和 $\chi$ 阶跃函数

通过观察，不难发现以下结论。通道中的每一位都进行了更新，其值由该位自身、前一列中每个通道

的相同位、后一列中每个通道的邻接位确定。因此，每位的更新值取决于 11 位，这提供了很好的混淆效果。同时，按照第 4 章中定义的术语，$\theta$ 阶跃函数也提供了很好的扩散效果。Keccak 的设计者指出，$\theta$ 阶跃函数提供了高强度的扩散，如果没有 $\theta$ 阶跃函数，那么轮函数的扩散效果将非常不明显。

**$\rho$ 阶跃函数** $\rho$ 阶跃函数的定义如下：

$$\rho : a[x,y,z] \leftarrow a[x,y,z]\,,\quad x=y=0$$

否则，

$$\rho : a[x,y,z] \leftarrow a\left[x, y, \left(z - \frac{(t+1)(t+2)}{2}\right)\right] \tag{11.2}$$

式中，$t$ 满足 $0 \leqslant t < 24$ 且在 $\mathrm{GF}(5)^{2\times 2}$ 中有 $\begin{pmatrix} 0 & 1 \\ 2 & 3 \end{pmatrix}^t \begin{pmatrix} 1 \\ 0 \end{pmatrix} = \begin{pmatrix} x \\ y \end{pmatrix}$。

由上述公式很难直观地理解步骤的执行过程，下面详细研究该过程。

1．位置$(x, y) = (0, 0)$的通道（即 $L[0, 0]$）不变。对于其他字，在通道内执行循环移位。

2．变量 $t$（$0 \leqslant t < 24$）用于计算循环移位的位数，以及决定哪个通道使用哪个移位值。

3．对 24 个不同的移位，移位值分别是 $\frac{(t+1)(t+2)}{2} \bmod 64$。

4．对 $5 \times 5$ 矩阵中的各个通道，位置在$(x, y)$的通道上的移位操作由 $t$ 的值决定。具体地说，对 $t$ 的每个取值，对应的矩阵位置由 $\begin{pmatrix} x \\ y \end{pmatrix} = \begin{pmatrix} 0 & 1 \\ 2 & 3 \end{pmatrix}^t \begin{pmatrix} 1 \\ 0 \end{pmatrix}$ 决定。例如，对 $t = 3$，有

$$\begin{aligned}
\begin{pmatrix} x \\ y \end{pmatrix} &= \begin{pmatrix} 0 & 1 \\ 2 & 3 \end{pmatrix}^3 \begin{pmatrix} 1 \\ 0 \end{pmatrix} \bmod 5 = \begin{pmatrix} 0 & 1 \\ 2 & 3 \end{pmatrix}\begin{pmatrix} 0 & 1 \\ 2 & 3 \end{pmatrix}\begin{pmatrix} 0 & 1 \\ 2 & 3 \end{pmatrix}\begin{pmatrix} 1 \\ 0 \end{pmatrix} \bmod 5 \\
&= \begin{pmatrix} 0 & 1 \\ 2 & 3 \end{pmatrix}\begin{pmatrix} 0 & 1 \\ 2 & 3 \end{pmatrix}\begin{pmatrix} 0 \\ 2 \end{pmatrix} \bmod 5 = \begin{pmatrix} 0 & 1 \\ 2 & 3 \end{pmatrix}\begin{pmatrix} 2 \\ 6 \end{pmatrix} \bmod 5 \\
&= \begin{pmatrix} 0 & 1 \\ 2 & 3 \end{pmatrix}\begin{pmatrix} 2 \\ 1 \end{pmatrix} \bmod 5 = \begin{pmatrix} 1 \\ 7 \end{pmatrix} \bmod 5 = \begin{pmatrix} 1 \\ 2 \end{pmatrix}
\end{aligned}$$

表 11.7 中给出了移位位数和每个移位值的位置的所有计算结果。注意结果中的所有移位值都不同。

**表 11.7 SHA-3 中使用的循环移位值**

(a) 移位值和位置的计算

| *t* | *g*(*t*) | *g*(*t*) mod 64 | *x*, *y* | *t* | *g*(*t*) | *g*(*t*) mod 64 | *x*, *y* |
|---|---|---|---|---|---|---|---|
| 0 | 1 | 1 | 1, 0 | 12 | 91 | 27 | 4, 0 |
| 1 | 3 | 3 | 0, 2 | 13 | 105 | 41 | 0, 3 |
| 2 | 6 | 6 | 2, 1 | 14 | 120 | 56 | 3, 4 |
| 3 | 10 | 10 | 1, 2 | 15 | 136 | 8 | 4, 3 |
| 4 | 15 | 15 | 2, 3 | 16 | 153 | 25 | 3, 2 |
| 5 | 21 | 21 | 3, 3 | 17 | 171 | 43 | 2, 2 |
| 6 | 28 | 28 | 3, 0 | 18 | 190 | 62 | 2, 0 |
| 7 | 36 | 36 | 0, 1 | 19 | 210 | 18 | 0, 4 |
| 8 | 45 | 45 | 1, 3 | 20 | 231 | 39 | 4, 2 |
| 9 | 55 | 55 | 3, 1 | 21 | 253 | 61 | 2, 4 |
| 10 | 66 | 2 | 1, 4 | 22 | 276 | 20 | 4, 1 |
| 11 | 78 | 14 | 4, 4 | 23 | 300 | 44 | 1, 1 |

注：$g(t) = (t+1)(t+2)/2$，$\begin{pmatrix} x \\ y \end{pmatrix} = \begin{pmatrix} 0 & 1 \\ 2 & 3 \end{pmatrix}^t \begin{pmatrix} 1 \\ 0 \end{pmatrix} \bmod 5$。

(b) 矩阵中各个字的循环移位值

| | x = 0 | x = 1 | x = 2 | x = 3 | x = 4 |
|---|---|---|---|---|---|
| y = 4 | 18 | 2 | 61 | 56 | 14 |
| y = 3 | 41 | 45 | 15 | 21 | 8 |
| y = 2 | 3 | 10 | 43 | 25 | 39 |
| y = 1 | 36 | 44 | 6 | 55 | 20 |
| y = 0 | 0 | 1 | 62 | 28 | 27 |

$\rho$ 阶跃函数由各个通道内的简单置换（循环移位）组成，目的是在每个通道内部提供扩散。如果没有 $\rho$ 阶跃函数，那么通道之间的扩散将会非常缓慢。

**$\pi$ 阶跃函数**　$\pi$ 阶跃函数的定义如下：

$$\pi: a[x,y] \leftarrow a[x',y'],\ \begin{pmatrix} x \\ y \end{pmatrix} = \begin{pmatrix} 0 & 1 \\ 2 & 3 \end{pmatrix} \begin{pmatrix} x' \\ y' \end{pmatrix} \tag{11.3}$$

上式可以写为 $(x,y) \times (y,(2x+3y))$。于是，5×5 矩阵内的各个通道移位，使得新 $x$ 位置等于旧 $y$ 位置，新 $y$ 位置等于 $(2x+3y) \bmod 5$。图 11.19 中给出了该置换的图形表示。在执行 $\pi$ 函数前，相同对角线（从左至右增大 $y$ 值）上的通道被安排在执行 $\pi$ 阶跃函数后的矩阵的同一行中。注意 $L[0, 0]$的位置不变。

因此，$\pi$ 阶跃函数是通道之间的置换：各个通道在 5×5 矩阵内部移动位置。$\rho$ 阶跃函数是对位的置换：通道内部的各位被循环移位。注意，$\pi$ 阶跃矩阵位置的计算方式与 $\rho$ 阶跃函数的相同，移位常数的一维向量序列被映射为矩阵的各个通道。

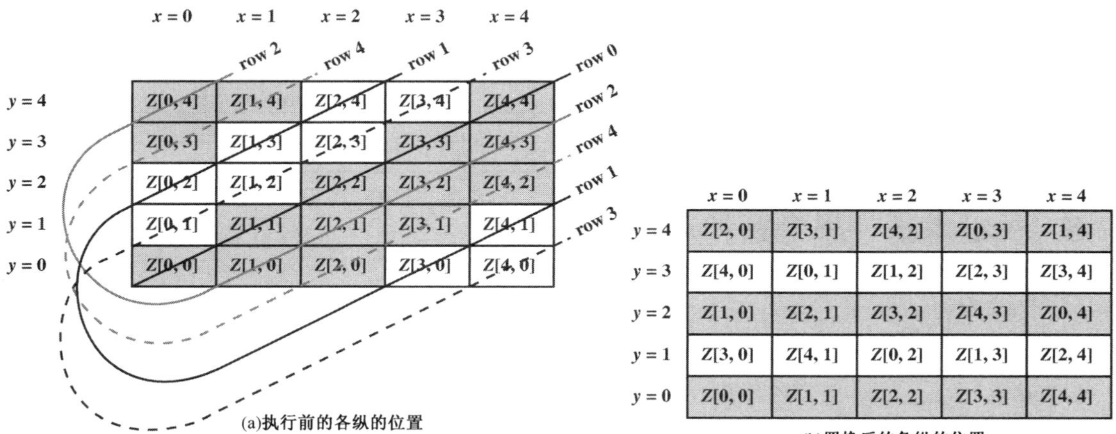


图 11.19　$\pi$ 阶跃函数

**$\chi$ 阶跃函数**　$\chi$ 阶跃函数的定义如下：

$$\chi: a[x] \leftarrow a[x] \oplus ((a[x+1] \oplus 1) \text{AND } a[x+2]) \tag{11.4}$$

$\chi$ 阶跃函数对每位进行更新，其值由该位自身、同一行中下两个通道中的对应位置的值决定。考虑一位 $a[x, y, z]$时，将该操作写为如下布尔表达式会更清晰：

$$a[x,y,z] \leftarrow a[x,y,z] \oplus (\text{NOT}(a[x+1,y,z]))\text{AND}(a[x+2,y,z])$$

图 11.18(b)中显示了 $\chi$ 阶跃函数对通道 $L[3, 2]$的各个位的操作。这是唯一一个非线性映射阶跃函数。如果没有 $\chi$ 阶跃函数，那么 SHA-3 轮函数会是线性函数。

**$\iota$ 阶跃函数**　$\iota$ 阶跃函数的定义如下：

$$\iota: a \leftarrow a \oplus RC[i_r] \tag{11.5}$$

该函数组合一个矩阵元素和一个对每轮来说都不同的轮常数，打破了其他 4 个阶跃函数引入的对称性。事实上，式（11.5）看起来容易让人误解，轮常数只应用到了内部状态矩阵中的第一个通道。我们将其表示为

$$L[0,0] \leftarrow L[0,0] \oplus RC[i_r]\text{，}\ 0 \leqslant i_r \leqslant 23$$

表 11.8 中列出了 24 个 64 位轮常数。注意轮常数中汉明权重（即 1 的个数）的范围是 1 ~ 6，大多数位的取值是 0，因此不会改变 $L[0, 0]$中的相位位。取 24 个轮常数的累积 OR 运算，得到

$$\text{RC[0] OR RC[1] OR} \cdots \text{OR RC[23]} = \texttt{800000008000808B}$$

因此，只有 7 个位是活跃的，并且能够影响 $L[0, 0]$的值。当然，轮与轮之间的置换和代替操作会使得 $\iota$ 函数的影响传播到矩阵中所有的通道和所有的位。显然，单轮操作后，$\theta$ 和 $\chi$ 函数的置乱会扩散到状态的所有通道中。

**表 11.8　SHA-3 中的轮常数**

| 轮　数 | 常数（十六进制） | 1 的个数 | 轮　数 | 常数（十六进制） | 1 的个数 |
|---|---|---|---|---|---|
| 0 | 0000000000000001 | 1 | 12 | 000000008000808B | 6 |
| 1 | 0000000000008082 | 3 | 13 | 800000000000008B | 5 |
| 2 | 800000000000808A | 5 | 14 | 8000000000008089 | 5 |
| 3 | 8000000080008000 | 3 | 15 | 8000000000008003 | 4 |
| 4 | 000000000000808B | 5 | 16 | 8000000000008002 | 3 |
| 5 | 0000000080000001 | 2 | 17 | 8000000000000080 | 2 |
| 6 | 8000000080008081 | 5 | 18 | 000000000000800A | 3 |
| 7 | 8000000000008009 | 4 | 19 | 800000008000000A | 4 |
| 8 | 000000000000008A | 3 | 20 | 8000000080008081 | 5 |
| 9 | 0000000000000088 | 2 | 21 | 8000000000008080 | 3 |
| 10 | 0000000080008009 | 4 | 22 | 0000000080000001 | 2 |
| 11 | 000000008000000A | 3 | 23 | 8000000080008008 | 4 |

## 11.6 关键术语、思考题和习题

### 关键术语

| | | |
|---|---|---|
| 高位在前 | 哈希码 | 哈希值 |
| 压缩函数 | 哈希函数 | 消息认证码 |
| 密码学哈希函数 | 低位在前 | 消息摘要 |

### 思考题

**11.1** 安全哈希函数需要具有哪些特性？

**11.2** 抗弱碰撞和抗强碰撞之间的区别是什么？

**11.3** 哈希函数中的压缩函数的作用是什么？

**11.4** 高位在前格式和低位在前格式的区别是什么？

**11.5** SHA 中使用的基本运算和逻辑函数是什么？

**11.6** 描述 NIST 评估 SHA-3 候选算法的一系列标准。

**11.7** 给出海绵结构的定义。

**11.8** 简要描述迭代函数 $f$ 的内部结构。

**11.9** 列出并简要描述构成迭代函数 $f$ 的阶跃函数。

## 习题

**11.1** 高速传输协议（Xpress Transfer Protocol，XTP）使用 32 位校验和函数，它是两个 16 位函数的连接，两个函数分别为 XOR 和 RXOR，见 11.4 节和图 11.5。

**a**. 该校验和能否检测出由奇数个错误位引起的所有错误？说明原因。

**b**. 该校验和能否检测出由偶数个错误位引起的所有错误？若不能，说明该校验和不能检测出的错误类型的特征。

**c**. 若将该函数作为消息认证中的哈希函数，试分析其有效性。

**11.2** **a**. 设计哈希函数时，常用的一类方法是用无密钥的分组密码链接方案。例如，文献[DAVI89]中给出的方案如下：将消息 $M$ 分成定长的分组 $M_1, M_2, \cdots, M_N$，并用对称加密体制如 DES 算法算出哈希码 $H$：

$$H_0 = \text{初始值}$$

$$H_i = H_{i-1} \oplus E(M_i, H_{i-1})$$

$$H = H_N$$

假设加密算法使用 DES。前面讲过 DES 的互补性（见习题 4.14）：若 $Y = E(K, X)$，则 $Y' = E(K', X')$。利用该性质说明如何修改由分组 $M_1, M_2, \cdots, M_N$ 组成的消息而不改变其哈希码。

**b**. 文献[MEYE88]中提出的类似方案使用了如下公式：

$$H_i = M_i \oplus E(H_{i-1}, M_i)$$

证明存在类似于习题 11.2a 的攻击方法，它可以成功地攻击该方案。

**11.3** **a**. 考虑下列哈希函数。消息是 $Z_n$ 中的整数序列 $M = (a_1, a_2, \cdots, a_t)$。对于某个预定义的 $n$ 值，计算哈希值 $h = \sum_{i=1}^{t} a_i$。这个哈希函数满足表 11.1 中列出的哈希函数的要求吗？给出解释。

**b**. 对于哈希函数 $h = \left(\sum_{i=1}^{t} (a_i)^2\right) \bmod n$，重做 a 问。

**c**. 当 $M = (189, 632, 900, 722, 349)$ 和 $n = 989$ 时，计算b 问中的哈希函数。

**11.4** 可以利用哈希函数构建类似于 DES 结构的分组密码。因为哈希函数是单向的，而分组密码必须是可逆的（才能解密），如何用哈希码构建分组密码？

**11.5** 考虑相反的问题：利用加密算法构建单向哈希函数。考虑使用有一个已知密钥的 RSA 算法。处理含有若干分组的消息：加密第一个分组，将加密结果与第二个分组异或并再次加密，以此类推。通过求解下面的问题，说明该方法是不安全的。已知两个分组消息 $B_1$ 和 $B_2$，其哈希码为

$$\text{RSAH}(B_1, B_2) = \text{RSA}(\text{RSA}(B_1) \oplus B_2)$$

已知一个分组 $C_1$，选择 $C_2$ 使得 $\text{RSAH}(C_1, C_2) = \text{RSAH}(B_1, B_2)$。于是，该哈希函数不满足抗弱碰撞性。

**11.6** 设 $H(m)$是一个抗碰撞哈希函数，它将任意位长的消息映射为定长的 $n$ 位哈希值。对于所有的消息 $x$ 和 $x'$，$x \neq x'$，都有 $H(x) \neq H(x')$。上述说法是否正确？给出解释。

**11.7** 在图 11.12 中，设用一个由 80 个字组成的数组（字长为 64 位）来存储 $W_t$ 的值，以便开始处理一个分组时可以预计算它们的值。现在假设存储空间是短缺资源。作为替代方案，考虑使用 16 个字大小的循环缓冲区，用值 $W_0$ 到 $W_{15}$ 进行初始化。设计一个算法，对每个步骤 $t$，计算需要的输入 $W_t$。

**11.8** 给出 SHA-512 中 $W_{16}$、$W_{17}$、$W_{18}$ 和 $W_{19}$ 的值。

**11.9** 在 SHA-512 中，消息长度分别如下，给出填充字段的值。**a**．1919 位；**b**．1920 位；**c**．1921 位。

**11.10** 在 SHA-512 中，消息长度分别如下，给出长度字段的值。**a**．1919 位；**b**．1920 位；**c**．1921 位。

**11.11** 设 $a_1a_2a_3a_4$ 是长为 32 位的字中的 4 字节。可将 $a_i$ 视为 0 ~ 255 之间的一个二进制整数。在高位在前格式中，该字表示整数 $a_12^{24} + a_22^{16} + a_32^8 + a_4$；在低位在前格式中，该字表示整数 $a_42^{24} + a_32^{16} + a_22^8 + a_1$。

**a**．一些哈希函数如 MD5 使用的是低位在前格式。注意，消息摘要不依赖于底层结构很重要。因此，要在高位在前结构上执行 MD5 或 RIPEMD-160 的模 2 加运算，就要进行调整。设 $X = x_1x_2x_3x_4$ 且 $Y = y_1y_2y_3y_4$，说明 MD5 加法运算 $X + Y$ 是如何在高位在前结构的机器上执行的。

**b**．SHA 使用高位在前格式，说明 SHA 加法运算 $X + Y$ 是如何在低位在前结构的机器上执行的。

**11.12** 本题介绍一个本质上和 SHA 类似的哈希函数，它对字母而非二进制数据进行操作，因此被称为趣味四字母哈希（tth）①。对于由许多字母组成的消息，tth 生成一个哈希值，它由 4 个字母组成。首先，tth 将消息分成由 16 个字母组成的多个分组，分组时忽略空格、标点符号和大写。消息不能被 16 整除时，用空白进行填充。维持四个数的运行和，其初值为(0, 0, 0, 0)；将其输入压缩函数，以处理第一个分组。压缩函数由两轮组成。

**第一轮**　取下一个文本分组，按行序排成 4×4 的文本分组，并将文本转换为数字（A = 0, B = 1 等）。例如，对于分组 ABCDEFGHIJKLMNOP，有

| A | B | C | D |
|---|---|---|---|
| E | F | G | H |
| I | J | K | L |
| M | N | O | P |

| 0 | 1 | 2 | 3 |
|---|---|---|---|
| 4 | 5 | 6 | 7 |
| 8 | 9 | 10 | 11 |
| 12 | 13 | 14 | 15 |

接着，对各列进行模 26 加，并将结果与运行和模 26 加。在本例中，运行和为(24, 2, 6, 10)。

**第二轮**　使用第一轮的矩阵，将第一行循环左移 1 位，将第二行循环左移 2 位，将第三行循环左移 3 位，并将第四行的元素反序。在本例中，有

| B | C | D | A |
|---|---|---|---|
| G | H | E | F |
| L | I | J | K |
| P | O | N | M |

| 1 | 2 | 3 | 0 |
|---|---|---|---|
| 6 | 7 | 4 | 5 |
| 11 | 8 | 9 | 10 |
| 15 | 14 | 13 | 12 |

现在，将各列分别模 26 后相加，并将结果与运行和相加。新的运行和为(5, 7, 9, 11)。该运行和作为下一组文本的压缩函数的第一轮的输入。处理完最后一个分组后，将最终的运行和转换为字母。例如，若消息是 ABCDEFGHIJKLMNOP，则哈希值为 FHJL。

**a**．画图表示 tth 的总体逻辑和该压缩函数的逻辑，该图与图 11.9 和图 11.10 相仿。

**b**．计算 48 个字母的消息“I leave twenty million dollars to my friendly cousin Bill.”的哈希值。

**c**．为了说明 tth 的弱点，请找出一个 48 字母分组也生成相同的哈希值。提示：使用多个 A。

**11.13** 对表 11.5 中 SHA-3 所有可能的容量值，内部 55 状态矩阵中的哪些通道是全 0 的？

**11.14** 考虑分组长度为 1024 位的 SHA-3，设第一个消息分组（$P_0$）中的每个通道至少有一个非零位。开始时，内部状态矩阵中对应容量部分的初始状态都是零。说明经过多少运算后所有的通道至少都有一个非零位。注意：忽略置换，即跟踪原始的零通道，即使它们在矩阵中的位置已经改变。

**11.15** 考虑图 11.16(a)中的状态矩阵。现在重新排列矩阵的行和列，使得 $L[0, 0]$在正中间。例如，对列按从左到右的顺序排列（$x = 3$，$x = 4$，$x = 0$，$x =1$，$x = 2$），对行按从上到下的顺序排列（$y = 2$，$y = 1$，$y = 0$，$x = 4$，$y = 6$）。考察该函数使用的置换算法及函数中的循环移位常数。使用这个重新排列的矩阵，描述置换算法。

**11.16** $\iota$ 函数仅影响 $L[0, 0]$。11.6 节讲过 $L[0, 0]$的改变通过单轮的 $\theta$ 函数扩散到状态的所有通道中。

**a**．证明上述事实。

**b**．矩阵中的所有位都受 $L[0, 0]$改变的影响时，需要经过多少次运算？

① 感谢杂志 *The Cryptogram* 的编辑 William K. Mason 提供这个例子。

# 第 12 章　消息认证码

**学习目标**

- 列举并解释针对消息认证的可能攻击。
- 定义消息认证码。
- 列举并解释消息认证码的要求。
- 简介 HMAC。
- 简介 CMAC。
- 解释认证加密的概念。
- 简介 CCM。
- 简介 GCM。
- 讨论密钥封装的概念及其用途。
- 理解使用哈希函数或消息认证码生成伪随机数的方式。

消息认证和数字签名是密码学中最吸引人也最复杂的研究领域之一。只用少量篇幅介绍已提出或已实现的用于消息认证与数字签名的所有密码函数和协议是不可能的。本章和下一章简要介绍上述内容，并且系统地描述各种方法。

本章首先介绍消息认证和数字签名的要求及可能遇到的攻击类型，然后归纳与总结一些基本方法。本章的其余部分讨论实现消息认证的基本方法，即消息认证码（MAC）；概述 MAC 之后，将讨论两类 MAC：使用密码学哈希函数的 MAC 和使用分组密码的 MAC；接着讨论较新的认证加密；最后介绍使用哈希函数和 MAC 的伪随机数生成器。

## 12.1　消息认证要求

在网络通信环境中，可能存在下述攻击。

1. **泄露**　消息透露给没有合适密钥的任何人或程序。
2. **通信量分析**　分析通信双方的通信量模式。在面向连接的应用中，连接的频率和持续时间是可被确定的；在面向连接或无连接的环境中，双方间的消息数量和长度是可被确定的。
3. **伪装**　欺诈源向网络中插入一条消息。例如，敌手生成一条消息并声称这条消息来自某个合法的实体，或非消息接收方发送关于收到或未收到消息的欺诈应答。
4. **内容修改**　对消息内容的修改，包括插入、删除、换位和修改。
5. **序列修改**　对通信双方之间的消息序列的修改，包括插入、删除和重新排序。
6. **计时修改**　对消息的延时和重放。在面向连接的应用中，整个会话或消息序列可能是前面某个有效会话的重放，也可能是消息序列中各条消息的延时或重放；在面向无连接的应用中，可能是一条消息（如数据报）被延时或重放。

**7．发送方否认** 发送方否认发送过消息。

**8．接收方否认** 接收方否认接收到消息。

对付前两种攻击的方法属于消息保密性范畴，本书的第一部分讨论了消息保密性；对付第 3 种至第 6 种攻击的方法一般称为消息认证；对付第 7 种攻击的方法属于数字签名。一般来说，数字签名方法也能够抵抗第 3 种至第 6 种攻击中的某些或全部攻击；对付第 8 种攻击需要使用数字签名及为抵抗这种攻击而设计的协议。

总之，**消息认证**可以验证收到的消息确实来自真正的发送方，并且是未被修改的消息。消息认证还可以验证消息的顺序和及时性。数字签名是一种认证技术，其中的一些方法可用来抵抗发送方否认进行了攻击。

## 12.2 消息认证函数

任何消息认证或数字签名机制在功能上都分为两层。在下层中，一定有某类生成**认证符**的函数，其中认证符是一个用来认证消息的值；下层函数然后被用作上层认证协议中的一个原语，以便让接收方验证消息的真实性。

本节讨论可用来生成认证符的函数，这些函数可分为如下三类。

- **哈希函数** 哈希函数是将长度任意的消息映射为定长哈希值的函数，其中哈希值作为认证符。
- **消息加密** 整条消息的密文作为认证符。
- **消息认证码（MAC）** 消息认证码是消息和密钥的函数，它生成一个定长的值作为认证符。

第 11 章讨论了哈希函数及其用于消息认证的方式。下面简要讨论剩下的两个主题，本章的剩余部分将重点讨论 MAC。

### 12.2.1 消息加密

消息加密本身提供一种认证手段。在对称和公钥加密体制中，针对消息加密的分析是不同的。

**对称加密** 考虑使用对称加密的一个简单例子［见图 12.1(a)］。发送方 $A$ 用 $A$ 和 $B$ 共享的密钥 $K$ 对发送到接收方 $B$ 的消息 $M$ 加密，在其他方不知道该密钥的情形下可以提供保密性，因为其他方都不能恢复消息明文。

此外，$B$ 确信消息是由 $A$ 生成的。为什么？原因是，除 $B$ 外只有 $A$ 拥有 $K$，$A$ 能够生成可用 $K$ 解密的密文，所以消息一定来自 $A$。由于敌手不知道密钥，也就不知道如何改变密文中的信息位才能在明文中产生预期的改变，所以若 $B$ 可以恢复明文，则 $B$ 知道 $M$ 中的任何位都未被改变。

于是，我们可以说对称密码既提供认证又提供保密性。然而，这种说法并不是绝对的。考虑在 $B$ 方发生的事件。给定一个解密函数 $D$ 和一个密钥 $K$，接收方将接收任何输入 $X$ 并生成输出 $Y = D(K, X)$。若 $X$ 是用相应加密函数对合法消息 $M$ 加密生成的密文，则 $Y$ 就是明文消息 $M$，否则 $Y$ 就可能是无意义的位串，因此 $B$ 方就需要采用某种方法确定 $Y$ 是合法的明文及消息确实发自 $A$。

从认证的角度来看，上述推理存在一个问题：假设消息 $M$ 可以是任何位模式，则接收方无法确定收到的消息是合法明文的密文。显然，若 $M$ 可以是任意位模式，则不管 $X$ 的值是什么，$Y = D(K, X)$ 都会作为真实的密文被接收。

因此，一般来说，我们要求合法明文是所有可能的位模式的一个小子集。此时，由任何伪造的密文都不太可能得出合法的明文。例如，若假设 $10^6$ 种位模式中只有一种是合法明文的位模式，则随机选择一个位模式作为密文时，它生成合法明文消息的概率仅为 $10^{-6}$。

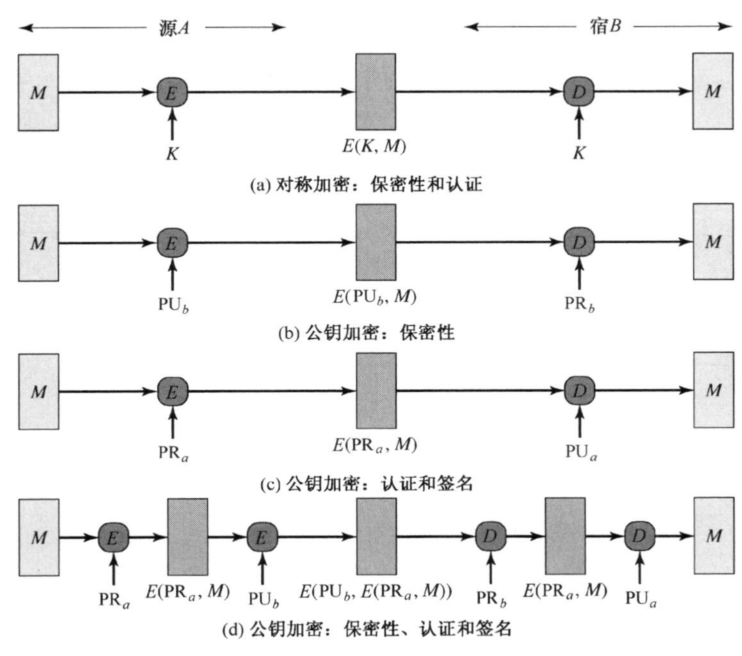


图 12.1 消息加密的基本用途

许多应用和加密方法都满足上述条件。例如，假设我们利用移位一次（$K=1$）的 Caesar 密码来发送英文消息。*A* 发送的合法密文如下：

nbsftfbupbutboeepftfbupbutboemjuumfmbnctfbujwz

*B* 解密密文后得到的明文如下：

mareseatoatsanddoeseatoatsandlittlelambseativy

通过简单的频次分析，可以发现这条消息具有普通英语的特点。另一方面，若敌手生成了如下的随机字符序列：

zuvrsoevgqxlzwigamdvnmhpmccxiuureosfbcebtqxsxq

则它被解密为

ytuqrndufpwkyvhfzlcumlgolbbwhttqdnreabdaspwrwp

这个序列不具有普通英语的特点。

对密文解密得到的明文的可读性进行自动判别非常困难。例如，若明文是二进制文件或数字化的 X 射线，则很难确定解密后的消息是正确生成的，因此认证明文很困难。因此，敌手可以简单地发布任何消息并伪称是发自合法用户的消息，从而造成某种程度的破坏。

解决这个问题的方法之一是，要求明文具有某种易于识别的结构，并且不通过加密函数是不能重复这种结构的。例如，可以在加密前对每条消息附加一个错误检测码，也称帧校验序列（FCS）或校验和，如图 12.2(a)所示。*A* 准备发送明文消息 *M* 时，*A* 将 *M* 作为 *F* 的输入，生成 FCS，将 FCS 附在 *M* 后并对 *M* 和 FCS 一起加密。在接收端，*B* 解密收到的信息，并将其视为消息和附加的 FCS，*B* 用相同的函数 *F* 重新计算 FCS。若计算得到的 FCS 和收到的 FCS 相等，则 *B* 认为消息是真实的。任何随机位序列都不可能生成 *M* 和 FCS 之间的上述联系。

注意，FCS 和加密函数执行的顺序很重要。文献[DIFF79]中将图 12.2(a)所示的序列称为**内部错误控制**，以与**外部错误控制**［见图 12.2(b)］相区别。使用内部错误控制时，敌手很难生成密文，解密后其错误控制位是正确的，因此可以提供认证；若 FCS 是外部码，则敌手可以构建具有正确错误控制码的消息，虽然敌手不知道解密后的明文是什么，但可以造成混淆并破坏通信。

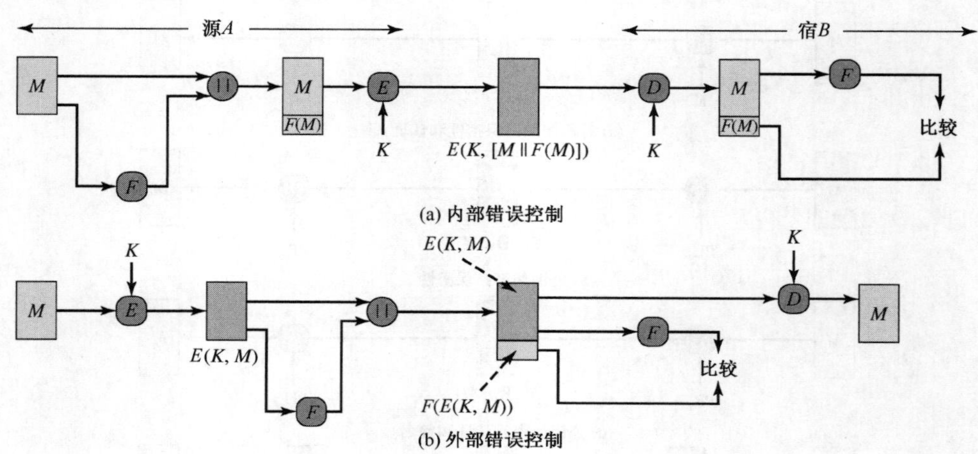


图 12.2　内部和外部错误控制

错误控制码只是上述结构的一个例子。事实上，在要发送的消息中加入任何类型的结构信息都会增强认证能力。分层协议通信体系可以提供这种结构，例如，考虑使用 TCP/IP 协议传输的消息的结构。图 12.3 给出了 TCP 段的格式并说明了 TCP 首部。假设每对主机共享一个密钥，并且无论针对何种应用，每对主机之间都使用相同的密钥进行信息交换。于是，我们可以对除 IP 首部外的所有数据报加密，若敌手用一条消息替代加密后的 TCP 段，则解密后得到的明文中将不包含有意义的首部。在这种情形下，首部不仅包含校验和（涵盖首部），而且包含其他有用的信息，如序号。因此，对于给定的连接，连续的 TCP 段是按顺序编号的，所以加密使得敌手不能延时、删除任何段或改变任何段的顺序。

**公钥加密**　直接使用公钥加密［见图 12.1(b)］可提供保密性，但不能提供认证。发送方 $A$ 使用接收方 $B$ 的公钥 $PU_b$ 对 $M$ 加密，由于只有 $B$ 拥有相应的私钥 $PR_b$，所以只有 $B$ 能对消息解密。但是，任何敌手都可以假冒 $A$ 用 $B$ 的公钥对消息加密，所以这种方法不能提供认证。

要提供认证，$A$ 要用自己的私钥对消息加密，$B$ 要用 $A$ 的公钥对接收的消息解密［见图 12.1(c)］。类似于针对对称密码情形的推理，这提供了认证：因为只有 $A$ 拥有 $PR_a$，能够生成用 $PU_a$ 解密的密文，所以消息一定来自 $A$。同样，对明文也要有某种内部结构使得接收方能够区分真实的明文和随机位。

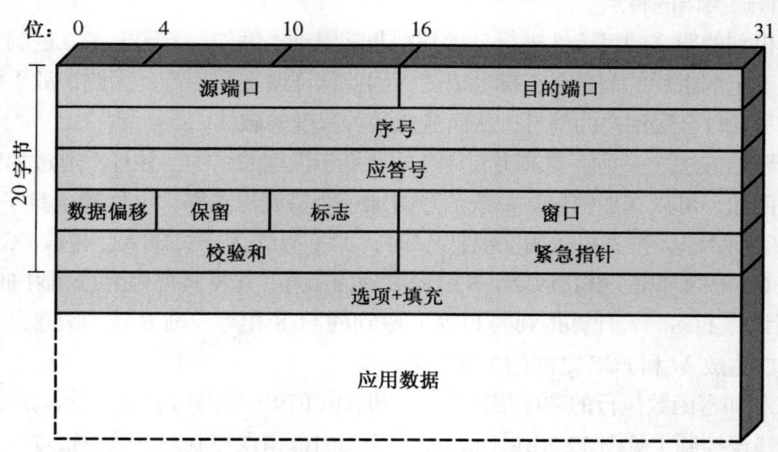


图 12.3　TCP 段

假设明文具有这种结构，于是图 12.1(c)所示的方案既可提供认证，又可提供数字签名[①]。由于只有 $A$ 拥有 $PR_a$，所以只有 $A$ 能够生成密文，甚至接收方 $B$ 也不能生成密文，因此若 $B$ 接收到密文消息，则 $B$ 可以确认该消息来自 $A$。事实上，$A$ 是用私钥对消息加密来对该消息“签名”的。注意，这种方案不提供保密性，因为任何拥有 $A$ 的公钥的人都可解密密文。

如果既要提供保密性又要提供认证，那么 $A$ 可以首先用私钥对 $M$ 加密，这就是数字签名；然后 $A$ 用 $B$ 的公钥对上述结果加密，以保证保密性［见图 12.1(d)］。但这种方法的缺点是，每次通信时要执行 4 次而非 2 次复杂的公钥算法。

### 12.2.2　消息认证码

消息认证码（又称**密码校验**和或 MAC）也是一种认证技术，它用密钥生成定长的小块数据，并将该数据块附到消息之后。这种方法假设通信双方（如 $A$ 和 $B$）共享密钥 $K$。$A$ 向 $B$ 发送消息时，$A$ 计算 MAC，它是消息和密钥的函数，即

$$\text{MAC} = C(K, M)$$

式中，$M$ 为输入消息，$C$ 为 MAC 函数，$K$ 为共享密钥，MAC 为消息认证码。

消息和 MAC 一起被发送给接收方。接收方对收到的消息用相同的密钥 $K$ 进行相同的计算，得到新的 MAC，并将收到的 MAC 与其算出的 MAC 进行比较［见图 12.4(a)］，如果只有收发双方知道该密钥，且收到的 MAC 与算出的 MAC 相等，那么

1. 接收方可以相信消息未被修改。若敌手改变消息但不改变 MAC，则接收方算出的 MAC 不等于收到的 MAC。因为已假设敌手不知道密钥，所以敌手不知道如何改变 MAC 才能使其与修改后的消息一致。
2. 接收方可以相信消息来自真正的发送方。因为其他各方均不知道密钥，因此不能生成具有正确 MAC 的消息。
3. 若消息中含有序号（如 HDLC、X.25 和 TCP 中使用的序号），则接收方可以相信消息顺序是正确的，因为敌手无法成功地修改序号。

MAC 函数与加密类似。区别之一是，MAC 算法不要求是可逆的，而加密算法必须是可逆的。一般来说，MAC 函数是多对一的函数，其定义域由任意长的消息组成，而值域由所有可能的 MAC 和密钥组成。使用 $n$ 位长的 MAC 时，有 $2^n$ 个可能的 MAC，但有 $N$ 条可能的消息，其中 $N \gg 2^n$。此外，若密钥长度为 $k$ 位，则有 $2^k$ 个可能的密钥。

例如，假设我们使用多条 100 位的消息和一个 10 位的 MAC，那么共有 $2^{100}$ 条不同的消息，但只有 $2^{10}$ 个不同的 MAC。因此，平均而言，每个 MAC 值由 $2^{100}/2^{10} = 2^{90}$ 条不同的消息生成。使用的密钥长度为 5 位时，从消息集合到 MAC 值集合共有 $2^5 = 32$ 个不同的映射。

可以证明，由于认证函数的数学性质，认证函数与加密相比更不易被攻破。

图 12.4(a)所示的过程可以提供认证，但不能提供保密性，因为整条消息是以明文形式传送的。若在 MAC 算法之后［见图 12.4(b)］或之前［见图 12.4(c)］对消息加密，则可获得保密性。这两种情形都需要两个独立的密钥，并且收发双方共享这两个密钥。在第一种情形中，首先将消息作为输入，计算 MAC，并将 MAC 附在消息后，然后对整个消息块加密；在第二种情形中，首先将消息加密，然后将密文作为输入，计算 MAC，并将 MAC 附在上述密文之后形成待发送的消息块。一般来说，将 MAC 直接附在明文之后要好一些，所以通常使用图 12.4(b)中的方法。

---

① 这不是构建数字签名的方法，但它们的原理相同。

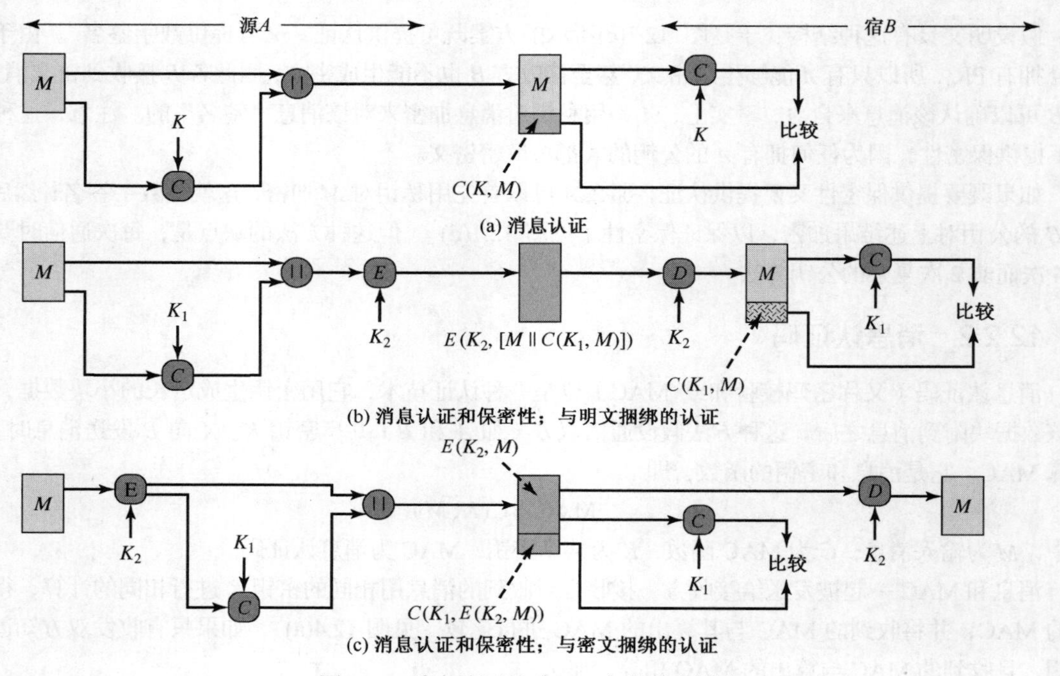

图 12.4 消息认证码（MAC）的基本用途

既然对称加密可以提供认证，并且现有产品中已广泛使用，那么为何不直接使用这种方法而要使用重新设计的消息认证码呢？文献[DAVI89]中提出了必须使用消息认证码的三种情形。

1. 在许多应用中，同一条消息被广播给许多接收方。例如，某军事控制中心需要通知各个用户网络暂时不可使用，或需要发出一条警报。此时，经济且可靠的方法是，只需一个接收方负责监控消息的真实性，所以消息必须以明文加上消息认证码的形式进行广播。负责监控消息真实性的接收方拥有密钥并执行认证。若出现违例，则这个接收方发出警报以通知其他各接收方。
2. 在信息交换中可能出现这样一种情况：通信的一方的处理负荷很大，没有时间解密收到的所有消息，此时该通信方应能随机选择消息并对其进行认证。
3. 对明文形式的计算机程序进行认证是一种很有意义的服务。运行一个计算机程序而不必每次对其解密，因为每次对其解密会浪费处理器资源。若将消息认证码附在该程序之后，则可在需要保证程序完整性时才检验消息认证码。

此外，还有下述三种情形。

4. 一些应用并不关心消息的保密性但关心消息认证。例如，简单网络管理协议版本 3（SNMPv3）就是如此，它区分保密性和认证。对于这些应用，管理系统应对其收到的 SNMP 消息进行认证，这一点非常重要，尤其是消息中包含修改系统参数的命令时，但对这些应用不必加密 SNMP 通信量。
5. 区分认证和保密性可使层次结构更加灵活。例如，我们希望在应用层对消息进行认证，而在更低的层如传输层中提供保密性。
6. 仅在接收消息期间对消息实施保护是不够的，用户可能希望延长对消息的保护时间。就消息加密而言，消息被解密后就不再受到任何保护，于是只在传输中可以使得消息不被修改，而不是在接收方系统中保护消息不被修改。

最后，要注意的是，由于收发双方共享密钥，因此 MAC 不能提供数字签名。

## 12.3　消息认证码的要求

MAC 也称密码校验和，它由如下函数生成：

$$T = \mathrm{MAC}(K, M)$$

式中，$M$ 是一条变长的消息，$K$ 是收发双方共享的密钥，$\mathrm{MAC}(K, M)$是定长的认证符，有时也称**标记**。在假设或已知消息正确时，将 MAC 附在发送方的消息之后；接收方可通过计算 MAC 来认证该消息。

为了获得保密性，可用对称或非对称密码加密整条消息，这种方法的安全性一般依赖于密钥的位长。除非算法本身存在某些弱点，否则敌手必须对所有可能的密钥进行穷举攻击。一般来说，对于 $k$ 位的密钥，穷举攻击需要 $2^{(k-1)}$ 次。特别地，对于唯密文攻击，若给定密文 $C$，则敌手要对所有可能的 $K_i$ 计算 $P_i = D(K_i, C)$，直到生成的某个 $P_i$ 具有适当的明文结构。

MAC 的情况完全不同。一般来说，MAC 函数是多对一的函数。敌手如何使用穷举方法找到密钥呢？若未提供保密性，则敌手可访问明文形式的消息及其 MAC，假设 $k > n$，即假设密钥位数比 MAC 长，则对满足 $T_1 = \mathrm{MAC}(K, M_1)$的 $M_1$ 和 $T_1$，敌手要对所有可能的密钥值 $K_i$ 计算 $T_i = \mathrm{MAC}(K_i, M_1)$，于是至少需要有一个密钥使得 $T_i = T_1$。注意，这里共生成了 $2^k$ 个 MAC，但只有 $2^n < 2^k$ 个不同的 MAC 值，所以许多密钥会生成正确的 MAC，而敌手却不知哪个密钥是正确的密钥。平均来说，共有 $2^k/2^n = 2^{k-n}$ 个密钥会生成正确的 MAC，因此敌手必须重复下述攻击。

- **第 1 轮**

  给定 $M_1$ 和 $T_1 = \mathrm{MAC}(K, M_1)$

  对所有 $2^k$ 个密钥，计算 $T_i = \mathrm{MAC}(K_i, M_1)$

  匹配数 $\approx 2^{k-n}$

- **第 2 轮**

  给定 $M_2$ 和 $T_2 = \mathrm{MAC}(K, M_2)$

  对来自第 1 轮的 $2^{k-n}$ 个密钥，计算 $T_i = \mathrm{MAC}(K_i, M_2)$

  匹配数 $\approx 2^{k-2\times n}$

以此类推。平均而言，$\alpha$ 轮需要 $k = \alpha\times n$。例如，若使用一个 80 位的密钥和一个 32 位的 MAC，则第 1 轮得到约 $2^{48}$ 个可能的密钥，第 2 轮得到约 $2^{16}$ 个可能的密钥，第 3 轮得到唯一一个密钥，这个密钥就是发送方使用的密钥。

若密钥的长度小于等于 MAC 的长度，则第 1 轮就可能得到一个密钥，也可能得到多个密钥，这时敌手还需要对新的（消息，标记）对执行上述测试。

由此可见，采用穷举方法来确定认证密钥并不容易，而且确定认证密钥比确定同样长度的加密密钥更难。然而，可能存在无须寻找密钥的其他攻击。

考虑下面的 MAC 算法。令消息 $M = (X_1 \| X_2 \| \cdots \| X_m)$ 是由 64 位分组 $X_i$ 连接而成的。定义

$$\Delta(M) = X_1 \oplus X_2 \oplus \cdots \oplus X_m,\quad \mathrm{MAC}(K, M) = E(K, \Delta(M))$$

式中，⊕表示异或（XOR）运算，加密算法是电子密码本模式的 DES。于是，密钥长度为 56 位，MAC 长度为 64 位。若敌手知道$\{M \| \mathrm{MAC}(K, M)\}$，则确定 $K$ 的穷举攻击至少需要执行 $2^{56}$ 次加密，但是敌手可以用任何期望的 $Y_1$ 至 $Y_{m-1}$ 替代 $X_1$ 至 $X_{m-1}$、用 $Y_m$ 替代 $X_m$ 来进行攻击，其中 $Y_m$ 按如下方式计算：

$$Y_m = Y_1 \oplus Y_2 \oplus \cdots \oplus Y_{m-1} \oplus \Delta(M)$$

敌手可将 $Y_1$ 至 $Y_m$ 与原来的 MAC 连接为一条新消息，而接收方会认为该消息是真实的。采用这种办法，敌手可以随意插入长度为 $64\times(m-1)$位的任意消息。

因此，评价 MAC 函数的安全性时，应考虑对该函数的各类攻击。下面介绍 MAC 函数应满足的要求。假设敌手知道 MAC 函数，但不知道 $K$，则 MAC 函数应具有下列性质。

1. 若敌手已知 $M$ 和 MAC($K$, $M$)，则其构建满足 MAC($K$, $M'$) = MAC($K$, $M$)的消息 $M'$ 在计算上是不可行的。
2. MAC($K$, $M$)应是均匀分布的，即对任何随机选择的消息 $M$ 和 $M'$，MAC($K$, $M$) = MAC($K$, $M'$)的概率是 $2^{-n}$，其中 $n$ 是 MAC 的位数。
3. 设 $M'$ 是 $M$ 的某个已知变换，即 $M' = f(M)$。例如，$f$ 可能将 $M$ 的一位或多位取反。此时，要求 Pr[MAC($K$, $M$) = MAC($K$, $M'$)] = $2^{-n}$。

前面讲过，即使不知道密钥，敌手也可构建与给定 MAC 匹配的新消息，第一个要求就是针对这种情况提出的。第二个要求是为了阻止基于选择明文的穷举攻击，也就是说，假设敌手不知道 $K$，但是可以访问 MAC 函数，能对消息生成 MAC，则敌手可以对各条消息计算 MAC，直至找到与给定 MAC 相同的消息。若 MAC 函数具有均匀分布的特征，则穷举方法平均需要 $2^{n-1}$ 次才能找到具有给定 MAC 的消息。

最后一条要求是，认证算法对消息的某部分（或位）不应比其他部分（或位）更弱；否则，已知 $M$ 和 MAC ($K$, $M$)的敌手就可对 $M$ 的已知“弱点”进行修改，然后计算 MAC，进而更早地得出具有给定 MAC 的新消息。

## 12.4 MAC 的安全性

类似于加密算法和哈希函数，我们也可以将针对 MAC 的攻击分为两类：穷举攻击和密码分析。

### 12.4.1 穷举攻击

针对 MAC 的穷举攻击由于需要知道〈消息–MAC〉对，所以要比针对哈希函数的攻击更加困难。下面分析原因。敌手可以按如下方式对哈希码进行攻击：对给定的消息 $x$ 及其 $n$ 位哈希码 $h = H(x)$，寻找碰撞的穷举攻击方法可以随机挑选一个位串 $y$，检查是否满足 $H(y) = H(x)$。敌手可以以离线方式重复上述操作，但对 MAC 算法是否能使用离线攻击则依赖于密钥和 MAC 的长度。

在进行深入讨论之前，下面首先讨论 MAC 算法应具有的安全性质，具体如下。

- **抗计算性** 给定一个或多个〈消息–MAC〉对[$x_i$, MAC($K$, $x_i$)]，对任何新输入 $x \neq x_i$，计算〈消息–MAC〉对[$x$, MAC($K$, $x$)]在计算上是不可行的。

换句话说，对给定的消息 $x$，敌手可以通过攻击密钥空间和攻击 MAC 值找出其 MAC。下面依次讨论这些攻击。

若敌手能够确定 MAC 密钥，则可对任何输入 $x$ 生成有效的 MAC。假设密钥长度为 $k$ 位，并且敌手已知一个〈消息–MAC〉对，则敌手可用所有可能的密钥对该消息计算 $n$ 位 MAC，于是至少有一个密钥会生成正确的 MAC，该密钥就是原来用来生成该〈消息–MAC〉对的密钥，此处所需的次数约为 $2^k$（即对 $2^k$ 个可能的密钥中的每个执行一次操作）。然而，如前所述，因为 MAC 是多对一的映射，所以其他一些密钥也可能会生成正确的 MAC 值，因此，若不止一个密钥生成正确值，则必须检查其他一些〈消息–MAC〉对。可以证明，检查这些〈消息–MAC〉对所需的次数会迅速减少，并且总次数约为 $2^k$ [MENE97]。

敌手也可攻击 MAC 而不试图去找出密钥，这种攻击的目的是，对给定的消息生成有效的 MAC，或对给定的 MAC 生成相应的消息。在这两种情形下，次数都为 $2^n$，这与攻击具有单向性或抗弱碰撞能力的哈希码所需的次数相同。对于 MAC，因为敌手需要具有已选择的〈消息–MAC〉对或密钥信息，所以这种攻击不能离线进行。

总之，针对 MAC 算法的穷举攻击所需的次数为 $\min(2^k, 2^n)$。强度评价与对称密码算法中的讨论类似。密钥长度和 MAC 长度应满足关系 $\min(k, n) \geqslant N$，其中 $N$ 在 128 位范围内。

### 12.4.2 密码分析

与哈希函数相比，MAC 的结构种类更多，而且针对 MAC 的密码分析攻击的研究很少，所以很难归纳总结针对 MAC 的密码分析。与针对加密算法和哈希函数的攻击一样，针对 MAC 算法的密码分析攻击也是利用算法的某种性质而非穷举来进行的。评价 MAC 算法抗密码分析能力的方法是，将其与穷举攻击所需的次数相比，也就是说，理想的 MAC 算法要求密码分析攻击所需的次数大于等于穷举攻击所需的次数。

## 12.5 基于哈希函数的 MAC：HMAC

本章后面的部分讨论使用对称分组密码的消息认证码（MAC），它一直是构建 MAC 的常用方法。近年来，人们对利用**密码学哈希函数**来设计 MAC 的兴趣一直在增长，原因如下。

**1**. 类似于 MD5 和 SHA 的密码学哈希函数，软件执行速度一般要比 DES 这样的对称分组密码快。

**2**. 存在许多共享的密码学哈希函数代码库。

随着 AES 的开发及密码算法代码的可用性日益广泛，上述因素的意义下降，但基于哈希函数的 MAC 仍将持续广泛使用。

诸如 SHA 的哈希函数并不是专为 MAC 设计的，哈希函数不依赖于密钥，不能直接用于 MAC。目前，人们提出了将密钥加到现有哈希函数中的许多方案。HMAC（RFC 2104）是最受支持的方案 [BELL96a, BELL96b]，也是 IP 安全中必须实现的 MAC 方案，并且其他 Internet 协议（如 SSL）也使用了 HMAC。HMAC 已成为 NIST 的标准（FIPS 198）。

### 12.5.1 HMAC 设计目标

RFC 2104 中列出了 HMAC 的如下设计目标。

- 不必修改而直接使用现有的哈希函数。特别地，很容易免费得到软件中执行速度较快的哈希函数及其代码。
- 若找到或需要更快或更安全的哈希函数，应能很容易地替代原来嵌入的哈希函数。
- 应保持哈希函数的原有性能，不能过分降低其性能。
- 对密钥的使用和处理应较简单。
- 若已知嵌入的哈希函数的强度，则完全可以知道认证机制抗密码分析的强度。

前两个目标是 HMAC 为人们接受的重要原因。HMAC 将哈希函数视为“黑盒”有两个优点。第一个优点是，实现 HMAC 时可将现有哈希函数作为一个模块，因此可以预先封装许多 HMAC 代码，以便在需要时直接使用；第二个优点是，若希望替代 HMAC 中的哈希函数，则只需删除现有的哈希函数模块并加入新的模块，例如需要更快的哈希函数时就可如此处理。更重要的是，若嵌入的哈希函数的安全受到威胁，则只需用更安全的哈希函数替换嵌入的哈希函数（如用 SHA-3 替代 SHA-2），仍然可以保证 HMAC 的安全性。

上述最后一个设计目标实际上是 HMAC 优于其他基于哈希的一些方法的主要方面。只要嵌入的哈希函数具有合理的密码分析强度，就可证明 HMAC 是安全的。本节后面会讨论这个问题，下面先讨论 HMAC 的结构。

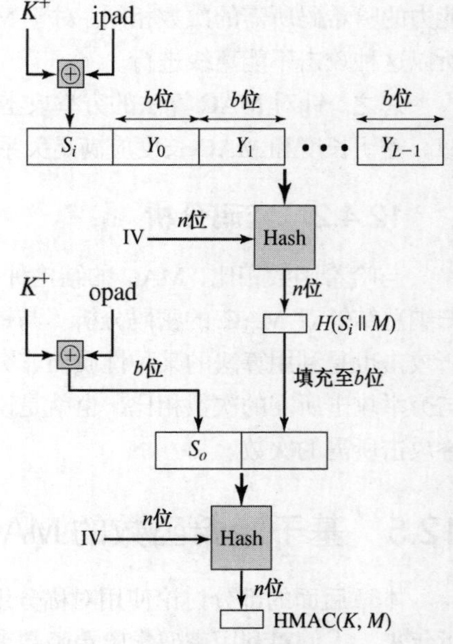


图 12.5 HMAC 的结构

## 12.5.2 HMAC 算法

图 12.5 给出了 HMAC 的总体结构。定义下列符号：

- $H$ 是嵌入的哈希函数（如 MD5、SHA-1、RIPEMD-160）。
- IV 是哈希函数输入的初始值。
- $M$ 是 HMAC 的消息输入（包括由嵌入哈希函数定义的填充位）。
- $Y_i$ 是 $M$ 的第 $i$ 个分组，$0 \leqslant i \leqslant L-1$。
- $L$ 是 $M$ 中的分组数。
- $b$ 是每个分组所含的位数。
- $n$ 是嵌入的哈希函数生成的哈希码长度。
- $K$ 是密钥；建议密钥长度$\geqslant n$。密钥长度大于 $b$ 时，将密钥作为哈希函数的输入，生成一个 $n$ 位的密钥。
- $K^+$是使 $K$ 为 $b$ 位长并在 $K$ 左边填充 0 后的结果。
- ipad 是 00110110（十六进制数 36）重复 $b/8$ 次的结果。
- opad 是 01011100（十六进制数 5C）重复 $b/8$ 次的结果。

于是，HMAC 表示为

$$\text{HMAC}(K, M) = H[(K^+ \oplus \text{opad}) \| H[(K^+ \oplus \text{ipad}) \| M]]$$

算法描述如下。

1. 在 $K$ 左边填充 0，得到 $b$ 位的 $K^+$（例如，若 $K$ 的长度为 160 位，$b = 512$，则在 $K$ 中加入 44 个 0）。
2. $K^+$与 ipad 执行异或运算（按位异或）生成 $b$ 位的分组 $S_i$。
3. 将 $M$ 附在 $S_i$ 后面。
4. 将 $H$ 作用于步骤 3 生成的数据流。
5. $K^+$与 opad 执行异或运算（按位异或）生成 $b$ 位的分组 $S_o$。
6. 将步骤 4 中的哈希码附在 $S_o$ 后面。
7. 将 $H$ 作用于步骤 6 得到的数据流并输出结果。

注意，$K$ 与 ipad 异或后，信息位中的一半发生变化；同样，$K$ 与 opad 异或后，信息位中的另一半也发生变化。这样，通过将 $S_i$ 与 $S_o$ 传给哈希算法中的压缩函数，就可由 $K$ 伪随机地生成两个密钥。

HMAC 多执行了 3 次哈希压缩函数（对 $S_i$、$S_o$ 和内部哈希生成的分组），但对于长消息，HMAC 和嵌入的哈希函数的执行时间应该大致相同。

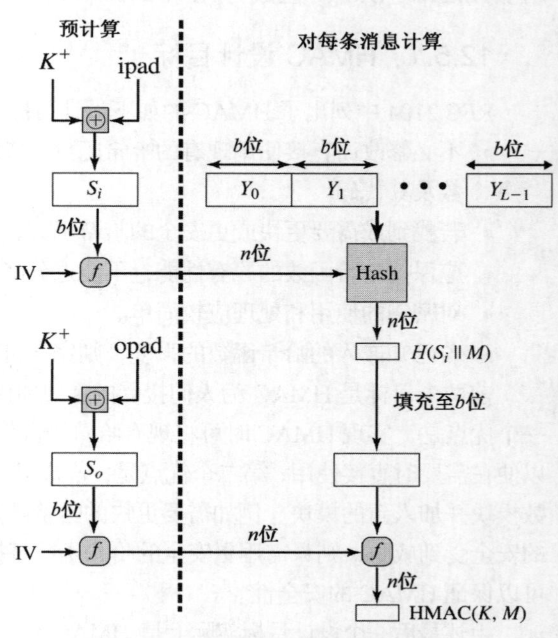


图 12.6 HMAC 的有效实现

实现 HMAC 时存在更有效的方法，如图 12.6 所示。预先计算两个值：

$$f(\text{IV},(K^+ \oplus \text{ipad})),\quad f(\text{IV},(K^+ \oplus \text{opad}))$$

式中，$f(\text{cv, block})$是哈希函数的压缩函数，其输入是 $n$ 位的链接变量和 $b$ 位的分组，输出是 $n$ 位的链接变量。这些量只在初始化或密钥改变时才需要计算，实际上这些预先计算的值取代了哈希函数中的初始值（IV）。于是，只多执行了一次压缩函数，在生成 MAC 的大多数消息都较短的情况下，这种实现特别有意义。

### 12.5.3　HMAC 的安全性

建立在嵌入的哈希函数基础上的任何 MAC，其安全性在某种程度上都依赖于该哈希函数的强度。HMAC 的好处是，设计者可以证明嵌入的哈希函数的强度与 HMAC 的强度之间的精确关系。

在给定时间内，对于已知数量的〈消息–MAC〉对（用相同的密钥生成），伪造者伪造成功的概率可以用来描述 MAC 函数的安全性。文献[BELL96a]中已经证明，若敌手已知由合法用户生成的若干（时间，〈消息–MAC〉）对，则成功攻击 HMAC 的概率等效于针对嵌入哈希函数的下列攻击之一。

**1**．对敌手而言，即使 IV 是随机的、秘密的和未知的，敌手也能计算压缩函数的输出。

**2**．即使 IV 是随机的和秘密的，敌手也能找到哈希函数中的碰撞。

在第一种攻击中，我们可将压缩函数视为将哈希函数应用于只含有一个 $b$ 位分组的消息，哈希函数的 IV 被一个 $n$ 位的秘密随机值代替。针对该哈希函数的攻击要求要么是针对密钥的穷举攻击（其次数为 $2^n$），要么是生日攻击（这是第二种攻击的特例，见下面的讨论）。

在第二种攻击中，敌手要找到生成相同哈希码 $H(M) = H(M')$的两条消息 $M$ 和 $M'$，这是第 11 章中讨论的生日攻击，前面已经证明当哈希码长度为 $n$ 位时所需的次数是 $2^{n/2}$。因此，采用今天的技术，若次数是 $2^{64}$，则被认为是可计算的，所以 MD5 的安全性无法得到保证。然而，这是否意味着 MD5 这样的 128 位哈希函数不能用于 HMAC 呢？答案是否定的，因为要攻击 MD5，敌手可以选择任何消息集，并用专用计算机离线计算来寻找碰撞，由于敌手知道哈希算法和默认的 IV，因此敌手可以对其生成的任何消息计算哈希码。但是，在攻击 HMAC 时，由于敌手不知道 $K$，所以不能离线生成消息/哈希码对，而必须观察 HMAC，使用相同密钥生成的消息序列，并对这些消息进行攻击。哈希码长度为 128 位时，敌手必须观察 $2^{64}$ 个由同一密钥生成的分组（$2^{72}$ 位），对于 1Gbps 的连接，攻击要取得成功，敌手约需要 250000 年来观察使用同一密钥生成的连续消息流。因此，当注重执行速度时，用 MD5 而非 SHA-1 作为 HMAC 的嵌入哈希函数是完全可以接受的。

## 12.6　基于分组密码的 MAC：DAA 和 CMAC

本节讨论两个基于分组加密工作模式的 MAC 算法。首先介绍数据认证算法（DAA），该算法较陈旧，目前已被废止；然后介绍 CMAC 算法，该算法的设计克服了 DAA 算法的某些缺陷。

### 12.6.1　数据认证算法

基于 DES 的数据认证算法（DAA）是多年来使用最广泛的 MAC 算法之一，是 FIPS 标准（FIPS PUB 113）和 ANSI 标准（X9.17）。然而，如后面介绍的那样，人们已经发现这个算法的安全弱点，并且正在使用一个更新、更强的算法代替它。

数据认证算法采用 DES 运算的密文分组链接（CBC）模式（见图 6.4），其初始向量为 0，需要认证的数据（如消息、记录、文件或程序）被分成连续的 64 位分组 $D_1, D_2, \cdots, D_N$，最后一个分组不足 64 位时，在其后填充 0，使其成为 64 位分组。利用 DES 加密算法 $E$ 和密钥 $K$ 计算数据认证码（DAC）的过程如图 12.7 所示。

$$\begin{aligned} O_1 &= E(K, D_1) \\ O_2 &= E(K, [D_2 \oplus O_1]) \\ O_3 &= E(K, [D_3 \oplus O_2]) \\ &\vdots \\ O_N &= E(K, [D_N \oplus O_{N-1}]) \end{aligned}$$

式中，DAC 既可以是整个分组 $O_N$，又可以是其最左侧的 $M$ 位，其中 $16 \leqslant M \leqslant 64$。

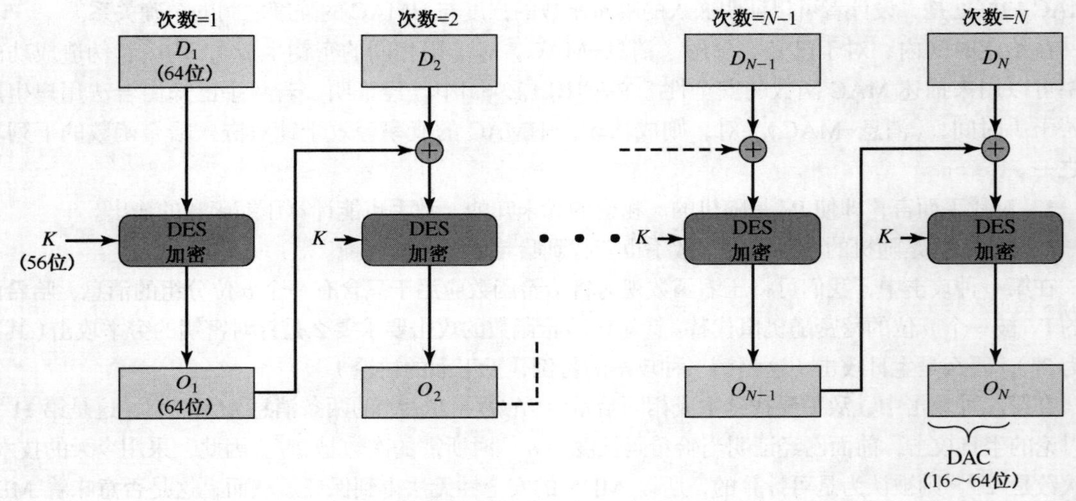


图 12.7　数据认证算法（FIPS PUB 113）

## 12.6.2　基于密码的消息认证码（CMAC）

前面讲过，DAA 算法已被政府和工业界广泛采用。文献[BELL00]中已经证明，在合理的安全准则下，这种 MAC 是安全的，但存在如下限制：仅能处理长度固定为 $mn$ 的消息，其中 $n$ 是密文分组的长度，$m$ 是一个固定的正整数。例如，已知消息分组 $X$ 的 CBC MAC 码，如 $T = \text{MAC}(K, X)$，则敌手马上就知道两个分组消息 $X \| (X \oplus T)$的 CBC MAC 码，因为它仍然是 $T$。

Black 和 Rogaway[BLAC00]已经证明，这种限制可以使用三个密钥来克服：一个长度为 $k$ 的密钥 $K$，用在密文分组链接的每一步中；两个长度为 $n$ 的密钥，其中 $k$ 是密钥长度，$n$ 是密文分组长度。Iwata 和 Kurosawa 还优化了这一构造，使得两个 $n$ 位的密钥可以由加密密钥导出，而不用单独提供[IWAT03]。这种优化已被 NIST 采用为基于密码的消息认证码（CMAC）的运算模式，适用于 AES、3DES，并在 NIST 的专门出版物 800-38B 中规定。

首先，考虑消息长度是分组长度 $b$ 的 $n$ 倍时，CMAC 的运算情况。对于 AES，$b = 128$，对于 3DES，$b = 64$。这个消息被划分为 $n$ 组（$M_1, M_2, \cdots, M_n$）。算法使用了 $k$ 位的加密密钥 $K$ 和 $b$ 位的常数 $K_1$。对于 AES，密钥长度 $k$ 为 128 位、192 位或 256 位；对于 3DES，密钥长度为 112 位或 168 位。CMAC 按如下方式计算（见图 12.8）：

$$
\begin{aligned}
C_1 &= E(K, M_1) \\
C_2 &= E(K, [M_2 \oplus C_1]) \\
C_3 &= E(K, [M_3 \oplus C_2]) \\
&\vdots \\
C_n &= E(K, [M_n \oplus C_{n-1} \oplus K_1]) \\
T &= \mathrm{MSB}_{\mathrm{Tlen}}(C_n)
\end{aligned}
$$

式中，$T$ 为消息认证码（也称标记）；Tlen 为 $T$ 的位长；$\mathrm{MSB}_s(X)$是位串 $X$ 最左侧的 $s$ 位。

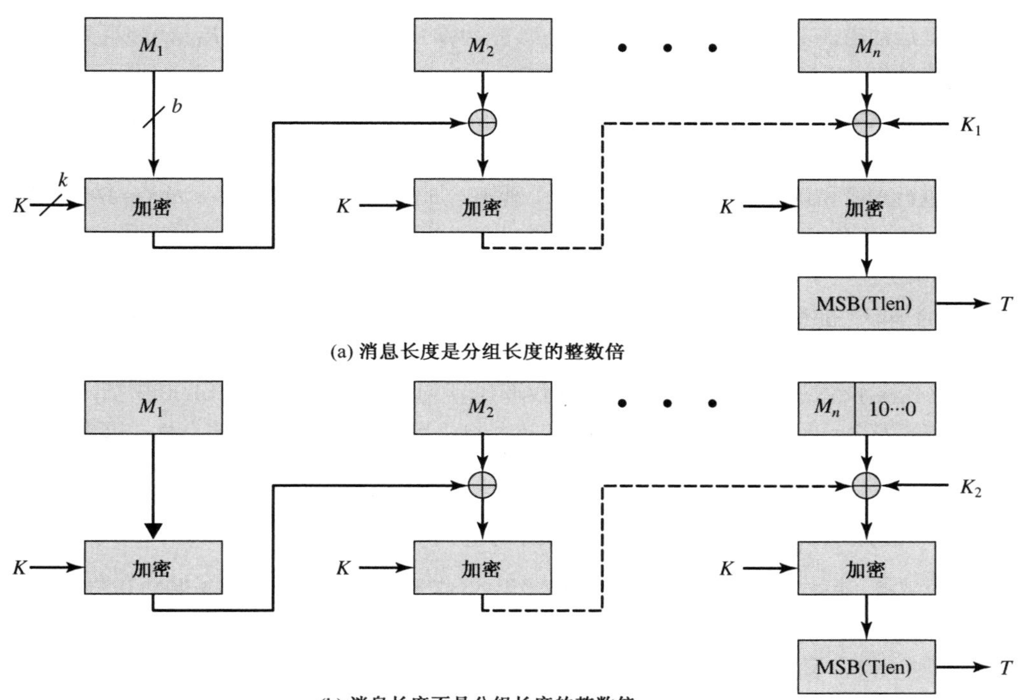


图 12.8　基于密码的消息认证码（CMAC）

若消息不是密文分组长度的整数倍，则最后一个分组的右侧（最低有效位）填充一个 1 和若干 0，使得分组的长度为 $b$。除使用一个不同的 $b$ 位密钥 $K_2$ 代替 $K_1$ 外，照例进行 CMAC 运算。

两个 $b$ 位的密钥由 $k$ 位的加密密钥按如下方式导出：

$$L = E(K, 0^b), \quad K_1 = L \cdot x, \quad K_2 = L \cdot x^2 = (L \cdot x) \cdot x$$

式中，乘法（•）在域 $\mathrm{GF}(2^b)$中进行，$x$ 和 $x^2$ 是域 $\mathrm{GF}(2^b)$的 1 次和 2 次多项式。因此，$x$ 的二进制表示为 $b-2$ 个 0 后跟 10，而 $x^2$ 的二进制表示是 $b-3$ 个 0 后跟 100。有限域由不可约多项式定义，不可约多项式是指在具有极小非零项的多项式集合中，按字典顺序排第一的那个多项式。对于已获批准的两个分组长度，多项式是 $x^{64}+x^4+x^3+x+1$ 和 $x^{128}+x^7+x^2+x+1$。

为了生成 $K_1$ 和 $K_2$，将分组密码应用到一个全 0 的分组上。第一个子密钥由得到的密文导出，即先左移一位，并根据条件和一个常数进行异或运算得到，其中常数依赖于分组的大小。第二个子密钥采用相同的方式由第一个子密钥导出。形为 $\mathrm{GF}(2^b)$的有限域的这种性质在第 6 章讨论列混淆时解释过。

## 12.7 认证加密：CCM 和 GCM

认证加密（AE）是用于描述同时提供通信保密性和认证（完整性）的加密系统的术语。许多应用和协议中需要这两种形式的安全性保证，但两类安全系统一直都分开设计，直到近年来才被合并考虑。

对于消息 $M$，有 4 种同时提供认证和加密的通用方法。

- **先哈希后加密（$H \rightarrow E$）** 对 $M$ 首先使用密码学哈希函数计算 $h = H(M)$，然后将消息和哈希值一起加密：$E(K, (M \| h))$。
- **先认证后加密（$A \rightarrow E$）** 使用两个密钥。首先计算 MAC 值 $T = \text{MAC}(K_1, M)$对明文进行认证，然后将消息和 MAC 一起加密：$E(K_2, [M \| T])$。SSL/TLS 协议（见第 19 章）使用了该方法。
- **先加密后认证（$E \rightarrow A$）** 使用两个密钥。首先加密消息得到密文 $C = E(K_2, M)$，然后计算 MAC 值 $T = \text{MAC}(K_1, C)$得到$(C, T)$来对密文进行认证。IPSec 协议（见第 22 章）使用了该方法。
- **独立进行加密和认证（$E + A$）** 使用两个密钥。加密消息得到密文 $C = E(K_2, M)$；计算 MAC 值 $T = \text{MAC}(K_1, M)$得到$(C, T)$来对明文进行认证。可以交换这些步骤的先后顺序。SSH 协议（见第 19 章）使用了该方法。

对每种方法可以直接进行解密和验证。对于 $H \rightarrow E$、$A \rightarrow E$ 和 $E + A$，要先解密，后验证；对于 $E \rightarrow A$，要先验证，后解密。这些方法都存在安全缺陷。$H \rightarrow E$ 方法在无线加密协议（WEP）中用于保护 WiFi 网络，因为存在根本性的缺陷，后来被 WEP 协议取代。文献[BLAC05]和[BELL00]中指出了这三种加密/MAC 方法的安全问题。当然，设计正确时，这些方法都能提供高强度的安全性。这也是本节接下来介绍已被 NIST 标准化的两种方法的目的。

### 12.7.1 使用分组密码链接-消息认证码的计数器

分组密码链接-消息认证码（CCM）工作模式由 NIST 作为标准提出，用于保护 IEEE 802.11 WiFi 无线局域网（见第 20 章）的安全，也用于任何需要认证和加密的网络应用。CCM 是 $E + A$ 方法的改进，可提供认证加密。NIST SP 800-38C 中提供了这一标准。

组成 CCM 的关键算法是 AES 加密算法（见第 6 章）、CTR 工作模式（见第 7 章）和 CMAC 认证算法（见 12.6 节）。加密和 MAC 算法共用一个密钥 $K$。CCM 加密过程的输入包括三部分。

1. 将被认证和加密的数据，即明文消息 $P$ 数据分组。
2. 将被认证但不需要加密的关联数据 $A$。例如，在协议运行时，协议首部必须以明文传送，但需要认证保护。
3. 赋给净荷和关联数据的时变值 $N$。对于协议关联寿命期内的每个实例，$N$ 的取值是不同的，以阻止重放攻击或某些其他的攻击。

图 12.9 显示了 CCM 的工作过程。对于认证，输入包括时变值、关联数据和明文。输入被格式化为从 $B_0$ 到 $B_r$ 的分组。第一个分组包括时变值及指明 $N$、$A$ 和 $P$ 元素的长度的一些格式化位，后面是 0 个或多个包含 $A$ 的分组，再后是 0 个或多个包含 $P$ 的分组。整个分组序列作为 CMAC 算法的输入，生成长度为 Tlen 的 MAC 值，其中 Tlen 小于等于分组长度［见图 12.9(a)］。

对于加密，生成的计数器序列必须与时变值无关。认证标记使用单个计数器 $\text{Ctr}_0$ 以 CTR 模式加密，输出的 Tlen 个最高有效位与认证标记异或后，生成一个加密后的 MAC。剩余的计数器用于以 CTR 模式加密明文（见图 7.7）。加密后的明文和加密后的标记一起形成密文输出［见图 12.9(b)］。

SP 800-38C 中定义的认证/加密过程如下。

1．使用格式化函数将$(N, A, P)$格式化为分组 $B_0, B_1,\cdots, B_r$。
2．令 $Y_0=E(K, B_0)$。
3．for $i=1$ to $r$，do $Y_i = E(K,(B_i \oplus Y_{i-1}))$。
4．令 $T=\text{MSB}_{\text{Tlen}}(Y_r)$。
5．执行计数器生成函数，生成计数器分组 $\text{Ctr}_0, \text{Ctr}_1,\cdots, \text{Ctr}_m$，其中 $m=\lceil \text{Plen}/128 \rceil$。
6．for $j=0$ to $m$，do $S_j = E(K, \text{Ctr}_j)$。
7．令 $S=S_1 \| S_2 \|\cdots\| S_m$。
8．返回 $C=(P \oplus \text{MSB}_{\text{Plen}}(S)) \| (T \oplus \text{MSB}_{\text{Tlen}}(S_0))$。

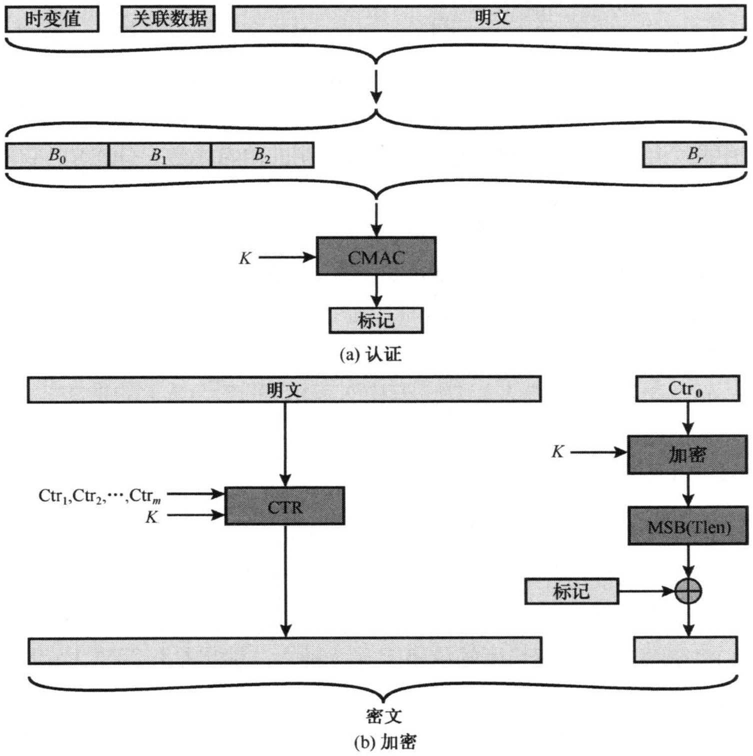


图 12.9　使用分组密码链接–消息认证码（CCM）的计数器

对于解密和验证，接收方需要如下输入：密文 $C$，时变值 $N$，关联数据 $A$，密钥 $K$，以及初始计数器 $\text{Ctr}_0$。处理步骤如下。

1．若 Clen≤Tlen，则返回“无效”。
2．执行计数器生成函数，生成计数器分组 $\text{Ctr}_0, \text{Ctr}_1,\cdots, \text{Ctr}_m$，其中 $m=\lceil \text{Clen}/128 \rceil$。
3．for $j=0$ to $m$，do $S_j = E(K,\text{Ctr}_j)$。
4．令 $S=S_1\|S_2\|\cdots\|S_m$。
5．令 $P=\text{MSB}_{\text{Clen-Tlen}}(C) \oplus \text{MSB}_{\text{Clen-Tlen}}(S)$。
6．令 $T=\text{LSB}_{\text{Tlen}}(C) \oplus \text{MSB}_{\text{Tlen}}(S_0)$。
7．使用格式化函数将$(N, A, P)$格式化为分组 $B_0, B_1,\cdots, B_r$。
8．令 $Y_0 = E(K, B_0)$。

**9**．for $i = 1$ to $r$，do $Y_i = E(K, (B_i \oplus Y_{i-1}))$。

**10**．若 $T \neq \text{MSB}_{\text{Tlen}}(Y_r)$，则返回"无效"，否则返回 $P$。

CCM 是一个相对复杂的算法。注意，对明文需要进行两次完整的处理：一次用来生成 MAC 值，另一次用来加密。另外，该标准还要求对时变值的长度和标记的长度进行折中，但这是不必要的限制。还要注意，加密密钥在 CTR 模式下使用了两次：一次用来生成 MAC 值，另一次用来加密明文和标记。这些复杂操作是否能增强安全性尚无定论。然而，关于该算法的两个分析结果[JONS02，ROGA03]表明，CCM 可以提供高强度的安全性。

## 12.7.2　Galois/计数器模式

Galois/计数器（GCM）工作模式由 NIST 作为 NIST SP 800-38D 标准提出，它基于并行化设计，可以提供高通量及低成本和低延迟。本质上，消息是以变化的 CTR 模式加密的。密文与密钥内容及消息长度信息在 GF($2^{128}$)上相乘，生成认证符标记。该标准还规定了只支持 MAC 的一种工作模式，即 GMAC。

GCM 模式使用两个函数：GHASH，它是一个带密钥的哈希函数；GCTR，它本质上是计数器每次操作后增 1 的 CTR 模式。

$\text{GHASH}_H(X)$将哈希密钥 $H$ 和一个位串 $X$ 作为输入，其中 len($X$) = 128$m$ 位，$m$ 是正整数，输出是一个 128 位的 MAC 值。该函数的具体描述如下［见图 12.10(a)］。

**1**．令 $X_1, X_2, \cdots, X_{m-1}, X_m$ 表示输入分组序列，其中 $X = X_1 \| X_2 \| \cdots \| X_{m-1} \| X_m$。

**2**．令 $Y_0$ 是 128 个 0 分组，表示为 $0^{128}$。

**3**．for $i = 1, \cdots, m$，令 $Y_i = (Y_{i-1} \oplus X_i) \cdot H$，其中 · 表示 GF($2^{128}$)域上的乘法。

**4**．返回 $Y_m$。

$\text{GHASH}_H(X)$函数可以表示为

$$(X_1 \cdot H^m) \oplus (X_2 \cdot H^{m-1}) \oplus \cdots \oplus (X_{m-1} \cdot H^2) \oplus (X_m \cdot H)$$

这个公式具有期望的性能。若使用相同的哈希密钥认证多条消息，则值 $H^2, H^3, \cdots$ 能够通过一次预计算对所有消息进行认证。于是，就可并行处理待认证的数据分组（$X_1, X_2, \cdots, X_m$），因为运算相互独立。

$\text{GCTR}_K(\text{ICB}, X)$将密钥 $K$ 和任意长度的位串 $X$ 作为输入，输出是长度与 $X$ 相同的密文 $Y$。函数描述如下［见图 12.10(b)］。

**1**．若 $X$ 是空串，则将这个空串返回为 $Y$。

**2**．令 $n = \lceil (\text{len}(X)/128) \rceil$，即 $n$ 是大于等于 len($X$)/128 的最小整数。

**3**．令 $X_1, X_2, \cdots, X_{n-1}, X_n^*$ 表示位串序列，满足

$$X = X_1 \| X_2 \| \cdots \| X_{n-1} \| X_n^*$$

其中，$X_1, X_2, \cdots, X_{n-1}$ 是完整的 128 位分组。

**4**．令 $\text{CB}_1 = \text{ICB}$。

**5**．for $i = 2$ to $n$，令 $\text{CB}_i = \text{inc}_{32}(\text{CB}_{i-1})$，其中 $\text{inc}_{32}(S)$函数将 $S$ 最右侧的 32 位增 1 并模 $2^{32}$，剩余位保持不变。

**6**．for $i = 1$ to $n - 1$，do $Y_i = X_i \oplus E(K, \text{CB}_i)$。

**7**．令 $Y_n^* = X_n^* \oplus \text{MSB}_{\text{len}(X_n^*)}(E(K, \text{CB}_n))$。

**8**．令 $Y = Y_1 \| Y_2 \| \cdots \| Y_{n-1} \| Y_n^*$。

**9**．返回 $Y$。

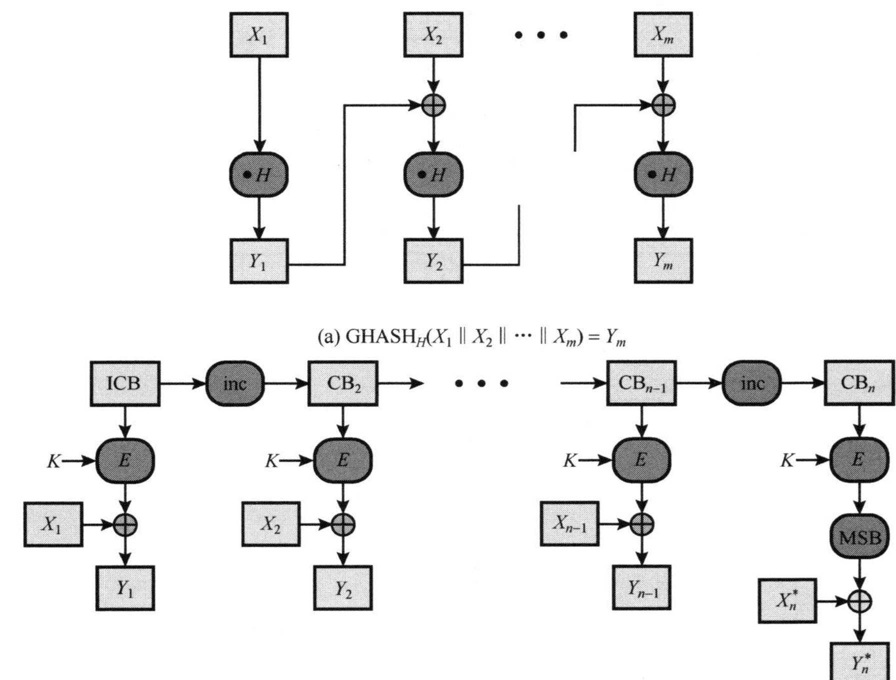


(a) $\text{GHASH}_H(X_1 \| X_2 \| \cdots \| X_m) = Y_m$

(b) $\text{GCTR}_K(\text{ICB}, X_1 \| X_2 \| \cdots \| X_n^*) = Y_1 \| Y_2 \| \cdots Y_n^*$

图 12.10　GCM 认证和加密函数

注意，计数器值可以快速生成，且加密运算可以并行执行。

下面定义整个认证加密函数（见图 12.11）。输入包括密钥 $K$、初始向量 IV、明文 $P$ 及附加认证数据 $A$。符号$[x]_s$表示非负整数 $x$ 的 $s$ 位二进制表示。函数的步骤如下。

**1**．令 $H = E(K, 0^{128})$。

**2**．定义分组 $J_0$ 如下：

若 $\text{len(IV)} = 96$，则令 $J_0 = \text{IV} \| 0^{31} \| 1$。

若 $\text{len(IV)} \neq 96$，则令 $s = 128\lceil \text{len(IV)}/128 \rceil - \text{len(IV)}$ 且 $J_0 = \text{GHASH}_H(\text{IV} \| 0^{s+64} \| [\text{len(IV)}]_{64})$。

**3**．令 $C = \text{GCTR}_K(\text{inc}_{32}(J_0), P)$。

**4**．令 $u = 128\lceil \text{len}(C)/128 \rceil - \text{len}(C)$，并令 $v = 128\lceil \text{len}(A)/128 \rceil - \text{len}(A)$。

**5**．定义分组 $S$ 如下：

$$S = \text{GHASH}_H(A \| 0^v \| C \| 0^u \| [\text{len}(A)]_{64} \| [\text{len}(C)]_{64})$$

**6**．令 $T = \text{MSB}_t(\text{GCTR}_K(J_0, S))$，其中 $t$ 是支持的标记长度。

**7**．返回$(C, T)$。

在步骤 1 中，通过使用密钥 $K$ 加密 128 位的全 0 分组生成哈希密钥。在步骤 2 步，由 IV 生成预计数器分组（$J_0$）。特别地，若 IV 的长度是 96 位，则把 $0^{31}\|1$ 作为填充串附在 IV 后面生成 $J_0$，否则 IV 被最少数量的 0 填充，直到长度被填充为 128 位（分组长度）的整数倍；结果填充 64 个 0，再附加 64 位的 IV 长度信息，对整个填充后的串使用 GHASH 函数，形成预计数器分组。

于是，GCM 基于 CTR 工作模式并添加一个 MAC，以便认证信息和只要求认证的附加数据。用于计算哈希的函数只使用 Galois 域上的乘法。之所以这样选择，原因是执行 Galois 域上的乘法运算很容易，且便于硬件实现[MCGR03]。

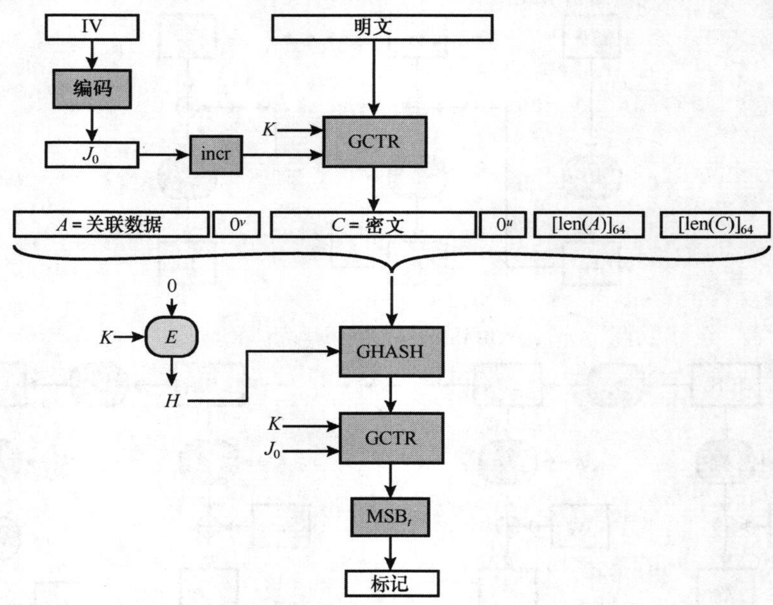


图 12.11 Galois/计数器-消息认证码（GCM）

文献[MCGR04]中讨论了分组密码的工作模式，表明基于 CTR 的认证加密方法在高速网络中是最高效的工作模式。该文献还进一步说明了 GCM 满足高安全性要求。

## 12.8 密钥封装

### 12.8.1 应用背景

**密钥封装**（KW）操作模式是 NIST 制定的最新一类分组加密工作模式（SP 800-38F）。密钥封装模式使用 AES 或三重 DES 作为基本加密算法。在 RFC 3394 中也提供关于 AES 版本的文档。

密钥封装的目的是，让通信双方使用事先共享的一个对称密钥（称为**密钥加密密钥**，KEK）来安全地交换对称密钥。

这里有两个问题需要说明。第一问题是，为什么要使用一个通信双方已知的对称密钥去加密新的对称密钥？这类需求在本书介绍的许多协议中都是必要的，如 IEEE 802.11 和 IPsec 协议中的密钥管理部分。这个问题将在第 14 章中讨论。

第二个问题是，为什么需要新的工作模式？新工作模式的目的是，对长度大于加密算法的分组长度的密钥进行操作。例如，AES 使用 128 位的分组长度，但可以使用 128 位、192 位或 256 位的密钥长度。对于后两种密钥长度，加密密钥涉及多个分组。下面考虑密钥数据值大于其他数据值的情形，因为密钥会被使用多次，密钥泄露意味着使用该密钥加密的所有数据泄露。因此 NIST 需要制定一个鲁棒的加密模式。密钥封装模式是鲁棒的，因为在密钥封装模式下，输出的每一位受输入的每一位的影响是无规律的。在前面介绍过的工作模式中，许多模式都不满足上述要求。例如，对于前面介绍的所有工作模式，明文的最后一个分组只影响密文的最后一个分组；类似地，密文的第一个分组只由明文的第一个分组就可以被推导出来。

为了达到鲁棒性的要求，与其他工作模式相比密钥封装模式的通量较低，但在一些密钥管理应用中可能需要折中处理。另外，与消息加密或文件加密不同，密钥封装模式一般只用于少量的明文。

## 12.8.2　密钥封装算法

密钥封装算法对 64 位分组进行操作。算法输入包括一个 64 位常数（见后面的详细介绍），以及被分为若干 64 位分组的明文密钥。我们使用如下符号。

| | |
|---|---|
| $\mathrm{MSB}_{64}(W)$ | $W$ 的最高 64 位有效位 |
| $\mathrm{LSB}_{64}(W)$ | $W$ 的最低 64 位有效位 |
| $W$ | 临时值；加密函数的输出 |
| $\oplus$ | 按位异或 |
| $\|$ | 连接 |
| $K$ | 密钥加密密钥 |
| $n$ | 64 位密钥数据分组的数量 |
| $s$ | 封装过程中的阶段数；$s = 6n$ |
| $P_i$ | 第 $i$ 个明文密钥数据分组；$1 \leqslant i \leqslant n$ |
| $C_i$ | 第 $i$ 个密文数据分组；$0 \leqslant i \leqslant n$ |
| $A(t)$ | 加密阶段 $t$ 后的 64 位完整性校验寄存器；$1 \leqslant t \leqslant s$ |
| $A(0)$ | 初始完整性校验值（ICV）；十六进制表示为 A6A6A6A6A6A6A6A6 |
| $R(t, i)$ | 加密阶段 $t$ 后的 64 位寄存器 $i$；$1 \leqslant t \leqslant s$，$1 \leqslant i \leqslant n$ |

密钥封装算法描述如下。

**输入**　明文，$n$ 个 64 位值（$P_1, P_2, \cdots, P_n$）

　　　　密钥加密密钥，$K$

**输出**　密文，$n+1$ 个 64 位值（$C_0, C_1, \cdots, C_n$）

**1**. 初始化变量。

$\boldsymbol{A}(0) = \mathrm{A6A6A6A6A6A6A6A6}$

　　**for** $\boldsymbol{i} = 1$ **to** $\boldsymbol{n}$

　　　$\boldsymbol{R}(0, \boldsymbol{i}) = \boldsymbol{pi}$

**2**. 计算中间值。

**for** $\boldsymbol{t} = 1$ **to** $\boldsymbol{s}$

$\boldsymbol{W} = E(\boldsymbol{K}, [\boldsymbol{A}(\boldsymbol{t}-1) \| \boldsymbol{R}(\boldsymbol{t}-1, 1)])$

$\boldsymbol{A}(\boldsymbol{t}) = \boldsymbol{t} \oplus \mathrm{MSB}_{64}(\boldsymbol{W})$

$\boldsymbol{R}(\boldsymbol{t}, \boldsymbol{n}) = \mathrm{LSB}_{64}(\boldsymbol{W})$

**for** $\boldsymbol{i} = 1$ **to** $\boldsymbol{n} - 1$

　　$\boldsymbol{R}(\boldsymbol{t}, \boldsymbol{i}) = \boldsymbol{R}(\boldsymbol{t}-1, \boldsymbol{i}+1)$

**3**. 输出结果。

$\boldsymbol{C}_0 = \boldsymbol{A}(\boldsymbol{s})$

**for** $\boldsymbol{i} = 1$ **to** $\boldsymbol{n}$

　　$\boldsymbol{C}_i = \boldsymbol{R}(\boldsymbol{s}, \boldsymbol{i})$

注意，为了存储 ICV，密文要比明文密钥长一个分组。在密钥解封（解密）过程中，64 位 ICV 和明文密钥都被恢复。若恢复的 ICV 与十六进制输入值 A6A6A6A6A6A6A6A6 不一致，则检测出错误或变化，并拒绝这个明文密钥。于是，密钥封装算法不仅提供秘密性，而且提供数据完整性。

图 12.12 给出了密钥封装算法加密一个 256 位密钥的过程。每个盒子表示一个加密阶段（$t$ 的一个值）。注意 $A$ 的输出反馈为下一阶段（$t+1$）的输入，而 $R$ 的输出直接跳过 $n$ 个阶段至阶段（$t+n$），在本例中 $n=4$。

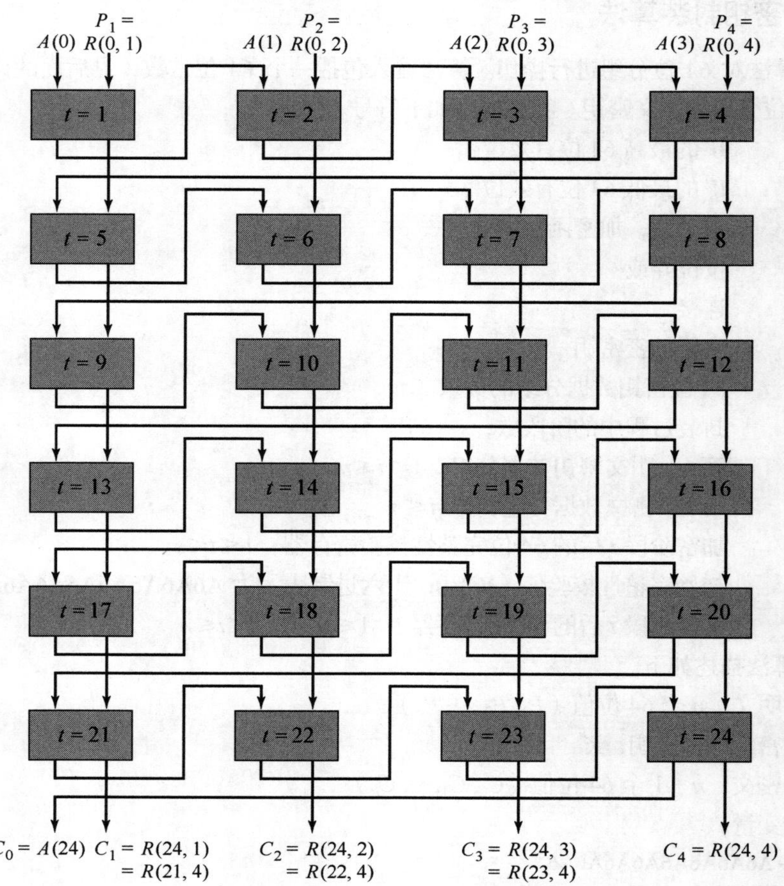


图 12.12　对 256 位密钥的密钥封装操作

这样的设计增强了雪崩效应和位之间的混淆。为了实现阶段的跳过，需要使用滑动缓冲器，以便阶段 $t$ 中 $R$ 的输出能够在缓冲区为每个阶段移动一个位置，直到它成为阶段 $t+n$ 的输入。若把内层的 for 循环展开，则结构会更加清晰。例如，对于本例中的 256 位密钥（$n=4$），其结构如下：

$$R(t,1) = R(t-1,2)$$
$$R(t,2) = R(t-1,3)$$
$$R(t,3) = R(t-1,4)$$

例如，考虑阶段 5，$R$ 的输出为 $R(5,4)=x$。在阶段 6，计算 $R(6,3)=R(5,4)=x$。在阶段 7，计算 $R(7,2)=R(6,3)=x$。在阶段 8，计算 $R(8,1)=R(7,2)=x$。因此，在阶段 9，$R(t-1,1)$ 的输入是 $R(8,1)=x$。

图 12.13 描述了阶段 $t$ 中对 256 位密钥的操作。虚反馈线表示对阶段的变量赋新值。

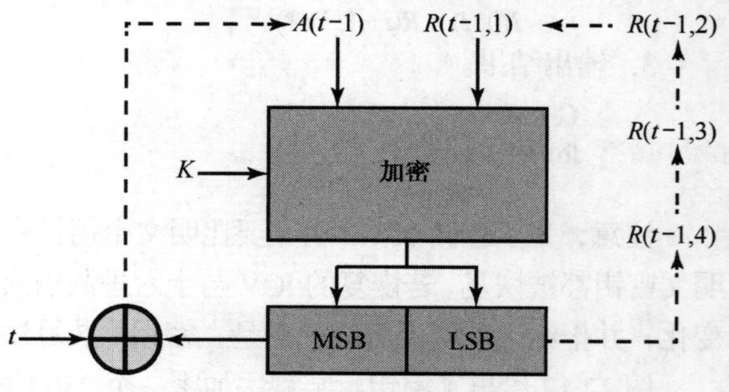


图 12.13　对 256 位密钥的密钥封装操作：阶段 $t$

### 12.8.3 密钥解封

密钥解封算法定义如下。

**输入**　密文，$n+1$ 个 64 位值（$C_0, C_1, \cdots, C_n$）。

密钥加密密钥，$K$。

**输出**　明文，$n$ 个 64 位值（$P_1, P_2, \cdots, P_n$），ICV。

**1**．初始化变量。

$\boldsymbol{A}(\boldsymbol{s}) = \boldsymbol{C}_0$

**for** $\boldsymbol{i} = 1$ **to** $\boldsymbol{n}$

$\boldsymbol{R}(\boldsymbol{s}, \boldsymbol{i}) = \boldsymbol{C}_i$

**2**．计算中间值。

**for** $\boldsymbol{t} = \boldsymbol{s}$ **to** 1

$\boldsymbol{W} = D(\boldsymbol{K}, [(\boldsymbol{A}(\boldsymbol{t}) \oplus \boldsymbol{t}) \| \boldsymbol{R}(\boldsymbol{t}, \boldsymbol{n})])$

$\boldsymbol{A}(\boldsymbol{t}-1) = \text{MSB}_{64}(\boldsymbol{W})$

$\boldsymbol{R}(\boldsymbol{t}-1, 1) = \text{LSB}_{64}(\boldsymbol{W})$

**for** $\boldsymbol{i} = 2$ **to** $\boldsymbol{n}$

　$\boldsymbol{R}(\boldsymbol{t}-1, \boldsymbol{i}) = \boldsymbol{R}(\boldsymbol{t}, \boldsymbol{i}-1)$

**3**．输出结果。

若 $\boldsymbol{A}(0) =$ A6 A6 A6 A6 A6 A6 A6 A6

则

　**for** $\boldsymbol{i}=1$ **to** $\boldsymbol{n}$

　　$\boldsymbol{p}(\boldsymbol{i}) = \boldsymbol{R}(0, \boldsymbol{i})$

否则

　返回错误

注意，密钥解封算法中使用了解密函数。

下面说明解封函数是封装函数的逆函数，即解封函数能够正确地恢复明文密钥和 ICV。首先，由于解封函数中索引变量 $t$ 是从 $s$ 到 1 计数的，因此解封函数中的阶段 $t$ 恰好对应于封装函数中的阶段 $t$。在封装函数的阶段 $t$，输入变量的索引序号为 $t-1$，在解封函数的阶段 $t$，输出变量的索引序号为 $t-1$。因此，要想证明这两个函数互逆，只需证明解封函数在阶段 $t$ 的输出变量等于封装函数在阶段 $t$ 的输入变量。

证明分为两部分。首先证明 for 循环之前的 $A$ 和 $R$ 变量的计算是互逆的。为此，我们简化符号，定义 128 位的值 $T$ 表示 64 位的 $t$ 后面补 64 个 0。因此，密钥封装算法中步骤 2 的前 3 行可以写成

$$A(t) \| R(t,n) = T \oplus E(K,[A(t-1) \| R(t-1,1)]) \tag{12.1}$$

密钥解封算法中步骤 2 的前 3 行可以写成

$$A(t-1) \| R(t-1,1) = D(K,([A(t) \| R(t,n)] \oplus T)) \tag{12.2}$$

将式（12.1）的右边展开，可得

$$D(K,([A(t) \| R(t,n)] \oplus T)) = D(K,([T \oplus E(K,[A(t-1) \| R(t-1,1)])] \oplus T))$$

由于 $T \oplus T = 0$，于是对任意 $x$ 有 $x \oplus 0 = x$，所以有

$$\begin{aligned} D\left(K,([A(t) \| R(t,n)] \oplus T)\right) &= D(K,([E(K,[A(t-1) \| R(t-1,1)])) \\ &= A(t-1) \| R(t-1,1) \end{aligned}$$

第二部分是证明密钥封装算法和解封算法步骤 2 中 for 循环的操作是互逆的。对于密钥封装算法的阶段 $k$，变量 $R(t-1,1)$ 到 $R(t-1,n)$ 是输入。$R(t-1,1)$ 用于加密计算；$R(t-1,2)$ 到 $R(t-1,n)$ 映射为 $R(t,1)$ 到 $R(t,n-1)$；而 $R(t,n)$ 是加密算法的输出。对于解封算法的阶段 $k$，变量 $R(t,1)$ 到 $R(t,n)$ 是输入，

$R(t,n)$ 是解密算法的输入且解密输出结果是 $R(t-1,1)$ 。剩余的变量 $R(t-1,2)$ 到 $R(t-1,n)$ 是通过 for 循环计算得出的，与 $R(t,1)$ 到 $R(t,n-1)$ 一一对应。

因此，解封函数在阶段 $k$ 的输出变量等于封装函数在阶段 $k$ 的输入变量。

## 12.9 使用哈希函数和 MAC 的伪随机数生成器

任何伪随机数生成器（PRNG）的基本元素都包括一个种子值和一个生成伪随机位流的确定性算法。若将算法用作伪随机函数（PRF）来生成诸如会话密钥之类的值，则要求仅有 PRF 的使用者知道种子。若使用该算法生成流密码函数，则种子是仅为发送方和接收方知道的密钥。

第 8 章和第 10 章中讨论过这个主题，因为加密算法生成的输出是随机的，可以作为构建 PRNG 的基础。类似地，哈希函数和 MAC 的输出也是随机的，也能用于构建 PRNG。ISO 标准 18031（*Random Bit Generation*）和 NIST SP 800-90（*Recommendation for Random Number Generation Using Deterministic Random Bit Generators*）中都定义了使用密码学哈希函数生成随机数的方案。SP 800-90 中还定义了基于 MAC 的随机数生成器。下面分别介绍这两种方案。

### 12.9.1 基于哈希函数的 PRNG

图 12.14(a)显示了 SP 800-90 和 ISO 18031 中定义的基于哈希的 PRNG 的基本方案。算法的输入如下：$V$ 为种子；seedlen 为 $V$ 的位长度，要求 seedlen $\geqslant K+64$ ，其中 $K$ 是所需的安全强度（单位为位）；$N$ 为所需的输出位数。

算法使用生成 outlen 位长度哈希值的密码学哈希函数 $H$。算法的基本操作如下：

$m = \lceil n / \text{outlen} \rceil$
data = $V$
$W$ = 空字符串
for $i$ = 1 to $m$
  $w_i = H(\text{data})$
  $W = W \| w_i$
  data = (data + 1) mod $2^{\text{seedlen}}$
返回 $W$ 最左侧的 $n$ 位

于是，伪随机位流是 $w_1 \| w_2 \| \cdots \| w_m$，最后一个分组在需要时可截断。

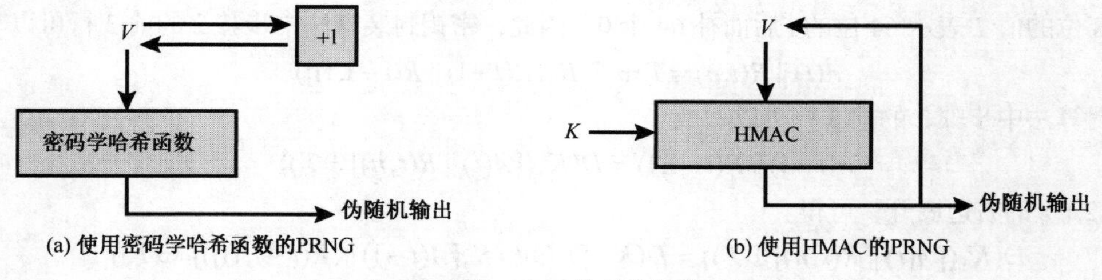


图 12.14 基于哈希的 PRNG 的基本结构（SP 800-90）

为了增加安全性，SP 800-90 标准还对 $V$ 提供了周期性的更新。该标准还指出，对于诸如 SHA-2 的强密码学哈希算法，目前还没有发现基于哈希方案的 PRNG 的已知或可疑缺陷。

### 12.9.2 基于 MAC 函数的 PRNG

对于图 12.14(a)中显示的 PRNG，尽管没有发现基于密码学哈希算法的 PRNG 存在已知或可疑缺陷，但使用 MAC 更令人放心。基于 MAC 的 PRNG 几乎都是使用 HMAC 构建的，因为 HMAC 是应用最广泛的标准 MAC 算法，且在许多协议和应用中已被实现。如 SP 800-90 中所述，与基于哈希的方案相比，其缺点是执行时间会加倍，因为 HMAC 对于每个输出分组都要执行两次哈希函数运算。与基于哈希的方案相比，基于 HMAC 的方案的优点是可以提供更高的安全性。

基于 MAC 的方案需要两个输入：密钥 $K$ 和种子 $V$。事实上，在 SP 800-90 中将 $K$ 和 $V$ 统称为种子。图 12.14(b)中显示了 PRNG 机制的基本结构，图 12.15 的最左一列说明了具体的逻辑关系。注意，对于每个输出分组，密钥都是相同的，而每个分组的输入数据都等于前一个分组的 MAC 值。为了增加安全性，SP 800-90 标准还提供了对 $K$ 和 $V$ 的周期性更新。

将一些应用中为 PRNG 使用的 HMAC 与 SP 800-90 标准相比较是有帮助的，如图 12.15 所示。对于 IEEE 802.11i 无线局域网安全标准（见第 20 章），输入数据包括种子与计数器的连接，对每个输出分组 $w_i$，计数器依次递增。该方案与 SP 800-90 标准相比，似乎安全性更高。在 SP 800-90 标准中，输出分组 $w_i$ 的输入数据恰好是前一个 $w_{i-1}$ 执行 HMAC 的输出。因此敌手能够通过观察伪随机输出知道 HMAC 的输入和输出。尽管如此，若假设 HMAC 是安全的，则知道输入和输出并不能恢复 $K$，也就不能预测随后的随机位。

传输层安全协议（第 19 章）和无线传输层安全协议（第 20 章）使用的方案是为每个输出分组 $w_i$ 调用两次 HMAC。类似于 IEEE 802.11，这会使得输出不直接与输入相关，但两次调用 HMAC 意味着运行开销也会加倍。

| NIST SP 800-90 | IEEE 802.11i | TLS/WTLS |
|---|---|---|
| $m = \lceil n / \text{outlen} \rceil$<br>$w_0 = V$<br>$W =$ 空字符串<br>for $i = 1$ to $m$<br>    $w_i = \text{MAC}(K, w_{i-1})$<br>    $W = W \parallel w_i$<br>返回 $W$ 最左侧的 $n$ 位 | $m = \lceil n / \text{outlen} \rceil$<br>$W =$ 空字符串<br>for $i = 1$ to m<br>    $w_i = \text{MAC}(K, (V \parallel i))$<br>    $W = W \parallel w_i$<br>返回 $W$ 最左侧的 $n$ 位 | $m = \lceil n / \text{outlen} \rceil$<br>$A(0) = V$<br>$W =$ 空字符串<br>for $i = 1$ to $m$<br>$A(i) = \text{MAC}(K, A(i-1))$<br>$w_i = \text{MAC}(K, (A(i) \parallel V))$<br>$W = W \parallel w_i$<br>返回 $W$ 最左侧的 $n$ 位 |

图 12.15 基于 HMAC 的三个 PRNG

## 12.10 关键术语、思考题和习题

### 关键术语

| | | |
|---|---|---|
| 认证符 | 密码学哈希函数 | 消息认证 |
| 密码校验和 | 密钥封装 | 消息认证码 |

### 思考题

**12.1** 消息认证是为了对付哪些类型的攻击?

**12.2** 消息认证或数字签名方法有哪两层功能?

**12.3** 生成消息认证的方法有哪些?

**12.4** 使用对称加密和错误控制码认证消息时，这两个函数必须以何种顺序执行?

**12.5** 什么是消息认证码?

**12.6** 消息认证码和单向哈希函数的区别是什么？

**12.7** 为提供消息认证，应以何种方式保证哈希值的安全？

**12.8** 为了攻击 MAC 算法，必须恢复密钥吗？

**12.9** 要用一个哈希函数替代另一个哈希函数，HMAC 中需要做哪些改变？

## 习题

**12.1** 若 $F$ 是错误检测函数，则其无论是用作内部函数还是用作外部函数（见图 12.2），都具有错误检测能力。若被传输消息的任何位被改变，则不管是在加密函数内还是在加密函数外执行 FCS，收到的 FCS 和算出的 FCS 都会不一致。有些编码还具有纠错能力，若在传输中有一位或一些位被改变，则纠错码应含有足够的冗余信息来确定错误位并纠正它。显然，纠错码用在加密函数外时具有纠错能力。纠错码用在加密函数内时具有纠错能力吗？

**12.2** 可以将 12.6 节中给出的数据认证算法定义为使用密文分组链接（CBC）方式的 DES 运算，其初始向量为 0（见图 12.7）。证明通过密文反馈模式可以得出同样的结果。

**12.3** 12.6 节的开头说，当给定一个分组消息 $X$ 的 CBC MAC 值 $T = \text{MAC}(K, X)$ 时，敌手立即知道两个分组消息 $X \| (X \oplus T)$ 的 CBC MAC 值，因为该值仍然是 $T$。证明上述结论。

**12.4** 证明：对于 CMAC，当最后一轮加密完成后，与第二个密钥异或的变异方法没有效果。下面考虑消息长度是分组长度的整数倍的情况。变异方法可以表示为 $\text{VMAC}(K,M) = \text{CBC}(K,M) \oplus K_1$。假设敌手可以获得三条消息的 MAC：消息 $\mathbf{0} = 0^n$，其中 $n$ 是分组的长度；消息 $\mathbf{1} = 1^n$；消息 $\mathbf{1}\|\mathbf{0}$。敌手可以得到 $T_0 = \text{CBC}(K,\mathbf{0}) \oplus K_1$、$T_1 = \text{CBC}(K,\mathbf{1}) \oplus K_1$ 和 $T_2 = \text{CBC}(K,[\text{CBC}(K,\mathbf{1})]) \oplus K_1$。证明敌手可以算出其未提问过的消息 $\mathbf{0}\| (T_0 \oplus T_1)$ 的正确 MAC 值。

**12.5** 在讨论 CMAC 子密钥生成时，说过首先要将分组密码应用到一个全 0 的分组。第一个子密钥从所得的密文导出，即先左移一位，然后根据条件和一个常数进行异或运算得到，其中常数依赖于分组的大小。第二个子密钥是采用相同的方式由第一个子密钥导出的。

**a**．对于长度为 64 位或 128 位的分组，需要什么常数？

**b**．说明如何进行左移和异或运算才能得到结果。

**12.6** 12.6 节给出了三种实现认证加密的基本方法：$A \to E$、$E \to A$ 和 $E + A$。

**a**．CCM 使用的是哪种方法？

**b**．GCM 使用的是哪种方法？

**12.7** 证明 GHASH 函数的计算过程是 $(X_1 \cdot H^m) \oplus (X_2 \cdot H^{m-1}) \oplus \cdots \oplus (X_{m-1} \cdot H^2) \oplus (X_m \cdot H)$。

**12.8** 为认证解密码过程画出类似于图 12.11 的流程图。

**12.9** Alice 想通过长度为 2 的字发送 1 位信息（是或否）给 Bob。Alice 和 Bob 有 4 个可能的密钥来进行认证。下表给出了每个密钥下为每条消息发送的 2 位字：

| | 消息 | |
|---|---|---|
| 密钥 | 0 | 1 |
| 1 | 00 | 01 |
| 2 | 10 | 00 |
| 3 | 01 | 11 |
| 4 | 11 | 10 |

**a**．上表对于 Alice 的操作是必需的。请为 Bob 构建类似的表格用于认证。

**b**．敌手冒充 Alice 的成功概率是多少？

c．敌手对截获的消息进行替代的成功概率是多少？

**12.10** 画出类似于图 12.12 和图 12.13 的流程图，说明密钥解封算法。

**12.11** 考虑下面的密钥封装算法：

**1**．初始化变量。

$\boldsymbol{A}$ = A6A6A6A6A6A6A6A6
**for** $\boldsymbol{i}$ = 1 **to** $\boldsymbol{n}$
$\boldsymbol{R}(\boldsymbol{i}) = \boldsymbol{P}_i$

**2**．计算中间值。

**for** $\boldsymbol{j}$ = 0 **to** 5
　　**for** $\boldsymbol{i}$ = 1 **to** $\boldsymbol{n}$
　　　$\boldsymbol{B} = \mathrm{E}(\boldsymbol{K}, [\boldsymbol{A} \| \boldsymbol{R}(\boldsymbol{i})])$
　　　$\boldsymbol{t} = (\boldsymbol{n} \times \boldsymbol{j}) + \boldsymbol{i}$
　　　$\boldsymbol{A} = \boldsymbol{t} \oplus \mathrm{MSB}_{64}(\boldsymbol{B})$
　　　$\boldsymbol{R}(\boldsymbol{i}) = \mathrm{LSB}_{64}(\boldsymbol{B})$

**3**．输出结果。

$\boldsymbol{C}_0 = \boldsymbol{A}$
**for** $\boldsymbol{i}$ = 1 **to** $\boldsymbol{n}$
　　$\boldsymbol{C}_i = \boldsymbol{R}(\boldsymbol{i})$

**a**．该算法与 12.8 节中介绍的 SP 800-38F 算法，功能上有什么区别？

**b**．写出对应的密钥解封算法。

# 第 13 章　数 字 签 名

**学习目标**

- 概述数字签名过程。
- 理解 ElGamal 数字签名方案。
- 理解 Schnorr 数字签名方案。
- 理解 NIST 数字签名方案。
- 比较 NIST 数字签名方案、ElGamal 数字签名方案和 Schnorr 数字签名方案的异同。
- 理解椭圆曲线数字签名方案。
- 理解 RSA-PSS 数字签名方案。

数字签名是公钥密码学发展过程中取得的重要进展，它能提供其他方法难以实现的安全性。

图 13.1 所示为构建和使用数字签名过程的一般模型。本章介绍的所有数字签名方案都以这个基本结构为基础。

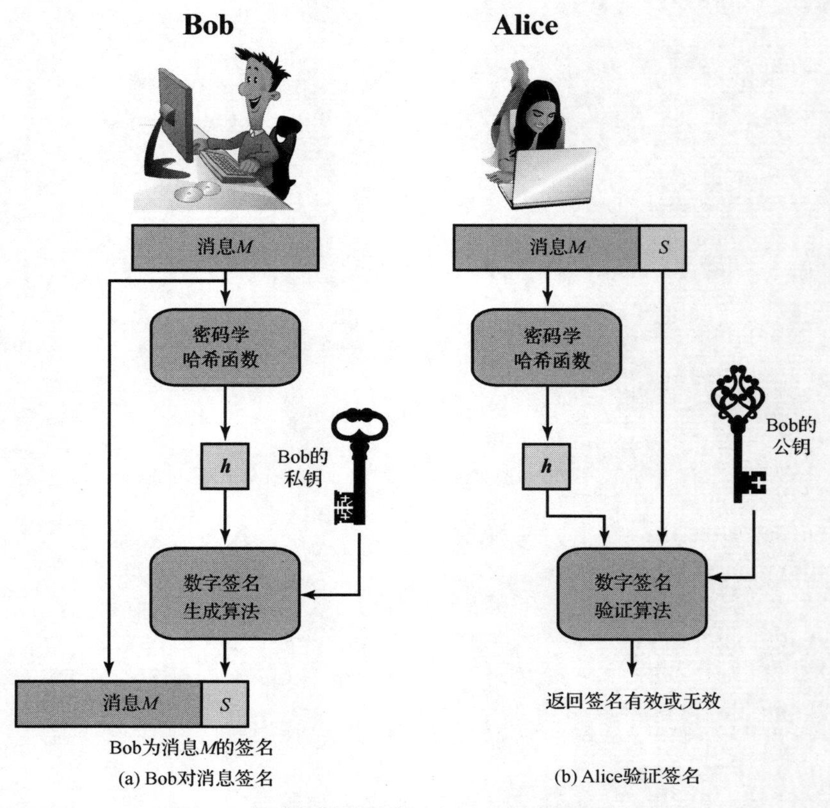


图 13.1　构建和使用数字签名过程的一般模型

假设 Bob 要将消息发送给 Alice，该消息的秘密性不需要保证，但 Bob 想要 Alice 确认该消息确实是由 Bob 发出的。为实现这一目标，Bob 使用一个安全哈希函数（如 SHA-512）为该消息生成一个哈希值。这个哈希值与 Bob 的私钥一起作为数字签名生成算法的输入，算法输出一个短分组作为**数字签名**。Bob 将该签名附在待发送消息的后面，Alice 收到消息和签名后，她：（1）计算该消息的哈希值；（2）将哈希值和 Bob 的公钥作为数字签名验证算法的输入。若算法返回的结果表明签名是有效的，则 Alice 确认该消息是由 Bob 发出的。由于其他人都没有 Bob 的私钥，因此其他人都不能创建一个签名来使用 Bob 的公钥验证消息。此外，在不知道 Bob 的私钥的前提下，篡改消息而不被发现是不可能的，因此消息在发送源和数据完整性两个方面都得到了认证。

本章首先简要介绍数字签名，然后介绍 ElGamal 和 Schnorr 数字签名方案，理解这两个数字签名方案后，就很容易理解数字签名算法（DSA）。接着介绍其他两个已被标准化的数字签名方案：椭圆曲线数字签名算法（ECDSA）和 RSA 概率签名方案（RSA-PSS）。

## 13.1　数字签名概述

### 13.1.1　性质

消息认证能够保护交换信息的双方不受第三方的攻击，但不能处理通信双方自身发生的攻击。双方之间发生的攻击形式有多种。

例如，假设 John 使用图 12.1 中的某个方案给 Mary 发送一条认证消息。考虑下面的两种情形。

1. Mary 伪造一条消息并称该消息发自 John。Mary 只需生成一条消息，用 John 和 Mary 共享的密钥生成认证码，并将认证码附在消息后面。
2. John 否认发送过这条消息。因为 Mary 可以伪造消息，所以无法证明 John 确实发送过该条消息。

这两种情形都是值得我们担心的。下面给出第一种情形的一个例子：在进行电子资金转账时，接收方可以增大转账金额，并声称这是来自发送方的转账资金额；第二种情形的一个例子是，股票经纪人收到一封电子邮件消息，邀请他进行一笔交易，这笔交易后来亏本了，但发送方伪称从未发送过这条消息。

在收发双方彼此不能完全信任的情况下，就要采用除认证外的其他方法来解决互信问题。数字签名是解决这类问题的最好方法。数字签名必须具有下列性质。

- 能够验证签名者、签名日期和时间。
- 能够认证被签名的消息内容。
- 出现争执时，签名应能由第三方仲裁。

因此，数字签名具有认证功能。

### 13.1.2　攻击和伪造

文献[GOLD88]中以危害程度从高到低的顺序列出了下列攻击类型，其中 $A$ 代表其签名方法受到攻击的用户，$C$ 代表攻击者。

- **唯密钥攻击**　$C$ 仅知道 $A$ 的公钥。
- **已知消息攻击**　$C$ 掌握了一些消息及它们的签名。
- **一般选择消息攻击**　在攻击 $A$ 的签名方案前，$C$ 首先选择一些消息，而无须知道 $A$ 的公钥。然后，$C$ 为这些选择的消息从 $A$ 处获得有效签名。这种攻击是一般性的，因为它与 $A$ 的公钥无关；对每个用户可以进行同样的攻击。
- **定向选择消息攻击**　类似于一般选择消息攻击，但攻击者选择消息的时间是在 $C$ 掌握 $A$ 的公钥之后、生成签名之前。

- **适应性选择消息攻击**　允许 $C$ 将 $A$ 作为“先知”。这意味着 $C$ 可以请求 $A$ 对消息签名，而后者依赖于先前得到的消息-签名对。

文献[GOLD88]中还定义了什么是成功的攻击签名方案，即 $C$ 能够以一定的概率进行如下攻击。

- **完全破译**　$C$ 判断出了 $A$ 的私钥。
- **通用伪造**　$C$ 掌握了一个有效的签名算法，使得对任意消息都能等效地构建签名。
- **选择伪造**　$C$ 对所选择的特定消息能够伪造签名。
- **存在性伪造**　$C$ 至少可以伪造一条消息的签名，但 $C$ 不能控制该条消息。因此，这种伪造对 $A$ 的危害可能是最低的。

### 13.1.3　数字签名要求

根据刚才讨论的基本性质和攻击，可以列出数字签名的要求如下。

- 签名必须是依赖于正被签名消息的位模式。
- 签名必须使用只有发送方知道的某些信息，以防止伪造和否认。
- 生成数字签名比较容易。
- 识别和验证数字签名比较容易。
- 伪造数字签名在计算上是不可行的。无论是由给定的数字签名伪造消息，还是由给定的消息伪造数字签名，在计算上都是不可行的。
- 保存数字签名的副本是可行的。

图 13.1 所示的方案中嵌入的安全哈希函数是满足上述要求的基础，但需要仔细设计方案的细节。

### 13.1.4　直接数字签名

术语“**直接数字签名**”是指只涉及通信双方（发送方和接收方）的数字签名方案。假设接收方已知发送方的公钥。

用共享密钥（对称加密）加密整条消息和签名可以提供保密性。注意，先执行签名函数后执行外层保密性函数很重要。在发生争执的情况下，第三方必须查看消息及其签名。若计算加密后的消息的签名，则第三方还要知道解密密钥才能读取原消息。然而，若签名是内部操作，则接收方可以存储明文消息及其签名，以备将来在解决争执时使用。

上述的直接签名方法的有效性依赖于发送方的私钥的安全性。若发送方想要否认以前发送过某条消息，则他可以声明其私钥已丢失或被盗用，并且其他人伪造了他的签名。尽管在某种程度上这种威胁是存在的，但我们可以通过管理和控制私钥的安全性来阻止或减少这种情况的发生。例如，可以要求每条待签名的消息都包含一个**时间戳**（日期和时间），以及在密钥泄露后立即向管理中心报告。

另一种可能的威胁是，$X$ 的私钥可能在时刻 $T$ 被盗用，但攻击者可用 $X$ 的签名签发一条消息并加盖一个在时刻 $T$ 或 $T$ 之前的时间戳。

解决以上问题的通用技术是使用数字证书和证书授权。第 15 章中将讨论这些主题，本章主要介绍数字签名算法。

## 13.2　ElGamal 数字签名方案

在介绍 NIST 数字签名算法之前，首先介绍 ElGamal 和 Schnorr 签名方案是有帮助的。第 10 章中介绍的 ElGamal 加密方案使用用户的公钥进行加密，使用用户的私钥进行解密。ElGamal 数字签名方案则使用私钥进行加密，使用公钥进行解密[ELGA84, ELGA85]。

在进行具体介绍之前，我们需要引用数论中的一个结论。回顾第 2 章可知，对素数 $q$，若 $\alpha$ 是 $q$ 的本原根，则 $\alpha,\alpha^2,\cdots,\alpha^{q-1}$ 取模（$\bmod q$）后是不同的。可以证明，若 $\alpha$ 是 $q$ 的本原根，则：

**1**．对任意整数 $m$，$\alpha^m \equiv 1 \pmod q$ 当且仅当 $m \equiv 0 \pmod{q-1}$。

**2**．对任意整数 $i,j$，$\alpha^i \equiv \alpha^j \pmod q$ 当且仅当 $i \equiv j \pmod{q-1}$。

类似于 ElGamal 加密，**ElGamal 数字签名**的全局元素是 $q$ 和 $\alpha$，其中 $\alpha$ 是 $q$ 的本原根。用户 $A$ 通过如下步骤生成公钥/私钥对。

**1**．生成随机整数 $X_A$，使得 $1 < X_A < q-1$。

**2**．计算 $Y_A = \alpha^{X_A} \bmod q$。

**3**．$A$ 的私钥是 $X_A$，$A$ 的公钥是 $\{q,\alpha,Y_A\}$。

为了对消息 $M$ 进行签名，用户 $A$ 首先计算哈希值 $m = H(M)$，其中 $m$ 是区间 $0 \leqslant m \leqslant q-1$ 内的整数。然后，$A$ 通过如下步骤生成数字签名。

**1**．选择一个随机整数 $K$，使得 $1 \leqslant K \leqslant q-1$ 且 $\gcd(K,q-1)=1$，即 $K$ 与 $q-1$ 互素。

**2**．计算 $S_1 = \alpha^K \bmod q$。注意，这与 ElGamal 加密中 $C_1$ 的计算相同。

**3**．计算 $K^{-1} \bmod (q-1)$，即计算 $K$ 模 $q-1$ 的逆。

**4**．计算 $S_2 = K^{-1}(m - X_A S_1) \bmod (q-1)$。

**5**．签名由 $(S_1,S_2)$ 对组成。

任意用户 $B$ 都能按如下步骤验证签名。

**1**．计算 $V_1 = \alpha^m \bmod q$。

**2**．计算 $V_2 = (Y_A)^{S_1}(S_1)^{S_2} \bmod q$。

若 $V_1 = V_2$，则签名有效。下面给出证明。假设这个等式成立，则有：

| | |
|---|---|
| $\alpha^m \bmod q = (Y_A)^{S_1}(S_1)^{S_2} \bmod q$ | 假设 $V_1 = V_2$ |
| $\alpha^m \bmod q = \alpha^{X_A S_1}\alpha^{KS_2} \bmod q$ | 代入 $Y_A$ 和 $S_1$ |
| $\alpha^{m - X_A S_1} \bmod q = \alpha^{KS_2} \bmod q$ | 等式左右移项 |
| $m - X_A S_1 \equiv KS_2 \bmod (q-1)$ | 本原根的性质 |
| $m - X_A S_1 \equiv KK^{-1}(m - X_A S_1) \bmod (q-1)$ | 代入 $S_2$ |

例如，考虑素数域 GF(19)，即 $q = 19$。如表 2.7 所示，其本原根是{2, 3, 10, 13, 14, 15}。选择 $\alpha = 10$。

Alice 通过如下步骤生成密钥对。

**1**．Alice 选择 $X_A = 16$。

**2**．$Y_A = \alpha^{X_A} \bmod q = \alpha^{16} \bmod 19 = 4$。

**3**．Alice 的私钥是 16，Alice 的公钥是 $\{q,\alpha,Y_A\} = \{19,10,4\}$。

假设 Alice 要对哈希值为 $m = 14$ 的消息签名。

**1**．Alice 选择 $K = 5$，它与 $q-1 = 18$ 互素。

**2**．$S_1 = \alpha^K \bmod q = 10^5 \bmod 19 = 3$（见表 2.7）。

**3**．$K^{-1} \bmod (q-1) = 5^{-1} \bmod 18 = 11$。

**4**．$S_2 = K^{-1}(m - X_A S_1) \bmod (q-1) = 11 \times (14 - 16 \times 3) \bmod 18 = -374 \bmod 18 = 4$。

Bob 能够按照如下步骤验证签名。

1. $V_1 = \alpha^m \bmod q = 10^{14} \bmod 19 = 16$。

2. $V_2 = (Y_A)^{S_1}(S_1)^{S_2} \bmod q = 4^3 \times 3^4 \bmod 19 = 5184 \bmod 19 = 16$。

因为$V_1 = V_2$，所以签名是有效的。

## 13.3 Schnorr 数字签名方案

类似于ElGamal数字签名方案，Schnorr数字签名方案也基于离散对数[SCHN89, SCHN91]。Schnorr数字签名方案生成签名时所需的计算量最少。生成签名的主要工作不依赖于消息，可以在处理器空闲时完成。与消息相关的签名生成部分需要一个 $2n$ 位整数与一个 $n$ 位整数相乘。

这个方案使用一个素数模 $p$，并且 $p-1$ 包含一个大素数因子 $q$，即 $p-1 \equiv 0 \pmod q$。一般取 $p \approx 2^{1024}$ 和 $q \approx 2^{160}$，即 $p$ 是一个 1024 位整数，$q$ 是一个 160 位整数，正好等于 SHA-1 哈希值的长度。

这个方案的第一部分是生成公钥/私钥对，步骤如下：

1. 选择素数 $p$ 和 $q$，使得 $q$ 是 $p-1$ 的一个素因子。
2. 选择整数 $a$，使得 $a^q \equiv 1 \bmod p$。值 $a$、$p$ 和 $q$ 构成一个全局公钥，这个公钥对所有用户通用。
3. 选择一个随机整数 $s$，$0 < s < q$，作为用户的私钥。
4. 计算 $v = a^{-s} \bmod p$，作为用户的公钥。

对于私钥为 $s$、公钥为 $v$ 的用户，可按如下步骤生成签名：

1. 选择随机整数 $r$，$0 < r < q$，并计算 $x = a^r \bmod p$。这一计算是预处理，与待签名的消息 $M$ 无关。
2. 将 $x$ 附在消息后面之后，对结果应用哈希函数，计算值 $e$：$e = H(M \| x)$。
3. 计算 $y = (r + se) \bmod q$。签名由 $(e, y)$ 对组成。

其他用户可以按照如下步骤验证签名。

1. 计算 $x' = a^y v^e \bmod p$。
2. 验证 $e = H(M \| x')$。为了了解验证过程，有

$$x' \equiv a^y v^e \equiv a^y a^{-se} \equiv a^{y-se} \equiv a^r \equiv x \pmod p$$

   因此，$H(M \| x') = H(M \| x)$。

## 13.4 NIST 数字签名算法

美国国家标准与技术研究所（NIST）发布了联邦信息处理标准 FIPS 186，即**数字签名算法**（DSA）。DSA 使用了第 12 章中讨论的安全哈希算法（SHA）。DSA 最早于 1991 年提出，1993 年根据公众对其安全性的反馈意见做了一些修订，1996 年又做了一些修订。2000 年发布了该标准的扩充版，即 FIPS 186-2，随后它在 2009 年被更新为 FIPS 186-3，在 2013 年被更新为 FIPS 186-4。这个最新版本还包括基于 RSA 和椭圆曲线密码的数字签名算法。本节讨论 DSA 方法。

### 13.4.1 DSA 方法

DSA 方法使用的是只提供数字签名功能的算法。与 RSA 不同，DSA 虽然是一种公钥技术，但是不能用于加密或密钥交换。

图 13.2 比较了生成数字签名的 DSA 方法和生成数字签名的 RSA 方法。在 RSA 方法中，哈希函数的输入是待签名的消息，输出是定长的哈希码。首先用发送方的私钥将哈希码加密，形成签名，然后发送消息及签名。接收方接收消息后，计算哈希码。接收方用发送方的公钥解密签名，若算出的哈

希码与解密后的结果相同，则认为签名是有效的。因为只有发送方拥有私钥，所以只有发送方能够生成有效的签名。

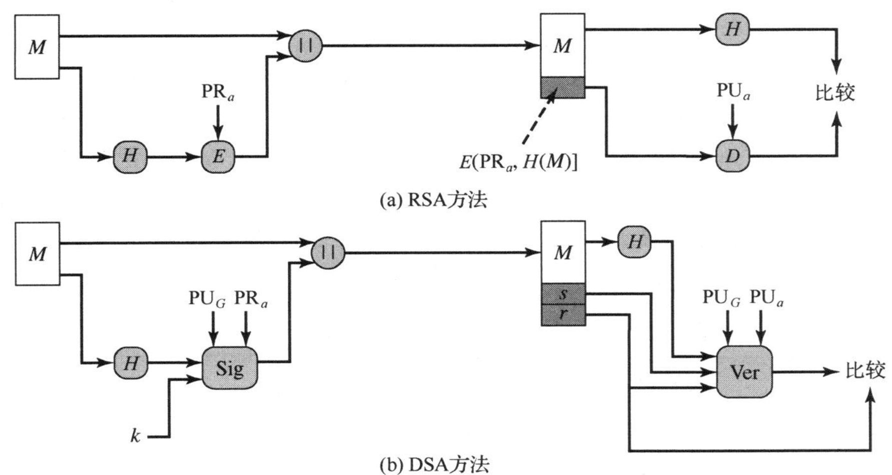


图 13.2　两种数字签名方法

DSA 方法也使用了一个哈希函数，生成的哈希码和为这次签名生成的随机数 $k$ 作为签名函数的输入。签名函数还依赖于发送方的私钥（$PR_a$）和一组参数，这些参数为一组沟通原则所共有。可以使用这组参数构成一个全局公钥（$PU_G$）[①]。结果是一个签名，它由两部分组成，分别记为 $s$ 和 $r$。

在接收端，生成传入消息的哈希码。这个哈希码和签名一起作为验证函数的输入。验证函数还依赖于全局公钥和发送方的公钥（$PU_a$），后者与发送方的私钥组成密钥对。若签名有效，则验证函数的输出是一个等于签名分量 $r$ 的值。签名函数保证只有拥有私钥的发送方才能生成有效签名。

下面详细讨论数字签名算法。

### 13.4.2　数字签名算法

DSA 建立在计算离散对数的困难性（见第 2 章）及 ElGamal[ELGA85]和 Schnorr[SCHN91]最初提出的方法之上。图 13.3 小结了 DSA，其中的 3 个参数是公开且为一组用户共有的。首先选择一个 $N$ 位素数 $q$；然后选择一个长度在 512 和 1024 之间且满足 $q$ 能整除 $p-1$ 的素数 $p$；最后选择形为 $h^{(p-1)/q} \bmod p$ 的 $g$，其中 $h$ 是使得 $g$ 大于 1 且在 1 和 $p-1$ 之间的一个整数[②]。DSA 的全局公钥分量与 Schnorr 签名方案中的相同。

选定这些参数后，每个用户选择一个私钥并生成一个公钥。私钥 $x$ 必须是 1 和 $q-1$ 之间的一个数，并且是随机或伪随机选择的。由 $y = g^x \bmod p$ 算出公钥。由给定的 $x$ 计算 $y$ 比较简单，而由给定的 $y$ 确定 $x$ 在计算上是不可行的，因为它求的是 $y$ 的以 $g$ 为底的模 $p$ 的离散对数（见第 2 章）。

要进行签名，用户需计算两个数 $r$ 和 $s$。$r$ 和 $s$ 是公钥分量（$p, q, g$）、用户的私钥（$x$）、消息的哈希码 $H(M)$和一个附加整数 $k$ 的函数，其中 $k$ 是随机或伪随机生成的，且对每次签名是唯一的。

令 $M'$、$r'$、$s'$分别是接收方收到的 $M$、$r$、$s$。接收方使用图 13.3 所示的公式进行验证。接收方计算 $v$，它是公钥分量（$p, q, g$）、发送方的公钥（$x$）、传入消息的哈希码 $H(M)$及收到的 $r'$和 $s'$的函数。

① 对不同用户，这些附加参数可以不同，以便它们是用户公钥的一部分。在实际应用中，全局公钥更可能与每个用户的公钥分开使用。

② 在数论术语中，$g$ 是 $q \bmod p$ 的阶，详见第 2 章。

若 $v$ 与签名中的 $r$ 分量相同，则签名是有效的。

**全局公钥组成**

$p$ 为素数，其中 $2^{L-1} < p < 2^L$，$512 \leqslant L \leqslant 1024$ 且 $L$ 是 64 的倍数，即 $L$ 的位长在 512～1024 之间并且其增量为 64 位

$q$ 为 $(p-1)$ 的素因子，其中 $2^{N-1} < q < 2^N$，即位长为 $N$ 位

$g = h(p-1)/q \bmod p$，其中 $h$ 是满足 $1 < h < (p-1)$ 并且 $h^{(p-1)/q} \bmod p > 1$ 的任何整数

**用户的私钥**

$x$ 为随机或伪随机整数且 $0 < x < q$

**用户的公钥**

$y = g^x \bmod p$

**与用户每条消息相关的秘密值**

$k$ 为随机或伪随机整数且 $0 < k < q$

**签名**

$r = (g^k \bmod p) \bmod q$

$s = [k^{-1}(\mathrm{H}(M) + xr)] \bmod q$

签名 $= (r, s)$

**验证**

$w = (s')^{-1} \bmod q$

$u_1 = [\mathrm{H}(M')w] \bmod q$

$u_2 = (r')w \bmod q$

$v = [(g^{u_1} y^{u_2}) \bmod p] \bmod q$

检验：$v = r'$

$M$ 为要签名的消息

$\mathrm{H}(M)$ 为使用 SHA-1 求得的 $M$ 的 Hash 码

$M', r', s'$ 为接收到的 $M, r, s$

图 13.3　数字签名算法（DSA）

图 13.4 中描述了 DSA 的签名和验证函数。

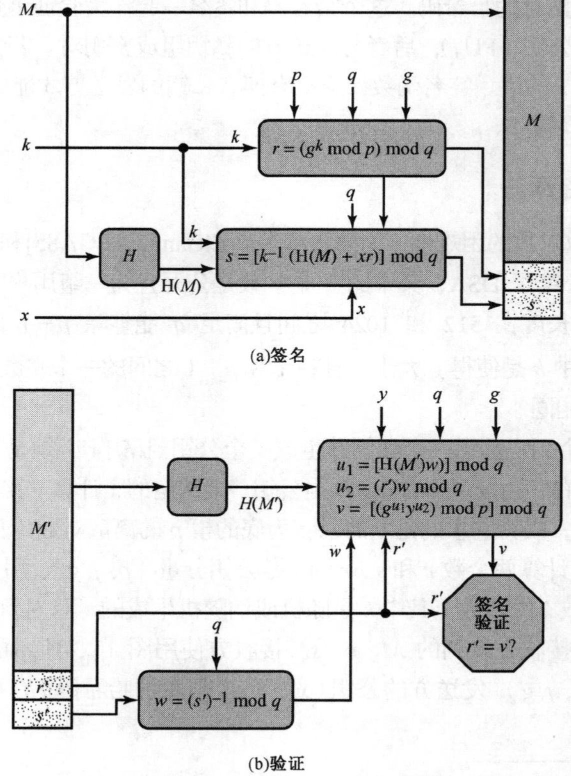


图 13.4　DSA 的签名和验证函数

图 13.4 所示算法的特点之一是，接收方的验证依赖于 $r$，但是 $r$ 不依赖于消息，而是 $k$ 和 3 个全局公钥分量的函数。$k$ 模 $q$ 的乘法逆元传给一个函数，这个函数的输入还包含消息的哈希码和用户的私钥。这种结构的函数使得接收方可以利用收到的消息和签名、公钥及全局公钥来恢复 $r$。由图 13.3 和图 13.4 不易看出这种方法的正确性。FIPS 186-4 中给出了证明。

由于求离散对数的困难性，攻击者由 $r$ 恢复 $k$ 或由 $s$ 恢复 $x$ 都是不可行的。

值得注意的另一点是，签名对指数运算 $g^k \bmod p$ 的计算要求很高，但由于它不依赖于被签名的消息，因此可以预先计算。实际上，用户甚至可以根据需要预先计算多个用于签名的 $r$。其他要求比较高的任务是确定乘法逆元 $k^{-1}$。再次提请注意，这些值中的许多是可以预先计算的。

## 13.5 椭圆曲线数字签名算法

如前所述，2009 年修订的 FIPS 186 中增加了基于椭圆曲线密码的新数字签名技术，这种技术被称为**椭圆曲线数字签名算法**（ECDSA）。椭圆曲线密码的效率较高，在需要使用短长度密钥的应用中，ECDSA 被人们广为接受。

下面首先简述 ECDSA 的处理过程。该过程通常包括 4 个基本元素。

**1**. 参与数字签名的所有通信方都使用相同的全局域参数来定义椭圆曲线及曲线上的原点。

**2**. 签名者首先生成一个公钥-私钥对。对于私钥，签名者选择一个随机数或伪随机数作为私钥。使用这个随机数和原点，签名者算出椭圆曲线上的另一个点，作为签名者的公钥。

**3**. 为待签名的消息计算哈希值。使用私钥、全局域参数、哈希值生成签名。签名包括两个整数 $r$ 和 $s$。

**4**. 为了验证签名，验证者使用签名者的公钥、全局域参数和整数 $s$ 作为输入，并将输出值 $v$ 与 $r$ 进行比较。若 $v = r$，则签名通过验证。

下面依次介绍这 4 个基本元素。

### 13.5.1 全局域参数

回顾第 10 章可知，密码应用中使用的椭圆曲线有两类：$Z_p$ 上的素数曲线和 $GF(2^m)$ 上的二进制曲线。ECDSA 使用素数曲线。ECDSA 的全局域参数如下。

$q$　　一个素数。

$a, b$　　$Z_q$ 上的整数，它们用公式 $y^2 = x^3 + ax + b$ 定义椭圆曲线。

$G$　　满足椭圆曲线公式的一个基点，表示为 $G = (x_g, y_g)$。

$n$　　点 $G$ 的阶，即 $n$ 是满足 $nG = O$ 的最小正整数，它也是曲线上的点数。

### 13.5.2 密钥生成

每个签名者需要生成一个密钥对，包括一个私钥和一个公钥。签名者，假设是 Bob，按如下步骤生成上述两个密钥。

**1**. 选择一个随机整数 $d$，$d \in [1, n-1]$。

**2**. 计算 $Q = dG$。得到曲线 $E_q(a, b)$上的一个点。

**3**. Bob 的公钥是 $Q$，私钥是 $d$。

### 13.5.3 数字签名的生成与认证

使用公开的全局域参数和手中的私钥，Bob 为消息 $m$ 生成 320 位数字签名的步骤如下。

1．选择一个随机或伪随机整数 $k$，$k \in [1, n-1]$。

2．计算点 $P = (x, y) = kG$ 和 $r = x \bmod n$。若 $r = 0$，则跳至步骤 1。

3．计算 $t = k^{-1} \bmod n$。

4．计算 $e = H(m)$，其中 $H$ 是一个 SHA-2 或 SHA-3 哈希函数。

5．计算 $s = k^{-1}(e + dr) \bmod n$。若 $s = O$，则跳至步骤 1。

6．消息 $m$ 的签名是整数对$(r, s)$。

Alice 拥有公开的全局域参数和 Bob 的公钥。Alice 收到 Bob 发送的消息和数字签名后，使用如下步骤验证签名。

1．检验 $r$ 和 $s$ 是否是 1 到 $n-1$ 之间的整数。

2．使用 SHA，计算 160 位哈希值 $e = H(m)$。

3．计算 $w = s^{-1} \bmod n$。

4．计算 $u_1 = ew$ 和 $u_2 = rw$。

5．计算点 $X = (x_1, y_1) = u_1 G + u_2 Q$。

6．若 $X = O$，则拒绝签名；否则，计算 $v = x_1 \bmod n$。

7．当且仅当 $v = r$ 时，接受 Bob 的签名。

图 13.5 给出了签名的认证过程。我们可以按照如下方式验证该过程的有效性。若 Alice 收到的消息确实是由 Bob 签名的，则 $s = k^{-1}(e + dr) \bmod n$，于是有

$$k = s^{-1}(e + dr) \bmod n$$
$$k = (s^{-1}e + s^{-1}dr) \bmod n$$
$$k = (we + wdr) \bmod n$$
$$k = (u_1 + u_2 d) \bmod n$$

下面考虑

$$u_1 G + u_2 Q = u_1 G + u_2 dG = (u_1 + u_2 d)G = kG$$

在验证过程的步骤 6 中，有 $v = x_1 \bmod n$，其中点 $X = (x_1, y_1) = u_1 G + u_2 Q$。因为 $r = x \bmod n$ 且 $x$ 是点 $kG$ 的 $x$ 坐标，加之有 $u_1 G + u_2 Q = kG$，所以可得 $v = r$。

## 13.6 RSA-PSS 数字签名算法

在 2009 年修订的 FIPS 186 中，除 NIST 数字签名算法 DSA 和 ECDSA 外，还包括几个由 RSA 实验室提出并被广泛应用的基于 RSA 的签名方案。本书的网站中提供了使用 RSA 进行签名的范例。

本节介绍 RSA 概率签名方案（RSA-PSS），该方案是基于 RSA 的最后一种方案，被 RSA 实验室推荐为 RSA 各类方案中最安全的一种。

因为基于 RSA 的方案广泛用于包括金融在内的各类应用中，所以证明这些方案的安全性非常引人关注。三类主要 RSA 签名方案的区别是签名生成过程中将哈希值嵌入消息的填充格式，以及在随后的签名验证过程中判断哈希值和消息的方法。对于在 PSS 之前提出的方案，到目前为止都没有给出签名方案与 RSA 加解密方案安全性相等的数学证明[KALI01]。PSS 方案最初由 Bellare 和 Rogaway[BELL96c, BELL98]提出。与其他基于 RSA 的方案不同，该方案使用随机化的处理过程，能够证明其安全性与 RSA 的安全性相关。这使得 RSA-PSS 在基于 RSA 的数字签名应用中更值得选用。

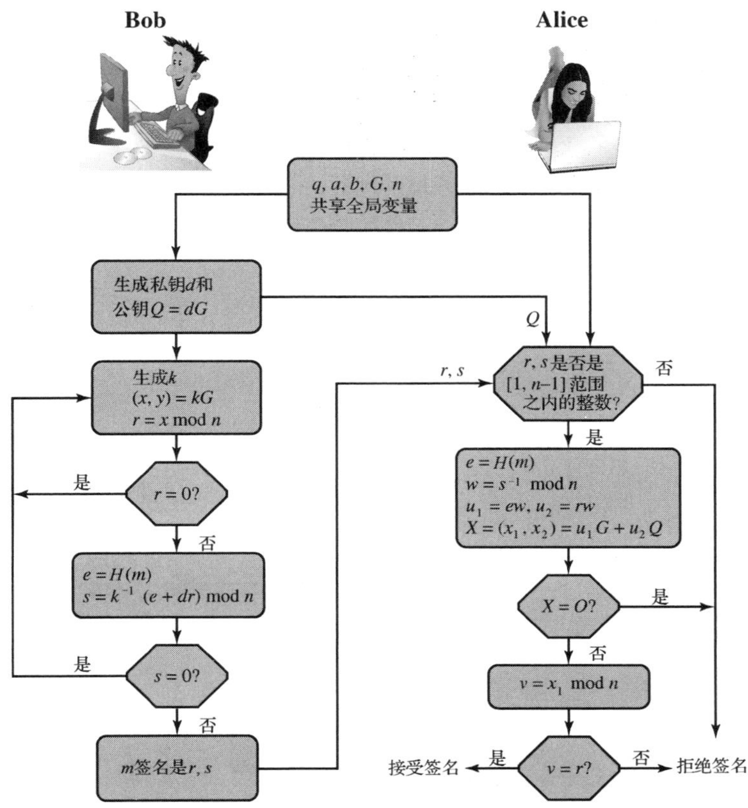


图 13.5　ECDSA 签名与验证

### 13.6.1　掩蔽生成函数

在介绍 RSA-PSS 操作之前，先给出用作构造块的掩蔽生成函数（MGF）。MGF($X$, maskLen)是一个伪随机函数，其输入参数是一个任意长度的位串 $X$ 及需要的输出位长 $L$。MGF 通常基于安全哈希函数如 SHA-1 来构建。基于密码学哈希函数的 MGF 生成任意长度消息的摘要或哈希值，并输出定长的值。

目前，RSA-PSS 规范中使用的 MGF 函数是 MGF1，其参数如下。

| | | |
|---|---|---|
| **选项** | Hash | 输出长度是 hLen 字节的哈希函数。 |
| **输入** | $X$ | 被掩蔽的字节串。 |
| | maskLen | 掩蔽的长度，单位为字节。 |
| **输出** | mask | 长度为 maskLen 字节的串。 |

MGF1 的定义如下。

**1**．初始化变量。

$T=$ 空字符串

$k = \lceil \text{maskLen} / \text{hLen} \rceil - 1$

**2**．计算中间值。

**for** counter = 0 **to** $k$
将 counter 表示为 32 位串 $C$
$T = T \| \text{Hash}(X \| C)$

**3**．输出结果。

mask = $T$ 的前 maskLen 字节

MGF1 的操作过程如下。若需要的输出长度等于哈希值的长度（maskLen = hLen），则将输入 $X$ 的哈希值与值为 0 的 32 位计数器连接起来作为输出。若 maskLen 比 hLen 大，则 MGF1 继续将当前处理的串 $T$ 与计数器连接起来并对 $X$ 计算哈希值。因此，输出为

$$\text{Hash}(X \| 0) \| \text{Hash}(X \| 1) \| \cdots \| \text{Hash}(X \| k)$$

该过程直到 $T$ 的长度大于等于 maskLen 时结束，此时将 $T$ 的前 maskLen 字节作为输出。

### 13.6.2　签名操作

**消息编码**　在生成消息 $M$ 的 RSA-PSS 签名时，第一阶段是由 $M$ 生成一个定长的消息摘要，称为编码后的消息（EM）。图 13.6 显示了该过程。我们定义如下参数和函数。

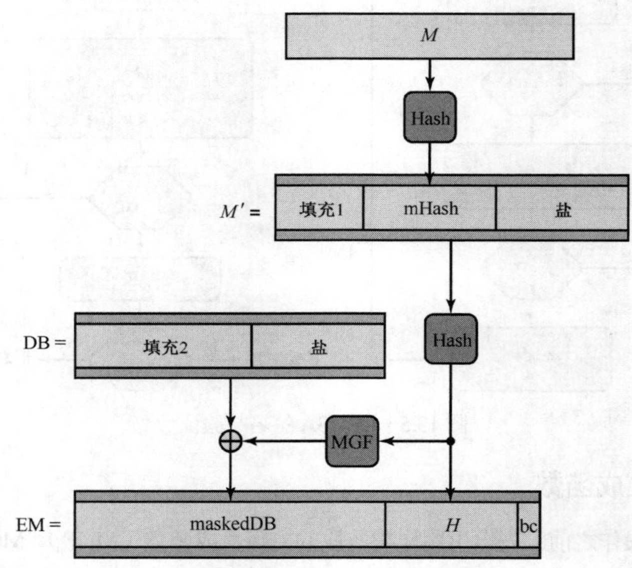


图 13.6　RSA-PSS 编码

| | | |
|---|---|---|
| **选项** | Hash | 输出长度是 hLen 字节的哈希函数。目前常用的是 SHA-1，该算法生成 20 字节的哈希值。 |
| | MGF | 掩蔽生成函数。目前规范中使用的是 MGF1。 |
| | sLen | 称为“盐”的一个伪随机数的长度，单位为字节。通常 sLen = hLen，当前版本为 20 字节。 |
| **输入** | $M$ | 用于签名的待编码消息。 |
| | emBits | 该值是比 RSA mon $n$ 小的长度，单位为字节。 |
| **输出** | EM | 编码后的消息，它是将被加密后形成消息签名的消息摘要。 |
| **参数** | emLen | EM 的字节长度 $=\lceil \text{emBits}/8 \rceil$。 |
| | $\text{padding}_1$ | 十六进制串 00 00 00 00 00 00 00 00，即 64 个 0 位的串。 |
| | $\text{padding}_2$ | 由若干 00 组成的十六进制串，长度为 emLen − sLen − hLen − 2 字节，后面是值为 01 的十六进制字节。 |
| | salt | 一组伪随机数。 |
| | bc | 十六进制值 BC。 |

编码过程包括如下步骤。

**1**．生成消息 $M$ 的哈希值：mHash = Hash($M$)。

**2**．生成一个伪随机字节串 salt，得到分组 $M'$ = padding$_1$|| mHash || salt。

**3**．生成 $M'$ 的哈希值：$H$ = Hash($M'$)。

**4**．形成数据分组 DB = padding$_2$ || salt。

**5**．计算 $H$ 的 MGF 值：dbMask = MGF($H$, emLen – hLen – 1)。

**6**．计算 maskedDB = DB ⊕ dbMask。

**7**．将 maskedDB 最左侧字节中最左侧的 8emLen – emBits 位设为 0。

**8**．EM = maskedDB || $H$ || 0xbc。

下面说明这个消息摘要算法的复杂度。在构建消息摘要的过程中，所有基于 RSA 的标准化数字签名方案都使用了一个或多个消息扩展（如 padding$_1$ 和 padding$_2$），目的是增大攻击者根据一条消息找到另外一条映射到相同摘要的消息的难度，或增大攻击者寻找两条映射到相同摘要的消息的难度。RSA-PSS 也使用了一个伪随机数（这里称为“盐”）。因为每次使用时盐的值都发生改变，所以使用相同的私钥对相同的消息进行两次签名将得到两个不同的结果。这增大了签名方案的安全性。

**形成签名** 下面介绍拥有私钥{$d$, $n$}和公钥{$e$, $n$}的签名者如何形成签名（见图 9.5）。将字节串 EM 作为无符号的非负二进制整数 $m$。加密 $m$ 形成签名 $s$ 的方式如下：

$$s = m^d \bmod n$$

令 $k$ 的字节长度是 RSA mon $n$。例如，RSA 的密钥长度是 2048 位，则 $k$ = 2048/8 = 256。然后，将算出的签名值 $s$ 转换成长度为 $k$ 字节的串 $S$。

### 13.6.3 签名验证

**解密** 验证签名时，要将签名 $S$ 作为无符号的非负二进制整数 $s$。消息摘要 $m$ 通过解密 $s$ 得到：

$$m = s^e \bmod n$$

然后，将消息转换为编码后的消息 EM，其长度为 $\text{emLen} = \lceil (\text{modBits} - 1)/8 \rceil$ 字节，其中 modBits 是 RSA mon $n$ 的位长。

**EM 验证** EM 验证描述如下。

| | | |
|---|---|---|
| **选项** | Hash | 输出长度是 hLen 字节的哈希函数。 |
| | MGF | 掩蔽生成函数。 |
| | sLen | 盐的字节长度。 |
| **输入** | $M$ | 待验证的消息。 |
| | EM | 解密签名后的字节串，长度为 $\text{emLen} = \lceil \text{emBits}/8 \rceil$。 |
| | emBits | 该值是比 RSA mon $n$ 位长度小的值。 |
| **参数** | padding$_1$ | 十六进制串 00 00 00 00 00 00 00 00，即 64 个的 0 位的串。 |
| | padding$_2$ | 由若干 00 组成的十六进制串，长度为 emLen – sLen – hLen – 2 字节，后面是值为 01 的十六进制字节。 |

**1.** 生成 $M$ 的哈希值：mHash = Hash($M$)。

**2.** 若 emLen < hLen + sLen + 2，则输出“不一致”并停止。

**3.** 若 EM 最右侧的字节不是十六进制值 BC，则输出“不一致”并停止。

**4.** 令 maskedDB 等于 EM 最左侧的 emLen – hLen – 1 字节，令 $H$ 为接下来的 hLen 字节。

**5.** 若 maskedDB 最左侧字节中的最左侧 8emLen – emBits 位不是全 0，则输出“不一致”并停止。

**6.** 计算 dbMask = MGF(*H*, emLen − hLen − 1)。

**7.** 计算 DB = maskedDB ⊕ dbMask。

**8.** 令 DB 最左侧字节的最左侧 8emLen − emBits 位为 0。

**9.** 若 DB 最左侧的 emLen − hLen − sLen − 1 字节不等于 $\text{padding}_2$，则输出“不一致”并停止。

**10.** 将 DB 最后的 sLen 字节设为 salt。

**11.** 形成分组 $M' = \text{padding}_1 \| \text{mHash} \| \text{salt}$。

**12.** 生成 $M'$ 的哈希值：$H' = \text{Hash}(M')$。

**13.** 若 $H = H'$，则输出“一致”，否则输出“不一致”。

图 13.7 中显示了整个验证过程。标为 *H* 和 *H'* 的阴影方块，分别对应解密后的签名中的值及直接与签名关联的消息 *M* 生成的值。剩下的三个阴影部分包括解密后的签名的值，并与已知常数进行了比较。现在可以更清晰地理解签名者生成的 EM 中嵌入的常数和伪随机盐值的不同作用。验证者知道常数，因此算出的常数可与已知常数进行比较，作为对签名有效性的（除比较 *H* 和 *H'* 外的）额外检查。盐值会使得使用相同的私钥每次对同一消息签名时得到不同的签名。验证者不知道盐值，不会试图进行比较。盐值的作用类似于 NIST DSA 和 ECDSA 中的伪随机变量 *k*。在上述方案中，*k* 是由签名者生成的一个伪随机数，它能在使用相同的私钥对同一消息进行多次签名时生成不同的签名。验证者不必知道 *k* 的值。

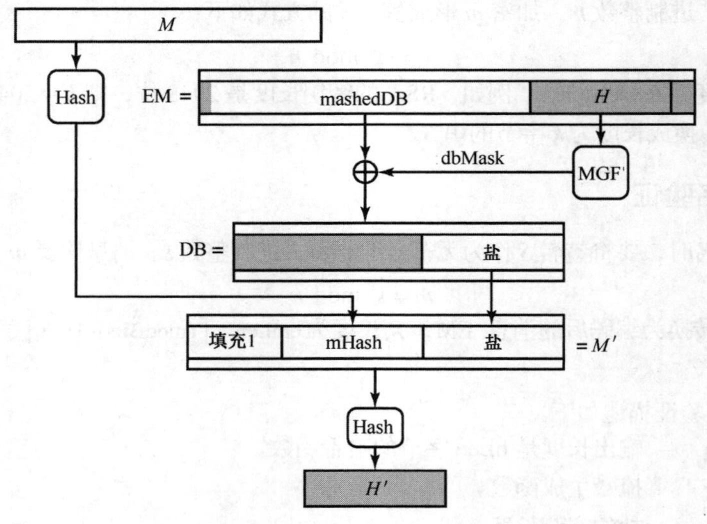


图 13.7　RSA-PSS EM 验证

## 13.7　关键术语、思考题和习题

### 关键术语

| | | |
|---|---|---|
| 数字签名 | 直接数字签名 | 椭圆曲线数字签名算法 |
| 数字签名算法 | ElGamal 数字签名 | 时间戳 |

### 思考题

**13.1** 列出消息认证中出现的两种争议。

**13.2** 数字签名应具有哪些性质？

**13.3** 数字签名应满足哪些要求？

**13.4** 直接数字签名和仲裁数字签名的区别是什么？

**13.5** 签名函数和保密函数应以何种顺序应用于消息？为什么？

**13.6** 与直接数字签名方案相关联的威胁有哪些？

## 习题

**13.1** 华生耐心地等待着福尔摩斯，直至福尔摩斯退出系统后才问："有什么有趣的问题需要解决吗？"

"噢，没有，我只是看了一下邮件，并做了几个网络实验，而不是通常的化学实验。我现在只有一个客户，并且解决了他的问题。我清楚地记得，你曾说过你也喜欢进行密码研究，所以你也许会感兴趣。"

"我只是业余的密码学家，福尔摩斯，但我想我会感兴趣的。你说的是什么问题？"

"我的客户是 Hosgrave 先生，他是一家小银行的董事，他的银行已完全信息化，当然也广泛使用网络通信，他们使用 RSA 来保护数据，并对传输的文件进行数字签名。现在，他们打算修改一些过程，尤其是对某些文件需要两个签名者来签名。

1. 第一个签名者形成文件，对文件签名，并传送给第二个签名者。
2. 第二个签名者首先验证该文件确实已由第一个签名者签名，然后将其签名添加到文件中，任何接收者都可验证该文件确实是由两个签名者签名的文件，但只有第二个签名者可以验证步骤 1 中的签名。也就是说，接收方（或公众）只能验证有两个签名的完整文件，而不是只有一个签名的中间文件。此外，银行希望利用支持 RSA 数字签名的现在模块。"

"嗯，我知道如何将 RSA 用于只有一个签名者的数字签名中，福尔摩斯。我猜你已经适当推广了 RSA 数字签名并解决了 Hosgrave 先生的问题。"

"是的，华生。"福尔摩斯点头道，"RSA 数字签名是用签名者的私钥 $d$ 加密生成的，任何人都可用公钥 $e$ 解密来验证签名，验证签名 $S$ 是由已知 $d$ 的唯一签名者生成的。对这个过程稍加推广，就可解决 Hosgrave 先生的问题，也就是说……"

请完成上述叙述。

**13.2** DSA 中指出，若签名生成过程中出现 $s = 0$，则要生成新 $k$ 并重新计算签名，为什么？

**13.3** 若用于生成 DSA 签名的 $k$ 已被泄露，则会出现什么问题？

**13.4** DSA 包括一个推荐的素性测试算法，该算法如下：

1. ［**选择** $w$］ 令 $w$ 是一个随机的奇整数，则 $w - 1$ 是偶数且可表示为 $2^a m$，其中 $m$ 是奇数，即 $2^a$ 是整除 $w - 1$ 的 2 的最大幂。
2. ［**生成** $b$］ 令 $b$ 是一个随机整数，$1 < b < w$。
3. ［**求幂**］ 令 $j = 0$ 且 $z = b^m \bmod w$。
4. ［**完成？**］ 若 $j = 0$ 且 $z = 1$ 或 $z = w - 1$，则 $w$ 通过测试且可能是素数，转至步骤 8。
5. ［**终止？**］ 若 $j > 0$ 且 $z = 1$，则 $w$ 不是素数，对该 $w$，算法终止。
6. ［**增大** $j$］ 令 $j = j + 1$。若 $j < a$，则令 $z = z^2 \bmod w$ 并转至步骤 4。
7. ［**终止**］ $w$ 不是素数；对该 $w$，算法终止。
8. ［**继续测试？**］ 若已测试足够多的 $b$，则认为 $w$ 是素数并终止算法，否则转至步骤 2。

   **a**. 说明该算法的工作原理。

   **b**. 证明该算法与第 2 章中给出的 Miller-Rabin 测试是等价的。

**13.5** 因为 DSA 对每个签名产生一个 $k$，所以即使是对同一条消息签名，在不同的情况下签名也不相同，但 RSA 签名做不到这一点。这种区别有什么实际意义？

**13.6** 考虑 DSA 域参数的生成问题。假设找到了满足 $q \mid (p - 1)$的素数 $p$ 和 $q$。现在要找到满足 $g^q \bmod p$ 的 $g$

$\in Z_p$。考虑如下两个算法：

| 算法 1 | 算法 2 |
|---|---|
| 重复 | 重复 |
| 选择 $g \in Z_p$ | 选择 $h \in Z_p$ |
| $h \leftarrow g^q \bmod p$ | $g \leftarrow h^{(p-1)/q} \bmod p$ |
| 直至（$h = 1$ 且 $g \neq 1$） | 直至（$g \neq 1$） |
| 返回 $g$ | 返回 $g$ |

**a**．证明算法 1 返回的值的阶为 $q$。

**b**．证明算法 2 返回的值的阶为 $q$。

**c**．假设 $p = 40193$，$q = 157$。算法 1 需要经过多少次循环迭代才能找到一个生成元?

**d**．$p$ 为 1024 位、$q$ 为 160 位时，你愿意使用算法 1 来寻找 $g$ 吗？为什么？

**e**．设 $p = 40193$，$q = 157$。算法 2 首次循环迭代找到生成元的概率是多少（若有用，回答本题时可以使用 $\sum_{d|n}\varphi(d) = n$）？

**13.7** 设计 Diffie-Hellman 算法的一个变体作为数字签名是有意义的。下面的方法比 DSA 更简单，它只需要私钥而不需要秘密随机数：

**公开元素** $q$，素数

$\alpha$，$\alpha < q$ 且 $\alpha$ 是 $q$ 的本原根

**私钥** $X$，$X < q$

**公钥** $Y = \alpha^X \bmod q$

要对消息 $M$ 签名，就要先计算该消息的哈希码 $h = H(M)$。我们要求 $\gcd(h, q-1) = 1$，若不等于 1，则将该哈希码附在消息后面再计算哈希码，继续该过程直至生成的哈希码与 $q-1$ 互素；然后计算满足 $Z \times h \equiv X \pmod{q-1}$ 的 $Z$，并将 $\alpha^Z$ 作为对该消息的签名。验证签名就是验证 $Y = (\alpha^Z)^h = \alpha^X \bmod q$。

**a**．证明该方案能够正确运行，即证明若签名是有效的，则在验证过程中将有上述等式成立。

**b**．给出一种简单的方法对任意消息伪造用户签名，以证明这种体制是不可接受的。

**13.8** 运用对称加密实现数字签名的早期方案基于如下内容。要对 $n$ 位的消息签名，发送方要事先随机生成 $2n$ 个 56 位的密钥：$k_1, K_1, k_2, K_2, \cdots, k_n, K_n$。这些参数是保密的。发送方事先准备好两组非保密的 64 位验证参数：

$$u_1, U_1, u_2, U_2, \cdots, u_n, U_n \text{ 和 } v_1, V_1, v_2, V_2, \cdots, v_n, V_n$$

式中，$v_i = E(k_i, u_i)$，$V_i = E(k_i, U_i)$。消息 $M$ 按如下方式签名。对消息的第 $i$ 位，依赖于消息位的值为 0 或 1，将 $k_i$ 或 $K_i$ 附在消息后面。例如，若消息的前三位为 011，则签名的前三个密钥为 $k_1, K_2, K_3$。

**a**．接收方如何验证消息?

**b**．该方法安全吗?

**c**．一组保密密钥能够安全地为不同的消息签名多少次?

**d**．该方案会带来何种实际问题?

# 第 14 章　轻量级密码和后量子密码

**学习目标**

- 解释嵌入式系统的概念。
- 解释资源受限设备的概念。
- 给出轻量级密码的概念及常见轻量级密码算法的类型。
- 讨论影响轻量级密码算法设计的限制因素。
- 讨论轻量级密码算法的安全性要求。
- 概述用于认证加密、哈希函数、消息认证码的轻量级密码。
- 解释后量子密码算法的需求及受到影响的算法。
- 概述设计后量子密码算法的数学方法。

轻量级密码和后量子密码是近年来密码学领域最热门的两个研究方向。未来几年，在这两个方向可能会出现许多新算法。本质上，轻量级密码的重点是设计出在执行时间、存储和功耗等方面的需求最小化的安全算法。这样的算法适用于小型嵌入式系统，例如可以广泛用于物联网（IoT）应用。轻量级密码的研究工作主要聚焦于对称密码（私钥）算法和密码学哈希函数。

由于量子计算机能够破译目前使用的非对称密码算法，因此后量子密码成为引人注目的研究方向。对基于因子分解或离散对数的非对称算法，Shor 算法显示了可行的破译方法。因此后量子密码的研究工作聚焦于设计新的非对称密码算法。

## 14.1　轻量级密码的概念

**轻量级密码**是密码学的一个分支，主要研究如何为资源受限设备设计密码算法。**轻量级**是指密码算法对系统资源需求极小化的特点。在许多现有的密码标准中，算法需要在安全性、性能和成本需求之间进行折中，因此通常不适合在资源受限的设备中实现。轻量级密码的研究包括对原有的密码算法进行高效实现，以及设计新的轻量级算法。

### 14.1.1　嵌入式系统

**嵌入式系统**是指产品中使用的具有一个或一组专用功能的电路或软件，它与笔记本或台式机系统等通用计算机相对应。我们也可将嵌入式系统定义为任何一台包含计算机芯片，但不是通用工作站、台式机或笔记本的设备。笔记本、PC、工作站、服务器、大型机和超级计算机每年的销量大概是数亿台。相比之下，嵌入式大型设备使用的微控制器的销量每年大概是数百亿个。目前，许多（也许是大多数）使用电力的设备都有一个嵌入式计算系统。在不久的将来，所有此类设备可能都会具有嵌入式计算系统。

带有嵌入式系统的设备种类不胜枚举，如手机、数码相机、摄像机、计算器、微波炉、家庭安全系统、洗衣机、照明系统、恒温器、打印机、汽车中的各种系统（如变速箱控制、定速巡航、燃油喷射、防抱死制动和悬架系统）、网球拍、牙刷，以及自动化系统中数不胜数的传感器和执行器等。

**微控制器** 微控制器是包含处理器、非易失性存储器（ROM 或闪存）、易失性存储器（RAM）、时钟和 I/O 控制单元的单个芯片，也称“芯片上的计算机”。微控制器芯片对于电路空间的有效使用特点鲜明，微控制器的处理器部分的半导体面积要比其他微处理器的小得多，具有更高的能效。

每年有数十亿个微控制器单元嵌入从玩具到家用电器再到汽车等各种产品。例如，一辆普通汽车可能就使用了超过 70 个微控制器。体积小、造价低的微控制器通常被用作特定任务的专用处理器。例如，在自动化处理过程中会用到大量微控制器。通过提供对输入的简单反应，它们可以控制机械、开关风扇、开关阀门等。它们是现代工业技术的核心组成部分，为制造具有极其复杂功能的机器提供了最廉价的方案。

微控制器具有各种物理尺寸和处理能力。处理器架构从 4 位到 32 位。微控制器比微处理器慢得多，通常在 MHz（兆赫兹）范围内运行，而微处理器在 GHz（吉赫兹）范围内运行。微控制器的另一个典型特点是，它不提供人机接口。微控制器嵌入设备并被编程，用于特定任务，且需要时才被执行。

**深度嵌入式系统** **深度嵌入式系统**是嵌入式系统的一类，是数量众多的一类。一般而言，深度嵌入式系统中处理器的特性很难被程序员或用户观察到。一旦将设备的程序逻辑烧入 ROM（只读存储），深度嵌入式系统使用的微控制器就无法再编程，且没有用户接口。

深度嵌入式系统是专用的单用途设备，可以检测环境中的某些信息，执行基本的处理并得到一些结果。深度嵌入式系统通常具有无线功能，并且出现在需要联网的配置中，如在较大区域（如工厂、农田等）部署的传感器网络。物联网很大程度上需要深度嵌入式系统。一般来说，深度嵌入式系统适用于内存、处理器大小、时间和功耗等资源极端受限的环境。

### 14.1.2 资源受限设备

**资源受限设备**是指易失性和非易失性存储器受限、处理器能力受限和数据传输率低的设备，其分类如表 14.1 所示。物联网中的许多设备，特别是体积小、数量多的设备，通常会受到资源的限制。如文献[SEGH12]中所述，遵循摩尔定律的技术进步使得嵌入式设备更便宜、更小、更省电，但未像摩尔定律预计的那样使其计算能力更强。典型的资源受限设备配备 8 位或 16 位微控制器，仅具有很小的 RAM 和存储容量。资源受限设备通常符合 IEEE 802.15.4 无线标准，可实现低功耗、低数据传输率的个人无线局域网（WPAN），数据传输率为 20 ~ 250kbps，帧尺寸最大为 127 字节。

**表 14.1 资源受限设备的分类**

| 类 别 | 数据空间（RAM） | 代码空间（闪存，ROM） |
|---|---|---|
| 0 类 | << 10kB | << 100kB |
| 1 类 | ~10kB | ~100kB |
| 2 类 | ~50kB | ~250kB |

RFC 7228（*Terminology for Constrained-Node Networks*）中定义了三类资源受限设备。

- **0 类** 这些设备的资源极端受限，例如称为微粒或智能尘埃的传感器。可以将这样的微粒植入或散布到一个区域中，收集数据后从各处传递到中央收集点。例如，农民、葡萄园主、生态学家可以使用微粒传感器来检测温度、湿度等，使得每个微粒成为一个迷你气象站。这些微粒散布在田野、葡萄园或森林中，具有监测微观气候的能力。一般来说，0 类设备传统意义上难以保护或管理，它们可能是用很小的数据集预先配置好的（通常很少会被重新配置）。
- **1 类** 这些设备的代码空间和处理能力非常有限，以至于无法轻松地与使用完整协议栈的其他因特网节点通信。但是，它们可以在无须网关节点的情形下，使用专门为受限节点设计的协议栈参与有意义的会话。

- **2 类**　这些设备的受限较少，基本能够支持大多数笔记本或服务器上使用的协议栈。然而，与高端物联网设备相比，其资源仍然受限较大。因此，它们需要采用轻量级、节能的协议和低传输带宽。

### 14.1.3　轻量级密码的限制类别

在轻量级密码算法的设计过程中，定义相关的特定限制很有必要。ISO 29192-1（*Lightweight Cryptography—Part 1: General*，2012 年 6 月）中列出了如下的主要限制。

- **芯片面积**　在硬件上实现加密算法时，芯片面积是值得关注的重要因素。小型设备（如小型传感器）的芯片中为安全性提供的可用空间有限。芯片面积通常以等价门电路（GE）表示。在估算过程中，将集成电路的面积除以两输入与非门的面积，得出 GE 值。
- **能耗**　许多资源受限设备都是依靠很小的电池或来自输入信号的能量工作的，因此算法的设计需要考虑能耗的最小化。能耗是处理时间、芯片面积（在硬件中实现时）、工作频率、在实体之间传输的通信量（特别是在无线传输中）等几个因素的函数。
- **程序代码空间和 RAM 空间**　资源受限设备通常具有非常有限的空间来存储执行时需要的程序代码（如在 ROM 中）和 RAM。因此密码算法需要代码实现紧凑，并且在执行过程中使用最少的 RAM。
- **通信传输速率**　传感器和 RFID 等资源极端受限的设备可能具有非常有限的数据速率。因此，需要传输的安全相关数据（如消息认证码和密钥交换信息）必须非常少。
- **执行时间**　某些设备（如非接触卡和 RFID 标签）的执行时间受在通信区域中存在的时间限制。

### 14.1.4　各种应用的安全考虑

不同类型的资源受限设备的安全需求也不同。CRYPTREC①轻量级密码工作组在文献[CRYP17]中定义了应用范围列表。本节小结这些设备的主要安全考虑事项。

**射频识别（RFID）**　RFID 是一种数据收集技术，它使用附在商品上的电子标签，通过远程系统对商品进行识别和跟踪。RFID 技术正日益成为物联网的支撑技术。RFID 系统由标签和读取器构成。RFID 标签是一套带有天线的小型可编程设备，用于追踪物体、动物和人。它们的形状、大小、功能和成本各异。RFID 读取器用于获取信息，有时还需要对操作范围（几英寸到几英尺）内的 RFID 标签上的信息进行重写。读取器通常连接到计算机系统，计算机系统对获取的信息进行记录和格式化，以备将来使用。

RFID 设备要求密码算法使用非常有限的电路和内存。尽管如此，取决于 RFID 标签的用途，需要许多类型的安全机制。文献[SAAR12]中列出了如下使用场景范例和相应的安全需求。

- **假冒商品**　克隆或修改 RFID 标签，可能使假冒商品或零配件冒充真品蒙混过关。认证技术能够应对这类威胁。
- **环境日志**　篡改温度日志等信息，会对生鲜和医疗用品等产品供应链的管理造成威胁。数据和设备身份认证可以应对这类威胁。
- **电子产品代码（EPC）的隐私**　EPC 设计存储在 RFID 标签上，为世界上任何地方的每个物理对象提供通用标识符。若将此类标签附到个人物品上，则会引发严重的隐私问题。因此，标签在泄露可追溯信息之前，必须对读取器进行可信标识。
- **防盗**　将数据写入标签，能够向出口的门卫指示该商品是否已售出。持续存储器的写入和锁定

① CRYPTREC 是由日本政府成立的密码学研究与评估机构，旨在评估和推荐用于政府和工业用途的密码技术。

操作能够防止盗窃。

- **返厂** 标签返回商店或工厂后，通过身份验证的重置/写入机制，能够重复使用。标签里有一定数量的持续存储器，对于这些存储器的读取、写入和锁定操作必须经过验证，以防止伪造和未经授权的修改。只有标签的拥有者才能通过经过授权的读取操作看到数据。

**家电和智能电视** 包括空调、烤箱和电视在内的许多家电都配备了嵌入式处理器，这些处理器能够提供一系列服务并且可以接入因特网。为了降低成本，这些嵌入式系统通常属于极端资源受限设备，且持续工作在满负荷状态，因此为安全功能留下的资源非常有限。这些设备容易遭受未经授权的访问，可能会被篡改控制信号或发出错误指令，从而导致异常操作。这些设备的软件通常也能够更新升级。因此，对上述操作的认证方法非常重要。

**智能农业传感器** 农业设备中的环境传感器能够提高生产效率和农作物产量。例如，传感器可以配合传动装置工作，控制浇水的时间和数量、自动打开/关闭温室窗户、安排防害虫的巡视等。由于需要使用大量的传感器，因此对传感器网络的需求包括自动驱动、体积小、低功耗和低成本。

**医疗传感器** 无线医疗传感器通过获取和传输与药物和健康相关的测量值，在医院环境之外对患者进行健康监测。这些设备，特别是被植入患者体内的设备，通常非常小且功耗极低。

**工业系统** 在工厂中，为了提高操作效率，运输、加工和组装操作已实现自动化。为了共享制造信息并基于传感器收集的数据来管理生产过程，可以将多台机床和机器人通过网络连接。通过网络，可以将信息存储在各个位置，并从中央位置管理设备。

接入因特网时，这些系统容易泄露数据或遭到破坏，这些风险在关键的公共基础设施（如配电系统、核电站、水处理和航空调度）中尤其高。执行未授权的命令或者已授权的命令无法执行，可能会导致严重甚至灾难性的损坏。因此，认证、授权和可用性机制至关重要。

**汽车** 现代汽车既可以通过小型嵌入式系统提供车载通信，又可以与外部实体进行无线通信。这些车载嵌入式设备是所谓的车辆通信系统的一部分。在车辆通信系统中，车辆和路边单元都是网络中的通信节点，相互提供诸如安全警告和交通信息之类的信息，可以有效地避免事故和交通拥堵。

文献[NHTS14]中指出，在诸多安全方面考虑的因素中，认证确保所有通信是准确的且不会被欺骗，隐私保护确保这些通信无法用于跟踪汽车。

RFC 7744 中提供了资源受限设备的使用及安全要求的其他示例。

### 14.1.5 设计折中

图 14.1 中显示了设计轻量级密码算法时在安全性、成本和性能之间的折中。一般而言，对于任何给定的算法，密钥越长、轮数越多，安全性就越高。对每个时间单位处理的明文量而言，这意味着吞吐率降低，功耗增加。类似地，算法或其实现越复杂，能够提供的安全性就越高，但这通常需要增大半导体的面积，以便进行硬件或软件实现。

因此，获得更高的安全性可能会牺牲成本或性能，甚至同时牺牲二者。在性能和成本之间，还需要在架构方面进行折中，串行架构通常带来较低的成本，并行架构则提供更高的性能。

### 14.1.6 安全要求

ISO 29192 中规定轻量级密码的最低安全强度是 80 位。该标准将安全强度定义为破解密码算法或系统所需的工作量（即运算次数）。这里，$n$ 位的安全强度表示攻破密码系统所需的工作量等价于密码系统执行 $2n$ 次。大多数标准的文档中建议安全强度至少为 128 位。ISO 29192 指出，在有些轻量级密码应用中可能允许较低的安全要求，即假定它们不会面对特别强力的攻击者。使用 80 位密钥时，在更换密钥之前仅需要使用单个密钥加密少量的数据。因此，更重要的是，密码安全系统的设计者必须明确单个密钥不超过轻量级密码机制的安全操作限制。

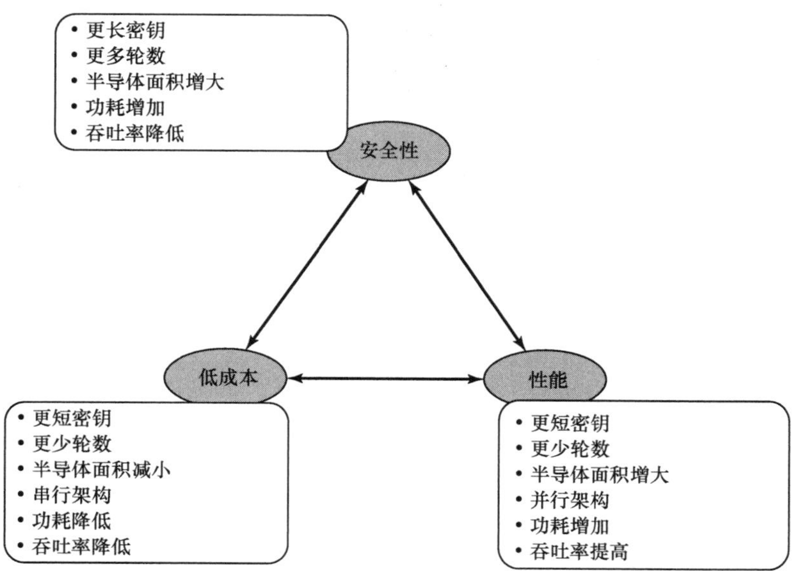


图 14.1 轻量级密码折中

NIST 在 2018 年宣布了一个征集轻量级密码算法设计方案的项目[NIST18]。NIST 计划设计和维护一系列专用的轻量级算法和工作模式。在提交的每种算法中，必须提供一个或多个包含算法目标和指标可接受范围等内容的配置文件。NISTIR 8114（*Report on Lightweight Cryptography*，2017 年 3 月）指出，最初的研究重点是开发带有关联数据（AEAD）的认证加密和安全哈希函数。NIST 已对这些算法发布了两类初步的配置文件[NIST17]，一类用于软件和硬件实现，另一类仅用于硬件实现（见图 14.2）。这些配置文件的详细信息如表 14.2 和表 14.3 所示。注意，这里的最低安全强度要求为 112 位。

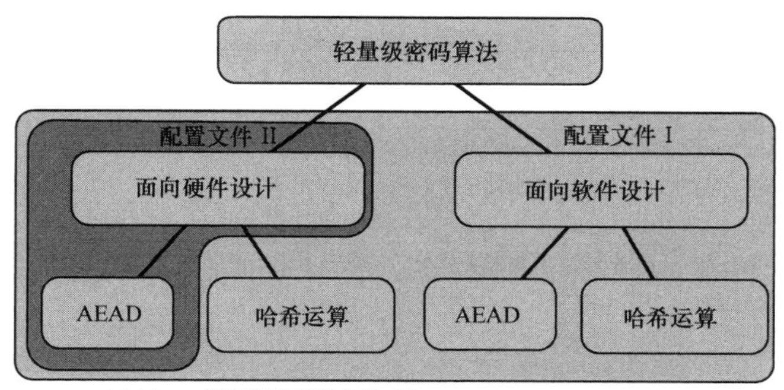


图 14.2 轻量级密码的相关文档

**侧信道攻击** ISO 29192 和 NIST 都强调需要抗侧信道攻击。侧信道攻击是指由于密码系统的物理特性造成信息泄露从而引起的攻击[TIRI07]。攻击者利用物理环境来恢复某些可用于破译密码算法的泄露信息。在侧信道攻击中可被利用的特征包括运行时间、功耗、电磁辐射和声音辐射。

表 14.2 文档 1：资源受限环境下的 AEAD 和哈希运算

| 功 能 | 带有关联数据的认证加密和哈希运算 |
| --- | --- |
| 设计目标 | — 与目前的 NIST 标准相比，在受限环境（硬件和嵌入式软件平台）下性能明显更好<br>— 两类算法都应该针对短（如短至 8 字节）消息进行效率优化<br>— 消息长度应为整数字节 |
| 物理特性 | — 能够支持紧凑硬件实现和嵌入式软件实现，使其需要的 RAM 和 ROM 尽量小 |
| 性能特点 | — ASIC 和 FPGA 的性能应考虑各种标准单元库，支持各种灵活的实施策略（低能耗、低功耗、低延迟），与目前的 NIST 标准相比优势明显<br>— 微控制器的性能应广泛考虑 8 位、16 位和 32 位微控制器架构<br>— 应具有高效的密钥预处理过程（就计算时间和内存占用而言） |
| 安全特性 | **AEAD**<br>— 必须支持 128 位的密钥长度。允许支持更长的密钥长度，例如为多级密钥配置提供安全性，或针对量子计算机的安全性<br>— 应支持最大 128 位的时变值长度<br>— 应支持最大 128 位的标签长度<br>— 应支持最大 $2^{50}-1$字节的明文长度<br>— 应支持最大 $2^{50}-1$字节的关联数据<br>— 单个密钥至少能够安全处理 $2^{50}-1$ 字节数据<br>— 在单密钥设置下，传统计算机的密码分析攻击至少需要 $2^{112}$ 次运算<br>— 能够抗各种侧信道攻击，包括时间攻击、简单能量攻击（SPA）和差分能量攻击（DPA），以及简单电磁分析（SEMA）和差分电磁分析（DEMA）<br>哈希运算<br>— 传统计算机的密码分析攻击至少需要 $2^{112}$次运算<br>— 必须支持 256 位的哈希输出值，允许支持更长的哈希值<br>— 应支持最大 $2^{50}-1$字节的消息长度<br>能够抗各种侧信道攻击，包括时间攻击、简单能量攻击和差分能量攻击，以及简单电磁分析和差分电磁分析 |

表 14.3 文档 2：用于资源受限硬件环境的 AEAD

| 功 能 | 带有关联数据的认证加密 |
| --- | --- |
| 设计目标 | — 与目前的 NIST 标准相比，性能明显更好<br>— 针对短（如短至 8 字节）消息的性能非常重要<br>— 消息长度应为整数字节 |
| 物理特性 | — 针对受限的硬件平台<br>— 能够支持紧凑硬件实现 |
| 性能特点 | — ASIC 和 FPGA 的性能应考虑各种标准单元库和供应商<br>— 支持各种灵活的实施策略（低能耗、低功耗、低延迟）<br>— 应具有高效的密钥预处理过程（就计算时间和存储占用而言） |
| 安全特性 | — 必须支持 128 位的密钥长度。允许支持更长的密钥长度，例如为多级密钥配置提供安全性，或针对量子计算机的安全性<br>— 应支持最大 128 位的时变值长度<br>— 应支持最大 128 位的标签长度<br>— 应支持最大 $2^{50}-1$字节的明文长度<br>— 应支持最大 $2^{50}-1$字节的关联数据<br>— 单个密钥至少能够安全处理 $2^{50}-1$ 字节数据<br>— 在单密钥设置下，传统计算机的密码分析攻击至少需要 $2^{112}$次运算<br>— 能够对抗各种侧信道攻击，包括时间攻击、简单能量攻击和差分能量攻击，以及简单电磁分析和差分电磁分析 |

图 14.3 显示了侧信道攻击的基本操作过程。攻击者可以访问设备发出的侧信道信息，并且可能掌握了明文或密文，或者二者都被攻击者掌握。若能够长期执行这些操作，则可能会带来非常有效的攻

击方法。分析过程根据侧信道信息中的差异来猜测密钥位。例如 1 位需要的计算量可能要比 0 位需要的多，这会影响处理时间和功耗。文献[TIRI07]中对 AES 的典型攻击方法就是基于单个密钥字节引起的泄露的，结果可通过 $16\times2^8$ 次测试来找到整个 128 位密钥。

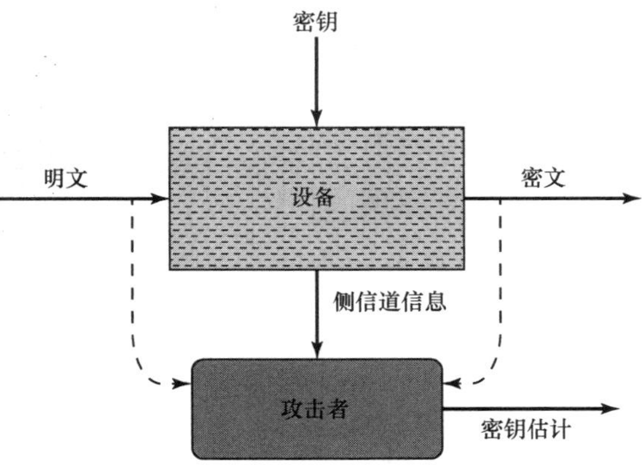

图 14.3 侧信道攻击的基本操作过程

资源受限设备通常位于物理上不安全的环境中，因此特别容易受到侧信道攻击。

抗侧信道攻击的对策是，消除或至少减轻密钥位于侧信道信息之间的相关性。应对措施包括，为计算程序添加随机延迟，插入空指令使得每个密码的计算都花费相同的时间，添加硬件逻辑电路使得功耗随机。

## 14.2 轻量级密码算法

为了满足对轻量级密码的要求，人们设计了许多新算法[BIRY17, CRYP17]。这些算法的典型特征如下。

- 基本运算如异或、循环移位、4×4 S 盒和比特置换简单。
- 分组长度较小（如 64 位或 80 位）。
- 密钥长度较小（如 96 位或 112 位）。
- 密钥扩展简单。
- 设计时考虑的安全边界较小。
- 轮函数简单，迭代轮数多。
- 简化的密钥扩展方案，能够动态生成子密钥。

与已有的 AES 和 SHA-2 等算法相比，这些新算法在设计时选择的安全边界较小。

### 14.2.1 带有关联数据的认证加密

**架构策略** 对于分组密码和流密码，实现过程要达到设计目标，需要使用三种主要硬件架构之一：并行（已展开）、循环（未展开）和串行。图 14.4 基于文献[CRYP17]以通用术语说明了这三种架构。并行实现需要额外的逻辑电路，以便并行执行多轮运算。通常使用某种形式的流水线操作，以便在给定的时钟周期内执行多轮运算。在循环或未展开的实现中，每轮运算都单独执行，在下一轮开始之前，完成上一轮运算。无论循环是已展开的还是未展开的，架构都需要存储完整的内部状态和密钥状态（若有的话），然后对整个状态使用电路执行一轮操作。为了使芯片面积最小，可以选择串行实现。通过串行实现，一个分组被分为若干部分执行，因此需要多次操作才能完成一轮运算。通过串行实现，每次只更新状态的一部分。如图 14.4 所示，从并行到循环，再到串行实现，所需的芯片面积依次减小，但代价是执行时间增加。

**分组密码** 分组密码在实现加密的操作模式和某些认证模式中是基本的功能单元。因此，它们的处理对象是多个数据分组。ISO 29192-1 指出，大多数分组加密工作模式（包括 MAC 和哈希结构）的安全性在 $q^2/2^n$ 时开始降低，其中 $n$ 是以比特为单位的分组长度，$q$ 是加密的分组数。例如，当 $n = 64$ 时，加密 $2^{32}$ 个分组后，分组密码易受攻击威胁。因此，要注意的是，较短的分组长度意味着单个密钥能够安全加密的数据量也较少。

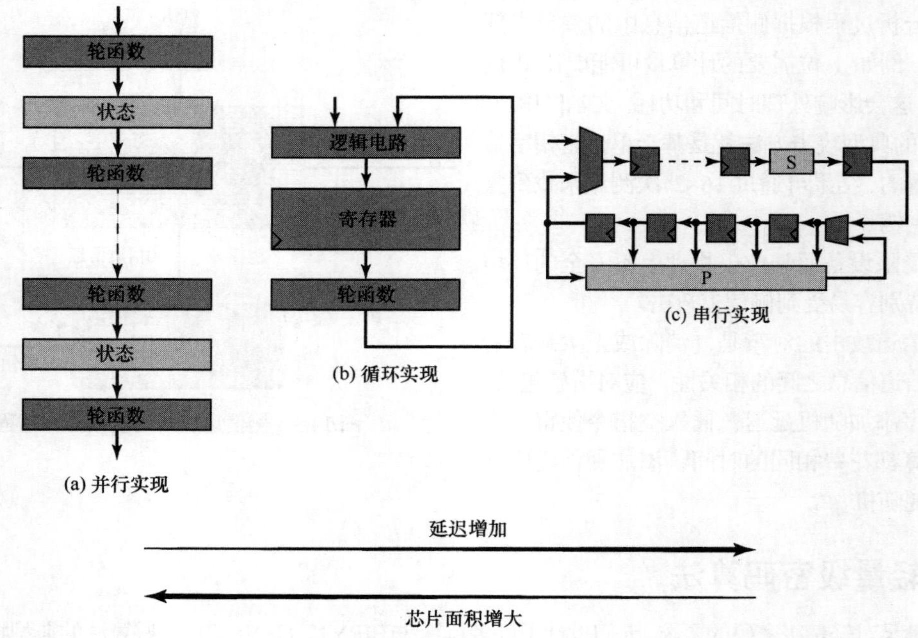


图 14.4 对称密码的基本实现方法

轻量级密码分组密码的一个例子是可伸缩加密算法（SEA）[STAN06]。SEA 算法采用 Feistel 密码结构（见图 4.3）。SEA 的分组长度可取任意值 $n$（对某些 $b$ 只需满足 $n=6b$）、字长和轮数。SEA 算法基于如下操作。

- 按位异或：⊕。
- 使用一个 S 盒：$S$。
- 在字之间循环移位：$R=$ 循环左移，$R^{-1}=$ 循环右移。
- 在字内循环移位：$r$。
- 模 $2^b$ 加：田。

基本参数如下。

$n$：分组长度和密钥长度。

$b$：字长。

$n_b = n/2b$：每个 Feistel 分支的字数。

$n_r$：轮数。

唯一的限制是，分组长度必须是字长 6 倍的倍数（即 $n$ 是 $6b$ 的倍数）。因此，对于 8 位处理器，分组长度可以是 48、96、144 等。

图 14.5 显示了 SEA 的单轮运算结构。对于每轮，一组数据被分成左右两半，轮函数操作为

| | |
|---|---|
| 加密 | $L_{i+1}=R_i$<br>$R_{i+1}=R(L_i)\oplus r(S(R_i \boxplus K_i))$ |
| 解密 | $L_{i+1}=R_i$<br>$R_{i+1}=R^{-1}(L_i)\oplus r(S(R_i \boxplus K_i))$ |
| 子密钥扩展 | $KL_{i+1}=KR_i$<br>$KR_{i+1}=KL_i \oplus R(r(S(KR_i \boxplus C_i)))$ |

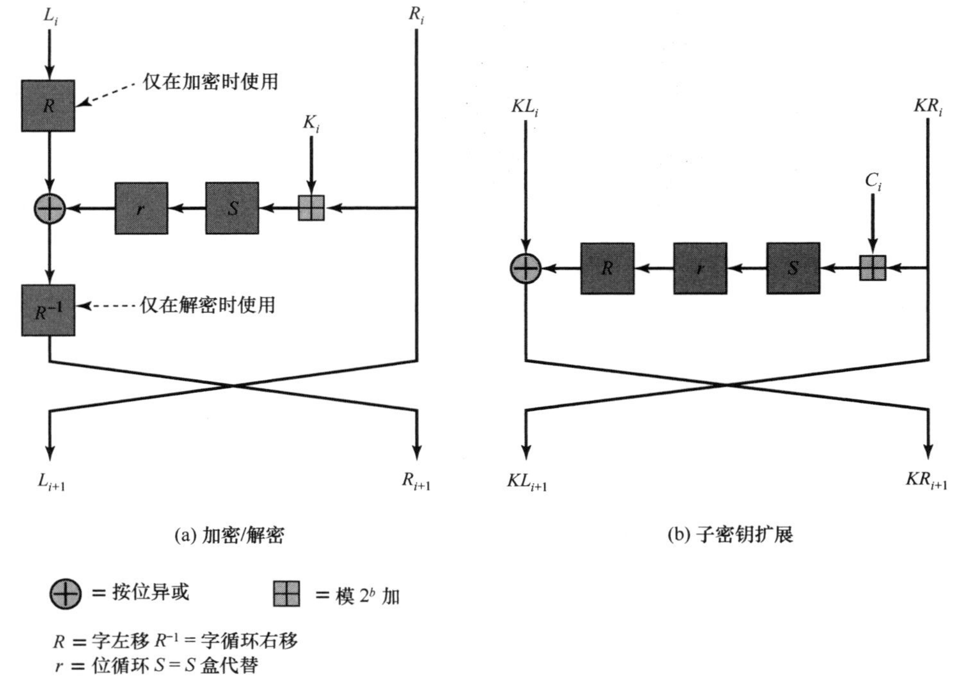


图 14.5 SEA 的单轮运算结构

$S$ 盒代替操作由 3 位替换表定义。对于 3 位输入 $x$:

| $x$ | 000 | 001 | 010 | 011 | 100 | 101 | 110 | 111 |
|---|---|---|---|---|---|---|---|---|
| $S(x)$ | 000 | 101 | 110 | 111 | 100 | 011 | 001 | 010 |

数据每次以 3 个字(24 位)的分组进行处理,因此 $S$ 盒代替操作能并行实现 8 个 3 位数据的运算。常数 $C_i$ 是由 $n_b$ 个字组成的向量,除最低有效字取 $i$ 外,剩余的字都取 0。

SEA 具有在资源受限设备中使用的许多优势。SEA 只需实现少量的运算,可以灵活扩展分组长度和密钥长度。SEA 的设计结构具有良好的非线性和扩散特性。设计者研究了各种类型的攻击,以确保设计 SEA 时采用的策略是正确的[STAN06]。大量研究表明,SEA 在紧凑实现和性能之间达到了很好的平衡[KUMA11a, KUMA10 CAKI10, MACE08]。

**流密码** 对于受限环境,流密码也是一类具有广泛应用前景的对称密码。第 8 章介绍了适用于资源受限设备的流密码的一个例子,即 Grain-128。

## 14.2.2 哈希函数

传统的哈希函数可能无法在资源受限设备上实现。NISTIR 8114 中指出了轻量级哈希函数与传统哈希函数的区别。

- **更小的内部状态和输出长度** 对于需要使用抗碰撞性的哈希函数的应用,哈希值的输出长度必须足够大。对于不需要使用抗碰撞性的哈希函数的应用,可以使用较小的内部状态和输出长度。当需要使用具有抗碰撞性的哈希函数时,通常可以选择同时具有抗原像攻击、抗第二原像攻击、抗碰撞攻击的哈希函数。这些要求可以减小内部状态的大小。
- **更小的消息长度** 常规的哈希函数通常支持非常大的输入长度(如 $2^{64}$ 位输入)。在使用轻量级哈希函数的大多数目标协议中,输入长度通常要小得多(如最多为 256 位输入)。因此,针对短消息优化的哈希函数可能更适合轻量级应用。

Photon 是轻量级密码学哈希函数的一个例子[GUO11]。Photon 是 ISO 29192 中规定的哈希函数之一，文献[CRYP17]中也列出了它。

Photon 使用类似 SHA-3 的海绵结构，如图 14.6 所示。海绵函数的安全性已得到充分研究，能够用于紧凑实现的设计中。海绵函数包含 3 个主要部分。

- $t$ 位内部状态，其中包括 $c$ 位容量和 $r$ 位速率（$t = c + r$）。速率 $r$ 是每次迭代处理的位数，容量 $c$ 是结构复杂性和安全性的度量。哈希输出长度 $n$ 等于 $c$。
- 置换函数 $P$，在每次迭代时对内部状态进行操作。
- 填充函数，在输入数据后补足位数。

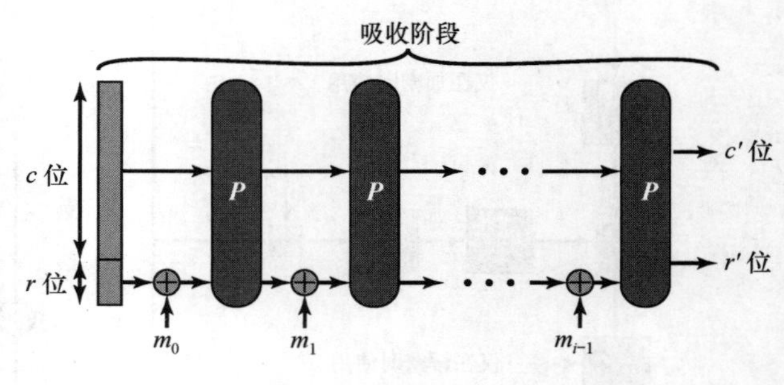


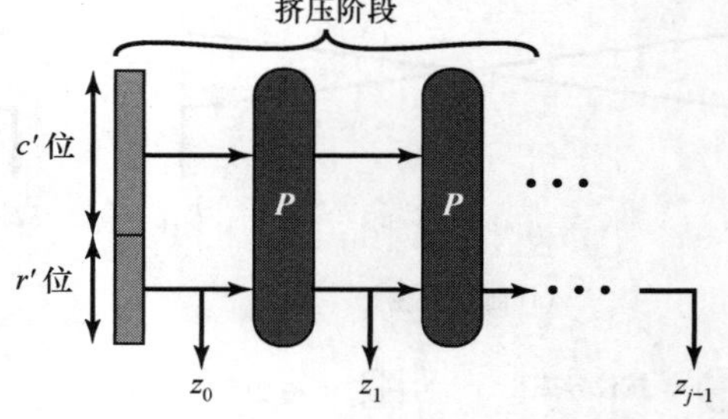


图 14.6　Photon 海绵结构

海绵结构包括吸收阶段和挤压阶段，吸收阶段将消息分组吸入内部状态，挤压阶段生成哈希值输出。对于吸收阶段，通过填充一个 1 和若干 0，使得输入数据/消息的整体长度是 $r$ 的整倍数。输入被分为 $i$ 个 $r$ 位的消息分组 $m_0,\cdots,m_{i-1}$。内部状态初始化为 $S_0 = \text{IV} = \{0\}^{t-24} \| n/4 \| r \| r'$，这里的 3 个值都按 8 位编码，$n$ 为哈希值的长度。对于 $i$ 次迭代，每次迭代都将 $m_i$ 与内部状态的速率部分进行异或运算，然后将置换 $P$ 应用到整个 $t$ 位状态。

在挤压阶段，内部状态分为 $r'$位和 $c'$位两部分，长度可能与前面 $r$ 和 $c$ 的不同。增大 $r'$会减少压缩阶段所花的时间，但可能会降低原像的安全性。这个阶段产生 $i$ 个 $r'$位的哈希值分组 $z_0,\cdots,z_{j-1}$，其中 $j = \lceil n/r' \rceil - 1$。哈希值输出是 $z_0\|\cdots\|z_{j-1}$。若需要的哈希输出不是 $r$ 的整数倍，则将其截断为 $n$ 位。

使用图 14.6 所示的结构，能够定义 5 个不同版本的 Photon，如表 14.4 所示。这 5 个版本以增大芯片面积和处理时间为代价，提供更高级别的安全性。注意，内部状态很小，介于 100 位和 288 位之间。相比之下，SHA-3 的内部状态为 1600 位，而 SHA-512 的内部状态为 512 位。

表 14.4　Photon 的 5 个版本

| Photon-$n/r/r'$ | $n$（哈希输出长度） | $r$（消息分组长度） | $r'$（哈希分组长度） | $t$（内部状态） |
|---|---|---|---|---|
| Photon-80/20/16 | 80 | 20 | 16 | 100 |
| Photon-128/16/16 | 128 | 16 | 16 | 144 |
| Photon-160/36/36 | 160 | 36 | 36 | 196 |
| Photon-224/32/32 | 224 | 32 | 32 | 256 |
| Photon-256/32/32 | 256 | 32 | 32 | 288 |

注：所有值都以位为单位。

置换函数的内部结构由不带密钥的类 AES 模块构成，这个模块针对硬件实现进行了优化。采用类 AES 模块的优点是，Photon 能够充分利用先前对 AES 和基于 AES 的哈希函数的密码分析结果。图 14.7 显示了置换 $P$ 的结构。$t$ 位内部状态组织为由 $d \times d$ 个 $s$ 位元素组成的矩阵。置换包括 12 轮，每轮分为 4 个阶段。

- AddConstants　轮常量与矩阵的第一列进行异或运算。
- SubCells　将矩阵中的每个元素通过 $S$ 盒映射成新值。
- ShiftRows　如图所示，每行中的元素之间循环移位。
- MixColumnsSerial　分别对每列进行线性混合运算。

设计者认为 Photon 非常轻量级，接近于理论上的最优，且达到了非常出色的面积/吞吐率折中。

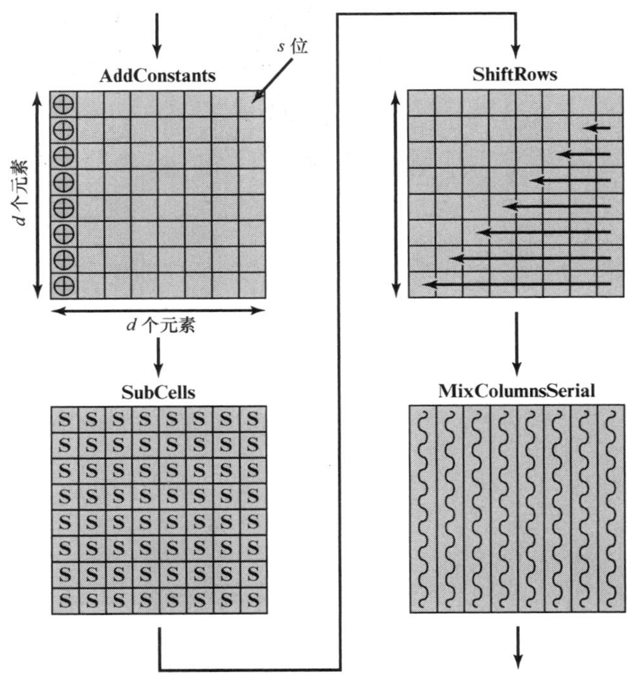

图 14.7　Photon 置换的一轮

### 14.2.3　消息认证码

文献[CRYP17]中指出了设计轻量级消息认证码（MAC）的两种方法。第一种方法是结合使用现有的 MAC 方案与基本的轻量级密码算法。例如，第 12 章讨论过的两个著名方案 CMAC 和 HMAC。CMAC 和 HMAC 方案的开销不高，可以结合使用基本的轻量级密码算法。对于 CMAC 方案，需要结合使用轻量级对称加密算法；对于 HMAC 方案，需要结合使用轻量级哈希算法。

第二种方法要专门设计一个新的轻量级 MAC 算法。与轻量级 MAC 算法相比，针对轻量级加密算法和轻量级哈希算法做的研究工作要多得多。

最近设计的 MAC 是 SipHash[AUMA12]，它是文献[CRYP17]中唯一列出的 MAC 算法，已被广泛实现。设计 SipHash 的主要目标如下。

- 针对短消息优化 MAC 算法。这是为了适应资源受限设备间的典型通信模式。
- 设计安全、高效和简单的 MAC。

SipHash 具有两个重要的特征：不需要密钥扩展，并且需要的内部状态最小。类似于海绵结构，SipHash 分为压缩阶段和收尾阶段，压缩阶段吸收和压缩消息，收尾阶段进一步混合数据的各位。SipHash 是表示为 SipHash-$c$-$d$ 的函数族，其中 $c$ 是消息分组之间的压缩轮数，$d$ 是收尾轮数。表示为 SipRound 的轮在两个阶段中相同。各个版本的 SipHash 都使用如下变量。

- 一个 128 位密钥 $k$，分为两个 64 位分组 $k_0$ 和 $k_1$。
- $b$ 字节的消息 $m$，分为 $w=\lceil (b+1)/8 \rceil$ 个 64 位分组 $m_0,\cdots,m_{w-1}$，其中 $m_{w-1}$ 包含 $m$ 末尾的 $b \bmod 8$ 字节，后面补上若干空字节，最后一个字节是正整数 $b \bmod 256$。
- 由 4 个记为 $v_0$、$v_1$、$v_2$、$v_3$ 的 64 位字组成的内部状态。
- 64 位标签。这是 SipHash 函数的输出，用于消息认证。

图 14.8(a)显示了压缩阶段。首先，内部状态初始化为

$$v_0 = k_0 \oplus C_0 = k_0 \oplus 736f6d6570736575$$
$$v_1 = k_1 \oplus C_1 = k_1 \oplus 646f72616e646f6d$$

$v_2 = k_0 \oplus C_2 = k_0 \oplus$ 6c7967656e657261

$v_3 = k_1 \oplus C_3 = k_1 \oplus$ 7465646279746573

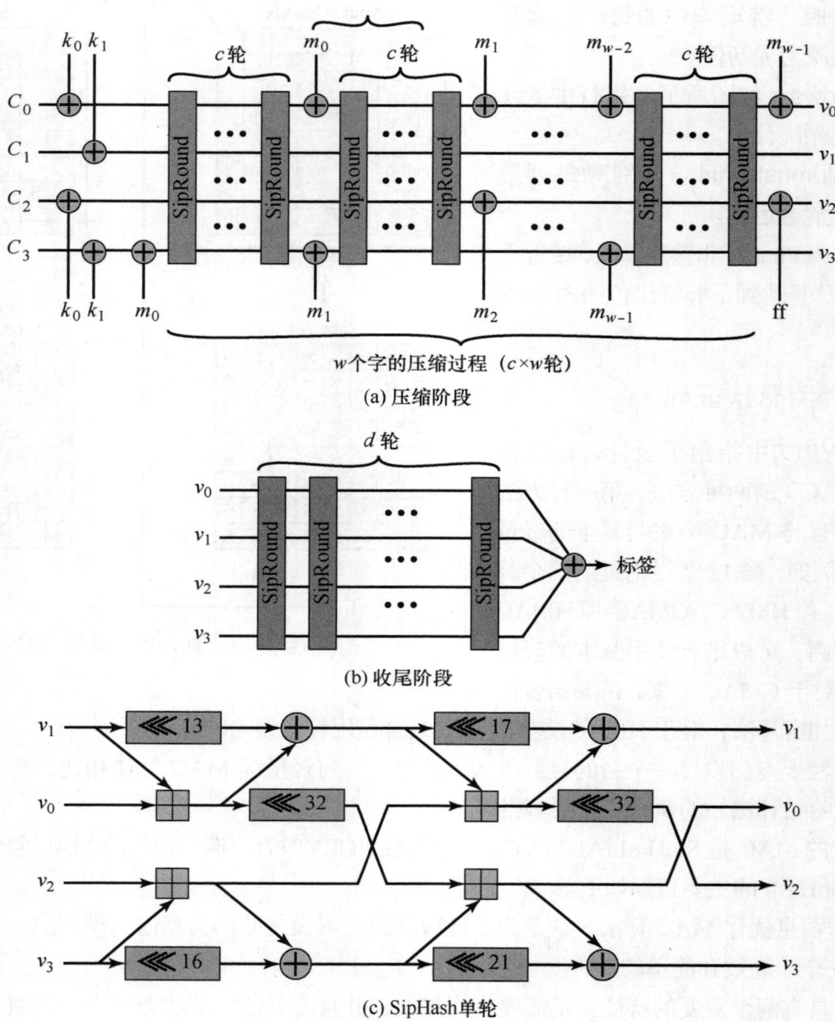


(a) 压缩阶段

(b) 收尾阶段

(c) SipHash单轮

图 14.8　SipHash 消息认证码

于是，每个密钥的每一半都要经过两个不同的位翻转操作。然后，每个消息字进行如下运算。

**1**．内部状态修改为 $v_3 = v_3 \oplus m_0$。

**2**．SipRound 迭代 $c$ 次。

**3**．进行 $w-1$ 步下列运算：

$v_0 = v_0 \oplus m_{i-1}$

$v_3 = v_3 \oplus m_i$

SipRound 迭代 $c$ 次

**4**．计算：

$v_0 = v_0 \oplus m_{w-1}$

$v_3 = v_3 \oplus$ ff

在收尾阶段［见图 14.8(b)］，对内部状态进行额外的 *d* 次循环迭代，然后计算 $v_0 \oplus v_1 \oplus v_2 \oplus v_3$ 生成 64 位标签。SipRound 函数使用加法、异或和按位循环左移等简单操作，如图 14.8(c)所示。

设计者认为 SipHash-2-4 能够提供足够强的安全性，是推荐的“快速”选择。SipHash-4-8 是一种保守的选择，它以约一半的速度提供更高的安全性。

### 14.2.4　非对称密码算法

NISTIR 8114 和文献[CRYP17]中均未提及设计轻量级非对称密码算法的进展。到目前为止，该领域受到的关注很少。非对称算法通常仅对较小的数据进行操作，人们很少使用它，因此缺少设计轻量级非对称算法的动机。另外，大多数非对称算法的设计已经相当紧凑。

一种潜在的应用是在数字签名算法中使用轻量级哈希函数。

## 14.3　后量子密码的概念

后量子密码研究能够抗潜在量子计算机攻击的密码算法。轻量级密码主要考虑对称密码算法及密码学哈希函数的效率和紧凑性，后量子密码主要考虑非对称密码算法的安全性。

下面首先简要介绍量子计算，然后关注它对非对称密码的影响。

### 14.3.1　量子计算

量子计算基于形式类似于量子物理学中基本粒子的行为的信息的表示。这种表示在执行计算方面的实际应用需要制造一个物理系统，以便利用量子物理原理执行计算。迄今为止，人们还没有开发出这种实用的通用计算系统，但这种系统原理上是可行的。

量子计算机中的信息表示为量子比特或量子位。量子位可视为经典位的量子模拟，它遵循量子物理学定律。特别地，量子位具有两个与量子计算相关的性质。

- **叠加**　量子位不以单个状态形式存在，而以不同状态的叠加形式存在。只有在进行测量时，量子位才会坍塌为一个唯一的状态（二进制数 1 或 0）。在此之前，量子位只能以一定的概率表示 1 或 0。可将量子位视为二维向量空间中的单位向量。
- **纠缠**　量子位可在操作过程中彼此链接，以便反映称为量子纠缠的物理现象。该性质意味着多量子位系统的状态不由每个量子位的状态向量的线性组合表示，而由张量积表示。

深入解释以上两个性质的含义超出了本书的范围。本质上，由于纠缠，一组量子位有一个随量子位数量呈指数增长的状态空间。由于状态的叠加，针对一组量子位的一次运算会并行地施加到所有状态，使得量子计算机一次就可浏览数百万个潜在的答案。因此，量子计算机的计算能力呈指数增长。

建造真正实用的量子计算机的困难是巨大的。正被研究的量子位的各种实现方法都非常脆弱，有些方法还需要极低的温度。如文献[GREE18]中报道的那样，量子计算系统需要新的算法、软件、互连及许多其他尚未发明的技术。

### 14.3.2　Shor 因子分解算法

公钥密码支持三种关键的密码功能：公钥加密（或非对称加密）、数字签名和密钥交换。实现这些功能的基本算法包括 Diffie-Hellman 密钥交换算法、RSA 密码系统和椭圆曲线密码系统。这些算法的安全性取决于求解某些数学问题的困难性，如整数因子分解或离散对数问题。

Shor[SHOR97]提出了专为量子计算机（以量子位运行）设计的算法，这个算法能在多项式时间内求解素因子分解和离散对数。例如，因子分解算法需要的执行次数的增加与待分解整数的位数的增长呈多项式关系。Shor 的工作对公钥密码系统具有深远的意义。例如，欧洲电信标准协会[ETSI14]的白皮书指出，要攻击 3072 位的 RSA 密钥，量子计算机必须具有数千个逻辑量子位。若实际有量子计算机能够处理数量这么多的量子位，则这样的 3072 位密钥就不再安全。此外，使用 Shor 算法时，所需的量子位数量与 RSA 或 ECC 密钥的长度呈线性比例关系。若采用更长密钥的 RSA，则在更大规模的量子计算机出现后将不再安全。此外，如文献[ETSI14]指出的那样，将 RSA 或 ECC 密钥长度加倍，会使得量子计算机破译的开销加倍，但会使得在传统计算机上使用加长密钥进行加密的运行时间增加 8 倍。这种对后量子计算的改进策略显然是不可持续的。

图 14.9 说明了量子计算对 RSA 的影响。菱形表示给定 RSA 密钥长度被破译的年份。破译密钥长度取得进展的原因包括计算能力的增强和密钥分析方法的改进。根据平缓增长的趋势线，1024 位密钥近期是安全的，2048 位密钥在未来很长的时间内是安全的。然而，若出现实用的量子计算机，并且配合使用 Shor 算法，则趋势线可能会呈指数增长，2048 位的密钥长度可能很快就会被攻破。

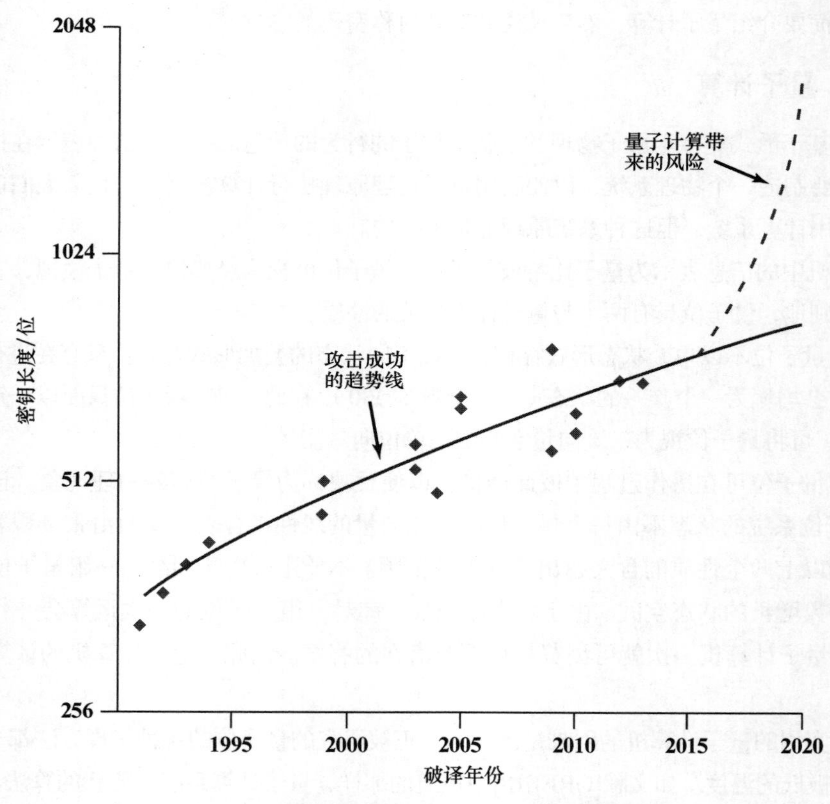


图 14.9　被传统计算架构破译的 RSA 密钥长度

### 14.3.3　Grover 算法

Grover 算法[GROV96]可在时间 $O(\sqrt{n})$ 内完成无序列表的搜索，而常规算法需要的时间为 $O(n)$。这不像 Shor 算法的速度提升那么显著，但对对称密码和哈希函数的穷举攻击是很大的改进。Grover

算法能够降低攻击对称密码算法的成本。对于 *n* 位密钥长度的密码算法，Grover 算法理论上可将其安全性降低为 *n*/2 个密钥长度的强度。这不如 Shor 算法对非对称密码算法的威胁那么严重。例如，密钥长度为 128 位的 AES 在可预见的未来是安全的。为了防止使用 Grover 算法实施量子攻击，可以改用 256 位密钥来维持相同级别的安全性。同样，Grover 算法理论上能将密码学哈希函数算法的安全性降低 1/2。这也可通过将哈希长度加倍来解决。

此外，业已证明不可能指数增加快搜索算法的速度，表明现有的对称算法和哈希函数在量子时代仍然是安全的[BENN97]。

### 14.3.4 密码生命期

尽管实用量子计算机在几年或多年内很难出现，但在研究能够对后量子计算机的安全密码算法方面，人们已有了相当大的兴趣和迫切性，如下面的例子所示。

- 2015 年，美国国家安全局（NSA）发布了有关设计后量子密码需求的政策。此前，NSA 定义了一套算法（Suite B），用于保护敏感但未分类（SBU）和已分类的信息，包括 ECC 的批准。但是，2015 年 NSA 的声明指出，尚未实施 Suite B 的合作伙伴和供应商不应在开发 ECC 产品上花费更多的资源，因为 NSA 计划在不久的将来过渡到后量子密码。
- 2016 年，NIST 宣布公开征集公钥后**量子密码算法**。截至本书写作时，已进入第 2 轮评估。
- 2014 年，ETSI 量子计算环境下的安全密码（QSC）行业规范小组成立，专门从事评估和提出有关量子计算环境下安全密码原语和协议的建议。

要了解该领域迅速发展的动力，就需要讨论**密码生命期**的概念。加密算法所用密钥的密码生命期是特定加密算法的密钥被授权用于指定目的的时间范围。这是一个重要的考虑因素。由于存在许多潜在的安全威胁，因此要求任何密钥都不应被长时间地使用。具体的威胁如下。

- **穷举攻击** 随着处理器基本能力的提高和多个处理器并行能力的增强，给定的密钥长度变得越来越容易被攻破，因此建议使用更长的密钥。任何正在使用的较短密钥都需要尽快退役，并更换成更长的密钥。例如，NIST 过去对某些非对称算法的推荐密钥长度是 1024 位，但现在对这些算法的推荐密钥长度提高到了 2048 位。
- **密码分析** 随着时间的流逝，可能会在加密算法中发现缺陷，从而使“破解”算法变得可行。这样的一个例子是最初的 NIST 标准哈希算法 SHA-1，该算法在数字签名标准算法中使用。当该算法的弱点被发现后，NIST 便升级到了 SHA-2 和 SHA-3 算法。同样，对于非对称密码 RSA，已经发现了比穷举攻击更快的攻击方法，但使用更长的密钥可以避免这种攻击。
- **其他安全威胁** 除直接尝试恢复密钥来攻击加密算法外，还有许多其他的攻击途径，如针对密钥相关机制和协议的攻击、密钥修改及未经授权的泄露。特定密钥用于加密和解密的时间越长，通过该密钥非法获取信息的成功概率就越大。

因此，业界应该为每个密钥制定最大加密生命期的策略。图 14.10(a)说明了密码生命期的两个方面。发起方使用期限（OUP）是指数据被加密的时间段，接收方使用期限（RUP）是指将数据继续保持为密文形式直到解密的时间段。RUP 通常从 OUP 的开头开始，但在解密数据前可能会有一些延迟。更重要的是 RUP 的结束时间可能会远远超出 OUP 的结束时间。也就是说，某些策略可能会声明指定的密钥将不再用于加密新的数据，但为了满足已经使用该密钥加密的数据长期以密文形式保存并在未来需要时解密，该密钥在未来仍然需要保持可用。因此，密码生命期从 OUP 的开始一直延伸到 SUP 的结束。表 14.5 中显示了 SP 800-57 中建议的密码生命期。

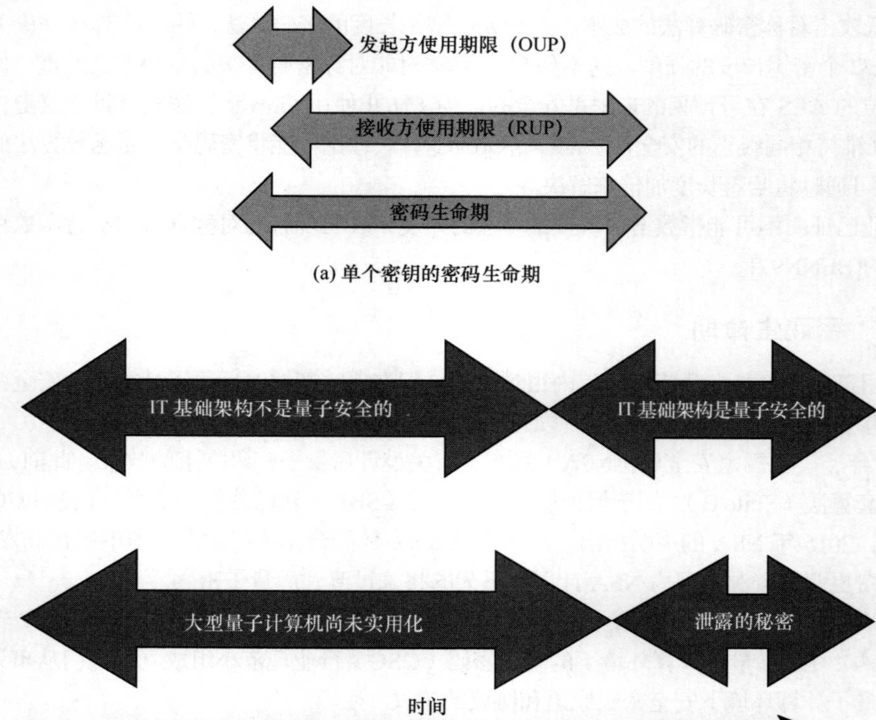


(a) 单个密钥的密码生命期

(b) 量子安全时间轴

图 14.10 量子安全的前导时间

表 14.5 SP 800-57 中建议的密码生命期

| 密 钥 类 型 | OUP | RUP |
| --- | --- | --- |
| 1. 数字签名-私钥 | 1 ~ 3 年 | — |
| 2. 签名验证-公钥 | 若干年（取决于密钥长度） | |
| 3. 认证-对称密钥 | ≤2 年 | ≤OUP + 3 年 |
| 4. 认证-私钥 | 1 ~ 2 年 | |
| 5. 认证-公钥 | 1 ~ 2 年 | |
| 6. 数据加密-对称密钥 | ≤2 年 | ≤OUP + 3 年 |
| 7. 密钥封装-对称密钥 | ≤2 年 | ≤OUP + 3 年 |
| 8. RBG-对称密钥 | 见文献 [SP800-90] | — |
| 9. 主密钥-对称密钥 | 约 1 年 | — |
| 10. 传输密钥-私钥 | ≤2 年 | |
| 11. 传输密钥-公钥 | 1 ~ 2 年 | |
| 12. 密钥协商-对称密钥 | 1 ~ 2 年 | |
| 13. 密钥协商-静态私钥 | 1 ~ 2 年 | |
| 14. 密钥协商-静态私钥 | 1 ~ 2 年 | |
| 15. 密钥协商-临时私钥 | 一次密钥协商事务通信周期内 | |
| 16. 密钥协商-临时公钥 | 一次密钥协商通信周期内 | |
| 17. 认证-对称密钥 | ≤2 年 | |
| 18. 认证-私钥 | ≤2 年 | |
| 19. 认证-公钥 | ≤2 年 | |

### 14.3.5 量子计算环境下的安全性

与后量子密码等价的术语是量子计算环境下的安全密码，后者强调设计能够安全地抗后量子计算攻击的密码算法的必要性。图 14.10(b)从时间轴角度说明了这些含义。当前，没有任何组织或 IT 机构正在使用后量子密码算法，因此现在使用的密码算法不能被认为是量子计算环境下安全的。在实用大型量子计算机出现前，这种现状是可以接受的。然而，若这样的量子计算机广泛使用后仍然没有设计出后量子密码算法，那么所有 IT 机构都易受到攻击。因此，开发和部署后量子密码算法存在一定的紧迫性。

时间轴还与密码生命期的概念相关。任何 IT 机构都需要管理大量对称和非对称密钥，密钥的终止日期各不相同。所有这些密钥及其密码生命期预示着原有的密钥多久之后会被淘汰，并被后量子密码取代。

如文献[ETSI14]和图 14.11 指出的那样，安全相关的三级实体容易受到量子攻击。

- **密码系统**　密码系统由一组密码算法及可在某些应用环境下使用的密钥管理过程组成。任何基于整数因子分解或离散对数问题安全性的密码系统都易受到攻击，包括 RSA、DSA、DH、ECDH、ECDSA 及这些密码的变体。目前，在高安全级别产品和协议中使用的几乎所有公钥密码都属于这些类型的密码。
- **安全协议或网络协议中的安全组件**　安全性基于上述公钥密码算法的所有协议都易受到攻击。
- **产品**　基于上述协议开发的任何产品或安全系统都易受到攻击。

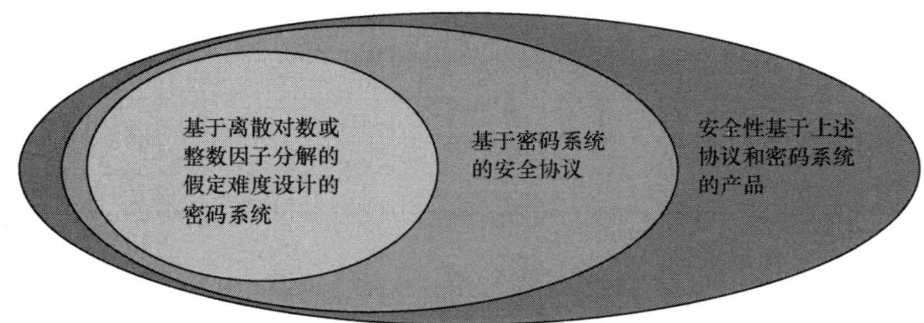


图 14.11　易受量子计算攻击的实体

对基于对称密码或哈希函数的密码系统或密码子系统，可以通过增大密钥长度或哈希长度来实现量子计算环境下的安全性。让人忧虑的是公钥密码系统。表 14.6 中小结了量子计算对常见密码算法的影响。

**表 14.6　量子计算对常见密码算法的影响**

| 密码算法 | 类型 | 用途 | 大型量子计算机出现后的影响 |
|---|---|---|---|
| AES | 对称密钥 | 加密 | 需要更长的密钥 |
| SHA-2、SHA-3 | 密码学哈希 | 哈希函数 | 需要更长的输出 |
| RSA | 非对称密钥 | 数字签名<br>密钥建立 | 不再安全 |
| ECDSA、ECDH<br>（椭圆曲线密码） | 非对称密钥 | 数字签名<br>密钥交换 | 不再安全 |
| DSA（有限域密码） | 非对称密钥 | 数字签名<br>密钥交换 | 不再安全 |

## 14.4 后量子密码算法

易受量子计算攻击的非对称密码算法如下：

- **数字签名**　用于生成和验证数字签名的公钥签名算法。

- **加密**　用于加密需要传输的对称密钥，也用于各种密钥建立算法。一般来说，操作过程如下：通信各方都拥有一个或两个密钥对，其中的公钥对其他通信方公开。密钥对用于计算共享的秘密值，秘密值与其他信息一起作为输入，使用密钥推导函数得出密钥协商结果。
- **密钥建立机制（KEM）**　指类似于 Diffie-Hellman 密钥交换协议的方案。

针对基于整数因子分解或离散对数的现有算法，还没有任何一种被人们广泛接受的改进方法。相关文献报道了如下 4 种主要的新算法。

- **格密码**　基于格来构建原语的方案。
- **编码密码**　基于纠错编码的方案。
- **多变量多项式密码**　基于有限域上多变量多项式求解困难的方案。
- **哈希签名**　基于哈希函数构建的数字签名方案。

在 NIST 后量子密码标准化工作的提交材料中，有许多引人入胜的方案。如 NISTIR 8105（*Report on Post-Quantum Cryptography*，2016 年 4 月）中所报道的那样，NIST 希望标准化一批算法，用于替代或补充现有的非对称密码方案。在第一轮工作中，NIST 收到了 82 件作品，如表 14.7 所示。

**表 14.7　提交给 NIST 的后量子密码作品**

| | 数字签名 | KEM/加密 | 合　计 |
|---|---|---|---|
| 格密码 | 4 | 24 | 28 |
| 编码密码 | 5 | 19 | 24 |
| 多变量多项式密码 | 7 | 6 | 13 |
| 哈希签名 | 4 | — | 4 |
| 其他 | 3 | 10 | 13 |
| 合　计 | 23 | 59 | 82 |

NIST 不打算采用单一标准的原因如下。

- 与对称加密和密码学哈希函数相比，公钥加密和数字签名的要求更加复杂。
- 方案目前对量子计算机的能力的科学认识还远远不够全面。
- 后量子密码的一些候选算法之间可能具有完全不同的设计属性和数学基础，因此直接比较候选对象是困难的或不可能的。
- 方案除安全方面的考虑外，各个候选算法采用的方法都具有不同的优缺点。

尽管上述 4 种方法差异明显，但是可以得出以下的一般性结论。

- **格密码**　这些方案相对简单、高效，并且是高度并行化的。
- **编码密码**　这些方案的速度相当快，但是需要很长的密钥。
- **多变量多项式密码**　对于数字签名，这些方案需要非常长的密钥。
- **哈希签名**　许多高效的基于哈希函数的数字签名方案都有以下缺点：签名者必须保留已签名消息的数量记录，记录中的任何错误都会导致不安全。另一个缺点是只能产生有限数量的签名。虽然可以增加签名的数量，甚至达到实际上不受限制的数量，但也增加了签名的长度。

由于这几类方案的数学理论和实现复杂，因此本书无法完整地描述这些算法。本节的剩余部分简要介绍这 4 种方法。

### 14.4.1　格密码算法

秩为 $n$ 的 $m$ 维格是一个向量集合，它表示为 $n$ 个向量的特定集合（统称为格基）的整数倍之和。更正式地说，格定义为

$$L = \left\{ \sum_{i=1}^{n} x_i \boldsymbol{b}_i \mid n_i \in \mathbb{Z}, \boldsymbol{b}_i \in \mathbb{R}^m \right\}$$

式中，$\boldsymbol{b}_i$是实数域上一组长度为 $m$ 的线性无关的向量，$x_i$是整数。向量 $\boldsymbol{b}_i$称为格基。格基可用矩阵 $\boldsymbol{B}$ 表示，矩阵的第 $i$ 列是 $\boldsymbol{b}_i$。$m$ 称为格的维数，$n$ 称为格的秩。格可发表示为 $m$ 维空间中由基定义的 $n$ 个点，即每个点是基向量之一的端点。当 $n = m$ 时，称格是满秩的。相同维数的格有无限个。

基向量 $\boldsymbol{b}_i$ 由 $m$ 个实数（$b_{i,1},\cdots, b_{i,m}$）组成。该向量的长度是实数：

$$\|\boldsymbol{b}_i\| = \sqrt{b_{i,1}^2 + b_{i,2}^2 + \cdots + b_{i,m}^2}$$

对给定的格，基不唯一。对相同的格，有多个不同的基，该性质对于设计密码算法非常重要，因为某些基要比其他基易于处理。作为上述概念的例子，图 14.12 描述了 $n = m = 2$ 的格。基 $\boldsymbol{b}_1 = (0.5, 0.5)$，$\boldsymbol{b}_2 = (-1, 0.5)$，长度$\|\boldsymbol{b}_1\| = 0.707$，长度$\|\boldsymbol{b}_2\| = 1.12$，这两组基定义了图中所有的点。例如，点 $P = (1, 1)$ 等于 $x_1\boldsymbol{b}_1 + x_2\boldsymbol{b}_2 = x_1(0.5, 0.5) + x_2(-1, 0.5)$，其中 $x_1 = 2$，$x_2 = 0$。可以通过基 $\boldsymbol{c}_1 = (3.5, 2)$、$\boldsymbol{c}_2 = (3, 1.5)$、长度$\|\boldsymbol{c}_1\| = 4.03$、长度$\|\boldsymbol{c}_2\| = 3.35$ 来定义相同的格。例如，点 $P = (1, 1)$等于 $x_1\boldsymbol{c}_1 + x_2\boldsymbol{c}_2 = x_1(3.5, 2) + x_2(3, 1.5)$，其中 $x_1 = 2/3$，$x_2 = -2/3$。无论使用哪组基，空间中的任何点都可通过基的两个向量的线性组合来定义，但是基 $\boldsymbol{b}_1$ 和 $\boldsymbol{b}_2$ 计算上更方便。

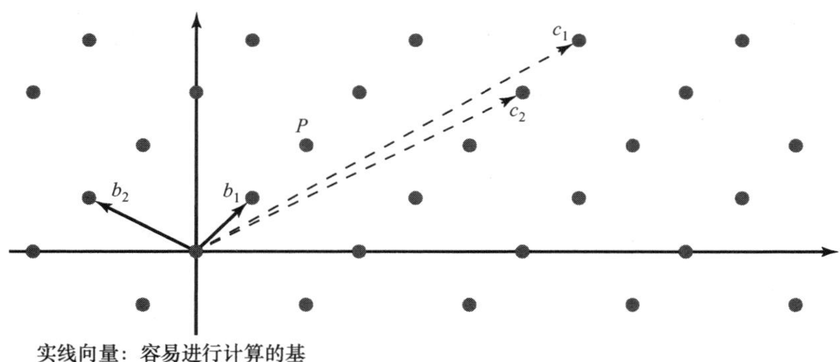


图 14.12　二维格的两个基

格密码算法本质上利用的是格的困难问题。一类困难问题是最近向量问题（CVP）：给定格 $L$ 的一个基和一个向量 $\boldsymbol{v} \in \mathbb{R}^m$，求与 $\boldsymbol{v}$ 的距离最小的格向量。注意，由 $\boldsymbol{v}$ 定义的点通常不属于格。最短向量问题（SVP）寻找格中最短的非零向量。对维数很大的格，目前没有有效的量子算法可以求解 CVP 或 SVP 问题。在实践中，已设计并提交的密码算法都假定 CVP 或 SVP 的变形问题仍然是难解的。

研究最为广泛的基于格的方法是 NTRU 系列密码算法。这类算法使用具有额外对称性的特定类别的格。在所有基于 NTRU 的方案中，私钥是由短向量组成的格基，而公钥是由较长向量组成的格基。一般而言，这些算法的工作原理如下：消息被编码为向量 $\boldsymbol{m}$，格中由私钥基定义的随机点与 $\boldsymbol{m}$ 相加得到向量 $\boldsymbol{e}$。由私钥基 $\boldsymbol{B}$ 乘以矩阵 $\boldsymbol{U}$ 得出的公钥，是有相同格的另一组基 $\boldsymbol{B}'$，其向量更长。解密时，找出最接近密文向量 $\boldsymbol{C} = \boldsymbol{e}\boldsymbol{U}^{-1}$ 的点，然后从密文向量中将它减去，得出原始的明文向量。即 $\boldsymbol{B}'$是公钥，并且可由此找到最接近 $\boldsymbol{C}$ 的格点 $\boldsymbol{X}$，使得 $\boldsymbol{C} - \boldsymbol{X} = \boldsymbol{m}$。但是，给定 $\boldsymbol{B}'$来求 $\boldsymbol{B}$ 在计算上是不可行的。

上述方案中的矩阵 $\boldsymbol{U}$ 必须是单模矩阵，即 $\boldsymbol{U}$ 的行列式是 1 或−1。例如，矩阵

$$\begin{pmatrix} 1 & 2 \\ 0 & 1 \end{pmatrix}$$

是行列式为 1 的单模矩阵。可以证明，单模矩阵 $\boldsymbol{U}$ 的逆 $\boldsymbol{U}^{-1}$ 也是单模矩阵。当且仅当 $\boldsymbol{B}_2 = \boldsymbol{B}_1\boldsymbol{U}$ 时，两

组基 $\boldsymbol{B}_1$ 和 $\boldsymbol{B}_2$ 定义的格相同。

目前已经出现了基于该方案的多个变体[LAUT17]。

### 14.4.2 编码密码算法

纠错编码（ECC）能够检查正在读取或传输的数据是否有错，并在需要时进行纠错。图 14.13 概括地说明了该过程是如何进行的。在发送端，使用 ECC 编码器将每个 $k$ 位数据块映射到一个 $n$ 位分组（$n>k$）的码字。

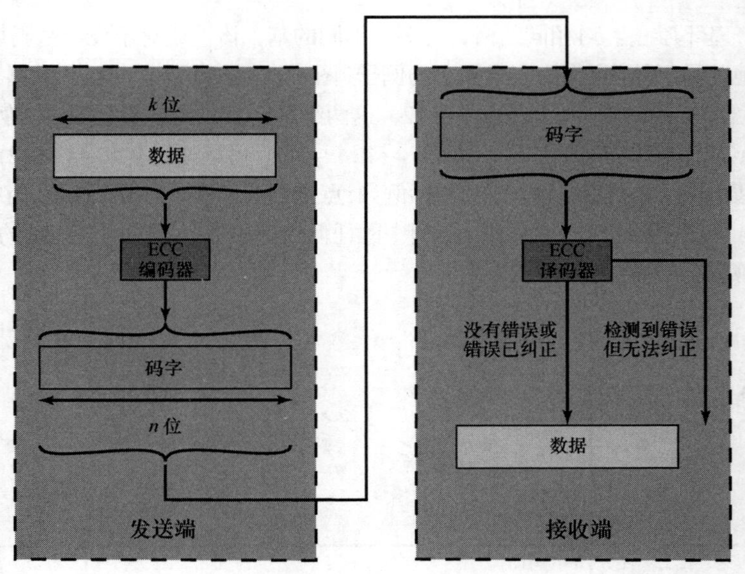


图 14.13 (n, k)纠错编码

ECC 被称为一个$(n, k)$ ECC。编码过程可描述为将 $k$ 位数据向量 $\boldsymbol{m}$ 和 $k\times n$ 矩阵 $\boldsymbol{G}$ 相乘，得到 $n$ 位码字向量 $\boldsymbol{c}$，即

$$\boldsymbol{c} = \boldsymbol{mG}$$

对于每个生成矩阵，都有一个$(n-k)\times k$ 奇偶校验矩阵 $\boldsymbol{H}$，它的各行与 $\boldsymbol{G}$ 的各行正交，即 $\boldsymbol{GH}^{\mathrm{T}}=\boldsymbol{0}$。

无论是存储的码字，还是传输的码字，都有可能遭到破坏，在数据块中产生一位或多位的错误。在接收端，收到的码字可能包含错误。数据块经过 ECC 译码器处理，得到如下 4 种可能的结果。

- **无错误** 若没有错误位，则 ECC 译码器的输入与原始码字完全相同，译码器直接输出原数据。
- **可检错、可纠错** 对于某些错误模式，译码器能够检测并纠正这些错误。因此，即使收到的数据块与发送的码字不同，译码器也能根据该错误块输出原数据。
- **可检错、不可纠错** 对于某些错误模式，译码器能够检测出错误，但不能纠正这些错误。在这种情况下，译码器只能简单地报告出现了无法纠正的错误。
- **不可检错** 对于某些少见的错误模式，译码器不能检测到错误，会把输入的 $n$ 位错误数据块解码成与原始 $k$ 位数据不一致的 $k$ 位错误数据。

译码器如何纠正错误位？本质上，纠错功能是通过向数据块添加足够的冗余来实现的。冗余使得即使出现一定的误码率，接收方也能推断出数据的真实内容。

检错和纠错的过程如下：接收到的码字 $\boldsymbol{c}'$ 乘以 $\boldsymbol{H}$ 的转置矩阵，即 $\boldsymbol{c}'\boldsymbol{H}^{\mathrm{T}}$。如果得到的结果是零向量，那么未检测到错误。如果结果是非零向量，那么可用所得的向量（称为校正向量）来纠错。纠错的具体过程取决于 ECC 的性质。

Goppa 码是一类高效的纠错码，它通过对编码和解码函数保密而成为安全的编码方案。该过程只公开变换后的编码函数，编码函数可将纯文本消息映射为置乱的码字集合。只有拥有秘密解码函数的人才能恢复明文。使用传统计算机或量子计算机很难进行逆向求解计算。

$(n, k)$ Goppa 码可以纠正 $t = (n - k)/\log_2 n$ 位误码。基于该码的首个密码方案是 McEliece[MCEL78]。私钥由 3 个矩阵组成：首先选择一个特定的 Goppa 码，用一个 $k\times n$ 矩阵 $\boldsymbol{G}$ 表示。然后选择一个 $n\times n$ 置换矩阵 $\boldsymbol{P}$ 和一个大小为 $k\times k$ 的可逆二元矩阵 $\boldsymbol{S}$。公钥是矩阵 $\boldsymbol{G}' = \boldsymbol{SGP}$ 加值 $t$；私钥由 3 个矩阵相乘得到。

设 $\boldsymbol{G}'$是通信实体 $A$ 的公钥，且实体 $B$ 希望用 $\boldsymbol{G}'$加密 $k$ 位消息 $\boldsymbol{x}$。$B$ 发送 $\boldsymbol{x}' = \boldsymbol{x}\boldsymbol{G}' + \boldsymbol{e}$，其中 $\boldsymbol{e}$ 是恰好包含 $t$ 个 1 的随机 $n$ 位误差向量。$A$ 收到 $\boldsymbol{x}'$后，为解密消息，计算 $\boldsymbol{x}'\boldsymbol{P}^{-1} = (\boldsymbol{x}\boldsymbol{G}' + \boldsymbol{e})\boldsymbol{P}^{-1} = \boldsymbol{xSG} + \boldsymbol{eP}^{-1}$。使用编码的解码算法，$A$ 可以去除误差项，得到 $\boldsymbol{xS}$。因为 $\boldsymbol{S}$ 是可逆的，所以 $A$ 可以恢复 $\boldsymbol{x}$。

为了减小密钥长度，目前已有许多针对 McEliece 的改进方案[SEND18]。

### 14.4.3　多变量多项式密码算法

多变量方案基于求解有限域上多变量二次多项式方程组的困难性。术语多变量多项式是指多项式中的变量超过一个，术语二次多项式是指次数为 2 的多项式。通常，这些方案可以描述如下。

公钥由一组 $m$ 个多项式组成：

$$P(x_1,\cdots,x_n) = (p_1(x_1,\cdots,x_n), p_2(x_1,\cdots,x_n),\cdots, p_m(x_1,\cdots,x_n))$$

展开后得

$$p_1(x_1,\cdots,x_n) = \sum_{i=1}^{n}\sum_{j=1}^{n} p_{1,ij}x_i x_j + \sum_{i=1}^{n} p_{1,i}x_i + p_{1,0}$$

$$p_2(x_1,\cdots,x_n) = \sum_{i=1}^{n}\sum_{j=1}^{n} p_{2,ij}x_i x_j + \sum_{i=1}^{n} p_{2,i}x_i + p_{2,0}$$

$$p_m(x_1,\cdots,x_n) = \sum_{i=1}^{n}\sum_{j=1}^{n} p_{m,ij}x_i x_j + \sum_{i=1}^{n} p_{m,i}x_i + p_{m,0}$$

式中，$m$ 是方程数，$n$ 是变量数。

一般而言，使用公钥进行加密的步骤如下。给定明文 $m = (y_1,\cdots, y_n)$，密文是

$$P(m) = (p_1(y_1,\cdots,y_n), p_2(y_1,\cdots,y_n),\cdots, p_m(y_1,\cdots,y_n)) = (c_1,\cdots,c_m)$$

私钥是逆映射 $P^{-1}$，它计算出明文：

$$(y_1,\cdots,y_n) = P^{-1}(c_1,\cdots,c_m)$$

这里的假设是，由给定的 $P$ 很难找到 $P^{-1}$，反之不成立。具体地说，该方案的安全性取决于以下问题的困难性：对于给定的 $P(x_1,\cdots, x_n)$，找到向量$(z_1,\cdots, z_n)$使得 $P(z_1,\cdots, z_n) = \mathbf{0}$。

数字签名也以类似的方式生成。对于输入消息 $m$，经过哈希计算得到 $H(m) = (h_1,\cdots, h_n)$。给定 $m$ 的签名$(s_1,\cdots, s_n)$，可以通过判断 $H(m)$是否等于 $P(s_1,\cdots, s_n)$来验证签名。

下面给出有限域 GF($2^2$)上两个多变量多项式的例子。次数为 2 的唯一不可约多项式是 $x^2 + x + 1$。表 14.8 中列出了 mod $(x^2 + x + 1)$的加法和乘法。域上的多项式符号表示为整数。假设公钥包含

$$p_1(x_1,x_2,x_3) = 1 + x_3 + 2x_1x_2 + x_3^2$$
$$p_2(x_1,x_2,x_3) = 2 + x_1 + 2x_2x_3 + x_2$$
$$p_3(x_1,x_2,x_3) = 1 + x_2 + x_1x_3 + x_1^2$$

给定一个表示为$(x_1, x_2, x_3) = (2, 0, 1)$的 6 位消息 010000001。使用公钥对消息进行加密的过程如下。

$$p_1(2,0,1)=1+1+(2\times2\times0)+(1\times1)=1$$
$$p_2(2,0,1)=2+2+(2\times0\times1)+0=0$$
$$p_3(2,0,1)=1+1+(2\times1)+(2\times2)=1$$

密文是(1, 0, 1)。

表 14.8　GF($2^2$)上的运算

| 多项式 | 0 | 1 | $x$ | $x+1$ |
|---|---|---|---|---|
| 二进制表示 | 00 | 01 | 10 | 11 |
| 整数表示 | 0 | 1 | 2 | 3 |

(a) 多项式表示

| + | 0 | 1 | 2 | 3 |
|---|---|---|---|---|
| 0 | 0 | 1 | 2 | 3 |
| 1 | 1 | 0 | 3 | 2 |
| 2 | 2 | 3 | 0 | 1 |
| 3 | 3 | 2 | 1 | 0 |

(b) 加法

| × | 0 | 1 | 2 | 3 |
|---|---|---|---|---|
| 0 | 0 | 0 | 0 | 0 |
| 1 | 0 | 1 | 2 | 3 |
| 2 | 0 | 2 | 3 | 1 |
| 3 | 0 | 3 | 1 | 2 |

(c) 乘法

下面考虑公钥：

$$p_1(x_1,x_2,x_3)=1+x_2+2x_0x_2+3x_1^2+3x_1x_2+x_2^2$$
$$p_2(x_1,x_2,x_3)=1+3x_0+2x_1+x_2+x_0^2+x_0x_1+3x_0x_2+x_1^2$$
$$p_3(x_1,x_2,x_3)=3x_2+x_0^2+3x_1^2+x_1x_2+3x_2^2$$

假设消息 $m$ 的哈希值为 $H(m)=(1, 2, 3)$。与上述公钥匹配的私钥拥有者生成签名(0, 0, 1)。接收方通过生成 $H(m)$并对结果使用公钥进行加密来验证签名。在这种情况下，计算得到

$$p_1(1,2,3)=1+3+(2\times1\times3)+(3\times2\times2)+(3\times2\times3)+(3\times3)=0$$
$$p_2(1,2,3)=1+(3\times1)+(2\times2)+3+(1\times1)+(1\times2)+(3\times1\times3)+(2\times2)=0$$
$$p_3(1,2,3)=(3\times3)+(1\times1)+(3\times2\times2)+(2\times3)+(3\times3\times3)=1$$

从而验证公钥。

我们可以采用类似于基于编码方案的方式来描述公钥-私钥构造。该过程始于容易求逆的二次映射 $F:K^n\to K^m$。对于公钥，通过组合 $F$ 与两个可逆映射 $S:K^m\to K^m$ 和 $T:K^n\to K^n$ 隐藏原映射的结构。公钥 $P$ 是复合映射 $S\circ F\circ T:K^n\to K^m$。私钥由这三个映射组成。

针对该方案的许多改进目前正在进行[DING17]。

### 14.4.4　哈希签名算法

为了阐述哈希签名算法的工作原理，下面介绍由 Lamport[LAMP79]提出的方案。假设哈希函数生成 $b$ 位哈希值。因此，对于 SHA-256，有 $b$ = 256。在 Lamport 方案中，给定消息 $m$ 只使用一次公钥/私钥对，步骤如下。

**1.** 计算 $b$ 位哈希值 $H(m)$。

**2.** 对 $H(m)$中的每个位，生成分别记为 $S_{0,k}$ 和 $S_{1,k}$（$k=1,\cdots,b$）的两个秘密位，共生成 $2b$ 位秘密串。这组秘密值构成私钥。

**3.** 公钥由每个秘密值的哈希值构成：$H(S_{0,k}), H(S_{1,k})$，$k=1,\cdots,b$。

4. 数字签名由步骤 3 中计算的哈希值的一半组成。对于分组 $m$，签名生成过程如下：若 $H(m)$的第 $k$ 位为 0，则签名的第 $k$ 位为 $S_{0,k}$；若 $H(m)$的第 $k$ 位为 1，则签名的第 $k$ 位为 $S_{1,k}$。因此，签名泄露了私钥的一半。
5. 验证签名的过程如下：验证者计算 $H(m)$，然后使用 $H(m)$各位数据的取值来选择对应的公钥。因此，若第 $k$ 位为 1，则选择 $H(S_{1,k})$，然后将签名中的 $b$ 个哈希值与从公钥中选择的 $b$ 个哈希值进行比较。若全部匹配，则签名验证通过。

该方案有许多缺点。消息的签名泄露了私钥的一半。一半的私钥还不足以让攻击者使用不同的摘要对其他消息进行签名；然而，若继续多次使用该密钥对，则安全程度堪忧。此外，该方案需要很长的公钥和私钥。

Merkle[MERK79]使用哈希树的概念，提出了一种基于 Lamport 方案的技术。这种技术允许签名者预先计算多个可用来生成签名的公钥-私钥对，这些签名可以全部使用同一个公钥进行验证，并且长期公钥的长度只需要是哈希值的长度。对于该方案，需要构建一棵哈希树。该方案允许对 $N = 2^n$ 条消息进行签名，其中 $n$ 是整数。签名者生成 $N$ 个私钥 $X_i$，其中 $0 \leqslant i \leqslant 2^n - 1$，并且计算相应的公钥 $Y_i$。每个公钥都是 Lamport 方案的步骤 3 中描述的 $2b$ 个哈希值的级联，然后形成哈希树。树的每个节点都标记为 $h_{i,j}$，其中 $i$ 表示节点的层级，它对应于节点到叶的距离。因此，树叶是第 0 层，树根是第 $n$ 层。图 14.14(a)中显示了一棵 $n = 3$ 的树。

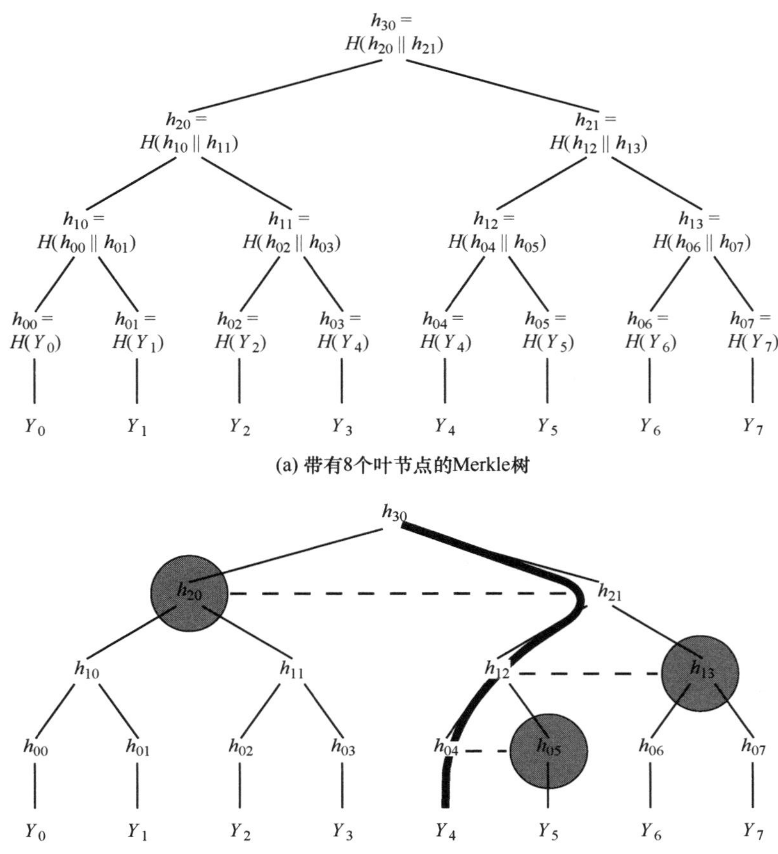


图 14.14　Merkle 哈希树的例子

树从叶开始成对地构建。树叶由一个公钥的哈希值组成。对于更高的层级，将上层的每对值链接为一个双块，然后计算该双块的哈希值。这个过程一直持续到生成一个单值为止，单值所在的节点称为 Merkle 根。Merkle 根成为单个公钥，用于验证至多 $N$ 个签名。该方案有两个优点：公钥非常小，可用于多个签名。

对消息 $m_i$ 的签名过程如下。首先，如前所述，由 $H(m_i)$生成 Lamport 数字签名 $\text{LS}_i$，它由 $b$ 组秘密字符串 $S_{j,k}$ 组成，其中 $j=0$ 或 1，$k=1,\cdots,b$。值 $\text{LS}_i$ 构成消息的整个数字签名的一部分，可用于验证。然而，在该方案中验证者没有 Lamport 公钥 $Y_i$，因此要将其作为签名的一部分。此外，验证者要能够认证该公钥 $Y_i$ 有效。为此，验证者需要跟踪从叶节点到根节点的路径并确认根节点的值。对于这一计算，验证者需要路径上的每个节点及每层上兄弟节点的值；签名中也提供了这些信息。将所有这些信息放在一起后，$m_i$ 的签名 $S_i$ 包括以下内容：

$$S_i = (\text{LS}_i, Y_i, h_{0,x}, h_{1,x}, \cdots, h_{n-1,x})$$

式中，在树的每个 $l$ 层级，$x$ 等于 $l+1$ 或 $l-1$。

下面的例子清晰地显示了这一处理过程。图 14.14(b)中给出了带有 8 个叶节点的 Merkle 树，及从 $Y_4$ 到根节点的认证路径。为了对公钥进行验证，验证者计算

$$H(H(H(H(Y_4) \| h_{05}) \| h_{13}) \| h_{20})$$

若该值等于公钥 $h_{30}$，则对 $Y_4$ 的认证通过。$Y_4$ 通过认证后，就可用来验证 $Y_4$ 生成的签名。

Merkle 相关方案的一个重要缺陷是，签名者必须知道哪些一次性签名密钥已被使用。在大规模应用环境中，做到这一点非常困难。无状态变量是当前研究的热点[BUTI17]。

## 14.5 关键术语和思考题

### 关键术语

| | | | |
|---|---|---|---|
| 资源受限设备 | 深度嵌入式系统 | 轻量级密码 | 后量子密码 |
| 密码生命期 | 嵌入式系统 | 微控制器 | 量子计算 |
| 密码系统 | 轻量级密码算法 | 后量子密码算法 | 量子安全 |

### 思考题

**14.1** 给出嵌入式系统的定义。

**14.2** 给出资源受限设备的定义。

**14.3** 列举并简要说明三类资源受限设备。

**14.4** 轻量级密码算法设计的主要限制是什么?

**14.5** 轻量级密码算法的典型特征是什么?

**14.6** 与轻量级密码相关的密码算法主要有哪些类型?

**14.7** 简要说明后量子密码的原理。

**14.8** 与后量子密码相关的密码算法主要有哪些类型?

**14.9** 列出研究后量子密码的 4 种主要数学方法。

# 第五部分　互　　信

# 第 15 章　密钥管理和分发

**学习目标**

- 论述密钥分层的概念。
- 了解利用非对称加密分发对称密钥的技术问题。
- 概述公钥分发的各种方法及其风险。
- 列举并解释 X.509 证书的元素。
- 概述公钥基础设施的概念。

加密密钥算法的安全使用取决于对加密密钥的保护。需要保护所有密钥不被修改，秘密密钥和私有密钥不被泄露。**密码密钥管理**是为密码系统管理密码密钥的过程，包括密钥的生成、创建、保护、存储、交换、替换和使用，以及使用密钥和对某些密钥启用选择性限制。除访问限制外，密钥管理还包括监视和记录每个密钥的访问、使用和上下文。密钥管理系统还包括密钥服务器、用户过程和协议。密码系统的安全性取决于成功的密钥管理。

密钥管理和分发比较复杂，包括密码、协议和管理因素。本章的目的是让读者大致了解涉及的相关问题及密钥管理和分发的各个方面。要想了解更多的信息，可以参阅 NIST SP 800-57 的第 3 卷及本章末尾推荐的读物。

## 15.1　使用对称加密的对称密钥分发

本节介绍只使用对称加密技术分发秘密密钥的技术。

### 15.1.1　密钥分发方案

对于对称加密来说，通信双方必须使用相同的密钥并且该密钥要对他人保密。此外，为了限制攻击者攻破密钥所需的数据总量，需要频繁地更换密钥。因此，任何密码系统的强度都取决于密钥分发技术，即在希望交换数据的两者之间传递密钥且不被其他人知道的方法。对 $A$ 和 $B$ 两方来说，**密钥分发**能通过以下的不同方式实现。

**1**．$A$ 选择一个密钥后以物理方式传递给 $B$。

**2**．第三方选择密钥后以物理方式传递给 $A$ 和 $B$。

**3**．若 $A$ 和 $B$ 用过一个密钥，则一方可将新密钥用旧密钥加密后发送给另一方。

**4**．若 $A$ 和 $B$ 有到第三方 $C$ 的加密连接，则 $C$ 可在加密连接上将密钥传送给 $A$ 和 $B$。

第 1 项和第 2 项需要手动交付密钥。对于链接加密来说，这是合理的需求，因为每台链接加密设备都只能与链接终端的用户交换数据。然而，手动交付对于网络中的**端到端加密**是不实用的。在分布式系统中，任何给定的客户端或服务器都可能需要同时与很多其他客户端或服务器交换数据，因此每台设备都需要动态地提供大量的密钥。这个问题在大范围的分布式系统中更加明显。

这个问题的规模依赖于需要支持的通信对的数量。端到端加密在网络层或 IP 层中执行时，网络中每对想要通信的主机都需要一个密钥。例如，若有 $n$ 台主机，则需要的密钥数量为 $[n(n-1)]/2$ 个。

若加密在应用层完成，则每对需要通信的用户或进程都需要一个密钥。然而，一个网络可能有上百台主机及上千个用户和进程。如果基于节点加密的一个网络有 1000 个节点，那么需要分发约 50 万个密钥。如果相同的网络支持 10000 个应用，那么在应用层加密就需要 5000 万个密钥。

第 3 项列出的方法可用于链接加密或端到端加密，若攻击者成功地获得了一个密钥，那么随后的密钥都会泄露。因此，必须重新分发潜在的数百万个密钥。

对于端到端加密，关于第 4 项的很多变体已被广泛采用。在这种策略中，负责为用户（主机、进程或应用）分发密钥的密钥分发中心（KDC）是必需的，并且为了分发密钥，每个用户都需要和密钥分发中心共享唯一的密钥。

## 15.1.2　第三方密钥分发方案

图 15.1 中说明了用于密钥分发的两个不同选项，每个选项都有两个变体。沿线出现的数字代表交换的步骤。在这些示例中，实体 $A$ 和实体 $B$ 之间存在连接，它们希望使用密码技术来交换信息。为此，它们需要一个临时的**会话密钥**，该密钥可使用进行一次逻辑连接（如一次 TCP 连接）的持续时间。$A$ 和 $B$ 各自与参与提供会话密钥的第三方共享持久的**主密钥**。对于这一讨论，会话密钥标记为 $K_s$，实体 $A$ 和 $B$ 与第三方之间的主密钥分别标记为 $K_{ma}$ 和 $K_{mb}$。

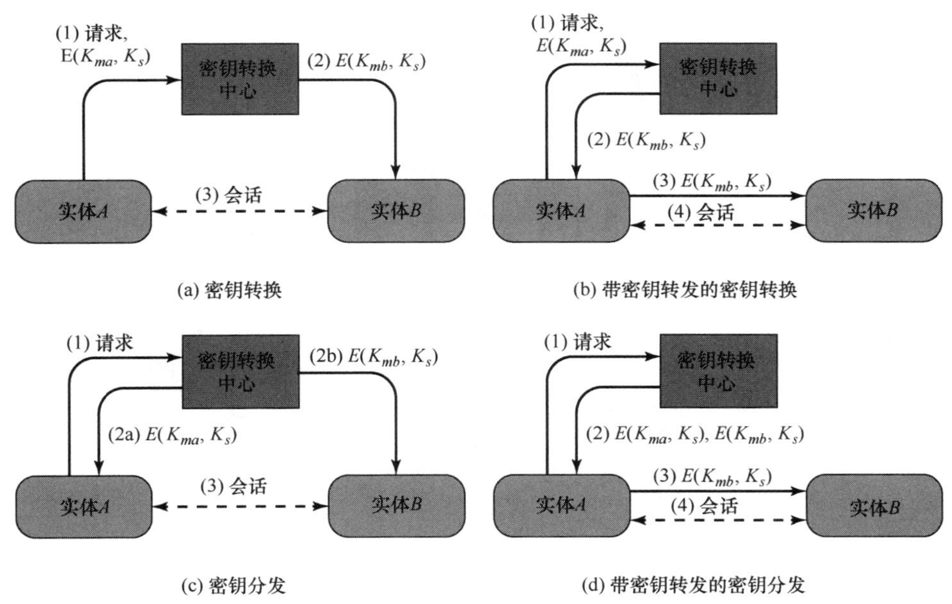


图 15.1　两个通信实体之间的密钥分发

**密钥转换中心**（KTC）为两个实体之间的未来通信传输对称密钥，其中至少有一个实体具有自行生成或获取对称密钥的能力。实体 $A$ 生成或获取一个对称密钥，作为与 $B$ 进行通信的会话密钥。$A$ 使用与 KTC 共享的主密钥对密钥进行加密，并将加密后的密钥发送给 KTC。KTC 解密会话密钥，将其与 $B$ 共享的主密钥中的会话密钥重新加密，然后将重新加密的会话密钥发送给 $A$，让 $A$ 转发给 $B$［见图 15.1(b)］，或自己直接将其发送给 $B$［见图 15.1(a)］。

密钥分发中心（KDC）生成并分发会话密钥。实体 $A$ 向 KDC 发送一个对称密钥的请求，该对称

密钥用作与 $B$ 进行通信的会话密钥。KDC 生成一个对称会话密钥，然后使用与 $A$ 共享的主密钥加密该会话密钥并将其发送给 $A$。KDC 还使用与 $B$ 共享的主密钥对会话密钥进行加密，并将其发送给 $B$[ 见图 15.1(c) ]。或者，它将两个加密的密钥都发送到 $A$，然后 $A$ 把用 KDC 和 $B$ 共享的主密钥加密的会话密钥转发给 $B$ [ 见图 15.1(d) ]。

前述讨论省略了许多细节。例如，交换密钥的各方需要彼此进行身份验证。时间戳通常用于限制可以进行密钥交换的时间和/或已交换密钥的生命期。第 16 章将介绍在 Kerberos 上下文中第三方对称密钥交换的几种详细方法。

### 15.1.3 密钥层次

第六部分讨论的各种协议（如 IEEE 802.11i 和 IPsec）的一个共同要求是，对对称密钥进行加密，以便将其分发给通信双方。协议通常需要层次结构的密钥，结构中层次较低的密钥会被更频繁地使用，并且更频繁地更改以阻止攻击（见图 15.2）。层次较高的密钥不常用，因此抗密码分析的能力更强，用于加密新创建的层次较低的密钥，以便在共享层次较高密钥的各方之间进行交换。图 15.2 中的临时密钥是指仅使用一次的密钥，或最多是生命期非常短的密钥。

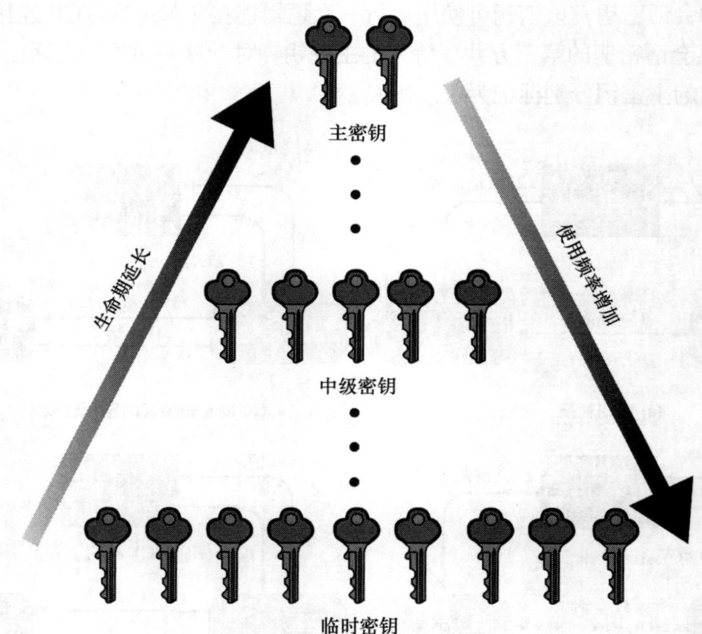


图 15.2 对称密钥层次

## 15.2 使用非对称加密的对称密钥分发

公钥加密系统的效率较低，几乎不用来直接加密大数据块，而只用来加密相对较小的数据块。公钥密码系统最重要的应用之一是密钥的加密分发。第五部分将介绍很多具体的例子。下面讨论一般原理和典型方法。

### 15.2.1 简单的密钥分发方案

Merkle 在文献[MERK79]中提出了一种非常简单的方案，如图 15.3 所示。若 $A$ 要和 $B$ 通信，则需要完成如下步骤。

**1**. $A$ 生成一个公私钥对 $\{PU_a, PR_a\}$，将由 $PU_a$ 和 $A$ 的标识符 $ID_A$ 组成的消息发送给 $B$。

**2**. $B$ 生成密钥 $K_s$，并用 $A$ 的公钥加密后发送给 $A$。

**3**. $A$ 计算 $D(PR_a, E(PU_a, K_s))$ 恢复密钥。因为只有 $A$ 能解密该信息，所以只有 $A$ 和 $B$ 知道 $K_s$。

**4**. $A$ 丢弃 $PU_a$ 和 $PR_a$，$B$ 丢弃 $PU_a$。

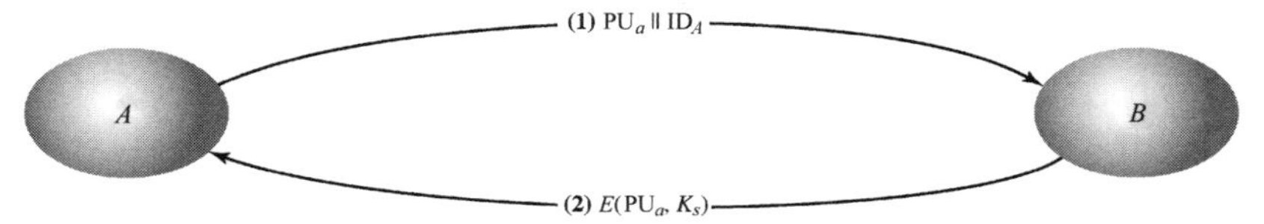


图 15.3　利用公钥加密建立会话密钥的简单方案

$A$ 和 $B$ 现在可用传统加密和会话密钥 $K_s$ 进行加密通信。通信完成后，$A$ 和 $B$ 丢弃 $K_s$。尽管很简单，但它是一个引人注目的协议。在通信开始前和通信结束后都不存在密钥，即密钥被攻破的风险是最小的，同时通信是防窃听的。

当敌手截获消息并转发消息或替换为其他消息［见图 1.3(c)］时，图 15.3 中描述的协议是不安全的，这样的攻击被称为**中间人攻击**[RIVE84]。这类攻击已在第 10 章介绍（见图 10.2）。此时，若敌手 $D$ 控制了中间的通信信道，则可通过如下方式在不被察觉的情况下控制通信（见图 15.4）：

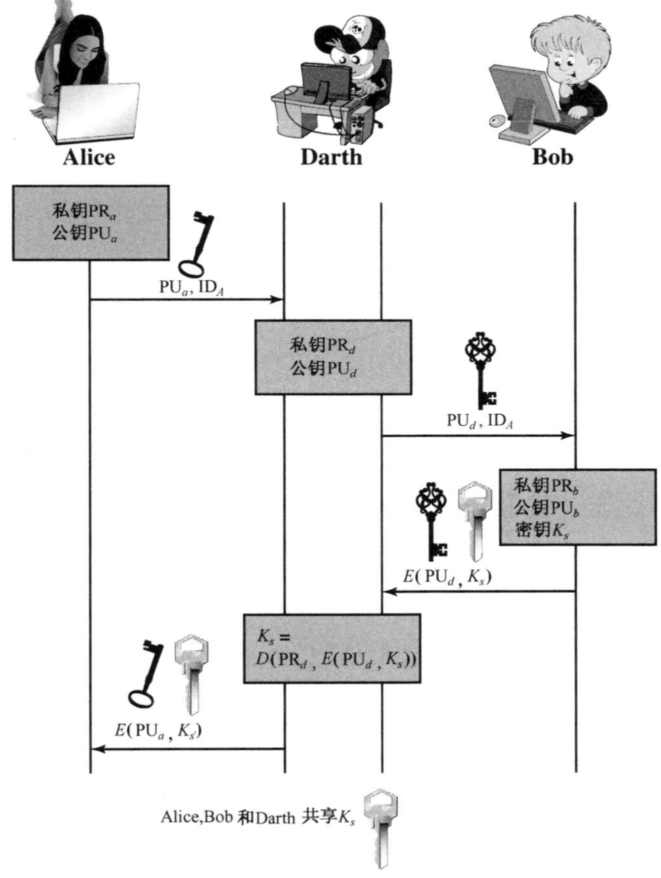


图 15.4　中间人攻击

**1.** $A$ 生成一个公私钥对 $\{PU_a, PR_a\}$，将由 $PU_a$ 和 $A$ 的标识符 $ID_A$ 组成消息发送给 $B$。

**2.** $D$ 截获信息后，创建自己的公私钥对 $\{PU_d, PR_d\}$，并将 $PU_d \| ID_A$ 发送给 $B$。

**3.** $B$ 生成一个密钥 $K_s$，并发送 $E(PU_d, K_s)$。

**4.** $D$ 截获信息后，计算 $D(PR_d, E(PU_d, K_s))$ 以获取 $K_s$。

**5.** $D$ 将 $E(PU_a, K_s)$ 发送给 $A$。

结果是 $A$、$B$ 知道了密钥 $K_s$，但未意识到 $D$ 也获得了密钥 $K_s$。此时，若 $A$ 和 $B$ 使用 $K_s$ 交换信息，则 $D$ 不再需要主动地干扰通信信道，而只需要简单地窃听。因为知道 $K_s$，所以 $D$ 可以解密所有信息，并且 $A$ 和 $B$ 都不知道这个问题。因此，这种简单的协议只在窃听是唯一威胁的环境中有用。

### 15.2.2　确保保密性和认证的密钥分发方案

如图 15.5 所示，基于文献[NEED78]中提出的方法，可以防止主动攻击和被动攻击。假设 $A$ 和 $B$

已通过本章后面介绍的方案中的一种交换了公钥。于是，接下来的步骤如下。

1. $A$ 使用 $B$ 的公钥加密包含 $A$ 的标识符 $ID_A$ 和时变值 $N_1$ 的消息并发送给 $B$，其中时变值用来唯一地标识该次消息传递。
2. $B$ 使用 $PU_a$ 加密包含 $A$ 的时变值 $N_1$ 及 $B$ 生成的新时变值 $N_2$ 的消息并发送给 $A$。因为只有 $B$ 可以解密消息（1），故 $N_1$ 在消息（2）中出现可使 $A$ 确定该消息来自 $B$。
3. $A$ 使用 $B$ 的公钥加密后返回 $N_2$，使 $B$ 确定消息来自 $A$。
4. $A$ 选择密钥 $K_s$ 后，将 $M = E(PU_b, E(PR_a, K_s))$ 发送给 $B$。用 $B$ 的公钥加密保证只有 $B$ 可以读取该消息，用 $A$ 的私钥加密保证只有 $A$ 可以发送该消息。
5. $B$ 计算 $D(PU_a, D(PR_b, M))$，恢复密钥 $K_s$。

该方案可以保证交换密钥过程中的保密性和认证。

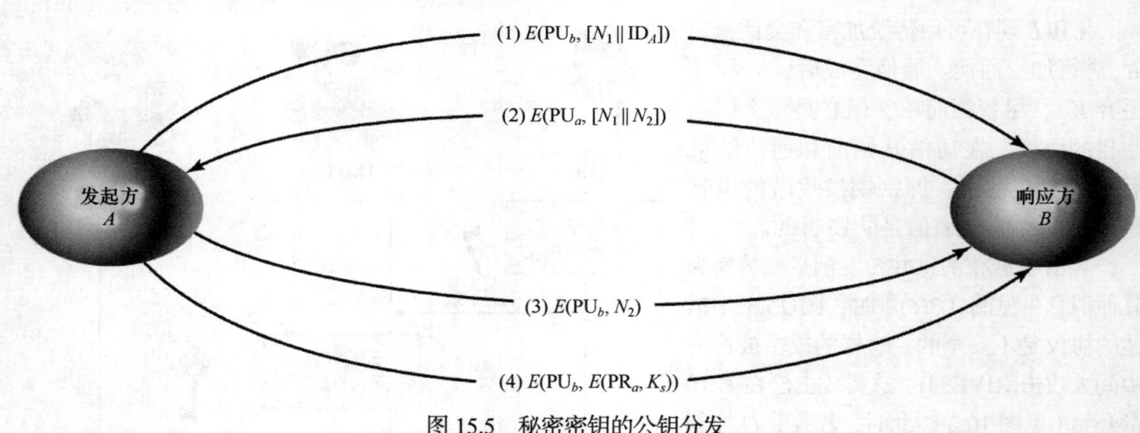


图 15.5　秘密密钥的公钥分发

## 15.3　公钥分发

人们提出了几种公钥分发技术。这些提议本质上可分为如下几种方案。

- 公钥的公开发布
- 公开可访问的目录
- 公钥授权
- 公钥证书

### 15.3.1　公钥的公开发布

表面上看，公钥密码的特点是公钥可以公开，因此若有像 RSA 这样被人们广泛接受的公钥算法，则任一通信方都可将其公钥发送给另一通信方或广播给通信各方（见图 15.6）。

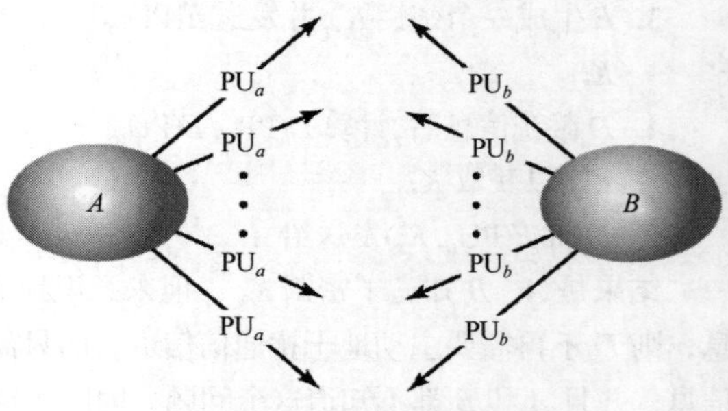


图 15.6　不受控的公钥分发

这种方法比较简便，但有一个较大的缺点，即任何人都可伪造这种公钥并公开发布，也就是说，某个用户可以假冒用户 $A$ 将一个公钥发送给通信的另一方或广播该公钥。在用户 $A$ 发现这种假冒并通知其他用户前，假冒者可以读取本应发送给 $A$ 的加密后的消息，并可用伪造的密钥进行认证（见图 9.3）。

### 15.3.2　公开可访问的目录

维护一个可访问的动态公钥目录，可以获得更大程度的安全性。某个可信实体或组织负责这个公开目录的维护和分发(见图 15.7)。这种方案包含如下内容。

1. 管理员通过为每个通信方建立一个目录项{名称，公钥}来维护目录。
2. 每个通信方通过目录管理员来注册一个公钥。注册必须亲自进行或通过安全的认证通信进行。

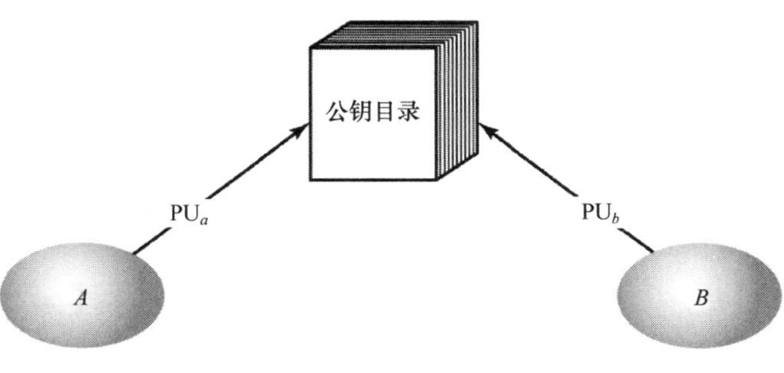

图 15.7　公钥分发

3. 通信方在任何时候都可以用新密钥替代当前的密钥。用户希望更换公钥的原因可能是公钥已用于大量的数据，也可能是相应的私钥已泄露。
4. 通信方也可以访问该目录。为实现这一目标，必须有从管理员到通信方的安全认证通信。

这种方案显然要比由个人公开发布公钥安全，但它也存在缺点。一旦攻击者获得或计算出目录管理员的私钥，就可假冒任何通信方窃取发送给该通信方的消息。另外，攻击者也可通过修改目录管理员保存的记录来达到这一目的。

### 15.3.3　公钥授权

通过更加严格地控制目录中的公钥分发，可使公钥分发更加安全。图 15.8 中举例说明了一个典型的公钥分发方案，它基于文献[POPE79]中给出的图形。如前所述，该方案假定中心管理员负责维护通信各方公钥的动态目录。此外，每个通信方都可靠地知道该目录管理员的公钥，并且只有管理员知道相应的私钥。这一方案包含如下步骤(对应于图 15.8 中的序号)。

1. $A$ 将一条带有时间戳的消息发送给公钥管理员，请求 $B$ 的当前公钥。
2. 管理员向 $A$ 发送一条用其私钥 $PR_{auth}$ 加密的消息。于是，$A$ 就可用管理员的公钥来解密收到的消息。因此，$A$ 可以确信该消息来自管理员。这条消息包含如下内容。
   - $B$ 的公钥 $PU_b$，$A$ 用它来加密发送给 $B$ 的消息。
   - 原始请求，$A$ 可将该请求与其最初发出的请求进行比较，确保在管理员收到请求之前，其原始请求未被修改。
   - 原始时间戳，$A$ 可用它来确定收到的消息不是来自管理员的旧消息，即收到的消息中不能包含 $B$ 的当前公钥之外的密钥。
3. $A$ 存储 $B$ 的公钥，用它加密包含 $A$ 的身份标识符 $ID_A$ 和时变值 $N_1$ 的消息，然后发送给 $B$，其中 $N_1$ 唯一地标识这次交互。

**4, 5.** 与 $A$ 检索 $B$ 的公钥一样，$B$ 使用同样的方法从管理员处得到 $A$ 的公钥。

此时，公钥已被安全地传送给 $A$ 和 $B$，$A$ 和 $B$ 之间的信息交换将受到保护。尽管如此，还需要包含以下两个步骤。

6. $B$ 用 $A$ 的公钥 $PU_a$ 加密包含 $A$ 的时变值 $N_1$ 和 $B$ 新生成的时变值 $N_2$ 的消息，并发送给 $A$。因为只有 $B$ 能解密消息(3)，所以消息(6)中的 $N_1$ 可使 $A$ 确信该消息来自 $B$。
7. $A$ 用 $B$ 的公钥加密包含 $N_2$ 的消息并发送给 $B$，这样 $B$ 就知道该消息来自 $A$。

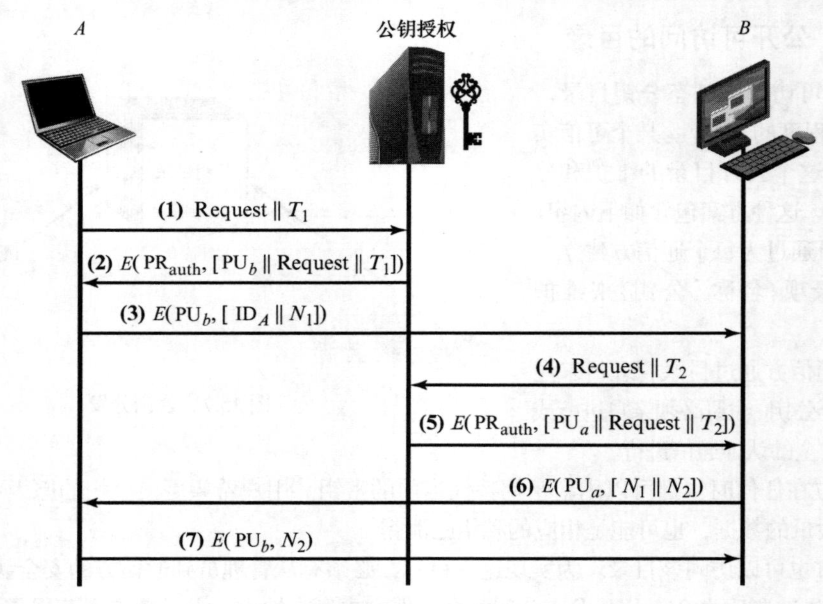


图 15.8 公钥分发方案

这样，总共就需要 7 条消息。然而，前面的 5 条消息不会被频繁地使用，因为 $A$ 和 $B$ 可以使用缓存技术存储彼此的公钥，以备不时之需。用户需要周期性地请求当前的公钥信息，保证通信时使用的是当前的公钥。

### 15.3.4 公钥证书

图 15.8 中的方案虽然不错，但是仍然存在缺陷。一个用户要与其他用户通信，就要向目录管理员申请对方的公钥，因此公钥管理员会成为系统的瓶颈。如前所述，管理员维护的含有名称和公钥的目录易被篡改。

Kohnfelder 在文献[KOHN78]中最早提出了使用**证书**的一种替代方法，即通信双方使用证书而非公钥管理员来交换密钥。在某种意义上，这种方案与直接从公钥管理员处获得密钥的可靠性相同。证书包含公钥和公钥拥有者的标识，整个数据块由可信的第三方签名。通常，第三方是证书管理员，如政府机构或金融机构，它为用户群所信任。一外用户以安全的方式将其公钥交给管理员，获得一个证书，接着用户就可公开证书。任何需要该用户公钥的人都可获得该证书，并通过查看附带的可信签名来验证证书的有效性。通信的一方也可通过传递证书的方式将其密钥信息传送给另一方。其他通信各方可以验证该证书确实是由证书管理员生成的。这种方法应满足如下要求。

**1**．任何通信方都可以读取证书并确定证书拥有者的名称和公钥。

**2**．任何通信方都可以验证该证书出自证书管理员，而不是伪造的。

**3**．只有证书管理员可以生成并更新证书。

文献[KOHN78]中的原始提议满足上述条件。后来，Denning 增加了如下要求[DENN83]。

**4**．任何通信方都可以验证证书的时效性。

图 15.9 举例说明了证书的使用方法。通信方向证书管理员提供一个公钥并请求证书。申请必须由当事人亲自提出，或通过某种安全的认证通信提出。对于申请者 $A$，管理员提供如下形式的证书：

$$C_A = E(PR_{auth}, [T \| ID_A \| PU_a])$$

式中，$PR_{auth}$ 是证书管理员使用的私钥，$T$ 为时间戳。$A$ 可以把该证书传送给任何其他通信方，后者通过如下方式读取和验证证书：

$$D(PU_{auth}, C_A) = D(PU_{auth}, E(PR_{auth}, [T \| ID_A \| PU_a])) = (T \| ID_A \| PU_a)$$

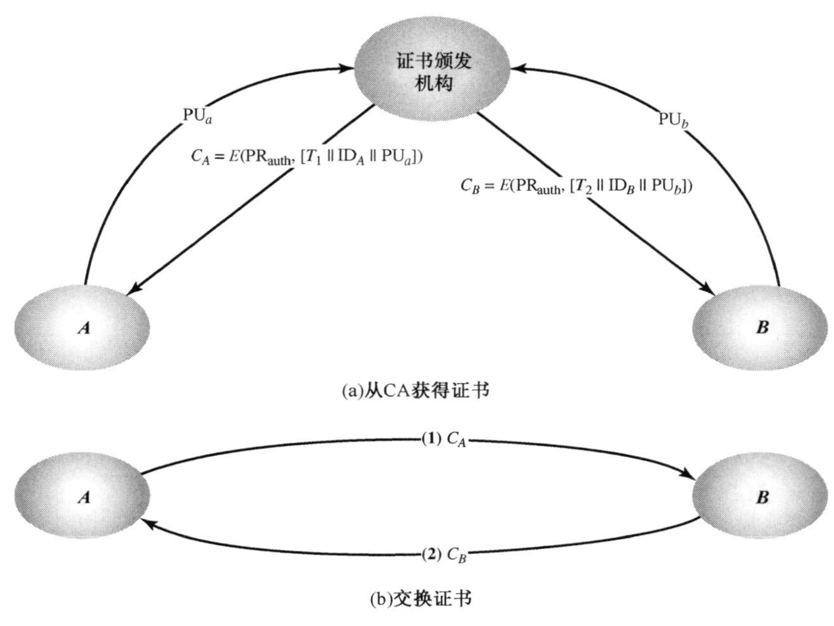


图 15.9　公钥证书的交换

接收方使用证书管理员的公钥 $PU_{auth}$ 加密证书。因为证书只能使用管理员的公钥读取，所以接收方可以验证证书确实来自证书管理员。$ID_A$ 和 $PU_a$ 向接收方提供证书持有者的名称和公钥，并通过时间戳 $T$ 验证证书的时效性。时间戳可在攻击者知道 $A$ 的私钥时抵抗攻击。假设 $A$ 生成新的公私钥对并向公钥管理员申请新证书，同时，攻击者将 $A$ 的旧证书重放给 $B$，若 $B$ 用旧公钥加密数据，则攻击者就可以读取信息。

在这种情况下，私钥的泄露如同信用卡的丢失：持卡者会注销信用卡号，但只有在所有可能的通信方均知道旧信用卡作废后，才能保证持卡者的安全。因此，时间戳类似于截止日期。一个证书太老时，会被认为已失效。

X.509 标准是一个用来规范公钥证书格式的广为人们接受的方案。X.509 证书被用在大部分网络安全应用中，包括 IP 安全、传输层安全（TLS）和 S/MIME，详见第六部分的介绍。下一节讨论 X.509。

## 15.4　X.509 证书

ITU-T 建议书中的 X.509 是 X.500 系列中定义目录服务的一部分。实际上，目录是指管理用户信息数据库的服务器，用户信息包括从用户名到网络地址的映射和用户的其他属性等。

X.509 定义了 X.500 用户目录的一个认证服务框架，这个目录可以作为 15.3 节中讨论的公钥证书类型的存取库。每个证书包含用户的公钥并由一个可信的证书颁发机构（CA）使用私钥签名。另外，X.509 还定义了基于公钥证书的一个认证协议。

X.509 是关于证书结构和认证协议的一个重要标准。例如，X.509 证书格式被用于 S/MIME（见第 21 章）、IP 安全（见第 22 章）和 SSL/TLS（见第 19 章）。

X.509 于 1988 年首次发布，随后为解决文献[IANS90]和[MITC90]中提及的安全问题，对其进行了修订，修订稿于 1993 年发布。标准的当前版本是第 8 版，它于 2016 年发布。

X.509 是基于公钥密码体制和数字签名的标准。标准中未规定使用某个特定的数字签名算法或某个特定的哈希函数。图 15.10 中描述了 X.509 方案中生成一个公钥证书的过程。Bob 的公钥证书包括 Bob 的 ID、公钥、CA 识别信息，以及随后介绍的其他一些信息。计算这些信息的哈希值，使用 CA 的私钥对哈希值生成数字签名，就完成了对这些信息的签名过程。然后，Bob 可将该证书广播给其他用户，或将证书附加到其签署的任何文档或数据分组中。因为证书是由受信任的 CA 签名的，因此需要使用 Bob 的公钥的任何人，都可确保 Bob 的证书中包含的公钥是有效的。

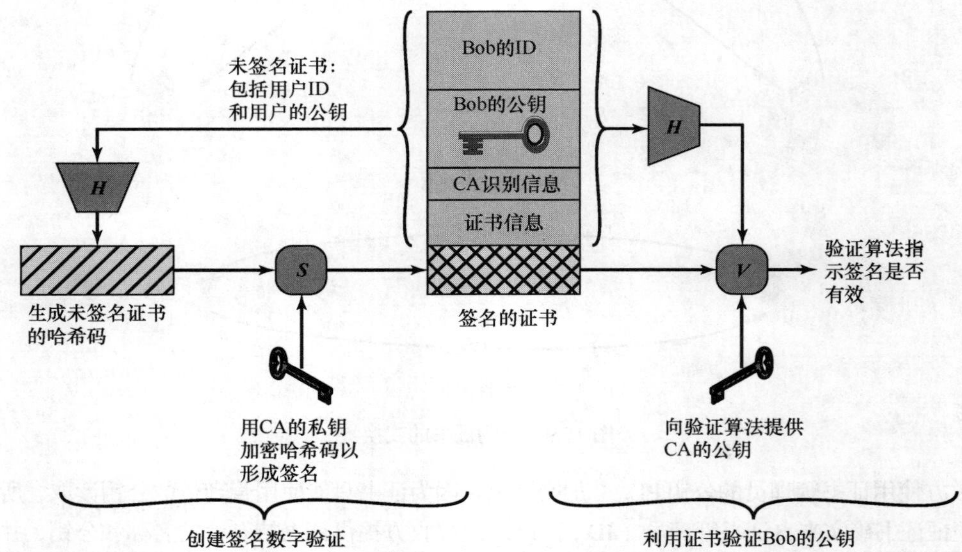


图 15.10　X.509 公钥证书的应用

### 15.4.1　证书

X.509 的核心是与每个用户相关的**公钥证书**。这些用户证书由一些可信 CA 创建并被 CA 或用户放入目录服务器。目录服务器本身不创建公钥和证书，而只为用户获得证书提供一种简单的存取方式。

图 15.11(a)显示了证书的常用格式，它包含如下要素。

- **版本号**　区分证书的不同版本，默认设置为 1。若存在发行商唯一标识或主体唯一标识，则版本号为 2。若存在一个或多个扩展，则版本号为 3。虽然 X.509 标准现在的最新版本为 7，但是自版本 3 之后证书的这个字段就未做过修改。
- **证书序号**　一个整数，在 CA 中唯一地标识证书。
- **签名算法标识**　给证书签名的带参数的算法。
- **发行商名称**　X.500 中创建并签名证书的 CA 的名称。
- **有效期**　包含两个日期，即证书的生效日期和终止日期。
- **证书主体名**　证书属主的用户名，证明拥有相应私钥的主体是公钥的所有者。
- **主体公钥信息**　主体的公钥、使用该密钥的算法的标识符及任何相关参数。
- **发行商唯一标识**　由于 X.500 的名称已被许多不同的实体复用，因此用一个可选的位串字段唯一地标识 CA。

- **证书主体唯一标识** 由于 X.500 的名称已被许多不同的实体复用，因此用一个可选的位串字段唯一地标识证书主体。
- **扩展** 一个或多个扩展字段集合，扩展字段是在版本 3 中增加的，详见本节后面的讨论。
- **签名** 涵盖证书的所有其他字段。该字段的一个组成部分是应用于证书其他字段的数字签名。该字段还包括签名算法标识符。

唯一的标识字段是在版本 2 中加入的，它在证书主体或发行商名称重名时使用，但一般很少使用。

该标准使用如下表示来定义证书：

$$\text{CA}<<A>> = \text{CA}\{V, \text{SN}, \text{AI}, \text{CA}, \text{UCA}, A, \text{UA}, \text{Ap}, T^A\}$$

式中，$Y<<X>>$ 表示用户 $X$ 的证书是证书颁发机构 $Y$ 发放的；$Y\{I\}$ 表示 $Y$ 签名 $I$，包含 $I$ 和 $I$ 被哈希后的代码；$V$ 表示证书的版本；SN 表示证书的序号；AI 表示为证书签名的算法的标识；CA 表示证书颁发机构的名称；UCA 表示 CA 的可选唯一标识；$A$ 表示用户 $A$ 的名称；UA 表示 $A$ 的可选唯一标识；Ap 表示用户 $A$ 的公钥；$T^A$ 表示证书的有效期。

CA 用自己的私钥签署证书，若用户知道相应的公钥，则可验证证书是 CA 签署的。图 13.2 中举例说明了这种典型的数字签名方法。

**获得一个用户证书** CA 生成的用户证书具有以下特点。

- 任何可以访问 CA 公钥的用户均可获得证书中的用户公钥。
- 只有 CA 可以修改证书而不被发现。

由于证书不可伪造，因此证书可以存放到目录中，而且不需要对目录进行特别保护。

若所有用户都属于同一个 CA，则说明用户普遍信任 CA，所有用户的证书均存放在同一个目录中，所有用户都可以进行存取。另外，用户也可直接将其证书传送给其他用户。不论发生什么情况，一旦 $B$ 拥有了 $A$ 的证书，$B$ 就可确信用 $A$ 的公钥加密的消息是安全的，是不可能被窃取的；同时，用 $A$ 的私钥签名的消息也不可能伪造。

用户数量很多时，不可能期望所有用户从同一个 CA 获得证书。证书是由 CA 签发的，每个用户都需要拥有一个 CA 的公钥来验证签名，该公钥必须以一种绝对安全的方式提供给每个用户，使用户可以信任该证书。因此，用户很多时，更可取的做法是设置多个 CA，让每个 CA 都安全地将其公钥提供给一部分用户。

下面假设 $A$ 获得了证书颁发机构 $X_1$ 的证书，而 $B$ 获得了证书颁发机构 $X_2$ 的证书，若 $A$ 无法安全地获得 $X_2$ 的公钥，则由 $X_2$ 发放的 $B$ 的证书对 $A$ 而言无法使用，$A$ 只能读取 $B$ 的证书，但无法验证其签名；然而，若两个 CA 之间能安全地交换公钥，则 $A$ 可以通过下述过程获得 $B$ 的公钥。

1. $A$ 从目录中获得由 $X_1$ 签名的 $X_2$ 的证书，$A$ 知道 $X_1$ 的公钥，$A$ 可从证书中获得 $X_2$ 的公钥，并用 $X_1$ 的签名来验证证书。
2. $A$ 从目录中获取由 $X_2$ 颁发的 $B$ 的证书，由于 $A$ 已得到 $X_2$ 的公钥，$A$ 即可利用它验证签名，从而安全地获得 $B$ 的公钥。

$A$ 使用一个证书链来获得 $B$ 的公钥。在 X.509 中，该链表示为

$$X_1<<X_2>>X_2<<B>>$$

同样，$B$ 可以使用反向链获得 $A$ 的公钥：

$$X_2<<X_1>>X_1<<A>>$$

这种方案并不限于两个证书的链。可以按照任意长的 CA 路径来生成链。针对长度为 $N$ 的 CA 链的认证过程表示如下：

$$X_1 \ll X_2 \gg X_2 \ll X_3 \gg \cdots X_N \ll B \gg$$

在这种情况下，链中的每对 CA 即$(X_i, X_{i+1})$必须互相发放证书。

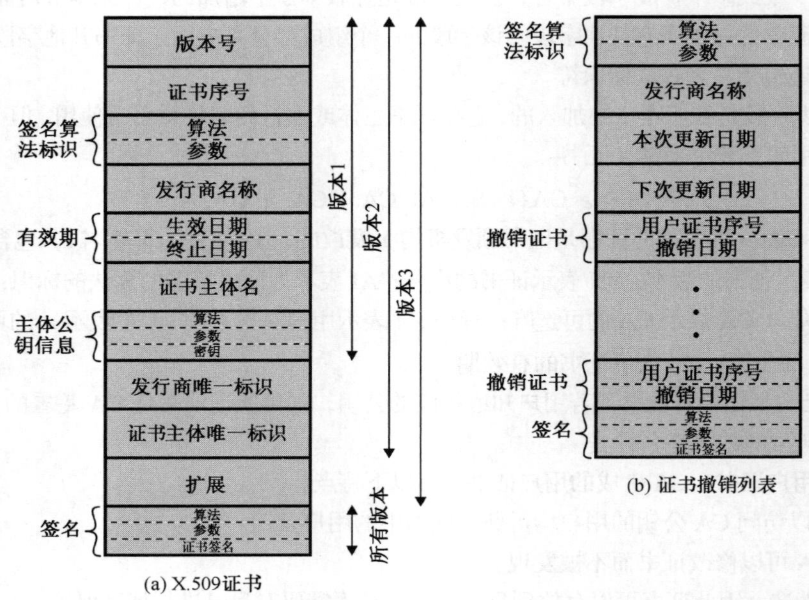


图 15.11　X.509 格式

所有由 CA 发放给 CA 的证书必须放在一个目录中，用户必须知道如何找到一条路径来获得其他用户的公钥证书。在 X.509 中，推荐按照层次结构放置 CA 证书，以便建立强大的导航机制。

图 15.12 中显示了 X.509 中推荐的层次结构，相连的圆圈表示 CA 间的层次结构，相连的方框表示每个 CA 发放的证书所在的目录，每个 CA 目录入口中包含两种证书。

- **前向证书**　其他 CA 生成的 *X* 的证书。
- **后向证书**　*X* 生成的其他 CA 的证书。

例如，用户 *A* 可以创建一条到 *B* 的路径来获得相关证书：

$$X \ll W \gg W \ll V \gg V \ll Y \gg Y \ll Z \gg Z \ll B \gg$$

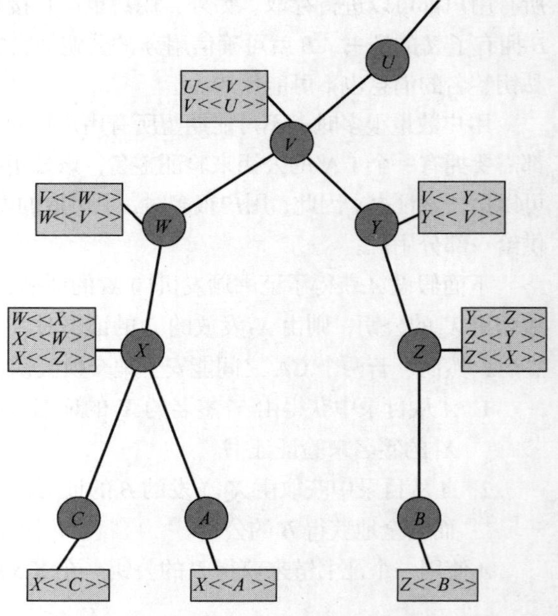


图 15.12　X.509 的层次结构：一个假设的例子

当 *A* 获得相关证书后，可以顺序展开证书路径来获得 *B* 的公钥，*A* 用该公钥将加密消息送往 *B*，若 *A* 想得到 *B* 返回的加密消息或对发往 *B* 的消息签名，则 *B* 需要按照下述证书路径来获得 *A* 的公钥：

$$Z \ll Y \gg Y \ll V \gg V \ll W \gg W \ll X \gg X \ll A \gg$$

*B* 可以获得目录中的证书集，或 *A* 可在它发给 *B* 的初始消息中将其包含进去。

**证书撤销**　回顾图 15.11 可知，每个证书都有一个有效期，这与信用卡相似。通常，新证书会在旧证书失效前发放；另外，还可能由于以下原因之一提前撤销证书。

**1**. 用户私钥被认为不安全。

**2**. 用户不再信任 CA。原因包括主体名已改变、证书已被废弃或证书未按照 CA 的规则发行。

**3**. CA 证书被认为是不安全的。

每个 CA 必须保留一张表，其中包含所有被 CA 撤销的未到期证书，包括发给用户和其他 CA 的证书。这些表也应放到目录中。

每个放在目录中的证书撤销表（CRL）均被其发行商签名，并包含发行商的名称、表被创建的时间、下一张 CRL 表发放的时间及每个撤销证书的入口［见图 15.11(b)］。每个入口中包含该证书的序号和撤销时间。由于一个 CA 中的序号是唯一的，因此序号足以表示一张证书。

用户在一条消息中接收一个证书后，必须确定该证书是否已被撤销。用户可在接收到证书时检查目录。为了避免搜索目录时出现延迟现象（和可能的其他开销），用户可以维护证书和 CRL 的一个本地缓存。

### 15.4.2　X.509 版本 3

X.509 版本 2 中未包含设计和实践所需的所有信息。文献[FORD95]中列出了版本 2 未满足的要求。

**1**. 证书主体字段不足以将密钥所有者转换为公钥用户。X.509 中的名称相对较短，不满足用户需要知道标识细节的要求。

**2**. 证书主体字段在许多应用中不足以满足需要，通常需要因特网邮件地址、URL 和其他与因特网相关的标识。

**3**. 需要标明安全策略信息。这将启用安全应用或安全功能，如 IPSec 等，将 X.509 证书与给定策略关联起来。

**4**. 需要对证书的使用范围进行限定，以缩小 CA 失误或恶意破坏造成的影响。

**5**. 能够区分同一个用户在不同时刻使用不同密钥是非常重要的。这一特性支持密钥的生命期管理，特别是在一般或特殊情况下更新用户和 CA 密钥对的能力。

与在固定格式中继续增加字段相比，标准的开发者认为需要一种更方便的方法。于是，版本 3 在版本 2 的格式基础增加了一些可选的扩展项。每个扩展项都有一个扩展标识、一个危险指示和一个扩展值。危险指示用于指出扩展项是否能被安全地忽略，若值为 TRUE 且实现时未处理它，则其证书将会被当成非法的证书。

证书扩展项主要有三类：密钥和策略信息、证书主体和发行商属性，以及证书路径约束。

**密钥和策略信息**　此类扩展项传递的是与证书主体和发行商密钥相关的附加信息，以及证书策略的指示信息。证书策略是已命名的规则集，它在普通安全级别上描述特定团体或应用类型证书的使用范围。例如，某个策略可用于电子数据交换（EDI）在一定价格范围内的贸易认证。这一范围如下。

- **授权密钥标识符**　用于验证证书或 CRL 上的签名的公钥，以区分同一个 CA 的不同密钥。该字段的一个用途是更新 CA 密钥对。
- **主体密钥标识符**　标识被证实的公钥，用于更新主体的密钥对。同样，一个主体对不同目的的不同证书可以拥有多个密钥对（如数字签名和加密密钥协议）。
- **密钥使用**　说明被证实的公钥的使用范围和使用策略。可以包含以下内容：数字签名、非抵赖、密钥加密、数据加密、密钥一致性、CA 证书的签名验证和 CA 的 CRL 签名验证。
- **私钥使用期**　指出与公钥相匹配的私钥的使用期。通常，私钥的使用期与公钥的不同。例如，在数字签名密钥中，私钥的使用期一般比公钥的短。

- **证书策略** 证书可以在应用多种策略的各种环境下使用。该扩展项中列出了证书所持的策略集，包括可选的限定信息。
- **策略映射** 仅用于其他 CA 发给 CA 的证书中。策略映射允许发行 CA 将一个或多个策略等同于主体 CA 字段中的某个策略。

**证书主体和发行商属性** 该扩展支持证书主体或发行商以可变的形式拥有可变的名称，并且可传递证书主体的附加信息，使得证书所有者更加确信证书主体是一个特定的人或实体。例如，可能要求邮件地址、公司位置或一些图片等信息。扩展字段包括的内容如下。

- **主体可选名称** 包括使用任何格式的一到两个可选名称。该字段对特定应用如电子邮件、EDI、IPSec 等使用自己的名称形式非常重要。
- **发行商可选名称** 包括使用任何格式的一到多个可选名称。
- **主体目录属性** 将 X.500 目录的属性值转换为证书的主体时所需要的属性值。

**证书路径约束** 该扩展项允许在 CA 或其他 CA 发行的证书中包含限制信息。这些限制信息可以限制主体 CA 所能分发的证书种类或证书链中的种类。扩展字段包括如下内容。

- **基本限制** 标识主体是否可以作为 CA。若可以，则可指定证书路径长度限制。
- **名称限制** 表示证书路径中的所有后续证书的主体名的名称空间必须确定。
- **策略限制** 说明对确定的证书策略标识的限制，或证书路径中继承的策略映射的限制。

## 15.5 公钥基础设施

NIST SP 800-32（*Introduction to Public Key Technology and the Federal PKI Infrastructure*）将公钥基础设施（PKI）定义为一组用于管理证书和公私钥对的策略、流程、服务器平台、软件和工作站，功能包括颁发、维护和撤销公钥证书。开发 PKI 的主要目的是确保安全，方便和有效地获取公钥。

PKI 架构定义了 CA 和 PKI 用户之间的组织和相互关系。PKI 架构满足以下要求。

1. 任何参与者都可以阅读证书以确定证书所有者的名称和公钥。
2. 任何参与者都可以验证证书源自证书颁发机构，并且不是伪造的。
3. 只有证书颁发机构可以创建和更新证书。
4. 任何参与者都可以验证证书的时效性。

图 15.13 中描述了 PKI 的典型架构。基本组件包括如下内容。

- **终端实体** 它可以是一个终端用户、一台设备（如应用服务器、路由器等）、一个程序，也可以是其他可在一个公钥数字证书作用范围内被认证的实体。终端实体还可以是 PKI 相关服务的使用者，在某些情况下甚至可以是 PKI 相关服务的提供者。例如，从证书颁发机构的角度来看，注册机构被视为终端实体。
- **证书颁发机构（CA）** 一种由一个或多个用户信任的授权机构，用于创建和分发公钥证书。证书颁发机构也可创建主体的密钥。CA 对数字签名的公钥证书进行签名，从而有效地将主体名称绑定到公钥。CA 还负责发布证书撤销列表（CRL）。CRL 标识由 CA 先前颁发的未到期就被撤销的证书。由于假定用户的私钥已泄露，不再由该 CA 认证用户或认为证书已泄露，因此证书可能被撤销。
- **注册机构（RA）** 可选组件，用于减轻 CA 通常承担的许多管理功能。RA 通常与最终实体注册过程相关联，包括对尝试向 PKI 注册并获取其公钥证书的最终实体的身份进行验证。

- **证书存储库**　表示用于存储和检索 PKI 相关信息的任何方法，如公钥证书和 CRL。存储库可以是基于 X.500 的目录，可以通过轻量级目录访问协议（LDAP）进行客户端访问。存储库也可以非常简单，如通过文件传输协议（FTP）或超文本传输协议（HTTP）在远程服务器上检索普通文件的方式。
- **信赖方**　依靠证书中的数据进行决策的任何用户或代理。

图 15.13 中说明了各个组件的相互作用。

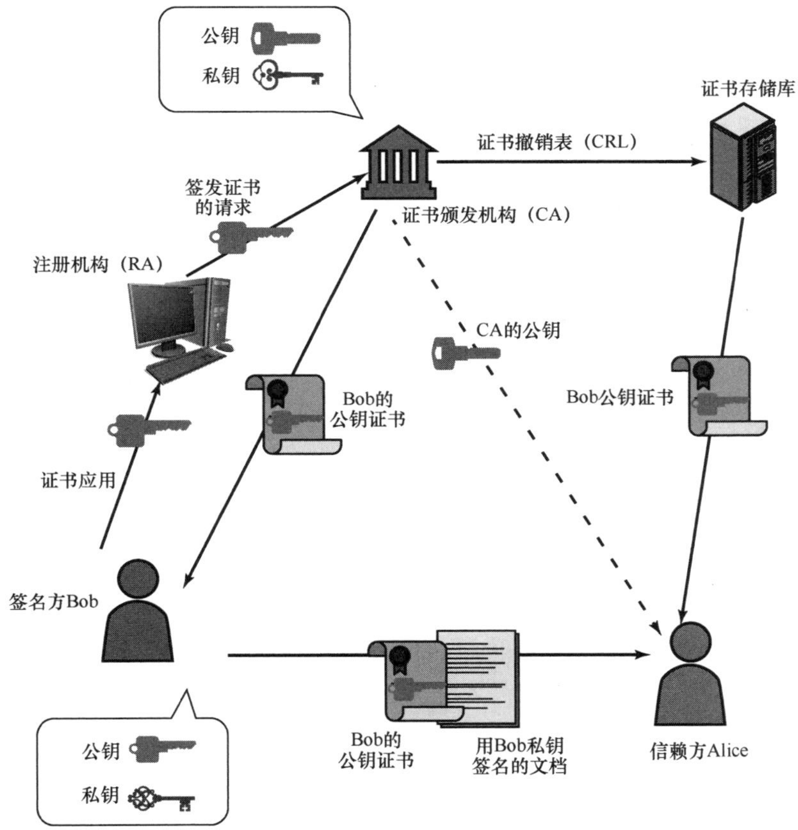


图 15.13　PKI 方案

考虑需要使用 Bob 的公钥的依赖方 Alice。Alice 首先必须以可靠、安全的方式获取 CA 公钥的副本。这可通过多种方式来完成，并且取决于特定的 PKI 架构和企业策略。若 Alice 希望将加密的数据发送给 Bob，则 Alice 将检查存储库，以便确定 Bob 的证书是否已被撤销，若未被撤销，则获取 Bob 的证书的副本。然后，Alice 可以使用 Bob 的公钥来加密发送给 Bob 的数据。Bob 还可将用自己的私钥签名的文档发送给 Alice。Bob 可将其证书包含在文档中，或者假定 Alice 已经拥有或可以获取该证书。无论哪种情况，Alice 首先都要使用 CA 的公钥来验证证书是否有效，然后使用 Bob 的公钥（从证书中获得）来验证 Bob 的签名。

企业可能需要依赖多个 CA 和多个存储库，而不只是依赖单个 CA。可以按照层次方式来组织 CA，其中广受信任的根 CA 签署从属 CA 的公钥证书。许多根证书嵌在 Web 浏览器中，因此它们内置了对这些 CA 的信任。Web 服务器、电子邮件客户端、智能手机及许多其他类型的硬件和软件也支持 PKI，并且包含来自主要 CA 的受信任的根证书。

## 15.6 关键术语、思考题和习题

### 关键术语

端到端加密　　密钥分发中心　　中间人攻击　　公钥证书
密钥分发　　密钥管理　　主密钥

### 思考题

**15.1** 列出在两个通信方之间分发密钥的方法。
**15.2** 会话密钥和主密钥之间有什么不同？
**15.3** 什么是密钥分发中心？
**15.4** 基于公钥加密的两种不同的密钥分发方法是什么？
**15.5** 列出 4 种公钥分发方案。
**15.6** 公钥目录的基本组成是什么？
**15.7** 什么是公钥证书？
**15.8** 使用公钥证书方案的要求有哪些？
**15.9** X.509 标准的用途是什么？
**15.10** 什么是证书链？
**15.11** 如何撤销 X.509 证书？

### 习题

**15.1** 一家本地网络供应商提供了一种密钥分发方案，如图 15.14 所示。描述该方案的操作过程。

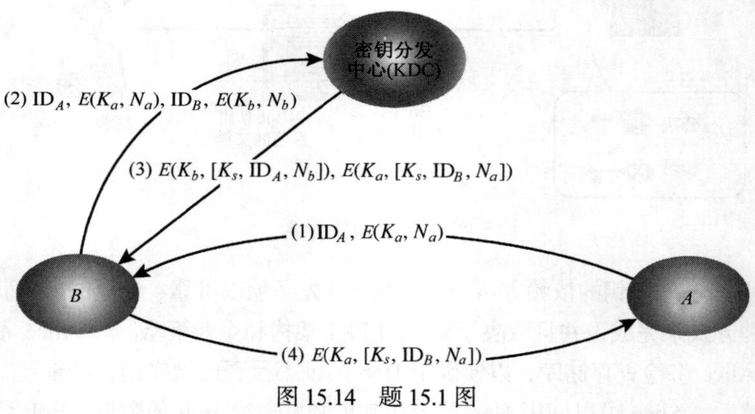

图 15.14　题 15.1 图

**15.2** “福尔摩斯，我们的压力很大。”侦探莱斯特伍德看起来很紧张。“我们已经知道一些敏感政府文件的复印件出现在伦敦的一家外国大使馆的计算机上，这些文件通常以电子形式存放在少数几台政府计算机上，满足最严格的安全要求。这些消息有时要通过网络连接发给所有的政府计算机，但它们是由我们最好的加密专家认证的绝密算法加密的，NSA（美国国家安全局）和 KGB（克格勃）都无法破解。然而，现在这些文件却出现在一个小国家的外交官手里，我想不明白为什么会发生这种事情。”

“但是你已经有了嫌疑人，不是吗？”福尔摩斯问。

“是的，我们做了一些调查，有个男人合法地访问过政府的一台计算机，并且和那名外交官联系频繁。

但是，他访问的不是那些通常存放文件的计算机。他是嫌疑犯，但我们不知道他是如何获得文件的复印件的。即使他得到了加密的文件，也无法解密。”

“请描述一下该网络使用的通信协议。”福尔摩斯睁开眼睛。

“协议如下。网络中的每个节点 $N$ 都有唯一的密钥 $K_n$，用于节点和可信服务器之间的安全通信，即所有密钥都在服务器中存放。用户 $A$ 发送秘密消息 $M$ 给 $B$ 时，使用如下协议：

1. $A$ 生成时变值 $R$，将自己的名称 $A$、目的地 $B$ 和 $E(K_a,R)$ 发送给服务器。
2. 服务器将消息 $E(K_b,R)$ 回复给 $A$。
3. $A$ 将 $E(R,M)$ 和 $E(K_b,R)$ 发送给 $B$。
4. $B$ 使用 $K_b$ 解密 $E(K_b,R)$ 得到 $R$，随后用 $R$ 解密 $E(R,M)$ 得到消息 $M$。

每次有消息发送时，都产生一个随机密钥。我认为那个男人可能在几个节点之间发送消息时截获了消息，但他不可能解密消息。”

“我相信你有你的道理，莱斯特伍德。这个协议是不安全的，因为服务器不能确定是谁发的请求。很明显，协议的设计者相信发送 $E(K_x,R)$ 就可确定发送者为用户 $X$，因为只有 $X$ 知道 $K_x$，但你知道 $E(K_x,R)$ 可能会被截获并重放。只要知道漏洞在哪里，通过监控该男子对计算机的访问，就可得到更多的证据。他最有可能是这么做的：截获 $E(K_a,R)$ 和 $E(R,M)$ 后（参考协议的第 1 步和第 3 步），该男子 $Z$ 会假装为 $A$，然后……”

请完成福尔摩斯的话。

**15.3** X.509 的 1988 版中列出了这样的内容：在现有的知识层面上，分解大整数非常困难，因此 RSA 一定是安全的。对公开的指数和模数 $n$ 有如下限制：必须确保 $e > \log_2 n$，才能阻止用第 $e$ 个根来模 $n$ 得到明文的攻击。尽管这个限制是对的，但给出的原因却是错误的。错在哪里？正确的原因是什么？

**15.4** 在你的计算机（如在浏览器）中，至少找出一个中间证书管理员的证书和一个根证书管理员的证书。显示每个证书的通用标签和详细标签的屏幕截图。

**15.5** NIST 将密码生命期定义为一个密钥被授权使用的时间跨度，或者给定系统或应用的密钥保持有效的时间跨度。在一个关于密钥管理的文件中，为共享密钥使用了如下时序图。

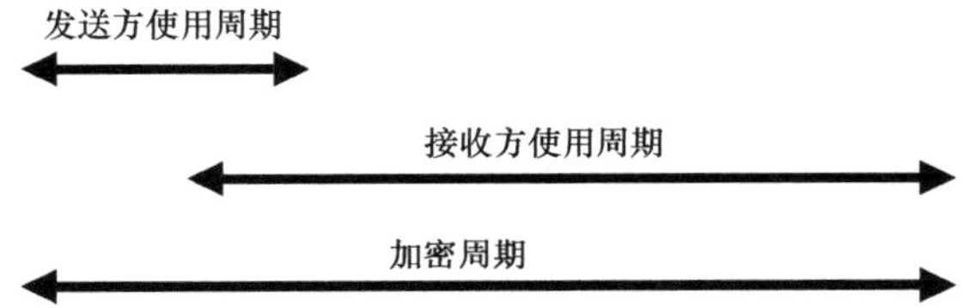


给出一个应用实例来解释重叠部分。在实例中，要求发送方使用周期比接收方使用周期开始得早，并且结束得也早。

**15.6** 考虑如下协议，其目的是让 $A$ 和 $B$ 得到一个新会话密钥 $K'_{AB}$。假定他们已共享一个长期密钥 $K_{AB}$。

1. $A \to B: A, N_A$。
2. $B \to A: E(K_{AB}, [N_A, K'_{AB}])$。
3. $A \to B: E(K'_{AB}, N_A)$。

a. 首先尝试理解设计者的思路：

——协议运行后，$A$ 和 $B$ 为什么相信共享的会话密钥来自彼此？

——他们为什么相信这个会话密钥是最新的？

在两种情况下，都应解释 $A$ 和 $B$ 相信的原因，因此你的回答是完成下列句子：

$A$ 相信和 $B$ 共享 $K'_{AB}$，因为……

$B$ 相信和 $A$ 共享 $K'_{AB}$，因为……

$A$ 相信 $K'_{AB}$ 是最新的，因为……

$B$ 相信 $K'_{AB}$ 是最新的，因为……

**b**. 假设现在 $A$ 和 $B$ 开始运行该协议，但连接被敌手 $C$ 截获。说明 $C$ 如何利用映像重新运行协议，使得 $A$ 认为已和 $B$ 就新会话密钥达成一致（尽管事实上是和 $C$ 进行通信）。于是，a 问中的相信是错误的。

**c**. 提出一种阻止该攻击的改进方案。

**15.7** PKI 的关键组成有哪些？简要描述每个组成。

**15.8** 解释密钥管理问题及它是如何影响对称加密的。

注意：以下习题涉及 IBM 公司开发的一个加密产品，其简要描述见本书配套网站 box.com/Crypto8e 上的文档 IBMCrypto.pdf）。阅读该文档后，完成下列习题。

**15.9** 添加指令 $\mathrm{EMK}_i$（$\mathrm{EMK}_i : X \rightarrow E(\mathrm{KMH}_i, X), i = 0,1$）的作用有哪些?

**15.10** 假设有 $N$ 个不同系统使用主机主密钥为 $\mathrm{KMH}[i](i=1,2,\cdots,N)$ 的 IBM 加密子系统。设计一种系统之间的通信方法，要求各个系统既不共享一个主机主密钥，又不泄露自己的主机主密钥。提示：每个系统都要有自己的主密钥的三个不同变体。

**15.11** IBM 密码子系统的主要目的是保护终端和处理系统之间的通信。请设计一个程序，它可能会添加指令，以便允许处理器生成一个会话密钥 $K_s$ 并分发给终端 $i$ 和终端 $j$，而不需要在主机中存储与密钥相关的变量。

# 第 16 章　用户认证

**学习目标**

- 概述使用对称加密的远程用户认证技术。
- 简要介绍 Kerberos。
- 解释 Kerberos 版本 4 与版本 5 的不同。
- 描述 Kerberos 在多个领域的应用。
- 概述使用非对称加密的远程用户认证技术。
- 了解联合身份管理系统的要求。

本章介绍支持基于网络的用户认证的认证功能。16.1 节介绍一些在网络或因特网上实现用户认证的概念和要素；16.2 节介绍基于对称加密的用户认证协议；16.3 节介绍最早、应用最广泛的用户认证服务 Kerberos；16.4 节介绍基于非对称加密的用户认证协议，讨论 X.509 用户认证协议；16.5 节介绍联合身份的概念。

## 16.1　远程用户认证原理

用户**认证**是确定某个用户或代表用户执行的某些应用或过程的实际身份是否与其声称的身份一致的过程。认证技术通过检查用户的凭据是否与授权用户的数据库或数据认证服务器中的凭据匹配，为系统提供访问控制。身份认证使组织能够通过仅允许通过身份认证的用户（或进程）访问受保护的资源（包括计算机系统、网络、数据库、网站及其他基于网络的应用程序或服务）来保护网络安全。

注意，用户认证和消息认证是不一样的。如第 12 章中定义的那样，消息认证也是一种验证过程，它允许通信方验证收到的消息的内容是否被更改及资源是否可信。本章仅介绍用户认证。

### 16.1.1　NIST 电子身份认证模型

NIST SP 800-63（*Digital Identity Guidelines*）基于 SP-800-63 定义了一种用于用户身份验证的通用模型，该模型涉及许多实体和过程，如图 16.1 所示。以下三个概念对理解该模型很重要。

- **数字身份**　在线交易的主体的唯一表示。这个表示由一个属性或一组属性组成，它在数字服务给定的上下文中唯一地描述主体，但不一定在所有上下文中唯一地标识主体。
- **身份证明**　确定一个主体在一定的可信度下就是其声称的对象。该过程涉及收集、验证有效性和验证有关人员的信息。
- **数字认证**　确定单个或多个用于声称数字身份的认证器的有效性的过程。数字认证建立尝试访问数字服务的主体和身份认证技术之间的控制关系。成功的认证可提供合理的基于风险的保证，即保证当前访问该服务的主体与先前访问该服务的主体相同。

图 16.1 中定义了 6 个实体。

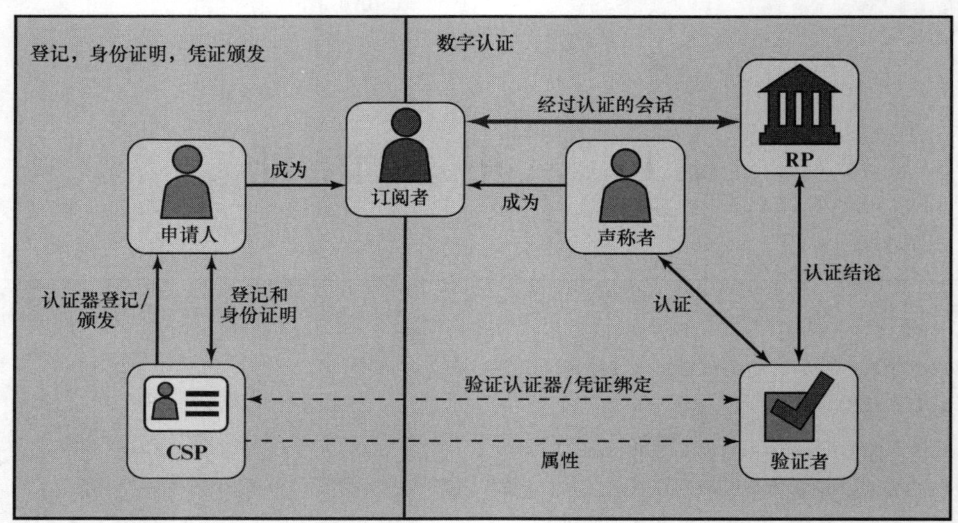


图 16.1　NIST SP 800-63 电子身份模型

- **凭证服务提供商（CSP）**　发行或注册订阅者认证器的受信任实体。为此，CSP 为每个订阅者建立数字凭证，并向订阅者颁发电子凭证。CSP 可以是独立的第三方，也可以颁发凭证供自己使用。
- **验证者**　验证申请人身份的实体，通过使用认证协议验证申请人对认证器的拥有和控制权，从而验证申请人的身份。为此，验证者可能需要验证关联认证器和订阅者标识符的凭证的有效性，并检查其状态。
- **信赖方（RP）**　信赖订阅者的认证器和凭证或验证者对声称者身份的结论而建立的实体，通常进行交易或授予对信息或系统的访问权限。
- **申请人**　进行登记和身份证明过程的对象。
- **声称者**　使用一种或多种认证协议来验证其身份的主体。
- **订阅者**　从 CSP 接收到凭证或认证器的一方。

图 16.1 的左侧说明了申请人为获取特定的服务和资源而在系统中注册的过程。首先，申请人向 CSP 提供拥有与数字身份相关的属性的证据。通过 CSP 证明后，申请人成为一名订阅者。然后，基于整个认证系统的实施细节，CSP 向订阅者颁发某种电子凭证。这种凭证是一种将身份和其他属性可信地绑定到订阅者拥有的一个或多个身份认证器上的数据结构，并在认证过程中可被验证者验证。认证器可以是标识订阅者的加密密钥或加密口令，可以由 CSP 发行，由用户生成，或由第三方提供。认证器和票据会在随后的认证过程中使用。

申请者注册为订阅者后，实际的认证过程会在订阅者和一个或多个执行认证的系统之间进行（见图 16.1 的右侧）。被认证的一方称为声称者，验证身份的一方称为验证者。当声称者在认证协议中向验证者成功地证明了其对认证器的所有权和控制权后，验证者可以核实声称者确实是对应凭证中标明的订阅者。验证者还需要将有关订阅者身份的结论传给信赖方（RP）。该结论包括有关订阅者的身份信息，如订阅者名称、注册时分配的标识符，或在注册过程中已被验证的其他属性。RP 可以利用这些验证者提供的认证信息进行访问控制或授权决策。

在某些情况下，验证者与 CSP 交互，以访问绑定订阅者身份和其认证器的凭据，并选择性地获取声称者的属性。在其他情况下，验证者不需要与 CSP 实时通信来完成认证活动（如数字证书的使用）。因此，在验证者和 CSP 之间采用虚线表示两者的逻辑链接。

已实现的认证系统不同于这个简化模型，它要比该模型复杂，但这个简化模型给出了安全的认证系统所需的关键角色和功能。

### 16.1.2 认证方式

认证一个用户的身份有三种通用方式或**认证因素**，它们可以单独使用，也可以组合使用。

- **知识因素（个人了解的信息）** 要求用户展示对秘密信息的知识。知识因素通常在单层认证过程中使用，其形式可以是密码、密码短语、个人识别码（PIN）或对机密问题的回答。
- **占有因素（个人占有的东西）** 可以连接到客户端计算机或门户的授权用户所占有的物理实体。这种认证器此前被称为令牌，但现在被称为硬件令牌。占有因素分为如下两类：

  **已连接硬件令牌**是逻辑上（如通过无线网）或物理上连接到计算机来认证身份的设备。例如，智能卡、无线标签和 USB 令牌等通常是作为占有因素的连接令牌。

  **未连接硬件令牌**是不直接连接到客户端计算机的一类设备，它要求尝试登录的个人输入信息。通常，未连接硬件令牌设备使用内置屏幕来显示身份认证数据，必要时用户使用其进行登录。
- **内在因素（个人本身或行为）** 对个体而言唯一或几乎唯一的生物特征。这些特征包括：静态生物识别技术，如指纹、视网膜和面部；动态生物识别技术，如语音、手写和打字节奏。

身份认证时使用的特定项目（如密码或硬件令牌）被称为**认证器**。适当地实现和使用这些方法，可以提供安全的用户认证。然而，每种方法都有缺陷（见表 16.1）。简单地说，敌手可能会猜测或窃取密码，还可能伪造或偷窃身份卡，用户可能会忘记密码或丢失身份卡，还可能与同事共享密码或身份卡。此外，管理系统的口令和令牌信息并确保这些信息的安全会增大系统开销。关于生物计量的认证信息，存在各种各样的问题，如处理假阳性和假阴性、用户满意度、成本和便利性。

**表 16.1 认证因素**

| 因素 | 例子 | 属性 |
|---|---|---|
| 知识因素 | 用户标识<br>口令<br>个人识别码 | 可以共享<br>许多口令容易被猜中<br>容易遗忘 |
| 占有因素 | 智能卡<br>电子徽章<br>电子钥匙 | 可以共享<br>可以被复制<br>容易丢失或被窃取 |
| 内在因素 | 指纹<br>面部<br>虹膜<br>声纹 | 无法分享<br>可能存在假阳性和假阴性<br>伪造困难 |

### 16.1.3 多因素认证

多因素认证是指使用一种以上的身份认证手段进行认证（见图 16.2）。这种策略通常使用两类因素，如 PIN 加硬件令牌（知识因素加占有因素）或 PIN 加生物特征（知识因素加内在因素）。多因素认证与单因素认证相比通常更安全，原因是不同因素的故障模式基本上是无关的。例如，一个硬件令牌可能丢失或被盗，但与令牌一起使用的 PIN 不会同时丢失或被盗。然而，这种假设并不总是正确的。例如，连接到硬件令牌的 PIN 在令牌丢失或被盗的同时也可能会被破坏。但是，多因素认证仍然是减少漏洞的重要手段。

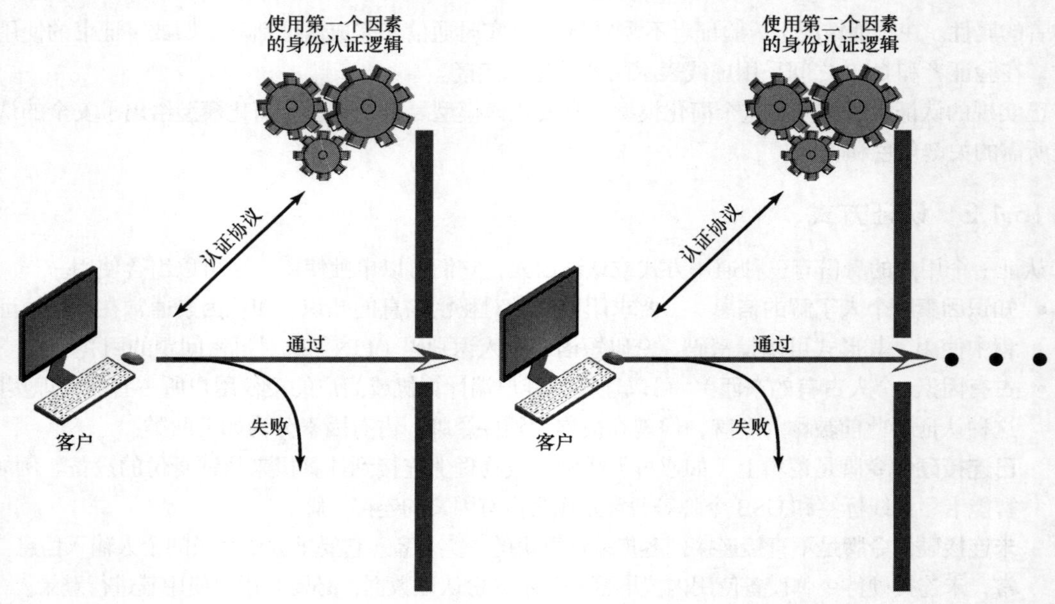


图 16.2 多因素认证

### 16.1.4 双向认证

双向认证的一个重要应用领域是双向认证协议，双向认证协议的作用是使通信双方互相认证身份并交换会话密钥。第 14 章中介绍了这一主题，当时主要考虑的是密钥分发，这里讨论认证的更广泛的含义。

已认证的密钥交换主要关注两个问题：保密性和时效性。为了阻止伪装和会话密钥泄露，必要的身份鉴别和会话密钥信息必须以加密的形式进行传输，这就要求使用已有的密钥或公钥来进行加密。同时，消息重放的威胁使得保证时效性非常重要。在最坏情况下，重放会使敌手获得会话密钥或扮演另一方；在最好情况下，成功的重放会中断通信。

文献[GONG93]中列出了**重放攻击**的如下例子。

**1**. 最简单的重放攻击是指敌手复制消息后，重放给消息接收方。

**2**. 敌手在有效的时间窗口内能够重放一个时间戳消息。如果原消息和重放的时间戳消息都在时间窗内收到，那么这一事件就被日志记录。

**3**. 类似于例子 2，敌手能在有效的时间窗口内重放一条时间戳消息，并且阻止原消息。因此，这种重放不能被检测到。

**4**. 另一种攻击是无更改的反向重放。这种重放是针对消息发送方的。使用对称加密且发送方难以区分发送消息的内容与接收消息的内容时，可能会发生这种攻击。

抗重放攻击的一种方法是，为每个用于认证交互的消息附加一个序号，新消息仅在其序号的顺序正确时才会被接收。这种方法的难点是，要求每一方都跟踪与其交互的通信方的最新序号。考虑到开销问题，序号基本上不会用于认证和密钥交换。相反，以下两种方法更常用。

- **时间戳** 只有当一条消息中包含一个时间戳时，$A$ 才接收该条消息。时间戳由 $A$ 判断，它要足够接近 $A$ 所知的当前时间。这种方法要求不同参与者之间的时钟是同步的。
- **挑战/应答** 想要来自 $B$ 的新消息的 $A$，首先将一个时变值（询问）发送给 $B$，并且要求来自 $B$ 的后续消息（回复）包含正确的时变值。

有些学者认为（如文献[LAM92a]），由于技术本身的困难性，时间戳方法无法用于面向连接的应用。首先，要使得不同处理器的时钟同步，协议就必须能够容错（处理网络故障）且是安全的（应对敌手攻击）；其次，任何一方的时钟机制出现错误时都会造成暂时的失步，使得攻击的成功率增大；最后，网络延迟的多变性及不可预测性会使得分布式环境下的时钟不能保持精确同步。因此，任何基于时间戳的进程都要求有一个足够大的时间窗口来适应网络延迟，或者要求有一个足够小的时间窗口来最小化攻击机会。

另一方面，挑战/应答方法不适用于无连接类型的应用，因为在无连接传输之前的握手开销，实际上否定了无连接传输的主要优点。对于这些应用，最好的方法是依靠安全的时间服务器和各方的一致性要求来保持时钟同步[LAM92b]。

## 16.2　使用对称加密的远程用户认证

### 16.2.1　双向认证

第 14 章中讲过，两层的对称加密密钥在分布式环境中可为通信提供保密性。一般来说，该策略需要可信的密钥分发中心（KDC）参与，每个通信方都和 KDC 共享一个密钥（称为主密钥）。KDC 负责生成两者之间的会话密钥，并用主密钥来保证会话密钥分发的安全性。16.3 节中将介绍 Kerberos 系统。本节的讨论便于读者理解 Kerberos 机制。

Needham 和 Schroeder[NEED78]提出了一种使用包含身份认证功能的 KDC 密钥分发协议。该协议概括如下①。

1. $A \to \text{KDC}$: $\text{ID}_A \| \text{ID}_B \| N_1$。
2. $\text{KDC} \to A$: $E(K_a, [K_s \| \text{ID}_B \| N_1 \| E(K_b, [K_s \| \text{ID}_A])])$。
3. $A \to B$: $E(K_b, [K_s \| \text{ID}_A])$。
4. $B \to A$: $E(K_s, N_2)$。
5. $A \to B$: $E(K_s, f(N_2))$，其中 $f$ 是修改时变值的一个通用函数。

密钥 $K_a$ 和 $K_b$ 分别是 $A$、$B$ 与 KDC 共享的主密钥，协议的目的是安全地将会话密钥 $K_s$ 分发给 $A$ 和 $B$。在第 2 步，$A$ 安全地收到会话密钥；在第 3 步，消息只能由 $B$ 解密；在第 4 步，$B$ 收到 $K_s$；在第 5 步，$B$ 明确自己与 $A$ 拥有相同的会话密钥，并使用时变值 $N_2$ 保证 $B$ 得到的消息是最新的。第 4 步和第 5 步的目的是阻止特定类型的重放攻击。需要指出的是，敌手捕获第 3 步的消息并重放它，可在某种程度上打乱 $B$ 的操作。

尽管有第 4 步和第 5 步，但是该协议仍然容易受到一种形式的重放攻击。假设敌手 $X$ 已知之前的会话密钥，虽然这比敌手简单地观察和记录第 3 步更难发生，但是一个安全隐患。除非 $B$ 无限期地记得所有之前和 $A$ 会话时用过的会话密钥，否则 $B$ 不能确定这是一个重放攻击。如果 $X$ 能截获第 4 步的握手消息，就能伪造第 5 步 $A$ 的回复并发给 $B$，而 $B$ 却认为该消息来自 $A$ 且用已认证的会话密钥加密。

Denning[DENN81, DENN82]提议在第 2 步和第 3 步中添加时间戳来修改 Needham/Schroeder 协议，以便克服以上缺陷。假定主密钥 $K_a$ 和 $K_b$ 是安全的，且它包含以下步骤。

1. $A \to \text{KDC}$: $\text{ID}_A \| \text{ID}_B$。
2. $\text{KDC} \to A$: $E(K_a, [K_s \| \text{ID}_B \| T \| E(K_b, [K_s \| \text{ID}_A \| T])])$。
3. $A \to B$: $E(K_b, [K_s \| \text{ID}_A \| T])$。

---

① 冒号左侧的内容表示发送方和接收方，冒号右侧的内容表示消息的内容，符号‖表示连接。

**4**．$B \to A$：$E(K_s, N_1)$。

**5**．$A \to B$：$E(K_s, f(N_1))$。

其中，$T$是确保$A$和$B$会话密钥刚刚生成的时间戳。因此，$A$和$B$都知道分发的密钥是新的。$A$和$B$通过如下方式验证时效性：

$$|\text{Clock} - T| < \Delta t_1 + \Delta t_2$$

式中，$\Delta t_1$是估算的KDC时钟与（$A$的或$B$的）本地时钟的正常时间差，$\Delta t_2$是网络时延期望值。每个节点都可按照相关的标准来设置自己的时钟，因为时间戳$T$是用安全的主密钥加密的，敌手即使知道旧会话密钥也不能攻击成功，因为重放第3步会被$B$察觉。

需要指出的是，文献[DENN81]中未提及第4步和第5步，但文献[DENN82]中添加了它们，这两步能够确保$B$收到会话密钥。

与Needham/Schroeder协议相比，Denning协议似乎提供了较高的安全性。然而，出现了一个新问题：新方案要求时钟在整个网络中是同步的。文献[GONG92]指出威胁依然存在，事实如下：时钟或者同步机制的破坏或者错误都可能造成分布的时钟失步。当发送方的时钟快于接收方的时钟时，敌手从发送方处截获消息后重放，消息中的时间戳刚好满足接收方的时间要求。这一重放的后果是不可预料的。Gong将该攻击称为抑制重放攻击。

防止抑制重放攻击的一种方法是，强制要求各方定期检查自己的时钟是否和KDC的时钟同步。另一种不需要时钟同步的方法依赖于使用时变值的握手协议，这种方法不易遭受抑制重放攻击，因为接收方选择的时变值对发送方来说是不可预测的。Needham/Schroeder协议只依赖于时变值，但存在其他缺陷。

文献[KEHN92]中提出了能够防止抑制重放攻击并修复Needham/Schroeder协议中的问题的一种方法。随后，Needham/Schroeder协议中的不一致性引起了人们的关注，文献[NEUM93a]中给出了一种改进策略，协议如下。

**1**．$A \to B$：$ID_A \| N_a$。

**2**．$B \to \text{KDC}$：$ID_B \| N_b \| E(K_b, [ID_A \| N_a \| T_b])$。

**3**．$\text{KDC} \to A$：$E(K_a, [ID_B \| N_a \| K_s \| T_b]) \| E(K_b, [ID_A \| K_s \| T_b]) \| N_b$。

**4**．$A \to B$：$E(K_b, [ID_A \| K_s \| T_b]) \| E(K_s, N_b)$。

协议的步骤如下。

**1**．$A$生成时变值$N_a$，并将它与自己的标识符一起以明文形式发送给$B$。时变值和会话密钥共同在加密消息中返回给$A$，确保$A$的时效性。

**2**．$B$向KDC请求一个会话密钥，向KDC发送的消息包含自己的标识符和时变值$N_b$，其中时变值和会话密钥共同在加密消息中返回给$B$，确保$B$的时效性。$B$发送给KDC的消息中还包含一个用$B$和KDC的共享主密钥加密的分组，用于指示KDC需要分发证书给$A$，内容包括证书的接收人、证书的截止时间和来自$A$的时变值。

**3**．KDC将$B$的时变值及用KDC与$B$共享的主密钥加密的分组发给$A$。这个分组作为“票据”用于$A$之后的认证。KDC还将用KDC与$A$共享的主密钥加密的分组发给$A$，以便明确$B$收到了$A$的初始消息（$ID_A$）且该消息是一个及时消息而不是重放（$N_a$），它还为$A$提供一个会话密钥（$K_s$）及会话密钥的使用时间限制（$T_b$）。

**4**．$A$把票据和$B$的时变值传给$B$，其中时变值使用会话密钥加密。票据为$B$提供密钥来解密$E(K_s, N_b)$，以便恢复时变值。$B$的时变值是用会话密钥加密的这一事实表明该消息不是重放的。

该协议为$A$和$B$获得会话密钥提供了一种有效且安全的方法。此外，该协议使得$A$拥有认证$B$

的密钥，并且避免了多次联系认证服务器。假设 $A$ 和 $B$ 想要使用上述协议建立和结束一个会话，随后在协议设置的限制时间内，$A$ 想要和 $B$ 建立一个新会话，那么可以按照以下协议执行。

**1**．$A \to B$：$E(K_b, [\mathrm{ID}_A \| K_s \| T_b]) \| N'_a$。

**2**．$B \to A$：$N'_b \| E(K_s, N'_a)$。

**3**．$A \to B$：$E(K_s, N'_b)$。

当 $B$ 收到第 1 步的消息时，验证时间戳是否过期。新生成的时变值 $N'_a$ 和 $N'_b$ 确保双方都不会受到重放攻击。$T_b$ 中指定的时间是和 $B$ 的时钟相关的时间，因为只有 $B$ 检查该时间戳，不要求时钟同步。

## 16.3 Kerberos

Kerberos 是一种作用如下的认证服务：设有一个开放的分布式环境，工作站用户想通过网络对分布在网络中的各种服务提出请求。我们希望服务器只对授权用户提供服务，并对服务请求进行身份认证。在这种环境下，工作站无法准确判断它的终端用户及其请求的服务是否合法。特别地，存在以下三种威胁。

- 用户可能通过某种途径进入工作站并假装成其他用户操作工作站。
- 用户可以变更工作站的网络地址，致使从该工作站上发出的请求看起来是伪造的。
- 用户可以监听信息或使用重放攻击，从而进入服务器或破坏正常操作。

在上述任何一种情况下，非授权用户均可获得未授权的服务或数据。针对上述情况，Kerberos 通过提供一个集中的认证服务器来负责用户对服务器的认证及服务器对用户的认证，而不为每台服务器提供详细的认证协议。与本书中其他认证方案不同的是，Kerberos 仅依赖于对称加密体制而不使用公钥加密体制。

目前常用的 Kerberos 有两个版本。版本 4 使用广泛[MILL88，STEI88]，版本 5 改进了版本 4 中的安全性[KOHL94]，并成为推荐的因特网标准（RFC 4120 和 RFC 4121）。

本节首先简要介绍 Kerberos 的动机。由于 Kerberos 较为复杂，因此下面通过版本 4 中的认证协议来了解 Kerberos 策略的本质，而不考虑针对安全威胁设计的细节，最后介绍版本 5。

### 16.3.1 Kerberos 的动机

当一组用户使用专用的计算机没有网络连接时，每个用户的资源和文件都可利用物理手段得到保护；当一组用户使用一个集中式分时操作系统时，就必须由分时操作系统来提供安全保护。操作系统可以使用基于用户身份的访问控制策略，并通过登录程序来认证用户。

今天，更普遍的情况是由专用用户工作站（客户端）和分布式或集中式服务器组成的分布式架构。在这种环境下，可以采用三种安全方案。

**1**．由客户端工作站确保用户的身份，由服务器提供基于用户身份（ID）的安全策略。

**2**．要求客户端系统向服务器进行身份认证，但要信任客户端系统提供的用户身份。

**3**．要求客户端向每个调用的服务器证明其身份，同时需要服务器向客户证明其身份。

在封闭的小型环境中，所有系统都属于同一个组织并且由组织运行，此时应选择第一方案或第二方案。对于更为开放的网络互连环境，应选择第三种方案来保护用户信息和服务器资源。Kerberos 支持第三种方案。Kerberos 假设其架构为分布式客户端/服务器架构，并采有一台或多台 Kerberos 服务器来提供认证服务。

Kerberos 发布的第一个报告[STEI88]中列出了 Kerberos 的如下要求。

- **安全性** 网络监听者不可能冒充其他用户获取有用信息。通常，Kerberos 应有足够的坚固性使得潜在敌手无法找到其中的薄弱环节。
- **可靠性** 对依赖于 Kerberos 访问控制的所有服务而言，Kerberos 服务缺乏可用性意味着其所支持的服务缺乏可用性。因此，Kerberos 必须具有高可靠性并使用分布式服务器结构，即一个系统可以备份其他系统。
- **透明性** 理想状况下，用户除输入口令外，不需要知道认证发生的地点。
- **可伸缩性** 系统应能支持大量的客户端和服务器，这需要模块化、分布式的架构。

为支持这些要求，Kerberos 的总体方案是一种可信的第三方身份认证服务，它使用的协基于 Needham 和 Schroeder 提出的协议[NEED78]，该协议将在 16.2 节中讨论。此外，客户端与服务器都信任 Kerberos 对另一方的认证。假设 Kerberos 协议设计充分，则认证服务的安全取决于 Kerberos 服务器自身的安全。

### 16.3.2 Kerberos 版本 4

Kerberos 版本 4 使用 DES 提供认证服务，但整体上很难看出使用 DES 的必要性。因此，我们采用“雅典娜计划”中被 Bill Bryant 使用的策略[BRYA88]，建立一系列假设会话来帮助读者了解该协议。这里，后一个会话在前一个会话的基础上增加了一些安全措施，以便解决暴露的安全漏洞。

了解该协议后，下面来了解版本 4 的其他一些方面。

**一个简单的认证会话** 在无保护的网络中，任何客户端都可向任意服务器提出服务请求。显然，安全风险是可能出现假冒现象，即敌手伪装成其他客户端来获得未授权的服务。因此，服务器必须确定申请服务的客户端的身份。服务器要在客户端/服务器每次通信时进行认证，但在开放式环境中，这会给服务器带来许多额外的负担。

一种变通的方法是使用一个认证服务器（AS）将所有用户的口令存储在一个集中式数据库中，且 AS 与每台服务器共享一个唯一的密钥。这些密钥按物理方法或其他安全方法分发。考虑如下会话：

$$
\begin{array}{ll}
(1)\ C \rightarrow \text{AS}: & \text{ID}_C \,\|\, P_C \,\|\, \text{ID}_V \\
(2)\ \text{AS} \rightarrow C: & \text{Ticket} \\
(3)\ C \rightarrow V: & \text{ID}_C \,\|\, \text{Ticket}
\end{array}
$$

$$\text{Ticket} = E(K_v, [\text{ID}_C \,\|\, \text{AD}_C \,\|\, \text{ID}_V])$$

其中，$C$ 为客户端，AS 为认证服务器，$V$ 为应用服务器，$\text{ID}_C$ 为 $C$ 上的用户标识，$\text{ID}_V$ 为 $V$ 的标识，$P_C$ 为 $C$ 上的用户口令，$\text{AD}_C$ 为 $C$ 的网络地址，$K_v$ 为 AS 与 $V$ 共享的加密密钥。

此时，用户登录工作站，并请求访问服务器 $V$。用户工作站上的客户端模块 $C$ 要求用户输入口令，并将包含用户 ID、服务器 ID 和用户口令的消息送往 AS。AS 查询数据库，验证用户口令是否与用户标识相符，并判断用户是否具有访问服务器 $V$ 的权限。如果两个验证均通过，那么 AS 认为用户合法，并通知服务器该用户是合法的。为了达到这一目的，AS 创建一个包含该用户 ID、用户网络地址和服务器 ID 的票据（Ticket），用 AS 和此服务器共享的密钥加密，并有将加密后的票据返回给 $C$。由于票据被加密，因此不可能被 $C$ 或其他敌手修改。

使用该票据，$C$ 可以向 $V$ 提出服务请求。$C$ 向 $V$ 发出包含 $C$ 的 ID 和票据的消息，由 $V$ 解密票据，并验证票据中的用户 ID 是否与消息中未加密的用户 ID 一致，如果验证通过，那么服务器认为该用户真实，并为其提供服务。

消息(3)的每个成分都很重要。票据加密后可以防止更改或伪造。将服务器标识（$\text{ID}_V$）包含在票据中，使得服务器可以验证它是否能正确地解密该票据；包含在票据中的标识 $\text{ID}_C$ 可以说明票据是由 $C$ 发布的；最后，可用 $\text{AD}_C$ 来对抗下述威胁。如果票据中没有网络地址，那么敌手可能在消息(2)的传输过程中捕获票据，然后使用标识 $ID_C$ 以消息(3)的格式从另一台工作站上发送消息，这样，服务器就能得到一个与该用户 ID 匹配的合法票据，并将相应的权利授给其他工作站。为了防止这种攻击，AS 可以在票据中加入消息来源的网络地址，此时从生成票据的工作站发出的票据才是合法的。

**一个更加安全的认证会话** 虽然上述会话解决了开放式网络环境中认证的一些问题，但仍然存在两个突出问题。首先，我们可能希望使用户输入口令的次数最少。假设每个票据只能用一次，那么，如果用户 $C$ 早晨在一台工作站上登录，希望查看其在邮件服务器上的邮件，那么 $C$ 为了与邮件服务器通信就必须提供口令得到票据。然而，如果 $C$ 想在一天中多次查看邮件，那么每次都要重新输入口令。我们可以通过重用票据来解决这一问题。对于一个简单的登录会话，工作站可存储其收到的邮件服务器的票据，用户可在多次访问邮件服务器时使用相同的票据。

但在这种模式下，用户必须为每种不同的服务创建一个新票据。如果用户要同时访问打印服务器、邮件服务器、文件服务器等，那么每次访问时必须输入用户口令才能获得新票据。

第二个问题是上述会话中包含对口令［消息(1)］的明文传输，网络窃听者捕获口令后可以使用受害者的任何服务。

为了解决这些问题，下面给出一个避免口令明文传输的方案和一台票据授权服务器（TGS）。假设的新会话如下。

**每个用户登录会话一次：**

$(1)\, C \to \text{AS}: \text{ID}_C \,\|\, \text{ID}_{\text{tgs}}$

$(2)\, \text{AS} \to C: E(K_c, \text{Ticket}_{\text{tgs}})$

**每类服务一次：**

$(3)\, C \to \text{TGS}: \text{ID}_C \,\|\, \text{ID}_V \,\|\, \text{Ticket}_{\text{tgs}}$

$(4)\, \text{TGS} \to C: \text{Ticket}_v$

**每个服务会话一次：**

$(5)\, C \to V: \text{ID}_C \,\|\, \text{Ticket}_v$

$$\text{Ticket}_{\text{tgs}} = E(K_{\text{tgs}}, [\text{ID}_C \,\|\, \text{AD}_C \,\|\, \text{ID}_{\text{tgs}} \,\|\, \text{TS}_1 \,\|\, \text{Lifetime}_1])$$

$$\text{Ticket}_v = E(K_v, [\text{ID}_C \,\|\, \text{AD}_C \,\|\, \text{ID}_v \,\|\, \text{TS}_2 \,\|\, \text{Lifetime}_2])$$

新服务 TGS 将票据发给已被 AS 认证的用户。因此，用户首先应向 AS 申请一个票据授权票据 $\text{Ticket}_{\text{tgs}}$，并由用户工作站的客户端模块保存。用户每次申请一个新服务时，客户端用该票据证明自己的身份，并向 TGS 发出申请，由 TGS 为这个特定服务授予一个票据。客户端保存每个服务授权票据，并在每次请求特定服务时使用该票据证实自己的身份。

1．客户端将用户标识、TGS 标识一起发给 AS，申请得到票据授权票据。

2．AS 使用由用户口令派生的密钥加密票据，并返回给客户端（$K_c$）。响应到达客户端时，客户端提示用户输入口令，生成密钥，解密传来的消息。口令正确时可以成功地恢复票据。

由于只有正确的用户知道口令，因此只有该用户能够恢复票据。于是，可在 Kerberos 中使用口令来获得可信度，而不必以明文方式传输口令。票据本身由用户标识、用户网络地址和 TGS 标识组成，这对应于第 1 种情形。想法是客户端可以使用这个票据请示多个服务授权票据。因此，票据授权票据是可以复用的。然而，我们并不希望敌手获得该票据并使用它。考虑以下情形：敌手捕获票据后等待，直至原用户退出网络。此时，敌手可以访问该工作站或将自己的工作站配置成具有相同的网络地址，以便使用该票据欺骗 TGS。为防止发生这种情况，发出的票据中应包含带有日期和时间的时间戳，并且包含票据合法使用时间长度（如 8 小时）的生命期（Lifetime）。这样，客户端既可以复用票据，又不需要为每个新服务请求输入口令。最后，由于票据授权票据是被一个仅有 AS 和 TGS 知道的密钥加密的，因此可以防止对票据授权票据的篡改，且该票据被用户口令的密钥再次加密，确保了只有正确的用户才能恢复该票据，起到了认证的作用。

客户端获得票据授权票据后，就可通过第 3 步和第 4 步来访问任何服务器。

3. 客户端根据用户的请求申请一个服务授权票据。为此，客户端将由用户标识 ID、服务标识 ID 和票据授权票据组成的消息发给 TGS。
4. TGS 使用仅由 AS 和 TGS 共享的密钥（$K_{tgs}$）解密得到的票据授权票据，并通过其标识验证解密是否成功。这一验证可以保证该票据的生命期未过期。然后，比较用户 ID 和网络地址是否与消息来源一致，对用户进行认证。如果用户被允许访问服务器 $V$，那么 TGS 发布相应服务的授权访问票据。

服务授权票据与票据授权票据的结构相同。实际上，TGS 是服务器，我们可以认为 TGS 认证客户端与认证应用服务器所需的元素是相同的。需要再次说明的是，票据包含时间戳和生命期。如果用户以后想再次使用同一个服务，那么客户端可以简单地使用原来获得的服务授权票据，而不需要用户重新输入口令。注意，加密票据授权票据的密钥 $K_V$ 只有 TGS 和特定服务器知道，可以防止篡改。

最后，使用特定的服务授权票据，客户端即可通过第 5 步请求相应的服务。

5. 客户端代表用户请求服务。为此，客户端将包含用户标识和服务授权票据的消息送往服务器。服务器通过该票据的内容认证用户的合法性。

这种新模式同时满足每次用户会话时只询问一次口令和保护用户口令的要求。

**版本 4 认证会话** 虽然上述会话与第一种方式相比在安全性方面有所增强，但仍然存在两个问题。第一个问题与票据授权票据的生命期有关。如果生命期太短（如几分钟），那么用户将被要求重复输入口令；如果生命期太长（如几小时），那么就为敌手提供了大量重放攻击的机会。敌手在网络上监听、捕获票据授权票据后等待合法用户退出网络。此时，敌手可以伪造合法用户的网络地址，并按照第 3 步发送消息给 TGS，因此会使敌手得到合法使用该用户资源和文件的机会。

同样，如果敌手获取了服务授权票据并在其过期之前使用，那么就可以获得相应的服务。

因此，我们提出一个额外的需求：网络服务（TGS 或应用服务）必须能够证实票据的使用者与票据的所有者是相同的。

第二个问题是服务器存在向用户证实自己身份的需求。如果没有这样的认证，那么敌手就可以伪造配置使得送往服务器的消息被定向到其他节点。假冒的服务器可伪装成真正的服务器来捕获用户信息，对用户提供虚假服务。

下面分别讨论这些问题。表 16.2 中显示了实际的 Kerberos 协议，图 16.3 中提供了简化的协议。

首先考虑票据授权票据的捕获问题及确定票据使用者与票据所有者一致的要求。威胁是敌手窃取票据并在其有效期内使用。为解决这一问题，我们让 AS 采用安全方式同时为客户端和 TGS 提供一条秘密信息。然后，客户端以同样的安全方式显示这条秘密信息，向 TGS 证实自己的身份。实现这一目标的一种有效方法是使用一个加密密钥作为安全信息，在 Kerberos 中它被称为会话密钥。

表 16.2(a)中显示了分发会话密钥的技术。如前所述，客户端向 AS 发送消息，请求访问 TGS，由 AS 回送应答消息，并用从用户口令派生的密钥（$K_c$）加密它。加密的消息中还含有一个会话密钥 $K_{c,\text{tgs}}$，其下标表示该密钥是由 $C$ 和 TGS 共享的会话密钥。由于会话密钥包含在用 $K_c$ 加密的消息中，因此只有该用户的客户端可以解密。该会话密钥同样包含在票据中，只能被 TGS 读取。因此，会话密钥可以安全地在 $C$ 和 TGS 之间传送。

表 16.2 Kerberos 版本 4 消息交换小结

| (a) 认证服务交换：获得票据授权票据 | |
|---|---|
| (1) $C \to AS$: | $ID_C \| ID_{tgs} \| TS_1$ |
| (2) $AS \to C$: | $E(K_c, [K_{c,tgs} \| ID_{tgs} \| TS_2 \| Lifetime_2 \| Ticket_{tgs}])$ |
| | $Ticket_{tgs} = E(K_{tgs}, [K_{c,tgs} \| ID_C \| AD_C \| ID_{tgs} \| TS_2 \| Lifetime_2])$ |
| **(b) 票据授权服务交换：获取服务授权票据** | |
| (3) $C \to TGS$: | $ID_v \| Ticket_{tgs} \| Authenticator_c$ |
| (4) $TGS \to C$: | $E(K_{c,tgs}, [K_{c,v} \| ID_v \| TS_4 \| Ticket_v])$ |
| | $Ticket_{tgs} = E(K_{tgs}, [K_{c,tgs} \| ID_C \| AD_C \| ID_{tgs} \| TS_2 \| Lifetime_2])$ |
| | $Ticket_v = E(K_v, [K_{c,v} \| ID_C \| AD_C \| ID_v \| TS_4 \| Lifetime_4])$ |
| | $Authenticator_c = E(K_{c,tgs}, [ID_C \| AD_C \| TS_3])$ |
| **(c) 客户端/服务器认证交换：获取服务** | |
| (5) $C \to V$: | $Ticket_v \| Authenticator_c$ |
| (6) $V \to C$: | $E(K_{c,v}, [TS_5 + 1])$ （针对双向认证） |
| | $Ticket_v = E(K_v, [K_{c,v} \| ID_C \| AD_C \| ID_V \| TS_4 \| Lifetime_4])$ |
| | $Authenticator_c = E(K_{c,v}, [ID_C \| AD_C \| TS_5])$ |

注意，会话的第一个阶段还要添加一些额外的信息。消息(1)中包含时间戳，因此 AS 知道该消息是有时限要求的；消息(2)以可以访问 $C$ 的形式包含几个元素，它们使得 $C$ 能够确定该票据是送往 TGS 的，并且知道它的有效期。

有了票据和会话密钥，$C$ 就可以与 TGS 通话。同样，由 $C$ 向 TGS 发送消息，消息中包含票据和所申请服务的 ID［见如表 16.2(b)中的消息(3)］。另外，$C$ 还发送一个认证器，它包含 $C$ 的用户 ID、网络地址和时间戳。与可以复用的票据不同，认证器只能使用一次且生命期极短。TGS 收到消息后，使用与 AS 共享的密钥 $K_{tgs}$ 解密票据，票据指出用户 $C$ 已得到会话密钥 $K_{c,tgs}$，即相当于宣布“任何使用 $K_{c,tgs}$ 的用户必为 $C$”。接着，TGS 使用会话密钥解密认证器，并将认证器中的票据和网络地址与传入消息的票据和网络地址进行比较，如果匹配，那么 TGS 确认票据的发送方与票据的所有者是一致的。实际上，认证器说“在时间 $TS_3$，$AD_C$ 使用 $K_{c,tgs}$”。注意，票据并不能证明任何人的身份，它只是安全分发密钥的一种方式。认证器用于证明用户的身份。由于认证器只能使用一次且生命期极短，因此将在后面介绍敌手同时窃取票据和认证器的威胁。

消息(4)中 TGS 的应答与消息(2)的格式相同。该消息被 TGS 和 $C$ 的共享会话密钥加密，并且包含 $C$ 与服务器 $V$ 共享的一个会话密钥、服务器 $V$ 的 ID 和票据的时间戳。票据本身包含相同的会话密钥。

现在，$C$ 拥有了服务器 $V$ 的一个可复用的服务授权票据。当 $C$ 按消息(5)的方式使用票据时，同样需要发送一个认证器。服务器解密票据，恢复会话密钥，并解密认证器。

如果需要双向认证，那么服务器按表 16.2 中的消息(6)发送应答消息。服务器返回来自认证器的时间戳，将其值增 1，并用会话密钥加密。$C$ 解密消息后得到增大后的时间戳。由于消息是被会话密钥加密的，因此 $C$ 可以确信该消息只能由服务器 $V$ 生成。消息的内容确保应答不是对以前消息的应答。

最后，客户端与服务器共享一个密钥。该密钥可用来加密在它们之间传递的消息，或交换新的随机会话密钥。

图 16.4 描述了 Kerberos 中各方的信息交换。

**Kerberos 域和多重 Kerberi** Kerberos 环境包括 Kerberos 服务器、若干客户端和若干应用服务器。

1. Kerberos 服务器中必须有存储用户标识（UID）和用户口令的数据库。所有用户必须在 Kerberos 服务器上注册。
2. Kerberos 服务器必须与每台应用服务器共享一个特定的密钥，所有用户服务器须在 Kerberos 服务器上注册。

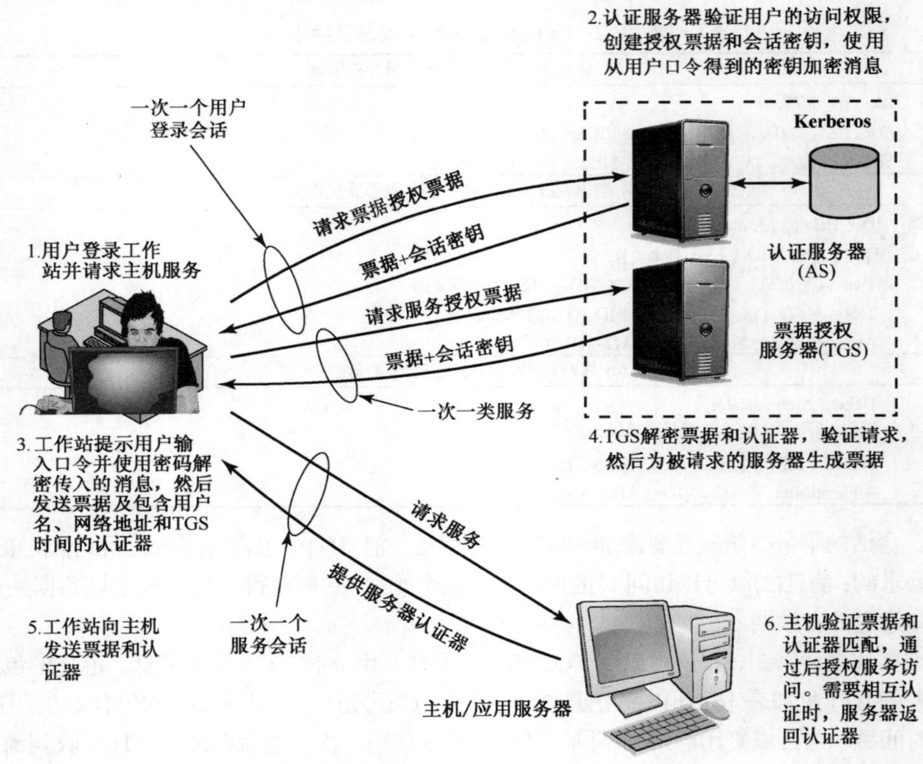


图 16.3　Kerberos 概览

这种环境被称为 Kerberos 域。Kerberos 域是一组受控的节点，这些节点共享同一个 Kerberos 数据库。Kerberos 数据库驻留在 Kerberos 主计算机系统上，主计算机系统放在物理上安全的房间内。Kerberos 数据库的只读副本也可驻留在其他 Kerberos 计算机系统上，但对数据库的所有更改都要在主控计算机系统进行。更改或访问 Kerberos 数据库要求 Kerberos 主密码。一个相关的概念是 **Kerberos 主体**，它是 Kerberos 系统知道的服务或用户。每个 Kerberos 主体都通过主体名进行标识。主体名由三部分组成：服务或用户名、实例名和域名。

隶属于不同行政机构的客户端/服务器网络通常构成不同的域。也就是说，将一个管理域中的用户和服务器注册到其他位置的 Kerberos 服务器通常是不可行的，或不符合管理策略的。由于一个域中的用户可能需要访问另一个域中的服务器，并且某些服务器也希望给其他域的用户提供服务，所以也应该为这些用户提供认证。

Kerberos 提供一种支持这种域间认证的机制。为支持域间认证，应满足第三个要求。

**3**. 每个互操作域中的 Kerberos 服务器应和其他域的服务器共享一个密钥，两个 Kerberos 服务器应相互注册。

这种模式要求一个域的 Kerberos 服务器必须信任其他域的 Kerberos 服务器对其用户的认证。另外，其他域的应用服务器也要信任第一个域中的 Kerberos 服务器。

有了以上规则，就可用图 16.5 来描述该机制：当用户访问其他域的服务时，须获得其他域中该服务的服务授权票据，用户按照通常的程序与本地 TGS 交互，并申请获得远程 TGS（另一个域的 TGS）的票据授权票据。客户端可以向远程 TGS 申请远程 TGS 域中服务器的服务授权票据。

图 16.5 中交换消息的细节如下所示（与表 16.2 比较）。

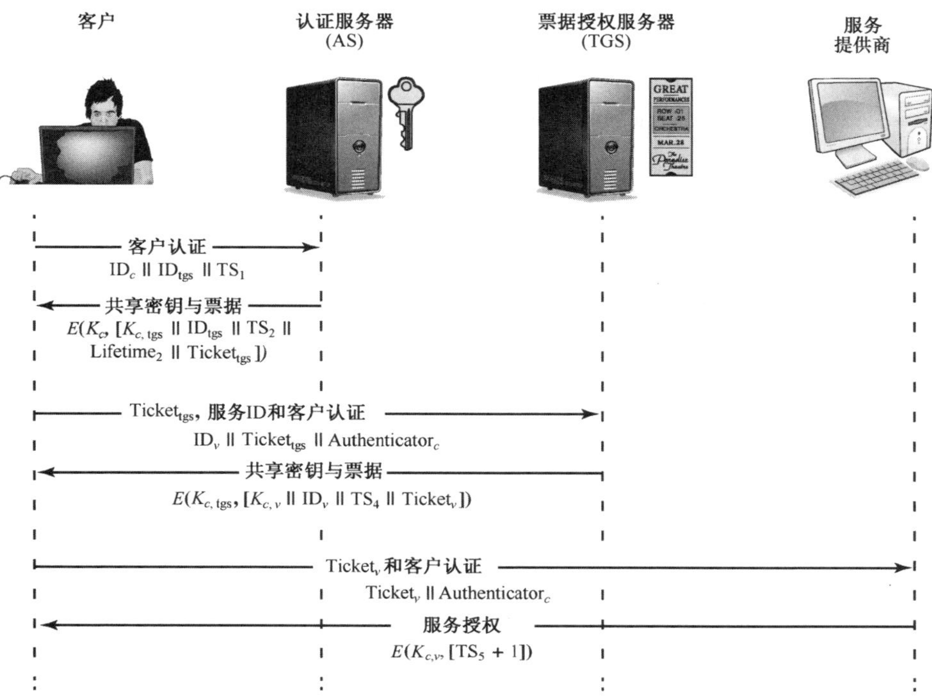


图 16.4 Kerberos 信息交换

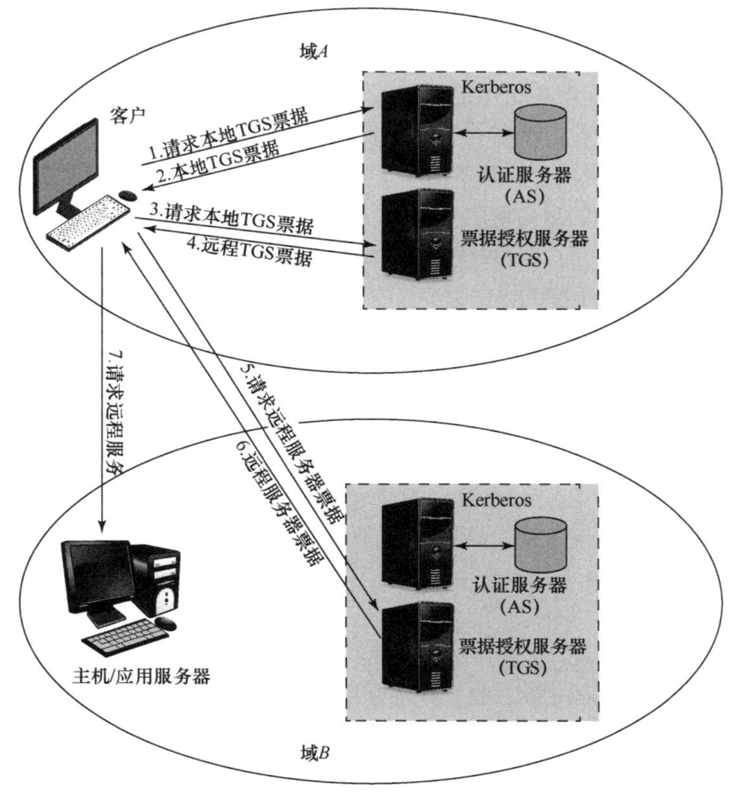


图 16.5 另一个域的服务请求

(1) $C \to$ AS:　$ID_C \| ID_{tgs} \| TS_1$

(2) AS $\to C$:　$E(K_c, [K_{c,tgs} \| ID_{tgs} \| TS_2 \| Lifetime_2 \| Ticket_{tgs}])$

(3) $C \to$ TGS:　$ID_{tgsrem} \| Ticket_{tgs} \| Authenticator_c$

(4) TGS $\to C$:　$E(K_{c,tgs}, [K_{c,tgsrem} \| ID_{tgsrem} \| TS_4 \| Ticket_{tgsrem}])$

(5) $C \to TGS_{rem}$:　$ID_{vrem} \| Ticket_{tgsrem} \| Authenticator_c$

(6) $TGS_{rem} \to C$:　$E(K_{c,tgsrem}, [K_{c,vrem} \| ID_{vrem} \| TS_6 \| Ticket_{vrem}])$

(7) $C \to V_{rem}$:　$Ticket_{vrem} \| Authenticator_c$

送往远程服务器（$V_{rem}$）的票据指明用户最初认证的域，服务器决定是否接收远程请求。

上述方法带来的一个问题是对多个域的可伸缩性不大。若有 $N$ 个域，则要有 $N(N-1)/2$ 次安全密钥交换，以便每个 Kerberos 域都可与其他 Kerberos 域交互。

### 16.3.3　Kerberos 版本 5

RFC 4120 中规定了 Kerberos 版本 5，它对版本 4 做了一些改进[KOHL94]。下面首先介绍版本 4 与版本 5 的不同，接着讨论版本 5。

**版本 4 与版本 5 的不同**　版本 5 从两个方面阐述了版本 4 的局限性：环境缺陷和技术不足。下面首先简单介绍这两个方面的改进。

Kerberos 版本 4 是为了在“雅典那计划”环境下使用而开发的，未过多地考虑一般情况，这就导致了如下**环境缺陷**。

1. **加密系统依赖性**　版本 4 使用 DES，因此依赖于 DES 的强度和输出限制。版本 5 采用 AES。
2. **Internet 协议依赖性**　版本 4 需要使用 IP 地址，不支持其他地址类型，如 ISO 网络地址。版本 5 使用类型和长度标记网络地址，允许使用任何类型的网络地址。
3. **消息字节顺序**　在版本 4 中，由消息发送方采用自己选择的字节顺序并标记消息，以便指示最低地址中的最低有效位或最高有效位，而不遵循既有的惯例。在版本 5 中，所有消息结构都用抽象语法记法 1（ASN.1）和基本编码规则（BER）定义，因此提供明确的消息字节顺序。
4. **票据生命期**　版本 4 中的生命期用一个 8 位量编码，单位为 5 分钟。因此，最大生命期为 $2^8 \times 5 = 1280$ 分钟，约 21 小时。对某些应用（如在整个执行过程中需要有效 Kerberos 凭据的长期运行模拟）来说，这是不够的。在版本 5 中，票据包括显式的起始时间和终止时间，以便允许票据拥有任意长度的生命期。
5. **向前认证**　在版本 4 中，发给某个客户端的证书不能转发给其他客户端使用。这一性能可以让客户端访问服务器，并让服务代表客户端访问其他服务器。例如，客户端申请打印服务器的服务，打印服务器使用客户端证书访问文件服务器得到客户端的文件。版本 5 提供了这一功能。
6. **域间认证**　在版本 4 中，$N$ 个域之间的互操作需要 $O(N^2)$个 Kerberos-to-Kerberos 关系。版本 5 支持一种需要较少关系的方法，详见后面的讨论。

除了这些环境限制，版本 4 中还存在一些**技术不足**。文献[BELL90]中详细介绍了大多数不足，并且版本 5 试图解决这些不足。

1. **两次加密**　在表 16.2 中，为客户端提供的票据需要经过两次加密［消息(2)和消息(4)］，第一次加密使用目标服务器的密钥，第二次加密使用客户端密钥，但第二次加密是不需要的。
2. **PCBC 加密**　版本 4 中的加密使用 DES 的非标准模式，即**填充密码分组链接**（Propagating Cipher Block Chaining, PCBC）。业已证明，这种模式易受密文分组交换攻击[KOHL89]。PCBC 试图在加密操作中提供完整性检查。版本 5 提供显式的完整性机制，允许用标准 CBC 模式加密。在使用 CBC 进行加密前，会在消息后面附一个校验和或哈希码。

3. **会话密钥** 每个票据都包含一个会话密钥，客户端使用这个会话密钥来加密认证器，并与票据一起送往服务器。此外，会话密钥随后可被客户端与服务器用来保护会话期间传递的消息。然而，由于多次使用同一个票据来获得特定服务器的服务，因此存在敌手将旧会话的消息重放给客户端或服务器的风险。在版本 5 中，客户端与服务器可以协商子会话密钥，使得每个子会话密钥只被使用一次。客户端的新访问将使用新的子会话密钥。

4. **口令攻击** 两个版本均易受口令攻击。从 AS 发往客户端的消息中包含使用基于客户端的口令加密的内容。敌手可以捕获这一消息，并尝试使用不同的口令来解密。如果某次解密成功，那么敌手就可得到客户端的口令，并使用该口令从 Kerberos 获取认证证书。版本 5 提供了一种预认证机制，它使得口令攻击更为困难，但这种机制仍然无法杜绝口令攻击。

**版本 5 认证会话** 为方便读者与版本 4 的基本会话（见表 16.2）对比，表 16.3 中小结了版本 5 的基本会话。

**表 16.3 Kerberos 版本 5 消息交换小结**

| |
|---|
| (a) 认证服务交换：获取票据授权票据 |
| (1) $C \rightarrow$ AS: Options ‖ $ID_C$ ‖ $Realm_c$ ‖ $ID_{tgs}$ ‖ Times ‖ $Nonce_1$ |
| (2) AS $\rightarrow C$: $Realm_C$ ‖ $ID_C$ ‖ $Ticket_{tgs}$ ‖ $E(K_c, [K_{c,tgs}$ ‖ Times ‖ $Nonce_1$ ‖ $Realm_{tgs}$ ‖ $ID_{tgs}])$ |
| $Ticket_{tgs} = E(K_{tgs}, [$Flags ‖ $K_{c,tgs}$ ‖ $Realm_c$ ‖ $ID_C$ ‖ $AD_C$ ‖ Times]) |
| (b) 票据授权服务交换：获取服务授权票据 |
| (3) $C \rightarrow$ TGS: Options ‖ $ID_v$ ‖ Times ‖ $Nonce_2$ ‖ $Ticket_{tgs}$ ‖ $Authenticator_c$ |
| (4) TGS $\rightarrow C$: $Realm_c$ ‖ $ID_C$ ‖ $Ticket_v$ ‖ $E(K_{c,tgs}, [K_{c,v}$ ‖ Times ‖ $Nonce_2$ ‖ $Realm_v$ ‖ $ID_v])$ |
| $Ticket_{tgs} = E(K_{tgs}, [$Flags ‖ $K_{c,tgs}$ ‖ $Realm_c$ ‖ $ID_C$ ‖ $AD_C$ ‖ Times]) |
| $Ticket_v = E(K_v, [$Flags ‖ $K_{c,v}$ ‖ $Realm_c$ ‖ $ID_C$ ‖ $AD_C$ ‖ Times]) |
| $Authenticator_c = E(K_{c,tgs}, [ID_C$ ‖ $Realm_c$ ‖ $TS_1])$ |
| (c) 客户端/服务器认证交换：获取服务 |
| (5) $C \rightarrow V$: Options ‖ $Ticket_v$ ‖ $Authenticator_c$ |
| (6) $V \rightarrow C$: $E_{K_{c,v}}[TS_2$ ‖ Subkey ‖ Seq #] |
| $Ticket_v = E(K_v, [$Flags ‖ $K_{c,v}$ ‖ $Realm_c$ ‖ $ID_C$ ‖ $AD_C$ ‖ Times]) |
| $Authenticator_c = E(K_{c,v}, [ID_C$ ‖ $Realm_c$ ‖ $TS_2$ ‖ Subkey ‖ Seq #] |

首先考虑**认证服务交换**。消息(1)是客户端请求票据授权票据的过程。如前所述，它包括用户和 TGS 的 ID。新增的元素如下。

- **Realm** 标识用户所属的域。
- **Options** 请求在返回的票据中设置某些标志。
- **Times** 客户端用来请求票据中的时间设置。
  - —**from** 请求的票据的起始时间。
  - —**till** 请求的票据的过期时间。
  - —**rtime** 更新的过期时间。
- **Nonce** 在消息(2)中重复使用的时变值，用于确保应答是最新的且未被敌手重放。

消息(2)返回票据授权票据，识别客户端信息和一个使用（基于用户口令的）加密密钥加密的数据分组。这个数据分组包含在客户端和 TGS 之间使用的会话密钥、在消息(1)中设定的时间和时变值，以及 TGS 标识信息。票据本身包含会话密钥、客户端的标识信息、请求的时间值、反映票据状态的标志和请求的其他选项。

下面比较版本 4 和版本 5 的**服务授权票据交换**。两个版本的消息(3)都包含一个认证器、一个票据和所请求服务的名称。在版本 5 中，还包括为票据请求的时间、选项及一个时变值，它们的作用类似于消息(1)中各项的作用。认证器本身与版本 4 中所用的认证器基本相同。

消息(4)与消息(2)的结构相同，它返回票据和客户端需要的信息，这些信息是用客户端和 TGS 共享的会话密钥加密的。

最后，版本 5 对**客户端/服务器认证交换**进行了一些改进。在消息(5)中，客户端可以请求进行双向认证。认证器含有以下几个新字段。

- **子密钥** 客户端选择的一个加密密钥，用于保护某个特定的应用会话。忽略该字段时，使用来自票据的会话密钥（$K_{c,v}$）。
- **序号** 可选字段，用于指定会话过程中服务器向客户端发送消息的顺序。对消息排序可以检测重放攻击。

如果请求双向认证，那么服务器使用消息(6)应答。该消息中包含来自认证器的时间戳。在版本 4 中，时间戳被加 1；而在版本 5 中，由于敌手不可能在不知道正确密钥的情况下创建消息(6)，因此不需要对时间戳进行上述处理。如果存在子密钥字段，那么覆盖消息(5)中相应的子密钥字段。可选的序号指定客户端将使用的起始序号。

## 16.4 使用非对称加密的远程用户认证

### 16.4.1 双向认证

第 15 章中介绍了使用公钥加密分发会话密钥的方法（见图 15.5）。该协议假设双方都拥有对方的当前公钥，但这个假设恐怕无法满足。

文献[DENN81]中提出了一个使用时间戳的协议。

**1**．$A \to \text{AS}$：$\text{ID}_A \| \text{ID}_B$。

**2**．$\text{AS} \to A$：$E(\text{PR}_{\text{as}}, [\text{ID}_A \| \text{PU}_a \| T]) \| E(\text{PR}_{\text{as}}, [\text{ID}_B \| \text{PU}_b \| T])$。

**3**．$A \to B$：$E(\text{PR}_{\text{as}}, [\text{ID}_A \| \text{PU}_a \| T]) \| E(\text{PR}_{\text{as}}, [\text{ID}_B \| \text{PU}_b \| T]) \| E(\text{PU}_b, E(\text{PR}_a, [K_s \| T]))$。

此时，中心系统被称为认证服务器（AS），因为它实际上不负责密钥分发，只提供公钥证书。会话密钥由 $A$ 选择并加密，因此不存在暴露给 AS 的风险。时间戳可以防止被窃取密钥的重放攻击。

该协议很简单，但要求时钟同步。由 Woo 和 Lam[WOO92a]提出的另一种协议使用时变值，它包括如下几个步骤。

**1**．$A \to \text{KDC}$：$\text{ID}_A \| \text{ID}_B$。

**2**．$\text{KDC} \to A$：$E(\text{PR}_{\text{auth}}, [\text{ID}_B \| \text{PU}_b])$。

**3**．$A \to B$：$E(\text{PU}_b, [N_a \| \text{ID}_A])$。

**4**．$B \to \text{KDC}$：$\text{ID}_A \| \text{ID}_B \| E(\text{PU}_{\text{auth}}, N_a)$。

**5**．$\text{KDC} \to B$：$E(\text{PR}_{\text{auth}}, [\text{ID}_A \| \text{PU}_a]) \| E(\text{PU}_b, E(\text{PR}_{\text{auth}}, [N_a \| K_s \| \text{ID}_B]))$。

**6**．$B \to A$：$E(\text{PU}_a, [E(\text{PR}_{\text{auth}}, [(N_a \| K_s \| \text{ID}_B)]) \| N_b])$。

**7**．$A \to B$：$E(K_s, N_b)$。

在第 1 步，$A$ 通知 KDC 它想要与 $B$ 建立安全的连接。在第 2 步，KDC 将 $B$ 的公钥证书返回给 $A$。在第 3 步，$A$ 使用 $B$ 的公钥将时变值 $N_a$ 发给 $B$，表示想要和 $B$ 通信。在第 4 步，$B$ 向 KDC 请求 $A$ 的公钥证书和会话密钥，因为 $B$ 将 $A$ 的时变值也发给了 KDC（该时变值用 KDC 的公钥加密），所以 KDC 可用该时变值来标记会话密钥。在第 5 步，KDC 将 $A$ 的公钥证书和信息 $\{N_a, K_s, \text{ID}_B\}$ 返回给 $B$，该信息指出 $K_s$ 由 KDC 生成，能代表 $B$ 并与 $N_a$ 关联，$K_s$ 和 $N_a$ 的绑定可以使得 $A$ 确信 $K_s$ 是最新的，用

KDC 的私钥加密允许 $B$ 验证信息来自 KDC，同时使用 $B$ 的公钥加密是为了防止其他想和 $A$ 建立欺诈性连接的实体使用。在第 6 步，将用 KDC 的私钥加密的 $\{N_a, K_s, \mathrm{ID}_B\}$ 和 $B$ 的时变值 $N_b$ 一起转发给 $A$。在第 7 步，$A$ 得到会话密钥 $K_s$ 后，用其加密 $N_b$ 并返回给 $B$，最后的消息能够确保 $B$ 知道 $A$ 已经获知会话密钥。

这似乎是考虑了各种攻击的安全协议，但作者自己发现了缺陷，并在文献[WOO92b]中做了修正：

1. $A \to \mathrm{KDC}$：$\mathrm{ID}_A \| \mathrm{ID}_B$。
2. $\mathrm{KDC} \to A$：$E(\mathrm{PR}_{\mathrm{auth}}, [\mathrm{ID}_B \| \mathrm{PU}_b])$。
3. $A \to B$：$E(\mathrm{PU}_b, [N_a \| \mathrm{ID}_A])$。
4. $B \to \mathrm{KDC}$：$\mathrm{ID}_A \| \mathrm{ID}_B \| E(\mathrm{PU}_{\mathrm{auth}}, N_a)$。
5. $\mathrm{KDC} \to B$：$E(\mathrm{PR}_{\mathrm{auth}}, [\mathrm{ID}_A \| \mathrm{PU}_a]) \| E(\mathrm{PU}_b, E(\mathrm{PR}_{\mathrm{auth}}, [N_a \| K_s \| \mathrm{ID}_A \| \mathrm{ID}_B]))$。
6. $B \to A$：$E(\mathrm{PU}_a, [E(\mathrm{PR}_{\mathrm{auth}}, [N_b \| (N_a \| K_s \| \mathrm{ID}_A \| \mathrm{ID}_B])])$。
7. $A \to B$：$E(K_s, N_b)$。

在第 5 步和第 6 步，$A$ 的标识 $\mathrm{ID}_A$ 被添加到用 KDC 的私钥加密的项目集中。这将绑定会话密钥 $K_s$ 和双方的标识。加入 $\mathrm{ID}_A$ 的目的是说明时变值 $N_a$ 在 $A$ 生成的所有时变值中是唯一的，但在双方生成的时变值中并不是唯一的。于是，只有 $\{\mathrm{ID}_A, N_a\}$ 能够唯一地标识 $A$ 的连接请求。

这两个例子和此前描述的协议表明，看起来安全的协议也需要持续分析和改进。这些例子表明，在认证领域中想要事情完美是非常困难的。

### 16.4.2　单向认证

单向认证是指从一个用户（$A$）到另一个用户（$B$）进行一次信息传输。最简单的单向认证是建立 $A$ 的身份和 $B$ 的身份，并建立某类由 $A$ 生成并计划发给 $B$ 的认证令牌。电子邮件就是一个单向认证的应用例子。前面介绍了适用于电子邮件的公钥加密方法，包括对全部信息直接加密以确保保密性［见图 12.1(b)］、认证［见图 12.1(c)］或保密性和认证［见图 12.1(d)］。这些方法要求发送方已知接收方的公钥（保密性），或者接收方知道发送方的公钥（认证），或者两者（保密性和认证）都要求。另外，对较长的消息，可能需要执行一次或两次公钥算法。

如果保密性是首要考虑因素，那么以下方法可能更有效：

$$A \to B: E(\mathrm{PU}_b, K_s) \| E(K_s, M)$$

此时，使用一次性密钥对消息进行加密。$A$ 用 $B$ 的公钥加密这个一次性密钥，只有拥有私钥的 $B$ 能够解密得到一次性密钥，然后使用该密钥解密消息。该方法比只用 $B$ 的公钥简单地加密全部消息更有效。

如果认证是主要考虑因素，那么图 13.1 中描述的数字签名就可满足要求：

$$A \to B: M \| E(\mathrm{PR}_a, H(M))$$

该方法保证 $A$ 事后不能否认发送过消息，但它对其他敌手也是公开的。例如，Bod 写了一封关于节省公司费用的邮件给老板 Alice，附上自己的签名后发送到了电子邮件系统，最后该消息被传送到了 Alice 的邮箱。假设 Max 听说了 Bob 的想法，在邮件传送之前访问了邮件列表，找到了 Bob 的邮件，去掉了他的签名并换成了自己的签名，随后将邮件传送给了 Alice，那么最终 Max 会得到该想法的所有权。

为了防止这种情况，消息和签名都要用接收方的公钥加密：

$$A \to B: E(\mathrm{PU}_b, [M \| E(\mathrm{PR}_a, H(M))])$$

后两种方案要求 $B$ 知道 $A$ 的公钥并确信它是及时的。提供这一保证的有效方法是使用第 14 章介绍的数字证书。于是，我们有

$$A \to B : M \| E(\text{PR}_a, H(M)) \| E(\text{PR}_{as}, [T \| \text{ID}_A \| \text{PU}_a])$$

$A$ 发送给 $B$ 的信息包括：消息 $M$、$A$ 对消息的签名和使用认证服务器的私钥加密的 $A$ 的证书。消息接收方首先使用证书得到 $A$ 的公钥并验证其真实性，然后用该公钥验证消息 $M$。如果要求保密性，那么全部消息都要用 $B$ 的公钥加密。另外，可以使用一次性密钥加密全部消息；该密钥也可使用 $B$ 的公钥加密后传送给 $A$。这种方法将在第 21 章中介绍。

## 16.5 联合身份管理

**联合身份管理**是一个相对较新的概念，它涉及在多家企业和众多应用程序中使用通用身份管理方案，并支持成千上万甚至数百万用户。下面首先介绍身份管理的概念，然后介绍联合身份管理。

### 16.5.1 身份管理

身份管理是一种集中式的自动方法，可为雇员或其他获得授权的个人在整个企业范围内提供对资源的访问。身份管理的重点是为用户（人或进程）定义一个身份，为该身份关联属性，并完成用户的身份认证。身份管理系统的主要概念是单点登录（Single Sign-On，SSO）。

SSO 可以使得用户在单次认证后访问所有的网络资源。

联合身份管理系统提供的典型服务如下。

- **接触点（Point of contact）** 包括用户身份的认证和用户/服务器会话的管理。
- **SSO 协议服务（SSO protocol service）** 提供中立供应商安全令牌服务，以便支持单点登录的联合服务。
- **信任服务（Trust service）** 联合关系要求商务伙伴之间有一个基于信任关系的联合。信任关系可以表示为使用组合的安全令牌交换用户信息，令牌中的信息被加密以保证安全，并且可选地将身份映射规则应用到令牌包含的信息。
- **密钥服务（Key service）** 管理密钥和证书。
- **身份服务（Identity service）** 提供至本地数据存储的接口的服务，包括用户注册系统和数据库，用于管理与身份相关的信息。
- **授权（Authorization）** 基于认证提供特定服务和资源的授权访问。
- **规定（Provisioning）** 包括在每个目标系统中为用户创建账户，登记或注册用户账户，建立确保账户数据保密性和完整性的访问权限或证书。
- **管理（Management）** 与运行时配置和部署相关的服务。

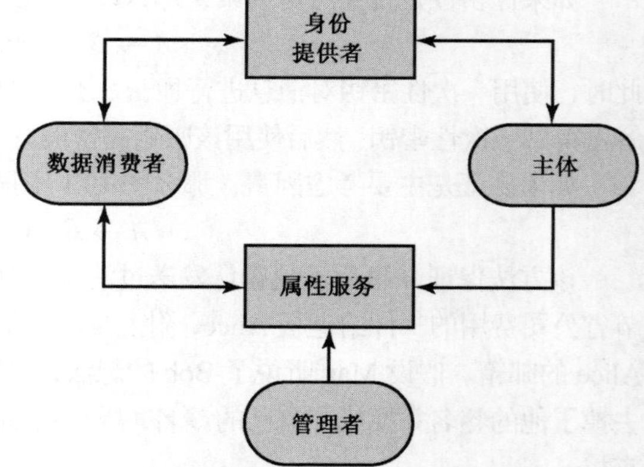

图 16.6 通用身份管理架构中的实体和数据流

注意，Kerberos 包含许多身份管理系统的要素。

图 16.6 显示了通用身份管理架构中的实体和数据流。**主体**（principal）是身份持有者，即想要访问网络资源和服务的个人（用户）。用户设备、代理进程和服务器系统都可以是**主体**。主体向**身份提供者**证明自身，身份提供者为主体关联认证信息，如属性及一个或多个标识符。

如今，数字身份包含的属性已不再是简单的标识符和认证信息（如口令和生物计量信息）。**属性**

**服务**管理这些属性的创建和维护，如网购用户每次下单时都要为网店提供一个运送地址，用户迁居后这一信息就需要修改。身份管理可让用户一次性提供并保存这些信息，并在满足授权和隐私政策时发布给数据消费者。用户可以自己创建一些关联到其身份的属性，如地址。**管理者**也可为用户指派属性，如角色、访问权限和雇员信息。

**数据消费者**是一些实体，这些实体能够得到并使用由身份和属性提供者提供与维护的数据，常用于支持授权决定和收集审计信息，如数据库服务器或文件服务器需要客户的证书来确定为该客户提供什么样的访问权限。

## 16.5.2　身份联合

身份联合本质上是身份管理在多个安全域上的扩展。这些域包括自治的内部商业单元、外部商业伙伴及其他第三方的应用和服务，目的是提供数字身份共享，使得用户只需一次认证就可以访问多个域的应用与资源。这些域是相对自治或独立的，因此可以采用非集中化方式控制。当然，合作的组织之间必须形成一个基于协商和相互信任的标准来安全地共享数字身份。

联合身份管理涉及协议、标准和技术，并且支持数万用户的身份、身份属性和访问权限在多家企业及大量应用之间移植。当多个组织执行联合身份管理时，一个组织的雇员能够使用 SSO 访问联盟中其他组织的服务，如一名雇员登录本公司的内部网，经过认证可以在内部网执行授权的功能、访问授权的服务，之后可从外部网的卫生保健提供商处访问自己的服务，而不需要重新认证。

除了 SSO，联合身份管理还提供其他功能，如属性的标准化方式。数字身份包含的属性不再是简单的标识符和认证信息（如密码和生物计量信息），属性的例子包括账号、组织的角色、物理定位和文件所有权。一个用户可能有多个身份标识符，每个标识符可能关联唯一的角色，并拥有自己的访问权限。

联合身份管理的另一个主要功能是身份映射，不同的安全域表示的身份和属性可能不同，而且一个人在一个域中的信息总量可能多于其在另一个域中必需的信息总量。联合身份管理协议将一个域中用户的身份和属性映射到另一个域。

图 16.7 中显示了通用联合身份管理架构中的实体和数据流。

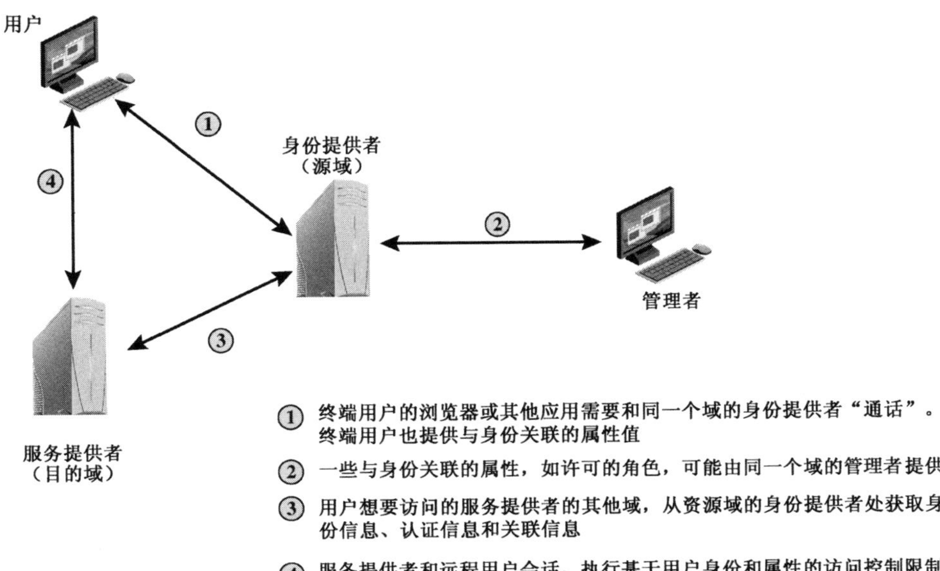


图 16.7　通用联合身份管理架构中的实体和数据流

身份提供者通过与用户及管理者会话、交换协议来获得属性信息，如网购用户每次下单时都要为网店提供一个运送地址，用户迁居后需要修改这一信息。身份管理可让用户一次性提供并保存这些信息，并在满足授权和隐私政策时发布给数据消费者。

服务提供者是一些实体，这些实体可以得到、使用由身份和属性提供者维持与提供的数据，因此常用于支持授权决定和收集审计信息。例如，数据库服务器或文件服务器可视为数据消费者，需要客户的证书来决定为客户提供什么样的访问权限。服务提供者和用户及身份提供者可以在同一个域中，但联合身份管理中的服务提供者和用户可以在不同的域（如卖方或供应商网络）中。

## 16.6 关键术语、思考题和习题

### 关键术语

| | | |
|---|---|---|
| 认证 | 联合身份管理 | 重放攻击 |
| 认证服务器 | 时变值 | 时间戳 |

### 思考题

**16.1** 给出几个重放攻击的例子。

**16.2** 列出三种防止重放攻击的常用方法。

**16.3** 什么是抑制重放攻击？

**16.4** Kerberos 主要处理什么问题？

**16.5** 在网络或因特网上，与用户认证关联的三个威胁是什么？

**16.6** 列出三种确保分布式环境下用户认证安全的方法。

**16.7** Kerberos 定义的 4 个要求是什么？

**16.8** 组成完全服务的 Kerberos 环境需要哪些实体？

**16.9** 在 Kerberos 中，什么是域？

**16.10** Kerberos 的版本 4 和版本 5 有哪些主要不同？

### 习题

**16.1** 16.4 节介绍了文献[WOO92a]中提出的针对密钥分发的公钥方案，其修正版在第 5 步和第 6 步中包含 $ID_A$。该版本主要是为了防止什么攻击？

**16.2** 上题中的协议可由 7 步减少为 5 步，序列如下：

**a**．$A \rightarrow B$:

**b**．$A \rightarrow \text{KDC}$:

**c**．$\text{KDC} \rightarrow B$:

**d**．$B \rightarrow A$:

**e**．$A \rightarrow B$:

写出每步传递的信息。提示：该协议中最后的消息和原协议中最后的消息相同。

**16.3** 参考 16.2 节中关于抑制重放攻击的描述，回答以下问题：

**a**．给出一个攻击的例子，其中一方的时钟快于 KDC 的时钟。

**b**．给出一个攻击的例子，其中一方的时钟快于另一方的时钟。

**16.4** 使用时变值作为询问的典型方法有三种。假设 $N_a$ 是 $A$ 生成的一个时变值，$A$ 和 $B$ 共享密钥 $K$，$f()$ 是一个函数（如一个增量）。三种用法如下：

| 用法 1 | 用法 2 | 用法 3 |
|---|---|---|
| （1） $A \to B: N_a$ | （1） $A \to B: E(K, N_a)$ | （1） $A \to B: E(K, N_a)$ |
| （2） $B \to A: E(K, N_a)$ | （2） $B \to A: N_a$ | （2） $B \to A: E(K, f(N_a))$ |

描述每种用法适用于什么情况。

**16.5** 除了为公钥证书格式提供了标准，X.509 还规定了一个认证协议。原始的 X.509 版本中包含一个安全缺陷。该协议的基本内容如下：

$$A \to B: A\{t_A, r_A, \mathrm{ID}_B\}$$
$$B \to A: B\{t_B, r_B, \mathrm{ID}_A, r_A\}$$
$$A \to B: A\{r_B\}$$

其中，$t_A$ 和 $t_B$ 为时间戳，$r_A$ 和 $r_B$ 为时变值，符号 $X\{Y\}$ 标识消息 $Y$ 被 $X$ 传输、加密及签名。

X.509 中的叙述表明验证时间戳 $t_A$ 和 $t_B$ 对三方认证是可选的。考虑下面的例子：假设 $A$ 和 $B$ 在之前的某些情况下使用了该协议，且敌手 $C$ 截获了以上三条消息；另外，假设时间戳未使用且全部被设为 0。最后，$C$ 想要伪装成 $A$ 与 $B$ 通信，$C$ 发送截获的第一条消息给 $B$：

$$C \to B: A\{0, r_A, \mathrm{ID}_B\}$$

$B$ 以为自己在与 $A$ 通信，而事实上是在与 $C$ 通信，$B$ 回复：

$$B \to C: B\{0, r'_B, \mathrm{ID}_A, r_A\}$$

$C$ 同时通过一些方法使 $A$ 与其建立初始通信。结果，$A$ 发送给 $C$ 的消息如下：

$$A \to C: A\{0, r'_A, \mathrm{ID}_C\}$$

$C$ 用 $B$ 提供的时变值回复 $A$：

$$C \to A: C\{0, r'_B, \mathrm{ID}_A, r'_A\}$$

$A$ 回复

$$A \to C: A\{r'_B\}$$

当然，$C$ 要向 $B$ 证明 $B$ 正在与 $A$ 通信，因此 $C$ 将收到的如下消息发送给 $B$：

$$C \to B: A\{r'_B\}$$

此时 $B$ 相信自己正在与 $A$ 通信，但事实是在和 $C$ 通信。找出解决以上问题且不用时间戳的方法。

**16.6** 考虑如下基于非对称加密的单向认证技术：

$$A \to B: \mathrm{ID}_A$$
$$B \to A: R_1$$
$$A \to B: E(\mathrm{PR}_a, R_1)$$

**a**. 解释该协议。

**b**. 该协议易受哪种类型的攻击？

**16.7** 考虑如下基于非对称加密的单向认证技术：

$$A \to B: \mathrm{ID}_A$$
$$B \to A: E(\mathrm{PU}_a, R_2)$$
$$A \to B: R_2$$

**a**. 解释该协议。

**b**. 该协议易受那种类型的攻击？

**16.8** 在 Kerberos 中，当 Bob 收到一个来自 Alice 的票据时，如何得知其是否真实？

**16.9** 在 Kerberos 中，当 Bob 收到一个来自 Alice 的票据时，如何得知其确实来自 Alice？

**16.10** 在 Kerberos 中，若 Alice 收到一个回复，则她如何得知该消息来自 Bob 且是 Bob 的最新回复？

**16.11** 在 Kerberos 中，票据包含哪些允许 Alice 和 Bob 安全通信的信息？

# 第六部分　网络和因特网安全

# 第 17 章　传输层安全

## 学习目标

- 小结 Web 安全威胁和 Web 流量安全方法。
- 概述传输层安全（TLS）。
- 理解安全套接层和传输层安全的不同。
- 比较传输层安全中使用的伪随机函数和本书之前讨论的函数。
- 概述 HTTPS（SSL 上的 HTTP）。
- 概述 SSH（Secure Shell）。

几乎所有的商业机构、大多数政府机构和许多个人都有 Web 站点。访问互联网的个人和公司数量增速很快，几乎都使用图形界面的 Web 浏览器。因此，许多公司热衷于在 Web 上开展电子商务业务。然而，现实情况是互联网和 Web 易受攻击，于是安全 Web 服务应运而生。

Web 安全性的话题非常广泛。本章首先讨论 Web 安全性的普遍需求，然后集中讨论三种在 Web 商务中越来越重要且专注于传输层安全的标准方案，即 SSL/TLS、HTTPS 和 SSH。

## 17.1　Web 安全性考虑

WWW 本质上是一种运行在因特网和 TCP/IP 内联网上的客户端/服务器应用。到目前为止，本书讨论的安全工具和方法也适用于 Web 安全。但是，Web 的如下特点表明需要定制的安全工具。

- 虽然 Web 浏览器易于使用，Web 服务器易于配置和管理，Web 内容易于开发，但是其底层软件非常复杂。复杂的软件可能隐藏着潜在的安全漏洞。在 Web 的短短历史中，各种新系统和升级的系统容易受到各种安全攻击。
- Web 服务器通常是公司或企业的整个计算机系统的核心。若 Web 服务器被攻陷，则敌手不仅可以访问 Web 服务器，而且可以获得与服务器相连的本地站点服务器的数据和系统访问权限。
- 使用 Web 服务的用户的安全意识通常不足。由于这些用户不需要知道隐藏在服务背后的安全隐患，因此没有有效防范的工具和知识。

### 17.1.1　Web 安全威胁

表 17.1 中小结了使用 Web 时面临的安全威胁类别。分类方法之一是区分它们是被动攻击还是主动攻击：被动攻击包括在浏览器和服务器通信时进行窃听，获得原本被限制使用的权限；主动攻击包括伪装成其他用户，篡改客户和服务器之间的消息或篡改 Web 站点的信息。

分类方法之二是威胁的位置：Web 服务器、Web 浏览器和服务器与浏览器之间的网络通信。服务器与浏览器的安全问题是计算机系统自身的安全问题，本书第六部分论述的系统安全问题同样适用于 Web 系统安全，本章的重点是通信安全。

表 17.1　Web 安全威胁类别

| | 威　胁 | 后　果 | 对　策 |
|---|---|---|---|
| 完整性 | • 修改用户数据<br>• 特洛伊木马浏览器<br>• 修改内存<br>• 修改传送中的消息 | • 丢失信息<br>• 损害机器<br>• 易受其他威胁的攻击 | 加密校验和 |
| 保密性 | • 网上窃听<br>• 窃取服务器数据<br>• 窃取客户端数据<br>• 窃取网络配置信息<br>• 窃取客户端与服务器通话信息 | • 丢失信息<br>• 丧失隐私 | 加密、Web 代理 |
| 拒绝服务 | • 破坏用户线程<br>• 用假消息使机器溢出<br>• 填满硬盘或内存<br>• 采用 DNS 攻击孤立机器 | • 中断<br>• 干扰<br>• 阻止用户正常工作 | 难以防止 |
| 认证 | • 伪装成合法用户<br>• 伪造数据 | • 用户错误<br>• 相信虚假信息 | 加密技术 |

### 17.1.2　网络流量安全方法

目前，人们提出了许多保证 Web 安全的方法，它们的原理基本相同，只是应用范围及在 TCP/IP 协议栈中的相对位置不同。

图 17.1 中说明了这种区别。提供 Web 安全的一种方法是使用 IP 安全（IPsec）[ 见图 17.1(a) ]。使用 IPsec 的优点是，它对终端用户和应用是透明的，并且提供通用的解决方案。另外，IPsec 还具有过滤功能，可以只用 IPsec 处理所选的流量。

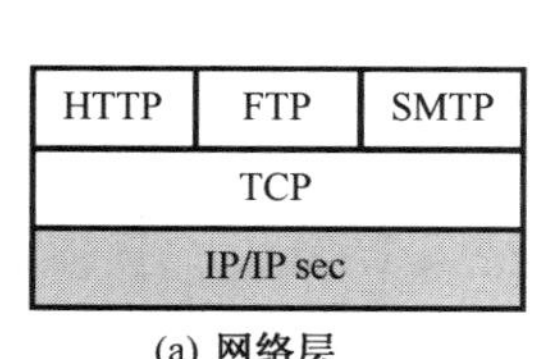


(a) 网络层

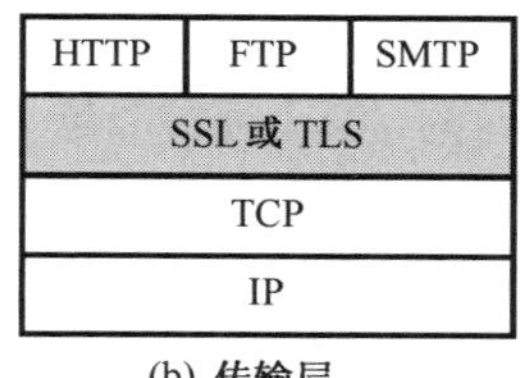


(b) 传输层

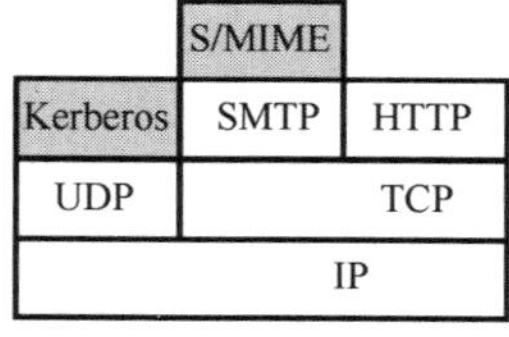


(c) 应用层

图 17.1　安全设施在 TCP/IP 协议栈中的相对位置

另一种相对通用的解决方案是在 TCP 上实现安全性 [ 见图 17.1(b) ]。该方法的最早例子是安全套接层( Secure Sockets Layer, SSL )和第二代互联网标准——传输层安全( Transport Layer Security, TLS )。相应地，存在两种实现方法。一般来说，SSL（或 TLS）可以作为底层协议集的一部分，因此对应用是透明的。此外，TLS 也可嵌入专用软件包。例如，几乎所有浏览器均提供 TLS，且大多数 Web 服务器实现了该协议。

应用专用安全服务已被嵌入特殊的应用。图 17.1(c)显示了这一架构的例子。该方法的优点是，服务可以根据应用的需要定制。

## 17.2　传输层安全

应用最广泛的安全服务之一是传输层安全（TLS），其当前版本是 1.2，并在 RFC 5246 中定义。TLS 是在著名的商用协议**安全套接层**（SSL）基础上发展的 Internet 标准。尽管 SSL 仍然广泛存在，但它已被 IETF 和大部分提供 TLS 软件的公司弃用。TLS 是一个通用服务，由依赖于 TCP 的一组协议实现。在这一层有两个实现选择。TLS 可作为底层协议集的一部分，因此对应用是透明的。此外，TLS 可嵌入专用软件包。例如，大部分浏览器都配备了 TLS，大部分 Web 服务器已实现了该协议。

### 17.2.1 TLS 架构

使用 TCP 的 TLS 能够提供可靠的端到端安全服务。TLS 不是简单的单层协议，而是两层协议，如图 17.2 所示。

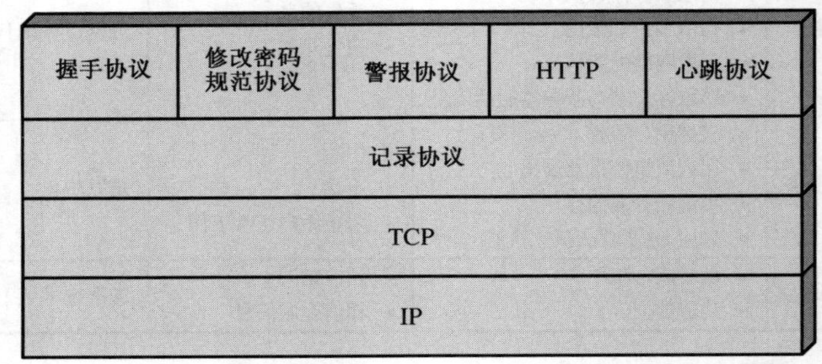


图 17.2 TLS 协议栈

TLS 记录协议（TLS Record Protocol）为高层协议提供基本的安全服务。特别地，为 Web 客户端/服务器交互提供传输服务的 HTTP 协议可在 TLS 的顶部操作。TLS 协议上定义了三个高层协议：握手协议、修改密码规范协议和警报协议。这些 TLS 专用协议用于管理 TLS 交换，见本节后面的讨论。第四个协议是心跳协议，它在一个单独的 RFC 中定义，见本节后面的讨论。

TLS 中有两个重要的概念：TLS 会话和 TLS 连接，它们在规范中的定义如下。

- **连接** 在 OSI 分层模型定义中，连接是指提供合适类型的服务的一种传输。对 TLS 来说，连接表示的是对等关系。连接是短暂的，每个连接都与一个会话关联。
- **会话** TLS 会话是指客户端和服务器之间的一个关联。会话是由握手协议创建的，它定义一组由多个连接共享的密码安全参数。会话可以避免为每次连接建立安全参数的昂贵协商。

多方会话（应用，如客户端和服务器上的 HTTP）需要多个安全连接。理论上说，多方之间的会话可以同时进行，但实际中并未使用这一功能。

每个会话实际上是与多个状态关联的。会话一旦建立，就进入读和写（即接收和发送）的当前操作状态。此外，握手期间会创建读挂起状态和写挂起状态。握手协议成功完成后，挂起状态就成为当前状态。

会话状态由以下参数定义。

- **会话标识** 服务器用于标识活动或恢复的会话状态时，所选的一个任意字节序列。
- **对等实体证书** 对等实体的 X509.v3 证书。该状态的元素可以为空。
- **压缩方法** 加密前用于压缩数据的算法。
- **密码规范** 规定主要数据加密算法（如 null、AES 等）和计算 MAC 的哈希算法（如 MD5 或 SHA-1），同时定义如哈希大小等加密属性。
- **主密钥** 客户端和服务器共享的 48 字节密钥。
- **可恢复** 指明是否可用会话来初始化新连接的一个标志。

连接状态可用以下参数定义。

- **服务器和客户端随机数** 服务器和客户端为每个连接选择的字节序列。

- **服务器写 MAC 密钥** 服务器发送数据时在 MAC 操作中使用的密钥。
- **客户端写 MAC 密钥** 客户端发送数据时在 MAC 操作中使用的密钥。
- **服务器写密钥** 服务器加密、客户端解密数据时使用的传统加密密钥。
- **客户端写密钥** 客户端加密、服务器解密数据时使用的传统加密密钥。
- **初始化向量** 使用 CBC 加密模式时，需要为每个密钥维护一个初始化向量（IV）。该字段首先被 TLS 握手协议初始化。此后，保存每条记录的最后一个密文分组，作为后续记录的 IV。
- **序号** 会话的各方为每个连接传送和接收消息而维护的一个序号。一方接收或发送“修改密码规格报文”时，合适的序号被设为 0。序号不能超过 $2^{64}-1$。

## 17.2.2 TLS 记录协议

TLS 记录协议为 TLS 连接提供两种服务。

- **保密性** 握手协议为 TLS 净荷的传统加密定义一个共享密钥。
- **消息完整性** 握手协议还为生成消息认证码（MAC）定义一个共享密钥。

图 17.3 中给出了 TLS 记录协议的操作过程。记录协议接收一条待传送的应用消息，将数据分成可管理的分段，压缩数据（可选）、应用 MAC、加密，再加上一个 TLS 头部，并将结果单元放入一个 TCP 段。接收的数据被解密、验证、解压、重组后，再传送给高层用户。

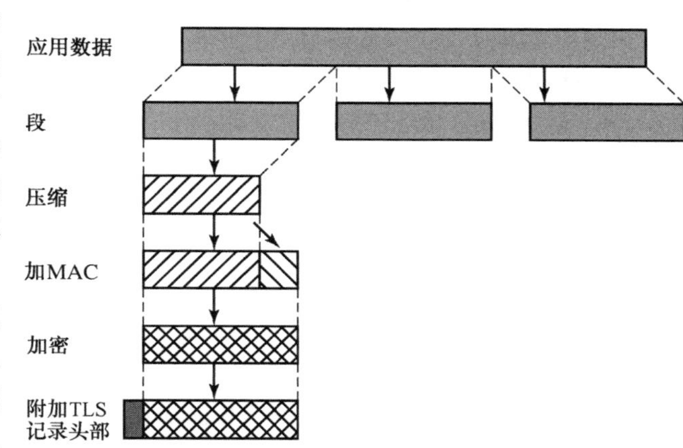

图 17.3 TLS 记录协议的操作过程

第一步是**分段**。每条上层消息都被分成小于等于 $2^{14}$ 字节（16384 字节）的若干段。接着，进行**压缩**（可选），压缩必须是无损的，并且内容长度的增加不超过 1024 字节①。TLSv2 中未规定压缩算法，因此默认的压缩算法为空。

下一步处理是计算压缩后的数据的**消息认证码**（MAC）。TLS 使用 RFC 2104 中定义的 HMAC 算法。回顾第 12 章可知，HMAC 定义为

$$\mathrm{HMAC}_K(M) = H[(K^+ \oplus \mathrm{opad}) \| H[K^+ \oplus \mathrm{ipad}) \| M]]$$

式中，$H$ 是嵌入的哈希函数（对 TLS 为 MD5 或 SHA-1）；$M$ 是向 HMAC 输入的消息；$K^+$ 是左侧填充全 0 的密钥，以便其长度与哈希码中的分组长度一致（MD5 或 SHA-1 中的分组长度为 512 位）；ipad 是十六进制数 36（0011 0110），它重复 64 次（512 位）；opad 是十六进制数 5C（0101 1100），它重复 64 次（512 位）。

对于 TLS，MAC 计算包含如下表达式中的各个字段：

HMAC_hash(MAC_write_secret, seq_num || TLSCompressed.type ||
TLSCompressed.version || TLSCompressed.length || TLSCompressed.fragment)

MAC 计算不仅涵盖所有字段，而且涵盖一个体现协议版本号的字段 TLSCompressed.version。

接着，使用对称加密方法加密压缩后的消息和 MAC。加密后，内容增加的长度不能超过 1024 字

① 当然，我们希望压缩后的数据量变少而非变多。然而，对非常短的数据块，格式转换有可能使得压缩算法的输出比输入更长。

节，以便整个长度不超过 $2^{14}+2048$。以下加密算法是允许的。

| 分组密码 | | 流密码 | |
|---|---|---|---|
| 算法 | 密钥大小 | 算法 | 密钥大小 |
| AES | 128、256 | RC4-128 | 128 |
| 3DES | 168 | | |

对流加密而言，压缩后的消息和 MAC 一起被加密。注意，MAC 要在加密之前计算，且要将 MAC 和明文或压缩后的明文一起加密。

对分组加密而言，填充应在加密 MAC 之前进行。填充格式是在一定长度的填充字节后面跟 1 字节的填充长度。填充长度最多只能是规定的加密分组长度的整数倍，最大为 255 字节。例如，如果密文分组长度为 16 字节（如 AES），明文（或压缩后为压缩文本）长度加 MAC 长度再加填充长度为 79 字节，那么填充长度（单位为字节）可以是 1、17、33 等，直到 161。填充长度为 161 时，总长度为 79 + 161 = 240。使用可变的填充长度可以阻止那些基于分析消息长度的攻击。

TLS 记录协议处理的最后一步是加上一个由如下字段组成的 SSL 头部。

- **内容类型（8 位）** 处理封装段所用的高层协议。
- **主版本号（8 位）** 指明所用的 TLS 主版本号，对于 TLSv2，该值为 3。
- **从版本号（8 位）** 指明所用的 TLS 从版本号，对于 TLSv2，该值为 1。
- **压缩长度（16 位）** 明文段（或压缩后的段）的字节长度，最大值为 $2^{14}+2048$。

已定义的内容类型是 change_cipher_spec、alert、handshake 和 application_data（修改密码规范、警报、握手和应用数据）。下面讨论前三种类型。注意，在各种应用（如 HTTP）中使用 TLS 时并无限制；这些应用创建的数据内容对 TLS 来说是不透明的。

图 17.4 中显示了 TLS 记录格式。

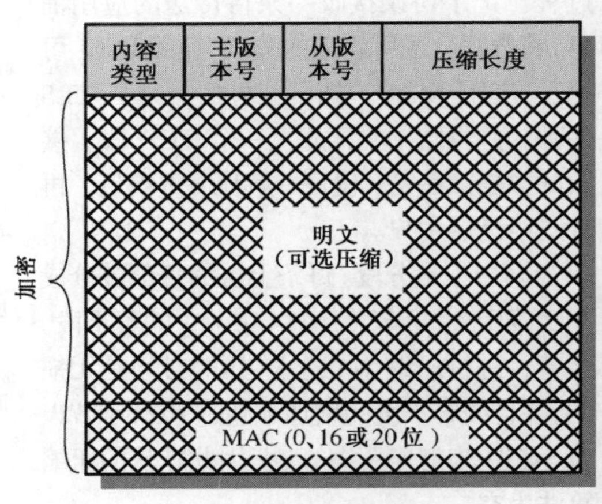


图 17.4 TLS 记录格式

## 17.2.3 修改密码规范协议

修改密码规范协议是 TLS 的三个专用协议之一，也是最简单的一个协议。该协议由一条只包含 1 字节的、值为 1 的消息组成［见图 17.5(a)］。该消息使得挂起状态被复制到当前状态中，用于更新连接所用的密码组。

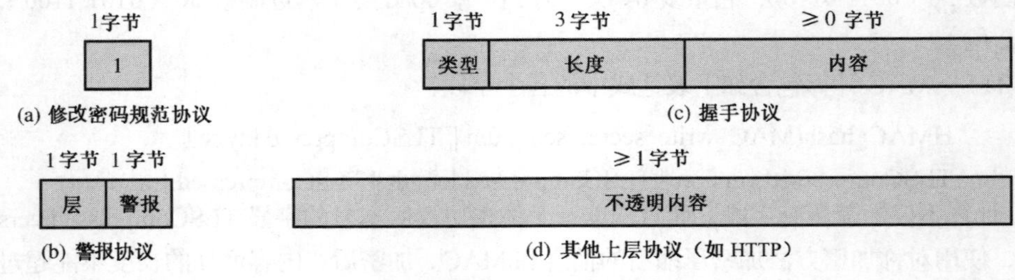


图 17.5 TLS 记录协议净荷

### 17.2.4　警报协议

警报协议将 TLS 相关的警报传送给对等实体。类似于使用 TLS 的其他应用，警报消息按照当前状态的规定进行压缩和加密。

该协议中的每条消息由 2 字节组成［见图 17.5(b)］。第一个字节分别取值 1（警告）和 2（致命），表示传递消息时出错的严重程度。如果出错程度为致命，那么 TLS 立即终止连接，会话中的其他连接继续保持，但不会在会话中建立新连接。第二个字节中包含描述特定警报的代码。

### 17.2.5　握手协议

TLS 中最复杂的部分是握手协议。该协议允许客户端和服务器相互认证，协商加密、MAC 算法及保护 TLS 记录中传送的数据的密钥。握手协议要在传送应用数据前使用。

握手协议由客户端和服务器交换的一系列消息组成。这些消息的格式如图 17.5(c)所示。每条消息都有三个字段。

- **类型（1 字节）**　指明 10 种消息中的一种。表 17.2 中列出了定义的消息类型。
- **长度（3 字节）**　消息的字节长度。
- **内容（≥0 字节）**　与消息相关联的参数，如表 17.2 所示。

表 17.2　TLS 握手协议消息类型

| 消息类型 | 参　　数 |
|---|---|
| hello_request | 空 |
| client_hello | 版本号、随机数、会话 ID、密码组、压缩方法 |
| server_hello | 版本号、随机数、会话 ID、密码组、压缩方法 |
| certificate | X.509v3 证书链 |
| server_key_exchange | 参数、签名 |
| certificate_ request | 类型、证书颁发机构 |
| server_done | 空 |
| certificate_verify | 签名 |
| client_key_exchange | 参数、签名 |
| finished | 哈希值 |

图 17.6 中显示了在客户端与服务器之间建立逻辑连接的初始交换。该交换由 4 个阶段组成。

**阶段 1：建立安全能力**　阶段 1 初始化一个逻辑连接并建立关联的安全能力。客户端发起交换，发送具有如下参数的 client_hello 消息。

- **版本号**　客户端支持的最高 TLS 版本。
- **随机数**　由客户端生成的随机结构，它由一个 32 位时间戳及安全随机数生成器生成的 28 字节组成。这些值作为时变值在密钥交换以防止重放攻击期间使用。
- **会话 ID**　一个变长的会话标识。非零值指明客户端希望更新现有连接的参数，或为会话创建一个新连接；零值指明客户端希望在新会话上创建一个新连接。
- **密码组**　按优先级降序排列的、被客户端支持的密码算法列表。表中的每个元素定义一个密钥交换算法和一个密码规格，见后面的讨论。
- **压缩方法**　客户端支持的压缩方法列表。

客户端发出 client_hello 消息后，等待与 client_hello 消息有着相同参数的 server_hello 消息。对 server_hello 消息的约定如下：版本字段中包含被客户端支持的最低版本号及被服务器支持的最高版本号。

随机数字段由服务器生成，与客户端的随机数字段无关。如果客户端的会话 ID 字段不是零，那么服务器使用相同的值；否则，服务器的会话 ID 字段包含新对话的值。密码组字段包含服务器从客户端建议的密码组中选取的密码组。压缩方法字段包含服务器从客户端建议的压缩方法中选取的压缩方法。

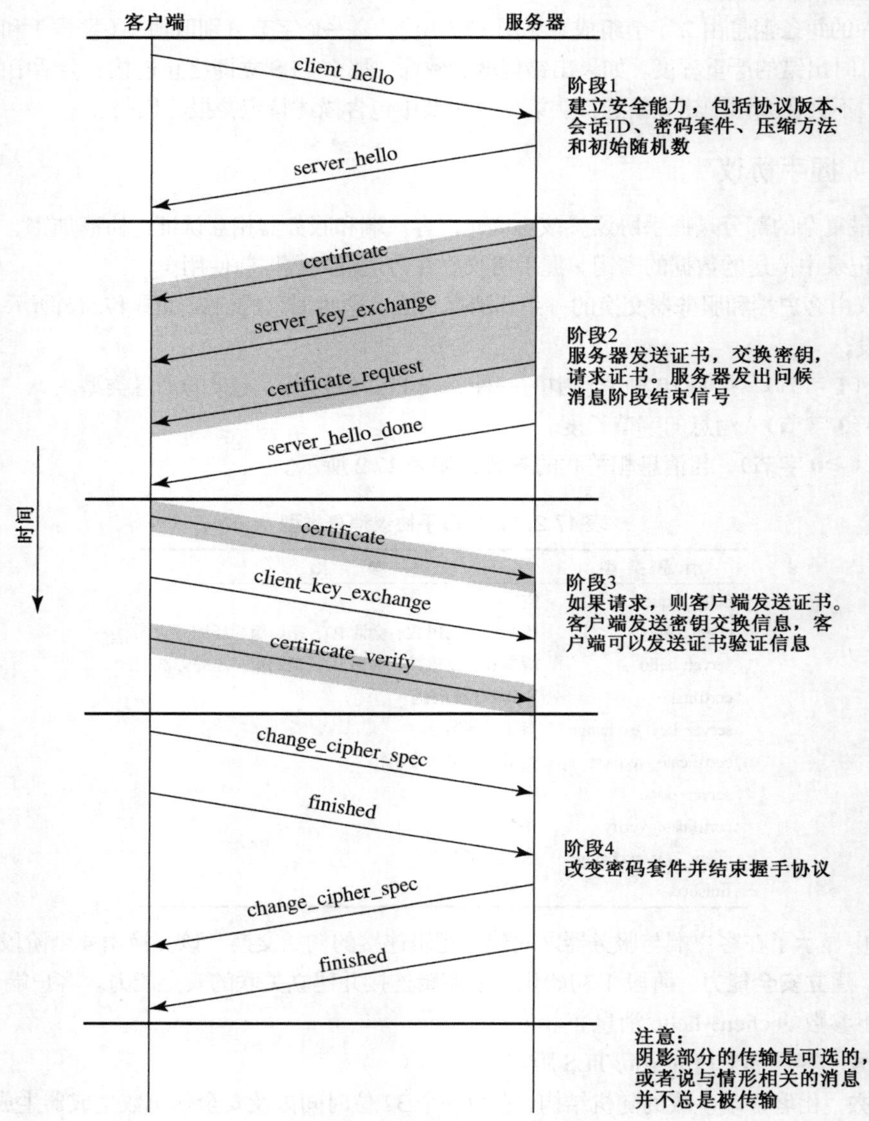


图 17.6　握手协议的处理过程

密码组参数的第一个元素是密钥交换方法（如传统加密和 MAC 交换密钥的方法）。支持如下密钥交换方法。

- **RSA**　用接收方的 RSA 公钥加密的密钥，必须拥有接收方公钥的公钥证书。
- **固定 Diffie-Hellman**　Diffie-Hellman 密钥交换，其中服务器的证书包含签证机构签发的 Diffie-Hellman 公钥参数，即公钥证书包含 Diffie-Hellman 公钥参数。客户端在证书中提供它的 Diffie-Hellman 公钥参数，或需要进行客户端认证时在密钥交换消息中提供证书。
- **瞬时 Diffie-Hellman**　该技术用于创建瞬时（临时、一次性）密钥。在这种情况下，使用发送方的 RSA 或 DSS 私钥交换与签名 Diffie-Hellman 公钥。接收方使用相应的公钥验证签名。由于使用临时认证密钥，因此在三种 Diffie-Hellman 选项中最安全。

- **匿名 Diffie-Hellman**　使用无认证的基本 Diffie-Hellman 算法，即在向对方发送 Diffie-Hellman 公钥参数时不进行认证。这种方法容易受到中间人攻击，敌手可以使用匿名 Diffie-Hellman 与双方通话。

接下来密钥交换方法的定义是 CipherSpec，它包含如下字段。

- **密码算法**　任何前面提及的算法：RC4、RC2、DES、3DES、DES40 或 IDEA。
- **MAC 算法**　MD5 或 SHA-1。
- **密码类型**　流或分组。
- **可否出口**　真或假。
- **哈希长度**　0、16（MD5）或 20（SHA-1）字节。
- **密钥材料**　字节序列，包含生成写密钥所用的数据。
- **IV 大小**　密码分组链接（CBC）加密使用的初始向量的大小。

**阶段 2：服务器认证和密钥交换**　如果需要进行认证，那么服务器开始发送它的证书；消息中包含一个或一组 X.509 证书。除匿名 Diffie-Hellman 外，其他密钥交换方法均需要**证书消息**。注意，如果使用固定 Diffie-Hellman，那么证书消息充当服务器的密钥交换消息，因为它包含服务器的公钥 Diffie-Hellman 参数。

接着在需要时发送 server_key_exchange 消息。如下情形下不需要该消息：（1）服务器发送了带有固定 Diffie-Hellman 参数的证书；（2）使用了 RSA 密钥交换。如下情形需要 server_key_exchange 消息。

- **匿名 Diffie-Hellman**　消息内容包含两个全局 Diffie-Hellman 值（一个素数及其本原根）和服务器的 Diffie-Hellman 公钥（见图 10.1）。
- **瞬时 Diffie-Hellman**　消息内容包含三个 Diffie-Hellman 参数，包括匿名 Diffie-Hellman 中的两个参数及它们的签名。
- **RSA 密钥交换（服务器使用 RSA 时只有一个 RSA 签名密钥）**　客户端不能简单地发送使用服务器的公钥加密的密钥。相反，服务器必须创建一个临时的 RSA 公钥/私钥对，并使用服务器密钥交换消息发送公钥。消息内容包含两个临时的 RSA 公钥参数（指数和模，见图 9.5）和这些参数的签名。

签名的其他细节均能得到保证。照例对消息使用哈希函数并用发送方的私钥加密消息来创建签名。在这种情况下，哈希函数定义为

hash(ClientHello.random || ServerHello.random || ServerParams)

哈希含数不仅包含 Diffie-Hellman 或 RSA 参数，而且包含初始问候消息中的两个随机数，因此可以防止重放攻击和伪装。对 DSS 签名而言，哈希函数使用 SHA-1 算法；对 RSA 签名而言，需要计算 MD5 和 SHA-1 哈希函数，并将两个哈希函数的结果连接起来（36 字节），使用服务器的私钥加密。

接着，一个非匿名服务器（不使用匿名 Diffie-Hellman 的服务器）需要向客户端申请证书。证书**请求消息**包含两个参数：证书类型和签证机构。证书类型指明公钥算法及其用途。

- RSA，仅用于签名。
- DSS，仅用于签名。
- 固定 Diffie-Hellman 的 RSA。此时，发送使用 RSA 签名的证书，签名只用于认证。
- 固定 Diffie-Hellman 的 DSS。仅用于认证。

证书请求消息中的第二个参数是一个可接受的签证机构名称表。

阶段 2 中总是需要的最后一条消息是服务器完成（server_done）消息。该消息由服务器发送，指

明服务器的问候消息和关联消息的末尾。发送该消息后，服务器等待客户端的响应。该消息不带参数。

**阶段 3：客户端认证和密钥交换** 收到 server_done 消息后，如果请求了证书，那么客户端就要验证服务器是否提供了合法的证书，并检查 server_hello 参数是否可以接受。如果满足所有条件，那么客户端向服务器发回一条或多条消息。

如果服务器请求了证书，那么在此阶段客户端开始发送一条**证书消息**。如果未提供合适的证书，那么客户端发送一条“无证书警报”。

接下来，阶段 3 必须发送的是客户端密钥交换（client_key_exchange）消息，该消息的内容依赖于密钥交换的类型，如下所示。

- **RSA** 客户端生成 48 字节的次密钥，并使用服务器证书中的公钥或服务器密钥交换消息中的临时 RSA 密钥加密，随后用于计算主密钥。
- **瞬时或匿名 Diffie-Hellman** 发送的客户端 Diffie-Hellman 公钥参数。
- **固定 Diffie-Hellman** 由于客户端的 Diffie-Hellman 公钥参数在认证消息中发送，因此消息的内容为空。

在阶段 3 的最后，客户端可以发送一条证书验证（certificate_verify）消息，对客户端证书进行显式认证。该消息只在客户端证书具有签名能力时发送（除带有固定 Diffie-Hellman 参数外的所有证书）。该消息对基于前述消息的哈希码签名，定义如下：

```
CertificateVerify.signature.md5_hash
        MD5 (handshake_messages);
Certificate.signature.sha_hash
        SHA (handshake_messages);
```

其中，handshake_messages 消息是指从 client_hello 消息开始发送或接收的所有握手协议消息，但不包括 client_hello 消息。如果用户的私钥是 DSS，那么用它来加密 SHA-1 哈希；如果用户的私钥是 RSA，那么用它来加密 MD5 和 SHA-1 哈希的级联。无论何种情况，目的都是为客户证书验证客户的私钥所有权。即使有人误用客户证书，也无法发送消息。

**阶段 4：完成** 阶段 4 完成安全连接的设置。客户端发送改变密码规范（change_cipher_spec）消息并将挂起的 CipherSpec 复制到当前的 CipherSpec 中。注意，该消息不是握手协议的一部分，但是用修改密码规范协议发送的。然后，客户端立即使用新算法、密钥发送完成（finished）消息。完成消息验证密钥交换和认证过程是否成功。完成消息的内容如下。

PRF(master_secret, finished_label, MD5(handshake_messages) || SHA-1(handshake_messages))

其中，finished_label 对客户端是字符串“client finished”，对服务器是字符串“server finished”。

在应答这两条消息时，服务器发送自己的 change_cipher_spec 消息，将挂起的 CipherSpec 复制到当前的 CipherSpec 中，并且发送其完成消息。这时，握手完成，客户端和服务器开始交换应用层数据。

### 17.2.6 密码计算

下面介绍如何使用密钥交换创建共享主密钥，以及使用主密钥生成密码参数的方式。

**主密钥创建** 共享主密钥是用安全密钥交换为会话生成的一个一次性 48 字节值（384 位）。主密钥创建过程分为两个阶段：首先，交换 pre_master_secret（次密钥）；其次，双方都计算 pre_master_secret（主密钥）。对于 pre_master_secret，有如下两种可能。

- **RSA** 由客户端生成一个 48 字节的 pre_master_secret，然后用服务器的 RSA 公钥加密，并发给服务器。服务器用其私钥解密密文，得到 pre_master_secret。
- **Diffie-Hellman** 客户端和服务器都生成一个 Diffie-Hellman 公钥。交换密钥后，双方都执行

Diffie-Hellman 计算，创建共享的 pre_master_secret。

然后，双方按如下方法计算 master_secret：

master_secret = PRF(pre_ master_secret, “master secret”, ClientHello.random||ServerHello.random)

其中，ClientHello.random 和 ServerHello.random 是在初始问候消息中交换的两个时变值。

执行算法，直到生成 48 字节的伪随机输出。密钥分组数据（MAC 密钥、会话加密密钥和 IV）的计算定义为

key_block = PRF(SecurityParameters.master_secret, “key expansion”,
SecurityParameters.server_random || SecurityParameters.client_random)

直到生成足够的输出。

**生成密码参数**　CipherSpecs 需要的客户端写 MAC 密钥、服务器写 MAC 密钥、客户端写密钥、服务器写密钥、客户端写 IV 和服务器写 IV，均由主密钥按顺序生成。主密钥通过哈希函数把所有参数映射为足够长的安全字节序列。

由主密钥生成各个主要参数的方法与由次密钥生成主密钥的方法相同：

key_block = MD5(master_secret || SHA (‘A’ || master_secret || ServerHello.random || ClientHello.random)) ||
MD5(master_secret || SHA (‘BB’ || master_secret || ServerHello.random || ClientHello.random)) ||
MD5(master_secret || SHA (‘CCC’ || master_secret || ServerHello.random || ClientHello.random)) ||…

直到生成足够的输出。这个算法结构的结果是一个伪随机函数。我们可将主密钥视为该函数的伪随机种子值，将客户端和服务器随机数视为复杂密码分析的盐值（盐值的用途见第 21 章）。

**伪随机函数**　为了生成密钥或验证，TLS 使用称为 PRF 的伪随机函数将密钥扩展成数据分组，目的是使用相对较小的共享密钥值生成较长的数据分组，阻止对哈希函数和 MAC 的攻击。伪随机函数基于如下数据扩展函数（见图 17.7）：

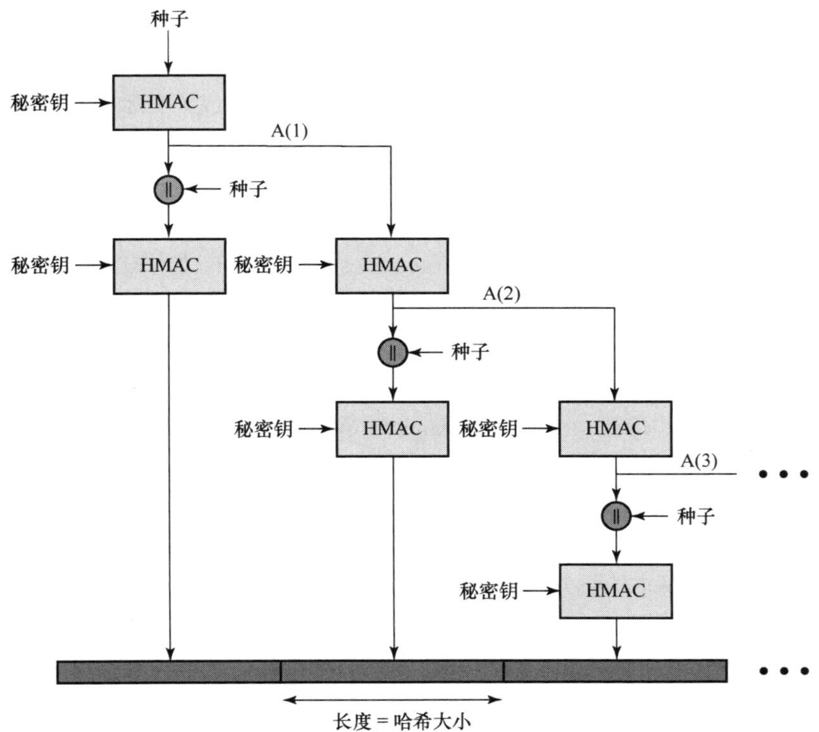


图 17.7　TLS 函数 P_hash(secret, seed)

$$\begin{aligned}\text{P\_hash(secret, seed)} = {} & \text{HMAC\_hash ( secret.A(1)} \parallel \text{seed)} \parallel \\ & \text{HMAC\_hash ( secret.A(2)} \parallel \text{seed)} \parallel \\ & \text{HMAC\_hash ( secret.A(3)} \parallel \text{seed)} \parallel\end{aligned}$$

其中，A( )的定义为：A(0) = seed；A($i$) = HMAC_hash(secret, A($i$–1))。

数据扩展函数使用以 MD5 或 SHA-1 为基本哈希函数的 HMAC 算法。P_hash 可以迭代任意次，以生成所需的数据。例如，如果使用 P_SHA 256 生成 80 字节的数据，那么需要迭代 3 次［通过 A(3)］，生成 96 字节的数据，略去最后的 16 字节。如果使用 P_MD5，那么需要迭代 4 次，恰好生成 64 字节的数据。注意，每次迭代执行两次 HMAC，每次 HMAC 执行两次基本哈希算法。

为了使 PRF 足够安全，PRF 同时使用两种哈希算法。只要其中的一种算法是安全的，PRF 就是安全的。PRF 定义如下：

$$\text{PRF(secret, label, seed)} = \text{P\_<hash>(secret, label} \parallel \text{seed)}$$

PRF 以密钥值 secret、标识标志 label 和种子值 seed 为输入，生成任意长度的输出。

### 17.2.7 SSL/TLS 攻击

自 1994 年发布 SSL 及产生后续的 TLS 标准以来，这些协议就被大量专门设计的攻击针对。每次攻击的出现都会促使协议、加密工具或 SSL 和 TLS 的实施细节发生改变，以应对这些威胁。

**攻击种类** 攻击可分为如下 4 类。

- **握手协议攻击** 早在 1998 年，人们就提出了一种利用数据格式和 RSA 加密方案的漏洞来攻击握手协议的方法[BLEI98]。针对防御它的对策，攻击方法做了改进，不仅使得防御对策失效，而且加速了攻击[BARD12]。
- **记录和应用数据协议攻击** 协议中的一些缺陷被敌手发现，不得不通过补丁升级来应对相关的威胁。在 2011 年的一个例子中，研究人员 Thai Duong 和 Juliano Rizzo 演示了 BEAST（针对 SSL/TLS 的浏览器漏洞），将人们一直认为的理论缺陷转化成了实际攻击[GOOD11]。BEAST 利用了密码学中一种称为选择明文攻击的攻击方法。敌手选取与已知密文相关联的明文的猜测值来实施攻击。研究人员通过开发实际的算法成功地执行了攻击，且后续的补丁也阻止了这种攻击。BEAST 攻击的作者同样是 2012 CRIME（压缩比信息泄露）攻击的作者，当数据压缩使用 TLS 标准时，这种攻击能够恢复网站的 cookies [GOOD12]。如果认证 cookies 的内容被这种攻击方法恢复，那么敌手就能在通过身份验证的 Web 会话中实现会话劫持。
- **PKI 攻击** 在 SSL/TLS 及其他环境下，对 X.509 证书有效性的验证一直容易遭受各类攻击。例如，文献[GEOR12]表明用于 SSL/TLS 的常用库容易在证书验证过程中受到攻击。作者给出了 OpenSSL、GnuTLS、JSSE、ApacheHttpClient、Weberknecht、cURL、PHP、Python 源代码中的漏洞及这些产品的应用缺陷。
- **其他攻击** 文献[MEYE13]中列出了一些不属于上面三类攻击的攻击。一个例子是德国黑客组织 The Hackers Choice 在 2011 年提出的 DoS（拒绝服务）攻击[KUMA11b]。这种攻击通过超量的 SSL/TLS 握手请求给服务器带来了繁重的处理开销。建立新连接及重新协商都会使系统开销增加。如果握手协议的计算工作主要由服务器完成，那么这种攻击会造成服务器比源设备多得多的系统开销，进而导致拒绝服务攻击。服务器会被迫持续计算随机数和密钥。

SSL/TLS 的攻防历史在因特网协议中极具代表性。完美的协议和实施策略从未出现过。安全威胁和防御对策间的持续和反复推动了因特网协议的发展。

### 17.2.8　TLS v1.3

2014 年，IETF TLS 工作组开始 TLS 1.3 版本的工作，主要目标是改进 TLS 的安全性。在撰写本书时，TLS v1.3 仍处于草案阶段，但其最终标准与目前的草案已十分接近。TLS v1.3 不同于 v1.2 的明显改进如下。

- TLS v1.3 去除了对某些选项和功能的支持。去除了弃用功能的实现代码，降低了潜在危险代码错误的概率，减小了攻击面。去除项如下。
  - — 压缩
  - — 不提供认证加密功能的密码
  - — 静态 RSA 和 DH 密钥交换
  - — client_hello 中作为随机参数的一部分的 32 位时间戳
  - — 重新协商
  - — 修改密码规格协议
  - — RC4
  - — MD5 和 SHA-224 用作签名
- TLS v1.3 使用 Diffie-Hellman 或椭圆曲线 Diffie-Hellman 来交换密钥，禁用 RSA。使用 RSA 的危险是一旦私钥被攻破，那么所有使用这些密码组的握手将被攻破。使用 DH 或 ECDH 时，每次握手对应一个新协商的密钥。
- TLS v1.3 允许一轮往返的握手，实现方式是改变发送消息的顺序及建立一个安全的连接。在密码组协商完成前，客户端发送一条客户端密钥交换信息，这条信息包含建立密钥使用的密码参数。这使得服务器可以在发送第一条响应消息前，计算供加密和认证所用的密钥，减少握手阶段中发送数据包的数量可以加快握手进程，同时减少受攻击面。

这些改进应能提升 TLS 的效率和安全性。

## 17.3　HTTPS

超文本传输安全协议（HTTPS）是 HTTP 协议的安全版。HTTPS 加密浏览器与网站之间的所有通信流量，Safari、Firefox 和 Chrome 等 Web 浏览器也会在地址栏中显示挂锁图标，以便直观地指示 HTTPS 连接已生效。

使用 HTTPS 发送数据时，可在如下三个重要领域提供保护。

- **加密**　对交换的数据进行加密以防止监听。加密包括所请求文档的 URL、内容、浏览器表单的内容（由浏览器用户填写）、从浏览器发送到服务器和从服务器发送到浏览器的 cookies 及 HTTP 头部的内容。
- **数据完整性**　数据在传输过程中不能在不受检测的情况下被有意或无意地修改或损坏。
- **认证**　证明用户在与预期的网站进行通信，防止中间人攻击，并建立用于其他业务的用户信任。

### 17.3.1　连接初始化

对于 HTTPS，用于 HTTP 客户端的代理和用于 TLS 客户端的代理是一致的。客户端在一个适当的端口初始化一个与服务器的连接，然后发送 TLS ClientHello 来开始 TLS 握手。TLS 握手结束后，客户端初始化第一个 HTTP 请求。所有的 HTTP 数据都当作 TLS 应用数据发送。然后是包括保持连接在内的传统 HTTP 操作。

HTTPS 中有三个层次的连接。在 HTTP 层，一个 HTTP 客户端通过向下一层发送一个连接请求来请求与 HTTP 服务器建立连接。通常，下一层是 TCP 层或 TLS/SSL 层。在 TLS 层，TLS 客户端和 TLS 服务器之间建立会话，该会话可在任何时候支持多个连接。如前所述，一个 TLS 请求的建立是从建立客户端 TCP 实体和服务器 TCP 实体的 TCP 连接开始的。

### 17.3.2 连接关闭

一个 HTTP 客户端或服务器可在 HTTP 记录中加入 Connection: close 来指示关闭连接。发送该记录后，就意味着连接关闭。

HTTPS 连接的关闭要求 TLS 关闭与远程对等 TLS 实体之间的连接，这涉及关闭下一层的 TCP 连接。在 TLS 层，关闭连接的正确方法是通信双方使用 TLS 警报协议发送 close_notify 警报。TLS 的实例必须在关闭连接之前初始化一个关闭警报的交换操作。TLS 实例可能允许在一方发送了关闭警报而并未等待对方发送关闭警报时关闭连接，这称为“不完全关闭”。值得注意的是，如果一个用户这么做了，那么可能是为了之后再次使用该会话，但这只在应用层知道（通常是检查 HTTP 消息边界）了其关心的所有数据后才可行。

HTTP 客户端还要处理这样一种情形，即下一层的 TCP 连接是在没有 close_notify 警报和 Connection: close 指示的情况下关闭的。这种情形可能是因为服务器程序出错或通信出错导致 TCP 连接断开。这种未经通知的 TCP 关闭可能会成为敌手利用的对象。因此，发生这些情况时，HTTPS 客户端应发出一些安全警告。

## 17.4 SSH

SSH（Secure Shell）是一种保障网络通信安全的协议，它相对简单且易于实现。最初的版本 SSH1 主要提供一个安全的远程登录工具，以取代 TELNET 和其他不安全的远程登录模式。SSH 还提供客户端/服务器服务，以及类似于文件传输和电子邮件的网络功能。新版本 SSH2 修正了原版本中的漏洞，并在从 RFC 4250 到 RFC 4256 的文档中定义。

SSH 客户端和服务器应用广泛用于大多数操作系统。它可作为远程登录或 X 隧道技术的备选方法，同时也适用于除嵌入式系统外的使用加密技术的应用。

SSH 是按照三种构建在 TCP 之上的协议组织的，如图 17.8 所示。

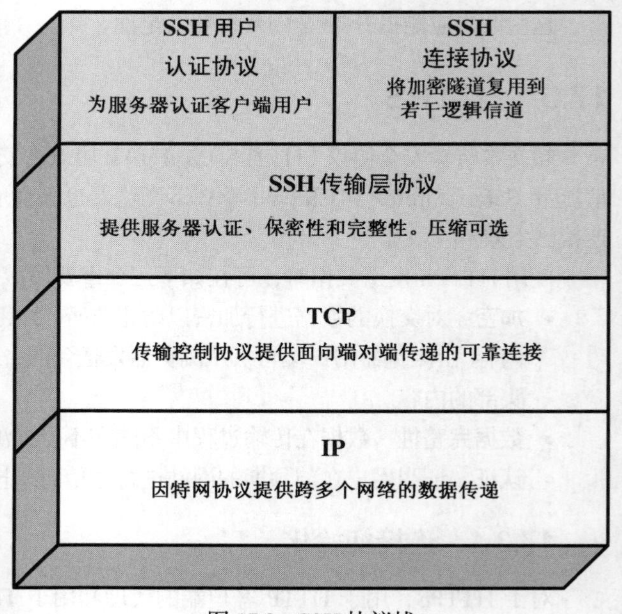


图 17.8 SSH 协议栈

- **传输层协议** 提供服务器认证、数据保密性及带有前向安全（例如，某个密钥在一次会话中泄露后，不影响此前会话的安全性）的数据完整性。在传输层提供可选的数据压缩。
- **用户认证协议** 为服务器认证用户。
- **连接协议** 在单个低层 SSH 连接上提供多个逻辑通信信道。

### 17.4.1　传输层协议

**主机密钥**　服务器认证出现在传输层，它基于服务器持有一个公钥/私钥对。服务器可能有多个主机密钥，用于多个不同的非对称加密算法。多台主机可能共享同一个主机密钥。在任何情况下，服务器的主机密钥都是在密钥交换阶段用来认证主机身份的。为实现服务器认证，客户端必须拥有服务器主机公钥的先验信息。RFC 4251 给出了两个可供选择的可信模型。

1. 客户端拥有一个本地数据库，将（用户输入的）每个主机名与对应的主机公钥关联起来。该方法不需要集中的管理设施或第三方的协助，但缺点是用户名和密钥的数据库维护开销较大。
2. 主机名与密钥的关联由可信的证书颁发机构（CA）认证。客户端只知道 CA 的根密钥并且只能验证由 CA 认证的所有主机密钥的合法性。这种替代方案缓解了维护问题，因为只需在客户端安全地存储一个 CA 密钥。另一方面，每个主机密钥必须由证书颁发机构认证。

**数据包交换**　图 17.9 显示了 SSH 传输层协议中的事件序列。首先，客户端建立一个到服务器的 TCP 连接。这是通过 TCP 完成的，并且不是传输层协议的一部分。连接建立后，客户端和服务器开始交换数据（在 TCP 段的数据字段中也称数据包）。每个数据包都有如下格式（见图 17.10）。

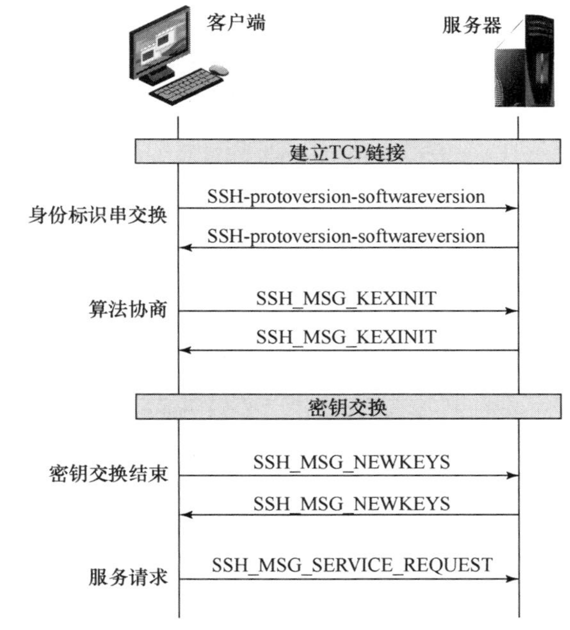


图 17.9　SSH 传输层数据包交换

- **数据包长度**　数据包的字节长度，不包括数据包长度字段和 MAC 字段。
- **填充长度**　随机填充字段的长度。
- **净荷**　数据包的有用内容。在算法协商之前，该字段未被压缩。压缩协商完成后，在后续数据包中，该字段会被压缩。
- **随机填充**　协商成功加密算法后，就加上这个字段。它包含填充的随机字节，以便整个数据包（不包含 MAC 字段）的长度是密码分组长度的整数倍，对流密码来说它为 8 字节。
- **消息认证码（MAC）**　协商好消息认证后，该字段包含 MAC 值。MAC 值是在整个数据包（不包含 MAC 字段）和一个序号上计算的。序号是一个隐式的 32 位数据包序列，对第一个数据包，它被初始化为零，而对后续数据包，序号递增。序号不包含在通过 TCP 连接发送的数据包中。

加密算法协商好并算出 MAC 值后，（除 MAC 字段外的）整个数据包会被加密。

SSH 传输层数据包交换包含一系列步骤（见图 17.9）。

第一步是**身份标识串交换**。首先，客户端发送一个包含如下标识串的数据包：

SSH-protoversion-softwareversion SP comments CR LF

其中，SP、CR 和 LF 分别表示空格、回车符和换行符。例如，一个合法的串是“SSH-2.0-billsSSH_3.6.3q3<CR><LF>”。服务器随后用自己的标识串响应。这些串用在 Diffie-Hellman 密钥交换中。

第二步是**算法协商**。通信双方各自发送一个 SSH_MSG_KEXINIT，其中包含支持的算法列表，且这些算法以发送方的偏好顺序出现。每种密码算法都有一个列表。这些算法包含密钥交换、加密、MAC

算法和压缩算法。表 17.3 显示了加密、MAC 和压缩的选项。对于每个类别，所选的算法是客户端列表中的第一个算法，并且服务器也支持该算法。

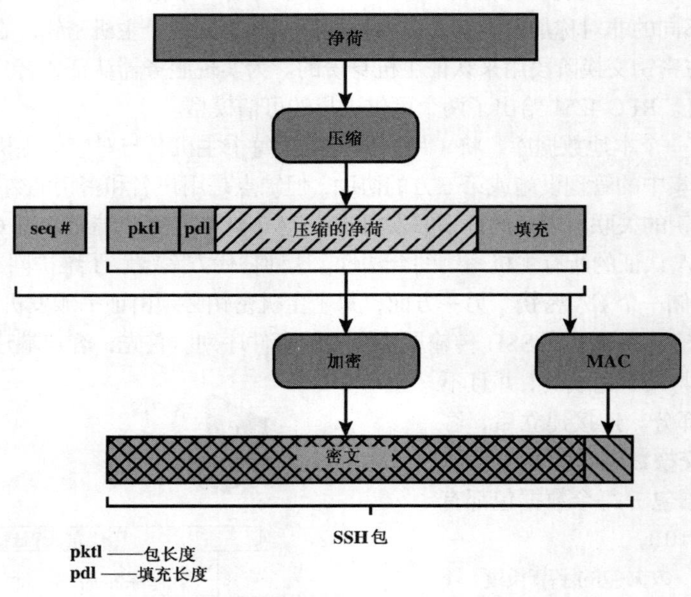


图 17.10　SSH 传输层数据包格式

表 17.3　SSH 传输层密码算法

| 密　码 | |
|---|---|
| 3des-cbc* | CBC 模式下的三密钥 3DES |
| blowfish-cbc | CBC 模式下的 blowfish |
| twofish256-cbc | CBC 模式下的 twofish，密钥为 256 位 |
| twofish192-cbc | twofish，密钥为 192 位 |
| twofish128-cbc | twofish，密钥为 128 位 |
| aes256-cbc | CBC 模式下的 AES，密钥为 256 位 |
| aes192-cbc | AES，密钥为 192 位 |
| aes128-cbc** | AES，密钥为 128 位 |
| Serpent256-cbc | CBC 模式下的 Serpent，密钥为 256 位 |
| Serpent192-cbc | Serpent，密钥为 192 位 |
| Serpent128-cbc | Serpent，密钥为 128 位 |
| arcfour | RC4，密钥为 128 位 |
| cast128-cbc | CBC 模式下的 CAST-128 |

| MAC 算法 | |
|---|---|
| hmac-sha1* | HMAC-SHA1；摘要长度 = 密钥长度 =20 |
| hmac-sha1-96** | HMAC-SHA1 的前 96 位；摘要长度 =12；密钥长度 =20 |
| hmac-md5 | HMAC-MD5；摘要长度 = 密钥长度 =16 |
| hmac-md5-96 | HMAC-MD5 的前 96 位；摘要长度 =12；密钥长度 =16 |

| 压缩算法 | |
|---|---|
| none* | 无压缩 |
| zlib | 在 RFC 1950 和 RFC 1951 中定义 |

*表示必需的；**表示建议的。

第三步是**密钥交换**。规范文档允许使用多种方法交换密钥，但目前只规定了两个版本的 Diffie-Hellman 密钥交换。RFC 2409 中定义了这两个版本，且在每个方向都只需要一个数据包。在密钥交换过程的步骤如下。在各个步骤中，C 为客户端，S 为服务器，$p$ 是一个安全的大素数，$g$ 是有限域 GF($p$)上的一个子群的生成元，$q$ 是该子群的阶；V_S 是 S 的标识串，V_C 是 C 的标识串，K_S 是 S 的公开主机密钥，I_C 是 C 的 SSH_MSG_KEXINIT 消息，I_S 是 S 的 SSH_MSG_KEXINIT 消息（该消息在这部分开始之前已被交换）。算法选择协商后，客户端和服务器都知道 $p$、$g$ 和 $q$ 的值。哈希函数 hash( )也在算法协商阶段确定。

1. C 生成随机数 $x$（$1<x<q$）并计算 $e=g^x \bmod p$。C 将 $e$ 发送给 S。
2. S 生成一个随机数 $y$（$0<y<p$）并计算 $f=g^y \bmod p$。S 收到 $e$ 后计算 $K=e^y \bmod p$，$H=\text{hash}(V\_C \| V\_S \| I\_C \| I\_S \| K\_S \| e \| f \| K)$，并用自己的主机私钥签名 $H$ 形成 $s$。S 将（$K\_S \| f \| s$）发给 C。签名操作可能涉及第二次哈希运算。
3. C 验证 K_S 确实是 S 的主机密钥（即使用证书或本地数据库）。C 还允许在未进行验证的情况下接受密钥，但这样做会使协议在应对主动攻击方面脆弱（在许多环境下，这样做短期内有实际意义）。然后 C 计算 $K=f^x \bmod p$，$H=\text{hash}(V\_C \| V\_S \| I\_C \| I\_S \| K\_S \| e \| f \| K)$，验证 $H$ 上的签名 $s$。

这些步骤结束后，通信双方共享一个主密钥 $K$。此外，服务器对客户端提供了认证，因为在 Diffie-Hellman 密钥交换中服务器用自己的私钥进行了签名。最后，哈希值 $H$ 充当连接的会话标识。计算完成后，会话标识保持不变，即使是再次进行密钥交换来获取连接的新密钥。

密钥交换的**结束阶段**以交换 SSH_MSG_NEWKEYS 数据包为标志。此时，双方开始使用由 $K$ 生成的密钥，见随后的讨论。

最后一步是**服务请求**。客户端发送一个 SSH_MSG_SERVICE_REQUEST 数据包，请求用户认证或连接协议。随后，所有数据都以 SSH 传输层数据包的有效负载进行交换，数据包又由加密和 MAC 保护。

**密钥生成** 用于加密和 MAC（及任何需要的 IV）的密钥由共享私钥 $K$、密钥交换 $H$ 函数得到的哈希值和会话标识生成，其中会话标识和 $H$ 是一致的，除非在初始密钥交换后又进行了随后的密钥交换。这些值的计算方式如下。

- 客户端到服务器的 IV 初值：hash($K$‖$H$‖"A"‖session_id)
- 服务器到客户端的 IV 初值：hash($K$‖$H$‖"B"‖session_id)
- 客户端到服务器的加密密钥：hash($K$‖$H$‖"C"‖session_id)
- 服务器到客户端的加密密钥：hash($K$‖$H$‖"D"‖session_id)
- 客户端到服务器的完整性密钥：hash($K$‖$H$‖"E"‖session_id)
- 服务器到客户端的完整性密钥：hash($K$‖$H$‖"F"‖session_id)

其中，HASH( )是在密钥协商期间确定的哈希函数。

### 17.4.2 用户认证协议

用户认证协议为用户提供向服务器认证自己的方式。

**消息类型和格式** 用户认证协议中总是使用三类消息。由客户端发出的认证请求的格式如下：

```
byte      SSH_MSG_USERAUTH_REQUEST   (50)
string    user name
string    service name
```

string　　method name
…　　method specific fields

其中，user name 是客户端声明的授权实体，service name 是客户端请求访问的设施（通常是 SSH 连接协议），method name 是请求中所用的认证方法。第一个 byte 是十进制值 50，它解释为 SSH_MSG_USERAUTH_REQUEST。

当服务器拒绝认证请求或接受请求但需要更多的认证方法时，服务器发出如下格式的消息：

byte　　SSH_MSG_USERAUTH_FAILUER（51）
name-list　　authentications that can continue
boolean　　partial success

其中，name-list 是有成效地继续对话的方法列表。服务器接受认证后，就发送 1 字节消息 SSH_MSG_USERAUTH_SUCCESS（52）。

**消息交换**　消息交换涉及如下步骤。

1. 客户端发送无请求方法的 SSH_MSG_USERAUTH_REQUEST。
2. 服务器验证 user name 是否合法。若不合法，则服务器返回 SSH_MSG_USERAUTH_FAILURE 和部分成功的假值；若合法，则服务器执行步骤 3。
3. 服务器返回 SSH_MSG_USERAUTH_FAILURE 和待用的认证方法列表。
4. 客户端选择一种能够接受的认证方法，并发送 SSH_MSG_USERAUTH_REQUEST 及该方法名称和所需方法的专用字段。此时，执行该方法可能是一系列信息交换。
5. 若认证成功且需要更多的认证方法，则服务器使用一个部分成功的真值执行步骤 3。若认证失败，则服务器使用一个部分成功的假值执行步骤 3。
6. 当要求的所有认证方法都成功时，服务器发送 SSH_MSG_USERAUTH_SUCCESS 消息，认证协议结束。

**认证方法**　服务器可以要求使用一种或多种如下认证方法。

- **公钥**　该方法的细节取决于所选的公钥算法。实际上，客户端给服务器发送一条消息（其中包含客户端的公钥），并用客户端的私钥对该消息签名。服务器收到消息后，验证消息中提供的密钥是否能被认证接受，若能被认证接受，则验证签名是否正确。
- **口令**　客户端发送一条包含明文口令的消息，该消息被传输层协议加密。
- **基于主机**　认证在客户端的主机而非客户端本身上执行。因此，支持多客户端的主机可为所有客户端提供认证。这种方法的工作方式是，让客户端发送一条由其主机私钥签名的消息。因此，SSH 服务器不直接验证用户的身份，而认证客户端主机的身份，并在主机声称用户已在客户端认证后相信主机。

### 17.4.3　连接协议

SSH 连接协议在 SSH 传输层协议之上运行，它假设使用安全的认证连接①。安全的认证连接是指连接协议用来复用多条逻辑信道的隧道。

**信道机制**　使用 SSH 的所有通信，如终端会话，都支持使用单独的信道。任意通信方都可打开一条信道。对于每条信道，任意通信方都关联一个唯一的信道号，通信双方不必使用相同的信道号。信道是使用窗口机制进行流控制的。只有在收到表示窗口空间可用的消息后，才能向信道

① RFC 4254 即 *The Secure Shell (SSH) Connection Protocol*，它称连接协议运行在传输层协议和用户认证协议之上。RFC 4251 即 *SSH Protocol Architecture*，它称连接协议运行在用户认证协议之上。事实上，连接协议运行在传输层协议之上，前提是调用了用户认证协议。

发送数据。

信道的生命期分为三个阶段：开启信道、数据传输和关闭信道。

当任何通信方希望**开启新信道**时，就为信道动态分配一个本地号并发送如下格式的消息：

```
byte      SSH_MSG_CHANNEL_OPEN
string    channel type
uint32    sender channel
uint32    initial window size
uint32    maximum packet size
...       channel type specific data follows
```

其中，uint32 表示无符号 32 位整数。channel type 标识信道使用的应用，见后面的介绍。sender channel 是本地的信道号。initial window size 表示发送方在不调整窗口时能够发送的数据字节数。maximum packet size 表示发送方所能发送的单个数据包的最大字节数。例如，某个用户可能希望为交互连接使用小数据包，以便在低速链路上获得更好的交互响应。

远程端开启信道时，远程端返回消息 SSH_MSG_CHANNEL_OPEN_CONFIRMATION，该消息中包含发送方的信道号、接收方的信道号、窗口数和数据包的大小。否则，远程端返回消息 SSH_MSG_CHANNEL_OPEN_FAILURE 和一个指明失败原因的报错码。

信道一旦开启，就用消息 SSH_MSG_CHANNEL_DATA 执行**数据传输**，该消息中包含接收信道号和一块数据。只要信道开启，这些消息就可以双向传输。

任意通信方希望**关闭信道**时，发送消息 SSH_MSG_CHANNEL_CLOSE，该消息中包含接收信道号。

图 17.11 中给出了连接协议消息交换的一个例子。

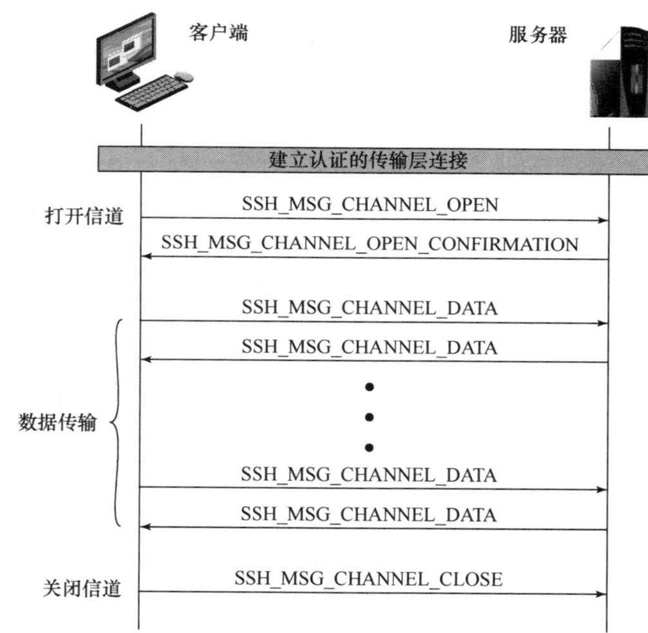

图 17.11　SSH 连接协议消息交换的例子

**信道类型**　SSH 连接协议规范中提供 4 类信道。

- **会话**　远程执行程序。程序可以是 shell、诸如文件传输或电子邮件的应用、系统命令，或是某个内置的子系统。会话信道一旦开启，就可使用后续的请求来启动远程程序。
- **x11**　指 X Window 系统，它是为网络计算机提供图形化用户界面（GUI）的计算机软件系统和网络协议。X 允许应用在网络服务器上运行，但必须在桌面机器上显示。
- **前向 tcpip**　远程端口转发，详见下一节。
- **直接 tcpip**　本地端口转发，详见下一节。

**端口转发**　SSH 最有用的一个特征是端口转发。实际上，端口转发可将任何不安全的 TCP 连接转换为安全的 SSH 连接。这称为 SSH 隧道技术。我们需要在上下文中了解什么是端口。**端口**是指一个 TCP 用户的标识。因此，任何运行在 TCP 之上的应用都有一个端口号。传入的 TCP 流量在端口号的基础上发给合适的应用。一个应用可以采用多个端口号。例如，对于简单邮件传输协议（SMTP），服务器通常在端口 25 上监听，因此一个传入 SMTP 请求使用 TCP 将数据寻址到目的端口 25。TCP 将它识别为 SMTP 服务器地址，并将数据路由至 SMTP 服务器应用。

图 17.12 中说明了端口转发的基本概念。我们有一个用端口号 $x$ 标识的客户端应用及一个用端口号 $y$ 标识的服务器应用。在某个时刻，客户端应用调用本地 TCP 实体，并请求到端口号 $y$ 上的远程服务器的一个连接。本地 TCP 实体与远程 TCP 实体协商一个 TCP 连接，以便连接本地端口 $x$ 和远程端口 $y$。

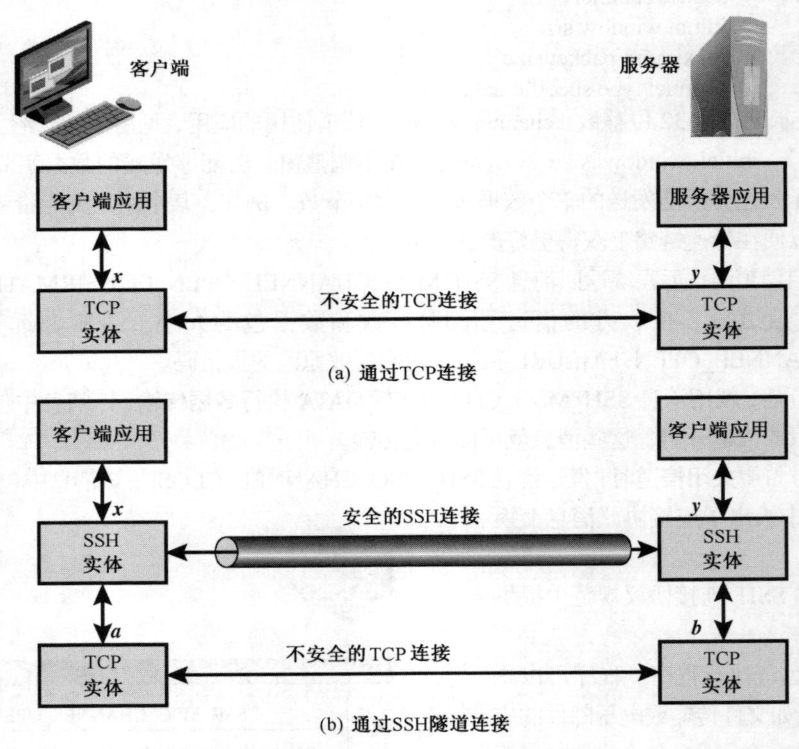


图 17.12　SSH 传输层数据包交换

为保证连接安全，需要配置 SSH 使得 SSH 传输层协议在 SSH 客户端和服务器实体（分别用 TCP 端口号 $a$ 和 $b$ 表示）之间建立一个 TCP 连接。安全的 SSH 隧道是建立在这个 TCP 连接基础上的。来自端口 $x$ 的客户端流量被重定向到本地 SSH 实体，并通过隧道转发至远程 SSH 实体，再由远程 SSH 实体将数据转发到端口 $y$ 上的服务器应用。反向流量的重定向与此类似。

SSH 支持两种类型的端口转发：本地转发和远程转发。**本地转发**允许客户端建立一个“支持者”进程，该进程截获所选的应用层流量，并将它从不安全的 TCP 连接重定向到安全的 SSH 隧道。SSH 被配置为监听所选的端口。使用选定的端口，SSH 可以抓取所有流量并通过 SSH 隧道发送它。在另一端，SSH 服务器将传入的流量发送至由客户端应用指示的目的端口。

下面的例子可以帮助我们深入理解什么是本地转发。假设你在自己的桌面计算机上有一个电子邮件客户端程序，并通过邮局协议（POP）从邮件服务器获取电子邮件。为 POP3 分配的端口号是 110。这时，可采用如下方法保证这一流量的安全。

**1.** SSH 客户端建立一个至远程服务器的连接。

**2.** 选取一个未用的本地端口号，如 9999，配置 SSH 接收来自这个端口的流量，以便转发到目的端口 110。

3. SSH 客户端通知 SSH 服务器创建一个到目的端口的连接，在本例中是邮件服务器端口 110。
4. 客户端发送任意位数据到本地端口 9999，并在加密后的 SSH 会话中将它们发送到服务器。SSH 服务器解密收到的数据并将明文发送到端口 110。
5. 在另一个方向，SSH 服务器获取在端口 110 接收的任意位数据，并在 SSH 会话中将它们发送回客户端，客户端解密数据并将明文发送到与端口 9999 相连的进程。

使用**远程转发**时，用户的 SSH 客户端可以充当服务器代理。客户端使用给定的目标端口号接收流量，将流量放到正确的端口并发送到用户选择的目的端口。下面是远程转发的一个典型例子。假设你希望在家里访问一台办公室的服务器，因为服务器在防火墙之后，所以它不接受你从家中的计算机发出的 SSH 请求。但是，你可以使用远程转发从办公室建立一条 SSH 隧道，具体步骤如下。

1. 在办公室计算机上建立一个到家中计算机的 SSH 连接。防火墙允许这样做，因为这是受保护的流出连接。
2. 配置 SSH 服务器使其监听一个本地端口，如端口 22，并通过 SSH 连接将数据发送到所寻址的远程端口，如 2222。
3. 你现在可以使用家中的计算机将 SSH 配置为可以接收端口 2222 的流量。
4. 现在，你就有了一条可用于远程登录办公室服务器的 SSH 隧道。

## 17.5 思考题和习题

### 思考题

**17.1** 图 17.1 中三种方法的优点是什么？

**17.2** TLS 包含哪些协议？

**17.3** TLS 连接和 TLS 会话的区别是什么？

**17.4** 列举并简单定义 TLS 会话状态的参数。

**17.5** 列举并简单定义 TLS 会话连接的参数。

**17.6** TLS 记录协议提供哪些服务？

**17.7** TLS 记录协议传输包括哪些步骤？

**17.8** HTTPS 的目的是什么？

**17.9** 哪些应用可以使用 SSH？

**17.10** 列举并简单定义 SSH 协议。

### 习题

**17.1** 在 SSL 和 TLS 中，为什么有单独的修改密码规范协议，而不在握手协议中包含修改密码规范消息？

**17.2** 在修改密码规范 TLS 交换期间，MAC 的作用是什么？

**17.3** 考虑如下 Web 安全威胁，描述 TLS 是如何防止这些威胁的。

- **a.** 穷举密码分析攻击：穷举传统加密算法的密钥空间。
- **b.** 已知明文字典攻击：许多消息中包含可以预测的明文，如 HTTP 中的 GET 命令。敌手构建一个包含各种可能的已知明文加密字典。截获加密消息后，敌手将包含已知明文的加密部分和字典中的密文进行比较。如果多次匹配成功，那么可以得到正确的密码。该攻击对于小密钥空间非常有效（如 40 位密钥）。
- **c.** 重放攻击：重放先前的 TLS 握手消息。

**d.** 中间人攻击：在密钥交换期间，敌手向服务器假扮客户端，向客户端假扮服务器。

**e.** 密码窃听：HTTP 或其他应用流量的密码被窃听。

**f.** IP 欺诈：使用伪造的 IP 地址使主机接收伪造的数据。

**g.** IP 劫持：中断两台主机之间经过认证的活动连接，敌手代替一方的主机进行通信。

**h.** SYN 洪泛：敌手发送 TCP SYN 消息请求连接，但不回应建立完整连接的最后一条消息。被攻击的 TCP 模块通常为此保持几分钟的“半开连接”，重复的 SYN 消息可以阻塞 TCP 模块。

**17.4** 利用本章中学到的知识，回答：在 TLS 中，接收方收到顺序混乱的 TLS 记录块时，能为它们排序吗？如果能，说明它是如何做的；如果不能，说明原因。

**17.5** 对于 SSH 数据包，包含与不包含 MAC 的数据包加密方法有何优点？

# 第 18 章　无线网络安全

**学习目标**

- 概述无线网络的安全威胁和对策。
- 了解企业网络使用移动设备时的安全威胁。
- 描述移动设备安全策略中的主要元素。
- 了解 IEEE 802.11 无线局域网络标准的基本元素。
- 小结 IEEE 802.11i 无线局域网安全架构的各个组成元素。

本章首先简要介绍无线安全问题；然后介绍移动设备安全的新领域，了解企业使用移动设备时的威胁和对策；接着介绍局域网安全的 IEEE 802.11i 标准，它是 IEEE 802.11 的一部分，也称 Wi-Fi。下面首先概述 IEEE 802.11，然后详细介绍 IEEE 802.11i。

## 18.1　无线安全

无线网络和使用无线网络的无线设备，引发了有别于有线网络的许多安全问题。与有线网络相比，无线网络中安全风险较高的主要因素包括如下内容[MA10]。

- **信道**　无线网络通常包括广播通信，它与有线网络相比更易受到窃听和干扰的影响。无线网络对恶意寻找通信协议漏洞的主动攻击来说更为脆弱。
- **移动性**　在理论和实践中，无线设备与有线设备相比更轻便，移动性更好。但是，移动性会导致很多安全威胁，详见后面的描述。
- **资源**　有些无线设备（如智能手机和平板电脑）有着复杂的操作系统，但其有限的内存和处理资源会导致安全威胁，包括拒绝服务攻击和恶意软件。
- **易接近性**　有些无线设备（如传感器和机器人）可能会留在无人照管的边远区域或敌占区，因此对它们的物理攻击大大增加。

简而言之，无线环境由提供攻击点的三部分组成（见图 18.1）。

图 18.1　无线网络的组成

无线客户端可以是手机、带有 Wi-Fi 功能的便携式计算机或掌上电脑、无线传感器、蓝牙设备等。无线接入点提供至网络或服务的连接，它可以是手机信号塔、Wi-Fi 热点等。采用无线电波传送数据的介质也有一定的脆弱性。

### 18.1.1　无线网络威胁

文献[CHOI08]中列出了针对无线网络的如下安全威胁。

- **意外关联**　公司的无线 LAN 或有线 LAN 的无线接入点靠得很近（如在同一栋建筑物内或在相邻的建筑物内），导致覆盖范围叠加。试图连至某个局域网的用户可能会无意关联相邻网络的一个无线接入点。尽管该安全漏洞出人意料，但它会将局域网的资源暴露给意外的用户。
- **恶意关联**　在这种情形下，无线设备被伪装成合法的接入点，让操作者从合法用户那里窃取口令，然后通过合法的无线接入点渗透到有线网络中。
- **自组网络**　自组网络是指彼此之间无接入点的计算机之间的对等网络。这种网络可能会因缺少中央控制点而导致安全威胁。
- **非传统网络**　非传统网络和链接（如个人网络蓝牙设备、条形码阅读器和掌上电脑）会因为窃听和欺骗而导致安全风险。
- **身份盗窃（MAC 欺骗）**　发生身份盗窃时，黑客能够监听网络数据流，并使用网络权限确定计算机的 MAC 地址。
- **中间人攻击**　这类攻击已在第 10 章的 Diffie-Hellman 密钥交换协议中介绍。在更广泛的意义上，这种攻击包括说服用户和接入点相信自己正在与对方通信，但事实上它们是在与一台中间攻击设备通信。无线网络尤其容易遭受此类攻击。
- **拒绝服务攻击（DoS）**　这种攻击将在第 21 章中详细介绍。在无线网络环境下，发生拒绝服务攻击时，敌手会不断地轰击目标的无线接入点或其他无线端口，发送各种请求系统资源的协议消息。无线环境容易遭受这种攻击，因为敌手向目标发送多条无线消息非常简单。
- **网络注入**　网络注入攻击目标的无线接入点，这类接入点通常暴露在无过滤能力的网络数据流中，如路由协议消息和网络管理消息。这种攻击的一个例子是使用伪造的重置命令来影响路由器和交换机，降低网络的性能。

### 18.1.2　无线安全措施

按照文献[CHOI08]，我们将无线安全措施分为三类，即保证无线传输安全、保证无线接入点安全和保证无线网络（包括无线路由器和端点）安全。

**保证无线传输安全**　无线传输的主要威胁是窃听、修改消息或插入消息，以及破坏。解决窃听问题的两种对策如下。

- **信号隐藏技术**　企业可以采取多种方法让敌手难以定位无线接入点，如关闭设备通过无线接入点的设备标识集（SSID）广播、为 SSID 指定神秘的名称、将信号强度降低到只提供必需覆盖范围的水平、将无线接入点放到远离窗户和外墙的建筑物内部等。更有效的方法是通过定向天线和信号屏蔽技术来实现。
- **加密**　对所有无线传输加密能够有效地应对窃听，前提是加密密钥是安全的。

使用加密和认证协议是应对修改或插入传输攻击的标准方法。

第 21 章中介绍的应对 DoS 的方法适用于无线传输。企业也可以降低无意 DoS 攻击的风险。现场调查可以检测使用相同频率的其他设备，有助于决定在何处放置无线接入点。信号强度可以被调整和屏蔽，使得无线环境从相邻的传输争用中隔离出来。

**保证无线接入点安全**　针对无线接入点的主要威胁是对网络的未授权访问。阻止这类接入的主要方法是基于端口的网络接入控制的 IEEE 802.1X 标准。这个标准为希望连接到局域网或无线网络的设备提供认证机制。使用 802.1X 可以防止恶意接入点和其他未授权的设备成为不安全的后门。

16.3 节中将介绍 802.1X。

**保证无线网络安全**　文献[CHOI08]中为无线网络安全推荐了如下技术。

1. 使用加密。大多数无线路由器都为路由器之间的数据流内置了加密机制。
2. 使用防病毒软件和反间谍软件及防火墙。这些设备应配置到所有无线网络的终端上。
3. 关闭标识符广播。无线路由器通常被配置为广播标识信号，以便覆盖范围内的设备知道它的存在。若网络被配置为只有授权设备知道路由器的标识，则要关闭这个功能来阻止敌手。
4. 改变路由器的默认标识符。这种措施也用来阻止试图通过默认路由器标识符来获得无线网络接入的敌手。
5. 改变路由器的预设密码以便于管理。这是另一个明智的步骤。
6. 只允许专用计算机接入无线网络。路由可以被配置为只与被认可的 MAC 地址通信。当然，MAC 地址可能被欺骗，因此这只是安全策略的元素之一。

## 18.2　移动设备安全

在广泛使用手机之前，企业中计算机和网络安全的主要保护措施如下。企业 IT 通常是严格受控的。用户设备通常仅限于 Windows PC。商务应用受 IT 控制，要么运行在本地终端上，要么运行在数据中心的物理服务器上。网络安全完全基于隔离受信任内部网络和不受信任因特网的参数。此后，这些假设出现了巨大的变化。企业网络必须适用如下变化。

- **新设备的大量使用**　企业正在经历雇员大量使用移动设备的过程。在许多情况下，企业允许雇员在日常工作中使用终端设备。
- **基于云的应用**　应用不再只运行在企业数据中心的物理服务器上。相反，应用可在传统服务器、移动虚拟服务器和云上运行。此外，终端用户现在可以充分利用适用于个人或专业用途的各种基于云的应用和 IT 服务。例如，员工可以使用 Facebook 交友或从事企业促销活动，可以使用 Skype 交友或召开商务视频会议，可以使用 Dropbox 和 Box 在企业和个人设备之间分发文档，提高工作效率。
- **反边界**　随着新设备、应用移动性及基于云的客户与企业服务的涌现，静态网络边界开始消失。今天，设备、应用、用户和数据的网络边界众多。当这些边界必须适应各种环境条件（如用户角色、服务器虚拟移动性、网络位置和时效性）时，也会动态地变化。
- **外部商务需求**　企业必须从众多的位置使用不同的设备为客户、第三方供应商和商务伙伴提供网络接入。

在所有这些变化中，最主要的是移动计算设备。移动设备已成为企业网络架构的基本元素。移动设备包括为个人和工作场所提供便利的智能手机、平板电脑和内存卡等。移动设备的广泛使用及它们的独特性，使得其安全性成为一个复杂的问题。事实上，企业需要将安全特性植入移动设备，并通过网络组件提供额外的安全控制，才能放心地使用这些移动设备。

### 18.2.1　安全威胁

除了为其他客户端设备实现的保护措施（如只能在企业范围内及企业网络上使用的台式机和笔记本计算机），移动设备还需要额外或专用的保护措施。SP 800-14（*Guidelines for Managing and Securing*

*Mobile Devices in the Enterprise*，2012 年 7 月）中列出了移动设备的 7 个主要安全因素，下面依次介绍这些因素。

**缺少物理安全控制**　移动设备通常在用户的完全控制之下，并且在企业控制范围之外的地方使用和保存，包括远程使用。即使要求设备保存在内部，用户也可能在企业内部的安全区域和不安全区域之间移动设备。因此，偷窃和干预是非常现实的威胁。

移动设备的安全策略必须基于移动设备可能被盗或至少被恶意方访问的假设。威胁是双重的：恶意方可能试图从设备本身得到敏感数据，或者使用设备获得企业资源的访问权限。

**使用不可信移动设备**　除了公司发放和公司控制的移动设备，所有员工事实上都有智能手机或掌上电脑。企业必须假设这些设备是不可信的，即设备未加密且使用者或第三方可能会绕过安全操作系统的限制。

**使用不可信网络**　在企业内部使用移动设备时，移动设备可以通过企业内部无线网络访问企业资源。然而，在远程使用移动设备时，使用者通常通过 Wi-Fi 或蜂窝接入来访问企业资源。因此，包括外部数据在内的数据流容易受到窃听和中间人攻击等威胁。因此，安全策略必须基于移动设备和企业之间的网络是不可信的这一假设。

**使用未知方创建的应用**　在移动设备上通常很容易找到并安装第三方应用，因此存在安装恶意软件的风险。企业应对这种威胁的措施有多种，详见后面的描述。

**与其他系统交互**　智能手机和掌上电脑的共同特征是，能够与其他计算设备和云存储自动同步数据、App、联系人、照片等资源。除非企业控制了所有同步设备，否则企业的数据就存在存储到不安全位置的风险，甚至会面对恶意软件的威胁。

**使用不可信内容**　移动设备可以存储和使用其他计算设备不会遇到的内容。例如，移动设备的摄像头可以获取并使用二维码（QR 码）。QR 码被转换为 URL，因此恶意的 QR 码会引导移动设备打开恶意的网址。

**使用位置服务**　移动设备上的 GPS 功能可用来得到设备的实际位置信息。尽管这个服务对企业而言可能是有用的，但也存在安全风险，因为敌手可以利用位置信息来判断设备和使用者的位置。

### 18.2.2　移动设备安全策略

了解前面列出的威胁后，下面概述移动设备安全策略中的主要安全元素。这些安全元素可以分为三类，即设备安全、数据流安全和屏障安全（见图 18.2）。

**设备安全**　许多企业为员工提供移动设备，并且按照企业的安全策略预配置这些设备。然而，有些企业则采用让员工自带设备（BYOD）的政策，即认为员工使用个人的移动设备来访问企业的资源更方便。IT 管理人员应在允许这些设备接入网络前检查它们。IT 管理者应该能够为操作系统和应用程序建立配置指南。例如，网络上不允许存在“根”设备或“越狱”设备，且移动设备不能在本地存储企业的通讯录。无论设备是企业提供的还是员工个人的，企业都应采用如下安全控制措施来配置设备。

- 启用自动锁定，即设备在一定时间内不使用时就将其锁定，用户要重新激活设备，就需要重新输入 4 位的 PIN 码或口令。
- 启用口令或 PIN 码保护。解锁设备需要 PIN 码或口令。此外，可以配置设备，使得设备上的 E-mail 和其他数据只在使用 PIN 码或口令后才能检索。
- 避免使用记住用户名或口令的自动完成功能。
- 启用远程清除功能。
- 启用 SSL 保护功能。

- 确保包括操作系统和应用的软件是最新版本的。
- 安装反病毒软件。
- 移动设备上禁止存储敏感数据，即使要存储，也应加密后存储。
- IT 员工应能远程接入设备，清除设备上的所有数据，并在设备丢失或被盗时禁用该设备。
- 企业可以禁止安装第三方应用，采用白名单禁止安装未经证实的应用，或者采用安全沙箱隔离企业的数据、应用与移动设备上的其他数据、应用。列表中认可的所有应用应有授权认证中心的数字签名和公钥证书。
- 企业可以限制哪些设备才能同步或使用云存储。
- 为应对不可信内容的威胁，安全策略应提高员工的安全意识、禁止在企业的移动设备上使用照相功能等。
- 为应对恶意使用位置服务的威胁，安全策略是禁止在所有移动设备上使用位置服务。

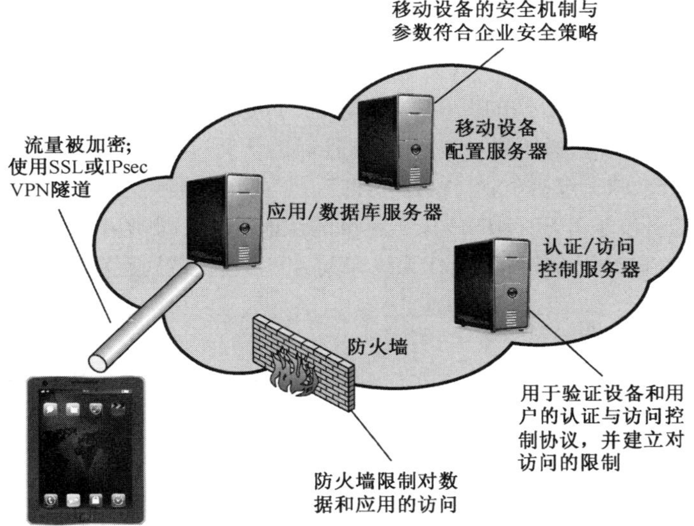


图 18.2　移动设备安全元素

**数据流安全**　数据流安全基于加密和认证的常用机制。所有的数据流都应以安全的方式加密和传输，如 SSL 或 IPv6。可以配置虚拟专用网络（VPN），让移动设备和企业网络间的所有数据流通过 VPN。

应使用强大的认证协议来限制设备对企业资源的访问。通常，移动设备有自己的设备专用认证器。更好的策略是采用双层认证机制，包括认证设备和认证设备的用户。

**屏障安全**　企业应采用安全机制来保护网络不被非授权访问。安全策略包括为移动设备数据流采用专用的防火墙。防火墙可以限制所有移动设备访问的数据和应用范围。类似地，可以采用入侵检测和入侵阻止系统来严格限制移动设备的数据流。

## 18.3　IEEE 802.11 无线局域网概述

IEEE 802 是为局域网（LAN）开发标准的委员会。1990 年，IEEE 802 委员会成立了一个新工作组——IEEE 802.11，负责开发无线局域网（WLAN）的协议和传输规范。目前，已开发了不同频率和不同数据传输速率的无线局域网标准。与需求同步，IEEE 802.11 工作组发布了一系列持续扩展的标准。表 18.1 中简要定义了 IEEE 802.11 标准中使用的关键术语。

表 18.1　IEEE 802.11 标准中使用的关键术语

| | |
|---|---|
| 接入点（AP） | 任何具有基站功能并通过关联基站的无线介质提供分布系统访问的实体 |
| 基本服务集（BSS） | 被单个协调功能控制的基站集 |
| 协调功能 | 确定在基本服务集中运行的基站何时能够传输和接收 PDU 的逻辑功能 |
| 分布式系统（DS） | 用来互连 BSS 并且集成 LAN 以创建 ESS 的系统 |
| 扩展服务集（ESS） | 若干互连的 BSS 和集成的 LAN，在任何与这些 BSS 关联的基站，对 LLC 层而言它们以单个 BSS 出现 |
| MAC 协议数据单元（MPDU） | 在使用物理层服务的两个对等 MAC 实体之间交换的数据单元 |
| MAC 服务数据单元（MSDU） | 在 MAC 用户之间传输的信息单元 |
| 基站（Station） | 任何符合 IEEE 802.11 的 MAC 和物理层标准的设备 |

### 18.3.1　Wi-Fi 联盟

被工业界广泛支持的首个 802.11 标准是 802.11b。尽管符合 802.11b 的产品都基于相同的标准，但关于不同生产商的产品之间能否成功协商的质疑始终存在。为了解决该问题，1999 年成立了一个工业团体——无线以太网兼容性联盟（WECA）。不久，该联盟被更名为无线保真（Wi-Fi）联盟，并创建了一套用于验证 802.11b 产品兼容性的工具。得到认证的 802.11b 产品是 Wi-Fi，目前 Wi-Fi 认证已扩展到了 802.11g 产品。Wi-Fi 联盟还开发了 802.11a 产品的认证过程，即 Wi-Fi5。Wi-Fi 联盟关注与无线局域网相关的大部分领域，包括企业、家庭和热点。

最近，Wi-Fi 联盟开发了 IEEE 802.11 安全标准的认证过程，即 Wi-Fi 保护接入（WPA）。最新的 WPA 版本是 WPA2，它整合了 IEEE 802.11i 无线局域网安全规范的所有功能。

### 18.3.2　IEEE 802 协议架构

下面简要介绍 IEEE 802 协议架构。IEEE 802.11 标准是在层次化协议集的结构下定义的。用于 IEEE 802 标准的这个结构如图 18.3 所示。

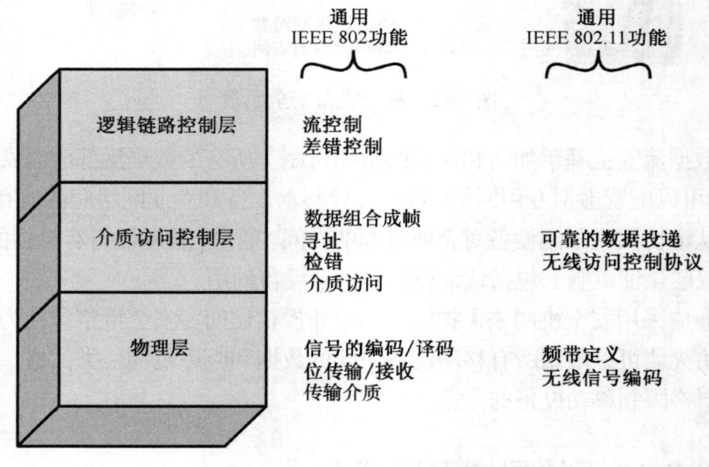


图 18.3　IEEE 802.11 协议栈

**物理层**　IEEE 802 参考模型的底层是**物理层**，它包含信号的编码/译码和位传输/接收等功能。另外，物理层包括传输介质规范。在 IEEE 802.11 中，物理层还定义了频率带宽和天线特性。

**介质访问控制层**　所有局域网都包含共享网络传输性能的设备集。要有序和高效地利用传输性能，就要对传输介质进行访问控制，这一控制由**介质访问控制**（MAC）层实现。MAC 层以数据块［也称 MAC 服务数据单元（MSDU）] 的形式接收来自上层协议 [ 通常是逻辑链路控制（LLC）层 ] 的数据。一般来说，MAC 层执行如下功能。

- 在传输方面，将数据封装为帧 [ 通常称为 MAC 协议数据单元（MPDU）]，并带有地址和校验字段。
- 在接收方面，拆封数据帧，并执行地址识别和错误检测功能。
- 管理对 LAN 传输介质的访问。

MPDU 的具体格式与所用的 MAC 协议有关。一般来说，所有 MPDU 都具有类似于图 18.4 的格式。该帧的字段如下。

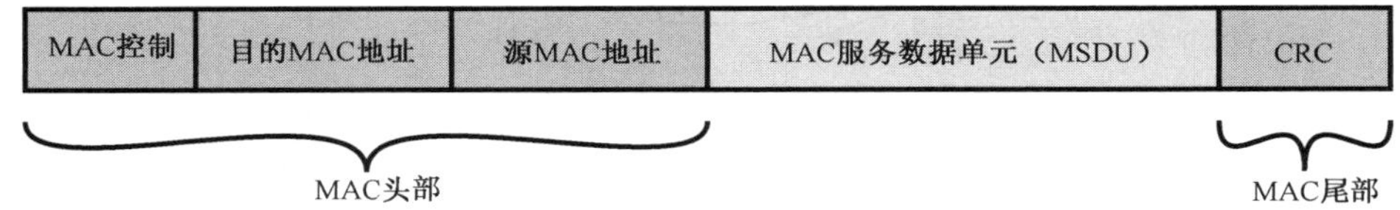


图 18.4　通用 IEEE 802 MPDU 格式

- **MAC 控制**　该字段包含 MAC 协议需要的任何协议控制信息。例如，在这里可以指明一个优先级。
- **目的 MAC 地址**　局域网上 MPDU 的目的物理地址。
- **源 MAC 地址**　局域网上 MPDU 的源物理地址。
- **MAC 服务数据单元**　来自上一层的数据。
- **CRC**　循环冗余校验字段，也称帧校验序列（FCS）字段。类似于其他数据链路层控制协议中使用的检错码，这也是一种检错码。CRC 是在整个 MPDU 的位上计算的。发送方计算 CRC 并将其加到数据帧上。接收方对传入的 MPDU 执行相同的计算，将将结果与传入的 MPDU 中的 CRC 字段值进行比较。若两个值不匹配，则传输中必定改变了一个数据位或多个数据位。

MSDU 前面的字段被称为 **MAC 头部**，MSDU 之后的字段被称为 **MAC 尾部**。MAC 头部和 MAC 尾部包含控制信息，它们和数据字段都被 MAC 协议使用。

**逻辑链路控制层**　在大多数数据链路控制协议中，数据链路协议实体不仅负责使用 CRC 检测错误，而且负责重新发送出错的帧来纠正错误。在局域网协议架构中，这两个功能被拆分到了 MAC 层和 LLC 层。MAC 层检测错误并丢弃出错的数据帧，LLC 层跟踪成功接收的帧并重发不成功的帧。

### 18.3.3　IEEE 802.11 网络构成和架构模型

图 18.5 中显示了由 IEEE 802.11 工作组开发的模型。无线局域网的最小组成单元是基本服务集（BSS），它包含执行相同 MAC 协议和竞争访问相同的共享无线介质的无线基站。BSS 既可以是独立的，又可以通过接入点（AP）连接到骨干分布式系统（DS）。接入点充当网桥和中继点。在 BSS 中，客户基站之间彼此不直接通信。相反，如果一个 BSS 中的两个基站要进行通信，那么源基站首先向 AP 发送 MAC 帧，然后 AP 将之转发给目的基站。类似地，如果 BSS 中的一个基站要与一个远程基站通信，那么从源基站将 MAC 帧发送给 AP，并通过 DS 中的 AP 中继，直到送达目的基站为止。BSS 通常对应于文献中的蜂窝。DS 可以是一台交换机、一个有线网络或一个无线网络。

当 BSS 中的所有基站都是移动基站且不使用 AP 就可彼此直接通信时，就称该 BSS 为独立的 BSS（IBSS）。IBSS 通常是自组网络。在 IBSS 中，所有基站都直接通信，而不使用 AP。

图 18.5 中给出了一种简单的配置，其中的每个基站都属于一个 BSS，即每个基站都只和同一个

BSS 中的其他基站共享同一个无线网络空间。事实上，也存在两个 BSS 地理上叠加的情形，此时一个基站可能会加入多个 BSS。此外，基站和 BSS 之间的关联是动态的。基站可以关闭，可以进入或退出某个网络空间。

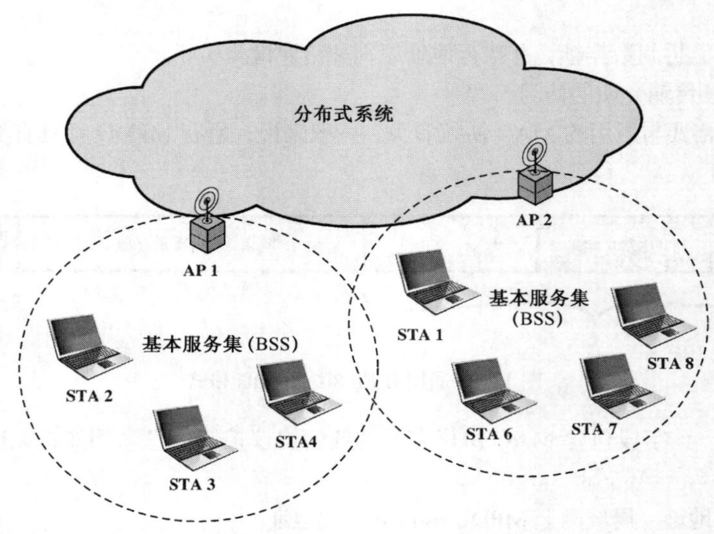


图 18.5 IEEE 802.11 扩展服务集

扩展服务集（ESS）包含通过分布式系统互连的两个或多个基本服务集。对于逻辑链路控制层，扩展服务集以单个逻辑局域网的形式出现。

### 18.3.4 IEEE 802.11 服务

IEEE 802.11 中定义了 9 个服务，这些服务由无线局域网提供，用来实现与有线局域网相同的功能。表 18.2 中列出了这些服务并给出了两种分类方法。

表 18.2 IEEE 802.11 服务

| 服务 | 提供者 | 目的 |
|---|---|---|
| 关联 | 分布式系统 | MSDU 发送 |
| 认证 | 基站 | LAN 接入与安全 |
| 解除认证 | 基站 | LAN 接入与安全 |
| 解除关联 | 分布式系统 | MSDU 发送 |
| 分发 | 分布式系统 | MSDU 发送 |
| 整合 | 分布式系统 | MSDU 发送 |
| MSDU 发送 | 基站 | MSDU 发送 |
| 隐私 | 基站 | LAN 接入与安全 |
| 重新关联 | 分布式系统 | MSDU 发送 |

1. 服务提供商可以是基站或 DS。基站服务在每个 802.11 基站中实现，包括 AP 基站。分布式服务在 BSS 之间提供；这些服务可以在一个 AP 中实现，也可以在连接到分布式系统的另一台专用设备中实现。
2. 三个服务用于控制 IEEE 802.11 局域网访问和保密性。6 个服务用于支持 MSDU 在基站间的发送。MSDU 大到无法在一个 MPDU 中传输时，可将其分割后以一系列 MPDU 的形式传输。

下面根据 IEEE 802.11 文档依次介绍这些服务，以便了解 IEEE 802.11 ESS 网络的基本操作。前面介绍了 MSDU 发送这一基本服务。与安全相关的服务见 18.4 节。

**DS 内的消息分发** 涉及 DS 内的消息分发的两个服务是分发和整合。**分发**是 MPDU 必须跨越 DS 从一个 BSS 中的基站发送到另一个 BSS 中的基站时，不同基站用于交换 MPDU 的主要服务。例如，假设有一个数据帧要从基站 2（STA 2）发送到基站 7（STA 7）（见图 18.5）。数据帧首先从基站 2（STA 2）发送到同一个 BSS 中的接入点（AP 1），然后 AP 1 将数据帧交给 DS，而 DS 的功能是将该数据帧发送到与目标 BSS 中的 STA 7 相连的接入点（AP 2）。AP 2 收到数据帧并将其转发给 STA 7。消息如何在 DS 中传输不由 IEEE 802.11 标准负责。

如果正在通信的两个基站在同一个 BSS 中，那么分发服务逻辑上只需通过该 BSS 中的这个 AP。

**整合**服务可以使得数据在 IEEE 802.11 局域网的一个基站与整合后的 IEEE 802.x 局域网中的一个基站之间传输。术语整合是指一个与 DS 物理连接的有线局域网，其基站可以通过整合服务逻辑连接到 IEEE 802.11 局域网。整合服务负责数据交换所需的地址翻译和介质转换逻辑。

**相关的关联服务** MAC 层的主要作用是在 MAC 实体之间传输 MSDU，它由分发服务完成。为了让这一服务起作用，要求相关的关联服务提供 ESS 内的各个基站的信息。在分发服务能够向基站发送数据或从基站接收数据之前，必须关联基站。在介绍关联的概念前，下面先介绍移动性的概念。标准根据移动性定义了三种过渡类型。

- **无过渡** 这类基站要么固定，要么在某个 BSS 的各个通信基站的直接通信范围内移动。
- **BSS 过渡** 基站可以从一个 BSS 移动到相同 ESS 中的另一个 BSS。在这种情况下，基站的数据发送要求寻址性能能够识别新位置的基站。
- **ESS 过渡** 基站可从一个 BSS 移动到不同 ESS 中的一个 BSS。这种情况要求基站可以移动。IEEE 802.11 支持的上层连接不能得到保证。事实上，服务的中断时有发生。

要在 DS 内发送消息，分发服务必须知道目的基站的位置。另外，为了让消息到达目的基站，DS 需要知道消息要发送到的 AP。要满足这些要求，基站必须在其当前的 BSS 中维护与 AP 的关联，与这一需求相关的服务有三个。

- **关联** 在基站和 AP 之间建立初始关联。一个基站在无线局域网中传输或接收数据帧之前，必须发布自己的标识和地址。为此，基站必须与相同 BSS 中的 AP 建立关联。然后，AP 可以将这些信息告知 ESS 中的其他 AP，以方便路由和发送寻址帧。
- **重新关联** 使已经建立的关联从一个 AP 转移到另一个 AP，以便让移动基站从一个 BSS 移至另一个 BSS。
- **解除关联** 一个基站或一个 AP 发出的终止一个已有关联的通知。基站须在离开某个 ESS 或关闭前发布该通知。当然，MAC 管理设施要在基站未发布通知就退出的情形下保护自身。

## 18.4 IEEE 802.11i 无线局域网安全

无线局域网中的两个特征与有线局域网中的不同。

1. 一方面，要在有线局域网中传输信息，基站就必须物理连接到局域网。另一方面，在无线局域网中，任何基站只需位于局域网中其他设备发出的无线电波范围内。在有线局域网中存在认证，即要求某些积极和可观测的动作将基站连接到有线局域网。
2. 类似地，为了接收作为有线局域网一部分的基站发出的消息，接收基站也必须连接到有线局域网。但在无线局域网中，无线电波覆盖范围内的任何基站都可以接收消息。因此，有线局域网提供一定程度的私密性，但限制条件是数据的接收基站要与局域网相连。

无线局域网和有线局域网的这些不同，要求无线局域网具有鲁棒的安全服务和机制。原始的 IEEE

802.11 规范中提供一些较弱的隐私和认证功能。在隐私方面，IEEE 802.11 定义了有线等效隐私（WEP）算法。IEEE 802.11 标准中关于隐私的部分存在致命缺陷。在随后的 WEP 中，IEEE 802.11i 工作组开展了关于无线局域网（WLAN）安全问题的一系列研究。为了加速引入 WLAN 的强安全性，Wi-Fi 联盟发布了 WPA（Wi-Fi 保护接入）并将之作为 Wi-Fi 标准。WPA 是消除了 IEEE 802.11 中的大多数安全问题的一种安全机制，并且也基于当前的 IEEE 802.11i 标准。IEEE 802.11i 标准的最终形式是鲁棒安全网络（RSN）。Wi-Fi 联盟根据 WPA2 项目认证生产商是否符合完整的 IEEE 802.11i 规范。

RSN 规范非常复杂，其内容在 2012 年发布的 IEEE 802.11 标准中占 145 页。下面简介 RSN 规范。

### 18.4.1 IEEE 802.11i 服务

IEEE 802.11i RSN 安全规范定义了如下服务。

- **认证** 用于定义用户和认证服务器（AS）之间的交互的协议，目的是提供相互认证，并生成客户端和 AP 之间通过无线连接使用的临时密钥。
- **访问控制**[①] 该功能强化认证功能，正确地路由消息，并方便密钥交换。它与许多认证协议协同工作。
- **隐私和信息完整性** MAC 层的数据（如一个 LLC PDU）与消息完整性代码一起加密，以保证数据不被改变。

图 18.6(a)中给出了用于支持这些服务的安全协议，图 18.6(b)中列出了用于这些服务的密码算法。

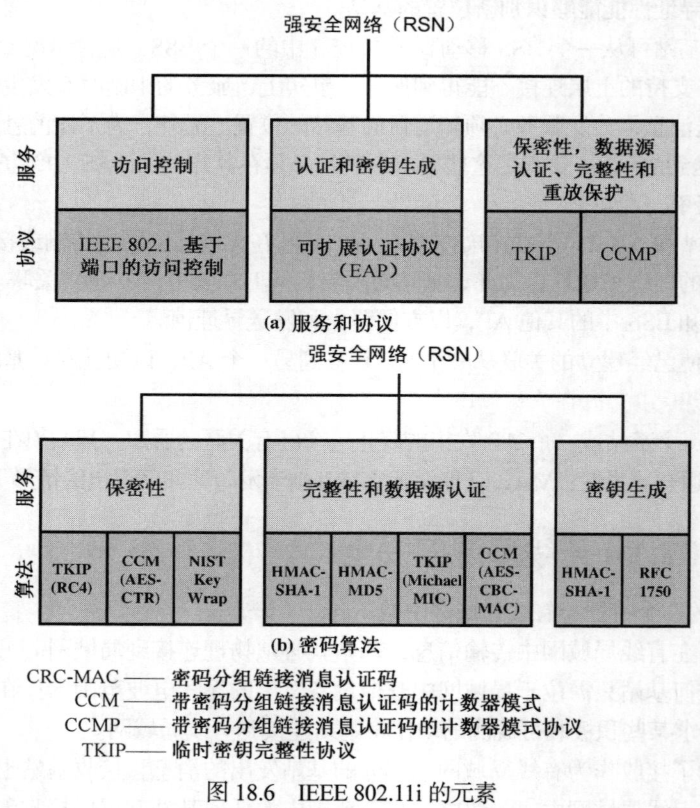


图 18.6 IEEE 802.11i 的元素

① 这里将访问控制作为一个安全功能来讨论。如 18.3 节所述，它是一个与介质访问控制（MAC）不同的功能。但在文献和标准中都使用访问控制这一术语。

## 18.4.2　IEEE 802.11i 操作阶段

IEEE 802.11i 的 RSN 操作分为 5 个不同的操作阶段。各个阶段的性质依赖于配置和通信终端。

**1**．在相同 BSS 中的两个无线基站通过该 BSS 中的 AP 进行通信。

**2**．在相同自组 IBSS 中的两个无线基站彼此直接进行通信。

**3**．不同 BSS 中的两个无线基站通过各自的 AP 和分布式系统进行通信。

**4**．一个无线基站与一个有线网络的终端基站通过 AP 和分布式系统进行通信。

IEEE 802.11i 安全仅关注基站（STA）及其 AP 之间的安全通信。在上述列表的情形 1 下，安全通信由每个 STA 都与 AP 之间建立安全通信来保证。情形 2 类似于情形 1，但 AP 功能驻留在 STA 中。对于情形 3，IEEE 802.11 层的分布式系统不提供安全性，只在每个 BSS 内提供安全性。需要时，必须在高层提供端到端的安全性。类似地，情形 4 也只在 STA 与 AP 之间提供安全性。

图 18.7 中给出了 RSN 的 5 个阶段及它们到网络组件的映射。一个新组件是认证服务器（AS）。矩形表示 MPDU 的交换序列。这 5 个阶段定义如下。

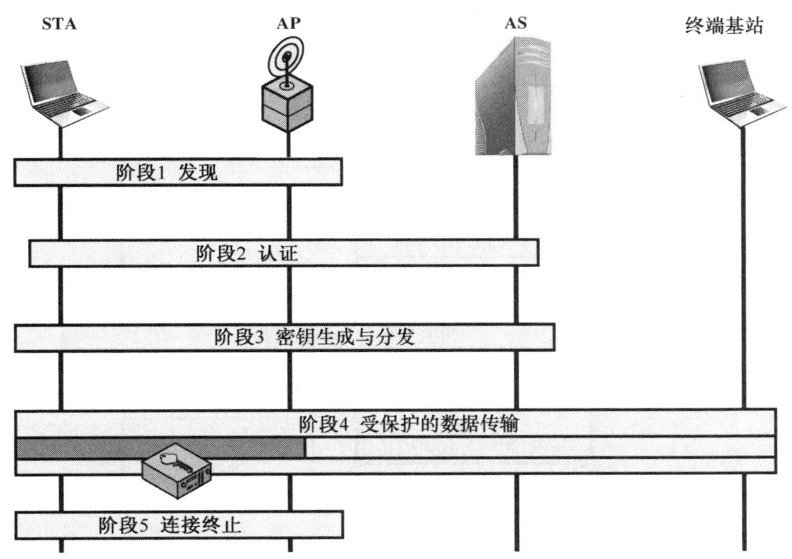


图 18.7　IEEE 802.11i 的各个操作阶段

- **发现**　AP 使用称为信标（Beacon）和探测器响应（Probe Response）的消息来公布其 IEEE 802.11i 安全政策。STA 使用它们来标识其希望与之通信的 WLAN 的 AP。STA 关联 AP，AP 在信标和探测器响应给出选项时，选择密码套件和认证机制。
- **认证**　在这一阶段，STA 和 AS 彼此证明它们的标识。在认证事务成功之前，AP 阻塞 STA 和 AS 之间的非认证数据流。除了在 STA 和 AS 之间转发数据流，AP 并不参与认证事务。
- **密钥生成与分发**　AP 和 STA 执行一系列操作，生成加密密钥并将它们放到 AP 和 STA 上。帧交换只在 AP 和 STA 之间进行。
- **受保护的数据传输**　帧通过 AP 在 STA 和终端站点之间交换。如图 18.7 中的阴影和加密模块图标所示，安全的数据传输只出现在 STA 和 AP 之间；不提供端到端的安全。
- **连接终止**　AP 和 STA 交换帧。在这个阶段，安全连接被拆除，连接回到初始状态。

### 18.4.3　发现阶段

下面详细介绍 RSN 的各个操作阶段。首先介绍发现阶段，它显示在图 18.8 的上半部分。这个阶段的目的是让 STA 和 AP 相互识别，协商安全功能配置，并用这些安全功能为未来的通信建立关联。

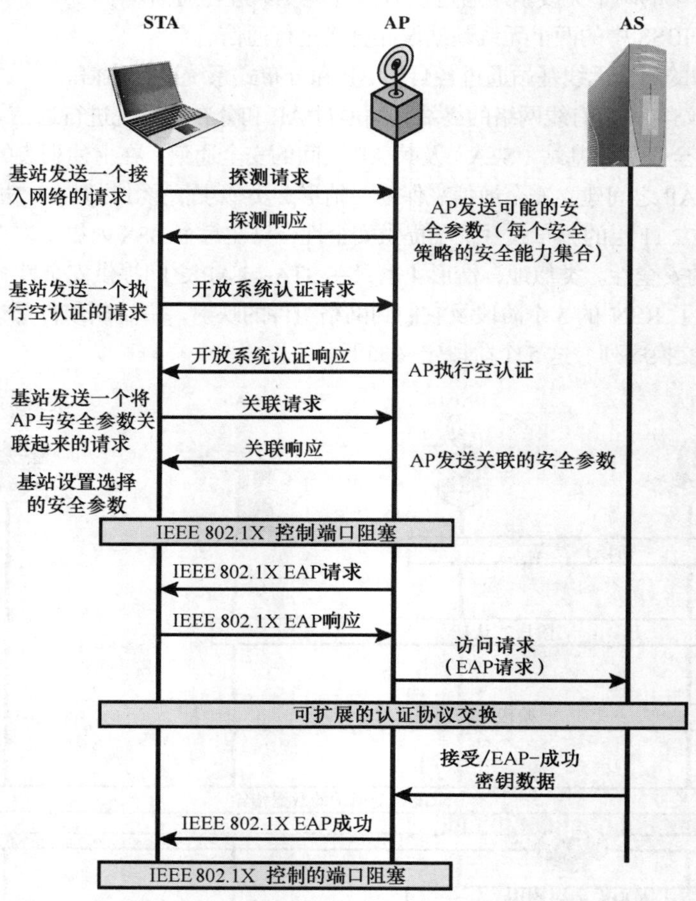


图 18.8　IEEE 802.11i 操作的各个阶段：性能发现、认证和交互

**安全性能**　在这个阶段，STA 和 AP 决定如下领域的专用技术。

- 保护单播数据流（仅在 STA 和 AP 之间的数据流）的保密性和 MPDU 完整性协议。
- 认证方法。
- 加密密钥管理方法。

一个多播组中的所有 STA 必须使用相同的协议和密码，用于保护多播/广播数据流的保密性和完整性协议由 AP 掌控。协议规范和选择的密钥长度（如果可变）被称为密码套件。保密性和完整性密码套件的选项如下。

- WEP，有一个 40 位的密钥或 104 位的密钥，允许向后兼容旧 IEEE 802.11 产品。
- TKIP。
- CCMP。
- 供应商专用方法。

另一个协商套件是认证和密钥管理（AKM）套件，它定义：（1）AP 和 STA 执行相互认证的方式；

（2）生成根密钥的方式（其他密钥可由根密钥导出）。可能的 AKM 套件如下。

- IEEE 802.1X。
- 预共享密钥（STA 和 AP 共享一个独特的私钥时，采用非显式认证和相互认证）。
- 供应商专用方法。

**MPDU 交换**　发现阶段由三个交换组成。

- **网络和安全性能发现**　在这一交换期间，STA 发现与之通信的网络的存在。AP 要么定期广播其安全性能（图中未显示，它由通过信标帧的专用信道中的 RSN IE 指示），要么通过一个探测响应帧来响应一个基站的探测请求。无线基站可以通过被动地监控信标帧或主动地探测每个信道，来发现可用的接入点和相应的安全性能。
- **开放系统认证**　这个帧序列的目的不是提供安全，而是向后兼容 IEEE 802.11 状态机。事实上，设备 STA 和 AP 仅交换标识。
- **关联**　这个阶段的目的是协商一套待用的安全性能。然后，STA 向 AP 发送一个关联请求帧。在这个帧中，STA 从 AP 告知的性能中指定一组匹配性能（一个认证和密钥管理套件、一对密码套件和一个组密钥套件）。AP 和 STA 之间没有匹配的安全性能时，AP 拒绝关联请求。STA 也会阻塞它，以防关联到一个恶意 AP 或有人将数据帧插入信道。如图 18.8 所示，IEEE 802.1X 受控端口被阻塞，没有用户数据流通过 AP。后面将解释阻塞端口的概念。

### 18.4.4　认证阶段

如前所述，认证阶段在 STA 与分布式系统（DS）中的认证服务器（AS）之间启用相互认证。设计认证的目的是只允许授权基站使用网络，并向 STA 保证它连接的是一个合法网络。

**IEEE 802.1X 访问控制方法**　IEEE 802.11i 利用了为局域网提供访问控制功能的另一个标准——IEEE 802.1X，即基于端口的网络访问控制，所用的协议是扩展认证协议（EAP），它在 IEEE 802.1X 标准中定义。IEEE 802.1X 使用了术语请求者、认证器和认证服务器（AS）。在 IEEE 802.11 无线局域网中，前两个术语对应于无线基站和 AP。AS 通常是有线网络侧的独立设备（如通过 DS 访问的设备），但也可直接驻留在认证器上。

请求者在被 AS 用认证协议认证前，认证器只在请求者和 AS 之间传递控制或认证消息；IEEE 802.1X 控制信道未被阻塞，但 IEEE 802.1X 数据信道被阻塞。请求者被认证并得到密钥后，认证器就在预定义的访问控制限制下，将数据转给请求者。在这些情形下，数据信道未被阻塞。

如图 16.5 所示，IEEE 802.1X 使用了受控端口和不受控端口的概念。端口是在认证器中定义的逻辑实体，并且指向物理网络连接。对于无线局域网，认证器（AP）可以只有两个物理端口：一个连接到 DS，另一个在其 BSS 内进行无线通信。每个逻辑端口都被映射到这两个物理端口之一。无论请求者的认证状态如何，不受控端口都允许请求者和其他 AS 交换 PDU。只有当请求者的当前状态授权一个交换时，受控端口才允许请求者和局域网内的其他系统交换 PDU。第 16 章中详细介绍了 IEEE 802.1X。

带有上层认证协议的 IEEE 802.1X 框架非常适合包含许多无线基站和一个 AP 的 BSS 架构。然而，IBSS 没有 AP。对于 IBSS，IEEE 802.11i 提供一个更复杂的解决方案，它涉及 IBSS 上基站间的成对认证。

**MPDU 交换**　图 18.8 的下半部分显示了 IEEE 802.11 在认证阶段的 MPDU 交换。认证阶段由如下三个阶段组成。

- **连接到 AS**　STA 向 AP 发送一个连接到 AS 的请求。AP 确认该请求并给 AS 发送访问请求。
- **EAP 交换**　该交换让 STA 和 AS 相互认证。如随后解释的那样，其他许多交换也是可能的。
- **安全密钥分发**　建立认证后，AS 生成一个主会话密钥（MSK）并发给 STA，该密钥也称认证、授权和审计（AAA）密钥。如随后解释的那样，STA 和其 AP 进行安全通信所需的所有加密密钥都由这个 MSK 生成。IEEE 802.11i 未说明安全分发 MSK 的方法，只是声称它依赖于 EAP。不管采用什么方法，都要传输从 AS 发出后经过 AP 到达 AS 的一个经过加密的 MSK。

**EAP 交换** 如上所述，在认证阶段可以使用许多 EAP 交换。尽管对于 STA 到 AP 和 AP 到 AS 的交换存在其他可选协议，但 STA 和 AP 之间的消息流通常采用局域网上的 EAP（EAPOL）协议，而 AP 和 AS 之间的消息流通常采用用户服务中的远程认证拨号（RADIUS）协议。文献[FRAN07]中对使用 EAPOL 和 RADIUS 进行认证交换进行了小结。

1. EAP 交换从 AP 向 STA 发送一个 EAP 请求/识别帧开始。
2. STA 回应一个 EAP 响应/识别帧，AP 通过不受控端口接收该帧。然后在 RADIUS 中封装这个数据包，并作为 RADIUS 访问请求数据包通过 EAP 传送给 RADIUS 服务器。
3. AAA 服务器回应一个 RADIUS 访问挑战数据包，该数据包作为一个 EAP 请求传送给 STA。该请求具有适当的认证类型且包含相关的挑战信息。
4. STA 生成一条 EAP 响应消息并发送给 AS。该响应被 AP 转换成 Radius 访问请求，它将对挑战的响应作为一个数据字段。步骤 3 和步骤 4 可以重复多次，具体依赖于所用的 EAP 方法。对于 TLS 隧道方法，认证通常要求 10 ~ 20 轮尝试。
5. AAA 服务器使用 Radius 访问接受数据包授权访问。AP 发出一个 EAP 成功帧（有些协议要求在 TLS 隧道内部确认 EAP 成功的真实性）。受控端口被授权后，用户就可以访问网络。

由图 18.8 可以看出，AP 受控端口仍然会阻塞普通用户的数据流。虽然认证成功，但在 4 次握手期间把临时密钥安装到 STA 和 AP 上之前，这些端口仍然会保持为阻塞状态。

## 18.4.5 密钥管理阶段

在密钥管理阶段，生成多个加密密钥并分发给各个 STA。密钥有两类：用于 STA 和 AP 通信的成对密钥，以及用于多播通信的组密钥。基于文献[FRAN07]的图 18.9 显示了这两个密钥层次，表 18.3 中定义了各个密钥。

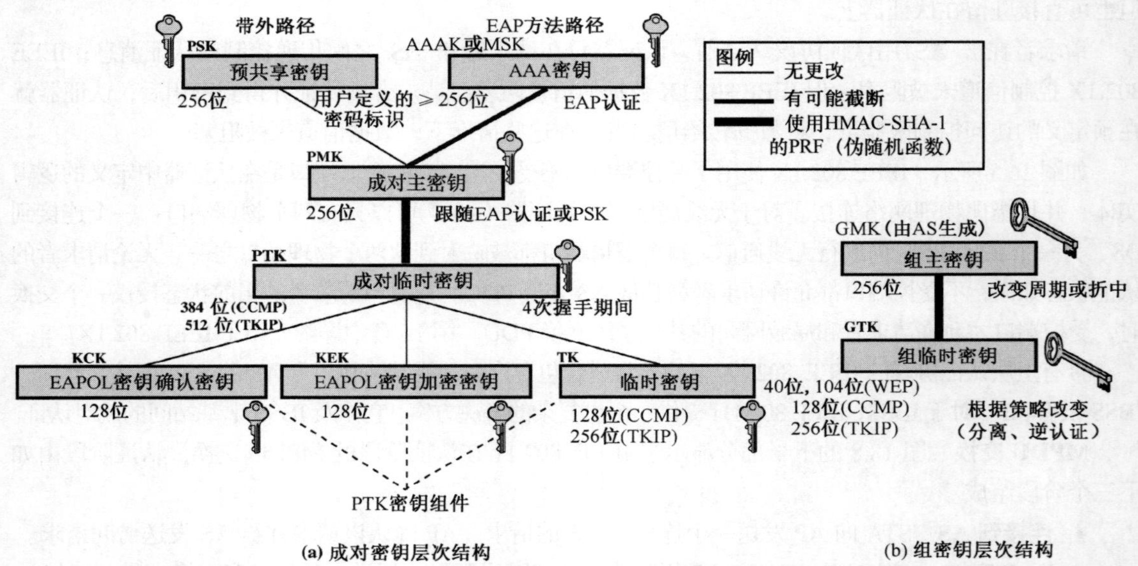


图 18.9 IEEE 802.11i 密钥层次

表 18.3　数据保密性和完整性协议的 IEEE 802.11i 密钥

| 缩　写 | 名　称 | 描述/目的 | 大小/位 | 类　型 |
|---|---|---|---|---|
| AAA 密钥 | 认证、审计和和授权密钥 | 用于派生 PMK。由 IEEE 802.1X 认证和密钥管理方法共用。和 MMSK 相同 | ≥256 | 密钥生成密钥、根密钥 |
| PSK | 预共享密钥 | 在预共享密钥环境下成为 PMK | 256 | 密钥生成密钥、根密钥 |
| PMK | 成对主密钥 | 和其他输入一起用于生成 PTK | 256 | 密钥生成密钥 |
| GMK | 组主密钥 | 和其他输入一起用于生成 GTK | 128 | 密钥生成密钥 |
| PTK | 成对临时密钥 | 由 PMK 生成，包括 EAPOL-KCK、EAPOL-KEK 和 TK 及（针对 TKIP 的）MIC 密钥 | 512（TKIP）<br>384（CCMP） | 组合密钥 |
| TK | 临时密钥 | 和 TKIP 或 CCMP 一起使用，为单播用户数据流提供保密性和完整性保护 | 256（TKIP）<br>128（CCMP） | 数据流密钥 |
| GTK | 组临时密钥 | 由 GMK 生成，为多播/广播用户数据流提供保密性和完整性保护 | 256（TKIP）<br>128（CCMP）<br>40104（WEP） | 数据流密钥 |
| MIC 密钥 | 消息完整性码密钥 | TKIP 的 Michael 算法使用该密钥提供消息完整性保护 | 64 | 消息完整性密钥 |
| EAPOL-KCK | EAPOL-密钥确认密钥 | 为 4 次握手期间的密钥材料分发提供完整性保护 | 128 | 消息完整性密钥 |
| EAPOL-KEK | EAPOL-密钥加密密钥 | 为 GTK 和 4 次握手中的其他密钥内容提供保密性 | 128 | 数据流密钥/密钥加密密钥 |
| WEP 密钥 | 有线等效私钥 | 由 WEP 使用 | 40104 | 数据流密钥 |

**成对密钥**　**成对密钥**用于一对设备之间的通信，通常是 STA 和 AP 之间的通信。这些密钥形成层次结构，始于一个动态生成其他密钥的主密钥，并且要在有限的时间内使用。

层次结构的顶层有两种可能。一种可能是**预共享密钥**（PSK），它是被 AP 和 STA 共享的一个密钥，并以某种方式安装在 IEEE 802.11i 之外。另一个可能是**主会话密钥**（MSK），也称 AAAK，它是在认证阶段使用 IEEE 802.1X 协议生成的。密钥生成的实际方法取决于所用认证协议的细节。无论哪种情况（PSK 或 MSK），都有一个被 AP 及与 AP 通信的每个 STA 共享的独特密钥。由这个主密钥生成的所有其他密钥，在一个 AP 和一个 STA 之间是唯一的。因此，如图 18.9(a)所示层次结构显示的那样，每个 STA 在任何时候都有一套密钥，同时 AP 相对于它的每个 STA 都有一套这样的密钥。

**成对主密钥**（PMK）由主密钥生成。如果使用 PSK，那么 PSK 被用作 PMK；如果使用 MSK，那么需要时 PMK 通过截断方式由 MSK 生成。在由 IEEE 802.1X EAP 成功信息标记的认证阶段的最后（见图 18.8），AP 和 STA 都有一个共享的 PMK。

PMK 用于生成**成对临时密钥**（PTK），PTK 实际上由三个密钥组成，它们在 STA 和 AP 彼此认证后用于两者之间的通信。为了生成 PTK，需要对 PMK 应用 HMAC-SHA-1 函数，此时需要 STA 和 AP 的 MAC 地址，且在需要时还要生成时变值。生成 PTK 时，使用 STA 和 AP 地址可以防止会话劫持和会话模拟；使用时变值可以提供额外的随机密钥内容。

PTK 的三个密钥如下所示。

- **局域网上的 EAP（EAPOL）密钥确认密钥（EAPOL-KCK）**　支持 RSN 操作设置期间 STA 到 AP 控制帧的完整性和数据来源的真实性。同时执行访问控制功能：拥有 PMK 的证明。拥有 PMK 的实体可被授权使用该链接。
- **EAPOL 密钥加密密钥（EAPOL-KEK）**　在某些 RSN 关联期间保护密钥和其他数据的保密性。
- **临时密钥（TK）**　为用户数据流提供实际保护。

**组密钥**　组密钥用于多播通信，其中一个 STA 可将 MPDU 发送给多个 STA。组密钥层次结构的顶层是**组主密钥**（GMK）。GMK 是生成密钥的密钥，它和其他输入一起用来生成组**临时密钥**（GTK）。与 PTK 使用 AP 和 STA 生成不同的是，GTK 由 AP 生成并发送给其关联的 STA。GTK 的具体生成方式还未定义。然而，IEEE 802.11i 要求 GTK 值和随机值在计算上不可以区分。利用已建立的成对密钥，安全地分发 GTK。每次设备离开网络时，都要改变 GTK。

**成对密钥分发**　图 18.10 的上部显示了分发密钥的 MPDU 交换。该交换被称为 4 次握手。STA 和 AP 使用这个握手来确认 PMK 的存在，验证选择的加密套件，并有为后续数据会话生成一个新的 PTK。这个交换的 4 部分如下所示。

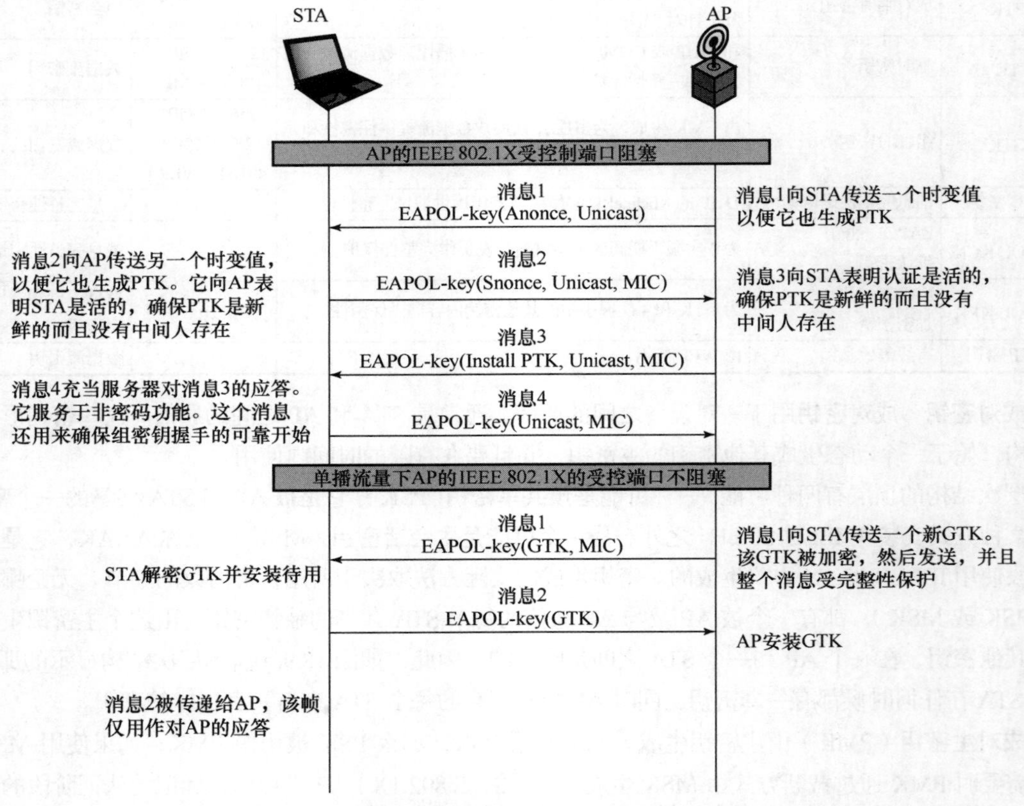


图 18.10　IEEE 802.11i 的操作阶段：4 次握手和组密钥握手

- **AP→STA**　消息包含 AP 的 MAC 地址和一个时变值（Anonce）。
- **STA→AP**　STA 生成自己的时变值（Snonce），并使用两个时变值和两个 MAC 地址及 PMK 生成一个 PTK。接着，STA 发送一个包含 MAC 地址和 Snonce 的消息，让 AP 生成相同的 PTK。该消息包含一个使用 HMAC-MD5 或 HMAC-SHA-1-128 的消息完整性代码（MIC）[①]。和 MIC 一起使用的密钥是 KCK。
- **AP→STA**　AP 现在能够生成 PTK。接着，AP 将一条消息发送给 STA，其中包含的信息与第一条消息的相同，只是多了一个 MIC。
- **STA→AP**　这只是一条确认消息，它也受 MIC 保护。

**组密钥分发**　对于组密钥分发，AP 生成一个 GTK 并分发给多播组中的每个 STA。与每个 STA

① 尽管在密码学中通常用 MAC 表示消息认证码，但在 IEEE 802.11i 中使用的是 MIC，因为 MAC 在网络中有其他含义，即介质访问控制。

交换的两条消息如下。

- **AP→STA** 该消息包含 GTK，它是使用 RC4 或 AES 加密的。用于加密的密钥是 KEK，使用一个密钥包装算法（见第 12 章）。附加了一个 MIC 值。
- **STA→AP** STA 确认对 GTK 的接收。该消息包括一个 MIC 值。

### 18.4.6 安全数据传输阶段

IEEE 802.11i 定义了两个方案来保护 IEEE 802.11 MPDU 中的数据传输：临时密钥完整性协议（TKIP）和计数器模式 CBC-MAC 协议（CCMP）。

**TKIP** TKIP 只要求改变使用有线等效隐私（WEP）实现的设备的软件。TKIP 提供两个服务。

- **消息完整性** TKIP 在数据字段的 IEEE 802.11 MAC 帧后附加一个消息完整性码（MIC）。MIC 由算法 Michael 生成，该算法使用源和目的 MAC 地址值、数据字段和密钥内容作为输入，计算一个 64 位值。
- **数据保密性** 通过加密 MPDU 和使用 RC4 的 MIC 值，提供数据保密性。

256 位 TK（见图 18.9）的用法如下。使用两个 64 位密钥和 Michael 消息摘要算法，生成一个消息完整性码。一个密钥用于保护从 STA 发送到 AP 的消息，另一个密钥用于保护从 AP 发送到 STA 的消息。剩下的 128 位被截断，生成用于加密传输数据的 RC4 密钥。

为了实现额外的保护，为每帧指定一个单调递增的 TKIP 序列计数器（TSC）。TSC 的用途有两个。第一，TSC 包含在每个 MPDU 中并受 MIC 保护，以防止重放攻击。第二，TSC 和会话 TK 结合，产生一个动态加密密钥，它随每个传输的 MPDU 改变，使得密码分析更加困难。

**CCMP** CCMP 适用于配备有支持该方案的硬件的新 IEEE 802.11 设备。类似于 TKIP，CCMP 提供两个服务。

- **消息完整性** CCMP 使用第 12 章中介绍的 CBC-MAC。
- **数据保密** CCMP 使用 CTR 分组密码模式操作和 AES 进行加密，CTR 的介绍见第 7 章。

128 位 AES 密钥用于完整性和保密性。该方案使用一个 48 位的数据包号构建一个时变值来防止重放攻击。

### 18.4.7 IEEE 802.11i 伪随机函数

在 IEEE 802.11i 方案的许多地方都用到了一个**伪随机函数**（PRF）。例如，用它生成一个时变值来扩展成对密钥、生成 GTK 等。最好的安全实践指出，对于不同的目的，要使用不同的伪随机数流。尽管如此，为了提升执行效率，下面介绍单个伪随机数生成函数。

PRF 的基本原理是使用 HMAC-SHA-1 生成一个伪随机位流。回顾可知，HMAC-SHA-1 需要一条消息（数据分组）和一个长度至少为 160 位的密钥，才能生成一个 160 位的哈希值。SHA-1 的一条性质是，输入中哪怕只改变一位，生成的新哈希值与此前的哈希值也会不同。这个性质是伪随机数生成的基础。

IEEE 802.11i PRF 需要 4 个输入参数来生成期望的随机位数。函数形式为 PRF($K$, $A$, $B$, Len)，其中 $K$ 是一个秘密密钥，$A$ 是某个应用专用的文本串（如时变值生成或成对密钥扩展），$B$ 是每种情况下专用的一些数据，Len 是期望的随机位数。

例如，对于 CCMP 的成对临时密钥，有

PTK = PRF(PMK, "Pairwise key expansion", min(AP-Addr, STA-Addr) ‖ max(AP-Addr, STA-Addr) ‖ min(Anonce, Snonce) ‖ max(Anonce, Snonce), 384)

在该例中，参数如下：$K$ 是 PMK，$A$ 是文本串“Pairwise key expansion”，$B$ 是两个 MAC 地址和

两个时变值串联形成的字节序列，Len 是 384 位。

类似地，时变值按如下方式生成：

Nonce = PRF(Random Number, "InitCounter", MAC ‖ Time, 256)

其中，Time 是时变值生成器已知的网络时间的度量。

组临时密钥按如下方式生成：

GTK = PRF(GMK, "Group key expansion", MAC ‖ Gnonce, 256)

图 18.11 中说明了函数 PRF(*K*, *A*, *B*, Len)。参数 *K* 作为密钥输入 HMAC。消息由 4 项串联而成：参数 *A*、值为 0 的字节、参数 *B* 和计数器 *i*。计数器被初始化为 0。HMAC 算法执行一次，生成一个 160 位的哈希值。需要生成更多的位数时，HMAC 就用相同的输入再运行一次，但 *i* 每次增 1，直到生成需要的位数。这一逻辑运算表示如下：

```
PRF(K, A, B, Len)
    R ← null string
    for i ←0 to ((Len + 159)/160 – 1) do
    R ← R ‖ HMAC-SHA-1(K, A ‖ 0 ‖ B ‖ i)
    Return Truncate-to-Len (R, Len)
```

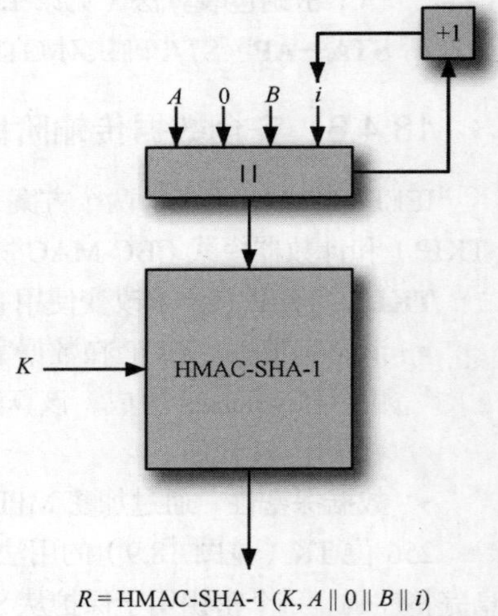


图 18.11 IEEE 802.11i 伪随机函数

## 18.5 关键术语、思考题和习题

### 关键术语

| | | |
|---|---|---|
| 组密钥 | 介质访问控制（MAC） | 伪随机函数（PRF） |
| IEEE 802.11 | 成对密钥 | Wi-Fi |

### 思考题

**18.1** 802.11 WLAN 的基本组成是什么？

**18.2** 定义一个扩展的服务集。

**18.3** 列出并简要定义 IEEE 802.11 服务。

**18.4** 分布式系统是无线网络吗？

**18.5** 关联和移动性之间有何关系？

**18.6** IEEE 802.11i 适用于哪些安全领域？

**18.7** 简要描述 IEEE 802.11i 操作的几个阶段。

**18.8** TKIP 和 CCMP 的区别是什么？

### 习题

**18.1** 在 IEEE 802.11 中，开放系统认证通常由两次通信组成。一个认证由客户端请求，包含基站 ID（通常是 MAC 地址）。随后是来自 AP/路由器的一个认证响应，它包含成功或失败的消息。失败的一个例子是，客户端的 MAC 地址明显不包含在 AP/路由器配置中。

**a**. 这个认证方案的优点是什么？

**b**. 这个认证方案的安全弱点是什么？

**18.2** 在引入 IEEE 802.11i 前，IEEE 802.11 的安全性方案是有线等效隐私（WEP）。WEP 假设网络中的所有设备共享一个密钥。认证的目的是让 STA 证明它拥有这个密钥。认证过程如图 18.12 所示。STA 给 AP 发送一条消息，请求认证。AP 发出一个挑战，它是以明文方式发送的 128 字节的随机序列。STA 用共享密钥加密挑战并返回给 AP。AP 解密传入的值并与自己发送的挑战进行比较。如果匹配，那么 AP 确认认证成功。

**a**. 该认证方案的优点是什么？

**b**. 该认证方案不完整。缺了什么？为何缺失的内容很重要？提示：增加一条或两条消息可以解决问题。

**c**. 该方案的加密弱点是什么？

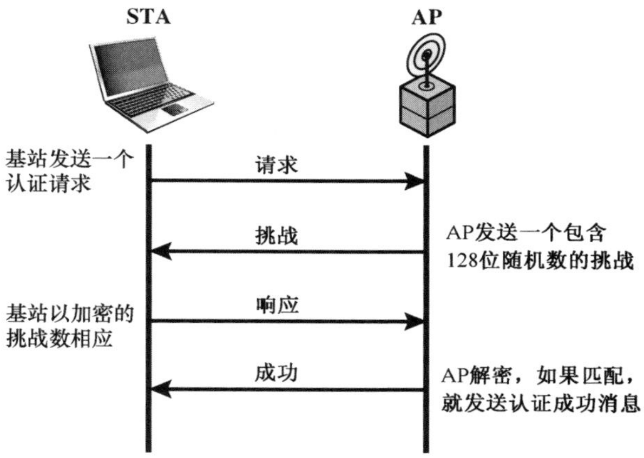

STA　AP

基站发送一个认证请求　请求

挑战　AP发送一个包含128位随机数的挑战

基站以加密的挑战数相应　响应

成功　AP解密，如果匹配，就发送认证成功消息

图 18.12　WEP 认证

**18.3** 对 WEP，数据完整性和数据保密性是用 RC4 流加密算法实现的。MPDU 的发送方执行如下封装步骤。

1. 发送方选择一个初始向量（IV）值。
2. IV 值和被发送方与接收方共享的 WEP 密钥串联，形成一个种子或密钥，并输入 RC4。
3. 在 MAC 数据字段的所有位上计算一个 32 位循环冗余检验码（CRC），并附加到数据字段上。CRC 是在数据链路控制协议中使用的一个常见检错码。此时，CRC 充当一个完整性检验值（ICV）。
4. 使用 RC4 加密步骤 3 的结果，形成密文块。
5. 将明文 IV 附加到加密块中，形成待传输的已封装 MPDU。

**a**. 画出框图说明封装过程。

**b**. 描述接收端恢复明文及执行完整性验证的步骤。

**c**. 画出说明 b 问的框图。

**18.4** 用 CRC 进行完整性验证的弱点是，它是一个线性函数。这意味着消息中的一位发生变化时，可以预测 CRC 的哪些位发生变化。此外，还可以确定消息中的哪些位组合可被翻转，使得 CRC 中的结果不变。许多明文消息的位翻转组合可以保持 CRC 不变，因此消息完整性会被攻破。但在 WEP 中，如果敌手不知道加密密钥，那么就不能访问明文，而只能访问密文分组。这是否意味着 ICV 不会受到位翻转攻击？说明原因。

# 第 19 章 电子邮件安全

## 学习目标

- 小结因特网邮件架构的关键组成。
- 介绍 SMTP、POP3 和 IMAP 的基本功能。
- 介绍增强日常邮件的 MIME 的要求。
- 描述 MIME 的关键要素。
- 了解 S/MIME 的功能及针对它的安全威胁。
- 了解 STARTTLS 的基本机制及其在邮件安全中的作用。
- 了解 DANE 的基本机制及其在邮件安全中的作用。
- 了解 SPF 的基本机制及其在邮件安全中的作用。
- 了解 DKIM 的基本机制及其在邮件安全中的作用。
- 了解 DMARC 的基本机制及其在邮件安全中的作用。

在所有分布式环境下，**电子邮件**都是使用最广泛的网络应用。无论使用何种操作系统和通信软件，用户都希望能够直接或间接地向连接到因特网的其他用户发送电子邮件。随着对电子邮件依赖的增强，认证和保密性服务需求日益增长。目前，人们制定了与安全电子邮件相关的一套补充标准。本章简要介绍这套标准。

## 19.1 因特网邮件架构

掌握 RFC 5598（*Internet Mail Architecture*，2009 年 7 月）中定义的因特网邮件架构有助于理解本章的主题。本节简要介绍一些基本概念。

### 19.1.1 电子邮件组件

因特网邮件的基本架构包含消息用户代理（MUA）形式的用户群和消息处理服务［MHS，由消息传输代理（MTA）组成］形式的传输群。MHS 接收来自用户的消息，然后将它发送给其他用户，形成从 MUA 到 MUA 的虚拟交换环境。这一架构涉及三类互操作。一类互操作位于用户之间：消息必须由代表消息拥有者的 MUA 格式化，使得目的 MUA 将消息显示给接收方。在 MUA 和 MHS 之间也要求互操作：首先，MUA 将消息发送给 MHS，然后经由 MHS 发送给目的 MUA。在到 MHS 的传输路径上，各个 MTA 组件之间也要求互操作。

图 19.1 中显示了因特网邮件架构的关键组件，它包含如下内容。

- **消息用户代理（MUA）** 代表用户参与者和用户应用的操作。这是它们在邮件服务中的代理。该功能通常部署在用户计算机中，且称为客户端电子邮件程序或本地网络电子邮件服务器。发送方 MUA 格式化消息并通过 MSA 提交给 MHS。接收方 MUA 处理收到的邮件，存储和/或显示接收方用户。

- **邮件提交代理（MSA）** 接收由 MUA 提交的消息，增强托管域的安全策略和因特网标准的要求。这一功能可与 MUA 一起部署，或作为一个单独的功能模块。作为单独的功能模块时，简单邮件传输协议（SMTP）运行在 MUA 与 MSA 之间。
- **消息传输代理（MTA）** 在应用层中继邮件。它类似于包交换或 IP 路由器，作用是进行路由评估，使得消息移向接收方。由一系列 MTA 执行中继，直到消息到达目标 MDA。MTA 还会将路径信息添加到消息头部中。SMTP 用在 MTA 之间和 MTA 与 MSA 或 MDA 之间。

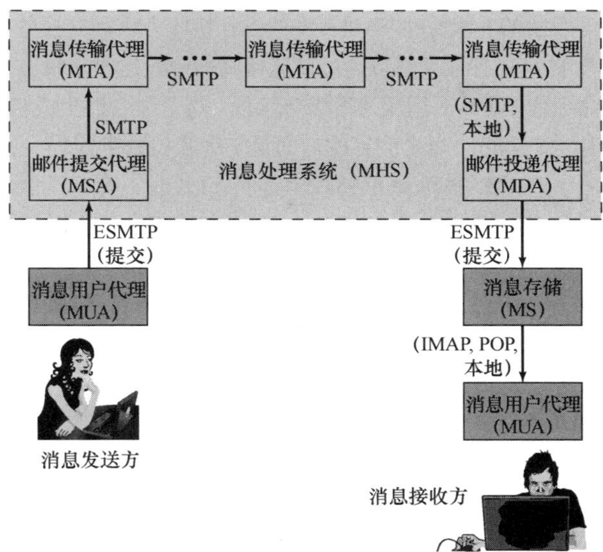


图 19.1　因特网邮件架构的功能模块和标准协议

- **邮件投递代理（MDA）** 负责将消息从 MHS 传输到 MS。
- **消息存储（MS）** MUA 可以采用长期 MS。MS 可以部署在远程服务器上，也可以与 MUA 部署在同一台机器上。MUA 通常从使用邮局协议（POP）或交互式邮件存取协议（IMAP）的远程服务器上检索消息。

下面定义两个概念。行政管理域（ADMD）是一个因特网邮件提供者。这样的例子包括执行本地邮件中继的部门（MTA）、执行企业邮件中继的 IT 部门及执行公共电子邮件服务的 ISP。每个 ADMD 都有不同的执行策略和基于信任的决策。这样的一个例子是在企业内部交换邮件及在不同企业之间交换邮件的区别。处理这两类流量的规则是完全不同的。

域名系统（DNS）是一个目录查找服务，它提供因特网上主机名及其数值地址之间的映射。本章后面会介绍 DNS。

### 19.1.2　邮件协议

传输电子邮件时要用到两类协议。第一类协议是 SMTP，它通过因特网将消息从发送方传输到接收方。该协议经过了数次扩展，且在某些情况下存在限制。第二类协议由在邮件服务器之间传输消息的多个协议组成，其中使用最广泛的是 IMAP 和 POP。

**简单邮件传输协议**　SMTP 将邮件消息封装到信封中，并通过多个 MTA 将封装的消息从发送方发送到接收方。1982 年，SMTP 被定义为 RFC 821，历经数次修订后，最新版本是 RFC 5321（2008 年 10 月）。这些修订增加了额外的指令，引入了其他扩展，扩展的 SMTP（ESMTP）常用于指代这些后来的 SMTP 版本。

SMTP 是一个基于文本的客户端/服务器协议，其中客户端（邮件发送方）通知服务器（下一跳接收方），并且发出一组命令告知服务器关于待发送的消息，然后发送消息本身。大多数此类命令是由客户端发出的 ASCII 文本消息和由服务器端返回的代码（和其他 ASCII 文本）。

消息从源端到目的端的传送可能发生在通过 TCP 连接的一次 SMTP 客户端/服务器会话上。SMTP 服务器也可以是一个中继节点，它假设 SMTP 客户端的角色是在收到消息后，沿到终点的路径将消息转发给 SMTP 服务器的。

SMTP 操作由 SMTP 发送方和接收方之间交换的一系列命令和应答组成。首先，SMTP 发送方建立一个 TCP 连接，并且通过该连接将命令发送给接收方。每个命令都由一行文本组成，前面是一个 4 字母命令代码，有时后跟一个参数字段。每个命令都生成来自 SMTP 接收方的一个应答。大部分应答是一行，有时是多行。每个应答的前面是一个 3 位数字代码，后跟其他信息。

在 IMAP 和 POP 协议上运行 TLS 时，有着类似的机制。

MUA/MSA 消息传送一直使用 SMTP。当前的首选标准是在 RFC 6409（*Message Submission for Mail*，2011 年 11 月）中定义的 SUBMISSION。尽管 SUBMISSION 由 SMTP 发展而来，但它使用了一个单独的 TCP 端口并提出了不同的需求，如访问授权。

**邮件访问协议（POP3、IMAP）** 邮局协议（POP3）允许邮件客户端（用户代理，UA）从邮件服务器（MTA）下载邮件。首先，用户代理通过 TCP 连接到服务器（常用端口为 110），然后输入用户名和口令（要么事先已存储，要么为保证安全由用户每次输入）。认证通过后，UA 就可发送 POP3 命令来检索和删除邮件。

与 POP3 相比，因特网邮件访问协议（IMAP）也能实现邮件客户端对邮件服务器上邮件的访问。IMAP 同样使用 TCP 连接，所用的 TCP 端口是 143。与 POP3 相比，IMAP 提供更强的认证能力及 POP3 不支持的其他功能。

## 19.2 邮件格式

要了解 S/MIME，首先就要了解其使用的基本电子邮件格式（即 MIME）。而要了解 MIME，就要回到目前仍在使用的传统电子邮件格式标准（RFC 822）。最新版的传统电子邮件格式标准是 RFC 5322（*Internet Message Format*，2008 年 10 月）。因此，本节首先介绍这两个早期的标准，然后讨论 S/MIME。

### 19.2.1 RFC 5322

RFC 5322 定义使用电子邮件发送的文本消息的格式，它一直是基于因特网的文本邮件消息的标准且被广泛使用。在 RFC 5322 中，消息被视为信封和内容。信封包含用来完成传输和发送功能的任何信息。内容是待发送给接收方的对象。RFC 5322 标准仅适用于内容。然而，内容标准包含一系列头部字段（邮件系统使用这些头部字段来生成信封），并且使用该标准便于程序获取这样的信息。

符合 RFC 5322 的消息的整体结构非常简单。消息包含若干头部行，后跟不受限的正文。头部和正文由一空行分隔。换句话说，消息是 ASCII 文本，第一个空行前面的所有行都是邮件系统中用户代理部分使用的头部行。

头部行通常包含关键字、冒号和关键字参数；这种格式可将长行分成若干短行。使用最为频繁的关键字是 From、To、Subject 和 Date。下面给出一个示例消息。

```
Date: October 8, 2009 2:15:49 PM EDT
From: "William Stallings" <ws@shore.net>
Subject: The Syntax in RFC 5322
To: Smith@Other-host.com
Cc: Jones@Yet-Another-Host.com

Hello. This section begins the actual
message body, which is delimited from the
message heading by a blank line.
```

RFC 5322 头部中常见的另一个字段是消息标识符（Message-ID），它包含与消息关联的唯一标识符。

### 19.2.2　MIME

多用途因特网邮件扩展（MIME）是 RFC 5322 框架的扩展，其作用是解决使用简单邮件传输协议（SMTP）或其他邮件传输协议时的一些问题和限制。RFC 2045 ~ RFC 2049 中定义了 MIME，此后数次更新了文档。

使用 MIME 的原因是，SMTP/5322 方案存在文献[PARZ06]中列出的如下限制。

1. SMTP 不能传输可执行文件和其他二进制对象。SMTP 邮件系统可以使用许多将二进制文件转换为文本格式的方案，包括广为使用的 UNIX UUencode/UUdecode 方案。但是，没有一个方案成为标准或事实上的标准。
2. SMTP 不能传输含有民族语言字符的文本数据，因为这些字符由 8 位码表示，其值可能是十进制数 128 或更大的数，而 SMTP 只能是 7 位 ASCII 码。
3. SMTP 服务器会拒绝超过一定长度的消息。
4. 在 ASCII 码和字符码 EBCDIC 之间转换的 SMTP 网关并不使用一致的映射集，因此时常出现转换错误。
5. X.400 电子邮件网络的 SMTP 网关不能处理 X.400 消息中的非文本数据。
6. 有些 SMTP 实现并未严格遵守 RFC 821 中定义的 SMTP 标准。常见问题如下：
   - 回车和换行的删除、添加和重新排序。
   - 截断或换行长于 76 个字符。
   - 去除尾随的空白（制表符和空格）。
   - 将消息中的多行填充为等长。
   - 将制表符转换成多个空格。

MIME 能够解决上述问题并与现有的 RFC 5322 兼容。

**概述**　MIME 规范包含如下要素。

1. 在 RFC 5322 头部定义了 5 个新头部字段，提供了关于消息正文的信息。
2. 定义了许多内容格式，因此标准化表示支持多媒体电子邮件。
3. 定义了传输编码，可将任何格式的内容转换成不被邮件系统更改的格式。

本节介绍这 5 个消息头部字段，随后的两小节介绍内容格式和传输编码。

MIME 中定义的 5 个头部字段如下。

- **MIME 版本（MIME-Version）**　必须有参数值 1.0。该字段指明消息遵循 RFC 2045 和 RFC 2046。
- **内容类型（Content-Type）**　详细描述正文中包含的数据，以便接收用户代理选择合适的代理或机制来向用户展示数据，或者以合适的方式处理数据。
- **内容传输编码（Content-Transfer-Encoding）**　以邮件传输能够接受的方式，指明用来表示消息正文的转换类型。
- **内容标识符（Content-ID）**　用于在多种情形下唯一地标识 MIME 实体。
- **内容描述（Content-Description）**　正文对象的文本描述；对象不可读（如音频数据）时，这是很有用的。

在正常的 RFC 5322 头部中，可以出现一个或多个上述字段。合适的实现必须支持 MIME-Version、Content-Type 和 Content-Transfer-Encoding 字段，接收方实现中的 Content-ID 和 Content- Description 字段是可选的，或可被忽略。

**MIME 内容类型**　MIME 规范中的大量内容涉及各种内容类型的定义。这反映了在多媒体环境下提供处理各种信息展示形式的需求。

表 19.1 中列出了 RFC 2046 中规定的内容类型，主要分为 7 个类型和 15 个子类型。一般而言，内容类型声明数据的基本类型，子类型规定该类数据的特殊格式。

表 19.1 MIME 内容类型

| 类 型 | 子 类 型 | 描 述 |
|---|---|---|
| text | plain | 无格式文本；可以是 ASSCII 码或 ISO 8859 |
| | enriched | 提供更大的格式灵活性 |
| multipart | mixed | 各部分相互独立但被一起传送。它们应以在邮件消息中出现的顺序显示给接收方 |
| | parallel | 除了传送时各部分无序，其余与 mixed 的相同 |
| | alternative | 不同部分是同一消息的不同表现形式。它们以增序排列，接收方邮件系统按照最佳方式显示给用户 |
| | Digest | 类似于 mixed，但每部分默认的类型/子类型为 message/rfc822 |
| message | rfc822 | 正文本身是已封装消息，它符合 RFC 822 |
| | partial | 允许以对接收方透明的方式分割大邮件 |
| | external-body | 包含一个到其他对象的指针 |
| image | jpeg | 图像为 JFIF 编码的 JPEG 格式 |
| | gif | 图像为 GIF 格式 |
| video | mpeg | MPEG 格式 |
| audio | basic | 以 8 kHz 采样率编码的单信道 8 位 ISDN μ 律 |
| application | PostScript | Adobe Postscript 格式 |
| | octet-stream | 由 8 位字节组成的普通二进制数据 |

正文为文本（text）类型时，除了支持指定的字符集，不需要特殊的软件来获取文本的完整含义。主要的子类型为纯文本（plain text），它是简单的 ASCII 码字符串或 ISO 8859 字符。子类型 enriched 允许更大的格式灵活性。

multipart 类型指明正文包含多个独立的部分。Content-Type 字段中包含一个定义各部分正文之间的分隔符的参数（称为边界）。边界不能出现在消息的任何部分中，而要从新行开始，它由两个连字符后跟边界值组成。最后一个边界指明最后一部分的末尾，它也有由两个连字符组成的后缀。在每部分内，有一个可选的普通 MIME 头部。

multipart 类型分为 4 个子类型，它们有着相同的语法。需要以特殊的顺序绑定多个独立的正文部分时，使用 multipart/mixed 子类型。对 multipart/parallel 子类型，各部分的顺序不重要。接收方的系统合适时，多个部分可以并行显示。例如，显示图片或文本时，可以同时播放音频。

对 multipart/alternative 子类型，各个部分是同一信息的不同表示。在该子类型中，各部分正文按优先级递增的方式排序。

当每个正文部分都解释为带有头部的 RFC 5322 消息时，使用 multipart/digest 子类型。这个子类型构建一条其中包含多条消息的消息。例如，团体主持人可从各个成员处收集电子邮件消息，捆绑这些消息，并将它们以一条封装的 MIME 消息发送出去。

message 类型提供 MIME 中的许多重要特征。message/rfc822 子类型指出正文是一条完整的消息，包含头部和正文。除这个子类型的名称外，封装后的消息既可以是一条简单的 RFC 5322 消息，又可以是任何 MIME 消息。

message/partial 子类型将一条大消息分割为若干部分（片段），并且这些部分可以在接收方重组。对于该子类型，在 Content-Type: Message/partial 字段中规定了 3 个参数：对同一消息的所有片段都通用的一个身份标识；对每个片段唯一的序号；片段总数。

message/external-body 子类型指明消息中待传送的实际数据不包含在正文中。相反，正文中包含需要访问数据的信息。类似于其他消息类型，message/external-body 子类型也有一个外头部和一条使用自己的头部封装的消息。外头部中唯一需要的字段是 Content-Type 字段，它标识这是一个 message/external-body 子类型。内头部是封装后的消息的头部。外头部中的 Content-Type 字段必须包含一个访问类型参数，它指明访问方法，如 FTP（文件传输协议）。

application 类型是指其他类型的数据，如不能解释的二进制数据或由邮件应用处理的信息。

**MIME 传输编码**　除了内容类型规范，MIME 中的另一个主要规范是针对消息正文定义的传输编码，其目的是在庞大的网络环境中提供可靠的传输方式。

MIME 标准定义了两种编码数据的方法。Content-Transfer-Encoding 字段实际上可以取 6 个值，如表 19.2 所示。然而，其中的 3 个值（7 位、8 位和 binary）指出不进行编码，而只提供关于数据性质的一些信息。对 SMTP 传输而言，使用 7 位值是比较安全的，在其他邮件传输协议中可以使用 8 位值和 binary 值。Content-Transfer-Encoding 字段还可取值 x-token，它指出可以使用另一种编码方案，这种方案可能是供应商专用的方案或应用专用的方案。已定义的两种实际编码方案是 quoted-printable 和 base64，因此在强调可读性和强调安全性的传输技术之间为人们提供了一种选择。

**表 19.2　MIME 传输编码**

| | |
|---|---|
| 7 位 | 数据都由几行较短的 ASCII 码字符表示 |
| 8 位 | 每一行都较短，便可能是非 ASCII 码字符（具有高阶位集的 8 位组） |
| binary | 不仅可以出现非 ASCII 码字符，而且各行不必短到足以支持 SMTP 传输 |
| quoted-printable | 数据主要是 ASCII 文本时采用的一种编码方式，编码后的数据大部分仍能识别 |
| base64 | 通过将 6 位输入块映射为 8 位输出块来编码数据，编码后的数据都是可打印的 ASCII 码字符 |
| x-token | 一种非标准的编码 |

当数据主要由对应于可打印 ASCII 字符的八位字节组成时，可用 quoted-printable 传输编码。它表示不安全的字符，方法是用十六进制表示代码，并引入软回车来突破消息行为 76 个字符的限制。

base64 传输编码也称基数 64 编码，是对二进制数据进行编码的常用方法，编码后的数据不受邮件传输程序处理的影响。

**规范格式**　MIME 和 S/MIME 中的一个重要概念是规范格式。规范格式是一种适合于内容类型的格式，是不同系统之间使用的标准格式。规范格式是相对于特定系统的本地格式而言的。RFC 2049 定义了如下两种格式。

- **本地格式**　待传输的正文以系统的本地格式创建，并且使用本地字符集和本地换行约定。正文可以是 UNIX 样式的文本文件、Sun 光栅图片、VMS 索引文件或存储在内存中的声音文件。这些数据实际上是以对应于介质类型规定的类型的本地格式创建的。
- **规范格式**　包括外部信息如记录长度和文件属性信息的整个正文，都被转换为统一的规范格式。正文中专用媒体类型及其关联的属性指明所用本地格式的性质。转换为合适的规范格式包括字符集转换、声音数据转换、压缩或其他与媒体类型相关的操作。

## 19.3　电子邮件威胁与综合安全

无论是对企业还是对个人，电子邮件的应用都非常广泛，且容易面临各种安全威胁。一般来说，电子邮件安全威胁可分为如下几类。

- **真实性威胁**　可能导致对企业电子邮件系统的非授权访问。

- **完整性威胁** 可能导致对电子邮件内容的非授权修改。
- **保密性威胁** 可能导致敏感信息的非法泄露。
- **可用性威胁** 可能阻碍终端用户正常收发电子邮件。

NIST SP 800-177（*Trustworthy Email*，2015 年 9 月）中提供了具体的电子邮件威胁和应对措施，如表 19.3 所示。

**表 19.3 电子邮件威胁和应对措施**

| 威 胁 | 对声称发送方的影响 | 对接收方的影响 | 应 对 措 施 |
|---|---|---|---|
| 由企业中未授权的 MTA 发送的邮件（如恶意僵尸网络） | 信誉受损，来自企业的合法邮件可能因垃圾邮件/网络钓鱼攻击而被拦截 | 垃圾邮件和/或包含恶意链接的邮件可能会发送到用户邮箱 | 部署基于域的认证技术。对邮件使用数字签名 |
| 使用欺诈的或未注册的域发送邮件消息 | 信誉受损，来自企业的合法邮件可能因垃圾邮件/网络钓鱼攻击而被拦截 | 垃圾邮件和/或包含恶意链接的邮件可能会发送到用户邮箱 | 部署基于域的认证技术。对邮件使用数字签名 |
| 使用伪造的发送地址或邮件地址发送邮件消息（如网络钓鱼、渔叉式网络钓鱼） | 信誉受损，来自企业的合法邮件可能因垃圾邮件/网络钓鱼攻击而被拦截 | 垃圾邮件和/或包含恶意链接的邮件可能会发送到用户邮箱。用户无意泄露了敏感信息或个人身份信息 | 部署基于域的认证技术。对邮件使用数字签名 |
| 邮件在传输过程中被篡改 | 泄露敏感信息或个人身份信息 | 泄露敏感信息，替换内容可能包含恶意信息 | 使用 TLS 加密服务器之间传输的邮件。用端到端邮件加密技术 |
| 监控和捕获邮件流量导致的敏感信息泄露 | 泄露敏感信息或个人身份信息 | 泄露敏感信息，替换内容可能包含恶意信息 | 使用 TLS 加密服务器间传输的邮件。使用端到端邮件加密技术 |
| 垃圾邮件（UBE） | 无，除非声称的发送方被欺骗 | 垃圾邮件和/或包含恶意链接的邮件可能会发送到用户邮箱 | 反垃圾邮件技术 |
| 对企业邮件服务器实施 DoS/DDoS 攻击 | 无法发送邮件 | 无法接收邮件 | 使用多个邮件服务器，使用云端邮件服务提供商 |

SP 800-177 建议使用一系列标准化协议来应对这些威胁，具体如下。

- **STARTTLS** SMTP 安全扩展协议，它通过在 TLS 上运行 SMTP 协议来为整个 SMTP 消息提供真实性、完整性、不可抵赖性（通过数字签名）和保密性服务（通过加密）。
- **S/MIME** 为 SMTP 消息中的消息正文提供真实性、完整性、不可抵赖性（通过数字签名）和保密性服务（通过加密）。
- **DNS 安全扩展（DNSSEC）** 为 DNS 数据提供真实性和完整性保护，是各类电子邮件安全协议的基本工具。
- **基于 DNS 的命名实体认证（DANE）** 通过为 DNSSEC 上的公钥验证提供额外的验证方式，解决证书授权（CA）系统中的问题。
- **发送方策略框架（SPF）** 使用域名系统（DNS）让域名管理者创建记录，这些记录将域名与被授权消息发送方的专用 IP 地址范围关联起来。接收方通过检查 DNS 中的 SPF 记录，就可轻易地确认声称的发送方是否能够使用源地址，并且拒绝接收来自非授权 IP 地址的邮件。
- **域名密钥识别的邮件（DKIM）** 让 MTA 对所有头部和消息正文签名，以便验证发送方域名的合法性和消息正文的完整性。
- **基于域的消息认证、报告和一致性协议（DMARC）** 告知邮件发送方其 SPF 和 DKIM 策略的效用，告知邮件接收方在遭受独立攻击和集中攻击时应采取的措施。

图 19.2 中显示了在保证消息真实性和完整性时，这些组件是如何交互的。限于篇幅，图中未显示 S/MIME 通过加密消息来提供消息保密性的部分。

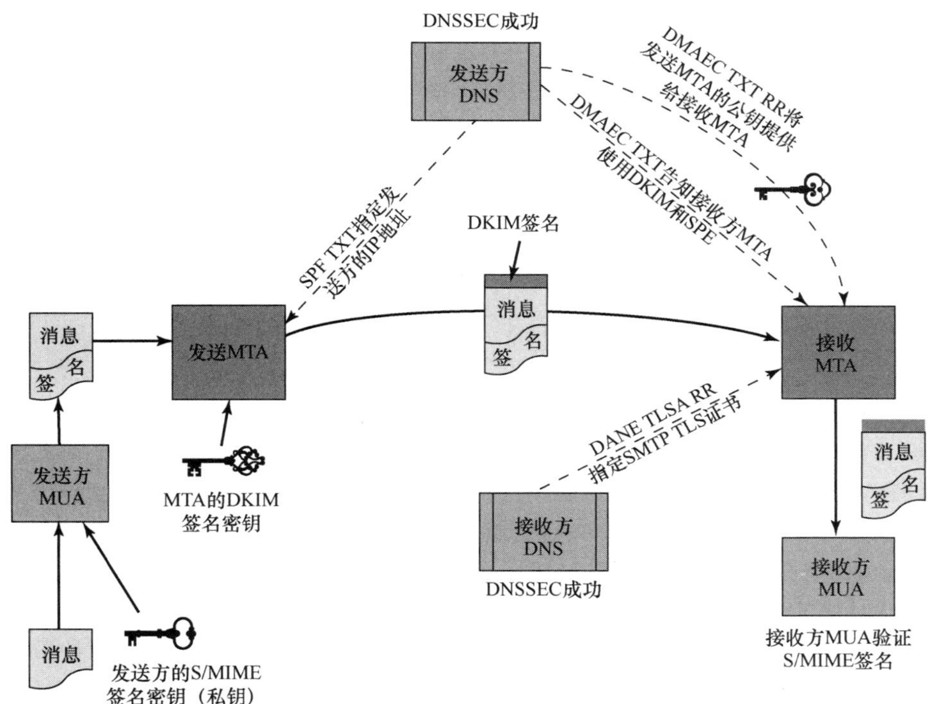


图中，DANE 表示基于 DNS 的命名实体认证；DKIM 表示域名密钥识别的邮件；DMARC 表示基于域的消息认证、报告和一致性协议；DNSSEC 表示域名系统安全扩展；SPF 表示发送方策略框架；S/MIME 表示安全/多用途因特网邮件扩展；TLSA RR 表示传输层安全认证资源记录

图 19.2 保证消息真实性和完整性时，DNSSEC、SPF、DKIM、DMARC、DANE 和 S/MIME 的关系

## 19.4 S/MIME

S/MIME（Secure/Multipurpose Internet Mail Extension）是（基于 RSA 数据安全的）MIME 因特网电子邮件格式标准的安全增强版。S/MIME 的复杂性由一系列文档定义，其中最重要的文档如下。

- **RFC 5750，S/MIME v3.2 证书处理** 指定 S/MIME v3.2 中 X.509 证书的使用规则。
- **RFC 5751，S/MIME v3.2 消息规范** 规范 S/MIME 消息生成和处理的主要文档。
- **RFC 4134，S/MIME 消息示例** 使用 S/MIME 协议的消息格式的例子。
- **RFC 2634，增强的 S/MIME 安全服务** 描述 S/MIME 的 4 个可选安全服务扩展。
- **RFC 5652，密码消息语法（CMS）** 描述密码消息语法（CMS），对任意消息内容进行数字签名、摘要处理、认证或加密。
- **RFC 3370，CMS 算法** 描述 CMS 中的几个常用加密算法。
- **RFC 5752，CMS 中的多重签名** 描述如何为消息使用多个并行的签名。
- **RFC 1847，MIME 安全多方框架-多方签名和多方加密** 定义适用于 MIME 正文各部分的安全服务框架，其中数字签名的使用与 S/MIME 相关，详见后文中的解释。

### 19.4.1 操作描述

S/MIME 提供 4 个消息服务：认证、保密性、压缩和电子邮件兼容性（见表 19.4）。本节首先简要介绍 S/MIME 的功能，然后从消息格式和消息准备方面详述这些功能。

**认证**　认证服务是用第 13 章和图 13.1 中介绍的通用方案借助数字签名提供的，最常使用 RSA 算法和 SHA-256 算法，具体过程如下。

**表 19.4　S/MIME 服务小结**

| 功　能 | 典型算法 | 典型动作 |
| --- | --- | --- |
| 数字签名 | RSA/SHA-256 | 用 SHA-256 生成消息的哈希码。使用 SHA-256 算法和发送方的私钥加密消息摘要并将结果附加到消息中 |
| 消息加密 | 采用 CBC 模式的 AES-128 | 使用 CBC 模式的 AES-128 算法和发送方生成的一次性会话密钥加密消息。使用 RSA 算法和接收方的公钥加密会话密钥并将并将结果附加到消息中 |
| 压缩 | 未规定 | 压缩消息，以便于存储或传输 |
| 电子邮件兼容性 | 基 64 转换 | 为了给电子邮件应用提供透明性，使用基数 64 转换将加密后的消息转换为 ASCII 码字符串 |

**1**. 发送方生成消息。

**2**. 用 SHA-256 算法生成消息的 256 位消息摘要。

**3**. 使用 RSA 算法和发送方的私钥加密消息摘要并将结果附加到消息中。附加的内容是签名者的识别信息，可让接收方检索签名者的公钥。

**4**. 接收方使用 RSA 算法和发送方的公钥解密消息并恢复消息摘要。

**5**. 接收方为消息生成一个新消息摘要，并将它与解密后的哈希码进行比较，两者匹配时，消息就是可信的。

结合使用 SHA-256 和 RSA，可以提供一个有效的数字签名方案。鉴于 RSA 的安全强度，接收方确信只有对应私钥的拥有者才能生成签名。鉴于 SHA-256 的安全强度，接收方确信不同的消息无法生成匹配的哈希值，因此能够保证原始消息的签名是有效的。

签名通常会附在消息或文件中，但也有例外，即可以将签名与消息或文件分离。**分离式签名**可由其签署的消息单独存储或传输。在某些情形下，这是有用的。例如，用户可能希望保留所有已发送或接收消息的一个签名日志，可执行程序的分离式签名可以检测后续的病毒感染。另外，需要多方对某个文档（如法律契约）签名时，可以使用分离式签名。此时，每个人的签名都是独立的，并且只适用于该文档；否则，签名就是嵌套的，如第二个人对文档和第一个签名进行签名等。

**保密性**　S/MIME 通过加密消息来提供保密性。最常使用 128 位密钥的 AES 算法和密文分组链接（CBC）模式。密钥本身也用 RSA 算法加密，详见下面的解释。

此时照例要解决密钥分发问题。在 S/MIME 中，每个对称密钥（称为内容加密密钥）都只用一次。也就是说，对每条消息都要随机生成一个随机数作为新密钥。由于只用一次，所以内容加密密钥和消息绑在一起传送。为了保护密钥，要用接收方的公钥加密它。以上步骤描述如下。

**1.**　发送方生成一条消息和一个随机的 128 位数，其中后者只用作该消息的内容加密密钥。

**2.**　使用该内容加密密钥加密消息。

**3.**　使用 RSA 算法和接收方的公钥，加密内容加密密钥并将它附在消息之后。

**4.**　接收方使用 RSA 算法和自己的私钥解密并恢复内容加密密钥。

**5.**　使用内容加密密钥解密消息。

对上述过程的观察结果如下。首先，为了减少加密时间，应优先组合使用对称加密和公钥加密，这种加密方式要优于使用公钥加密消息；同时，在处理大批量信息时，对称加密算法要远快于非对称加密算法。其次，使用公钥算法能够解决**会话密钥**分发问题，因为只有接收方才能恢复绑定到消息的会话密钥。注意，这里不需要使用第 14 章中讨论的会话密钥交换协议，因为这里不从正在进行的会话开始。相反，每条消息都使用独立的一次性密钥。此外，鉴于电子邮件的存储和转发性质，使用握手协议确保通信双方拥有相同的会话密钥是不切实际的。最后，使用一次性对称密钥会使得安全强度较高的对称加密方法更加安全。每个密钥只加密少量明文，并且密钥与密钥之间没有任何关系。因此，在某种程度上，只要公钥算法是安全的，那么整个方案就是安全的。

**保密性和认证**　如图 19.3 所示，保密性和加密都可用于同一条消息。在图 19.3 所示的流程中，首先为明文消息生成签名，并附到消息之后。然后，使用对称加密算法将明文消息加密为一个分组，并使用公钥加密方法加密对称加密密钥。

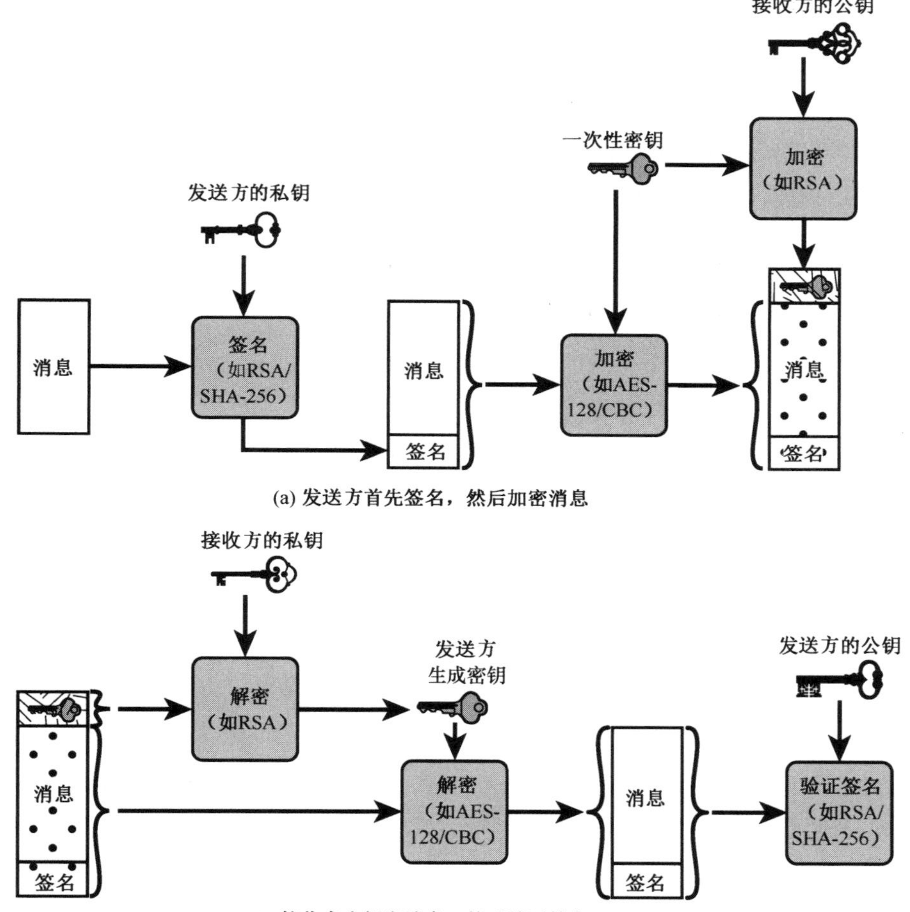


图 19.3　简化的 S/MIME 流程

S/MIME 允许以任意顺序执行签名操作和消息加密操作。如果首先进行签名操作，那么签名者的身份信息会被加密操作隐藏，进而更便于存储明文消息的签名。此外，需要第三方验证时，如果首先执行签名操作，那么第三方在验证签名时不需要考虑对称密钥。

如果首先进行加密操作，那么不需要看到消息内容就可验证签名。由于验证签名时不需要私钥，因此在自动化签名验证场景下是有用的，此时，接收方无法判断签名者和未加密消息内容的关系。

**电子邮件兼容性**　使用 S/MIME 时，至少待传送的部分数据分组是被加密的。如果只使用数字签名服务，那么消息摘要会用发送方的私钥加密。如果使用保密性服务，那么消息和（存在的）签名会用一次性对称密钥加密。因此，部分或所有数据分组就由任意的 8 位字节流组成。然而，许多电子邮件系统只允许使用由 ASCII 文本组成的数据分组。为适应这一限制条件，S/MIME 提供将原 8 位字节二进制流转换成可打印 ASCII 字符流的服务，即 7 位编码过程。

用于这一目的的方案通常是 base64 转换。每组 3 字节二进制数据被映射为 4 个 ASCII 码字符。RFC4648（*The base16, base32, and base64 Data Encodings*）中描述了 base64。

关于 base64 算法，一个值得注意的方面是，它能不加思考地将输入流转换成 base64 格式，而不管其内容是什么，即使输入流也是 ASCII 码文本。因此，如果消息已被签名但未被加密，并且对整个数据分组进行转换，那么输出对不经意的侦听者而言是不可读的，因此在一定程度上提供了保密性。

RFC 5751 同时建议，即使不使用外部 7 位编码，原始的 MIME 内容也应是 7 位编码的，原因是它允许不做改动就处理 MIME 实体。例如，一个受信任的网关可以消除一条消息的加密而不消除签名，然后将签名消息转发给最终的接收方，使得接收方能够直接验证签名。如果内部传输不是 8 位的，如广域网上的一个邮件网关，那么不可能验证签名，除非原始的 MIME 实体只是 7 位数据。

**压缩**　S/MIME 还提供消息压缩功能，优点是可以节省电子邮件传输和文件存储的空间。压缩操作可以相对于签名和消息加密操作的任何顺序进行。RFC 5751 提出了如下两条原则。

- 不建议压缩二进制编码加密数据，因为压缩效果不明显。但建议压缩采用 base64 加密的数据。
- 如果签名时使用了有损压缩算法，那么需要先压缩后签名。

### 19.4.2　S/MIME 消息内容类型

S/MIME 使用 RFC 5652 中定义的如下消息内容类型，即密码消息语法。

- **Data**　内部的 MIME 编码消息内容，这些内容之后被封装到 SignedData、EnvelopedData 或 CompressedData 内容类型中。
- **SignedData**　用于对消息应用数字签名。
- **EnvelopedData**　由任何类型的加密内容及加密内容的加密密钥组成，其中的加密密钥是一个或多个接收方的密钥。
- **CompressedData**　用于对消息应用数据压缩。

Data 内容类型也用于称为透明签名的过程。对于透明签名，为已编码的 MIME 消息生成一个数字签名，由该消息和数字签名共同组成一个多部分的 MIME 消息。不同于采用特殊格式封装消息和签名的 SignedData，透明签名的消息可以读取，并且它们的签名可被未实现 S/MIME 的电子邮件实体验证。

发送代理必须遵守如下顺序的规则。

1. 发送代理有期望接收方的偏爱解密功能表时，应选择表中可用的第一个（最偏爱的）功能。
2. 发送代理没有期望接收方的偏爱解密功能表，但收到了来自接收方的一条或多条消息时，传出消息所用的加密算法应与上次签名和解密来自接收方的消息的加密算法相同。
3. 发送代理不了解期望接收方的解密功能，并且愿意冒接收方无法解密消息的风险时，应使用 3DES。
4. 发送代理不了解期望接收方的解密功能，并且不愿意冒接收方无法解密消息的风险时，必须使用 RC2/40。

消息需要发送到多个接收方，且不能为这些接收方选择一种通用的加密算法时，发送代理需要发送两条消息。此时，要特别注意消息可能会因为一份低安全性的副本的传输而受到威胁。

### 19.4.3　S/MIME 消息

S/MIME 使用了许多新的 MIME 内容类型，这些新内容类型都使用 PKCS（公钥密码规范，Public-Key Cryptography Specifications）。PKCS 是由对 S/MIME 做出贡献的 RSA 实验室发布的一组公钥密码规范。

下面介绍 S/MIME 消息准备的一般过程。

**保护 MIME 实体**　S/MIME 使用签名和/或加密来保护 MIME 实体。MIME 实体可以是整条消息（除 RFC 5322 头部外），也可以上消息的一个或多个子部分。首先，按照普通的 MIME 消息准备规则准备 MIME 实体。然后，使用 S/MIME 处理 MIME 实体和一些与安全相关的数据（如算法标识符、证书），得到 PKCS 对象。最后，将 PKCS 对象作为消息内容封装到 MIME 中（提供合适的 MIME 头部）。后面将给出例子来详细说明这一过程。

在所有情形下，待发送消息都要转换为规范形式。特别地，对于给定的类型和子类型，要为消息内容使用合适的规范形式。对于由多个部分组成的消息而言，要为每部分使用合适的规范形式。

要留意传输编码的使用。在大多数情况下，使用安全算法通常会产生部分或全部用二进制数据表示的一个对象，然后将该对象放到外部 MIME 消息中，这时可以使用传输编码，通常是 base64。然而，在多部分签名的消息情形下（详见后面的描述），安全处理过程并不改变各个部分的消息内容。除了内容用 7 位表示，其他内容应使用 base64 或 quoted printable 传输编码，以便不改变对应用签名的内容。

下面讨论 S/MIME 内容类型。

**envelopedData（封装后的数据）**　对 4 类 S/MIME 处理（每类处理都有一个独特的 smime 类型参数）之一使用一个 application/pkcs7-mime 子类型。在所有情形下，得到的实体（称为对象）采用 X.209 中定义的 BER（Basic Encoding Rules）格式表示。BER 格式由任意 8 位字节串组成，因此是二进制数据。这样的对象应在外部 MIME 消息中使用 base64 传输编码。下面先介绍 envelopedData。

准备 envelopedData MIME 实体的步骤如下。

1. 为某个特殊的对称加密算法（RC2/40 或 3DES）生成一个伪随机会话密钥。
2. 使用每个接收方的 RSA 公钥分别加密会话密钥。
3. 为每个接收方准备一个称为 RecipientInfo 的块，其中包含接收方的公钥证书[①]、加密会话密钥的算法的标识符和加密后的会话密钥。
4. 用会话密钥加密消息内容。

后跟加密内容的 RecipientInfo 块组成 envelopedData，该信息然后被编码为 base64。下面给出一个示例消息（不包含 RFC 5322 头部）。

```
Content-Type: application/pkcs7-mime; smime-type=enveloped-
        data; name=smime.p7m
Content-Transfer-Encoding: base64
Content-Disposition: attachment; filename=smime.p7m
```

```
rfvbnj756tbBghyHhHUujhJhjH77n8HHGT9HG4VQpfyF467GhIGfHfYT6
7n8HHGghyHhHUujhJh4VQpfyF467GhIGfHfYGTrfvbnjT6jH7756tbB9H
f8HHGTrfvhJhjH776tbB9HG4VQbnj7567GhIGfHfYT6ghyHhHUujpfyF4
0GhIGfHfQbnj756YT64V
```

要恢复加密后的消息，接收方首先要剥离 base64 编码，然后用其私钥恢复会话密钥，最后用会话密钥解密消息内容。

---

① 这是一个 X.509 证书，详见本节后面的讨论。

**signedData**（**签名的数据**） signedData smime 类型可被一个或多个签名者使用。为简单起见，下面只讨论单个数字签名的情形。准备 signedData MIME 实体的步骤如下。

1. 选择一个消息摘要算法（SHA 或 MD5）。
2. 计算待签名内容的消息摘要（哈希函数）。
3. 使用签名者的私钥加密数字摘要。
4. 准备一个称为 SignerInfo 的块，其中包含签名者的公钥证书、消息摘要算法的标识符、加密消息摘要的算法的标识符和加密后的消息摘要。

signedData 实体包括多个块，每个块包含一个消息摘要算法的标识符、正被签名的消息和 SignerInfo。signedData 实体也可包含一组公钥证书，这些证书足以构成从根或上级证书颁发机构到签名者的一条链路。这一信息最后被编码为 base64。下面给出一个示例消息（不包含 RFC 5322 头部）。

```
Content-Type: application/pkcs7-mime; smime-type=signed-
     data; name=smime.p7m
Content-Transfer-Encoding: base64
Content-Disposition: attachment; filename=smime.p7m
```


```
567GhIGfHfYT6ghyHhHUujpfyF4f8HHGTrfvhJhjH776tbB9HG4VQbnj7
77n8HHGT9HG4VQpfyF467GhIGfHfYT6rfvbnj756tbBghyHhHUujhJhjH
HUujhJh4VQpfyF467GhIGfHfYGTrfvbnjT6jH7756tbB9H7n8HHGghyHh
6YT64V0GhIGfHfQbnj75
```


要恢复签名后的消息并验证签名，接收方首先要剥离 base64 编码，然后用签名者的公钥解密消息摘要。接收方独立地计算消息摘要，并将它与解密后的消息摘要进行比较，进而验证签名。

**Clear signing**（**透明签名**） 透明签名是用多部分内容类型和一个签名后的子类型实现的。如前所述，签名过程并不涉及转换待签名的消息，因此消息是以透明方式发送的。于是，具有 MIME 功能而不具有 S/MIME 功能的接收方也能读取传入的消息。

multipart/signed 消息由两部分组成。第一部分可以是任何 MIME 类型，但必须做好准备，以便它在从源端到目的端的传输过程中不被改变。这意味着第一部分不是 7 位的，于时需要使用 base64 或 quoted-printable 进行编码。然后，这部分被处理的方式与 signedData 被处理的方式相同，但此时格式为 signedData 的对象有一个空消息内容字段。这个对象是一个分离的签名。然后，使用 base64 对其进行传输编码，使其成为 multipart/signed 消息的第二部分。第二部分具有 MIME 内容类型的应用和子类型 pkcs7-signature。下面给出一个示例消息。

```
Content-Type: multipart/signed;
   protocol="application/pkcs7-signature";
   micalg=sha1; boundary=boundary42
—boundary42
Content-Type: text/plain
This is a clear-signed message.
—boundary42
Content-Type: application/pkcs7-signature; name=smime.p7s
Content-Transfer-Encoding: base64
Content-Disposition: attachment; filename=smime.p7s
```


```
ghyHhHUujhJhjH77n8HHGTrfvbnj756tbB9HG4VQpfyF467GhIGfHfYT6
4VQpfyF467GhIGfHfYT6jH77n8HHGghyHhHUujhJh756tbB9HGTrfvbnj
n8HHGTrfvhJhjH776tbB9HG4VQbnj7567GhIGfHfYT6ghyHhHUujpfyF4
7GhIGfHfYT64VQbnj756
```


```
—boundary42—
```

协议参数指出这是一个两部分透明签名实体。参数 micalg 指出所用的消息摘要类型。接收方通过提取第一部分的消息摘要并将它与从第二部分的签名中恢复的消息摘要进行比较，来验证签名。

**Registrtion Request（注册请求）**　应用或用户通常向证书颁发机构申请公钥证书，application/pkcs10 S/MIME 实体用于传输证书请求。证书请求包括 certificationRequestInfo 块，后跟公钥加密算法的标识符、用发送方私钥得到的 certificationRequestInfo 块的签名。certificationRequestInfo 块包含证书主题的名称（其公钥将被认证的实体）和用户公钥的位串表示。

**Certificates-Only Message（仅含证书消息）**　可以发送只包含证书或证书撤销列表（CRL）的消息，以便应答注册请求。该消息的类型/子类型为 application/pkcs7-mime，并带有一个退化的 smime 类型参数。步骤除没有消息内容及 signerInfo 字段为空外，其他与创建 signedData 消息的相同。

### 19.4.4　S/MIME 证书处理过程

S/MIME 使用符合 X.509 v3 的公钥证书（见第 14 章）。S/MIME 管理员和/或用户必须使用一系列受信任的密钥和证书撤销列表来配置每个客户端。也就是说，验证传入签名和加密流出消息所需的证书是在本地实现的。另一方面，证书由证书颁发机构签名。

**用户代理角色**　S/MIME 用户需要执行几个密钥管理功能。

- **密钥生成**　与某些行政管理机构相关（如与局域网管理相关）的用户必须能够生成单独的 Diffie-Hellman 和 DSS 密钥对，并且能够生成 RSA 密钥对。每个密钥对必须由不确定的随机输入生成，并以某种方案方式进行保护。用户代理应生成长度为 768 ~ 1024 位的 RSA 密钥对，并且禁止生成长度大于 512 位的 RSA 密钥对。
- **注册**　要获得 X.509 公钥证书，用户的公钥必须到证书颁发机构注册。
- **证书存储和检索**　要验证传入签名并加密流出消息，用户就要存取本地的证书列表。证书列表必须由用户或代表用户的本地管理实体维护。

### 19.4.5　安全性增强服务

RFC 2634 中为 S/MIME 定义了 4 个增强的安全性服务。

- **签收收据**　签收收据可在 SignedData 对象中请求。返回签收收据可以证明接收方收到了发送方发送的消息，并且发送方可以向第三方声明接收方收到了消息。收据本质上对整条原始消息和（发送方的）原始签名进行签名，并附加新签名形成一条新 S/MIME 消息。
- **安全标签**　安全标签可以包含在 SignedData 对象的认证属性中。安全标签是一个安全信息集合，它描述的是受 S/MIME 封装保护的内容的敏感性。标签可以用于访问控制，方式是指出哪些对象可以访问对象。其他用途包括优先级（秘密、机密和受限等）或角色（描述哪类人可以查看信息，如患者的医疗团队、医疗账单代理等）。
- **安全邮件列表**　当用户向多个接收方发消息时，需要进行一些与每个接收方相关的处理，包括使用每个接收方的公钥。用户可以使用 S/MIME 提供的邮件列表代理（Mail List Agent，MLA）来取代这一工作。邮件列表代理可以提取单条传入的消息，为每个接收方执行专门的加密操作，并转发该消息。消息的发送方只需将用 MLA 的公钥加密后的消息发送给 MLA。
- **签名证书**　该服务通过签名证书属性将发送方的证书安全地与其签名绑定。

## 19.5　DNSSEC

提供电子邮件安全服务的一些协议会用到 DNS 安全扩展（DNSSEC）。本节首先简要介绍域名系统（DNS），然后讨论 DNSSEC。

### 19.5.1 域名系统

DNS 是一个目录查找服务，它在因特网主机名和其数值 IP 地址之间提供映射。DNS 对因特网的正常运行非常重要。MUA 和 MTA 使用 DNS 来查找邮件发送时，下一跳服务器的地址。发送 MTA 向 DNS 查询接收方域名（符号@右侧的部分）的邮件交换资源记录（MX RR），找到接收 MTA 并与之建立联系。

DNS 包含如下 4 个组件。

- **域名空间** DNS 使用树形结构命名空间来标识因特网上的资源。
- **DNS 数据库** 域名空间树形结构中的每个节点和树叶都命名一组信息（如 IP 地址、域名服务器），这些信息包含在资源记录中。收集的所有 RR 都被组织到一个分布式数据库中。
- **域名服务器** 保存部分域名树形结构和关联 RR 信息的服务器程序。
- **解析器** 从域名服务程序中提取信息以应答客户端请求的程序。典型的客户端请求是对给定的域名查询对应的 IP 地址。

**DNS 数据库** DNS 建立在层次数据库的基础上，层次数据库中包含资源记录（RR），资源记录中包括名称、IP 地址和主机的其他信息。数据库的关键特征如下。

- **可变深度层次的域名** DNS 本质上允许有无限层，并使用句点（.）作为名称中的层分隔符。
- **分布式数据库** 数据库位于散布在因特网上各处的 DNS 服务器中。
- **由数据库控制的分布** DNS 数据库被分为成千上万个单独的管理区间，它们由单独的机构管理。记录的分布和更新由数据库软件控制。

使用这些数据库，DNS 服务器可为需要定位特定服务器的网络应用提供域名-地址目录服务。例如，每次发送出一个电子邮件或访问一个网页，就要进行一次 DNS 域名查找，以确定邮件服务器或 Web 服务器的 IP 地址。

表 19.5 中列出了各类资源记录。

**表 19.5 各类资源记录**

| 类型 | 描述 |
|---|---|
| A | 主机地址。这种 RR 类型将系统名称映射为 IPv4 地址。有些系统（如路由器）有多个地址，每个地址都有一个 RR |
| AAAA | 与 A 类型类似，但仅针对 IPv6 地址 |
| CNAME | 规范名称。为主机指定一个别名，并将其映射到规范（真实）名称 |
| HINFO | 主机信息。指明主机使用的处理器和操作系统 |
| MINFO | 邮箱或邮件列表信息。将一个邮箱或邮件列表名称映射为主机名 |
| MX | 邮件交换。根据邮件应被转发到的查询域名来识别系统 |
| NS | 域的权威域名服务器 |
| PTR | 域名指针。指向域名空间的其他部分 |
| SOA | 起始授权区（实现了部分命名层次）。包括与该区相关的参数 |
| SRV | 在域中为给定的服务提供服务器名 |
| TXT | 任意文本。提供向数据库中添加文本注释的途径 |
| WKS | 熟知服务。列出主机中可用的应用服务 |

**DNS 操作** DNS 操作通常包括如下步骤（见图 19.4）。

1. 用户程序请求一个域名的 IP 地址。
2. 本地主机或本地 ISP 的解析器模块查询本地域名服务器，后者所在的域与解析器的相同。
3. 本地域名服务器检查域名是否在本地数据库或缓存中，若在，则向请求者返回 IP 地址，否则查询其他可用的域名服务器，需要时甚至查询根服务器。

4. 本地域名服务器收到应答后，在本地缓存中存储查到的域名/地址映射，并根据检索到的 RR 中的生存时间字段规定的时间维护该项。

5. 用户程序收到返回的 IP 地址或错误消息。

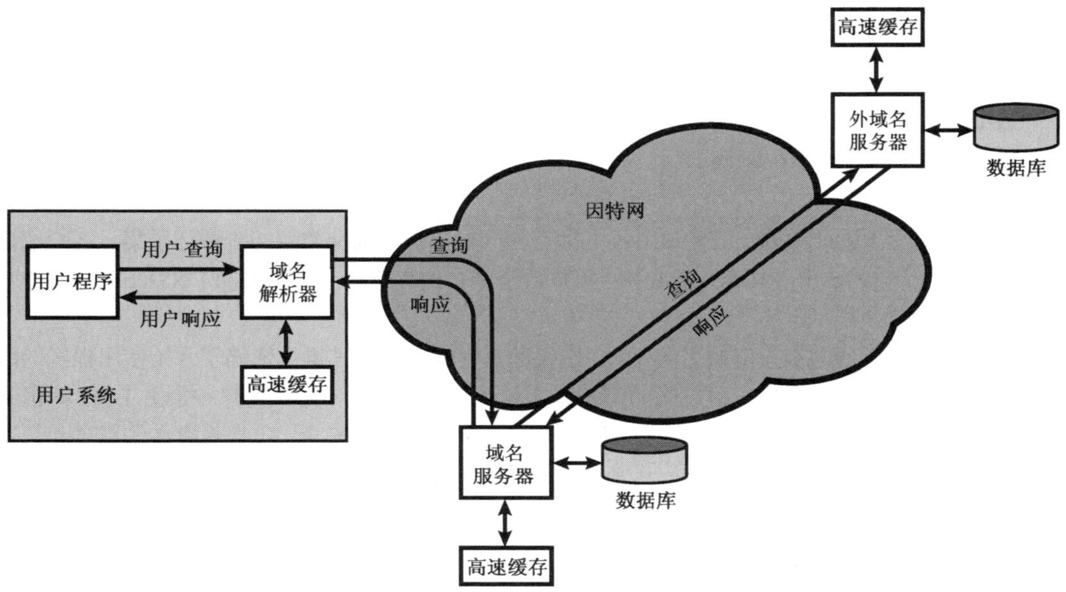


图 19.4　DNS 域名解析

随着因特网的快速发展，支持 DNS 功能的分布式 DNS 数据库必须频繁地更新。此外，DNS 还要处理 IP 地址的动态分配。相应地，定义了 DNS 的动态更新功能。条件允许时，DNS 域名服务器会向其他相关的域名服务器发出更新信息。

### 19.5.2　DNS 安全扩展

DNSSEC 使用数字签名来提供端到端的保护，其中数字签名由应答区管理机构生成，并由接收方的解析器软件验证。特别地，DNSSEC 不需要信任中间域名服务器及缓存或路由 DNS 记录的解析器，其中 DNS 记录源自应答区管理机构。DNSSEC 包含一系列新资源记录类型及对现有 DNS 协议的修改，它们定义在如下文档中。

- **RFC 4033，DNS 安全介绍和需求**　介绍 DNS 安全扩展，描述它们的性能和限制。文档还讨论 DNS 安全扩展提供的服务和未提供的服务。
- **RFC 4034，DNS 安全扩展中的资源记录**　定义 4 类为 DNS 提供安全性的新资源记录。
- **RFC 4035，DNS 安全扩展中的协议改进**　定义签名区的概念，以及使用 DNSSEC 时的服务需求和解析需求。这些技术允许一个安全感知解析器认证 DNS 资源记录和权威的 DNS 错误指示。

**DNSSEC 操作**　DNSSEC 本质上用于保护 DNS 客户端，使其不接受伪造的或修改的 DNS 资源记录。DNSSEC 使用数字签名来提供保护。

- **数据源认证**　确保数据的来源正确。
- **数据完整性验证**　确保 RR 的内容未被修改。

DNS 区管理机构对该区中的每个资源记录集合（RRset）进行数字签名，并在 DNS 本身中发布这些数字签名及区管理机构的公钥。在 DNSSEC 中，对源端公钥（用于签名验证）的信任不是建立在某个第三方或多个第三方［如公钥基础设施（PKI）链］基础之上的，而是始于一个可信区（如根区），并建立一个通往当前应答源端的信任链。在信任链上，父节点可以成功地验证子节点的公钥签名。可信区的公钥称为信任锚。

**DNSSEC 的资源记录**　RFC 4034 定义了 4 类新 DNS 资源记录。

- **DNSKEY**　包含一个公钥。
- **RRSIG**　一个资源记录数字签名。
- **NSEC**　认证拒绝存在记录。
- **DS**　授权签名者。

RRSIG 与每个 RRset 关联，其中 RRset 是拥有相同标签、类别和类型的资源记录集。客户端请求数据时，返回一个 RRset 和 RRSIG 记录中的关联数字签名。客户端获得相关的 DNSKEY 公钥并验证 RRset 的签名。

DNSSEC 依赖于通向被查询域名的 DNS 层级的真实性，因此其操作依赖于开始使用根区的数字签名。DS 资源记录为各个 DNS 区之间的密钥签名和认证提供便利，可以构建一条由 DNS 树根到特定域名的认证链，或签名数据的可信序列。为保证所有 DNS 查询的安全，包括不存在的域名和记录类型的安全，DNSSEC 使用 NSEC 资源记录来认证查询的负面应答。NSEC 用来标识各个域名之间不存在的 DNS 名称或资源记录类型的范围。

## 19.6 基于 DNS 的命名实体认证

DANE 是一个协议，它使用 DNSSEC 将 TLS 中常用的 X.509 证书绑定到 DNS 域名，是在 RFC 6698 中提出的能在无证书颁发机构（CA）时对 TLS 客户端和服务器实体进行认证的一种方法。

使用 DANE 的依据是在全球 PKI 系统中使用 CA 时容易遭到攻击。每个浏览器开发商和操作系统供应商都维护有作为信任锚的 CA 根证书列表，它们被称为软件的根证书，且存储在根证书存储区中。PKIX 程序允许证书接收方根据证书溯源到根节点。只要根证书值得信任，且认证过程顺利，客户端就能建立连接。

然而，如果因特网上运行的几百个 CA 被破坏，那么影响就会广泛蔓延。敌手能够获取 CA 的私钥，在非法域名下得到发出的证书，或者将伪造的新根证书存储到根证书存储区中。对全球 PKI 的范围不设限或者破坏一个 CA，都会破坏整个 PKI 系统的完整性。此外，有些 CA 的安全性较差。例如，有些 CA 会发出通配符证书，允许持有者在全球各地为任意域或实体发布子证书。

DANE 的目的是用 DNSSEC 提供的安全性来取代 CA 系统提供的安全性。由于域名的 DNS 管理者被授权提供标识，因此允许管理者绑定域名和证书。

### 19.6.1 TLSA 记录

DANE 定义了一个新的 DNS 记录类型 TLSA，它是认证 SSL/TLS 证书的一种安全方法。TLSA 的作用如下。

- 指定哪个 CA 可为哪个证书提供保证，或哪个特定的 PKIX 终端实体证书是有效的。
- 指定一个服务证书或 CA 可在 DNS 中直接被认证。

TLSA RR 可将证书发布和证书传输关联到给定的域。服务器域名拥有者创建一条标记证书及其公钥的 TLSA 资源记录。客户端在 TLS 协商过程中收到 X.509 证书后，查找该域的 TLSA RR，并运行客户端证书验证程序将 TLSA 数据与证书匹配。

图 19.5 显示了发送给请求实体的 TLSA RR 的格式。它包括 4 个字段。“证书用途”字段定义 4 个不同的证书用途模型，具体如下。

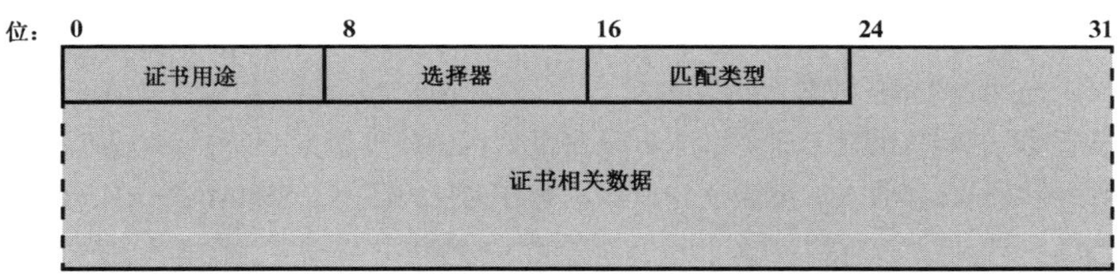


图 19.5　TLSA RR 传输格式

- **PKIX-TA（CA 约束）**　在认证服务证书时，指定应信任的 CA。这个用途模型为主机上的给定服务限制了能够发布证书的 CA。服务器证书链必须通过 PKIX 验证，直到存储在客户端的可信根证书时终止。
- **PKIX-EE（服务证书约束）**　定义哪个专用终端实体服务证书对该服务是可信的。这个用途模型限制了主机上的给定服务所用的终端实体证书。要求服务器证书链必须通过 PKIX 验证，直到存储在客户端的可信根证书时终止。
- **DANE-TA（信任锚断言）**　指定一个域操作 CA 作为信任锚。这个用途模型允许域名管理者指定新信任锚——例如，当域在自己的 CA 下发布自己的证书，并且不希望这些证书在终端用户的信任锚集合中时。
- **DANE-EE（域颁发的证书）**　指定一个域操作 CA 作为信任锚。这种证书用途允许域名管理者为不涉及第三方 CA 的域颁发证书。服务器证书链是自颁发的，不需要对存储在客户端的可信根证书进行验证。

前两个用途模型适合于共同使用，以增强公共 CA 系统的安全性。后两个用途模型在不使用公共 CA 的情况下使用。

“选择器”字段指明是整个证书匹配还是公钥的值匹配。匹配在 TLS 协商给出的证书和 TLSA RR 中存储的证书之间进行。**“匹配类型”**字段指明证书匹配是如何进行的。选项有精确匹配、SHA-256 哈希匹配和 SHA-512 哈希匹配。**“证书相关数据”**是十六进制格式的原始证书数据。

### 19.6.2　为 SMTP 使用 DANE

根据 STARTTLS，可以使用 DANE 和 TLS 上的 SMTP 来提供更完整的电子邮件传输安全。DANE 可以认证与用户邮件客户端（MUA）进行通信的 SMTP 提交服务器的证书，还可以认证 SMTP 服务器（MTA）之间的 TLS 连接。结合使用 DANE 和 SMTP 的说明见因特网草案（*SMTP Security via Opportunistic DANE TLS*，draft-ietf-dane-smtp-with-dane-19，2015 年 5 月 29 日）。

如 19.1 节所述，SMTP 使用 STARTTLS 扩展在 TLS 上运行 SMTP，以便整个邮件消息和 SMTP 信封都被加密。这是在机会合适时完成的，即通信双方都支持 STARTTLS 时完成的。即使使用 TLS 提供保密性，也会遭受如下攻击。

- 敌手破坏对 TLS 功能的宣传，降低连接的级别，使得通信方不使用 TLS。
- TLS 连接有时是不可靠的（例如，使用自签名证书和不匹配的证书很常见）。

DANE 可以消除所有这些缺陷。域可以将 TLSA RR 作为必须执行加密的指示器，以防范恶意降级。域也可以用被 DNSSEC 签名的 TLSA RR 来认证 TLS 连接设置中使用的证书。

### 19.6.3 为 S/MIME 使用 DNSSEC

使用 DNSSEC 和 S/MIME 可以提供更完整的电子邮件传输安全性，使用的方式与 DANE 的类似。这一用法的说明见因特网草案（*Using Secure DNS to Associate Certificates with Domain Names for S/MIME*, draft-ietf-dane-smime-09, 2015 年 8 月 27 日），其中提出了一个新 SMIMEA DNS RR。SMIMEA RR 的目的是关联证书与 DNS 域名。

如 19.4 节所述，S/MIME 消息通常包含用来帮助认证消息发送方的证书，以及加密后的消息中所用的证书。这个特性要求接收 MUA 验证与声称发送方关联的证书。SMIMEA RR 可以提供进行这一验证的安全方式。

SMIMEA RR 与 TLSA RR 的格式和内容基本相同，功能也基本相同。区别在于，SMIMEA RR 的作用是满足 MUA 处理消息字段中邮件地址指定的域名的需求，而不是满足外部 SMTP 信封中指定的域名的需求。

## 19.7 发送方策略框架

发送方策略框架（SPF）是发送域为某个给定域标识和断言邮件发送方的一种标准方法。SPF 解决的问题如下：基于现有的电子邮件基础设施，任何主机都可为邮件头部中的标识符使用任何域名，而不限于主机所处位置的域名。这种做法的两个主要缺陷如下。

- 它是减少垃圾邮件（UBE）的主要障碍，会使得邮件处理程序根据已知 UBE 资源过滤电子邮件变得困难。
- ADMD（见 19.1 节）会关注其他带有恶意的实体使用其域名的方便程度。

RFC 7208 中定义了 SPF。该文档中提供了 ADMD 授权主机在 MAIL FROM 或 HELO 身份中使用它们的域名的协议。合规 ADMD 在 DNS 中发布发送方策略框架（SPF）记录，指明允许哪些主机使用它们的域名，合规邮件接收方使用发布的 SPF 记录来测试发送邮件传输代理（MTA）的权威性。

SPF 的工作原理是，检查发送方的 IP 地址与发送域内任何 SPF 记录中的编码策略。发送域是在 SMTP 连接中使用的域，而不是消息头部中指明的域。这表明 SPF 检查可在收到消息内容之前进行。

图 19.6 所示是 SPF 的一个例子。

```
S: 220 foo.com Simple Mail Transfer Service Ready
C: HELO mta.example.net
S: 250 OK
C: MAIL FROM:<alice@example.org>
S: 250 OK
C: RCPT TO:<Jones@foo.com>
S: 250 OK
C: DATA
S: 354 Start mail input; end with <crlf>.<crlf>
C: To: bob@foo.com
C: From: alice.sender@example.net
C: Date: Today
C: Subject: Meeting Today
. . .
```

图 19.6 SMTP 信封头部与消息头部不匹配的一个例子

假设发送方的 IP 地址为 192.168.0.1。消息来自域 mta.example.net 的 MTA。发送方用 MAIL FROM 标记 alice@example.org，指出消息来自域 example.org。但是，消息头部指定的标记为 alice.sender@ example.net。接收方使用 SPF 查询对应于 example.com 的 SPF RR，检查 IP 地址 192.168.0.1 是否是有效的发送方，然后根据 RR 检查的结果给出适当的应答。

### 19.7.1 发送端的 SPF

发送域需要标识某个给定域的所有发送方，并将这一信息添加到 DNS 中作为一条单独的资源记录。接着，发送域使用 SPF 语法为每个发送方编码合适的策略。编码是在 TXT DNS 资源记录中作为机制和修饰符完成的。机制用来定义一个待匹配 IP 地址或地址范围，修饰符指明给定匹配的策略。表 19.6 中列出了 SPF 中最重要的机制和修饰符。

SPF 语法非常复杂，可以表示发送方之间的复杂关系，详见 RFC 7208。

表 19.6　通用 SPF 机制和修饰符

| 标　记 | 描　述 |
|---|---|
| ip4 | 指定一个 IPv4 地址或地址范围，代表一个域的已授权发送方 |
| ip6 | 指定一个 IPv6 地址或地址范围，代表一个域的已授权发送方 |
| mx | 声明邮件交换资源记录中列出的主机也是域上的合法发送方 |
| include | 列出其他域，接收方可能对这些域中的发送方的 SPF RR 做进一步查询。这在拥有很多域和子域的大型企业中是有用的，这些域之间有一组共同的发送方。include 机制是递归的，即对记录进行的 SPF 检查是整体进行的，而不是简单检查的组合 |
| all | 匹配还未匹配的所有 IP 地址 |

(a) SPF 机制

| 修 饰 符 | 描　述 |
|---|---|
| + | 给定的机制必须通过检查。这是不需要显式列出的默认机制 |
| — | 给定的机制不允许代表域发送电子邮件 |
| ~ | 给定的机制的状态不明确，若邮件来自列出的主机/IP 地址，则它应被接收并标记为仔细检查 |
| ? | SPF RR 未明确说明该机制。此时的默认操作是接收邮件（等同于“+”，除非导出了某类分散或汇总的邮件结论） |

(b) SPF 机制修饰符

## 19.7.2　接收端的 SPF

在接收方实现 SPF 时，SPF 实体使用 SMTP 信封 MAIL FROM:地址字段和发送方的 IP 地址查询 SPF TXT RR。SPF 检查可在收到电子邮件消息正文前开始，因此可能阻止电子邮件内容的传输。此外，在所有检查完成之前，整个邮件可能会被接收和缓存。在这两种情形下，检查要在邮件消息发送到终端用户的邮箱之前完成。

SPF 检查涉及如下规则。

**1**．未返回任何 SPF TXT RR 时，默认操作是接收邮件消息。

**2**．SPF TXT RR 格式出错时，默认操作是接收邮件消息。

**3**．在其他情形下，使用 RR 中的机制和修饰符来确定处理邮件消息的方式。

图 19.7 中说明了 SPF 操作。

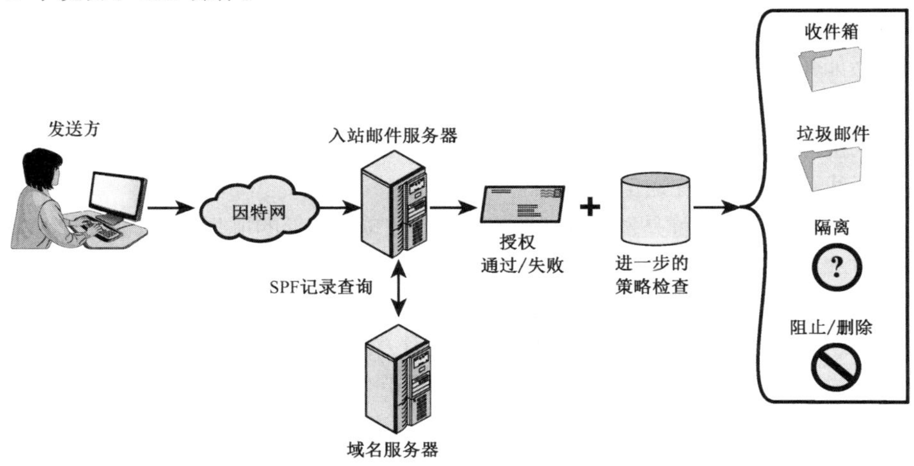


图 19.7　SPF 操作

## 19.8 DKIM

域名密钥识别邮件（DKIM）是采用密码学方法签名邮件消息的规范，它允许签名域宣称对邮件流中的邮件负责。消息接收方（或其代理）可以验证签名，方法是直接查询签名者域，检索到合适的公钥，确认消息是否是由拥有该签名域私钥的一方签名的。DKIM 也是一个因特网标准［RFC 6376: *DomainKeys Identified Mail（DKIM）Signatures*］。DKIM 已被电子邮件提供商（公司、政府机构、gmail、Yahoo!和许多因特网服务提供商）广泛采用。

### 19.8.1 电子邮件威胁

RFC 4686（*Analysis of Threats Motivating DomainKeys Identified Mail*）中描述了由 DKIM 给出的特征、功能和位置攻击威胁。

**特征** RFC 4686 中给出了敌手在三个层次上的攻击范围。

1. 在较低层次上，敌手只给那些不希望收到邮件的用户发送电子邮件。敌手可用众多的商用工具之一让发送方伪造邮件消息的源地址，使得接收方难以根据源地址或源域过滤垃圾邮件。
2. 在中等层次上，大量垃圾邮件的专业发送方以商业企业的名义运作并代表第三方发送消息。它们采用更全面的攻击工具，包括邮件传输代理（MTA）、已注册的域及受控制计算机网络（僵尸），发送消息并（在大多数情况下）获取收件人地址。
3. 在专业层次上，敌手技术娴熟且财力雄厚（如通过电子邮件诈骗中获取商业利益）。他们可能使用上述的各种机制来攻击因特网基础设施，包括 DNS 挟持攻击和 IP 路由攻击。

**功能** RFC 4686 中列出了敌手可能拥有的如下功能。

1. 将消息从因特网上的多个地址发送给 MTA 和 MSA。
2. 构建任意个消息头部字段，以包含那些对邮件列表、重发者和其他邮件代理的声明。
3. 在他们的控制之下，代表域对消息签名。
4. 生成大量貌似已签名或根本未签名的消息，实施拒绝服务攻击。
5. 重发已经过域签名的消息。
6. 使用任何期望的信封信息传送消息。
7. 伪装成某台受控计算机发送消息。
8. 操纵 IP 路由，从某个 IP 地址或难以追踪的地址发送消息，或转发消息到指定的目标域。
9. 使用诸如缓存挟持的方法影响部分域名服务器（DNS），进而影响消息的路由，或者伪造基于 DNS 的密钥和签名的广告。
10. 控制大量计算机资源，如“征召”感染蠕虫的“僵尸”计算机进行各种暴力攻击。
11. 通过无线网络监听正在通信的信道。

**位置** DKIM 主要关注声称是发送方和接收方的行政单位外部的那些敌手。这些行政单位通常对应于靠近发送方和接收方的受保护网络，即提交认证消息所要求的信任关系不存在且不适用于大规模使用的部分。相反，在这些行政单位内部存在更易部署且比 DKIM 更可能使用的其他机制（如提交认证消息）。外部敌手通常采用电子邮件的“任意方到任意方”性质，让接收 MTA 接收来自任何地址的消息，并将其发送到他们的本地域。他们可能会生成不带签名的消息、带不正确签名的消息，或者生成签名正确但在域上无法追踪的消息。他们还可能伪造邮件列表、贺卡或其他代理来为其他用户发送邮件或转发邮件。

## 19.8.2　DKIM 策略

DKIM 是提供电子邮件认证的一种技术，它对终端用户是透明的。用户的电子邮件基本上都由其所在的管理域的私钥签名。这个签名覆盖消息的所有内容和 RFC 5322 消息头部的一部分。在接收端，MDA 可以通过 DNS 访问相应的公钥并验证签名，以便认证消息来自其声称的管理域。于是，声称来自某个域但实际上不来自该域的邮件不会通过认证测试而被拒绝。该方法不同于 S/MIME，后者使用发送方的私钥对消息内容签名。DKIM 的动机如下。

1. S/MIME 要求接收方和发送方都采用 S/MIME。但对几乎所有的用户而言，传入的大量邮件并不使用 S/MIME，且服务器发送的大量邮件是发给不使用 S/MIME 的收件方的。
2. S/MIME 只对消息内容签名。因此，RFC 5322 头部中涉及发送方的信息可能会被破坏。
3. DKIM 不是在客户端程序（MUA）中实现的，因此对用户透明，用户无须采取任何行动。
4. DKIM 适用于来自协作域的所有邮件。
5. DKIM 允许合法的发送方证明其发送了某个邮件，并阻止敌手假冒合法用户。

图 19.8 是 DKIM 操作的一个简单例子。

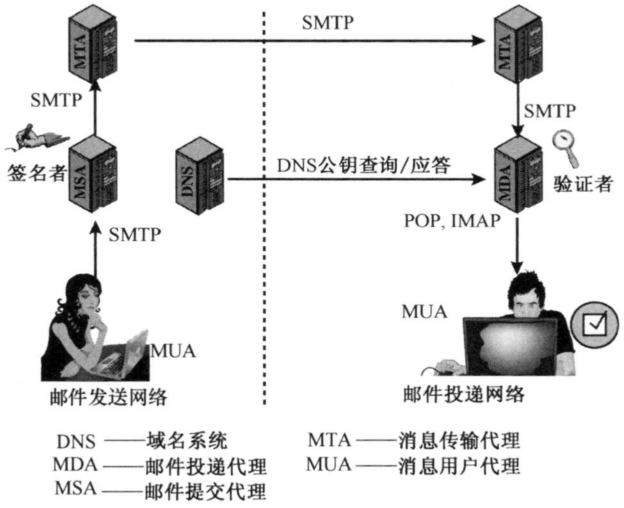

图 19.8　DKIM 操作的一个简单例子

下面首先介绍用户生成消息并发送到 MHS，再让 MHS 发送给该用户的管理域中的 MSA。电子邮件客户端生成电子邮件。电子邮件提供者使用自己的私钥签名消息的内容和选取的 RFC 5322 头部。签名者与某个域关联，这个域可以是公司局域网、ISP 或类似于 gmail 的公共电子邮件程序。然后，签名后的消息通过一系列 MTA 在因特网上向前传输。到达目的地时，MDA 为传入的签名检索公钥，并在将消息传送到目的电子邮件客户端之前验证签名。默认的签名算法是 RSA 和 SHA-256，有时也使用 SHA-1 和 RSA。

## 19.8.3　DKIM 功能流程

图 19.9 中给出了 DKIM 操作元素。基本消息处理过程分为两部分，即签名行政管理域（ADMD）和验证行政管理域。最简单的情形是起源 ADMD 和发送 ADMD，但在处理路径上可能包括其他 ADMD。

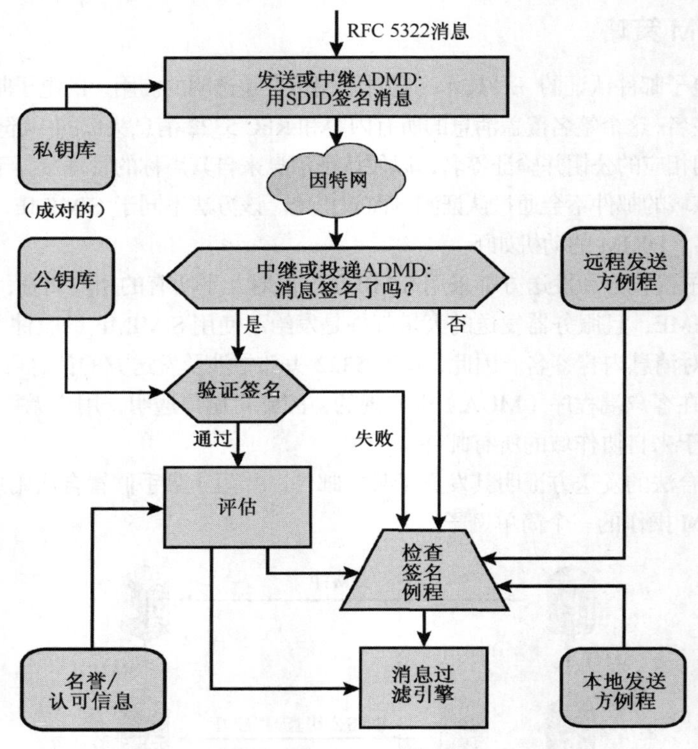


图 19.9 DKIM 功能流程

签名是由签名 ADMD 内部的授权模块使用来自密钥仓库的私钥信息执行的。在起源 ADMD 内，这是由 MUA、MSA 或 MTA 执行的。验证由验证 ADMD 内的授权模块执行。在发送 ADMD 内部，验证可由 MTA、MDA 或 MTA 执行。该模块验证签名，或确定是否需要一个特殊的签名。验证签名时使用来自密钥仓库的公用信息。如果签名通过，那么使用信誉评估签名者并让消息通过邮件过滤系统。如果签名验证失败或未用消息所有者的域签名，那么可以远程或本地检索与所有者相关的签名信息，且让该信息通过邮件过滤系统。例如，如果发送方（如 gmail）使用了 DKIM，但无 DKIM 签名，那么该消息可能会被认为是伪造的。

签名以附加的头部项插入 RFC 5322 消息，并以关键字 Dkim-Signature 开头。对于传入的消息，可以使用 View Long Headers 选项查看传入的邮件。下面给出一个例子。

```
Dkim-Signature:    v=1; a=rsa-sha256; c=relaxed/relaxed;
                   d=gmail.com; s=gamma; h=domainkey-
                   signature:mime-version:received:date:
                   message-id:subject :from:to:content-type:
                   content-transfer-encoding;
                   bh=5mZvQDyCRuyLb1Y28K4zgS2MPOemFToDBgvbJ
                   7GO90s=;
                   b=PcUvPSDygb4ya5Dyj1rbZGp/VyRiScuaz7TTG
                   J5qW5slM+klzv6kcfYdGDHzEVJW+Z
                   FetuPfF1ETOVhELtwH0zjSccOyPkEiblOf6gILO
                   bm3DDRm3Ys1/FVrbhVOlA+/jH9Aei
                   uIIw/5iFnRbSH6qPDVv/beDQqAWQfA/wF7O5k=
```

在对消息进行签名前，要对 RFC 5322 消息的头部和正文执行规范化处理。规范化用来处理消息中的微小变化，包括字符编码、消息行中的空格处理及头部行的“折叠”和“展开”。规范化的目的是最小化消息的变换，使得接收端产生规范值的概率最大。DKIM 定义了两个头部规范化算法（simple 和 relaxed）和两个正文规范化算法（simple 和 relaxed），其中 simple 算法不能更改，但 relaxed 算法可以更改。

签名中包含许多字段。每个字段都由一个标记开头，标记由标记码、等号和分号组成。这些字段包含如下内容。

- **v** 中 DKIM 版本。
- **a** 是用于生成签名的算法，它必须是 rsa-sha1 或 rsa-sha256。
- **c** 是对头部和正文使用的规范化方法。
- **d** 是一个用作标识符的域名，它识别责任人或企业。在 DKIM 中，这个标识符被称为签名域标识符（SDID）。在上例中，这个字段指出发送方正在使用一个 gmail 地址。
- **s** 是为了在同一个签名域的不同环境下使用不同的密钥，由 DKIM 定义的一个选择器，它由验证方在签名验证期间检索正确的密钥。
- **h** 是 Signed Header 字段，即用冒号分隔的头部字段名称列表，是标识展示给签名算法的头部字段。在上例中，签名涵盖 domainkey-signature 字段，它是一个仍在使用的旧算法。
- **bh** 是规范化后的消息正文的哈希值，它为诊断签名验证失败提供额外的信息。
- **b** 是 base64 格式的签名数据，是加密后的哈希码。

## 19.9 基于域的消息认证、报告和一致性

基于域的消息认证、报告和一致性（DMARC）允许邮件发送方指明处理邮件的策略、接收方返回的报告类型及接收方返回报告的频率，它定义在 RFC 7489（*Domain-based Message Authentication, Reporting and Conformance*，2015 年 3 月）中。

DMARC 与 SPF 和 DKIM 配合使用。SPF 和 DKIM 通过 DNS 让发送方告知接收方声称来自发送方的邮件是否合法，以及邮件是否应被发送、标记或丢弃。然而，SPF 和 DKIM 都未告知接收方 SPF 或 DKIM 协议是否处于使用状态的机制，也未告知发送方反垃圾邮件技术使用效果的反馈机制。例如，当接收方收到无 DKIM 签名的邮件消息时，接收方并不知道邮件是来自未实施 DKIM 的可信发送方的邮件，还是欺骗邮件。DMARC 通过规范化邮件接收方使用 SPF 和 DKIM 实施邮件认证的操作，解决了上述问题。

### 19.9.1 标识符匹配

DKIM、SPF 和 DMARC 认证消息的各个方面。DKIM 认证字段上的消息签名。SPF 认证 SMTP 信封，详见 RFC 5321 中的定义。它既能认证 SMTP 信封上 MAIL FROM 位置的字段又能认证 HELO 字段。这些字段可以是不同的字段，且通常对终端用户不可见。

DMARC 认证消息头部的 From 字段，详见 RFC 5322 中的定义。From 字段是 DMARC 机制中的核心身份，由于它是必填的消息头部字段，因此必然出现在合规消息中。大部分 MUA 都将 RFC 5322 From 字段表示为消息的发送方，并将部分或所有头部字段的内容重新发给终端用户。该字段中的电子邮件地址是终端用户用来识别消息来源的地址，因此是被滥用的首要目标。

DMARC 要求 From 地址与来自 DKIM 或 SPF 的一个已认证标识符匹配。在 DKIM 情形下，匹配在 DKIM 签名域和 From 域之间进行；在 SPF 情形下，匹配在 SPF 已认证域与 From 域之间进行。

### 19.9.2 发送端的 DMARC

使用 DMARC 的邮件发送方还要使用 SPF 和/或 DKIM。发送方在 DNS 系统中发布 DMARC 策略，

告知接收方如何处理声称来自发送方的域的消息。策略以 DNS TXT 资源记录的形式出现。发送方还要创建电子邮件地址以接收汇总和鉴定报告。由于这些邮件地址公开发布在 DNS TXT RR 中，易于发现，并且发布者容易收到大量垃圾邮件，因此，DNS TXT RR 的发布者需要部署某种骚扰反制措施。

类似于 SPF 和 DKIM，TXT RR 中的 DMARC 策略也以由分号分隔的许多 tag = value 对编码。表 19.7 中描述了常用的标记。

表 19.7　DMARC 标记和取值描述

| 标记（名称） | 描　述 |
|---|---|
| v =（版本） | 版本字段必须作为第一个元素，默认值为 DMARC1 |
| p =（策略） | 强制策略字段。取值可为 none、quarantine 或 reject。它采用渐进增强的策略：从发送方域建议对 DMARC 检查失败的邮件不采取措施（p = none），到将检查失败的邮件视为怀疑对象（p = quarantine），再到拒绝所有未检查通过的邮件（p = reject） |
| aspf =（SPF 策略） | 取值 r（默认）表示宽松的 SPF 域措施，取值 s 表示严格的 SPF 域措施。严格匹配要求 From 地址域之间精确匹配，且 SPF 检查必须精确匹配 MailFrom 地址（HELO 地址），宽松匹配只要求 From 地址域和 MailFrom 地址域匹配。例如，MailFrom 地址域 smtp.example.org 和 From 地址域 announce@ example.org 是匹配的，但不是严格匹配的 |
| adkim =（DKIM 策略） | 可选。取值 r（默认）表示宽松的 DKIM 域措施，取值 s 表示严格的 DKIM 域措施。严格匹配要求消息头部中的 From 域和（d = DKIM）标记中的 DKIM 域精确匹配，宽松匹配只要求域部分匹配 |
| fo =（报错选项） | 可选。无 ruf 内容时忽略。取值 0 表示若所有的基本机制都未生成一致的通过结果，则生成 DMARC 失败报告。取值 1 表示若任意一个基本机制生成了除一个不一致通过结果外的其他结果，则生成一个 DMARC 失败报告。其他取值包括 d（签名验证失败时生成一个 DKIM 出错报告）、s（SPF 检查失败时生成一个 SPF 出错报告）。这些取值不是排他的，可以组合使用 |
| ruf = | 可选，但需要 fo 参数存在。列出一系列 URI（目前仅有 mailto:<emailaddress>），指明鉴定反馈报告应当发往何处。供特定消息失败时产生的报告使用 |
| rua = | URI 的可选列表（使用 mailto:URI），指明发给发送方的汇总反馈报告应当发往何处。报告的发送间隔依据 ri 部分确定，若未列出，则默认为 86400 秒 |
| ri =（报告间隔） | 可选，默认值为 86400 秒，该值代表发送方期望的报告间隔 |
| pct =（百分比） | 可选，默认值为 100。表明给定 DMARC 策略下发送方邮件的百分点数，使发送方能逐渐提高策略执行的强度，防止在收到对现有策略的反馈之前执行太过严苛的策略 |
| sp =（接收方策略） | 可选，默认值为 none。其他值与 p 参数的值域相同。该策略用于所有来自给定 DMARC RR 的已确认子域的电子邮件 |

DMARC RR 发布后，来自发送方的消息通常按照如下步骤处理。

**1.** 域所有者创建一个 SPF 策略并将其发布到 DNS 数据库中。域所有者为其系统配置 DKIM 签名。最后，域所有者通过 DNS 发布一个 DMARC 消息处理策略。

**2.** 用户生成邮件消息并将消息交给域所有者的指定邮件提交服务。

**3.** 提交服务把相关细节传递给 DKIM 签名模块，生成用于消息的 DKIM 签名。

**4.** 提交服务把已签名消息转发给指定传输服务，进而递给期望的接收方。

### 19.9.3　接收端的 DMARC

来自发送方的消息经其他中转节点后，最终到达接收方的传输服务单元。接收端的 DMARC 处理步骤如下。

**1.** 接收方执行标准验证测试，如核对 IP 黑名单、域信誉列表并执行特定来源的速率限制。

**2.** 接收方从消息中提取 RFC 5322 From 地址。地址不唯一或不合法时，电子邮件将被报错。

**3.** 接收方根据发送域查询 DMARC DNS 记录。记录不存在时，终止 DMARC 处理。

**4.** 接收方执行 DKIM 签名检查。消息中存在一个以上的 DKIM 签名时，必须验证其中的一个。

5. 接收方查询发送域的 SPF 记录，执行 SPF 合法性检查。
6. 接收方执行标识符匹配操作，核对 RFC 5321 From 字段和 SPF 及 SPF 和 DKIM 记录（若存在）的结果。
7. 将上述步骤的检查结果连同邮件发送方的域传递给 DMARC 模块。DMARC 模块尝试从 DNS 系统中获取该域的策略。如果什么也未找到，那么 DMARC 模块决定这个组织域，重复尝试从 DNS 系统中获取策略。
8. 如果找到一个策略，那么将发送方的域与 SPF、DKIM 的检查结果结合，得到一个 DMARC 策略结论（"通过"或"未通过"），据此有选择地生成两类报告之一。
9. 接收方传输服务要么将邮件发往接收方的收信箱，要么基于 DMARC 结论采取其他本地策略。
10. 需要时，接收方传输服务从邮件传送阶段收集数据信息，供反馈使用。

图 19.10 根据 DMARC.org 实例小结了 DMARC 功能流程。

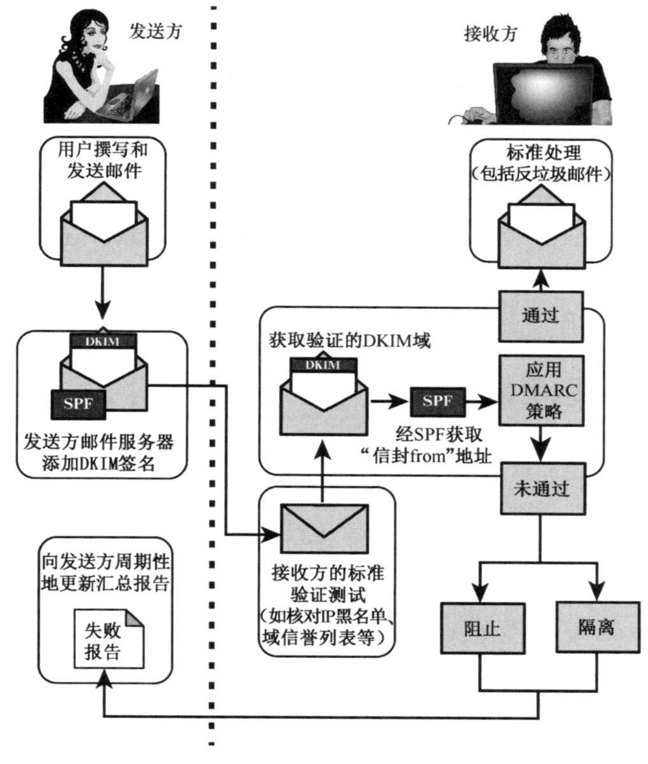


图 19.10 DMARC 功能流程

## 19.9.4 DMARC 报告

DMARC 报告提供发送方关于 SPF、DKIM、标识符匹配、消息处理策略等方面的反馈，使发送方更有效率地实施这些策略。发送的报告有两种类型：汇总报告和鉴定报告。

汇总报告由接收方周期性地发送，它包含成功消息认证和失败消息认证的汇总数据。

- 该时间间隔内发送方的 DMARC 策略。
- 接收方对消息的处置（送达、隔离、拒绝）。
- 给定 SPF 标识符的 SPF 结果。

- 给定 DKIM 标识符的 DKIM 结果。
- 标识符之间是否匹配。
- 按发送方子域分类的结果。
- 发送域和接收域对。
- 使用的策略及该策略是否与期望的策略相同。
- 消息成功认证的数量。
- 所有收到的消息的总数。

这些信息可让发送方了解邮件基础设施和邮件策略之间的差距。SP 800-177 标准建议发送方将 DMARC 策略设置为 p = none，以便在某个消息未通过某些检查时，对这个消息的最终处置由接收方的本地策略决定。由于收集了 DMARC 汇总报告，发送方可以定量地评估外部接收方对邮件的认证，并且能够将策略设置为 p = reject，指明任何未通过 SPF、DKIM 和标识符匹配检查的邮件都被拒绝。根据自己的流量分析，接收方可以对发送方的 p = reject 策略是否充分可靠自行做出决策。

鉴定报告有助于发送方改进所用的 SPF 和 DKIM 机制，同时警告发送方它们的域名可能已卷入钓鱼网站/垃圾邮件活动。鉴定报告的格式与汇总报告的相似，不同点如下。

- 接收方包含足够的信息和消息头部，可让该域分析未通过的原因。添加了一个与 DKIM 和 SPF DMARC 方法字段相适应的 Indentity-Alignment 字段。
- 可选地添加一个 Delivery-Result 字段。
- 消息使用 DKIM 签名时，添加 DKIM 域、DKIM 标识符和 DKIM 选择器等字段。可选地添加 DKIM 规范头部和正文字段。
- 添加一个额外的 DMARC 认证失败类型，在认证机制之间未能产生匹配标识符时使用。

## 19.10 关键术语、思考题和习题

### 关键术语

| | | |
|---|---|---|
| 分离式签名 | 邮局协议版本 3 | 简单邮件传输协议 |
| 电子邮件 | 会话密钥 | 信任 |

### 思考题

**19.1** RFC 5321 与 RFC 5322 有何区别？

**19.2** SMTP 和 MIME 标准分别是什么？

**19.3** MIME 内容类型与 MIME 传输编码之间有何区别？

**19.4** 简要解释 base64 编码。

**19.5** 为何 base64 转换在电子邮件应用中的作用很大？

**19.6** S/MIME 是什么？

**19.7** S/MIME 提供的 4 个基本服务是什么？

**19.8** 分离式签名的作用是什么？

**19.9** DKIM 是什么？

### 习题

**19.1** 字符序列“<CR><LF>.<CR><LF>”指出发送到 SMTP 服务器的一封电子邮件的结束。如果邮件数据

本身包含这串字符序列，那么会发生什么？

**19.2** POP3 和 IMAP 分别是什么？

**19.3** 如果在 S/MIME 中使用有损压缩算法（如 ZIP），那么为何先生成签名后进行压缩较好？

**19.4** 在部署 DNS 前，可用 SRI 网络信息中心维护的一个简单的文本文件（HOSTS.TXT）来完成对主机名和地址的匹配。连接到因特网的每台主机都需要更新这个文件的本地版本，以便使用主机名而不直接复制 IP 地址。与旧的中心化 HOSTS.TXT 系统相比，DNS 系统的主要优点是什么？

**19.5** 考虑把 base64 转换作为一种没有密钥的加密。假设对手只知道用来加密英文文本的某个替代算法，而没有猜到它是 base64。这个算法对抗密码分析的能力如何？

**19.6** 采用如下技术编码文本“plaintext”。假设字符以 8 位零校验 ASCII 码存储。**a.** base64；**b.** Quoted-printable。

**19.7** 使用一个 2×2 矩阵对 DANE 中的 4 个证书用途模型的性质进行分类。

# 第20章 IP安全

## 学习目标

- 简要介绍 IP 安全（IPsec）。
- 解释传输模式和隧道模式的不同。
- 理解安全关联的概念。
- 解释安全关联数据库和安全策略数据库的不同。
- 小结 IPsec 为出站数据包和入站数据包执行的流量处理功能。
- 简要介绍封装安全净荷。
- 讨论组合安全关联的替代方案。
- 简要介绍因特网密钥交换（IKE）。
- 小结适合 IPsec 使用的替代密码学套件。

对于电子邮件（S/MIME、PGP）、客户端/服务器（Kerberos）、Web 访问（SSL）等应用领域，人们开发了专用的安全机制。然而，用户还需要关心协议层的安全。例如，为了确保内部 IP 网络的安全性和私密性，企业可能会断开到不信任站点的链接，并且加密出站数据包、认证入站数据包。通过实现 IP 级安全，企业不仅可以确保带有安全机制的应用的连网安全，而且可以确保不要安全机制的应用的连网安全。

IP 级安全包括三项内容：认证、保密性和密钥管理。认证机制不仅要确保收到的数据包由数据包头部标识的源端发出，而且要确保数据包在传输过程中不被篡改。保密性是指将消息加密后传送，防止第三方窃听。密钥管理机制与密钥的安全交换有关。

本章首先介绍 IP 安全（IPsec）和 IPsec 的架构，然后详细介绍它们的三项内容。

## 20.1 IP 安全概述

1994 年，因特网架构委员会（IAB）发布了题为“因特网架构安全”的报告（RFC 1636），为安全机制标识了一些关键领域，包括保障网络基础设施的安全，避免网络通信的未授权监控和网络流量控制，并使用认证和加密机制保障终端用户之间的流量的安全。

为了提供安全性，IAB 将认证和加密作为下一代 IP（即 IPv6）中的必需安全特性。所幸的是，这些安全特性可以同时在 IPv4 和 IPv6 中使用，这意味着厂商现在就可以提供这样的安全性能，事实上很多厂商已将一些 IPsec 性能纳入产品。IPsec 规范现在已有一系列的因特网标准。

### 20.1.1 IPsec 的应用

IPsec 为 LAN、WAN 和 Internet 上的通信提供安全性能，它的应用示例如下。

- **通过因特网实现分支机构的安全连接** 公司可以在因特网和公用 WAN 上建立安全的虚拟专用网，

从事依赖于因特网的商务活动，减少对专用网络的需求，节省开销和网络管理成本。

- **通过因特网进行安全的远程访问** 系统中配备 IP 安全协议的终端用户，可以本地访问因特网服务提供商（ISP），获得对公司网络的安全访问，降低出差员工和远程办公人员的成本。
- **与合作伙伴建立外连网和内连网连接** 使用 IPsec 可与其他企业进行安全通信，确保认证、保密性并提供密钥交换机制。
- **增强电子商务安全** 即使一些 Web 和电子商务应用内置有安全协议，使用 IPsec 也能增强安全性。IPsec 在应用层附加一个安全层，保证由网络管理员指定的任何流量都被加密和认证。

IPsec 支持各种应用的关键是，可在 IP 层加密和/或认证所有流量，从而保证所有分布式应用（包括远程登录、客户端/服务器、电子邮件、文件传输、Web 访问等）的安全。

### 20.1.2 IPsec 文档

IPsec 包含三个功能：认证、保密和密钥管理。IPsec 规范由数十个 RFC 文档和 IETF 草案文档组成，掌握所有这些复杂的 IETF 规范非常困难。了解 IPsecr 范围的最好方法是查阅最新版的 IPsec 文档路线图，如 RFC 6071 [ *IP Security（IPsec）and Internet Key Exchange（IKE）Document Roadmap*，2011 年 2 月 ]。这些文档可分为如下几类。

- **架构** 涵盖 IPsec 的一般概念、安全需求、定义和机制。当前的规范是 RFC 4301（*Security Architecture for the Internet Protocol*）。
- **认证头部（AH）** AH 是提供消息认证的一个扩展头部。当前规范是 RFC 4302（*IP Authentication Header*）。由于消息认证由 ESP 提供，因此不建议使用 AH。它包含在 IPsecv3 中，用来保证后向兼容性，但不应在新应用中使用。本章不讨论 AH。
- **封装安全净荷（ESP）** ESP 由一个封装头部和尾部组成，用于提供加密或加密/认证组合。当前规范是 RFC 4303（*IP Encapsulating Security Payload, ESP*）。
- **因特网密钥交换（IKE）** 描述 IPsec 使用密钥管理方案的文档集合。主要规范是 RFC 7296（*Internet Key Exchange（IKEv2）Protocol*），但存在大量相关的 RFC 文档。
- **密码算法** 为加密、消息认证、伪随机函数（PRF）和密钥交换定义与描述密码算法的文档。
- **其他** 与 IPsec 相关的许多其他 RFC 文档，如处理安全策略和管理信息库（MIB）内容的文档。

### 20.1.3 IPsec 服务

IPsec 通过允许系统选择所需的安全协议、决定服务所用的算法及服务需要的密钥来提供 IP 层的安全服务。两个协议都用于提供安全性：一个是由协议头部指定的认证协议，即认证头部（AH）协议；另一个是由数据包格式指定的组合加密/认证协议，即封装安全净荷（ESP）协议。RFC 4301 中列出了如下服务。

- 访问控制。
- 无连接完整性。
- 数据源认证。
- 拒绝重放数据包（部分顺序完整性格式）。
- 保密性（加密）。
- 有限流量保密性。

## 20.2 IP 安全策略

IPsec 操作的基本概念是应用到从源端到目的端传输的每个 IP 数据包的安全策略。IPsec 策略主要由如下两个数据库的交互决定：**安全关联数据库**（SAD）和**安全策略数据库**（SPD）。本节首先简要介绍这两个数据库，然后小结它们在 IPsec 操作过程中的用途。图 20.1 中描述了两个数据库之间的关系。

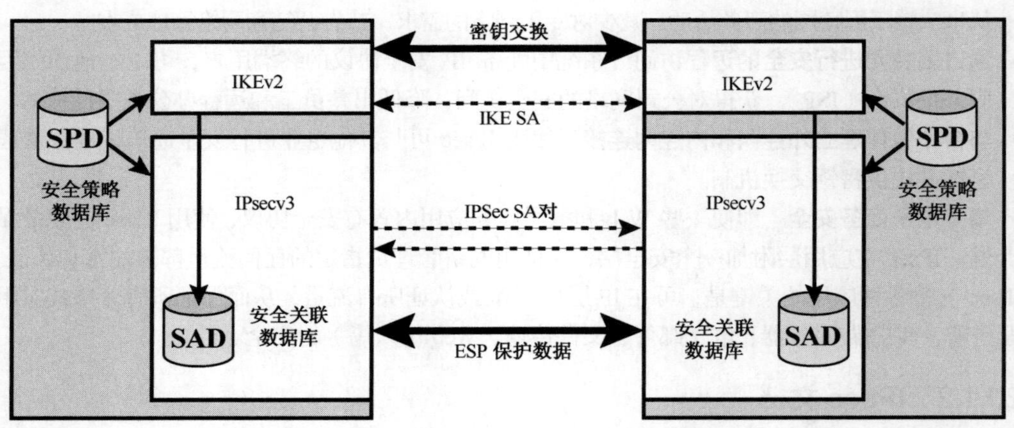


图 20.1　IPsec 架构

### 20.2.1　安全关联

在 IP 的认证和保密机制中，出现的一个核心概念是安全关联（SA）。关联是发送方和接收方之间的单向逻辑连接，它为双方的通信提供安全服务。需要双向安全交换时，需要建立两个安全关联。

安全关联由三个参数唯一地确定。

- **安全参数索引（SPI）**　分配给 SA 的一个只有本地意义的 32 位无符号整数。SPI 由 AH 和 ESP 头部携带，可让接收系统选择合适的 SA 来处理接收的数据包。
- **IP 目的地址**　SA 的目的端点地址，可以是用户终端系统或类似于防火墙或路由器的网络系统。
- **安全协议标识**　来自外部 IP 头部的这个字段指明关联是 AH 安全关联还是 ESP 安全关联。

因此，在任何 IP 数据包中，安全关联都由 IPv4 或 IPv6 头部中的目的地址和封闭式扩展头部（AH 或 ESP）中的 SPI 唯一地标识。

### 20.2.2　安全关联数据库

在每个 IPsec 实现中都有一个名义[①]安全关联数据库（SAD），它定义与每个 SA 关联的参数。安全关联通常由 SAD 项中的如下参数定义。

- **安全参数索引**　由 SA 的接收端选取的一个 32 位值，它唯一地标识该 SA。在传出 SA 的 SAD 项中，SPI 用来构建数据包的 AH 头部或 ESP 头部。在传入 SA 的 SAD 项中，SPI 用来将流量映射到合适的 SA。
- **序号计数器**　用于生成 AH 或 ESP 头部中“序号”字段的一个 32 位值，详见 20.3 节（所有实现均要求序号计数器）。
- **序号计数器溢出**　指明序号计数器是否溢出的一个标志。溢出时，生成可审计事件，并阻止在 SA 上继续传输数据包（所有实现均要求序号计数器）。
- **反重放窗口**　确定传入 AH 或 ESP 数据包是否是重放，详见 20.3 节（所有实现均要求反重放窗口）。
- **AH 信息**　AH 中使用的认证算法、密钥、密钥生命期和相关的参数（AH 实现要求 AH 信息）。

① 这里，“名义”表示安全关联数据库提供的功能必须出现在任何 IPsec 实现中，但提供功能的方法由实施者决定。

- **ESP 信息** ESP 中使用的加密和认证算法、密钥、初始值、密钥生命期和相关的参数（ESP 实现要求 ESP 信息）。
- **安全关联生命期** 一个 SA 必须被一个新 SA（和新 SPI）替换或终止的时间间隔或字节计数，以及这些操作中的哪些操作应发生的说明（所有实现均需要安全关联生命期）。
- **IPsec 协议模式** 隧道、传送或通配符。
- **路径 MTU** 任何可观测的最大传输单元（不用分段即可传送的最大数据包）和老化变量（所有实现均要求路径 MTU）。

分发密钥所用的密钥管理机制只能采用安全参数索引（SPI）的方式与认证和隐私机制耦合。

IPsec 为用户灵活提供将 IPsec 服务应用到 IP 通信的方式。如后面介绍的那样，SA 可以根据用户的意愿进行组合。此外，IPsec 高颗粒度地区分需要 IPsec 保护的流量和不需要 IPsec 保护的流量。

### 20.2.3 安全性策略数据库

将 IP 流量关联到特定 SA 的方式（允许流量忽略 IPsec 时无 SA）是名义安全策略数据库（SPD）。最简单的 SPD 中包括多项，其中的每项定义 IP 流量的一个子集及至 SA 的指针。在更复杂的环境下，多项可与一个 SA 相关，或多个 SA 可与一个 SPD 项相关。完整的讨论请参阅相关的 IPsec 文档。

每个 SPD 项由一组 IP 和上层协议字段值（称为选择器）定义。实际上，这些选择器用于过滤出站流量，以便将它们映射到某个特殊的 SA。每个 IP 数据包的出站处理顺序如下。

1. 将数据包中的合适字段（选择子字段）的值与 SPD 比较，找到匹配 SPD 项，它将指向零个或多个 SA。
2. 确定数据包的 SA 及其关联的 SPI。
3. 执行所需的 IPsec 处理（如 AH 或 ESP 处理）。

SPD 项由如下选择器确定。

- **远程 IP 地址** 它可以是一个 IP 地址、枚举表，也可以是地址范围、反掩蔽地址。使用后两者的目的是支持多个目的系统共享相同的 SA（如位于防火墙后面）。
- **本地 IP 地址** 可以是单个 IP 地址、枚举表，也可以是地址范围、反掩蔽地址。使用后两者的目的是支持多个源系统共享相同的 SA（如位于防火墙后面）。
- **下一层协议** IP 协议头部（IPv4、IPv6 或 IPv6 扩展）包含一个字段（IPv4 的协议，IPv6 或 IPv6 扩展的下一个头部），它指定在 IP 之上运行的协议。它是一个协议号 ANY，对 IPv6 是 OPAQUE。使用 AH 或 ESP 时，这个 IP 协议头部立即出现在数据包的 AH 或 ESP 头部前面。
- **名称** 来自操作系统的用户标识符。它不是 IP 或上层头部中的一个字段，只在 IPsec 运行于相同的操作系统上时可用。
- **本地和远程端口** 可以是单个 TCP 或 UDP 端口值、端口枚举表或通配符端口。

表 20.1 中给出了主机系统（相对于防火墙或路由器这类网络系统）上的一个 SPD 例子。该表反映了如下配置：本地网络配置包含两个网络。基本协作网络配置的 IP 网络号是 1.2.3.0/24。本地配置中还包含一个安全的 LAN，通常称为 DMZ，地址为 1.2.4.0/24。防火墙保护 DMZ 不受外部和企业 LAN 中的其他成员攻击。例中主机的 IP 地址是 1.2.3.10，它被授权连接到 DMZ 中的服务器 1.2.4.10。

SPD 中的各项应是不言自明的。例如，UDP 端口 500 是为 IKE 指定的端口。任何为 IKE 密钥交换目的的、从本地主机到远程主机的流量都会绕过 IPsec 处理。

表 20.1　主机系统上的一个 SPD 例子

| 协　议 | 本地 IP | 端　口 | 远程 IP | 端　口 | 动　作 | 备　注 |
|---|---|---|---|---|---|---|
| UDP | 1.2.3.101 | 500 | * | 500 | 绕过 | IKE |
| ICMP | 1.2.3.101 | * | * | * | 绕过 | 错误消息 |
| * | 1.2.3.101 | * | 1.2.3.0/24 | * | PROTECT:ESP 内连网模式 | 加密内联网流量 |
| TCP | 1.2.3.101 | * | 1.2.4.10 | 80 | PROTECT:ESP 内连网模式 | 加密到服务器 |
| TCP | 1.2.3.101 | * | 1.2.4.10 | 443 | 绕过 | TLS：避免双重加密 |
| * | 1.2.3.101 | * | 1.2.4.0/24 | * | 抛弃 | DMZ 中的其他 |
| * | 1.2.3.101 | * | * | * | 绕过 | 因特网 |

### 20.2.4　IP 流量处理

IPsec 是逐个数据包执行的。实现 IPsec 后，每个出站 IP 数据包都在传输前由 IPsec 逻辑处理，每个入站 IP 数据包在收到之后及将数据包内容传递给上层（如 TCP 或 UDP）之前由 IPsec 处理。下面依次介绍这两种情形的逻辑过程。

**出站数据包**　图 20.2 中突出显示了出站流量 IPsec 处理的主要元素。来自高层（如 TCP 层）的数据块被下传到 IP 层，形成一个 IP 数据包，IP 数据包由 IP 头部和 IP 正文组成。然后，执行如下步骤。

1. IPsec 搜索与该数据包匹配的 SPD。
2. 若未找到匹配的 SPD 时，则丢弃该数据包并生成错误消息。
3. 若找到匹配的 SPD，则由 SPD 中的第一个匹配项决定下一步处理。若对该数据包采用的策略是“丢弃”，则丢弃该数据包；若对该数据包采用的策略是“绕过”，则终止 IPsec 处理；数据包被转发到网络上进行传输。
4. 若对该数据包采用的策略是“保护”，则搜索匹配 SAD 中的匹配项。若未找到匹配项，则调用 IKE 来创建带有合适私钥的 SA 并在 SA 中生成一项。
5. SAD 中的匹配项决定如何处理数据包。要么执行加密和/或认证，要么使用传输或隧道模式。然后，将数据包转发到网络上进行传输。

**入站数据包**　图 20.3 中突出显示了入站流量 IPsec 处理的主要元素。入站 IP 数据包首先触发 IPsec 处理，然后执行如下步骤。

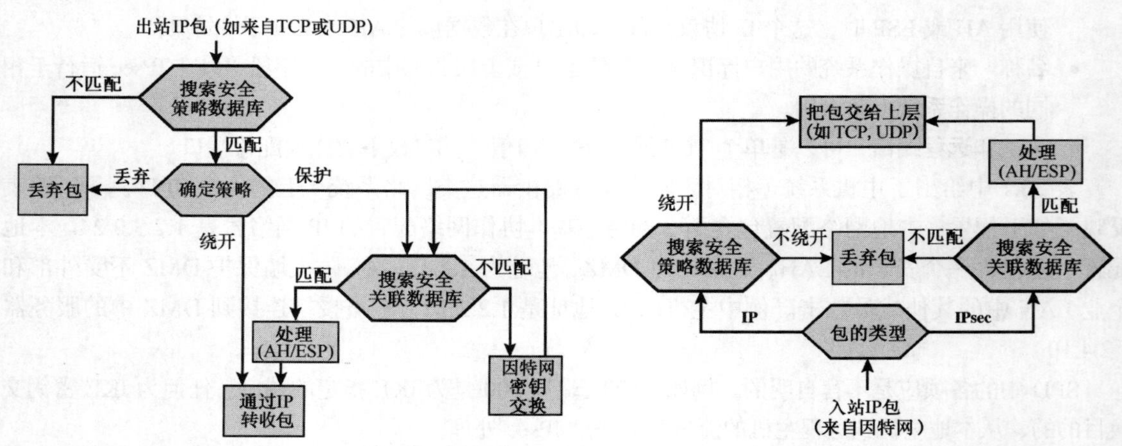


图 20.2　出站数据包的处理模型　　　　图 20.3　入站数据包处理模型

1. IPsec 通过检查“IP 协议”字段（IPv4）或“下一个头部”字段（IPv6），确定数据包是一个不安全的 IP 数据包还是具有 ESP 或 AH 头部/尾部的 IP 数据包。
2. 若数据包不安全，则 IPsec 搜索 SPD，找到与该数据包匹配的项。若第一个匹配项采用的策略是“通过”，则处理和剥离 IP 头部，并将数据包正文传给上一层（如 TCP 层）。若第一个匹配项采用的策略是“保护”或“丢弃”，没有匹配项时，丢弃该数据包。
3. 若数据包安全，则 IPsec 搜索 SAD。若未找到匹配项，则丢弃数据包；否则，IPsec 执行合适的 ESP 或 AH 处理。然后，处理和剥离 IP 头部，并将数据包正文发给上一层，如 TCP 层。

## 20.3 封装安全净荷

使用 ESP 可以提供保密性、数据源认证、无连接完整性和反重放服务（部分序列完整性）和（有限）流量保密性。这些服务集合取决于建立安全关联（SA）时所选的选项及其在网络拓扑中实现的位置。

ESP 可以和许多加密和认证算法一起使用，包括认证的加密算法，如 GCM。

### 20.3.1 ESP 格式

图 20.4(a)显示了 ESP 数据包的顶层格式，它包含如下字段。

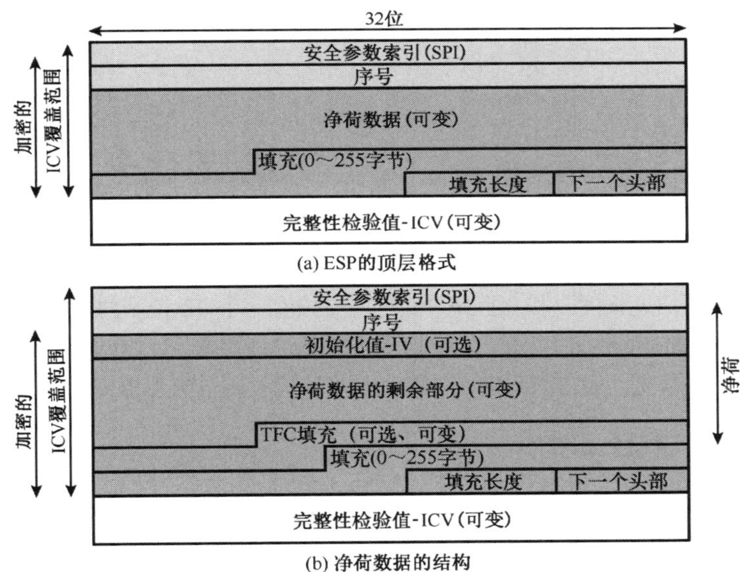


图 20.4　ESP 数据包格式

- **安全参数索引（32 位）**　标识安全关联。
- **序号（32 位）**　单调递增计数值，提供反重放功能。
- **净荷数据（可变）**　被加密保护的传输层段（传输模式）或 IP 数据包（隧道模式）。
- **填充（0～255 字节）**　稍后讨论该字段的目的。
- **填充长度（8 位）**　指明该字段前面的填充字节数。
- **下一个头部（8 位）**　标识“净荷数据”字段中包含的数据类型，方法是标识净荷中的第一个头部（如 IPv6 中的扩展头部，或一个上层协议如 TCP）。
- **完整性检查值（可变）**　一个变长字段（须是一个 32 位字的整数），它包含由 ESP 数据包减去

“认证数据”字段后得到的完整性检验值。

使用任何组合模式的算法时，期望算法本身返回解密后的明文及一个完整性验证成功与否的指示值。对于组合模式的算法，可以忽略选择完整性时通常出现在 ESP 数据包末尾的 ICV。忽略 ICV 且选取完整性后，组合模式算法就以等效于验证数据包完整性的 ICV 方式在净荷数据内编码。

净荷中可以出现两个额外的字段［见图 20.4(b)］。ESP 需要使用加密或认证时，会出现一个“**初始值**”（IV）或“时变值”字段。使用隧道模式时，IPsec 实现会在“净荷数据”字段后面、“填充”字段前面添加“**流量保密性（TFC）填充**”字段，详见后面的解释。

### 20.3.2 加密和认证算法

“净荷数据”“填充”“填充长度”和“下一个头部”字段都由 ESP 服务加密。如果加密净荷的算法需要初始向量（IV）这样的密码同步数据，那么这些数据可在“净荷数据”字段的开头显式地携带。包含 IV 时，IV 通常不加密，但它是密文的一部分。

ICV 字段是可选的。仅当选取了完整性服务时，它才出现，且要么由单独的完整性算法提供，要么由使用 ICV 的组合模式算法提供。ICV 是在执行加密后计算的。这种处理顺序可让接收方在解密数据包之前，快速检测、拒绝重放数据包或伪造数据包，因此能在一定程度上降低拒绝服务（DoS）攻击的影响。它还允许接收方并行处理数据包，例如并行进行解密和完整性检测。注意，由于 ICV 无加密保持，因此要采用一个基于密钥的完整性算法来计算 ICV。

### 20.3.3 填充

“填充”字段的作用如下。

- 若加密算法要求明文是某些字节的倍数（例如，分组密码要求明文是单个分组的倍数），则用“填充”字段将明文（包括“净荷数据”“填充”、“填充长度”和“下一个头部”字段）扩展到所需的长度。
- ESP 格式要求“填充长度”和“下一个头部”字段在一个 32 位字内是右对齐的。同时，密文长度必须是 32 位的整数倍。“填充”字段用于保证这一要求。
- 也可添加额外的填充，通过隐藏净荷的实际长度来提供部分流量保密性。

### 20.3.4 反重放服务

**重放攻击**是指敌手获得一个经过认证的数据包后，在某个时刻将其传送到目的站点的行为。重复接收经过认证的 IP 数据包可能会以某种方式中断服务，或者产生无法预料的后果。“序号”字段可以防止这类攻击。下面首先讨论发送方如何生成序号，然后讨论接收方如何处理序号。

建立一个新 SA 后，发送方将序号计数器初始化为 0。每次在 SA 上发送一个数据包时，计数器就加 1，并将该值写入“序号”字段。这样，待用的第一个值就是 1。如果启用了反重放（默认设置），那么发送方不允许序号从 $2^{32}-1$ 循环到 0。否则，同一个序号就可能有多个合法的数据包。如果序号达到极值 $2^{32}-1$，那么发送方应终止 SA，并用一个新密钥协商生一个新 SA。

IP 是无连接的、不可靠的服务，协议不保证数据包按顺序传输，也不保证传输所有的数据包。因此，IPsec 认证文档声称，接收方应实现一个大小为 $W$ 的窗口（$W$ 默认为 64）。窗口的右边缘表示最大序号 $N$，即到目前为止收到的合法数据包数量。序号在 $N-W+1$ 到 $N$ 之间的任何数据包均被正确地接收（即正确地认证），并在窗口中标出正确的时隙（见图 20.5）。收到数据包后，接着是入站处理过程。

1. 若收到的数据包位于窗口内且是新的，则验证 MAC。若数据包通过认证，则在窗口中标出相应的时隙。
2. 若收到的数据包位于窗口的右侧且是新的，则验证 MAC。若数据包通过认证，则将该序号作为窗口的右边缘，并在窗口中标记相应的时隙。
3. 若收到的数据包位于窗口的左侧或认证失败，则抛弃数据包；这是一个可审计事件。

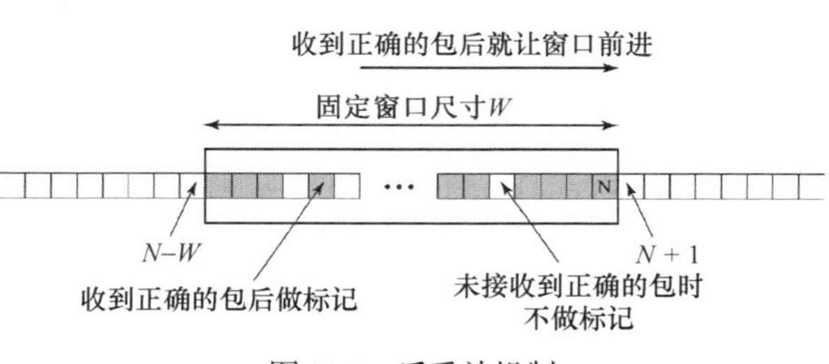


图 20.5　反重放机制

## 20.3.5　传输和隧道模式

AH 和 ESP 都支持两种使用模式：传输模式和隧道模式。这两种模式的操作在描述 ESP 的上下文中最好理解，因此 ESP 要比 AH 使用得广泛。下面讨论这两种模式的 ESP 情形。前一技术由传输模式 SA 实现，后一技术使用隧道模式。

对于 IPv4 和 IPv6，情况会有一些不同。下面首先讨论图 20.6(a)中的数据包格式。

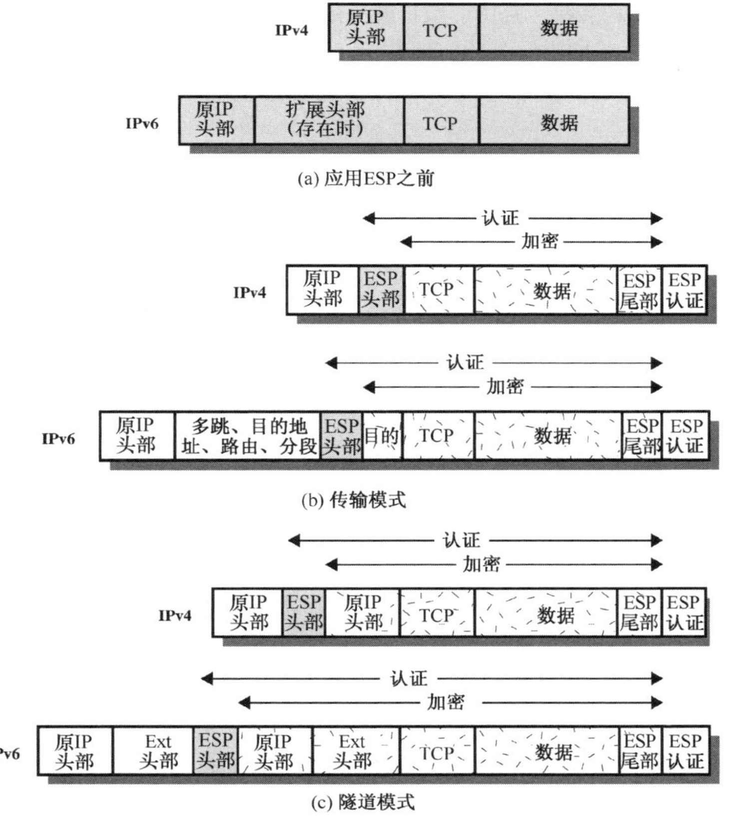


图 20.6　ESP 加密和认证范围

**传输模式 ESP**　**传输模式**主要为上层协议提供保护。也就是说，传输模式保护扩展到 IP 数据包的净荷，例子包括 TCP 或 UDP 段，或 ICMP 数据包，它们都直接在主机协议栈的 IP 上运行。传输模式通常用于两台主机之间的端到端通信（如客户端和服务器，或两台工作站，见图 20.7）。当主机在 IPv4 上运行 AH 或 ESP 时，净荷通常是跟在 IP 头部之后的数据。主机在 IPv6 上运行 AH 或 ESP 时，净荷通常是 IP 头部和出现在任何 IPv6 扩展头部后面的数据，但目的选项头部除外，它可能已包含在保护中。传输模式 ESP 用于加密和可选地验证由 IP（如 TCP 段）携带的数据，如图 20.6(b)所示。对于使用 IPv4 的传输模式，ESP 头部被插入传输层头部（如 TCP、UDP、ICMP）前面的 IP 数据包，并在 IP 数据包后面放置一个 ESP 尾部（“填充”“填充长度”和“下一个头部”字段）。如果选取了认证，那么在 ESP 尾部后面添加“ESP 认证数据”字段。整个传输层段和 ESP 尾部被加密。认证覆盖整个密文和 ESP 头部。

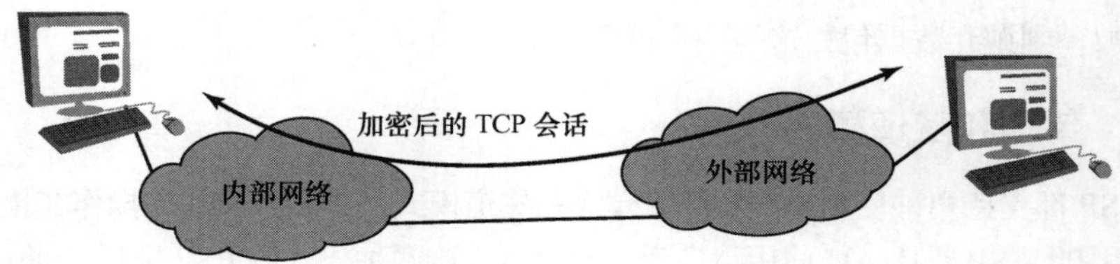


图 20.7　端到端 IPsec 传输模式加密

在 IPv6 环境下，ESP 被视为一个端到端净荷；也就是说，它不被中间路由器检查或处理。因此，ESP 头部在 IPv6 基本头部和多跳、路由、段扩展头部之后出现。目的选项扩展头部可以在 ESP 头部之前或之后出现，具体取决于期望的语义。对于 IPv6，加密涵盖整个传输层段、ESP 尾部、目的选项扩展头部（前提是它出现在 ESP 头部之后）。同样，认证涵盖密文和 ESP 头部。

传输模式操作小结如下。

1. 在源端，由 ESP 尾部和整个传输层段组成的数据块被加密，并且使用密文代替明文形成 IP 数据包进行传输。如果有认证，那么添加它。
2. 将数据包路由到目的地。每个中间路由器都需要检查和处理 IP 头部和明文 IP 扩展头部，但不需要检查密文。
3. 目的节点检查和处理 IP 头部和任何明文 IP 扩展头部。然后，目的节点根据 ESP 头部中的 SPI，解密数据包中的剩余部分，恢复成明文传输层段。

传输模式操作为任何使用它的应用提供保密性，因此不需要在各个应用中实现保密性。这种模式的缺点之一是可以对传输的数据包进行流量分析。

**隧道模式 ESP**　**隧道模式**对整个 IP 数据包提供保护［见图 20.6(c)］。为此，在将 AH 或 ESP 字段添加到 IP 数据包后，整个数据包和安全字段被当作新外部 IP 数据包和新外部 IP 数据包的净荷处理。整个原始的内部数据包通过一个隧道从 IP 网络的一个节点到达另一个节点；沿途没有路由器检查内部 IP 头部。因为原始数据包被封装，所以较大的新数据包可能具有完全不同的源地址和目的地址，从而增加安全性。当安全关联（SA）的一端或两端是安全网关（如实现 IPsec 的防火墙或路由器）时，使用隧道模式。在隧道模式下，防火墙后面网络上的众多主机可在不实现 IPsec 的情况下进行安全通信。由这些主机生成的不受保护的数据包依据隧道模式 SA 在外部网络进行隧道传输，隧道模式 SA 通过防火墙中的 IPsec 软件进行设置，或者通过本地网络边界处的安全路由器进行设置。

下面给出隧道模式 IPsec 如何工作的一个例子。网络上的主机 *A* 生成一个 IP 数据包，其目的地址是另一个网络上的主机 *B*。该数据包从发起主机递交到位于 *A* 的网络边界的防火墙或安全路由器。防火墙筛选所有出站数据包，确定是否需要进行 IPsec 处理。如果从 *A* 到 *B* 的这个数据包需要进行 IPsec 处理，那么防火墙执行 IPsec 处理并用外部 IP 头部封装该数据包。这个外部 IP 数据包的源 IP 地址是这个防火墙的地址，目的地址可能是 $B$ 的本地网络边界的防火墙地址。该数据包现在被路由到 $B$ 的防火墙，中间路由器只检查外部 IP 头部。在 $B$ 的防火墙处理中，将外部 IP 头部剥离，并且把内部数据包传送到 $B$。

传输模式适用于保护支持 ESP 功能的主机之间的连接，而隧道模式主要用于包含防火墙或其他类型的安全网关的配置，这些网关可保护受信任网络不受外部网络的影响。在后一情形下，加密只在外部主机和安全网关之间及两个安全网关之间进行。这减轻了内部网络主机进行加密处理的负担，同时通过减少需要密钥的实体简化了密钥分发。此外，它可防止基于最终目的地址的流量分析。

隧道模式可用于实现一个安全的虚拟专用网。**虚拟专用网**（VPN）是在公共网络（运营商的网络或因特网）内配置的专用网络，目的是利用大型网络的经济规模优势和管理设施优势。VPN 已被企业广泛用于创建跨地理区域的广域网，以便为分支机构提供站点到站点的连接，并让移动用户连接到企业局域网。从服务提供商的角度来看，公共网络设施是由许多客户共享的，每个客户的流量与其他客户的流量是分开的。VPN 流量只能从 VPN 源头发送到同一个 VPN 中的目的地址。VPN 通常也被提供加密和认证服务。

图 20.8 显示了实现 VPN 的 IPsec 隧道模式的典型场景。

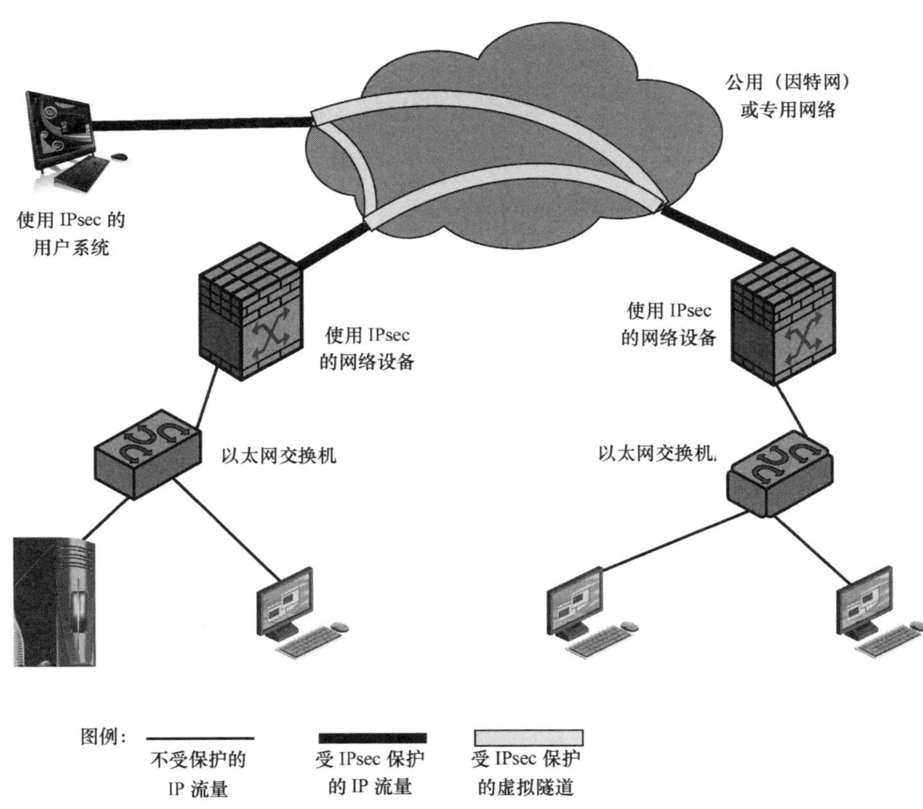


图 20.8　使用 IPsec 隧道模式实现的虚拟专用网示例

一家企业在分散的位置维护多个局域网，并在每个局域网上进行不安全的 IP 通信。对于异地通信，通过某种类型的专用或公共网络使用 IPsec 协议。这些协议在网络设备（如路由器或防火墙）中运行，这些网络设备将每个 LAN 连接到外部世界。IPsec 网络设备通常会加密和压缩进入因特网或其他网络的所有流量，并对来自这些网络的流量进行解密和解压缩操作；这些操作对 LAN 上的工作站和服务器是透明的。个人用户连接到因特网或其他网络后，也可进行安全传输。这样的用户工作站必须采用 IPsec 协议来提供安全性。

表 20.2 中小结了传输模式和隧道模式的功能。图 20.9 显示了传输模式和隧道模式的协议架构。

表 20.2 传输模式和隧道模式的功能

| | 传输模式 SA | 隧道模式 SA |
|---|---|---|
| AH | 认证 IP 净荷及 IP 头部和 IPv6 扩展头部的选定部分 | 认证整个内部 IP 数据包（内部头部和 IP 净荷）及外部 IP 头部和外部 IPv6 扩展头部的选定部分 |
| ESP | 加密 IP 净荷及 ESP 头部后面的 IPv6 扩展头部 | 加密整个内部 IP 数据包 |
| 带认证的 ESP | 加密 IP 净荷及 ESP 头部后面的所有 IPv6 扩展头部。认证 IP 净荷，但不验证 IP 头部 | 加密整个内部 IP 数据包。认证内部 IP 数据包 |

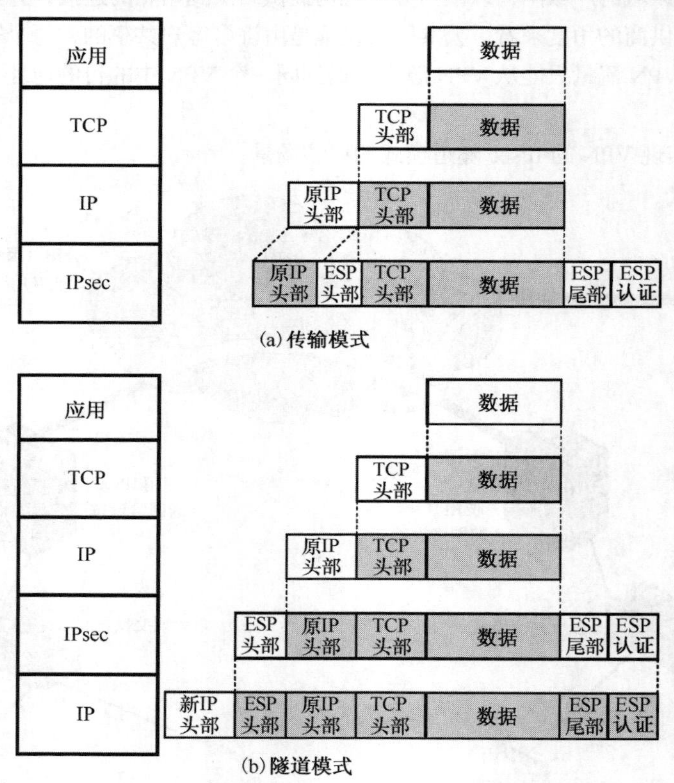


图 20.9 传输模式和隧道模式的协议架构

## 20.4 组合安全关联

单个 SA 可以实现 AH 协议或 ESP 协议，但不能同时实现这两个协议。有时，特殊流量会调用由 AH 和 ESP 提供的服务。此外，特殊流量可能会要求在主机之间提供的 IPsec 服务，以及在安全网关（如防火墙间）之间提供的单独服务。在所有这些情形下，要达到理想的 IPsec 服务，就需要为相同流量采用多个 SA。术语“安全关联束”是指为提供期望的 IPsec 服务，处理流量所需的 SA 序列。安全关联束中的 SA 可在不同或相同的端点终止。

多个安全关联组合成束的方法有如下两种。

- **传输邻接**　指在不调用隧道的情况下，对一个 IP 数据包使用多个安全协议。组合 AH 和 ESP 的这种方法只允许一级组合，因为对一个 IPsec 实例进行多次嵌套处理没有任何好处。
- **隧道迭代**　指通过 IP 隧道来应用多层安全协议。由于每个隧道都可在路径上的不同 IPsec 站点起始和终止，因此该方法允许多层嵌套。

这两种方法可以组合使用。例如，在主机之间的路径上使用传输 SA，而在安全网关之间的路径上使用隧道 SA。

考虑 SA 束时，会出现一个有趣的问题，即在一对给定端点之间使用认证和加密的顺序与方法。下面首先介绍这个问题，然后介绍至少在一个隧道中如何组合 SA。

### 20.4.1　认证和保密性

为了在主机之间发送具有保密性和认证的 IP 数据包，可以组合使用加密和认证。下面介绍几种组合方法。

**带认证选项的 ESP**　这种方法如图 20.6 所示。在这种方法中，用户首先对待保护的数据应用 ESP，然后加上“认证数据”字段。实际上，这又分为如下两种情形。

- **传输模式 ESP**　只对发送到主机的 IP 净荷应用认证和加密，不保护 IP 头部。
- **隧道模式 ESP**　只对发送到外部 IP 目的地址（如防火墙）的整个 IP 数据包应用认证，且认证在目的端执行。整个内部 IP 数据包在发送到内部 IP 目的地时由专用机制保护。

对于上述两种情况，认证都只应用于密文而不应用于明文。

**传输邻接**　加密后应用认证的另一种方法是使用两个绑定的传输 SA，内部是一个 ESP SA，外部是一个 AH SA。此时，使用 ESP 时无认证选项。由于内部 SA 是一个传输 SA，因此只对 IP 净荷进行加密。得到的数据包包含一个 IP 头部（及可能的 IPv6 扩展头部）和 ESP。然后，在传输模式下使用 AH，使得认证覆盖 ESP 及除可变字段外的原始 IP 头部（与扩展）。与使用带 ESP 认证选项的单个 ESP SA 相比，这种方法的优点是认证能够覆盖更多字段，包括源 IP 地址和目的 IP 地址，缺点是两个 SA 的开销要大于一个 SA 的开销。

**传输-隧道束**　在加密之前使用认证具有如下优点。首先，由于认证数据被加密保护，因此任何人都不可能截取消息并改变认证数据而不被发现；其次，可能希望在消息的目的地接收并保存认证信息以备后用。此时，如果对未加密的消息应用认证消息，那么这样做更方便；否则，就需要再次加密消息来验证认证信息。

在两台主机之间先认证后加密的一种方法是，使用包含一个内部 AH 传输 SA 和一个外部 ESP 隧道 SA 的安全关联束。在这种情形下，认证被应用到 IP 净荷和除可变字段外的 IP 头部（和扩展）。然后，由 ESP 在隧道模式下处理得到的 IP 数据包；于是，认证后的整个内部数据包被加密并添加了一个新的外部 IP 头部。

### 20.4.2　安全关联的基本组合

IPsec 架构文档中列出了必须被合规 IPsec 主机（如工作站、服务器）或安全网关（如防火墙、路由器）支持的 SA 的 4 种组合，如图 20.10 所示。每种情形的下部表示元素的物理连接，上部表示一个或多个嵌套的 SA 逻辑连接。每个 SA 都可以是 AH 或 ESP。对主机到主机的 SA 而言，模式可以是传输或隧道；否则，必须是隧道模式。

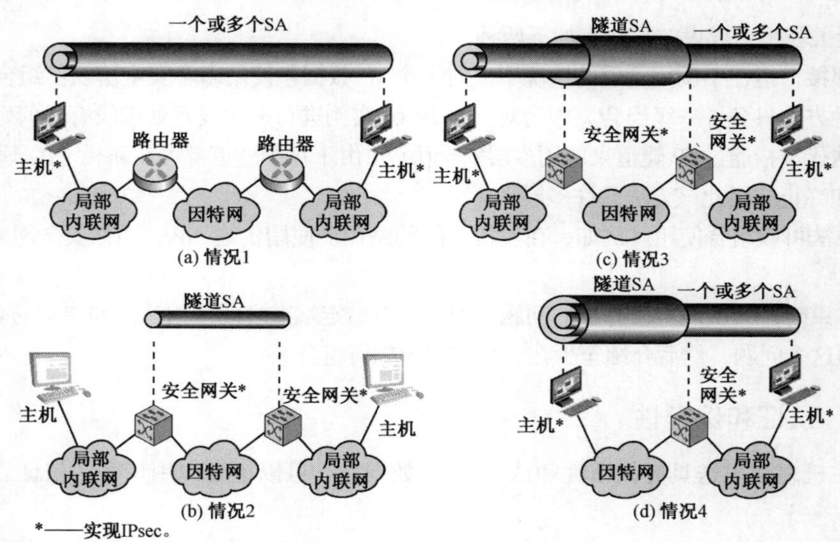


图 20.10 安全关联的基本组合

**情况 1** 实现 IPsec 的终端系统之间提供所有安全性。通过 SA 通信的任何两个终端系统必须共享合适的密钥。可能的组合如下所示。

**a**. 传输模式中的 AH。

**b**. 传输模式中的 ESP。

**c**. 后跟传输模式中的 AH 的 ESP（ESP SA 位于 AH SA 内部）。

**d**. 隧道模式中 AH 或 ESP 内部的 a、b 或 c。

上面讨论了如何使用各个组合来支持认证、加密、加密前认证和加密后认证。

**情况 2** 仅在网关（路由器、防火墙等）之间提供安全，主机不实现 IPsec。此时，支持简单的虚拟专用网。安全架构文档规定，这种情况下只需要一个隧道 SA。隧道可以支持 AH、ESP 或带认证选项的 ESP。由于 IPsec 将应用到整个内部数据包，因此不需要嵌套的隧道。

**情况 3** 在情况 2 的基础上增加了端到端安全。针对情况 1 和情况 2 讨论的组合适用于情况 3。网关到网关隧道为终端系统之间的所有流量提供认证和/或保密性。当网关到网关隧道是 ESP 时，还提供有限的流量保密性。借助于端到端 SA，各台主机可为给定的应用或用户提供额外的 IPsec 服务。

**情况 4** 支持远程主机使用因特网到达企业的防火墙，然后访问防火墙后面的某些服务器或工作站。在防火墙和远程用户之间只需要隧道模式。类似于情况 1，可在远程主机和本地主机之间使用一到两个 SA。

## 20.5 因特网密钥交换

IPsec 的密钥管理部分包括密钥的确定和分发。两个应用之间通常需要 4 个密钥：完整性和保密性的发送和接收密钥对。IPsec 架构文档要求支持两类密钥管理。

- **手动** 系统管理员用自己的密钥和其他通信系统的密钥手动配置每个系统。对于相对较小的静态环境而言，这是实用的。
- **自动** 自动系统可以为 SA 按需创建密钥，并方便在大型分布式系统中使用密钥。

默认的 IPsec 自动密钥管理协议是 ISAKMP/Oakley，它由如下元素组成。

- **Oakley 密钥确定协议** Oakley 是基于 Diffie-Hellman 算法的密钥交换协议，但能够提供额外的安全性。Oakley 是通用的，它不指定专用格式。
- **因特网安全关联和密钥管理协议（ISAKMP）** ISAKMP 提供因特网密钥管理框架和专用协议支持，包括格式和安全属性协商。

ISAKMP 本身不指明专用的密钥交换算法；相反，ISAKMP 包含一系列可以使用各种密钥交换算法的消息类型。Oakley 是 ISAKMP 原始版本规定使用的密钥交换算法。

在 IKEv2 中不再使用术语 Oakley 和 ISAKMP，因为在 IKEv1 中使用 Oakley 和 ISAKMP 有着明显的不同。本节介绍 IKEv2 规范。

### 20.5.1 密钥确定协议

IKE 密钥确定协议是对 Diffie-Hellman 密钥交换算法的改进。回顾可知，Diffie-Hellman 涉及用户 $A$ 和用户 $B$ 间的如下交互。在两个全局参数上首先达成一致：大素数 $q$ 和 $q$ 的本原根$\alpha$。$A$ 选择一个随机整数 $X_A$ 作为其私钥，并将其公钥 $Y_A=\alpha^{X_A} \bmod q$ 传给 $B$。类似地，$B$ 选择一个随机整数 $X_B$ 作为其私钥，并将其公钥 $Y_B=\alpha^{X_B} \bmod q$ 传给 $A$。于是，双方就可计算会话密钥：

$$K=(Y_B)^{X_A} \bmod q=(Y_A)^{X_B} \bmod q=\alpha^{X_A X_B} \bmod q$$

Diffie-Hellman 算法有两个吸引人的特征。

- 仅在需要时才创建密钥。不需要长期存储密钥，因此降低了遭到破坏的可能性。
- 除协商全局参数外，交换不需要现有的基础设施。

然而，文献[HUIT98]中指出 Diffie-Hellman 算法存在如下缺点。

- 不提供任何关于各方身份的信息。
- 易受中间人攻击，其中第三方 $C$ 可在与 $A$ 通信时冒充 $B$，在与 $B$ 通信时冒充 $A$。$A$ 和 $B$ 最终与 $C$ 协商一个密钥后，$C$ 就可监听和通过流量。中间人攻击过程如下。
  1. $B$ 将其公钥 $Y_B$ 发给 $A$（见图 10.1）。
  2. 敌手 $E$ 窃取该消息，保存 $B$ 的公钥，并伪装成 $B$ 向 $A$ 发送一条带有 $B$ 的用户 ID 和 $E$ 的公钥 $Y_E$ 的消息。$A$ 接收 $E$ 的消息，并将存储 $E$ 的公钥和 $B$ 的用户 ID；类似地，$E$ 伪装成 $A$ 向 $B$ 发送一条带有 $E$ 的公钥的消息。
  3. $B$ 根据 $B$ 的私钥和 $Y_E$ 计算密钥 $K_1$，$A$ 根据 $A$ 的私钥和 $Y_E$ 计算密钥 $K_2$；$E$ 使用 $E$ 的私钥 $X_E$ 和 $Y_B$ 计算 $K_1$，使用 $X_E$ 和 $Y_A$ 计算 $K_2$。
  4. 然后，$E$ 就能在 $A$ 和 $B$ 都不知道与 $E$ 通信的情况下，途中加密转发从 $A$ 到 $B$ 和从 $B$ 到 $A$ 的消息。
- 具有很强的可计算性。敌手请求大量密钥时，易受阻塞攻击。此时受害者要花费大量资源做无意义的模幂运算。

IKE 密钥确定协议保留了 Diffie-Hellman 算法的优点并克服了后者的缺点。

**IKE 密钥确定的特征** IKE 密钥确定算法具有如下 5 个重要的特征。

1. 采用称为 cookie 的机制来防止阻塞攻击。
2. 使得通信双方可以协商一组参数，以便指定 Diffie-Hellman 密钥交换的全局参数。
3. 使用时变值防止重放攻击。
4. 可以交换 Diffie-Hellman 公钥值。
5. 可以认证 Diffie-Hellman 交换来防止中间人攻击。

前面讨论了 Diffie-Hellman 算法，下面依次介绍剩下的元素。首先，考虑阻塞攻击问题。在这种攻击中，敌手伪装成合法用户的源地址，并向受害者发送一个 Diffie-Hellman 密钥。然后，受害者执行模幂运算来计算密钥。重复的这类消息会阻塞受害者的机器，使得系统无法正常工作。cookie 交换要求各方在发给对方确认的初始消息中发送一个伪随机数，即 cookie。确认必须在 Diffie-Hellman 密钥交换的第一条消息中重复。如果源地址是伪造的，那么敌手得不到应答。因此，敌手只能强迫用户生成确认，但不能强迫用户执行 Diffie-Hellman 计算。

IKE 要求 cookie 生成满足三个基本要求。

**1.** cookie 必须依赖于特定的通信方。这会阻止敌手使用合法的 IP 地址和 UDP 端口获得 cookie，然后向受害者请求随机选择的 IP 地址或端口。

**2.** 被某个实体承认的 cookie 只能由其发行实体生成，而不能由其他实体生成。这会使得发行实体使用本地秘密信息生成 cookie，继而验证它。此外，秘密信息不能由其他 cookie 导出。这一要求的本质是发行实体不需要保存其发行的 cookie，但能在需要时验证传入的 cookie，从而降低被发现的可能性。

**3.** cookie 生成和验证方法必须快到足以防止占用处理器资源的攻击。

创建 cookie 的推荐方法是在 IP 源地址、目的地址、UDP 源端口、目的端口和一个本地生成的秘密值上执行一个快速的哈希算法（即 MD5）。

IKE 密钥确定支持为 Diffie-Hellman 密钥交换使用不同的参数组。每个参数组中包含两个全局参数的定义和算法标识。最新规范中包括如下参数组。

- 768 位模的模幂运算：

$$q = 2^{768} - 2^{704} - 1 + 2^{64} \times \left(\lfloor 2^{638} \times \pi \rfloor + 149686\right)$$
$$\alpha = 2$$

- 1024 位模的模幂运算：

$$q = 2^{1024} - 2^{960} - 1 + 2^{64} \times \left(\lfloor 2^{894} \times \pi \rfloor + 129093\right)$$
$$\alpha = 2$$

- 1536 位模的模幂运算：
  - 参数待定。
- $2^{155}$ 上的椭圆曲线参数组：
  - 生成器（十六进制）：$X = 7\text{B}$，$Y = 1\text{C8}$。
  - 椭圆曲线参数（十六进制）：$A = 0$，$Y = 7338\text{F}$。
- $2^{185}$ 上的椭圆曲线参数组：
  - 生成器（十六进制）：$X = 18$，$Y = \text{D}$。
  - 椭圆曲线参数（十六进制）：$A = 0$，$Y = 1\text{EE9}$。

前三组参数是使用模幂运算的经典 Diffie-Hellman 算法，后两组参数使用椭圆曲线模拟 Diffie-Hellman，详见第 10 章中的讨论。

IKE 密钥确定采用时变值来防止重放攻击。每个时变值都是一个本地生成的伪随机数，它在应答中出现，并在交换的特定部分加密。

IKE 密钥确定中使用如下三种认证方法。

- **数字签名** 交换是通过对双方均可得到的哈希进行签名来认证的；各方使用自己的私钥加密哈希。哈希是由重要的参数生成的，如用户 ID、时变值等。
- **公钥加密** 交换是用发送方的私钥加密参数（如 ID、时变值）来认证的。

- **对称密钥加密** 可以使用由其他机制导出的密钥来认证交换，方法是对称加密交换参数。

**IKEv2 交换** IKEv2 协议涉及成对的消息交换。前两对交换称为**初始交换**［见图 20.11(a)］。在第一次交换中，两个对等实体之间交换关于密码算法和其他安全参数的信息，对等实体将使用这些信息、时变值和 Diffie-Hellman（DH）值。第一次交换的结果是建立一个称为 IKE SA 的特殊 SA（见图 20.1）。这个 SA 定义对等实体之间用于进行后续交换的安全信道的参数。因此，所有随后的 IKE 信息交换都有加密和消息认证保护。在第二次交换中，双方进行相互认证，建立第一个 IPsec SA 并放入 SADB，以保护两者之间的通信数据（即非 IKE）。于是，要建立用于通信的第一个 SA，就需要 4 条消息。

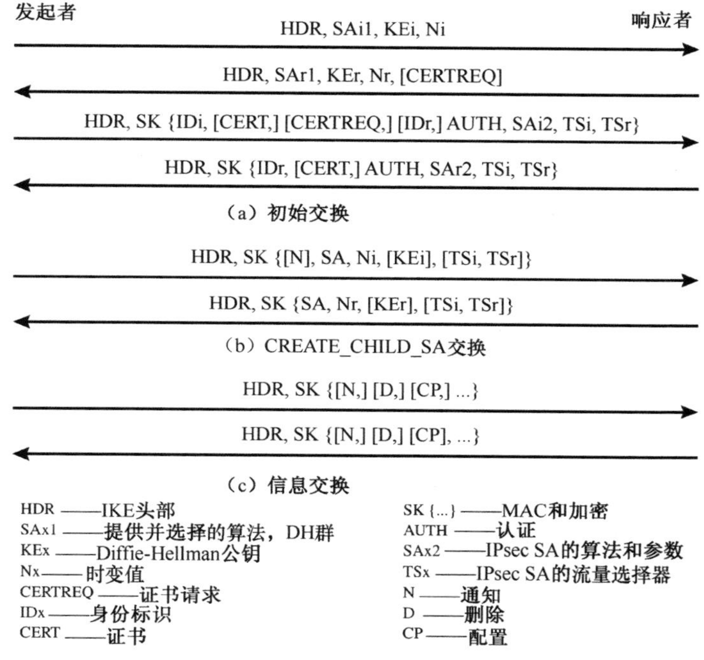


图 20.11 IKEv2 交换

使用 CREATE_CHILD_SA 交换可以进一步建立保护通信流量的 SA。**信息交换**用于交换管理信息、IKEv2 错误消息和其他通知。

## 20.5.2 头部和净荷格式

IKE 定义了建立、协商、修改和删除安全关联的过程与数据包格式。作为 SA 建立的一部分，IKE 定义了交换密钥生成和认证数据的净荷。这些净荷格式提供与特定密钥交换协议、加密算法和认证机制无关的一致性框架。

**IKE 头部格式** IKE 消息由 IKE 头部及后跟的一个或多个净荷组成，所有这些都包含在传输协议中。规范指明各个实现必须支持传输协议使用 UDP。

图 20.12(a)显示了 IKE 消息的头部格式，它由如下字段组成。

- **发起者 SPI（64 位）** 发起者选择用来识别某个安全关联（SA）的一个值。
- **响应者 SPI（64 位）** 应答者选择用来确定某个 IKE SA 的一个值。
- **下一个净荷（8 位）** 指明消息中第一个净荷的类型；净荷将在下一节中讨论。

- **主版本号（4 位）** 指明所用 IKE 的主版本号。
- **从版本号（4 位）** 指明所用 IKE 的从版本号。
- **交换类型（8 位）** 指明交换类型；详见本节稍后的讨论。
- **标志（8 位）** 指明 IKE 交换的专用选项集。目前定义 3 位：发起者位指明数据包是否由 SA 发起者发送。版本位指明发送者是否能使用更高的主版本号。应答位指明这是否是对包含相同消息 ID 的一条消息的应答。
- **消息 ID（32 位）** 用于控制丢失数据包的重发及请求与应答的匹配。
- **长度（32 位）** 消息（头部+所有净荷）的总字节长度。

**IKE 净荷类型** 所有 IKE 净荷都始于如图 20.12(b)所示的净荷头部。当消息中的“下一个净荷”字段是上一个净荷时，“下一个净荷”字段的值是 0。“净荷长度”字段指明包括通用净荷头部在内的净荷的字节长度。

当接收者不理解前一个净荷内“下一个净荷”字段中的净荷类型码，且发送者希望接收者跳过该净荷时，临界位置 0。当接收者不理解净荷类型且发送者希望接收者拒绝整条消息时，临界位置 1。

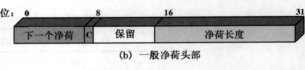

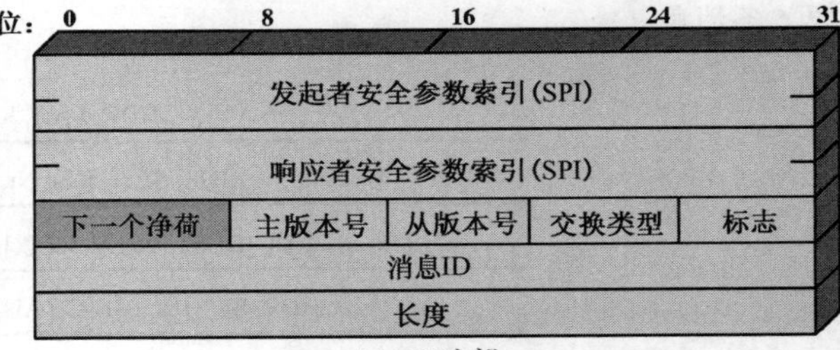


图 20.12　IKE 格式

表 20.3 中小结了为 IKE 定义的净荷类型，列举了作为每个净荷一部分的各个字段或参数。

表 20.3　IKE 净荷类型

| 类　型 | 参　数 |
|---|---|
| 安全关联 | 建议 |
| 密钥交换 | DH 参数组#，密钥交换数据 |
| 标识 | 标识类型，标识数据 |
| 证书 | 证书编码，证书数据 |
| 证书请求 | 证书编码，证书颁发机构 |
| 认证 | 认证方法，认证数据 |
| 时变值 | 临时数据 |
| 通知 | 协议标识，SPI 大小，通知消息类型，SPI，通知数据 |
| 删除 | 协议标识，SPI 大小，SPI 号，SPI（一个或多个） |
| 厂商标识 | 厂商标识 |
| 流量选择器 | 流量选择器（TS）的数量，流量选择器 |
| 加密 | 初始向量，加密后的 IKE 净荷，填充，填充长度，ICV |
| 配置 | CFG 类型，配置属性 |
| 扩展认证协议 | 扩展认证协议（EAP）消息 |

**SA 净荷**用于建立一个 SA。净荷有一个复杂的层次结构，并且可以包含多条建议，每条建议可以包含多个协议，每个协议可以包含多个变换，每个变换可以包含多个属性。净荷内的这些元素可以格式化为如下的子结构。

- **建议** 该结构包含一个建议号、一个协议 ID（AH、ESP 或 IKE）、一个变换次数指示器和一个变换子结构。建议中包含多个协议时，在相同的建议号下给出后续的建议子结构。

- **变换**　不同的协议支持不同的变换类型。变换主要用于定义与某个特殊协议一起使用的密码算法。
- **属性**　每个变换都可包含多个用于修改或完成变换规范的属性，如密钥长度。

**密钥交换净荷**可被各种密钥交换技术使用，包括 Oakley、Diffie-Hellman 及被 PGP 使用的基于 RSA 的密钥交换。“密钥交换数据”字段包含生成会话密钥所需的数据，它依赖于所用的密钥交换算法。

**标识净荷**用于确定各个通信方的标识及认证信息。“ID 数据”字段通常包含一个 IPv4 或 IPv6 地址。

**证书净荷**用于传送公钥证书。“证书编码”字段指明证书的类型或与证书相关的信息。

在 IKE 交换的任何点，发送方都可包含一个“**证书请求**”净荷来请求其他通信实体的证书。净荷可以列出能够接受的多个证书类型和证书颁发机构。

**认证**净荷中包含用于消息认证目的的数据。目前定义的认证方法类型是 RSA 数字签名、共享密钥消息完整性码和 DSS 数字签名。

**时变值**净荷包含用于保持交换活跃性的随机数据，并且可以防止重放攻击。

**通知**净荷包含与 SA 或 SA 协商关联的错误或状态信息。

**删除**净荷指明发送方已从数据库中删除且因此不再有效的一个或多个 SA。

**厂商标识**净荷包含一个厂商定义的常量。厂商使用这个常量来标识和识别自己的设备。这种机制允许厂商在维护后向兼容性的同时尝试一些新特征。

**流量选择器**净荷允许对等实体通过 IPsec 服务标识数据包流量。

**加密**净荷以加密形式包含其他净荷。加密净荷格式类似于 ESP 的格式。加密算法要求 IV 时可以包含 IV，选取认证后可以包含 ICV。

**配置**净荷用于在 IKE 对等实体之间交换配置信息。

**扩展认证协议（EAP）**净荷允许使用 EAP 认证 IKE SA。

## 20.6　关键术语、思考题和习题

### 关键术语

| | | |
|---|---|---|
| IP 安全 | IPv6 | 传输模式 |
| IPv4 | 重放攻击 | 隧道模式 |

### 思考题

**20.1**　给出 IPsec 的一个应用例子。

**20.2**　IPsec 提供哪些服务?

**20.3**　哪些参数标识 SA? 哪些参数表征某个 SA 的本质?

**20.4**　传输模式和隧道模式有何不同?

**20.5**　什么是重放攻击?

**20.6**　为何 ESP 包含一个“填充”字段?

**20.7**　形成 SA 束的基本方法有哪些?

**20.8**　IPsec 中 Oakley 密钥确定协议和 ISAKMP 的作用是什么?

### 习题

**20.1**　描述并解释表 20.1 中的各项。

**20.2** 为 AH 画一幅类似于图 20.6 的图形。

**20.3** 分别列出 AH 和 ESP 提供的主要安全服务。

**20.4** 在讨论 AH 处理时，提到 IP 头部中并非所有字段都参与 MAC 计算。

**a.** 对于 IPv4 头部中的每个字段，指明哪些字段是不变的、哪些这字段是可变但可预测的、哪些字段是可变的（在进行 ICV 计算前要填充 0）。

**b.** 对于 IPv6 头部，重做 a 问。

**c.** 对于 IPv6 扩展头部，重做 a 问。

**20.5** 假设当前的重放窗口范围是 120 ~ 530。

**a.** 下个传入认证数据包的序号是 105 时，接收方如何处理它？处理数据包后窗口的参数是什么？

**b.** 下个传入认证数据包的序号是 440 时，接收方如何处理它？处理数据包后窗口的参数是什么？

**c.** 下个传入认证数据包的序号是 540 时，接收方如何处理它？处理数据包后窗口的参数是什么？

**20.6** 假设使用隧道模式构建了一个新的外部 IP 头部。对于 IPv4 和 IPv6，请指明外部数据包中每个外部 IP 头部字段和每个扩展头部与内部 IP 数据包的相应字段或扩展的关系，即指明哪些外部值是由内部值导出的，哪些外部值是独立于内部数据重构的。

**20.7** 两台主机之间期望使用端对端认证和加密。参考图 20.6，画图表示如下内容。

**a.** 认证前应用加密的传输邻接。

**b.** 认证前应用加密的隧道 SA 内的一个传输 SA 束。

**c.** 加密前应用认证的隧道 SA 内的一个传输 SA 束。

**20.8** IPsec 构架文档称，绑定两个传输模式 SA 以允许在相同的端对端流量上使用 AH 和 ESP 协议时，总有一种顺序的安全协议是合适的：先执行 ESP 协议，再执行 AH 协议。为什么推荐这种方法而不推荐先认证后加密？

**20.9** 对于 IKE 密钥交换，指出每条消息中的各个参数是何种 ISAKMP 净荷类型。

**20.10** IPsec 驻留在协议栈中的什么位置？

# 第 21 章　网络端点安全

## 学习目标

- 解释作为计算机与网络安全策略一部分的防火墙的作用。
- 列出防火墙的关键特征。
- 了解防火墙位置和配置的各种选择的优点。
- 了解入侵检测的基本原理和要求。
- 讨论入侵检测系统的主要特征。
- 描述一些主要的恶意软件。
- 概述恶意软件防御的关键要素。
- 讨论分布式拒绝服务攻击的本质。

本章重点介绍对连接到企业网或因特网的端点（如服务器、工作站和移动设备）的安全威胁。本章从网络角度介绍端点安全，而不讨论端点上实现的防御措施（如杀毒软件）。

本章首先介绍防火墙。防火墙是保护本地系统或系统网络免受基于网络的安全威胁的有效手段，也是通过广域网和因特网提供外部访问的途径。

21.2 节介绍入侵检测系统，21.3 节概述恶意软件，21.4 节讨论分布式拒绝服务。

## 21.1　防火墙

防火墙是对基于主机的安全服务（如入侵检测系统）的重要补充。一般情况下，防火墙位于本地网络和因特网之间，用于建立一个受控的链路和一个外部安全边界。这个边界的目的是保护本地网络免受来自因特网的攻击，并且提供一个可以强制实施安全和审计的阻止点。防火墙还可部署在企业网络内部，以便隔离网络的各个部分。

防火墙提供额外的防护层，以便隔离内部系统与外部网络或内部网络的其他部分。防火墙遵循经典的“深度防御”军事学说，该学说同样适用于 IT 安全。

### 21.1.1　防火墙的特征

文献[BELL94]中列出了防火墙的设计目标。

1. 从内部到外部的所有流量都要经过防火墙，反之亦然。实现方式是采用物理方式阻止除通过防火墙外对本地网络的访问。可以进行多种配置，详见本节稍后的解释。
2. 只允许通过由本地安全策略定义的授权流量。防火墙的类型有多种，它们实现不同的安全策略，如后文所述。
3. 防火墙本身必须对渗透免疫，即必须使用运行安全操作系统的可信计算机系统。可信计算机系统适合作为防火墙主机，且通常要求用在政府应用中。

一般来说，防火墙使用 4 种技术来控制访问，并执行站点的安全策略。防火墙最初主要关注服务控制，后来发展到提供以下 4 种功能。

- **服务控制** 确定可以访问的因特网服务类型、入站或出站。防火墙可以根据 IP 地址、协议或端口号过滤流量，可以提供代理软件在传递每个服务请求之前接收和解释该请求，还可以执行服务器软件的功能（如 Web 或邮件服务）。
- **方向控制** 确定哪些方向上的特定服务请求可被发起并允许通过防火墙。
- **用户控制** 根据试图访问服务的用户控制对该服务的访问。该特征通常用于防火墙内部的用户（本地用户），也可用于来自外部用户的传入流量。后者要求某种形式的安全验证技术（如 IPsec）。
- **行为控制** 控制特定服务的使用方式。例如，防火墙可以过滤邮件来清除垃圾邮件，或者允许从外部访问本地 Web 服务器上的部分信息。

在开始讨论防火墙的类型和配置等细节之前，下面小结防火墙的作用。

1. 防火墙定义一个阻止点，使得未授权用户无法进入网络，阻止易受攻击的服务进入或离开网络，同时防止各种形式的 IP 欺骗和路由攻击。使用单个阻止点简化了安全管理，因为安全功能都集中到了一个或一组系统中。
2. 防火墙提供一个监控安全事件的位置。可以在防火墙系统上实现对安全问题的审计和警报。
3. 防火墙是一个便利的平台，可以提供一些与安全无关的因特网功能。例如，网络地址转换器将内部地址映射为因特网地址，网络管理功能可用于审计或记录因特网的使用情况。
4. 防火墙可以作为实现虚拟专用网的平台，详见下一节的讨论。

防火墙的缺点如下。

1. 防火墙不能防御绕过了防火墙的攻击。内部系统可能具有通过拨号连入 ISP 的能力。内部局域网可以支持调制解调池，这为出差员工和远程工作者提供了拨号接入能力。
2. 防火墙可能无法完全防御来自内部的威胁，例如某位心怀不满的员工或无意中与外部入侵者合作的员工。
3. 可以从企业外部访问一个不安全的无线局域网。内部防火墙将企业网分割为不同的区域，但不能阻止内部防火墙隔离的不同区域之间的无线通信。
4. 笔记本计算机、智能手机或便携式存储设备可能在企业网外部使用时被感染，然后在企业网内部使用时感染内部网络。

### 21.1.2 防火墙的类型

防火墙可以充当数据包过滤器。作为正过滤器时，只允许满足特定条件的数据包通过；作为负过滤器时，拒绝任何满足特定条件的数据包通过。取决于类型，防火墙可以检查每个数据包中的一个或多个协议头部、每个数据包的净荷或由一系列数据包生成的模式。本节介绍几类主要的防火墙。

**数据包过滤防火墙** 数据包过滤防火墙对每个传入和传出的 IP 数据包应用一组规则，根据规则决定是转发还是丢弃数据包［见图 21.1(b)］。防火墙通常配置为对两个方向（入站和出站）的数据包都进行过滤。过滤规则视数据包中包含的信息而定。

- **源 IP 地址** 生成 IP 数据包的系统的 IP 地址（如 192.178.1.1）。
- **目的 IP 地址** IP 数据包试图到达的系统的 IP 地址（如 192.168.1.2）。
- **源和目的传输层地址** 传输层（如 TCP 或 UDP）端口号，它定义 SNMP 和 TELNET 等应用。
- **IP 协议域** 定义传输层协议。
- **接口** 对有三个及以上端口的防火墙，规定哪个端口是数据包的传入端口或流出端口。

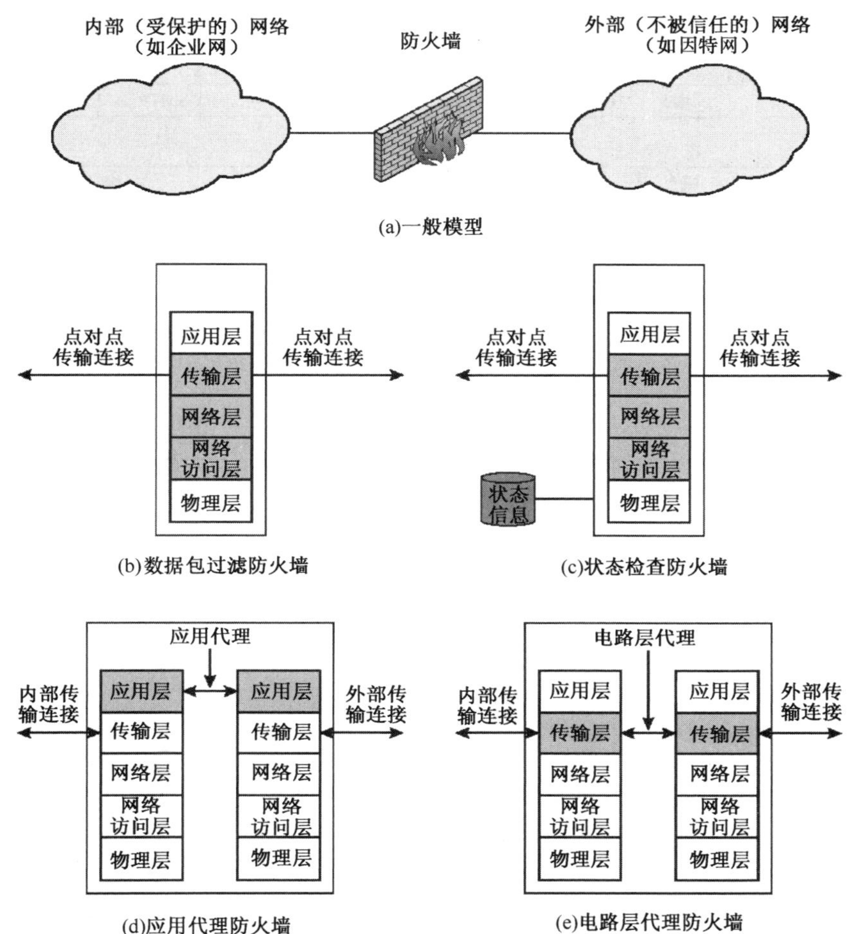


图 21.1　防火墙的类型

数据包过滤器通常根据与 IP 或 TCP 头部中的字段的匹配情况，设置为一组规则。若某个规则匹配，则调用该规则来决定是转发还是丢弃数据包。若无规则匹配，则采用默认策略。默认策略有两种。

- **默认 = 丢弃**　丢弃所有未被明确允许的数据包。
- **默认 = 转发**　转发所有未被明确禁止的数据包。

“默认 = 丢弃”策略更为保守。最初，所有服务均被阻止，必须逐个地添加服务。这种策略对用户的影响更加明显，用户更可能将防火墙视为障碍。然而，这一策略会受到企业和政府机构的青睐。此外，随着规则的创建，对用户的影响也会减小。“默认=转发”策略增加了终端用户的易用性，但降低了安全性；安全管理员基本上要立即响应每个被发现的安全威胁。这一策略通常会被更开放的组织采用，比如大学。

图 21.2 中给出了数据包过滤规则集合的一些例子。在每个规则集合中，这些规则被自上至下地使用。字段中的“*”是匹配所有内容的通配符。这里假设“默认=丢弃”策略有效。规则集合描述如下。

规则集合 A

| 动 作 | 本地主机 | 端 口 | 外部主机 | 端 口 | 描 述 |
|---|---|---|---|---|---|
| 阻止 | * | * | SPIGOT | * | 我们不相信这些人 |
| 允许 | OUR-GW | 25 | * | * | 连接到我们的 SMTP 端口 |

规则集合 B

| 动 作 | 本地主机 | 端 口 | 外部主机 | 端 口 | 描 述 |
|---|---|---|---|---|---|
| 阻止 | * | * | * | * | 默认 |

规则集合 C

| 动 作 | 本地主机 | 端 口 | 外部主机 | 端 口 | 描 述 |
|---|---|---|---|---|---|
| 允许 | * | * | * | 25 | 连接到他们的 SMTP 端口 |

规则集合 D

| 动 作 | 源地址 | 端 口 | 目的地址 | 端 口 | 标 志 | 描 述 |
|---|---|---|---|---|---|---|
| 允许 | {本地主机} | * | * | 25 | | 我们发往他们的 SMTP 端口的数据包 |
| 允许 | * | 25 | * | * | ACK | 他们的回复 |

规则集合 E

| 动 作 | 源地址 | 端 口 | 目的地址 | 端 口 | 标 志 | 描述 |
|---|---|---|---|---|---|---|
| 允许 | {本地主机} | * | * | * | | 我们发出的请求 |
| 允许 | * | * | * | * | ACK | 对我们的请求的回复 |
| 允许 | * | * | * | >1024 | | 发往非服务器的流量 |

图 21.2 数据包过滤规则集合的例子

**A**. 允许入站邮件（端口 25 用于 SMTP 入站），但仅限于网关主机。然而，来自特定外部主机 SPIGOT 的数据包被阻止，因为该主机具有在电子邮件消息中发送大量文件的历史。

**B**. 这是默认策略的显式声明。所有规则集合都隐含地将该规则作为最后一条规则。

**C**. 这个规则集合旨在声明任何内部主机都可向外部发送邮件。目标端口为 25 的 TCP 数据包被路由到目标机器上的 SMTP 服务器。这个规则的问题是，SMTP 接收只默认使用端口 25，外部机器可能部署了其他应用与端口 25 进行连接。写入此规则后，入侵者就可通过发送 TCP 源端口号为 25 的数据包来访问内部机器。

**D**. 该规则集合利用 TCP 连接的一个特性补充了规则集合 C。建立 TCP 连接后，TCP 段的 ACK 标志被设置为确认字段来自另一方。因此，该规则集合声明它允许 IP 数据包，其中的源 IP 地址是指定的内部主机列表之一，而目标 TCP 端口号是 25。它还允许 TCP 段中带有 ACK 标志的源端口号为 25 的数据包进入。注意，为明确定义这些规则，这里显式地指定了源系统和目的系统。

**E**. 这个规则集合是处理 FTP 连接的一种方法。FTP 使用两个 TCP 连接：用于设置文件传输的控制连接和用于实际文件传输的数据连接。数据连接使用为传输动态分配的不同端口号。大多数服务器（即大多数被攻击的目标）使用低端口号；大多数出站请求倾向于使用高端口号，通常为 1023 以上。因此，该规则集合允许：内部发起的数据包；对内部机器发起的连接进行回复的数据包；发送到内部机器的高端口号的数据包。

该方案要求对系统进行配置，以便只使用合适的端口号。

规则集合 E 指出了在数据包过滤层处理应用的困难性。处理 FTP 和类似应用的另一种方法是状态过滤器或应用层网关，详见本节后面的讨论。

数据包过滤防火墙的优点之一是简单。此外，数据包过滤器对用户而言几乎是透明的，速度也非常快。然而，数据包过滤器也存在如下不足。

- 数据包过滤防火墙不检查上层数据，因此无法防御那些利用特定应用漏洞或功能的攻击。例如，数据包过滤防火墙不阻止特定的应用命令，如果允许某个应用通过，那么允许该应用内的所有功能通过。
- 由于防火墙获得的可用信息有限，因此数据包过滤防火墙的日志功能有限。数据包过滤器日志一般只包含用来做出访问控制决策的信息（源地址、目标地址和流量类型）。
- 多数数据包过滤防火墙不支持高级用户认证方案。这种限制主要由防火墙缺少上层功能造成。
- 数据包过滤防火墙通常容易受到利用 TCP/IP 标准和协议栈漏洞的攻击，如网络层地址欺骗。许多数据包过滤防火墙不能察觉对数据包 OSI 第三层的地址信息的修改。入侵者通常采用欺骗攻击来绕过防火墙的安全控制。
- 最后，由于仅基于少数几个因素来做出访问控制决策，数据包过滤防火墙容易因不正确的配置而导致安全漏洞。换句话说，偶然性的改动可能会导致防火墙允许某些流量类型，或某些特定源地址和目的地址的数据包通过，而根据企业的信息安全策略，这些数据包是应被阻止的。

下列是针对数据包过滤器防火墙的一些攻击及应对策略。

- **IP 地址欺骗**　入侵者从防火墙外部使用一个包含内部主机地址的源 IP 地址字段发送数据包。入侵者试图利用假地址进入那些仅信任源地址的系统。在这些系统中，如果数据包的源地址是防火墙内部的可信主机，那么它会被允许通过。应对这种攻击的策略是，如果在防火墙的外部接口位置发现源地址是内部地址的数据包，那么将它丢弃。事实上，这种策略通常在防火墙外部的路由器上使用。
- **源路由攻击**　入侵者在来源位置注明数据包在因特网上传输时所应采用的路由，希望绕过那些未对源路由信息进行分析的安全措施。应对措施是丢弃所有使用该选项的数据包。
- **极小数据段攻击**　入侵者使用 IP 段选项创建非常小的数据段，并将 TCP 头部信息放到一个单独的数据段中。这种攻击旨在规避那些依赖于 TCP 头部信息的过滤规则。数据包过滤器通常对数据包的第一个数据段做出过滤决定。如果数据包的第一个数据段被拒绝，那么接下来的数据段都会被拒绝。入侵者希望过滤防火墙只检查第一个数据段，然后放行后面的所有数据段。通过强制规定第一个数据段必须包含一个预定义的最小 TCP 头部，可以防止极小数据段攻击。如果第一个数据段被拒绝，那么过滤器会记住这个数据包，并丢弃剩下的所有数据段。

**状态检查防火墙**　传统的数据包过滤器基于单个数据包做出过滤决策，而不考虑任何高层上下文。要了解什么是上下文及传统数据包过滤防火墙为什么存在上下文限制，就要了解一些背景知识。大多数运行在 TCP 协议上的标准应用都遵循客户端/服务器模式。例如，对于简单邮件传输协议（SMTP），电子邮件从一个客户端系统发送到服务器系统。客户端系统通过用户输入发起一个新的邮件信息，服务器收到这个信息后，将其保存到相应的客户端邮箱中。SMTP 通过在客户端和服务器之间建立一个 TCP 连接来运行，服务器端口号是 25，这个端口专供 SMTP 服务程序使用。SMTP 客户端的 TCP 端口号是 1024 ~ 65535 之间的一个。

一般来说，当某个应用使用 TCP 创建一个与远端主机通信的会话时，也会建立一个 TCP 连接，其中远程（服务器）应用的 TCP 端口号是一个小于 1024 的数，而本地（客户端）程序的端口号是 1024 ~ 65535 之间的一个数字。常用小于 1024 的端口号，且通常被永久性地分配给某些特定的应用（如端口号 25 用于 SMTP）。1024 ~ 65535 之间的端口号是动态生成的，并且只在 TCP 连接的生命期具有临时意义。

简单的数据包过滤防火墙必须允许所有这些高端口号上的入站网络流量通过，以实现基于 TCP 的通信。这就出现了一个可被未授权用户利用的漏洞。

状态检查防火墙通过建立出站 TCP 连接的目录来增强 TCP 通信的安全规则，如表 21.1 所示。每个当前建立的连接都被记录到目录中。只有当数据包与目录中的某条记录相符时，数据包过滤器才会允许入站流量通过。

**表 21.1　状态检查防火墙的连接状态表示例**

| 源 地 址 | 源 端 口 | 目的地址 | 目的端口 | 连接状态 |
|---|---|---|---|---|
| 192.168.1.100 | 1030 | 210.9.88.29 | 80 | 已建立 |
| 192.168.1.102 | 1031 | 216.32.42.123 | 80 | 已建立 |
| 192.168.1.101 | 1033 | 173.66.32.122 | 25 | 已建立 |
| 192.168.1.106 | 1035 | 177.231.32.12 | 79 | 已建立 |
| 223.43.21.231 | 1990 | 192.168.1.6 | 80 | 已建立 |
| 219.22.123.32 | 2112 | 192.168.1.6 | 80 | 已建立 |
| 210.99.212.18 | 3321 | 192.168.1.6 | 80 | 已建立 |
| 24.102.32.23 | 1025 | 192.168.1.6 | 80 | 已建立 |
| 223.21.22.12 | 1046 | 192.168.1.6 | 80 | 已建立 |

状态检查防火墙与数据包过滤防火墙审查相同的数据包信息，同时记录 TCP 连接信息［见图 21.1(c)］。有些状态检查防火墙还跟踪 TCP 序号，以防止基于序号的攻击，如会话劫持。有些状态检查防火墙甚至对 FTP、IM 和 SIPS 等知名协议中的部分应用数据进行检查，以识别和跟踪相关的连接。

**应用层网关**　应用层网关也称**应用程序代理**，它在应用层流量中起转发器的作用［见图 21.1(d)］。用户使用 TCP/IP 应用（如 Telnet 或 FTP）联系网关，网关要求用户提供将要访问的远程主机名。当用户响应并提供一个有效的用户 ID 和身份验证信息时，网关与远程主机上的应用建立连接，并在访问者与被访问者之间转发包含应用数据的 TCP 段。如果网关未采用某个应用的代理编码，那么就无法提供服务，相应的数据包就不能通过防火墙转发。此外，网关可以被配置为只支持网络管理员接受的某个应用的特定特征，同时拒绝所有的其他特征。

应用层网关通常要比数据包过滤器安全。它不再试图处理 TCP 层和 IP 层发生的所有情况并逐个考虑是否允许它们通过，而只考虑一小部分被允许的应用。此外，在应用层对所有传入流量进行日志和审计管理更容易。

这类网关的主要缺点之一是，每个连接上都需要额外的处理开销。具体地说，两个终端用户之间有两个拼接的连接，网关位于拼接点处，且网关要检查和转发两个方向的流量。

**电路层网关**　第四类防火墙是电路层网关或电路层代理［见图 21.1(e)］。它可以是独立的系统，也可以是由应用层网关为某些应用执行的功能模块。类似于应用层网关，电路层网关不允许端到端的 TCP 连接；相反，网关建立两个 TCP 连接，一个位于网关与内部主机上的一个 TCP 用户之间，另一个位于网关与外部主机上的一个 TCP 用户之间。建立两个连接后，网关通常会将 TCP 数据段从一个连接中继到另一个连接，而不检查其内容。安全功能决定允许哪些连接。

电路层网关的典型应用环境之一是系统管理员充分信任内部用户的环境。网关可被配置为支持入站连接上的应用层服务或代理服务，以及出站连接上的电路层功能。在这种配置下，网关在检查传入数据中的禁止功能时会带来处理开销，但在检查流出数据时不会带来处理开销。

### 21.1.3　DMZ 网络

图 21.3 显示了内部防火墙和外部防火墙的常见区别。外部防火墙位于本地网络或企业网络的边缘，即连接到因特网或某些广域网（WAN）的边界路由器内部。一个或多个内部防火墙保护企业网的主要部分。在这两类防火墙之间，有一个称为 DMZ（非军事区）网络的区域，可从外部访问但需要一些保护

的系统通常位于 DMZ 网络中。一般来说，位于 DMZ 的系统需要外部连接，如企业网站、电子邮件服务器或 DNS 服务器。

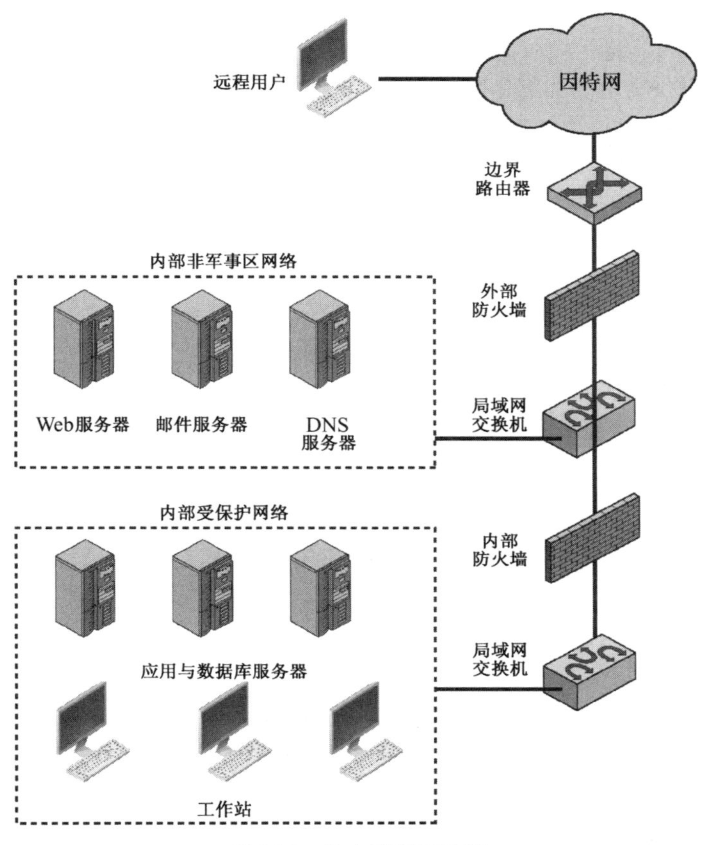


图 21.3　防火墙配置示例

外部防火墙提供访问控制度量，并为 DMZ 系统与外部连接的一致性需求提供保护。外部防火墙还为企业网的其余部分提供基本级别的保护。在这类配置中，内部防火墙有如下 3 种用途。

1. 与外部防火墙相比，内部防火墙上有更严格的过滤能力，以保护企业服务器和工作站免受外部攻击。
2. 内部防火墙在 DMZ 方面提供双向保护。首先，内部防火墙保护网络的其余部分不受来自 DMZ 系统的攻击。这类攻击可能来自蠕虫、木马、僵尸程序或其他驻留在 DMZ 系统中的恶意软件。其次，内部防火墙可以保护 DMZ 系统免受来自内部受保护网络的攻击。
3. 可以用多个内部防火墙来保护内部网络的各部分免受彼此的攻击。例如，可以配置防火墙，使得内部服务器免受内部工作站的攻击，反之亦然。一种常见的做法是将 DMZ 放在外部防火墙中不同于访问内部网络的网络接口上。

## 21.2　入侵检测系统

下面定义一些术语。

- **入侵**　违反安全策略，通常表现为试图影响计算机或网络的保密性、完整性或可用性。这些违规行为可能来自通过因特网访问系统的入侵者，也可能来自系统授权用户，他们试图以超出合法授权级别的方式访问系统，或以合法授权级别访问系统的方式从事未授权的活动。

- **入侵检测** 收集并分析计算机系统或网络中所发生事件的信息，进而发现入侵迹象的过程。
- **入侵检测系统** 从计算机或网络的不同区域收集与分析信息的硬件或软件产品，目的是发现以非授权方式访问系统资源的行为并提出实时或近实时的警告。

入侵检测系统（IDS）分为如下几类。

- **基于主机的 IDS** 监视单台主机的特征及主机内发生的可疑活动。基于主机的 IDS 能够准确地确定哪些进程和用户账号对操作系统进行了攻击。此外，与基于网络的 IDS 不同，基于主机的 IDS 更易看到攻击意图的预期结果，因为它们可以直接访问和监视常被攻击的数据文件和系统进程。
- **基于网络的 IDS** 监控特定网段或设备的网络流量，分析网络层、传输层和应用层协议，以识别可疑的活动。

IDS 包含如下 3 个逻辑器件。

- **传感器** 传感器负责收集数据。传感器的输入可以是包含入侵证据的任意系统部分，其输入类型包括网络数据包、日志文件和系统调用轨迹。传感器收集这些信息并将其转发给分析器。
- **分析器** 分析器从一个或多个传感器或其他分析器中接收输入信息，负责确定是否发生入侵。分析器一旦产生输出，就表示发生了入侵。输出可能包含支持“发现入侵活动”这一结论的证据。分析器可以提供采取何种措施应对入侵的指导。
- **用户接口** IDS 的用户接口允许用户查看系统的输出或控制系统的行为。在某些系统中，用户接口相当于管理器、控制器或控制台。

### 21.2.1 基本原理

认证设备、访问控制设备和防火墙都在防止入侵中发挥作用。另一道防线是入侵检测，它是近年来许多研究的焦点。对 IDS 产生兴趣的原因很多，如下所示。

1. 若能够快速检测到入侵，则可在造成任何损失或泄露任何数据之前识别入侵者并将其驱离系统。即便不能及时地检测到入侵来提前阻止入侵者，检测到入侵的时间越早，造成的损失越少，系统恢复得越快。
2. 有效的 IDS 具有威慑效果，从而起到防止入侵的作用。
3. 入侵检测能够收集有关入侵技术的信息，这些信息可以增强入侵防范措施。

### 21.2.2 入侵检测方法

入侵检测假设入侵者的行为在某些情况下不同于合法用户的行为，且能够被鉴别。当然，我们不能期望入侵者的攻击行为与授权用户正常使用资源的行为存在明显差别，有时他们的行为有相似之处。

入侵检测方法通常有两种，即误用检测和异常检测（见图 21.4）。

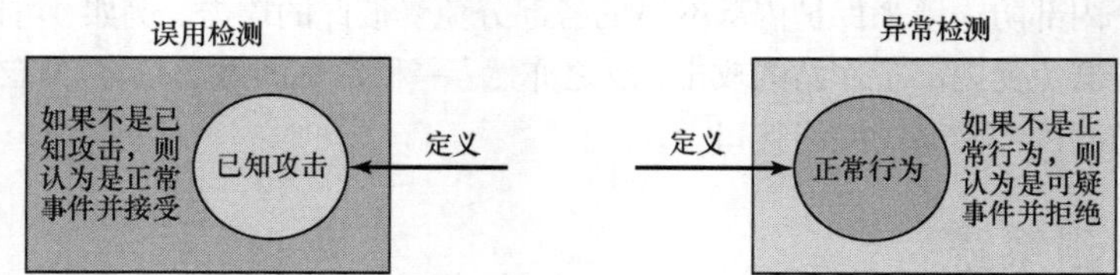


图 21.4 入侵检测方法

**误用检测**基于一些规则，这些规则规定被认为是安全事故征兆的系统事件、事件序列或系统的可观测性质。误用检测器使用多种签名算法，这些算法运行在攻击模式或签名的大型数据库上。误用检测的优点之一是有着较高的准确性，因此很少产生错误警报。缺点是不能检测新攻击或未知攻击。

**异常检测**搜索不同于系统实体和系统资源的正常行为的活动。异常检测的优点之一是，能够基于活动审计来检测先前未知的攻击，缺点是需要在漏报率与误报率之间进行折中。图 21.5 抽象地显示了异常检测系统设计人员所面临任务的性质。尽管入侵者的典型行为与授权用户的不同，但这些行为之间存在重叠现象。一方面，宽泛地定义入侵行为会抓住更多的入侵者，但会导致较多的**误报**，或者出现授权用户被识别为入侵者的情况；另一方面，严格定义入侵行为来限制误报会导致**漏报**事件增加，或者识别不了真正的入侵者。因此，在异常检测实践中，通常存在需要在两方面进行折中的情况。

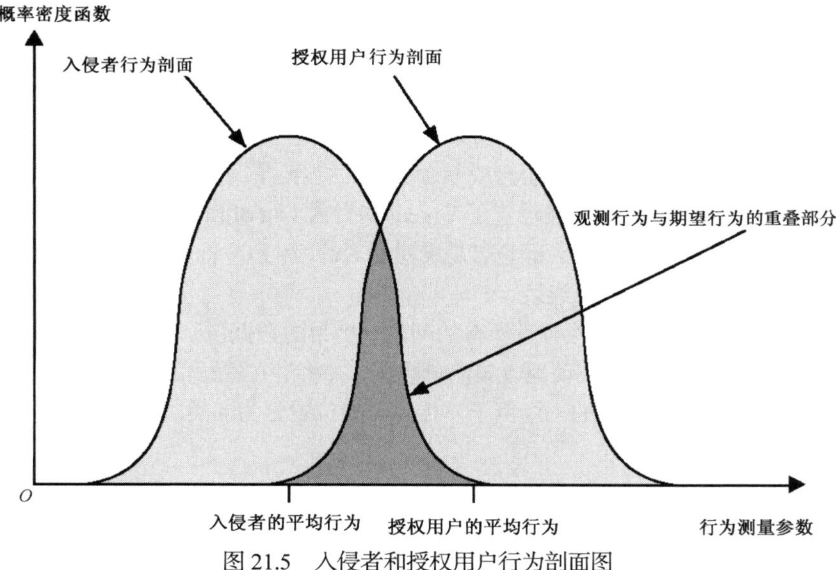


图 21.5　入侵者和授权用户行为剖面图

表 21.2 中澄清了误报、判断为真、漏报和判断为假等检测结果之间的关系。

**表 21.2　检测结果**

| 检测结果 | 情况 A 出现 | 情况 A 未出现 |
|---|---|---|
| 检测结果为"A" | 判断为真 | 误报 |
| 检测结果为"NOT A" | 漏报 | 判断为假 |

### 21.2.3　基于主机的入侵检测技术

基于主机的 IDS 为脆弱或敏感系统（如数据库服务器或行政管理系统）增加了一个专用的安全软件层；基于主机的 IDS 以各种方式监控系统上的活动，检测可疑行为。有时，IDS 可在造成任何损失前阻止攻击，但它的主要目的是检测入侵、记录可疑事件并发出警报。

基于主机的 IDS 的主要优点是，可以检测外部入侵和内部入侵，但基于网络的 IDS 或防火墙无法做到这一点。

基于主机的 IDS 使用一种或多种异常和误用保护机制。对于异常检测，两种常见的策略如下。

- **阈值检测**　这种方法根据各个事件发生的频率来定义与用户无关的阈值。
- **基于配置文件**　为每个用户开发一个活动配置文件，检测每个账号行为的变化。

### 21.2.4　基于网络的入侵检测系统

基于网络的入侵检测系统（NIDS）会像数据源那样监控其网段上的流量，方法是将网卡设置成混杂模式，捕获通过其网段的所有网络流量。单个 NIDS 无法监控其他网段或其他通信方式（如电话线）产生的网络流量。

**NIDS 功能**　基于网络的入侵检测在数据包通过某个传感器时对其进行检查。如果与某个签名匹配，那么就关注数据包。三类主要签名是字符串签名、端口签名和头部签名。

字符串签名查找表示一个可能的攻击的文本串。UNIX 系统中一个字符串签名的例子是“cat “+ +” >/.rhosts”，若成功，则使得 UNIX 系统极易受到网络攻击。为了改进字符串签名，降低误报数，可能需要使用复合字符串签名。例如，常见 Web 服务器攻击的一个复合字符串签名是“cgi-bin” AND “aglimpse” AND “IFS”。

端口签名监控那些经常遭到攻击的端口的连接。这些端口包括 telnet（TCP 端口 23）、FTP（TCP 端口 21/20）、SUNRPC（TCP/UDP 端口 111）和 IMAP（TCP 端口 143）。如果这些端口不被主机使用，那么企图访问这些端口的数据包就被认为是可疑的。

头部签名监控数据包头部中的危险组合或不合逻辑的组合。最著名的例子是 WinNuke 攻击，其中一个数据包被发往 NetBIOS 端口，并且设置了 Urgent 指针或 Out of Band 指针。这会使得 Windows 系统出现蓝屏死机现象。另一个著名的头部签名是设置了 SYN 和 FIN 标志的 TCP 数据包，它意味着请求者希望在同一时刻开始和结束一个连接。

**部署 NIDS**　NIDS 传感器只能检查其所在的网段上携带的数据包。因此在部署 NIDS 时，通常会在关键网络节点设置许多传感器，被动地收集流量数据，并将潜在威胁信息提交给中央 NIDS 管理器。图 21.6 中给出了部署 NIDS 传感器的一个例子。传感器的位置分为 4 类。

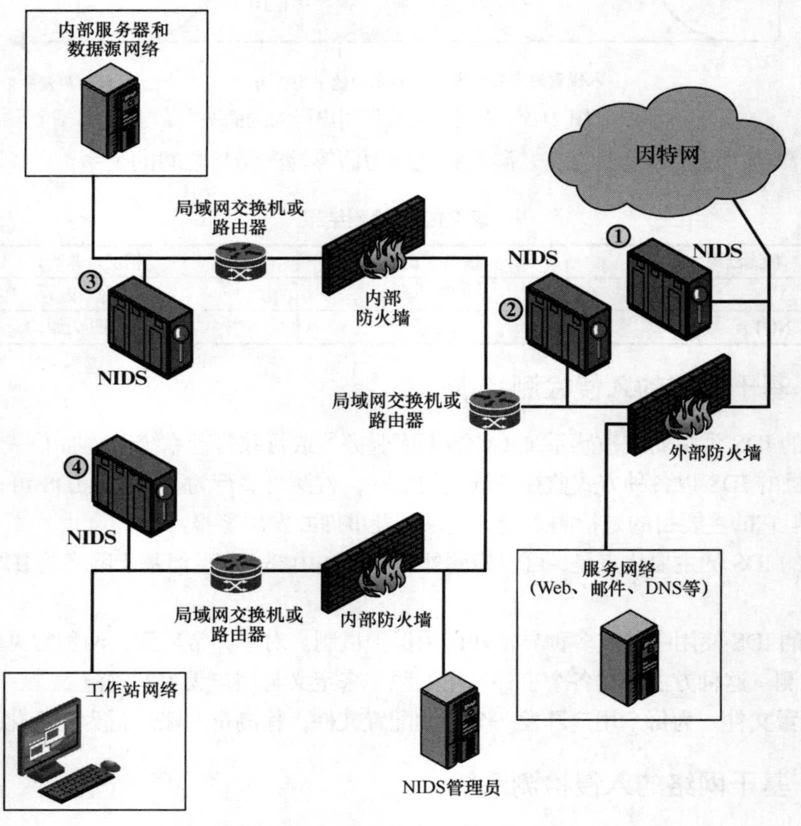


图 21.6　NIDS 传感器部署示例

1. 企业主防火墙之外。在为企业网络确定威胁级别时，这非常有用。负责为安全工作赢得管理支持的人员会发现这个位置的价值。
2. 网络 DMZ 内（主防火墙之内、内部防火墙之外）。这个位置可以监控针对 Web 和其他对外的服务的渗透。
3. 内部防火墙之后。监控主要的骨干网络，如支持内部服务器和数据库资源的网络。
4. 内部防火墙之后，监控支持特定用户工作站和服务器的局域网。图 21.6 中的位置 3 和位置 4 可以监控网段上的特定攻击及来自企业内部的攻击。

## 21.3　恶意软件

恶意软件（也称恶件）是对企业的最大安全威胁之一。NIST SP 800-83（*Guide to Malware Incident Prevention and Handling for Desktops and Laptops*）将恶意软件定义为："偷偷地嵌入其他程序，意图摧毁数据，运行破坏性或入侵性程序，或者破坏受害者数据、应用或操作系统的保密性、完整性、可用性的程序。"因此，恶意软件会对应用程序、实用程序（如编辑器和编译器）及内核层程序构成威胁。恶意软件还可用在恶意网站和服务器上，或者用在诱骗用户泄露敏感信息的垃圾邮件与其他消息中。

### 21.3.1　恶意软件的类型

恶意软件的种类较多，但大多数都属于以下几种类型之一。

- **病毒（Virus）**　可以自我复制，并在未经用户许可或不知情的情况下感染计算机的程序。病毒可能会破坏或删除计算机上的数据，使用电子邮件程序将自身传播到其他计算机上，甚至删除硬盘上的所有内容。它可以自我复制并附到另一个程序上，病毒附着的程序被称为宿主。
- **蠕虫（Worm）**　可以自我复制、自我传播的独立程序，它利用网络机制来传播自身。病毒和蠕虫的主要区别是，蠕虫可以自我复制和传播，无须人工干预，且不会集成到现有代码中。蠕虫的攻击目标是已知存在漏洞的系统和应用程序。
- **特洛伊木马（Trojan Horse）**　一种计算机程序，它看起来具有实用的功能，但也具有隐藏的、潜在的恶意功能，有时会利用调用该程序的系统实体的合法授权来逃避安全机制。 顾名思义，特洛伊木马的目的是使得一个恶意程序看起来像合法程序。特洛伊木马可以监控用户的行为、窃取用户的数据，甚至可为入侵者打开后门。
- **间谍软件（Spyware）**　秘密地或偷偷地安装到信息系统中的软件，目的是在个人或企业不知情的情况下收集信息。
- **Rootkit**　入侵者获得对主机的根级别访问权后使用的一组工具，用来隐藏入侵者在主机上的活动，并允许入侵者通过隐蔽的方式维持对主机的根级别访问权限。
- **后门（Backdoor）**　一种进入计算机系统的非法途径。一般来说，后门是一种能够绕过系统的安全控制，使入侵者秘密访问系统的程序。后门通常由入侵者或恶意软件程序安装。
- **移动代码（Mobile code）**　能够不加修改地发布到异构平台并以相同语义执行的软件（如脚本、宏或其他可移植指令）。
- **僵尸（Bot）**安装在某个系统上，从其他计算机发起攻击的程序。例如，分布式拒绝服务（DDoS）攻击利用大量被感染的僵尸机器向某台目标机器发起攻击，以耗尽目标机器的资源。采用协同方式工作的大量僵尸程序被称为**僵尸网络**。

### 21.3.2 恶意软件防御

防御恶意软件的方法通常按两个维度分类，如图 21.7 所示。按时间尺度，防御恶意软件的方法分为如下两类。

- **实时或近实时方法** 这类方法包括监控和阻止正在发生或即将发生的恶意软件攻击，通常还包括补救行动，如删除恶意软件和上报相关事件。
- **攻击后的方法** 这类方法包括分析事件报告和流量模式，帮助改进安全控制。

本节剩下的部分介绍图 21.7 中所示的方法。

**网络流量分析** 网络流量分析监控网络流量来检测潜在的恶意活动。这类监视器通常位于企业网络与外部世界（如因特网或专用网）的边界，也可放在内部网络设备或服务器端点附近。

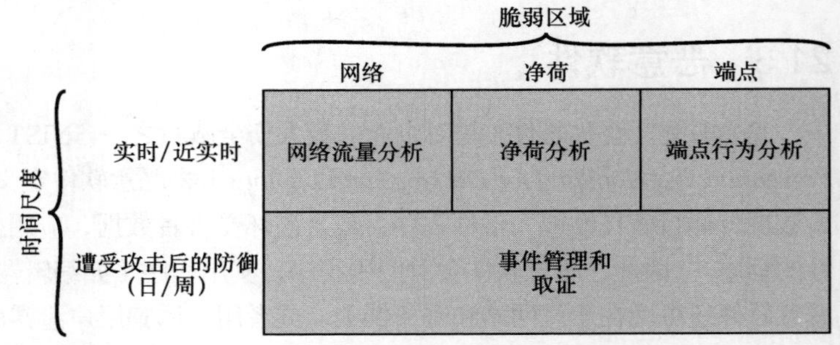

图 21.7 恶意软件防御的五个要素

类似于入侵检测，流量分析涉及误用检测（签名检测）或异常检测。下面举一个误用检测的例子。任何时刻流量激增都可能表明正在发生 DDoS 攻击。对于异常检测，网络安全软件需要收集和维护典型网络流量模式的配置文件，然后监控当前流量是否与正常情形下的流量存在明显偏差。例如，异常的 DNS（域名系统）流量是僵尸网络活动的明显征兆。

**净荷分析** 净荷是指封装在数据包内的对端点应用有意义的数据。类似于流量分析，净荷分析也是实时的或近实时的，包括寻找已知的恶意净荷（签名检测）或异常的净荷模式。用于净荷分析的一种实用技术是沙箱环境，它可隔离净荷，直到完成分析。这会使得净荷分析系统能够观察运动净荷的行为（如在净荷穿过网络边界时），并标记可疑的净荷或直接阻止它们。

**端点行为分析** 包括在端点部署的各类工具和方法。杀毒软件使用签名和异常检测技术来识别恶意软件，并阻止它在主机系统上执行。也可采用应用白名单，将应用限制为某些已知的应用。在系统软件层，应用容器可以在虚拟容器中隔离应用程序和文件，以防止损坏。

**事件管理** 信息安全事件管理，包括侦测、报告、评估、响应、处理和吸取教训。事件管理的关键要素如下。

- **数据收集** 在典型用例中，事件管理系统必须能够接触任意数量的不同系统：防火墙、代理服务器、数据库、入侵检测和防御系统、操作系统、路由器、交换机、访问控制系统等。其中一些系统可能共享类似的日志和报警功能，但通常在格式、协议和所提供的信息方面存在差异。
- **数据聚合** 在发送数据以便进行关联或保留之前，聚合器要进行资源整合。
- **数据规范化** 规范化是将同类数据的不同表示格式解析为公共数据库中的类似格式的过程。
- **关联** 事件关联是指在给定的时间窗口内跨越多个系统，链接多个安全事件或警报，以便识别任何单一事件中都不明显的异常活动。
- **警报** 收集或识别触发某些响应（如警报或潜在的安全问题）的数据时，工具可以激活某些协议来提醒用户，如发送到仪表板的通知、自动的电子邮件或文本消息。
- **报告/合规** 可以建立协议，以便自动地收集遵守公司、组织和政府政策所需的数据。

事件管理的目的是分析安全事件，提高系统安全性，更新检测所用的签名和异常配置文件。这个过程既适用于与恶意软件相关的攻击，又适用于入侵。

**取证** NIST SP 800-96（*Guide to Integrating Forensic Techniques into Incident Response*）中将计算机取证（或数字取证）定义为“识别、收集、检查和分析数据，同时保持信息的完整性，维护数据的严格监管链”。计算机取证试图回答如下问题。

- 发生了什么事件?
- 这些事件是什么时候发生的?
- 事件发生的顺序是什么?
- 发生这些事件的原因是什么?
- 是谁让这些事件发生的?
- 是什么让这些事件发生的?
- 什么东西受到了影响? 影响有多大?

大多数安全事件不需要取证调查，可以通过普通的事件管理过程来处理。然而，过于严重的事件可能需要深入的取证调查分析。

## 21.4 分布式拒绝服务攻击

拒绝服务（DoS）攻击试图阻止合法用户正常使用服务。当这种攻击来自单台主机或网络节点时，称其为 DoS 攻击。更严重的威胁来自分布式拒绝服务（DDoS）攻击。DDoS 攻击发送大量无用的流量淹没服务器、网络甚至终端用户系统，使得合法用户无法访问资源。在典型的 DDoS 攻击中，大量被控制的主机被用来发送无用的数据包。

本节讨论 DDoS 攻击。首先介绍攻击的性质和类型，然后研究入侵者招募主机网络发起攻击的方法，最后讨论针对 DDoS 的防御策略。

### 21.4.1 DDoS 攻击描述

DDoS 攻击试图消耗目标的资源，使其无法提供服务。对 DDoS 攻击进行分类的一种方法是根据所消耗的资源类型。一般来说，消耗的资源要么是目标系统上的内部主机资源，要么是被攻击目标局域网的数据传输能力。

SYN 洪泛攻击就是一个内部资源攻击的简单例子。图 21.8(a)中给出了攻击步骤。

1. 入侵者控制因特网上的多台主机，命令它们连接目标 Web 服务器。
2. 被控制的主机开始向目标主机发送包含错误源 IP 地址信息的 TCP/IP SYN（同步/初始化）数据包。
3. 每个 SYN 数据包都是打开 TCP 连接的一个请求。对于每个这样的数据包，Web 服务器都要应答一个 SYN/ACK（同步/确认）数据包，尝试与这个伪造的 IP 地址上的 TCP 实体建立 TCP 连接。Web 服务器对每个 SYN 请求都维持一个数据结构以等待返回的应答，但在涌入大量的这类请求时，服务器就会瘫痪，结果是服务器一直等待这些虚假的“半开”连接完成，造成合法用户的连接被拒绝。

TCP 状态数据结构是一个应用广泛的内部资源目标，但不是唯一的目标。其他的可能目标如下。

1. 入侵者试图耗尽操作系统用来管理进程的可用数据结构，如进程表中的各项和进程控制信息中的各项。攻击可能非常简单，如一个程序不断派生新的进程。
2. 入侵者试图采用各种方法为自己分配大量磁盘空间，包括生成大量电子邮件，在发生错误时强制触发审计跟踪，以及将文件放到共享区域中。

图 21.8(b)中给出了消耗数据传输资源的攻击的例子，其步骤如下。

1. 入侵者控制因特网上的多台主机，并指示它们将带有目标主机的欺骗性 IP 地址的 ICMP ECHO

数据包[①]发送给一组作为反射器的主机，详见后面的介绍。

2. 跳板站点收到这些欺骗性的请求后，向目标站点发送回应数据包。

3. 目标主机路由器收到大量跳板站点发送的数据包，失去对合法流量的传输能力。

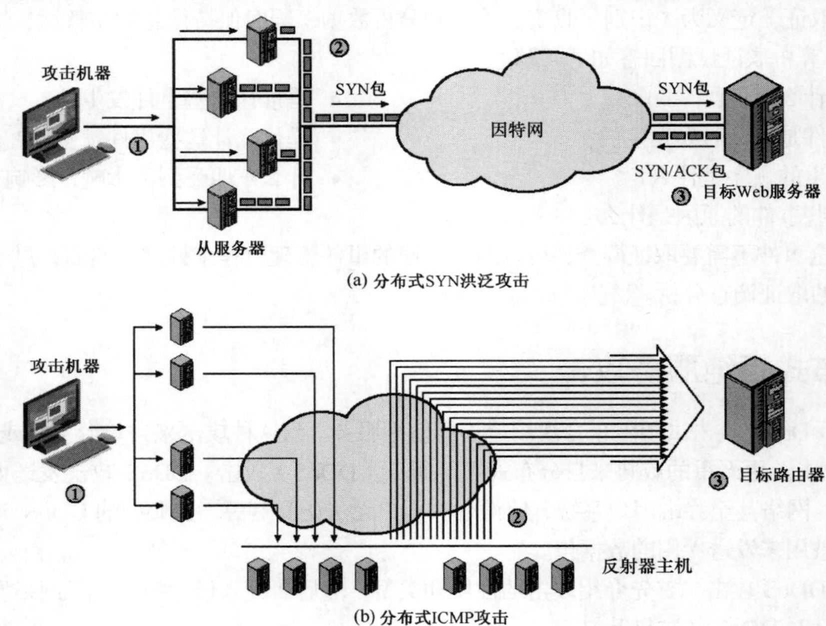


图 21.8　简单 DDoS 攻击的例子

另外一种分类方法是，将 DDoS 攻击划分为直接式 DDoS 攻击和反射式 DDoS 攻击。在直接式 DDoS 攻击［见图 21.9(a)］中，入侵者可向分布在因特网上的大量主机植入僵尸程序。通常，DDoS 攻击包括两层僵尸计算机：主僵尸计算机和从僵尸计算机。这两层计算机都感染了恶意代码。入侵者控制主僵尸计算机，主僵尸计算机再控制从僵尸计算机。采用两层僵尸结构会使得追踪攻击来源变得更加困难，同时提供一个更加灵活的攻击网络。

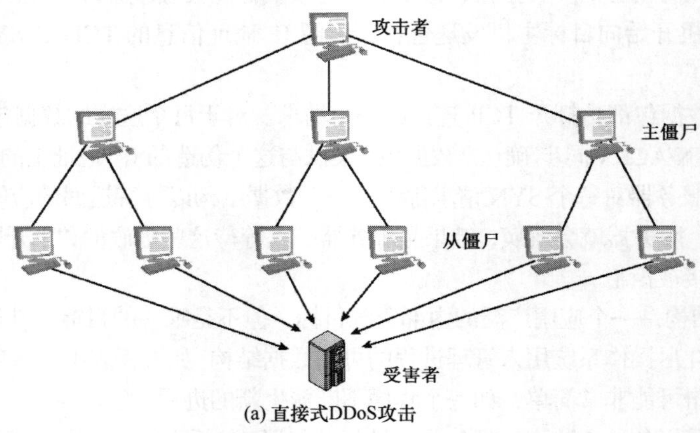


图 21.9　基于洪泛的 DDoS 攻击类型

① 因特网控制报文协议（ICMP）是一个 IP 层协议，用于在路由器和主机之间或在不同的主机之间交换数据包。ECHO 数据包需要接收方返回一个应答来验证不同实体间是否可以进行通信。

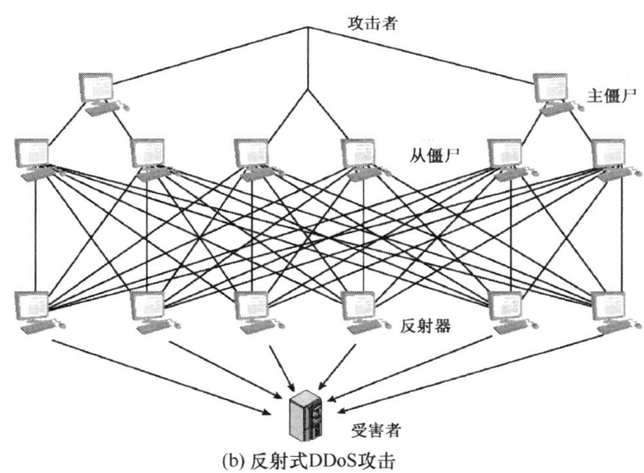

(b) 反射式DDoS攻击

图 21.9　基于洪泛的 DDoS 攻击类型（续）

反射式 DDoS 攻击增加了另一层机器［见图 21.9(b)］。在此类攻击中，从僵尸计算机构建响应的数据包，在 IP 数据包头部的源地址中填入目标主机的 IP 地址。这些数据包被发送到那些作为反射器的未感染主机，这些主机再向目标主机发送响应数据包。与直接式 DDoS 攻击相比，反射式 DDoS 攻击波及的计算机更多，带来的流量更多，危害性也更强。此外，追踪入侵者和过滤攻击数据包也变得更加困难，因为攻击来自广泛分布的未感染计算机。

## 21.4.2　构建攻击网络

DDoS 攻击的第一步是，入侵者使用僵尸软件感染大批主机，并最终使用这些僵尸软件来实施攻击。这个攻击阶段所需的基本要素如下。

1. 能执行 DDoS 攻击的软件。这一软件必须能够运行在大量主机上，能够很好地隐藏自己，能够联系入侵者或者拥有某种时间触发机制，还必须能向目标发动预期的攻击。
2. 大量系统普遍存在漏洞。入侵者应该清楚管理员或个人用户未及时打补丁的那些漏洞，并能利用这些漏洞在主机上安装僵尸程序。
3. 查找存在漏洞主机的策略，这一过程称为扫描。

在扫描过程中，入侵者首先寻找存在漏洞的主机并感染它们，然后在这些主机上安装僵尸程序并重复扫描过程，直到建立由被感染计算机组成的一个巨大的分布式网络。文献[MIRK04]中列举了如下扫描策略。

- **随机**　每台被感染的主机采用不同的种子探测 IP 地址空间中的随机地址。这种技术产生大量的因特网流量，甚至可能在实际攻击发起前就造成很大的破坏。
- **攻击列表**　入侵者首先制作漏洞主机列表。为了防止攻击时被检测到，这是一个耗时的过程。完成这个列表后，入侵者开始感染这些主机。每台被感染的主机都会扫描列表中的一部分主机。这一策略使得扫描所用的时间变得很短，并且使得探测发生感染的难度增加。
- **局部解剖**　这种方法使用每台被感染主机自身包含的信息来扫描更多主机。
- **局域子网**　如果被防火墙保护的主机被感染，那么这台主机将在其所在的局域网中寻找目标，使用子网内部的地址结构来寻找其他主机。

### 21.4.3 DDoS 防御策略

一般来说，针对 DDoS 攻击的防线有三道。

- **攻击预防和抢占（攻击前）** 这些机制可使受害者忍受攻击尝试，但不拒绝向合法客户端提供服务。这些技术包括采取强制的资源消耗策略和按需提供后备资源。此外，预防机制通过完善系统和网络协议来降低遭受 DDoS 攻击的概率。
- **攻击检测和过滤（攻击中）** 这些机制试图在攻击开始时进行检测并立即做出响应。这将最大限度地降低攻击对目标的影响。检测包括寻找可疑的行为模式，响应包括过滤攻击数据包。
- **攻击源追踪和识别（攻击中和攻击后）** 尝试识别攻击源，这是为预防此后的攻击所做的第一步。通常不能很快地找到攻击源，但可以减轻正在发生的攻击。

应对 DDoS 攻击的挑战是运行方式众多，因此防范策略的发展须与时俱进。

## 21.5 关键术语、思考题和习题

### 关键术语

| | | | |
|---|---|---|---|
| 异常检测 | 僵尸网络 | 漏报 | 恶意软件 |
| 应用层代理 | 电路层代理 | 误报 | 误用检测 |

### 思考题

**21.1** 列出防火墙的三个设计目标。

**21.2** 列出防火墙用来控制访问和执行安全策略的 4 种技术。

**21.3** 典型的数据包过滤防火墙使用哪些信息？

**21.4** 数据包过滤防火墙有哪些弱点？

**21.5** 数据包过滤防火墙与状态检查防火墙有何不同？

**21.6** 什么是应用层网关？

**21.7** 什么是电路层网关？

**21.8** 什么是 DMZ 网络？在这些网络上能找到什么类型的系统？

**21.9** 内部防火墙与外部防火墙有何不同？

**21.10** 解释基于主机和基于网络的入侵检测系统的区别。

**21.11** IDS 的主要逻辑组件是什么？

**21.12** 入侵检测的两种主要方法是什么？

**21.13** 列出恶意软件的主要类别。

**21.14** 网络流量分析、净荷分析和端点行为分析有何不同？

**21.15** 什么是分布式拒绝服务系统？

### 习题

**21.1** 如 21.1 节所述，应对极小数据段攻击的一种方法是，强制规定传输头部的最小长度，其中传输头部包含在 IP 数据包的第一个数据段中。如果拒绝了第一个数据段，那么拒绝后续的所有数据段。然而，实际上这些数据段可能并不依序到达。因此，在第一数据段被拒绝前，中间的数据段可能会通过过滤器。在这种情况下，应如何处理？

**21.2** 在一个 IPv4 数据包中，第一个数据段中的净荷字节大小是“总长 －(4×IHL)”。如果这个值小于规定的最小值（对于 TCP，规定的最小值是 8 字节），那么这个数据段及整个数据包都会被拒绝。提出只使用

"数据段偏移"字段就能得到相同结果的一种替代方法。

**21.3** IPv4 协议规范 RFC 791 中详细描述了一个重组算法，在这个算法中，新数据段和此前收到的数据段之间的重叠部分将被重写。假设在这样的重组实现中，攻击者可以构建一系列数据包，其中最低（零偏移）数据段中包含无害数据（因此能够通过行政管理数据包过滤器），后续的一些非零偏移数据包会与 TCP 头部信息（如目的端口）叠加，使得其可被改动。第二个数据包会通过大多数过滤器实现，因为它的偏移为零。给出一种使用数据包过滤器来应对这种攻击的方法。

**21.4** 表 21.3 中给出了数据包过滤防火墙规则集合的一个例子。这个规则集合用于一个虚构的网络，网络的 IP 地址范围是从 192.168.1.0 到 192.168.1.254。描述每个规则的作用。

**表 21.3　数据包过滤防火墙规则集合示例**

| | 源地址 | 源端口 | 目的地址 | 目的端口 | 处　理 |
|---|---|---|---|---|---|
| 1 | 任意 | 任意 | 192.168.1.0 | > 1023 | 通过 |
| 2 | 192.168.1.1 | 任意 | 任意 | 任意 | 拒绝 |
| 3 | 任意 | 任意 | 192.168.1.1 | 任意 | 拒绝 |
| 4 | 192.168.1.0 | 任意 | 任意 | 任意 | 通过 |
| 5 | 任意 | 任意 | 192.168.1.2 | SMTP | 通过 |
| 6 | 任意 | 任意 | 192.168.1.3 | HTTP | 通过 |
| 7 | 任意 | 任意 | 任意 | 任意 | 拒绝 |

**21.5** SMTP（简单邮件传输协议）是在主机之间进行 TCP 传输的电子邮件标准协议。在用户代理和服务器程序之间建立一个 TCP 连接，服务器在 25 号 TCP 端口上监听入站连接请求。用户端连接的 TCP 端口号大于 1023。假设要建立一个数据包过滤规则集合，以便允许入站和出站 SMTP 流量。你生成了如下规则集合。

| 规　则 | 方　向 | 源地址 | 目的地址 | 协　议 | 目的端口 | 处　理 |
|---|---|---|---|---|---|---|
| A | 入站 | 外部 | 内部 | TCP | 25 | 通过 |
| B | 出站 | 内部 | 外部 | TCP | > 1023 | 通过 |
| C | 出站 | 内部 | 外部 | TCP | 25 | 通过 |
| D | 入站 | 外部 | 内部 | TCP | > 1023 | 通过 |
| E | 双向 | 任意 | 任意 | 任意 | 任意 | 拒绝 |

**a.** 描述每个规则的作用。

**b.** 本例中你的主机的 IP 地址为 172.16.1.1。有人试图通过 IP 地址为 192.168.3.4 的远程主机发送电子邮件给你。如果成功，就会在远程用户与你的主机上的 SMTP 服务器之间生成一个 SMTP 对话，该对话由 SMTP 命令和邮件组成。此外，假设你的主机上的用户试图发送电子邮件到远程系统上的 SMTP 服务器。这一情景下的 4 个典型数据包如下表所示。

| 数据包 | 方　向 | 源地址 | 目的地址 | 协　议 | 目的端口 | 处　理 |
|---|---|---|---|---|---|---|
| 1 | 入站 | 192.168.3.4 | 172.16.1.1 | TCP | 25 | ? |
| 2 | 出站 | 172.16.1.1 | 192.168.3.4 | TCP | 1234 | ? |
| 3 | 出站 | 172.16.1.1 | 192.168.3.4 | TCP | 25 | ? |
| 4 | 入站 | 192.168.3.4 | 172.16.1.1 | TCP | 1357 | ? |

指出哪些数据包被允许或被拒绝，并指出每种情况下使用哪些规则。

**c.** 为进行攻击，有人从外部网络试图建立一个从远程主机（10.1.2.3）的 5150 端口到你的本地主机（172.16.3.4）上 Web 代理服务器的 8080 端口的连接。典型的数据包如下表所示。

| 数据包 | 方 向 | 源地址 | 目的地址 | 协 议 | 目的端口 | 处 理 |
|---|---|---|---|---|---|---|
| 5 | 入站 | 10.1.2.3 | 172.16.3.4 | TCP | 8080 | ? |
| 6 | 出站 | 172.16.3.4 | 10.1.2.3 | TCP | 5150 | ? |

该攻击能够成功吗？请详细说明。

**21.6** 为了提供更多的保护，将上题的规则集合做如下修改。

| 规 则 | 方 向 | 源地址 | 目的地址 | 协 议 | 源端口 | 目的端口 | 处 理 |
|---|---|---|---|---|---|---|---|
| A | 入站 | 外部 | 内部 | TCP | >1023 | 25 | 通过 |
| B | 出站 | 内部 | 外部 | TCP | 25 | >1023 | 通过 |
| C | 出站 | 内部 | 外部 | TCP | >1023 | 25 | 通过 |
| D | 入站 | 外部 | 内部 | TCP | 25 | >1023 | 通过 |
| E | 双向 | 任意 | 任意 | 任意 | 任意 | 任意 | 拒绝 |

**a.** 描述所做的修改。

**b.** 将这个新规则集合应用到上题的 6 个数据包中。指出哪些数据包被允许或被拒绝，并指出每种情况下使用哪些规则。

**21.7** 黑客使用 25 号端口作为其终端上的客户端端口，试图连接到你的 Web 代理服务器。

**a.** 可能产生的数据包如下表所示。

| 数据包 | 方 向 | 源地址 | 目的地址 | 协 议 | 源端口 | 目的端口 | 处 理 |
|---|---|---|---|---|---|---|---|
| 7 | 入站 | 10.1.2.3 | 172.16.3.4 | TCP | 25 | 8080 | ? |
| 8 | 出站 | 172.16.3.4 | 10.1.2.3 | TCP | 8080 | 25 | ? |

解释在使用上题的规则集合时，这个攻击可以成功的原因。

**b.** 初始化一个 TCP 连接时，在 TCP 头部未设置 ACK 位。随后，通过 TCP 连接发送的所有 TCP 头部均设置了 ACK 位。试用此信息修改上题的规则集合，以防止上述攻击。

**21.8** 一个常见的管理要求是“所有外部 Web 流量必须通过企业的 Web 代理”。然而，这一要求说起来容易，实现起来难。请分析为满足这一要求而可能面临的各种问题及解决办法。特别需要考虑的问题是，确定究竟什么是“Web 流量”，以及如何对其进行监控，假设 Web 浏览器和服务器使用了不同的协议及大范围的端口号。

**21.9** 考虑“系统上存储的关键数据文件中的私有或机密信息可能被盗或泄露”威胁。可能产生这种威胁的一种方法是，偶然或故意将信息通过电子邮件发送给企业的外部用户。可能的对策是，规定所有外部电子邮件应在主题中给出敏感性标签，且外部电子邮件具有最低的敏感性标签。讨论如何在防火墙中实施这一方案，以及做到这一点需要哪些组件和架构。

**21.10** 在 IDS 的上下文中，误报是指 IDS 对正常情况发出报警，漏报是指 IDS 需要报警却未报警。请在下图中分别画出表示误报和漏报的两条曲线。

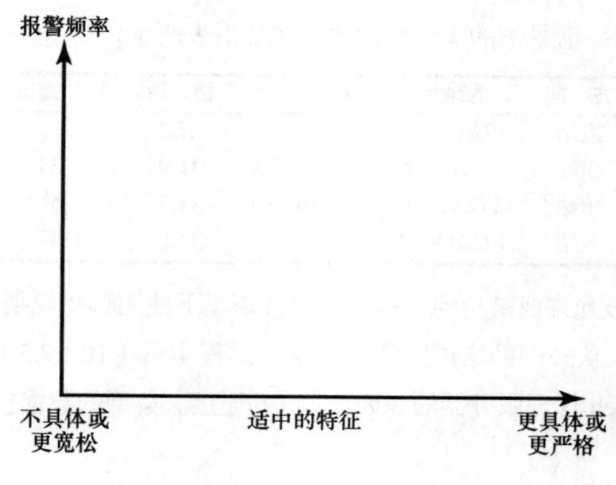

**21.11** 在图 21.5 中，两个概率密度函数的重叠区域表示的是存在误报和漏报可能性的区域。此外，图 21.5 是对两个密度函数的相对形状的理想化描述，它不一定具有代表性。假设平均每 1000 个授权用户中有 1 起入侵行为，且重叠区域覆盖了 1%的授权用户和 50%的入侵者。

**a.** 画出这样的一组概率密度函数，并说明这是合理的描述。

**b.** 一个授权用户位于这一区域的概率是多少？记住，50%的入侵都在这一区域。

**21.12** 程序 tripwire 是基于主机的入侵检测工具之一。这是一款文件完整性检查工具，它扫描系统中的文件和目录，并在发生任何更改时通知管理员。它针对每个接受检查的文件生成密码校验和，存入一个受保护的数据库，并将它与扫描时对每个文件重新计算的值进行比较。必须配置一个要检查的文件和目录的列表，以及允许对其做哪些更改。例如，它允许日志文件添加新项，但不允许更改现有项。使用该工具的优缺点是什么？提示：考虑哪些文件只能被少量改动，哪些文件可能更改频率更高及如何改动，哪些文件更改频率很高且因此无法检查。同时要考虑配置该程序及监控所生成响应的系统管理员的工作量。

**21.13** 一辆出租车在夜间发生了一起肇事逃逸的致命事故。该城市有两家出租车公司，分别是蓝和绿。已知：

- 绿公司的出租车数量占全城的 85%，蓝公司的占 15%。
- 目击证人证实肇事车辆属于蓝公司。

法庭为了验证目击证人证词的可靠性，模拟事发当时的环境，发现目击证人正确识别出租车颜色的概率为 80%。肇事出租车属于蓝公司而不属于绿公司的概率是多少？

**21.14** 有这样一个问题：能否开发一个程序对软件片段进行分析，以此来判定该软件是否是病毒程序？现在假设这样的程序 D 已经存在，也就是说，对某个程序 P，如果运行 D(P)，那么返回结果就是真（P 是病毒程序）或假（P 不是病毒程序）。考虑如下程序：

```
Program CV:=
{...
main-program:=
{if D(CV) then goto next:
else infect-executable;
}
next:
}
```

在上面的程序中，infect-executable 模块扫描可执行文件的内存，并在这些程序中复制自身。判断 D 是否能正确地判定 CV 是病毒程序。

# 第22章 云 计 算

## 学习目标

- 概述云计算的概念。
- 列出并定义主要的云服务。
- 列出并定义云部署模型。
- 解释 NIST 云计算参考架构。
- 理解与云计算相关的特殊安全问题。
- 描述云安全即服务。
- 理解云安全的 OpenStack 安全模块。

近年来，云计算和物联网（IoT）成为计算领域最受人瞩目的两个成就。针对两种特殊环境的操作系统、密码学算法及安全协议都在飞速发展。本章主要讨论与云计算相关的安全问题，第 23 章介绍 IoT 的相关内容。

本章首先概述云计算的概念，然后讨论云安全的内容。

## 22.1 云计算

近年来，越来越多的企业将大量甚至所有信息技术（IT）操作转移到了称为企业云计算的互联基础设施中。本节主要概述云计算。

### 22.1.1 云计算元素

NIST 在 NIST SP-800-145（*The NIST Definition of Cloud Computing*）中给出了云计算的定义。

**云计算** 一种支持对共享的可配置计算资源池（如网络、服务器、存储器、应用程序和服务）进行无所不在的、方便的、随需应变的网络访问的模型，它通过最小的管理开销或与服务提供者的交互实现快速的访问接入与断开连接。云计算模型具有高可用性，主要由 5 个基本特征、3 个服务模型和 4 个部署模型组成。

该定义中涉及多个模型和特征，它们的关系如图 22.1 所示。云计算的基本特征如下。

- **广泛的网络接入** 云计算的功能可以通过网络和标准机制来实现，这些标准机制能够促进各种客户端平台（如手机、笔记本计算机和 PDA）及其他传统或基于云的软件服务的使用。
- **快速可伸缩性** 云计算能够根据特定的服务需求扩展或减少资源。例如，在执行特殊任务期间可能需要大量的服务器资源，任务完成后可以释放这些资源。
- **定制服务** 云系统通过利用与服务类型（如存储、处理、带宽和活跃用户账户）相适应的计量能力，自动地控制并优化资源使用，并且能够监视、控制和报告资源使用情况，从而为服务的提供者和使用者提供透明性。

- **按需自助服务**　云服务消费者（CSC）可以单方面地根据需要使用服务，如服务器时间和网络存储，而不需要与每个服务提供者进行人工交互。由于服务是按需提供的，因此资源不是其 IT 基础设施的永久组成部分。
- **资源池化**　汇集提供者的计算资源，使用多租户模型为多个 CSC 提供服务，并根据使用者的需求动态地分配或重新分配不同的物理和虚拟资源。云计算具有一定的位置独立性，因为 CSC 通常不能控制或知晓所提供资源的确切位置，但可以在更高级别的抽象上指定位置（如国家、州或数据中心）。资源的例子包括存储、处理、内存、网络带宽和虚拟机。即使是私有云，也倾向于在同一个机构的不同部分之间共享资源。

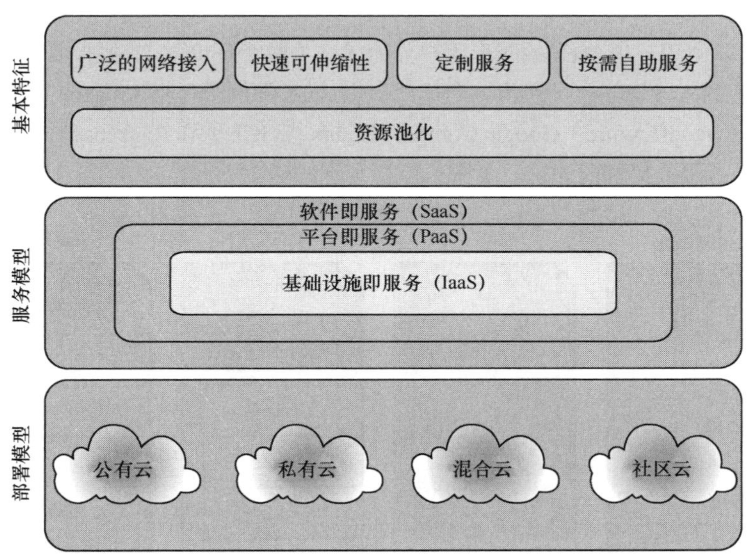


图 22.1　云计算元素

## 22.1.2　云服务模型

NIST 定义了三个服务模型，我们可将它们视为嵌套的服务选项：软件即服务（SaaS）、平台即服务（PaaS）和基础设施即服务（IaaS）。

**软件即服务（SaaS）**　SaaS 以软件（特别是应用软件）的形式为用户提供服务，这些软件在云中运行和存取。SaaS 遵循熟悉的 Web 服务模型，并将其应用于云资源。SaaS 允许用户使用运行在云服务提供商的基础设施上的应用程序。各种客户端设备可以通过 Web 浏览器之类的简单接口访问这些应用程序。企业从云服务获得需要的功能，而不是获得其所用软件产品的桌面和服务器许可。SaaS 的使用避免了软件安装、维护、升级和补丁等操作。此类服务的例子包括 Google Gmail、Microsoft 365、Salesforce、Citrix GoToMeeting 和 Cisco WebEx。

一些希望为员工提供高效办公软件（如文档管理和电子邮件）使用权的企业对 SaaS 的关注度较高。个人用户普遍倾向于使用 SaaS 模型来获取云资源。用户通常根据需要使用特定的应用程序。此外，云提供商通常还提供与数据相关的功能，如自动备份、用户之间的数据共享。

**平台即服务（PaaS）**　PaaS 云以平台的形式为用户提供服务，用户的应用程序可在平台上运行。PaaS 允许用户将其创建或获得的应用程序部署到云基础设施上。PaaS 云提供有用的软件构件，以及一些开发工具，如编程语言工具、运行环境和其他帮助部署新应用程序的工具。实际上，PaaS 是云中的一个操作系统。PaaS 对希望开发新应用程序或定制应用程序的企业非常有用，同时只需根据需求及时长为所需的计算资源付费。Google AppEngine、Engine Yard、Heroku、Microsoft Azure Cloud Services、和 Apache Stratos 皆为 PaaS 的例子。

**基础设施即服务**（IaaS） 使用 IaaS，用户可以访问底层云基础设施的资源。云服务用户不能管理或控制底层云基础设施的资源，但可以控制操作系统、部署的应用程序，且可能对某些网络组件（如主机防火墙）具有部分控制权。IaaS 提供虚拟机（VM）和其他虚拟硬件及操作系统。IaaS 为用户提供处理、存储、网络和其他基础计算资源，以便用户能够部署和运行任意软件，包括操作系统和应用程序。IaaS 使用户能够将基本的计算服务（如数字处理和数据存储）组合起来，构建高适应性的计算机系统。

通常，用户可以使用基于 Web 的图形用户界面（作为整个环境的 IT 操作管理控制台）自部署基础设施。对基础设施的 API 访问也可作为一个选项提供。IaaS 的例子包括 Amazon Elastic Compute Cloud（Amazon EC2）、Microsoft Azure、Google Compute Engine（GCE）和 Rackspace。

图 22.2 比较了云服务提供商为这三个服务模型实现的功能。

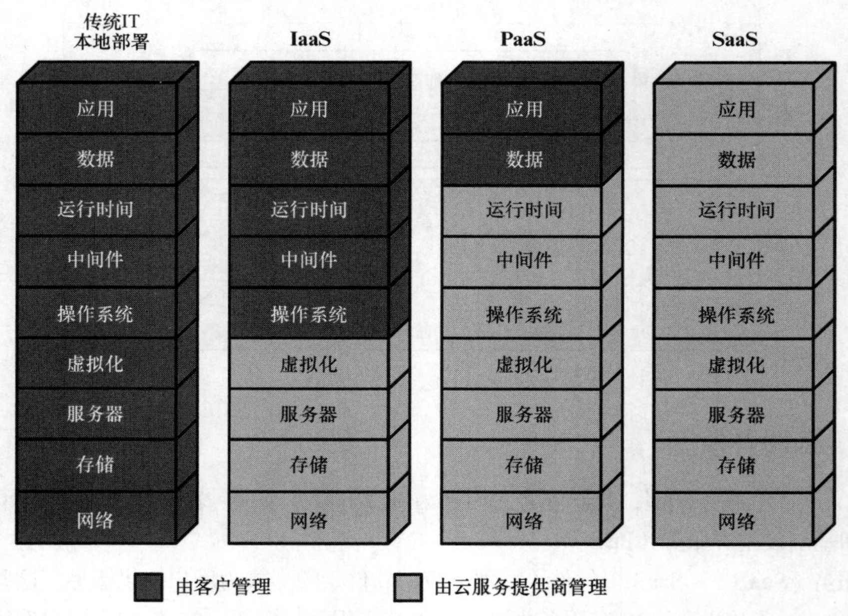


图 22.2 云服务模型中的职责分离

## 22.1.3 云部署模型

越来越多的企业开始将大量甚至所有信息技术（IT）操作转移到企业云计算中。这些企业面临着云所有权和云管理的一系列选择。下面介绍云计算的 4 个最重要的部署模型。

**公有云** 公有云基础设施面向公众或大型行业企业，由提供云服务的企业拥有。云提供商负责云基础设施并控制云内的数据和操作。公有云可以由企业、学术机构或/或政府组织拥有、管理和运营，且在云服务提供商的前提下存在。

在公有云模型中，所有的主要组件都位于企业防火墙之外的多租户基础设施中。公有云通过安全的 IP 在因特网上提供应用程序和存储，可以是免费的，也可以按用量付费。此类云提供易于使用的用户类服务，如 Amazon 和 Google 的按需 Web 应用程序、Yahoo mail 及提供免费照片存储的社交媒体 Facebook 或 LinkedIn。虽然公有云费用低，并且可以按需扩展，但通常不提供或仅提供较低的服务层协议（SLA），并且可能无法提供私有云或混合云提供的数据丢失或损坏保证。公有云适用于 CSC 和不需要与防火墙具有相同服务级别的实体。此外，公有 IaaS 云不保证遵守隐私法，隐私仍旧是个人或企业终端用户的责任。在许多公有云中，重点是 CSC 和中小企业，其定价遵循按照使用付费的模式。该类服务的例子可能是图片和音乐共享、笔记本计算机备份或文件共享。

公有云的主要优势是成本低。使用公有云的企业仅为其所需的服务和资源付费，并且可以根据需要进行调整。此外，这些机构还大大减少了管理开销。然而，很多公有云提供商展现了强大的安全控制能力。事实上，这些提供商可能有更多的资源和专业知识来实现私有云达到的安全程度。

图 22.3 中给出了公有云向企业提供专用云服务的方式。公有云提供商为各类用户提供服务。任意企业使用的云资源都与其他客户端使用的云资源隔离，但隔离的程度在不同的提供商之间有所不同。例如，一个提供商为用户提供大量的虚拟机，但一个用户的虚拟机可能与其他用户的虚拟机共享相同的硬件设施。

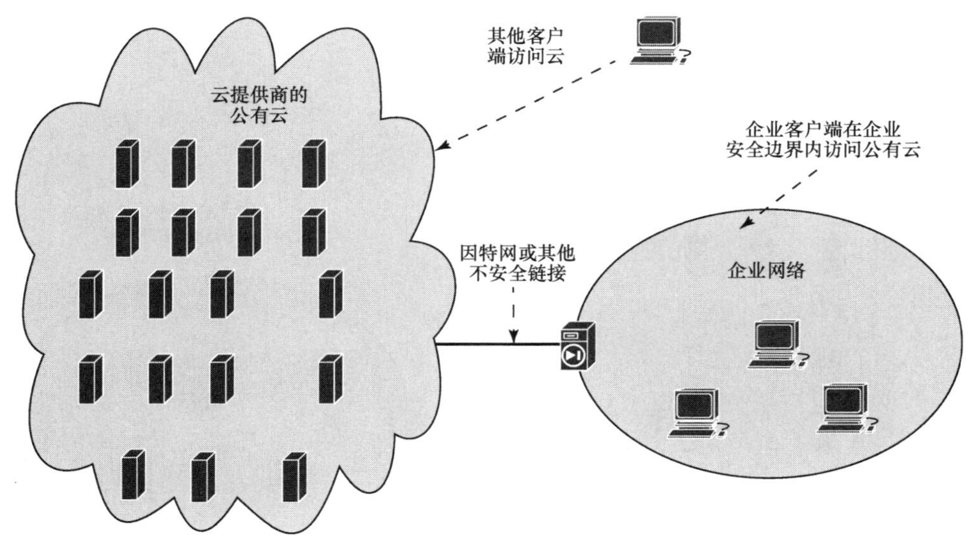


图 22.3 公有云配置

**私有云** **私有云**是在企业的内部 IT 环境中实现的。企业可以选择管理内部云，也可以将管理功能外包给第三方。此外，云服务器和存储设备可能存在于内部，也可能存在于外部。

私有云能够通过内部网或虚拟专用网（VPN）连接因特网向员工或业务单位交付 IaaS，同时向其分支机构交付软件（应用程序）或存储服务。在这两种情况下，私有云利用现有基础设施交付捆绑式的服务或完整的服务，并为企业网络的隐私收费。通过私有云提供的服务包括按需数据库、按需电子邮件和按需存储。

私有云的主要优势是安全性。私有云基础设施对数据存储的地理位置及其他方面的安全提供了更严格的控制。其他优势包括易于资源共享及对企业实体的快速部署。

图 22.4 中给出了两种典型的私有云配置。私有云由托管企业应用程序和数据的服务器与数据存储设备互联而成。本地工作站可在企业安全边界内访问云资源。远程用户（如来自卫星局的用户）可以通过安全链接（通过 VPN 连接到安全边界访问控制器，如防火墙）进行访问。企业也可选择将私有云外包给云提供商。云提供商建立并维护私有云，私有云由不与其他云提供商客户端共享的专用基础设

施资源组成。通常，边界控制器之间的安全链路提供企业客户端和私有云之间的通信。该链路可以是专线，也可以是因特网上的 VPN。

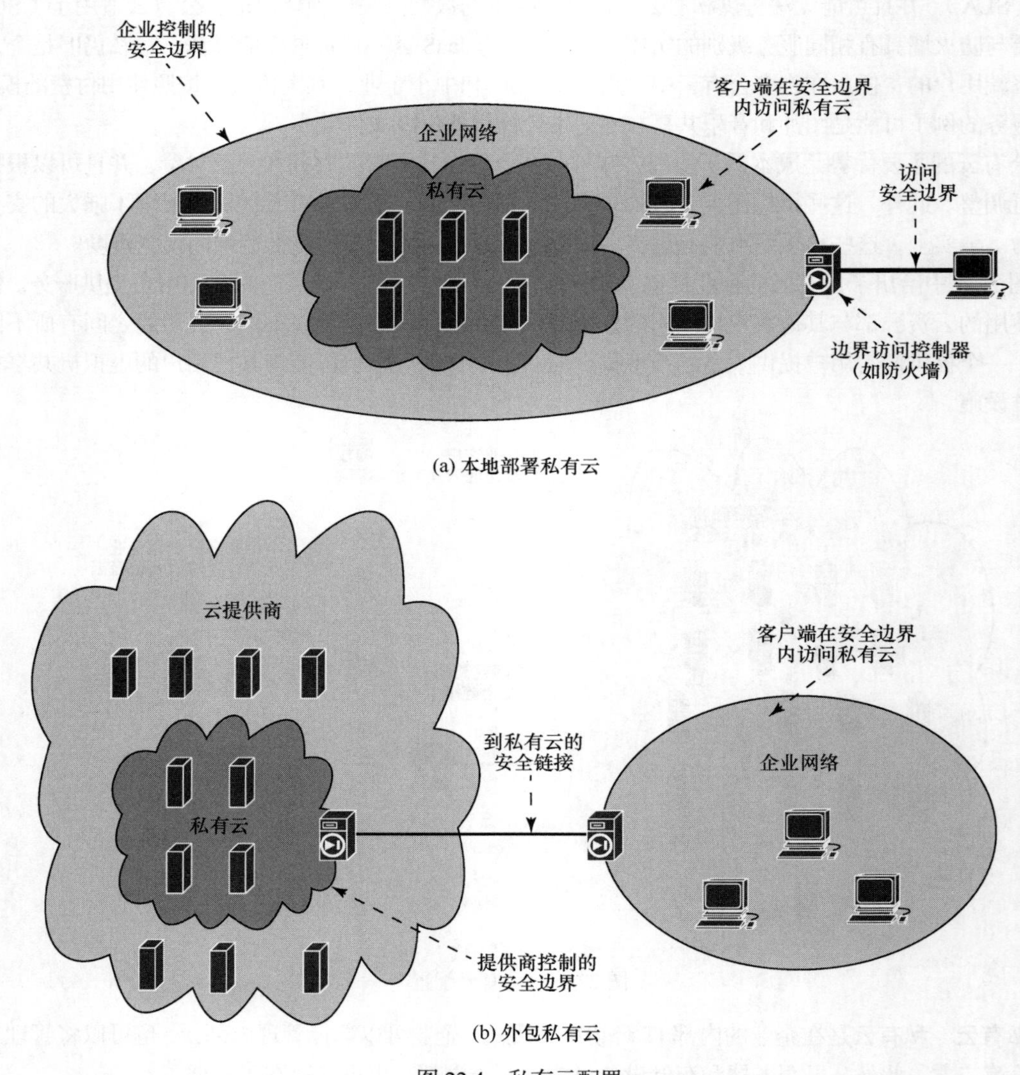


图 22.4　私有云配置

**社区云**　社区云具有私有云和公有云的共有特性。与私有云一样，社区云也具有访问限制。与公有云一样，云资源在许多独立的机构之间共享。共享社区云的企业通常有类似的需求，并且需要彼此交换数据。卫生保健行业是使用社区云概念的一个行业示例。社区云可以根据政府的政策和其他规定来实现。社区参与者能够以受控的方式交换数据。

云基础设施可以由参与机构或第三方管理，可能存在于本地，也可能不存在于本地。在这种部署模型中，开销分摊到比公有云更少（但比私有云更多）的用户，因此节约了云计算的部分潜在成本。

**混合云**　混合云基础设施是两个或多个云（私有云、社区云或公有云）的组合，这些云仍然是独一无二的实体，但是通过标准化或专有技术绑定在一起，这些技术能够实现数据和应用程序的便携性。使用混合云方案，敏感信息可以放在云的私有区域，而不太敏感的信息可以利用公有云的优势。

表 22.1　4 种云部署模型的优缺点比较

| | 私 有 云 | 社 区 云 | 公 有 云 | 混 合 云 |
|---|---|---|---|---|
| 可扩展性 | 有限的 | 有限的 | 非常高 | 非常高 |
| 安全性 | 最安全 | 非常安全 | 比较安全 | 非常安全 |
| 性能 | 非常好 | 非常好 | 低–中 | 好 |
| 可靠性 | 非常高 | 非常高 | 中 | 中–高 |
| 成本 | 高 | 中 | 低 | 中 |

### 22.1.4　云计算参考架构

云计算参考架构描述一个通用的高层概念模型，用于讨论云计算的需求、结构和操作。NIST SP 500-292（*NIST Cloud Computing Reference Architecture*）建立了一个参考架构，描述如下。

> NIST 云计算参考架构关注的是云服务提供的需求是“什么”，而不是“如何”设计解决方案及实现。参考架构旨在帮助理解云计算中的操作复杂性。它并不代表特定预计算系统的系统架构；相反，它是一个利用公共参考框架来描述、讨论和开发系统特定架构的工具。

NIST 在提出参考架构时考虑了以下目标。

- 在整体云计算概念模型的环境中说明并理解各种云服务。
- 为用户理解、讨论、分类和比较云服务提供技术参考。
- 促进对安全性、互操作性、可移植性和参考实现的候选标准的分析。

参考架构如图 22.5 所示，根据作用和职责定义了五个主要角色。

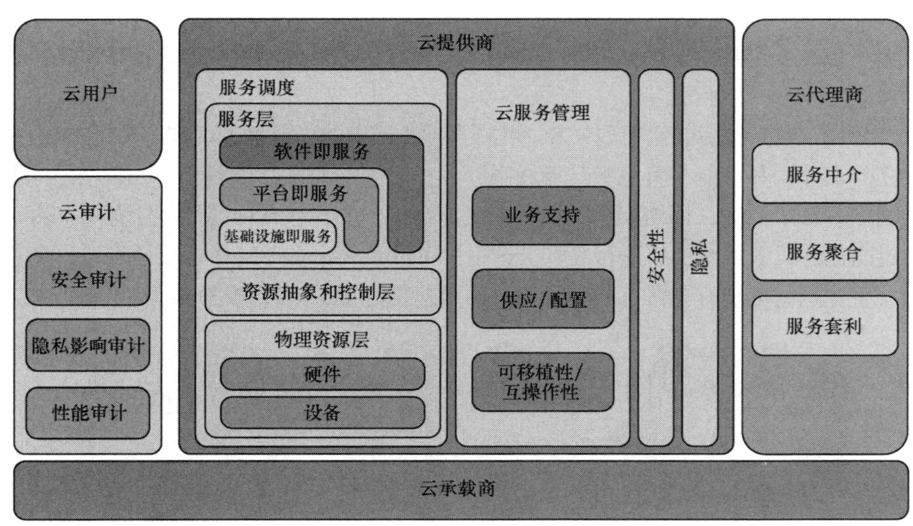


图 22.5　NIST 云计算参考架构

- **云服务消费者（CSC）**　与云服务提供商保持商业关系并使用其服务的个人用户或企业。
- **云服务提供商（CSP）**　负责向相关方提供服务的个人、企业或实体。
- **云审计**　能够对云服务、信息系统操作、性能和云实现的安全性进行独立评估的一方。
- **云经销商**　管理云服务的使用、性能和交付，并在 CP 和云用户之间协商关系的实体。
- **云承载商**　提供从 CP 到云用户的云服务连接和传输的中介。

前面讨论了 CSC 和 CSP 的作用。总之，CSP 可以提供一个或多个云服务来满足 CSC 的 IT 和业务需求。对于三个服务模型（SaaS、PaaS、IaaS）中的任意一个，CSP 都提供支持该服务模型所需的存储和处理设施，以及面向云服务用户的云接口。对于 SaaS，SCP 负责在云基础设施上部署、配置、维护和更新应用程序的操作，以便将服务按照预期的级别提供给云用户。SaaS 的 CSC 可以是为成员提供软件应用程序访问权限的机构，也可以是直接使用软件应用程序的终端用户，或者是为终端用户配置应用程序的软件应用程序管理员。

对于 PaaS，CSP 管理平台上的计算基础设施，并运行提供平台组件的云软件，如运行软件执行堆栈、数据库和其他中间件。PaaS 的云用户可以使用 CSP 提供的工具与执行资源来开发、测试、部署和管理托管在云环境中的应用程序。

对于 IaaS，CSP 获取服务底层的物理计算资源，包括服务器、网络、存储和托管基础设施。IaaS CSC 反过来使用这些计算资源（如虚拟计算机）来满足基本计算需求。

**云承载商**是在 CSC 和 CSP 之间提供云服务连接和传输端口的网络设施。通常，CSP 使用云承载商来设置 SLA，以提供与 CSC 的 SLA 级别一致的服务，并可能要求云承载商在 CSC 和 CSP 之间提供专用的安全连接。

当云服务过于复杂且云用户难以管理时，**云代理商**非常有用。云代理商可以提供三个方面的支持。

- **服务中介**　增值服务，如身份管理、性能报告和安全性增强。
- **服务聚合**　代理组合多个云服务，以满足单个 CP 难以实现的用户需求，或优化性能，或降低开销。
- **服务套利**　类似于服务聚合，但被聚合的服务不是固定的。服务套利意味着云代理商可以灵活地从多个代理机构中选择服务。例如，云代理商可以使用信用评分服务来度量并选择得分最高的代理。

**云审计者**可以从安全控制、隐私影响、性能等方面评估 CP 提供的服务。审计者是一个独立的实体，可以确保 CP 满足一组标准。

图 22.6 阐明了参与者之间的交互。CSC 可以直接（或通过云承载商）向 CSP 请求云服务。云审计者进行独立的审计，并可能与其他参与者联系以收集必要的信息。该图显示，云网络问题涉及三种不同类型的网络。对于 CSP，网络架构是典型的大型数据中心，包含由高性能服务器和存储设备组成的机架，通过高速的以太网交换机进行互联。这里的关注点集中在 VM 的部署和移动、负载平衡和可用性问题上。企业网络可能有非常不同的架构，通常包括许多 LAN、服务器、工作站、PC 和移动设

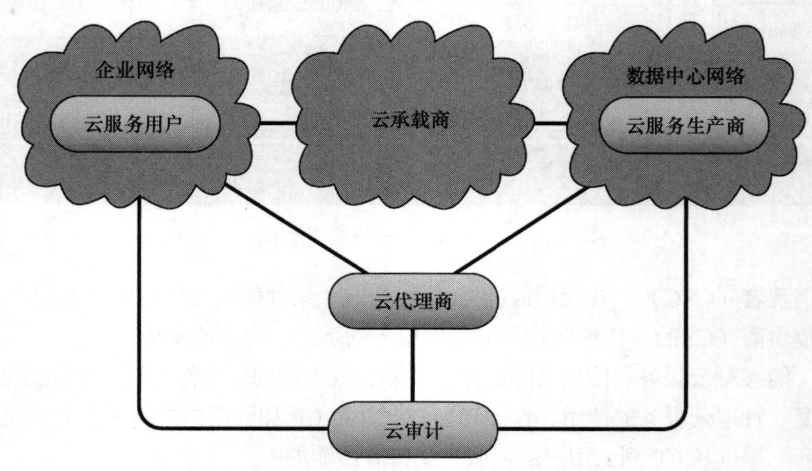


图 22.6　云计算中参与者之间的交互

备，它们具有广泛的网络性能、安全性和管理问题。关于许多用户共享的云承载商，CSP 和 CSC 关注的是在适当的 SLA 和安全保证下创建虚拟网络的能力。

## 22.2 云安全的概念

云安全涉及许多方面，提供云安全措施的方法也有很多。云安全领域的问题的一个较好例子是 SP-800-144 中指定的 NIST 云安全指南（*Guidelines on Security and Privacy in Public Cloud Computing*，2011 年 12 月），详见表 22.2。因此，对云安全的全面讨论不在本章的范围内。

表 22.2 NIST 关于云安全和隐私问题的指南与建议

| 管 理 |
|---|
| 扩展与云中应用程序开发和服务使用的策略、程序和标准相关的企业制度，部署的或所用的服务的设计、实现、测试、使用和监督。<br>建立审计机制和工具，确保在整个系统生命周期遵循企业实践 |
| **合 规 性** |
| 理解各类法律法规，这些法律和法规规定了企业的安全和隐私义务，并可能影响云计算项目，特别是那些涉及数据位置、隐私和安全控制、记录管理和电子发现需求的项目。根据企业要求，审查和评估云提供商的产品，确保合同条款完全满足需求。<br>确保云提供商的电子发现功能和流程不损害数据和应用程序的隐私或安全 |
| **可 信 性** |
| 确保云服务提供商使用的安全和隐私控制、流程及其随时间变化性能的可见性。<br>对数据建立清晰、专属的所有权。<br>建立灵活的风险管理程序，以适应系统生命周期不断发展和变化的风险环境。<br>持续监控信息系统的安全状态，以支持持续的风险管理决策 |
| **架 构** |
| 理解云提供商用于提供服务的底层技术，包括所涉及的技术控制对系统全生命期和跨所有系统组件的安全性和隐私性的影响 |
| **身份及访问管理** |
| 确保有适当的安全措施来保护身份验证、授权以及其他身份和访问管理功能，并适用于该企业 |
| **软 件 隔 离** |
| 理解云提供商在其多租户软件架构中使用的虚拟化和其他逻辑隔离技术，并评估涉及的企业风险 |
| **数 据 保 护** |
| 评估云提供商的数据管理解决方案对相关机构数据的适用性，以及对数据的控制访问的能力，从而在静止、传输和使用时保护数据并清理数据。<br>需要考虑将企业数据与其他企业（这些企业的威胁程度很高，或其数据具有重要价值）数据进行比较的风险 |
| **可 用 性** |
| 了解可用性、数据备份和恢复以及灾难恢复的合同条款与程序，确保其符合企业的可持续性及应急计划需求。<br>确保在中期或长期的中断或严重灾难期间，可以立即恢复关键操作，并确保所有操作最终能够及时并有组织地重新开始 |
| **应 急 响 应** |
| 理解合同中关于应急响应的规定和程序，确保其符合企业的需求。<br>确保云提供商具有透明的响应过程，并能在事件期间和事件之后共享信息。<br>确保企业与云服务提供商能够按照计算环境下各自的角色和职责，通过协调对事件进行应急响应 |

安全性对任何计算基础设施都非常重要。企业会不遗余力地保护本地计算系统，因此在用云服务扩展或替代本地计算系统时，安全性成为主要考虑因素就不足为奇。消除安全顾虑通常是进一步讨论将企业的部分或全部计算架构迁移到云的先决条件。另一个主要问题是可用性。

一般来说，只有当企业考虑将核心事务处理（如 ERP 系统）和其他关键任务应用转移到云上时，才会出现这个问题。通常，企业对将电子邮件和工资单等应用迁移到云服务提供商的顾虑较少，尽管此类应用包含敏感信息。

可审计性是许多机构关注的另一个问题，特别是那些必须遵守《萨班斯-奥克斯利法》和/或《卫生与公共服务卫生保险可移植性与责任法案》（HIPAA）规定的机构。无论数据是存储在本地还是迁移到云上，都必须确保数据的可审计性。

在将关键基础设施迁移到云之前，企业应对来自云内外的安全威胁进行尽职的调查。保护云不受外部威胁的许多安全问题与传统中心化数据中心面临的安全问题类似。然而，在云计算中，确保足够的安全性的责任通常由用户、提供商和用户依赖的第三方（用于安全敏感软件或配置）共同承担。云用户负责应用级安全。云提供商负责物理安全和某些软件的安全，如执行外部防火墙策略。软件堆栈中间层的安全由用户和提供商共同保障。

在考虑迁移到云时，企业可能忽略的一个安全隐患是，需要与其他云用户共享提供商资源。云提供商必须防范用户发起的盗窃和拒绝服务攻击，用户之间需要相互保护。虚拟化可以成为解决这些潜在风险的有效机制，因为虚拟化可以防止用户相互攻击或攻击服务提供商的基础设施。然而，不是所有的资源都是虚拟化的，也不是所有的虚拟环境都是可靠的。不正确的虚拟化可能导致用户代码能够访问服务提供者基础设施的敏感部分或其他用户的资源。同样，这些安全问题不是云所特有的，与管理非云数据中心的问题类似，不同的应用程序需要相互保护。

企业应该考虑的另一个安全问题是，如何保护用户不受提供商的影响（特别是在数据意外丢失方面）。例如，当提供商基础设施升级时，被替换的硬件可能发生什么问题？例如，在未正确清除用户数据的情况下报废硬盘，或权限管理错误使得未授权用户能够访问其用户的数据。用户级加密可能是一种重要的用户自助机制，但是企业应该确保其保护措施到位，以避免意外的数据丢失。

## 22.3 云安全风险与对策

一般来说，云计算中的安全控制与其他 IT 环境下的类似。然而，由于云计算采用可操作模型和技术来支持云服务，因此会带来某些特殊的风险。这方面的基本理念是，即使企业失去了对大量资源、服务和应用的控制，也必须对安全和隐私策略负责。

云安全联盟[CSA17]列出了 12 种最常见的云安全威胁，按严重程度排序如下。

**1.** 数据泄露。
**2.** 弱身份、凭证和访问管理。
**3.** 不安全的 API。
**4.** 系统漏洞。
**5.** 账号劫持。
**6.** 恶意内部人员。
**7.** 高级持续威胁（APT）。
**8.** 数据丢失。
**9.** 尽职调查不足。
**10.** 滥用及恶意使用云服务。
**11.** 拒绝服务。
**12.** 共享技术中的漏洞。

CSA 的威胁分析使用了 STRIDE 威胁模型。本节首先介绍 STRIDE 模型，然后介绍这 12 种威胁。

### 22.3.1 STRIDE 威胁模型

STRIDE 是微软公司开发的一种威胁分类系统，能用来分类由蓄意行为引起的攻击[HERN06]。

- **身份欺骗** 身份欺骗的一个例子是非法访问并用另一个用户的身份验证信息，例如用户名和口令。应对此类威胁的安全控制属于认证领域。
- **篡改数据** 篡改数据指的是对数据进行恶意修改。例如，对长期数据（数据库中保存的数据）进行未经授权的更改，以及对开放网络（如因特网）上两台计算机之间传输的数据进行修改。相关的安全控制属于完整性领域。

- **抵赖**　抵赖威胁指的是用户不承认执行了某个操作，而其他方没有任何方法来证明该用户抵赖。例如，一个用户在缺少追踪非法操作能力的系统中执行非法操作。抵赖相关的安全控制属于不可抵赖领域，指的是系统抵抗威胁的能力。例如，购买商品的用户可能必须在收到商品时签名。然后，提供商可以使用已签名的收据作为用户确实收到了包裹的证据。
- **信息泄露**　信息泄露威胁指的是信息泄露给了某些不应该接触该信息的人。例如，用户读取未被授予访问权限的文件的能力，或者入侵者获取两台计算机之间传输数据的能力。相关的安全控制属于**保密性领域**。
- **拒绝服务**　拒绝服务攻击（DoS）是指拒绝向有效用户提供服务。例如，通过使 Web 服务器暂时不可用。相关的安全控制属于**可用性领域**。
- **提升权限**　在该类攻击中，非特权用户获得了私有访问权限，从而有足够的权限对整个系统进行破坏。例如，攻击者有效地穿透了所有的系统防御并成为可信系统的一部分，这的确是一种非常危险的情况。相关的安全控制属于**授权领域**。

表 22.3 中显示了云安全威胁与 STRIDE 模型之间的对应关系。

**表 22.3　云安全威胁与 STRIDE 模型之间的对应关系**

| | S | T | R | I | D | E |
|---|---|---|---|---|---|---|
| 数据泄露 | | | | ✓ | | |
| 弱身份、凭证和访问管理 | ✓ | ✓ | ✓ | ✓ | ✓ | ✓ |
| 不安全的 API | | ✓ | ✓ | ✓ | | ✓ |
| 系统漏洞 | ✓ | ✓ | ✓ | ✓ | ✓ | ✓ |
| 账号劫持 | ✓ | ✓ | ✓ | ✓ | ✓ | ✓ |
| 恶意的内部人员 | ✓ | ✓ | | ✓ | | |
| 高级持续威胁 | | | | ✓ | | ✓ |
| 数据丢失 | | | ✓ | | ✓ | |
| 尽职调查不足 | ✓ | ✓ | ✓ | ✓ | ✓ | ✓ |
| 滥用及恶意使用云服务 | | | | | ✓ | |
| 拒绝服务 | | | | | ✓ | |
| 共享技术中的漏洞 | | | | ✓ | | ✓ |

S＝ 身份欺骗；I＝ 信息泄露；T＝ 篡改数据；D＝ 拒绝服务；R＝ 拒绝；E＝ 提升权限。

## 22.3.2　数据泄露

数据泄露是指敏感的、受保护的或机密的信息被未授权的人发布、查看、窃取或使用。破坏数据的方法有多种。例如，在未备份的情况下删除或更改记录。将一条记录从整体中断开可能使其无法恢复，在不可靠媒介上的存储也是如此。丢失一个编码密钥可能导致非常严重的后果。最后，必须防止未授权方访问敏感数据。

云环境特有的风险和挑战数量的增多及它们之间的相互作用，或者云环境的架构或操作特性更为危险，使得云环境中数据泄露的威胁增大。

云计算中使用的数据库环境可能有很大的差异。一些提供商支持多实例模型，可以为云用户提供运行在虚拟机实例上的唯一数据库管理系统。这为用户提供了对角色定义、用户授权和其他与安全相关的管理任务的完全控制权。其他的提供商支持多租户模型，该模型通常使用用户标识符来标记数据，为与其他租户共享的云用户提供预定义的环境。标记提供了对实例的独占使用，但依赖于云提供商来建立并维护一个可靠的安全数据库环境。

数据在静止、传输和使用时必须受到保护，对数据的访问必须加以控制。客户端可以采用加密方法来保护传输的数据（涉及 CSP 的密钥管理职责）。客户端可以实施访问控制技术（同样，依据所用的服务模型，在某种程度上涉及 CSP）。

对于静止的数据，理想的安全措施是在客户端加密数据库，并只在云中存储加密后的数据，而 CSP 不能访问加密密钥。只要密钥保持安全，CSP 就没有能力破译数据（尽管仍然存在破坏和其他 DoS 攻击的风险）。

### 22.3.3 弱身份、凭证和访问管理

身份和访问管理（IAM）是指对访问企业资源的人员、流程和系统进行管理，方法是确认验证实体的身份，然后根据确认的身份授予正确的访问级别。身份管理的一方面是身份提供，即为已标识的用户提供访问权限，然后在客户端企业指定某些用户不再具有对云中企业资源的访问权限时，取消或拒绝这些用户的访问。身份管理的另一个方面是让云参与客户端企业使用的身份管理方案。在其他需求中，云服务提供者必须能与企业选定的标识提供者交换标识属性。

IAM 的访问管理部分涉及身份验证和访问控制服务。例如，CSP 必须能以可信的方式对用户进行身份验证。SPI 环境中的访问控制需求包括建立可信的用户配置文件和策略信息，可审计地控制云服务内的访问。

### 22.3.4 不安全的 API

CSP 为用户公开一组可以用来管理并与云服务交互的软件接口或 API。一般云服务的安全性和可用性取决于这些基本 API 的安全性。从身份认证和访问控制到加密和活动监控，这些接口的设计必须能够防止有人企图意外地或恶意地规避策略。

应对措施包括：（1）分析 CSP 接口的安全模型；（2）确保强认证和访问控制与加密传输同步实施；（3）理解与 API 相关的依赖链。

### 22.3.5 系统漏洞

在这种情况下，系统漏洞指的是构成云基础设施平台的操作系统和其他系统软件的可利用缺陷或弱点。在共享的云环境下，系统漏洞可能被黑客和恶意软件利用。

对抗系统漏洞是一个持续的技术和管理过程，包括风险分析和管理、漏洞定期检测、补丁管理和 IT 人员培训。文献[STAL19]中对该问题进行了深入探讨。

### 22.3.6 账号劫持

账号或服务劫持（通常通过窃取凭证）仍然是最大的威胁。利用窃取的凭证，攻击者通常可以访问所部署云计算服务的关键区域，从而破坏这些服务的保密性、完整性和可用性。在云计算背景下，该问题变得更加突出，原因如下。

- 复杂性和动态基础设施分配的增加，导致出现更多的攻击面。
- 未经测试的新 API/接口陆续出现。
- 用户的账号一旦被劫持，就可能被用来窃取信息、操纵数据、欺骗他人，或者攻击多租户环境下的其他租户。

应对措施包括：（1）禁止用户和服务之间共享账号凭证；（2）尽可能地利用强双因素认证技术；（3）利用主动监测，发现未授权活动；（4）理解 CSP 安全策略和 SLA。

### 22.3.7　恶意的内部人员

在云计算模式下，企业放弃对安全方面的直接控制，并给予 CSP 前所未有的信任。主要隐患是可能存在恶意的内部活动风险。云架构需要一些风险极高的角色，如 CSP 系统管理员和管理安全服务提供商。

应对措施包括：（1）严格的供应链管理，对提供商进行全面评估；（2）在法律合同中明确人力资源需求；（3）要求整个信息安全和管理实践透明，并且报告要合规；（4）确定安全漏洞报告流程。

### 22.3.8　高级持续威胁

高级持续威胁（APT）是一种网络攻击，是指未经授权的人获得对网络的访问权，并在很长一段时间内不被发现。APT 攻击的目的是窃取数据，而不是对网络或企业造成破坏。APT 攻击的目标是具有高价值信息领域的企业，如国防、制造和金融等领域的企业。不同于其他类型的攻击，APT 仔细选择目标，通过持续的、隐形的、长时间的入侵努力来实现。

有效利用威胁情报是应对此类威胁的主要对策。威胁情报能够帮助企业了解最常见和最严重的外部威胁风险，如高级持续威胁（APT）、利用和零日威胁等。虽然威胁执行者还包括内部威胁和合作者威胁，但重点是最可能影响特定机构环境的外部威胁。威胁情报包括关于特定威胁的深度信息，以帮助企业保护自己免受最严重的攻击。

作为威胁情报重要性的例子，摘自文献[ISAC13]的图 22.7 说明了威胁情报对 APT 攻击的重要性。典型的 APT 攻击步骤如下（基于文献[ISAC13]）。

- **进行背景研究**　为识别漏洞，APT 攻击从对潜在目标的研究开始。
- **执行初始攻击**　在大多数情况下，初始攻击涉及社会工程学，即诱导目标下载恶意软件。例如，单击电子邮件中的链接。
- **建立立足点**　APT 将初始恶意软件包插入目标系统。该初始软件包是用来避开防恶意软件的。在第一个包中可能只有很少的功能。然而，它能够连接攻击源，以便下载更多的恶意软件。
- **使之持久**　一旦建立立足点，APT 便会试图让自己的存在更持久。两个目标分别是：重启设备来维持其存在，以及在威胁源与目标设备之间维持持续通信的能力。
- **开启企业侦察**　APT 可以尝试找到保存目标信息的服务器或存储设施。通常可以在被破坏的设备上使用实用软件来实现。APT 也可安装自己的扫描工具。
- **横向迁移到新系统**　一旦在目标系统中建立，APT 就试图在这些系统上安装其他恶意软件来破坏目标环境中的其他系统。
- **升级特权**　目标系统上的 APT 软件将寻求方法来提升软件的特权级别，使软件能够访问受感染系统上的更多资源，并更容易获得对其他系统的特权访问。
- **收集并加密有关资料**　APT 通常会创建一个压缩的加密软件，其中包括它可以访问的任何目标数据。这种策略会组织反恶意软件寻找数据或数据包传输中的特殊路径。
- **从受害系统中提取数据**　APT 可能使用各种工具和协议来秘密地传输来自目标系统的数据。
- **维护持久存在性**　APT 会在系统中保留很长一段时间。可能会有一段时间处于休眠状态，然后由远程控制软件激活。

如图 22.7 所示，威胁情报可能使安全团队在收到威胁通告之前就意识到威胁，而威胁通告通常是在造成损害后才发出的。即使失去了早期的机会，威胁情报也可缩短发现攻击的时间，从而加快补救行动，进而降低损失。

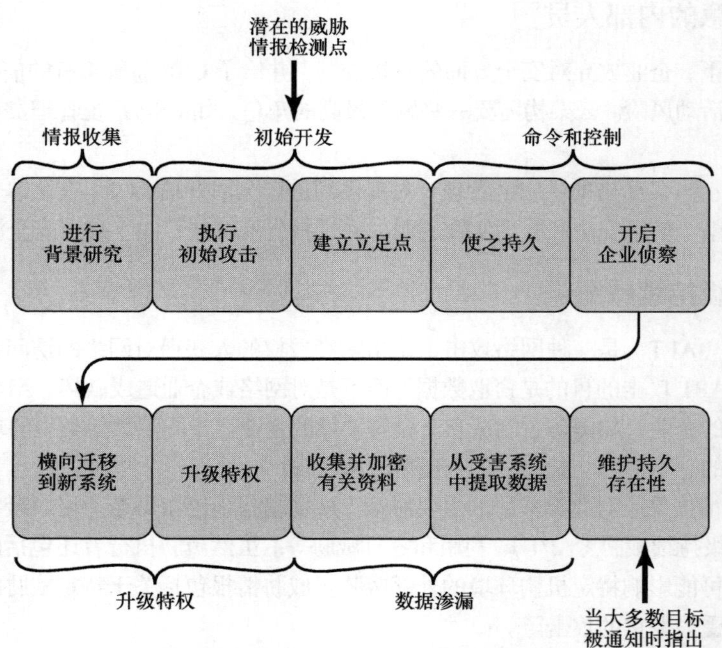


图 22.7　对抗高级持续威胁的威胁情报

### 22.3.9　数据丢失

数据丢失是指因意外或恶意删除云存储中的数据和备份，导致存储在云中的 CSC 数据永久丢失。为应对这种威胁，应确保 CSP 有定期备份的完备冗余方案（包括地理冗余），并通过云提前备份，以便在用户需要时提供最新的备份副本。

### 22.3.10　尽职调查不足

尽职调查不足是指 CSC 在选定 CSP 之前，应进行尽职调查。一般来说，企业需要分析迁移到基于云的方案所涉及的风险。此外，必须仔细审查 CSP 的选取和 CSP 的合同条款，将风险降到最低。文献[TIER15]中将尽职调查的一般类别列举如下。

- **核实基础设施**　CSP 基础设施由设施、硬件、系统和应用软件、核心连接和外部网络接口组成。CSP 应依赖于标准的、企业级的设备和具有文档化继承方案的软件。
- **核实认证**　CSP 至少应证明其符合所有相关的安全和隐私法律法规。此外，CSP 应遵循大量 NIST 文档中记录的行业最佳实践、云安全联盟的规范及各种行业和标准企业规范。
- **核实 CSP 的尽职调查**　CSP 需适时编制文件，证明其正在进行尽职调查，确保设备、网络和协议具有广阔的应用场景（包括普通场景和灾难场景）。
- **核实数据保护**　CSP 应能够全面地记录完整的安全控制，确保不发生数据泄露和数据丢失。

### 22.3.11　滥用及恶意使用云服务

对许多 CSP 来说，CSC 注册和使用云服务相对容易，有些甚至提供免费的有限试用期。这使得攻击者能够进入云内进行各种攻击，如垃圾邮件、恶意代码攻击和 DoS。传统上，PaaS 提供商遭受的此类攻击最多；然而，最近的证据表明，黑客已开始瞄准IaaS提供商。防范此类攻击是CSP的职责，但CSC必须对其数据和资源进行监控，以检测恶意行为。

应对措施包括：（1）更严格的初始注册和验证流程；（2）加强对信用卡诈骗的监控与协调；（3）全面反思用户网络流量；（4）监控网络分块的公共黑名单。

### 22.3.12 拒绝服务

根据所提供服务的性质，公共CSP必须暴露在因特网和其他公共网络中，并定义其接口。这使得CSP成为DoS攻击的逻辑目标。这种攻击可在一段时间内阻止CSC访问其数据或应用程序。

应对措施包括：（1）对CSP持续执行威胁情报，以发现潜在攻击的本质和云的潜在漏洞；（2）部署自动化工具以发现并保护核心云服务免受此类攻击。

### 22.3.13 共享技术中的漏洞

IaaS提供商通过共享基础设施，以可扩展的方式交付服务。通常情况下，组成基础设施（CPU缓存、GPU等）的底层组件并不为多租户架构提供强大的隔离属性。CSP一般为单个客户端使用隔离虚拟机来消除该风险。这种方法仍然易受内部和外部攻击，只能是整体安全战略的一部分。

应对措施包括：（1）为安装/配置实施安全最佳实践；（2）监控未授权的变更/活动环境；（3）促进对管理访问和操作的强认证与访问控制；（4）执行SLA修补漏洞；（5）进行漏洞扫描和配置审计。

## 22.4 云安全即服务

“安全即服务”一词通常是指由服务提供者提供的安全服务包，它将大部分安全责任从企业转移到安全服务提供者。通常提供的服务包括身份验证、防病毒、反恶意/间谍软件、入侵检测和安全事件管理。在云计算环境下，云安全即服务（指定SecaaS）是CSP SaaS产品的一部分。

云安全联盟将SecaaS定义为通过云向基于云的基础设施和软件提供安全应用和服务，或从云向用户内部系统提供安全应用和服务[CSA11]。云安全联盟提出了如下SecaaS服务类别。

- 身份和访问管理。
- 数据丢失防护。
- Web安全。
- 电子邮件安全。
- 安全评估。
- 入侵管理。
- 安全信息和事件管理。
- 加密。
- 业务连续性和灾难恢复。
- 网络安全。

本节重点研究基于云的基础设施和服务的安全性（见图22.8）。22.3节中定义**身份和访问管理**（IAM）。

**数据丢失防护**（**DLP**）是指对数据在静止、传输和使用中的安全性进行监视、保护和验证。如13.3节所述，许多DLP可由云客户端实现。CSP还可提供DLP服务，如实现各种规则以规定在各种环境下对数据执行哪些功能。

**Web 安全**是指通过软件/设备安装、通过云代理商或将网络流量重定向到 CSP 提供的实时保护。这为防止恶意软件通过网络浏览等活动进入企业提供了保护。除防范恶意软件外，基于云的 Web 安全服务可能还包括使用策略执行、数据备份、流量控制和 Web 访问控制。

CSP 可以提供基于 Web 的电子邮件服务，为此需要采取安全措施。**电子邮件安全**提供对入站和出站电子邮件的控制，保护机构免受钓鱼、恶意附件的攻击。CSP 还可在所有电子邮件客户端上实施数字签名，并提供可选的电子邮件加密。

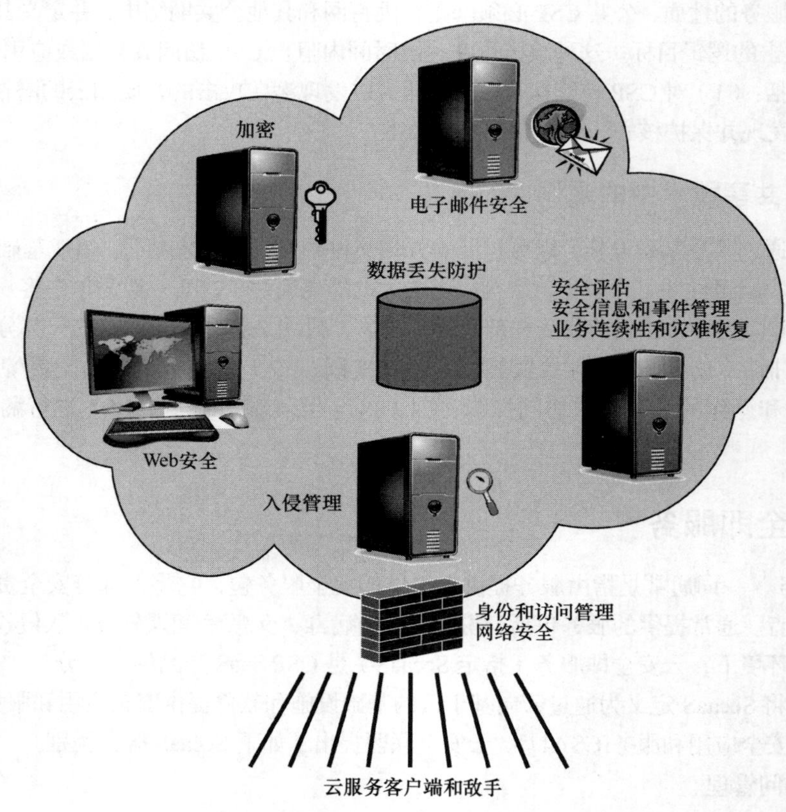


图 22.8　云安全即服务的元素

**安全评估**是云服务的第三方审计。虽然这项服务不是 CSP 的范畴，但 CSP 可以提供工具和接入点来进行各种评估活动。

**入侵管理**包括入侵检测、预防和响应。该服务的核心是在云的入口点和服务器上实现入侵检测系统（IDS）和入侵预防系统（IPS）。IDS 是用于检测对主机系统进行未授权访问的一组自动工具。IPS 包括 IDS 功能，同时还具有阻止来自入侵者的流量的机制。

**安全信息和事件管理（SIEM）**（通过推或拉机制）聚合来自虚拟和真实网络、应用程序和系统的日志与事件数据。然后对这些信息进行关联和分析，以提供实时报告和警报，用于可能需要干预或其他类型响应的信息/事件。通常情况下，CSP 提供集成服务，将来自云内和客户企业网络内的各种信息放在一起。

**加密**是一种无处不在的服务，可以为云中的数据、电子邮件流量、特定用户网络管理信息和身份信息提供加密。CSP 提供的加密服务涉及许多复杂问题，包括密钥管理、如何在云中实现 VPN 服务、应用加密和数据内容访问。

**业务连续性和灾难恢复**是在服务中断时确保操作弹性的措施与机制。由于规模经济效益，CSP 可以为云服务客户端提供更优质的服务。CSP 具有可靠的故障转移和灾难恢复设施，可以在多个位置提供备份。该服务包括灵活的基础设施、功能和硬件的冗余、受监控的操作、地理分布的数据中心和网络生存能力。

**网络安全**由分配访问、分发、监控和保护底层资源服务的安全服务组成。服务包括边界和服务器防火墙及 DoS 保护。本节列出的许多其他服务（包括入侵管理、身份和访问管理、数据丢失保护、Web 安全）也能增强网络安全。

## 22.5 开源云安全模块

本节介绍 OpenStack 云操作系统的一个开源安全模块。OpenStack 是 OpenStack 基金会的一个开源软件项目，旨在开发一个开源云操作系统[ROSA14, SEFR12]。主要目标是支持在云计算环境下创建和管理大量的虚拟专用服务器。OpenStack 已嵌入思科、IBM、惠普和其他提供商提供的数据中心基础设施和云计算产品。OpenStack 提供多租户 IaaS，旨在通过简单的实现和大规模的可扩展性来满足公有云和私有云的需求。

OpenStack 操作系统由许多独立的模块组成，每个模块都有一个项目名和一个函数名。模块化结构易于扩展并提供一组常用的核心服务。全面的 IaaS 功能通常需要将组件配置在一起，但模块化设计可以独立使用组件。

OpenStack 的安全模块是 Keystone。Keystone 提供运行中的云计算基础设施所必需的共享安全服务，如下所示。

- **身份** 指用户信息身份认证。该信息定义项目中用户的角色和权限，是基于角色的访问控制（RBAC）机制的基础。Keystone 支持多种身份认证方法，包括用户名和口令、轻量级目录访问协议（LDAP）和一种配置 CSC 外部身份验证的方法。
- **令牌** 认证后，将分配令牌并将令牌用于访问控制。OpenStack 服务保留令牌，并在操作期间用令牌询问 Keystone。
- **服务目录** 将 OpenStack 服务端点注册到 Keystone，创建服务目录。服务的客户端连接到 Keystone，并根据返回的目录确定要调用的端点。
- **策略** 此服务执行不同的用户访问级别。每个 OpenStack 服务在关联的策略文件中为其资源定义访问策略。例如，资源可以是 API 访问、附加到卷上的容量或启动实例的容量。云管理员可以修改或更新这些策略，以控制对各种资源的访问。

图 22.9 显示了开启新虚拟机时，Keystone 与其他 OpenStack 组件交互的方式。

Nova 是 IaaS 云计算平台中控制虚拟机的管理软件模块，在 OpenStack 环境下管理计算实例的生命期。职责包括按需生成、调度和报废设备。因此，通过提供和管理大型虚拟机网络，Nova 可让企业和服务提供商按需提供计算资源。Glance 是一个针对虚拟机磁盘映像的查找和检索系统，提供通过 API 发现、注册和检索虚拟映像的服务。Swift 是一个分布式对象存储，它创建一个冗余的、可扩展的存储空间，能够存储高达几千万亿字节的数据。对象存储不是传统的文件系统，而是用于静态数据（如虚拟机映像、照片存储、电子邮件存储、备份和存档）的分布式存储系统。

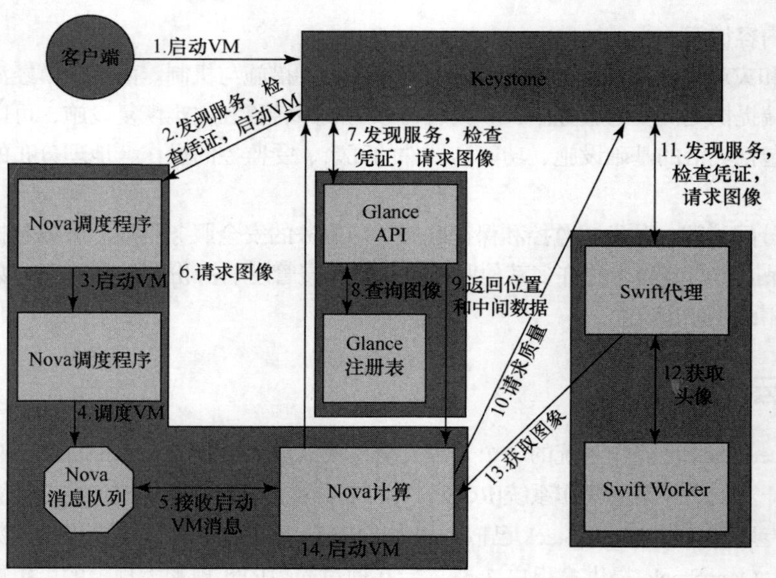


图 22.9 启动 OpenStack 中的虚拟机

## 22.6 关键术语和习题

### 关键术语

| | | | |
|---|---|---|---|
| 云审计 | 云承载商 | 云服务提供商 | 公有云 |
| 云代理商 | 云服务消费者 | 私有云 | |

### 习题

**22.1** 定义云计算。

**22.2** 列出并简要定义三个云服务模型。

**22.3** 什么是云计算参考架构?

**22.4** 介绍针对云的一些主要安全威胁。

**22.5** 什么是 OpenStack?

# 第 23 章　物联网安全

**学习目标**

- 解释物联网的范围。
- 列出并讨论物联网设备的 5 个主要组件。
- 理解云计算和物联网的关系。
- 定义修补漏洞。
- 解释物联网安全框架。
- 了解无线传感器网络的安全特性。

本章首先概述物联网的概念，然后讨论物联网安全。

## 23.1　物联网

物联网是计算和通信领域长期持续发展的最新产物。物联网的规模、普遍性及对日常生活、商业和政府的影响，让以往的任何技术进步都相形见绌。本节简要介绍物联网。

### 23.1.1　物联网上的“物”

**物联网**（IoT）是指（从大型家电到微型传感器等）智能设备的扩展互连。要点是将短程移动收发机嵌入一系列小工具和日常用品，实现人与物之间及物与物之间的新型通信。今天，因特网已能通过云系统支持数十亿工业物品和个人物品的互连。这些物品通过发送传感器信息、作用于自身的环境及在某些情况下修改自身，实现更大系统（如工厂或城市）的全面管理。

物联网主要由深度嵌入式设备驱动。这些设备一般是低带宽、低频次数据捕获和低带宽数据使用设备，它们彼此通信并通过用户接口提供数据。有些嵌入式设备，如高分辨率视频安全摄像机、视频 VoIP 电话和其他一些设备，需要高带宽的流媒体功能，但也有无数产品只需间歇性地发送数据包。

### 23.1.2　演化

根据所支持的终端系统，因特网经历 4 代发展后，最终形成了物联网。

1. **信息技术（IT）**　企业 IT 人员购买的作为 IT 设备的计算机、服务器、路由器、防火墙等，主要使用有线连接。
2. **操作技术（OT）**　由非 IT 公司制造的具有嵌入式 IT 的机器或设备，如医疗器械、SCADA（监控与数据采集系统）、过程控制和查询机，这些设备由企业 OT 人员购买，主要使用有线连接。
3. **个人技术**　消费者（雇员）购买的作为 IT 设备的智能手机、平板计算机和电子书阅读器，这些设备只使用无线连接，而且通常是多种形式的无线连接。
4. **传感器或执行器技术**　消费者、IT 部门和 OT 部门购买的单用途设备，仅使用无线连接，而且通常是单一的无线连接。它是大型系统的一部分。

第四代因特网通常被认为是物联网，其特点是使用了数十亿台嵌入式设备。

### 23.1.3 物联网设备的组件

物联网设备的关键组件如下（见图 23.1）。

- **传感器** 传感器测量物理、化学或生物实体的某些参数，并以模拟电压电平或数字信号的形式，按观察到的特性，发送成比例的电子信号。在两种情况下，传感器的输出通常是微控制器或其他管理部件的输入。
- **执行器** 执行器接收来自控制器的电子信号，并通过与环境的交互作用对物理、化学或生物实体的某些参数产生影响。
- **微控制器** 智能设备中的“智能”由一个深度嵌入的微控制器提供。
- **收发机** 收发机包含收发数据所需的电子设备。大多数物联网设备都包含一个无线收发机，能够使用 Wi-Fi、ZigBee 或其他无线方式进行通信。
- **电源** 一般来说，电源是一块电池。

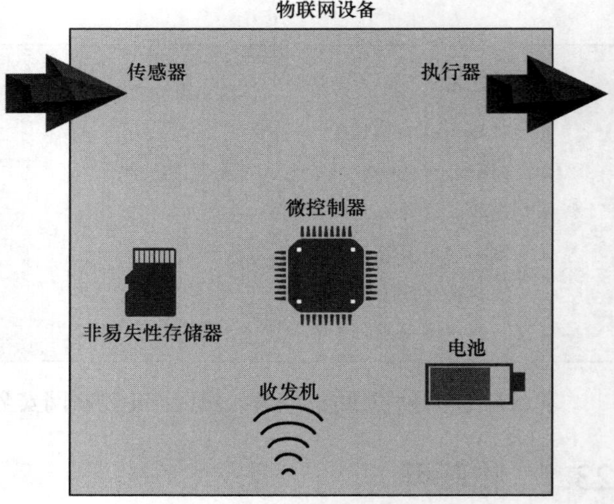

图 23.1 物联网的组件

物联网设备通常还包含射频识别（RFID）组件。利用无线电波来识别物品的 RFID 技术，正日益成为物联网的一项使能技术。RFID 系统的主要组成是标签和阅读器。RFID 标签是小型可编程设备，可用于物体、动物和人类跟踪。它们有着各种各样的形状、大小、功能和成本。RFID 阅读器可在工作范围内（从几英寸到几英尺）获取并且有时重写存储在 RFID 标签中的信息。阅读器通常连接到一个计算机系统，该系统会记录并格式化获取的信息，以供进一步使用。

### 23.1.4 物联网与云环境

为了更好地理解物联网的功能，一种比较有效的方法是在完整的企业网络环境下观察它，企业网络包含第三方网络和云计算元素。图 23.2 大致显示了物联网与云环境。

**边缘** 在典型企业网络的边缘，通常是一个包含传感器和执行器的物联网设备网络。这些设备可以互相通信。例如，一组传感器可将它们的数据传给一个传感器，传感器将收到的数据聚合到一个更高级别的实体中。在这个层次上，也可能有许多网关。网关将物联网设备与更高级别的通信网络互连，在通信网络使用的协议和设备使用的协议之间执行必要的转换，以及执行基本的数据聚合功能。

**雾** 在许多物联网部署中，大量数据可能由分布的传感器网络生成。例如，海上油田和炼油厂每天可以生成 1TB 的数据。一架飞机每小时可以产生数 TB 的数据。与其将所有数据永久（或长时间）存储在物联网应用程序能够访问的中央存储器中，不如尽可能多地在传感器附近进行数据处理。于是，出现了雾计算，它的目的是将网络数据流转换为适合存储和更高级别处理的信息。雾计算级别的处理元素可以处理大量数据并执行数据转换操作，使存储的数据量大大降低。以下是雾计算操作的例子。

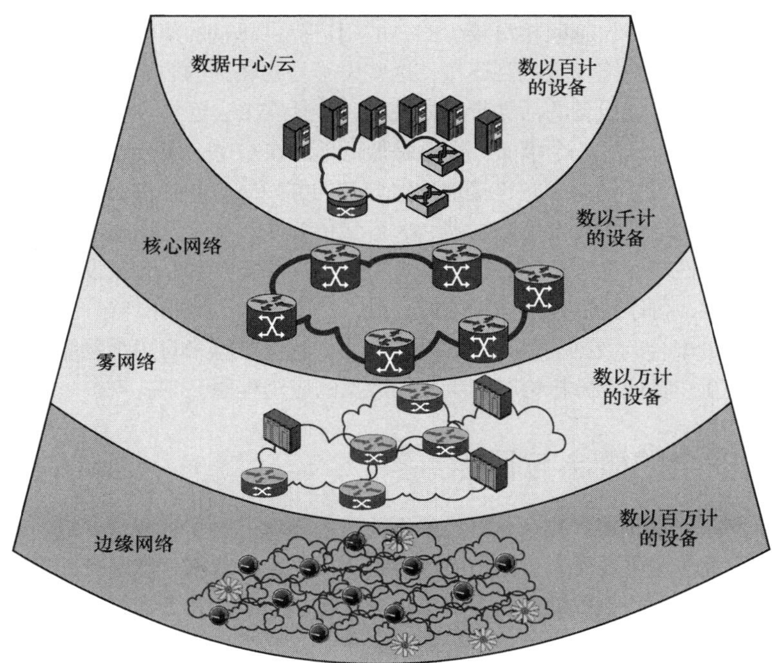


图 23.2　物联网和云环境

- **估计**　根据标准来估计数据，决定是否把数据送到更高的层次进行处理。
- **格式化**　对数据进行格式化，以便进行统一的高级处理。
- **扩展/解码**　处理带有附加信息（如数据源）的加密数据。
- **净化/减少**　减少和/或汇总数据，使数据和流量对网络和高级处理系统的影响最小。
- **评估**　确定数据是否代表阈值或警报，可能包括将数据重定向到其他目的地。

云计算和雾计算的比较如表 23.1 所示。一般来说，雾计算设备部署在物联网的物理边缘附近，即传感器和其他数据生成设备附近。因此，大量生成数据的一些基本处理就从中心物联网应用软件中剥离和外包出来。

**表 23.1　云计算和雾计算的比较**

| | 云 | 雾 |
|---|---|---|
| 处理/存储资源的位置 | 中心 | 边缘 |
| 延迟 | 高 | 低 |
| 访问 | 固定或无线 | 主要是无线 |
| 对移动性的支持 | 不适用 | 适用 |
| 控制 | 集中/分层（完全控制） | 分布式/分层（部分控制） |
| 服务访问 | 通过核心 | 在边缘/在手持设备上 |
| 可用性 | 99.99% | 高度不稳定/高度冗余 |
| 用户/设备的数量 | 数千万/数亿 | 数十亿 |
| 主要内容生产者 | 人类 | 设备/传感器 |
| 内容产生 | 中央位置 | 任何地方 |
| 内容使用 | 终端设备 | 任何地方 |
| 软件虚拟基础设施 | 中央企业服务器 | 用户设备 |

雾计算和雾服务有望成为物联网的显著特征。雾计算代表了与云计算相反的现代网络发展趋势。

借助云计算，可以通过云网络设施向相对较少的分散用户提供海量的集中式存储和处理资源。借助雾计算，大量智能物品通过雾网络设施相互连接，这些设施为物联网的边缘设备提供处理和存储资源。雾计算解决了成千上万台智能设备的活动带来的挑战，包括安全、隐私、网络容量限制和延迟需求。雾计算这一术语的灵感来自这样一个事实：雾总是低低地悬在空中，而云则高高地悬在空中。

**核心**　核心网络也称骨干网络，它连接地理上分散的雾网络，并提供对除企业网外的其他网络的访问。一般来说，核心网络使用高性能路由器、大容量传输线和多个互连路由器来增加冗余与容量。核心网络也可连接到高性能、高容量服务器，如大型数据库服务器和私有云设施。一些核心路由器可能是纯粹的内部路由器，可以提供冗余和额外的容量，但不充当边缘路由器。

**云**　云网络为大量聚合的数据提供存储和处理能力，这些数据来自边缘物联网设备。云服务器还托管与物联网设备交互、管理及分析物联网生成的数据的应用程序。

## 23.2　物联网安全的概念与目标

物联网可能是网络安全领域最复杂、开发最不完全的领域。为了理解这一点，欠参阅图 23.3，图中显示了物联网安全关注的主要元素。网络的中心是应用平台、数据存储服务器及网络和安全管理系统。这些中央系统从传感器收集数据，向执行机构发送控制信号，并负责管理物联网设备及其通信网络。网络的边缘是物联网设备，其中的一些是非常简单的、受约束的设备，而另外一些则是更智能的、不受约束的设备。此外，网关可以为物联网设备提供协议转换和其他网络服务。

图 23.3 中说明了一些典型的互连场景和包含的安全特性，其中的阴影表示至少支持其中一些功能的系统。通常，网关实现安全功能，如 TLS 和 IPsec。不受约束设备可能实现某些安全功能，也可能不实现某些安全功能。受约束设备通常只有有限的安全功能或者没有安全功能。如图所示，网关设备可以在网关与中心设备之间提供安全通信，如应用平台、管理平台等。但是，连接到网关的任何受约束或不受约束设备都位于网关与中央系统之间建立的安全区域之外。如图所示，不受约束设备可以直接与中心通信并支持安全功能。然而，未连接到网关的受约束设备无法与中心设备进行安全通信。

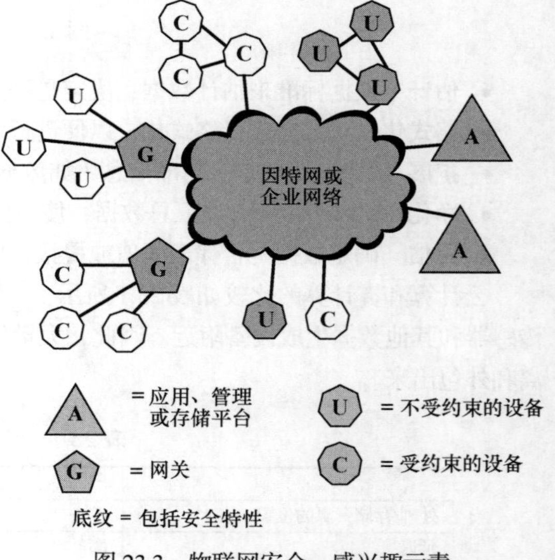

图 23.3　物联网安全：感兴趣元素

### 23.2.1　物联网生态系统的独特特征

欧盟网络与信息安全局（ENISA）在 *Baseline Security Recommendations for IoT* 中列出了阻碍安全物联网生态系统发展的如下问题[ENIS17]。

- **攻击面非常大**　本节后面将讨论这个主题。物联网生态系统中存在各种各样的弱点，大量数据可能会遭到破坏。
- **设备资源有限**　物联网设备通常是资源受限设备，内存、处理能力和电源有限，这使得采用先进的安全控制变得困难。

- **生态系统复杂**　物联网不仅涉及大量设备，而且涉及设备之间的互连、通信、依赖关系和“云”元素，使得评估安全风险的任务变得极其复杂。
- **标准和法规碎片化**　在物联网安全标准及有限的最佳实践文档方面，相关工作相对较少。因此，缺乏对安全管理人员和实现人员的全面指导。
- **部署广泛**　在商业环境及更重要的关键基础设施环境下，物联网设施正在快速部署。这些部署是具有吸引力的安全攻击目标，快速部署通常没有全面的风险评估和安全规划。
- **安全集成**　物联网设备使用多种通信协议，且在实施时采用多种认证方案。此外，可能有来自承包商和利益相关者的需求。因此，将安全性集成到可互操作的方案中非常有挑战性。
- **安全方面**　由于许多物联网设备会对其所在的物理环境产生影响，设备本身的安全威胁可能对所在物理环境产生安全威胁，因此提高了安全解决方案有效性的门槛。
- **低成本**　物联网设备的制造、采购和部署数以百万计，因此各方都会想方设法降低这些设备的成本。制造商倾向于限制安全特性来降低成本，客户也倾向于接受这些限制。
- **缺乏专业知识**　物联网仍是一种相对较新的、快速发展的技术。拥有适当的网络安全培训和经验的人员是有限的。
- **安全更新**　在 2014 年常被引用的一篇文章中，安全专家 Bruce Schneier 指出“我们在嵌入式系统（包括物联网设备）的安全方面正处于一个临界点”[SCHN14]。嵌入式设备漏洞百出，没有很好的修补方法。芯片制造商强烈希望能够快速且廉价地生产带有固件和软件的产品。设备制造商根据价格和功能选择芯片，对芯片软件和固件几乎不做任何改动。他们关注的是设备本身。用户可能没有办法修补系统，有办法时，关于何时和如何修补的信息也很少。因此，物联网中数以亿计的连网设备很容易受到攻击。这当然是传感器的问题，因为它允许攻击者将假数据插入网络。对执行器来说，这可能是一个更严重的威胁，因为攻击者可以影响机器和其他设备的操作。
- **编程不安全**　有效的网络安全实践要求在整个软件开发生命期集成安全规划和设计。但由于成本压力，物联网产品的开发人员更重视功能和可用性，而不重视安全性。
- **责任不明确**　重大的物联网部署涉及庞大而复杂的供应链，以及众多组件之间的复杂相互作用。这时很难明确责任，因此在发生安全事故时可能会出现责任不清和冲突的情况。

### 23.2.2　物联网安全目标

NISTIR 8200（*Interagency Report on Status of International Cybersecurity Standardization for the Internet of Things*）中列出了物联网的如下安全目标。

- **限制对物联网网络的逻辑接入**　使用单向网关和防火墙来防止网络流量在企业和物联网网络之间直接传输，为企业和物联网用户提供独立的身份验证机制和凭据。物联网系统还应使用多层网络拓扑结构，关键的通信在最安全可靠的层上实现。
- **限制物联网网络和组件的物理访问**　应使用物理层的访问控制，如锁、读卡器或看守人员。
- **保护各个物联网组件不被编程入侵**　在现场条件下测试安全补丁后，以尽可能快的方式部署；禁用所有未用的端口和服务，确保它们保持为禁用状态；将物联网用户的特权限制在每个人的角色范围内；跟踪和监控审计流程；在技术上可行的地方使用安全控制，如杀毒软件和文件完整性检查软件。
- **防止未经授权修改数据**　包括正在传输（至少跨越网络边界）和静止的数据。
- **检测安全事件和事故**　目标是尽早检测安全事件，以便在攻击者达到目标之前破坏攻击链。包括检测失效的物联网组件、不可用的服务和耗尽的资源，这些对物联网系统的正常和安全运行非常重要。

- **在不利条件下保持功能**　包括在设计物联网系统时，让每个关键组件都有一个冗余的对应组件。此外，如果一个组件发生故障，那么它不会在物联网或其他网络上产生不必要的流量，或者不会在其他地方造成其他问题。物联网系统还应考虑适当的降级，譬如从全自动化的正常操作转为操作人员参与的自动化程度低的紧急操作或完全手动操作。
- **事故后恢复系统**　事故是不可避免的，因此事故响应计划必不可少。优秀安全程序的主要特点之一是在事故发生后能够快速地恢复物联网系统。

### 23.2.3　防篡改和篡改检测

物联网生态系统包括部署在边缘网络和雾网络中的大量设备。通常，这涉及许多制造商和多个供应链，并且通常部署在物理环境下安全措施难以得到保障的地区。在这种环境下，防篡改和篡改检测是两个必不可少的安全措施。下面定义一些术语。

- **篡改**　一种未经授权的修改，在某种程度上它会改变系统或设备的预期功能，降低其安全性。
- **防篡改**　系统组件的一种特性，可以提供被动保护来防御攻击。
- **篡改检测**　确保整个系统能察觉非法物理访问的技术。

**防篡改**　常用方法是使用特殊的物理建筑材料，使得篡改雾节点变得困难。例如，采用坚硬的钢外壳、锁和安全螺拴。将组件和电路板紧密地封装在壳中，可在不打开光纤包层的情况下使用光纤增大探测节点内部的难度。

第二类防篡改通过确保篡改留下可见的证据来阻止篡改。例子包括特殊的封条和胶带，发生物理篡改时，这些封条和胶带会显示篡改。

**篡改检测**　篡改检测机制包括如下几个方面。

- **开关**　许多开关（如水银开关、磁性开关、压力触点等）可以检测设备的开启、物理安全边界的破坏或设备的移动。
- **传感器**　温度和辐射传感器可检测环境变化，电压和功率传感器可以检测电击。
- **电路**　可用柔性电路、电阻丝或光纤封装元件来检测电路击穿或损坏。

### 23.2.4　网关安全

ITU-T 建议 Y.2066（*Common Requirements of the Internet of Things*，2014 年 6 月）中包含了物联网的安全要求列表。这个列表可以有效地帮助我们了解物联网部署的安全要求标准。这些要求包括捕获、存储、传输、聚合和处理物联网设备数据方面的要求，以及提供物联网设备服务过程中的功能要求。这些要求与所有物联网涉及方相关，具体如下。

- **通信安全**　要求具备安全、可信、隐私保护的通信能力，以便在物联网的数据传输或转移过程中，能够禁止对数据内容的未授权访问，保证数据完整性，保护与数据隐私相关的内容。
- **数据管理安全**　要求具备安全、可信、隐私保护的数据管理能力，以便在物联网中存储或处理数据时，能够禁止对数据内容的未授权访问，保证数据完整性，保护与隐私相关的数据内容。
- **服务提供安全**　要求具备安全、可信、隐私保护的服务提供能力，能够禁止未授权的服务访问和欺骗性的服务提供，保护物联网用户的隐私信息。
- **安全策略和技术集成**　需要具备集成不同安全策略和技术的能力，确保为物联网中的各种设备和用户网络提供一致的安全控制。

- **相互认证和授权** 在设备（或物联网用户）接入物联网之前，需要与物联网根据预定义的安全策略进行相互认证与授权。
- **安全审计** 物联网需要支持安全审计。根据适当的法规和法律，任何数据访问或试图访问物联网的应用都必须是完全透明的、可跟踪的和可再现的。特别地，物联网需要支持数据传输、存储、处理和应用访问的安全审计。

在物联网部署中提供安全性的一个关键因素是网关。Y.2067（*Common Requirements and Capabilities of a Gateway for Internet of Things Applications*，2014 年 6 月）中详细说明了网关应实现的具体安全功能，其中一些功能如图 23.4 所示，具体如下。

- 支持对连接设备的每个访问的标识。
- 支持设备认证。根据应用需求和设备功能，需要支持与设备的相互或单向身份验证。对单向身份验证，要么设备向网关验证自身，要么网关向设备验证自身，但两者不能同时验证对方。
- 支持与应用的相互认证。
- 支持存储在设备和网关中的数据的安全性，支持在网关和设备之间传输的数据的安全性，支持在网关和应用之间传输的数据的安全性。基于安全级别支持这些数据的安全性。
- 支持保护设备和网关隐私的机制。
- 支持自诊断、自修复及远程维护。
- 支持固件和软件更新。
- 支持自动配置或由应用配置。网关需要支持多种配置模式，如远程和本地配置、自动和手动配置及基于策略的动态配置。

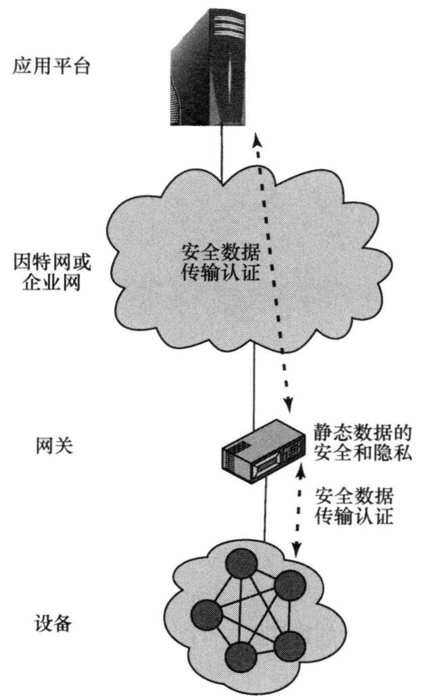

图 23.4 物联网网关安全功能

为受约束设备提供安全服务时，其中一些需求可能很难实现。例如，网关应该支持存储在设备中的数据的安全性。资源受限设备没有加密能力时，这可能是不切实际的。

注意，Y.2067 要求中多次提到了隐私要求。随着物联网设备在家庭、零售店、车辆和人员中的广泛部署，隐私已成为一个日益受到关注的领域。随着更多的事物相互连接，政府和私人企业将收集大量个人数据，包括医疗信息、位置和移动信息及应用使用情况的信息。

## 23.2.5 物联网安全环境

图 23.5 在物联网生态系统的 4 个层面上模拟了关键安全性能的范围。

- **用户认证和访问控制** 这些功能遍布整个物联网生态系统。访问控制的一种常见方法是基于角色的访问控制（RBAC）。RBAC 系统将访问权限分配给角色，而不分配给各个用户。然后，根据用户的职责，将它们分配给不同的角色（静态的或动态的）。RBAC 在云计算和企业系统中的商业用途广泛，是一种易于理解的工具，可用于管理对物联网设备及其生成的数据的访问。
- **防篡改和篡改检测** 该功能在设备和雾网络级别上特别重要，但也扩展到了核心网络级别。所有这些级别都可能涉及由物理安全措施保护的企业区域之外的物理组件。

- **数据保护和保密性**　这些功能已扩展到架构的所有级别。
- **互联网协议和网络安全**　保护正在运行的数据不被窃听和窥探，这在各个层面都至关重要。

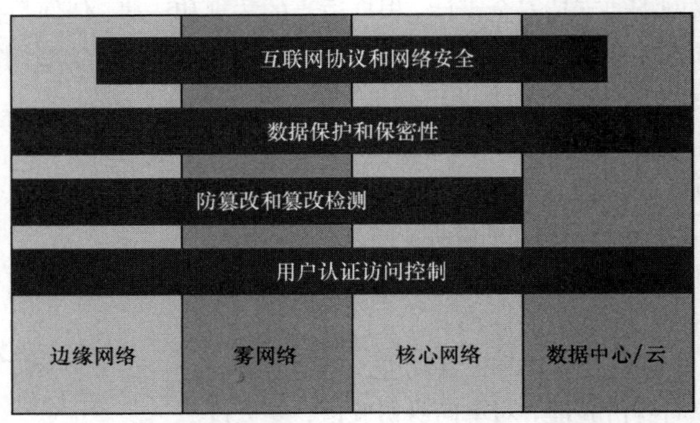


图 23.5　物联网安全环境

## 23.3　一个开源物联网安全模块

本节概述 MiniSec，它是 TinyOS 操作系统的一个开源安全模块。TinyOS 是为严格要求内存、处理时间、实时响应和功耗的小型嵌入式系统设计的。TinyOS 大大简化了操作系统，为嵌入式系统提供了一个非常小的操作系统，典型的配置需要 48KB 的代码和 10KB 的 RAM [LEVI12]。TinyOS 的主要应用是无线传感器网络，它已成为此类网络的实际操作系统。对于传感器网络，主要的安全问题与无线通信有关。MiniSec 被设计成一个链路级模块，可以提供高水平的安全性，同时保持低能耗并使用很少的内存[LUK07]。MiniSec 提供保密性、身份验证和重放保护。

MiniSec 有两种工作模式：一种是为单源通信定制的，另一种是为多源广播通信定制的。后者不需要每个发送方的状态来保护重放，因此可以扩展到大型网络。设计 MiniSec 的目的是为了满足如下要求。

- **数据认证**　使合法节点能够验证消息是否源自另一个合法节点（即与之共享密钥的节点），以及在传输过程中是否保持不变。
- **保密性**　任何安全通信系统的基本要求。
- **重放保护**　防止攻击者成功地记录数据包并在稍后重放。
- **新鲜度**　由于传感器节点经常进行时变测量，因此保证消息的新鲜度是一个重要特性。新鲜度有两种类型：强新鲜度和弱新鲜度。MiniSec 提供一种机制来保证弱新鲜度，在这种机制下，接收方可在没有本地参考时间点的情况下对收到的消息进行局部排序。
- **低能量开销**　这是通过最小化通信开销和只使用对称性来实现的。
- **保持对丢失消息的弹性**　在无线传感器网络中，相对较高的丢包率要求设计能够承受较高的消息丢失率。

### 23.3.1　加密算法

MiniSec 使用的两种密码算法值得注意。第一种是加密算法 Skipjack。Skipjack 于 20 世纪 90 年代由美国国家安全局（NSA）研发，是一种简单、快速的分组密码算法，对嵌入式系统至关重要。针对无线安全网络的 8 种候选算法的研究[LAW06]指出，在代码存储、数据存储、加密/解密效率和密钥设置效率方面，Skipjack 是最好的算法。

Skipjack 使用一个 80 位的密钥。一旦发现 56 位密钥的 DES 容易受到攻击，NSA 就会提供一个安全系统。目前的算法（如 AES）使用的密钥长度至少为 128 位，而 80 位密钥长度通常是不安全的。但对无线传感器网络和其他物联网设备的有限应用来说，由慢速数据链提供大量短数据分组，Skipjack 可能已经足够。Skipjack 正以高效的计算和低内存占用成为物联网设备的有用选择。展望未来，任何物联网安全模块都应使用最近开发的轻量级加密算法，如第 14 章中描述的可伸缩加密算法（SEA）。

为 MiniSec 选择的分组密码操作模式是偏移码本模式（OCB），详见本节稍后的说明。

MiniSec 使用每个设备的密钥（即每个密钥对特定的一对设备是唯一的）来防止重放攻击。

### 23.3.2 操作模式

MiniSec 提供两种操作模式：单播（MiniSec-U）和广播（MiniSec-B）。两种模式都使用带有计数器的 OCB。作为一个时变值，计数器的值与明文一起输入加密算法。为支持同步，计数器的最低有效位也以明文形式发送。对于这两种模式，数据都以数据包的形式传输。每个数据包都包括加密的数据分组、OCB 身份验证标签和 MiniSec 计数器。

MiniSec-U 使用同步计数器，要求接收方为每个发送方保留一个本地计数器。严格单调递增的计数器保证了语义保密性①。即使发送方 *A* 重复发送相同的消息，每个密文也是不同的，因为使用了不同的计数器值。此外，一旦接收方观察到计数器的值，就会拒绝具有相同或更小计数器值的数据包。因此，攻击者不能重放接收方此前收到的任何数据包。如果丢弃了大量数据包，那么发送方和接收方就会使用重同步协议进行同步。

不能直接使用 MiniSec-U 来保护广播通信。首先，在许多接收机之间运行计数器重同步协议的开销太大。另外，如果一个节点要同时接收来自大量发送节点的数据包，那么它需要为每个发送方维护一个计数器，这会导致高内存开销。于是，它使用了两种机制：一种基于时间的方法和一种布隆过滤器方法，用于防御重放攻击。首先，将时间分为长度为 $t$ 的时间段 $E_1, E_2, \cdots$，使用当前时间段或前一个时间段作为 OCB 加密的时变值，可以避免重放来自更早时间段的消息。为了防止在当前时间段的重放攻击，定时方法增加了布隆过滤器的方法。MiniSec-B 在 OCB 加密和布隆过滤器密钥中使用字符串 nodeID.$E_i$.$C_{ab}$ 作为时变值元素，其中 nodeID 是发送方节点标识符，$E_i$ 是当前时间段，$C_{ab}$ 是共享计数器。每当一个节点收到一条消息，就会检查它是否属于它的布隆过滤器。如果消息不是重放的，那么它将存储在布隆过滤器中；否则将其删除。

有关这两种操作模式的详细信息，请参阅文献[TOBA07]。

### 23.3.3 偏移码本模式

第 7 章讲过，当明文源由多个数据分组组成时，就必须指定一种操作模式，这些数据分组将使用相同的加密密钥进行加密。OCB 是 NIST 提出的分组密码操作模式[ROGA01]，是 RFC 7253（*The OCB Authenticated Encryption Algorithm*，2014 年 5 月）中定义的一种互联网标准。OCB 也被 IEEE 802.11 无线局域网标准认证为一种加密技术。此外，OCB 还包含在开源物联网安全模块 MiniSec 中。

OCB 的一个关键目标是效率。这是通过最小化每条消息所需的加密数量及允许对消息分组进行并行操作来实现的。假设底层分组密码是安全的，那么 OCB 模式是安全的。OCB 模式是一种单向操作模式，效率很高。每个明文分组只需调用一个分组密码，但完成整个加密过程还需要另外两个调用。

① 语义保密性是指相同的明文被加密两次，得到的两个密文是不同的。

OCB 特别适合有着严格能量限制的传感器节点。

图 23.6 中显示了 OCB 加密和认证的整体结构。AES 通常被用作加密算法。要加密和认证的消息 $M$ 分为 $n$ 比特的多个分组，但最后一个分组可能不到 $n$ 比特。一般来说，$n = 128$。只需对消息进行一次传送，就可生成密文和认证码。分组的总数为 $m = \lceil \text{len}(M)/n \rceil$。

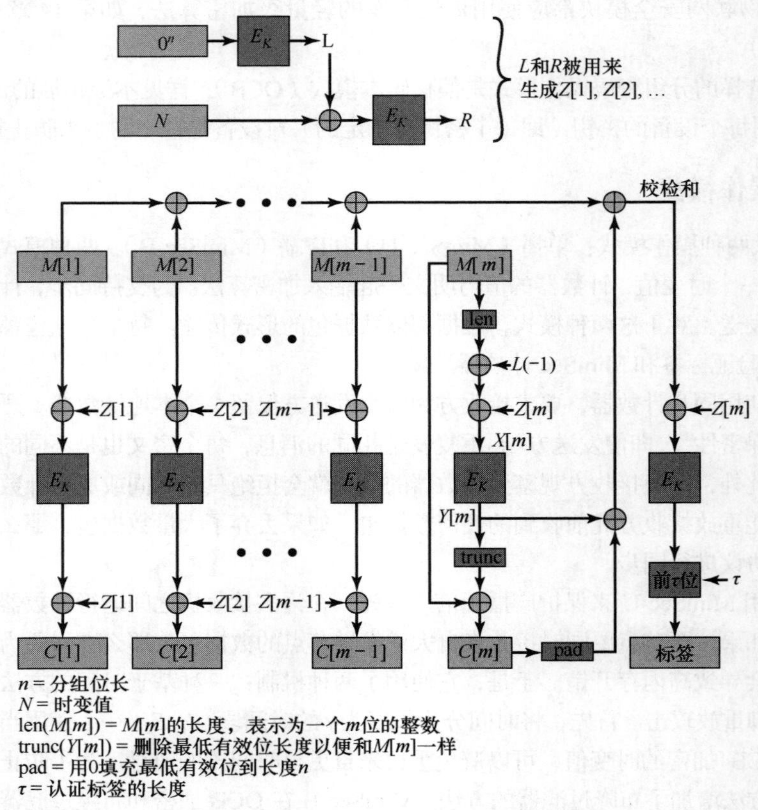


图 23.6　OCB 加密和认证

注意，OCB 的加密结构类似于电码本（ECB）模式。每个分组都独立于其他分组进行加密，因此可以同时执行所有 $m$ 个分组的加密。如第 7 章所述，对于 ECB，如果在消息中多次出现相同的 $b$ 位明文分组，那么它始终产生相同的密文。因此，对于冗长的信息，ECB 模式可能并不安全。OCB 通过对每个分组 $M[i]$使用偏移 $Z[i]$来消除不安全性，因此每个 $Z[i]$都是唯一的；偏移量将与明文进行异或运算，然后与加密输出进行异或运算。因此，使用加密密钥 $K$，有

$$C[i] = E_K(M(i) \oplus Z[i]) \oplus Z[i]$$

式中，$E_K(X)$表示使用密钥 $K$ 对明文 $X$ 进行加密，$\oplus$表示异或操作。由于使用了偏移运算，因此同一消息中相同的两个分组将产生两个不同的密文。

图 23.6 的上部显示了 $Z[i]$是如何生成的。选择一个任意的 $n$ 位值 $N$ 作为时变值；唯一的要求是，如果多条消息使用相同的密钥加密，那么每次加密时必须使用不同的时变值，即每个时变值只用一次。每个不同的 $N$ 值都会产生一组不同的 $Z[i]$。因此，如果两条不同的消息在消息中的相同位置有着相同的分组，那么它们也会因为 $Z[i]$的不同而产生不同的密文。

$Z[i]$的计算比较复杂，具体的推导公式如下。

$$L(0) = L = E_K(0^n) \qquad \text{其中 } 0^n \text{ 由 } n \text{ 个 0 位组成}$$
$$R = E_K(N \oplus L)$$
$$L(i) = 2 \cdot L(i-1), \qquad 1 \leqslant i \leqslant m$$
$$Z[1] = L \oplus R$$
$$Z[i] = Z(i-1) \oplus L(\text{ntz}(i)), \qquad 1 \leqslant i \leqslant m$$

算子“·”表示有限域 GF($2^n$)上的乘法。算子 ntz($i$)表示 $i$ 中末尾（最低有效位）的 0 的数量。得到的 $Z[i]$值是一个最大的汉明距离[WALK05]。

因此，值 $Z[i]$是时变值和加密密钥的函数。时变值不需要保密，且以规范范围外的方式传递给接收方。

因为 $M$ 的长度可能不是 $n$ 的整数倍，所以最后一个分组的处理方式不同，如图 23.6 所示。表示为 $n$ 位整数的 $M[m]$的长度，用来计算 $X[m] = \text{len}(M[m]) \oplus L(-1) \oplus Z[m]$。$L(-1)$定义为有限域上的 $L/2$ 或 $L \cdot 2^{-1}$。接下来，有 $Y[m] = E_K(X[m])$。然后，$Y[m]$被截断为 len($M[m]$)位（删除必要数量的最低有效位），并与 $M[m]$进行异或运算。因此，最终的密文 $C$ 的长度与原始明文 $M$ 的长度相同。

消息 $M$ 生成的校验和为

$$\text{校验和} = M[1] \oplus M[2] \oplus \cdots \oplus Y[m] \oplus C[m]0^*$$

式中，$C[m]0^*$是在 $C[m]$中将最低有效位填充到长度 $n$ 后得到的。最后使用与加密所用的相同密钥生成长度为 $\tau$ 的认证标签：

$$\text{标签} = E_K(\text{校验和} \oplus Z[m])\text{的前 } \tau \text{ 位}$$

标签的位长 $\tau$ 会因应用的不同而不同。标签的大小控制认证的级别。为了验证认证标签，解密器首先重新计算校验和，然后重新计算标签，最后检查它是否等于发送的那个标签。如果密文通过测试，那么 OCB 能够正常生成明文。

图 23.7 小结了 OCB 加密和解密算法。容易看出，解密是加密的逆过程。

```
algorithm OCB-Encrypt_K(N, M)
Partition M into M[1]...M[m]
L ← L(0) ← E_K(0^n)
R ← E_K(N ⊕ L)
for i ← 1 to m do L(i) ← 2 · L(i − 1)
L(−1) = L · 2^−1
Z[1] ← L ⊕ R
for i ← 2 to m do Z[i] ← Z[i − 1] ⊕ L(ntz(i))
for i ← 1 to m − 1 do
    C[i] ← E_K(M[i] ⊕ Z[i]) ⊕ Z[i]
X[m] ← len(M[m]) ⊕ L(−1) ⊕ Z[m]
Y[m] ← E_K(X[m])
C[m] ← M[m] ⊕ (first len(M[m]) bits of Y[m])
Checksum ←
    M[1] ⊕ ... ⊕ M[m − 1] ⊕ C[m]0* ⊕ Y[m]
Tag ← E_K(Checksum ⊕ Z[m]) [first τ bits]
```

```
algorithm OCB-Decrypt_K(N, M)
Partition M into M[1]...M[m]
L ← L(0) ← E_K(0^n)
R ← E_K(N ⊕ L)
for i ← 1 to m do L(i) ← 2 · L(i − 1)
L(−1) = L · 2^−1
Z[1] ← L ⊕ R
for i ← 2 to m do Z[i] ← Z[i − 1] ⊕ L(ntz(i))
for i ← 1 to m − 1 do
    M[i] ← D_K(C[i] ⊕ Z[i]) ⊕ Z[i]
X[m] ← len(M[m]) ⊕ L(−1) ⊕ Z[m]
Y[m] ← E_K(X[m])
M[m] ← (first len(C[m]) bits of Y[m]) ⊕ C[m]
Checksum ←
    M[1] ⊕ ... ⊕ M[m − 1] ⊕ C[m]0* ⊕ Y[m]
Tag' ← E_K(Checksum ⊕ Z[m]) [first τ bits]
```

图 23.7　OCB 算法

于是，有

$$E_K(M[i] \oplus Z[i]) \oplus Z[i] = C[i]$$
$$E_K(M[i] \oplus Z[i]) = C[i] \oplus Z[i]$$
$$D_K(E_K(M[i] \oplus Z[i])) = D_K(C[i] \oplus Z[i])$$
$$M[i] \oplus Z[i] = D_K(C[i] \oplus Z[i])$$
$$M[i] = D_K(C[i] \oplus Z[i]) \oplus Z[i]$$

## 23.4 关键术语和思考题

### 关键术语

| | | | |
|---|---|---|---|
| 执行机构 | 核心 | 信息技术 | 操作技术 |
| 骨干网 | 边缘 | 物联网 | 传感器 |
| 云 | 雾 | 微控制器 | 收发机 |

### 思考题

**23.1** 定义物联网。

**23.2** 列出并简要定义支持物联网的“物”的主要元素。

**23.3** 定义修补漏洞。

**23.4** 定义防篡改和篡改检测。

**23.5** 什么是 MiniSec？

# 附录 A　线性代数的基本概念

## A.1　向量和矩阵运算

本书使用如下约定：

$$(x_1 \quad x_2 \quad \cdots \quad x_m) \qquad \begin{pmatrix} y_1 \\ y_2 \\ \vdots \\ y_n \end{pmatrix} \qquad \begin{pmatrix} a_{11} & a_{12} & \cdots & a_{1n} \\ a_{21} & a_{22} & \cdots & a_{2n} \\ \vdots & \vdots & \ddots & \vdots \\ a_{m1} & a_{m2} & \cdots & a_{mn} \end{pmatrix}$$

行向量 $\boldsymbol{X}$　　　列向量 $\boldsymbol{Y}$　　　矩阵 $\boldsymbol{A}$

注意，在矩阵中，元素的第一个下标指的是行，第二个下标指的是列。

### A.1.1　算术

维数相同的两个矩阵可以逐个元素地加或减。因此，对 $\boldsymbol{C}=\boldsymbol{A}+\boldsymbol{B}$，$\boldsymbol{C}$ 的元素是 $c_{ij}=a_{ij}+b_{ij}$。例如，

$$\begin{pmatrix} 1 & -2 & 3 \\ 0 & 4 & 5 \\ 3 & 6 & 9 \end{pmatrix}+\begin{pmatrix} 3 & 0 & -6 \\ 2 & -3 & 1 \\ 9 & 6 & 3 \end{pmatrix}=\begin{pmatrix} 4 & -2 & -3 \\ 2 & 1 & 6 \\ 12 & 12 & 12 \end{pmatrix}$$

标量乘以矩阵时，将矩阵中的每个元素乘以该标量即可。因此，对 $\boldsymbol{C}=k\boldsymbol{A}$ 有 $c_{ij}=k\times a_{ij}$。例如，

$$3\begin{pmatrix} 1 & -2 & 3 \\ 0 & 4 & 5 \\ 3 & 6 & 9 \end{pmatrix}=\begin{pmatrix} 3 & -6 & 9 \\ 0 & 12 & 15 \\ 9 & 18 & 27 \end{pmatrix}$$

$\boldsymbol{m}$ 维行向量和 $\boldsymbol{m}$ 维列向量的积是一个标量：

$$(x_1 \quad x_2 \quad \cdots \quad x_m)\times\begin{pmatrix} y_1 \\ y_2 \\ \vdots \\ y_m \end{pmatrix}=x_1y_1+x_2y_2+\cdots+x_my_m$$

若矩阵 $\boldsymbol{A}$ 的列数和矩阵 $\boldsymbol{B}$ 的行数相同，则按照上述顺序，矩阵 $\boldsymbol{A}$ 和 $\boldsymbol{B}$ 适合于做乘法。令 $\boldsymbol{A}$ 是一个阶为 $m\times n$ 的矩阵，$\boldsymbol{B}$ 是一个阶为 $n\times p$ 的矩阵，得到乘法的步骤如下：按照刚定义的行向量和列向量的乘积规则，用 $\boldsymbol{A}$ 的每行乘以 $\boldsymbol{B}$ 的每列。因此，对 $\boldsymbol{C}=\boldsymbol{AB}$，有 $c_{ij}=\sum_{k=1}^{n}a_{ik}b_{kj}$，且结果矩阵的阶为 $m\times p$。注意，按照这些规则，可以让一个行向量与一个其行数与向量维数相同的矩阵相乘。若矩阵的列数与向量的维数相同，则可让矩阵乘以列向量。因此，运用本节开始的记号，对 $\boldsymbol{D}=\boldsymbol{XA}$，得到一个行向量，其元素为 $d_i=\sum_{k=1}^{m}x_ka_{ki}$。对 $\boldsymbol{E}=\boldsymbol{AY}$，得到一个列向量，其元素为 $e_i=\sum_{k=1}^{m}a_{ik}y_k$。例如，

$$(2\ \ -5\ \ 3)\begin{pmatrix}1 & -2 & 3\\ 0 & 4 & 5\\ 3 & 6 & 9\end{pmatrix}=(2+3\times3\quad 2\times(-2)+(-5)\times4+3\times6\quad 2\times3+(-5)\times5+3\times9)$$

$$=(11\ \ -6\ \ 8)$$

又如，

$$\begin{pmatrix}1 & -2 & 3\\ 0 & 4 & 5\\ 3 & 6 & 9\end{pmatrix}\begin{pmatrix}2\\ -5\\ 3\end{pmatrix}=\begin{pmatrix}1\times2+(-2)\times(-5)+3\times3\\ 4\times(-5)+5\times3\\ 3\times2+6\times(-5)+9\times3\end{pmatrix}=\begin{pmatrix}21\\ -5\\ 3\end{pmatrix}$$

### A.1.2 行列式

由 det($\boldsymbol{A}$)表示的方阵 $\boldsymbol{A}$ 的行列式是一个标量，代表矩阵元素的和与积。详见关于线性代数的教材，这里只给出相关的结果。

对 $2\times2$ 矩阵 $\boldsymbol{A}$，$\det(\boldsymbol{A})=a_{11}a_{22}-a_{21}a_{12}$。

对 $3\times3$ 矩阵 $\boldsymbol{A}$，$\det(\boldsymbol{A})=a_{11}a_{22}a_{33}+a_{12}a_{23}a_{31}+a_{13}a_{21}a_{32}-a_{31}a_{22}a_{13}-a_{32}a_{23}a_{11}-a_{33}a_{21}a_{12}$。

一般来说，方阵的行列式可用其余子式进行计算。$\boldsymbol{A}$ 的余子式记为 $\mathrm{cof}_{ij}(\boldsymbol{A})$，它定义为约化矩阵的行列式，其中约化矩阵是通过删除 $\boldsymbol{A}$ 的第 $i$ 行和第 $j$ 列得到的，且 $i+j$ 为偶数时取正号，为奇数时取负号。例如，

$$\mathrm{cof}_{23}\begin{pmatrix}2 & 4 & 3\\ 6 & 1 & 5\\ -2 & 1 & 3\end{pmatrix}=-\det\begin{pmatrix}2 & 4\\ -2 & 1\end{pmatrix}=-10$$

任意 $n\times n$ 方阵的判别式可以如下计算：

$$\det(\boldsymbol{A})=\sum_{j=1}^{n}[a_{ij}\,\mathrm{cof}_{ij}(\boldsymbol{A})]\text{，对任意 } i$$

或

$$\det(\boldsymbol{A})=\sum_{i=1}^{n}[a_{ij}\,\mathrm{cof}_{ij}(\boldsymbol{A})]\text{，对任意 } j$$

例如，

$$\det\begin{pmatrix}2 & 4 & 3\\ 6 & 1 & 5\\ -2 & 1 & 3\end{pmatrix}=a_{21}\,\mathrm{cof}_{21}+a_{22}\,\mathrm{cof}_{22}+a_{23}\,\mathrm{cof}_{23}$$

$$=6\times\left(-\det\begin{pmatrix}4 & 3\\ 1 & 3\end{pmatrix}\right)+1\times\det\begin{pmatrix}2 & 3\\ -2 & 3\end{pmatrix}+5\times\left(\det\begin{pmatrix}2 & 4\\ -2 & 1\end{pmatrix}\right)$$

$$=6\times(-9)+1\times(12)+5\times(-10)=-92$$

### A.1.3 逆矩阵

若矩阵 $\boldsymbol{A}$ 有一个非零行列式，则它有一个逆矩阵，记为 $\boldsymbol{A}^{-1}$。逆矩阵的性质是 $\boldsymbol{A}\boldsymbol{A}^{-1}=\boldsymbol{A}^{-1}\boldsymbol{A}=\boldsymbol{I}$，其中 $\boldsymbol{I}$ 是除对主角线元素为 1 外其余元素都为 0 的矩阵。任何向量或矩阵乘以 $\boldsymbol{I}$ 的结果仍然是原向量或原矩阵，因此 $\boldsymbol{I}$ 也称单位矩阵。逆矩阵的计算如下。对 $\boldsymbol{B}=\boldsymbol{A}^{-1}$，有

$$b_{ij} = \frac{\text{cof}_{ji}(\boldsymbol{A})}{\det(\boldsymbol{A})}$$

例如，若 $\boldsymbol{A}$ 是上例中的矩阵，则对逆矩阵 $\boldsymbol{B}$，可以计算：

$$b_{32} = \frac{\text{cof}_{23}(\boldsymbol{A})}{\det(\boldsymbol{A})} = \frac{-10}{-92} = \frac{10}{92}$$

以此类推，可以得到 $\boldsymbol{B}$ 的所有 9 个元素。运用 Sage 开源数学软件，很容易计算逆矩阵：

```
sage: A = Matrix([[2,4,3],[6,1,5],[-2,1,3]])
sage: A
[2   4   3]
[6   1   5]
[-2  1   3]
sage: A^-1
[1/46  9/92  -17/92]
[7/23  -3/23  -2/23]
[-2/23  5/46  11/46]
```

我们有

$$\begin{pmatrix} 2 & 4 & 3 \\ 6 & 1 & 5 \\ -2 & 1 & 3 \end{pmatrix}\begin{pmatrix} 2/92 & 9/92 & -17/92 \\ 28/92 & -12/92 & -8/92 \\ -8/92 & 10/92 & 22/92 \end{pmatrix} = \begin{pmatrix} 2/92 & 9/92 & -17/92 \\ 28/92 & -12/92 & -8/92 \\ -8/92 & 10/92 & 22/92 \end{pmatrix}\begin{pmatrix} 2 & 4 & 3 \\ 6 & 1 & 5 \\ -2 & 1 & 3 \end{pmatrix} = \begin{pmatrix} 1 & 0 & 0 \\ 0 & 1 & 0 \\ 0 & 0 & 1 \end{pmatrix}$$

## A.2　$Z_n$ 上的线性代数运算

向量和矩阵的算术运算可在 $Z_n$ 上进行，即所有运算都可以模 $n$ 执行。唯一的限制是，只有除数在 $Z_n$ 上存在逆元时才能进行除运算。下面分析 $Z_{26}$ 上的运算。因为 26 不是素数，所以不是 $Z_{26}$ 上的所有数都有乘法逆元。表 A.1 中列出了模 26 的所有乘法逆元。例如，$3 \times 9 = 1 \bmod 26$，所以 3 和 9 互为乘法逆元。

表 A.1　模 26 的乘法逆元

| 值 | 逆　元 | 值 | 逆　元 |
|---|---|---|---|
| 1 | 1 | 15 | 7 |
| 3 | 9 | 17 | 23 |
| 5 | 21 | 19 | 11 |
| 7 | 15 | 21 | 5 |
| 9 | 3 | 23 | 17 |
| 11 | 19 | | |

例如，$Z_{26}$ 上的矩阵 $\boldsymbol{A} = \begin{pmatrix} 4 & 3 \\ 9 & 6 \end{pmatrix}$，于是有

$$\det(\boldsymbol{A}) = (4 \times 6) - (3 \times 9) \bmod 26 = -3 \bmod 26 = 23$$

由表 A.1，有 $(\det(\boldsymbol{A}))^{-1} = 17$。下面计算逆矩阵：

$$\boldsymbol{A}^{-1} = (\det(\boldsymbol{A}))^{-1}\begin{pmatrix} \text{cof}_{11}(\boldsymbol{A}) & \text{cof}_{21}(\boldsymbol{A}) \\ \text{cof}_{12}(\boldsymbol{A}) & \text{cof}_{22}(\boldsymbol{A}) \end{pmatrix} = 17 \times \begin{pmatrix} 6 & -3 \\ -9 & 4 \end{pmatrix} \bmod 26 = \begin{pmatrix} 24 & 1 \\ 3 & 16 \end{pmatrix}$$

验证如下：

$$\boldsymbol{A}\boldsymbol{A}^{-1} = \begin{pmatrix} 4 & 3 \\ 9 & 6 \end{pmatrix}\begin{pmatrix} 24 & 1 \\ 3 & 16 \end{pmatrix} \bmod 26 = \begin{pmatrix} 105 & 52 \\ 234 & 105 \end{pmatrix} \bmod 26 = \begin{pmatrix} 1 & 0 \\ 0 & 1 \end{pmatrix}$$

$$\boldsymbol{A}^{-1}\boldsymbol{A}=\begin{pmatrix}24 & 1\\ 3 & 16\end{pmatrix}\begin{pmatrix}4 & 3\\ 9 & 6\end{pmatrix}\bmod 26=\begin{pmatrix}105 & 78\\ 156 & 105\end{pmatrix}\bmod 26=\begin{pmatrix}1 & 0\\ 0 & 1\end{pmatrix}$$

下面详细说明 3.2 节中 Hill 密码的计算细节。首先使用下面的加密密钥来加密明文(15 0 24):

$$\boldsymbol{K}=\begin{pmatrix}17 & 17 & 5\\ 21 & 18 & 21\\ 2 & 2 & 19\end{pmatrix}$$

加密公式为 $\boldsymbol{C}=\boldsymbol{PK}\bmod 26$，因此有

$$\begin{aligned}\boldsymbol{C}&=\begin{pmatrix}15 & 0 & 24\end{pmatrix}\begin{pmatrix}17 & 17 & 5\\ 21 & 18 & 21\\ 2 & 2 & 19\end{pmatrix}\bmod 26\\ &=((15\times17+0\times21+24\times2)\quad(15\times17+0\times18+24\times2)\quad(15\times5+0\times21+24\times19))\bmod 26\\ &=(303\ 303\ 531)\bmod 26\\ &=(17\ 17\ 11)\end{aligned}$$

解密时使用公式 $\boldsymbol{P}=\boldsymbol{CK}^{-1}\bmod 26$。首先计算矩阵 $\boldsymbol{K}$ 的逆矩阵。根据行列式的定义，有

$$\det(\boldsymbol{K})=k_{11}k_{22}k_{33}+k_{12}k_{23}k_{31}+k_{13}k_{21}k_{32}-k_{31}k_{22}k_{13}-k_{32}k_{23}k_{11}-k_{33}k_{21}k_{12}\bmod 26$$

$$\det(\boldsymbol{K})=(17\times18\times19)+(17\times21\times2)+(5\times21\times2)-(2\times18\times5)-(2\times21\times17)-(19\times21\times17)\bmod 26$$

$$\det(\boldsymbol{K})=5814+714+210-180-714-6783\bmod 26$$

$$\det(\boldsymbol{K})=-939\bmod 26=(-37\times26)+23\bmod 26=23$$

根据表 A.1 可以得到$(\det(\boldsymbol{K}))^{-1}=17$。下面就可开始计算逆矩阵。为方便起见，将 $\boldsymbol{K}$ 的逆矩阵表示为 $\boldsymbol{B}=\boldsymbol{K}^{-1}$。使用表 A.1 中的结果，矩阵 $\boldsymbol{B}$ 的元素计算如下：

$$b_{ij}=\frac{\mathrm{cof}_{ji}(\boldsymbol{K})}{\det(\boldsymbol{K})}\bmod 26=17\times\mathrm{cof}_{ji}(\boldsymbol{K})\bmod 26$$

对本例中的矩阵，有

$$b_{11}=\begin{vmatrix}18 & 21\\ 2 & 19\end{vmatrix}\times17\bmod 26=(18\times19-21\times2)\times17\bmod 26=5100\bmod 26=4$$

$$b_{12}=-\begin{vmatrix}17 & 5\\ 2 & 19\end{vmatrix}\times17\bmod 26=-(17\times19-5\times2)\times17\bmod 26=-5321\bmod 26=9$$

$$b_{13}=\begin{vmatrix}17 & 5\\ 18 & 21\end{vmatrix}\times17\bmod 26=(17\times21-5\times18)\times17\bmod 26=4539\bmod 26=15$$

$$b_{21}=-\begin{vmatrix}21 & 21\\ 2 & 19\end{vmatrix}\times17\bmod 26=-(21\times19-21\times2)\times17\bmod 26=-6069\bmod 26=15$$

$$b_{22}=\begin{vmatrix}17 & 5\\ 2 & 19\end{vmatrix}\times17\bmod 26=(17\times19-5\times2)\times17\bmod 26=5321\bmod 26=17$$

$$b_{23}=-\begin{vmatrix}17 & 5\\ 21 & 21\end{vmatrix}\times17\bmod 26=-(17\times21-5\times21)\times17\bmod 26=-4284\bmod 26=6$$

$$b_{31}=\begin{vmatrix}21 & 18\\ 2 & 2\end{vmatrix}\times17\bmod 26=(21\times2-18\times2)\times17\bmod 26=102\bmod 26=24$$

$$b_{32}=-\begin{vmatrix}17 & 17\\ 2 & 2\end{vmatrix}\times17\bmod 26=-(17\times2-17\times2)\times17\bmod 26=0\bmod 26=0$$

$$b_{33}=\begin{vmatrix}17 & 17\\ 21 & 18\end{vmatrix}\times 17 \bmod 26=\left(17\times 18-17\times 21\right)\times 17 \bmod 26=-867 \bmod 26=17$$

于是得到矩阵 $\boldsymbol{K}$ 的逆矩阵为

$$\boldsymbol{K}^{-1}=\begin{pmatrix}4 & 9 & 15\\ 15 & 17 & 6\\ 24 & 0 & 17\end{pmatrix}$$

根据解密公式 $\boldsymbol{P}=\boldsymbol{C}\boldsymbol{K}^{-1} \bmod 26$，可得明文为

$$\begin{aligned}\boldsymbol{P}&=\begin{pmatrix}17 & 17 & 11\end{pmatrix}\begin{pmatrix}4 & 9 & 15\\ 15 & 17 & 6\\ 24 & 0 & 17\end{pmatrix} \bmod 26\\ &=((17\times4+17\times15+11\times24)\quad(17\times9+17\times17+11\times0)\quad(17\times15+17\times6+11\times17)) \bmod 26\\ &=(587\quad 442\quad 544) \bmod 26\\ &=(15\quad 0\quad 24)\end{aligned}$$

# 附录 B 保密性和安全性度量

本章从两个不同的角度研究密码体制的保密性和安全性度量。首先，使用条件概率的概念讨论完善加密的概念，接着用熵重新表示得到的结果，其中的熵依赖于条件概率的概念。为方便读者复习，本章首先简要介绍条件概率。

本章中的所有概念都是由香农在 1949 年发表的里程碑式论文[SHAN49]中首次提出的，论文包含在 box.com/Crypto8e 的 Document 部分。

## B.1 条件概率

我们通常想要知道某个事件在条件限制下的概率。条件限制可以消除样本空间中的一部分结果。例如，假设有两颗骰子，若已知至少有一颗骰子的点数为偶数，则两颗骰子的点数之和为 8 的概率是多少？我们可以按如下方式推导：因为一颗骰子的点数为偶数且总点数也为偶数，所以第二颗骰子的点数必为偶数。因此有三个等可能成功的结果，即(2, 6)、(4, 4)和(6, 2)。两颗骰子的点数都为偶数的可能情况是（36－两颗骰子的点数都为奇数的事件）= 36 − (3×3) = 27，得到的概率为 3/27 = 1/9。

在事件 $B$ 发生的条件下，事件 $A$ 发生的**条件概率**公式用 $\Pr[A|B]$表示，它定义为

$$\Pr[A|B]=\frac{\Pr[AB]}{\Pr[B]}$$

式中，假设 $\Pr[B]$不为零。

在上例中，$A$ = {和为 8}，$B$ = {至少一颗骰子的点数为偶数}。$\Pr[AB]$包含了满足总和为 8 且至少一颗骰子的点数为偶数的条件的所有结果。如看到的那样，有三个这样的结果。因此，$\Pr[AB] = 3/36 = 1/12$。稍加思考，就会得出 $\Pr[B] = 3/4$。因此可以得到与前面推导相同的结果：

$$\Pr[A|B]=\frac{1/12}{3/4}=\frac{1}{9}$$

若 $\Pr[AB] = \Pr[A]\Pr[B]$，则事件 $A$ 和 $B$ 是**独立**的。容易看出，若 $A$ 和 $B$ 是独立的，则有 $\Pr[A|B] = \Pr[A]$ 和 $\Pr[B|A] = \Pr[B]$。

## B.2 完善保密

说一个密码体制是安全的，这是什么意思？当然，若敌手发现了整个明文或整个密钥，则是一个严重的失败。然而，即使敌手只发现了一小部分明文或密钥，或者即使敌手确定了某些信息，如明文的第一个字母是 A 的频率要比典型英文单词的第一个字母是 A 的频率高，那么这也是一个弱点。

若攻击某个密码体制后与攻击这个密码体制前相比，敌手并不知道更多的信息，则该密码体制是安全的。本节介绍唯密文攻击，其他攻击可以类似地表述。我们定义两类保密性：

- **完善保密**　无论敌手的计算能力有多强，无论敌手花多长的时间进行攻击，都得不到任何信息。这是理想情况，但实际的密码体制很难实现完善保密。

- **计算保密** 除非敌手执行了 $N$ 次以上的运算，否则不会获得任何信息，其中 $N$ 是一个非常大的数（以致攻击要花几千年）。为已经足够好了，实际的密码体制也可以实现。

为了正式定义保密的概念，我们首先引入一些表示符号：

- $M$ 是一个随机变量，表示消息集合 $\mathcal{M}$ 中的元素。$\mathcal{M}$ 由其分布来表征（见后面的例子）。
- $K$ 是一个随机变量，表示从密钥集合 $\mathcal{K}$ 中均匀且随机地选择的加密密钥。
- $C$ 是加密 $M$ 后的结果，即 $C = E(K, M)$。

下面举一个简单的例子。假设消息来自某个军事基地，且该军事基地只发送三条消息："无报告内容""使用 5 架飞机攻击""使用 10 架飞机攻击"，则

$$\mathcal{M} = \{\text{"无报告内容"}, \text{"使用 5 架飞机攻击"}, \text{"使用 10 架飞机攻击"}\}$$

这称为消息集合。我们可为这个消息集合赋一个概率分布（简称分布）来说明每条消息的可能性。例如，$M$ 的一个可能分布是

$$M = \begin{pmatrix} \text{无报告内容} & \text{使用5架飞机攻击} & \text{使用10架飞机攻击} \\ 0.6 & 0.3 & 0.1 \end{pmatrix}$$

假设敌手知道 $M$ 的分布（类似于知道英文字母的频率）。

下面正式给出**完善保密**或**完善安全**的定义。在此之前，我们先引用香农的一段描述：

"完善保密"的定义是，要求系统满足：在密报被敌人截获后，表示各条消息这个密报的后验概率和截获之前各条消息的先验概率完全相同。业已证明完善保密是可能的，但是要求密钥的数量和消息的数量相同，前提是消息的数量是有限的。若认为消息以给定的"速率" $R$ 不断产生，则密钥也必须以相同或更大的速率产生。

下面给出两种不同的**完善保密**的定义。

**定义 1** 对于消息空间 $\mathcal{M}$，若对 $\mathcal{M}$ 上的所有分布 $M$，对任意给定的消息 $m$ 和任意给定的密文 $c$ 有

$$\Pr[M = m | E(K, M) = c] = \Pr[M = m]$$

则称在消息空间 $\mathcal{M}$ 上的加密方案是完善安全的（版本 1）。这里，概率是在分布 $M$ 上，通过在密钥空间中均匀且随机地选择 $K$ 取得的。我们做如下观察。

1. 定义等同于说 $M$ 和 $E(K, M)$ 是独立的。
2. 定义假设 $M$ 上的分布已为敌手所知。我们希望密码体制未泄露任何额外的信息。这一点在定义中得到了体现，因为定义说明知道密文 $c$ 不会改变分布 $M$。
3. 可以直观地认为（见 3.2 节）一次一密具有上述性质。下面对此给出严格的证明。

**定理 1** 一次一密是完善安全的。

下面我们证明一种特殊情况（普通情况的证明与此类似）：令 $\mathcal{M} = \{0, 1\}$，也就是说，只有两条消息。记 $C = E(K, M) = K \oplus M$。首先有

$$\Pr\left[M = 0 \,|\, C = 0\right] = \frac{\Pr[(M = 0) \cap (C = 0)]}{\Pr[C = 0]} = \frac{\Pr[(M = 0) \cap (M \oplus K = 0)]}{\Pr[C = 0]}$$

$$= \frac{\Pr[(M = 0) \cap (K = 0)]}{\Pr[C = 0]} = \frac{\Pr[M = 0]\Pr[K = 0]}{\Pr[C = 0]}$$

下面证明 $\Pr[K = 0] = \Pr[C = 0] = 1/2$。上述方程中的这两项抵消，得到 $\Pr[M = 0 \,|\, C = 0] = \Pr[M = 0]$。对于 $M$ 和 $C$ 的其他组合情况，推导方法类似。

因为有两个等可能的密钥（即 0 和 1），所以显然有 $\Pr[K = 0] = 1/2$。

$$\Pr[C = 0] = \Pr[M = 0 \cap K = 0] + \Pr[M = 1 \cap K = 1]$$

$$= \Pr[M=0] \times \Pr[K=0] + \Pr[M=1] \times \Pr[K=1]$$
$$= \Pr[M=0] \times 1/2 + \Pr[M=1] \times 1/2$$
$$= 1/2 \times (\Pr[M=0] + \Pr[M=1])$$
$$= 1/2$$

在一次一密的密码体制中，密钥和消息等长，这意味着密钥空间和消息空间一样大。下面的定理表明，对于满足完善安全（版本 1）的任何加密方案，这种情况同样成立。换句话说，任何完善安全（版本 1）的加密方案都和一次一密一样是不可实际实现的。

注意：$\|A\|$表示有限集合 $A$ 的元素个数。

**定理 2**　如果某个加密方案在消息空间$\mathcal{M}$上满足完善安全（版本 1），那么其密钥集合$\mathcal{K}$必定满足$\|\mathcal{K}\| \geqslant \|\mathcal{M}\|$。

**证明**：令 $c$ 为密文，并假设$\|\mathcal{K}\| < \|\mathcal{M}\|$。于是，当我们使用所有可能的密钥解密消息 $c$ 时，至多得到$\|\mathcal{K}\|$个可能的明文，还有一个消息 $m$ 没有得到。于是 $\Pr[M = m \mid C = c] = 0$。由于存在一个分布使得 $P(M=m) > 0$，因此这个概率关系违反了完善安全（版本 1）的定义。

例如，若消息的长度为 1000 位，则有 $2^{1000}$ 条可能的消息，此时至少需要 $2^{1000}$ 个密钥，于是一个密钥的平均长度至少为 1000 位。因此，完善安全（版本 1）的要求过于严格，只能由实际中不可行的加密方案（一次一密）实现。

完善安全（版本 1）的加密的定义看起来太抽象，不能让人信服。下面给出保密性的另一个定义，该定义的优点是，能够对敌手进行唯密文攻击时得不到任何消息的事实建模。

**定义 2**　对于消息集合$\mathcal{M}$上的任意两条消息 $m_1$ 和 $m_2$，以及任意算法 $A$，若有

$$\Pr[A(C) = m_1 \mid C = E(K, m_1)] = \Pr[A(C) = m_1 \mid C = E(K, m_2)]$$

则消息集合$\mathcal{M}$上的加密方案是完善安全的（版本 2）。

我们可做如下观察。

**1**．设想 $A$ 是敌手，她想知道 $C$ 是 $m_1$ 还是 $m_2$ 的加密结果。

**2**．定义假设敌手只能进行唯密文攻击，因为 $A$ 的输入只有 $C$。也可以类似地定义抗其他安全攻击的安全性。

**3**．概率是在$\mathcal{K}$上随机选择密钥取得的（若 $A$ 是一个概率算法，则随机决策 $A$）。

**4**．假设上式不取等号，而是左侧大于右侧。成功的敌手会让左侧大（理想情形下为 1）而让右侧小（理想情形下为 0）。

**5**．该定义说，给定的 $m_1$ 加密与给定的 $m_2$ 加密相比，$A$ 在猜测消息时不会做得更好。

**定理 3**　完善安全（版本 1）= 完善安全（版本 2）。这意味着根据版本 1 定义的加密方案是安全的，当且仅当根据版本 2 的定义的加密方案是安全的。

这里省略对其的证明。证明不难，但很冗长。

因此，完善安全（版本 2）也不能由实际的加密方案实现。于是，我们要采用更宽松的定义，即计算保密。

**定义 3**　令 $\varepsilon$ 是一个小参数（如 $\varepsilon = 0.0001$），$N$ 是一个大参数（如 $N = 10^{80}$）。若对$\mathcal{M}$中的任意两条消息 $m_1$ 和 $m_2$，算法 $A$ 执行 $N$ 次运算后，有

$$|\Pr[A(C) = m_1 \mid C = E(K, m_1)] - \Pr[A(C) = m_1 \mid C = E(K, m_2)]| < \varepsilon$$

则消息空间$\mathcal{M}$上的加密方案（对于参数 $\varepsilon$ 和 $N$）是计算安全的。我们做如下观察。

**1**．与完善安全（版本 2）相比，有两个宽松之处。

- 我们不需要两个概率相等，而只需要在 $\varepsilon$ 内接近。
- 敌手通过大量的运算破译系统是可接受的：若敌手必须花费几十亿年才能攻破密码体制，则该密码体制被认为是安全的。

2. 在上面的定义中，只定义了抗唯密文攻击的安全性。采用同样的思想，我们可以定义抗强类型攻击的计算保密性，如选择明文攻击或选择密文攻击。
3. $N$（允许敌手操作的次数）和 $\varepsilon$（允许敌手达到的偏差）的值具体是多少？通常的建议是，若敌手至多运行 $N = 2^{80}$ 个 CPU 周期后破译系统的概率不超过 $2^{-64}$，则这是可以接受的。

下面感受一下这些值。目前阶为 $N = 2^{60}$ 的计算能力刚刚实现。使用一个台主频为 3GHz 的计算机（每秒执行 $3\times10^9$ 个周期）时，$2^{60}$ 个周期需要 $2^{60}/(3\times10^9)$ 秒或约 12 年。$2^{80}$ 是这一时间的 $2^{20}\approx10^6$ 倍，而自宇宙大爆炸以来的总秒数估计为 $2^{58}$。

对于每百年发生一次的事件，其在任何 1 秒内发生的概率可粗略地估计为 $2^{-30}$。在任何 1 秒内发生的概率为 $2^{-60}$ 时，对应的事件每千亿年发生一次。

## B.3　信息和熵

信息论的核心是两个数学概念，即信息和熵。通常认为信息与事物相关，熵是源自热力学第二定律的术语。在信息论中，信息是事物运动状态和存在方式不确定性的描述，熵是信息量的平均值，其数学形式与热动力学熵的相同。

下面用一个例子来引出信息的新定义。一位投资者需要关于某些证券的信息（建议），于是她咨询了一位经纪人。经纪人告诉投资者，今天一位联邦调查员调查了该公司因发行股票而导致的欺诈情况。听到这一信息后，投资者决定卖出债券，并通知了经纪人。

换句话说，由于不确定投资的部分资产是否会带来收益，客户咨询了比她更了解市场的经纪人。经纪人通过复述联邦调查员的调查，降低了他的这位客户对相关事件的不确定性，调查员的目的是降低工作上的不确定性。由于提高了对证券状态的确定性，所以客户消除了经纪人关于其售出意向的任何不确定性。

尽管术语信息表示通知、知识或数据，但所有情况下传递信息都会降低不确定性。因此，信息表示两个不确定性级别的正差异。

### B.3.1　信息

采用数学方法处理信息时，需要以定量的方式来度量信息量。1928 年，Hartley 在研究电报通信时，首次提出并解决了这个问题[HART28]。Hartley 发现，若某个事件发生的概率很高（接近 1），则它的发生几乎没有不确定性。若确实发生了，则它携带的信息量很少。因此，合理的度量是取事件发生的概率的倒数，即 $1/p$。例如，与概率为 0.5 的事件相比，概率为 0.25 的事件发生时，其携带的信息量更多。由于信息的度量是 $1/p$，因此第二个事件传递的信息量为 4，而第一个事件传递的信息量为 2。然而，使用这一信息度量存在两个困难：

1. 这个度量对事件序列来说似乎不起作用。考虑一个二进制信源，它等概率地发送由 0 和 1 组成的比特流。因此，每个比特的信息量为 2（即 1/0.5）。若比特 $b_1$ 传递的信息量为 2，则两个比特串 $b_1b_2$ 传递的信息量是多少？这个字符串取 4 个可能结果中的一个，即每个的概率为 0.25；因此，采用度量 $1/p$ 时，结果传递的信息量是 4。类似地，3 比特（$b_1b_2b_3$）的信息量是 8。这意味着 $b_2$ 为 $b_1$ 添加了 2 个单位的信息，这是合理的，因为 2 比特有着相同的信息量。$b_3$

添加了 4 个单位的信息，以此类推，$b_4$ 添加了 8 个单位的信息。这样度量信息看起来并不合理。

2. 考虑一个产生两个及以上独立变量的事件。一个例子是相移键控（PSK）信号，它使用 4 个可能的相位和两个振幅。每个信号产生 2 个单位的振幅信息和 4 个单位的相位信息，共 6 个单位的信息。然而，每个信号是 8 个可能结果中的一个，根据前面的度量，应该产生 8 个单位的信息。

为克服上述困难，Hartley 认为事件 $x$ 发生的度量信息为 $\log(1/P(x))$，其中 $P(x)$表示事件 $x$ 发生的概率。正式表述为

$$I(x) = \log(1/P(x)) = -\log P(x) \tag{B.1}$$

这个度量是合适的，因为由它得到了很多有用的结果。注意，对数的底可以是任意的，但一般都为 2，此时度量的单位是比特。后面的内容会说明这种设计是合理的。在后面的讨论中，我们总是假设对数的底为 2 。我们做如下观察：

1. 等概率地取值 0 和 1 的单个比特传递 1 比特的信息（$\log(1/0.5) = 1$）。这样的两个比特以概率 0.25 取 4 个等可能的结果中的一个，并传递 2 比特的信息（$\log(1/0.25) = 2$）。因此，第二个比特增加了 1 比特信息。对于由三个独立比特组成的序列，第三个比特也增加了 1 比特信息（$\log(1/0.125) = 3$），以此类推。
2. 在 PSK 信号的例子中，单个信号为振幅提供 1 比特信息，为相位提供 2 比特信息，共 3 比特，这与 8 个可能的结果的观察吻合。

图 B.1 显示了作为概率 $p$ 的函数的单个结果的信息量。结果逼近确定性（$p = 1$）时，其传递的信息接近 0。结果逼近不可能时（$p = 0$），其传递的信息量接近无穷。

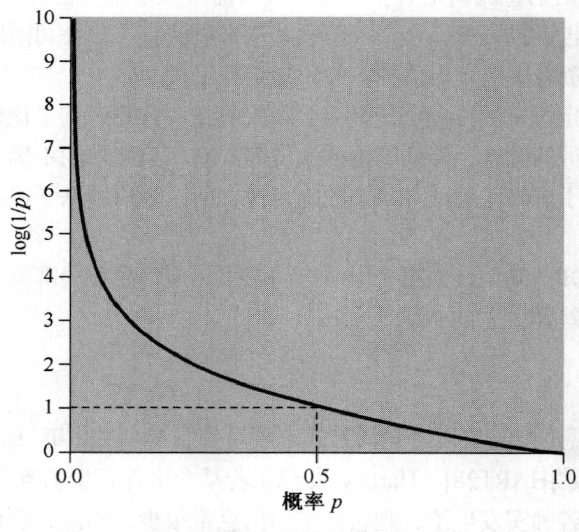


图 B.1 单个结果的信息度量

## B.3.2 熵

信息论中的另一个重要概念是**熵**或**不确定性**[①]，它由信息论的奠基者香农于 1948 年提出。香农将熵 $H$ 定义为由随机变量的值得到的平均信息。假设有一个随机变量 $X$，它可以取值 $x_1, x_2, \cdots, x_N$，且每个值对应的概率为 $P(x_1), P(x_2), \cdots, P(x_N)$。在一个序列中 $X$ 出现了 $K$ 次，于是结果 $x_j$ 平均出现 $KP(x_j)$

① 香农使用术语熵的原因是，函数 $H$ 的形式与统计热动力学中的熵函数形式一样。香农不时称 $H$ 为不确定性函数。

次。因此，从 $K$ 个结果得到的平均信息量是［使用 $P_j$ 作为 $P(x_j)$ 的缩写］

$$KP_1\log(1/P_1)+\cdots+KP_N\log(1/P_N)$$

上式除以 $K$，得到随机变量的每个结果的平均信息量，它称为 $X$ 的熵，用 $H(X)$ 表示：

$$H(X)=\sum_{j=1}^{N}P_j\log(1/P_j)=-\sum_{j=1}^{N}P_j\log(P_j) \tag{B.2}$$

函数 $H$ 通常表示为可能的结果的概率形式，即 $H(P_1, P_2, \cdots, P_N)$。

作为例子，考虑一个随机变量 $X$，它以概率 $p$ 和 $1-p$ 取两个可能的值。$X$ 的熵为

$$H(p, 1-p)=-p\log(p)-(1-p)\log(1-p)$$

图 B.2 画出了此时 $H(X)$ 与 $p$ 的关系。由图可以看出熵的几个重要特征。第一，若两个事件之一是确定的（$p=1$ 或 $p=0$），则熵为 0[①]。两个事件之一必须发生，且其发生时不传递信息。第二，当两个结果等可能出现时，达到最大值 $H(X)=1$。看上去这是合理的：两个结果等可能发生时，输出结果的不确定性最大。这一结果可以推广到有 $N$ 个结果的随机变量：当结果等可能发生时，它的熵最大，即

$$\max H(P_1, P_2, \cdots, P_N)=H(1/N, 1/N, \cdots, 1/N)$$

例如，

$$H(1/3, 1/3, 1/3)=1/3\log 3+1/3\log 3+1/3\log 3=1.585$$

而

$$H(1/2, 1/3, 1/6)=1/2\log 2+1/3\log 3+1/6\log 6=0.5+0.528+0.43=1.458$$

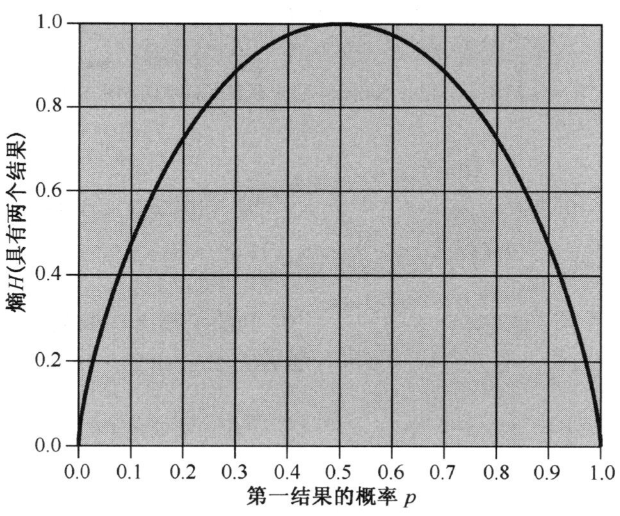


图 B.2 有两个结果的随机变量的熵函数

## B.3.3 熵函数的性质

前面简单地推导了熵的公式 $H(X)$。另一种方法是定义熵函数应有的性质，接着证明 $\sum_j P_j\log P_j$ 是唯一具有这些性质的公式。这些性质或公理如下：

① 严格地说，$H(X)$ 在 $p=0$ 时是没有定义的，此时的值被假设为 0。这是合理的，因为当 $p$ 接近 0 时，$H(X)$ 的极限是 0。

1. $H$ 在概率的值域上是连续的。于是，某个事件发生的概率的小变化只会导致不确定性的小变化。这看上去是合理的要求。
2. 若有 $N$ 个等可能的结果，即 $P_j = 1/N$，则 $H(X)$是 $N$ 的单调递增函数。这也是合理的性质，因为等可能的结果越多，不确定性就越大。
3. 若将 $X$ 的某些结果划分为多组，则 $H$ 可表示为熵的加权和：

$$H(P_1,P_2,P_3,\cdots,P_N)=H(P_1+P_2,P_3,\cdots,P_N)+(P_1+P_2)H\left(\frac{P_1}{P_1+P_2},\frac{P_2}{P_1+P_2}\right)$$

推理如下。在知道结果前，与结果相关联的平均不确定性是 $H(P_1, P_2, P_3, \cdots, P_N)$。如果除了前面的两个组合组合在一起，我们知道发生了哪些结果，那么需要消除的平均不确定量是 $H(P_1 + P_2, P_3, \cdots, P_N)$。前两个结果之一发生的概率为$(P_1 + P_2)$，于是剩余的不确定性是 $H[P_1/(P_1 + P_2) + P_2/(P_1+ P_2)]$。

满足所有三个性质的 $H(X)$就是已经给出的 $H(X)$。要理解性质 1，我们考虑图 B.2，显然它关于 $p$ 是连续的。可能的结果不止两个时，描述 $H(X)$很困难，但它明显是连续的。

对于性质 2，若有 $N$ 个等可能的结果，则 $H(X)$变为

$$H(X)=-\sum_{j=1}^{N}\frac{1}{N}\log\left(\frac{1}{N}\right)=-\log\left(\frac{1}{N}\right)=\log N$$

函数 $\log N$ 是 $N$ 的单调递增函数。注意，存在 4 个可能的结果时，熵为 2 比特；存在 8 个可能的结果时，熵为 3 比特；以此类推。

下面给出性质 3 的一个数值例子，我们可以写出

$$H\left(\frac{1}{2},\frac{1}{3},\frac{1}{6}\right)=H\left(\frac{5}{6},\frac{1}{6}\right)+\frac{5}{6}H\left(\frac{3}{5},\frac{2}{5}\right)$$

$$1.458 = 0.219 + 0.43 + 5/6(0.442 + 0.5288) = 0.649 + 0.809$$

### B.3.4 条件熵

香农将给定 $X$ 时 $Y$ 的条件熵定义为给定 $X$ 时关于 $Y$ 的不确定性，记为 $H(Y|X)$。这个条件熵定义为

$$H(Y\mid X)=-\sum_{x,y}\Pr(x,y)\log\Pr(y\mid x)$$

式中，$x$ 是集合 $X$ 中的一个值，$y$ 是集合 $Y$ 中的一个值，$\Pr(x, y)$是 $X$ 中的值 $x$ 和 $Y$ 中的值 $y$ 一起出现的概率。条件不确定性遵从直觉上令人愉悦的规则，如 $H(X, Y) = H(X) + H(Y|X)$。

## B.4 熵和保密性

对于对称加密系统，基本公式是 $C = E(K, M)$和 $M = E(K, C)$。这些公式可以等效地用不确定性术语分别写为

$$H(C\mid K,M)=0 \quad 和 \quad H(M\mid K,C)=0 \tag{B.3}$$

因为 $H(C \mid K, M) = 0$ 成立，当且仅当 $M$ 和 $K$ 唯一地确定 $C$，这是对称加密的一个基本要求。

香农对完善保密的定义可以写为

$$H(M\mid C)=H(M) \tag{B.4}$$

因为这个等式成立当且仅当 $M$ 统计独立于 $C$。

对于任何秘密钥密码体制，我们可以写出

$$H(M\mid C)\leqslant H(M,K\mid C)=H(K\mid C)+H(M\mid K,C)=H(K\mid C)\leqslant H(K) \tag{B.5}$$

式中，用到了式（B.3）及如下事实：去掉给定的知识只会增加不确定性。若密码体制提供了完善保密，则由式（B.4）和式（B.5）可以推出

$$H(K) \geqslant H(M) \tag{B.6}$$

不等式（B.6）是香农关于完善保密的基本界。密钥的不确定性至少要与其加密的明文的不确定性一样大。假设我们正在处理二进制值，即明文、密钥和密文都表示为二进制字符串。于是我们说，对于长度为 $k$ 比特的密钥，

$$H(K) \leqslant -\log(2^{-k}) = k \tag{B.7}$$

成立，当且仅当密钥完全独立。类似地，若明文的长度为 $q$，则

$$H(M) \leqslant -\log(2^{-q}) = q \tag{B.8}$$

成立，当且仅当明文完全独立，这意味着每个 $q$ 比特的明文都是等可能出现的。结合不等式（B.6）、（B.7）和（B.8），若明文是完全独立的，则对完全保密的要求是 $k \geqslant q$，即密钥必须至少和明文一样长。对于一次一密，有 $k = q$。

## B.5　最小熵

加密应用中一个日趋重要的概念是最小熵。为了理解最小熵的重要性，下面先介绍 NIST 给出的两个定义。

NIST 800-90C（*Recommendation for Random Bit Generator Constructions*，2012 年 8 月）给出了如下定义：

> 随机变量 $X$ 的最小熵（单位为比特）是一个最大的值 $m$，它的性质是，对 $X$ 的每次观察，至少提供 $m$ 比特信息（即对于 $X$ 的可能观察的信息内容，$X$ 的最小熵是最大的下界）。一个随机变量的最小熵是它的平均信息量的一个下界。最小熵常用来作为一个随机变量在最坏情形下的不可预测性度量。

NIST800-63-1（*Electronic Authentication Guideline*，2008 年 12 月）对最小熵的定义如下：

> 敌手猜出系统中最常用口令的难度的度量。在这份文件中，熵的单位是比特。当一个密码的最小熵是 $n$ 比特时，敌手需要同样数量的尝试来找到使用该密码的一个用户。假定敌手知道最常用的密码。

下面给出最小熵的数学定义，并将加密密钥限制为 $k$ 比特。于是，密钥 $K$ 的取值是区间 $0 \leqslant K \leqslant (2^k - 1)$ 上 $N = 2^k$ 个值中的一个。若每个 $K$ 值是等可能的，则每个值发生的概率为 $2^{-k} = 1/N$，而与 $K$ 相关联的不确定性或熵可以表示为

$$H(K) = \sum_{j=1}^{N} P_j \log(1/P_j) = \sum_{j=1}^{N} 2^{-k} \log(2^k) = k \sum_{j=1}^{N} 2^{-k} = k \sum_{j=1}^{N} \frac{1}{N} = k$$

式中，$P_j$ 是密钥值为 $j-1$ 的概率（即 $P_1 = \Pr[K=0], P_N = \Pr[K = 2^k - 1]$），$N = 2^k$。

在这种情况下，有 $k$ 比特的信息，敌手平均需要尝试 $2^{k-1}$ 次才能正确地猜到密钥值。

下面假设密钥值由伪随机数生成器生成。若伪随机数生成器表现出完美的随机性，则每个密钥值是等可能的。然而，若伪随机数生成器存在偏差，则至少部分密钥值出现的概率会大于小于 $2^{-k}$，条件是 $\sum_{j=1}^{N} P_j = 1$。

对于这种情况，按如下方式定义最小熵 $H_\infty(K)$ 是有用的：

$$H_\infty(K) = \min\left(\log\left(1/P_j\right)\right) = \log\left(\min\left(1/P_j\right)\right) = -\log(\max(P_j))$$

换句话说，若对每个 $j$，$0 \leqslant j < 2^k$，有 $\Pr[K=j] \leqslant 2^{-n}$，则一个 $k$ 比特随机密钥 $K$ 的最小熵至少是 $n$。注意，必须让 $n \leqslant k$。

若所有的结果是等可能的（例如，对 $0 \leqslant j < 2^k$，有 $P_j = 2^{-k}$），则 $H_\infty(K) = H(K) = k$。但是，若所有的结果不是等可能的，则 $H_\infty(K) < H(K)$，且 $H_\infty(K)$ 的值由最可能出现的结果决定。例如，若结果 $j$ 出现的概率是平均值的 2 倍（$P_j = 2^{-k+1}$），且是最可能的结果，则 $H_\infty(K) = k-1$。换句话说，若 $K$ 具有最小熵 $m$，则观察任何特定值的概率不大于 $2^{-m}$。

下面来看一个 3 比特密钥的例子。若所有结果是等可能的，则有 $H(K)=3$，因此一个密钥值提供 3 比特信息。下面假设概率分布是不均匀的，如下表所示：

| $i$ | $P_i$ | $\log(1/P_i)$ | $P_i\log(1/P_i)$ |
|---|---|---|---|
| 0 | 1/16 | 4 | 1/4 |
| 1 | 1/4 | 2 | 1/2 |
| 2 | 1/8 | 3 | 3/8 |
| 3 | 1/8 | 3 | 3/8 |
| 4 | 1/16 | 4 | 1/4 |
| 5 | 1/16 | 4 | 1/4 |
| 6 | 1/8 | 3 | 3/8 |
| 7 | 3/16 | $\log 16 - \log 3 \approx 2.415$ | $\approx 0.453$ |

于是有

$$H(K) = \sum_{i=1}^{8} P_i \log(1/P_i) = 1/4 + 1/2 + 3/8 + 3/8 + 1/4 + 1/4 + 3/8 + 0.453 = 2.828$$

$$H_\infty(K) = \min\left(\log\left(1/P_i\right)\right) = 2$$

因此，一个样本的平均熵是 2.828 比特，且每个样本至少有 2 比特的熵。

这些内容与密钥的安全性有何关系呢？前面指出，若一个 $k$ 比特密钥的所有 $2^k$ 个可能值是等可能的，则敌手需要平均尝试 $2^k/2 = 2^{k-1}$ 个值才能成功地猜出实际密钥值，即敌手需要做 $2^{k-1} = 2^{H(k)-1}$ 次尝试。然而，若伪随机数生成器并不是真随机的，则密钥值会有一个熵 $H(K) < 2^k$。平均而言，仍然需要 $2^{H(k)-1}$ 次尝试才能找出密钥值。更重要的是，在最坏情形下，尝试次数的数量级为 $2^{H_\infty(k)-1}$。

下面举一个简单的例子来帮助我们进行理解。假设所用的伪随机数生成器存在偏差，导致生成的 1 比 0 多。敌手知道这一点后，就可先猜测含有 1 比含有 0 多的密钥，进而迅速地找到实际密钥。这同样适用于硬件随机数生成器。硬件随机数生成器被认为是真随机数生成器，但其事实上可能存在一些偏差。这就是随机数生成器对硬件随机数生成器的输出使用加密算法来消除偏差并最大化熵的原因。更具体地说，设计这些方案的目的是使得最小熵最大。

# 附录 C　数据加密标准

与图 4.5 相同的图 C.1 给出了数据加密标准（DES）的整个加密方案。像其他加密方案那样，DES 的加密函数也有两个输入，即明文和密钥。在 DES 中，明文长度为 64 位，密钥长度 56 位[①]。

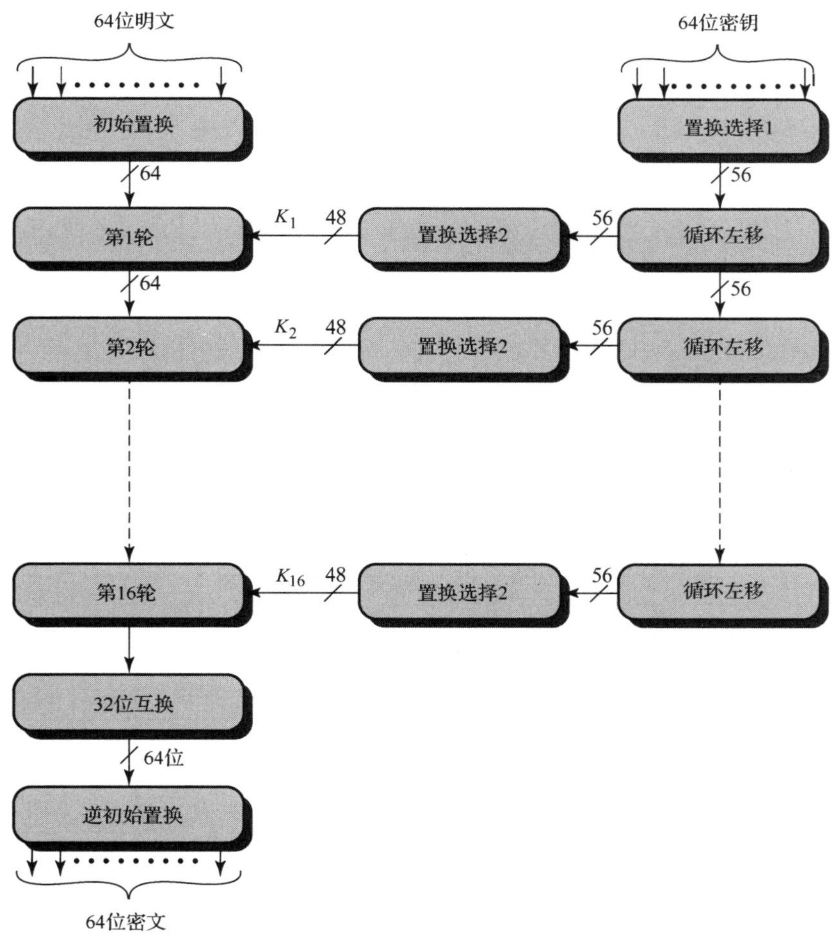


图 C.1　DES 加密算法概述

我们先看图 C.1 的左半部分，发现明文处理要经过三个阶段。在第一个阶段，64 位明文通过一个初始置换（IP）来重排各个位，以便生成置换后的输入。在第二个阶段，执行 16 轮相同的函数，包括置换函数和代替函数。最后一轮（第 16 轮）迭代的输出为 64 位，它是输入明文和密钥的函数。输出

① 该函数的密钥输入为 64 位，但实际上只用了其中的 56 位，其余 8 位作为校验位，或可以随意设置。

的左半部分和右半部分互换生成预输出。在最后一个阶段，预输出通过一个与初始置换函数互逆的置换（$IP^{-1}$），生成 64 位密文。除了初始置换和最终的置换，DES 的结构与图 4.3 中的 Feistel 密码结构完全相同。

图 C.1 的右半部分给出了使用 56 位密钥的过程。首先，密钥通过一个置换函数。然后，对 16 轮中的每轮，由循环左移和置换的组合得到子密钥 $K_i$。每轮的置换函数是相同的，但是由于密钥比特的循环移位，使得各轮的子密钥互不相同。

## C.1 初始置换

表 C.1(a)和表 C.1(b)分别定义了初始置换及逆初始置换，具体解释如下。表的输入的标号从 1 到 64，共 64 位。置换表中的 64 项代表从 1 到 64 的这些数的一个置换。置换表中的每项指出了某个编号的输入位在 64 位输出中的位置。

表 C.1 DES 的置换表

(a) 初始置换（IP）

| | | | | | | | |
|---|---|---|---|---|---|---|---|
| 58 | 50 | 42 | 34 | 26 | 18 | 10 | 2 |
| 60 | 52 | 44 | 36 | 28 | 20 | 12 | 4 |
| 62 | 54 | 46 | 38 | 30 | 22 | 14 | 6 |
| 64 | 56 | 48 | 40 | 32 | 24 | 16 | 8 |
| 57 | 49 | 41 | 33 | 25 | 17 | 9 | 1 |
| 59 | 51 | 43 | 35 | 27 | 19 | 11 | 3 |
| 61 | 53 | 45 | 37 | 29 | 21 | 13 | 5 |
| 63 | 55 | 47 | 39 | 31 | 23 | 15 | 7 |

(b) 逆初始置换（$IP^{-1}$）

| | | | | | | | |
|---|---|---|---|---|---|---|---|
| 40 | 8 | 48 | 16 | 56 | 24 | 64 | 32 |
| 39 | 7 | 47 | 15 | 55 | 23 | 63 | 31 |
| 38 | 6 | 46 | 14 | 54 | 22 | 62 | 30 |
| 37 | 5 | 45 | 13 | 53 | 21 | 61 | 29 |
| 36 | 4 | 44 | 12 | 52 | 20 | 60 | 28 |
| 35 | 3 | 43 | 11 | 51 | 19 | 59 | 27 |
| 34 | 2 | 42 | 10 | 50 | 18 | 58 | 26 |
| 33 | 1 | 41 | 9 | 49 | 17 | 57 | 25 |

(c) 扩展置换（E）

| | | | | | |
|---|---|---|---|---|---|
| 32 | 1 | 2 | 3 | 4 | 5 |
| 4 | 5 | 6 | 7 | 8 | 9 |
| 8 | 9 | 10 | 11 | 12 | 13 |
| 12 | 13 | 14 | 15 | 16 | 17 |
| 16 | 17 | 18 | 19 | 20 | 21 |
| 20 | 21 | 22 | 23 | 24 | 25 |
| 24 | 25 | 26 | 27 | 28 | 29 |
| 28 | 29 | 30 | 31 | 32 | 1 |

(d) 置换函数（P）

| | | | | | | | |
|---|---|---|---|---|---|---|---|
| 16 | 7 | 20 | 21 | 29 | 12 | 28 | 17 |
| 1 | 15 | 23 | 26 | 5 | 18 | 31 | 10 |
| 2 | 8 | 24 | 14 | 32 | 27 | 3 | 9 |
| 19 | 13 | 30 | 6 | 22 | 11 | 4 | 25 |

为了说明这两个变换的确是互逆的，考虑下面这个 64 位的输入 $M$:

$$\begin{array}{cccccccc}
M_1 & M_2 & M_3 & M_4 & M_5 & M_6 & M_7 & M_8 \\
M_9 & M_{10} & M_{11} & M_{12} & M_{13} & M_{14} & M_{15} & M_{16} \\
M_{17} & M_{18} & M_{19} & M_{20} & M_{21} & M_{22} & M_{23} & M_{24} \\
M_{25} & M_{26} & M_{27} & M_{28} & M_{29} & M_{30} & M_{31} & M_{32} \\
M_{33} & M_{34} & M_{35} & M_{36} & M_{37} & M_{38} & M_{39} & M_{40} \\
M_{41} & M_{42} & M_{43} & M_{44} & M_{45} & M_{46} & M_{47} & M_{48} \\
M_{49} & M_{50} & M_{51} & M_{52} & M_{53} & M_{54} & M_{55} & M_{56} \\
M_{57} & M_{58} & M_{59} & M_{60} & M_{61} & M_{62} & M_{63} & M_{64}
\end{array}$$

其中，$M_i$是一个二进制数。经过置换 $X = \mathrm{IP}(M)$后，得到的 $X$ 如下：

$$\begin{array}{cccccccc}
M_{58} & M_{50} & M_{42} & M_{34} & M_{26} & M_{18} & M_{10} & M_2 \\
M_{60} & M_{52} & M_{44} & M_{36} & M_{28} & M_{20} & M_{12} & M_4 \\
M_{62} & M_{54} & M_{46} & M_{38} & M_{30} & M_{22} & M_{14} & M_6 \\
M_{64} & M_{56} & M_{48} & M_{40} & M_{32} & M_{24} & M_{16} & M_8 \\
M_{57} & M_{49} & M_{41} & M_{33} & M_{25} & M_{17} & M_9 & M_1 \\
M_{59} & M_{51} & M_{43} & M_{35} & M_{27} & M_{19} & M_{11} & M_3 \\
M_{61} & M_{53} & M_{45} & M_{37} & M_{29} & M_{21} & M_{13} & M_5 \\
M_{63} & M_{55} & M_{47} & M_{39} & M_{31} & M_{23} & M_{15} & M_7
\end{array}$$

然后，对它取逆置换 $Y = \mathrm{IP}^{-1}(X) = \mathrm{IP}^{-1}(\mathrm{IP}(M))$，就可恢复出 $M$。

## C.2　每轮变换的细节

图 C.2 显示了一轮变换的内部结构。下面先看图的左半部分。每个 64 位中间值的左、右两部分，都作为独立的 32 位数据（分别记为 $L$ 和 $R$）进行处理。在任何古典 Feistel 密码中，每轮变换的整个处理可写为下面的公式：

$$L_i = R_{i-1}$$
$$R_i = L_{i-1} \oplus F(R_{i-1}, K_i)$$

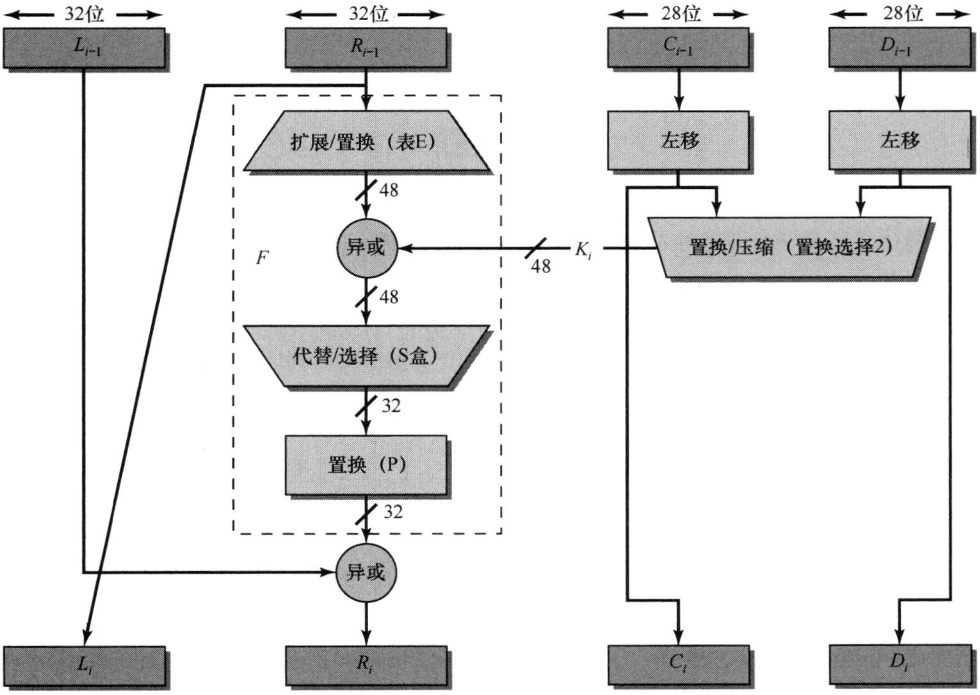

图 C.2　DES 算法的一轮

轮密钥 $K_i$ 是 48 位，输入 $R$ 是 32 位。首先用表 C.1(c)中定义的置换将 $R$ 扩展为 48 位，其中 16 位是重复的。得到的 48 位与 $K_i$ 异或后，结果通过一个代替函数，产生一个 32 位的输出，这个输出经表 C.1(d)定义的置换作用后，成为最终输出。

图 C.3 解释了 S 盒在函数 $F$ 中的作用。代替函数由 8 个 S 盒组成，每个 S 盒的输入都为 6 位，输出为 4 位。这些变换的定义见表 C.2，具体解释如下：将第一位和最后一位输入盒 $S_i$，形成一个 2 位的二进制数，以便为 $S_i$ 选择表中 4 行定义的 4 个代替之一。中间 4 位选择 16 列中的一列。行列交叉处的十进制值转换为 4 位表示后，生成输出。例如，在 $S_1$ 中，若输入为 011001，则行是 01（行 1），列是 1100（列 12），行 1 和列 12 交叉处的值是 9，所以输出为 1001。

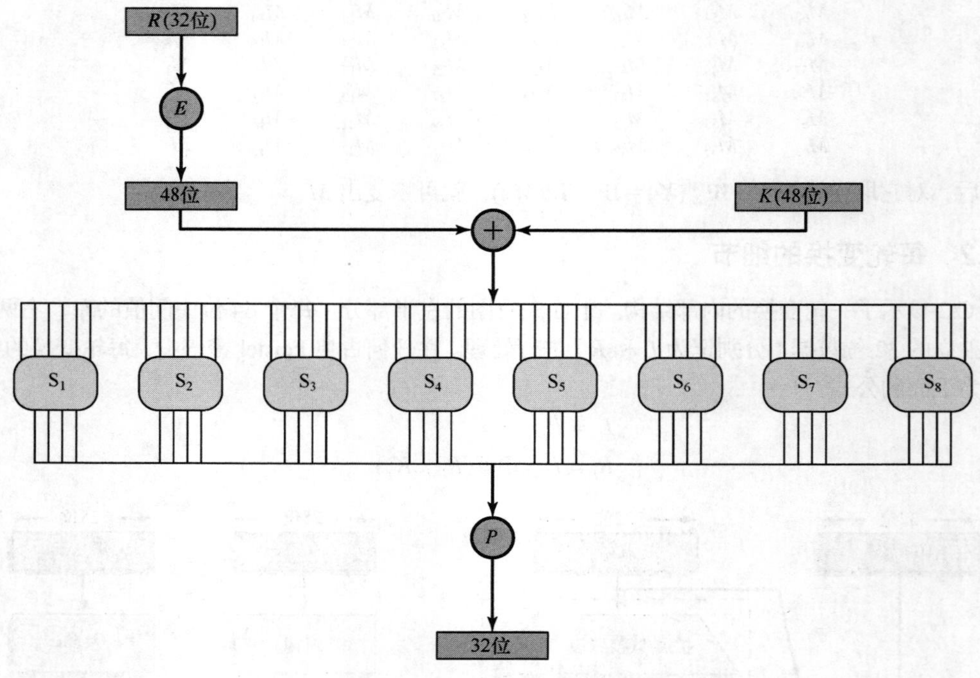


图 C.3　$F(R, K)$的计算

S 盒的每行都定义一个普通的可逆代替。图 4.2 对于理解映射关系是有帮助的，图中显示了盒 $S_1$ 的第 0 行的代替。

S 盒的运算值得进一步讨论。这里不讨论子密钥 $K_i$ 的作用。仔细研究扩展表，就会发现 32 位输入被分成了 4 位的 8 组，然后加上相邻两组的外侧 2 位变成 6 位。例如，若输入字的一部分为

...efgh ijkl mnop···

则经过 S 盒后变为

···defghi hijklm lmnopq···

每组外侧的 2 位选择 4 个可能代替中的一个（S 盒中的一行）。于是，一个 4 位输出值就会代替输入中特定的 4 位（输入的中间 4 位）。8 个 S 盒的 32 位输出经过置换后，来自每个 S 盒的输出将会在下一轮中尽可能地影响更多的其他位。

**密钥生成**　现在回到图 C.1 和图 C.2，我们看到算法输入了一个 64 位密钥。密钥的各位分别编号为 1 到 64，忽略每个第 8 位，如表 C.3(a)中无阴影的部分所示。首先将题为“置换选择 1”的表［见表 C.3(b)］作用于这个密钥。得到的 56 位密钥分成两个 28 位量，分别标为 $C_0$ 和 $D_0$。在每轮迭代中，$C_{i-1}$ 和 $D_{i-1}$

分别循环左移（或旋转）1 位或 2 位，具体的左移位数见表 C.3(d)。移位后的值作为下一轮的输入。同时，它们也作为“置换选择 2”［见表 C.3(c)］的输入，产生一个 48 位输出，作为函数 $F(R_{i-1}, K_i)$的输入。

表 C.2　DES S 盒的定义

| | | | | | | | | | | | | | | | | |
|---|---|---|---|---|---|---|---|---|---|---|---|---|---|---|---|---|
| | 14 | 4 | 13 | 1 | 2 | 15 | 11 | 8 | 3 | 10 | 6 | 12 | 5 | 9 | 0 | 7 |
| $S_1$ | 0 | 15 | 7 | 4 | 14 | 2 | 13 | 1 | 10 | 6 | 12 | 11 | 9 | 5 | 3 | 8 |
| | 4 | 1 | 14 | 8 | 13 | 6 | 2 | 11 | 15 | 12 | 9 | 7 | 3 | 10 | 5 | 0 |
| | 15 | 12 | 8 | 2 | 4 | 9 | 1 | 7 | 5 | 11 | 3 | 14 | 10 | 0 | 6 | 13 |
| | 15 | 1 | 8 | 14 | 6 | 11 | 3 | 4 | 9 | 7 | 2 | 13 | 12 | 0 | 5 | 10 |
| $S_2$ | 3 | 13 | 4 | 7 | 15 | 2 | 8 | 14 | 12 | 0 | 1 | 10 | 6 | 9 | 11 | 5 |
| | 0 | 14 | 7 | 11 | 10 | 4 | 13 | 1 | 5 | 8 | 12 | 6 | 9 | 3 | 2 | 15 |
| | 13 | 8 | 10 | 1 | 3 | 15 | 4 | 2 | 11 | 6 | 7 | 12 | 0 | 5 | 14 | 9 |
| | 10 | 0 | 9 | 14 | 6 | 3 | 15 | 5 | 1 | 13 | 12 | 7 | 11 | 4 | 2 | 8 |
| $S_3$ | 13 | 7 | 0 | 9 | 3 | 4 | 6 | 10 | 2 | 8 | 5 | 14 | 12 | 11 | 15 | 1 |
| | 13 | 6 | 4 | 9 | 8 | 15 | 3 | 0 | 11 | 1 | 2 | 12 | 5 | 10 | 14 | 7 |
| | 1 | 10 | 13 | 0 | 6 | 9 | 8 | 7 | 4 | 15 | 14 | 3 | 11 | 5 | 2 | 12 |
| | 7 | 13 | 14 | 3 | 0 | 6 | 9 | 10 | 1 | 2 | 8 | 5 | 11 | 12 | 4 | 15 |
| $S_4$ | 13 | 8 | 11 | 5 | 6 | 15 | 0 | 3 | 4 | 7 | 2 | 12 | 1 | 10 | 14 | 9 |
| | 10 | 6 | 9 | 0 | 12 | 11 | 7 | 13 | 15 | 1 | 3 | 14 | 5 | 2 | 8 | 4 |
| | 3 | 15 | 0 | 6 | 10 | 1 | 13 | 8 | 9 | 4 | 5 | 11 | 12 | 7 | 2 | 14 |
| | 2 | 12 | 4 | 1 | 7 | 10 | 11 | 6 | 8 | 5 | 3 | 15 | 13 | 0 | 14 | 9 |
| $S_5$ | 14 | 11 | 2 | 12 | 4 | 7 | 13 | 1 | 5 | 0 | 15 | 10 | 3 | 9 | 8 | 6 |
| | 4 | 2 | 1 | 11 | 10 | 13 | 7 | 8 | 15 | 9 | 12 | 5 | 6 | 3 | 0 | 14 |
| | 11 | 8 | 12 | 7 | 1 | 14 | 2 | 13 | 6 | 15 | 0 | 9 | 10 | 4 | 5 | 3 |
| | 12 | 1 | 10 | 15 | 9 | 2 | 6 | 8 | 0 | 13 | 3 | 4 | 14 | 7 | 5 | 11 |
| $S_6$ | 10 | 15 | 4 | 2 | 7 | 12 | 9 | 5 | 6 | 1 | 13 | 14 | 0 | 11 | 3 | 8 |
| | 9 | 14 | 15 | 5 | 2 | 8 | 12 | 3 | 7 | 0 | 4 | 10 | 1 | 13 | 11 | 6 |
| | 4 | 3 | 2 | 12 | 9 | 5 | 15 | 10 | 11 | 14 | 1 | 7 | 6 | 0 | 8 | 13 |
| | 4 | 11 | 2 | 14 | 15 | 0 | 8 | 13 | 3 | 12 | 9 | 7 | 5 | 10 | 6 | 1 |
| $S_7$ | 13 | 0 | 11 | 7 | 4 | 9 | 1 | 10 | 14 | 3 | 5 | 12 | 2 | 15 | 8 | 6 |
| | 1 | 4 | 11 | 13 | 12 | 3 | 7 | 14 | 10 | 15 | 6 | 8 | 0 | 5 | 9 | 2 |
| | 6 | 11 | 13 | 8 | 1 | 4 | 10 | 7 | 9 | 5 | 0 | 15 | 14 | 2 | 3 | 12 |
| | 13 | 2 | 8 | 4 | 6 | 15 | 11 | 1 | 10 | 9 | 3 | 14 | 5 | 0 | 12 | 7 |
| $S_8$ | 1 | 15 | 13 | 8 | 10 | 3 | 7 | 4 | 12 | 5 | 6 | 11 | 0 | 14 | 9 | 2 |
| | 7 | 11 | 4 | 1 | 9 | 12 | 14 | 2 | 0 | 6 | 10 | 13 | 15 | 3 | 5 | 8 |
| | 2 | 1 | 14 | 7 | 4 | 10 | 8 | 13 | 15 | 12 | 9 | 0 | 3 | 5 | 6 | 11 |

表 C.3　DES 密钥调度计算

(a) 输入密钥

| 1 | 2 | 3 | 4 | 5 | 6 | 7 | 8 |
|---|---|---|---|---|---|---|---|
| 9 | 10 | 11 | 12 | 13 | 14 | 15 | 16 |
| 17 | 18 | 19 | 20 | 21 | 22 | 23 | 24 |
| 25 | 26 | 27 | 28 | 29 | 30 | 31 | 32 |
| 33 | 34 | 35 | 36 | 37 | 38 | 39 | 40 |
| 41 | 42 | 43 | 44 | 45 | 46 | 47 | 48 |
| 49 | 50 | 51 | 52 | 53 | 54 | 55 | 56 |
| 57 | 58 | 59 | 60 | 61 | 62 | 63 | 64 |

(b) 置换选择 1（PC-1）

| | | | | | | |
|---|---|---|---|---|---|---|
| 57 | 49 | 41 | 33 | 25 | 17 | 9 |
| 1 | 58 | 50 | 42 | 34 | 26 | 18 |
| 10 | 2 | 59 | 51 | 43 | 35 | 27 |
| 19 | 11 | 3 | 60 | 52 | 44 | 36 |
| 63 | 55 | 47 | 39 | 31 | 23 | 15 |
| 7 | 62 | 54 | 46 | 38 | 30 | 22 |
| 14 | 6 | 61 | 53 | 45 | 37 | 29 |
| 21 | 13 | 5 | 28 | 20 | 12 | 4 |

(c) 置换选择 2（PC-2）

| | | | | | | | |
|---|---|---|---|---|---|---|---|
| 14 | 17 | 11 | 24 | 1 | 5 | 3 | 28 |
| 15 | 6 | 21 | 10 | 23 | 19 | 12 | 4 |
| 26 | 8 | 16 | 7 | 27 | 20 | 13 | 2 |
| 41 | 52 | 31 | 37 | 47 | 55 | 30 | 40 |
| 51 | 45 | 33 | 48 | 44 | 49 | 39 | 56 |
| 34 | 53 | 46 | 42 | 50 | 36 | 29 | 32 |

(d) 左移的调度

| 轮数 | 1 | 2 | 3 | 4 | 5 | 6 | 7 | 8 | 9 | 10 | 11 | 12 | 13 | 14 | 15 | 16 |
|---|---|---|---|---|---|---|---|---|---|---|---|---|---|---|---|---|
| 旋转的位数 | 1 | 1 | 2 | 2 | 2 | 2 | 2 | 2 | 1 | 2 | 2 | 2 | 2 | 2 | 2 | 1 |

## C.3 DES 解密

像任何 Feistel 密码那样，解密算法与加密算法是相同的，只是使用子密钥的顺序相反。

# 附录 D　简化 AES

简化 AES（S-AES）是由圣塔·克拉拉大学的 Edward Schaefer 教授及其几名学生开发的，是一个面向教育的算法，但不是安全的加密算法[MUSA03]。它与 AES 的性质和结构类似，但使用的参数更少。读者跟随本附录动手完成一个例子后，应会有所收获。深入了解 S-AES 可以让读者更容易掌握 AES 的结构与操作。

## D.1　概述

图 D.1 显示了 S-AES 的整体结构。加密算法使用一个 16 位明文分组和一个 16 位密钥作为输入，生成一个 16 位密文分组作为输出。S-AES 解密算法用一个 16 位密文分组和相同的密钥作为输入，生成原始的 16 位明文分组作为输出。

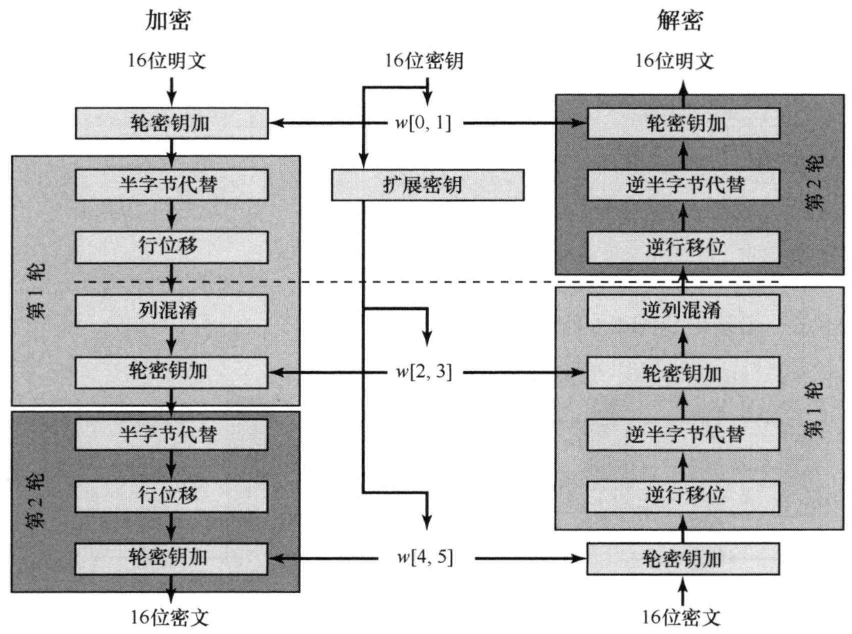


图 D.1　S-AES 加密和解密

加密算法使用 4 个不同的函数或变换：密钥加（$A_K$）、半字节代替（NS）、行移位（SR）和列混淆（MC）。下面介绍这些操作。

我们可以简单地将加密算法表示为一个复合函数[①]：

$$A_{K_2} \circ \mathrm{SR} \circ \mathrm{NS} \circ A_{K_1} \circ \mathrm{MC} \circ \mathrm{SR} \circ \mathrm{NS} \circ A_{K_0}$$

① 定义：若 $f$ 和 $g$ 是两个函数，则称函数 $F(x) = g[f(x)]$ 是 $f$ 和 $g$ 的复合函数，表示为 $F = g \circ f$。

因此，首先应用 $A_{K_0}$。

加密算法被组织成三轮。第 0 轮是简单的密钥加轮；第 1 轮是包含 4 个函数的完整轮；第 2 轮仅包含 3 个函数。每轮都使用 16 位密钥的密钥加函数。初始的 16 位密钥被扩展到 48 位，以便每轮都可使用一个不同的轮密钥。

每个函数都可在一个被视为 2×2 半字节矩阵的 16 位状态上操作，其中半字节是 4 比特。状态矩阵的初值是 16 比特明文。加密过程中的每个后续函数修改状态，经最后一个函数处理后的结果是 16 比特密文。如图 D.2(a)所示，矩阵内的半字节是按列排序的。因此，加密密码的 16 比特明文的前 8 比特占据矩阵的第一列，第二个 8 比特占据第二列。16 比特密钥也采用类似的组织方式，但将密钥视为 2 字节而非 4 个半字节要方便一些［见图 D.2(b)］。扩展的 48 比特密钥可作为 3 个轮密钥处理，其比特标记如下：$K_0 = k_0 \cdots k_{15}$；$K_1 = k_{16} \cdots k_{31}$；$K_2 = k_{32} \cdots k_{47}$。

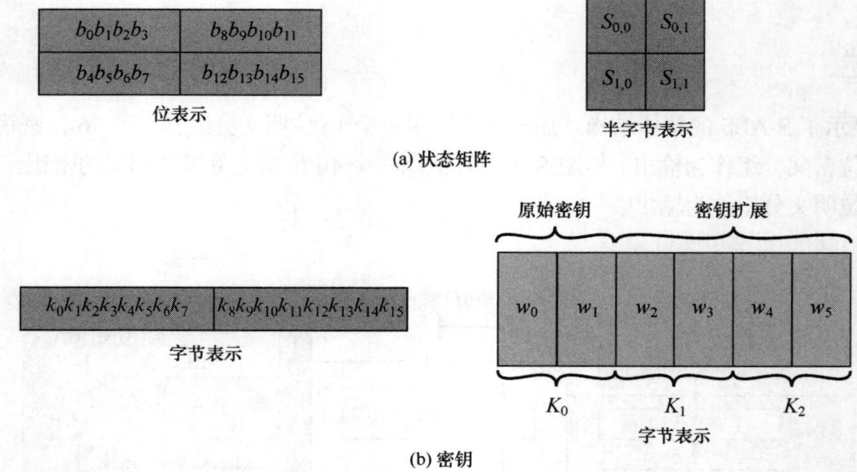


图 D.2　S-AES 数据结构

图 D.3 显示了一个整轮 S-AES 的基本元素。

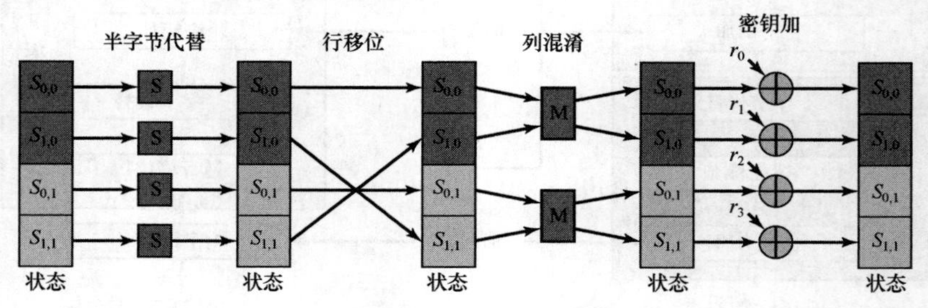


图 D.3　S-AES 加密轮

解密也显示在图 D.1 中，它本质上是加密的逆：

$$A_{K_0} \circ \mathrm{INS} \circ \mathrm{ISR} \circ \mathrm{IMC} \circ A_{K_1} \circ \mathrm{INS} \circ \mathrm{ISR} \circ A_{K_2}$$

其中的三个函数都有一个对应的逆函数：逆半字节代替（INS）、逆行位移（ISR）和逆列混淆（IMC）。

## D.2　S-AES 加密与解密

下面介绍加密算法中的每个函数。

### D.2.1 密钥加

密钥加函数将 16 位状态矩阵与 16 位轮密钥逐位异或。图 D.4 将其描述为逐列操作，但它也可视为逐半字节操作或逐位操作。下面是一个例子。

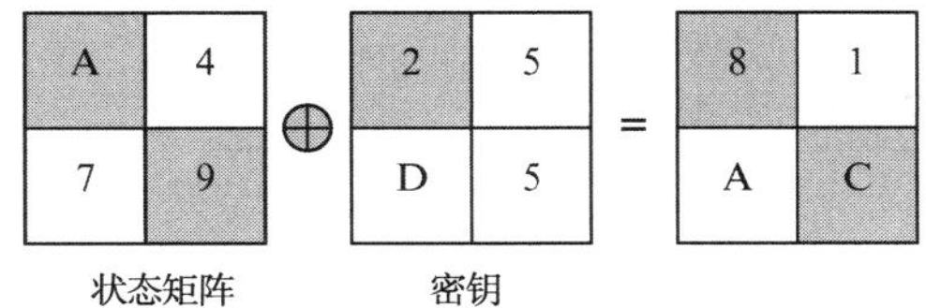


由于异或运算是其本身的逆运算，因此密钥加函数的逆函数与密钥加函数相同。

### D.2.2 半字节代替

半字节代替函数是简单的查表操作（见图 D.4）。AES 定义一个 4×4 的半字节值矩阵，称为 S 盒［见表 D.1(a)］，其中包含所有 4 位值的排列。状态中的每个半字节都按以下方式映射到一个新的半字节：半字节最左侧的 2 位用作行值，最右侧的 2 位用作列值。这些行和列的值用作 S 盒中选择唯一的 4 位输出值的索引。例如，十六进制值 A 代表 S 盒中第 2 行、第 2 列的值 0。因此，值 A 被映射为值 0。

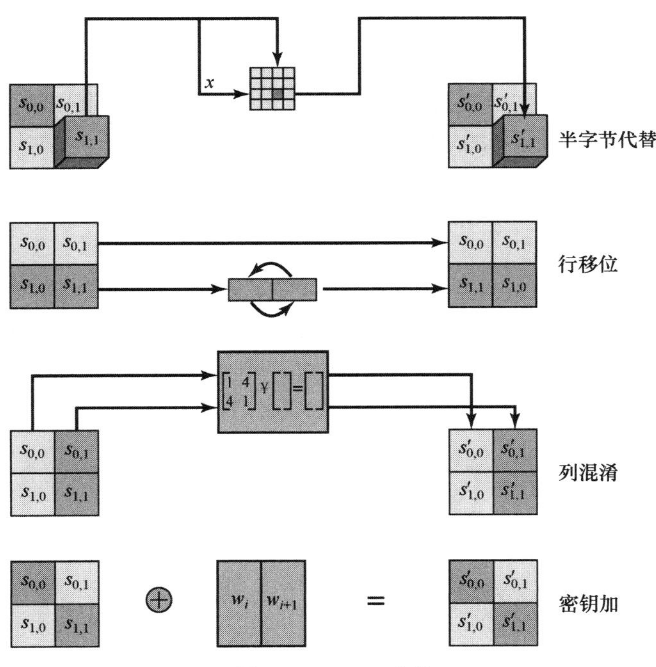


图 D.4 S-AES 变换

下面是一个半字节代替变换的例子。

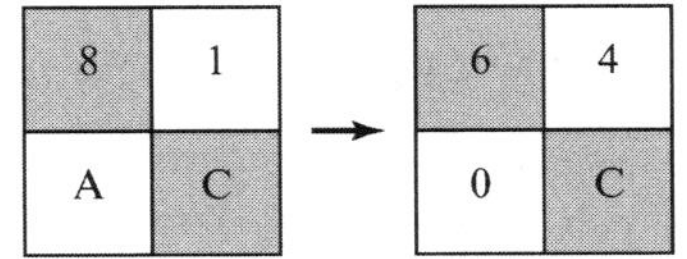


半字节代替函数的逆函数使用表 D.1(b)中的逆 S 盒。例如，输入 0 生成输出 A，A 输入 S 盒后生成 0。

表 D.1 S-AES 的 S 盒

(a) S 盒

| | | j | | | |
|---|---|---|---|---|---|
| | | 00 | 01 | 10 | 11 |
| i | 00 | 9 | 4 | A | B |
| | 01 | D | 1 | 8 | 5 |
| | 10 | 6 | 2 | 0 | 3 |
| | 11 | C | E | F | 7 |

(b) 逆 S 盒

| | | j | | | |
|---|---|---|---|---|---|
| | | 00 | 01 | 10 | 11 |
| i | 00 | A | 5 | 9 | B |
| | 01 | 1 | 7 | 8 | F |
| | 10 | 6 | 0 | 2 | 3 |
| | 11 | C | 4 | D | E |

注意：阴影格中的是十六进制数，非阴影格中是二进制数。

## D.2.3 行移位

行移位函数在状态的第二行执行一个半字节循环移位。第一行不变（见图 D.4）。下面举一个例子。

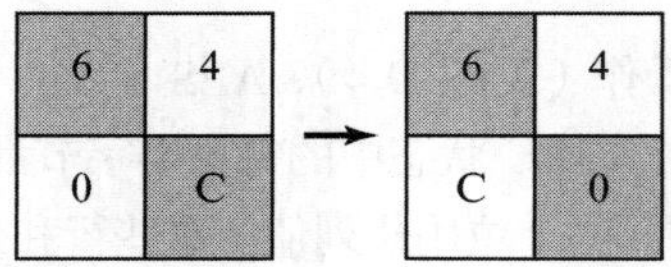

由于逆行移位函数将第二行移回原来的位置，因此逆行移位函数和行移位函数相同。

## D.2.4 列混淆

列混淆函数在各列上执行。列中的每个半字节都映射为一个新值，其中新值是该列中两个半字节的函数。这个变换可由如下针对状态的矩阵乘法来定义（见图 D.4）：

$$\begin{bmatrix} 1 & 4 \\ 4 & 1 \end{bmatrix}\begin{bmatrix} s_{0,0} & s_{0,1} \\ s_{1,0} & s_{1,1} \end{bmatrix} = \begin{bmatrix} s'_{0,0} & s'_{0,1} \\ s'_{1,0} & s'_{1,1} \end{bmatrix}$$

执行矩阵乘法后，得到

$$s'_{0,0} = s_{0,0} \oplus (4 \bullet s_{1,0}),\quad s'_{1,0} = (4 \bullet s_{0,0}) \oplus s_{1,0},\quad s'_{0,1} = s_{0,1} \oplus (4 \bullet s_{1,1}),\quad s'_{1,1} = (4 \bullet s_{0,1}) \oplus s_{1,1}$$

其中算术运算是在 $GF(2^4)$上执行的，符号 $\bullet$ 表示 $GF(2^4)$上的乘法。附件 D.1 提供了加法表和乘法表。下面是一个例子。

$$\begin{bmatrix} 1 & 4 \\ 4 & 1 \end{bmatrix}\begin{bmatrix} 6 & 4 \\ C & 0 \end{bmatrix} = \begin{bmatrix} 3 & 4 \\ 7 & 3 \end{bmatrix}$$

逆列混淆函数定义为

$$\begin{bmatrix} 9 & 2 \\ 2 & 9 \end{bmatrix}\begin{bmatrix} s_{0,0} & s_{0,1} \\ s_{1,0} & s_{1,1} \end{bmatrix} = \begin{bmatrix} s'_{0,0} & s'_{0,1} \\ s'_{1,0} & s'_{1,1} \end{bmatrix}$$

下面证明我们确实定义了逆列混淆函数：

$$\begin{bmatrix} 9 & 2 \\ 2 & 9 \end{bmatrix}\begin{bmatrix} 1 & 4 \\ 4 & 1 \end{bmatrix}\begin{bmatrix} s_{0,0} & s_{0,1} \\ s_{1,0} & s_{1,1} \end{bmatrix} = \begin{bmatrix} 1 & 0 \\ 0 & 1 \end{bmatrix}\begin{bmatrix} s_{0,0} & s_{0,1} \\ s_{1,0} & s_{1,1} \end{bmatrix} = \begin{bmatrix} s_{0,0} & s_{0,1} \\ s_{1,0} & s_{1,1} \end{bmatrix}$$

上面的矩阵乘法使用了 $GF(2^4)$中的结果 $9 + (2 \bullet 4) = 9 + 8 = 1$ 和$(9 \bullet 4) + 2 = 2 + 2 = 0$。这些运算可用附件 D.1 中的算术表或多项式运算来验证。

列混淆函数非常抽象，因此附件 D.2 从另一个角度对其进行了介绍。

## D.3　密钥扩展

对于密钥扩展而言，16 位初始密钥被分成两个 8 位字。图 D.5 显示了扩展为 6 个字的过程，方法是由最初的 2 个字计算 4 个新字。算法如下：

$$
\begin{aligned}
w_2 &= w_0 \oplus g(w_1) = w_0 \oplus \mathrm{RCON}(1) \oplus \mathrm{SubNib}(\mathrm{RotNib}(w_1)) \\
w_3 &= w_2 \oplus w_1 \\
w_4 &= w_2 \oplus g(w_3) = w_2 \oplus \mathrm{RCON}(2) \oplus \mathrm{SubNib}(\mathrm{RotNib}(w_3)) \\
w_5 &= w_4 \oplus w_3
\end{aligned}
$$

RCON 是一个轮常数: $\mathrm{RC}[i] = x^{i+2}$，有 $\mathrm{RC}[1] = x^3 = 100$，$\mathrm{RC}[2] = x^4 \bmod (x^4 + x + 1) = x + 1 = 0011$。RC[$i$]组成 1 字节的左侧半字节，右侧半字节都是 0。因此，RCON(1) = 10000000，RCON(2) = 00110000。

例如，假设密钥是 2D55 = 0010 1101 0101 0101 = $w_0w_1$，则有

$$
\begin{aligned}
w_2 &= 00101101 \oplus 10000000 \oplus \mathrm{SubNib}(01010101) \\
&= 00101101 \oplus 10000000 \oplus 00010001 = 10111100 \\
w_3 &= 10111100 \oplus 01010101 = 11101001 \\
w_4 &= 10111100 \oplus 00110000 \oplus \mathrm{SubNib}(10011110) \\
&= 10111100 \oplus 00110000 \oplus 00101111 = 10100011 \\
w_5 &= 10100011 \oplus 11101001 = 01001010
\end{aligned}
$$

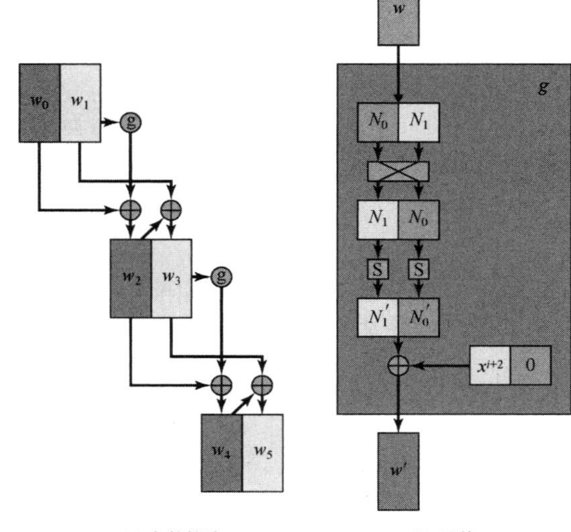


图 D.5　S-AES 密钥扩展

## D.4　S 盒

S 盒的构建过程如下。

1. 使用逐行递增的半字节值序列初始化 S 盒。第一行包含十六进制值(0, 1, 2, 3)，第二行包含十六进制值(4, 5, 6, 7)，以此类推。因此，第 $i$ 行、第 $j$ 列的半字节值是 $4i+j$。
2. 将每个半字节视为模 $x^4 + x + 1$ 的有限域 GF($2^4$)上的一个元素。每个半字节 $a_0a_1a_2a_3$ 代表一个阶为 3 的多项式。
3. 将 S 盒中的每个字节都映射为模 $x^4+x+1$ 的有限域 GF($2^4$)上的乘法逆运算。值 0 映射为其本身。
4. 假设 S 盒中的每个字节都包含标为($b_0, b_1, b_2, b_3$)的 4 位。对 S 盒中每个字节的每位应用如下变换。AES 标准以矩阵形式描述了这个变换：

$$
\begin{bmatrix} b_0' \\ b_1' \\ b_2' \\ b_3' \end{bmatrix} = \begin{bmatrix} 1 & 0 & 1 & 1 \\ 1 & 1 & 0 & 1 \\ 1 & 1 & 1 & 0 \\ 0 & 1 & 1 & 1 \end{bmatrix} \begin{bmatrix} b_0 \\ b_1 \\ b_2 \\ b_3 \end{bmatrix} \oplus \begin{bmatrix} 1 \\ 0 \\ 0 \\ 1 \end{bmatrix}
$$

符号（′）表明变量使用右边的值更新。记住，加法和乘法以模 2 来计算。

表 D.1(a)中显示了得到的 S 盒。这是一个非线性的可逆矩阵。表 D.1(b)中显示了逆 S 盒。

## D.5　S-AES 的结构

下面介绍 AES 结构的许多有趣的方面。第一个方面是，加密和解密算法都以密钥加函数开始和结束。首尾的其他函数在不知道密钥的情况下是可逆的，所以未增加安全性，而只是一种处理开销。因

此，第 0 轮只包含密钥加函数。

第二个方面是，第 2 轮不包含列混淆函数，原因与第三个方面有关：虽然通过图 D.1 可以清楚地看出解密算法是加密算法的逆运算，但是解密算法使用函数的顺序不同。因此，有

加密：$A_{K_2} \circ \mathrm{SR} \circ \mathrm{NS} \circ A_{K_1} \circ \mathrm{MC} \circ \mathrm{SR} \circ \mathrm{NS} \circ A_{K_0}$

解密：$A_{K_0} \circ \mathrm{INS} \circ \mathrm{ISR} \circ \mathrm{IMC} \circ A_{K_1} \circ \mathrm{INS} \circ \mathrm{ISR} \circ A_{K_2}$

从实现角度看，我们希望解密与加密算法采用同一个函数序列，以便实现解密算法的方式与实现加密算法的方式相同，进而提高效率。

注意，若能交换解密序列中的第二个函数和第三个函数、第四个函数和第五个函数、第六个函数和第七个函数，则会得到与加密算法同样的结构。下面来看看这是否可行。首先，考虑交换 INS 和 ISR。给定一个包含半字节$(N_0, N_1, N_2, N_3)$的状态 $N$，变换 INS(ISR($N$))的过程是

$$\begin{pmatrix} N_0 & N_2 \\ N_1 & N_3 \end{pmatrix} \to \begin{pmatrix} N_0 & N_2 \\ N_3 & N_1 \end{pmatrix} \to \begin{pmatrix} \mathrm{IS}[N_0] & \mathrm{IS}[N_2] \\ \mathrm{IS}[N_3] & \mathrm{IS}[N_1] \end{pmatrix}$$

式中，IS 代表逆 S 盒。颠倒这一操作后，变换 ISR(INS($N$))的过程是

$$\begin{pmatrix} N_0 & N_2 \\ N_1 & N_3 \end{pmatrix} \to \begin{pmatrix} \mathrm{IS}[N_0] & \mathrm{IS}[N_2] \\ \mathrm{IS}[N_1] & \mathrm{IS}[N_3] \end{pmatrix} \to \begin{pmatrix} \mathrm{IS}[N_0] & \mathrm{IS}[N_2] \\ \mathrm{IS}[N_3] & \mathrm{IS}[N_1] \end{pmatrix}$$

这是相同的结果。因此，INS(ISR($N$)) = ISR(INS($N$))。

下面考虑密钥加后面的逆列混淆运算 $\mathrm{IMC}(A_{K_1}(N))$，其中轮密钥 $K_1$ 包含半字节$(k_{0,0}, k_{1,0}, k_{0,1}\ k_{1,1})$。于是有

$$\begin{pmatrix} 9 & 2 \\ 2 & 9 \end{pmatrix}\left(\begin{pmatrix} k_{0,0} & k_{0,1} \\ k_{1,0} & k_{1,1} \end{pmatrix} \oplus \begin{pmatrix} N_0 & N_2 \\ N_1 & N_3 \end{pmatrix}\right) = \begin{pmatrix} 9 & 2 \\ 2 & 9 \end{pmatrix}\begin{pmatrix} k_{0,0} \oplus N_0 & k_{0,1} \oplus N_2 \\ k_{1,0} \oplus N_1 & k_{1,1} \oplus N_3 \end{pmatrix}$$

$$= \begin{pmatrix} 9(k_{0,0} \oplus N_0) \oplus 2(k_{1,0} \oplus N_1) & 9(k_{0,1} \oplus N_2) \oplus 2(k_{1,1} \oplus N_3) \\ 2(k_{0,0} \oplus N_0) \oplus 9(k_{1,0} \oplus N_1) & 2(k_{0,1} \oplus N_2) \oplus 9(k_{1,1} \oplus N_3) \end{pmatrix}$$

$$= \begin{pmatrix} (9k_{0,0} \oplus 2k_{1,0}) \oplus (9N_0 \oplus 2N_1) & (9k_{0,1} \oplus 2k_{1,1}) \oplus (9N_2 \oplus 2N_3) \\ (2k_{0,0} \oplus 9k_{1,0}) \oplus (2N_0 \oplus 9N_1) & (2k_{0,1} \oplus 9k_{1,1}) \oplus (2N_2 \oplus 9N_3) \end{pmatrix}$$

$$= \begin{pmatrix} (9k_{0,0} \oplus 2k_{1,0}) & (9k_{0,1} \oplus 2k_{1,1}) \\ (2k_{0,0} \oplus 9k_{1,0}) & (2k_{0,1} \oplus 9k_{1,1}) \end{pmatrix} \oplus \begin{pmatrix} (9N_0 \oplus 2N_1) & (9N_2 \oplus 2N_3) \\ (2N_0 \oplus 9N_1) & (2N_2 \oplus 9N_3) \end{pmatrix}$$

$$= \begin{pmatrix} 9 & 2 \\ 2 & 9 \end{pmatrix}\begin{pmatrix} k_{0,0} & k_{0,1} \\ k_{1,0} & k_{1,1} \end{pmatrix} \oplus \begin{pmatrix} 9 & 2 \\ 2 & 9 \end{pmatrix}\begin{pmatrix} N_0 & N_2 \\ N_1 & N_3 \end{pmatrix}$$

这些步骤都使用了有限域算术的性质。结果是 $\mathrm{IMC}(A_{K_1}(N)) = \mathrm{IMC}(K_1) \oplus \mathrm{IMC}(N)$。现将第 1 轮的逆轮密钥定义为 IMC($K_1$)，将逆密钥加运算 $\mathrm{IA}_{K_1}$ 定义为逆轮密钥与状态向量的逐位异或。于是有 $\mathrm{IMC}(A_{K_1}(N)) = \mathrm{IA}_{K_1}(\mathrm{IMC}(N))$。最后，可以写出

加密：$A_{K_2} \circ \mathrm{SR} \circ \mathrm{NS} \circ A_{K_1} \circ \mathrm{MC} \circ \mathrm{SR} \circ \mathrm{NS} \circ A_{K_0}$

解密：$A_{K_0} \circ \mathrm{INS} \circ \mathrm{ISR} \circ \mathrm{IMC} \circ A_{K_1} \circ \mathrm{INS} \circ \mathrm{ISR} \circ A_{K_2}$

解密：$A_{K_0} \circ \mathrm{INS} \circ \mathrm{ISR} \circ A_{\mathrm{IMC}(K_1)} \circ \mathrm{IMC} \circ \mathrm{ISR} \circ \mathrm{INS} \circ A_{K_2}$

现在，加密和解密采用同一个序列。注意，若加密算法的第 2 轮包括 MC 函数，则该求导运算效率较低。因此，我们有

加密：$A_{K_2} \circ \mathrm{MC} \circ \mathrm{SR} \circ \mathrm{NS} \circ A_{K_1} \circ \mathrm{MC} \circ \mathrm{SR} \circ \mathrm{NS} \circ A_{K_0}$

解密：$A_{K_0} \circ \mathrm{INS} \circ \mathrm{ISR} \circ \mathrm{IMC} \circ A_{K_1} \circ \mathrm{INS} \circ \mathrm{ISR} \circ \mathrm{IMC} \circ A_{K_2}$

不存在通过交换解密算法中的成对运算来得到与加密算法同样的结构的方法。

## 附件 D.1　GF($2^4$)上的算术

表 D.2 中显示了模 $x^4+x+1$ 的 GF($2^4$)上的加法和乘法。例如，考虑积(4 • C) = (0100 • 1100)。若使用多项式运算描述，则它是积$[x^2 \times (x^3+x^2)] \bmod (x^4+x+1) = (x^5+x^4) \bmod (x^4+x+1)$。由于模运算符右边多项式的阶数大于等于模数的阶数，因此需要用除法来确定余数：

$$
\begin{array}{r@{}l}
 & \quad x+1 \\
x^4+x+1 \big) & \overline{x^5+x^4} \\
 & \underline{x^5+ \qquad\quad +x^2+x} \\
 & \qquad x^4+ \qquad +x^2+x \\
 & \qquad \underline{x^4+ \qquad\qquad +x+1} \\
 & \qquad\qquad\qquad x^2+ \qquad 1
\end{array}
$$

余数用二进制数表示为 0101，用十六进制数表示为 5。因此(4 • C) = 5，这与表 D.2 的乘法表一致。

**表 D.2　模 $x^4+x+1$ 的 GF($2^4$)上的算术**

(a) 加法

| + | 0 | 1 | 2 | 3 | 4 | 5 | 6 | 7 | 8 | 9 | A | B | C | D | E | F |
|---|---|---|---|---|---|---|---|---|---|---|---|---|---|---|---|---|
| 0 | 0 | 1 | 2 | 3 | 4 | 5 | 6 | 7 | 8 | 9 | A | B | C | D | E | F |
| 1 | 1 | 0 | 3 | 2 | 5 | 4 | 7 | 6 | 9 | 8 | B | A | D | C | F | E |
| 2 | 2 | 3 | 0 | 1 | 6 | 7 | 4 | 5 | A | B | 8 | 9 | E | F | C | D |
| 3 | 3 | 2 | 1 | 0 | 7 | 6 | 5 | 4 | B | A | 9 | 8 | F | E | D | C |
| 4 | 4 | 5 | 6 | 7 | 0 | 1 | 2 | 3 | C | D | E | F | 8 | 9 | A | B |
| 5 | 5 | 4 | 7 | 6 | 1 | 0 | 3 | 2 | D | C | F | E | 9 | 8 | B | A |
| 6 | 6 | 7 | 4 | 5 | 2 | 3 | 0 | 1 | E | F | C | D | A | B | 8 | 9 |
| 7 | 7 | 6 | 5 | 4 | 3 | 2 | 1 | 0 | F | E | D | C | B | A | 9 | 8 |
| 8 | 8 | 9 | A | B | C | D | E | F | 0 | 1 | 2 | 3 | 4 | 5 | 6 | 7 |
| 9 | 9 | 8 | B | A | D | C | F | E | 1 | 0 | 3 | 2 | 5 | 4 | 7 | 6 |
| A | A | B | 8 | 9 | E | F | C | D | 2 | 3 | 0 | 1 | 6 | 7 | 4 | 5 |
| B | B | A | 9 | 8 | F | E | D | C | 3 | 2 | 1 | 0 | 7 | 6 | 5 | 4 |
| C | C | D | E | F | 8 | 9 | A | B | 4 | 5 | 6 | 7 | 0 | 1 | 2 | 3 |
| D | D | C | F | E | 9 | 8 | B | A | 5 | 4 | 7 | 6 | 1 | 0 | 3 | 2 |
| E | E | F | C | D | A | B | 8 | 9 | 6 | 7 | 4 | 5 | 2 | 3 | 0 | 1 |
| F | F | E | D | C | B | A | 9 | 8 | 7 | 6 | 5 | 4 | 3 | 2 | 1 | 0 |

(b) 乘法

| × | 0 | 1 | 2 | 3 | 4 | 5 | 6 | 7 | 8 | 9 | A | B | C | D | E | F |
|---|---|---|---|---|---|---|---|---|---|---|---|---|---|---|---|---|
| 0 | 0 | 0 | 0 | 0 | 0 | 0 | 0 | 0 | 0 | 0 | 0 | 0 | 0 | 0 | 0 | 0 |
| 1 | 0 | 1 | 2 | 3 | 4 | 5 | 6 | 7 | 8 | 9 | A | B | C | D | E | F |
| 2 | 0 | 2 | 4 | 6 | 8 | A | C | E | 3 | 1 | 7 | 5 | B | 9 | F | D |
| 3 | 0 | 3 | 6 | 5 | C | F | A | 9 | B | 8 | D | E | 7 | 4 | 1 | 2 |
| 4 | 0 | 4 | 8 | C | 3 | 7 | B | F | 6 | 2 | E | A | 5 | 1 | D | 9 |
| 5 | 0 | 5 | A | F | 7 | 2 | D | 8 | E | B | 4 | 1 | 9 | C | 3 | 6 |
| 6 | 0 | 6 | C | A | B | D | 7 | 1 | 5 | 3 | 9 | F | E | 8 | 2 | 4 |
| 7 | 0 | 7 | E | 9 | F | 8 | 1 | 6 | D | A | 3 | 4 | 2 | 5 | C | B |
| 8 | 0 | 8 | 3 | B | 6 | E | 5 | D | C | 4 | F | 7 | A | 2 | 9 | 1 |
| 9 | 0 | 9 | 1 | 8 | 2 | B | 3 | A | 4 | D | 5 | C | 6 | F | 7 | E |
| A | 0 | A | 7 | D | E | 4 | 9 | 3 | F | 5 | 8 | 2 | 1 | B | 6 | C |
| B | 0 | B | 5 | E | A | 1 | F | 4 | 7 | C | 2 | 9 | D | 6 | 8 | 3 |
| C | 0 | C | B | 7 | 5 | 9 | E | 2 | A | 6 | 1 | D | F | 3 | 4 | 8 |
| D | 0 | D | 9 | 4 | 1 | C | 8 | 5 | 2 | F | B | 6 | 3 | E | A | 7 |
| E | 0 | E | F | 1 | D | 3 | 2 | C | 9 | 7 | 6 | 8 | 4 | A | B | 5 |
| F | 0 | F | D | 2 | 9 | 6 | 4 | B | 1 | E | C | 3 | 8 | 7 | 5 | A |

## 附件 D.2 列混淆函数

列混淆函数对每列进行运算。一列中的每个半字节被映射为一个新值，这个新值是该列中两个半字节的函数。变换定义为如下关于状态的矩阵相乘（见图 D.4）：

$$\begin{bmatrix}1 & 4\\4 & 1\end{bmatrix}\begin{bmatrix}s_{0,0} & s_{0,1}\\s_{1,0} & s_{1,1}\end{bmatrix}=\begin{bmatrix}s'_{0,0} & s'_{0,1}\\s'_{1,0} & s'_{1,1}\end{bmatrix}$$

使用多项式可将上式描述如下。值 1 对应于多项式 1，值 4（二进制数 100）对应于多项式 $x^2$。因此有

$$\begin{bmatrix}1 & x^2\\x^2 & 1\end{bmatrix}\begin{bmatrix}s_{0,0} & s_{0,1}\\s_{1,0} & s_{1,1}\end{bmatrix}=\begin{bmatrix}s'_{0,0} & s'_{0,1}\\s'_{1,0} & s'_{1,1}\end{bmatrix}$$

记住，乘法也是通过模 $x^4+x+1$ 执行的。使用多项式公式可简单地说明算术运算。参考图 D.2(a) 中的状态矩阵表示，可将列混淆乘法表示为

$$\begin{bmatrix}1 & x^2\\x^2 & 1\end{bmatrix}\begin{bmatrix}b_0x^3+b_1x^2+b_2x+b_3 & b_8x^3+b_9x^2+b_{10}x+b_{11}\\b_4x^3+b_5x^2+b_6x+b_7 & b_{12}x^3+b_{13}x^2+b_{14}x+b_{15}\end{bmatrix}$$

左侧矩阵的第一行和右侧矩阵的第一列相乘，得到目标矩阵的左上角元素，即多项式值 $s'_{0,0}$。因此有

$$\begin{aligned}s'_{0,0} &= (b_0x^3+b_1x^2+b_2x+b_3)+(x^2)(b_4x^3+b_5x^2+b_6x+b_7)\\&= b_4x^5+b_5x^4+(b_0\oplus b_6)x^3+(b_1\oplus b_7)x^2+b_2x+b_3\end{aligned}$$

容易证明

$$x^5 \bmod (x^4+x+1)=(x^2+x),\quad x^4 \bmod (x^4+x+1)=(x+1)$$

读者可以用多项式除法来验证这些公式。运用这些结果，有

$$\begin{aligned}s'_{0,0} &= b_4(x^2+x)+b_5(x+1)+(b_0\oplus b_6)x^3+(b_1\oplus b_7)x^2+b_2x+b_3\\&= (b_0\oplus b_6)x^3+(b_1\oplus b_4\oplus b_7)x^2+(b_2\oplus b_4\oplus b_5)x+(b_3\oplus b_5)\end{aligned}$$

用比特表示 $s'_{0,0}$ 时，$s'_{0,0}$ 的 4 个比特是

$$s'_{0,0}=[(b_0\oplus b_6),(b_1\oplus b_4\oplus b_7),(b_2\oplus b_4\oplus b_5),(b_3\oplus b_5)]$$

类似地，可得

$$\begin{aligned}s'_{1,0} &= [(b_2\oplus b_4),(b_0\oplus b_3\oplus b_5),(b_0\oplus b_1\oplus b_6),(b_1\oplus b_7)]\\s'_{0,1} &= [(b_8\oplus b_{14}),(b_9\oplus b_{12}\oplus b_{15}),(b_{10}\oplus b_{12}\oplus b_{13}),(b_{11}\oplus b_{13})]\\s'_{1,1} &= [(b_{10}\oplus b_{12}),(b_8\oplus b_{11}\oplus b_{13}),(b_8\oplus b_9\oplus b_{14}),(b_9\oplus b_{15})]\end{aligned}$$

# 附录 E　生日攻击的数学基础

本章给出生日攻击的数学证明。首先介绍一个与哈希函数相关的问题，然后讨论生日攻击问题，并说明生日攻击的来历。

## E.1　相关问题

下面给出与哈希函数有关的一个常见问题。给定哈希函数 $H$ 和某个哈希值 $H(x)$，假定 $H$ 有 $n$ 种可能的输出，若 $H$ 作用于 $k$ 个随机输入，则至少有一个 $y$ 使得 $H(y) = H(x)$的概率为 0.5 的 $k$ 值是多少？

对某个 $y$ 值，$H(y) = H(x)$的概率恰为 $1/n$。反过来，$H(x) \neq H(y)$的概率为$[1 - (1/n)]$。若生成 $k$ 个随机的 $y$ 值，则它们都不能与 $x$ 匹配的概率等于每个值不与 $x$ 匹配的概率之积，即$[1 - (1/n)]^k$，因此至少有一个匹配的概率是 $1 - [1 - (1/n)]^k$。

二项式定理描述如下：

$$(1-a)^k = 1 - ka + \frac{k(k-1)}{2!}a^2 - \frac{k(k-1)(k-2)}{3!}a^3 + \cdots$$

$a$ 很小时上式近似为$(1 - ka)$。因此至少有一个匹配的概率为 $1 - [1 - (1/n)]^k \approx 1 - [1 - (k/n)] = k/n$。概率为 0.5 时，$k = n/2$。特别地，若哈希码为 $m$ 位，则可能有 $2^m$ 个哈希码，使上述概率为 1/2 的 $k$ 为

$$k = 2^{(m-1)} \tag{E.1}$$

## E.2　生日悖论

在初等概率课程中，常用生日悖论来说明一些违背直觉的结果。我们可以按照如下的方式来描述这类问题：$k$ 人中至少有 2 人生日相同的概率大于 0.5 的最小 $k$ 值是多少？这里不考虑 2 月 29 日并且假定每个生日出现的概率相同。

我们可以通过如下推导得出答案：任意两个人生日不同的概率显然为 364/365（因为对任何一个人来说，在 365 天中选择其生日，只有 1 天使得此人的生日恰好与另一个人的生日相同）。第三个人与前两个人生日不同的概率为 363/365；第四个人生日不同的概率为 362/365；以此类推，第 24 个人生日不同的概率为 342/365。将得到的 23 个因数连乘，即得到 24 个人的生日都不相同的概率。实际上，乘积约为 0.507，比 1/2 稍大，即 23 个人中两人生日相同的概率大于 0.5。

为了正式推导这一结果，我们定义

$P(n, k) = \Pr[k$ 个元素中至少有一个元素重复出现，其中每个元素出现的概率均为 $1/n]$

因此，问题转换为寻找使得 $P(365, k) \geqslant 0.5$ 的最小 $k$ 值。用 $Q(365, k)$表示没有重复的概率，若 $k > 365$，则所有值都不同是不可能的。所以，我们假定 $k \leqslant 365$。设 $k$ 个元素均不重复的次数为 $N$，那么第一个元素有 365 个取值，第二个元素有 364 个取值，以此类推。因此，不同的次数 $N$ 为

$$N = 365 \times 364 \times \cdots \times (365-k+1) = \frac{365!}{(365-k)!} \tag{E.2}$$

允许重复时，每个元素有 365 种取法，于是所有元素共有 $365^k$ 种取法。因此，不重复的概率等于无重复次数除以总数：

$$Q(365,k) = \frac{365!/(365-k)!}{(365)^k} = \frac{365!}{(365-k)!(365)^k}$$

和

$$P(365,k) = 1 - Q(365,k) = 1 - \frac{365!}{(365-k)!(365)^k} \tag{E.3}$$

图 E.1 中画出了这个函数。对那些此前未考虑过该问题的人来说，这个概率大得有些令人吃惊。许多人认为，要使得至少有一个重复的概率大于 0.5，人数应约为 100 人。事实上，因为 $P(365, 23) = 0.5037$，所以人数为 23。$k = 100$ 时至少有一个重复的概率为 0.9999997。

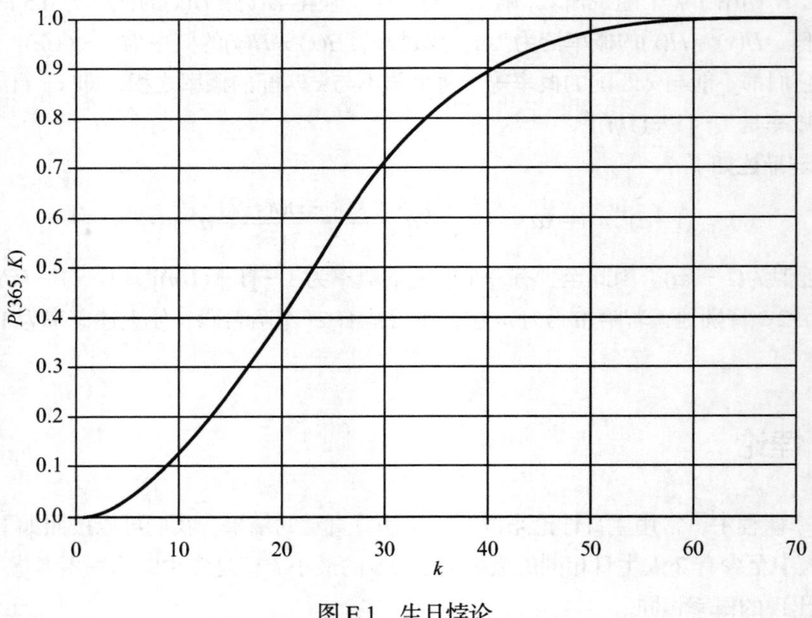


图 E.1 生日悖论

结果出乎意料的原因如下：若考虑组中的某个人，则组中其他人的生日与该人的生日相同的概率很小。然而，这里考虑的是任意两个人生日相同的概率。在 23 个人中，有 23(23 − 1)/2 = 253 种不同的双人组合，因此生日相同的概率较大。

## E.3 有用的不等式

在推广生日悖论问题之前，下面先推导一个有用的不等式：

$$(1-x) \leqslant e^{-x}, \quad x \geqslant 0 \tag{E.4}$$

图 E.2 中画出了该不等式的曲线。为了说明该不等式成立，注意到下面的直线在 $x = 0$ 处与 $e^{-x}$ 相切，斜率为 $e^{-x}$ 在 $x=0$ 处的导数：

$$f(x)=e^{-x}，\ f'(x)=\frac{d}{dx}e^{-x}=-e^{-x}，\ f'(0)=-1$$

这条切线是型为 $ax+b$ 的直线，其中 $a=-1$，它在 $x=0$ 处的值等于 $e^{-0}=1$，因此这条切线就是函数$(1-x)$，这说明不等式（E.4）成立，并且对较小的 $x$ 有$(1-x)\approx e^{-x}$。

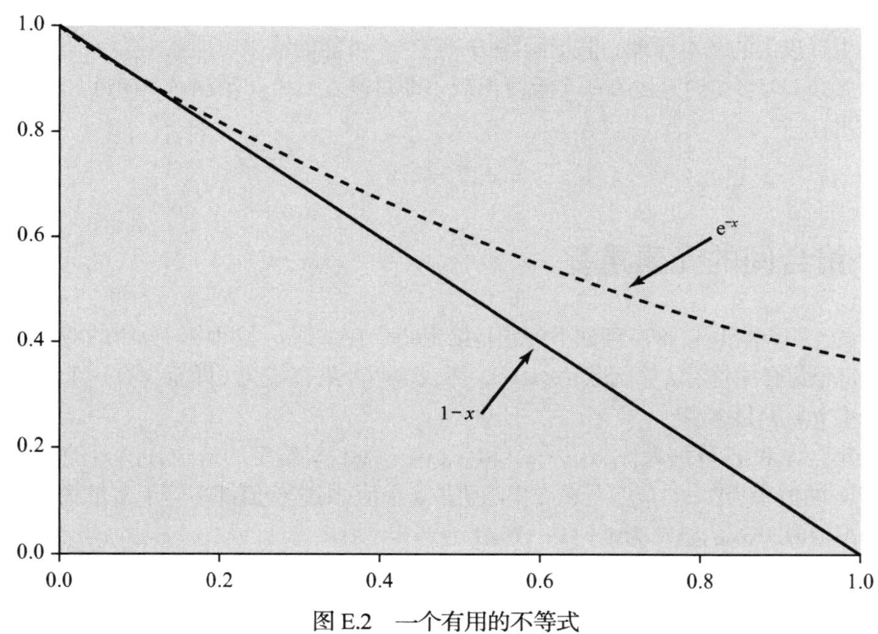


图 E.2　一个有用的不等式

## E.4　元素重复的一般情形

生日悖论可推广到下述问题：给定一个在 1 到 $n$ 之间均匀分布的随机整数变量及 $k$ 个实例（$k\leqslant n$），那么至少有一个变量重复的概率 $P(n, k)$是多少？生日悖论是 $n=365$ 时的特例。采用类似于前面的推导过程，可将式（E.3）推广为

$$P(n,k)=1-\frac{n!}{(n-k)!n^k} \tag{E.5}$$

展开得

$$P(n,k)=1-\frac{n(n-1)\times\cdots\times(n-k+1)}{n^k}=1-\left[\frac{(n-1)}{n}\times\frac{(n-2)}{n}\times\cdots\times\frac{(n-k+1)}{n}\right]$$
$$=1-\left[\left(1-\frac{1}{n}\right)\times\left(1-\frac{2}{n}\right)\times\cdots\times\left(1-\frac{k-1}{n}\right)\right]$$

根据不等式（E.4）有

$$P(n,k)>1-\left[(e^{-1/n})\times(e^{-2/n})\times\cdots\times(e^{-(k-1)/n})\right]$$
$$>1-e^{-[(1/n)+(2/n)+\cdots+((k-1)/n)]}$$
$$>1-e^{-(k\times(k-1))/2n}$$

下面来看 $k$ 为多少时，$P(n, k) > 0.5$。要使 $P(n, k) > 0.5$，则有

$$1/2 = 1 - \mathrm{e}^{-(k\times(k-1))/2n}，\quad 2 = \mathrm{e}^{(k\times(k-1))/2n}，\quad \ln 2 = \frac{k\times(k-1)}{2n}$$

$k$ 较大时可用 $k^2$ 代替 $k\times(k-1)$，于是有

$$k = \sqrt{2(\ln 2)n} = 1.18\sqrt{n} \approx \sqrt{n} \tag{E.6}$$

当 $n = 365$ 时，有 $k = 1.18\times\sqrt{365} = 22.54$，它与正确结果 23 非常接近。

下面说明生日攻击的基本原理。假定函数 $H$ 有 $2^m$ 个可能的输出（即输出为 $m$ 位），$H$ 作用于 $k$ 个随机输入，那么 $k$ 为多少时至少有一个重复出现［即对输入 $x$ 和 $y$ 有 $H(x) = H(y)$］？利用式（E.6）给出的近似公式有

$$k = \sqrt{2^m} = 2^{m/2} \tag{E.7}$$

## E.5 两个集合间的元素重复

上面讨论的生日问题可以推广到如下问题：给定一个在 1 到 $n$ 之间均匀分布的随机整数变量及两个实例集合，每个集合中均有 $k$ 个元素（$k \leqslant n$），那么这两个集合相交（即至少有一个元素同时属于两个集合）的概率 $R(n, k)$是多少？

假设两个集合 $X$ 和 $Y$ 分别为$\{x_1, x_2,\cdots, x_k\}$和$\{y_1, y_2,\cdots, y_k\}$，对给定的 $x_1$ 值，$y_1 = x_1$ 的概率恰好为 $1/n$，所以 $y_1$ 不等于 $x_1$ 的概率为$[1 - (1/n)]$。若在 $Y$中随机取 $k$ 个值，则这些值都不等于 $x_1$ 的概率为$[1 - (1/n)]^k$，因此至少有一个值等于 $x_1$ 的概率为 $1 - [1 - (1/n)]^k$。

若 $n$ 和 $k$ 均较大（如 $k$ 约为 $\sqrt{n}$ ），则 $k$ 个值中只有少数重复，大多数值都不相同。假定 $X$ 中的元素均不相同，则有

$$\Pr[Y\text{中没有元素与}x_1\text{匹配}] = (1-1/n)^k$$

$$\Pr[Y\text{中没有元素与}X\text{中的元素匹配}] = ((1-1/n)^k)^k = (1-1/n)^{k^2}$$

$$R(n,k) = \Pr[Y\text{中至少有一个元素与}X\text{中的元素匹配}] = 1-(1-1/n)^{k^2}$$

由不等式（E.4）有

$$R(n,k) > 1-(\mathrm{e}^{-1/n})^{k^2}，\quad R(n,k) > 1-(\mathrm{e}^{-k^2/n})$$

下面来看这样一个问题：$k$ 为多少时，$R(n, k) > 0.5$？要使 $R(n, k) > 0.5$，则有

$$1/2 = 1-(\mathrm{e}^{-k^2/n})，\quad 2 = \mathrm{e}^{k^2/n}，\quad \ln 2 = \frac{k^2}{n}，\quad k = \sqrt{(\ln 2)n} = 0.83\sqrt{n} \approx \sqrt{n} \tag{E.8}$$

我们可将上述问题用与生日攻击有关的术语描述如下：假定函数 $H$ 有 $2^m$ 个可能的输出（即输出为 $m$ 位），$H$ 作用于 $k$ 个随机输入得到集合 $X$，$H$ 作用于另外 $k$ 个随机输入得到集合 $Y$，那么 $k$ 为多少时，这两个集合中至少有一个匹配的概率至少为 0.5［即对输入 $x\in X$ 和 $y\in Y$ 有 $H(x) = H(y)$］？由式（E.8）给出的近似公式有

$$k = \sqrt{2^m} = 2^{m/2}$$

# 参考文献


**ABBREVIATIONS**
ACM Association for Computing Machinery
IBM International Business Machines Corporation
IEEE Institute of Electrical and Electronics Engineers
NIST National Institute of Standards and Technology

**ADAM94** Adams, C. "Simple and Effective Key Scheduling for Symmetric Ciphers." *Proceedings, Workshop on Selected Areas of Cryptography, SAC'94*, 1994.

**AGRA04** Agrawal, M.; Kayal, N.; and Saxena, N. "PRIMES is in P." *IIT Kanpur, Annals of Mathematics*, September 2004.

**AGRE11** Agren, M.; Hell, M.; Johansson, T.; and Meier, W. "A New Version of Grain-128 with Authentication." *ECRYPT Workshop on Symmetric Encryption*, February 2011.

**ALFA13** AlFardan, N., et al. "On the Security of RC4 in TLS and WPA." *USENIX Security Symposium*, July 2013.

**ANDR17** Androulaki, E. "Cryptography and Protocols in Hyperledger Fabric." *Real-World Cryptography Conference*, 2017.

**AROR12** Arora, M. "How Secure is AES Against Brute-Force Attack?" *EE Times*, May 7, 2012.

**AUMA12** Aumasson, J., and Bernstein, D. "SipHash: A Fast Short-Input PRF." *Progress in Cryptology – INDOCRYPT 2012*, 2012.

**BABB08** Babbage, S., et al. The eStream Portfolio. http://www.ecrypt.eu.org/stream/portfolio. pdf, April 15, 2008.

**BARD12** Bardou, R., et al, "Efficient Padding Oracle Attacks on Cryptographic Hardware," INRIA, Rapport de recherche RR-7944. http://hal.inria.fr/hal-00691958, April 2012.

**BASU12** Basu, A. *Intel AES-NI Performance Testing over Full Disk Encryption.* Intel Corp. May 2012.

**BELL90** Bellovin, S., and Merritt, M. "Limitations of the Kerberos Authentication System." *Computer Communications Review*, October 1990.

**BELL94a** Bellare, M., and Rogaway, P. "Optimal Asymmetric Encryption—How to Encrypt with RSA." *Proceedings, Eurocrypt '94*, 1994.

**BELL94b** Bellovin, S., and Cheswick, W. "Network Firewalls." *IEEE Communications Magazine*, September 1994.

**BELL96a** Bellare, M.; Canetti, R.; and Krawczyk, H. "Keying Hash Functions for Message Authentication." *Proceedings, CRYPTO '96*, August 1996; published by Springer-Verlag. An expanded version is available at http://www-cse.ucsd.edu/users/mihir.

**BELL96b** Bellare, M.; Canetti, R.; and Krawczyk, H. "The HMAC Construction." *CryptoBytes*, Spring 1996.

**BELL96c** Bellare, M., and Rogaway, P. "The Exact Security of Digital Signatures—How to Sign with RSA and Rabin." *Advances in Cryptology – Eurocrypt '96*, 1996.

**BELL98** Bellare, M., and Rogaway, P. "PSS: Provably Secure Encoding Method for Digital Signatures." *Submission to IEEE P1363*, August 1998.

**BELL00** Bellare, M.; Kilian, J.; and Rogaway, P. "The Security of the Cipher Block Chaining Message Authentication Code." *Journal of Computer and System Sciences*, December 2000.

**BELL09** Bellare, M., et al. "Format Preserving Encryption." *Proceedings of SAC 2009 (Selected Areas in Cryptography)*, November 2009. Available at Cryptology ePrint Archive, Report 2004/094

**BELL10a** Bellare, M.; Rogaway, P.; and Spies, T. *The FFX Mode of Operation for Format-Preserving Encryption, Draft 1.1.* NIST, http://csrc.nist.gov/groups/ST/toolkit/BCM/documents/proposedmodes/ffx/ffx-spec.pdf, February, 2010.

**BELL10b** Bellare, M.; Rogaway, P.; and Spies, T. *Addendum to The FFX Mode of Operation for Format-Preserving Encryption: A parameter collection for enciphering strings of arbitrary radix and length.* NIST, http://csrc.nist.gov/groups/ST/toolkit/BCM/documents/proposedmodes/ffx/ffx-spec2.pdf, September 2010.

**BELL16** Bellovin, S. "Attack Surfaces." *IEEE Security & Privacy*, May-June, 2016.

**BENN97** Bennett, C., et al. "Strengths and Weaknesses of Quantum Computing." *SIAM Journal on Computing*, October 1997.

**BERT07** Bertoni, G., et al. "Sponge Functions." *Ecrypt Hash Workshop 2007*, May 2007.

**BERT11** Bertoni, G., et al. "Cryptographic Sponge Functions." January 2011, http://sponge.noekeon.org/.

**BETH91** Beth, T.; Frisch, M.; and Simmons, G. eds. *Public-Key Cryptography: State of the Art and Future Directions.* New York: Springer-Verlag, 1991.

**BIRY04** Biryukov, A. *Block Ciphers and Stream Ciphers: The State of the Art.* CryptologyePrint Archive, Report 2004/094, 2004.

**BIRY17** Biryukov, A., and Perrin, L. *State of the Art in Lightweight Symmetric Cryptography.* Cryptology ePrint Archive, Report 2017/511, 2017

**BLAC05** Black, J. "Authenticated Encryption." *Encyclopedia of Cryptography and Security*, Springer, 2005.

**BLEI98** Bleichenbacher, D. "Chosen ciphertext attacks against protocols based on the RSA encryption standard PKCS #1," *CRYPTO '98*, 1998.

**BLUM86** Blum, L.; Blum, M.; and Shub, M. "A Simple Unpredictable Pseudo-Random Number Generator." *SIAM Journal on Computing*, No. 2, 1986.

**BOGA18** Bogatyy, I. "A Next-Generation Smart Contract and Decentralized Application Platform." Ethereum White Paper. August 2018. https://github.com/ethereum/wiki/wiki/White-Paper

**BONE02** Boneh, D., and Shacham, H. "Fast Variants of RSA." *CryptoBytes*, Winter/Spring2002.

**BRIE10** Brier, E.; Peyrin, T.; and Stern, J. *BPS: a Format-Preserving Encryption Proposal.* NIST, http://csrc.nist.gov/groups/ST/toolkit/BCM/documents/proposedmodes/bps/bps-spec.pdf, April 2010.

**BRIG79** Bright, H., and Enison, R. "Quasi-Random Number Sequences from Long-Period TLP Generator with Remarks on Application to Cryptography." *Computing Surveys*, December 1979.

**BRYA88** Bryant, W. *Designing an Authentication System: A Dialogue in Four Scenes.* Project Athena document, February 1988. Available at http://web.mit.edu/kerberos/www/dialogue.html

**BUTE15** Buterin, MV. "On Public and Private Blockchains." *Ethereum Blog*, August 7, 2015, https://blog.ethereum.org/2015/08/07/on-public-and-private-blockchains/

**BUTI17** Butin, D. "Hash-Based Signatures: State of Play." *IEEE Security & Privacy*, July/August 2017.

**CACH16** Cachin, C. "Architecture of the Hyperledger Blockchain Fabric." *Workshop on Distributed Cryptocurrencies and Consensus Ledgers*, July 2016.

**CAKI10** Cakiroglu, M., et al. "Performance evaluation of scalable encryption algorithm for wireless sensor networks." *Scientific Research and Essays*, May 2010.

**CAMP92** Campbell, K., and Wiener, M. "Proof that DES is not a Group." *Proceedings, Crypto '92*, 1992; published by Springer-Verlag.

**CHOI08** Choi, M., et al. "Wireless Network Security: Vulnerabilities, Threats and Countermeasures."*International Journal of Multimedia and Ubiquitous Engineering*, July 2008.

**CONS17** Constantin, L. "The SHA-1 Hash Function is Now Completely Unsafe." *Computer-World*, February 23, 2017.

**COPP94** Coppersmith, D. "The Data Encryption Standard (DES) and Its Strength Against Attacks." *IBM Journal of Research and Development*, May 1994.

**CORM09** Cormen, T.; Leiserson, C.; Rivest, R.; and Stein, C. *Introduction to Algorithms.*Cambridge,MA: MIT Press, 2009.

**CRAN01** Crandall, R., and Pomerance, C. *Prime Numbers: A Computational Perspective.* New York: Springer-Verlag, 2001.

**CRYP17** CRYPTREC Lightweight Cryptography Working Group. *CRYPTREC Cryptographic Technology Guideline (Lightweight Cryptography).* March 2017.

**CSA11** Cloud Security Alliance. *Security as a Service (SecaaS).* CSA Report, 2011.

**CSA17** Cloud Security Alliance. *The Treacherous 12—Top Threats to Cloud Computing + Industry Insights.* CSA Report, October 2017.

**DAEM99** Daemen, J., and Rijmen, V. *AES Proposal: Rijndael, Version 2.* Submission to NIST, March 1999. http://csrc.nist.gov/archive/aes/index.html.

**DAMG89** Damgard, I. "A Design Principle for Hash Functions." *Proceedings, CRYPTO '89*, 1989; published by Springer-Verlag.

**DAVI89** Davies, D., and Price, W. *Security for Computer Networks.* New York: Wiley, 1989.

**DAWS96** Dawson, E., and Nielsen, L. "Automated Cryptoanalysis of XOR Plaintext Strings."*Cryptologia*, April 1996.

**DENN81** Denning, D., and Sacco, G. "Timestamps in Key Distribution Protocols." *Communications of the ACM*, August 1981.

**DENN82** Denning, D. *Cryptography and Data Security.* Reading, MA: Addison-Wesley, 1982.

**DENN83** Denning, D. "Protecting Public Keys and Signature Keys." *Computer*, February 1983.

**DIFF76a** Diffie, W., and Hellman, M. "New Directions in Cryptography." *Proceedings of the AFIPS National Computer Conference*, June 1976.

**DIFF76b** Diffie, W., and Hellman, M. "Multiuser Cryptographic Techniques." *IEEE Transactions on Information*

*Theory*, November 1976.

**DIFF77** Diffie, W., and Hellman, M. "Exhaustive Cryptanalysis of the NBS Data Encryption Standard." *Computer*, June 1977.

**DIFF79** Diffie, W., and Hellman, M. "Privacy and Authentication: An Introduction to Cryptography."*Proceedings of the IEEE*, March 1979.

**DIFF88** Diffie, W. "The First Ten Years of Public-Key Cryptography." *Proceedings of the IEEE*, May 1988.

**DIMI07** Dimitriadis, C. "Analyzing the Security of Internet Banking Authentication Mechanisms."*Information Systems Control Journal*, Vol. 3, 2007.

**DING17** Ding, J., and Petzoldt, A. "Current State of Multivariate Cryptography." *IEEE Security & Privacy*, July/August 2017.

**DRUC18** Drucker, N.; Gueron, S.; and Krasnov, V. *Making AES great again: the forthcoming vectorized AES instruction.* Cryptology ePrint Archive, Report 2018/392, 2018

**EFF98** Electronic Frontier Foundation. *Cracking DES: Secrets of Encryption Research,Wiretap Politics, and Chip Design.* Sebastopol, CA: O'Reilly, 1998.

**ELGA84** Elgamal, T. "A Public Key Cryptosystem and a Signature Scheme Based on Discrete Logarithms." *Proceedings, Crypto 84*, 1984.

**ELGA85** Elgamal, T. "A Public Key Cryptosystem and a Signature Scheme Based on Discrete Logarithms." *IEEE Transactions on Information Theory*, July 1985.

**ENIS17** European Union Agency For Network And Information Security. *Baseline Security Recommendations for IoT.* November 2017. https://www.enisa.europa.eu

**ETSI14** European Telecommunications Standards Institute. *Quantum Safe Cryptography and Security; An introduction, benefits, enablers and challenges.* ETSI White Paper, 2014.

**FEIS73** Feistel, H. "Cryptography and Computer Privacy." *Scientific American*, May 1973.

**FEIS75** Feistel, H.; Notz, W.; and Smith, J. "Some Cryptographic Techniques for Machine-to-Machine Data Communications." *Proceedings of the IEEE*, November 1975.

**FERN99** Fernandes, A. "Elliptic Curve Cryptography." *Dr. Dobb's Journal*, December 1999.

**FORD95** Ford, W. "Advances in Public-Key Certificate Standards." *ACM SIGSAC Review*, July 1995.

**FRAN07** Frankel, S., et al. *Establishing Wireless Robust Security Networks: A Guide to IEEE 802.11i.* NIST Special Publication SP 800-97, February 2007.

**GARD77** Gardner, M. "A New Kind of Cipher That Would Take Millions of Years to Break."*Scientific American*, August 1977.

**GART17** Gartner Research. " What CIOs Should Tell the Board of Directors About Blockchain."February 14, 2017. https://www.gartner.com/doc/3606027/cios-tell-boarddirectors-blockchain

**GEOR12** Georgiev, M., et al. " The Most Dangerous Code in the World: Validating SSL Certificates in Non-Browser Software." *ACM Conference on Computer and Communications Security*, 2012.

**GONG92** Gong, L. "A Security Risk of Depending on Synchronized Clocks." *Operating Systems Review*, January 1992.

**GONG93** Gong, L. "Variations on the Themes of Message Freshness and Replay." *Proceedings, IEEE Computer Security Foundations Workshop*, June 1993.

**GOOD11** Goodin, D. "Hackers break SSL encryption used by millions of sites." *The Register*, September 19, 2011.

**GOOD12** Goodin, D. "Crack in Internet's foundation of trust allows HTTPS session hijacking."*Ars Technica*, September 13, 2012.

**GREE18** Greenemeier, L. "How Close Are We—Really—to Building a Quantum Computer?"*Scientific American*, May 2018.

**GROV96** Grover, L. "A Fast Quantum Mechanical Algorithm for Database Search." *ACM Symposium on Theory of Computing,* 1996.

**GUO11** Guo, J.; Peyrin, T.; and Poschmann, A. "The PHOTON Family of Lightweight Hash Functions." 31st Annual International Cryptology Conference (CRYPTO 2011), 2011.

**GUTT06** Gutterman, Z.; Pinkas, B.; and Reinman, T. "Analysis of the Linux Random Number Generator." *Proceedings, 2006 IEEE Symposium on Security and Privacy*, 2006.

**HART28** Hartley, R. "Transmission of Information." *Bell System Technical Journal*, July 1928.

**HELL79** Hellman, M. "The Mathematics of Public-Key Cryptography." *Scientific American*, August 1970.

**HELL06** Hell, M.; Johansson, T.; and Meier, W. "Grain—a stream cipher for constrained environments." *International Journal of Wireless and Mobile Computing*, vol. 2, no. 1, 2006.

**HERN06** Hernan, S.; Lambert, S.; Ostwald, T.; and Shostack, A. "Uncover Security Design Flaws Using The STRIDE Approach." *MSDN Magazine*, November 2006.

**HEVI99** Hevia, A., and Kiwi, M. "Strength of Two Data Encryption Standard Implementations Under Timing Attacks." *ACM Transactions on Information and System Security*, November 1999.

**HILT06** Hiltgen, A.; Kramp, T.; and Wiegold, T. "Secure Internet Banking Authentication." *IEEE Security and*

*Privacy*, vol. 4, no. 2, 2006.

**HOWA03** Howard, M.; Pincus, J.; and Wing, J. "Measuring Relative Attack Surfaces." *Proceedings, Workshop on Advanced Developments in Software and Systems Security*, 2003.

**HUIT98** Huitema, C. *IPv6: The New Internet Protocol.* Upper Saddle River, NJ: Prentice Hall, 1998.

**IANS90** I'Anson, C., and Mitchell, C. "Security Defects in CCITT Recommendation X.509 – The Directory Authentication Framework." *Computer Communications Review*, April 1990.

**INTE14** Intel Corp. *Intel® Digital Random Number Generator (DRNG) Software Implementation Guide*. May 15, 2014. https://software.intel.com/en-us/articles/intel-digital-randomnumber-generator-drng-software-implementation-guide

**INTE18** Intel, Corp. Intel Architecture Instruction Set Extensions and Future Features Programming Reference. Ref. #319433-034, May 2018. https://software:intel:com/sites/default/files/managed/c5/15/architecture-instruction-set-extensions-programmingreference:pdf

**ISAC13** ISACA. *Responding to Targeted Cyberattacks.* 2008. www.isaca.org

**IWAT03** Iwata, T., and Kurosawa, K. "OMAC: One-Key CBC MAC." *Proceedings, Fast Software Encryption*, FSE '03, 2003.

**JAIN91** Jain, R. *The Art of Computer Systems Performance Analysis: Techniques for Experimental Design, Measurement, Simulation, and Modeling.* New York: Wiley, 1991.

**JAKO98** Jakobsson, M.; Shriver, E.; Hillyer, B.; and Juels, A. "A Practical Secure Physical Random Bit Generator." *Proceedings of The Fifth ACM Conference on Computer and Communications Security*, November 1998.

**JOHN05** Johnson, D. "Hash Functions and Pseudorandomness." *Proceedings, First NIST Cryptographic Hash Workshop*, 2005.

**JONS02** Jonsson, J. "On the Security of CTR + CBC-MAC." *Proceedings of Selected Areas in Cryptography – SAC 2002*, 2002.

**JUEN87** Jueneman, R. "Electronic Document Authentication." *IEEE Network Magazine*, April 1987.

**JURI97** Jurisic, A., and Menezes, A. "Elliptic Curves and Cryptography." *Dr. Dobb's Journal*, April 1997.

**KALI01** Kaliski, B. "RSA Digital Signatures." *Dr. Dobb's Journal*, May 2001.

**KALI95** Kaliski, B., and Robshaw, M. "The Secure Use of RSA." *CryptoBytes*, Autumn 1995.

**KALI96a** Kaliski, B., and Robshaw, M. "Multiple Encryption: Weighing Security and Performance." *Dr. Dobb's Journal*, January 1996.

**KALI96b** Kaliski, B. "Timing Attacks on Cryptosystems." *RSA Laboratories Bulletin*, January 1996. http://www.rsasecurity.com/rsalabs

**KEHN92** Kehne, A.; Schonwalder, J.; and Langendorfer, H. "A Nonce-Based Protocol for Multiple Authentications." *Operating Systems Review*, October 1992.

**KLEI10** Kleinjung, T., et al. "Factorization of a 768-bit RSA modulus." Listing 2010/006, *Cryptology ePrint Archive*, February 18, 2010.

**KNUD00** Knudson, L. "Block Chaining Modes of Operation." *NIST First Modes of Operation Workshop*, October 2000. http://csrc.nist.gov/groups/ST/toolkit/BCM/workshops.html

**KNUT98** Knuth, D. *The Art of Computer Programming, Volume 2: Seminumerical Algorithms.* Reading, MA: Addison-Wesley, 1998.

**KOBL94** Koblitz, N. *A Course in Number Theory and Cryptography.* New York: Springer-Verlag, 1994.

**KOCH96** Kocher, P. "Timing Attacks on Implementations of Diffie-Hellman, RSA, DSS, and Other Systems." *Proceedings, Crypto '96*, August 1996.

**KOHL89** Kohl, J. "The Use of Encryption in Kerberos for Network Authentication." *Proceedings, Crypto '89*, 1989; published by Springer-Verlag.

**KOHL94** Kohl, J.; Neuman, B.; and Ts'o, T. "The Evolution of the Kerberos Authentication Service." in Brazier, F., and Johansen, D. *Distributed Open Systems.* Los Alamitos, CA: IEEE Computer Society Press, 1994. Available at http://web.mit.edu/kerberos/www/papers.html

**KOHN78** Kohnfelder, L. *Towards a Practical Public Key Cryptosystem.* Bachelor's Thesis, M.I.T.1978.

**KUMA97** Kumar, I. *Cryptology.* Laguna Hills, CA: Aegean Park Press, 1997.

**KUMA10** Kumar, K.; Salivahanan, S.; and Reddy, K. "Implementation of Low Power Scalable Encryption Algorithm." *International Journal of Computer Applications,* December 2010.

**KUMA11a** Kumar, K.; Reddy, K.; and Salivahanan, S. "Efficient Modular Adders for Scalable Encryption Algorithm." *International Journal of Computer Applications,* June 2011.

**KUMA11b** Kumar, M. "The Hacker's Choice Releases SSL DOS Tool." The *Hacker News*, October 24, 2011. http://thehackernews.com/2011/10/hackers-choice-releases-ssl-ddos-tool. html#

**LAI18** Lai, V. "A coffee-break introduction to time complexity of algorithms." July 9, 2018. https://dev.to/vickylai/a-coffee-break-introduction-to-time-complexity-of-algorithms-160m

**LAMP79** Lamport, L. "Constructing Digital Signatures from a One Way Function." *Computer Science Laboratory Technical Report CSL-98,* October 18, 1979.

**LAM92a** Lam, K., and Gollmann, D. "Freshness Assurance of Authentication Protocols." *Proceedings, ESORICS 92,* 1992; published by Springer-Verlag.

**LAM92b** Lam, K., and Beth, T. "Timely Authentication in Distributed Systems." *Proceedings, ESORICS 92,* 1992; published by Springer-Verlag.

**LAMP98** Lamport, L. "The Part-Time Parliament." *ACM Transactions on Computer Systems*, May 1998.

**LAUT17** Lauter, K. "Postquantum Opportunities: Lattices, Homomorphic Encryption, and Supersingular Isogeny Graphs." *IEEE Security & Privacy*, July/August 2017.

**LAW06** Law, Y.; Doumen, J.; and Hartel, P. "Survey and Benchmark of Block Ciphers for Wireless Sensor Networks." *ACM Transactions on Sensor Networks*, February 2006.

**LEHM51** Lehmer, D. "Mathematical Methods in Large-Scale Computing." *Proceedings, 2nd Symposium on Large-Scale Digital Calculating Machinery,* Cambridge: Harvard University Press, 1951.

**LEUT94** Leutwyler, K. "Superhack." *Scientific American*, July 1994.

**LEVE90** Leveque, W. *Elementary Theory of Numbers.* New York: Dover, 1990.

**LEVI12** Levis, P. " Experiences from a Decade of TinyOS Development." *10th USENIX Symposium on Operating Systems Design and Implementation*, 2012.

**LEWA00** Lewand, R. *Cryptological Mathematics.* Washington, DC: Mathematical Association of America, 2000.

**LEWI69** Lewis, P.; Goodman, A.; and Miller, J. "A Pseudo-Random Number Generator for the System/360." *IBM Systems Journal*, no. 2, 1969.

**LIDL94** Lidl, R., and Niederreiter, H. *Introduction to Finite Fields and Their Applications.* Cambridge: Cambridge University Press, 1994.

**LIPM00** Lipmaa, H.; Rogaway, P.; and Wagner, D. "CTR Mode Encryption." *NIST First Modes of Operation Workshop*, October 2000. http://csrc.nist.gov/groups/ST/toolkit/BCM/workshops.html

**LISK02** Liskov,M.; Rivest, R.; and Wagner, D. "Tweakable Block Ciphers. *Advances in Cryptology – CRYPTO 2002*, 2002.

**LUCK04** Luck, S. "Design Principles for Iterated Hash Functions." *Cryptology ePrint Archive*, Report 2004/253, 2004.

**LUK07** Luk, M., et al. "MiniSec: A Secure Sensor Network Communication Architecture." *International Conf. on Information Processing in Sensor Networks*, 2007.

**MA10** Ma, D., and Tsudik, G. "Security and Privacy in Emerging Wireless Networks." *IEEE Wireless Communications*, October 2010.

**MACE08** Mace, F.; Standaert, F.; and Quisquater, J. "FPGA Implementation(s) of a Scalable Encryption Algorithm." *IEEE Transactions on Very Large Scale Integration (VLSI)Systems*, February 2008.

**MANA11** Manadhata, P., and Wing, J. "An Attack Surface Metric." *IEEE Transactions on Software Engineering*, vol. 37, no. 3, 2011.

**MAUW05** Mauw, S., and Oostdijk, M. "Foundations of Attack Trees." *International Conference on Information Security and Cryptology*, 2005.

**MAYE95** Mayer, R.; Davis, J.; and Schoorman, D. An Integrative Model of Organizational Trust. *Academy of Management Review*, July 1995.

**MCEL78** McEliece, R. "A Public-Key Cryptosystem Based on Algebraic Coding Theory." *Deep Space Network Progress Report*, Jet Propulsion Laboratory, California Institute of Technology, 1978.

**MCGR03** McGrew, D., and Viega, J. "Flexible and Efficient Message Authentication in Hardware and Software." 2003. Available at http://citeseerx.ist.psu.edu/viewdoc/summary?doi=10.1.1.58.9422

**MCGR04** McGrew, D., and Viega, J. "The Security and Performance of the Galois/Counter Mode (GCM) of Operation." *Proceedings, Indocrypt,* 2004.

**MECH14** Mechalas, J. *Intel® Digital Random Number Generator (DRNG) Software Implementation Guide.* Intel Developer Zone. May 15, 2014. https://software.intel.com/en-us/articles/intel-digital-random-number-generator-drng-software-implementation-guide

**MENE97** Menezes, A.; Oorshcot, P.; and Vanstone, S. *Handbook of Applied Cryptography.* Boca Raton, FL: CRC Press, 1997. Available at: http://cacr.uwaterloo.ca/hac/index.html

**MERK79** Merkle, R. *Secrecy, Authentication, and Public Key Systems.* Ph.D. Thesis, Stanford University, June 1979.

**MERK81** Merkle, R., and Hellman, M. "On the Security of Multiple Encryption." *Communications of the ACM*, July 1981.

**MERK89** Merkle, R. "One Way Hash Functions and DES." *Proceedings, CRYPTO '89*, 1989; published by Springer-Verlag.

**MEYE88** Meyer, C., and Schilling, M. "Secure Program Load with Modification Detection Code." *Proceedings, SECURICOM 88*, 1988.

**MEYE13** Meyer, C.; Schwenk, J.; and Gortz, H. "Lessons Learned From Previous SSL/TLS Attacks A Brief Chronology Of Attacks And Weaknesses." *Cryptology ePrint Archive*, 2013.

**MILL75** Miller, G. "Riemann's Hypothesis and Tests for Primality." *Proceedings of the Seventh Annual ACM*

*Symposium on the Theory of Computing*, May 1975.

**MILL88** Miller, S.; Neuman, B.; Schiller, J.; and Saltzer, J. "Kerberos Authentication and Authorization System." *Section E.2.1, Project Athena Technical Plan*, M.I.T. Project Athena, Cambridge, MA, 27 October 1988.

**MIRK04** Mirkovic, J., and Relher, P. "A Taxonomy of DDoS Attack and DDoS Defense Mechanisms." *ACM SIGCOMM Computer Communications Review*, April 2004.

**MITC90** Mitchell, C.; Walker, M.; and Rush, D. "CCITT/ISO Standards for Secure Message Handling." *IEEE Journal on Selected Areas in Communications*, May 1989.

**MOOR01** Moore, A.; Ellison, R.; and Linger, R. "Attack Modeling for Information Security and Survivability." *Carnegie-Mellon University Technical Note CMU/SEI-2001-TN-001*,March 2001.

**MUSA03** Musa, M.; Schaefer, E.; and Wedig, S. "A Simplified AES Algorithm and its Linear and Differential Cryptanalysis." *Cryptologia*, April 2004.

**MYER91** Myers, L. *Spycomm: Covert Communication Techniques of the Underground.* Boulder, CO: Paladin Press, 1991.

**NAS18** National Academy of Sciences. *Decrypting the Encryption Debate A Framework for Decision Makers.* Washington, DC: National Acadamies Press, 2018.

**NCAE13** National Centers of Academic Excellence in Information Assurance/Cyber Defense. *NCAE IA/CD Knowledge Units.* June 2013.

**NECH01** Nechvatal, J., et al. "Report on the Development of the Advanced Encryption Standard (AES)." *Journal of Research of the National Institute of Standards and Technology*, May-June 2001. https://nvlpubs.nist.gov/nistpubs/jres/106/3/j63nec.pdf

**NEED78** Needham, R., and Schroeder, M. "Using Encryption for Authentication in Large Networks of Computers." *Communications of the ACM*, December 1978.

**NEUM93a** Neuman, B., and Stubblebine, S. "A Note on the Use of Timestamps as Nonces." *Operating Systems Review*, April 1993.

**NEUM93b** Neuman, B. "Proxy-Based Authorization and Accounting for Distributed Systems." *Proceedings of the 13th International Conference on Distributed Computing Systems*, May 1993.

**NHTS14** National Highway Transportation Safety Agency. *Vehicle-to-Vehicle Communications: Readiness of V2V Technology for Application.* U. S. Department of Transportation,August 2014.

**NIST17** National Institute of Standards and Technology. "Profiles for the Lightweight Cryptography Standardization Process." *NIST Cybersecurity White Paper*, April 26,2017.

**NIST18** National Institute of Standards and Technology. "Announcing Request for Comments on Lightweight Cryptography Requirements and Evaluation Criteria." *Federal Register*, May 14, 2018.

**ODLY95** Odlyzko, A. "The Future of Integer Factorization." *CryptoBytes*, Summer 1995.

**ORE67** Ore, O. *Invitation to Number Theory.* Washington, D.C.: The Mathematical Association of America, 1967.

**PARK88** Park, S., and Miller, K. "Random Number Generators: Good Ones are Hard to Find." *Communications of the ACM*, October 1988.

**PARZ06** Parziale, L., et al. *TCP/IP Tutorial and Technical Overview.* ibm.com/redbooks, 2006.

**PAUL07** Paul, G., and Maitra, S. "Permutation after RC4 Key Scheduling Reveals the Secret Key." *Selected Areas of Cryptography: SAC 2007, Lecture Notes on Computer Science*, Vol. 4876, pp 360-337, 2007.

**PELL10** Pellegrini, A.; Bertacco, V.; and Austin, A. "Fault-Based Attack of RSA Authentication." *DATE '10 Proceedings of the Conference on Design, Automation and Test in Europe*, March 2010.

**POIN02** Pointcheval, D. "How to Encrypt Properly with RSA." *CryptoBytes*, Winter/Spring 2002.

**POPE79** Popek, G., and Kline, C. "Encryption and Secure Computer Networks." *ACM Computing Surveys*, December 1979.

**POPP17** Popper, N. "An Explanation of Initial Coin Offerings." *New York Times*, October 27, 2017.

**PREN10** Preneel, B. "The First 30 Years of Cryptographic Hash Functions and the NIST SHA-3 Competition." *CT-RSA'10 Proceedings of the 2010 International Conference on Topics in Cryptology*, 2010.

**RABI80** Rabin, M. "Probabilistic Algorithms for Primality Testing." *Journal of Number Theory,* December 1980.

**RIBE96** Ribenboim, P. *The New Book of Prime Number Records.* New York: Springer-Verlag, 1996.

**RIVE78** Rivest, R.; Shamir, A.; and Adleman, L. "A Method for Obtaining Digital Signatures and Public Key Cryptosystems." *Communications of the ACM*, February 1978.

**RIVE84** Rivest, R., and Shamir, A. "How to Expose an Eavesdropper." *Communications of the ACM*, April 1984.

**ROBS95a** Robshaw, M. *Stream Ciphers.* RSA Laboratories Technical Report TR-701, July 1995. http://www.rsasecurity.com/rsalabs

**ROBS95b** Robshaw, M. *Block Ciphers.* RSA Laboratories Technical Report TR-601, August 1995. http://www.rsasecurity.com/rsalabs

**ROGA01** Rogaway, P.; Bellare, M.; Black.J.; and Krovetz, T. "OCB: A Block-Cipher Mode of Operation for Efficient Authenticated Encryption." NIST Proposed Block Cipher Mode, August 2001. https://csrc.nist.gov/Projects/Block-Cipher-Techniques/BCM/Modes-Development

**ROGA03** Rogaway, P., and Wagner, A. *A Critique of CCM.* Cryptology ePrint Archive: Report 2003/070, April 2003.

**ROGA04a** Rogaway, P. "Efficient Instantiations of Tweakable Blockciphers and Refinements to Modes OCB and PMAC." *Advances in Cryptology—Asiacrypt 2004. Lecture Notes in Computer Science*, Vol. 3329. Springer-Verlag, 2004.

**ROGA04b** Rogaway, P., and Shrimpton, T. " Cryptographic Hash-Function Basics: Definitions, Implications, and Separations for Preimage Resistance, Second-Preimage Resistance, and Collision Resistance." *Fast Software Encryption*, 2004.

**ROGA10** Rogaway, P. "A Synopsis of Format-Preserving Encryption." *Unpublished Manuscript*, March 2010. http://web.cs.ucdavis.edu/~rogaway/papers

**ROSA14** Rosado, T., and Bernardino, J. "An Overview of OpenStack Architecture." *ACM IDEAS '14*, July 2014.

**SAAR12** Saarinen, M., and Engels, D. *A Do-It-All-Cipher for RFID: Design Requirements.*Cryptology ePrint Archive, Report 2012/317, 2012.

**SALT75** Saltzer, J., and Schroeder, M. "The Protection of Information in Computer Systems."*Proceedings of the IEEE*, September 1975.

**SCHN91** Schneider, F., ed. *Trust in Cyberspace.* National Academy Press, 1999.

**SCHN96** Schneier, B. *Applied Cryptography.* New York: Wiley, 1996.

**SCHN14** Schneier, B. "The Internet of Things is Wildly Insecure—and Often Unpatchable."*Wired*, January 6, 2014.

**SEAG08** Seagate Technology. *128-Bit Versus 256-Bit AES Encryption.* Seagate Technology Paper, 2008.

**SEFR12** Serfaoui, O.; Aissaoui, M.; and Eleuldj, M. "OpenStack: Toward an Open-Source Solution for Cloud Computing." *International Journal of Computer Applications*, October 2012.

**SEGH12** Seghal, A., et al. " Management of Resource Constrained Devices in the Internet of Things." *IEEE Communications Magazine*, December 2012.

**SEND17** Sendrier, N. "Code-Based Cryptography: State of the Art and Perspectives." *IEEE Security & Privacy*, July/August 2017.

**SHAN49** Shannon, C. "Communication Theory of Secrecy Systems." *Bell Systems Technical Journal*, no. 4, 1949.

**SHOR97** Shor, P. "Polynomial-Time Algorithms for Prime Factorization and Discrete Logarithms on a Quantum Computer." *SIAM Journal of Computing*, October 1997.

**SIMM93** Simmons, G. "Cryptology." *Encyclopaedia Britannica, Fifteenth Edition*, 1993.

**SING99** Singh, S. *The Code Book: The Science of Secrecy from Ancient Egypt to Quantum Cryptography.* New York: Anchor Books, 1999.

**SINK09** Sinkov, A., and Feil, T. *Elementary Cryptanalysis: A Mathematical Approach.*Washington, D.C.: The Mathematical Association of America, 2009.

**SMIT71** Smith, J. "The Design of Lucifer: A Cryptographic Device for Data Communications."*IBM Research Report RC 3326*, April 15, 1971.

**SMIT15** Smith, A., and Whitcher, U. "Making a Hash of Things." *Math Horizons*, November 2015.

**STAL18** Stallings, W., and Brown, L. *Computer Security: Principles and Practice.* Upper Saddle River, NJ: Pearson, 2018.

**STAL19** Stallings, W. *Effective Cybersecurity: Understanding and Using Standards and Best Practices.* Upper Saddle River, NJ: Pearson, 2019.

**STAN06** Standaert F.; Piret G.; Gershenfeld N.; and Quisquater, J. "SEA: A Scalable Encryption Algorithm for Small Embedded Applications." *International Conference on Smart Card Research and Advanced Applications*, 2006.

**STEI88** Steiner, J.; Neuman, C.; and Schiller, J. "Kerberos: An Authentication Service for Open Networked Systems." *Proceedings of the Winter 1988 USENIX Conference*, February 1988.

**STEV17** Stevens, M., et al. *The first collision for full SHA-1.* Cryptology ePrint Archive, Report 2017/190, 2017

**STIN06** Stinson, D. *Cryptography: Theory and Practice.* Boca Raton, FL: CRC Press, 2006.

**TAYL11** Taylor, G., and Cox, G. "Digital Randomness." *IEEE Spectrum*, September 2011.

**TIER15** Tierpoint. *With all Due Diligence.* Tierpoint White Paper, 2015. Tierpoint.com

**TIRI07** Tiri, K. "Side-Channel Attack Pitfalls." *Proceedings of the 44th Annual Design Automation Conference*, June 2007.

**TOBA07** Tobarra, L.; Cazorla, D.; Cuartero, F.; and Diaz, G. "Analysis of Security Protocol MiniSec for Wireless Sensor Networks." *The IV Congreso Iberoamericano de Seguridad Informatica (CIBSI'07)*, November 2007.

**TRAN18** Transparency Market Research. *Blockchain Technology Market to Emerge With Magnanimous Revenue: Key Facts Behind This Rise.* June 2018. https://www.transparencymarketresearch.com/pressrelease/blockchain-technology-market.htm

**TUCH79** Tuchman, W. "Hellman Presents No Shortcut Solutions to DES." *IEEE Spectrum*, July 1979.

**VANC11** Vance, J. *VAES3 Scheme for FFX.* NIST, http://csrc.nist.gov/groups/ST/toolkit/BCM/documents/proposedmodes/ffx/ffx-ad-VAES3.pdf, May 2011.

**VANO90** van Oorschot, P., and Wiener, M. "A Known-Plaintext Attack on Two-Key Triple Encryption." *Proceedings, EUROCRYPT '90*, 1990; published by Springer-Verlag.

**VANO94** van Oorschot, P., and Wiener, M. "Parallel Collision Search with Application to Hash Functions and Discrete Logarithms." *Proceedings, Second ACM Conference on Computer and Communications Security*, 1994.

**VOYD83** Voydock, V., and Kent., S. "Security Mechanisms in High-Level Network Protocols." *Computing Surveys*, June 1983.

**WALK05** Walker, J. "802.11 Security Series. Part III: AES-based Encapsulations of 802.11 Data." Platform Networking Group, Intel Corporation, 2005.

**WAYN09** Wayner, P. *Disappearing Cryptography.* Boston and Burlington, MA: Morgan Kaufmann, 2009.

**WEBS86** Webster, A., and Tavares, S. "On the Design of S-Boxes." *Proceedings, Crypto '85*, 1985; published by Springer-Verlag.

**WIEN90** Wiener, M. "Cryptanalysis of Short RSA Secret Exponents." *IEEE Transactions on Information Theory,* vol. 36, no. 3, 1990.

**WOO92a** Woo, T., and Lam, S. "Authentication for Distributed Systems." *Computer*, January 1992.

**WOO92b** Woo, T., and Lam, S. " 'Authentication' Revisited." *Computer*, April 1992.

**XU16** Xu, X., et al. "The Blockchain as a Software Connector." *2016 13th Working IEEE/IFIP Conference on Software Architecture*, April 2016.

**YUVA79** Yuval, G. "How to Swindle Rabin." *Cryptologia*, July 1979.

Pearson

尊敬的老师：

您好！

为了确保您及时有效地申请培生整体教学资源，请您务必完整填写如下表格，加盖学院的公章后传真给我们，我们将会在 2～3 个工作日内为您处理。

请填写所需教辅的开课信息：

| 采用教材 | | | □中文版 □英文版 □双语版 |
|---|---|---|---|
| 作　　者 | | 出版社 | |
| 版　　次 | | ISBN | |
| 课程时间 | 始于　　年　月　日 | 学生人数 | |
| | 止于　　年　月　日 | 学生年级 | □专 科　　□本科 1/2 年级<br>□研究生　　□本科 3/4 年级 |

请填写您的个人信息：

| 学　　校 | | | |
|---|---|---|---|
| 院系/专业 | | | |
| 姓　　名 | | 职　　称 | □助教 □讲师 □副教授 □教授 |
| 通信地址/邮编 | | | |
| 手　　机 | | 电　　话 | |
| 传　　真 | | | |
| official email(必填)<br>(eg:XXX@ruc.edu.cn) | | email<br>(eg:XXX@163.com) | |
| 是否愿意接收我们定期的新书讯息通知： | □是　　□否 | | |

系 / 院主任：__________（签字）

（系 / 院办公室章）

____年____月____日

资源介绍：

—教材、常规教辅（PPT、教师手册、题库等）资源：请访问www.pearsonhighered.com/educator；（免费）

—MyLabs/Mastering 系列在线平台：适合老师和学生共同使用；访问需要 Access Code。（付费）

100013　北京市东城区北三环东路 36 号环球贸易中心 D 座 1208 室
电话：（8610）57355003　　传真：（8610）58257961

Please send this form to：